U0115645

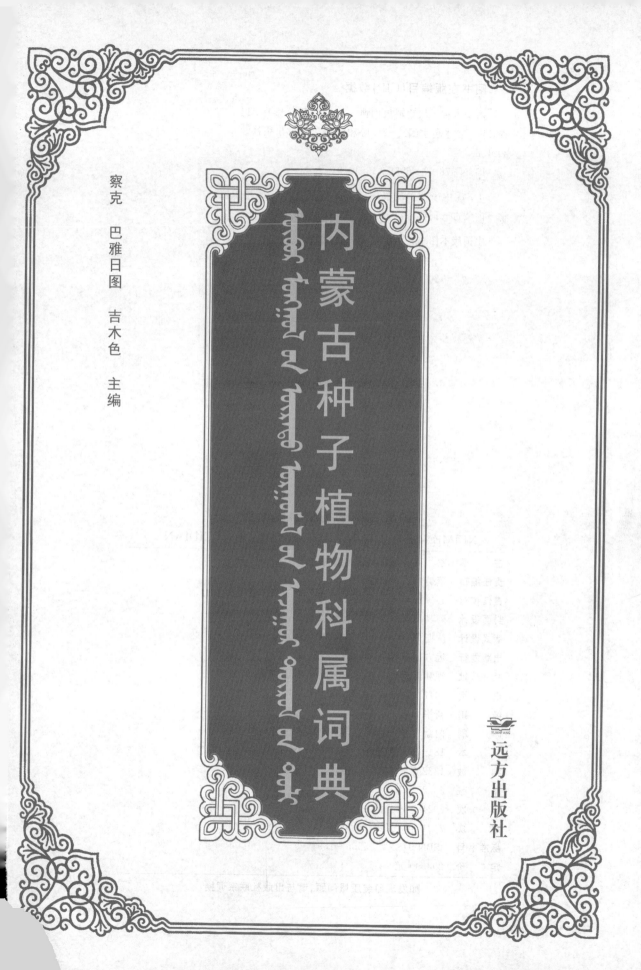

察克 巴雅日图 吉木色 主编

内蒙古种子植物科属词典

远方出版社

图书在版编目(CIP)数据

内蒙古种子植物科属词典：汉、英、蒙 / 察克，巴雅日图，吉木色主编. —— 呼和浩特：远方出版社，2021.8

ISBN 978 - 7 - 5555 - 1391 - 9

Ⅰ. ①内… Ⅱ. ①察… ②巴… ③吉… Ⅲ. ①种子植物－内蒙古－词典－汉、英、蒙 Ⅳ. ①Q949.408－61

中国版本图书馆 CIP 数据核字(2021)第 099007 号

内蒙古种子植物科属词典
NEIMENGGU ZHONGZI ZHIWU KESHU CIDIAN

主　　编	察　克　巴雅日图　吉木色
责任编辑	董美鲜　萨日娜
责任校对	心　妍
封面设计	阿其图
版式设计	陈斯琴
出版发行	远方出版社
社　　址	呼和浩特市乌兰察布东路 666 号　邮编 010010
电　　话	(0471)2236473总编室　　2236460发行部
经　　销	新华书店
印　　刷	内蒙古爱信达教育印务有限责任公司
开　　本	184mm×260mm　1/16
字　　数	1332 千
印　　张	56.25
版　　次	2021 年 8 月第 1 版
印　　次	2021 年 8 月第 1 次印刷
标准书号	ISBN 978 - 7 - 5555 - 1391 - 9
定　　价	298.00 元

如发现印装质量问题,请与出版社联系调换

目 录

前　言

　　《内蒙古种子植物科属词典》依据《中国植物志》第一版第一至八十卷(共 126 册)和 1998 年出版的《内蒙古植物志》第二版第一至五卷(共 5 册)编写,并非真正意义上的植物分类学工具书。本词典简单介绍了植物分类的基本框架,利用科、属的分类等级位置,特别是充分利用属名加种区别词(种加词)的格式,来规范和统一内蒙古自治区常见植物的蒙古文名称。植物分类学随着分子生物学、基因学说的不断发展会有更广阔的前景。植物资源是一项十分宝贵的财富。它不仅具有较高的经济价值,而且在改善生态环境、建设蓝天绿地青山碧水的美丽家园方面,对人类及其子孙后代也有特殊的功能和作用。

　　本词典记载了内蒙古自治区种子植物 117 科 723 属（不包括孢子植物）的中文名、学名、蒙古文名、英文名、形态特征、生态环境、地理分布和经济用途,同时对植物拉丁学名的理解和现代蒙古文名的规范进行了有益的探索,并试图用属名前加形容词的模拟双名法,进一步促进植物蒙古文名称的规范和统一。

　　本词典可为农、林、牧、医药、生态及大专院校的科研、教学和生产等部门使用。本词典对普及有关植物学知识、规范植物学蒙古文名词术语,特别是对植物名称的统一会起到一定的推动作用。

　　内蒙古自治区地域辽阔,东西跨度大,地形复杂,气候类型多样,造成植被类型的多样化和植物种类的多样化。人们通过长期的生产和生活实践,逐步认识了各种植物,并给它们取了名,分了类。在专科辞典、学科辞典、术语辞典、百科辞典及综合性辞典中,我们经常会遇到的植物界(Regnum)、门(Division)、亚门(Subdivision)、纲(Classis)、亚纲(Subclassis)、超目(Superorder)、目(Order)、亚目(Suborder)、科(Familia)、亚科(Subfamilia)、族(Tribe)、亚族(Subtribe)、属(Genus)、亚属(Subgenus)、组(Section)、亚组(Subsection)、系(Series)、种(Species)、亚种(Subspecies)、变种(Varietas)、亚变种(Subvarietas)、变型(Forma)、亚变型(Subforma)、栽培品种(Cultivar)等都是我们所熟悉的分类等级。本词典所介绍的"科""属"就是历史悠久的、世界各国通用的分类单位和比较稳定的承上启下的分类等级,是认识植物、利用植物、保护植物的可靠基础,也是深入研究、合理开发利用和有效保护植物资源、保持生态平衡的坚实基础。由于编者水平所限,出现疏漏或错误在所难免,欢迎广大读者批评指正。

编写说明

　　本词典除简略介绍植物分类的基本框架外，还试图运用科、属的分类等级位置，尤其利用属名加种区别词(种加词)的格式规范植物的蒙古文名称。例如，内蒙古自治区植物学家陈山发现的一种禾本科植物，被正式定名为 Roegneria(Elymus) intramongolica Sh. Chen et Gaowua。那么，这一植物的蒙古文名称应该怎么定，怎么规范？只有把属名加种区别词确定，规范植物的蒙古文名称就容易了。例如，禾本科鹅观草属植物，其属名为 ᠬᠬᠣᠣᠨᠢᠮᠢ，种区别词为 ᠶᠣᠳᠣᠨᠢᠮᠢ，那么以属名加种区别词的格式可定名为 ᠬᠬᠣᠣᠨᠢᠮᠢ ᠶᠣᠳᠣᠨᠢᠮᠢ，intramongolica 的意思是蒙古地区的。又如，内蒙古自治区植物生态学专家温都苏发现的一种百合科植物，被正式定名为 Allium alabasicum (D. S. Wen et Sh. Chen) Y. Z. Zhao。那么，这一植物的蒙古文名称该怎么定，怎么规范？该植物是百合科葱属植物，葱属的名称是 ᠶᠣᠳᠣᠨᠢᠮᠢ，种区别词为 ᠮᠳᠣᠨᠢᠮᠢ，那么用属名加种区别词的格式可定名为 ᠮᠳᠣᠨᠢᠮᠢ ᠶᠣᠳᠣᠨᠢᠮᠢ，以此类推，只要把属名确定，该属的几十种几百种植物的名称就容易确定了。又如，哈斯巴根教授主持编写的《内蒙古种子植物名称手册》用属名加种区别词的格式解决多种植物的蒙古文名称也是比较成功的。例如，以鹅观草属 ᠬᠬᠣᠣᠨᠢᠮᠢ ᠳᠢ ᠶᠣᠳᠣᠨᠢᠮᠢ Roegneria C. Koch 为例，在此排列其所属几种植物，进一步研究属名加种区别词的格式，进一步探讨植物蒙古文名称的规范统一问题。

　　鹅观草 ᠬᠬᠣᠣᠨᠢᠮᠢ *Roegneria kamoji* Ohwi

　　毛秆鹅观草 ᠬᠣᠯᠣᠣᠨᠳᠣ ᠬᠬᠣᠣᠨᠢᠮᠢ *Roegneria pubicaulis* Keng

　　缘毛鹅观草 ᠬᠣᠯᠣᠣᠳᠣᠯᠳᠣ ᠬᠬᠣᠣᠨᠢᠮᠢ *Roegneria pendulina* Nevski

　　多秆鹅观草 ᠬᠬᠣᠣᠳᠣᠨᠳᠢ ᠬᠬᠣᠣᠨᠢᠮᠢ *Roegneria multiculmis* Kitag.

　　河北鹅观草 ᠬᠢ ᠳ ᠬᠬᠣᠣᠨᠢᠮᠢ *Roegneria hondai* Kitag.

毛盘鹅观草 ᠊ᠣᠣᠣᠵ ᠊ᠣ ᠊ᠣᠣᠣᠵᠢᠰ *Roegneria barbicalla* （Ohwi）Keng

涞源鹅观草 ᠊ᠣᠣᠣᠵ ᠊ᠣᠣᠣᠵᠢᠰ *Roegneria aliena* Keng

粗糙鹅观草 ᠊ᠣᠣᠵ ᠊ᠣᠣᠣᠵᠢᠰ *Roegneria scabridula* Ohwi

中间鹅观草 ᠊ᠣᠣᠣ ᠊ᠣ ᠊ᠣᠣᠣᠵᠢᠰ *Roegneria sinica* Keng

毛叶鹅观草 ᠊ᠣᠣᠣ ᠊ᠣ ᠊ᠣᠣᠣᠵᠢᠰ *Roegneria amurensis* （Drob.）Nevski

毛花鹅观草 ᠊ᠣᠣᠣ ᠊ᠣᠣᠣᠵᠢᠰ *Roegneria hirtiflora* C. P. Wang

纤毛鹅观草 ᠊ᠣᠣᠣᠵ ᠊ᠣᠣᠣᠵᠢᠰ *Roegneria ciliaris* （Trin. ex Bunge）

吉林鹅观草 ᠊ᠣᠣᠣ ᠊ᠣ ᠊ᠣᠣᠣᠵᠢᠰ *Roegneria nakaii* Kitag.

肃草 ᠊ᠣᠣᠣᠵ ᠊ᠣᠣᠣᠵᠢᠰ *Roegneria stricta* Keng

多变鹅观草 ᠊ᠣᠣᠣᠵ ᠊ᠣᠣᠣᠵᠢᠰ *Roegneria varia* Keng

小株鹅观草 ᠊ᠣᠣᠣᠵ ᠊ᠣᠣᠣᠵᠢᠰ *Roegneria minor* Keng

直穗鹅观草 ᠊ᠣᠣᠣᠵ ᠊ᠣᠣᠣᠵᠢᠰ *Roegneria gmelinii* （Ledeb.）

细穗鹅观草 ᠊ᠣᠣᠣᠵ ᠊ᠣᠣᠣᠣᠣᠵ ᠊ᠣᠣᠣᠵᠢᠰ *Roegneria turczaninovii*

百花山鹅观草 ᠊ᠣᠣᠣᠣᠵ ᠊ᠣᠣᠣᠵᠢᠰ *Roegneria turczaninovii* （Drob.）

大芒鹅观草 ᠊ᠣᠣᠣ ᠊ᠣᠣᠣᠣ ᠊ᠣᠣᠣᠵᠢᠰ *Roegneria gmelinii macrathera* Ohwi

垂穗鹅观草 ᠊ᠣᠣᠣᠣ ᠊ᠣᠣᠣᠵᠢᠰ *Roegneria burchan－buddae*

秋鹅观草 ᠊ᠣᠣᠣ ᠊ᠣ ᠊ᠣᠣᠣᠵᠢᠰ *Roegneria serotina* Keng

紫穗鹅观草 ᠊ᠣᠣᠣ ᠊ᠣᠣᠣᠵᠢᠰ *Roegneria purpurascens* Keng

阿拉善山鹅观草 ᠊ᠣᠣᠣᠵ ᠊ᠣᠣᠣᠵᠢᠰ *Roegneria alashanica* Keng

九峰山鹅观草 ᠊ᠣᠣᠣᠵ ᠊ᠣ ᠊ᠣᠣᠣᠵᠢᠰ *Roegneria jufinshanica*

贫花鹅观草 ᠊ᠣᠣᠣᠣᠵ ᠊ᠣᠣᠣᠵᠢᠰ *Roegneria pauciflora*

以属名加种区别词命名的方法,虽然对规范和统一植物名称起到一定的积极作用,但也不能千篇一律,更不能生搬硬套,有一些习用的土名或俗名必须保留。内蒙古自治区地域辽阔,植物资源丰富,每种植物都有若干习用的土名或俗名。这是人们在长期的观察和实践中根据植物的形态特征、植物器官的颜色和气味或用途等创造出的名称。有些名称不仅贴切入耳而且包含着深刻的科学内涵。这一点在虎耳草科茶藨子属 ᠬᠠᠷ᠎ᠠ᠂ ᠲᠣᠷᠣᠭ ᠤ ᠥᠩᠭᠡ 的几种植物的命名中尤为明显。

刺梨 ᠵᠢᠭᠠᠰᠤᠲᠤ ᠬᠠᠷ᠎ᠠ᠂ ᠲᠣᠷᠣᠭ *Ribes burejense* Fr. Schmidt

楔叶茶藨 ᠬᠠᠷ᠎ᠠ᠂ ᠲᠣᠷᠣᠭ *Ribes diacanthum* Pall.

小叶茶藨 ᠵᠢᠵᠢᠭ ᠬᠠᠷ᠎ᠠ᠂ ᠲᠣᠷᠣᠭ *Ribes pulchellum* Turcz. var. *pulchellum*

欧洲醋栗 ᠬᠠᠷ᠎ᠠ ᠲᠣᠷᠣᠭ *Ribes reclinatum* L.

鹅莓 ᠭᠠᠯᠠᠭᠤᠨ ᠦᠵᠦᠮ᠂ *Ribes grossularia* L.

水葡萄茶藨 ᠨᠣᠭᠣᠭᠠᠨ ᠬᠠᠷ᠎ᠠ᠂ ᠲᠣᠷᠣᠭ *Ribes procumbens* Pall.

黑茶藨 ᠬᠠᠷ᠎ᠠ᠂ ᠲᠣᠷᠣᠭ *Ribes nigrum* L.

兴安茶藨 ᠬᠢᠩᠭᠠᠨ ᠬᠠᠷ᠎ᠠ᠂ ᠲᠣᠷᠣᠭ *Ribes pauciflorum* Turcz. ex Ledeb.

东北茶藨 ᠵᠡᠭᠦᠨ ᠬᠣᠶᠢᠲᠤ ᠶᠢᠨ ᠬᠠᠷ᠎ᠠ᠂ ᠲᠣᠷᠣᠭ *Ribes mandshur*

内蒙茶藨 ᠥᠪᠥᠷᠮᠣᠩᠭᠣᠯ ᠬᠠᠷ᠎ᠠ᠂ ᠲᠣᠷᠣᠭ *Ribes mandshuricum* (Maxim.) Kom. var. *villosum* Kom.

瘤糖茶藨 ᠲᠣᠷᠣᠭ *Ribes himalense* Royle. ex Decne var. *verruculosum* (Rehd.) L. T. Lu

糖茶藨 ᠲᠣᠷᠣᠭ *Ribes emodense* auct. non Rehd.

毛茶藨 ᠦᠰᠦᠲᠦ ᠬᠠᠷ᠎ᠠ᠂ ᠲᠣᠷᠣᠭ *Ribes pubescens* (Swartz. ex Hartm.) Hedl.

英吉利茶藨 ᠠᠩᠭᠯᠢ ᠬᠠᠷ᠎ᠠ᠂ ᠲᠣᠷᠣᠭ *Ribes palczewskii* (Jancz.) Pojark.

矮茶藨 ᠨᠠᠮᠤᠬᠠᠨ ᠬᠠᠷ᠎ᠠ᠂ ᠲᠣᠷᠣᠭ *Ribes triste* Pall.

这里的 ᠬᠠᠷ᠎ᠠ᠂·ᠲᠣᠷᠣᠭ 是在人民群众长期的生活实践中形成的稳定的习用名称,应当保留。

如果把本词典介绍的 117 科 723 属的蒙古文名称(正文中简称"蒙古名")及

后来内蒙古自治区植物学家赵一之、赵利清、曹瑞编写的《内蒙古植物志》第三版中增加的 12 科 53 属植物的蒙古文名称确定下来，进一步规范和统一，就可以改变植物蒙古文名称混乱的局面。当然，这是一个大工程，也可以说是系统工程，并非几个人就能够完成的。

阿魏属——【学　名】*Ferula*

【蒙古名】ᠲᠣᠷᠣᠢ ᠶᠢᠨ ᠵᠣᠢᠯᠨ ᠣᠯᠨ

【英文名】Giantfennel

【生活型】多年生草本,矮小或高大,被毛或光滑。

【根】根通常粗壮,纺锤形,圆锥形或圆柱形;根颈上存留有褐色或棕色的枯萎叶鞘纤维。

【茎】茎直立,细或粗壮,通常向上分枝成圆锥状,下部枝互生,上部枝多轮生。

【叶】基生叶多成莲座状,有柄,柄的基部扩大成鞘,叶片数目三出全裂或羽状全裂;茎生叶向上简化,变小;叶鞘大而明显,草质或革质。

【花】复伞形花序着生于茎枝顶端的为中央花序,通常为两性花,除中央花序外,多有侧生花序,位于中央花序的基部或下部,为复伞形花序或单伞形花序,为雄性花或杂性花;通常无总苞片;小总苞片有或无;花萼无齿或有短齿;花瓣黄色或淡黄色,稀为暗黄绿色,卵圆形或披针状长圆形,平展或沿中脉增厚而具浅沟,先端渐尖,常向内卷曲,外面有毛或无毛;花柱基圆锥状,边缘增宽,稍呈浅裂波状,花柱钻形或头状,短或延长。

【果实和种子】果实椭圆形或卵圆形,背腹扁压,果棱线形,稀为龙骨状,侧棱翅状,狭窄或稍宽,侧棱与中棱的距离大于中棱与背的距离;每棱槽内有油管 1 个或多数,合生面油管 2 个至多数;心皮柄 2 裂至基部。胚乳腹面平直或微凹。

【分类地位】被子植物门、双子叶植物纲、原始花被亚纲、伞形目、伞形科、芹亚科、前胡族、阿魏亚族。

【种类】全属有150余种;中国有25种;内蒙古有 1 种。

硬阿魏 *Ferula bungeana*

　　多年生草本。植株被密集的短柔毛,蓝绿色。根圆柱形。茎细,单一,从下部向上分枝成伞房状。基生叶莲座状,有短柄,柄的基部扩展成鞘;叶片轮廓为广卵形至三角形;茎生叶少,向上简化,叶片 1 至 2 回羽状全裂,裂片细长,至上部无叶片。复伞形花序生于茎、枝和小枝顶端,总苞片缺或有1~3个,锥形;小伞形花序有花5~12朵,小总苞片3~5个,线状披针形,不等长;萼齿卵形;花瓣黄色;花柱基扁圆锥形。分生果广椭圆形。果梗不等长;每棱槽中有油管 1 个,合生面油管 2 个。花期5~6月,果期6~7月。

　　生于典型草原和荒漠草原地带的沙地。产于内蒙古通辽市、赤峰市、锡林郭勒盟、乌兰察布市、巴彦淖尔市、鄂尔多斯市、阿拉善盟、呼和浩特市、包头市;中国甘肃、河北、黑龙江、河南、吉林、辽宁、宁夏、山西、陕西也产。

凹舌兰属(掌裂兰属)——【学　名】*Coeloglossum*(*Dactylorhiza*)

【蒙古名】ᠣᠳᠣᠭᠠᠨ ᠴᠡᠴᠡᠭ ᠤᠨ ᠲᠥᠷᠦᠯ (ᠣᠳᠣᠭᠠᠨ ᠴᠡᠴᠡᠭ ᠤᠨ ᠲᠥᠷᠦᠯ)

【英文名】Coeloglossum

【生活型】陆生多年生草本。

【根】块茎颈部生数条细长的根。

【茎】块茎肉质,前部呈掌状分裂。茎直立,不分枝。

【叶】具数枚叶。叶互生,向上渐小成苞片状。

【花】花序顶生,总状,具多数较密生的花;花苞片直立伸展,较花长;花通常为绿黄色或绿色,直立,倒置(唇瓣位于下方);萼片基部合生,几等长,稍张开;花瓣线状披针形,较萼片狭很多,直立,与中萼片靠合呈兜状;唇瓣下垂,倒披针形,前部常3裂,中裂片较侧裂片小很多,基部具短距;蕊柱粗短,直立,基部两侧各具1枚半圆形的退化雄蕊;花药生于蕊柱的顶部,2室,药室并行;花粉团2个,为具小团块的粒粉质,具短的花粉团柄和粘盘,粘盘圆形,贴生蕊喙基部叉开部分的末端,裸露;蕊喙宽阔,基部叉开,位于药室之下;柱头1枚,圆形,位于蕊喙下面中央。

【分类地位】被子植物门、单子叶植物纲、微子目、兰科。

【种类】全属有1种;中国有1种;内蒙古有1种。

凹舌兰(凹舌掌裂兰)*Coeloglossum viride*(*Dactylorhiza viridis*)

植株高14~45厘米。块茎肉质,前部呈掌状分裂。茎直立,基部具2~3枚筒状鞘,鞘之上具叶,叶之上常具1至数片苞片状小叶。叶常3~4(~5)片,叶片狭倒卵状长圆形、椭圆形或椭圆状披针形,先端钝或急尖,基部收狭成抱茎的鞘。总状花序具多数花;花苞片线形或狭披针形,直立伸展,常明显较花长;子房纺锤形,扭转;花绿黄色或绿棕色,直立伸展;萼片基部常稍合生,几等长,中萼片直立,凹陷呈舟状,卵状椭圆形,先端钝,具3条脉;侧萼片偏斜,卵状椭圆形,较中萼片稍长,先端钝,具4~5条脉;花瓣直立,线状披针形,较中萼片稍短,具1条脉,与中萼片靠合呈兜状;唇瓣下垂,肉质,倒披针形,较萼片长,基部具囊状距,上面在近部的中央有1条短的纵褶片,前部3裂,侧裂片较中裂片长,中裂片小;距卵球形。蒴果直立,椭圆形,无毛。花期6~8月。

生于海拔1200~4300米的山坡灌丛或林下、林缘及草甸。

产于内蒙古锡林郭勒盟、乌兰察布市、呼和浩特市、包头市及大青山、贺兰山;中国甘肃、河北、台湾、新疆、西藏、云南也产;不丹、日本、克什米尔、哈萨克斯坦、朝鲜、吉尔吉斯坦、蒙古、尼泊尔、俄罗斯、土库曼斯坦以及西南亚、欧洲、北美洲也有分布。

八宝属——【学　名】*Hylotelephium*

【蒙古名】ᠪᠢᠮᠪᠠ ᠬᠢᠨᠠ ᠶᠢᠨ ᠲᠥᠷᠥᠯ

【英文名】Eight treasure, Stonecrop

【生活型】多年生草本。

【茎】根状茎肉质、短；新枝不为鳞片包被，茎自基部脱落或宿存而下部木质化，自其上部或旁边发出新枝。

【叶】叶互生、对生或3～5叶轮生，不具距，扁平，无毛。

【花】花序复伞房状、伞房圆锥状、伞状伞房状，小花序聚伞状，有密生的花，顶生，有苞；花两性，五基数的，少有四基数或退化为单性的；萼片不具距，常较花瓣为短，基部多少合生；花瓣通常离生，先端通常不具短尖，白色、粉红色、紫色，或淡黄色、绿黄色，雄蕊10枚，较花瓣长或短，对瓣雄蕊着生在花瓣近基部处；鳞长圆状楔形至线状长圆形，先端圆或稍有微缺；成熟心皮几直立，分离，腹面不隆起，基部狭，近有柄。

【果实和种子】蓇葖果，含种子多数，种子有狭翅。

【分类地位】被子植物门、双子叶植物纲、原始花被亚纲、蔷薇目、虎耳草亚目、景天科。

【种类】全属有30种左右；中国有15种，2变种；内蒙古有6种。

八宝 *Hylotelephium erythrostictum*

多年生草本。块根胡萝卜状。茎直立，不分枝。叶对生，少有互生或3叶轮生，长圆形至卵状长圆形，先端急尖，钝，基部渐狭，边缘有疏锯齿，无柄。伞房状花序顶生；花密生，花梗稍短或同长；萼片5个；花瓣5片，白色或粉红色，宽披针形，渐尖；雄蕊10枚，与花瓣同长或稍短，花药紫色；鳞片5个，长圆状楔形，先端有微缺；心皮5个，直立，基部几分离。花期8～10月。

生于山地林缘及沟谷。产于内蒙古呼伦贝尔市、赤峰市、锡林郭勒盟；中国安徽、贵州、河北、河南、江苏、吉林、辽宁、山西、山东、陕西、四川、云南、浙江也产；日本、朝鲜、俄罗斯也有分布。

八仙花属（绣球属）——【学　名】*Hydrangea*

【蒙古名】ᠣᠳᠬᠠᠨ ᠴᠡᠴᠡᠭ ᠦᠨ ᠲᠥᠷᠥᠯ（ᠴᠡᠴᠡᠭ ᠦᠨ ᠲᠥᠷᠥᠯ）

【英文名】Hydrangea

【生活型】常绿或落叶亚灌木、灌木或小乔木，少数为木质藤本或藤状灌木。

【叶】叶常 2 片对生或少数种类兼有 3 片轮生，边缘有小齿或锯齿，有时全缘；托叶缺。

【花】聚伞花序排成伞形状、伞房状或圆锥状，顶生；苞片早落；花二型，极少一型，不育花（或称放射花）存在或缺，具长柄，生于花序外侧，花瓣和雄蕊缺或极退化，萼片大，花瓣状，2～5 个，分离，偶有基部稍连合；孕性花较小，具短柄，生于花序内侧，花萼筒状，与子房贴生，顶端 4～5 裂，萼齿小；花瓣 4～5 片，分离，镊合状排列，早落或迟落，或少数种类连合成冠盖状花冠，花冠因雄蕊的伸长而整个被推落；雄蕊通常 10 枚，有时 8 枚或多达 25 枚，着生于花盘边缘下侧，花丝线形，花药长圆形或近圆形；子房 1/3～2/3 上位或完全下位，3～4 室，有时 2～5 室，胚珠多数，生于子房室的内侧，花柱 2～4 枚，少有 5 枚，分离或基部连合，具顶生或内斜的柱头，宿存。

【果实和种子】蒴果 2～5 室，于顶端花柱基部间孔裂，顶端截平或突出于萼筒；种子多数，细小，两端或周边具翅或无翅，种皮膜质，具脉纹。

【分类地位】被子植物门、双子叶植物纲、原始花被亚纲、蔷薇目、虎耳草亚目、虎耳草科。

【种类】本属约有 73 种；中国有 46 种，10 变种；内蒙古有 1 种。

东陵八仙花（东陵绣球）*Hydrangea bretschneideri*

灌木。当年生小枝栗红色至栗褐色或淡褐色，初时疏被长柔毛，很快变无毛，二年生小枝色稍淡，通常无皮孔，树皮较薄，常呈薄片状剥落。叶薄纸质或纸质，卵形至长卵形、倒长卵形或长椭圆形，先端渐尖，具短尖头，基部阔楔形或近圆形，边缘有具硬尖头的锯齿小齿或粗齿，干后上面常呈暗褐色，无毛或有少许散生短柔毛，脉上常被疏短柔毛，下面灰褐色，密被灰白色、卷曲稍短的细柔毛和近直较粗的长柔毛或后变近无毛；中脉在下面凸起，侧脉 7～8 对，较细，直斜向上，近边缘微弯，下面稍凸起，三级脉不明显或稍明显，小脉网状，网眼较大，不甚明显；初时被柔毛。伞房状聚伞花序较短小，顶端截平或微拱；分枝 3 个，近等粗，稍不等长，中间 1 枝常较短，密被短柔毛；不育花萼片 4 个，广椭圆形、卵形、倒卵形或近圆形，近等大，钝头，全缘；孕性花萼筒杯状，萼齿三角形；花瓣白色，卵状披针形或长圆形；雄蕊 10 枚，不等长，短的约等于花瓣，花药近圆形；子房略超过一半下位，花柱 3 枚，上部略尖，直立或稍扩展，基部连合，柱头近头状。蒴果卵球形，顶端突出部分圆锥形，稍短于萼筒；种子淡褐色，狭椭圆形或长圆形，略扁。花期 6～7 月，果期 8～10 月。

生于山地林缘、灌丛。产于内蒙古赤峰市、乌兰察布市、巴彦淖尔市、呼和浩特市、包头市；中国甘肃、河北、河南、宁夏、青海、山西、陕西也产。

菝葜属──【学　名】*Smilax*

　　　　　　【蒙古名】ᠪᠣᠷᠭᠠᠨ ᠳ᠋ᠣ ᠠᠭᠤᠷᠠᠭ

　　　　　　【英文名】Greenbrier

【生活型】攀援或直立小灌木,常绿或有时落叶,极少为草本。

【茎】常具坚硬的根状茎。枝条圆柱形或有时四棱形,常有刺,有时有疣状突起或刚毛。

【叶】叶为二列的互生,全缘,具3～7条主脉和网状细脉;叶柄两侧边缘常具或长或短的翅状鞘,鞘的上方有一对卷须或无卷须,向上至叶片基部一段有一色泽较暗的脱落点,由于脱落点位置不同,在叶片脱落时或带着一段叶柄,或几乎不带叶柄。

【花】花小,单性异株,通常排成单个腋生的伞形花序,较少若干个伞形花序又排成圆锥花序或穗状花序;腋生花序的基部有时有1个和叶柄相对的鳞片(先出叶);花序托常膨大,有时稍伸长,而使伞形花序多少呈总状;花被片6枚,离生,有时靠合;雄花通常具6枚雄蕊,极少为3枚或多达18枚;花药基着,2室,内向,通常在靠近药隔的一侧开裂;雌花具(1～)3～6枚丝状或条形的退化雄蕊,极少无退化雄蕊;子房3室,每室具1～2颗胚珠,花柱较短,柱头3裂。

【果实和种子】浆果通常球形,具少数种子。

【分类地位】被子植物门、单子叶植物纲、百合目、百合亚目、百合科。

【种类】全属约有300种;中国有60种和一些变种;内蒙古有1种。

牛尾菜 *Smilax riparia*

　　多年生草质藤本。茎中空,有少量髓,干后凹瘪并具槽。叶比上种厚,形状变化较大,下面绿色,无毛;叶柄通常在中部以下有卷须。伞形花序总花梗较纤细;小苞片在花期一般不落;雌花比雄花略小,不具或具钻形退化雄蕊。花期6～7月,果期8～10月。

　　生于林下。产于内蒙古通辽市大青沟;中国安徽、福建、甘肃、广东、广西、贵州、河北、黑龙江、河南、湖北、湖南、江苏、江西、吉林、辽宁、山西、山东、陕西、四川、台湾、云南、浙江也产;日本、朝鲜、菲律宾也有分布。

霸王属——【学　名】*Sarcozygium*

【蒙古名】ᠭᠣᠷᠣᠬᠠᠢ ᠤᠨ ᠢᠵᠠᠭᠣᠷ

【英文名】Beancaper，Caltrop

【生活型】灌木或草本。

【叶】叶对生，双数羽状复叶，少单叶；肉质；托叶 2 片，草质或膜质。

【花】花 1～2 朵腋生；萼片 4～5 个；花瓣 4～5 片，白色、黄色或橙黄色，有时具橙黄色或橙红色的爪；雄蕊 8～10 枚，一般在花丝基部具鳞片状附属物；子房 3～5 室，柱头不分裂。

【果实和种子】蒴果，通常具 3～5 条棱或翅，每室含 1 至数粒种子。种子具胚乳。

【分类地位】被子植物门、双子叶植物纲、原始花被亚纲、牻牛儿苗目、蒺藜科。

【种类】全属约有 100 种；中国有 2 种。

生于荒漠、草原化荒漠及荒漠化草原带的戈壁覆沙地、石质残丘坡地、固定与半固定沙地、干河床、沙砾质丘间平地。产于内蒙古锡林郭勒盟、乌兰察布市、鄂尔多斯市、巴彦淖尔市、阿拉善盟；中国甘肃、河北、宁夏、青海、新疆也产；蒙古也有分布。

Zygophyllum 与 *Sarcozygium*

　　Zygophyllum L. 是瑞典植物学家、医生和动物学家林奈（Carl von Linnaeus，1707－1778）于 1753 年在《植物种志》（*Species Plantarum* 1）上建立的植物属，模式种为 *Zygophyllum fabago* L.，即骆驼蹄瓣。*Sarcozygium* Bunge 是俄国植物学家宾奇（Alexander Georg von Bunge，1803－1890）于 1843 年在"Linnaea 17"上建立的植物属，模式种为 *Sarcozygium xanthoxylon* Bunge，汉名也叫骆驼蹄瓣。1889 年，俄罗斯植物学家马克西莫维奇（Carl Johann Maximovich（1827－1891）把 *Sarcozygium xanthoxylon* Bunge 组合到 *Zygophyllum* 属中，建立了 *Zygophyllum xanthoxylon*（Bunge）Maxim.。《中国沙漠植物志》和《内蒙古植物志》等采用了马克西莫维奇的组合，并把 *Zygophyllum* 称为"霸王属"，未采用 *Sarcozygium* 属。而《中国植物志》（汉文版）同时采纳了 *Sarcozygium* Bunge 和 *Zygophyllum* L.，采用汉名"骆驼蹄瓣属"和"霸王属"。在 *Sarcozygium* Bunge 里收录 *Sarcozygium xanthoxylon* Bunge 和喀什霸王 *Sarcozygium kaschgaricun*（Boriss.）Y. X. Liou 2 个种，其余种类全部归入 *Zygophyllum* L.。"Flora of China"采用 *Zygophyllum* L.，采用汉名"霸王属"，把 *Sarcozygium* Bunge 作异名，记录了 20 种，1 变种，属下分类群的汉名全部采用"霸王"。

白刺属——【学　名】*Nitraria*

　　　　　　【蒙古名】ᠰᠢᠭᠡᠷ ᠦ ᠲᠥᠷᠥᠯ

　　　　　　【英文名】Whitethorn

【生活型】灌木。

【茎】枝先端常成硬针刺。

【叶】单叶质厚、肉质、全缘或顶端齿裂；托叶小。

【花】顶生或腋生聚伞花序，蝎尾状；花小，白色或黄绿色；萼片 5 个，花瓣 5 片；雄蕊 10～15 枚；子房上位，3 室，柱头卵形。

【果实和种子】浆果状核果，外果皮薄，中果皮肉质多浆，内果皮骨质。

【分类地位】被子植物门、双子叶植物纲、原始花被亚纲、牻牛儿苗目、蒺藜科。

【种类】全属有 11 种；中国有 6 种，1 变种；内蒙古有 4 种。

小果白刺 *Nitraria sibirica*

　　灌木。弯，多分枝，枝铺散，少直立。小枝灰白色，不孕枝先端刺针状。叶近无柄，在嫩枝上 4～6 片簇生，倒披针形，先端锐尖或钝，基部渐窄成楔形，无毛或幼时被柔毛。被疏柔毛；萼片 5 个，绿色，花瓣黄绿色或近白色，矩圆形。果椭圆形或近球形，两端钝圆，熟时暗红色，果汁暗蓝色，带紫色，味甜而微咸；果核卵形，先端尖。花期 5～6 月，果期 7～8 月。

　　生于轻度盐渍化低地，湖盆边缘、干河床边。产于内蒙古呼伦贝尔市、兴安盟、锡林郭勒盟、乌兰察布市、鄂尔多斯市、巴彦淖尔市、阿拉善盟、呼和浩特市、乌海市；中国甘肃、河北、吉林、辽宁、宁夏、青海、山西、山东、陕西、新疆也产；蒙古、俄罗斯也有分布。

白花丹科——【学　名】*Plumbaginaceae*

【蒙古名】ᠬᠦᠮᠦᠯᠢ ᠴᠠᠭᠠᠨ ᠦ ᠣᠪᠤᠭ

【英文名】Leadwort Family

【生活型】小灌木、半灌木或多年生草本，直立、上升或垫状，有时上端蔓状而攀援，常被钙质颗粒。

【茎】茎、枝有明显的节，沿节多少呈"之"字形曲折；或者仅在根端成短缩而通常肥大的"茎基"。

【叶】单叶，互生或基生，全缘，偶为羽状浅裂或羽状缺刻，下部通常渐狭成柄，叶柄基部扩张或抱茎；通常无托叶。

【花】花两性，整齐，鲜艳，无或有极短梗，通常（1）2~5朵集为1个簇状小聚伞花序（此基本花序在本科称为"小穗"），有时全部小穗均含单花；小穗通常偏于穗轴的一侧排列成"穗状花序"；穗状花序又可在花序分枝上构成种种复花序；小穗基部有苞片1个；每花基部具小苞2个或1个，苞与小苞宿存。萼下位，或多或少联合，漏斗状、倒圆锥状或管状，有时上部扩大成外展或狭钟状的萼檐；多少为膜质或干膜质，稀全为草质，常有色彩；具5条脉，萼筒通常沿脉隆起成宽钝的棱；花萼裂片5枚，有时具间生小裂片，在芽中折叠或镊合状；结果时萼略变硬，包于果实之外，通常连同果实迟落。花冠下位，较萼长，由5片花瓣或多或少联合而成；花冠裂片在芽中旋转状，花后扭曲而萎缩于萼筒内。雄蕊5枚，与花冠裂片对生，下位，或着生于花冠基部；花丝扁，线形，基部多少扩张；花药2室，平行，纵裂，近于中着，罕为底着。雌蕊1枚，由5枚心皮结合而成；子房上位，1室；胚珠1颗，倒生，具2层珠被，悬垂于由子房基部生出的细长珠柄上；花柱顶生，5枚，分离或基部连合，或完全联合成1枚，平滑或有突起；有时花柱异长；柱头5枚，与萼的裂片对生，扁头状、圆柱形或横的长圆形。

【果实和种子】蒴果通常先沿基部不规则环状破裂，然后向上沿棱裂成顶端相连或分离的5瓣。种子具薄层粉质胚乳。

【种类】全科有21属，约580种；中国有7属，约40种；内蒙古有3属，6种。

白花丹科（蓝雪科、矶松科）Plumbaginaceae Juss. 是法国植物学家 Antoine Laurent de Jussieu(1748－1836)于1789年在"Genera plantarum 92"中建立的植物科，模式属为白花丹属（*Plumbago*）。在恩格勒系统(1964)中，白花丹科隶属合瓣花亚纲(Sympetalae)白花丹目(Plumbaginales)，只含1个科。在哈钦森系统(1959)中，白花丹科隶属草本支(Herbaceae)、报春花目(Primulales)，含白花丹科和报春花科(Primulaceae)，认为报春花目由龙胆目(Gentianales)演化而来。在塔赫他间系统(1980)中，白花丹科隶属石竹亚纲(Caryophyllidae)、白花丹目，只含1个科，认为白花丹目与石竹目(Caryophyllales)有关系，白花丹目可能起源于石竹目和蓼目(Polygonales)的共同祖先。克朗奎斯特系统(1981)也成立了白花丹目，也只含1个科，与蓼目和石竹目一并归入石竹亚纲，但石竹目在石竹亚纲内处于更高级的地位，蓼目与白花丹目有共同祖先。

白酒草属——【学　名】*Conyza*

【蒙古名】ᠮᠠᠩᠭᠢᠷᠬᠠᠨ ᠲᠥᠷᠥᠯ ᠤ᠋ᠨ ᠢᠵᠠᠭᠤᠷ（ᠮᠠᠩᠭᠢᠷᠬᠠᠨ ᠤ᠋ ᠢᠵᠠᠭᠤᠷ）

【英文名】Conyza

【生活型】一年生或二年生或多年生草本,稀灌木。

【茎】茎直立或斜升,不分枝或上部多分枝。

【叶】叶互生,全缘或具齿,或羽状分裂。

【花】头状花序异形,盘状,通常多数或极多数排列成总状,伞房状或圆锥状花序,少有单生;总苞半球形至圆柱形,总苞片3～4层,或不明显的2～3层,披针形或线状披针形,通常草质,具膜质边缘;花托半球状,具窝孔或具锯屑状缘毛,边缘的窝孔常缩小;花全部结实,外围的雌花多数,花冠丝状,无舌或具短舌,常短于花柱或舌片短于管部且几不超出冠毛,中央的两性花,少数,花冠管状,顶端5齿裂;花药基部钝,全缘;花柱分枝具短披针形附器,具乳头状突起。

【果实和种子】瘦果小长圆形,极扁,两端缩小,边缘脉状,无肋,被短微毛或杂有腺;冠毛污白色或变红色,细刚毛状,1层,近等长或稀2层,外层极短。

【分类地位】被子植物门、双子叶植物纲、合瓣花亚纲、桔梗目、菊科。

【种类】全属有80～100种;中国有10种,1变种;内蒙古有1种。

小蓬草 *Conyza canadensis*

一年生草本。根纺锤状,具纤维状根。茎直立,圆柱状,多少具棱,有条纹,被疏长硬毛,上部多分枝。叶密集,基部叶花期常枯萎,下部叶倒披针形,顶端尖或渐尖,基部渐狭成柄,边缘具疏锯齿或全缘,中部和上部叶较小,线状披针形或线形,近无柄或无柄,全缘或少有具1～2枚齿,两面或仅上面被疏短毛边缘常被上弯的硬缘毛。头状花序多数,小,排列成顶生多分枝的大圆锥花序;花序梗细,总苞近圆柱状;总苞片2～3层,淡绿色,线状披针形或线形,顶端渐尖,外层约短于内层之半,背面被疏毛,边缘干膜质,无毛;花托平,具不明显的突起;雌花多数,舌状,白色,舌片小,稍超出花盘,线形,顶端具2枚钝小齿;两性花淡黄色,花冠管状,上端具4或5齿裂,管部上部被疏微毛;瘦果线状披针形,被贴微毛;冠毛污白色,1层,糙毛状。花果期5～9月。

生于田间、路边、村舍附近。产于内蒙古通辽市;中国安徽、福建、甘肃、广东、广西、贵州、河北、黑龙江、河南、湖北、湖南、江苏、江西、吉林、辽宁、山西、山东、陕西、四川、台湾、新疆、西藏、云南、浙江也产;原产于北美洲。

白蜡树属（梣属）——【学　名】*Fraxinus*

【蒙古名】ᠴᠠᠭᠠᠨ ᠮᠣᠳᠤᠨ ᠤ ᠲᠥᠷᠥᠯ

【英文名】Ash

【生活型】落叶乔木,稀灌木。

【茎】嫩枝在上下节间交互呈两侧扁平状。

【叶】叶对生,奇数羽状复叶,稀呈 3 片轮生状,有小叶 3 至多片;叶柄基部常增厚或扩大;小叶叶缘具锯齿或近全缘。

【花】花小,单性、两性或杂性,雌雄同株或异株;圆锥花序顶生或腋生于枝端,或着生于去年生枝上;苞片线形至披针形,早落或缺如;花梗细;花芳香,花萼小,钟状或杯状,萼齿 4 枚,或为不整齐的裂片状,或退化至无花萼;花冠 4 裂至基部,白色至淡黄色,裂片线形、匙形或舌状,早落或退化至无花冠;雄蕊通常 2 枚,与花冠裂片互生,花丝通常短,或在花期迅速伸长伸出花冠之外,花药 2 室,纵裂;子房 2 室,每室具下垂胚珠 2 颗,花柱较短,柱头多少 2 裂。

【果实和种子】果为含 1 粒或偶有 2 粒种子的坚果,扁平或凸起,先端迅速发育伸长成翅,翅长于坚果,故称单翅果;种子卵状长圆形,扁平,种皮薄,脐小;胚乳肉质;子叶扁平;胚根向上。

【分类地位】被子植物门、双子叶植物纲、合瓣花亚纲、捩花目、木犀亚目、木犀科、木犀亚科、梣族。

【种类】全属约有 60 种;中国有 27 种,1 亚种;内蒙古有 3 种,1 变种。

白蜡树 *Fraxinus chinensis*

落叶大乔木。树皮灰褐色,光滑。冬芽阔卵形,顶端尖,黑褐色。当年生枝淡黄色,一年生枝暗褐色,皮孔散生。基部膨大;叶轴上面具浅沟,小叶着生处具关节,节上有时簇生棕色曲柔毛;小叶 5~7 片,革质,阔卵形、倒卵形或卵状披针形;小叶柄上面具深槽。圆锥花序顶生或腋生,当年生枝梢;花序梗细而扁;苞片长披针形,先端渐尖,早落;雄花与两性花异株;花萼浅杯状,萼毛三角形无毛;无花冠;两性花具雄蕊 2 枚,花药椭圆形,雌蕊具短花柱,柱头 2 叉深裂;雄花花萼小,花丝细。翅果线形,先端钝圆、急尖或微凹,翅下延至坚果中部,坚果略隆起;具宿存萼。

生于山地阔叶林。产于内蒙古兴安盟、通辽市、赤峰市;中国甘肃、河北、黑龙江、河南、吉林、辽宁、山西、山东、陕西也产;日本、朝鲜、俄罗斯也有分布。

白麻属——【学　名】*Poacynum*

【蒙古名】ᠵᠢᠮᠢᠰ ᠲᠣᠷᠣᠮ ᠤ ᠣᠪᠣᠭ

【英文名】Poacynum

【生活型】直立半灌木,具乳汁。

【茎】枝条互生。

【叶】叶互生,稀对生,边缘具细牙齿,具柄;叶柄基部及腋间具腺体。

【花】圆锥状聚伞花序1至多歧,顶生;花萼5裂,梅花式排列,内无腺体;花冠骨盆状,整齐,5裂,裂片基部向右覆盖,在花蕾时更明显;花冠筒内面基部具有副花冠,肉质,裂片5枚,基部合生,顶端长尖凸出;雄蕊5枚,着生在花冠筒基部,与副花冠裂片互生,花药箭头状,顶端渐尖,隐藏在花喉内,花药背面隆起,腹面粘生在柱头的基部,基部具耳,花丝短,被白色茸毛;雌蕊1枚,柱头基部盘状,顶端钝,2裂,花柱短,子房半下位,由2枚离生心皮所组成,被白色茸毛,胚珠多数,着生在子房的腹缝线侧膜胎座上;花盘肉质,环状,合生,顶端5浅裂或微缺,环绕子房,着生在花托上。

【果实和种子】蓇葖2枚,平行或叉生,细而长,圆筒状;种子多数,细小,顶端具有一簇白色绢质的种毛;胚根在上。

【分类地位】被子植物门、双子叶植物纲、合瓣花亚纲、捩花目、夹竹桃科、夹竹桃亚科、夹竹桃族。

【种类】全属有2种;中国有2种;内蒙古有1种。

白麻 *Poacynum pictum*

直立半灌木。基部木质化;茎黄绿色,有条纹;叶坚纸质,互生,稀在茎的上部对生,线形至线状披针形,先端渐尖,狭成急尖头,基部楔形,边缘具细牙齿,表面具颗粒状突起;中脉在叶背略为隆起,圆锥状的聚伞花序1至多歧,顶生;苞片及小苞片披针形;花萼5裂,下部合生,裂片卵圆状三角形;花冠辐状,粉红色,裂片5枚,每枚裂片有3条深紫色条纹,宽三角形,先端钝或圆形;副花冠着生在花冠筒的基部,裂片5枚,三角形,基部合生,上部离生,先端长渐尖凸起;雄蕊5枚,与副花冠裂片互生,花丝短,被茸毛,花药箭头状,先端急尖,基部具耳;花盘肉质环状;子房半下位,由2枚离生心皮组成,基部埋藏于花托中,花柱圆柱状,柱头顶端钝,2裂,基部盘状。蓇葖2枚,平行或略为叉生,倒垂,外果皮灰褐色,有细纵纹;种子红褐色,长圆形,顶端具一簇白色绢质种毛。花期4～9月,果期7～12月。

生于盐碱荒地、河漫滩、沟谷及沙漠边缘;产于内蒙古阿拉善盟;中国甘肃、青海、新疆也产;哈萨克斯坦、蒙古也有分布。

白茅属——【学　名】*Imperata*

　　　　　【蒙古名】ᠼᠠᠭᠠᠨ ᠤ ᠲᠥᠷᠥᠯ

　　　　　【英文名】Cogongrass，Satintail

【生活型】多年生草本。

【茎】具发达多节的长根状茎。秆直立，常不分枝。

【叶】叶片多数基生，线形；叶舌膜质。

【花】圆锥花序顶生，狭窄，紧缩呈穗状。小穗含 1 朵两性小花，基部围以丝状柔毛，具长短不一的小穗柄，孪生于细长延续的总状花序轴上，两颖近相等，披针形，膜质或下部草质，具数脉，背部被长柔毛；外稃透明膜质，无脉，具裂齿和纤毛，顶端无芒；第一内稃不存在；第二内稃较宽，透明膜质，包围着雌、雄蕊；鳞被不存在；雄蕊 2 枚或 1 枚；花柱细长，下部多少连合；柱头 2 枚，线形，自小穗之顶端伸出。

【果实和种子】颖果椭圆形，胚大型，种脐点状。

【分类地位】被子植物门、单子叶植物纲、禾本目、禾本科、黍亚科、高粱族、甘蔗亚族。

【种类】全属约有 10 种；中国有 4 种，1 变种；内蒙古有 1 变种。

白茅 *Imperata cylindrica*

　　多年生草本。具粗壮的长根状茎。秆直立，具 1～3 节，节无毛。叶鞘聚集于秆基，甚长于其节间，质地较厚，老后破碎呈纤维状；叶舌膜质，紧贴其背部或鞘口具柔毛，分蘖叶片扁平，质地较薄；秆生叶片窄线形，通常内卷，顶端渐尖呈刺状，下部渐窄，圆锥花序稠密，小穗基盘具丝状柔毛；两颖草质及边缘膜质，近相等，具 5～9 条脉，顶端渐尖或稍钝，常具纤毛，脉间疏生长丝状毛，第一外稃卵状披针形，长为颖片的 2/3，透明膜质，无脉，顶端尖或齿裂，第二外稃与其内稃近相等，长约为颖之半，卵圆形，顶端具齿裂及纤毛；雄蕊 2 枚；花柱细长，基部多少连合，柱头 2 枚，紫黑色。颖果椭圆形，胚长为颖果之半。

　　生于路旁、撂荒地、山坡、草甸、沙地。产于内蒙古兴安盟、通辽市、赤峰市、乌兰察布市、巴彦淖尔市；中国安徽、福建、广东、广西、贵州、海南、河北、黑龙江、河南、湖北、湖南、江苏、江西、辽宁、山西、陕西、四川、台湾、新疆、西藏、浙江也产；阿富汗、不丹、印度、印度尼西亚、日本、哈萨克斯坦、朝鲜、吉尔吉斯斯坦、马来西亚、缅甸、尼泊尔、新几内亚、巴基斯坦、菲律宾、俄罗斯、斯里兰卡、泰国、土库曼斯坦、乌兹别克斯坦、越南以及非洲、西南亚、澳大利亚、欧洲也有分布。

白屈菜属——【学　名】*Chelidonium*

【蒙古名】ᠰᠢᠷ᠎ᠠ ᠨᠢᠳᠦᠲᠦ ᠡᠪᠡᠰᠦ

【英文名】Celandine

【生活型】多年生直立草本。蓝灰色,具黄色液汁。

【茎】根茎褐色。茎直立,圆柱形,聚伞状分枝。

【叶】基生叶羽状全裂,裂片倒卵状长圆形、宽倒卵形或披针形,边缘圆齿状或齿状浅裂或近羽状全裂;具长柄;茎生叶互生,叶片同基生叶,具短柄。

【花】花多数,排列成腋生的伞形花序;具苞片。花芽卵球形;萼片2个,黄绿色;花瓣4片,黄色,2轮;雄蕊多数;子房圆柱形,1室,2枚心皮,无毛,花柱明显,柱头2裂。

【果实和种子】蒴果狭圆柱形,近念珠状,无毛,成熟时自基部向先端开裂成2枚果瓣,柱头宿存。种子多数,小,具光泽,表面具网纹,有鸡冠状种阜。

【分类地位】被子植物门、双子叶植物纲、原始花被亚纲、罂粟目、罂粟亚目、罂粟科、罂粟亚科、白屈菜族。

【种类】全属有1种;中国有1种;内蒙古有1种。

【注释】属名 *Chelidonium* 为希腊语,是燕子之意。

白屈菜 *Chelidonium majus*

多年生草本。主根粗壮,圆锥形,侧根多,暗褐色。茎聚伞状多分枝,分枝常被短柔毛,节上较密,后变无毛。基生叶少,早凋落,叶片倒卵状长圆形或宽倒卵形,羽状全裂,全裂片2～4对,倒卵状长圆形,具不规则的深裂或浅裂,裂片边缘圆齿状,表面绿色,无毛,背面具白粉,疏被短柔毛;叶柄被柔毛或无毛,基部扩大成鞘。伞形花序多花;花梗纤细,幼时被长柔毛,后变无毛;苞片小,卵形。萼片卵圆形,舟状,无毛或疏生柔毛,早落;花瓣倒卵形,全缘,黄色;花丝丝状,黄色,花药长圆形;子房线形,绿色,柱头2裂。蒴果狭圆柱形,具通常比果短的柄。种子卵形,暗褐色。花期4～9月,果期8月。

生于山地林缘、林下、沟谷溪边。产于内蒙古呼伦贝尔市、兴安盟、通辽市、赤峰市、乌兰察布市、呼和浩特市、包头市;中国安徽、甘肃、贵州、河北、黑龙江、河南、湖北、湖南、江苏、吉林、辽宁、青海、山西、山东、陕西、四川、云南、浙江也产;日本、朝鲜、俄罗斯以及欧洲也有分布。

白头翁属——【学　名】*Pulsatilla*

【蒙古名】ᠲᠠᠷᠪᠠᠭᠠᠨ ᠴᠡᠴᠡᠭ ᠤᠨ ᠲᠥᠷᠥᠯ (ᠥᠭᠰᠢᠭᠡᠨ ᠰᠠᠬᠠᠯ ᠤᠨ ᠲᠥᠷᠥᠯ)

【英文名】Pulsatilla

【生活型】多年生草本。

【茎】有根状茎,常有长柔毛。

【叶】叶均基生,有长柄,掌状或羽状分裂,有掌状脉。花葶有总苞;苞片 3 个,分生,有柄,或无柄,基部合生成筒,掌状细裂。

【花】花单生花葶顶端,两性;花托近球形。萼片 5 个或 6 个,花瓣状,卵形、狭卵形或椭圆形,蓝紫色或黄色;雄蕊多数,花药椭圆形,花丝狭线形,有 1 条纵脉,雄蕊全部发育或最外层的转变成小的退化雄蕊;心皮多数,子房有 1 颗胚珠,花柱长,丝形,有柔毛。

【果实和种子】聚合果球形;瘦果小,近纺锤形,有柔毛,宿存花柱强烈增长,羽毛状。

【分类地位】被子植物门、双子叶植物纲、原始花被亚纲、毛茛目、毛茛科、毛茛亚科、银莲花族、银莲花亚族。

【种类】全属约有 43 种;中国约有 11 种,2 亚种,1 变种;内蒙古有 8 种,1 变种。

白头翁 *Pulsatilla chinensis*

多年生草本。基生叶 4～5 片,通常在开花时刚刚生出,有长柄;叶片宽卵形,3 全裂,中全裂片有柄或近无柄,宽卵形,3 深裂,中深裂片楔状倒卵形,少有狭楔形或倒梯形,全缘或有齿,侧深裂片不等 2 浅裂,侧全裂片无柄或近无柄,不等 3 深裂,表面变无毛,背面有长柔毛;叶柄有密长柔毛。花葶 1(～2)个,有柔毛;苞片 3 个,基部合生成长 3～10 毫米的筒,3 深裂,深裂片线形,不分裂或上部 3 浅裂,背面密被长柔毛;花直立;萼片蓝紫色,长圆状卵形,背面有密柔毛;雄蕊长约为萼片之半。瘦果纺锤形,有长柔毛,宿存花柱有向上斜展的长柔毛。花期 5～6 月,果期 6～7 月。

生于山地林缘和草甸。产于内蒙古呼伦贝尔市、兴安盟、通辽市、赤峰市、乌兰察布市;中国安徽、甘肃、河北、黑龙江、河南、湖北、江苏、吉林、辽宁、青海、山西、山东、陕西、四川也产;朝鲜、俄罗斯也有分布。

白鲜属 —— 【学　名】*Dictamnus*

【蒙古名】ᠬᠠᠷᠠᠮᠥᠭᠡ ᠶᠢᠨ ᠢᠵᠠᠭᠤᠷ

【英文名】Dittahy，Burningbush

【生活型】多年生宿根草本,有浓烈特殊气味。

【叶】叶互生,奇数羽状复叶,小叶对生,密生透明油点。

【花】总状花序顶生,花梗基部有苞片1个;萼片5个,基部合生;花瓣5片,两侧稍对称,下面1片向下垂,其余4片向上斜展;雄蕊10枚,着生于花盘基部四周,花丝分离;雌蕊由5枚心皮组成,花柱线形,柱头略增粗,每枚心皮有着生于腹缝线上的胚珠3或4颗。

【果实和种子】成熟蓇葖果开裂为5枚分果瓣,分果瓣2瓣裂,其顶部有尖长的喙,内有种子2～3粒,内果皮近角质;种子近圆球形,一端略尖,黑色,有光泽,胚乳肉质,子叶增厚,胚根短。

【分类地位】被子植物门、双子叶植物纲、原始花被亚纲、芸香目、芸香亚目、芸香科、芸香亚科。

【种类】全属约有5种,中国有1种;内蒙古有1种(或1亚种)。

白鲜 *Dictamnus dasycarpus* (Dictamnus dasy carpus subsp. dasycarpus)

多年生草本。茎基部木质化的多年生宿根草本。根斜生,肉质粗长,淡黄白色。茎直立,幼嫩部分密被长毛及水泡状凸起的油点。叶有小叶9～13片,小叶对生,无柄,位于顶端的一片则具长柄,椭圆至长圆形,生于叶轴上部的较大,叶缘有细锯齿,叶脉不甚明显,中脉被毛,成长叶的毛逐渐脱落;叶轴有狭窄的翼叶。总状花序长可达30厘米;苞片狭披针形;花瓣白带淡紫红色或粉红带深紫红色脉纹,倒披针形;雄蕊伸出于花瓣外;萼片及花瓣均密生透明油点。成熟的果(蓇葖)沿腹缝线开裂为5枚分果瓣,每枚分果瓣又深裂为2枚小瓣,瓣的顶角短尖,内果皮蜡黄色,有光泽,每枚分果瓣有种子2～3粒;种子阔卵形或近圆球形,光滑。花期5月,果期8～9月。

生于山坡林缘、疏林草丛、草甸。产于内蒙古呼伦贝尔市、兴安盟、通辽市、赤峰市、锡林郭勒盟;中国安徽、甘肃、河北、黑龙江、河南、湖北、江苏、江西、吉林、辽宁、宁夏、山西、山东、陕西、四川、新疆也产;朝鲜、蒙古、俄罗斯也有分布。

百合科——【学　名】*Liliaceae*

【蒙古名】ᠮᠦᠩ᠊᠊ᠤᠨ ᠶᠢᠨ ᠡᠪᠡᠰᠦ

【英文名】Lily Family

【生活型】多年生草本,很少为亚灌木、灌木或乔木状。

【茎】通常为具根状茎、块茎或鳞茎。

【叶】叶基生或茎生,后者多为互生,较少为对生或轮生,通常具弧形平行脉,极少具网状脉。

【花】花两性,很少为单性异株或杂性,通常辐射对称,极少稍两侧对称;花被片6枚,少有4枚或多数,离生或不同程度的合生,一般为花冠状;雄蕊通常与花被片同数,花丝离生或贴生于花被筒上;花药基着或丁字状着生;花药2室,纵裂,较少汇合成一室而为横缝开裂;心皮合生或不同程度离生;子房上位,极少半下位,一般3室(很少为2、4、5室),具中轴胎座,少有1室而具侧膜胎座;每室具1至多数倒生胚珠。

【果实和种子】果实为蒴果或浆果,较少为坚果。种子具丰富的胚乳,胚小。

【种类】全科约有250属,3500种;中国有60属,约560种;内蒙古有20属,70种,5变种。

百合科 Liliaceae Juss. 是法国植物学家 Antoine Laurent de Jussieu(1748—1836)于1789年在"Genera plantarum48"中建立的植物科,模式属为百合属(*Lilium*)。

在恩格勒系统(1964)中,百合科隶属单子叶植物纲(Monocotyledoneae)、百合目(Liliiflorae),含百合科、木根旱生草科(Xanthorrhoeaceae)、百部科(Stamonaceae)、龙舌兰科(Agavaceae)、石蒜科(Amyaryllidaceae)、薯蓣科(Dioscoreaceae)、雨久花科(Pontederiaceae)、鸢尾科(Iridaceae)等。在哈钦森系统(1959)中,百合科隶属单子叶植物纲冠花区(Corolliferae)、百合目(Liliales),含百合科、百鸢科(Tecophilaeaceae)、延龄草科(Trilliaceae)、雨久花科(Pontederiaceae)、菝葜科(Smilacaceae)、假叶树科(Ruscaceae)等6个科。其中,哈钦森系统(1959)所承认的延龄草科、菝葜科、假叶树科以及彩花扭柄目(Alstroemeriales)的垂花科(Philesiaceae)等是从广义百合科中独立出来的科。此外,哈钦森系统还把葱族(Allieae)与百子莲族(Apa—gantheae)移至石蒜科中。塔赫他间系统(A. Takhtajan)将百合科细分成16个科,如百合科、葱科(Alliaceae)、天门冬科(Asparagaceae)、萱草科(Hemerocallidaceae)等。塔赫他间系统(1980)的百合目含23个科。达格瑞(R. Dahlgren)等从广义的百合科中分出的许多小科划入天门冬目 Asparagales 中,同时赞同葱科的概念,并将其置于天门冬目下的风信子科与石蒜科之间。百合目是单子叶植物演化的总根源,由它向不同路线繁荣演化,演化出天南星目(Arales)、棕榈目(Palmales)、石蒜目(Amaryllidales)与鸢尾目(Iridales)、血皮草目(Haemodorales)与兰目,高度退化的灯心草目(Juncales)、莎草目(Cyperales)和禾本目(Graminales)。

百合属——【学　名】*Lilium*

【蒙古名】ᠰᠠᠷᠠᠨ᠎ᠠ ᠶᠢᠨ ᠲᠥᠷᠥᠯ

【英文名】Lily

【生活型】多年生草本。

【茎】鳞茎卵形或近球形;鳞片多数,肉质,卵形或披针形,无节或有节,白色,少有黄色。茎圆柱形,具小乳头状突起或无,有的带紫色条纹。

【叶】叶通常散生,较少轮生,披针形、矩圆状披针形、矩圆状倒披针形、椭圆形或条形,无柄或具短柄,全缘或边缘有小乳头状突起。

【花】花单生或排成总状花序,少有近伞形或伞房状排列;苞片叶状,但较小;花常有鲜艳色彩,有时有香气;花被片 6 枚,2 轮,离生,常多少靠合而成喇叭形或钟形,较少强烈反卷,通常披针形或匙形,基部有蜜腺,蜜腺两边有乳头状突起或无,有的还有鸡冠状突起或流苏状突起;雄蕊 6 枚,花丝钻形,有毛或无毛,花药椭圆形,背着,丁字状;子房圆柱形,花柱一般较细长;柱头膨大,3 裂。

【果实和种子】蒴果矩圆形,室背开裂。种子多数,扁平,周围有翅。

【分类地位】被子植物门、单子叶植物纲、百合目、百合亚目、百合科、百合族。

【种类】全属约有 80 种;中国有 39 种;内蒙古有 3 种,2 变种。

17

山丹 *Lilium pumilum*

多年生草本。鳞茎卵形或圆锥形;鳞片矩圆形或长卵形,白色。有小乳头状突起,有的带紫色条纹。叶散生于茎中部,条形,中脉下面突出,边缘有乳头状突起。花单生或数朵排成总状花序,鲜红色,通常无斑点,有时有少数斑点,下垂;花被片反卷,蜜腺两边有乳头状突起;无毛,花药长椭圆形,黄色,花粉近红色;子房圆柱形;花柱稍长于子房或长 1 倍多,柱头膨大,3 裂。蒴果矩圆形。花期 7～8 月,果期 9～10 月。

生于草甸草原、山地草甸及山地林缘。产于内蒙古呼伦贝尔市、兴安盟、赤峰市、锡林郭勒盟、乌兰察布市、鄂尔多斯市、巴彦淖尔市、阿拉善盟、呼和浩特市、包头市;中国甘肃、河北、黑龙江、河南、吉林、辽宁、宁夏、青海、山西、山东、陕西也产;朝鲜、蒙古、俄罗斯也有分布。

百花蒿属——【学　名】*Stilpnolepis*

【蒙古名】ᠪᠠᠭᠠᠯᠵᠠᠭᠤᠷ ᠤᠨ ᠢᠵᠠᠭᠤᠷ

【英文名】Stilpnolepis

【生活型】一年生草本。

【叶】叶互生，或在茎下部对生，线形或基部羽状浅裂。

【花】头状花序半球形，腋生，有梗，下垂，有多数两性能育的小花，多数头状花序排成疏松伞房花序；总苞片外层3～4个，草质，有膜质边缘，其余的全部膜质或边缘宽膜质，顶端圆形。花冠上部宽杯状膨大，檐部5裂；花药顶端附片三角状披针形，基部钝；花托半球形，无托毛。

【果实和种子】瘦果近纺锤形或长棒状，有纵肋纹，密生腺点。

【分类地位】被子植物门、双子叶植物纲、合瓣花亚纲、桔梗目、菊科。

【种类】全属有1种；中国有1种；内蒙古有1种。

百花蒿 *Stilpnolepis centiflora*

　　一年生草本。具粗壮纺锤形的根。茎分枝，有纵条纹，被绢状柔毛。叶线形，无柄，具3条脉，两面被疏柔毛，顶端渐尖，基部有2～3对羽状裂片，裂片条形，平展。头状花序半球形，下垂，多数头状花序排成疏松伞房花序；总苞片外层3～4个，草质，有膜质边缘，中内层卵形或宽倒卵形，全部膜质或边缘宽膜质，顶端圆形，背部有长柔毛；花托半球形，无托毛；小花多数，全为两性，结实；花冠黄色，上部3/4膨大呈宽杯状，膜质，外面被腺点，檐部5裂；花药顶端具宽披针形附片；花柱分枝顶端截形。瘦近纺锤形，有不明显的纵肋，被稠密腺点，无冠状冠毛。

　　生于流动沙丘的丘间低地。产于内蒙古鄂尔多斯市、阿拉善盟；中国甘肃、宁夏、山西也产；蒙古也有分布。

百金花属——【学　名】*Centaurium*

【蒙古名】ᠲᠤᠭᠤᠷ ᠤᠨ ᠴᠡᠴᠡᠭ ᠤ᠋ᠨ ᠲᠦᠷᠦᠯ

【英文名】Centaurium

【生活型】一年生草本。

【茎】茎纤细。

【叶】叶对生,无柄。

【花】花多数,排列成假二叉分歧式的聚伞花序或有时为穗状聚伞花序,4～5 数;花萼筒形,深裂;花冠高脚杯状,冠筒细长,浅裂;雄蕊着生于冠筒喉部,与裂片互生,花丝短,丝状,花药初时直立,后卷作螺旋形;子房半 2 室,无柄,花柱细长,线形,柱头 2 裂,裂片膨大,圆形。

【果实和种子】蒴果内藏,成熟后 2 瓣裂;种子多数,极小,表面具浅蜂窝状网隙。

【分类地位】被子植物门、双子叶植物纲、合瓣花亚纲、龙胆目、龙胆科。

【种类】全属约有 40～50 种;中国有 2 种;内蒙古有 1 种。

百金花 *Centaurium meyeri*（*Centaurium pulchellum var. altaicum*）

一年生草本。根纤细,淡褐黄色。茎纤细,直立,分枝,具 4 条纵棱,光滑无毛。叶椭圆形至披针形,先端锐尖,基部宽楔形,全缘,3 出脉,两面平滑无毛;无叶柄。二歧聚伞花序,疏散;花具细短梗;花萼管状,具 5 枚裂片;花冠近高脚碟状,白色,顶端具 5 枚裂片,裂片白色或淡红色,矩圆形。蒴果狭矩圆形;种子近球形,棕褐色,表面具皱纹。花果期 7～8 月。

生于低湿草甸、水边。产于内蒙古呼伦贝尔市、兴安盟、通辽市、赤峰市、鄂尔多斯市、阿拉善盟、呼和浩特市;中国福建、甘肃、广东、广西、海南、河北、黑龙江、湖南、江苏、江西、吉林、辽宁、宁夏、青海、山西、山东、陕西、台湾、新疆、浙江也产;印度、俄罗斯以及中亚地区也有分布。

百里香属——【学　名】*Thymus*

　　　　　　　【蒙古名】ᠭᠠᠩᠭᠠ ᠢᠷᠦᠭᠡᠯ ᠤᠨ ᠣᠪᠤᠭ

　　　　　　　【英文名】Thyme

【生活型】矮小半灌木。

【叶】叶小，全缘或每侧具 1～3 枚小齿；苞叶与叶同形，至顶端变成小苞片。

【花】轮伞花序紧密排成头状花序或疏松排成穗状花序；花具梗。花萼管伏钟形或狭钟形，具 10～13 条脉，2 唇形，上唇开展或直立，3 裂，裂片三角形或披针形，下唇 2 裂，裂片钻形，被硬缘毛，喉部被白色毛环。花冠筒内藏或外伸，冠檐 2 唇形，上唇直伸，微凹，下唇开裂，3 裂，裂片近相等或中裂片较长。雄蕊 4 枚，分离，外伸或内藏，前对较长，花药 2 室，药室平行或叉开。花盘平顶。花柱先端 2 裂，裂片钻形，相等或近相等。

【果实和种子】小坚果卵球形或长圆形，光滑。

【分类地位】被子植物门、双子叶植物纲、合瓣花亚纲、管状花目、马鞭草亚目、唇形科。

【种类】全属约有 300～400 种；中国有 11 种，2 变种；内蒙古有 2 变种（或 1 种，1 变种）。

百里香（Thymus serpyllum var. mongolicus）*Thymus mongolicus*

　　半灌木。茎多数，匍匐或上升；不育枝从茎的末端或基部生出，匍匐或上升，被短柔毛；花枝在花序下密被向下曲或稍平展的疏柔毛，下部毛变短而疏，具 2～4 对叶，基部有脱落的先出叶。叶为卵圆形，先端钝或稍锐尖，基部楔形或渐狭，全缘或稀有 1～2 对小锯齿，两面无毛，侧脉 2～3 对，在下面微突起，腺点多少有些明显，叶柄明显，靠下部的叶柄长约为叶片的 1/2，在上部则较短；苞叶与叶同形，边缘在下部 1/3 具缘毛。花序头状，多花或少花，花具短梗。花萼管状钟形或狭钟形，下部被疏柔毛，上部近无毛，下唇较上唇长与上唇近相等，上唇齿短，齿不超过上唇全长 1/3，三角形，具缘毛或无毛。花冠紫红、紫或淡紫、粉红色，被疏短柔毛，冠筒伸长，向上稍增大。小坚果近圆形或卵圆形，压扁状，光滑。

　　生于典型草原带、森林草原带的沙砾质平原、石质丘陵及山地阳坡以及荒漠地山地砾石质坡地。产于内蒙古呼伦贝尔市、锡林郭勒盟、赤峰市、乌兰察布市、阿拉善盟；中国甘肃、青海、山西、陕西也产。

百脉根属——【学　名】*Lotus*

【蒙古名】ᠰᠤᠳᠠᠯᠲᠤ ᠦᠨᠳᠦᠰᠦ

【英文名】Veinyroot，Bird's foot Trefoil

【生活型】一年生或多年生草本。

【叶】羽状复叶通常具 5 片小叶；托叶退化成黑色腺点；小叶全缘，下方 2 片常和上方 3 片不同形，基部的 1 对呈托叶状，但绝不贴生于叶柄。

【花】花序具花 1 至多数，多少呈伞形，基部有 1～3 个叶状苞片，也有单生于叶腋，无小苞片；萼钟形，萼齿 5 枚，等长或下方 1 枚稍长，稀呈 2 唇形；花冠黄色、玫瑰红色或紫色，稀白色，龙骨瓣具喙，多少弧曲；雄蕊（1＋9）两体，花丝顶端膨大；子房无柄，胚珠多数，花柱渐窄或上部增厚，无毛，内侧有细齿状突起，柱头顶生或侧生。

【果实和种子】荚果开裂，圆柱形至长圆形，直或略弯曲；种子通常多数。种子圆球形或凸镜形，种皮光滑或偶粗糙。

【分类地位】被子植物门、双子叶植物纲、原始花被亚纲、蔷薇目、蔷薇亚目、豆科、蝶形花亚科、百脉根族。

【种类】全属约有 100 种；中国有 8 种，1 变种；内蒙古有 1 种。

细叶百脉根 *Lotus krylovii*

多年生草本。茎多斜升，枝细弱，无毛或疏被柔毛，具纵条棱。单数羽状复叶，具小叶 5 片，其中 3 片小叶生于叶柄顶端，其余 2 片小叶生于叶柄基部；小叶卵形、披针形或倒卵形，先端锐尖或钝，基部楔形或近圆形，两面无毛或疏生柔毛。花 1～3(5) 朵，生于总花梗上；花淡黄色，干后红色；花萼钟状，无毛或被短柔毛，萼齿条状披针形；旗瓣近圆形，基部渐狭成爪，翼瓣与龙骨瓣近等长，倒卵形，基部有爪和耳，龙骨瓣弯曲，顶端尖呈喙状，基部有爪；子房无毛。荚果圆筒形，干后棕褐色，顶端有小尖，具网纹。

生于荒漠草原的水边或草原群落中。产于内蒙古呼和浩特市、鄂尔多斯市、阿拉善盟；中国华北、西北、西南地区也产；欧洲和中亚也有分布。

百日菊属——【学　名】*Zinnia*

【蒙古名】ᠵᠢᠨᠨᠢᠶ᠎ᠠ ᠶᠢᠨ ᠣᠪᠣᠭ

【英文名】Zinnia

【生活型】一年生或多年生草本,或半灌木。

【叶】叶对生,全缘,无柄。头状花序小或大,单生于茎顶或二歧式分枝枝端。

【花】头状花序辐射状,有异型花;外围有1层雌花,中央有多数两性花,全结实。总苞钟状或狭钟状;总苞片3至多层,覆瓦状排列,宽大,干质或顶端膜质。花托圆锥状或柱状;托片对折,包围两性花。雌花舌状,舌片开展,有短管部;两性花管状,顶端5浅裂。花柱分枝顶端尖或近截形;花药基部全缘。

【果实和种子】雌花瘦果扁三棱形;雄花瘦果扁平或外层的三棱形,上部截形或有短齿。冠毛有1～3个芒或无冠毛。

【分类地位】被子植物门、双子叶植物纲、合瓣花亚纲、桔梗目、菊科、管状花亚科、向日葵族。

【种类】全属约有17种;中国有3栽培种,内蒙古有1栽培种。

百日菊 *Zinnia elegans*

一年生草本。茎直立,被糙毛或长硬毛。叶宽卵圆形或长圆状椭圆形,基部稍心形抱茎,两面粗糙,下面被密的短糙毛,基出3脉。头状花序,单生枝端,无中空肥厚的花序梗。总苞宽钟状;总苞片多层,宽卵形或卵状椭圆形,边缘黑色。托片上端有延伸的附片;附片紫红色,流苏状三角形。舌状花深红色、玫瑰色、紫堇色或白色,舌片倒卵圆形,先端2～3齿裂或全缘,上面被短毛,下面被长柔毛。管状花黄色或橙色,先端裂片卵状披针形,上面被黄褐色密茸毛。雌花瘦果倒卵圆形,扁平,腹面正中和两侧边缘各有1条棱,顶端截形,基部狭窄,被密毛;管状花瘦果倒卵状楔形,极扁,被疏毛,顶端有短齿。花期6～9月,果期7～10月。

栽培植物。原产地可能是墨西哥,但广泛分布于南美洲。

百蕊草属——【学　名】*Thesium*

【蒙古名】ᠬᠠᠨ ᠲᠤᠢᠢᠭ ᠨ ᠦᠢᠰᠦ （ᠬᠢᠷᠭᠢᠭᠡᠰᠦᠨ ᠤ ᠦᠢᠰᠦ）

【英文名】Hundredstamen，Bastardtoadflax

【生活型】纤细或细长的多年生或一年生草本，偶呈亚灌木状。

【叶】叶互生，通常狭长，具1～3条脉，有时呈鳞片状。

【花】花序通常为总状花序，常集成圆锥花序式，有时呈小聚伞花序或具腋生单花，有花梗；苞片通常呈叶状，有时部分与花梗贴生；小苞片1个或2个对生，少有4个，位于花下，有时不存在。花两性，通常黄绿色，花被与子房合生，花被管延伸于子房之上呈钟状、圆筒状、漏斗状或管状，常深裂，裂片5(～4)枚，镊合状排列，内面或在雄蕊之后常具丛毛一撮；雄蕊5(～4)枚，着生于花被裂片的基部，花丝内藏，花药卵形或长圆形，药室平行纵裂；花盘上位，不明显或与花被管基部连生；子房下位，子房柄（或称小花梗）存或不存；花柱长或短，柱头头状或不明显3裂；胚珠2～3颗，自胎座顶端悬垂。

【果实和种子】常呈蜿蜒状或卷褶状坚果，小，顶端有宿存花被，外果皮膜质，很少略带肉质，内果皮骨质或稍硬，常有棱；种子的胚圆柱状，位于肉质胚乳中央，直立或稍弯曲，常歪斜，胚根与子叶等长或稍长于子叶。

【分类地位】被子植物门、双子叶植物纲、原始花被亚纲、檀香目、檀香亚目、檀香科、百蕊草族。

【种类】全属约有300种；中国有14种，1变种；内蒙古有4种，1变种。

百蕊草 *Thesium chinense*

多年生柔弱草本，全株多少被白粉，无毛；茎细长，簇生，基部以上疏分枝，斜升，有纵沟。叶线形，顶端急尖或渐尖，具单脉。花单一，5数，腋生；花梗短或很短；苞片1个，线状披针形；小苞片2个，线形，边缘粗糙；花被绿白色，花被管呈管状，花被裂片，顶端锐尖，内弯，内面的微毛不明显；雄蕊不外伸；子房无柄，花柱很短。坚果椭圆状或近球形，淡绿色，表面有明显隆起的网脉，顶端的宿存花被近球形。花期4～5月，果期6～7月。

生于砾石质坡地、干燥草坡、山地草原、林缘、灌丛间、沙地边缘及河谷干草甸上。产于内蒙古呼伦贝尔市、兴安盟、通辽市、锡林郭勒盟、乌兰察布市；中国安徽、福建、甘肃、广东、广西、贵州、海南、河北、黑龙江、河南、湖北、湖南、江苏、江西、吉林、辽宁、宁夏、青海、山西、山东、陕西、四川、台湾、新疆、云南、浙江也产；日本、朝鲜、蒙古也有分布。

柏科——【学　名】*Cupressaceae*

【蒙古名】ᠬᠠᠷᠠᠭᠠᠢ ᠶᠢᠨ ᠢᠵᠠᠭᠤᠷ

【英文名】Cypress Family

【生活型】常绿乔木或灌木。

【叶】叶交叉对生或3～4片轮生，稀螺旋状着生，鳞形或刺形，或同一树本兼有两型叶。

【花】球花单性，雌雄同株或异株，单生枝顶或叶腋；雄球花具3～8对交叉对生的雄蕊，每枚雄蕊有2～6室花药，花粉无气囊；雌球花有3～16枚交叉对生或3～4片轮生的珠鳞，全部或部分珠鳞的腹面基部有1至多数直立胚珠，稀胚珠单心生于两珠鳞之间，苞鳞与珠鳞完全合生。

【果实和种子】球果圆球形、卵圆形或圆柱形；种鳞薄或厚，扁平或盾形，木质或近革质，熟时张开，或肉质合生呈浆果状，熟时不裂或仅顶端微开裂，发育种鳞有1至多粒种子；种子周围具窄翅或无翅，或上端有一长一短翅。

【种类】全科有22属，约150种；中国有8属，29种，7变种；内蒙古有3属，7种。

柏科 Cupressaceae Gray 是英国植物学家、真菌学家和药物学家 Samuel Frederick Gray(1766－1828)于1822年在"A Natural Arrangement of British Plants 2"(Nat. Arr. Brit. Pl.)上发表的植物科，模式属为柏木属(*Cupressus*)。Cupressaceae Rich. ex Bartl. 是法国植物学家和植物画家 Louis Claude Marie Richard (1754－1821)命名但未经发表的植物科，后由德国植物学家 Friedrich Gottlieb Bartling (1798－1875)描述，于1830年代为发表在"Ord. Nat. Pl."上，发表时间比 Cupressaceae Gray 晚。

现在普遍认为柏科应包括杉科(Taxodiaceae)。近来，经过对柏科植物基因和形态分析，认为广义柏科可分为7个亚科，包括杉木亚科 Cunninghamhioideae(杉木属 *Cunninghamia*)、台湾杉亚科 Taiwanioideae(台湾杉属 *Taiwania*)、密叶杉亚科 Athrotaxidoideae(密叶杉属 *Athrotaxis*)、红杉亚科 Sequoioideae(红杉属 *Sequoia*、巨杉属 *Sequoiadendron*、水杉属 *Metasequoia*)、落羽杉亚科 Taxodioideae[落羽杉属 *Taxodium*、水松属 Glyptostrobus、柳杉属 Cryptomeria、东方杉(杂交墨杉，培忠杉)*Taxodiomeria*]、澳洲柏亚科 *Callitroideae*(澳洲柏属 Callitris、西澳柏属 Actinostrobus、杉叶柏属 Neocallitropsis、南非柏属 Widdringtonia、塔斯曼柏属 Diselma、智利柏属 Fitzroya、南美柏属 Austrocedrus、甜柏属 Libocedrus、白智利柏属 Pilgerodendron、巴布亚柏松属 Papuacedrus)、柏亚科 *Cupressoideae*[崖柏属 Thuja、罗汉柏属 Thujopsis、扁柏属 Chamaecyparis、福建柏属 Fokienia、翠柏属 Calocedrus、四斜柏属(香漆柏属)Tetraclinis、胡柏属(小侧柏属)Microbiota、侧柏属 Platycladus、黄金柏属 Xanthocyparis、柏木属 Cupressus、刺柏属 Juniperus]。

败酱科——【学 名】*Valerianaceae*

【蒙古名】ᠬᠠᠷᠠ ᠰᠠᠷᠪᠠᠭᠤᠨ ᠤ ᠢᠵᠠᠭᠤᠷ

【英文名】Valerian Family

【生活型】二年生或多年生草本,极少为亚灌木,有时根茎或茎基部木质化。

【茎】茎直立,常中空,极少蔓生。

【叶】叶对生或基生,通常1回奇数羽状分裂,具1～3对或4～5对侧生裂片,有时2回奇数羽状分裂或不分裂,边缘常具锯齿;基生叶与茎生叶、茎上部叶与下部叶常不同形,无托叶。

【花】花序为聚伞花序组成的顶生密集或开展的伞房花序、复伞房花序或圆锥花序,稀为头状花序,具总苞片。花小,两性或极少单性,常稍左右对称;具小苞片;花萼小,萼筒贴生于子房,萼齿小,宿存,果时常稍增大或成羽毛状冠毛;花冠钟状或狭漏斗形,黄色、淡黄色、白色、粉红色或淡紫色,冠筒基部一侧囊肿,有时具长距,裂片3～5枚,稍不等形,花蕾时覆瓦状排列;雄蕊3或4枚,有时退化为1～2枚,花丝着生于花冠筒基部,花药背着,2室,内向,纵裂;子房下位,3室,仅1室发育,花柱单一,柱头头状或盾状,有时2～3浅裂;胚珠单生,倒垂。

【果实和种子】果为瘦果,顶端具宿存萼齿,并贴生于果时增大的膜质苞片上,呈翅果状,有种子1粒;种子无胚乳,胚直立。

【种类】全科有13属,约400种;中国有3属,33余种;内蒙古有2属,6种,1亚种。

25

> 败酱科 Valerianaceae Batsch 是德国博物学家 August Johann Georg Karl Batsch (1761－1802)于1802年在"Tabula Affinitatum Regni Vegetabilis 227"(Tab. Affin. Regni Veg.)上建立的植物科,模式属为缬草属(*Valeriana*)。
>
> 在恩格勒系统(1964)中,败酱科为双子叶植物纲(Dicotyledoneae)、合瓣花亚纲(Sympetalae)、川续断目(Dipsacales),含败酱科、忍冬科(Caprifoliaceae)、五福花科(Adoxaceae)和川续断科(Dipsacaceae)4个科。在哈钦森系统(1959)中,败酱目(Valerianales)含败酱科、川续断科和头花草科(Calyceraceae)3个科,认为在系统地位上与桔梗目关系近,认为可能起源于虎耳草目;败酱目植物比桔梗目进化。在塔赫他间系统(1980)中,败酱科隶属菊亚纲(Asteridae)川续断目,含忍冬科、五福花科、败酱科、辣木科(Morinaceae)和川续断科5个科,认为川续断目与桔梗目(Campanulales)有共同祖先;川续断目处于菊亚纲中较原始地位,与桔梗目关系近。在克朗奎斯特系统(1981)中,败酱科隶属菊亚纲、川续断目,含忍冬科、五福花科、败酱科和川续断科4个科,认为川续断目起源于茜草目(Rubiales)。

败酱属——【学　名】*Patrinia*

　　　　　　　【蒙古名】ᠬᠥᠨᠳᠡᠯᠡᠨ ᠴᠡᠴᠡᠭ ᠤᠨ ᠲᠥᠷᠥᠯ

　　　　　　　【英文名】Patrinia

【生活型】多年生直立草本,较少为二年生。

【茎】地下根茎有强烈腐臭;茎基部有时木质化。

【叶】基生叶丛生,花果期常枯萎或脱落,茎生叶对生,常 1 回或 2 回奇数羽状分裂或全裂,或不分裂,边缘常具粗锯齿或牙齿,稀全缘。

【花】花序为二歧聚伞花序组成的伞房花序或圆锥花序,具叶状总苞片;花梗下具小苞片;花小,萼齿 5 枚,浅波状、钝齿状、卵形或卵状三角形,宿存,稀果期增大;花冠钟形或漏斗状、黄色或淡黄色,稀白色,冠筒较裂片稍长,有时近等长或略短,内面具长柔毛,基部一侧常膨大呈囊肿,其内密生蜜腺,裂片 3～5 枚,稍不等形,蜜囊上端一裂片较大;雄蕊 3 或 4 枚,稀 1～2 枚,着生于花冠筒基部,常伸出花冠,花药长圆形,丁字着生,花丝不等长,近蜜囊 2 枚较长,下部被长柔毛,另 2 枚略短,无毛;子房下位,3 室,胚珠 1 颗,悬垂,花柱单一,有时上部稍弯曲,柱头头状或盾状。

【果实和种子】果为瘦果,仅一室发育,呈扁椭圆形,内有种子 1 粒,另 2 室不育,肥厚,呈卵形或倒卵状长圆形;果苞翅状,通常具 2～3 条主脉,网脉明显;种子扁椭圆形,胚直立,无胚乳。

【分类地位】被子植物门、双子叶植物纲、合瓣花亚纲、茜草目。

【种类】全属约有 400 种;中国约有 30 余种,1 亚种;内蒙古有 4 种,1 亚种。

黄花龙芽(败酱)*Patrinia scabiosaefolia*

　　多年生草本。根状茎横卧或斜生,节处生多数细根;茎直立,黄绿色至黄棕色,有时带淡紫色,下部常被脱落性倒生白色粗毛或几无毛,上部常近无毛或被倒生稍弯糙毛,或疏被 2 列纵向短糙毛;茎生叶对生,宽卵形至披针形,常羽状深裂或全裂具 2～3(～5) 对侧裂片,顶生裂片卵形、椭圆形或椭圆状披针形,先端渐尖,具粗锯齿,两面密被或疏被白色糙毛,或几无毛,上部叶渐变窄小,无柄。花序为聚伞花序组成的大型伞房花序,顶生,具 5～6(7) 级分枝;花序梗上方一侧被开展白色粗糙毛;总苞线形,甚小;苞片小;花小,萼齿不明显;花冠钟形,黄色,基部一侧囊肿不明显,内具白色长柔毛,花冠裂片卵形;雄蕊 4 枚,稍超出或几不超出花冠,花丝不等长,下部被柔毛,无毛,花药长圆形;子房椭圆状长圆形,柱头盾状或截头状。瘦果长圆形,2 个不育子室中央稍隆起成上粗下细的棒槌状,能育子室略扁平,向两侧延展成窄边状,内含 1 粒椭圆形、扁平种子。花期 7～8 月,果期 9 月。

　　生于森林草原带及山地的草甸草原、杂类草甸及林缘。产于内蒙古呼伦贝尔市、兴安盟、通辽市、赤峰市、锡林郭勒盟、乌兰察布市;中国除广东、海南、宁夏、青海、新疆、西藏以外其他地区也产;日本、朝鲜、蒙古、俄罗斯也有分布。

稗属——【学　名】*Echinochloa*

【蒙古名】ᠲᠠᠷᠢᠶᠠᠨ ᠤ ᠢᠳᠠᠭᠠ

【英文名】Barnyardlgrass, Shanwamillet, Cockspur

【生活型】一年生或多年生草本。

【叶】叶片扁平,线形。

【花】圆锥花序由穗形总状花序组成;小穗含 1～2 朵小花,背腹压扁呈一面扁平,一面凸起,单生或 2～3 个不规则地聚集于穗轴的一侧,近无柄;颖草质;第一颖小,三角形,长约为小穗的 1/3～1/2 或 3/5;第二颖与小穗等长或稍短;第一小花中性或雄性,其外稃革质或近革质,内稃膜质,罕或缺;第二小花两性,其外稃成熟时变硬,顶端具极小尖头,平滑,光亮,边缘厚而内抱同质的内稃,但内稃顶端外露;鳞被 2 枚,折叠,具 5～7 条脉;花柱基分离;种脐点状。

【分类地位】被子植物门、单子叶植物纲、禾本目、禾本科、黍亚科、黍族、雀稗亚族。

【种类】全属约有 30 种;中国有 9 种,5 变种;内蒙古有 4 种,1 变种。

稗 *Echinochloa crusgalli*

　　一年生草本。秆光滑无毛,基部倾斜或膝曲。叶鞘疏松裹秆,平滑无毛,下部者长于而上部者短于节间;叶舌缺;叶片扁平,线形,无毛,边缘粗糙。圆锥花序直立,近尖塔形;主轴具棱,粗糙或具疣基长刺毛;分枝斜上举或贴向主轴,有时再分小枝;穗轴粗糙或生疣基长刺毛;小穗卵形,脉上密被疣基刺毛,具短柄或近无柄,密集在穗轴的一侧;第一颖三角形,长为小穗的 1/3～1/2,具 3～5 条脉,脉上具疣基毛,基部包卷小穗,先端尖;第二颖与小穗等长,先端渐尖或具小尖头,具 5 条脉,脉上具疣基毛;第一小花通常中性,其外稃草质,上部具 7 条脉,脉上具疣基刺毛,顶端延伸成 1 个粗壮的芒,内稃薄膜质,狭窄,具 2 条脊;第二外稃椭圆形,平滑,光亮,成熟后变硬,顶端具小尖头,尖头上有一圈细毛,边缘内卷,包着同质的内稃,但内稃顶端露出。花果期 6～9 月。

　　生于田野、耕地旁、宅旁、路边、渠沟边水湿地和沼泽地、水田中。产于内蒙古各地区;中国各地也产;全世界暖温带和亚热带地区也有广泛分布。

斑叶兰属——【学　名】*Goodyera*

【蒙古名】 ᠲᠣᠯᠪᠣᠲᠣ ᠨᠠᠪᠴᠢᠲᠤ ᠴᠡᠴᠡᠭ

【英文名】Spotleaf-orchis, Rattlesnake Plantain

【生活型】陆生草本。

【茎】根状茎常伸长，茎状，匍匐，具节，节上生根。茎直立，短或长，具叶。

【叶】叶互生，稍肉质，具柄，上面常具杂色的斑纹。

【花】花序顶生，具少数至多数花，总状，罕有因花小、多而密似穗状；花常较小或小，罕稍大，偏向一侧或不偏向一侧，倒置（唇瓣位于下方）；萼片离生，近相似，背面常被毛，中萼片直立，凹陷，与较狭窄的花瓣粘合呈兜状；侧萼片直立或张开；花瓣较萼片薄，膜质；唇瓣围绕蕊柱基部，不裂，无爪，基部凹陷呈囊状，前部渐狭，先端多少向外弯曲，囊内常有毛；蕊柱短，无附属物；花药直立或斜卧，位于蕊喙的背面；花粉团2个，狭长，每个纵裂具2个小团块的粒粉质，无花粉团柄，共同具1个或大或小的粘盘；蕊喙直立，长或短，2裂；柱头1枚，较大，位于蕊喙之下。

【果实和种子】蒴果直立，无喙。

【分类地位】被子植物门、单子叶植物纲、微子目、兰科、兰亚科、鸟巢兰族、斑叶兰亚族。

【种类】全属约有40种；中国有29种，2变种；内蒙古有1种。

小斑叶兰 *Goodyera repens*

　　根状茎伸长，茎状，匍匐，具节。茎直立，绿色，具5～6片叶。叶片卵形或卵状椭圆形，上面深绿色具白色斑纹，背面淡绿色，先端急尖，基部钝或宽楔形，具柄，基部扩大成抱茎的鞘。花茎直立或近直立，被白色腺状柔毛，具3～5个鞘状苞片；总状花序具几朵至10余朵、密生、多少偏向一侧的花；花苞片披针形，先端渐尖；子房圆柱状纺锤形，被疏的腺状柔毛；花小，白色或带绿色或带粉红色，半张开；萼片背面被或多或少腺状柔毛，具1条脉，中萼片卵形或卵状长圆形，先端钝，与花瓣粘合呈兜状；侧萼片斜卵形、卵状椭圆形，先端钝；花瓣斜匙形，无毛，先端钝，具1条脉；唇瓣卵形，基部凹陷呈囊状，内面无毛，前部短的舌状，略外弯；蕊柱短；蕊喙直立，叉状2裂；柱头1枚，较大，位于蕊喙之下。花期7～8月。

　　生于海拔700～3800米的山坡林下。产于内蒙古呼伦贝尔市、兴安盟；中国安徽、福建、甘肃、河北、黑龙江、河南、湖北、湖南、吉林、辽宁、青海、山西、陕西、四川、台湾、新疆、西藏、云南也产；不丹、印度、日本、克什米尔、朝鲜、缅甸、尼泊尔以及欧洲和北美洲也有分布。

斑种草属——【学　名】*Bothriospermum*

【蒙古名】 ᠵᠡᠪᠦᠷᠲᠦ ᠡᠪᠡᠰᠦ ᠦᠨᠳᠦᠰᠦ ᠶᠢᠨ ᠲᠦᠷᠦᠯ

英文名】Spotseed

【生活型】一年生或二年生草本,被伏毛及硬毛,硬毛基部具基盘。

【茎】茎直立或伏卧。

【叶】叶互生,多样,卵形、椭圆形、长圆形、披针形或倒披针形。

【花】花小,蓝色或白色,具柄,排列为具苞片的镰状聚伞花序;花萼5裂,裂片披针形,狭或宽,果期通常不增大,或有时稍增大;花冠辐状,筒短,喉部有5个鳞片状附属物,附属物近闭锁,裂片5枚,圆钝,在芽中覆瓦状排列,开放时呈辐射状展开;雄蕊5枚,着生花冠筒部,内藏,花药卵形,圆钝,花丝极短;子房4裂,裂片分离,各具1颗倒生胚珠,花柱短,不及子房裂片,柱头头状,雌蕊基平。

【果实和种子】小坚果4枚,或稀有不发育者,背面圆,具瘤状突起,腹面有长圆形、椭圆形或圆形的环状凹陷,珠的边缘增厚而突起,全缘或有时具小齿,着生面位于基部,近胚根一端,种子通常不弯曲,子叶平展。

【分类地位】被子植物门、双子叶植物纲、合瓣花亚纲、管状花目、紫草科、紫草亚科、琉璃草族。

【种类】全属约有5种;中国有5种;内蒙古有1种。

29

狭苞斑种草 *Bothriospermum kusnezowii*

一年生草本。茎数条丛生,直立或平卧,被开展的硬毛及短伏毛,下部多分枝。基生叶莲座状,倒披针形或匙形,先端钝,基部渐狭成柄,边缘有波状小齿,两面疏生硬毛及伏毛,茎生叶无柄,长圆形或线状倒披针形,具苞片;苞片线形或线状披针形,密生硬毛及伏毛;外面密生开展的硬毛及短硬毛,内面中部以上被向上的伏毛,裂片线状披针形或卵状披针形,先端尖,裂至近基部;花冠淡蓝色、蓝色或紫色,钟状,裂片圆形,有明显的网脉,喉部有5个梯形附属物,附属物先端浅2裂;花药椭圆形或卵圆形,花丝极短,着生花筒基部以上1毫米处;花柱短,长约为花萼的1/2,柱头头状。小坚果椭圆形,密生疣状突起,腹面的环状凹陷圆形,增厚的边缘全缘。花果期5～7月。

生于山地、河谷、草甸及路边。产于内蒙古兴安盟、乌兰察布市、呼和浩特市、鄂尔多斯市;中国甘肃、河北、黑龙江、吉林、宁夏、青海、山西、陕西也产。

半边莲属——【学　名】*Lobelia*

【蒙古名】ᠬᠠᠭᠠᠷᠬᠠᠢ ᠯᠢᠶᠠᠨ ᠬᠤᠸᠠ ᠶᠢᠨ ᠲᠥᠷᠥᠯ

【英文名】Lobelia

【生活型】草本，有的种下部木质化；在非洲和夏威夷群岛，有的种树木状。

【叶】叶互生，排成两行或螺旋状。

【花】花单生叶腋（苞腋），或总状花序顶生，或由总状花序再组成圆锥花序。花两性，稀单性；小苞片有或无；花萼筒卵状、半球状或浅钟状，裂片等长或近等长，极少 2 唇形，全缘或有小齿，果期宿存；花冠两侧对称，背面常纵裂至基部或近基部，极少数种花冠完全不裂或几乎完全分裂，檐部 2 唇形或近 2 唇形，个别种所有裂片平展在下方（前方），呈一个平面，上唇裂片 2 枚，下唇裂片 3 枚，裂片形状及结合程度因种而异；雄蕊筒包围花柱，我国的种类均自花冠背面裂缝伸出，花药管多灰蓝色，顶端或仅下方 2 枚顶端生髯毛；柱头 2 裂，授粉面上生柔毛；子房下位、半下位，极少数种为上位，2 室，胎座半球状，胚珠多数。

【果实和种子】蒴果，成熟后顶端 2 裂。种子多数，小，长圆状或三棱状，有时具翅，表面平滑或有蜂窝状网纹、条纹和瘤状突起。

【分类地位】被子植物门、双子叶植物纲、合瓣花亚纲、桔梗目、桔梗科、半边莲亚科。

【种类】全属约有 350 种；中国有 19 种；内蒙古有 1 种。

山梗菜 *Lobelia sessilifolia*

多年生草本。根状茎直立，生多数须根。茎圆柱状，通常不分枝，无毛。叶螺旋状排列，在茎的中上部较密集，无柄，厚纸质；叶片宽披针形至条状披针形，边缘有细锯齿，先端渐尖，基部近圆形至阔楔形，两面无毛。总状花序顶生，无毛；苞片叶状，窄披针形，比花短；花萼筒杯状钟形，无毛，裂片三角状披针形，全缘，无毛；花冠蓝紫色，近 2 唇形，外面无毛，内面生长柔毛，上唇 2 枚裂片长匙形，较长于花冠筒，上升，下唇裂片椭圆形，约与花冠筒等长，裂片边缘密生睫毛；雄蕊在基部以上连合成筒，花丝筒无毛，花药接合线上密生柔毛，仅下方 2 室花药顶端生笔毛状髯毛。蒴果倒卵状。种子近半圆状，一边厚，一边薄，棕红色，表面光滑。花果期 7～9 月。

生于山坡湿草地。产于内蒙古呼伦贝尔市、通辽市；中国安徽、广西、黑龙江、湖南、吉林、辽宁、山东、四川、云南、浙江也产；日本、朝鲜、俄罗斯也有分布。

半日花科——【学　名】*Cistaceae*

【蒙古名】ᠨᠠᠷᠠᠨ ᠴᠡᠴᠡᠭ ᠦᠨ ᠣᠪᠣᠭ

【英文名】Rockrose Family

【生活型】草本、灌木或半灌木。

【叶】单叶，通常对生，稀互生，具托叶或无。

【花】花单生，或集成总状聚伞花序或圆锥状聚伞花序；两性，整齐；萼片 5 个，外面 2 个在形状和大小上和内面 3 个不同，或外面 2 个完全缺如；花瓣 5 片（稀 3 片），早落；雄蕊多数，花丝分离，长短不一，生于伸长或盘状的花托部分，花药 2 室，纵裂。雌蕊由 3～5 枚，或 10 枚心皮构成；子房上位，一室或不完全的 3～5 室，侧膜胎座，胚珠 2 至多数，直生，稀倒生，长在珠柄上，花柱 1 枚，具 3 枚柱头。

【果实和种子】蒴果革质或木质，室背开裂，即沿心皮中肋线裂成果片。种子小，常因挤压而有角棱，且常表面粗糙。胚常弯曲，或盘卷，子叶窄，内胚乳粉质或软骨质。

【种类】全科有 8 属，约 170 种；中国有 1 属，1 种；内蒙古有 1 属，1 种。

半日花科 Cistaceae Juss. 是法国植物学家 Antoine Laurent de Jussieu(1748—1836)于 1789 年在"Genera plantarum 294"中建立的植物科，模式属为岩玫瑰属(*Cistus*)。

在恩格勒系统(1964)中，半日花科隶属原始花被亚纲(Archichlamydeae)、堇菜目(Violales)的半日花亚目(Cistineae)。半日花亚目包括半日花科、红木科、弯胚树科、刺果树科(Sphaerosepalaceae)。在哈钦森系统(1959)中，半日花科隶属红木目(Bixales)，含半日花科、红木科(Bixaceae)、大风子科(Flacourtiaceae)、弯胚树科(Cochlospermaceae)、马蹄柱头树科(Hoplestigmataceae)、透镜籽科(Achatocarpaceae)、裂蕊树科(Lacistemaceae)等 7 个科。在塔赫他间系统(1980)中，半日花科隶属五桠果亚纲(Dilleniidae)、堇菜目，含大风子科、西番莲科(Passifloraceae)、堇菜科(Violaceae)、红木科、番木瓜科(Caricaceae)、葫芦科(Cucurbitaceae)、半日花科等 14 个科。在克朗奎斯特系统(1981)中，半日花科隶属五桠果亚纲、堇菜目，含大风子科、西番莲科、堇菜科、柽柳科(Tamaricaceae)、瓣鳞花科(Frankeniaceae)、钩枝藤科(Ancistrocladaceae)、红木科、番木瓜科、葫芦科、秋海棠科(Begoniaceae)、半日花科等 24 个科。

31

半日花属——【学　名】*Helianthemum*

【蒙古名】ᠬᠠᠭᠠᠰ ᠡᠳᠦᠷ ᠦᠨ ᠴᠡᠴᠡᠭ

【英文名】Sunrose

【生活型】灌木、半灌木,稀草本,多年生或一年生。

【叶】叶对生或上部互生,具托叶或无。

【花】花单生或蝎尾状聚伞花序。萼片5个,外面2个短小,比内面3个短一半,内面3个几乎同大,具3～6条棱脉,结果时扩大;花瓣5片,淡黄色、橙黄色或粉红色;雄蕊多数;雌蕊花柱丝状,柱头大,头状。

【果实和种子】蒴果具三棱,三瓣裂,一室或不完全的三室;种子多数。

【分类地位】被子植物门、双子叶植物纲、原始花被亚纲、侧膜胎座目、山茶亚目、半日花科。

【种类】全属约有80种;中国有1种;内蒙古有1种。

半日花 *Helianthemum songaricum*

矮小灌木。多分枝,稍呈垫状,老枝褐色,小枝对生或近对生,幼时被紧贴的白色短柔毛,后渐光滑,先端成刺状,单叶对生,革质,具短柄或几无柄,披针形或狭卵形,全缘,边缘常反卷,两面均被白色短柔毛,中脉稍下陷;托叶钻形,线状披针形,先端锐,较叶柄长。花单生枝顶;被白色长柔毛,萼片5个,背面密生白色短柔毛,不等大,外面的2个线形,内面的3个卵形,背部有3条纵肋;花瓣黄色,淡橘黄色,倒卵形,楔形;雄蕊长约为花瓣的1/2,花药黄色;子房密生柔毛。蒴果卵形,外被短柔毛。种子卵形,渐尖,褐棕色,有棱角,具纲纹,有时有绉缩。

生于草原化荒漠区的石质和砾石质山坡。产于内蒙古鄂尔多斯市、乌海市;中国甘肃、新疆也产;中亚地区也有分布。

半夏属——【学　名】*Pinellia*

【蒙古名】ᠬᠠᠭᠠᠰ ᠵᠤᠨ ᠤ ᠡᠪᠡᠰᠦ

【英文名】Halfsummer

【生活型】多年生草本。

【茎】具块茎。

【叶】叶和花序同时抽出。叶柄下部或上部,叶片基部常有珠芽;叶片全缘,3 深裂、3 全裂或鸟足状分裂,裂片长圆椭圆形或卵状长圆形,侧脉纤细,近边缘有集合脉 3 条。

【花】花序柄单生,与叶柄等长或超过。佛焰苞宿存,管部席卷,有增厚的横隔膜,喉部几乎闭合;檐部长圆形,长约为管部的 2 倍,舟形。肉穗花序下部雌花序与佛焰苞合生达隔膜(在喉部),单侧着花,内藏于佛焰苞管部;雄花序位于隔膜之上,圆柱形,短,附属器延长的线状圆锥形,超出佛焰苞很长。花单性,无花被,雄花有雄蕊 2 枚,雄蕊短,纵向压扁状,药隔细,药室顺肉穗花序方向伸长,顶孔纵向开裂,花粉无定形。雌花:子房卵圆形,1 室,1 颗胚珠;胚珠直生或几为半倒生,直立,珠柄短。

【果实和种子】浆果长圆状卵形,略锐尖,有不规则的疣皱;胚乳丰富,胚具轴。

【分类地位】被子植物门、单子叶植物纲、佛焰花目、天南星科。

【种类】全属有 6 种;中国有 5 种;内蒙古有 2 种。

虎掌 *Pinellia pedatisecta*

多年生草本。块茎近圆球形,根密集,肉质;块茎四旁常生若干小球茎。叶 1～3 片或更多,叶柄淡绿色,下部具鞘;叶片鸟足状分裂,裂片 6～11 枚,披针形,渐尖,基部渐狭,楔形,两侧裂片依次渐短小;侧脉 6～7 对,连结为集合脉,网脉不明显。直立。佛焰苞淡绿色,管部长圆形,向下渐收缩;檐部长披针形,锐尖。肉穗花序:附属器黄绿色,细线形,直立或略呈“S”形弯曲。浆果卵圆形,绿色至黄白色,小,藏于宿存的佛焰苞管部内。花期 6～7 月,果 9～11 月成熟。

生于林下、山谷及河岸阴湿处或农田中。内蒙古有栽培;中国安徽、福建、广西、贵州、河北、河南、湖北、湖南、江苏、山西、山东、陕西、四川、云南、浙江有野生分布。

瓣鳞花科──【学　名】Frankeniaceae

【蒙古名】ᠪᠠᠨᠵᠢᠷᠳᠤ ᠶᠢᠨ ᠢᠵᠠᠭᠤᠷ

【英文名】Frankenia Family

【生活型】草本或半灌木。

【茎】茎节上具关节。

【叶】单叶，小形，对生或轮生，无托叶。

【花】花两性，小，辐射对称，单生或集成顶生或腋生的聚伞花序；花萼筒状，具 4～7 枚齿，齿镊合状排列，宿存；花瓣与萼齿同数，分离，有瓣片与长爪，瓣片向外张开，覆瓦状排列，爪内侧有鳞片状附属物；雄蕊 4～6 枚，或多数，花丝分离或基部微合生，花药 2 室，外向，纵裂；雌蕊 1 枚，由 2～3（～4）枚心皮构成，子房上位，无柄，1 室，有 2～4 侧膜胎座，各生 2 列倒生胚珠，花柱单生，纤细，柱头与心皮同数。

【果实和种子】蒴果包藏在宿存的萼筒内，室背开裂；种子多数，小，有薄壳质种皮，胚直伸在中轴上，埋于内胚乳中。

【种类】全科 4 属，约 90 种；中国有 1 属，1 种；内蒙古有 1 属，1 种。

瓣鳞花科 Frankeniaceae Desv. 是法国植物学家 Nicaise Augustin Desvaux（1784－1856）于 1821 年在"Dictionnaire raisonné de botanique 188"（Dict. Rais. Bot.）上建立的植物科，模式属为瓣鳞花属（*Frankenia*）。

在恩格勒系统（1964）中，瓣鳞花科隶属原始花被亚纲（Archichlamydeae）、堇菜目（Violales）的柽柳亚目（Tamaricineae），柽柳亚目还包括柽柳科（Tamaricaceae）和沟繁缕科（Elatinaceae）。在哈钦森系统（1959）中，瓣鳞花科隶属柽柳目（Tamaricales），含瓣鳞花科、柽柳科和刺树科（Fouquieriaceae）。在塔赫他间系统（1980）中，瓣鳞花科隶属五桠果亚纲（Dilleniidae）、柽柳目，含瓣鳞花科、柽柳科和刺树科 3 个科。在克朗奎斯特系统（1981）中，瓣鳞花科隶属五桠果亚纲为堇菜目，含大风子科（Flacourtiaceae）、红木科（Bixaceae）、半日花科（Cistaceae）、堇菜科（Violaceae）、柽柳科（Tamaricaceae）、瓣鳞花科、西番莲科（Passifloraceae）、葫芦科（Cucurbitaceae）等 24 个科。

瓣鳞花属——【学　名】*Frankenia*

【蒙古名】ᠹᠷᠠᠨᠺᠧᠨᠢᠶ᠎ᠠ ᠶᠢᠨ ᠲᠥᠷᠥᠯ

【英文名】Frankenia

【生活型】草本或灌木。

【茎】多分枝。

【叶】单叶,小,在茎和分枝下部为对生,在上部为 4 叶轮生,叶柄基部结合成短鞘,全缘,无托叶。

【花】花单生或集成聚伞花序或伞房花序;花萼具 5(稀 4)枚齿,有 5(稀 4)条由萼齿伸到萼筒基部的纵棱脊;花瓣 5 片,稀 4 片,较花萼长,基部渐狭缩为楔状的爪;雄蕊 4～6 枚,比花瓣短,分离,排成 2 轮,外轮较短,花丝丝状,基部扩展,花药 2 室,卵圆形;子房 1 室,胚珠多数,花柱丝状,柱头 3～4 裂,裂片长圆形或棍棒状。

【果实和种子】蒴果 1 室,3～5 瓣裂。

【分类地位】被子植物门、双子叶植物纲、原始花被亚纲、侧膜胎座目、山茶亚目、瓣鳞花科。

【种类】全属约有 80 种;中国有 1 属,1 种;内蒙古有 1 属,1 种。

瓣鳞花 *Farankenia pulverulenta*

一年生草本。平卧,茎从基部多分枝,常呈二歧状分枝,略被紧贴的白色微柔毛。叶小,通常 4 叶轮生,狭倒卵形或倒卵形,全缘,顶端圆钝,微缺,略具短尖头,上面无毛,下面微被粉状短柔毛,基部渐狭为短叶柄。花小,多单生,稀数朵生于叶腋或小枝顶端,无梗;萼筒具 5 条纵棱脊,萼齿 5 枚,钻形;花瓣 5 片,粉红色,长圆状倒披针形或长圆状倒卵形,顶端微具牙齿,中部以下逐渐狭缩,内侧附生的舌状鳞片狭长;雄蕊 6 枚,花丝基部稍合生;子房多呈长圆状卵圆形,蒴果长圆状卵形,3 瓣裂。种子多数,长圆状椭圆形,下部急尖,淡棕色。花期 7～8 月,果期 9 月。

生于盐碱湿地、河床。产于内蒙古阿拉善盟额济纳旗;中国甘肃、新疆也产;蒙古、俄罗斯、土库曼斯坦以及非洲、中亚、西南亚、欧洲也有分布。

棒果芥属——【学　名】*Sterigmostemum*

【蒙古名】ᠣᠮᠣᠷᠠᠯ ᠤᠨ ᠢᠵᠠᠭᠤᠷ （ᠴᠢᠭᠢᠳᠡᠭ ᠤᠨ ᠠᠢ ᠢᠵᠠᠭᠤᠷ）

【英文名】Clubfruitcress

【生活型】一年生、二年生或多年生草本。

【茎】茎直立或上升,多从基部分枝,密生单毛或分叉毛,短毛及长毛相间,有时杂有腺毛或腺体。

【叶】叶片长圆形或披针形,羽状深裂至疏生牙齿,或近全缘。

【花】总状花序具多数花,在果期疏松;花小或中等大,黄色,少数白色或浅紫色;萼片近直立,基部不成囊状;花瓣宽,长约为萼片的 2 倍,具细脉,下部楔形,有短爪;长雄蕊成对合生;侧蜜腺近圆形,有棱角,闭合,无中蜜腺;子房有柔毛,胚珠多数,每室排成 1 行,花柱显明,有 2 裂柱头。

【果实和种子】长角果近圆柱状、念珠状或节荚状,常有毛,2 室,不裂或不易开裂。种子小,长圆形,近扁压;子叶背倚胚根。

【分类地位】被子植物门、双子叶植物纲、原始花被亚纲、罂粟目、白花菜亚目、十字花科。

【种类】全属约有 8 种;中国有 4 种,内蒙古有 1 种。

紫花棒果芥 *Sterigmostemum matthioloides*

多年生草本,成大球形丛,全体密生星状毛及腺毛;根细长,纺锤形。茎直立,从基部分枝,枝坚硬,弧形。叶片长圆形、椭圆形或披针形,顶端圆钝,基部楔形,羽状深裂,具线状裂片,或边缘具数个逆锯齿,或近全缘。总状花序顶生及腋生;花梗粗;萼片长圆形;花瓣褐紫色,倒卵形,基部成爪。长角果圆筒形,坚硬,开展或弯曲,顶端有极短 2 裂柱头;果梗短而粗。种子椭圆形,褐色,边缘有翅。花果期6～8月。

生于荒漠草原、干草原。产于内蒙古锡林郭勒盟、乌兰察布市、巴彦淖尔市、鄂尔多斯市、阿拉善盟;中国宁夏、青海、新疆。

棒头草属——【学　名】*Polypogon*

　　　　　　【蒙古名】ᠬᠦᠷᠡᠩ ᠲᠦ ᠢᠰᠬᠡᠯᠵᠢ ᠶᠢᠨ ᠲᠦᠷᠦᠯ

　　　　　　【英文名】Beardgrass

【生活型】一年生草本。

【茎】秆直立或基部膝曲。

【叶】叶片扁平。

【花】圆锥花序穗状或金字塔形；小穗含 1 朵小花，两侧压扁，小穗柄有关节，自节处脱落，而使小穗基部具柄状基盘；颖近于相等，具 1 条脉，粗糙，先端 2 浅裂或深裂，芒细直，自裂片间伸出；外稃膜质，光滑，长约为小穗之半，通常具 1 个易落之短芒；内稃较小，透明膜质，具 2 条脉；雄蕊 1～3 枚，花药细小。

【果实和种子】颖果与外稃等长，连同稃体一齐脱落。

【分类地位】被子植物门、单子叶植物纲、禾本目、禾本科、早熟禾亚科、剪股颖族。

【种类】全属约有 6 种；中国有 3 种；内蒙古有 1 种。

长芒棒头草 *Polypogon monspeliensis*

　　一年生。秆直立或基部膝曲，大都光滑无毛，具 4～5 节。叶鞘松弛抱茎，大多短于或下部者长于节间；叶舌膜质，2 深裂或呈不规则撕裂状；叶片上面及边缘粗糙，下面较光滑。圆锥花序穗状；小穗淡灰绿色，成熟后枯黄色；颖片倒卵状长圆形，被短纤毛，先端 2 浅裂，芒自裂口处伸出，细长而粗糙；外稃光滑无毛，先端具微齿，中脉延伸成约与稃体等长而易脱落的细芒；雄蕊 3 枚。颖果倒卵状长圆形。花果期 5～10 月。

　　生于沟边低湿地或丘陵多石处。产于内蒙古各地；中国安徽、福建、甘肃、广东、河北、河南、江苏、宁夏、青海、山西、山东、陕西、四川、台湾、新疆、西藏、云南、浙江也产；印度、哈萨克斯坦、吉尔吉斯斯坦、蒙古、巴基斯坦、俄罗斯、塔吉克斯坦、土库曼斯坦、乌兹别克斯坦等亚洲、欧洲地区以及非洲也有分布。

报春花科——【学　名】*Primulaceae*

【蒙古名】ᠴᠡᠴᠡᠭ ᠤᠨ ᠤᠢᠷᠠᠭ

【英文名】Primula Family

【生活型】多年生或一年生草本，稀为亚灌木。

【茎】茎直立或匍匐。

【叶】叶具互生、对生或轮生之叶，或无地上茎而叶全部基生，并常形成稠密的莲座丛。

【花】花单生或组成总状、伞形或穗状花序，两性，辐射对称；花萼通常 5 裂，稀 4 或 6～9 裂，宿存；花冠下部合生成短或长筒，上部通常 5 裂，稀 4 或 6～9 裂，仅 1 单种属（海乳草属 Glaux）无花冠；雄蕊多少贴生于花冠上，与花冠裂片同数而对生，极少具 1 轮鳞片状退化雄蕊，花丝分离或下部连合成筒；子房上位，仅 1 属（水茴草属 Samolus L.）半下位，1 室；花柱单一；胚珠通常多数，生于特立中央胎座上。

【果实和种子】蒴果通常 5 齿裂或瓣裂，稀盖裂；种子小，有棱角，常为盾状，种脐位于腹面的中心；胚小而直，藏于丰富的胚乳中。

【种类】全科有 22 属，近 1000 种；中国有 13 属，近 500 种；内蒙古有 6 属，20 种，1 亚种，1 变种。

报春花科 Primulaceae Batsch ex Borkh. 是德国博物学家 August Johann Georg Karl Batsch（1761—1802）命名但未经发表的科，后由德国博物学家和护林员 Moritz Balthasar Borkhausen（1760 — 1806）描述，于 1797 年代发表在 "Botanisches Wörterbuch" 上，模式属为报春花属（*Primula*）。Primulaceae Ventenat（如 Flora of China）或 Primulaceae Vent. 是法国植物学家 Étienne Pierre Ventenat（1757—1808）于 1799 年在 "Tabl. Règne Vég." 上建立的植物科，但发表时间比 Primulaceae Batsch ex Borkh. 晚。

在恩格勒系统（1964）中，报春花科隶属合瓣花亚纲（Sympetalae）、报春花目（Primulales），含报春花科、紫金牛科（Myrsinaceae）和假轮叶科（Theophrastaceae）3 个科。在哈钦森系统（1959）中，报春花科隶属双子叶植物草本支（Herbaceae）的报春花目（Primulales），含白花丹科（蓝雪科、矶松科）（Plumbaginaceae）和报春花科 2 个科。在塔赫他间系统（1980）中，报春花科隶属五桠果亚纲（Dilleniidae）、报春花目，所含植物科与恩格勒系统相同，认为与柿树目（Ebenales）有共同祖先，与杜鹃花目（Ericales）也有关系。在克朗奎斯特系统（1981）中，报春花科也隶属五桠果亚纲、报春花目，所含的植物科也与塔赫他间系统相同，认为与柿树目（Ebenales）有共同祖先，与山茶目（Theales）的亲缘关系明显。

报春花属——【学　名】*Primula*

【蒙古名】ᠣᠪᠣᠭᠠᠲᠤ ᠴᠡᠴᠡᠭ ᠤᠨ ᠲᠥᠷᠥᠯ

【英文名】Primrose

【生活型】多年生草本。

【叶】叶全部基生,莲座状。

【花】花5基数,通常在花葶端排成伞形花序,较少为总状花序、短穗状或近头状花序,有时花单生,无花葶;花萼钟状或筒状,具浅齿或深裂;花冠漏斗状或钟状,喉部不收缩,筒部通常长于花萼,裂片全缘、具齿或2裂;雄蕊贴生于冠筒上,花药先端钝,花丝极短;子房上位,近球形,花柱常有长短2型。

【果实和种子】蒴果球形至筒状,顶端短瓣开裂或不规则开裂,稀为帽状盖裂;种子多数。

【分类地位】被子植物门、双子叶植物纲、合瓣花亚纲、报春花目、报春花科、报春花族。

【种类】全属约有500种;中国有293种,21亚种,18变种;内蒙古有6种。

粉报春 *Primula farinosa*

多年生草本。具极短的根状茎和多数须根。叶多数,形成较密的莲座丛,叶片矩圆状倒卵形、窄椭圆形或矩圆状披针形,先端近圆形或钝,基部渐狭窄,边缘具稀疏小牙齿或近全缘,下面被青白色或黄色粉;叶柄甚短或与叶片近等长。花葶稍纤细,无毛,近顶端通常被青白色粉;伞形花序顶生,通常多花;苞片多数,狭披针形或先端渐尖成钻形,基部增宽并稍膨大呈浅囊状;花萼钟状,具5条棱,内面通常被粉,分裂达全长的1/3~1/2,裂片卵状矩圆形或三角形,有时带紫黑色,边缘具短腺毛;花冠淡紫红色,冠筒口周围黄色,裂片楔状倒卵形,先端2深裂;长花柱花;雄蕊着生于冠筒中部;短花柱花;雄蕊着生于冠筒中上部。蒴果筒状,长于花萼。花期5~6月,果期7~8月。

生于低湿地草甸、沼泽化草甸、亚高山草甸及沟谷灌丛中以及稀疏落叶松林下。产于内蒙古呼伦贝尔市、兴安盟、通辽市、赤峰市、锡林郭勒盟、乌兰察布市、呼和浩特市、鄂尔多斯市、阿拉善盟;中国黑龙江、吉林也产;哈萨克斯坦、蒙古以及欧洲也有分布。

北极花属——【学　名】*Linnaea*

【蒙古名】ᠬᠣᠶᠠᠷᠯᠢᠭ ᠴᠡᠴᠡᠭ

【英文名】Arcticflower，Twinflower

【生活型】常绿匍匐亚灌木。

【茎】小枝细长而上升。

【叶】叶小，对生，有叶柄，无托叶。

【花】花具细长花梗，对着生于小枝顶端；苞片 1 对，着生于两花梗基部，小苞片 1～2 对，紧贴萼筒基部；萼筒密被具柄的腺毛和短柔毛，萼檐 5 裂；花冠钟状，整齐 5 裂；雄蕊 4 枚，2 枚强，着生于花冠筒内，花药内向，内藏；子房 3 室，仅 1 室发育，花柱细长，柱头头状。

【果实和种子】瘦果状核果，不开裂，内含种子 1 粒。

【分类地位】被子植物门、双子叶植物纲、合瓣花亚纲、川续断目、忍冬科。

【种类】全属有 1 种；中国有 1 种；内蒙古有 1 种。

北极花 *Linnaea borealis*

　　常绿匍匐小灌木。茎细长，红褐色，具稀疏短柔毛。叶圆形至倒卵形，边缘中部以上具 1～3 对浅圆齿，上面疏生柔毛，下面灰白色而无毛。花芳香，苞片狭小，条形，微被短柔毛；花梗纤细；小苞片大小不等；萼筒近圆形，萼檐裂片狭尖，钻状披针形，被短柔毛；花冠淡红色或白色，裂片卵圆形，筒外面无毛，内被短柔毛；雄蕊着生于花冠筒中部以下，花药黄色；柱头伸出花冠外。果实近圆形，黄色，下垂。花果期 7～8 月。

　　生于山地针叶林下、湿润的林地上。产于内蒙古呼伦贝尔市、兴安盟；中国河北、黑龙江、吉林、辽宁、新疆也产；全世界北温带地区广泛分布。

贝母属——【学　名】*Fritillaria*

【蒙古名】ᠲᠣᠮᠣᠷᠤᠯ ᠦᠬᠡᠷ ᠦᠨ ᠢᠮᠠᠭᠠᠨ

【英文名】Fritillary

【生活型】多年生草本。

【茎】鳞茎深埋土中,外有鳞茎皮,通常由 2(～3)个白粉质鳞片组成(鳞片内生有 2～3 对小鳞片),较少由多个鳞片及周围许多米粒状小鳞片组成,前者鳞茎近卵形或球形,后者常多少呈莲座状。茎直立,不分枝,一部分位于地下。

【叶】基生叶有长柄;茎生叶对生、轮生或散生,先端卷曲或不卷曲,基部半抱茎。

【花】花较大或略小,通常钟形,俯垂(但在受精后花梗逐渐向上,在果期直立),辐射对称,少有稍两侧对称,单朵顶生或多朵排成总状花序或伞形花序,具叶状苞片;花被片矩圆形、近匙形至近狭卵形,常靠合,内面近基部有 1 枚凹陷的蜜腺窝;雄蕊 6 枚,花药近基着或背着,2 室,内向开裂;花柱 3 裂或近不裂;柱头伸出雄蕊之外;子房 3 室,每室有 2 颗纵列胚珠,中轴胎座。

【果实和种子】蒴果具 6 条棱,棱上常有翅,室背开裂。种子多数,扁平,边缘有狭翅。

【分类地位】被子植物门、单子叶植物纲、百合目、百合亚目、百合科、百合族。

【种类】全属约有 130 种;中国有 20 种,2 变种;内蒙古有 1 属,1 种。

轮叶贝母 *Fritillaria maximowiczii*

多年生草本。鳞茎由 4～5 个或更多鳞片组成,周围又有许多米粒状小鳞片,后者很容易脱落。叶条状或条状披针形,先端不卷曲,通常每 3～6 枚排成 1 轮,极少为 2 轮,向上有时还有 1～2 片散生叶。花单朵,少有 2 朵,紫色,稍有黄色小方格;叶状苞片 1 个,先端不卷;雄蕊长约为花被片的 3/5;花药近基着,花丝无小乳突。花期 6 月,果期不详。

生于林缘、河谷灌丛及草甸。产于内蒙古呼伦贝尔市、赤峰市;中国河北、黑龙江、吉林、辽宁也产;俄罗斯也有分布。

荸荠属——【学　名】*Heleocharis*

　　　　　　【蒙古名】ᠲᠣᠯᠣᠭᠠᠢᠲᠤ ᠶᠢᠨ ᠡᠪᠡᠰᠦ

　　　　　　【英文名】Spikesedge

【生活型】多年生或一年生草本。

【茎】根状茎不发育或很短，通常具匍匐根状茎。秆丛生或单生，除基部外裸露。

【叶】叶经减退后一般只有叶鞘而无叶片。

【花】苞片缺如；小穗1个，顶生，直立，极少从小穗基部生嫩枝，通常有多数两性花或有时仅有少数两性花；鳞片螺旋状排列，极少近2列，最下的1~2个鳞片中空无花，很少有花。下位刚毛一般存在，4~8条，其上有或多或少倒刺，很少无下位刚毛；雄蕊1~3枚；花柱细，花柱基膨大，不脱落，同时形成各种形状，很少不膨大；柱头2~3枚，丝状。

【果实和种子】小坚果倒卵形或圆倒卵形，三棱形或双凸状，平滑或有网纹，很少有洼穴。

【分类地位】被子植物门、单子叶植物纲、莎草目、莎草科、蔗草亚科、蔗草族。

【种类】全属有150余种；中国有20余种，一些变种；内蒙古有8种，1亚种，1变种。

槽秆荸荠 *Heleocharis mitracarpa*

　　多年生草本。具匍匐根状茎。秆丛生，直立，绿色，具明显突出的肋棱及纵槽。叶鞘长筒形，顶部截平，下部紫红色。小穗矩圆状卵形或披针形，淡褐色；花两性，多数；鳞片膜质，卵形或矩圆状卵形，先端钝，具1条中脉，上面被紫红色条纹；下位刚毛4条，明显超出小坚果，具倒刺；雄蕊3枚。小坚果宽倒卵形，光滑；花柱基宽卵形，海绵质；柱头2枚。花果期6~8月。

　　生于河边或湖边沼泽。产于内蒙古呼伦贝尔市、通辽市、赤峰市、锡林郭勒盟、鄂尔多斯市；中国贵州、河北、山东、陕西、云南也产；阿富汗、克什米尔、哈萨克斯坦、吉尔吉斯斯坦、巴基斯坦、塔吉克斯坦、乌兹别克斯坦等亚洲地区以及欧洲地区也有分布。

鼻花属——【学　名】*Rhinanthus*

【蒙古名】ᠪᠢᠰᠢᠯᠠᠭᠤᠷ ᠡᠪᠡᠰᠦ ᠶᠢᠨ ᠲᠥᠷᠥᠯ

【英文名】Rattlebox

【生活型】一年生半寄生草本。

【叶】叶对生。总状花序顶生。

【花】花萼侧扁,果期鼓胀成囊状,4裂,后方裂达中部,其余3方浅裂,裂片狭三角形;花冠上唇盔状,顶端延成短喙,喙2裂,下唇3裂;雄蕊4枚,伸至盔下,花药靠拢,药室横叉开,无距,开裂后沿裂口露出须毛。

【果实和种子】蒴果圆而几乎扁平,室背开裂。种子每室数粒,扁平,几乎半圆形,具宽翅。变异大,种数因各人处理而异,从数种至数十种。

【分类地位】被子植物门、双子叶植物纲、合瓣花亚纲、管状花目、玄参科。

【种类】全属约有50种;中国有1种;内蒙古有1种。

鼻花 *Rhinanthus glaber*

一年生直立草本。茎有棱,有4列柔毛,不分枝或分枝,分枝及叶几乎垂直向上,紧靠主轴。叶无柄,条形至条状披针形,与节间近等长,两面有短硬毛,背面的毛着生于斑状突起上,叶缘有规则的三角状锯齿,齿尖朝向叶顶端,齿缘有胼胝质加厚,并有短硬毛。苞片比叶宽,花序下端的苞片边缘齿长而尖,而花序上部的苞片具短齿;花梗很短;花冠黄色,下唇贴于上唇。蒴果藏于宿存的萼内。花果期6~8月。

生于林缘草甸。产于内蒙古呼伦贝尔市牙克石市;中国黑龙江、吉林、辽宁、新疆也产;哈萨克斯坦、蒙古以及欧洲也有分布。

43

蓖麻属——【学　名】*Ricinus*

【蒙古名】ᠰᠢᠪᠠᠭᠤ ᠮᠠᠶᠢᠯᠠᠭ ᠤᠨ ᠲᠥᠷᠥᠯ (ᠮᠠᠶᠢᠯᠠᠭ ᠤᠨ ᠲᠥᠷᠥᠯ)

【英文名】Castorbean

【生活型】一年生草本或草质灌木。

【茎】茎常被白霜。

【叶】叶互生，纸质，掌状分裂，盾状着生，叶缘具锯齿；叶柄的基部和顶端均具腺体；托叶合生，凋落。

【花】花雌雄同株，无花瓣，花盘缺；圆锥花序，顶生，后变为与叶对生，雄花生于花序下部，雌花生于花序上部，均多朵簇生于苞腋；花梗细长；雄花：花萼花蕾时近球形，萼裂片 3～5 枚，镊合状排列；雄蕊极多，可达 1000 枚，花丝合生成数目众多的雄蕊束，花药 2 室，药室近球形，彼此分离，纵裂；无不育雌蕊；雌花：萼片 5 个，镊合状排列，花后凋落，子房具软刺或无刺，3 室，每室具胚珠 1 颗，花柱 3 枚，基部稍合生，顶部各 2 裂，密生乳头状突起。

【果实和种子】蒴果，具 3 枚分果爿，具软刺或平滑；种子椭圆状，微扁平，种皮硬壳质，平滑，具斑纹，胚乳肉质，子叶阔、扁平；种阜大。

【分类地位】被子植物门、双子叶植物纲、原始花被亚纲、大戟目、大戟亚目、大戟科、铁苋菜亚科、铁苋菜族。

【种类】单种属；中国有 1 种；内蒙古有 1 种。

44

蓖麻 *Ricinus communis*

一年生粗壮草本或草质灌木。小枝、叶和花序通常被白霜，茎多液汁。叶轮廓近圆形，掌状 7～11 裂，裂缺几达中部，裂片卵状长圆形或披针形，顶端急尖或渐尖，边缘具锯齿；掌状脉 7～11 条。网脉明显；叶柄粗壮，中空，顶端具 2 个盘状腺体，基部具盘状腺体；托叶长三角形，早落。总状花序或圆锥花序；苞片阔三角形，膜质，早落；雄花：花萼裂片卵状三角形；雄蕊束众多；雌花：萼片卵状披针形，凋落；子房卵状，密生软刺或无刺，花柱红色，顶部 2 裂，密生乳头状突起。蒴果卵球形或近球形，果皮具软刺或平滑；种子椭圆形，微扁平，平滑，斑纹淡褐色或灰白色；种阜大。花期几年或 6～9 月（栽培）。

栽培植物，原产地可能在非洲东北部。

蝙蝠葛属——【学　名】*Menispermum*

【蒙古名】ᠪᠠᠲᠬᠤᠳᠽᠧ ᠶᠢᠨ ᠲᠦᠷᠦᠯ

【英文名】Batkudze，Moonseed

【生活型】落叶藤本。

【叶】叶盾状，具掌状脉。

【花】圆锥花序腋生。雄花：萼片 4～10 个，近螺旋状着生，通常凹；花瓣 6～8 片或更多，近肉质，肾状心形至近圆形，边缘内卷；雄蕊 12～18 枚，很少更多，花丝柱状，花药近球状，纵裂。雌花：萼片和花瓣与雄花的相似；不育雄蕊 6～12 枚或更多，棒状；心皮 2～4 枚，具心皮柄，子房囊状半卵形，花柱短，柱头大而分裂，外弯。

【果实和种子】核果近扁球形，花柱残迹近基生；果核肾状圆形或阔半月形，甚扁，两面低平部分呈肾形，背脊隆起呈鸡冠状，其上有 2 列小瘤体，背脊两侧各有 1 列小瘤体，胎座迹片状；种子有丰富的胚乳，胚环状弯曲，子叶半柱状，比胚根稍长。

【分类地位】被子植物门、双子叶植物纲、原始花被亚纲、毛茛目、毛茛亚目、防己科。

【种类】全属有 3 或 4 种；中国有 1 种；内蒙古有 1 种。

蝙蝠葛 *Menispermum dauricum*

缠绕性落叶灌木，长达 10 余年。根状茎褐色，垂直生，茎自位于近顶部的侧芽生出，一年生茎纤细，有条纹，无毛。叶纸质或近膜质，轮廓通常为心状扁圆形，边缘有 3～9 角或 3～9 裂，很少近全缘，基部心形至近截平，两面无毛，下面有白粉；掌状脉 9～12 条，其中向基部伸展的 3～5 条很纤细，均在背面凸起；叶柄有条纹。圆锥花序单生或有时双生，有细长的总梗，有花数朵至 20 余朵，花密集成稍疏散，花梗纤细。雄花：萼片 4～8 个，膜质，绿黄色，倒披针形至倒卵状椭圆形，自外至内渐大；花瓣 6～8 片或多至 9～12 片，肉质，凹成兜状，有短爪；雄蕊通常 12 枚，有时稍多或较少。雌花：退化雄蕊 6～12 枚。核果紫黑色。花期 6～7 月，果期 8～9 月。

生于山地林缘、灌丛、沟谷。产于内蒙古呼伦贝尔市、兴安盟、通辽市、赤峰市、乌兰察布市、呼和浩特市、包头市；中国安徽、甘肃、贵州、河北、黑龙江、湖北、湖南、江苏、江西、吉林、辽宁、宁夏、山西、山东、陕西、浙江也产；日本、朝鲜、俄罗斯也有分布。

扁豆属——【学　名】*Dolichos(Lablab)*

【蒙古名】ᠬᠠᠪᠲᠠᠭᠠᠢ ᠪᠤᠷᠴᠠᠭ ᠤᠨ ᠲᠥᠷᠥᠯ

【英文名】Sickleharicot，Haricot

【生活型】多年生缠绕藤本或近直立。

【叶】羽状复叶具 3 片小叶；托叶反折，宿存；小托叶披针形。

【花】总状花序腋生，花序轴上有肿胀的节；花萼钟状，裂片 2 唇形，上唇全缘或微凹，下唇 3 裂；花冠紫色或白色，旗瓣圆形，常反折，具附属体及耳，龙骨瓣弯成直角；对旗瓣的 1 枚雄蕊离生或帖生，花药 1 室；子房具多颗胚珠；花柱弯曲不逾 90°，一侧扁平，基部无变细部分，近顶部内缘被毛，柱头顶生。

【果实和种子】荚果长圆形或长圆状镰形，顶冠以宿存花柱，有时上部边缘具疣状体，具海绵质隔膜；种子卵形，扁，种脐线形，具线形或半圆形假种皮。

【分类地位】被子植物门、双子叶植物纲、原始花被亚纲、蔷薇目、蔷薇亚目、豆科、蝶形花亚科、菜豆族、菜豆亚族。

【种类】全属有 1 种；中国、内蒙古各有 1 种。

扁豆 *Dolichos lablab(Lablab purpureus)*

　　多年生缠绕藤本。全株几无毛，常呈淡紫色。羽状复叶具 3 片小叶；托叶基着，披针形；小托叶线形；小叶宽三角状卵形，侧生小叶两边不等大，偏斜，先端急尖或渐尖，基部近截平。总状花序直立，花序轴粗壮；小苞片 2 个，近圆形，脱落；花 2 至多朵簇生于每一节上；花萼钟状，上方 2 裂齿几完全合生，下方的 3 枚近相等；花冠白色或紫色，旗瓣圆形，基部两侧具 2 个长而直立的小附属体，附属体下有 2 耳，翼瓣宽倒卵形，具截平的耳，龙骨瓣呈直角弯曲，基部渐狭成瓣柄；子房线形，无毛，花柱比子房长，弯曲不逾 90°，一侧扁平，近顶部内缘被毛。荚果长圆状镰形，近顶端最阔，扁平，直或稍向背弯曲，顶端有弯曲的尖喙，基部渐狭；种子 3～5 粒，扁平，长椭圆形，在白花品种中为白色，在紫花品种中为紫黑色，种脐线形，长约占种子周围的 2/5。花期 4～12 月。

　　栽培植物，原产非洲。

扁核木属 —— 【学　名】*Prinsepia*

【蒙古名】ᠲᠣᠭᠣᠷᠢᠠᠨ ᠨᠢᠭᠡ ᠶᠢᠨ ᠲᠥᠷᠥᠯ

【英文名】Prinsepia

【生活型】落叶直立或攀援灌木。

【茎】有枝刺,枝具片状髓部;冬芽小,卵圆形,有少数被毛鳞片。

【叶】单叶互生或簇生,有短柄;叶片全缘或有细齿;托叶小形,早落。

【花】花两性,排成总状花序,或簇生和单生,生于叶腋或侧枝顶端;萼筒宿存,杯状,具有圆形不相等的几个裂片,在芽中覆瓦状排列;花瓣 5 片,白色或黄色,近圆形,有短爪,着生在萼筒的喉部;雄蕊 10 枚或多数,分数轮,着生在萼筒口部花盘边缘,花丝较短,药囊分开,常不相等;心皮 1 枚,无柄,花柱近顶生或侧生,柱头头状,胚珠 2 颗,并生,下垂。

【果实和种子】核果椭圆形或圆筒形,肉质;核革质,平滑或稍有纹饰;种子 1 粒,直立,长圆筒形,种皮膜质;子叶平凹,含有油质。

【分类地位】被子植物门、双子叶植物纲、原始花被亚纲、蔷薇目、蔷薇亚目、蔷薇科、李亚科。

【种类】全属有 5 种;中国有 4 种,1 变种,内蒙古有 2 种。

蕤核 *Prinsepia uniflora*

灌木。老枝紫褐色,树皮光滑;小枝灰绿色或灰褐色,无毛或有极短柔毛;枝刺钻形,无毛,刺上不生叶;冬芽卵圆形,有多数鳞片。叶互生或丛生,近无柄;叶片长圆披针形或狭长圆形,先端圆钝或急尖,基部楔形或宽楔形,全缘,有时呈浅波状或有不明显锯齿,上面深绿色,下面淡绿色,中脉突起,两面无毛;托叶小,早落。花单生或 2～3 朵簇生于叶丛内;无毛;萼筒陀螺状;萼片短三角卵形或半圆形,先端圆钝,全缘,萼片和萼筒内外两面均无毛;花瓣白色,有紫色脉纹,倒卵形,先端啮蚀状,基部宽楔形,有短爪,着生在萼筒口花盘边缘处;雄蕊 10 枚,花药黄色,圆卵形,花丝扁而短,比花药稍长,着生在花盘上;心皮 1 枚,无毛,花柱侧生,柱头头状。核果球形,红褐色或黑褐色,无毛,有光泽;萼片宿存,反折;核左右压扁的卵球形,有沟纹。花期 4～5 月,果期 8～9 月。

生于低山丘陵阳坡或固定沙地。产于内蒙古鄂尔多斯市鄂托克前旗;中国甘肃、河南、宁夏、青海、山西、陕西、四川也产。

扁蕾属——【学　名】*Gentianopsis*

【蒙古名】ᠬᠣᠳᠬᠣᠷ ᠡᠪᠡᠰᠦᠨ ᠦ ᠲᠥᠷᠦᠯ

【英文名】Gentianopsis

【生活型】一年生或二年生草本。

【茎】茎直立,多少近四棱形。

【叶】叶对生,常无柄。

【花】花单生茎或分枝顶端;花梗在花时伸长;花蕾椭圆形或卵状椭圆形,稍扁压,具明显的四棱,棱的颜色较深;花 4 数;花萼筒状钟形,上部 4 裂,裂片 2 对,等长或极不等长,异形,内对宽而短,外对狭而长,先端渐尖或尾状渐尖,萼内膜位于裂片间稍下方,三角形,袋状,上部边缘具毛;花冠筒状钟形或漏斗形,上部 4 裂,裂片间无褶,裂片下部两侧边缘有细条裂齿或全缘,腺体 4 个,着生于花冠筒基部,与雄蕊互生;雄蕊着生于冠筒中部,较冠筒稍短;子房有柄,花柱极短至较长,柱头 2 裂,裂片半圆形。

【果实和种子】蒴果自顶端 2 裂;种子小,多数,表面有密的指状突起。

【分类地位】被子植物门、双子叶植物纲、合瓣花亚纲、捩目、龙胆科、龙胆亚科、龙胆族、龙胆亚族。

【种类】全属约有 24 种;中国有 5 种,4 变种;内蒙古有 1 种,2 变种。

扁蕾 *Gentianopsis barbata*

　　一年生草本。茎单生,直立,近圆柱形。基生叶多对,常早落,匙形或线状倒披针形,先端圆形,边缘具乳突,基部渐狭成柄,中脉在下面明显;茎生叶 3～10 对,无柄,狭披针形至线形先端渐尖,边缘具乳突,基部钝,中脉在下面明显。花单生茎或分枝顶端;花梗直立,近圆柱形,有明显的条棱,果时更长;花萼筒状,稍扁,略短于花冠,或与花冠筒等长,裂片 2 对,不等长,异形,具白色膜质边缘;花冠筒状漏斗形,筒部黄白色,檐部蓝色或淡蓝色,裂片椭圆形,先端圆形,有小尖头,边缘有小齿,下部两侧有短的细条裂齿;腺体近球形,下垂;花丝线形,花药黄色,子房具柄,狭椭圆形,花柱短。蒴果具短柄,与花冠等长;种子褐色,矩圆形,表面有密的指状突起。花果期 7～9 月。

　　生于山坡林缘、灌丛、低湿草甸、沟谷及河滩砾石层中。产于内蒙古呼伦贝尔市、兴安盟、赤峰市、乌兰察布市、阿拉善盟;中国甘肃、贵州、河北、黑龙江、吉林、辽宁、宁夏、青海、山西、山东、陕西、四川、新疆、西藏、云南也产;日本、哈萨克斯坦、吉尔吉斯斯坦、蒙古、俄罗斯也有分布。

扁莎属——【学　名】*Pycreus*

　　　　　【蒙古名】ᠬᠠᠪᠲᠠᠭᠠᠢ ᠵᠢᠭᠠᠰᠤ ᠶᠢᠨ ᠲᠥᠷᠥᠯ

　　　　　【英文名】Flatsedge

【生活型】一年生或多年生草本。

【茎】具根状茎或无。

【叶】秆多丛生,基部具叶。

【花】苞片叶状;长侧枝聚伞花序简单或复出,疏展或密集成头状;辐射枝长短不等,有时极短缩;小穗排列成穗状或头状;小穗轴延续,基部亦无关节,宿存;鳞片2列,逐渐向顶端脱落,最下面1~2个鳞片,内无花,其余均具1朵两性花;无下位刚毛或鳞片状花被;雄蕊1~3枚,药隔突出或不突出;花柱基部不膨大,脱落,柱头2枚。

【果实和种子】小坚果两侧压扁,棱向小穗轴,双凸状,稍扁或肿胀,表面具网纹、微突起细点、隆起横波纹或皱纹。

【分类地位】被子植物门、单子叶植物纲、莎草目、莎草科、藨草亚科、莎草族。

【种类】全属有70余种;中国有10余种,3变种;内蒙古有3种。

49

球穗扁莎 *Pycreus globosus*

　　多年生草本。根状茎短,具须根。秆丛生,细弱,钝三棱形,一面具沟,平滑。叶少,短于秆,折合或平张;叶鞘长,下部红棕色。苞片2~4个,细长,较长于花序;简单长侧枝聚伞花序具1~6个辐射枝,辐射枝长短不等,有时极短缩成头状;每一辐射枝具2~20余个小穗;小穗密聚于辐射枝上端,呈球形,辐射展开,线状长圆形或线形,极压扁,具12~34(~66)朵花;小穗轴近四棱形,两侧有具横隔的槽;鳞片稍疏松排列,膜质,长圆状卵形,顶端钝,背面龙骨状突起,绿色;雄蕊2枚,花药短,长圆形;花柱中等长,柱头2枚,细长。小坚果倒卵形,顶端有短尖,双凸状,稍扁。花果期7~9月。

　　生于沼泽化草甸及浅水中。产于内蒙古呼伦贝尔市、兴安盟、通辽市、赤峰市、鄂尔多斯市、阿拉善盟;中国安徽、重庆、福建、甘肃、广东、广西、贵州、海南、河北、黑龙江、河南、湖北、湖南、江苏、江西、吉林、辽宁、宁夏、山西、山东、陕西、四川、台湾、新疆、西藏、云南、浙江也产;孟加拉、不丹、柬埔寨、印度、印度尼西亚、日本、克什米尔、哈萨克斯坦、朝鲜、老挝、马来西亚、尼泊尔、巴基斯坦、巴布亚新几内亚、菲律宾、俄罗斯、斯里兰卡、塔吉克斯坦、泰国、土库曼斯坦、乌兹别克斯坦、越南以及西南非洲、澳大利亚以及南欧、印度洋岛屿、马达加斯加也有分布。

扁穗草属——【学　名】*Brylkinia*

【蒙古名】ᠣᠷᠤᠭᠤᠰᠤᠨ ᠬᠠᠯᠬᠢᠨ ᠤ ᠣᠪᠤᠭ

【英文名】Flatspike

【生活型】多年生草本。

【茎】具匍匐根状茎。秆有节或无,三棱形,平滑或粗糙。

【叶】叶基生或秆生。

【花】苞片叶状;小苞片呈鳞片状;穗状花序单一,顶生,具数个至十多个小穗,排成 2 列或近于 2 列;小穗具少数两性花;鳞片覆瓦状,近 2 列;下位刚毛存在或不发育,通常生倒刺;雄蕊 3 枚,药隔突出于花药顶端;花柱基部不膨大,脱落,柱头 2 枚。

【果实和种子】小坚果平凸状。

【分类地位】被子植物门、单子叶植物纲、莎草目、莎草科、藨草亚科、藨草族。

【种类】全属约有 4 种;中国有 3 种;内蒙古有 2 种,1 变种。

华扁穗草 *Brylkinia sinocompressus*

多年生草本。有长的匍匐根状茎,黄色,光亮,有节,节上生根,鳞片黑色;秆近于散生,扁三棱形,具槽,中部以下生叶,基部有褐色或紫褐色老叶鞘。叶平张,边略内卷并有疏而细的小齿,渐向顶端渐狭,顶端三棱形,短于秆;叶舌很短,白色,膜质。苞片叶状,一般高出花序;小苞片呈鳞片状,膜质;穗状花序 1 个,顶生,长圆形或狭长圆形;小穗 3～10 余个,排列成 2 列或近 2 列,密,最下部 1 至数个小穗通常远离;小穗卵披针形、卵形或长椭圆形,有 2～9 朵两性花;鳞片近 2 行排列,长卵圆形,顶端急尖,锈褐色,膜质,背部有 3～5 条脉,中脉呈龙骨状突起,绿色;下位刚毛 3～6 条,卷曲,高出小坚果约 2 倍,有倒刺;雄蕊 3 枚,花药狭长圆形,顶端具短尖;柱头 2 枚,长于花柱约 1 倍。小坚果宽倒卵形,平凸状,深褐色。花果期 6～9 月。

生于盐化草甸、河边沼泽中。产于内蒙古赤峰市、锡林郭勒盟、乌兰察布市、呼和浩特市、巴彦淖尔市、阿拉善盟;中国甘肃、河北、辽宁、宁夏、青海、山西、陕西、四川、新疆、西藏、云南也产;蒙古也有分布。

扁蓿豆属——【学　名】*Melilotoides*

【蒙古名】ᠲᠣᠪᠣᠷᠤ ᠪᠣᠯᠠᠭ ᠤᠨ ᠤᠷᠤᠭ

【英文名】Mel:lotoides

【生活型】多年生或一年生草本。

【茎】茎直立、斜升或平卧。

【叶】叶为羽状三出复叶,托叶全缘或有齿裂。

【花】总状花序通常短,花黄色,常带淡蓝色或紫色晕彩;花萼钟状,通常旗瓣最长,龙骨瓣最短,少为龙骨瓣比翼瓣长;雄蕊 10 枚,成 9 与 1 两体。

【果实和种子】荚果扁平,宽椭圆形至矩圆形,少为条状矩圆形,通常直,不弯曲,先端具短喙或不明显;种子 1 至数粒。

【分类地位】被子植物门、双子叶植物纲、原始花被亚纲、蔷薇目、豆亚目、豆科。

【种类】内蒙古有 1 种,3 变种。

*《中国植物志》、*Flora of china* 没有采纳成立 Mel:lotoides 属的观点。

扁蓿豆（花苜蓿）*Melilotoides ruthenica*（*Medicago ruthenica*）

多年生草本。主根深入土中,根系发达。茎直立或上升,四棱形,基部分枝,丛生,羽状三出复叶;托叶披针形,锥尖,先端稍上弯,基部阔圆,耳状,具 1～3 枚浅齿,脉纹清晰;叶柄比小叶短,被柔毛;小叶形状变化很大,长圆状倒披针形、楔形、线形以至卵状长圆形,先端截平,钝圆或微凹,中央具细尖,基部楔形、阔楔形至钝圆,边缘在基部 1/4 处以上具尖齿,或仅在上部具不整齐尖锯齿,上面近无毛,下面被贴伏柔毛,侧脉 8～18 对,分叉并伸出叶边成尖齿,两面均隆起;顶生小叶稍大,被毛。花序伞形,总花梗腋生,通常比叶长,挺直,有时也纤细并比叶短;苞片刺毛状,萼钟形,被柔毛,萼齿披针状锥尖,与萼筒等长或短;花冠黄褐色,中央深红色至紫色条纹,旗瓣倒卵状长圆形,倒心形至匙形,先端凹头,翼瓣稍短,长圆形,龙骨瓣明显短,卵形,均具长瓣柄;子房线形,无毛,花柱短,胚珠 4～8 颗。荚果长圆形或卵状长圆形,扁平,先端钝急尖,具短喙,基部狭尖并稍弯曲,具短颈,脉纹横向倾斜,分叉,腹缝有时具流苏状的狭翅,熟后变黑;有种子 2～6 粒。种子椭圆状卵形,棕色,平滑,种脐偏于一端;胚根发达。花期 6～9 月,果期 8～10 月。

生于丘陵坡地、沙质地、路旁草地。产于内蒙古呼伦贝尔市、兴安盟、赤峰市、锡林郭勒盟、乌兰察布市、呼和浩特市、包头市、巴彦淖尔市、乌海市、阿拉善盟;中国甘肃、河北、黑龙江、河南、吉林、辽宁、宁夏、青海、山西、陕西、四川也产;蒙古、俄罗斯也有分布。

变豆菜属——【学　名】*Sanicula*

【蒙古名】ᠰᠣᠭᠤᠯᠢᠭ᠎ᠠᠴᠠᠭ᠎ᠠᠨ ᠤ ᠣᠪᠣᠭ (ᠰᠣᠭᠤᠯᠢᠭ᠎ᠠ ᠴᠠᠭ᠎ᠠᠨ ᠤ ᠣᠪᠣᠭ)

【英文名】Sanicle

【生活型】二年生或多年生草本。

【茎】有根状茎、块根或成簇的纤维根。茎直立或倾卧而向上伸长,细弱或较粗壮,分枝或呈花葶状,光滑或被柔毛。

【叶】叶有柄或近无柄,叶柄基部有宽的膜质叶鞘;叶片近圆形或圆心形至心状五角形,膜质、纸质或近革质,掌状或三出式3裂,裂片边缘有锯齿或刺毛状的复锯齿。

【花】单伞形花序或为不规则伸长的复伞形花序,很少近总状花序;总苞片叶状,有锯齿或缺刻;小总苞片细小,分裂或不分裂;伞梗不等长,向外开展至分叉式伸长;小伞形花序中有两性花和雄花;花白色至绿白色,雄花有柄,两性花无柄或有短柄;萼齿卵形、线状披针形或呈刺芒状,外露或为皮刺所掩盖;花瓣匙形或倒卵形,顶端内凹而有狭窄内折的小舌片;花柱基无或扁平如碟,花柱短于萼片或伸长向外反曲。

【果实和种子】果实长椭圆状卵形或近球形,有柄或无柄,表面密生皮刺或瘤状凸起。种子表面扁平,胚乳腹面内凹或有沟槽。

【分类地位】被子植物门、双子叶植物纲、原始花被亚纲、伞形目、伞形科。

【种类】全属约有37种;中国有15种,1变种;内蒙古有1种。

52

> **变豆菜** *Sanicula chinensis*
>
> 多年生草本。根茎粗而短,有许多细长的支根。茎粗壮或细弱,中间裂片倒卵形,基部近楔形,主脉1条,两侧裂片通常各有1深裂,很少木裂,内裂片的形状、大小同中间裂片,外裂片披针形,大小约为内裂片的一半,所有裂片表面绿色,背面淡绿色,边缘有大小不等的重锯齿;稍扁平,基部有透明的膜质鞘;茎生叶逐渐变小,有柄或近无柄,通常3裂,裂片边缘有大小不等的重锯齿。花序2～3回叉式分枝,侧枝向两边开展而伸长,中间的分枝较短,总苞片叶状,通常3深裂;伞形花序2～3出;小总苞片8～10个,卵状披针形或线形,顶端尖;小伞形花序有花6～10朵,雄花3～7朵,稍短于两性花;萼齿窄线形,顶端渐尖;花瓣白色或绿白色、倒卵形至长倒卵形;花丝与萼齿等长或稍长;两性花3～4朵,无柄;萼齿和花瓣的形状、大小同雄花;花柱与萼齿同长,很少超过。果实圆卵形,顶端萼齿成喙状突出,皮刺直立,顶端钩状,基部膨大;果实的横剖面近圆形,胚乳的腹面略凹陷。
>
> 生于沟边林下阴湿处。产于内蒙古大青沟国家级自然保护区;中国很多地区也产;日本、朝鲜、俄罗斯也有分布。

杓兰属——【学　名】*Cypripedium*

【蒙古名】 ᠲᠣᠭᠣᠷᠠᠭᠠᠨ ᠴᠡᠴᠡᠭᠡᠲᠦ ᠶᠢᠨ ᠲᠥᠷᠥᠯ

【英文名】Ladyslipper

【生活型】陆生兰。

【茎】具短或长的横走根状茎和许多较粗厚的纤维根。茎直立,长或短,成簇生长或疏离,无毛或具毛,基部常有数枚鞘。

【叶】叶2至数片,互生、近对生或对生,有时近铺地;叶片通常椭圆形至卵形,较少心形或扇形,具折扇状脉、放射状脉或3～5条主脉,有时有黑紫色斑点。

【花】花序顶生,通常具单花或少数具2～3朵花;花苞片通常叶状,明显小于叶,中萼片直立或俯倾于唇瓣之上;2个侧萼片通常合生而成合萼片,仅先端分离,位于唇瓣下方,极罕完全离生;花瓣平展、下垂或围抱唇瓣,有时扭转;唇瓣为深囊状、球形、椭圆形或其他形状,一般有宽阔的囊口,囊口有内弯的侧裂片和前部边缘,囊内常有毛;蕊柱短,圆柱形,常下弯,具2枚侧生的能育雄蕊、1枚位于上方的退化雄蕊和1枚位于下方的柱头;花药2室,具很短的花丝;花粉粉质或带粘性,但不粘合成花粉团块;退化雄蕊通常扁平,椭圆形、卵形或其他形状;柱头肥厚,略有不明显的3裂,表面有乳突。

【果实和种子】蒴果。

【分类地位】被子植物门、单子叶植物纲、微子目、兰科、杓兰亚科。

【种类】全属约有50种;中国有32种;内蒙古有4种。

斑花杓兰(紫点杓兰)*Cypripedium guttatum*

陆生兰。具细长而横走的根状茎。茎直立,被短柔毛和腺毛,基部具数枚鞘,顶端具叶。叶2片,极罕3片,常对生或近对生,偶见互生,常位于植株中部或中部以上;叶片椭圆形、卵形或卵状披针形,先端急尖或渐尖,背面脉上疏被短柔毛或近无毛,干后常变黑色或浅黑色。花序顶生,具1朵花;花序柄密被短柔毛和腺毛;花苞片叶状,卵状披针形,先端急尖或渐尖,边缘具细缘毛;花白色,具淡紫红色或淡褐红色斑;中萼片卵状椭圆形或宽卵状椭圆形,先端急尖或短渐尖,背面基部常疏被微柔毛;合萼片狭椭圆形,先端2浅裂;花瓣常近匙形或提琴形,先端常略扩大并近浑圆,内表面基部具毛;唇瓣深囊状,钵形或深碗状,多少近球形,具宽阔的囊口,囊口前方几乎不具内折的边缘,囊底有毛;退化雄蕊卵状椭圆形,先端微凹或近截形,上面有细小的纵脊突,背面有较宽的龙骨状突起。蒴果近狭椭圆形,下垂,被微柔毛。花期5～7月,果期8～9月。

生于海拔500～4000米的林下、灌丛中或草地上。产于内蒙古呼伦贝尔市、兴安盟、锡林郭勒盟、乌兰察布市、呼和浩特市、包头市;中国河北、黑龙江、吉林、辽宁、宁夏、山西、山东、陕西、四川、西藏、云南也产;不丹、朝鲜以及欧洲和北美洲也有分布。

蔍草属——【学　名】*Scirpus*

　　　　　　　【蒙古名】ᠲᠣᠨᠣᠭ ᠤᠨ ᠡᠪᠡᠰᠦ

　　　　　　　【英文名】Bulrush

【生活型】多年生或一年生草本。

【茎】具根状茎或无,有时具匍匐根状茎或块茎。秆三棱形,很少圆柱状,有节或无节,具基生叶或秆生叶,或兼而有之,有时叶片不发达,或叶片退化只有叶鞘生于秆的基部。

【叶】叶扁平,很少为半圆柱状。

【花】苞片为秆的延长或呈鳞片状或叶状;长侧枝聚伞花序简单或复出,顶生或几个组成圆锥花序,或小穗成簇而为假侧生,很少只有1个顶生的小穗;小穗具少数至多数花;鳞片螺旋状覆瓦式排列,很少呈2列,每个鳞片内均具1朵两性花,或最下1至数个鳞片中空无花,极少最上1个鳞片内具1朵雄花;下鳞刚毛2～6条,很少为7～9条或不存在,一般直立,少有弯曲,较小坚果长或短,常有倒刺,少数有顺刺,或有时只有上部有刺,很少全部平滑而无刺;雄蕊1～3枚;花柱与子房连生,柱头2～3枚。

【果实和种子】小坚果三棱形或双凸状。

【分类地位】被子植物门、单子叶植物纲、莎草目、莎草科。

【种类】全属有200余种;中国产37种,3杂种,10变种;内蒙古有11种。

扁秆蔍草 *Scirpus planiculmis*

　　　多年生草本。具匍匐根状茎和块茎。一般较细,三棱形,平滑,靠近花序部分粗糙,基部膨大,具秆生叶。叶扁平,向顶部渐狭,具长叶鞘。叶状苞片1～3个,常长于花序,边缘粗糙;长侧枝聚伞花序短缩成头状,或有时具少数辐射枝,通常具1～6个小穗;小穗卵形或长圆状卵形,锈褐色,具多数花;鳞片膜质,长圆形或椭圆形,褐色或深褐色,外面被稀少的柔毛,背面具1条稍宽的中肋,顶端或多或少缺刻状撕裂,具芒;下位刚毛4～6条,上生倒刺,长为小坚果的1/2～2/3;雄蕊3枚,花药线形,药隔稍突出于花药顶端;花柱长,柱头2枚。小坚果宽倒卵形,或倒卵形,扁,两面稍凹,或稍凸。花期5～6月,果期7～9月。

　　　生于河边盐化草甸及沼泽中。产于内蒙古各地;中国安徽、甘肃、河北、黑龙江、河南、湖北、江苏、吉林、辽宁、宁夏、青海、山西、山东、陕西、台湾、新疆、云南、浙江也产;印度、日本、哈萨克斯坦、朝鲜、吉尔吉斯斯坦、蒙古、巴布亚新几内亚、俄罗斯、塔吉克斯坦以及东南亚洲也有分布。

滨藜属——【学　名】*Atriplex*

【蒙古名】ᠱᠤᠷᠭᠠᠨ ᠤ ᠢᠵᠠᠭᠤᠷ

【英文名】Saltbush, Orache

【生活型】一年生草本,较少为半灌木。

【茎】通常有糠秕状被覆物(粉)。

【叶】叶互生,很少为对生,有柄或近无柄;叶片扁平,稍肥厚,条形、披针形、椭圆形、卵形、三角形、菱形或戟形,边缘具齿,较少全缘。

【花】团伞花序腋生;花单性,雌雄同株或异株(中国无此类)。雄花无苞片,花被5裂,较少3~4裂,花被裂片矩圆形或倒卵形,先端钝;雄蕊3~5枚,着生于花被基部,花丝离生或下部合生;退化子房狭圆锥状或圆柱状或无。雌花具2个苞片,无花被;苞片离生或边缘不同程度合生,果时稍增大,形态多样,表面通常有附属物;有时与雄花相似的雌花(具花被而无苞片)同时存在;无花盘;子房卵形或扁球形;柱头2枚,钻状或丝状,花柱极短。

【果实和种子】胞果包藏于苞片内,果皮膜质,与种子贴伏或贴生。种子直立或倒立,仅在具花被的雌花中横生,扁平,圆形或双凸镜形,种皮膜质、革质或壳质;胚环形,具块状胚乳。

【分类地位】被子植物门、双子叶植物纲、原始花被亚纲、中央种子目、藜科、环胚亚科、滨藜族。

【种类】全属约有180种;中国有17种,2变种;内蒙古有7种,3变种。

55

西伯利亚滨藜 *Atriplex sibirica*

一年生草本。茎通常自基部分枝;枝外倾或斜伸,钝四棱形,无色条,有粉。叶片卵状三角形至菱状卵形,先端微钝,基部圆形或宽楔形,边缘具疏锯齿,近基部的1对齿较大而呈裂片状,或仅有1对浅裂片而其余部分全缘,上面灰绿色,无粉或稍有粉,下面灰白色,有密粉。团伞花序腋生;雄花花被5深裂,裂片宽卵形至卵形;雄蕊5枚,花丝扁平,基部连合,花药宽卵形至短矩圆形;雌花的苞片连合成筒状,仅顶缘分离,果时臌胀,略呈倒卵形,木质化,表面具多数不规则的棘状突起,顶缘薄,牙齿状,基部楔形。胞果扁平,卵形或近圆形;果皮膜质,白色,与种子贴伏。种子直立,红褐色或黄褐色。花期6~7月,果期8~9月。

生于草原区和荒漠区的盐土和盐化土壤上,也散见于路边及居民点附近。产于内蒙古呼伦贝尔市、赤峰市、锡林郭勒盟、乌兰察布市、呼和浩特市、包头市、鄂尔多斯市、巴彦淖尔市、阿拉善盟;中国甘肃、河北、黑龙江、吉林、辽宁、青海、山西、新疆也产;哈萨克斯坦、蒙古、俄罗斯也有分布。

滨紫草属——【学　名】*Mertensia*

　　　　　　　【蒙古名】ᠣᠷᠤᠭᠤᠯ ᠬᠠᠷᠠ ᠶᠢᠨ ᠡᠪᠡᠰᠦ

　　　　　　　【英文名】Bluebells

【生活型】多年生草本,高大,很少矮小。

【茎】无毛或有短柔毛,具细长或短缩的根状茎。

【叶】基生叶丛生,具卵形叶片,通常早枯;茎生叶互生。

【花】聚伞花序具少数花,通常在茎上部集成小型圆锥状花序。无苞片;花有花梗;花萼5半裂或深裂,比花冠筒短,裂片披针形至卵形,果期不增大;花冠漏斗状,通常蓝色或淡蓝色,檐部裂片卵形、长圆形或半圆形,开展,先端钝,喉部具横皱折状或鳞片状附属物;雄蕊5枚,着生于喉部附属物之间或稍下,花丝扁平,丝状或带状,花药长圆形或卵形,比花丝长,伸出喉部;子房4裂,花柱长,丝形,伸出花冠;雌蕊基圆锥状。

【果实和种子】小坚果四面体形,无毛,背面凸,有皱纹和疣状突起,较少沿边缘有狭翅,腹面锐,有时几呈翅状纵龙骨,着生面在腹面基部。

【分类地位】被子植物门、双子叶植物纲、合瓣花亚纲、管状花目、紫草科、紫草亚目、附地菜族。

【种类】全属约有15种;中国有2种;内蒙古有1种。

滨紫草 *Mertensia davurica*

　　多年生草本。根状茎块状,黑褐色。茎1个,直立,仅上部花序分枝,具棱槽,下部无毛,上部稍有毛。基生叶莲座状,密集,有长叶柄,往往早枯,叶片卵状长圆形或线状长圆形,基部楔形至圆形;茎生叶近直立,披针形至线状披针形,无柄,仅最下部的叶有柄而常早枯,上面有短伏毛和小疣点,下面平滑,先端钝或渐尖,侧脉不明显。镰状聚伞花序含少数花,通常2~3个集生于茎上部;花无苞片,花序轴、花梗及萼的两面都有密短伏毛;花萼5裂至近基部,裂片线形或三角状线形;花冠蓝色,无毛,筒部直,长约为檐部的3.5倍,檐部比筒部稍宽,5浅裂,裂片近半圆形,稍开展,全缘,喉部附属物半圆形,平滑;雄蕊着生于喉部附属物之间,花药线状长圆形;花柱与花冠近等长,柱头盘状。小坚果有皱纹,着生面狭三角形。花期6~7月,果期8~9月。

　　生于山地草甸及林缘。产于内蒙古呼伦贝尔市、赤峰市、锡林郭勒盟;中国河北也产;蒙古、俄罗斯也有分布。

冰草属——【学　名】*Agropyron*

【蒙古名】ᠬᠢᠶᠠᠭ ᠤᠨ ᠲᠥᠷᠥᠯ

【英文名】Wheatgrass

【生活型】多年生草本。

【茎】通常不具根茎;秆仅具少数节,直立或基部常呈膝曲状。

【叶】叶鞘紧密裹茎;叶舌膜质;叶片常内卷。

【花】穗状花序顶生,穗轴节间短缩,常密生毛,每节着生1个小穗,顶生小穗常退化;小穗互相密接而呈覆瓦状,含3~11朵小花;颖具1~3条脉(亦有具5~7条脉者),两侧具宽膜质边缘,背部主脉形成明显的脊,先端具芒尖或短芒;外稃具5条脉,中脉形成脊,尤以上部更为明显,先端常具芒尖或短芒,基盘明显;内稃略与外稃等长或稍长,先端常2裂;花药长为内稃之半。

【果实和种子】颖果与稃片粘合而不易脱落。

【分类地位】被子植物门、单子叶植物纲、禾本目、禾本科、早熟禾亚科、小麦族。

【种类】全属约有15种;中国有5种,4变种,1变型;内蒙古有5种,4变种,1变型。

沙芦草 *Agropyron mongolicum*

多年生草本。秆成疏丛,直立,有时基部横卧而节生根成匍茎状,具2~3(6)节。叶片内卷成针状,叶脉隆起成纵沟,脉上密被微细刚毛。穗轴节间光滑或生微毛;小穗向上斜升,含(2)3~8朵小花;颖两侧不对称,具3~5条脉,外稃无毛或具稀疏微毛,具5条脉;内稃脊具短纤毛。花果期7~9月。

生于干燥草原、沙地、石砾质地。产于内蒙古各地;中国甘肃、宁夏、山西、陕西、新疆也产。

57

兵豆属——【学　名】*Lens*

【蒙古名】ᠲᠣᠯᠣᠭᠠᠢ ᠪᠤᠷᠴᠠᠭ ᠤᠨ ᠲᠥᠷᠥᠯ

【英文名】Lentil

【生活型】直立或披散的一年生草本，或半藤本状植物。

【叶】偶数羽状复叶；小叶 4 至多片，全缘，顶端 1 片变为卷须、刺毛或缺，倒卵形、倒卵状长圆形或倒卵状披针形。托叶斜披针形。

【花】花小，单生或数朵排成总状花序；萼裂片狭长；花冠蝶形白色或种种颜色，旗瓣倒卵形，翼瓣、龙骨瓣有瓣柄和耳；雄蕊（9＋1）两体，离生；子房几无柄，花柱近轴面具疏髯毛。

【果实和种子】荚果短，扁平，具 1～2 粒种子。种子双凸镜形，褐色。

【分类地位】被子植物门、双子叶植物纲、原始花被亚纲、蔷薇目、蔷薇亚目、豆科、蝶形花亚科、野豌豆族。

【种类】全属约有 5～6 种；中国有 1 种；内蒙古有 1 种。

兵豆 *Lens culinaris*

一年生草本。茎方形，基部分枝，被极短柔毛。叶具小叶 4～12 对；托叶斜披针形，被白色长柔毛；叶轴被柔毛，顶端小叶变为卷须或刺毛，小叶倒卵形，倒卵状长圆形至倒卵状披针形，全缘，两面被白色长柔毛；无柄。总状花序腋生，有花 1～3 朵，花序轴及总花梗密被白色柔毛；萼 5 裂，萼筒浅杯状，裂片线状披针形，密被白色长柔毛；花冠白色或蓝紫色；雄蕊（9＋1）两体；旗瓣倒卵形，翼瓣、龙骨瓣有瓣柄和耳；子房无毛，具短柄，花柱顶扁平，近轴面有髯毛。荚果长圆形，膨胀，黄色，有种子 1～2 粒。种子褐色，双凸镜形。花期 5～8 月，果期 8～9 月。

栽培植物。

菠菜属——【学　名】*Spinacia*

【蒙古名】ᠲᠣᠰᠭᠠᠯᠢᠭ ᠪᠣᠷᠴᠠᠭ ᠤᠨ ᠢᠵᠠᠭᠤᠷ

【英文名】Spinach

【茎】一年生草本，平滑无毛，直立。

【叶】叶为平面叶，互生，有叶柄；叶片三角状卵形或戟形，全缘或具缺刻。

【花】花单性，集成团伞花序，雌雄异株。雄花通常再排列成顶生有间断的穗状圆锥花序；花被 4～5 深裂，裂片矩圆形，先端钝，不具附属物；雄蕊与花被裂片同数，着生于花被基部，花丝毛发状，花药外伸。雌花生于叶腋，无花被，子房着生于 2 个合生的小苞片内，苞片在果时革质或硬化；子房近球形，柱头 4～5 枚，丝状，胚珠近无柄。

【果实和种子】胞果扁，圆形；果皮膜质，与种皮贴生。种子直立，胚环形；胚乳丰富，粉质。

【分类地位】被子植物门、双子叶植物纲、原始花被亚纲、中央种子目、藜科、环胚亚科、滨藜族。

【种类】全属有 3 种；中国有 1 种；内蒙古有 1 种。

菠菜 *Spinacia oleracea*

无粉。根圆锥状，带红色，较少为白色。茎直立，中空，脆弱多汁，不分枝或有少数分枝。叶戟形至卵形，鲜绿色，柔嫩多汁，稍有光泽，全缘或有少数牙齿状裂片。雄花集成球形团伞花序，再于枝和茎的上部排列成有间断的穗状圆锥花序；花被片通常 4 枚，花丝丝形，扁平，花药不具附属物；雌花团集于叶腋；小苞片两侧稍扁，顶端残留 2 枚小齿，背面通常各具 1 个棘状附属物；子房球形，柱头 4 或 5 枚，外伸。胞果卵形或近圆形，两侧扁；果皮褐色。花果期 5～6 月。

栽培植物，原产伊朗。

59

内蒙古种子植物科属词典

播娘蒿属——【学　名】*Descurainia*

【蒙古名】ᠲᠣᠭᠲᠣᠷᠭᠠᠨ᠎ᠠ ᠵᠢᠭᠠᠰᠤ ᠶᠢᠨ ᠡᠪᠡᠰᠦ

【英文名】Flixweed，Tansymustard

【生活型】一年生或二年生草本。

【茎】被单毛、分枝毛或腺毛，有时无毛。茎于上部分枝。

【叶】叶 2～3 回羽状分裂，下部叶有柄，上部叶近无柄。

【花】花序伞房状，花小而多，无苞片；萼片近直立，早落；花瓣黄色，卵形，具爪；雄蕊 6 枚，花丝基部宽，无齿，有时长于花萼与花冠；侧蜜腺环状或向内开口的半环状，中蜜腺"山"字型；二者连接成封闭的环；雌蕊圆柱形，花柱短，柱头呈扁压头状。

【果实和种子】长角果长圆筒状，果瓣有 1～3 条脉，隔膜透明。种子每室 1～2 行，种子细小，长圆形或椭圆形，无翅，遇水有胶粘物质；子叶背倚胚根。

【分类地位】被子植物门、双子叶植物纲、原始花被亚纲、罂粟目、白花菜亚目、十字花科、大蒜芥族、播娘蒿亚族。

【种类】全属约有 40 种；中国有 1 种；内蒙古有 1 种。

播娘蒿 *Descurainia sophia*

一年生草本。有毛或无毛，毛为叉状毛，以下部茎生叶为多，向上渐少。茎直立，分枝多，常于下部成淡紫色。叶为 3 回羽状深裂，末端裂片条形或长圆形，下部叶具柄，上部叶无柄。花序伞房状，果期伸长；萼片直立，早落，长圆条形，背面有分叉细柔毛；花瓣黄色，长圆状倒卵形，或稍短于萼片，具爪；雄蕊 6 枚，比花瓣长 1/3。长角果圆筒状，无毛，稍内曲，与果梗不成 1 条直线，果瓣中脉明显。种子每室 1 行，种子形小，多数，长圆形，稍扁，淡红褐色，表面有细网纹。花期 4～5 月。

生于山地草甸、沟谷、村旁、田边。产于内蒙古呼伦贝尔市、兴安盟、赤峰市、锡林郭勒盟、乌兰察布市；中国除广东、广西、海南、台湾以外的其他省区市也产；阿富汗、不丹、日本、克什米尔、哈萨克斯坦、朝鲜、吉尔吉斯斯坦、蒙古、尼泊尔、巴基斯坦、锡金、塔吉克斯坦、土库曼斯坦、乌兹别克斯坦以及北非、欧洲也有分布。

薄荷属——【学　名】*Mentha*

　　　　　　【蒙古名】ᠪᠣᠷᠭᠠᠰᠤᠨ ᠤ ᠢᠳᠡᠰᠢ

　　　　　　【英文名】Mint

【生活型】芳香多年生草本或稀为一年生草本。

【茎】直立或上升,不分枝或多分枝。

【叶】叶具柄或无柄,上部茎叶靠近花序者大都无柄或近无柄,叶片边缘具牙齿、锯齿或圆齿,先端通常锐尖或为钝形,基部楔形、圆形或心形;苞叶与叶相似,变小。

【花】轮伞花序稀 2～6 朵花,通常为多花密集。花两性或单性,雄性花有退化子房,雌性花有退化的短雄蕊,同株或异株,花萼钟形、漏斗形或管状钟形,10～13 条脉,萼齿 5 枚,相等或近 3/2 式 2 唇形。花冠漏斗形,大都近于整齐或稍不整齐,冠筒通常不超出花萼,喉部稍膨大或前方呈囊状膨大,冠檐具 4 枚裂片,上裂片大都稍宽,全缘或先端微凹或 2 浅裂,其余 3 枚裂片等大,全缘。雄蕊 4 枚,近等大,叉开,直伸,大都明显从花冠伸出,后对着生稍高于前对,花丝无毛,花药 2 室,室平行。花柱伸出,先端相等 2 浅裂。

【果实和种子】小坚果卵形,干燥,无毛或稍具瘤,顶端钝,稀于顶端被毛。

【分类地位】被子植物门、双子叶植物纲、合瓣花亚纲、管状花目、唇形科、野芝麻亚科、塔花族、薄荷亚族。

【种类】全属约有 30 种;中国有 12 种,其中有 6 种为野生种;内蒙古有 2 种。

兴安薄荷 *Mentha dahurica*

　　多年生草本。茎直立,单一,稀有分枝,向基部无叶,叶片卵形或长圆形,先端锐尖或钝,基部宽楔形至近圆形,边缘在基部以上具浅圆齿状锯齿或近全缘,近膜质,上面绿色,通常沿脉上被微柔毛;叶柄扁平。轮伞花序 5～13 朵花,具梗,通常茎顶 2 个轮伞花序聚集成头状花序,该花序长超过苞叶,而其下 1～2 节的轮伞花序稍远隔;小苞片线形,上弯,被微柔毛;花梗被微柔毛。花萼管状钟形,萼齿 5 枚,宽三角形,果时花萼宽钟形。花冠浅红或粉紫色,外面无毛,内面在喉部被微柔毛,自基部向上逐渐扩大,冠檐 4 裂,裂片圆形,先端钝,上裂片明显 2 浅裂。雄蕊 4 枚,前对较长,等于或稍伸出花冠,花丝丝状,略被须毛,花药卵圆形,紫色,2 室。花柱丝状,先端扁平,相等 2 浅裂,裂片钻形。花盘平顶。子房褐色,无毛。花期 7～8 月。

　　生于山地森林地带及森林草原带河滩湿地及草甸。产于内蒙古呼伦贝尔市、兴安盟;中国黑龙江、吉林也产;日本、俄罗斯也有分布。

薄蒴草属——【学　名】*Lepyrodiclis*

【蒙古名】ᠬᠤᠷᠤᠭᠤᠯ ᠬᠡᠷᠡᠬᠡᠢ ᠶᠢᠨ ᠡᠪᠡᠰᠦ

【英文名】Thincapsulewort

【生活型】一年生草本。

【茎】茎上升或铺散,分枝。

【叶】叶对生,叶片线状披针形或披针形,具1条中脉;托叶缺。

【花】花两性,小形,集为圆锥状聚伞花序;萼片5个(稀6个);花瓣5片,全缘或顶端凹缺;雄蕊10枚(稀12～14枚);花柱2枚,稀3枚。

【果实和种子】蒴果扁球形,2～3瓣裂,具1～2粒种子;种子小,种皮厚,表面有凸起。

【分类地位】被子植物门、双子叶植物纲、原始花被亚纲、中央种子目、石竹科、繁缕亚科、繁缕族、沙生亚族。

【种类】全属约有3种;中国有2种;内蒙古有1种。

薄蒴草 *Lepyrodiclis holosteoides*

　　一年生草本。全株被腺毛。具纵条纹,上部被长柔毛。叶片披针形,顶端渐尖,基部渐狭,上面被柔毛,沿中脉较密,边缘具腺柔毛。圆锥花序开展;苞片草质,披针形或线状披针形;花梗细,密生腺柔毛;萼片5个,线状披针形,顶端尖,边缘狭膜质,外面疏生腺柔毛;花瓣5片,白色,宽倒卵形,与萼片等长或稍长,顶端全缘;雄蕊通常10枚,花丝基部宽扁;花柱2枚,线形。蒴果卵圆形,短于宿存萼,2瓣裂;种子扁卵圆形,红褐色,具凸起。花期5～7月,果期7～8月。

　　生于海拔1200～2800米的水沟边、荒地。产于内蒙古贺兰山;中国甘肃、河南、宁夏、青海、山西、四川、新疆、西藏也产;阿富汗、印度、克什米尔、哈萨克斯坦、蒙古、尼泊尔、巴基斯坦以及中亚、西南亚也有分布。

补血草属——【学　名】*Limonium*

【蒙古名】ᠲᠠᠪᠤᠨ ᠰᠠᠯᠠᠭ᠎ᠠ ᠶᠢᠨ ᠡᠪᠡᠰᠦ

【英文名】Sealavender

【生活型】多年生草本、半灌木或小灌木。

【叶】叶基生,少有互生或集生枝端,通常宽阔。

【花】花序伞房状或圆锥状,罕为头状;花序轴单生或丛出,常作数回分枝,有时部分小枝不具花;穗状花序着生在分枝的上部和顶端;小穗含 1 至数朵花;外苞显然短于第一内苞,有较草质部为窄的膜质边缘,或有时几全为膜质,先端无或有小短尖,第一内苞通常与外苞相似而多有宽膜质边缘,包裹花的大部或局部;萼漏斗状、倒圆锥状或管状,干膜质,有 5 条脉,萼筒基部直或偏斜;萼檐先端有 5 枚裂片,有时具间生小裂片,或者裂片不显或呈锯齿状;花冠由 5 片花瓣基部联合而成,下部以内曲的边缘密接成筒,上端分离而外展;雄蕊着生于花冠基部;子房倒卵圆形,上端骤缩细;花柱 5 枚,分离,光滑,柱头伸长,丝状圆柱形或圆柱形。

【果实和种子】蒴果倒卵圆形。

【分类地位】被子植物门、双子叶植物纲、合瓣花亚纲、白花丹目、白花丹科、补血草族。

【种类】全属约有 300 种;中国约有 17～18 种,1 亚种,2 变种;内蒙古产 4 种。

二色补血草 *Limonium bicolor*

多年生草本。全株(除萼外)无毛。叶基生,偶可花序轴下部 1～3 节上有叶,花期叶常存在,匙形至长圆状匙形,先端通常圆或钝,基部渐狭成平扁的柄。花序圆锥状;花序轴单生,或 2～5 枚各由不同的叶丛中生出,通常有 3～4 个棱角,有时具沟槽,偶可主轴圆柱状,往往自中部以上作数回分枝,末级小枝二棱形;不育枝少(花序受伤害时则下部可生多数不育枝),通常简单,位于分枝下部或单生于分叉处;穗状花序有柄至无柄,排列在花序分枝的上部至顶端,由 3～5(9)个小穗组成;小穗含 2～3(5)朵花(含 4～5 朵花时则被第一内苞包裹的 1～2 朵花常不开放);外苞长圆状宽卵形,漏斗状,全部或下半部沿脉密被长毛,萼檐初时淡紫红或粉红色,后来变白,开张幅径与萼的长度相等,裂片宽短而先端通常圆,偶可有一易落的软尖,间生裂片明显,脉不达于裂片顶缘,沿脉被微柔毛或变无毛;花冠黄色。花期 5(下旬)～7 月,果期 6～8 月。

生于草原、草甸草原及山地。产于内蒙古呼伦贝尔市、兴安盟、通辽市、赤峰市、锡林郭勒盟、乌兰察布市、呼和浩特市、包头市、巴彦淖尔市、鄂尔多斯市、阿拉善盟;中国甘肃、河北、黑龙江、河南、江苏、吉林、辽宁、宁夏、青海、山西、山东、陕西也产;蒙古也有分布。

布袋兰属──【学　名】*Calypso*

【蒙古名】ᠪᠣᠭᠴᠤ ᠴᠡᠴᠡᠭ ᠤᠨ ᠲᠥᠷᠥᠯ

【英文名】Calypso

【生活型】陆生兰。

【茎】地下具假鳞茎或有时还有珊瑚状根状茎。假鳞茎通常球茎状,基部发出少数肉质根。

【叶】叶1片,生于假鳞茎顶端,通常卵形,具较长的叶柄。

【花】花葶生于假鳞茎近顶端处,长于叶,中下部有筒状鞘;花单朵,中等大,生于花葶顶端;萼片与花瓣离生,相似,展开;唇瓣长于萼片,深凹陷而成囊状,多少3裂;中裂片扩大,多少呈铲状,基部有毛;囊的先端伸凸而成双角状;蕊柱宽阔,有翅,多少呈花瓣状,倾覆于囊口之上;花粉团4个,成2对,蜡质,粘盘柄很小,有1个方形的粘盘。

【分类地位】被子植物门、单子叶植物纲、微子目、兰科、兰亚科、树兰族、布袋兰亚族。

【种类】全属有1~2种;中国有1种;内蒙古有1种。

布袋兰 *Calypso bulbosa*

假鳞茎近椭圆形、狭长圆形或近圆筒状,有节,常有细长的根状茎。叶1片,卵形或卵状椭圆形,先端近急尖,基部近截形。花葶明显长于叶,中下部有2~3枚筒状鞘;花苞片膜质,披针形,下部圆筒状并围抱花梗和子房;花梗和子房纤细;花单朵;萼片与花瓣相似,向后伸展,线状披针形,先端渐尖;唇瓣扁囊状(上下压扁),3裂;侧裂片半圆形,近直立;中裂片扩大,向前延伸,呈铲状,基部有髯毛3束或更多;囊向前延伸,有紫色粗斑纹,末端呈双角状;蕊柱两侧有宽翅,倾覆于囊口。花期4~6月。

生于山地林下或灌丛下。产于内蒙古呼伦贝尔市牙克石市库都尔;中国甘肃、四川、西藏、云南也产;日本也有分布。

菜豆属 —— 【学　名】*Phaseolus*

【蒙古名】ᠵᠢᠭᠡᠷ ᠤᠨ ᠣᠪᠤᠭ (ᠨᠣᠭᠤᠭᠠᠨ ᠪᠤᠤᠷᠴᠠᠭ ᠤᠨ ᠣᠪᠤᠭ)

【英文名】Bean

【生活型】缠绕或直立草本,常被钩状毛。

【叶】羽状复叶具 3 片小叶;托叶基着,宿存。基部不延长;有小托叶。

【花】总状花序腋生,花梗着生处肿胀;苞片及小苞片宿存或早落;花小,黄色、白色、红色或紫色,生于花序的中上部;花萼 5 裂,2 唇形,上唇微凹或 2 裂,下唇 3 裂;旗瓣圆形,反折,瓣柄的上部常有一横向的槽,附属体有或无,翼瓣阔,倒卵形,稀长圆形,顶端兜状;龙骨瓣狭长,顶端喙状,并形成一个 1～5 圈的螺旋;雄蕊二体,对旗瓣的 1 枚雄蕊离生,其余的雄蕊部分合生;花药 1 室或 5 枚背着的与 5 枚基着的互生;子房长圆形或线形,具 2 至多颗胚珠,花柱下部纤细,顶部增粗,通常与龙骨瓣同作 360°以上的旋卷,柱头偏斜,不呈画笔状。

【果实和种子】荚果线形或长圆形,有时镰状,压扁或圆柱形,有时具喙。2 瓣裂;种子 2 至多粒,长圆形或肾形,种脐短小,居中。

【分类地位】被子植物门、双子叶植物纲、原始花被亚纲、蔷薇目、蔷薇亚目、豆科、蝶形花亚科、菜豆族、菜豆亚族。

【种类】全属约有 50 种;中国有 3 种;内蒙古有 2 种,1 变种。

菜豆 *Phaseolus vulgaris*

一年生缠绕或近直立草本。茎被短柔毛或老时无毛。羽状复叶具 3 片小叶;托叶披针形,基着。小叶宽卵形或卵状菱形,侧生的偏斜,先端长渐尖,有细尖,基部圆形或宽楔形,全缘,被短柔毛。总状花序比叶短,有数朵生于花序顶部的花;小苞片卵形,有数条隆起的脉,约与花萼等长或稍较其为长,宿存;花萼杯状,上方的 2 枚裂片连成 1 枚微凹的裂片;花冠白色、黄色、紫堇色或红色;旗瓣近方形,翼瓣倒卵形,先端旋卷,子房被短柔毛,花柱压扁。荚果带形,稍弯曲,略肿胀,通常无毛,顶有喙;种子 4～6 粒,长椭圆形或肾形,白色、褐色、蓝色或有花斑,种脐通常白色。花期 6～8 月,果期 8～9 月。

栽培植物,原产于热带美洲。

穆属——【学　名】*Eleusine*

【蒙古名】ᠬᠦᠷᠢᠨ ᠡᠪᠡᠰᠦ ᠶᠢᠨ ᠲᠦᠷᠦᠯ

【英文名】Goosegrass，Ragimillet，Crabgrass，Yardgrass

【生活型】一年生或多年生草本。

【茎】秆硬，簇生或具匍匐茎，通常 1 长节间与几个短节间交互排列，因而叶于秆上似对生。

【叶】叶片平展或卷折。

【花】穗状花序较粗壮，常数个成指状或近指状排列于秆顶，偶有单 1 顶生；穗轴不延伸于顶生小穗之外；小穗无柄，两侧压扁，无芒，覆瓦状排列于穗轴的一侧；小穗轴脱节于颖上或小花之间；小花数朵紧密地覆瓦状排列于小穗轴上；颖不等长，颖和外稃背部都具强压扁的脊；外稃顶端尖，具 3～5 条脉，2 条侧脉若存在则极靠近中脉，形成宽而凸起的脊；内稃较外稃短，具 2 脊。鳞被 2 枚，折叠，具 3～5 条脉；雄蕊 3 枚。

【果实和种子】囊果果皮膜质或透明膜质，宽椭圆形，胚基生，近圆形，种脐基生，点状。

【分类地位】被子植物门、单子叶植物纲、禾本目、禾本科、画眉草亚科、画眉草族、穆亚族。

【种类】全属有 9 种；中国有 2 种；内蒙古有 1 种。

牛筋草 *Eleusine indica*

一年生草本。根系极发达。秆丛生，基部倾斜。叶鞘两侧压扁而具脊，松弛，无毛或疏生疣毛；叶舌长约 1 毫米；叶片平展，线形，无毛或上面被疣基柔毛。穗状花序 2～7 个指状着生于秆顶，很少单生；小穗含 3～6 朵小花；颖披针形，具脊，脊粗糙；稃卵形，膜质，具脊，脊上有狭翼，内稃短于外稃，具 2 脊，脊上具狭翼。囊果卵形，基部下凹，具明显的波状皱纹。鳞被 2 枚，折叠，具 5 条脉。花果期 6～10 月。

生于居民点、路边。产于内蒙古通辽市、呼和浩特市；中国安徽、北京、福建、广东、贵州、海南、黑龙江、河南、湖北、湖南、江西、山西、山东、四川、台湾、天津、西藏、云南、浙江也产；全世界热带和亚热带地区也有分布。

苍耳属——【学　名】*Xanthium*

【蒙古名】ᠬᠠᠮ᠎ᠠ ᠡᠪᠡᠰᠦᠨ ᠤ ᠲᠦᠷᠦᠯ

【英文名】Cocklebur

【生活型】一年生草本。

【根】根纺锤状或分枝。

【茎】茎直立,具糙伏毛,柔毛或近无毛,有时具刺,多分枝。

【叶】叶互生,全缘或多少分裂。有柄。

【花】头状花序单性,雌雄同株,无或近无花序梗,在叶腋单生或密集成穗状,或成束聚生于茎枝的顶端。雄头状花序着生于茎枝的上端,球形,具多数不结果实的两性花;总苞宽半球形,总苞片1～2层,分离,椭圆状披针形,革质;花托柱状,托片披针形,无色,包围管状花;花冠管部上端有5枚宽裂片;花药分离,上端内弯,花丝结合成管状,包围花柱;花柱细小,不分裂,上端稍膨大。雌头状花序单生或密集于茎枝的下部,卵圆形,各有2朵结果实的小花;总苞片2层,外层小,椭圆状披针形,分离,内层总苞片结合成囊状,卵形,在果实成熟时变硬,上端具1～2个坚硬的喙,外面具钩状的刺;2室,各具1朵小花;雌花无花冠;柱头2深裂,裂片线形,伸出总苞的喙外。

【果实和种子】瘦果2枚,倒卵形,藏于总苞内,无冠毛。

【分类地位】被子植物门、双子叶植物纲、合瓣花亚纲、桔梗目、菊科、管状花亚科、向日葵族。

【种类】全属约有25种;中国有4种,1变种;内蒙古有3种,1变种。

【注释】属名 Xanthium〈中〉为希腊语,指花黄色。

苍耳 *Xanthium sibiricum*

一年生草本。根纺锤状,分枝或不分枝。茎直立不分枝或少有分枝,下部圆柱形,上部有纵沟,被灰白色糙伏毛。叶三角状卵形或心形,近全缘,或有3～5不明显浅裂,顶端尖或钝,基部稍心形或截形,与叶柄连接处成相等的楔形,边缘有不规则的粗锯齿,有三基出脉,侧脉弧形,直达叶缘,脉上密被糙伏毛,上面绿色,下面苍白色,被糙伏毛;叶柄长。雄性的头状花序球形,有或无花序梗,总苞片长圆状披针形,被短柔毛,花托柱状,托片倒披针形,顶端尖,有微毛,有多数的雄花,花冠钟形,管部上端有裂片;花药长圆状线形;雌性的头状花序椭圆形,外层总苞片小,披针形,被短柔毛,内层总苞片结合成囊状,宽卵形或椭圆形,绿色、淡黄绿色或有时带红褐色,在瘦果成熟时变坚硬,连同喙部长,外面有疏生的具钩状的刺,刺极细而直,基部微增粗或几不增粗,基部被柔毛,常有腺点,或全部无毛;喙坚硬,锥形,上端略呈镰刀状,常不等长,少有结合而成1个喙。瘦果2枚,倒卵形。花期7～8月,果期9～10月。

生于田野、路边。产于内蒙古各地区;中国安徽、福建、广东、广西、贵州、海南、河北、黑龙江、河南、湖北、湖南、江苏、江西、吉林、辽宁、宁夏、青海、山西、山东、陕西、四川、台湾、新疆、西藏、云南、浙江也产;欧洲和美洲也有分布。

苍术属——【学　名】*Atractylodes*

　　　　　　【蒙古名】ᠳ᠊ᠣᠯ᠊ᠣᠳᠣᠨ ᠤᠨ ᠵᠢᠮᠢᠰ ᠦᠨ ᠲᠥᠷᠥᠯ （ᠴᠠᠭᠠᠨ ᠵᠢᠷᠠ ᠶᠢᠨ ᠲᠥᠷᠥᠯ）

　　　　　　【英文名】Atractylodes

【生活型】多年生草本。

【茎】有地下根状茎,结节状。

【叶】叶互生,分裂或不分裂,边缘有刺状缘毛或三角形刺齿。

【花】头状花序同型,有一致的小花,单生茎枝顶端,不形成明显的花序式排列,植株的全部头状花序或全部为两性花,有发育的雌蕊和雄蕊,或全部为雌花,雄蕊退化,不发育。小花管状,黄色或紫红色,檐部5深裂。总苞钟状、宽钟状或圆柱状。苞叶近2层,羽状全裂、深裂或半裂。总苞片多层,覆瓦状排列,全缘,但通常有缘毛,顶端钝或圆形。花托平,有稠密的托片。花丝无毛,分离,花药基部附属物箭形;花柱分枝短,三角形,外面被短柔毛。

【果实和种子】瘦果倒卵圆形或卵圆形,压扁,顶端截形,无果缘,被稠密的顺向贴伏的长直毛,基底着生面平。冠毛刚毛1层,羽毛状,基部连合成环。

【分类地位】被子植物门、双子叶植物纲、合瓣花亚纲、桔梗目、菊科、管状花亚科、菜蓟族、刺苞亚族。

【种类】全属约有6种;中国有4种;内蒙古有2种。

苍术 *Atractylodes lancea*

　　多年生草本。根状茎平卧或斜升,粗长或通常呈疙瘩状,生多数等粗等长或近等长的不定根。茎直立,单生或少数茎成簇生,下部或中部以下常紫红色,不分枝或上部但少有自下部分枝的,全部茎枝被稀疏的蛛丝状毛或无毛。基部叶花期脱落;3~5(7~9)羽状深裂或半裂,基部楔形或宽楔形,几无柄,扩大半抱茎;中部以上或仅上部茎叶不分裂,倒长卵形、倒卵状长椭圆形或长椭圆形;或全部茎叶不裂,上部的叶基部有时有1~2对三角形刺齿裂。全部叶质地硬,硬纸质,两面同色,绿色,无毛,边缘或裂片边缘有针刺状缘毛或三角形刺齿或重刺齿。头状花序单生茎枝顶端,但不形成明显的花序式排列,植株有多数或少数(2~5个)头状花序。总苞钟状。总苞片5~7层,覆瓦状排列,最外层及外层卵形至卵状披针形;中层长卵形至长椭圆形或卵状长椭圆形;内层线状长椭圆形或线形。全部苞片顶端钝或圆形,边缘有稀疏蛛丝毛,中内层或内层苞片上部有时变红紫色。花白色。瘦果倒卵圆状,被稠密的顺向贴伏的白色长直毛,有时变稀毛。冠毛刚毛褐色或污白色,羽毛状,基部连合成环。花果期6~10月。

　　生于山地阳坡、半阴坡灌丛中。产于内蒙古呼伦贝尔市、赤峰市、锡林郭勒盟、乌兰察布市、呼和浩特市、包头市;中国安徽、重庆、甘肃、河北、黑龙江、河南、湖北、湖南、江苏、江西、吉林、辽宁、山西、山东、陕西、浙江也产;日本、朝鲜、俄罗斯也有分布。

糙草属——【学　名】*Asperugo*

【蒙古名】ᠬᠣᠷᠣᠬᠠᠢ ᠶᠢᠨ ᠬᠣᠷᠣ ᠲᠠᠢ ᠍ᠶᠢᠨ ᠡᠪᠡᠰᠦ

【英文名】Roughstraw

【生活型】一年生草本。

【茎】有糙硬毛。

【叶】叶互生。

【花】花小型，有短花梗或无花梗，单生或簇生叶腋；花萼深 5 裂。裂片之间各有 2 枚小齿，果期不规则增大，两侧压扁，略呈蚌壳状，有明显网脉，边缘具不整齐弯缺状锯齿；花冠蓝紫色或白色，筒状，檐部 5 裂，喉部有附属物；雄蕊 5 枚，内藏，花丝极短，花药短长圆形；子房 4 裂，花柱不伸出花冠筒，柱头头状；雌蕊基钻状。

【果实和种子】小坚果 4 枚，直立，两侧扁，有白色疣状突起，先端钝，着生面位于腹面近先端。种子直立，子叶卵形，扁平。

【分类地位】被子植物门、双子叶植物纲、合瓣花亚纲、管状花目、紫草科、紫草亚科、齿缘草族。

【种类】全属有 1 种；中国有 1 种；内蒙古有 1 种。

糙草 *Asperugo procumbens*

　　一年生蔓生草本。茎细弱，攀缘，中空，有 5～6 条纵棱，沿棱有短倒钩刺，通常有分枝。下部茎生叶具叶柄，叶片匙形，或狭长圆形，全缘或有明显的小齿，两面疏生短糙毛；中部以上茎生叶无柄，渐小并近于对生。花通常单生叶腋，具短花梗；花萼 5 裂至中部稍下，有短糙毛，裂片线状披针形，稍不等大，裂片之间各具 2 枚小齿，花后增大，左右压扁，略呈蚌壳状，边缘具不整齐锯齿；花冠蓝色，筒部比檐部稍长，檐部裂片宽卵形至卵形，稍不等大，喉部附属物疣状；雄蕊 5 枚，内藏；花柱内藏。小坚果狭卵形，灰褐色，表面有疣点，着生面圆形。花果期 7～9 月。

　　生于山地林缘、草甸、沟谷以及田边、路旁。产于内蒙古巴彦淖尔市狼山和阿拉善盟贺兰山；中国甘肃、青海、山西、陕西、四川、新疆、西藏也产；印度、克什米尔、哈萨克斯坦、吉尔吉斯斯坦、蒙古、尼泊尔、塔吉克斯坦、土库曼斯坦、乌兹别克斯坦以及北非、西北非、西南亚、西亚、欧洲也有分布。

糙苏属——【学　名】*Phlomis*

　　　　　　【蒙古名】ᠣᠭᠶᠣᠲᠤ ᠣᠭᠶᠣᠲᠤ ᠶᠢᠨ ᠣᠪᠤᠭ

　　　　　　【英文名】Jerusalemsage

【生活型】多年生草本。

【叶】叶常具皱纹,苞叶与茎叶同形,上部的渐变小。

【花】轮伞花序腋生,常多花密集;苞片通常多数,卵形、披针形至钻形。花通常无梗,稀具梗,黄色、紫色至白色。花萼管状或管状钟形,5 或 10 条脉,脉常凸起,喉部不倾斜,具相等的 5 枚齿。花冠筒内藏或略伸出,内面通常具毛环,冠檐 2 唇形,上唇直伸或盔状,宽而内凹,或自两侧狭窄而呈压扁的龙骨状,稀狭镰状,全缘或具流苏状缺刻的小齿,被绒毛或长柔毛,下唇平展,3 圆裂,中裂片极宽或较侧裂片稍宽。雄蕊 4 枚,2 枚强,前对较长,均上升至上唇下,后对花丝基部常突出成附属器,花药成对靠近,2 室,室极叉开,后汇合。花柱先端 2 裂,裂片钻形,后裂片极短或稀达前裂片之半,极少二者近等长。花盘近全缘。

【果实和种子】小坚果卵状三棱形,先端钝,稀截形,无毛或顶部被毛。

【分类地位】被子植物门、双子叶植物纲、合瓣花亚纲、管状花目、唇形科、野芝麻亚科、野芝麻族、野芝麻亚族。

【种类】全属约有 100 种;中国有 41 种,15 变种;内蒙古有 4 种。

串铃草 *Phlomis mongolica*

　　多年生草本。茎不分枝或具少数分枝。基生叶卵状三角形至三角状披针形,先端钝,基部心形,边缘为圆齿状,茎生叶同形,通常较小,苞叶三角形或卵状披针形,下部的远超出花序,向上渐变小而较花序为短,叶片均上面橄榄绿色,轮伞花序多花密集,多数,彼此分离;苞片线状钻形,与萼等长,坚硬,上弯,先端刺状,被平展具节缘毛。花萼管状,外面脉上被平展具节刚毛,余部被尘状微柔毛,齿圆形,先端微凹,齿间具 2 枚小齿,边缘被疏柔毛。花冠紫色,内面具毛环,冠檐 2 唇形,上唇外面被星状短柔毛,背部被具节长柔毛,边缘流苏状,自内面被髯毛,下唇 3 圆裂,中裂片圆倒卵形,先端微凹,侧裂片卵形,较小,边缘均为不整齐的细齿状。雄蕊内藏,花丝被毛,后对基部在毛环稍上处具反折短距状附属器。花柱先端不等的 2 裂。小坚果顶端被毛。花期 5~9 月,果期在 7 月以后。

　　生于草原地带的草甸、草甸化草原、山地沟谷、撂荒地及路边。产于内蒙古兴安盟、赤峰市、锡林郭勒盟、乌兰察布市、呼和浩特市、鄂尔多斯市、巴彦淖尔市;中国甘肃、河北、山西、陕西也产。

草苁蓉属——【学　名】*Boschniakia*

【蒙古名】ᠭᠣᠣᠯ ᠵᠢᠭᠡᠰᠦ ᠤ᠋ᠨ ᠡᠪᠡᠰᠦ

【英文名】Cistancheherb

【生活型】寄生肉质草本。

【茎】根状茎球形、近球形或横走,圆柱形,常有 1～3 条直立茎。茎不分枝,圆柱状,肉质。

【叶】叶鳞片状,螺旋状排列于茎上,三角形、宽卵状三角形、三角状卵形或卵形。

【花】花序总状或穗状,密生多数花;苞片 1 个,小苞片无或有 2 个,早落或宿存;花几无梗或具短梗。花萼杯状或浅杯状,顶端有不规则的 2 至 5 齿裂;裂片三角形、狭三角形或披针形,花后宿存或部分或全部脱落,仅筒部宿存而使花萼边缘近截平。花冠 2 唇形,筒部直立,稍膨大或膨大成囊状;上唇直立,盔状,全缘或顶端微凹,下唇远短于上唇,3 裂,裂片等大或不等大。雄蕊 4 枚,2 强,着生筒的近基部,伸出花冠之外,花药 2 室,药室平行,分离或稍合生。子房 1 室,侧膜胎座 2 或 3 个,花柱稍弯曲,柱头盘状,2～3 浅裂。

【果实和种子】蒴果卵状长圆形、长圆形或近球形,2 或 3 瓣开裂,常具宿存的花柱基部而使顶端呈喙状。种子多数,椭圆状长圆形或不规则球形,种皮具网状或蜂窝状纹饰,网眼多边形,漏斗状或不呈漏斗状。

【分类地位】被子植物门、双子叶植物纲、合瓣花亚纲、管状花目、列当科。

【种类】全属有 2 种;中国有 2 种;内蒙古有 1 种。

71

草苁蓉 *Boschniakia rossica*

植株全体近无毛。根状茎横走,圆柱状,通常有 2～3 条直立的茎,茎不分枝,粗壮,基部增粗。叶密集生于茎近基部,向上渐变稀疏,三角形或宽卵状三角形。花序穗状,圆柱形,苞片 1 个,宽卵形或近圆形,外面无毛,边缘被短柔毛;小苞片无或几无梗。花萼杯状,顶端不整齐地 3～5 齿裂;裂片狭三角形或披针形,边缘被短柔毛。花冠宽钟状,暗紫色或暗紫红色,筒膨大成囊状;上唇直立,近盔状,边缘被短柔毛,下唇极短,3 裂,裂片三角形或三角状披针形,常向外反折。雄蕊 4 枚,花丝着生于距筒基部 2.5～3.5 毫米处,稍伸出花冠之外,基部疏被柔毛,向上渐变无毛,花药卵形,无毛,药隔较宽。雌蕊由 2 枚合生心皮组成,子房近球形,胎座 2 个,横切面 T 形,花柱无毛,柱头 2 浅裂。蒴果近球形,2 瓣开裂,顶端常具宿存的花柱基部,斜喙状。种子椭圆球形,种皮具网状纹饰,网眼多边形,不呈漏斗状,网眼内具规则的细网状纹饰。花期 5～7 月,果期 7～9 月。

寄生于桤木属(Alnus)植物的根上,生于山地林区的低湿地与河边。产于内蒙古呼伦贝尔市额尔古纳左旗和额尔古纳右旗;中国黑龙江、吉林、辽宁也产;日本、朝鲜、俄罗斯、北美阿拉斯加也有分布。

草莓属——【学　名】*Fragaria*

【蒙古名】ᠭᠢᠯᠠᠮ᠎ᠠ ᠶᠢᠨ ᠲᠥᠷᠥᠯ

【英文名】Strawberry

【生活型】多年生草本。

【茎】通常具纤匐枝,常被开展或紧贴的柔毛。

【叶】叶为三出或羽状 5 小叶;托叶,膜质,褐色,基部与叶柄合生,鞘状。

【花】花两性或单性,杂性异株,数朵成聚伞花序,稀单生;萼筒倒卵圆锥形或陀螺形,裂片 5 枚,镊合状排列,宿存,副萼片 5 个,与萼片互生;花瓣白色,稀淡黄色,倒卵形或近圆形;雄蕊 18～24 枚,花药 2 室;雌蕊多数,着生在凸出的花托上,彼此分离;花柱自心皮腹面侧生,宿存;每枚心皮有 1 颗胚珠。

【果实和种子】瘦果小形,硬壳质,成熟时着生在球形或椭圆形肥厚肉质花托凹陷内。种子 1 粒,种皮膜质,子叶平凸。

【分类地位】被子植物门、双子叶植物纲、原始花被亚纲、蔷薇目、蔷薇亚目、蔷薇科、蔷薇亚科。

【种类】全属有 20 余种;中国约 8 种,1 变种;内蒙古有 2 种。

东方草莓 *Fragaria orientalis*

多年生草本。茎被开展柔毛,上部较密,下部有时脱落。三出复叶,小叶几无柄,倒卵形或菱状卵形,顶端圆钝或急尖,顶生小叶基部楔形,侧生小叶基部偏斜,边缘有缺刻状锯齿,上面绿色,散生疏柔毛,下面淡绿色,有疏柔毛,沿叶脉较密;叶柄被开展柔毛,有时上部较密。花序聚伞状,有花(1)2～5(6)朵,基部苞片淡绿色或具 1 片有柄小叶,被开展柔毛。花两性,稀单性;萼片卵圆披针形,顶端尾尖,副萼片线状披针形,偶有 2 裂;花瓣白色,几圆形,基部具短爪;雄蕊 18～22 枚,近等长;雌蕊多数。聚合果半圆形,成熟后紫红色,宿存萼片开展或微反折;瘦果卵形,表面脉纹明显或仅基部具皱纹。花期 5～7 月,果期 7～9 月。

生于林下、林缘灌丛、林间草甸及河滩草甸。产于内蒙古呼伦贝尔市、兴安盟、赤峰市、锡林郭勒盟;中国甘肃、河北、黑龙江、吉林、辽宁、青海、山西、陕西也产;朝鲜、蒙古、俄罗斯也有分布。

草木犀属 —— 【学　名】*Melilotus*

【蒙古名】ᠬᠠᠰᠢᠶᠠᠭ ᠤᠨ ᠡᠪᠡᠰᠦ

【英文名】Sweetclover

【生活型】一年生、二年生或多年生草本。

【根】主根直。

【茎】茎直立，多分枝。

【叶】叶互生。羽状三出复叶；托叶全缘或具齿裂，先端锥尖，基部与叶柄合生；顶生小叶具较长小叶柄，侧小叶几无柄，边缘具锯齿，有时不明显；无小托叶。

【花】总状花序细长，着生叶腋，花序轴伸长，多花疏列，果期常延续伸展；苞片针刺状，无小苞片；花小；萼钟形，无毛或被毛，萼齿 5 枚，近等长，具短梗；花冠黄色或白色，偶带淡紫色晕斑，花瓣分离，旗瓣长圆状卵形，先端钝或微凹，基部几无瓣柄，翼瓣狭长圆形，等长或稍短于旗瓣，龙骨瓣阔镰形，钝头，通常最短；雄蕊两体，上方 1 枚完全离生或中部连合于雄蕊筒，其余 9 枚花丝合生成雄蕊筒，花丝顶端不膨大，花药同型；子房具胚珠 2～8 颗，无毛或被微毛，花柱细长，先端上弯，果时常宿存，柱头点状。

【果实和种子】荚果阔卵形、球形或长圆形，伸出萼外，表面具网状或波状脉纹或皱褶；果梗在果熟时与荚果一起脱落，有种子 1～2 粒。种子阔卵形，光滑或具细疣点。

【分类地位】被子植物门、双子叶植物纲、原始花被亚纲、蔷薇目、蔷薇亚目、豆科、蝶形花亚科、车轴草族。

【种类】全属约有 20 种；中国有 4 种；内蒙古有 3 种。

【注释】属名 Melilotus〈阳〉为希腊语，mel(蜜)＋lotus(属)。

草木犀 *Melilotus suaveolens*（*Melilotus officinalis*）

　　一年生或二年生草本。茎直立，粗壮。多分枝，光滑无毛。羽状三出复叶；托叶条状披针形；小叶倒卵形、矩圆形或倒披针形，先端钝，基部楔形或近圆形，叶缘有疏齿。总状花序细长，腋生或顶生，有多数花；花黄色；花萼钟状，具 5 枚齿，三角状披针形，近等长，稍短于萼筒；旗瓣椭圆形，先端圆或微凹，基部楔形，翼瓣比旗瓣短，与龙骨瓣略等长；子房卵状矩圆形，无柄，花柱细长。荚果小，卵形或近球形，成熟时近黑色，表面具网纹，含种子 1 粒，近圆形或椭圆形，稍扁。花期 5～9 月，果期 6～10 月。

　　生于河滩、沟谷、湖盆洼地等低湿地生境中。产于内蒙古呼伦贝尔市、通辽市、赤峰市、锡林郭勒盟、乌兰察布市、鄂尔多斯市、巴彦淖尔市；中国各地也产；亚洲和欧洲也有分布。

草瑞香属（粟麻属）——【学　名】*Diarthron*

【蒙古名】ᠲᠣᠯᠤᠭᠠᠢᠨ ᠵᠢᠷ ᠭᠡᠮ ᠡᠪᠡᠰᠦ

【英文名】Diarthron

【生活型】一年生草本。

【茎】直立，多分枝；枝纤细，伸长。

【叶】叶互生，散生于茎上，线形。

【花】花两性，小，总状花序，顶生，疏松，无总苞片，花萼筒纤细，壶状，在子房上部收缩而成熟后环裂，上部脱落，下部包被果实，宿存，裂片 4 枚，直而稍开展；雄蕊 4 枚，着生于花萼筒的喉部，一轮，与裂片对生，内包，或 8 枚，2 轮，下轮与裂片互生，花药长圆形，近无柄；花盘小或无；子房几无柄，无毛，1 室，胚珠 1 颗，倒垂，花柱侧生或近顶生，短，柱头近棒状，粗厚。

【果实和种子】坚果干燥，包藏于膜质花萼管的基部，花萼筒在果实时横断，果皮薄，种子 1 粒，胚乳少或无。

【分类地位】被子植物门、双子叶植物纲、原始花被亚纲、桃金娘目、瑞香科。

【种类】全属有 2 种；中国有 2 种；内蒙古有 1 种。

草瑞香 *Diarthron linifolium*

　　一年生草本，多分枝，扫帚状，小枝纤细，圆柱形，淡绿色，无毛，茎下部淡紫色。叶互生，稀近对生，散生于小枝上，草质，线形至线状披针形或狭披针形，先端钝圆形，基部楔形或钝形，边缘全缘，微反卷，有时散生少数白色纤毛，上面绿色，下面淡绿色，两面无毛，中脉在下面显著，纤细，上面不甚明显，无侧脉或不明显；叶柄极短或无。花绿色，顶生总状花序；无苞片；花梗短，顶端膨大，花萼筒细小，筒状，无毛或微被丝状柔毛，裂片 4 枚，卵状椭圆形，渐尖，直立或微开展；雄蕊 4 枚，稀 5 枚，一轮，着生于花萼筒中部以上，不伸出，花药极小，宽卵形；花盘不明显；子房具柄，椭圆形，无毛，花柱纤细，柱头棒状略膨大。果实卵形或圆锥状，黑色，为横断的宿存的花萼筒所包围，宿存，基部具关节；果皮膜质，无毛。花期 5～7 月，果期 6～8 月。

　　生于山坡草地、林缘或灌丛间；产于内蒙古兴安盟、通辽市、赤峰市、乌兰察布市、呼和浩特市、包头市、鄂尔多斯市、阿拉善盟；中国甘肃、河北、江苏、吉林、山西、陕西、新疆也产；蒙古、俄罗斯也有分布。

草沙蚕属——【学　名】*Tripogon*

【蒙古名】ᠲᠣᠷᠭᠠᠨ ᠬᠣᠯᠤᠰᠤ ᠶᠢᠨ ᠲᠥᠷᠥᠯ

【英文名】Herbclamworm

【生活型】多年生细弱草本。

【叶】叶片细长,通常内卷。

【花】穗状花序单独顶生;小穗含少数至多数小花,几无柄,成 2 行排列于纤细穗轴之一侧,小穗轴脱节于颖之上及各小花之间;颖具 1 条脉,不等长,第一颖较小,通常紧贴穗轴之槽穴,窄狭,膜质,先端尖或具小尖头;外稃卵形,背部拱形,先端 2～4 裂,具 3 条脉,中脉自裂片间延伸成芒,侧脉自外侧裂片顶部延伸成短芒或否,基盘具柔毛;内稃宽或狭窄,褶叠,与外稃等长或较之为短;雄蕊 3 枚;花柱很短。

【分类地位】被子植物门、单子叶植物纲、禾本目、禾本科。

【种类】全属约有 30 种;中国有 6 种;内蒙古有 1 种。

中华草沙蚕 *Tripogon chinensis*

　　多年生密丛草本,须根纤细而稠密。秆直立,细弱,光滑无毛;叶鞘通常仅于鞘口处有白色长柔毛;叶舌膜质,具纤毛;叶片狭线形,常内卷成刺毛状,上面微粗糙且向基部疏生柔毛,下面平滑无毛。穗状花序细弱,穗轴三棱形,微扭曲,多平滑无毛;小穗线状披针形,铅绿色,含 3～5 朵小花;颖具宽而透明的膜质边缘;外稃质薄似膜质,先端 2 裂,具 3 条脉,主脉延伸成短且直的芒,芒侧脉可延伸成芒状小尖头,第一外稃基盘被柔毛;内稃膜质,等长或稍短于外稃,脊上粗糙,具微小纤毛。花果期 7～9 月。

　　生于山地中山带的石质及砾石质陡壁和坡地。产于内蒙古各地;中国安徽、甘肃、河北、黑龙江、河南、湖北、江苏、辽宁、宁夏、山西、山东、陕西、四川、台湾、新疆、西藏、云南也产;蒙古、菲律宾、俄罗斯也有分布。

侧柏属——【学　名】*Platycladus*

　　　　　　【蒙古名】ᠬᠠᠢᠯᠠᠰᠤ ᠬᠠᠷᠠᠭᠠᠢ ᠶᠢᠨ ᠲᠦᠷᠦᠯ

　　　　　　【英文名】Arborvitae

【生活型】常绿乔木。

【茎】生鳞叶的小枝直展或斜展,排成一平面,扁平,两面同型。

【叶】叶鳞形,二型,交叉对生,排成4列,基部下延生长,背面有腺点。

【花】雌雄同株,球花单生于小枝顶端;雄球花有6对交叉对生的雄蕊,花药2～4室;雌球花有4对交叉对生的珠鳞,仅中间2对珠鳞各生1～2颗直立胚珠,最下一对珠鳞短小,有时退化而不显著。

【果实和种子】球果当年成熟,熟时开裂;种鳞4对,木质,厚,近扁平,背部顶端的下方有一弯曲的钩状尖头,中部的种鳞发育,各有12粒种子;种子无翅,稀有极窄之翅。子叶2片,发芽时出土。

【分类地位】裸子植物门、松杉纲、松杉目、柏科、侧柏亚科。

【种类】全属有1种;中国有1种;内蒙古有1种。

侧柏 *Platycladus orientalis*

　　常绿乔木。树皮薄,浅灰褐色,纵裂成条片;枝条向上伸展或斜展,幼树树冠卵状尖塔形,老树树冠则为广圆形;生鳞叶的小枝细,向上直展或斜展,扁平,排成一平面。叶鳞形,先端微钝,小枝中央的叶的露出部分呈倒卵状菱形或斜方形,背面中间有条状腺槽,两侧的叶船形,先端微内曲,背部有钝脊,尖头的下方有腺点。雄球花黄色,卵圆形;雌球花近球形,蓝绿色,被白粉。球果近卵圆形,成熟前近肉质,蓝绿色,被白粉,成熟后木质,开裂,红褐色;中间2对种鳞倒卵形或椭圆形,鳞背顶端的下方有一向外弯曲的尖头,上部1对种鳞窄长,近柱状,顶端有向上的尖头,下部1对种鳞极小,稀退化而不显著;种子卵圆形或近椭圆形,顶端微尖,灰褐色或紫褐色,稍有棱脊,无翅或有极窄之翅。花期3～4月,球果10月成熟。

　　生于海拔3300米以下向阳干燥瘠薄的山坡或岩石裸露石崖缝中或石质山坡。产于内蒙古乌兰察布市、巴彦淖尔市、鄂尔多斯市、呼和浩特市、包头市;中国甘肃、河北、河南、山西、陕西也产,安徽、福建、山东、四川、西藏、云南、浙江有栽培;朝鲜、俄罗斯也有分布。

侧金盏花属——【学　名】*Adonis*

【蒙古名】ᠣᠷᠣᠮ ᠤᠨ ᠢᠷᠤᠭᠠᠯ ᠤᠨ ᠤᠷᠤᠭ

【英文名】Adonis

【生活型】多年生或一年生草本。

【茎】茎不分枝或分枝。

【叶】叶基生并茎生,基生叶和茎下部叶常退化成鳞片状,茎生叶互生,数回掌状或羽状细裂。

【花】花单生于茎或分枝顶端,两性;萼片5~8个,淡黄绿色或带紫色,长圆形或卵形;花瓣5~24片,黄色、白色或蓝色,倒卵形、倒披针形或长圆形,无蜜腺,雄蕊多数,花药长圆形或椭圆形,花丝狭线形或近丝形;心皮多数,螺旋状着生于圆锥状的花托上,子房卵形,有1颗胚珠,花柱短,柱头小。

【果实和种子】瘦果倒卵球形或卵球形,通常有隆起的脉网,宿存花柱短。

【分类地位】被子植物门、双子叶植物纲、原始花被亚纲、毛茛目、毛茛科、毛茛亚科、毛茛族、侧金花亚族。

【种类】全属约有30种;中国有10种;内蒙古有2种。

北侧金盏花 *Adonis sibirica*

多年生草本。除心皮外,全部无毛。有粗根状茎。茎基部有鞘状鳞片。茎中部和上部叶约15片,无柄,卵形或三角形,2~3回羽状细裂,末回裂片线状披针形,有时有小齿。花大;萼片黄绿色,圆卵形,顶部变狭,花瓣黄色,狭倒卵形,顶端近圆形或钝,有不等大的小齿;花药狭长圆形。瘦果有稀疏短柔毛,宿存花柱向下弯曲。6月开花。

生于林缘草甸。产于内蒙古呼伦贝尔市额尔古纳左旗和新巴尔虎左旗;中国新疆也产;蒙古以及欧洲也有分布。

茶藨子属——【学　名】*Ribes*

【蒙古名】ᠪᠦᠯᠳᠦᠷᠭᠡᠨ᠎ᠢ ᠲᠥᠷᠥᠯ ᠤᠨ ᠤᠷᠭᠤᠮᠠᠯ (ᠰᠦᠭᠡᠭᠡᠨ᠎ᠡ ᠶᠢᠨ ᠤᠷᠭᠤᠮᠠᠯ)

【英文名】Currant，Gooseberry

【生活型】落叶,稀常绿或半常绿灌木。

【茎】枝平滑无刺或有刺,皮剥落或不剥落;芽具数片干膜质或草质鳞片。

【叶】叶具柄,单叶互生,稀丛生,常 3～5(～7)掌状分裂,稀不分裂,在芽中折叠,稀席卷,无托叶。

【花】花两性或单性而雌雄异株,5 数,稀 4 数;总状花序,有时花数朵组成伞房花序或几无总梗的伞形花序,或花数朵簇生,稀单生;苞片卵形、近圆形、椭圆形、长圆形、披针形,稀舌形或线形;萼筒辐状、碟形、盆形、杯形、钟形、圆筒形或管形,下部与子房合生,上部直接转变为萼片;萼片 5(4)个,常呈花瓣状,直立、开展或反折,多数与花瓣同色;花瓣 5(4)片,小,与萼片互生,有时退化为鳞片状,稀缺花瓣;雄蕊 5(4)枚,与萼片对生,与花瓣互生,着生于萼片的基部或稍下方,花丝分离,花药 2 室;花柱通常先端 2 浅裂或深裂至中部或中部以下,稀不分裂;子房下位,极稀半下位,具短柄,光滑或具柔毛,有时具腺毛或小刺,1 室具 2 个侧膜胎座,含多数胚珠,胚珠具 2 层珠被。

【果实和种子】果实为多汁的浆果,顶端具宿存花萼,成熟时从果梗脱落;种子多数,具胚乳,有小圆筒状的胚,内种皮坚硬,外部有胶质外种皮。

【分类地位】被子植物门、双子叶植物纲、原始花被亚纲、蔷薇目、虎耳草亚目、虎耳草科、茶藨子亚科。

【种类】全属有 160 种;中国产 59 种,30 变种;内蒙古有 10 种。

小叶茶藨子(美丽茶藨子)*Ribes pulchellum*

落叶灌木。当年生小枝红褐色,老枝灰褐色,稍纵向剥裂,节上常具 1 对小刺。芽卵圆形,具数个褐色鳞片,外面幼时具短柔毛。叶宽卵形,基部近截形至浅心脏形,掌状 3 裂,有时 5 裂,边缘具粗锐或微钝单锯齿,或混生重锯齿,掌状 3～5 条脉;花单性,雌雄异株,总状花序生于短枝上;雄花序具 8～20 朵疏松排列的花;雌花序具 8 至十余朵密集排列的花;花淡绿黄色或淡红色,萼筒浅碟形;萼片 5 个,宽卵形;花瓣 5 片,鳞片状;雄蕊 5 枚,与萼片对生;子房下位,近球形,柱头 2 裂。浆果,近球形,红色,无毛。花期 5～6 月,果期 8～9 月。

生于石质山坡与沟谷山地灌丛中。产于内蒙古兴安盟、通辽市、赤峰市、锡林郭勒盟、乌兰察布市、呼和浩特市、包头市、巴彦淖尔市、鄂尔多斯市、阿拉善盟;中国甘肃、河北、宁夏、青海、山西、陕西也产;蒙古、俄罗斯也有分布。

茶菱属——【学　名】*Trapella*

【蒙古名】ᠤᠰᠤᠨ ᠤ ᠴᠠᠢ

【英文名】Trapella

【生活型】浮水草本。

【叶】叶对生,浮水叶三角状圆形至心形,沉水叶披针形。

【花】花单生于叶腋,果期花梗下弯。萼齿 5 枚,萼筒与子房合生。花冠漏斗状,檐部广展,2 唇形。雄蕊 2 枚,内藏。子房下位,2 室,上室退化,下室有胚珠 2 颗。

【果实和种子】果实狭长,不开裂,有种子 1 粒;果顶端具锐尖的 3 长 2 短的钩状附属物。

【分类地位】被子植物门、双子叶植物纲、合瓣花亚纲、管状花目、胡麻科。

【种类】全属有 2 种;中国有 1 种;内蒙古有 1 种。

茶菱 *Trapella sinensis*

多年生水生草本。根状茎横走。茎绿色。叶对生,表面无毛,背面淡紫红色;沉水叶三角状圆形至心形,顶端钝尖,基部呈浅心形。花单生于叶腋内,在茎上部叶腋多为闭锁花。萼齿 5 枚,宿存。花冠漏斗状,淡红色,裂片 5 枚,圆形,薄膜质,具细脉纹。雄蕊 2 枚,内藏,药室 2 个,纵裂。子房下位,2 室,上室退化,下室有胚珠 2 颗。蒴果狭长,不开裂,有种子 1 粒,顶端有锐尖、3 长 2 短的钩状附属物,其中 3 个长的附属物可达 7 厘米,顶端卷曲成钩状。花果期 6~9 月。

生于池沼。产于内蒙古兴安盟扎赉特旗保安沼;中国安徽、福建、广西、河北、黑龙江、湖北、湖南、江苏、江西、吉林、辽宁也产;日本、朝鲜、俄罗斯也有分布。

柴胡属——【学　名】*Bupleurum*

　　　　　　　【蒙古名】ᠪᠤᠷᠤᠯ ᠲᠡᠪᠡᠷ ᠠ ᠶᠢᠨ ᠡᠪᠡᠰᠦ

　　　　　　　【英文名】Thorowax

【生活型】通常多年生,较少一年生草本。

【根】有木质化的主根和须状支根。

【茎】茎直立或倾斜,高大或矮小,枝互生或上部呈叉状分枝,光滑,绿色或粉绿色,有时带紫色。

【叶】单叶全缘,基生叶多有柄,叶柄有鞘,叶片膜质、草质或革质;茎生叶通常无柄,基部较狭,抱茎,心形或被茎贯穿,叶脉多条近平行呈弧形。

【花】花序通常为疏松的复伞形花序,顶生或腋生;总苞片1～5个,叶状,不等大;小总苞片3～10个,线状披针形、倒卵形、广卵形至圆形,短于或长于小伞形花序,绿色、黄色或带紫色;复伞形花序有少数至多数伞辐;花两性;萼齿不显;花瓣5片,黄色,有时蓝绿色或带紫色,长圆形至圆形,顶端有内折小舌片;雄蕊5枚,花药黄色,很少紫色;花柱分离,很短,花柱基扁盘形,直径超过子房或相等。

【果实和种子】分生果椭圆形或卵状长圆形,两侧略扁平,果棱线形,稍有狭翅或不明显,横剖面圆形或近五边形;每棱槽内有油管1～3个,多为3个,合生面2～6个,多为4个,有时油管不明显;心皮柄2裂至基部,胚乳腹面平直或稍弯曲。

【分类地位】被子植物门、双子叶植物纲、原始花被亚纲、伞形目、伞形科、芹亚科、阿米芹族、葛缕子亚族、阿米芹族异型类。

【种类】全属约有100种;中国有36种,17变种;内蒙古有8种,1变种。

北柴胡 *Bupleurum chinense*

　　多年生草本。主根较粗大,棕褐色,质坚硬。茎单一或数茎,表面有细纵槽纹,实心,上部多回分枝,微作"之"字形曲折。基生叶倒披针形或狭椭圆形,顶端渐尖,基部收缩成柄,早枯落;茎中部叶倒披针形或广线状披针形,顶端渐尖或急尖,有短芒尖头,基部收缩成叶鞘抱茎,脉7～9条,叶表面鲜绿色,背面淡绿色,常有白霜;茎顶部叶同形,但更小。复伞形花序很多,花序梗细,常水平伸出,形成疏松的圆锥状;总苞片2～3个,或无,甚小,狭披针形,3条脉,很少1或5条脉;伞辐3～8个,纤细,小总苞片5个,披针形,顶端尖锐,3条脉,向叶背凸出;花瓣鲜黄色,上部向内折,中肋隆起,小舌片矩圆形,顶端2浅裂;花柱基深黄色,宽于子房。果广椭圆形,棕色,两侧略扁,棱狭翼状,淡棕色,每棱槽油管3个,很少4个,合生面4条。花期9月,果期10月。

　　生于山地草原、灌丛。产于内蒙古赤峰市、乌兰察布市、呼和浩特市;中国安徽、甘肃、河北、黑龙江、河南、湖北、湖南、江苏、江西、吉林、辽宁、山西、山东、陕西、浙江也产。

菖蒲属——【学　名】*Acorus*

【蒙古名】ᠣᠯᠠᠩᠬᠢ ᠥᠪᠥᠯᠵᠢᠨ ᠥ ᠡᠪᠡᠰᠥ

【英文名】Sweetflag

【生活型】多年生常绿草本。

【茎】根茎匍匐，肉质，分枝，细胞含芳香油。

【叶】叶 2 列，基生而嵌列状，形如鸢尾，无柄，箭形，具叶鞘。佛焰苞很长部分与花序柄合生，在肉穗花序着生点之上分离，叶状，箭形，直立，宿存。

【花】花序生于当年生叶腋，柄长，全部贴生于佛焰苞鞘上，常为三棱形。肉穗花序指状圆锥形或纤细几成鼠尾状；花密，自下而上开放。花两性：花被片 6 枚，靠合，近截平，外轮 3 枚；雄蕊 6 枚，花丝长线形，与花被片等长，先端渐狭为药隔，花药短；药室长圆状椭圆形，近对生，超出药隔，室缝纵长，全裂，药室内壁前方的瓣片向前卷，后方的边缘反折；子房倒圆锥状长圆形，与花被片等长，先端近截平，2～3 室；每室胚珠多数，直立，珠柄短，海绵质，着生于子房室的顶部，略呈纺锤形，临近珠孔的外珠被多少流苏状，珠孔内陷；花柱极短；柱头小，无柄。

【果实和种子】浆果长圆形，顶端渐狭为近圆锥状的尖头，红色，藏于宿存花被之下，2～3 室，有的室不育。种子长圆形，从室顶下垂，直，有短的珠柄；珠被 2 层：外种皮肉质，远长于内种皮，到达珠孔附近，流苏状，内种皮薄，具小尖头。胚乳肉质，胚具轴，圆柱形，长与胚乳相等。

【分类地位】被子植物门、单子叶植物纲、天南星目、天南星科、菖蒲族。

【种类】全属有 2 种；中国有 2 种；内蒙古有 1 种。

菖蒲 *Acorus calamus*

多年生草本。根茎横走，稍扁，分枝，外皮黄褐色，芳香，肉质根多数，具毛发状须根。叶基生，向上渐狭，至叶长 1/3 处渐行消失、脱落。叶片剑状线形，基部宽、对褶，中部以上渐狭，草质，绿色，光亮；中肋在两面均明显隆起，侧脉 3～5 对，平行，纤弱，大都伸延至叶尖。花序柄三棱形；叶状佛焰苞剑状线形；肉穗花序斜向上或近直立，狭锥状圆柱形。花黄绿色；子房长圆柱形。浆果长圆形，红色。花期(2)6～9 月。

生于沼泽、河流边、湖泊边。产于内蒙古各地；中国各地也产；阿富汗、孟加拉国、不丹、印度、印度尼西亚、日本、朝鲜、马来西亚、蒙古、尼泊尔、巴基斯坦、斯里兰卡、泰国、越南以及西亚、欧洲、北美洲也有分布。

车前科──【学　名】*Plantaginaceae*

【蒙古名】ᠲᠠᠸᠠᠭ ᠲᠠᠷᠢᠶ᠎ᠠ ᠶᠢᠨ ᠢᠵᠠᠭᠤᠷ

【英文名】Plantago Family

【生活型】一年生、二年生或多年生草本,稀为小灌木。

【根】根为直根系或须根系。

【茎】茎通常变成紧缩的根茎,根茎通常直立,稀斜升,少数具直立和节间明显的地上茎。

【叶】叶螺旋状互生,通常排成莲座状,或于地上茎上互生、对生或轮生;单叶,全缘或具齿,稀羽状或掌状分裂,弧形脉3～11条,少数仅有1条中脉;叶柄基部常扩大成鞘状;无托叶。

【花】穗状花序狭圆柱状、圆柱状至头状,偶尔简化为单花,稀为总状花序;花序梗通常细长,出自叶腋;每花具1个苞片。花小,两性,稀杂性或单性,雌雄同株或异株,风媒,少数为虫媒,或闭花受粉。花萼4裂,前对萼片与后对萼片常不相等,裂片分生或后对合生,宿存。花冠干膜质,白色、淡黄色或淡褐色,高脚碟状或筒状,筒部合生,檐部(3～)4裂,辐射对称,裂片覆瓦状排列,开展或直立,多数于花后反折,宿存。雄蕊4枚,稀1或2枚,相等或近相等,无毛;花丝贴生于冠筒内面,与裂片互生,丝状,外伸或内藏;花药背着,丁字药,先端骤缩成一个三角形至钻形的小突起,2药室平行,纵裂,顶端不汇合,基部多少心形;花粉粒球形,表面具网状纹饰,萌发孔4～15个。花盘不存在。雌蕊由背腹向枚2枚心皮合生而成;子房上位,2室,中轴胎座,稀为1室基底胎座;胚珠1～40余颗,横生至倒生;花柱1枚,丝状,被毛。

【果实和种子】果通常为周裂的蒴果,果皮膜质,无毛,内含1～40余粒种子,稀为含1粒种子的骨质坚果。种子盾状着生,卵形、椭圆形、长圆形或纺锤形,腹面隆起、平坦或内凹成船形,无毛;胚直伸,稀弯曲,肉质胚乳位于中央。

【种类】全科有3属,约200种;中国有1属,20种,5亚种;内蒙古有1属,6种,2变种。

车前科 Plantaginaceae Juss. 是法国植物学家 Antoine Laurent de Jussieu(1748—1836))于1789年在"Genera plantarum 89～90"中建立的植物科,模式属为车前属(*Plantago*)。

在恩格勒系统(1964)中,车前科隶属合瓣花亚纲(Sympetalae)、车前目(Plantaginales),只含1个科。在哈钦森系统(1959)中,车前科隶属双子叶植物草本支(Herbaceae)、车前目,只含1个科,认为是从报春花目祖先传来。在塔赫他间系统(1980)中,车前科隶属菊亚纲(Asteridae)、玄参目(Scrophulariales)的16个科之一包括茄科(Solanaceae)、醉鱼草科(Buddlejaceae)、玄参科(Scrophulariaceae)、紫葳科(Bignonoaceae)、胡麻科(Pedaliaceae)、列当科(Orobanchaceae)、苦苣苔科(Gesneriacee)、车前科、狸藻科(Lentibulariaceae)、爵床科(Acanthaceae)等。在克朗奎斯特系统(1981)中,车前科也隶属菊亚纲、车前目,只含1个科。

车前属——【学　名】*Plantago*

【蒙古名】ᠲᠠᠪᠠᠭ ᠤᠨ ᠂ ᠤᠷᠭᠤᠮᠠᠯ

【英文名】Plantain

【生活型】多年生或一年生、二年生草本。

【根】根为直根系或须根系。

【叶】叶螺旋状互生，紧缩成莲座状，或在茎上互生、对生或轮生；叶片宽卵形、椭圆形、长圆形、披针形、线形至钻形，全缘或具齿，稀羽状或掌状分裂；叶柄长，少数不明显，基部常扩大成鞘状。

【花】花序 1 至多数，出自莲座丛或茎生叶的腋部；花序梗细圆柱状；穗状花序细圆柱状、圆柱状至头状，有时简化至单花。苞片及萼片中脉常具龙骨状突起或加厚，有时翅状，两侧片通常干膜质，白色或无色透明。花两性，稀杂性或单性。花冠高脚碟状或筒状，至果期宿存；冠筒初为筒状，后随果的增大而变形，可呈壶状，包裹蒴果；檐部 4 裂，直立、开展或反折；雄蕊 4 枚，着生于冠筒内面，外伸，少数内藏，花药卵形、近圆形、椭圆形或长圆形，开裂后明显增宽，先端骤缩成三角形小突起。子房 2～4 室，中轴胎座，具 2～40 多颗胚珠。

【果实和种子】蒴果椭圆球形、圆锥状卵形至近球形，果皮膜质，周裂。种子 1 至 40 余粒；种皮具网状或疣状突起，含黏液质，种脐生于腹面中部或稍偏向一侧；胚直伸，两子叶背腹向（与种脐一侧相平行）或左右向（与种脐一侧相垂直）排列。

【分类地位】被子植物门、双子叶植物纲、合瓣花亚纲、车前目、车前科。

【种类】全属有 190 余种；中国有 20 种，5 亚种；内蒙古有 6 种，2 变种。

83

车前 *Plantago asiatica*

多年生草本。根茎短，稍粗。叶基生呈莲座状，平卧、斜展或直立；叶片薄纸质或纸质；基部扩大成鞘，疏生短柔毛。花序 3～10 个，直立或弓曲上升；有纵条纹，疏生白色短柔毛；穗状花序细圆柱状，紧密或稀疏，下部常间断；苞片狭卵状三角形或三角状披针形，长过于宽，龙骨突宽厚，无毛或先端疏生短毛。花具短梗；萼片先端钝圆或钝尖，龙骨突不延至顶端，前对萼片椭圆形，龙骨突较宽，两侧片稍不对称，后对萼片宽倒卵状椭圆形或宽倒卵形。花冠白色，无毛，冠筒与萼片约等长，裂片狭三角形，先端渐尖或急尖，具明显的中脉，于花后反折。雄蕊着生于冠筒内面近基部，与花柱明显外伸，花药卵状椭圆形，顶端具宽三角形突起，白色，干后变淡褐色。蒴果纺锤状卵形、卵球形或圆锥状卵形，于基部上方周裂。子叶背腹向排列。花期 4～8 月，果期 6～9 月。

生于草甸、沟谷、耕地、田野及路边。产于内蒙古各地；中国安徽、重庆、福建、甘肃、广东、广西、贵州、海南、河北、黑龙江、河南、湖北、湖南、江苏、江西、吉林、辽宁、青海、山东、陕西、四川、台湾、新疆、西藏、云南、浙江也产；孟加拉国、不丹、印度、印度尼西亚、日本、朝鲜、马来西亚、尼泊尔、斯里兰卡也有分布。

车轴草属──【学　名】*Trifolium*

【蒙古名】ᠰᠣᠷᠮᠣᠰᠤᠨ ᠤᠨ ᠢᠵᠠᠭᠤᠷ

【英文名】Trefoil, Clover, Trifolium

【生活型】一年生或多年生草本。

【茎】有时具横出的根茎。茎直立、匍匐或上升。

【叶】掌状复叶,小叶通常 3 片,偶为 5～9 片;托叶显著,通常全缘,部分合生于叶柄上;小叶具锯齿。

【花】花具梗或近无梗,集合成头状或短总状花序,偶为单生,花序腋生或假顶生,基部常具总苞或无;萼筒形或钟形,或花后增大,肿胀或膨大,萼喉开张,或具 2 唇状胼胝体而闭合,或具一圈环毛,萼齿等长或不等长,萼筒具脉纹 5、6、10、20 条,偶有 30 条;花冠红色、黄色、白色或紫色,也有具双色的,无毛,宿存,旗瓣离生或基部和翼瓣、龙骨瓣连合,后二者相互贴生;雄蕊 10 枚,两体,上方 1 枚离生,全部或 5 枚花丝的顶端膨大,花药同型;子房无柄或具柄,胚珠 2～8 颗。

【果实和种子】荚果不开裂,包藏于宿存花萼或花冠中,稀伸出;果瓣多为膜质,阔卵形、长圆形至线形;通常有种子 1～2 粒,稀 4～8 粒。种子形状各样,传布时连宿存花萼或整个头状花序为一单元。

【分类地位】被子植物门、双子叶植物纲、原始花被亚纲、蔷薇目、蔷薇亚目、豆科、蝶形花亚科、车轴草族。

【种类】全属约有 250 种;中国有 13 种;内蒙古有 3 种,1 变型。

野火球 *Trifolium lupinaster*

多年生草本。根粗壮,发达,常多分叉。茎直立,单生,基部无叶,秃净,上部具分枝,被柔毛。掌状复叶,通常小叶 5 片,稀 3 片或 7(～9)片;托叶膜质,大部分抱茎呈鞘状,先端离生部分披针状三角形;叶柄几乎全部与托叶合生;小叶披针形至线状长圆形,先端锐尖,基部狭楔形,中脉在下面隆起,被柔毛,侧脉多达 50 对以上,两面均隆起,分叉直伸出叶边成细锯齿;小叶柄短。头状花序着生顶端和上部叶腋,具花 20～35 朵;被柔毛;花序下端具 1 早落的膜质总苞;萼钟形,被长柔毛,脉纹 10 条,萼齿丝状锥尖,比萼筒长 2 倍;花冠淡红色至紫红色,旗瓣椭圆形,先端钝圆,基部稍窄,几无瓣柄,翼瓣长圆形,下方有一钩状耳,龙骨瓣长圆形,比翼瓣短,先端具小尖喙,基部具长瓣柄;子房狭椭圆形,无毛,具柄,花柱丝状,上部弯成钩状;胚珠 5～8 颗。荚果长圆形(不包括宿存花柱),膜质,棕灰色;有种子(2)3～6 粒。种子阔卵形,橄榄绿色,平滑。花果期 6～10 月。

生于肥沃的壤质黑钙土及黑土上,也生于砾石质粗骨土上。产于内蒙古呼伦贝尔市、兴安盟、通辽市、赤峰市、锡林郭勒盟、乌兰察布市、呼和浩特市;中国河北、黑龙江、吉林、辽宁、陕西、新疆也产;日本、朝鲜、蒙古以及欧洲也有分布。

扯根菜属——【学　名】*Penthorum*

【蒙古名】ᠭᠣᠣᠯᠢᠩᠭᠣ ᠶᠢᠨ ᠢᠵᠠᠭᠤᠷ

【英文名】Penthorum

【生活型】多年生草木。

【茎】茎直立。

【叶】叶互生,膜质,狭披针形或披针形。

【花】螺状聚伞花序;花两性,多数,小形;萼片 5(~8)个;花瓣 5(~8)片,或不存在;雄蕊 2 轮,10(~16)枚;心皮 5(~8)枚,下部合生,花柱短,胚珠多数。

【果实和种子】蒴果 5(~8)枚,浅裂,裂瓣先端喙形,成熟后喙下环状横裂;种子多数,细小。

【分类地位】被子植物门、双子叶植物纲、原始花被亚纲、蔷薇目、虎耳草亚目、虎耳草科、扯根菜亚科。

【种类】全属有 2 种;中国产 1 种;内蒙古有 1 种。

扯根菜 *Penthorum chinense*

多年生草本。根状茎分枝;茎不分枝,稀基部分枝,具多数叶,中下部无毛,上部疏生黑褐色腺毛。叶互生,无柄或近无柄,披针形至狭披针形,先端渐尖,边缘具细重锯齿,无毛。聚伞花序具多花;花序分枝与花梗均被褐色腺毛;苞片小,卵形至狭卵形;花小型,黄白色;萼片 5 个,革质,三角形,无毛,单脉;无花瓣;雄蕊 10 枚;心皮 5(~6)枚,下部合生;子房 5(~6)室,胚珠多数,花柱 5(~6)枚,较粗。蒴果红紫色;种子多数,卵状长圆形,表面具小丘状突起。花果期 7~10 月。

生于溪边湿地、沟渠旁。产于内蒙古乌兰察布市、兴安盟、扎赉特旗保安沼;中国安徽、甘肃、广东、广西、贵州、河北、黑龙江、河南、湖北、湖南、江苏、江西、吉林、辽宁、山西、四川、云南也产;日本、朝鲜、老挝、蒙古、俄罗斯、泰国、越南也有分布。

柽柳科——【学　名】*Tamaricaceae*

【蒙古名】ᠪᠤᠷᠭᠠᠰᠤᠨ ᠤ ᠢᠵᠠᠭᠤᠷ

【英文名】Tamarisk Family

【生活型】灌木、半灌木或乔木。

【叶】叶小，多呈鳞片状，互生，无托叶，通常无叶柄，多具泌盐腺体。

【花】花通常集成总状花序或圆锥花序，稀单生，通常两性，整齐；花萼 4～5 深裂，宿存；花瓣 4～5 片，分离，花后脱落或有时宿存；下位花盘常肥厚，蜜腺状；雄蕊 4,5 或多数，常分离，着生在花盘上，稀基部结合成束，或连合到中部成筒，花药 2 室，纵裂；雌蕊 1 枚，由 2～5 枚心皮构成，子房上位，1 室，侧膜胎座，稀具隔，或基底胎座；胚珠多数，稀少数，花柱短，通常 3～5 颗，分离，有时结合。

【果实和种子】蒴果，圆锥形，室背开裂。种子多数，全面被毛或在顶端具芒柱，芒柱从基部或从一半开始被柔毛；有或无内胚乳，胚直生。

【种类】全科有 3 属，约 110 种；中国有 3 属，32 种；内蒙古有 3 属，11 种，1 亚种。

柽柳科 Tamaricaceae Link 是德国博物学家和植物学家 Johann Heinrich Friedrich Link（1767－1851）于 1821 年在"Enumeratio Plantarum Horti Regii Berolinensis Altera 1"（Enum. Hort. Berol. Alt.）上发表的植物科，模式属为柽柳属（*Tamarix*）。

在恩格勒系统（1964）中，柽柳科隶属原始花被亚纲（Archichlamydeae）、堇菜目（Violales）、柽柳亚目（Tamaricineae），本目包括大风子亚目（Flacourtiineae）、半日花亚目（Cistineae）、柽柳亚目、番木瓜亚目（Caricineae）。在哈钦森系统（1959）中，柽柳科隶属双子叶植物木本支（Lignosae）、柽柳目（Tamaricales），含瓣鳞花科（Frankeniaceae）、刺树科（Fouquieriaceae）和柽柳科 3 个科。在塔赫他间系统（1980）中，柽柳科隶属五桠果亚纲（Dilleniidae）、柽柳目，也包含瓣鳞花科、刺树科和柽柳科。在克朗奎斯特系统（1981）中，柽柳科隶属五桠果亚纲堇菜目，含红木科（Bixaceae）、半日花科（Cistaceae）、堇菜科（Violaceae）、柽柳科、瓣鳞花科、西番莲科（Passifloraceae）、番木瓜科（Caricaceae）、刺树科、葫芦科（Cucurbitaceae）、秋海棠科（Begoniceae）等 24 个科。

柽柳属——【学　名】*Tamarix*

　　　　　　　【蒙古名】ᠰᠤᠬᠠᠢ ᠶᠢᠨ ᠲᠥᠷᠥᠯ

　　　　　　　【英文名】Tamarisk

　　【生活型】灌木或乔木。

　　【茎】多分枝,幼枝无毛;枝条有两种:一种是木质化的生长枝,经冬不落,一种是绿色营养小枝,冬天脱落。

　　【叶】叶小,鳞片状,互生,无柄,抱茎或呈鞘状,无毛,稀被毛,多具泌盐腺体;无托叶。

　　【花】花集成总状花序或圆锥花序,春季开花,总状花序侧生在去年生的生长枝上,或在当年生的生长枝上,集成顶生圆锥花序,或有的种 2 种开花习性兼而有之。花两性,4、5(～6)数,通常具花梗;苞片 1 个。花萼草质或肉质,深 4～5 裂,宿存,裂片全缘或微具细牙齿;花瓣与花萼裂片同数,花后脱落或宿存;花盘有多种形状,多为 4～5 裂,裂片全缘或顶端凹缺以至深裂,花丝生裂片间,或主裂片各分裂为 2,两侧的细裂片与相邻的花丝相贴生,花丝呈顶生于花盘裂片顶上(假顶生),至花丝与两侧的细裂片相融合(融生);雄蕊 4～5 枚,单轮,与花萼裂片对生,外轮与花萼裂片对生,花丝常分离,着生在花盘裂片间或裂片顶端(假顶生或融生),花药心形,丁字着药,2 室,纵裂;雌蕊 1 枚,由 3～4 枚心皮构成,子房上位,多呈圆锥形,1 室,胚珠多数,基底 1 侧膜胎座,花柱 3～4 枚,柱头短,头状。

　　【果实和种子】蒴果圆锥形,室背 3 瓣裂。种子多数,细小,顶端的芒柱从基部起即具发白色的单细胞长柔毛。

　　【分类地位】被子植物门、双子叶植物纲、原始花被亚纲、侧膜胎座目、山茶亚目、柽柳科。

　　【种类】全属约有 90 种;中国有 18 种,1 变种;内蒙古有 7 种,1 亚种。

柽柳 *Tamarix chinensis*

　　乔木或灌木。嫩枝繁密纤细,悬垂。叶鲜绿色,上部绿色营养枝上的叶钻形或卵状披针形,半贴生,先端渐尖而内弯,基部变窄,背面有龙骨状突起。春季开花:总状花序侧生在去年生木质化的小枝上,花大而少;有短总花梗,或近无梗,梗生有少数苞叶或无;花梗纤细,萼片 5 个;花瓣 5 枚;雄蕊 5 枚,花丝着生在花盘裂片间;子房圆锥状瓶形,花柱 3 枚,棍棒状。蒴果圆锥形。夏、秋季开花;较春生者细,生于当年生幼枝顶端,组成顶生大圆锥花序,疏松而通常下弯;花 5 出,较春季者略小,密生;苞片绿色,向下变狭,基部背面有隆起,全缘;花萼三角状卵形;花瓣粉红色;雄蕊 5 枚,长于花瓣;花柱 3 枚;花盘 5 裂,裂片顶端微凹。蒴果圆锥形,熟时 3 裂。花期 4～9 月。

　　生于湿润碱地、河岸冲积地及草原带沙地。产于内蒙古通辽市、赤峰市、乌兰察布市、鄂尔多斯市;中国安徽、河北、河南、江苏、辽宁、山东也产。

匙荠属——【学　名】*Bunias*

【蒙古名】ᠪᠠᠭᠠ ᠶᠢᠨ ᠡᠪᠡᠰᠦ （ᠰᠢᠪᠠᠭᠤ ᠶᠢᠨ ᠡᠪᠡᠰᠦ）

【英文名】Spooncress

【生活型】一年生草本。

【叶】叶羽状深裂或大头羽状深裂。

【花】萼片直立,基部略成囊状;花瓣白色或黄色,雄蕊分离,花丝无翅或齿;侧蜜腺环状,外侧3浅裂,围绕短雄蕊,中蜜腺三角形,位于长雄蕊外侧,常与侧蜜腺汇合成封闭的环;子房无柄,花柱圆锥形,柱头2浅裂。

【果实和种子】短角果卵形,小坚果状,不开裂,果皮草质;子房2室,隔膜草质;每室有1粒种子;子叶旋转,背倚胚根。

【分类地位】被子植物门、双子叶植物纲、原始花被亚纲、罂粟目、白花菜亚目、十字花科、乌头荠族。

【种类】全属有5种;中国有2种;内蒙古有1种。

匙荠 *Bunias cochlearioides*

一年生草本。茎自基部分枝,无毛,或仅于花期花序轴有稀疏而细弱的单毛。叶倒披针形或长圆形,基部具耳,抱茎,边缘有大小不等波状齿或羽状分裂。总状花序稠密,果期伸长;萼片展开,长圆形;花瓣白色,宽椭圆形,具短爪;花丝宽扁,上窄下宽。短角果卵形,有4个钝棱角,顶端锐尖。花期6～7月,果期7～8月。

生于湖边草甸。产于内蒙古呼伦贝尔市达赉湖边;中国河北、黑龙江、辽宁也产;哈萨克斯坦、蒙古、俄罗斯也有分布。

齿缘草属——【学　名】*Eritrichium*

【蒙古名】ᠱᠦᠳᠦᠨ ᠭᠢᠶᠠᠲᠤ ᠶᠢᠨ ᠡᠪᠡᠰᠦ

【英文名】Eritrichium

【生活型】多年生或一年生草本。

【叶】单叶互生。

【花】镰状聚伞花序顶生,不分枝或分枝而呈圆锥状,稀花单生。花萼分裂至基部或至 3/4 处,极少数种分裂至 2/3 处,裂片 5 枚,有时果期增大,直立至反折;花冠蓝色、淡蓝色或淡紫色,稀为黄色或白色,钟状辐形或钟状筒形,裂片 5 枚,花蕾时覆瓦状排列,花期直立或平展,喉部附属物明显而形状多样,少数种不明显或缺如;雄蕊着生于花冠筒上,花丝短,花药圆形、卵圆形或长圆形,内藏;花柱和柱头单一,通常不高出小坚果;雌蕊基金字塔状或半球状,高等于或小于宽。

【果实和种子】小坚果 4 枚,完全发育或部分发育,陀螺状,或呈卵状、三角卵状和背腹压扁的两面体型;棱缘具翅、齿、刺或锚状刺,稀无。

【分类地位】被子植物门、双子叶植物纲、合瓣花亚纲、管状花目、紫草科、紫草亚科、齿缘草族。

【种类】全属有 90 余种;中国有 40 种,1 亚种,2 变种;内蒙古有 6 种。

石生齿缘草(少花齿缘草)*Eritrichium rupestre*(E·pauci f(orum))

多年生草本。全株密被灰色绢毛。茎数条,基部有短分枝、基生叶片及宿存的枯叶,常形成密簇。基生叶匙形或匙状倒披针形,先端急尖或圆钝,基部渐狭呈柄状;茎生叶狭倒披针形至线形。花序顶生,花后延长,分枝 2～3(～4)个,分枝有花 1 至十数朵,生苞腋外;苞片线状披针形;花梗直立或稍斜伸,生短伏毛;花萼裂片线形或倒披针形,先端急尖或圆钝,花期直立,果期斜展;花冠蓝色,钟状辐形,裂片椭圆形或近圆形,附属物半月形或矮梯形,生短曲柔毛,伸出喉部,中下部有 1 枚乳突;花药长圆形。小坚果陀螺形,有疣突和毛,背面平或微凸,着生面宽卵形,位于基部,棱缘有三角形小齿,齿端无锚钩,稀小齿退化或变长,长者顶端具锚钩。花果期 7～8 月。

生于山地草原、羊茅草原、砾石质草原、山地砾石质坡地。产于内蒙古锡林郭勒盟、乌兰察布市、呼和浩特市、巴彦淖尔市、阿拉善盟;中国甘肃、河北、宁夏、陕西也产;哈萨克斯坦、蒙古、俄罗斯也有分布。

赤瓟属——【学　名】*Thladiantha*

【蒙古名】ᠵᠢᠮᠢᠰ ᠦᠨ ᠲᠦᠷᠦᠯ ᠦᠨ ᠡᠪᠡᠰᠦ

【英文名】Tubergourd

【生活型】多年生或稀一年生草质藤本,攀援或匍匐生。

【根】根块状或稀须根。

【茎】茎草质,具纵向棱沟。

【叶】卷须单一或 2 歧;叶绝大多数为单叶,心形,边缘有锯齿,极稀掌状分裂或呈鸟趾状 3～5(～7) 片小叶。雌雄异株。

【花】雄花序总状或圆锥状,稀为单生;雄花:花萼筒短钟状或杯状,裂片 5 枚,线形,披针形、卵状披针形或长圆形,1～3 条脉;花冠钟状,黄色,5 深裂,裂片全缘,长圆形或宽卵形、倒卵形,常 5～7 条脉;雄蕊 5 枚,插生于花萼筒部,分离,通常 4 枚两两成对,第 5 枚分离,花丝短,花药长圆形或卵形,全部 1 室,药室通直;退化子房腺体状。雌花单生、双生或 3～4 朵簇生于一短梗上,花萼和花冠同雄花;子房卵形、长圆形或纺锤形,表面平滑或有瘤状突起,花柱 3 裂,柱头 2 裂,肾形;具 3 胎座,胚珠多数,水平生。

【果实和种子】果实中等大,浆质,不开裂,平滑或具多数瘤状突起,有明显纵肋或无。种子多数,水平生。

【分类地位】被子植物门、双子叶植物纲、合瓣花亚纲、葫芦目、葫芦科、藏瓜族、赤瓟瓜族。

【种类】全属约 23 种,10 变种;中国有 23 种,3 变种;内蒙古有 1 种。

赤瓟 *Thladiantha dubia*

　　攀援草质藤本。全株被黄白色的长柔毛状硬毛;根块状;茎稍粗壮,有棱沟。叶柄稍粗;叶片宽卵状心形,边缘浅波状,有大小不等的细齿,先端急尖或短渐尖,基部心形,弯缺深,近圆形或半圆形,两面粗糙,脉上有长硬毛,最基部 1 对叶脉沿叶基弯缺边缘向外展开。卷须纤细,被长柔毛,单一。雌雄异株;雄花单生或聚生于短枝的上端呈假总状花序,有时 2～3 朵花生于总梗上,花梗细长,被柔软的长柔毛;花萼筒极短,近辐状,裂片披针形,向外反折,两面有长柔毛;花冠黄色,裂片长圆形,上部向外反折,先端稍急尖,具 5 条明显的脉,外面被短柔毛,内面有极短的疣状腺点;雄蕊 5 枚,着生在花萼筒檐部,其中 1 枚分离,其余 4 枚两两稍靠合,花丝极短,有短柔毛,花药卵形;退化子房半球形。雌花单生,花梗细,有长柔毛;花萼和花冠雌雄花;退化雄蕊 5 枚,棒状;子房长圆形,外面密被淡黄色长柔毛,花柱无毛,柱头膨大,肾形,2 裂。果实卵状长圆形,顶端有残留的柱基,基部稍变狭,表面橙黄色或红棕色,有光泽,被柔毛,具 10 条明显的纵纹。种子卵形,黑色,平滑无毛。花期 6～8 月,果期 8～10 月。

　　生于村舍附近、沟谷、山地草丛中。产于内蒙古呼伦贝尔市、兴安盟、赤峰市、巴彦淖尔市、阿拉善盟;中国河北、黑龙江、吉林、辽宁、宁夏、山西、山东、陕西、四川也产;朝鲜也有分布。

翅果菊属 —— 【学　名】*Pterocypsela*

【蒙古名】ᠲᠣᠶᠢᠮᠣᠭ ᠵᠢᠮᠢᠰᠲᠦ ᠶᠢᠨ ᠣᠪᠣᠭ

【英文名】Samaradaisy

【生活型】一年生或多年生草本。

【叶】叶分裂或不分裂。

【花】头状花序同型,舌状,较大,在茎枝顶端排成伞房花序、圆锥花序或总状圆锥花序。总苞卵球形,总苞片4~5层,向内层渐长,覆瓦状排列,全部总苞片质地厚,绿色。花托平,无托毛。舌状小花9~25朵,黄色,极少白色,舌片顶端截形,顶端5齿裂,喉部有白色柔毛。花药基部附属物箭头形。花柱分枝细。

【果实和种子】瘦果倒卵形、椭圆形或长椭圆形,黑色,压扁或黑棕色、棕红色,黑褐色,边缘有宽厚或薄翅,顶端有粗短喙,极少有细丝状喙。冠毛2层,白色,细,微糙。

【分类地位】被子植物门、双子叶植物纲、合瓣花亚纲、桔梗目、菊科。

【种类】全属约有7种;中国有7种;内蒙古有2种,1变种。

翼柄翅果菊 *Pterocypsela triangulata*

　　二年生草本或多年生草本。根有粗壮分枝。茎直立,单生,通常紫红色,上部圆锥花序状分枝,全部茎枝无毛。中下部茎叶三角状戟形、宽卵形、宽卵状心形,边缘有大小不等的三角形锯齿,叶柄有狭或宽翼,柄基扩大或稍扩大,耳状半抱茎;向上的茎叶渐小,与中下部茎叶同形或椭圆形、菱形,基部楔形或宽楔形渐狭成短翼柄,柄基耳状或箭头状扩大半抱茎;全部叶两面无毛。头状花序多数,沿茎枝顶端排列成圆锥花序。总苞果期卵球形;总苞片4层,外层长三角形或三角状披针形,顶端急尖,中内层披针形或线状披针形,顶端钝或急尖,通常染红紫色或边缘染红紫色。舌状小花16朵,黄色。瘦果黑色或黑棕色,椭圆形,压扁,边缘有宽翅,每面有1条高起的细脉纹,顶端急尖成粗短之喙。冠毛2层,几单毛状,白色。花果期7~8月。

　　生于山地林下。产于内蒙古赤峰市喀喇沁旗;中国河北、黑龙江、吉林、辽宁、陕西也产;日本、朝鲜、俄罗斯也有分布。

虫实属——【学　名】*Corispermum*

【蒙古名】ᠰᠢᠮᠤᠯ ᠤᠨ ᠲᠥᠷᠥᠯ

【英文名】Tickseed

【生活型】一年生草本,植株全体被星状毛。

【叶】叶条形,稀倒披针形,无柄,扁平,全缘,先端钝或渐尖具小尖头,1～3 条脉。

【花】花序穗状,顶生和侧生,具多花,花密集或疏离;具苞片,无小苞片,苞片叶状、狭披针形至近圆形,有 1～3 条脉,具宽或窄的膜质边缘,全缘,先端渐尖或骤尖并具小尖头,基部楔形或圆形。花两性,无柄,单生;花被片白膜质,1 或 3 枚,不等大,近轴花被片 1 枚,直立,较大,远轴 2 枚,较小或缺;雄蕊下位,1、3 或 5 枚;花丝条形,扁平,通常长于花被片,稀等长;花药矩圆形,2 室,纵裂;子房上位,卵状或椭圆状,背腹压扁,无毛或被毛,花柱短,柱头 2 枚。

【果实和种子】果实直立,背腹压扁,矩圆形至圆形,顶端急尖,近圆形或在果喙基部两侧下陷呈缺刻状,基部楔形、近圆形或心脏形;果核通常为倒卵形或椭圆形,稀近圆形,平滑,具斑纹、疣状或乳头状突起,具光泽或无,被星状毛或无;果喙明显,上部具 2 枚喙尖,喙尖针状,直立、叉分或弯曲;果具翅,翅宽或窄或几近于无,全缘或啮蚀状,平直或呈波状皱曲,半透明或不透明;果皮与种皮相联。种子与果核同形,直立;胚马蹄形,胚根向下,胚乳较多。

【分类地位】被子植物门、双子叶植物纲、原始花被亚纲、中央种子目、藜科、环胚亚科、虫实族。

【种类】全属有 60 余种;中国有 26 种,7 变种;内蒙古有 13 种,8 变种。

蒙古虫实 *Corispermum mongolicum*

　　一年生草本。茎直立,圆柱形,被毛;分枝多集中于基部,最下部分枝较长,平卧或上升,上部分枝较短,斜展。叶条形或倒披针形,先端急尖具小尖头,基部渐狭,1 条脉。穗状花序顶生和侧生,细长,稀疏,圆柱形;苞片由条状披针形至卵形,先端渐尖,基部渐狭,被毛,1 条脉,膜质缘较窄,全部掩盖果实。花被片 1 枚,矩圆形或宽椭圆形,顶端具不规则的细齿;雄蕊 1～5 枚,超过花被片。果实较小,广椭圆形,顶端近圆形,基部楔形,背部强烈凸起,腹面凹入;果核与果同形,灰绿色,具光泽,有时具泡状突起,无毛;果喙极短,喙尖为喙长的 1/2;翅极窄,几近无翅,浅黄绿色,全缘。花果期 7～9 月。

　　生于荒漠区和草原区的砂质土壤、戈壁和沙丘上。产于内蒙古赤峰市、锡林郭勒盟、包头市、乌海市、阿拉善盟;中国甘肃、宁夏、新疆也产;蒙古、俄罗斯也有分布。

臭草属──【学　名】*Melica*

【蒙古名】ᠦᠨᠦᠷᠲᠦ ᠡᠪᠡᠰᠦ ᠶᠢᠨ ᠲᠦᠷᠦᠯ (ᠬᠦᠬᠡᠷᠦᠭ ᠦᠨ ᠲᠦᠷᠦᠯ)

【英文名】Stinkinggrass，Melic

【生活型】多年生草本。

【叶】叶鞘几乎全部闭合，粗糙或被短毛。叶片扁平或内卷，常粗糙或被短柔毛。

【花】顶生圆锥花序紧密呈穗状，总状或开展；小穗柄细长，上部弯曲且被短柔毛，自弯转处折断，与小穗一同脱落；小穗含孕性小花 1 至数朵，上部 1～3 朵小花退化，仅具外稃，2～3 朵相互紧包成球形或棒状，脱节于颖之上，并在各小花之间断落；小穗轴光滑无毛，粗糙或被短毛；颖膜质或纸质，常有膜质的顶端和边缘，等长或第一颖较短，具 1～5 条脉；外稃下部革质或纸质，顶端膜质，全缘，齿裂或 2 裂，具 5～7(9) 条脉，背面圆形，光滑，粗糙或被毛，无芒，稀于顶端裂齿间着生一芒；内稃短于外稃，或上部者与外稃等长，沿脊有纤毛或近于平滑；雄蕊 3 枚。

【果实和种子】颖果倒卵形或椭圆形，具细长腹沟。

【分类地位】被子植物门、单子叶植物门、禾本目、禾本科、早熟禾亚科、臭草族。

【种类】全属约有 80 种；中国有 25 种，2 亚种；内蒙古有 5 种。

大臭草 *Melica turczaninowiana*

多年生草本。须根细弱。秆丛生，直立，具 5～7 节，光滑或在花序以下粗糙。叶鞘闭合几达鞘口，无毛，常向上粗糙，下部者长于而上部者短于节间，叶舌透明膜质；叶片扁平，上面被柔毛，下面粗糙。圆锥花序开展，每节具分枝 2～3 个；分枝细弱，微粗糙或下部光滑，上升或平展，基部主枝长达 9 厘米；小穗柄细，顶端稍膨大，被微毛，弯曲；小穗紫色或褐紫色，卵状长圆形，含孕性小花 2～3 朵，顶生不育外稃聚集成球形；小穗轴节光滑；颖纸质，卵状长圆形，两颖几等长，顶端膜质，钝或稍尖，边缘膜质，具 5～7 条脉；外稃草质，顶端稍钝，边缘膜质，具 7～9 条脉或基部具 11 条脉，中部以下在脉上被糙毛，其余颗粒状粗糙；内稃倒卵状长圆形，长约为外稃的 2/3，顶端变窄或钝头，脊上无毛或上部具小纤毛；鳞被 3 枚，极小。花果期 6～8 月。

生于山地林缘、针叶林及白桦林、山地灌丛、草甸。产于内蒙古呼伦贝尔市、兴安盟、赤峰市、锡林郭勒盟、乌兰察布市、呼和浩特市、包头市；中国河北、黑龙江、河南、陕西也产；朝鲜、蒙古、俄罗斯也有分布。

臭椿属——【学　名】*Ailanthus*

　　　　　　【蒙古名】ᠬᠣᠤᠷᠲᠤ ᠬᠠᠷᠠᠭᠠᠢ ᠶᠢᠨ ᠲᠥᠷᠥᠯ

　　　　　　【英文名】Ailanthus

【生活型】落叶或常绿乔木或小乔木。

【茎】小枝被柔毛,有髓。

【叶】叶互生,奇数羽状复叶或偶数羽状复叶;小叶 13～41 片,纸质或薄革质,对生或近于对生,基部偏斜,先端渐尖,全缘或有锯齿,有的基部两侧各有 1～2 枚大锯齿,锯齿尖端的背面有腺体。

【花】花小,杂性或单性异株,圆锥花序生于枝顶的叶腋;萼片 5 个,覆瓦状排列;花瓣 5 片,镊合状排列;花盘 10 裂;雄蕊 10 枚,着生于花盘基部,但在雌花中的雄蕊不发育或退化;2～5 枚心皮分离或仅基部稍结合,每室有胚珠 1 颗,弯生或倒生,花柱 2～5 枚,分离或结合,但在雄花中仅有雌花的痕迹或退化。

【果实和种子】翅果长椭圆形,种子 1 粒,生于翅的中央,扁平,圆形、倒卵形或稍带三角形,稍带胚乳或无胚乳,外种皮薄,子叶 2 片,扁平。

【分类地位】被子植物门、双子叶植物纲、原始花被亚纲、芸香目、芸香亚目、苦木科。

【种类】全属约有 10 种;中国有 5 种,2 变种;内蒙古有 1 种。

94

臭椿 *Ailanthus altissima*

　　落叶乔木。树皮平滑而有直纹;嫩枝有髓,幼时被黄色或黄褐色柔毛,后脱落。叶为奇数羽状复叶,有小叶 13～27 片;小叶对生或近对生,纸质,卵状披针形,先端长渐尖,基部偏斜,截形或稍圆,两侧各具 1 或 2 枚粗锯齿,齿背有腺体 1 个,叶面深绿色,背面灰绿色,柔碎后具臭味。花淡绿色;萼片 5 个,覆瓦状排列;花瓣 5 片,基部两侧被硬粗毛;雄蕊 10 枚,花丝基部密被硬粗毛,雄花中的花丝长于花瓣,雌花中的花丝短于花瓣;花药长圆形;心皮 5 枚,花柱粘合,柱头 5 裂。翅果长椭圆形;种子位于翅的中间,扁圆形。花期 4～5 月,果期 8～10 月。

　　栽培植物,原产地为中国。

雏菊属——【学　名】*Bellis*

【蒙古名】ᠬᠤᠨᠠᠨ ᠴᠡᠴᠡᠭ ᠤᠨ ᠲᠥᠷᠥᠯ

【英文名】Daisy

【生活型】多年生或一年生草本。

【茎】葶状丛生或茎分枝而疏生。

【叶】叶基生或互生，全缘或有波状齿。

【花】头状花序常单生，有异型花，放射状，外围有 1 层雌花，中央有多数两性花，都结果实。总苞半球形或宽钟形；总苞片近 2 层，稍不等长，草质。花托凸起或圆锥形，无托片。雌花舌状，舌片白色或浅红色，开展，全缘；花柱分枝短扁，三角形。

【果实和种子】瘦果扁，有边脉，两面无脉或有 1 条脉。冠毛不存在或有连合成环且与花冠管部或瘦果合生的微毛。

【分类地位】被子植物门、双子叶植物纲、合瓣花亚纲、桔梗目、菊科、管状花亚科、紫菀族。

【种类】全属约 7 种；中国有 1 种；内蒙古有 1 种。

雏菊 *Bellis perennis*

多年生或一年生葶状草本。叶基生，匙形，顶端圆钝，基部渐狭成柄，上半部边缘有疏钝齿或波状齿。头状花序单生，花葶被毛；总苞半球形或宽钟形；总苞片近 2 层，稍不等长，长椭圆形，顶端钝，外面被柔毛。舌状花 1 层，雌性，舌片白色带粉红色，开展，全缘或有 2～3 枚齿，管状花多数，两性，均能结实。瘦果倒卵形，扁平，有边脉，被细毛，无冠毛。

栽培植物，原产于非洲摩洛哥、西南亚洲和欧洲。

川续断科（山萝卜科）——【学　名】*Dipsacaceae*

【蒙古名】ᠰᠢᠷᠠᠯᠵᠢᠨ ᠬᠡᠬᠡᠷᠡᠳᠦ ᠶᠢᠨ ᠢᠵᠠᠭᠤᠷ

【英文名】Teasel Family

【生活型】一年生、二年生或多年生草本植物，有时成亚灌木状，稀为灌木。

【茎】茎光滑、被长柔毛或有刺，少数具腺毛。

【叶】叶通常对生，有时轮生，基部相连；无托叶；单叶全缘或有锯齿、浅裂至深裂，很少成羽状复叶。

【花】花序为一密集具总苞的头状花序或为间断的穗状轮伞花序，有时成疏松聚伞圆锥花序；花生于伸长或球形花托上，花托具鳞片状小苞片或毛；两性，两侧对称，同形或边缘花与中央花异形，每花外围以由 2 个小苞片结合形成的小总苞副萼，小总苞萼管状，具沟孔或棱脊，有时成囊状，包于花外，檐部具膜质的冠、刚毛或齿，极少具 2 层小总苞；花萼整齐，杯状或不整齐筒状，上口斜裂，边缘有刺或全裂成具 5～20 条针刺状或羽毛状刚毛，成放射状；花冠合生成漏斗状，4～5 裂，裂片稍不等大或成 2 唇形，上唇 2 枚裂片较下唇 3 枚裂片为短，在芽中成覆瓦状排列；雄蕊 4 枚，有时因退化成 2 枚，着生在花冠管上，和花冠裂片互生，花药 2 室，纵裂；子房下位，2 枚心皮合生，1 室，包于宿存的小总苞内，花柱线形，柱头单一或 2 裂，胚珠 1 颗，倒生，悬垂于室顶。

【果实和种子】瘦果包于小总苞内，顶端常冠以宿存的萼裂；种子下垂，种皮膜质，具少量肉质胚乳，胚直伸，子叶细长或成卵形。

【种类】全科约有 12 属，300 种；中国有 5 属，25 种；内蒙古有 2 属，3 种，1 变种。

川续断科 Dipsacaceae Juss. 是法国植物学家 Antoine Laurent de Jussieu(1748—1836)于 1789 年在"Genera plantarum 194"中建立的植物科，模式属为川续断属（*Dipsacus*）。

在恩格勒系统(1964)中，川续断科隶属合瓣花亚纲（Sympetalae）、川续断目（Dipsacales），含忍冬科（Caprifoliaceae）、五福花科（Adoxaceae）、败酱科（Valerianaceae）和川续断科 4 个科。在哈钦森系统(1959)中，川续断科隶属于双子叶植物草本支（Herbaceae）、败酱目（Valerianales），含败酱科（Valerianaceae）、川续断科和头花草科（Calyceraceae）3 个科，认为败酱目起源于桔梗目（Campanales）；五福花科被放在草本支（Herbaceae）的虎耳草目（Saxifragales），与石竹目（Caryophyllales）有共同起源；而忍冬科被放在木本支（Lignosae）的五加目（Araliales），起源于火把树目（Cunoniales）。在塔赫他间系统(1980)中，川续断科隶属菊亚纲（Asteridae）、川续断目，含败酱科、忍冬科、五福花科、辣木科（Morinaceae）和川续断科 5 个科，认为川续断目起源于虎耳草目。在克朗奎斯特系统(1981)中，川续断科隶属菊亚纲、川续断目，含忍冬科、五福花科、败酱科和川续断科 4 个科，认为川续断目与菊目、茜草目有着共同起源。

川续断属——【学　名】*Dipsacus*

【蒙古名】ᠲᠣᠰᠢᠶᠠᠯᠠᠭ ᠪᠣᠷᠭᠠᠰᠣ ᠤᠨ ᠲᠦᠷᠦᠯ

【英文名】Teasel

【生活型】二年生或多年生草本。

【茎】茎直立,具棱和沟,棱上通常具短刺或刺毛。

【叶】基生叶具长柄,不分裂,3 裂或羽状深裂,叶缘常具齿或浅裂;茎生叶对生,具柄或无,常为 3～5 裂,也有羽状深裂或不分裂的;叶两面常被刺毛,少数种类光滑无刺毛或具乳头状刺毛。

【花】头状花序呈长椭圆形、球形或卵圆形,顶生,基部具叶状总苞片 1～2 层,直伸或扩展,花序轴具多数苞片,小苞片顶端具喙尖;每朵两性花从一个小苞片内侧伸出;花萼整齐,浅盘状,顶端 4 裂,具白色柔毛;花冠白色、淡黄色、紫红色或黑紫色,基部常紧缩成细管状,顶端 4 裂,裂片不相等;雄蕊 4 枚,着生在花冠管上,与花冠裂片互生;雌蕊由 2 枚心皮组成,子房下位,包于囊状小总苞内,1 室,内含 1 颗倒生胚珠,悬于顶部,花柱线形,柱头斜生或侧生。

【果实和种子】瘦果藏于革质的囊状小总苞内(果皮与小总苞稍合生),小总苞具 4～8 条棱,瘦果顶端具宿存萼。种子具薄膜质种皮,胚被肉质胚乳所包。

【分类地位】被子植物门、双子叶植物纲、合瓣花亚纲、茜草目、川续断科、蓝盆花族。

【种类】全属有 20 余种;中国有 9 种;内蒙古有 1 种。

97

日本续断 *Dipsacus japonicus*

多年生草本。主根长圆锥状,黄褐色。茎中空,向上分枝,具 4～6 条棱,棱上具钩刺。基生叶具长柄,叶片长椭圆形,分裂或不裂;茎生叶对生,叶片椭圆状卵形至长椭圆形,先端渐尖,基部楔形,常为 3～5 裂,顶端裂片最大,两侧裂片较小,裂片基部下延成窄翅,边缘具粗齿或近全缘,有时全为单叶对生,正面被白色短毛,叶柄和叶背脉上均具疏的钩刺和刺毛。头状花序顶生,圆球形;总苞片线形,具白色刺毛;小苞片倒卵形,两侧具长刺毛;花萼盘状,4 裂,被白色柔毛;花冠管基部细管明显,4 裂,裂片不相等,外被白色柔毛;雄蕊 4 枚,着生在花冠管上,稍伸出花冠外;子房下位,包于囊状小总苞内,小总苞具 4 条棱,被白色短毛,顶端具 8 枚齿。瘦果长圆楔形。花期 8～9 月,果期 9～11 月。

生于山坡、路旁和草坡。产于内蒙古赤峰市喀喇沁旗;中国安徽、重庆、甘肃、河北、河南、湖北、湖南、江苏、江西、辽宁、山西、山东、陕西、四川、浙江也产;日本、朝鲜也有分布。

串珠芥属——【学　名】*Neotorularia*

【蒙古名】ᠬᠥᠨᠵᠢᠯᠡ ᠶᠢᠨ ᠤᠷᠭᠤᠮᠠᠯ

【英文名】Beadcress

【生活型】一年生、二年生或多年生草本，具分枝毛或单毛。

【叶】叶长圆形，具齿。

【花】花序中有苞片或否；萼片近直立，展开，基部不成囊状；花瓣白色、黄色或淡蓝色；雄蕊花丝细，分离，无齿；侧蜜腺半球形或半卵形，位于短雄蕊两侧，不汇合，中蜜腺无；雌蕊子房无柄，花柱短或近无。

【果实和种子】长角果柱状，在种子间缢缩成念珠状，直或略弯曲，或扭曲如"之"字状；子房2室，每室种子1行；果瓣中脉清楚；子叶背倚或斜背倚胚根。

【分类地位】被子植物门、双子叶植物纲、原始花被亚纲、罂粟目、白花菜亚目、十字花科。

【种类】全属约有13种；中国有9种；内蒙古有1种，3变种。

蚓果芥 *Neotorularia humilis*

多年生草本。被2叉毛，并杂有3叉毛，毛的分枝弯曲，有的在叶上以3叉毛为主；茎自基部分枝，有的基部有残存叶柄。基生叶窄卵形，早枯；下部的茎生叶变化较大，叶片宽匙形至窄长卵形，顶端钝圆，基部渐窄，近无柄，全缘，或具2～3对明显或不明显的钝齿；中、上部条形；最上部数叶常入花序而成苞片。花序呈紧密伞房状，果期伸长；萼片长圆形，外轮的较内轮的窄，有的在背面顶端隆起，内轮的偶在基部略呈囊状，均有膜质边缘；花瓣倒卵形或宽楔形，白色，顶端近截形或微缺，基部渐窄成爪；子房有毛。长角果筒状，略呈念珠状，两端渐细，直或略曲，或作"之"字形弯曲；花柱短，柱头2浅裂；果瓣被2叉毛。种子长圆形，橘红色。花果期4～6月。

生于海拔1000～4200米的向阳石质山坡、石缝、山地沟谷。产于内蒙古乌兰察布市、呼和浩特市、包头市、鄂尔多斯市、阿拉善盟；中国甘肃、河北、宁夏、青海、山西、陕西、四川、新疆、西藏、云南也产；阿富汗、不丹、印度、克什米尔、哈萨克斯坦、朝鲜、吉尔吉斯斯坦、蒙古、尼泊尔、巴基斯坦、俄罗斯、塔吉克斯坦以及北美洲也有分布。

春黄菊属——【学　名】*Anthemis*

【蒙古名】ᠪᠠᠷ ᠥᠪᠥ ᠤᠨ ᠡᠪᠡᠰᠦ（ᠪᠠᠯᠴᠢᠷ ᠪᠠᠷ ᠥᠪᠥ ᠤᠨ ᠡᠪᠡᠰᠦ）

【英文名】Camomile

【生活型】一年生或多年生草本。

【叶】叶互生,1～2回羽状全裂。

【花】头状花序单生枝端,有长梗,具异型花,稀全为管状花;舌状花1层,通常雌性,白色或黄色;管状花两性,5齿裂,黄色;总苞片通常3层,覆瓦状排列,边缘干膜质;花托凸起或伸长,有托片。花柱分枝顶端截形,画笔状。花药基部钝。

【果实和种子】瘦果矩圆状或倒圆锥形,有4～5(8)条突起的纵肋,无冠状冠毛或冠状冠毛极短,或呈一膜质小耳状。

【分类地位】被子植物门、双子叶植物纲、合瓣花亚纲、桔梗目、菊科、管状花亚科、春黄菊族、春黄菊亚族。

【种类】全属约有200种;中国有3种;内蒙古有1种。

臭春黄菊 *Anthemis cotula*

　　一年生草本,有臭味。茎直立,疏生柔毛或近无毛,有伞房状分枝。叶全形卵状矩圆形,2回羽状全裂,小裂片狭条形,顶端短尖,有腺点,近无毛。头状花序单生枝端,有长梗;总苞片矩圆形,顶端钝,边缘狭膜质;花托长圆锥形,下部小花无托片;托片条状钻形;舌状花舌片白色,椭圆形;管状花两性,5齿裂,基部翅状扩大。瘦果矩圆状陀螺形,有多数小瘤状突起,无冠毛,但各条肋在顶部边缘形成圆齿状。花果期6～7月。

　　栽培植物,原产于北非、西南亚洲和欧洲。

唇形科——【学　名】*Labiatae*

【蒙古名】ᠬᠠᠷᠠᠭᠠᠨ ᠦᠷᠦᠭᠡᠰᠦᠲᠦ ᠡᠪᠡᠰᠦᠨ ᠤ ᠢᠵᠠᠭᠤᠷ

【英文名】Mint Family

【生活型】多年生或一年生草本,半灌木或灌木,常具含芳香油的表皮,有柄或无柄的腺体,及各种各样的单毛,具节毛,甚至于星状毛和树枝状毛。

【茎】常具有四棱及沟槽的茎和对生或轮生的枝条。偶有新枝形成具多少退化叶的气生走茎或地下匍匐茎,后者往往具肥短节间及无色叶片。

【叶】叶为单叶,全缘具有各种锯齿,浅裂至深裂,稀为复叶,对生(常交互对生),稀3~8片轮生。

【花】花序聚伞式或多分枝而过渡到成为一对单歧聚伞花序。花两侧对称,两性,花萼下位,宿存,在果时常不同程度增大;花丝有毛或否,通常直伸,稀在芽时内卷,有时较长,稀在花后伸出很长,后对花丝基部有时有各式附属器;药隔伸出或否;花药通常长圆形、卵圆形至线形,稀球形,2室,内向,有时平行。下位花盘通常肉质,显著,全缘至通常2~4浅裂。雌蕊由2枚中向心皮形成,子房上位,无柄;胚珠单被,倒生,直立,基生,着生于中轴胎座上,珠脊向轴,珠孔向下。

【果实和种子】果通常裂成4枚果皮干燥的小坚果。

【种类】全科有220余属,3500余种;中国有99属,800种;内蒙古有25属,42种,1亚种,11变种。

唇形科 Labiatae Juss. 是法国植物学家 Antoine Laurent de Jussieu(1748—1836)于1789年在"Genera plantarum 220"中建立的植物科,模式属为野芝麻属(*Lamium*),其科名词尾不是-aceae,现在应视为保留名称。Lamiaceae Martinov 是俄国植物学家和语言学家 Ivan Ivanovich Martinov(1771—1833)于1820年在"Tekhno—Botanicheskiĭ Slovar: na latinskom i rossiĭskom iazykakh. Sanktpeterburgie 355"(Tekhno—Bot. Slovar.)上发表的植物科,模式属为 *Lamium*。英国植物学家、园艺家和兰花专家 John Lindley(1799—1865)于1836年在"Natural System of Botany: or, a Systematic View of the Organisation, Natural Affinities, and Geographical Distribution, of the Whole Vegetable Kingdom; Together with the Uses of the Most Important Species in Medicine, the Arts, and Rural and Domestic Economy. Edition 2. London"(Intr. Nat. Syst. Bot. , ed. 2)上发表了 Lamiaceae,模式属为 Lamium,但时间比 Lamiaceae Martinov 晚16年;"Flora of China"采用了 Lamiaceae Lindley。

在恩格勒系统(1964)中,唇形科(Labiatae)隶属合瓣花亚纲(Sympetalae)、管花目(Tubiflorae)、马鞭草亚目(Verbenineae),本目含26个科。在哈钦森系统(1959)中,唇形科隶属草本支(Herbaceae)、唇形目(Lamiales),包含4个科,认为唇形目是草本演化路线中发展到顶级的一群。在塔赫他间系统(1980)中,唇形科隶属菊亚纲(Asteridae)、唇形目,含3个科,认为该目处于演化的顶级地位,来源于花葱目(Polemoniales),与玄参目(Scrophulariales)有共同祖先。在克朗奎斯特系统(1981)中,唇形科也隶属菊亚纲、唇形目,含4个科,认为唇形目与茄目(Solanales)关系密切,二者有共同祖先。

茨藻科——【学　名】*Najadaceae*

【蒙古名】ᠲᠠᠢᠮᠠᠭ ᠤᠨ ᠢᠵᠠᠭᠤᠷ

【英文名】Naiad Family

【生活型】一年生沉水草本,生于内陆淡水、半咸水、咸水或浅海海水中。

【茎】植株纤长,柔软,二叉状分枝或单轴分枝;下部匍匐或具根状茎。茎光滑或具刺,茎节上多生有不定根。

【叶】叶线形,无柄,无气孔,具多种排列方式;叶脉 1 条或多条;叶全缘或具锯齿;叶基扩展成鞘或具鞘状托叶;叶耳、叶舌缺或有。

【花】花单性,单生、簇生或为花序,腋生或顶生,雌雄同株或异株;雄花无或有花被,或具苞片;花丝细长或无,花药 1、2 或 4 室,纵裂或不规则开裂,花粉粒圆球形、长圆形或丝状;雌花无花被片或具苞片,具 1、2 或 4(少有其他数目)枚离生心皮,柱头 2 裂或为斜盾形。

【果实和种子】果为瘦果。

【种类】本科共有 5 属;中国产 3 属,12 种,4 变种;内蒙古有 3 种,1 亚种。

茨藻科 Najadaceae Juss. 是法国植物学家 Antoine Laurent de Jussieu(1748—1836)于 1789 年在"Genera plantarum 18"中建立的植物科,模式属为茨藻属(*Najas*)。

在恩格勒系统(1964)中,茨藻科隶属单子叶植物纲(Monocotyledoneae)、沼生目(Helobiae)、眼子菜亚目(Potamogetonineae),本目还包括泽泻亚目(Alismatineae)、水鳖亚目(Hydrocharitineae)、芝菜亚目(Scheuchzeriineae)。在哈钦森系统(1959)中,茨藻科隶属于单子叶植物萼花区(Calyciferae)、茨藻目(Najadales),包含茨藻科和角果藻科(Zannichelliaceae)2 个科。在塔赫他间系统(1980)中,茨藻目含 10 个科,包括水蕹科(Aponogetonaceae)、芝菜科(Scheuzeriaceae)、水麦冬科(Juncaginaceae)、海草科(Posidoniaceae)、眼子菜科(Potamogetonaceae)、川蔓藻科(Ruppiaceae)、角果藻科、丝粉藻科(Cymodoceaceae)、大叶藻科(Zosteraceae)和茨藻科等,认为茨藻目与泽泻目(Alismatales)有共同起源。在克朗奎斯特系统(1981)中,茨藻目也含 10 个科,与塔赫他间系统相同。

茨藻属——【学　名】*Najas*

　　　　　　【蒙古名】ᠤᠰᠤᠨ ᠤ ᠡᠪᠡᠰᠦ

　　　　　　【英文名】Naiad

【生活型】一年生沉水草本。

【茎】下部茎节生须根,扎根于水底基质。茎细长,柔软,分枝多,光滑或具刺;维管组织高度退化,所有器官中均无导管。

【叶】叶近对生或假轮生,无柄;叶片细线形、线形至线状披针形,无气孔,具1条中脉,叶缘具锯齿或全缘,叶基扩展成鞘,鞘内常具1对细小的鳞片,无叶舌,常具叶耳。

【花】花单性,雌雄同株或异株;单生或簇生于叶腋,或自分枝基部长出,无柄;雄花具1个长颈瓶状佛焰苞,花被膜质,呈短颈瓶状,先端2裂,雄蕊1枚;雌花裸露,无花被和佛焰苞,雌蕊1枚,花柱短,柱头2～4枚,子房1室,具1颗胚珠。

【果实和种子】果为瘦果,具1层膜质果皮,常为膜质的叶鞘所包围。种子长圆形或卵形,种皮的表皮细胞形状各异;胚直立而具1枚斜出的顶生子叶和侧生胚芽。

【分类地位】被子植物门、单子叶植物纲、沼生目、眼子菜亚目、茨藻科。

【种类】全属约有40～50种;中国有9种,3变种;内蒙古有3种,1亚种。

大茨藻 *Najas marina*

　　一年生沉水草本。植株多汁,较粗壮,呈黄绿色至墨绿色,有时节部褐红色,质脆,极易从节部折断;株节通常越近基部则越长,基部节上生有不定根;分枝多,呈二叉状,常具稀疏锐尖的粗刺,先端具黄褐色刺细胞;表皮与皮层分界明显。叶近对生和3叶假轮生,于枝端较密集,无柄;叶片线状披针形,稍向上弯曲,先端具1枚黄褐色刺细胞,边缘每侧具4～10枚粗锯齿,背面沿中脉疏生刺状齿;叶鞘宽圆形,抱茎,全缘或上部具稀疏的细锯齿,齿端具1枚黄褐色刺细胞。花黄绿色,单生于叶腋;雄花具1个瓶状佛焰苞;花被片1枚,2裂;雄蕊1枚,花药4室;花粉粒椭圆形;雌花无被,裸露;雌蕊1枚,椭圆形;花柱圆柱形,柱头2～3裂;子房1室。瘦果黄褐色,椭圆形或倒卵状椭圆形,不偏斜,柱头宿存。种皮质硬,易碎;外种皮细胞多边形,凹陷,排列不规则。花果期9～11月。

　　生于湖泊、池沼或水沟中。产于内蒙古通辽市(大青沟)、巴彦淖尔市、鄂尔多斯市;中国安徽、广东、广西、河北、黑龙江、河南、湖北、湖南、江苏、江西、吉林、辽宁、山东、陕西、台湾、新疆、云南、浙江也产;印度、日本、哈萨克斯坦、朝鲜、吉尔吉斯斯坦、蒙古、缅甸、巴基斯坦、俄罗斯、斯里兰卡、塔吉克斯坦、土库曼斯坦、乌兹别克斯坦、越南、澳大利亚以及非洲、西南亚、欧洲、美洲也有分布。

慈姑属——【学　名】*Sagittaria*

【蒙古名】ᠣᠰᠤᠨ ᠲᠦᠮᠦᠰᠦ ᠶᠢᠨ ᠲᠦᠷᠦᠯ

【英文名】Arrowhead

【生活型】一年生或多年生草本。

【茎】具根状茎、匍匐茎、球茎、珠芽。

【叶】叶沉水、浮水、挺水；叶片条形、披针形、深心形、箭形，箭形叶有顶裂片与侧裂片之分。

【花】花序总状、圆锥状；花和分枝轮生，每轮 1～3 数，2 至多轮，基部具 3 个苞片，分离或基部合生；花两性，或单性；雄花生于上部，花梗细长；雌花位于下部，花梗短粗，或无；雌雄花被片相近似，通常花被片 6 枚，外轮 3 枚绿色，反折或果；内轮花被片花瓣状，白色，稀粉红色，或基部具紫色斑点，花后脱落，稀枯萎宿存；雄蕊 9 至多数，花丝不等长，长于或短于花药，花药黄色，稀紫色；心皮离生，多数，螺旋状排列。

【果实和种子】瘦果两侧压扁，通常具翅，或无。种子发育或否，马蹄形，褐色。

【分类地位】被子植物门、单子叶植物纲、沼生目、泽泻亚目、泽泻科。

【种类】全属约有 30 种；中国已知有 9 种，1 亚种；内蒙古有 2 种。

野慈姑 *Sagittaria trifolia*

多年生水生或沼生草本。根状茎横走，较粗壮，末端膨大或否。挺水叶箭形，叶片长短、宽窄变异很大，通常顶裂片短于侧裂片，比值约 1：1.2～1：1.5，有时侧裂片更长，顶裂片与侧裂片之间缢缩，或否；叶柄基部渐宽，鞘状，边缘膜质，具横脉，或不明显。花葶直立，挺水，通常粗壮。花序总状或圆锥状，具分枝 1～2 个，具花多轮，每轮 2～3 朵花；苞片 3 个，基部多少合生，先端尖。花单性；花被片反折，外轮花被片椭圆形或广卵形；内轮花被片白色或淡黄色，基部收缩，雌花通常 1～3 轮，花梗短粗，心皮多数，两侧压扁，花柱自腹侧斜上；雄花多轮，花梗斜举，雄蕊多数，花药黄色，花丝长短不一，通常外轮短，向里渐长。瘦果两侧压扁，倒卵形，具翅，背翅多少不整齐；果喙短，自腹侧斜上。种子褐色。花果期 5～10 月。

生于浅水及水边沼泽。产于内蒙古各地；中国安徽、北京、福建、甘肃、广东、广西、贵州、海南、河南、湖北、江苏、辽宁、青海、山西、山东、四川、台湾、新疆、云南、浙江也产；阿富汗、印度、印度尼西亚、日本、哈萨克斯坦、朝鲜、吉尔吉斯斯坦、老挝、马来西亚、缅甸、尼泊尔、巴基斯坦、菲律宾、塔吉克斯坦、泰国、乌兹别克斯坦、越南以及西南亚、欧洲也有分布。

刺柏属——【学　名】*Juniperus*

【蒙古名】ᠬᠠᠮᠤᠭ ᠬᠠᠷᠠ ᠮᠣᠳᠤ

【英文名】Juniper

【生活型】常绿乔木或灌木。

【茎】小枝近圆柱形或四棱形;冬芽显著。

【叶】叶全为刺形,三叶轮生,基部有关节,不下延生长,披针形或近条形,上(腹)面平或凹下,有 1 或 2 条气孔带,下(背)面隆起具纵脊。

【花】雌雄同株或异株,球花单生叶腋;雄球花卵圆形或矩圆形,雄蕊约 5 对,交叉对生;雌球花近圆球形,有 3 枚轮生的珠鳞,胚珠 3 颗,生于珠鳞之间。

【果实和种子】球果浆果状,近球形,二年或三年成熟;种鳞 3 枚,合生,肉质,苞鳞与种鳞结合而生,仅顶端尖头分离,成熟时不张开或仅球果顶端微张开;种子通常 3 粒,卵圆形,具棱脊,有树脂槽,无翅。

【分类地位】裸子植物门、松杉纲、松杉目、柏科、圆柏亚科。

【种类】全属有 10 余种;中国有 3 种,引入栽培 1 种;内蒙古有 2 种。

杜松 *Juniperus rigida*

灌木或小乔木。枝条直展,形成塔形或圆柱形的树冠,枝皮褐灰色,纵裂;小枝下垂,幼枝三棱形,无毛。叶三叶轮生,条状刺形,质厚,坚硬,上部渐窄,先端锐尖,上面凹下成深槽,槽内有 1 条窄白粉带,下面有明显的纵脊,横切面成内凹的"V"状三角形。雄球花椭圆状或近球状,药隔三角状宽卵形,先端尖,背面有纵脊。球果圆球形,成熟前紫褐色,熟时淡褐黑色或蓝黑色,常被白粉;种子近卵圆形,顶端尖,有 4 条不显著的棱角。花期 5 月,球果成熟于翌年 10 月。

生于海拔 500 米以下山地的阳坡或半阳坡,干燥岩石裸露山顶或山坡的石缝中。产于内蒙古赤峰市、锡林郭勒盟、包头市、鄂尔多斯市、巴彦淖尔市、阿拉善盟;中国的甘肃、河北、黑龙江、吉林、辽宁、宁夏、青海、山西、陕西也产;日本、朝鲜也有分布。

刺槐属——【学　名】*Robinia*

【蒙古名】ᠲᠣᠷᠭᠠᠳᠤ ᠢᠯᠠᠨᠠ ᠶᠢᠨ ᠲᠥᠷᠥᠯ

【英文名】Locust

【生活型】乔木或灌木。

【叶】奇数羽状复叶；托叶刚毛状或刺状；小叶全缘；具小叶柄及小托叶。

【花】总状花序腋生，下垂；苞片膜质，早落；花萼钟状，5 齿裂，上方 2 枚萼齿近合生；花冠白色、粉红色或玫瑰红色，花瓣具柄，旗瓣大，反折，翼瓣弯曲，龙骨瓣内弯，钝头；雄蕊二体，对旗瓣的 1 枚分离，其余 9 枚合生，花药同型，2 室纵裂；子房具柄，花柱钻状，顶端具毛，柱头小，顶生，胚珠多数。

【果实和种子】荚果扁平，沿腹缝线具狭翅，果瓣薄，有时外面密被刚毛；种子长圆形或偏斜肾形，无种阜。

【分类地位】被子植物门、双子叶植物纲、蔷薇目、蔷薇亚目、豆科、蝶形花亚科、刺槐族。

【种类】全属约有 20 种；中国引种栽培 2 种；内蒙古有 1 栽培种。

刺槐 *Robinia pseudoacacia*

　　落叶乔木。树皮灰褐色至黑褐色，浅裂至深纵裂，稀光滑。小枝灰褐色，幼时有棱脊，微被毛，后无毛；具托叶刺；冬芽小，被毛。叶轴上面具沟槽；小叶 2～12 对，常对生，椭圆形、长椭圆形或卵形，先端圆，微凹，具小尖头，基部圆至阔楔形，全缘，上面绿色，下面灰绿色，幼时被短柔毛，后变无毛；小托叶针芒状，总状花序腋生，下垂，花多数，芳香；苞片早落；花萼斜钟状，萼齿 5 枚，三角形至卵状三角形，密被柔毛；花冠白色，各瓣均具瓣柄，旗瓣近圆形，先端凹缺，基部圆，反折，内有黄斑，翼瓣斜倒卵形，与旗瓣几等长，基部一侧具圆耳，龙骨瓣镰状，三角形，与翼瓣等长或稍短，前缘合生，先端钝尖；雄蕊二体，对旗瓣的 1 枚分离；子房线形，无毛，花柱钻形，上弯，顶端具毛，柱头顶生。荚果褐色，或具红褐色斑纹，线状长圆形，扁平，先端上弯，具尖头，果颈短，沿腹缝线具狭翅；花萼宿存，有种子 2～15 粒；种子褐色至黑褐色，微具光泽，有时具斑纹，近肾形，种脐圆形，偏于一端。花期 4～6 月，果期 8～9 月。

　　栽培植物，原产于北美洲。

刺榆属 —— 【学　名】*Hemiptelea*

　　　　　　　　【蒙古名】ᠲᠣᠷᠬᠣᠷ ᠪᠠᠭᠯᠠᠢᠳᠤ ᠶᠢᠨ ᠲᠥᠷᠥᠯ

　　　　　　　　【英文名】Spine-elm

　　【生活型】落叶乔木。

　　【茎】小枝坚硬,有棘刺。

　　【叶】叶互生,有钝锯齿,具羽状脉;托叶早落。

　　【花】花杂性,具梗,与叶同时开放,单生或 2～4 朵簇生于当年生枝的叶腋;花被 4～5 裂,呈杯状,雄蕊与花被片同数,雌蕊具短花柱,柱头 2 枚,条形,子房侧向压扁,1 室,具 1 颗倒生胚珠。

　　【果实和种子】小坚果偏斜,两侧扁,在上半部具鸡头状的翅,基部具宿存的花被;胚直立,子叶宽。

　　【分类地位】被子植物门、双子叶植物纲、原始花被亚纲、荨麻目、榆科。

　　【种类】全属有 1 种;中国有 1 种;内蒙古有 1 种。

刺榆 *Hemiptelea davidii*

　　小乔木,或呈灌木状。树皮深灰色或褐灰色,不规则的条状深裂;小枝灰褐色或紫褐色,被灰白色短柔毛,具粗而硬的棘刺;冬芽常 3 枚聚生于叶腋,卵圆形。叶椭圆形或椭圆状矩圆形,稀倒卵状椭圆形,先端急尖或钝圆,基部浅心形或圆形,边缘有整齐的粗锯齿,叶面绿色,幼时被毛,后脱落残留有稍隆起的圆点,叶背淡绿,光滑无毛,或在脉上有稀疏的柔毛,侧脉 8～12 对,排列整齐,斜直出至齿尖;叶柄短,被短柔毛;托叶矩圆形、长矩圆形或披针形,淡绿色,边缘具睫毛。小坚果黄绿色,斜卵圆形,两侧扁,在背侧具窄翅,形似鸡头,翅端渐狭呈缘状,果梗纤细。花期 4～5 月,果期 9～10 月。

　　生于固定沙丘。产于内蒙古通辽市科尔沁左翼后旗;中国安徽、甘肃、广西、河北、黑龙江、河南、湖北、湖南、江苏、江西、吉林、辽宁、宁夏、山西、山东、陕西、浙江也产;朝鲜也有分布。

葱属——【学　名】*Allium*

【蒙古名】ᠲᠠᠭᠠᠨ᠎ᠠ ᠶᠢᠨ ᠲᠥᠷᠥᠯ

【英文名】Chive，Leek，Garlic，Onion

【生活型】多年生草本。

【根】须根从鳞茎基部或根状茎上长出，通常细长，在有的种中则增粗，肉质化，甚至呈块根状。

【茎】具根状茎或根状茎不甚明显；地下部分的肥厚叶鞘形成鳞茎，鳞茎形态多样，从圆柱状直到球状，最外面的为鳞茎外皮，质地多样，可为膜质、革质或纤维质。

【叶】叶形多样，从扁平的狭条形到卵圆形，从实心到空心的圆柱状，基部直接与闭合的叶鞘相连，无叶柄或少数种类叶片基部收狭为叶柄，叶柄再与闭合的叶鞘相连。

【花】花葶从鳞茎基部长出，露出地面的部分被叶鞘或裸露；伞形花序生于花葶的顶端，开放前为一闭合的总苞所包，开放时总苞单侧开裂或 2 至数裂，花两性，极少退化为单性；花被片 6 枚，排成 2 轮，分离或基部靠合成管状；雄蕊 6 枚，排成两轮，花丝全缘或基部扩大而每侧具齿，通常基部彼此合生并与花被片贴生，有时合生部位较高而成筒状；子房 3 室，每室 1 至数颗胚珠，花柱单一；柱头全缘或 3 裂。

【果实和种子】蒴果室背开裂。种子黑色，多棱形或近球状。

【分类地位】被子植物门、单子叶植物纲、百合目、百合亚目、百合科、葱族。

【种类】全属约有 500 种；中国有 110 种；内蒙古有 31 种，3 变种。

蒙古韭 *Allium mongolicum*

多年生草本。鳞茎密集地丛生，圆柱状；鳞茎外皮褐黄色，破裂成纤维状，呈松散的纤维状。叶半圆柱状至圆柱状，比花葶短。花葶圆柱状，下部被叶鞘；总苞单侧开裂，宿存；伞形花序半球状至球状，具多而通常密集的花，小花梗近等长，从与花被片近等长直到比其长 1 倍，基部无小苞片；花淡红色、淡紫色至紫红色，大；花被片卵状矩圆形，先端钝圆，内轮的常比外轮的长；花丝近等长，为花被片长度的 1/2～2/3，基部合生并与花被片贴生，内轮的基约 1/2 扩大成卵形，外轮的锥形；子房倒卵状球形；花柱略比子房长，不伸出花被外。花果期 7～9 月。

生于荒漠草原及荒漠地带的砂地和干旱山坡。产于内蒙古呼伦贝尔市、锡林郭勒盟、乌兰察布市、包头市、巴彦淖尔市、乌海市、鄂尔多斯市、阿拉善盟；中国甘肃、辽宁、宁夏、青海、山西、新疆也产；哈萨克斯坦、蒙古、俄罗斯也有分布。

酢浆草科 —— 【学　名】*Oxalidaceae*

　　　　　　　【蒙古名】ᠬᠤᠳᠤ ᠶᠣᠬᠣᠷᠣ ᠶᠢᠨ ᠣᠪᠣᠭᠠ

　　　　　　　【英文名】Woodsorrel Family

【生活型】一年生或多年生草本,极少为灌木或乔木。

【茎】根茎或鳞茎状块茎,通常肉质,或有地上茎。

【叶】指状或羽状复叶或小叶萎缩而成单叶,基生或茎生;小叶在芽时或晚间背折而下垂,通常全缘;无托叶或有而细小。

【花】花两性,辐射对称,单花或组成近伞形花序或伞房花序,少有总状花序或聚伞花序;萼片 5 个,离生或基部合生,覆瓦状排列,少数为镊合状排列;花瓣 5 片,有时基部合生,旋转排列;雄蕊 10 枚,2 轮,5 长 5 短,外转与花瓣对生,花丝基部通常连合,有时 5 枚无药,花药 2 室,纵裂;雌蕊由 5 枚合生心皮组成,子房上位,5 室,每室有 1 至数颗胚珠,中轴胎座,花柱 5 枚,离生,宿存,柱头通常头状,有时浅裂。

【果实和种子】果为开裂的蒴果或为肉质浆果。种子通常为肉质、干燥时产生弹力的外种皮,或极少具假种皮、胚乳肉质。

【种类】全科有 7～10 属,1000 余种;中国有 3 属,约 10 种;内蒙古有 1 属,1 种。

　　酢浆草科 Oxalidaceae R. Br. 为苏格兰植物学家和古植物学家 Robert Brown（1773－1858）于 1818 年在"Narr. Exped. Zaire 433"（Narr. Exped. Zaire）中建立的植物科,模式属为酢浆草属（*Oxalis*）。

　　在恩格勒系统（1964）中,酢浆草科隶属原始花被亚纲（Archichlamydeae）、牻牛儿苗目（Geraniales）、牻牛儿苗亚目（Geraniineae）,含沼泽草科（Limnanthaceae）、酢浆草科、牻牛儿苗科（Geraniaceae）、旱金莲科（Tropaeolaceae）、蒺藜科（Zygophyllaceae）、亚麻科（Linaceae）、古柯科（Erythroxylaceae）、大戟科（Euphorbiaceae）、交让木科（Daphniphyllaceae）等 9 个科。在哈钦森系统（1959）中,酢浆草科隶属于双子叶植物草本支（Herbaceae）、牻牛儿苗目,含牻牛儿苗科、沼泽草科、酢浆草科、旱金莲科和凤仙花科（Balsaminaceae）5 个科,范围比恩格勒系统的牻牛儿苗目小,认为牻牛儿苗目起源于石竹目（Caryophyllales）,或直接起源于毛茛目（Ranales）。在塔赫他间系统（1980）中,酢浆草科隶属蔷薇亚纲（Rosidae）、牻牛儿苗目,含亚麻科、香膏科（Houmiriaceae）、古柯科、酢浆草科、牻牛儿苗科、凤仙花科、旱金莲科、沼泽草科等 8 个科,有认为本目与芸香目（Rutales）有联系,其进化地位放在由芸香目演化出来的线上。在克朗奎斯特系统（1981）中,酢浆草科隶属蔷薇亚纲、牻牛儿苗目,含酢浆草科、牻牛儿苗科、沼泽草科、旱金莲科和凤仙花科 5 个科,比塔赫他间系统（1980）的牻牛儿苗目范围缩小,认为本目由无患子目（Sapindales）演化而来,二者关系近。

酢浆草属 ——【学　名】*Oxalis*

【蒙古名】ᠭᠠᠰᠢᠭᠤᠨ ᠢᠰᠤᠭᠡᠯ ᠤᠨ ᠲᠥᠷᠥᠯ

【英文名】Woodsorrel，Sheepsorrel，Lady's sorrel，Oxalis

【生活型】一年生或多年生草本。

【根】根具肉质鳞茎状或块茎状地下根茎。

【茎】茎匍匐或披散。

【叶】叶互生或基生，指状复叶，通常有 3 片小叶，小叶在闭光时闭合下垂；无托叶或托叶极小。

【花】花基生或为聚伞花序式，总花梗腋生或基生；花黄色、红色、淡紫色或白色；萼片 5 个，覆瓦状排列；花瓣 5 片，覆瓦状排列，有时基部微合生；雄蕊 10 枚，长短互间，全部具花药，花丝基部合生或分离；子房 5 室，每室具 1 至数颗胚珠，花柱 5 枚，常 2 型或 3 型，分离。

【果实和种子】果为室背开裂的蒴果，果瓣宿存于中轴上。种子具 2 瓣状的假种皮，种皮光滑。有横或纵肋纹；胚乳肉质，胚直立。

【分类地位】被子植物门、双子叶植物纲、原始花被亚纲、牻牛儿苗目、酢浆草科。

【种类】全属约有 800 种；中国有 5 种，3 亚种；内蒙古有 1 种。

酢浆草 *Oxalis corniculata*

　　草本，全株被柔毛。根茎稍肥厚。茎细弱，多分枝，直立或匍匐，匍匐茎节上生根。叶基生或茎上互生；托叶小，长圆形或卵形，边缘被密长柔毛，基部与叶柄合生，或同一植株下部托叶明显而上部托叶不明显；基部具关节；小叶 3 片，无柄，倒心形，先端凹入，基部宽楔形，两面被柔毛或表面无毛，沿脉被毛较密，边缘具贴伏缘毛。花单生或数朵集为伞形花序状，腋生，总花梗淡红色，与叶近等长；果后延伸；小苞片 2 个，披针形，膜质；萼片 5 个，披针形或长圆状披针形，背面和边缘被柔毛，宿存；花瓣 5 片，黄色，长圆状倒卵形；雄蕊 10 枚，花丝白色半透明，有时被疏短柔毛，基部合生，长、短互间，长者花药较大且早熟；子房长圆形，5 室，被短伏毛，花柱 5 枚，柱头头状。蒴果长圆柱形。种子长卵形，褐色或红棕色，具横向肋状网纹。花果期 2～9 月。

　　生于林下、山坡、河岸、耕地或荒地上。产于内蒙古呼和浩特大青山及温室附近；中国安徽、重庆、福建、甘肃、广东、广西、贵州、河北、河南、湖北、湖南、江苏、江西、辽宁、青海、山西、山东、陕西、四川、台湾、西藏、云南、浙江也产；不丹、印度、日本、朝鲜、马来西亚、缅甸、尼泊尔、巴基斯坦、俄罗斯、泰国也有分布。

翠菊属——【学　名】*Callistephus*

【蒙古名】ᠣᠷᠤᠭᠤᠤᠯ ᠤᠤᠤᠤᠤᠤᠤᠴ ᠳᠦ ᠡᠴᠡᠭᠡᠭᠡ

【英文名】China aster

【生活型】一年生草本。

【叶】叶互生，有粗齿或浅裂。

【花】头状花序大，有异形花，单生于分枝顶端。总苞半球形；苞片 3 层，覆瓦状排列，外层草质或叶质，叶状，内层膜质或干膜质。花托平，蜂窝状或有短托片。外围有 1～2 层雌花，中央有多数两性花，全结实。雌花花冠舌状，通常红紫色，舌片全缘或顶端有 2 枚齿；两性花管状，辐射对称，檐部稍扩大，顶端有 5 枚裂齿。花药基部钝，全缘。两性花花柱分枝压扁，顶端有三角状披针形的附片。

【果实和种子】瘦果稍扁，长椭圆状披针形，有多数纵棱，中部以上被柔毛。冠毛 2 层，外层短，冠状，内层长，糙毛状，易脱落。

【分类地位】被子植物门、双子叶植物纲、合瓣花亚纲、桔梗目、菊科、管状花亚科、紫菀族。

【种类】全属只有 1 种；中国有 1 种；内蒙古有 1 种。

翠菊 *Callistephus chinensis*

一年生或二年生草本。茎直立，单生，有纵棱，被白色糙毛，分枝斜升或不分枝。下部茎叶花期脱落或生存；中部茎叶卵形、菱状卵形或匙形或近圆形，顶端渐尖，基部截形、楔形或圆形，边缘有不规则的粗锯齿，两面被稀疏的短硬毛，被白色短硬毛，有狭翼；上部的茎叶渐小，菱状披针形，长椭圆形或倒披针形，边缘有 1～2 枚锯齿，或线形而全缘。头状花序单生于茎枝顶端，有长花序梗。总苞半球形；总苞片 3 层，近等长，外层长椭圆状披针形或匙形，叶质，顶端钝，边缘有白色长睫毛，中层匙形，较短，质地较薄，染紫色，内层苞片长椭圆形，膜质，半透明，顶端钝。雌花 1 层，在园艺栽培中可为多层，红色、淡红色、蓝色、黄色或淡蓝紫色；两性花花冠黄色。瘦果长椭圆状倒披针形，稍扁，中部以上被柔毛。外层冠毛宿存，内层冠毛雪白色，不等长，顶端渐尖，易脱落。花果期 5～10 月。

生于山坡、林缘或灌丛中。产于内蒙古锡林郭勒盟、赤峰市、乌兰察布市、呼和浩特市、包头市；中国甘肃、河北、黑龙江、河南、江苏、吉林、辽宁、山东、陕西、四川、新疆、云南也产；日本、朝鲜也有分布。为观赏植物，世界各地广泛栽培。

翠雀属——【学　名】*Delphinium*

【蒙古名】ᠬᠥᠬᠡ᠎᠎᠎ ᠲᠤᠷᠭᠤ᠎᠎᠎ᠠᠢ ᠶᠢᠨ ᠲᠥᠷᠥᠯ

【英文名】Larkspur

【生活型】多年生草本,稀为一年生或二年生草本。

【叶】叶为单叶,互生,有时均基生,掌状分裂,有时近羽状分裂。

【花】花序多为总状,有时伞房状,有苞片;花梗有 2 个小苞片。花两性,两侧对称。萼片 5 个,花瓣状,紫色、蓝色、白色或黄色,卵形或椭圆形,上萼片有距,距囊形至钻形,2 个侧萼片和 2 个下萼片无距。花瓣(或称上花瓣)2 片,条形,生于上萼片与雄蕊之间,无爪,有距,黑褐色或与萼片同色,距伸到萼距中,有分泌组织。退化雄蕊(或称下花瓣)2 枚,分别生于 2 个侧萼片与雄蕊之间,黑褐色或与萼片同色,分化成瓣片和爪两部分,瓣片匙形至圆倒卵形,不分裂或 2 裂,腹面中央常有一簇黄色或白色髯毛,基部常有 2 枚鸡冠状小突起。雄蕊多数,花药椭圆球形,花丝披针状线形,有 1 条脉。心皮 3～5(～7)枚,花柱短,胚珠多数成 2 列生于子房室的腹缝线上。

【果实和种子】蓇葖有脉网,宿存花柱短。种子四面体形或近球形,只沿棱生膜状翅,或密生鳞状横翅,或生同心的横膜翅。

【分类地位】被子植物门、双子叶植物纲、原始花被亚纲、毛茛目、毛茛科、金莲花亚科、翠雀族。

【种类】全属约 300 种以上;中国有 113 种;内蒙古有 9 种,4 亚种,1 变种。

【注释】属名 Delphinium〈中〉为希腊语,指似美人鱼。

111

翠雀 *Delphinium grandiflorum*

多年生草本。与叶柄均被反曲而贴伏的短柔毛,上部有时变无毛,等距地生叶,分枝。基生叶和茎下部叶有长柄;叶片圆五角形,3 全裂,中央全裂片近菱形,1 至 2 回 3 裂近中脉,小裂片线状披针形至线形,边缘干时稍反卷,侧全裂片扇形,不等 2 深裂近基部,两面疏被短柔毛或近无毛;叶柄长为叶片的 3～4 倍,基部具短鞘。总状花序有 3～15 朵花;下部苞片叶状,其他苞片线形;花梗与轴密被贴伏的白色短柔毛;小苞片生花梗中部或上部,线形或丝形;萼片紫蓝色,椭圆形或宽椭圆形,外面有短柔毛,距钻形,直或末端稍向下弯曲;花瓣蓝色,无毛,顶端圆形;退化雄蕊蓝色,瓣片近圆形或宽倒卵形,顶端全缘或微凹,腹面中央有黄色髯毛;雄蕊无毛;心皮 3 枚,子房密被贴伏的短柔毛。蓇葖直;种子倒卵状四面体形,沿棱有翅。5～10 月开花。

生于森林草原、山地草原及典型草原带的草甸草原、沙质草原及灌丛中,也可生于山地草甸及河谷草甸中。产于内蒙古呼伦贝尔市、兴安盟、通辽市、赤峰市、锡林郭勒盟、乌兰察布市、呼和浩特市、包头市、鄂尔多斯市;中国安徽、北京、甘肃、河北、黑龙江、河南、江苏、吉林、辽宁、宁夏、青海、山西、山东、陕西、四川、云南也产;蒙古、俄罗斯也有分布。

打碗花属——【学　名】*Calystegia*

　　　　　　【蒙古名】 ᠳ᠋ᠠᠸᠠᠨ ᠽᠸᠰᠠᠨ ᠤᠢ ᠲᠥᠷᠥᠯ

　　　　　　【英文名】Glorybind

【生活型】多年生缠绕或平卧草本。

【叶】叶箭形或戟形,具圆形,有角或分裂的基裂片。

【花】花腋生,单一或稀为少花的聚伞花序;苞片2个,叶状,卵形或椭圆形,包藏着花萼,宿存;萼片5个,近相等,卵形至长圆形,锐尖或钝,草质,宿存;花冠钟状或漏斗状,白色或粉红色,外面具5条明显的瓣中带,冠檐不明显5裂或近全缘;雄蕊及花柱内藏;雄蕊5枚,贴生于花冠管,花丝近等长,基部扩大;花粉粒球形,平滑;花盘环状;子房1室或不完全的2室,4颗胚珠;花柱1枚,柱头2枚,长圆形或椭圆形,扁平。

【果实和种子】蒴果卵形或球形,1室,4瓣裂。种子4粒,光滑或具小疣。

【分类地位】被子植物门、双子叶植物纲、合瓣花亚纲、管状花目、旋花科、旋花亚科、旋花族。

【种类】全属约有25种;中国有5种;内蒙古有4种。

打碗花 *Calystegia hederacea*

　　一年生草本。全体不被毛,植株通常矮小,常自基部分枝,具细长白色的根。茎细,平卧,有细棱。基部叶片长圆形,顶端圆,基部戟形,上部叶片3裂,中裂片长圆形或长圆状披针形,侧裂片近三角形,全缘或2~3裂,叶片基部心形或戟形。花腋生,1朵,花梗长于叶柄,有细棱;苞片宽卵形,顶端钝或锐尖至渐尖;萼片长圆形,顶端钝,具小短尖头,内萼片稍短;花冠淡紫色或淡红色,钟状,冠檐近截形或微裂;雄蕊近等长,花丝基部扩大,贴生花冠管基部,被小鳞毛;子房无毛,柱头2裂,裂片长圆形,扁平。蒴果卵球形,宿存萼片与之近等长或稍短。种子黑褐色,表面有小疣。花期7~9月,果期8~10月。

　　生于耕地、撂荒地和路旁,在溪边或潮湿生境中生长最好。产于内蒙古各地;中国安徽、福建、甘肃、广东、广西、贵州、海南、河北、黑龙江、河南、湖北、湖南、江苏、江西、吉林、辽宁、宁夏、青海、山西、山东、陕西、四川、台湾、新疆、云南、浙江也产;阿富汗、印度、日本、朝鲜、马来西亚、蒙古、缅甸、尼泊尔、巴基斯坦、俄罗斯、塔吉克斯坦以及东非也有分布。

大丁草属 —— 【学　名】*Gerbera*

【蒙古名】ᠮᠣᠩᠭᠣᠯ ᠳᠠᠷᠠᠰᠤ ᠶᠢᠨ ᠲᠥᠷᠥᠯ

【英文名】Leibnitzia

【生活型】多年生草本。

【茎】具长短不等的根状茎。

【叶】叶基生,呈莲座状,常具各种类型的齿缺或羽状分裂,稀全缘,背面被绒毛或绵毛,或两面均无毛。花葶挺直,无苞叶或具线形、钻状或鳞片状苞叶,被绒毛或绵毛。

【花】头状花序单生于花葶之顶,异型,放射状或盘状,各有多数异型的小花,外围雌花1~2层,舌状或管状2唇形,中央两性花多数,管状2唇形,二者均能结实。总苞盘状、陀螺状或钟形,总苞片2至多层,覆瓦状排列,卵形、披针形或线形,顶端尖,少有钝圆,向外层渐次较短,绿色或边缘和顶部带紫红色,背面被绵毛或无毛;花托扁平,平滑无毛或略呈蜂窝状;雌花花冠具开展的舌片,伸出于冠毛之外,或管状2唇形,无舌片而隐藏于冠之中,舌片或外唇具3枚细齿,内2裂丝状卷曲而短于舌片,或内唇仅具2枚齿,花冠管内常有退化雄蕊;两性花管状,冠檐2唇形,外唇3~4裂,内唇2裂。花药基部箭形,具全缘或撕裂状的长尾;花柱分枝内侧稍扁,顶端钝。

【果实和种子】瘦果圆柱形或纺锤形,有时略扁,具棱,通常被毛,顶端钝或渐狭成长短不等的喙。冠毛粗糙,刚毛状,宿存。

【分类地位】被子植物门、双子叶植物纲、合瓣花亚纲、桔梗目、菊科。

【种类】全属有6种;中国有4种;内蒙古有1种。

大丁草 *Gerbera anandria*

多年生草本。植株具春秋二型之别。春型者根状茎短,根颈多少为枯残的叶柄所围裹;根簇生,粗而略带肉质。叶基生,莲座状,于花期全部发育,叶片形状多变异,通常为倒披针形或倒卵状长圆形,顶端钝圆,常具短尖头,基部渐狭、钝、截平或有时为浅心形,边缘具齿、深波状或琴状羽裂,裂片疏离,凹缺圆,顶裂大,卵形,具齿,上面被蛛丝状毛或脱落近无毛,下面密被蛛丝状绵毛;纤细,顶裂基部常有1对下部分枝的侧脉;被白色绵毛;花葶单生或数个丛生,直立或弯垂,纤细,棒状,被蛛丝状毛,毛愈向顶端愈密;苞叶疏生,线形或线状钻形,通常被毛。头状花序单生于花葶之顶,倒锥形;总苞略短于冠毛;总苞片约3层,外层线形,内层长,线状披针形,二者顶端均钝,且带紫红色,背部被绵毛;花托平,无毛;雌花花冠舌状,舌片长圆形,带紫红色,花冠管纤细,无退化雄蕊。两性花花冠管状2唇形,外唇阔;花药顶端圆,基部具尖的尾部;花柱分枝内侧扁,顶端钝圆。瘦果纺锤形,具纵棱,被白色粗毛;冠毛粗糙,污白色。秋型者植株较高,叶片大,头状花序外层雌花管状2唇形,无舌片。

春型者花期5~6月,秋型者花期7~9月。

生于山地、林缘、草甸及林下,也见于田边的路旁。产于内蒙古呼伦贝尔市、兴安盟、通辽市、赤峰市、锡林郭勒盟、乌兰察布市、呼和浩特市、包头市、阿拉善盟;中国除新疆和西藏外其他地区也产;日本、朝鲜、俄罗斯也有分布。

大豆属——【学　名】*Glycine*

【蒙古名】ᠰᠢᠷᠠ ᠪᠤᠷᠴᠠᠭ ᠤᠨ ᠲᠥᠷᠥᠯ

【英文名】Soja，Sojabean，Soya，Soybean

【生活型】一年生或多年生草本。

【根】根草质或近木质，通常具根瘤。

【茎】茎粗状或纤细，缠绕、攀援、匍匐或直立。

【叶】羽状复叶通常具 3 片小叶，罕为 4～5（～7）片；托叶小，和叶柄离生，通常脱落；小托叶存在。

【花】总状花序腋生，在植株下部的常单生或簇生；苞片小，着生于花梗的基部，小苞片成对，着生于花萼基部，在花后均不增大；花萼膜质，钟状，有毛，深裂为近 2 唇形，上部 2 裂片通常合生，下部 3 裂片披针形至刚毛状；花冠微伸出萼外，通常紫色、淡紫色或白色，无毛，各瓣均具长瓣柄，旗瓣大，近圆形或倒卵形，基部有不很明显的耳，翼瓣狭，与龙骨瓣稍贴连，龙骨瓣钝，比翼瓣短，先端不扭曲；雄蕊单体（10）或对旗瓣的 1 枚离生而成二体（9＋1）；子房近无柄，有胚珠数颗，花柱微内弯，柱头顶生，头状。

【果实和种子】荚果线形或长椭圆形，扁平或稍膨胀，直或弯镰状，具果颈，种子间有隔膜，果瓣于开裂后扭曲；种子 1～5 粒，卵状长椭圆形、近扁圆状方形、扁圆形或球形。

【分类地位】被子植物门、双子叶植物纲、原始花被亚纲、蔷薇目、蔷薇亚目、豆科、蝶形花亚科、菜豆族、大豆亚族。

114

【种类】全属约有 10 种；中国有 6 种；内蒙古有 2 种。

大豆 *Glycine max*

　　一年生草本。茎粗壮，密被褐色长硬毛。叶通常具 3 片小叶；托叶宽卵形，被黄色柔毛；小叶纸质，宽卵形，近圆形或椭圆状披针形；侧脉每边 5 条；小托叶披针形；被黄褐色长硬毛。总状花序短的少花，长的多花；通常有 5～8 朵无柄、紧挤的花，植株下部的花有时单生或成对生于叶腋间；苞片披针形，被糙伏毛；小苞片披针形，被伏贴的刚毛；密被长硬毛或糙伏毛，常深裂成 2 唇形，裂片 5 枚，披针形，上部 2 枚裂片常合生至中部以上，下部 3 枚裂片分离，均密被白色长柔毛，花紫色、淡紫色或白色，旗瓣倒卵状近圆形，先端微凹并通常外反，基部具瓣柄，翼瓣蓖状，基部狭，具瓣柄和耳，龙骨瓣斜倒卵形，具短瓣柄；雄蕊二体；子房基部有不发达的腺体，被毛。荚果肥大，长圆形，稍弯，下垂，黄绿色，密被褐黄色长毛；种子 2～5 粒，椭圆形、近球形、卵圆形至长圆形，种皮光滑，淡绿、黄、褐和黑色等多样，因品种而异，种脐明显，椭圆形。花期 6～7 月，果期 7～9 月。

　　栽培植物，原产于中国。

大黄属——【学　名】*Rheum*

【蒙古名】ᠱᠠᠷᠠ ᠶᠢᠨ ᠲᠥᠷᠥᠯ

【英文名】Rhubarb

【生活型】多年生高大草本,稀较矮小。

【根】根粗壮,内部多为黄色。

【茎】根状茎顶端常残存有棕褐色膜质托叶鞘;茎直立,中空,具细纵棱,光滑或被糙毛,节明显膨大,稀无茎。

【叶】基生叶成密集或稀疏莲座状,茎生叶互生,稀无茎生叶;托叶鞘发达,大型,稀不显著;叶片多宽大,全缘、皱波或不同深度的分裂;主脉掌状或掌羽状。

【花】花小,白绿色或紫红色,通常排列成密或稀疏的圆锥花序或稀为穗状及圆头状,花在枝上簇生,花梗细弱丝状,具关节;花被片 6 枚,排成 2 轮,雄蕊 9 枚,罕 7~8 枚,花药背着,内向,花盘薄;雌蕊 3 枚,心皮 1 室,1 颗基生的直生胚珠;花柱 3 枚,较短,柱头多膨大,头状,近盾状或如意状。

【果实和种子】瘦果三棱状,棱缘具翅,翅上各具 1 条明显纵脉,宿存花被不增大或稍增大。种子具丰富胚乳,胚直,偏于一侧,子叶平坦。

【分类地位】被子植物门、双子叶植物纲、原始花被亚纲、蓼目、蓼科。

【种类】全属约有 60 种;中国 39 种,2 变种;内蒙古有 16 种,1 变种。

115

华北大黄 *Rheum franzenbachii*

直立草本。直根粗壮,内部土黄色;茎具细沟纹,常粗糙。基生叶较大,叶片心状卵形到宽卵形;叶柄半圆柱状,常暗紫红色;托叶鞘抱茎,棕褐色,外面被短硬毛。大型圆锥花序,具 2 次以上分枝,轴及分枝被短毛;花黄白色,3~6 朵簇生;花梗细,关节位于中下部,花被片 6 枚,外轮 3 枚稍小,宽椭圆形,内轮 3 枚稍大,极宽椭圆形到近圆形;雄蕊 9 枚;子房宽椭圆形。果实宽椭圆形到矩圆状椭圆形,两端微凹,有时近心形,纵脉在翅的中间部分。种子卵状椭圆形。花期 6 月,果期 6~7 月。

生于阔叶林区和山地森林草原地区的石质山坡和砾石坡地。产于内蒙古呼伦贝尔市、赤峰市、锡林郭勒盟、乌兰察布市、呼和浩特市;中国河北、黑龙江、湖北、吉林、陕西也产;蒙古、俄罗斯也有分布。

大戟科——【学　名】*Euphorbiaceae*

【蒙古名】ᠲᠠᠷᠨᠠ ᠤᠨ ᠢᠵᠠᠭᠤᠷ

【英文名】Spurge Family

【生活型】乔木、灌木或草本，稀为木质或草质藤本。

【根】木质根，稀为肉质块根。

【茎】植物体常有乳状汁液，白色，稀为淡红色。

【叶】叶互生，少有对生或轮生，单叶，稀为复叶，或叶退化呈鳞片状，边缘全缘或有锯齿，稀为掌状深裂；具羽状脉或掌状脉；叶柄长至极短，基部或顶端有时具 1～2 个腺体；托叶 2 片，着生于叶柄的基部两侧，早落或宿存，稀托叶鞘状，脱落后具环状托叶痕。

【花】花单性，雌雄同株或异株，单花或组成各式花序，通常为聚伞或总状花序，在大戟类中为特殊化的杯状花序；萼片分离或在基部合生，覆瓦状或镊合状排列，在特化的花序中有时萼片极度退化或无；花瓣有或无；花盘环状或分裂成腺体状，稀无花盘；雄蕊 1 枚至多枚，花丝分离或合生成柱状，在花蕾时内弯或直立，花药外向或内向，基生或背部着生，花药 2 枚，稀 3～4 室，纵裂，稀顶孔开裂或横裂，药隔截平或突起；雄花常有退化雌蕊；子房上位，3 室，稀 2 或 4 室或更多或更少，每室有 1～2 颗胚珠着生于中轴胎座上，花柱与子房室同数，分离或基部连合，顶端常 2 至多裂，直立、平展或卷曲，柱头形状多变，常呈头状、线状、流苏状、折扇形或羽状分裂，表面平滑或有小颗粒状凸体，稀被毛或有皮刺。

【果实和种子】果为蒴果，常从宿存的中央轴柱分离成分果爿，或为浆果状或核果状；种子常有显著种阜，胚乳丰富、肉质或油质，胚大而直或弯曲，子叶通常扁而宽，稀卷叠式。

【种类】全科约有 300 属，5000 种；中国有 70 余属，约 460 种；内蒙古有 4 属，11 种，2 变种。

116

大戟科 Euphorbiaceae Juss. 是法国植物学家 Antoine Laurent de Jussieu(1748—1836)于 1789 年在"Genera plantarum384—385"(Gen. Pl.)中建立的植物科，模式属为大戟属(*Euphorbia*)。

在恩格勒系统(1964)中，大戟科隶属原始花被亚纲(Archichlamydeae)、牻牛儿苗目(Geraniales)、大戟亚目(Euphorbiineae)，含沼泽草科(Limnanthaceae)、酢浆草科(Oxalidaceae)、牻牛儿苗科(Geraniaceae)、旱金莲科(Tropaeolaceae)、蒺藜科(Zygophyllaceae)、亚麻科(Linaceae)、古柯科(Erythroxylaceae)、大戟科和交让木科(Daphniphyllaceae)9 个科。在哈钦森系统(1959)中，大戟科隶属于双子叶植物木本支(Lignosae)大戟目，只含 1 个科，与恩格勒系统的差别很大。塔赫他间系统(1980)的大戟目隶属五桠果亚纲(Dilleniidae)，含大戟科、油树科(Pandaceae)、毒鼠子科(Dichapetalaceae)、鳞枝树科(Aextoxiaceae)。在克朗奎斯特系统(1981)中，大戟目则隶属蔷薇亚纲(Rosidae)，含黄杨科(Buxaceae)、油蜡树科(Simmondsiaceae)、油树科和大戟科，与塔赫他间系统有很大不同。

大戟属——【学　名】*Euphorbia*

【蒙古名】ᠰᠦᠨ ᠲᠠᠢ ᠡᠪᠡᠰᠦ

【英文名】Spurge

【生活型】一年生、二年生或多年生草本,灌木或乔木;植物体具乳状液汁。

【根】根圆柱状,或纤维状,或具不规则块根。

【叶】叶常互生或对生,少轮生,常全缘,少分裂或具齿或不规则;叶常无叶柄,少数具叶柄;托叶常无,少数存在或呈钻状或呈刺状。

【花】杯状聚伞花序,单生或组成复花序,复花序呈单歧或二歧或多歧分枝,多生于枝顶或植株上部,少数腋生;每个杯状聚伞花序由 1 枚位于中间的雌花和多枚位于周围的雄花同生于 1 个杯状总苞内而组成,为本属所特有,故又称大戟花序;雄花无花被,仅有 1 枚雄蕊,花丝与花梗间具不明显的关节;雌花常无花被,少数具退化的且不明显的花被;子房 3 室,每室 1 颗胚株;花柱 3 枚,常分裂或基部合生;柱头 2 裂或不裂。

【果实和种子】蒴果,成熟时分裂为 3 个 2 裂的分果爿(极个别种成熟时不开裂);种子每室 1 粒,常卵球状,种皮革质,深褐色或淡黄色,具纹饰或否;种阜存在或否。胚乳丰富;子叶肥大。

【分类地位】被子植物门、双子叶植物纲、原始花被亚纲、大戟目、大戟亚目、大戟科、大戟亚科、大戟族。

【种类】全属达 2000 种;中国有 66 种;内蒙古有 8 种,2 变种。

乳浆大戟 *Euphorbia esula*

多年生草本。根圆柱状,不分枝或分枝,常曲折,褐色或黑褐色。茎单生或丛生,单生时自基部多分枝;不育枝常发自基部,较矮,有时发自叶腋。叶线形至卵形,变化极不稳定,先端尖或钝尖,基部楔形至平截;无叶柄;不育枝叶常为松针状;无柄;总苞叶 3~5 片,与茎生叶同形;伞幅3~5个;苞叶 2 片,常为肾形,少为卵形或三角状卵形,先端渐尖或近圆,基部近平截。花序单生于二歧分枝的顶端,基部无柄;总苞钟状,边缘 5 裂,裂片半圆形至三角形,边缘及内侧被毛;腺体 4 个,新月形,两端具角,角长而尖或短而钝,变异幅度较大,褐色。雄花多枚,苞片宽线形,无毛;雌花 1 枚,子房柄明显伸出总苞之外;子房光滑无毛;花柱 3 枚,分离;柱头 2 裂。蒴果三棱状球形,具 3 个纵沟;花柱宿存;成熟时分裂为 3 个分果爿。种子卵球状,成熟时黄褐色;种阜盾状,无柄。花果期 4~10 月。

生于草原、山坡、干燥沙质地和路旁。产于内蒙古各地;中国除贵州、海南、西藏、云南以外的地区也产;阿富汗、日本、哈萨克斯坦、朝鲜、吉尔吉斯斯坦、蒙古、塔吉克斯坦、土库曼斯坦、乌兹别克斯坦以及西南亚、欧洲也有分布。

大丽花属——【学　名】*Dahlia*

【蒙古名】ᠲᠣᠮᠣ ᠶ᠋ᠢᠨ ᠴᠡᠴᠡᠭ

【英文名】Dahlia

【生活型】多年生草本。

【茎】茎直立,粗壮。

【叶】叶互生,1～3回羽状分裂,或同时有单叶。

【花】头状花序大,有长花序梗,有异形花,外围有无性或雌性小花,中央有多数两性花。总苞半球形;总苞片2层,外层几叶质,开展,内层椭圆形,基部稍合生,几膜质,近等长。花托平,托片宽大,膜质,稍平,半抱雌花。无性花或雌花舌状,舌片全缘或先端有3枚齿;两性花管状,上部狭钟状,上端有5枚齿;花药基部钝;花柱分枝顶端有线形或长披针形而具硬毛的长附器。

【果实和种子】瘦果长圆形或披针形,背面扁压,顶端圆形,有不明显的2枚齿。

【分类地位】被子植物门、双子叶植物纲、合瓣花亚纲、桔梗目、菊科、管状花亚科、向日葵族。

【种类】全属约有15种;中国有1栽培种;内蒙古有1栽培种。

大丽花 *Dahlia pinnata*

　　多年生草本。有巨大棒状块根。茎直立,多分枝,粗壮。叶1～3回羽状全裂,上部叶有时不分裂,裂片卵形或长圆状卵形,下面灰绿色,两面无毛。头状花序大,有长花序梗,常下垂。总苞片外层约5个,卵状椭圆形,叶质,内层膜质,椭圆状披针形。舌状花1层,白色、红色,或紫色,常卵形,顶端有不明显的3枚齿,或全缘;管状花黄色,有时栽培种全部为舌状花。瘦果长圆形,黑色,扁平,有2枚不明显的齿。花期6～12月,果期9～10月。

　　栽培植物,原产于墨西哥。

大麻属——【学　名】*Cannabis*

【蒙古名】ᠣᠯᠤᠰᠤᠨ ᠤ ᠣᠯᠤᠰᠤ

【英文名】Hemp

【生活型】一年生直立草本。

【叶】叶互生或下部为对生,掌状全裂,上部叶具裂片1～3枚,下部叶具裂片5～11枚,通常裂片为狭披针形,边缘具锯齿;托叶侧生,分离。

【花】花单性异株,稀同株;雄花为疏散大圆锥花序,腋生或顶生;小花柄纤细,下垂;花被片5枚,覆瓦状排列;雄蕊5枚,花丝极短,在芽时直立,退化子房小;雌花丛生于叶腋,每花有1个叶状苞片;花被退化,膜质,贴于子房,子房无柄,花柱2枚,柱头丝状,早落,胚珠悬垂。

【果实和种子】瘦果单生于苞片内,卵形,两侧扁平,宿存花被紧贴,外包以苞片;种子扁平,胚乳肉质,胚弯曲,子叶厚肉质。

【分类地位】被子植物门、双子叶植物纲、原始花被亚纲、荨麻目、桑科、大麻亚科。

【种类】全属有1种;中国有1种;内蒙古有1种。

大麻 *Cannabis sativa*

　　一年生直立草本。枝具纵沟槽,密生灰白色贴伏毛。叶掌状全裂,裂片披针形或线状披针形,中裂片最长,先端渐尖,基部狭楔形,表面深绿,微被糙毛,背面幼时密被灰白色贴状毛后变无毛,边缘具向内弯的粗锯齿,中脉及侧脉在表面微下陷,背面隆起;密被灰白色贴伏毛;托叶线形。花黄绿色,花被5枚,膜质,外面被细伏贴毛,雄蕊5枚,花丝极短,花药长圆形;雌花绿色;花被1枚,紧包子房,略被小毛;子房近球形,外面包于苞片。瘦果为宿存黄褐色苞片所包,果皮坚脆,表面具细网纹。花期5～6月,果期7月。

　　栽培植物,原产地可能是中亚地区。

大麦属——【学　名】*Hordeum*

【蒙古名】ᠠᠷᠪᠠᠢ ᠶᠢᠨ ᠲᠥᠷᠥᠯ

【英文名】Barley

【生活型】多年生或一年生草本。

【叶】叶片扁平,常具叶耳。

【花】顶生穗状花序或因三联小穗的两侧生者具柄而形成穗状圆锥花序;小穗含 1 枚小花(稀含 2 枚小花);穗轴扁平,多在成熟时逐节断落,栽培种则坚韧不断,顶生小穗退化;三联小穗同型者皆无柄,可育,异型者中间的无柄,可育,两侧生的有柄,可育或不育;中间小穗以其腹面对向穗轴的扁平面,两侧小穗则转变方向以其腹面对向穗轴的侧棱;颖为细长弯软的细线形或为直硬的刺芒状,有的基部扩展形成披针形;侧生小穗的两颖同型或异型,位于外稃的两侧面,中间小穗的两颖皆同型,位于外稃的背面;外稃背部扁圆,具 5 条脉,先端延伸成芒或无芒;内稃与外稃近等长,脊平滑或上部粗糙。

【果实和种子】颖果腹面具纵沟,顶生茸毛,与稃体粘着或分离。

【分类地位】被子植物门、单子叶植物纲、禾本目、禾本科、早熟禾亚科、小麦族。

【种类】全属约有 30 种;中国有 10 多种;内蒙古有 5 种。

大麦 *Hordeum vulgare*

一年生草本。秆粗壮,光滑无毛,直立。叶鞘松弛抱茎,多无毛或基部具柔毛;两侧有 2 个披针形叶耳;叶舌膜质,扁平。小穗稠密,每节着生 3 个发育的小穗;小穗均无柄;颖线状披针形,外被短柔毛,先端常延伸为 8～14 毫米的芒;外稃具 5 条脉,先端延伸成芒,边棱具细刺;内稃与外稃几等长。颖果熟时粘着于稃内,不脱出。

栽培植物,原产西亚。

大蒜芥属——【学　名】*Sisymbrium*

【蒙古名】ᠣᠮᠣᠷᠠ ᠢᠢᠨ ᠵᠢᠭᠡᠰᠦ

【英文名】Garliccress

【生活型】一年生、二年生或多年生草本。

【叶】叶为大头羽状裂或不裂。

【花】萼片直立或展开,基部不呈囊状;花瓣黄色、白色或玫瑰红色,长圆状倒卵形,具爪,雄蕊花丝分离,无翅或齿;侧密腺环状,中蜜腺柱状,二者汇合成环状;子房无柄,柱头钝,不裂或2裂。

【果实和种子】长角果圆筒状或略压扁,开裂;果瓣具3条脉,中脉明显(并较粗);隔膜透明,膜质。种子每室1行,多数,种柄丝状。种子长圆形或短椭圆形,无翅状附属物;子叶背倚胚根。

【分类地位】被子植物门、双子叶植物纲、原始花被亚纲、罂粟目、白花菜亚目、十字花科、大蒜芥族、大蒜芥亚族。

【种类】全属有80余种;中国有8种,5变种;内蒙古有3种。

垂果大蒜芥 *Sisymbrium heteromallum*

一年生或二年生草本。茎直立,不分枝或分枝,具疏毛。基生叶为羽状深裂或全裂,叶片顶端裂片大,长圆状三角形或长圆状披针形,渐尖,基部常与侧裂片汇合,全缘或具齿,侧裂片2~6对,长圆状椭圆形或卵圆状披针形,下面中脉有微毛,上部的叶无柄,叶片羽状浅裂,裂片披针形或宽条形,总状花序密集成伞房状,果期伸长;萼片淡黄色,长圆形,内轮的基部略成囊状;花瓣黄色,长圆形,顶端钝圆,具爪。长角果线形,纤细,常下垂;果瓣略隆起。种子长圆形,黄棕色。花果期4~5月。

生于森林草原及草原带的山地林缘、草甸及沟谷溪边。产于内蒙古赤峰市、锡林郭勒盟、乌兰察布市、呼和浩特市、包头市、巴彦淖尔市、鄂尔多斯市、阿拉善盟;中国甘肃、河北、江苏、吉林、宁夏、青海、山西、陕西、四川、新疆、西藏、云南也产;印度、哈萨克斯坦、朝鲜、蒙古、巴基斯坦、俄罗斯也有分布。

大油芒属——【学　名】*Spodiopogon*

【蒙古名】ᠬᠥᠬᠡ ᠬᠥᠬᠡ ᠥᠷᠭᠡᠰᠦᠲᠦ

【英文名】Greyawngrass

【生活型】多年生,具匍匐根状茎的较高大草本。

【叶】叶片线形或狭窄披针形;叶舌膜质。

【花】顶生圆锥花序开展,由多数具1~3节有梗的总状花序所组成。小穗孪生,一有柄,一无柄,第二小花皆为两性;总状花序轴节间及小穗柄的顶端膨大而呈棒状,成熟后逐节断落;小穗卵形,不明显压扁;颖草质,具多数显著的脉纹,背部具柔毛,基部生短髭毛;外稃透明膜质,大多无毛或边缘具细纤毛,有时具1~3条脉,第一小花具3枚雄蕊或中性;第一外稃及其内稃均透明膜质;第二外稃深2裂,裂齿间伸出1个扭转膝曲的芒。鳞被楔形,先端截平,无毛或具少数柔毛。雄蕊3枚;柱头较长,帚刷状。

【果实和种子】颖果圆筒形,胚大,长为果体的1/2或2/3。

【分类地位】被子植物门、单子叶植物纲、禾本目、禾本科、黍亚科、高粱族、甘蔗亚族。

【种类】全属约有20种;中国有10种;内蒙古有1种。

大油芒 *Spodiopogon sibiricus*

多年生草本。具质地坚硬密被鳞状苞片之长根状茎。秆直立,通常单一,具5~9节。叶鞘大多长于其节间,无毛或上部生柔毛,鞘口具长柔毛;叶舌干膜质,截平,叶片线状披针形,顶端长渐尖,基部渐狭,中脉粗壮隆起,两面贴生柔毛或基部被疣基柔毛。圆锥花序主轴无毛,腋间生柔毛;分枝近轮生,下部裸露,上部单纯或具2个小枝;总状花序具有2~4节,节具髯毛,节间及小穗柄短于小穗的1/3~2/3,两侧具长纤毛,背部粗糙,顶端膨大成杯状;小穗宽披针形,草黄色或稍带紫色,基盘具短毛;第一颖草质,顶端尖或具2枚微齿,具7~9条脉,脉粗糙隆起,脉间被长柔毛,边缘内折膜质;第二颖与第一颖近等长,顶端尖或具小尖头,无柄者具3条脉,除脊与边缘具柔毛外余无毛,有柄者具5~7条脉,脉间生柔毛;第一外稃透明膜质,卵状披针形,与小穗等长,顶端尖,具1~3条脉,边缘具纤毛。雄蕊3枚,第二小花两性,外稃稍短于小穗,无毛,顶端深裂达稃体长度的2/3,自2枚裂片间伸出1个芒;芒中部膝曲,芒柱栗色,扭转无毛,稍露出于小穗之外,芒针灰褐色,微粗糙,下部稍扭转;内稃顶端尖,下部宽大,短于其外稃,无毛;雄蕊3枚;柱头棕褐色,帚刷状,近小穗顶部之两侧伸出。颖果长圆状披针形,棕栗色,胚长约为果体之半。花果期7~10月。

生于山地阳坡、砾石质草原、山地灌丛、草甸草原。产于内蒙古呼伦贝尔市、兴安盟、通辽市、赤峰市、锡林郭勒盟、乌兰察布市、呼和浩特市;中国安徽、广东、贵州、海南、河北、黑龙江、河南、湖北、湖南、江苏、江西、吉林、辽宁、宁夏、山西、陕西、山东、四川、浙江也产;日本、朝鲜、蒙古、俄罗斯也有分布。

单侧花属——【学　名】*Orthilia*

【蒙古名】ᠣᠷᠬᠢᠯᠢᠶ᠎ᠠ ᠶᠢᠨ ᠣᠪᠣᠭ

【英文名】Onewayflor

【生活型】常绿草本状小半灌木。

【叶】叶在茎下部互生或近轮生。

【花】花小,聚成总状花序,偏向一侧;花序轴有细小疣;花萼5全裂;花瓣5片,脱落性;花盘10齿裂;雄蕊10枚,直立,花药无小角,常有细小疣,花粉粒离生;花柱细长,直立,柱头盘状。

【果实和种子】蒴果由基部向上5纵裂,裂瓣的边缘有蛛丝状毛。

【分类地位】被子植物门、双子叶植物纲、合瓣花亚纲、杜鹃花目、鹿蹄草科、鹿蹄草亚科。

【种类】全属约有4种;中国有2种,1变种;内蒙古有1种,1变种。

单侧花 *Orthilia secunda*

　　常绿草本状小半灌木。根茎细长,有分枝,生不定根及地上茎。叶3～4(～5)片,轮生或近轮生于地上茎下部,一般有1～2轮,薄草质,长圆状卵形,先端急尖,基部近圆形,边缘有圆齿,上面绿色,下面淡绿色;叶柄较短。花葶细,上部有疏细小疣,下部近光滑,有1～3片小形鳞片状叶,卵状披针形。总状花序有8～15朵花,密生,偏向一侧;花序轴有细小疣;花水平倾斜,或下部花半下垂,花冠卵圆形或近钟形,较小,淡绿白色;花梗有密细小疣,腋间有膜质苞片,阔披针形或卵状披针形,先端短渐尖;萼片卵圆形或阔三角形,先端圆钝,边缘有小齿;花瓣长圆形,基部有2枚小突起,边缘有小齿;雄蕊10枚,花丝细长,花药顶孔裂,无小角,有细小疣,黄色;在柱直立,伸出花冠,先端无环状突起,柱头肥大,5浅裂。蒴果近扁球形。花期7月,果期7～8月。

　　生于落叶松林下。产于内蒙古呼伦贝尔市;中国黑龙江、吉林、辽宁、新疆也产;日本、克什米尔、朝鲜、蒙古、俄罗斯也有分布。

单刺蓬属——【学　名】*Cornulaca*

【蒙古名】ᠬᠣᠶᠠᠷ ᠰᠢᠭᠦᠷᠲᠦ ᠶᠢᠨ ᠲᠥᠷᠥᠯ（ᠨᠢᠭᠡᠮᠡᠷ，ᠬᠣᠶᠠᠷ ᠲᠥᠷᠥᠯ）

【英文名】Cornulaca

【生活型】一年生草本或小灌木。

【茎】茎和枝粗壮，无关节。

【叶】叶互生，钻状或针刺状，先端半透明，基部扩展，腋内具束生长柔毛或硬毛，无柄。

【花】花极小，两性，单生或簇生叶腋，具2个小苞片或在花簇中间的花无小苞片；花被片5枚，离生或合生，顶端各具1枚离生的膜质裂片，果时花被增大变硬并由远轴的一侧生出1个刺状附属物，刺状附属物与增大的花被合成1根细圆锥状刺，顶端裂片不变化，残留在花被与刺状附属物的交接处；雄蕊5枚或较少，花药狭椭圆形，无附属物或有点状附属物；花盘有或无；子房卵形，柱头2枚，丝状，外伸。

【果实和种子】胞果包于增大的花被内，稍扁，卵形，果皮膜质，与种子贴伏。种子直立，种皮膜质，无胚乳；胚螺旋状。

【分类地位】被子植物门、双子叶植物纲、原始花被亚纲、中央种子目、藜科、螺胚亚科、猪毛菜族。

【种类】全属约有7种；中国有1种；内蒙古有1种。

阿拉善单刺蓬 *Cornulaca alaschanica*

　　一年生草本，塔形。根细瘦，圆柱状，苍白色，通常弯曲。茎直立，圆柱状，上部有钝棱，平滑，稍有光泽，具多数排列较密的分枝；枝互生，向四周斜伸或近平展，茎下部的枝长3～6厘米并再具短分枝，上部的枝渐短而不再分枝。叶针刺状，黄绿色，平滑，稍开展，劲直或稍向外弧曲，基部三角形或宽卵形扩展并具膜质边缘，腋内具束生长柔毛。花2～3朵簇生或单生；小苞片舟状，花被顶端的裂片，狭三角形，白色雄蕊5枚，花药狭椭圆形，先端具点状附属物，药囊基部1/5分离；子房微小，花柱和柱头均为丝状，柱头伸出花被裂片外。胞果卵形，背腹扁。种子直立。

　　生于流动沙丘边缘及沙丘间低地。产于内蒙古阿拉善盟；中国甘肃也产。

当归属——【学　名】*Angelica*

【蒙古名】 ᠳᠠᠩ ᠤ ᠢᠢᠮᠠ

【英文名】Angelica

【生活型】二年生或多年生草本。

【根】通常有粗大的圆锥状直根。

【茎】茎直立,圆筒形,常中空,无毛或有毛。

【叶】叶三出式羽状分裂或羽状多裂,裂片宽或狭,有锯齿、牙齿或浅齿,少为全缘;叶柄膨大成管状或囊状的叶鞘。

【花】复伞形花序,顶生和侧生;总苞片和小总苞片多数至少数,全缘,稀缺少;伞辐多数至少数;花白色带绿色,稀为淡红色或深紫色;萼齿通常不明显;花瓣卵形至倒卵形,顶端渐狭,内凹成小舌片,背面无毛,少有毛;花柱基扁圆锥状至垫状,花柱短至细长,开展或弯曲。

【果实和种子】果实卵形至长圆形,光滑或有柔毛,背棱及中棱线形、肋状,稍隆起,侧棱宽阔或狭翅状,成熟时 2 枚分生果互相分开;分生果横剖面半月形,每棱槽中有油管 1 至数个,合生面有油管 2 至数个。胚乳腹面平直或稍凹入;心皮柄 2 裂至基部。

【分类地位】被子植物门、双子叶植物纲、原始花被亚纲、伞形目、伞形科、芹亚科、前胡族、当归亚族。

【种类】全属约有 80 种;中国有 26 种,5 变种,1 变型;内蒙古有 4 种,1 变型。

125

兴安白芷 *Angelica dahurica*

多年生高大草本。根圆柱形,有分枝,有浓烈气味。茎基部通常带紫色,中空,有纵长沟纹。基生叶 1 回羽状分裂,有长柄,叶柄下部有管状抱茎边缘膜质的叶鞘;茎上部叶 2 至 3 回羽状分裂,叶片轮廓为卵形至三角形,下部为囊状膨大的膜质叶鞘,常带紫色;花序下方的叶简化成无叶的、显著膨大的囊状叶鞘,外面无毛。复伞形花序顶生或侧生,花序梗、伞辐和花柄均有短糙毛;伞辐 18～40 枚,中央主伞有时伞辐多至 70 枚;总苞片通常缺或有 1～2 个,成长卵形膨大的鞘,小总苞片 5～10 余个,线状披针形,膜质,花白色;无萼齿;花瓣倒卵形,顶端内曲成凹头状;子房无毛或有短毛;花柱比短圆锥状的花柱基长 2 倍。果实长圆形至卵圆形,黄棕色,有时带紫色,背棱扁,厚而钝圆,近海绵质,远较棱槽为宽,侧棱翅状,较果体狭;棱槽中有油管 1 个,合生面油管 2 个。花期 7～8 月,果期 8～9 月。

生于山沟溪旁灌丛下、林缘草甸。产于内蒙古呼伦贝尔市、兴安盟、通辽市、赤峰市、锡林郭勒盟;中国河北、黑龙江、吉林、辽宁、山西、台湾也产;日本、朝鲜、俄罗斯也有分布。

党参属——【学　名】*Codonopsis*

　　　　　　【蒙古名】ᠲᠣᠳᠣᠷᠭᠠᠨ ᠤ ᠢᠵᠠᠭᠤᠷ

　　　　　　【英文名】Asiabell

　　【生活型】多年生草本,有乳汁。

　　【根】茎基常很短,有多数瘤状茎痕,根常肥大,呈圆柱状、圆锥状、纺锤状、块状卵形、球状或念珠状;肉质或木质。

　　【茎】茎直立或缠绕、攀援、倾斜、上升或平卧。

　　【叶】叶互生、对生、簇生或假轮生。

　　【花】花单生于主茎与侧枝顶端,与叶柄相对,而较少生于叶腋,有时呈花葶状。花萼5裂,筒部与子房贴生,贴生至子房下部、中部或顶端,筒部常有10条明显辐射脉;花冠上位,阔钟状、钟状、漏斗状、管状钟形或管状,5浅裂或5全裂而呈辐状,裂片在花蕾中镊合状排列,红紫色、蓝紫色、蓝白色、黄绿色或绿色,常有明显花脉或晕斑,雄蕊5枚,花丝基部常扩大,无毛或不同程度被毛,花药底着,直立,长圆形,药隔无毛或有刺毛;子房下位,至少对花冠而言是下位,通常3室,中轴胎座肉质,每室胚珠多数,花柱无毛或有毛,柱头通常3裂,较宽阔。

　　【果实和种子】果为蒴果,带有宿存的花萼裂片,下部半球状而上部常有尖喙,或下部倒锥状而上部较短钝,但成熟后先端皆室背3瓣裂。种子多数,椭圆状、长圆状或卵状,无翼或有翼,细小,光滑或略显网纹,通常棕黄色,胚直而富于胚乳。

　　【分类地位】被子植物门、双子叶植物纲、合瓣花亚纲、桔梗目、桔梗科、桔梗亚科、桔梗族。

　　【种类】全属有40多种;中国约有39种;内蒙古有2种。

党参 *Codonopsis pilosula*

　　茎基具多数瘤状茎痕,根常肥大呈纺锤状或纺锤状圆柱形,较少分枝或中部以下略有分枝,表面灰黄色,肉质。茎缠绕,有多数分枝,具叶,不育或先端着花,黄绿色或黄白色,无毛。叶在主茎及侧枝上的互生,在小枝上的近于对生,有疏短刺毛,叶片卵形或狭卵形,端钝或微尖,基部近于心形,边缘具波状钝锯齿,分枝上叶片渐趋狭窄,叶基圆形或楔形,上面绿色,下面灰绿色,两面疏或密地被贴伏的长硬毛或柔毛,少为无毛。花单生于枝端,与叶柄互生或近于对生,有梗。花萼贴生至子房中部,筒部半球状,裂片宽披针形或狭矩圆形,顶端钝或微尖,微波状或近于全缘,其间湾缺尖狭;花冠上位,阔钟状,黄绿色,内面有明显紫斑,浅裂,裂片正三角形,端尖,全缘;花丝基部微扩大,花药长形;柱头有白色刺毛。蒴果下部半球状,上部短圆锥状。种子多数,卵形,无翼,细小,棕黄色,光滑无毛。花果期7～10月。

　　生于山地林缘及灌丛中。产于内蒙古赤峰市、通辽市、呼和浩特市;中国重庆、甘肃、贵州、河北、黑龙江、河南、湖北、湖南、吉林、辽宁、宁夏、青海、山西、山东、陕西、四川、云南也产;朝鲜、蒙古、俄罗斯也有分布。

稻属——【学　名】*Oryza*

【蒙古名】ᠪᠣᠳᠣᠭ᠎ᠠ ᠶᠢᠨ ᠲᠥᠷᠥᠯ

【英文名】Rice

【生活型】一年生或多年生草本。

【茎】秆直立,丛生。

【叶】叶鞘无毛;叶舌长膜质或具叶耳;叶片线形扁平,宽大。

【花】顶生圆锥花序疏松开展,常下垂。小穗含 1 朵两性小花,其下附有 2 枚退化外稃,两侧甚压扁;颖退化,仅在小穗柄顶端呈 2 半月形之痕迹;孕性外稃硬纸质,具小疣点或细毛,有 5 条脉,顶端有长芒或尖头;内稃与外稃同质,有 3 条脉,侧脉接近边缘而为外稃之 2 条边脉所紧握;鳞被 2 枚;雄蕊 6 枚;柱头 2 枚,帚刷状,自小穗两侧伸出。

【果实和种子】颖果长圆形,平滑,胚小,长为果体的 1/4。

【分类地位】被子植物门、单子叶植物纲、禾本目、禾本科、稻亚科、稻族、稻亚族。

【种类】全属有 24 种;中国有 5 种;内蒙古有 1 种。

稻 *Oryza sativa*

　　一年生水生草本。秆直立,随品种而异。叶鞘松弛,无毛;叶舌披针形,两侧基部下延长成叶鞘边缘,具 2 枚镰形抱茎的叶耳;叶片线状披针形,无毛,粗糙。圆锥花序大型疏展,分枝多,棱粗糙,成熟期向下弯垂;小穗含 1 朵成熟花,两侧甚压扁,长圆状卵形至椭圆形;颖极小,仅在小穗柄先端留下半月形的痕迹,退化外稃 2 枚,锥刺状;两侧孕性花外稃质厚,具 5 条脉,中脉成脊,表面有方格状小乳状突起,厚纸质,遍布细毛端毛较密,有芒或无芒;内稃与外稃同质,具 3 条脉,先端尖而无喙;雄蕊 6 枚。颖果胚小,约为颖果长的 1/4。

　　栽培植物,原产中国。

灯心草科——【学　名】Juncaceae

【蒙古名】ᠵᠤᠯᠠᠢ ᠡᠪᠡᠰᠦ ᠶᠢᠨ ᠣᠪᠤᠭ

【英文名】Rush Family

【生活型】多年生或稀为一年生草本，极少为灌木状。

【茎】根状茎直立或横走，须根纤维状。茎多丛生，圆柱形或压扁，表面常具纵沟棱，内部具充满或间断的髓心或中空，常不分枝，绿色。在某些种类茎秆常行光合作用。

【叶】叶全部基生成丛而无茎生叶，或具茎生叶数片，常排成 3 列，稀为 2 列；叶片线形，圆筒形，披针形，扁平或稀为毛鬃状，具横隔膜或无，有时退化呈芒刺状或仅存叶鞘；叶鞘开放或闭合，在叶鞘与叶片连接处两侧常形成 1 对叶耳或无叶耳。

【花】花序圆锥状、聚伞状或头状，顶生、腋生或有时假侧生；花单生或集生成穗状或头状，头状花序往往再组成圆锥、总状、伞状或伞房状等各式复花序；头状花序下通常有数个苞片，最下面 1 个常比花长；花序分枝基部各具 2 个膜质苞片；整个花序下常有 1～2 个叶状总苞片；花小型，两性，稀为单性异株，多为风媒花，花下常具 2 个膜质小苞片；花被片 6 枚，排成 2 轮，稀内轮缺如，颖状，雄蕊 6 枚，分离，与花被片对生，有时内轮退化而只有 3 枚；花丝线形或圆柱形，常比花药长；花药长圆形、线形或卵形，雌蕊由 3 枚心皮结合而成；子房上位，1 室或 3 室，有时为不完全三隔膜；花柱 1 枚，常较短，柱头 3 枚分叉，线形，多扭曲；胚珠多数，着生于侧膜胎座或中轴胎座上，基生胎座；倒生胚珠具双珠被和厚珠心。

128

【果实和种子】果实通常为室背开裂的蒴果，稀不开裂。种子卵球形、纺锤形或倒卵形，有时两端（或一端）具尾状附属物（常称为锯屑状，在地杨梅属则常称为种阜）；种皮常具纵沟或网纹；胚乳富于淀粉，胚小，直立，位于胚乳的基部中心，具 1 片大而顶生的子叶。

【种类】全科有 8 属，300 种；中国有 2 属，93 种，3 亚种和 13 变种；内蒙古有 2 属，9 种，1 变种。

灯心草科 Juncaceae Juss. 是法国植物学家 Antoine Laurent de Jussieu（1748—1836）于 1789 年在"Genera plantarum 43"（Gen. Pl.）中建立的植物科，模式属为 *Juncus*（灯心草属）。

在恩格勒系统（1964）中，灯心草科隶属单子叶植物纲（Monocotyledoneae）、灯心草目（Juncales），含灯心草科和圭亚那草科（Thurniaceae）2 个科。在哈钦森系统（1959）中，灯心草科隶属颖花区（Glumiflorae）、灯心草目，含灯心草科、圭亚那草科、刺鳞草科（Centrolepidaceae）和帚灯草科（Restionaceae）4 个科，认为灯心草目起源于百合目（Liliales）、百合科（Liliaceae）。在塔赫他间系统（1980）中，灯心草目隶属百合亚纲（Liliidae），含灯心草科和圭亚那草科 2 个科，认为灯心草目直接起源于百合目，百合目与灯心草目的关系密切。在克朗奎斯特系统（1981）中，灯心草目隶属鸭跖草亚纲（Commelinidae），也含灯心草科和圭亚那草科，认为灯心草目与莎草目有共同祖先，起源于鸭跖草目（Commelinales）。

灯心草属——【学　名】*Juncus*

【蒙古名】ᠵᠢᠭᠠᠰᠤᠨ ᠬᠥᠬᠥ ᠶᠢᠨ ᠡᠪᠡᠰᠦ

【英文名】Rush

【生活型】多年生草本,稀为一年生草本。

【茎】根状茎横走或直伸。茎直立或斜上,圆柱形或压扁,具纵沟棱。

【叶】叶基生和茎生,或仅具基生叶,有些种类具有低出叶;叶片扁平或圆柱形,披针形,线形或毛发状,有明显或不明显的横隔膜或无横隔,有时叶片退化为刺芒状而仅存叶鞘;叶鞘开放,偶有闭合,顶部常延伸成 2 个叶耳,有时叶耳不明显或无叶耳。

【花】复聚伞花序或由数朵小花集成头状花序;头状花序单生茎顶或由多个小头状花序组成聚伞、圆锥状等复花序;花序有时为假侧生,花序下常具叶状总苞片,有时总苞片圆柱状,似茎的延伸;花雌蕊先熟,花下具小苞片或缺如;花被片 6 枚,2 轮,颖状,常淡绿色或褐色,少数黄白色、红褐色至黑褐色,顶端尖或钝,边缘常膜质,外轮常有明显背脊;雄蕊 6 枚,稀 3 枚;花药长圆形或线形;花丝丝状;子房 3 或 1 室,或具 3 个隔膜;花柱圆柱状或线形;柱头 3 枚;胚珠多数。

【果实和种子】蒴果常为三棱状卵形或长圆形,顶端常有小尖头,3 室或 1 室或具 3 个不完全隔膜。种子多数,表面常具条纹,有些种类具尾状附属物。

【分类地位】被子植物门、单子叶植物纲、百合目、灯心草亚目、灯心草科。

【种类】全属约有 240 种;中国有 77 种,2 亚种,6 变种;内蒙古有 7 种,1 变种。

129

栗花灯心草 *Juncus castaneus*

多年生草本。具长根状茎及黄褐色须根。茎直立,单生或丛生,圆柱形,具纵沟纹,绿色。叶基生和茎生;低出叶鞘状或鳞片状,褐色至红褐色;基生叶 2～4 片,顶端尖,边缘常内卷或折叠;叶鞘边缘膜质,松弛抱茎,无叶耳;茎生叶 1 片或缺,较短;叶片扁平或边缘内卷。花序由 2～8 个头状花序排成顶生聚伞状,花序梗不等长;叶状总苞片 1～2 个,线状披针形,顶端细长,常超出花序;头状花序含 4～10 朵花;苞片 2～3 个,披针形,常短于花;花被片披针形,顶端渐尖,外轮者背脊明显,稍长于内轮,暗褐色至淡褐色;雄蕊 6 枚,短于花被片;花药黄色;花丝线形;柱头 3 分叉,线形。蒴果三棱状长圆形,顶端逐渐变细呈喙状,果实超出花被片,具 3 个隔膜,成熟时深褐色。种子长圆形,黄色,锯屑状,两端各有白色附属物。花期 7～8 月,果期 8～9 月。

生于山地湿草甸、山地沼泽地。产于内蒙古呼伦贝尔市、兴安盟、赤峰市、锡林郭勒盟、乌兰察布市;中国甘肃、河北、吉林、宁夏、青海、山西、陕西、四川、云南也产;欧洲、北美洲也有分布。

地肤属——【学　名】*Kochia*

【蒙古名】ᠭᠣᠪᠢ ᠶᠢᠨ ᠡᠪᠡᠰᠦ

【英文名】Broomsedge,Summercypress

【生活型】一年生草本,很少为半灌木。

【茎】茎直立或斜升,通常多分枝。

【叶】叶互生,无柄或几无柄,圆柱状、半圆柱状,或为窄狭的平面叶,全缘。

【花】花两性,有时兼有雌性,无花梗,通常 1～3 个团集于叶腋,无小苞片;花被近球形,草质,通常有毛,5 深裂;裂片内曲,果时背面各具 1 个横翅状附属物;翅状附属物膜质,有脉纹;雄蕊 5 枚,着生于花被基部,花丝扁平,花药宽矩圆形,外伸,花盘不存在;子房宽卵形,花柱纤细,柱头 2～3 枚,丝状,有乳头状突起,胚珠近无柄。

【果实和种子】胞果扁球形;果皮膜质,不与种子贴生。种子横生,顶基扁,圆形或卵形,接近种脐处微凹;种皮膜质,平滑;胚细瘦,环形;胚乳较少。

【分类地位】被子植物门、双子叶植物纲、原始花被亚纲、中央种子目、藜科、环胚亚科、樟味藜族。

【种类】全属有 10～15 种;中国产 7 种,2 变种;内蒙古有 5 种,2 变种,1 变型。

木地肤 *Kochia prostrata*

半灌木。木质茎通常低矮,有分枝,黄褐色或带黑褐色;当年枝淡黄褐色或淡红色,有微条棱,无色条,有密柔毛或近于无毛,分枝或不分枝。叶互生,稍扁平,条形,常数片集聚于腋生短枝而呈簇生状,先端钝或急尖,基部稍狭,无柄,两面有稀疏的绢状毛,脉不明显。花两性兼有雌性,通常 2～3 个团集叶腋,于当年枝的上部或分枝上集成穗状花序;花被球形,有密绢状毛,花被裂片卵形或矩圆形,先端钝,内弯;翅状附属物扇形或倒卵形,膜质,具紫红色或黑褐色脉,边缘有不整齐的圆锯齿或为啮蚀状;花丝丝状,稍伸出花被外;柱头 2 枚,丝状,紫褐色。胞果扁球形,果皮厚膜质,灰褐色。种子近圆形,黑褐色。花期 7～8 月,果期 8～9 月。

生于草原区和荒漠区东部的栗钙土和棕钙土上。产于内蒙古呼伦贝尔市、赤峰市、锡林郭勒盟、包头市、鄂尔多斯市、巴彦淖尔市;中国甘肃、河北、黑龙江、辽宁、宁夏、山西、陕西、新疆、西藏也产;中亚、西南亚和欧洲也有分布。

地构叶属——【学　名】*Speranskia*

【蒙古名】ᠲᠦᠯᠦᠬᠡᠢ ᠶᠢᠨ ᠤᠷᠭᠤᠮᠠᠯ ᠤᠨ ᠲᠦᠷᠦᠯ

【英文名】Speranskia

【生活型】多年生草本。

【茎】茎直立,基部常木质,分枝较少。

【叶】叶互生,边缘具粗齿;具叶柄或无柄。

【花】花雌雄同株;总状花序,顶生,雄花常生于花序上部,雌花生于花序下部,有时雌雄花同聚生于苞腋内;通常雄花生于雌花两侧;雄花:花蕾球形;花萼裂片 5 枚,膜质,镊合状排列;花瓣 5 片,有爪,有时无花瓣;花盘 5 裂或为 5 个离生的腺体;雄蕊 8~10(~15)枚,2~3 轮排列于花托上,花丝离生,花药 2 室。纵裂,无不育雌蕊;雌花:花萼裂片 5 枚;花瓣 5 片或缺,小;花盘盘状;子房 3 室,平滑或有突起,每室有胚珠 1 颗,花柱 3 枚,2 裂几达基部,裂片呈羽状撕裂。

【果实和种子】蒴果具 3 枚分果爿;种子球形,胚乳肉质,子叶宽扁。

【分类地位】被子植物门、双子叶植物纲、原始花被亚纲、大戟目、大戟亚目、大戟科、铁苋菜亚科、沙戟族。

【种类】全属有 2 种;中国有 2 种;内蒙古有 1 种。

地构叶 *Speranskia tuberculatal*

多年生草本。茎直立,分枝较多,被伏贴短柔毛。叶纸质,披针形或卵状披针形,顶端渐尖,稀急尖,尖头钝,基部阔楔形或圆形,边缘具疏离圆齿或有时深裂,齿端具腺体,上面疏被短柔毛,下面被柔毛或仅叶脉被毛;托叶卵状披针形。总状花序上部有雄花 20~30 朵,下部有雌花 6~10 朵,位于花序中部的雌花的两侧有时具雄花 1~2 朵;苞片卵状披针形或卵形;雄花 2~4 朵生于苞腋;共萼裂片卵形,外面疏被柔毛;共瓣倒心形,具爪,被毛;雄蕊 8~12(~15)枚,花丝被毛;雌花:1~2 朵生于苞腋,花梗常下弯;花萼裂片卵状披针形,顶端渐尖,疏被长柔毛,花瓣与雄花相似,但较短,疏被柔毛和缘毛,具脉纹;花柱 3 枚,各 2 深裂,裂片呈羽状撕裂。蒴果扁球形,被柔毛和具瘤状突起;种子卵形,顶端急尖,灰褐色。花果期 5~9 月。

生于落叶阔叶林区和森林草原区的石质山坡、草原区的山坡。产于内蒙古兴安盟、通辽市、赤峰市、乌兰察布市、鄂尔多斯市、巴彦淖尔市;中国安徽、甘肃、河北、河南、吉林、辽宁、宁夏、山西、山东、陕西、四川也产。

地黄属——【学　名】*Rehmannia*

　　　　　　【蒙古名】ᠯᠣᠣᠪᠠᠩ ᠵᠢᠮᠢᠰ ᠤᠨ ᠲᠦᠷᠦᠯ

　　　　　　【英文名】Rehmannia

【生活型】多年生草本。

【茎】具根茎,植体被多细胞长柔毛和腺毛。茎直立,简单或自基部分枝,具花葶或否。

【叶】叶具柄,在茎上互生或同时有基生叶存在,在顶端的常缩小成苞片,叶形变化很大,边缘具齿或浅裂,通常被毛。小苞片缺失或存在,存在时通常为 2 个,钻状或叶状而着生于花梗的下部或基部。

【花】花具梗,单生叶腋或有时在顶部排列成总状花序;萼卵状钟形,具 5 枚不等长的齿,通常后方 1 枚最长;萼齿全缘或有时开裂而使萼齿总数达 6～7 枚;花冠紫红色或黄色,筒状,稍弯或伸直,端扩大,多少背腹扁,裂片通常 5 枚,略成 2 唇形,下唇基部有 2 褶襞直达筒的基部;雄蕊 4 枚,2 枚强,内藏,稀为 5 枚,但 1 枚较小;花丝弓曲,基部着生处通常被毛,花药两两粘着,花药 2 室均成熟;子房长卵形,基部托有一环状或浅杯状花盘,2 室,或有的在幼嫩时为 2 室,老时则为 1 室;花柱顶部浅 2 裂;胚珠多数。

【果实和种子】蒴果具宿萼,室背开裂。种子小,具网眼。根茎大多可作药用。

【分类地位】被子植物门、双子叶植物纲、合瓣花亚纲、管状花目、玄参科。

【种类】全属有 6 种;中国有 6 种;内蒙古有 1 种。

地黄 *Rehmannia glutinosa*

　　多年生草本。密被灰白色多细胞长柔毛和腺毛。根茎肉质,鲜时黄色,在栽培条件下,茎紫红色。叶通常在茎基部集成莲座状,向上则强烈缩小成苞片,或逐渐缩小而在茎上互生;叶片卵形至长椭圆形,上面绿色,下面略带紫色或成紫红色,边缘具不规则圆齿或钝锯齿以至牙齿;基部渐狭成柄,叶脉在上面凹陷,下面隆起。梗细弱,弯曲而后上升,在茎顶部略排列成总状花序,或几全部单生叶腋而分散在茎上;密被多细胞长柔毛和白色长毛,具 10 条隆起的脉;萼齿 5 枚,矩圆状披针形或卵状披针形抑或多少三角形,稀前方 2 枚各又开裂而使萼齿总数达 7 枚之多;花冠筒多少弓曲,外面紫红色,被多细胞长柔毛;花冠裂片,5 枚,先端钝或微凹,内面黄紫色,外面紫红色,两面均被多细胞长柔毛;雄蕊 4 枚;药室矩圆形,基部叉开,而使 2 药室常排成一直线,子房幼时 2 室,老时因隔膜撕裂而成 1 室,无毛;花柱顶部扩大成 2 枚片状柱头。蒴果卵形至长卵形。花果期 4～7 月。

　　生于山地坡麓及路边。产于内蒙古赤峰市、呼和浩特市、包头市、鄂尔多斯市、巴彦淖尔市、阿拉善盟,中国甘肃、河北、河南、湖北、江苏、辽宁、山西、山东、陕西也产。

地蔷薇属——【学　名】*Chamaerhodos*

【蒙古名】ᠣᠷᠲᠣᠭ ᠢᠢᠨ ᠨᠡ ᠣᠷᠲᠣᠭ

【英文名】Minorrose

【生活型】草本或亚灌木。

【叶】叶互生,3裂或2至3回全裂,裂片条形;托叶膜质,贴生于叶柄。

【花】花茎直立,纤细;花小,成聚伞、伞房或圆锥花序,少有单生;花萼宿存,萼筒钟形、筒形或倒圆锥形,萼片5个,直立;花瓣5片,白色或紫色;雄蕊5枚,和花瓣对生;花盘围绕萼筒基部,边缘肥厚,具长刚毛;心皮4～10个或更多,花柱基生,脱落,柱头头状,胚珠1颗,着生在子房基部。

【果实和种子】瘦果卵形,无毛,包裹在宿存花萼内;种子直立。

【分类地位】被子植物门、双子叶植物纲、原始花被亚纲、蔷薇目、蔷薇亚目、蔷薇科、蔷薇亚科。

【种类】全属约有8种;中国有5种;内蒙古有5种。

地蔷薇 *Chamaerhodos erecta*

二年生草本或一年生草本。具长柔毛及腺毛;根木质;茎直立或弧曲上升,单一,少有多茎丛生,基部稍木质化,常在上部分枝。基生叶密生,莲座状,2回羽状3深裂,侧裂片2深裂,中央裂片常3深裂,2回裂片具缺刻或3浅裂,小裂片条形,先端圆钝,基部楔形,全缘,果期枯萎;托叶形状似叶,3至多深裂;茎生叶似基生叶,3深裂,近无柄。聚伞花序顶生,具多花,二歧分枝形成圆锥花序;苞片及小苞片2～3裂,裂片条形;花梗细;萼筒倒圆锥形或钟形,萼片卵状披针形,先端渐尖;花瓣倒卵形,白色或粉红色,无毛,先端圆钝,基部有短爪;花丝比花瓣短;心皮10～15枚,离生,花柱侧基生,子房卵形或长圆形。瘦果卵形或长圆形,深褐色,无毛,平滑,先端具尖头。花果期6～8月。

生于草原带的砾石质丘坡、丘顶及山坡,也可生于沙砾质草原。产于内蒙古呼伦贝尔市、兴安盟、赤峰市、锡林郭勒盟、乌兰察布市、呼和浩特市、包头市、巴彦淖尔市、阿拉善盟;中国甘肃、河北、黑龙江、河南、吉林、辽宁、宁夏、青海、山西、陕西、新疆也产;朝鲜、蒙古、俄罗斯也有分布。

地笋属——【学　名】*Lycopus*

【蒙古名】ᠨᠠᠭᠤᠷ ᠤᠨ ᠲᠥᠮᠥᠰᠥ ᠶᠢᠨ ᠢᠵᠠᠭᠤᠷ

【英文名】Bugleweed

【生活型】多年生沼泽或湿地草本。

【茎】通常具肥大的根茎。

【叶】叶具齿或羽状分裂,苞叶与叶同形,渐小。

【花】轮伞花序无梗,多花密集,其下承以小苞片;小苞片小,外方者长于或等于花萼。花小,无梗。花萼钟形,近整齐,萼齿4～5枚,等大或有1枚特大,先端钝、锐尖或刺尖,内面无毛。花冠等于或稍超出花萼,钟形,内面在喉部有交错的柔毛,冠檐2唇形,上唇全缘或微凹,下唇3裂,中裂片稍大。前对雄蕊能育,稍超出花冠,直伸,花丝无毛,花药2室,室平行,其后略叉开,后对雄蕊退化消失,或呈丝状,先端棍棒形,或呈头状。花柱丝状,伸出于花冠,先端2裂,裂片扁平,锐尖,等大,或后裂片较小。花盘平顶。

【果实和种子】小坚果背腹扁平,腹面多少具棱,先端截平,基部楔形,边缘加厚,褐色,无毛或腹面具腺点。

【分类地位】被子植物门、双子叶植物纲、合瓣花亚纲、管状花目、唇形科、野芝麻亚科、塔花族、薄荷亚族。

【种类】全属约有10(14)种;中国有4种,4变种;内蒙古有1种,2变种。

地笋 *Lycopus lucidus*

多年生草本。根茎横走,具节,节上密生须根,先端肥大呈圆柱形,此时于节上具鳞叶及少数须根,或侧生有肥大的具鳞叶的地下枝。茎直立,通常不分枝,四棱形,具槽,绿色,常于节上多少带紫红色,无毛,或在节上疏生小硬毛。叶具极短柄或近无柄,长圆状披针形,多少弧弯,先端渐尖,基部渐狭,边缘具锐尖粗牙齿状锯齿,两面或上面具光泽,亮绿色,两面均无毛,下面具凹陷的腺点,侧脉6～7对,与中脉在上面不显著下面突出。轮伞花序无梗,轮廓圆球形,多花密集,其下承以小苞片;小苞片卵圆形至披针形,先端刺尖,位于外方者超过花萼,具3条脉,位于内方者,短于或等于花萼,具1条脉,边缘均具小纤毛。花萼钟形,两面无毛,外面具腺点,萼齿5枚,披针状三角形,具刺尖头,边缘具小缘毛。花冠白色,外面在冠檐上具腺点,内面在喉部具白色短柔毛,冠檐不明显2唇形,上唇近圆形,下唇3裂,中裂片较大。雄蕊仅前对能育,超出于花冠,先端略下弯,花丝丝状,无毛,花药卵圆形,2室,室略叉开,后对雄蕊退化,丝状,先端棍棒状。花柱伸出花冠,先端相等2浅裂,裂片线形。花盘平顶。小坚果倒卵圆状四边形,基部略狭,褐色,边缘加厚,背面平,腹面具棱,有腺点。花期6～9月,果期8～11月。

生于森林区、森林草原带的河滩草甸、沼泽化草甸及其他低湿地生境中。产于内蒙古呼伦贝尔市、兴安盟、锡林郭勒盟、鄂尔多斯市;中国安徽、福建、甘肃、广东、广西、贵州、河北、黑龙江、湖北、湖南、江苏、江西、吉林、辽宁、山西、山东、陕西、四川、台湾、云南、浙江也产;日本、俄罗斯也有分布。

地杨梅属——【学　名】*Luzula*

【蒙古名】 ᠲᠣᠣᠷᠢᠮᠠᠭ ᠤᠨ ᠴᠡᠴᠡᠭ

【英文名】Woodrush

【生活型】多年生草本。

【茎】根状茎短,直伸或横走,具细弱须根。茎直立,多丛生,通常圆柱形,具纵沟纹。

【叶】叶基生和茎生,常具低出叶,最下面几片常于花期干枯而宿存;茎生叶较少,常较短而窄;叶片扁平,线形或披针形,边缘常具白色丝状缘毛;叶鞘闭合,常呈筒状包茎,鞘口部常密生丝状长毛,无叶耳。

【花】花序为复聚伞状、伞状或伞房状,或多花紧缩成头状或穗状花序;花单生或簇生分枝顶端,花下具 2 个小苞片;小苞片边缘常具缘毛或撕裂状,有时具小裂齿;花被片 6 枚,2 轮,颖状,绿色、褐色,稀黄白色,内、外轮常等长;雄蕊 6 枚,稀 3 枚,通常短于花被片;花药长圆形或线形,黄色;花丝线形;子房 1 室;花柱线形或甚短;柱头 3 分叉,线形;胚珠 3 颗,着生于子房基部。

【果实和种子】蒴果 1 室,3 瓣裂。种子 3 粒,基部(或顶端)多少具淡黄色或白色种阜,或无种阜。

【分类地位】被子植物门、单子叶植物纲、百合目、灯心草亚目、灯心草科。

【种类】全属约有 70 种;中国有 16 种,1 亚种,3 变种;内蒙古有 2 种。

135

多花地杨梅 *Luzula multiflora*

多年生草本。根状茎短而直伸,具深褐色须根。茎直立,密丛生,圆柱形,具纵沟纹,绿色。叶基生和茎生;基生叶丛生茎基部,下面几片花期常干枯而宿存;茎生叶 1～3 片,线状披针形;叶片扁平,顶端钝圆加厚成胼胝状,边缘具白色丝状长毛;叶鞘闭合紧包茎,鞘口部密生丝状长毛。花序由 5～9(～12)个头状花序排列成近伞形的顶生聚伞花序;花序分枝近辐射状,各头状花序具长短不等的花序梗,唯中央 1 枝具短梗;叶状总苞片线状披针形;头状花序半球形,含 3～8 朵花;花梗甚短,基部常有 1～2 个苞片;花下具 2 个膜质小苞片,宽卵形,顶端芒尖,边缘常有丝状长毛,有时撕裂状;花被片披针形,内、外轮近等长,顶端长渐尖或成芒尖,边缘膜质,淡褐色至红褐色;雄蕊 6 枚;花药狭长圆形,黄色;子房卵形;花柱与子房近等长;柱头 3 枚分叉,螺旋状扭转。蒴果三棱状倒卵形,与花被片近等长,顶端具小尖头,红褐色至紫褐色。种子卵状椭圆形,棕褐色,基部具淡黄色的种阜。花果期 7～8 月。

生于林缘的水沟边。产于内蒙古呼伦贝尔市、锡林郭勒盟、呼和浩特市;中国安徽、福建、甘肃、贵州、黑龙江、河南、湖北、湖南、江苏、江西、吉林、辽宁、山西、四川、台湾、新疆、西藏、云南、浙江也产;不丹、印度、日本、蒙古、尼泊尔、锡金以及欧洲、北美洲、大洋洲也有分布。

地榆属——【学　名】*Sanguisorba*

【蒙古名】 ᠲᠤᠮᠤᠷᠡᠢ ᠶᠢᠨ ᠡᠪᠡᠰᠦ

【英文名】Burnet

【生活型】多年生草本。

【根】根粗壮,下部长出若干纺锤形、圆柱形或细长条形根。

【叶】叶为奇数羽状复叶。

【花】花两性,稀单性,密集成穗状或头状花序;萼筒喉部缢缩,有4(～7)个萼片,覆瓦状排列,紫色、红色或白色,稀带绿色,如花瓣状;花瓣无;雄蕊通常4枚,稀更多,花丝通常分离,稀下部联合,插生于花盘外面,花盘贴生于萼筒喉部;心皮通常1枚,稀2枚,包藏在萼筒内,花柱顶生,柱头扩大呈画笔状;胚珠1颗,下垂。

【果实和种子】瘦果小,包藏在宿存的萼筒内;种子1粒,子叶平凸。染色体基数 X＝7。

【分类地位】被子植物门、双子叶植物纲、原始花被亚纲、蔷薇目、蔷薇亚目、蔷薇科、蔷薇亚科。

【种类】全属有30余种;中国有7种;内蒙古有3种,5变种。

地榆 *Sanguisorba officinalis*

　　多年生草本。根粗壮,多呈纺锤形,稀圆柱形,表面棕褐色或紫褐色,有纵皱及横裂纹,横切面黄白或紫红色,较平正。茎直立,有棱,无毛或基部有稀疏腺毛。基生叶为羽状复叶,有小叶4～6对,叶柄无毛或基部有稀疏腺毛;小叶片有短柄,卵形或长圆状卵形,顶端圆钝稀急尖,基部心形至浅心形,边缘有多数粗大圆钝稀急尖的锯齿,两面绿色,无毛;茎生叶较少,小叶片有短柄至几无柄,长圆形至长圆披针形,狭长,基部微心形至圆形,顶端急尖;基生叶托叶膜质,褐色,外面无毛或被稀疏腺毛,茎生叶托叶大,草质,半卵形,外侧边缘有尖锐锯齿。穗状花序椭圆形、圆柱形或卵球形,直立,从花序顶端向下开放,花序梗光滑或偶有稀疏腺毛;苞片膜质,披针形,顶端渐尖至尾尖,比萼片短或近等长,背面及边缘有柔毛;萼片4个,紫红色,椭圆形至宽卵形,背面被疏柔毛,中央微有纵棱脊,顶端常具短尖头;雄蕊4枚,花丝丝状,不扩大,与萼片近等长或稍短;子房外面无毛或基部微被毛,柱头顶端扩大,盘形,边缘具流苏状乳头。果实包藏在宿存萼筒内,外面有斗棱。花果期7～10月。

　　生于林缘草甸、落叶阔叶林下、河滩草甸及草甸草原。产于内蒙古呼伦贝尔市、兴安盟、通辽市、赤峰市、锡林郭勒盟、乌兰察布市;中国安徽、甘肃、广东、广西、贵州、河北、黑龙江、河南、湖北、湖南、江苏、江西、吉林、辽宁、青海、山西、山东、陕西、四川、台湾、新疆、西藏、云南、浙江也产;亚洲和欧洲也有分布。

甸杜属——【学　名】*Chamaedaphne*

【蒙古名】ᠬᠠᠷ᠎ᠠ ᠶᠢᠨ

【英文名】Chamaedaphne

【生活型】常绿矮小直立灌木。

【叶】叶互生，背面密被鳞片。

【花】花排成顶生的总状花序，每花基部的苞片呈叶状；2个小苞片紧伏于萼背；萼5深裂，宿存；花冠坛状，短5裂，裂片微反卷；雄蕊10枚，内藏，花药无附属物，顶孔开裂；花盘具10枚圆齿；子房上位，球形，5室，花柱柱状，胚珠多数。

【果实和种子】蒴果扁球形，5裂，室背开裂，果皮开裂成2层，内壁分为10瓣；种子小，无翅。

【分类地位】被子植物门、双子叶植物纲、合瓣花亚纲、杜鹃花目、杜鹃花科、綟木亚科。

【种类】全属有1种；中国有1种；内蒙古有1种。

甸杜（地桂） *Chamaedaphne calyculata*

常绿直立灌木；小枝黄褐色，密生小鳞片和短柔毛。叶近革质，长椭圆形或长圆状倒披针形，顶端钝，有微尖头，基部楔形或钝圆，全缘，或有不明显的小齿，两面均有鳞片，背面鳞片尤多；叶柄短。总状花序顶生，总轴上的叶状苞片长圆形，花生于叶状苞片的腋内，稍下垂，偏向一侧，有2个小苞片紧贴于花萼；花梗短，密生短柔毛；萼片披针形，锐尖，背面有淡褐色柔毛和鳞片，花冠坛状，白色，裂片微反卷；雄蕊着生于花盘上，花丝基部膨大，花药较长，顶孔开裂；子房与花冠等长。蒴果扁球形；种子多数，细小，无翅，在室中排成2列。花期6月，果期7月。

生于针叶林下、落叶松林下及水藓沼泽中。产于内蒙古呼伦贝尔市额尔古纳左旗满归；中国黑龙江、吉林也产；日本、蒙古以及欧洲、北美洲也有分布。

137

点地梅属——【学　名】*Androsace*

【蒙古名】ᠴᠢᠨ᠎ᠠ ᠣᠨᠳᠣ ᠶᠢᠨ ᠡᠪᠡᠰᠦ

【英文名】Rockjasmine

【生活型】多年生或一年生、二年生小草本。

【叶】叶同型或异型,基生或簇生于根状茎或根出条端,形成莲座状叶丛,极少互生于直立的茎上。叶丛单生、数片簇生或多数紧密排列,使植株成为半球形的垫状体。

【花】花组成伞形花序生于花葶端,很少单生而无花葶;花萼钟状至杯状,5浅裂至深裂;花冠白色、粉红色或深红色,少有黄色,筒部短,通常呈坛状,约与花萼等长,喉部常收缩成环状突起,裂片5枚,全缘或先端微凹;雄蕊5枚,花丝极短,贴生于花冠筒上;花药卵形,先端钝;子房上位,花柱短,不伸出冠筒。

【果实和种子】蒴果近球形,5瓣裂;种子通常少数,稀多数。

【分类地位】被子植物门、双子叶植物纲、合瓣花亚纲、报春花目、报春花科、报春花族。

【种类】全属约有100种;中国有71种,7变种;内蒙古有8种,1变种。

阿拉善点地梅 *Androsace alaschanica*

多年生草本。主根粗壮,木质;地上部分作多次叉状分枝,形成垫状密丛;枝为鳞覆的枯叶丛覆盖,呈棒状。当年生叶丛位于枝端,叠生于老叶丛上;叶灰绿色,草质,线状披针形或近钻形,先端渐尖,具软骨质边缘和尖头,基部稍增宽,近膜质,两面无毛,背面中肋隆起,边缘光滑或微具毛。花葶单一,极短或长达5毫米,藏于叶丛中,被长柔毛,顶生1(2)朵花;苞片通常2个,线形或线状披针形;花萼陀螺状或倒圆锥状,稍具5条棱,近于无毛或沿棱脊两侧微被毛,分裂约达中部,裂片三角形,先端锐尖,具缘毛;花冠白色,筒部与花萼近等长,喉部收缩,稍隆起,裂片倒卵形,先端截形或微呈波状。蒴果近球形,稍短于宿存花萼。花期5～6月。

生于山地草原、山地石质坡地及干旱沙地上。产于内蒙古乌海市桌子山、阿拉善盟贺兰山;中国甘肃、宁夏、青海也产。

蝶须属——【学　名】*Antennaria*

【蒙古名】ᠪᠠᠢᠳᠠᠷ᠎ᠠ ᠶᠢᠨ ᠡᠪᠡᠰᠦ

【英文名】Pussytoes，Labies Tobacco

【生活型】多年生草本。

【茎】被白色棉毛或茸毛，常有匍枝。

【叶】茎基部叶密集成莲座状，上部叶互生，全缘。

【花】头状花序在茎端排列成伞房状，稀单生，各有多数同形的小花，雌雄异株，雌株的小，结果实，雄株的两性，不结果实（亦称雄花）。总苞倒卵形或钟形；总苞片多层，覆瓦状排列，干膜质，外层背面有棉毛；内层渐长，上部不透明，常作瓣状，直立或开展。花托凸起或稍平，有窝孔，无托片。雄花花冠管状，上部钟状，有 5 枚裂片；花药基部箭头形，有尾状耳部，花柱不裂或浅裂，顶端钝或截形。雌花花冠丝状，顶端截形或有细齿；花柱分枝扁，顶端钝或截形。冠毛 1 层，基部多少结合；雄花的冠毛较少，绉曲，上部扁，稍粗厚，有羽状锯齿；雌花冠毛纤细。

【果实和种子】瘦果小，长圆形，稍扁，有棱，无毛或有短毛。

【分类地位】被子植物门、双子叶植物纲、合瓣花亚纲、桔梗目、菊科、管状花亚科、旋覆花族、鼠麴草亚族。

【种类】全属约有 100 种；中国有 1 种；内蒙古有 1 种。

139

蝶须 *Antennaria dioica*

　　矮小多年生草本。有簇生或匍匐的根状茎；匍枝平卧或斜升，有密集的叶，下部的叶常较短小。花茎直立，不分枝，细弱，被密棉毛。茎基部叶在花期生存，匙形，全缘，上端圆形，有小尖头，下部渐狭成柄状，边缘平，上面绿色，被伏毛，有时近无毛，下面被白薄层密棉毛，中部叶直立，线状长圆形，稍尖，上部叶披针状线形，渐尖；中脉在下面高起。头状花序通常 3～5 个，排列成多少密集的伞房花序；雌株的头状花序较大，总苞宽钟状或半球状；总苞片约 5 层，外层的总苞片上端圆形，被密棉毛，较内层短2～3 倍，被密棉毛，内层狭长，常披针形，上端尖，从中部以上白色或红色。雄株的头状花序宽达 7 毫米；总苞宽钟形，总苞片仅 3 层，较少数，外层的卵圆形，被棉毛，几与内层的等长，内层的倒卵圆形，上端圆形从中部以上红色。雌花花冠纤细；花柱分枝稍尖。雄花花冠管状，上部较宽大，有 5 枚裂片；花药基部有长尾；花柱上端稍头状。冠毛白色，雌花冠毛上端纤细，雄花冠毛上端棒槌状。瘦果微小，无毛，稍扁，有棱。花期 5～8 月。

　　生于高寒山地的林间草甸，也可生于明亮针叶林下。产于内蒙古呼伦贝尔市大兴安岭；中国甘肃、黑龙江、新疆也产；日本、哈萨克斯坦、蒙古以及欧洲、北美洲阿拉斯加也有分布。

丁香蓼属 ——【学　名】*Ludwigia*

【蒙古名】ᠲᠣᠯᠣᠭᠠᠢ ᠶᠢᠨ ᠡ᠊ᠪᠡᠰᠦ

【英文名】Seedbox

【生活型】直立或多年生草本，或一年生草本，水生或半湿生。

【茎】节上生根，常束生白色海绵质根状浮水器。

【叶】叶互生或对生，稀轮生；常全缘；托叶存在，常早落。

【花】花单生于叶腋，或组成顶生的穗状花序或总状花序，有小苞片2个，（3～）4～5数；花管不存在；萼片（3～）4～5个，花后宿存；花瓣与萼片同数，稀不存在，易脱落，黄色，稀白色，先端全缘或微凹；雄蕊与萼片同数或为萼片的2倍；花药以单体或四合花粉授粉；花盘位于花柱基部，隆起成锥状，在雄蕊着生基部有下陷的蜜腺；柱头头状，常浅裂，裂片数与子房室数一致；子房室数与萼片数相等，中轴胎座；胚珠每室多列或1列，稀上部多列而下部1列。

【果实和种子】蒴果室间开裂、室背开裂、不规则开裂或不裂。种子多数，与内果皮离生，或单个嵌入海绵质或木质的硬内果皮近圆锥状小盒里，近球形、长圆形，或不规则肾形；种脊多少明显，带形。

【分类地位】被子植物门、双子叶植物纲、原始花被亚纲、桃金娘目、柳叶菜科。

【种类】全属约有80种；中国有9种（含1杂交种）；内蒙古有1种。

140

假柳叶菜 *Ludwigia epilobioides*

一年生粗状直立草本。四棱形，带紫红色，多分枝，无毛或被微柔毛。叶狭椭圆形至狭披针形，先端渐尖，基部狭楔形，侧脉每侧8～13条，两面隆起，在近边缘彼此环结，但不明显，脉上疏被微柔毛；托叶很小，卵状三角形，三角状卵形，先端渐尖，被微柔毛；花瓣黄色，倒卵形，先端圆形，基部楔形；雄蕊与萼片同数，开花时以单花粉直接授在柱头上；花柱短；柱头球状，顶端微凹；花盘无毛。蒴果近无梗，初时具4～5条棱，表面瘤状隆起，熟时淡褐色，内果皮增厚变硬成木栓质，表面变平滑，使果成圆柱状，每室有1或2列稀疏嵌埋于内果皮的种子；果皮薄，熟时不规则开裂。种子狭卵球状，稍歪斜，顶端具钝突尖头，基部偏斜，淡褐色，表面具红褐色纵条纹，其间有横向的细网纹；种脊不明显。花期8～10月，果期9～11月。

生于河边、田埂或水稻田中。产于内蒙古兴安盟扎赉特旗保安沼；中国安徽、福建、广东、广西、贵州、海南、河北、黑龙江、河南、湖北、湖南、江苏、江西、吉林、辽宁、山西、山东、陕西、四川、台湾、云南、浙江也产；日本、朝鲜、俄罗斯、越南也有分布。

丁香属 ——【学　名】*Syringa*

【蒙古名】ᠲᠣᠣᠷᠮ᠎ᠠ ᠴᠡᠴᠡᠭ ᠦᠨ ᠲᠥᠷᠥᠯ

【英文名】Lilac

【生活型】落叶灌木或小乔木。

【茎】小枝近圆柱形或带四棱形,具皮孔。冬芽被芽鳞,顶芽常缺。

【叶】叶对生,单叶,稀复叶,全缘,稀分裂;具叶柄。

【花】花两性,聚伞花序排列成圆锥花序,顶生或侧生,与叶同时抽生或叶后抽生;具花梗或无花梗;花萼小,钟状,具 4 枚齿或为不规则齿裂,或近截形,宿存;花冠漏斗状、高脚碟状或近幅状,裂片 4 枚,开展或近直立,花蕾时呈镊合状排列;雄蕊 2 枚,着生于花冠管喉部至花冠管中部,内藏或伸出;子房 2 室,每室具下垂胚珠 2 颗,花柱丝状,短于雄蕊,柱头 2 裂。

【果实和种子】果为蒴果,微扁,2 室,室间开裂;种子扁平,有翅;子叶卵形,扁平;胚根向上。

【分类地位】被子植物门、双子叶植物纲、合瓣花亚纲、捩花目、木犀亚目、木犀科、木犀亚科、丁香族。

【种类】全属约有 19 种;东南欧产 2 种,日本、阿富汗各产 1 种,喜马拉雅地区产 1 种,朝鲜和中国共具 1 种,1 亚种,1 变种,其余均产自中国;内蒙古有 2 种,3 变种。

紫丁香 *Syringa oblata*

灌木或小乔木。树皮灰褐色或灰色。小枝较粗,疏生皮孔。叶片革质或厚纸质,卵圆形至肾形,宽常大于长,先端短凸尖至长渐尖或锐尖,基部心形、截形至近圆形,或宽楔形,上面深绿色,下面淡绿色;萌枝上叶片常呈长卵形,先端渐尖,基部截形至宽楔形。圆锥花序直立,由侧芽抽生,近球形或长圆形花;萼齿渐尖、锐尖或钝;花冠紫色,花冠管圆柱形,裂片呈直角开展,卵圆形、椭圆形至倒卵圆形,先端内弯略呈兜状或不内弯;花药黄色,位于距花冠管喉部 0～4 毫米处。果倒卵状椭圆形、卵形至长椭圆形,先端长渐尖,光滑。花期 6～10 月。

生于海拔约 300～2400 米阴坡山麓。产于内蒙古阿拉善盟贺兰山;中国甘肃、河北、河南、吉林、辽宁、宁夏、青海、山西、山东、陕西、四川也产;朝鲜也有分布。广泛栽培。

顶冰花属——【学　名】*Gagea*

【蒙古名】ᠵᠢᠮᠢᠨ᠎ᠠ ᠲᠣᠯᠣᠭᠠᠢ ᠶᠢᠨ ᠴᠡᠴᠡᠭ

【英文名】Gagea

【生活型】多年生草本。

【茎】鳞茎通常卵球形,较小,在鳞茎皮基部内外常有几个至多数小鳞茎(珠芽);鳞茎皮不延伸或上端延伸成筒状,抱茎。茎通常不分枝。

【叶】叶或只有 1～2 片基生叶,或除基生叶外还具有几片互生的茎生叶。

【花】花通常排成伞房花序、伞形花序或总状花序,少有单生;凡伞房花序和伞形花序的基部都有 1 个叶状总苞片;每一花梗中部或近基部通常都有 1 个小苞片,最外面的 1 个小苞片较大,常与总苞片相似而略小,貌似与它对生;花被片 6 枚,通常黄色或绿黄色,很少有白色或其他色的,离生,2 轮,外轮通常 5～9 条脉,内轮通常 3 条脉,无蜜腺窝,在果期花被片宿存,增大,变厚,中部常变为绿色或污紫色,边缘白色而膜质,一般比蒴果长一倍以上,至少长1/2;雄蕊 6 枚,3 枚长 3 枚短或 6 枚等长;花丝丝状或下部扁平,着生于花被片基部;花药卵形或矩圆形,基着;子房 3 室,每室具多颗胚珠;花柱一般较长,柱头较小,头状或 3 裂。

【果实和种子】蒴果倒卵形至矩圆形,通常有 3 棱,室背开裂,果皮薄。种子多数,卵形或狭椭圆形,扁平,有时有棱角。

【分类地位】被子植物门、单子叶植物纲、百合目、百合亚目、百合科、百合族。

【种类】全属约有 70 种;中国有 19 种;内蒙古有 2 种。

142

少花顶冰花 *Gagea pauciflora*

多年生草木。全株多少有微柔毛,下部尤其明显。鳞茎狭卵形,上端延伸成圆筒状,多少撕裂,抱茎。基生叶 1 片,通常脉上和边缘疏生微柔毛;茎生叶通常 1～3 片,下部 1 片披针状条形,比基生叶稍宽,上部渐小而为苞片状,基部边缘具疏柔毛。花 1～3 朵,排成近似总状花序;花被片条形,绿黄色,先端锐尖;雄蕊长为花被片的一半;子房矩圆形;花柱与子房近等长或略短,柱头 3 深裂,裂片长度通常超过 1 毫米。蒴果近倒卵形,长为宿存花被的 1/2～3/5。种子三角状,扁平。花期 4～6 月,果期6～7 月。

早春类短命植物,生于山地草甸或灌丛。产于内蒙古呼伦贝尔市、锡林郭勒盟、乌兰察布市、呼和浩特市、包头市、阿拉善盟;中国甘肃、河北、黑龙江、青海、山西、西藏也产;蒙古、俄罗斯也有分布。

顶羽菊属——【学　名】*Acroptilon*

【蒙古名】ᠣᠷᠢᠲᠤ ᠰᠢᠷᠠᠯᠵᠢ ᠶᠢᠨ ᠲᠥᠷᠥᠯ

【英文名】Acroptilon

【生活型】多年生草本。

【茎】茎直立，多分枝。

【叶】叶无柄，叶羽状分裂或边缘有锯齿。

【花】头状花序同型，含多数小花，多数在茎枝顶端排成伞房花序或伞房圆锥花序。总苞卵形或长椭圆状卵形。无毛。总苞片多层，覆瓦状排列，外层与内层圆形、半椭圆形，最内层线状披针形；全部总苞片顶端有白色膜质半透明的附片。花托有托毛。全部小花两性，管状，花冠红色或紫色。花药基部附属物小。花丝无毛。花柱分枝细长，顶端钝，花柱中部有毛环。

【果实和种子】瘦果倒长卵形，压扁，有不十分明显的细脉纹，顶端圆形，无果缘，基底着生面，平或稍见偏斜。冠毛多层，向内层渐长，基部不连合成环，易分散脱落，全部冠毛刚毛毛状，边缘短羽毛状。

【分类地位】被子植物门、双子叶植物纲、合瓣花亚纲、桔梗目、菊科、管状花亚科、菜蓟族、飞廉亚族。

【种类】全属有 1 种；中国有 1 种；内蒙古有 1 种。

143

顶羽菊 *Acroptilon repens*

多年生草本。根直伸。茎单生，或少数茎成簇生，直立，自基部分枝，分枝斜升，全部茎枝被蛛丝毛，被稠密的叶。全部茎叶质地稍坚硬，长椭圆形或匙形或线形，顶端钝或圆形或急尖而有小尖头，边缘全缘，无锯齿或少数不明显的细尖齿，或叶羽状半裂，侧裂片三角形或斜三角形，两面灰绿色，被稀疏蛛丝毛或脱毛。植株含多数头状花序，头状花序多数在茎枝顶端排成伞房花序或伞房圆锥花序。总苞卵形或椭圆状卵形。总苞片约 8 层，覆瓦状排列，向内层渐长，外层与中层卵形或宽倒卵形，上部有附属物，附属物圆钝；内层披针形或线状披针形，顶端附属物小。全部苞片附属物白色，透明，两面被稠密的长直毛。全部小花两性，管状，花冠粉红色或淡紫色。瘦果倒长卵形，淡白色，顶端圆形，无果缘，基底着生面稍见偏斜。冠毛白色，多层，向内层渐长，全部冠毛刚毛基部不连合成环，不脱落或分散脱落，短羽毛状。花果期5～9月。

生于荒漠草原地带和荒漠带芨芨草盐化草甸中，也生于灌溉和农田中。产于内蒙古呼和浩特市、鄂尔多斯市、巴彦淖尔市、乌海市、阿拉善盟；中国山西、河北、陕西、青海、甘肃、新疆也产；蒙古、俄罗斯、伊朗以及中亚地区也有分布。

东风菜属——【学　名】*Doellingeria*

【蒙古名】ᠨᠠᠷᠠᠨ ᠬᠦᠬᠡ ᠢᠳᠡᠰᠢ ᠶᠢᠨ ᠲᠥᠷᠥᠯ

【英文名】Doellingeria

【生活型】多年生草本。

【茎】有地下茎,茎直立。

【叶】叶互生,有锯齿,稀近全缘。

【花】头状花序稍小,伞房状排列,有异形花,外围有1层雌花,放射状,中央有多数两性花,都结果实。总苞半球状或宽钟状;总苞片2～3层,近覆瓦状排列或近等长,条状披针形,厚质或叶质,边缘常干膜质。花序托稍凸起,窝孔全缘或稍撕裂。雌花舌状,舌片常白色,矩圆状披针形,顶端有微齿。两性花管状,黄色,上部钟状,有5枚裂片;花药基部钝,近全缘;花柱分枝附片三角形或披针形,尖。冠毛同形,污白色,有多数不等长的细糙毛,与管状花花冠等长或不超过花冠的管部。

【果实和种子】瘦果圆柱形,两端稍狭,或稍扁,有5条厚肋,无毛或有疏粗毛。

【分类地位】被子植物门、双子叶植物纲、合瓣花亚纲、桔梗目、菊科、管状花亚科、紫菀花族。

【种类】全属约有7种;中国有2种;内蒙古有1种。

144

东风菜 *Doellingeria scaber*

多年生草本。根状茎粗壮。茎直立,上部有斜升的分枝,被微毛。基部叶在花期枯萎,叶片心形,边缘有具小尖头的齿,顶端尖,基部急狭成被微毛的柄;中部叶较小,卵状三角形,基部圆形或稍截形,有具翅的短柄;上部叶小,矩圆披针形或条形;全部叶两面被微糙毛,下面浅色,有三或五出脉,网脉显明。头状花序圆锥伞房状排列。总苞半球形;总苞片约3层,无毛,边缘宽膜质,有微缘毛,顶端尖或钝,覆瓦状排列。舌状花约10朵,舌片白色,条状矩圆形;管状花檐部钟状,有线状披针形裂片,管部急狭。瘦果倒卵圆形或椭圆形,除边肋外,一面有2条脉,一面有1～2条脉,无毛。冠毛污黄白色,有多数微糙毛。花期6～10月,果期8～10月。

生于森林草原带的阔叶林中、林缘、灌丛。产于内蒙古呼伦贝尔市、通辽市、赤峰市、乌兰察布市、呼和浩特市、包头市;中国安徽、福建、广东、广西、贵州、河北、黑龙江、河南、湖北、湖南、江苏、江西、吉林、辽宁、山西、山东、陕西、四川、浙江也产;日本、朝鲜、俄罗斯也有分布。

东爪草属——【学　名】*Tillaea*

【蒙古名】ᠲᠣᠯᠣᠭᠠᠶ ᠢᠨ ᠡᠪᠡᠰᠥᠨ ᠥᠨ ᠲᠥᠷᠥᠯ

【英文名】Rygmyweed

【生活型】一年生草本。

【叶】叶对生,线形或圆柱形,全缘。

【花】花小,不明显,腋生,单生或成聚伞花序,或成顶生圆锥花序;萼 3～5 裂,花瓣 3～5 片;雄蕊 3～5 枚,花丝丝状;鳞片 3～5 个,或缺;心皮 3～5 枚,分离,花柱顶生,心皮内胚珠 1 至多颗。

【分类地位】被子植物门、双子叶植物纲、原始花被亚纲、蔷薇目、虎耳草亚目、景天科。

【种类】全属约有 60 种;中国有 4 种;内蒙古有 1 种。

东爪草 *Tillaea aquatica*

一年生小草本。根须状。茎自基部分枝,直立或斜上,单一或分枝。叶对生,线状披针形,先端急尖,基部合生。花在叶腋单生,少有顶生,无花梗;萼片 4 个,卵形,钝;花瓣 4 片,白色,卵状长圆形,钝;雄蕊 4 枚,较花瓣短,对萼片生;鳞片 4 个,匙状线形,长为心皮之半;心皮 4 枚,卵状椭圆形,花柱短。蓇葖腹缝开裂;种子 10 多粒,长圆形,褐色。花期 5～7 月。

生于河滩或路边草地。产于内蒙古呼伦贝尔市牙克石市和扎兰屯市;中国黑龙江也产;日本、朝鲜、蒙古、俄罗斯以及欧洲、北美洲也有分布。

145

兜被兰属 ——【学　名】*Neottianthe*

　　　　　　　　【蒙古名】ᠬᠣᠣᠳ᠋ᠣᠷᠠ ᠰᠠᠷᠠᠪᠴᠢ ᠶᠢᠨ ᠲᠥᠷᠥᠯ

　　　　　　　　【英文名】Hoodorchis，Hoodshape Orchis

　　【生活型】陆生多年生草本。

　　【茎】块茎圆球形或椭圆形，肉质，不裂，颈部生几条细长根。

　　【叶】叶 1 或 2 片，基生或茎生。

　　【花】花序顶生，总状，常具几朵至多朵花，罕仅 1（～2）朵花；花苞片直立伸展；花通常小，罕大，紫红色、粉红色或近白色，罕淡黄色或黄绿色，常偏向一侧，倒置（唇瓣位于下方）；萼片近等大，彼此在 3/4 以上紧密靠合成兜；花瓣线形、线状披针形或长圆形，常较萼片稍短而狭，与中萼片贴生，罕与萼片近等宽；唇瓣向前伸展，从基部向下反折，常 3 裂，极罕在一株植物花序的某朵花中唇瓣的侧裂片再 2 裂，唇瓣成 4 裂或 5 裂，上面具极密的细乳突，中裂片线形、线状舌形、长方形、披针形或卵形，侧裂片常较中裂片短而窄，基部具距；蕊柱短，直立；花药直立，长圆形或椭圆形，2 室，先端钝，药室并行；花粉团 2 个，为具小团块的粒粉质，具短的花粉团柄和粘盘，粘盘小，卵形、近圆形或椭圆形，裸露；蕊喙小，隆起，三角形，位于药室基部之间；柱头 2 枚，隆起，多少呈棍棒状，位于蕊喙之下；退化雄蕊 2 枚，较小，近圆形，位于花药基部两侧。

　　【果实和种子】蒴果直立，无喙。

　　【分类地位】被子植物门、单子叶植物纲、微子目、兰科、兰亚科、兰族、兰亚族。

　　【种类】全属约有 12 种；中国有 12 种；内蒙古有 1 种。

二叶兜被兰 *Neottianthe cucullata*

　　块茎圆球形或卵形。茎直立或近直立，基部具 1～2 枚圆筒状鞘，其上具 2 枚近对生的叶，在叶之上常具 1～4 枚小的、渐尖的、披针形的不育苞片。叶近平展或直立伸展，叶片卵形、卵状披针形或椭圆形，先端急尖或渐尖，基部骤狭成抱茎的短鞘，叶上面有时具少数或多而密的紫红色斑点。总状花序具几朵至 10 余朵花，常偏向一侧；花苞片披针形，直立伸展，先端渐尖，最下面的长于子房或长于花；子房圆柱状纺锤形，扭转，稍弧曲，无毛；花紫红色或粉红色；萼片彼此紧密靠合成兜，先端急尖，具 1 条脉；侧萼片斜镰状披针形，先端急尖，具 1 条脉；花瓣披针状线形，先端急尖，具 1 条脉，与萼片贴生；唇瓣向前伸展，上面和边缘具细乳突，基部楔形，中部 3 裂，侧裂片线形，先端急尖，具 1 条脉，中裂片较侧裂片长而稍宽，向先端渐狭，端钝，具 3 条脉；距细圆筒状圆锥形，中部向前弯曲。花期 8～9 月。

　　生于山地海拔 400～4100 米的林下、林缘或灌丛中。产于内蒙古呼伦贝尔市、兴安盟、呼和浩特市；中国安徽、福建、甘肃、贵州、河北、黑龙江、河南、湖北、江西、吉林、辽宁、青海、山西、陕西、四川、西藏、云南、浙江也产；不丹、印度、日本、朝鲜、蒙古、尼泊尔、俄罗斯以及欧洲也有分布。

豆科——【学　名】*Leguminosae*

【蒙古名】ᠪᠦᠷᠴᠠᠭ ᠤᠨ ᠢᠵᠠᠭᠤᠷ

【英文名】Pea Family，Pulse Family，Legume Family

【生活型】乔木、灌木、亚灌木或草本，直立或攀援。

【叶】叶常绿或落叶，通常互生，稀对生，常为1回或2回羽状复叶，少数为掌状复叶或3片小叶、单小叶，或单叶，罕可变为叶状柄，叶具叶柄或无；托叶有或无，有时叶状或变为棘刺。

【花】花两性，稀单性，辐射对称或两侧对称，通常排成总状花序、聚伞花序、穗状花序、头状花序或圆锥花序。

【果实和种子】荚果，形状种种，成熟后沿缝线开裂或不裂，或断裂成含单粒种子的荚节；种子通常具革质或有时膜质的种皮，生于长短不等的珠柄上，有时由珠柄形成一多少肉质的假种皮，胚大，内胚乳无或极薄。

【种类】全科约有650属，18000种；中国有172属，1485种；内蒙古有38属，171种，32变种，8变型。

豆科 Leguminosae Juss. 是法国植物学家 Antoine Laurent de Jussieu（1748－1836）于1789年在"Genera plantarum 345"中建立的植物科，其科名词尾不是-aceae，现在应视为保留名称。Fabaceae Lindl. 是英国植物学家、园艺家和兰花专家 John Lindley（1799－1865）于1836年在"Natural System of Botany：or, a Systematic View of the Organisation，Natural Affinities，and Geographical Distribution, of the Whole Vegetable Kingdom；Together with the Uses of the Most Important Species in Medicine, the Arts，and Rural and Domestic Economy. Edition 2. London"（Intr. Nat. Syst. Bot.，ed. 2）上描述的植物科，模式属为 Faba，现在被组合在野豌豆属（*Vicia*）中。

在恩格勒系统（1964）中，豆科 Leguminosae 分为含羞草亚科（Mimosoideae）、云实亚科（Caesalpinioideae）和蝶形花亚科（Papilionideae），隶属蔷薇目（Rosales）、豆亚目（Leguminosineae）。在哈钦森系统（1959）中，豆目（Leguminales）包含苏木科（Caesalpiniaceae）、含羞草科（Mimosaceae）、蝶形花科（Papilionaceae）（Fabaceae），认为豆目出自蔷薇目。在塔赫他间系统（1980）中，豆目（Fabales）隶属蔷薇亚纲（Rosidae），只含豆科（Fabaceae）1个科，认为豆目起源于虎耳草目（Saxifragales），虎耳草目与蔷薇目有共同起源。在克朗奎斯特系统（1981）中，豆目（Fabales）也隶属蔷薇亚纲，包含苏木科（Caesalpiniaceae）、含羞草科（Mimosaceae）、豆科（Fabaceae）。

毒芹属——【学　名】*Cicuta*

【蒙古名】ᠬᠣᠣᠷᠲᠤ ᠵᠠᠭᠠᠨ ᠤ ᠲᠥᠷᠥᠯ

【英文名】Poisoncelery，Watehemlock

【生活型】多年生草本。

【茎】直立、光滑。

【叶】叶有柄；叶片 2～3 回羽状分裂；末回裂片线状披针形或窄披针形，边缘有锯齿或缺刻。

【花】复伞形花序，顶生或侧生；总苞片无或少数；伞辐多数，细长，上升开展；小总苞片多数，狭窄，长于或短于小花。花白色；萼齿 5 枚，阔三角形，与花瓣互生；花瓣倒卵形或近圆形，顶端有内折的小舌片；花柱基幼时扁压，圆盘状，花柱短，向外反曲。

【果实和种子】分生果卵形以至卵圆形，两侧扁压，合生面窄缩，主棱阔而钝，木栓质；每棱槽内油管 1 个，合生面油管 2 个；分生果横剖面近圆形，胚乳腹面平直或微凹，心皮柄 2 裂。

【分类地位】被子植物门、双子叶植物纲、原始花被亚纲、伞形目、伞形科、芹亚科、阿米芹族、葛缕子亚族、阿米芹族九棱类与真型类。

【种类】全属约有 20 种；中国有 1 种，1 变种；内蒙古有 1 种。

毒芹 *Cicuta virosa*

　　多年生粗壮草本。主根短缩，支根多数，肉质或纤维状，根状茎有节，内有横隔膜，褐色。茎单生，直立，圆筒形，中空，有条纹，基部有时略带淡紫色，上部有分枝，枝条上升开展。叶鞘膜质，抱茎；叶片轮廓呈三角形或三角状披针形，2～3 回羽状分裂；最下部的一对羽片有柄，羽片 3 裂至羽裂，裂片线状披针形或窄披针形，表面绿色，背面淡绿色，边缘疏生钝或锐锯齿，两面无毛或脉上有糙毛，较上部的茎生叶有短柄，叶片的分裂形状如同基生叶；最上部的茎生叶 1～2 回羽状分裂，末回裂片狭披针形，边缘疏生锯齿。复伞形花序顶生或腋生，花序梗，无毛；总苞片通常无或有 1 个线形的苞片；伞辐 6～25 枚，近等长；小总苞片多数，线状披针形，顶端长尖，中脉 1 条。小伞形花序有花 15～35 朵；萼齿明显，卵状三角形；花瓣白色，倒卵形或近圆形，顶端有内折的小舌片，中脉 1 条；花药近卵圆形；花柱基幼时扁压，光滑；花柱短，向外反折。分生果近卵圆形，合生面收缩，主棱阔，木栓质，每棱槽内油管 1 个，合生面油管 2 个；胚乳腹面微凹。花果期 7～8 月。

　　生于河边、沼泽、沼泽草甸、林缘草甸。产于内蒙古呼伦贝尔市、兴安盟、通辽市、赤峰市、呼和浩特市、鄂尔多斯市；中国甘肃、河北、黑龙江、吉林、辽宁、山西、陕西、四川、新疆、云南也产；日本、克什米尔、朝鲜、蒙古以及欧洲也有分布。

独活属——【学　名】*Heracleum*

【蒙古名】ᠵᠢᠮᠮᠢ ᠳᠤᠭᠤᠷᠢ ᠶᠢᠨ ᠡᠪᠡᠰᠦ (ᠱᠠᠭᠯᠠᠭᠤᠷ ᠶᠢᠨ ᠡᠪᠡᠰᠦ)

【英文名】Cowparsnip

【生活型】二年生或多年生草本。

【根】主根纺锤形或圆锥形。

【茎】茎直立,细长至粗大,分枝。

【叶】叶有柄,叶柄有宽展的叶鞘;叶片三出式或羽状多裂,裂片宽阔或窄狭,边缘有锯齿以至不同程度的半裂和分裂,薄膜质。

【花】花序为疏松的复伞形花序,花序梗顶生与腋生;总苞片少数或无;小总苞数个,全缘,稀分裂;伞辐多数,开展伸长;花白色、黄色或染有红色,花柄细长;萼齿细小或不显;花瓣倒卵形至倒心脏形,先端凹陷有窄狭的内折小舌片,外缘花瓣为辐射瓣;花柱基短圆锥形,花柱短,直立或弯曲。

【果实和种子】果实圆形、倒卵形或椭圆形,背部扁平,背棱和中棱丝线状,侧棱通常有翅;每棱槽内有油管 1 个,少数种类在侧棱槽中有油管 2 个,合生面油管 2～4 个,大而明显,其长度通常仅及果实长度的一半或超过。分生果的背部极扁压,胚乳的腹面平直,心皮柄 2 裂几达基部。

【分类地位】被子植物门、双子叶植物纲、原始花被亚纲、伞形目、伞形科、芹亚科、前胡族、环翅芹亚族。

【种类】全属约有 60 种;中国有 23 种,3 变种;内蒙古有 1 种。

149

短毛独活 *Heracleum lanatum*（*Heracleum moellendorffii*）

多年生草本。根圆锥形、粗大,多分歧,灰棕色。茎直立,有棱槽,上部开展分枝。叶有柄;叶片轮廓广卵形,薄膜质,三出式分裂,裂片广卵形至圆形、心形、不规则的3～5裂,裂片边缘具粗大的锯齿,尖锐至长尖;茎上部叶有显著宽展的叶鞘。复伞形花序顶生和侧生;总苞片少数,线状披针形;伞辐 12～30 枚,不等长;小总苞片 5～10个,披针形;花柄细长;萼齿不显著;花瓣白色,二型;花柱基短圆锥形,花柱叉开。分生果圆状倒卵形,顶端凹陷,背部扁平,有稀疏的柔毛或近光滑,背棱和中棱线状突起,侧棱宽阔;每棱槽内有油管 1 个,合生面油管 2 个,棒形,其长度为分生果的一半。胚乳腹面平直。花期 7～8 月,果期 8～10 月。

生于山坡林下、林缘、山沟溪边。产于内蒙古呼伦贝尔市、赤峰市、锡林郭勒盟、乌兰察布市、巴彦淖尔市;中国安徽、甘肃、河北、黑龙江、湖南、江苏、江西、吉林、辽宁、山西、山东、四川、云南、浙江也产;日本、朝鲜也有分布。

独丽花属——【学　名】*Moneses*

　　　　　　　【蒙古名】ᠣᠯᠠᠩᠬᠢ ᠴᠡᠴᠡᠭ ᠦᠨ ᠲᠥᠷᠥᠯ

　　　　　　　【英文名】Pyrola，Moneses

【生活型】矮小草本状半灌木。

【叶】叶对生或近轮生于茎基部。

【花】花单一，生于花葶顶端，下垂；花萼 5 全裂；花瓣 5 片，水平张开，花冠成碟状；无花盘；雄蕊 10 枚；花药有较长的小角，在顶端孔裂；花柱长而直立，柱头头状，5 裂。

【果实和种子】蒴果近球形，由基部向上 5 纵裂，裂瓣的边缘无蛛丝状毛。

【分类地位】被子植物门、双子叶植物纲、合瓣花亚纲、杜鹃花目、鹿蹄草科、鹿蹄草亚科。

【种类】全属有 1～2 种；中国有 1 种；内蒙古有 1 种。

独丽花 *Moneses uniflora*

　　常绿草本状矮小半灌木。根茎细，线状，横生，有分枝，生不定根及地上茎。叶对生或近轮生于茎基部，薄革质，圆卵形或近圆形，宽几与长相等，先端圆钝，基部近圆形或宽楔形并稍下延于叶柄，边缘有锯齿，上面绿色，下面淡绿色；叶柄较叶片短近 2 倍。花葶有狭翅，有 1～2 片鳞片状叶，卵形，兜状，边缘有细缘毛。花单生于花葶顶端，花冠水平广开展，碟状，下垂，白色，具芳香；萼片卵圆形或卵状椭圆形，较花瓣短约 3～4 倍，先端近圆头或钝头状，边缘有细缘毛，绿色或淡绿白色；花瓣卵形；雄蕊 10 枚，每 2 枚与花瓣对生，花丝细长，无毛，花药有较长的小角，在顶端孔裂，黄色；花柱直立，柱头头状，5 裂。蒴果近球形，由基部向上 5 瓣裂，裂瓣边缘无蛛丝状毛。花期 7～8 月，果期 8 月。

　　生于林内潮湿地。产于内蒙古阿拉善盟贺兰山；中国甘肃、黑龙江、吉林、陕西、四川、台湾、新疆、云南也产；日本、朝鲜、蒙古以及欧洲、北温带、亚北极区广泛分布。

独行菜属 ——【学　名】*Lepidium*

　　　　　　　　【蒙古名】ᠬᠠᠰᠢᠷᠤ ᠶ᠋ᠢᠨ ᠡᠪᠡᠰᠦ

　　　　　　　　【英文名】Pepperweed,Peppergrass

【生活型】一年至多年生草本或半灌木,常具单毛,腺毛,柱状毛。

【茎】茎单一或多数,分枝。

【叶】叶草质至纸质,线状钻形至宽椭圆形,全缘、锯齿缘至羽状深裂,有叶柄,或基部深心形抱茎。

【花】总状花序顶生及腋生;萼片长方形或线状披针形,稍凹,基部不成囊状,具白色或红色边缘;花瓣白色,少数带粉红色或微黄色,线形至匙形,比萼片短,有时退化或不存;雄蕊6枚,常退化成2或4枚,基部间具微小蜜腺;花柱短或不存,柱头头状,有时稍2裂;子房常有2颗胚珠。

【果实和种子】短角果卵形、倒卵形、圆形或椭圆形,扁平,开裂,有窄隔膜,果瓣有龙骨状突起,或上部稍有翅。种子卵形或椭圆形,无翅或有翅;子叶背倚胚根,很少缘倚胚根。

【分类地位】被子植物门、双子叶植物纲、原始花被亚纲、罂粟目、白花菜亚目、十字花科、独行菜族。

【种类】全属约有150种;中国约有15种,1变种;内蒙古有6种,1变种。

独行菜 *Lepidium apetalum*

　　一年生或二年生草本;茎直立,有分枝,无毛或具微小头状毛。基生叶窄匙形,1回羽状浅裂或深裂;茎上部叶线形,有疏齿或全缘。总状花序在果期可延长至5厘米;萼片早落,卵形,外面有柔毛;花瓣不存或退化成丝状,比萼片短;雄蕊2或4枚。短角果近圆形或宽椭圆形,扁平,顶端微缺,上部有短翅,隔膜宽不到1毫米;果梗弧形。种子椭圆形,平滑,棕红色。花果期5~7月。

　　生于庭院、村边、路旁、田间撂荒地。产于内蒙古各地;中国安徽、甘肃、贵州、河北、黑龙江、河南、湖北、江苏、吉林、辽宁、宁夏、青海、山西、山东、陕西、四川、新疆、西藏、云南、浙江也产;印度、日本、哈萨克斯坦、朝鲜、蒙古、尼泊尔、巴基斯坦也有分布。

杜鹃花科——【学　名】*Ericaceae*

【蒙古名】ᠣᠷᠬᠣᠳᠠᠢ ᠶᠢᠨ ᠲᠥᠷᠥᠯ

【英文名】Heath Family

【生活型】灌木或乔木。

【茎】地生或附生;通常常绿,少有半常绿或落叶。

【叶】叶革质,少有纸质,互生,极少假轮生,稀交互对生,全缘或有锯齿,不分裂,被各式毛或鳞片,或无覆被物;不具托叶。

【花】花单生或组成总状、圆锥状或伞形总状花序,顶生或腋生,两性,辐射对称或略两侧对称;具苞片;花萼4～5裂,宿存,有时花后肉质;花瓣合生成钟状、坛状、漏斗状或高脚碟状,稀离生,花冠通常5裂,裂片覆瓦状排列;雄蕊为花冠裂片的2倍,少有同数,稀更多,花丝分离,稀略粘合,花盘盘状,具厚圆齿;子房上位或下位,(2～)5(～12)室,稀更多,每室有胚珠多数,稀1颗;花柱和柱头单一。

【果实和种子】蒴果或浆果,少有浆果状蒴果;种子小,粒状或锯屑状,无翅或有狭翅,或两端具伸长的尾状附属物;胚圆柱形,胚乳丰富。

【种类】全科约有103属,3350种;中国有15属,约757种;内蒙古有6属,11种,2变种。

杜鹃花科 Ericaceae Juss. 是法国植物学家 Antoine Laurent de Jussieu(1748—1836)于1789年在"Genera plantarum 159—160"(Gen. Pl.)中建立的植物科,模式属为欧石楠属(*Erica*)。

在恩格勒系统(1964)中,杜鹃花科隶属合瓣花亚纲(Sympetalae)、杜鹃花目(Ericales),本目还有山柳科(Clethraceae)、鹿蹄草科(Pyrolaceae)、岩高兰科(Empetraceae)、尖苞树科(Epacridaceae)。在哈钦森系统(1959)中,杜鹃花科隶属于双子叶植物木本支(Lignosae)、杜鹃花目,含杜鹃花科、山柳科、鹿蹄草科、尖苞树科、岩梅科(Diapensiaceae)、水晶兰科(Monotropaceae)、盖裂寄生科(Lennoaceae)、乌饭树科(Vacciniaceae)8个科,比恩格勒系统的范围大。乌饭树科(Vacciniaceae),也叫越橘科,在恩格勒系统中为杜鹃花科的一个亚科(越橘亚科 Vaccinioideae),但在哈钦森系统中则提升为一个独立的科。哈钦森系统认为杜鹃花目来自山茶目(Theales)。在塔赫他间系统(1980)中,杜鹃花目隶属五桠果亚纲(Dilleniidae),含杜鹃花科、猕猴桃科(Actinidaceae)、山柳科、岩高兰科、尖苞树科、岩梅科、翅萼树科(Cyrillaceae)、假石南科(Grubbiaceae)8个科,认为杜鹃花目不直接来源于山茶目,而是与山茶目有共同祖先,这共同祖先来自五桠果目(Dillaniales),但杜鹃花目比山茶目更进化。在克朗奎斯特系统(1981)中,杜鹃花目也隶属五桠果亚纲(Dilleniidae),也含8个科,但不包含塔赫他间系统杜鹃花目的猕猴桃科和岩梅科,而含哈钦森系统杜鹃花目的鹿蹄草科和水晶兰科,其余6个科与塔赫他间系统相同。在恩格勒系统中,杜鹃花科被放在合瓣花亚纲,属于合瓣花类;但在塔赫他间系统和克朗奎斯特系统中,杜鹃花科被放在五桠果亚纲,其位置远离具有合瓣花的菊亚纲(Asteridae)。

杜鹃属 ——【学　名】*Rhododendron*

【蒙古名】ᠣᠷᠣᠢ ᠢᠢᠨ ᠴᠡᠴᠡᠭ

【英文名】Azalea Rose Bay

【生活型】灌木或乔木,有时矮小成垫状,地生或附生。

【叶】叶常绿或落叶、半落叶,互生,全缘,稀有不明显的小齿。

【花】花芽被多数形态大小有变异的芽鳞。花显著,形小至大,通常排列成伞形总状或短总状花序,稀单花,通常顶生,少有腋生;花萼 5(～6～8)裂或环状无明显裂片,宿存;花冠漏斗状、钟状、管状或高脚碟状,整齐或略两侧对称,5(～6～8)裂,裂片在芽内覆瓦状;雄蕊 5～10 枚,通常 10 枚,稀 15～20(～27)枚,着生花冠基部,花药无附属物,顶孔开裂或为略微偏斜的孔裂;花盘多少增厚而显著,5～10(～14)裂;子房通常 5 室,少有 6～20 室,花柱细长劲直或粗短而弯弓状,宿存。

【果实和种子】蒴果自顶部向下室间开裂,果瓣木质,少有质薄者开裂后果瓣多少扭曲。种子多数,细小,纺锤形,具膜质薄翅,或种子两端有明显或不明显的鳍状翅,或无翅但两端具狭长或尾状附属物。

【分类地位】被子植物门、双子叶植物纲、合瓣花亚纲、杜鹃花目、杜鹃花科、杜鹃花亚科。

【种类】全属约有 960 种;中国有 542 种(不包括种下等级);内蒙古有 4 种。

兴安杜鹃 *Rhododendron dauricum*

半常绿灌木。分枝多。幼枝细而弯曲,被柔毛和鳞片。叶片近革质,椭圆形或长圆形,两端钝,有时基部宽楔形,全缘或有细钝齿,上面深绿,散生鳞片,下面淡绿,密被鳞片,鳞片不等大,褐色,覆瓦状或彼此邻接,或相距为其直径的 1/2 或 1.5 倍;叶被微柔毛。花序腋生枝顶或假顶生,1～4 朵花,先叶开放,伞形着生;花芽鳞早落或宿存;花萼 5 裂,密被鳞片;花冠宽漏斗状,粉红色或紫红色,外面无鳞片,通常有柔毛;雄蕊 10 枚,短于花冠,花药紫红色,花丝下部有柔毛;子房 5 室,密被鳞片,花柱紫红色,光滑,长于花冠。蒴果长圆形,先端 5 瓣开裂。花期 5～6 月,果期 7 月。

生于山地落叶松林、桦木林下及林缘;产于内蒙古呼伦贝尔市、锡林郭勒盟;中国黑龙江、吉林也产;日本、朝鲜、蒙古、俄罗斯也有分布。

杜香属——【学　名】*Ledum*

　　　　　　【蒙古名】ᠲᠣᠰᠣᠷ ᠤᠨ ᠡ᠊ᠪᠡᠰᠦ

　　　　　　【英文名】Ledum

【生活型】常绿灌木,矮小。

【茎】多分枝,含树脂。

【叶】叶具短柄,革质,条形或狭长圆形,全缘,边反卷,下面有白色或锈褐色绵毛或柔毛,揉之有香气。

【花】花小,白色,多花成顶生伞形总状花序;花梗基部有苞片;苞片干膜质,早落;小苞片无。花萼小,5齿,宿存;花冠白色,花瓣离生至基部,覆瓦状排列;雄蕊5~8~10枚,伸出,花丝丝状,花药小,背面基着,近2球形,无附属物,药室顶部分离,顶孔开裂;花盘环状,8~10裂;子房卵球形,被鳞片,5室,花柱线形,柱头钝5裂;每室胚珠多数。

【果实和种子】蒴果椭圆形或长圆形,从基部向上室间5瓣裂,具多数种子。种子细小,外种皮疏松,胚乳肉质。

【分类地位】被子植物门、双子叶植物纲、合瓣花亚纲、杜鹃花目、杜鹃花科、杜鹃花亚科。

【种类】全属约有3~4种;中国有1种,2变种;内蒙古有2变种。

154

狭叶杜香(小叶杜香)*Ledum palustre var. angustum*(*Ledum palustre var. decunbens*)

　　灌木,矮小,平卧。叶较短小。枝纤细,幼枝密被锈色绵毛,顶芽显著,卵形,芽鳞密生锈色茸毛。叶线形,边缘强烈反卷,上面暗绿,多皱,下面密被锈色茸毛,中脉隆起。花多数,小型,乳白色;花梗细长,密生锈色茸毛;萼片5个,卵圆形,宿存;雄蕊10枚,花丝基部有毛;花柱宿存。蒴果卵形。花期6~7月,果期7~8月。

　　生于山地林下、落叶松林下及水藓沼泽中。产于内蒙古呼伦贝尔市、兴安盟;中国黑龙江也产;蒙古以及东北亚、中欧、北欧、北美洲也有分布。

短柄草属 ——【学　名】*Brachypodium*

　　　　　　　【蒙古名】ᠪᠣᠭᠣᠴᠠᠷᠳᠤ ᠬᠥᠬᠡ ᠶᠢᠨ ᠣᠪᠣᠭ

　　　　　　　【英文名】Falsebrome

　　【生活型】多年生草本。

　　【茎】具长匍匐根状茎。秆直立,节生柔毛。

　　【叶】叶鞘无毛或柔毛;叶舌膜质;叶片线形,扁平,粗糙或有毛。

　　【花】穗形总状花序顶生。具 3 至 10 余枚小穗;小穗具短柄,被微毛,单生于穗轴之各节,含 3 至多朵小花,两侧压扁或略呈圆柱形;小穗轴脱节于颖之上和各小花之间,粗糙或生短毛;颖片披针形,纸质,第一颖短小,有 3 至 7 条脉,第二颖具 5~9 条脉;外稃长圆状披针形,厚纸质,有 5~9 条脉,背部圆形,有时生短毛,顶端具短尖头或延伸成直芒;内稃等长或稍短于外稃,脊粗糙或具短纤毛,顶端截平或微凹;雄蕊 3 枚,花药长线形。

　　【果实和种子】颖果狭长圆形,顶端有毛茸,一具腹沟,分离或多少附着于内稃。

　　【分类地位】被子植物门、单子叶植物纲、禾本目、禾本科、早熟禾亚科、短柄草族。

　　【种类】全属约有 20 种;中国有 7 种;内蒙古有 1 种。

兴安短柄草 *Brachypodium pinnatum*

　　多年生木。根状茎匍匐横走;被有光泽的革质苞片。秆直立,具 4~5 节,节生柔毛或粗糙;叶舌被微毛;叶鞘短于其节间,生倒向柔毛;叶片扁平或内卷,质地较硬,散生柔毛或无毛。穗形总状花序,直立;小穗圆筒形,含 8~18 朵小花;颖披针形,常被柔毛,先端渐尖,第一颖具 3~5 条脉,第二颖具 7 条脉;外稃具 9 条脉,无毛或背面与边缘生柔毛;内稃短于外稃,沿脊具长纤毛。花期 8 月。

　　生于林缘草地。产于内蒙古赤峰市、锡林郭勒盟、乌兰察布市、呼和浩特市;中国陕西、西藏、云南也产;哈萨克斯坦、吉尔吉斯斯坦、蒙古以及北非、西南亚、欧洲也有分布。

短舌菊属——【学　名】*Brachanthemum*

　　　　　　　　【蒙古名】ᠣᠢᠬᠤᠷ ᠲᠤ ᠴᠡᠴᠡᠭ

　　　　　　　　【英文名】Shorttonguedaisy

【生活型】小半灌木,被单毛、叉状分枝的毛或星状毛。

【叶】叶互生或几成对生,羽状或掌状或掌式羽伏分裂。

【花】头状花序异型,单生顶端,或少数或多数排成疏散或紧密的伞房花序。边花雌性,舌状,1～15朵,极少无舌状花而边缘雌花成管状的。中央盘花两性管状。总苞钟状、半球形或倒圆锥状。总苞片4～5层,硬草质,边缘光亮或褐色膜质。花托突起,钝圆锥状,无托毛,或花托平面有短托毛。舌状花黄色,少白色;舌片卵形或椭圆形。管状花黄色,顶端5齿裂。花柱分枝线形,顶端截形。

【果实和种子】全部瘦果同形,圆柱形,基部收窄,有5条脉纹。无冠状冠毛。

【分类地位】被子植物门、双子叶植物纲、合瓣花亚纲、桔梗目、菊科、管状花亚科、春黄菊族、菊亚族。

【种类】全属约有7种;中国约有5种;内蒙古有2种。

戈壁短舌菊 *Brachanthemum gobicum*

　　灌木。茎自基部多分枝,开展,老枝外皮灰黄色,通常呈不规则条状剥裂;小枝白黄色或棕色,下部无毛,上部被或疏或密的短柔毛和腺体。叶灰绿色,稍肉质,枝下部叶羽状3～5深裂;枝上部叶狭条形,全缘。头状花序单生于枝端,矩圆形;外层总苞片较小,卵圆形,内层总苞片披针形,内外总苞片均为先端钝圆,边缘膜质,背部凸起,密被短柔毛和腺点。无舌状花,管状花花冠下部淡绿色,疏被柔毛和腺体,上部黄色。瘦果略具3条棱,无毛。花果期8～9月。

　　生于典型荒漠及草原化荒漠地带的砂砾质戈壁,为阿拉善荒漠的特有植物。产于内蒙古巴彦淖尔市、阿拉善盟;蒙古也有分布。

短星菊属——【学　名】*Brachyactis*

【蒙古名】ᠣᠳᠣᠨ ᠴᠡᠴᠡᠭ ᠤᠨ ᠲᠦᠷᠦᠯ

【英文名】Brachyactis

【生活型】一年生或多年生草本。

【茎】茎直立或斜升,常自基部分枝和有总状圆锥状的短枝。

【叶】叶互生,全缘或具齿。

【花】头状花序具异型花,盘状,多数或较多数,排成总状或总状圆锥花序,稀单生或数个生于上部叶腋;总苞半球状,总苞生草质,2～3层,线形或线状披针形,不等长,外层常叶质,绿色,边缘具狭膜质或具粗缘毛;花托平,无毛,多少具窝孔;花全部结实,外围的雌花多数,1至数层,花冠管状,管部短于花柱顶端斜切,具微毛,无舌片,或舌状,具极细的舌片,明显超出花柱;中央的两性花常短于冠毛,花冠管状,上端具5齿裂。花柱分枝披针形,顶端尖;花药基部钝,全缘。

【果实和种子】瘦果倒卵形或长圆形,扁压,基部缩小,被贴伏微毛;冠毛白色或污白色,2层,糙毛状,外层极短。

【分类地位】被子植物门、双子叶植物纲、合瓣花亚纲、桔梗目、菊科、管状花亚科、紫菀族。

【种类】全属约有5种;中国有4种;内蒙古有1种。

157

短星菊 *Brachyactis ciliata*

　　一年生草本。茎直立,自基部分枝,少有不分枝,下部常紫红色,无毛或近无毛,上部及分枝被疏短糙毛。叶较密集,基部叶花期常凋落。叶无柄,线形或线状披针形,顶端尖或稍尖,基部半抱茎,全缘,上面被疏短毛或几无毛,边缘有糙缘毛,上部叶渐小而逐渐变成总苞片。头状花序多数或较多数,在茎或枝端排成总状圆锥花序,少有单生于枝顶端,具短花序梗。总苞半球状钟形,总苞片2～3层,线形,不等长,短于花盘,顶端尖,外层绿色,草质,有时反折,顶端及边缘有缘毛,内层下部边缘膜质,上部草质。雌花多数,花冠细管状,无色,上端斜切,或有短舌片,上部及斜切口被微毛;两性花花冠管状,管部上端被微毛,无色或裂片淡粉色,花柱分枝披针形,花全部结实。瘦果长圆形,基部缩小,红褐色,被密短软毛;冠毛白色2层,外层刚毛状,极短,内层糙毛状。花果期8～10月。

　　生于盐碱湿地、水泡子边、砂质地、山坡石缝阴湿处。产于内蒙古各地;中国黑龙江、辽宁、河北、山西、陕西、甘肃、宁夏、新疆也产;日本、蒙古、朝鲜、俄罗斯以及中亚地区也有分布。

内蒙古种子植物科属词典

椴树科——【学　名】*Tiliaceae*

【蒙古名】ᠣᠢᠣ ᠲᠣᠭᠣᠢ ᠊ᠣ ᠲᠦᠷᠦᠯ

【英文名】Linden Family

【生活型】乔木、灌木或草本。

【叶】单叶互生，稀对生，具基出脉，全缘或有锯齿，有时浅裂；托叶存在或缺，如果存在往往早落或有宿存。

【花】花两性或单性雌雄异株，辐射对称，排成聚伞花序或再组成圆锥花序；苞片早落，有时大而宿存；萼片通常5个，有时4个，分离或多少连生，镊合状排列；花瓣与萼片同数，分离，有时或缺；内侧常有腺体，或有花瓣状退化雄蕊，与花瓣对生；雌雄蕊柄存在或缺；雄蕊多数，稀5枚，离生或基部连生成束，花药2室，纵裂或顶端孔裂；子房上位，2～6室，有时更多，每室有胚珠1至数颗，生于中轴胎座，花柱单生，有时分裂，柱头锥状或盾状，常有分裂。

【果实和种子】果为核果、蒴果、裂果，有时浆果状或翅果状，2～10室；种子无假种皮，胚乳存在，胚直，子叶扁平。

【种类】全科约有52属，500种；中国有13属，85种；内蒙古有1属，3种。

椴树科 Tiliaceae Juss. 是法国植物学家 Antoine Laurent de Jussieu(1748—1836)于 1789 年在"Genera plantarum? 289"(Gen. Pl.)中建立的植物科，模式属为椴树属(*Tilia*)。

在恩格勒系统(1964)中，椴树科隶属原始花被亚纲(Archichlamydeae)、锦葵目(Malvales)，本目还包括杜英科(Elaeocarpaceae)、旋花树科(Sarcolaenaceae)、锦葵科(Malvaceae)、木棉科(Bombaceae)、梧桐科(Sterculiaceae)、木果树科(Scytopetalaceae)。在哈钦森系统(1959)中，椴树科隶属于双子叶植物木本支(Lignosae)的椴树目(Tiliales)，含八瓣果科(Dirachmaceae)、木果树科、椴树科、梧桐科、巴西肉盘科(Peridiscaceae)和木棉科，而锦葵科另立为锦葵目，认为由椴树目发展出锦葵目。在塔赫他间系统(1980)中，锦葵目隶属五桠果亚纲(Dilleniidae)，含杜英科、椴树科、梧桐科、葱味木科(Huaceae)、木果树科、龙脑香科(Dipterocarpaceae)、旋花树科、刺果树科、木棉科、锦葵科，锦葵目由堇菜目(Violales)演化而来。在克朗奎斯特系统(1981)中，锦葵目也隶属五桠果亚纲，含杜英科、椴树科、梧桐科、木棉科、锦葵科，范围比塔赫他间系统小，锦葵目是由山茶目演化出的一支。

椴树属——【学　名】*Tilia*

【蒙古名】ᠱᠥᠭᠡ ᠬᠦᠷᠥᠰᠥ ᠶᠢᠨ ᠣᠪᠣᠭ

【英文名】Linden, Basswood, Lime

【生活型】落叶乔木。

【叶】单叶,互生,有长柄,基部常为斜心形,全缘或有锯齿;托叶早落。

【花】花两性,白色或黄色,排成聚伞花序,花序柄下半部常与长舌状的苞片合生;萼片5个;花瓣5片,覆瓦状排列,基部常有小鳞片;雄蕊多数,离生或连合成5束;退化雄蕊呈花瓣状,与花瓣对生;子房5室,每室有胚珠2颗,花柱简单,柱头5裂。

【果实和种子】果实圆球形或椭圆形,核果状,稀为浆果状,不开裂,稀干后开裂,有种子1～2粒。

【分类地位】被林植物门、双子叶植物纲、原始花被亚纲、锦葵目、椴树科、椴树亚科、椴树族。

【种类】全属约有80种;中国有32种;内蒙古有3种。

蒙椴 *Tilia mongolica*

　　乔木。树皮淡灰色,有不规则薄片状脱落;嫩枝无毛,顶芽卵形,无毛。叶阔卵形或圆形,先端渐尖,常出现3裂,基部微心形或斜截形,上面无毛,下面仅脉腋内有毛丛,侧脉4～5对,边缘有粗锯齿,齿尖突出;叶柄无毛,纤细。聚伞花序有花6～12朵,花序柄无毛;花柄纤细;苞片窄长圆形,两面均无毛,上下两端钝,下半部与花序柄合生,基部有柄;萼片披针形,外面近无毛;退化雄蕊花瓣状,稍窄小;雄蕊与萼片等长;子房有毛,花柱秃净。果实倒卵形,被毛,有棱或有不明显的棱。花期7～8月,果期8～9月。

　　生于山地杂木林区及山坡。产于内蒙古兴安盟、赤峰市、锡林郭勒盟、乌兰察布市、呼和浩特市、巴彦淖尔市;中国河北、河南、辽宁、陕西也产。

对叶兰属——【学　名】*Listera*

【蒙古名】ᠬᠠᠷᠢᠶᠠᠲᠤ ᠶᠢᠨ ᠡᠪᠡᠰᠦ

【英文名】Listera

【生活型】地生小草本。

【茎】根状茎略粗短，横走；根伸长，成簇。茎直立，一般近基部处具1～3枚圆筒状或鳞片状的膜质鞘，在叶以下部分无毛，叶以上部分通常被短柔毛，极少近无毛或部分无毛。

【叶】叶通常2片，极少例外，位于植株中部至近上部处，对生或近对生；叶片卵形、正三角状卵形、卵状心形或近心形，基部浅心形、截形或宽楔形，无柄或近无柄；叶和花序之间常具1～5片苞片状小叶，向上逐渐过渡为花苞片。

【花】花通常多朵排成顶生的总状花序，极少减退为单花；花苞片宿存，通常短于子房；萼片与花瓣离生，相似；侧萼片常稍斜展；唇瓣明显大于萼片和花瓣，通常先端2深裂，极少数先端不裂、微凹或3裂，有时基部两侧具一对耳状小裂片，上面中央通常具蜜槽，无距；唇瓣裂片平行伸展，稍叉开至极叉开，边缘具细缘毛，极少具粗大的梳状锯齿；蕊柱直立或稍向前弓曲；花药直立，2室；花粉团2个，每个多少纵裂为2枚，粒粉质，无花粉团柄；蕊喙大，舌状或卵形，位于花药下方，平展或斜伸；柱头凹陷，位于蕊喙下方。

【果实和种子】蒴果细小。

【分类地位】被子植物门、单子叶植物纲、微子目、兰科、兰亚科、鸟巢兰族、对叶兰亚族。

【种类】全属约有35种；中国有21种，4变种；内蒙古有1种。

对叶兰 *Listera puberula*

具细长的根状茎。茎纤细，近基部处具2片膜质鞘，近中部处具2片对生叶，叶以上部分被短柔毛。叶片心形、宽卵形或宽卵状三角形，宽度通常稍超过长度，先端急尖或钝，基部宽楔形或近心形，边缘常多少呈皱波状。总状花序被短柔毛，疏生4～7朵花；花苞片披针形，先端急尖，无毛；花梗具短柔毛；花绿色，很小；中萼片卵状披针形，先端近急尖，具1条脉；侧萼片斜卵状披针形，与中萼片近等长；花瓣线形，具1条脉；唇瓣窄倒卵状楔形或长圆状楔形，中脉较粗，外侧边缘多少具乳突状细缘毛，先端2裂；裂片长圆形，2枚裂片叉开或几平行；稍向前倾；花药向前俯倾；蕊喙大，宽卵形，短于花药。蒴果倒卵形。花期7～9月，果期9～10月。

生于内蒙古呼伦贝尔市、赤峰市、乌兰察布市；中国黑龙江、吉林、辽宁、河北、山西、甘肃、青海、四川、贵州也产；日本、朝鲜、俄罗斯也有分布。

钝背草属——【学　名】*Amblynotus*

【蒙古名】ᠬᠥᠮᠥᠷᠢᠭ ᠶᠢᠨ ᠡᠪᠡᠰᠦ (ᠬᠤᠭᠤᠷᠢ᠂ ᠲᠠᠯ ᠶᠢᠨ ᠡᠪᠡᠰᠦ)

【英文名】Amblynotus

【生活型】多年生草本。

【茎】丛生,有糙伏毛。

【叶】叶互生,倒披针形,先端钝。

【花】镰状聚伞花序,有苞片;花萼5裂至基部,裂片线形,直伸,果期稍增大;花冠蓝色,筒部比萼短,檐部宽钟形,裂片钝,覆瓦状排列,喉部有附属物;雄蕊5枚,着生花冠筒中部,内藏,花丝很短,花药长圆形,两端钝;子房4裂,花柱短,内藏,柱头头状;雌蕊基近平坦。

【果实和种子】小坚果直立,微弯,背面凸,无毛,有光泽,腹面纵龙骨状,着生面在腹面基部,三角形。

【分类地位】被子植物门、双子叶植物纲、合瓣花亚纲、管状花目、紫草科、紫草亚科、齿缘草族。

【种类】全属有1种;中国有1种;内蒙古有1种。

钝背草 *Amblynotus obovatus*(*Amblynotus rupestris*)

多年生小草本。茎数条至多条,直立,斜升或外倾,上部稍分枝,有贴伏短糙毛。叶小,密生糙伏毛,基生叶和茎下部叶狭匙形,基部渐狭成细柄,中部以上叶无柄,狭倒卵形或线状倒披针形,较小。花序有数朵花;花有短花梗,苞片与上部茎生叶同形而较小,花序轴、花梗及花萼两面都密生短糙伏毛;花萼裂片果期几不增大;花冠蓝色,裂片倒卵形或近圆形,全缘,开展,喉部附属物半圆形,肥厚;花柱柱头头状。小坚果歪卵形,淡黄白色,背面圆钝,腹面有纵隆脊。种子褐色,背腹扁,卵形。花果期6～8月。

生于草原、砾石质草原及沙质草原上。产于内蒙古呼伦贝尔市、锡林郭勒盟、包头市;中国黑龙江、新疆也产;哈萨克斯坦、蒙古、俄罗斯也有分布。

钝基草属（帖木儿草属）——【学　名】*Timouria*

【蒙古名】ᠲᠢᠮᠦᠷ ᠶᠢᠨ ᠡᠪᠡᠰᠦ

【英文名】Dunegrass

【生活型】多年生草本。

【叶】叶片卷折成锥状。

【花】圆锥花序狭窄，顶生，紧密呈穗状。小穗柄短；含1朵小花，两性；两颖稍不等长，点状粗糙；外稃短于颖，具3条脉，背部贴生短柔毛，顶端具2枚短齿，芒自裂齿间伸出，细直，早落；内稃具2条脉，脉间贴生短柔毛；鳞被3枚；花药3室，顶端无毛。

【果实和种子】颖果纺锤形。

【分类地位】被子植物门、单子叶植物纲、禾本目、禾本科、早熟禾亚科、针茅族。

【种类】全属有1种；中国有1种；内蒙古有1种。

钝基草 *Timouria saposhnikowii*

多年生草本。帖木儿草植株具短根状茎。秆细弱，直立，丛生，具2～3节，基部宿存枯萎的叶鞘。叶鞘紧密抱茎，平滑，常短于节间；叶舌薄膜质；叶片质地较硬，直立，纵卷如针状。圆锥花序狭窄，紧密呈穗状，分枝微粗糙，贴向主轴，自基部即生小穗；小穗草黄色；颖披针形，先端渐尖，背部点状粗糙，具3条脉，中脉甚粗糙；外稃背部被短毛，顶端2裂，具3条脉，侧脉于顶端裂口处与中脉汇合，并向上延伸成芒，芒短而直或在基部稍扭转，微粗糙，基盘短钝，具髭毛；内稃等长或稍短于外稃，具2条脉，脉间有短毛；鳞被3枚，顶端无毛。颖果纺锤形。花果期8～9月。

生于干燥砾石质坡地。产于内蒙古鄂尔多斯市、巴彦淖尔市、阿拉善盟；中国甘肃、新疆也产；中亚地区也有分布。

多榔菊属——【学　名】*Doronicum*

【蒙古名】ᠳᠣᠷᠣᠨᠢᠺᠦᠮ ᠶᠢᠨ ᠲᠥᠷᠥᠯ（ᠳᠣᠷᠣᠨᠢᠺᠦᠮ ᠤᠨ ᠲᠥᠷᠥᠯ）

【英文名】Doronicum

【生活型】多年生草本。

【叶】叶互生,基生叶具长柄;茎叶疏生,常抱茎或半抱茎。

【花】头状花序大或较大,通常单生或有时 2～6(8) 排成伞房状花序;总苞半球形或宽钟状;总苞片 2～3 层,草质,近等长,外层披针形,长圆状披针形或披针状线形,内层线形或线状披针形,被疏柔毛或腺毛,顶端长渐尖,花托多少凸起,无毛或有毛。有异形小花;小花全部结实,舌状花 1 层,雌性;中央的小花多层,两性,花冠管状,黄色,檐部圆柱形或钟状,具 5 齿裂。花药基部全缘或多少具耳。花丝上的细胞等大小;附片卵形;花柱 2 裂;裂片分枝短线形,顶端圆形或截形,被微毛。

【果实和种子】瘦果长圆形或长圆状陀螺形,无毛或有贴生短毛,具 10 条等长的纵肋。舌状花有冠毛或无冠毛;管状花常有冠毛,冠毛多数,白色或淡红色,具疏细齿。

【分类地位】被子植物门、双子叶植物纲、合瓣花亚纲、桔梗目、菊科、管状花亚科、千里光族、款冬亚族。

【种类】全属约有 35 种;中国有 7 种;内蒙古有 1 种。

阿尔泰多榔菊 *Doronicum altaicum*

多年生草本。根状茎粗壮,横走或有时斜升。茎单生,直立,不分枝,绿色或褐色,有时带紫色,下部无毛,上部被密腺毛,在头状花序下部更密。全部具叶;基生叶通常凋落,卵形或倒卵状长圆形,顶端圆形或钝,基部狭成长柄;茎叶 5～6 片,几达茎最上部,卵状长圆形,基部狭成长达 2 厘米的宽翅,其余的茎叶宽卵形,无柄,抱茎基部宽心形;全部叶无毛,顶端钝或稍尖,边缘具波状短齿,或有时全缘,有腺状缘毛。头状花序单生于茎端,大;总苞半球形;总苞片等长,外层长圆状披针形或披针形,基部密被腺毛;内层线状披针形,瘦果圆柱形,黄褐色或深褐色,具肋,无毛或有疏微毛,全部小花有冠毛;冠毛白色或基部红褐色。花期 6～8 月。

生于高山、亚高山草甸、林缘、林下、河边。产于内蒙古巴彦淖尔市;中国陕西、新疆也产;蒙古、俄罗斯也有分布。

峨参属——【学　名】*Anthriscus*

【蒙古名】᠊᠊᠊᠊᠊᠊ ᠊᠊ ᠊᠊᠊᠊᠊

【英文名】Chervil,Beakchervil

【生活型】二年生或多年生草本。

【根】有细长圆锥根。

【茎】茎直立,圆柱形,中空,有分枝,有刺毛或光滑。

【叶】叶膜质,三出式羽状分裂或羽状多裂;叶柄有鞘。复伞形花序疏散,顶生或侧生;无总苞片;伞辐开展;小总苞片数个,通常反折。

【花】花杂性,萼齿不明显;花瓣白色或黄绿色,长圆形或楔形,顶端内折,外缘花常有辐射瓣;花柱基圆锥形,花柱短;心皮柄通常不裂。

【果实和种子】果实长卵形至线形,顶端狭窄成喙状,两侧扁压,光滑或有刺毛,合生面通常收缩,果棱不明显或仅上部明显;果柄顶端有白色小刚毛。分生果的横剖面近圆形,胚乳腹面有深槽,油管不明显。

【分类地位】被子植物门、双子叶植物纲、原始花被亚纲、伞形目、伞形科、芹亚科、针果芹族。

【种类】全属有 20 余种;中国有 2 种;内蒙古有 2 种。

164

峨参 *Anthriscus sylvestris*

多年生草本。茎较粗壮,多分枝,近无毛或下部有细柔毛。基生叶有长柄;叶片轮廓呈卵形,2 回羽状分裂,1 回羽片有长柄,卵形至宽卵形,有 2 回羽片 3～4 对,2 回羽片有短柄,轮廓卵状披针形,羽状全裂或深裂,末回裂片卵形或椭圆状卵形,有粗锯齿。背面疏生柔毛;茎上部叶有短柄或无柄,基部呈鞘状,有时边缘有毛。复伞形花序伞辐 4～15 枚,不等长;小总苞片 5～8 个,卵形至披针形,顶端锐尖,反折,边缘有睫毛或近无毛;花白色,通常带绿或黄色;花柱较花柱基长 2 倍。果实长卵形至线状长圆形,光滑或疏生小瘤点,顶端渐狭成喙状,合生面明显收缩,果柄顶端常有一环白色小刚毛,分生果横剖面近圆形,油管不明显,胚乳有深槽。花果期 4～5 月。

生于林区、草原区的山地、林缘草甸、山谷灌木林下。产于内蒙古锡林郭勒盟、赤峰市、乌兰察布市、呼和浩特市;中国安徽、甘肃、河北、河南、湖北、江苏、江西、吉林、辽宁、山西、陕西、四川、新疆、西藏、云南也产;印度、日本、克什米尔、朝鲜、尼泊尔、巴基斯坦以及欧洲也有分布。

鹅观草属——【学　名】*Roegneria*

【蒙古名】ᠭᠠᠯᠠᠭᠤᠨ ᠤ ᠡᠪᠡᠰᠦ

【英文名】Goosecomb

【生活型】多年生草本。

【茎】通常丛生而无根茎,稀少种类可具短根头。

【叶】叶片扁平或内卷。

【花】穗状花序顶生,直立或弯曲、下垂;穗轴节间延长,不逐节断落,顶生小穗正常发育;小穗无柄,或可具极短的柄,含 2～10 余朵小花;颖背部扁平或呈圆形而无脊,先端无芒或具短芒;外稃背部呈圆形而无脊,平滑、糙涩或被毛,先端无芒或往往延伸成长芒,芒直立或反曲;内稃具 2 脊,脊上粗糙或具纤毛;花药等于或短于内稃长度之半。

【果实和种子】颖果顶端具毛茸,腹面微凹陷或具浅沟。

【分类地位】被子植物门、单子叶植物纲、禾本目、禾本科、早熟禾亚科、小麦族。

【种类】全属约有 120 种;中国有 70 种,22 变种,1 变型;内蒙古有 23 种,10 变种。

鹅观草 *Roegneria kamoji*

秆直立或基部倾斜。叶鞘外侧边缘常具纤毛;叶片扁平。穗状花序弯曲或下垂;小穗绿色或带紫色,含 3～10 朵小花;颖卵状披针形至长圆状披针形,先端锐尖至具短芒,边缘为宽膜质;外稃披针形,具有较宽的膜质边缘,背部以及基盘近于无毛或仅基盘两侧具有极微小的短毛,上部具明显的 5 条脉,脉上稍粗糙,第一外稃先端延伸成芒,芒粗糙,劲直或上部稍有曲折;内稃约与外稃等长,先端钝头,脊显著具翼,翼缘具有细小纤毛。花果期 5～8 月。

生于山坡、山沟、林缘、湿润草地。产于内蒙古兴安盟、赤峰市、锡林郭勒盟、乌兰察布市、呼和浩特市;中国安徽、福建、广西、贵州、河北、黑龙江、河南、湖北、青海、山西、山东、四川、新疆、西藏、云南、浙江也产;日本、朝鲜、俄罗斯也有分布。

165

鹅绒藤属——【学　名】*Cynanchum*

【蒙古名】ᠬᠦᠬᠡᠮᠡᠯ ᠤᠨ ᠡᠪᠡᠰᠦ ᠶ᠋ᠢᠨ ᠲᠥᠷᠥᠯ

【英文名】Mosquitotrap

【生活型】灌木或多年生草本。

【茎】直立或攀援。

【叶】叶对生,稀轮生。

【花】聚伞花序多数呈伞形状,多花着生,花小形或稀中形,各种颜色;花萼 5 深裂,基部内面有小腺 5～10 个或更多或无,裂片通常双盖覆瓦状排列;副花冠膜质或肉质,5 裂或杯状或筒状,其顶端具各式浅裂片或锯齿,在各裂片的内面有时具有小舌状片;花药无柄,有时具柄,顶端的膜片内向;花粉块每室 1 个,下垂,多数长圆形;柱头基部膨大,五角,顶端全缘或2 裂。

【果实和种子】蓇葖双生或 1 枚不发育,长圆形或披针形,外果皮平滑,稀具软刺,或具翅;种子顶端具种毛。

【分类地位】被子植物门、双子叶植物纲、合瓣花亚纲、捩花目、萝藦科。

【种类】全属约有 200 种;中国有 53 种,12 变种;内蒙古有 9 种,2 变种。

鹅绒藤 *Cynanchum chinense*

多年生缠绕草本。主根圆柱状,干后灰黄色;全株被短柔毛。叶对生,薄纸质,宽三角状心形,顶端锐尖,基部心形,叶面深绿色,叶背苍白色,两面均被短柔毛,脉上较密;侧脉约 10 对,在叶背略为隆起。伞形聚伞花序腋生,两歧,着花约 20 朵;花萼外面被柔毛;花冠白色,裂片长圆状披针形;副花冠二形,杯状,上端裂成 10 个丝状体,分为两轮,外轮约与花冠裂片等长,内轮略短;花粉块每室 1 个,下垂;花柱头略为突起,顶端 2 裂。蓇葖双生或仅有 1 枚发育,细圆柱状,向端部渐尖;种子长圆形;种毛白色绢质。花期 6～8 月,果期 8～10 月。

生于沙地、河滩地、田埂。产于内蒙古兴安盟、通辽市、呼和浩特市、鄂尔多斯市、巴彦淖尔市、阿拉善盟;中国甘肃、河北、河南、江苏、吉林、辽宁、宁夏、青海、山西、山东、陕西也产;朝鲜、蒙古也有分布。

遏蓝菜属（菥蓂属）──【学　名】*Thlaspi*

【蒙古名】ᠲᠣᠸᠲᠣ ᠎ ᠎ ᠣ ᠣᠣᠣ

【英文名】Pennycress，Bastard Cress，Besomweed

【生活型】一年生、二年生或多年生草本。

【茎】茎直立或近直立

【叶】基生叶莲座状，倒卵形或长圆形，有短叶柄；茎生叶多为卵形或披针形，基部心形，抱茎，全缘或有锯齿。

【花】总状花序伞房状，在果期常延长；萼片直立，基部不成囊状，常有宽膜质边缘；花瓣白色、粉红色或带黄色，长圆状倒卵形，长为萼片的 2 倍，下部楔形；侧蜜腺成对。半月形，外侧具短附属物，无中蜜腺；子房 2 室，有 2～16 颗胚珠，柱头头状，近 2 裂，花柱短或长。

【果实和种子】短角果倒卵状长圆形或近圆形，压扁，微有翅或有宽翅，少数翅退化，顶端常稍凹缺，少数全缘，无毛，开裂，隔膜窄椭圆形，膜质，无脉。种子椭圆形；子叶缘倚胚根。

【分类地位】被子植物门、双子叶植物纲、原始花被亚纲、罂粟目、白花菜亚目、十字花科、独行菜族。

【种类】全属约有 60 种；中国有 6 种；内蒙古有 2 种。

遏蓝菜（菥蓂）*Thlaspi arvense*

一年生草本。无毛；茎直立，不分枝或分枝，具棱。基生叶倒卵状长圆形，顶端圆钝或急尖，基部抱茎，两侧箭形，边缘具疏齿。总状花序顶生；花白色；花梗细；萼片直立，卵形，顶端圆钝；花瓣长圆状倒卵形，顶端圆钝或微凹。短角果倒卵形或近圆形，扁平，顶端凹入，边缘有翅。种子每室 2～8 粒，倒卵形，稍扁平，黄褐色，有同心环状条纹。花果期 3～4 月。

生于山地草甸、沟边、村庄附近。产于内蒙古呼伦贝尔市、兴安盟、赤峰市、乌兰察布市、呼和浩特市、包头市、阿拉善盟；除广东、海南、台湾以外的中国其他地区也产；阿富汗、不丹、印度、日本、克什米尔、哈萨克斯坦、朝鲜、吉尔吉斯斯坦、蒙古、尼泊尔、巴基斯坦、俄罗斯、锡金、塔吉克斯坦、土库曼斯坦、乌兹别克斯坦以及非洲、西南亚也有分布。

发草属——【学　名】*Deschampsia*

【蒙古名】ᠲᠣᠮᠣᠷ ᠬᠣᠨᠣᠭ ᠡ ᠡᠪᠡᠰᠦ

【英文名】Hairgrass

【生活型】多年生草本。

【叶】叶片卷折或扁平。

【花】顶生圆锥花序紧缩呈穗状或疏松且开展。小穗常含 2～3 朵小花，稀 3～5 朵小花；小穗轴脱节于颖以上，具柔毛，并延伸于顶生内稃之后；颖膜质，几相等，长于、等于或略短于小穗，具 1～3 条脉；外稃膜质，顶端常为啮蚀状，基盘具毛，芒自稃体背部伸出，直立或膝曲；内稃薄膜质，几等于外稃；鳞被 2 枚；雄蕊 3 枚；花柱短而不显著，柱头帚刷状。

【分类地位】被子植物门、单子叶植物纲、禾本目、禾本科、早熟禾亚科、燕麦族。

【种类】全属约有 60 种；中国有 6 种，3 变种；内蒙古有 2 种。

发草 *Deschampsia caespitosa*

多年生草本。须根柔韧。秆直立或基部稍膝曲，丛生，具 2～3 节。叶鞘上部者常短于节间，无毛；叶舌膜质，先端渐尖或 2 裂；叶片质韧，常纵卷或扁平。圆锥花序疏松开展，常下垂，分枝细弱，平滑或微粗糙，中部以下裸露，上部疏生少数小穗；小穗草绿色或褐紫色，含 2 朵小花；小穗轴节被柔毛；颖不等，第一颖具 1 条脉，第二颖具 3 条脉，等于或稍长于第一颖；第一外稃顶端啮蚀状，基盘两侧毛长达稃体的 1/3，芒自稃体基部 1/4～1/5 处伸出，稍短于或略长于稃体；内稃等长或略短于外稃。花果期 7～9 月。

生于沼泽化草甸、草本沼泽以及泉溪旁边。产于内蒙古呼伦贝尔市、兴安盟、锡林郭勒盟；中国甘肃、黑龙江、青海、山西、四川、新疆、西藏、云南也产；不丹、印度、锡金、日本、哈萨克斯坦、朝鲜、吉尔吉斯斯坦、蒙古、巴基斯坦、俄罗斯、塔吉克斯坦、乌兹别克斯坦以及西南亚、欧洲、北美洲也有分布。

番茄属——【学　名】*Lycopersicon*

【蒙古名】ᠣᠯᠠᠭᠠᠨ ᠠᠮᠲᠠ ᠶᠢᠨ ᠣᠪᠤᠭ

【英文名】Tomato

【生活型】一年生或多年生草本或为亚灌木。

【茎】直立或平卧。

【叶】羽状复叶,小叶极不等大,有锯齿或分裂。

【花】圆锥式聚伞花序,腋外生。花萼辐状,有 5～6 枚裂片,果时不增大或稍增大,开展;花冠辐状,筒部短,檐部有折襞,5～6 裂;雄蕊 5～6 枚,插生于花冠喉部,花丝极短,花药伸长,向顶端渐尖,靠合成圆锥状,药室平行,自顶端之下向基部纵缝裂开;花盘不显著;子房 2～3 室,花柱具稍头状的柱头,胚珠多数。

【果实和种子】浆果多汁,扁球状或近球状,种子扁圆形,胚极弯曲。

【分类地位】被子植物门、双子叶植物纲、合瓣花亚纲、管状花目、茄科、茄族、茄亚族。

【种类】全属有 6 种;中国有 1 栽培种;内蒙古有 1 栽培种。

番茄 *Lycopersicon esculentum*

　　一年生草本。全体生粘质腺毛,有强烈气味。茎易倒伏。叶羽状复叶或羽状深裂,小叶极不规则,大小不等,常 5～9 片,卵形或矩圆形,边缘有不规则锯齿或裂片。花序常 3～7 朵花;花萼辐状,裂片披针形,果时宿存;花冠辐状,黄色。浆果扁球状或近球状,肉质而多汁液,橘黄色或鲜红色,光滑;种子黄色。

　　栽培植物,原产于墨西哥和南美洲。

番薯属 ——【学　名】*Ipomoea*

　　　　　　　【蒙古名】ᠲᠠᠲᠠᠷᠠ ᠢᠮᠠᠭᠠᠨ ᠤ᠋ ᠨᠣᠭᠣᠭᠠ

　　　　　　　【英文名】Sweet potato

【生活型】草本或灌木。

【茎】通常缠绕,有时平卧或直立,很少漂浮于水上。

【叶】通常具柄,全缘,或有 4 各式分裂。

【花】花单生或组成腋生聚伞花序或伞形至头状花序;苞片各式;花大或中等大小或小;萼片 5 个,相等或偶有不等,通常钝,等长或内面 3 片(少有外面的)稍长,无毛或被毛,宿存,常于结果时多少增大;花冠整齐,漏斗状或钟状,具五角形或多少 5 裂的冠檐,瓣中带以 2 条明显的脉清楚分界;雄蕊内藏,不等长,插生于花冠的基部,花丝丝状,基部常扩大而稍被毛,花药卵形至线形,有时扭转;花粉粒球形,有刺;子房 2～4 室,4 颗胚珠,花柱 1 枚,线形,不伸出,柱头头状,或瘤状突起,或裂成球状;花盘环状。

【果实和种子】蒴果球形或卵形,果皮膜质或革质,4(少有 2)瓣裂。种子 4 粒或较少,无毛或被短毛或长绢毛。

【分类地位】被子植物门、双子叶植物纲、合瓣花亚纲、管状花目、旋花科、旋花亚科、番薯族。

【种类】全属约有 300 种;中国约有 20 种;内蒙古有 1 栽培种。

番薯 *Ipomoea batatas*

　　一年生草本。地下部分具圆形、椭圆形或纺锤形的块根,块根的形状、皮色和肉色因品种或土壤不同而异。茎平卧或上升,偶有缠绕,茎节易生不定根。叶片形状、颜色常因品种不同而异,也有时在同一植株上具有不同叶形,通常为宽卵形,全缘或 3～5(～7)裂,裂片宽卵形、三角状卵形或线状披针形,叶片基部心形或近于平截,顶端渐尖,两面被疏柔毛或近于无毛,叶色有浓绿、黄绿、紫绿等,顶叶的颜色为品种的特征之一;叶柄长短不一,被疏柔毛或无毛。聚伞花序腋生,有 1～3～7 朵花聚集成伞形,稍粗壮,无毛或有时被疏柔毛;苞片小,披针形,顶端芒尖或骤尖,早落;萼片长圆形或椭圆形,不等长,顶端骤然成芒尖状,无毛或疏生缘毛;花冠粉红色、白色、淡紫色或紫色,钟状或漏斗状,外面无毛;雄蕊及花柱内藏,花丝基部被毛;子房 2～4 室,被毛或有时无毛。

　　栽培植物,原产于南美洲及大、小安的列斯群岛。

繁缕属——【学　名】*Stellaria*

【蒙古名】ᠲᠣᠷᠭᠠᠨ ᠤ ᠡᠪᠡᠰᠦ（ᠳᠡᠮᠡᠭᠡ ᠰᠢᠭᠡᠰᠦ ᠤ ᠡᠪᠡᠰᠦ）

【英文名】Chickweed，Starwort，Stitchwort

【生活型】一年生或多年生草本。

【叶】扁平,有各种形状,但很少针形。

【花】花小,多数组成顶生聚伞花序,稀单生叶腋;萼片5个,稀4个;花瓣5片,稀4片,白色,稀绿色,2深裂,稀微凹或多裂,有时无花瓣;雄蕊10枚,有时少数(8或2～5);子房1室,稀幼时3室,胚珠多数,稀仅数颗,1～2颗成熟;花柱3枚,稀2枚。

【果实和种子】蒴果圆球形或卵形,裂齿数为花柱数的2倍;种子多数,稀1～2粒,近肾形,微扁,具瘤或平滑;胚环形。

【分类地位】被子植物门、双子叶植物纲、原始花被亚纲、中央种子目、石竹科、繁缕亚科、繁缕族、繁缕亚族。

【种类】全属约有120种;中国产63种,15变种,2变型;内蒙古有21种,3变种,1变型。

繁缕 *Stellaria media*

一年生或二年生草本。茎俯仰或上升,基部多少分枝,常带淡紫红色,被1(～2)列毛。叶片宽卵形或卵形,顶端渐尖或急尖,基部渐狭或近心形,全缘;基生叶具长柄,上部叶常无柄或具短柄。疏聚伞花序顶生;花梗细弱,具1列短毛,花后伸长,下垂;萼片5个,卵状披针形,顶端稍钝或近圆形,边缘宽膜质,外面被短腺毛;花瓣白色,长椭圆形,比萼片短,深2裂达基部,裂片近线形;雄蕊3～5枚,短于花瓣;花柱3枚,线形。蒴果卵形,稍长于宿存萼,顶端6裂,具多数种子;种子卵圆形至近圆形,稍扁,红褐色,表面具半球形瘤状凸起,脊较显著。花果期6～7月,果期7～8月。

生于村舍附近杂草地、农田中。产于内蒙古呼伦贝尔市、兴安盟、锡林郭勒盟、呼和浩特市;中国安徽、福建、甘肃、广东、广西、贵州、河北、河南、湖北、湖南、江苏、江西、吉林、辽宁、宁夏、青海、山西、山东、陕西、四川、台湾、西藏、云南、浙江也产;阿富汗、不丹、印度、日本、朝鲜、巴基斯坦、锡金以及欧洲也有分布。

防风属——【学　名】*Saposhnikovia*

　　　　　　【蒙古名】ᠲᠣᠭᠤᠷᠠᠢ ᠶᠢᠨ ᠡᠪᠡᠰᠦ

　　　　　　【英文名】Fangfeng

【生活型】多年生草本。

【根】根粗壮直立，分歧。

【茎】茎自下部有多数分枝。

【叶】叶片 2～3 回羽状全裂。

【花】复伞形花序顶生，疏松，无总苞片；有小总苞片数个，披针形；萼齿三角状卵形；花瓣白色，全缘，无毛，顶端有内折的小舌片；花柱基圆锥形，花柱与其等长，果期伸长而下弯；子房密被横向排列的小突起，果期逐渐消失，留有突起的痕迹。

【果实和种子】双悬果狭椭圆形或椭圆形，背部扁压，分生果有明显隆起的尖背棱，侧棱成狭翅状，在主棱下及在棱槽内各有油管 1 个，合生面有油管 2 个。胚乳腹面平坦。

【分类地位】被子植物门、双子叶植物纲、原始花被亚纲、伞形目、伞形科、芹亚科、脂胶芹族、防风亚族。

【种类】全属有 1 种；中国有 1 种；内蒙古有 1 种。

防风 *Saposhnikovia divaricata*

　　多年生草本。根粗壮，细长圆柱形，分歧，淡黄棕色。根头处被有纤维状叶残基及明显的环纹。茎单生，自基部分枝较多，斜上升，与主茎近于等长，有细棱，基生叶丛生，有扁长的叶柄，基部有宽叶鞘。叶片卵形或长圆形，2 回或近于 3 回羽状分裂，第一回裂片卵形或长圆形，有柄，第二回裂片下部具短柄，末回裂片狭楔形。茎生叶与基生叶相似，但较小，顶生叶简化，有宽叶鞘。复伞形花序多数，生于茎和分枝；伞辐 5～7 枚，无毛；小伞形花序有花 4～10 朵；无总苞片；小总苞片 4～6 个，线形或披针形，先端长，萼齿短三角形；花瓣倒卵形，白色，无毛，先端微凹，具内折小舌片。双悬果狭圆形或椭圆形，幼时有疣状突起，成熟时渐平滑；每棱槽内通常有油管 1 个，合生面油管 2 个；胚乳腹面平坦。花期 8～9 月，果期 9～10 月。

　　生于灌丛、山坡、草地、石坡、固定沙丘。产于内蒙古呼伦贝尔市、兴安盟、通辽市、赤峰市、锡林郭勒盟、乌兰察布市、鄂尔多斯市；中国甘肃、河北、黑龙江、吉林、辽宁、宁夏、山西、山东、陕西也产；朝鲜、蒙古、俄罗斯也有分布。

防己科——【学　名】*Menispermaceae*

【蒙古名】ᠹᠠᠩ᠊ᠵᠢ ᠡᠪᠡᠰᠦᠨ ᠦ ᠢᠵᠠᠭᠤᠷ

【英文名】Moonseed Family

【生活型】攀援或缠绕藤本,稀直立灌木或小乔木。

【叶】叶螺旋状排列,无托叶,单叶,稀复叶,常具掌状脉,较少羽状脉;叶柄两端肿胀。聚伞花序,或由聚伞花序再作圆锥花序式、总状花序式或伞形花序式排列,极少退化为单花;苞片通常小,稀叶状。

【花】花通常小而不鲜艳,单性,雌雄异株,通常两被(花萼和花冠分化明显),较少单被;萼片通常轮生,每轮 3 个,较少 4 或 2 个,极少退化至 1 个,有时螺旋状着生,分离,较少合生,覆瓦状排列或镊合状排列;花瓣通常 2 轮,较少 1 轮,每轮 3 片,很少 4 或 2 片,有时退化至 1 片或无花瓣,通常分离,很少合生,覆瓦状排列或镊合状排列;雄蕊 2 至多数,通常 6～8 枚,花丝分离或合生,花药 1～2 室或假 4 室,纵裂或横裂,在雌花中有或无退化雄蕊;心皮 3～6 枚,较少 1～2 枚或多数,分离,子房上位,1 室,常一侧肿胀,内有胚珠 2 颗,其中 1 颗早期退化,花柱顶生,柱头分裂或条裂,较少全缘,在雄花中退化雌蕊很小,或没有。

【果实和种子】核果,外果皮革质或膜质,中果皮通常肉质,内果皮骨质或有时木质,较少革质,表面有皱纹或有各式凸起,较少平坦;胎座迹半球状、球状、隔膜状或片状,有时不明显或没有;种子通常弯,种皮薄,有或无胚乳;胚通常弯,胚根小,对着花柱残迹,子叶扁平而叶状或厚而半柱状。

【种类】全科约有 65 属,300 余种;中国有 19 属,78 种,1 亚种,1 变型;内蒙古 1 属,1 种。

173

防己科 Menispermaceae Juss. 是法国植物学家 Antoine Laurent de Jussieu (1748－1836)于 1789 年在"Genera plantarum? 284－285"(Gen. Pl.)中建立的植物科,模式属为蝙蝠葛属(*Menispermum*)。

在恩格勒系统(1964)中,防己科隶属原始花被亚纲(Archichlamydeae)、毛茛目(Ranunculales),本目还包括毛茛科(Ranunculaceae)、小檗科(Berberidaceae)、大血藤科(Sargentodoxaceae)、木通科(Lardizabalaceae)、睡莲科(Nymphaeaceae)、金鱼藻科(Ceratophyllaceae)。在哈钦森系统(1959)中,防己科隶属双子叶植物草本支(Herbaceae)的小檗目(Berberidales),含大血藤科、木通科、防己科、南天竹科(Nandinaceae)、星叶草科(Circaeasteraceae)、小檗科,认为从毛茛目发展出小檗目。在塔赫他间系统(1980)中,防己科隶属毛茛亚纲(Ranunculidae)、毛茛目,含木通科、大血藤科、防己科、小檗科、毛茛科、白根葵科(Glaucidiaceae)、星叶草科 7 个科。在克朗奎斯特系统(1981)中,毛茛目隶属木兰亚纲(Magnoliidae),含毛茛科、星叶草科、小檗科、大血藤科、木通科、防己科、马桑科(Coriariaceae)、清风藤科(Sabiaceae)8 个科。

飞廉属——【学　名】*Carduus*

【蒙古名】ᠪᠤᠷᠤᠭ᠎ᠠ ᠶᠢᠨ ᠡᠪᠡᠰᠦ ᠶᠢᠨ ᠲᠥᠷᠥᠯ

【英文名】Bristlethistle

【生活型】一年生或二年生草本,很少为多年生草本。

【茎】茎有翼。

【叶】叶互生,不分裂或羽状浅裂、深裂以至全裂,边缘及顶端有针刺。

【花】头状花序同型同色,有少数小花(10～12 朵)或多数(达 100 朵)小花,全部小花两性,结实。总苞卵状、圆柱状或钟状,或为倒圆锥状、球形、扁球形。总苞片多层,8～10 层,覆瓦状排列,直立,紧贴,向内层渐长,最内层苞片膜质;全部苞片扁平或弯曲,中脉明显或不明显,无毛或有毛,顶端有刺尖。花托平或稍突起,被稠密的长托毛。小花红色、紫色或白色,花冠管状或钟状,管部与檐部等长或短于或长于檐部,檐部 5 深裂,花冠裂片线形或披针形,其中 1 枚裂片较其他 4 枚裂片为长。花丝分离,中部有卷毛,花药基部附属物撕裂。花柱分枝短,通常贴合。

【果实和种子】瘦果长椭圆形、卵形、楔形或圆柱形,压扁,褐色、灰色、肉红色或暗肉红色,无肋,具多数纵细线纹及横皱纹,或无纵线纹,基底着生面平,或稍见偏斜,顶端截形或斜截形。有果缘,果缘边缘全缘。冠毛多层,冠毛刚毛不等长,向内层渐长,糙毛状或锯齿状,基部连合成环,整体脱落。

【分类地位】被子植物门、双子叶植物纲、合瓣花亚纲、桔梗目、菊科、管状花亚科、菜蓟族、飞廉亚族。

【种类】全属约有 95 种;中国 3 种;内蒙古有 1 种。

174

飞廉 *Carduus crispus*

二年生草本。下部茎叶全部椭圆形、长椭圆形或倒披针形,羽状深裂或半裂;全部茎叶两面明显异色。茎翼边缘齿裂,齿顶及齿缘有黄白色或浅褐色的针刺,上部或接头状花序下部的茎翼常为针刺状。头状花序花序梗极短,通常 3～5 个集生于分枝顶端或茎端,或头状花序单生分枝顶端,形成不明显的伞房花序。总苞卵圆形。总苞片多层,覆瓦状排列,向内层渐长;最外层长三角形;中内层苞片钻状长三角形或钻状披针形或披针形;最内层苞片线状披针形;中外层顶端针刺状短渐尖或尖头,最内层及近最内层顶端长渐尖,无针刺。全部苞片无毛或被稀疏的蛛丝毛。小花红色或紫色,5 深裂,裂片线形。瘦果稍压扁,楔状椭圆形,有明显的横皱纹,基底着生面平,顶端斜截形,有果缘,果缘软骨质,边缘全缘,无锯齿。冠毛多层,白色或污白色,不等长,向内层渐长,冠毛、刚毛锯齿状,顶端扁平扩大,基部连合成环,整体脱落。花果期 6～10 月。

生于路旁、田边。产于内蒙古各地;中国各地广泛分布;哈萨克斯坦、朝鲜、蒙古、俄罗斯以及西南亚、欧洲也有分布。

飞蓬属——【学　名】*Erigeron*

【蒙古名】ᠬᠣᠯᠣᠨ ᠴᠡᠴᠡᠭ ᠤᠨ ᠲᠥᠷᠥᠯ (ᠬᠣᠯᠣᠨ ᠤ ᠲᠥᠷᠥᠯ)

【英文名】Fleabane

【生活型】多年生,稀一年生或二年生草本,或半灌木。

【叶】叶互生,全缘或具锯齿。

【花】头状花序辐射状,单生或数个,少有多数排列成总状、伞房状或圆锥状花序;总状半球形或钟形,总苞片数层,薄质或草质,边缘和顶端干膜质,具1条红褐色中脉,狭长,近等长,有时外层较短而稍呈覆瓦状,超出或短于花盘;花托平或稍凸起,具窝孔;雌雄同株;花多数,异色;雌花多层,舌状,或内层无舌片,舌片狭小,少有稍宽大,紫色、蓝色或白色,少有黄色,多数(通常100枚以上),有时较少数;两性花管状,檐部狭,管状至漏斗状,上部具5枚裂片,花药线状长圆形,基部钝,顶端具卵状披针形附片;花柱分枝附片短,宽三角形,通常钝或稍尖。花全部结实。

【果实和种子】瘦果长圆状披针形,扁压,常有边脉,少有多脉,被疏或密短毛;冠毛通常2层,内层及外层同形或异形,常有极细而易脆折的刚毛,离生或基部稍连合,外层极短,或等长;有时雌花冠毛退化而成少数鳞片状膜片的小冠。

【分类地位】被子植物门、双子叶植物纲、合瓣花亚纲、桔梗目、菊科、管状花亚科、紫菀族。

【种类】全属有200种以上;中国有35种;内蒙古有4种。

飞蓬 *Erigeron acris*

二年生草本。茎单生,稀数个,直立,上部或少有下部有分枝,绿色或有时紫色,具明显的条纹,被较密而开展的硬长毛,杂有疏贴短毛,在头状花序下部常被具柄腺毛,或有时近无毛;基部叶较密集,花期常生存,倒披针形,顶端钝或尖,基部渐狭成长柄,全缘或极少具1至数枚小尖齿,具不明显的3条脉,中部和上部叶披针形,无柄,顶端急尖,最上部和枝上的叶极小,线形,具1条脉,全部叶两面被较密或疏开展的硬长毛;头状花序多数,在茎枝端排列成密而窄或少有疏而宽的圆锥花序,或有时头状花序较少数,伞房状排列;总苞半球形,总苞片3层,线状披针形,绿色或稀紫色,顶端尖,背面被密或较密的开展的长硬毛,杂有具柄的腺毛,内层常短于花盘,边缘膜质,外层几短于内层的1/2;雌花外层的舌状,舌片淡红紫色,少有白色,较内层的细管状,无色,花柱与舌片同色;中央的两性花管状,黄色,上部被疏贴微毛,檐部圆柱形,裂片无毛;瘦果长圆披针形,扁压,被疏贴短毛;冠毛2层,白色,刚毛状,外层极短。花果期7~9月。

生于石质山坡、林缘、低地草甸、河岸砂地、田边。产于内蒙古呼伦贝尔市、兴安盟、赤峰市、锡林郭勒盟、乌兰察布市、呼和浩特市、包头市、巴彦淖尔市、阿拉善盟;中国甘肃、广东、广西、河北、黑龙江、河南、湖北、湖南、吉林、辽宁、青海、山西、陕西、四川、新疆、西藏、云南也产;阿富汗、不丹、日本、哈萨克斯坦、朝鲜、吉尔吉斯斯坦、蒙古、俄罗斯、乌兹别克斯坦以及西南亚、欧洲、北美洲也有分布。

肺草属——【学　名】*Pulmonaria*

【蒙古名】ᠬᠣᠣᠷᠠ ᠢᠷᠠᠯᠠᠢ ᠶᠢᠨ ᠡ ᠢᠵᠠᠭᠤᠷ

【英文名】Lungwort

【生活型】多年生草本。

【茎】茎几不分枝,有长硬毛。

【叶】基生叶大型,有叶柄;茎生叶互生。

【花】镰状聚伞花序具苞片;花有花梗;花萼钟状,5 浅裂,果期增大,包围小坚果;花冠紫红色或蓝色,筒部与花萼等长,檐部平展,5 裂,喉部无附属物或具短毛丛;雄蕊 5 枚,内藏,花丝极短,花药长圆形;子房 4 裂,花柱丝形,柱头头状,2 裂;雌蕊基平。

【果实和种子】小坚果卵形,黑色,有光泽,腹面纵龙骨状,先端钝,着生面位于小坚果基部,微凹,有环状边缘。

【分类地位】被子植物门、双子叶植物纲、合瓣花亚纲、管状花目、紫草科、紫草亚科、牛舌草族。

【种类】全属约有 5 种;中国有 1 种;内蒙古有 1 种。

肺草(腺毛肺草)*Pulmonaria mollissima*

多年生草本。根黑褐色,常具多数粗壮的侧根。茎直立,仅上部稍有分枝,有短腺毛和短硬毛。基生叶丛生,叶片长圆状椭圆形,先端渐尖,基部渐狭,两面都有短伏毛,花后枯萎;茎生叶无柄,长圆状倒披针形至狭卵形,先端渐尖,基部渐狭或近心形。苞片披针形;花萼狭钟状,有短腺毛和短硬毛,5 浅裂至 1/3,裂片三角形;花冠蓝紫色,宽筒状,上端较粗,檐部裂片近半圆形,开展,喉部无附属物;雄蕊 5 枚,着生喉部之下;花柱长达花冠筒中部。小坚果两侧稍扁。花期 5～6 月,果期 9 月。

生于山地、杂木林下、林缘草地及沟谷溪水边。产于内蒙古乌兰察布市蛮汗山、呼和浩特市大青山;中国陕西也产;哈萨克斯坦、吉尔吉斯斯坦、蒙古、塔吉克斯坦、土库曼斯坦、乌兹别克斯坦以及西南亚、欧洲也有分布。

风铃草属──【学　名】*Campanula*

【蒙古名】ᠬᠣᠩᠬᠣᠨ ᠴᠡᠴᠡᠭ ᠦᠨ ᠲᠥᠷᠥᠯ

【英文名】Bullflower

【生活型】多数为多年生草本,少为一年生草本。

【茎】有的具细长而横走的根状茎,有的具短的茎基而根加粗,多少肉质。

【叶】叶全互生,基生叶有的成莲座状。

【花】花单朵顶生,或多朵组成聚伞花序,聚伞花序有时集成圆锥花序,有时退化,既无总梗,亦无花梗,成为由数朵花组成的头状花序。花萼与子房贴生,裂片5枚,有时裂片间有附属物。花冠钟状、漏斗状或管状钟形,有时几乎辐状,5裂。雄蕊离生,极少花药不同程度相互粘合,花丝基部扩大成片状,花药长棒状。柱头3~5裂,裂片弧状反卷或螺旋状卷曲。无花盘。子房下位,3~5室。

【果实和种子】蒴果3~5室,带有宿存的花萼裂片,在侧面的顶端或在基部孔裂。种子多数,椭圆状,平滑。

【分类地位】被子植物门、双子叶植物纲、合瓣花亚纲、桔梗目、桔梗科、桔梗亚科、风铃草族。

【种类】全属有200余种;中国有近20种,2亚种;内蒙古有2种,2亚种。

177

聚花风铃草 *Campanula glomerata subsp. cephalotes*

多年生草本。根状茎粗短;茎直立,有时在上部分枝。基生叶基部浅心形。茎生叶下部具长柄,上部无柄,椭圆形,长卵形至卵状披针形,全部叶边缘有尖锯齿;越向茎顶,叶越来越短而宽,最后成为卵圆状三角形的总苞状;茎叶几乎无毛或疏生白色硬毛或密被白色绒毛。花数朵集成头状花序,生于茎中上部叶腋间,无总梗,亦无花梗,在茎顶端,由于节间缩短、多个头状花序集成复头状花序;头状花序通常很多,除茎顶有复头状花序外,还有多个单生的头状花序。每朵花下有一个大小不等的苞片,在头状花序中间的花先开,其苞片也最小。花萼裂片钻形;花冠紫色、蓝紫色或蓝色,管状钟形,分裂至中部。蒴果倒卵状圆锥形。种子长矩圆状,扁。花期7~9月。

生于山地草甸及灌丛中。产于内蒙古呼伦贝尔市、兴安盟、锡林郭勒盟、乌兰察布市、呼和浩特市;中国黑龙江、吉林、辽宁也产;阿富汗、不丹、印度、日本、朝鲜、蒙古、俄罗斯也有分布。

风轮菜属——【学　名】*Clinopodium*

【蒙古名】ᠣᠷᠬᠣ᠎᠎ ᠢᠢᠨ ᠤ ᠣᠪᠤᠭ᠎ᠠ (ᠨᠣᠭᠤᠭᠠᠨ ᠤᠷᠤᠬᠤ ᠲᠠᠷᠬᠠᠨ ᠤ ᠣᠪᠤᠭ᠎ᠠ)

【英文名】Wildbasil

【生活型】多年生草本。

【叶】叶具柄或无柄，具齿。

【花】轮伞花序少花或多花，稀疏或密集，偏向于一侧或不偏向于一侧，多少呈圆球状，具梗或无梗，梗多分枝或少分枝，生于主茎及分枝的上部叶腋中，聚集成紧缩圆锥花序或多头圆锥花序，或彼此远隔而分离；苞叶叶状，通常向上渐小至苞片状；苞片线形或针状，具肋或不明显具肋，与花萼等长或较之短许多。花萼管状，具 13 条脉，等宽或中部横缢，基部常一边膨胀，直伸或微弯，喉部内面疏生毛茸，但不明显成毛环，2 唇形，上唇 3 枚齿，较短，后来略外反或不外反，下唇 2 枚齿，较长，平伸，齿尖均为芒尖，齿缘均被睫毛。花冠紫红、淡红或白色，冠筒稍超出或十分超出花萼，外面常被微柔毛，内面在下唇片下方的喉部常具 2 列毛茸，均向上渐宽大，至喉部最宽大，冠檐 2 唇形，上唇直伸，先端微缺，下唇 3 裂，中裂片较大，先端微缺或全缘，侧裂片全缘。雄蕊 4 枚，有时后对退化仅具前对，前对较长，延伸至上唇片下，通常内藏，或前对微露出，花药 2 室，室水平叉开，多少偏斜地着生于扩展的药隔上。花柱不伸出或微露出，先端极不相等 2 裂，前裂片扁平，披针形，后裂片常不显著。花盘平顶。子房 4 裂，无毛。

【果实和种子】小坚果极小，卵球形或近球形，褐色，无毛，具一基生小果脐。

【分类地位】被子植物门、双子叶植物纲、合瓣花亚纲、管状花目、唇形科、野芝麻亚科、塔花族、蜜蜂花亚族。

【种类】全属约有 20 种；中国有 11 种；内蒙古有 1 种。

风车草 *Clinopodium chinense subsp. grandiflorum*

多年生草本。根茎木质。茎直立，近四棱形，疏被短硬毛，基部稍木质，常紫红色。叶片卵圆形或卵状披针形，先端钝，基部圆形，边缘具锯齿。轮伞花序，多花密集，半球形，常偏于一侧；苞叶叶状，常超出轮伞花序；苞片条形或针状，具肋，被白色缘毛；花萼狭管形，上部紫红色，里面在齿上被疏柔毛；上唇齿近外反，长三角形，下唇齿直伸；花冠紫红色，外被微柔毛，里面在下唇下方喉部具 2 列毛茸，冠筒伸出，向上渐宽大；雄蕊 4 枚，前对稍长，花药 2 室；子房无毛，花柱微露出，先端呈不相等 2 浅裂；花盘平顶。小坚果倒卵球形，无毛。花期 6～8 月，果期 8～10 月。

生于山地森林及森林草原带的林下、林缘、灌丛、沟谷草甸、路旁。产于内蒙古兴安盟、通辽市、赤峰市、乌兰察布市；中国河北、河南、黑龙江、吉林、江苏、辽宁、山西、山东、陕西、四川也产；朝鲜、俄罗斯也有分布。

风毛菊属——【学　名】*Saussurea*

【蒙古名】ᠬᠥᠮᠥᠯᠢ ᠶᠢᠨ ᠡᠪᠡᠰᠦ

【英文名】Windhairdaisy, Snowrabbiten, Snowlotus

【生活型】一年生、二年生或多年生草本，有时为小半灌木。

【茎】茎高至矮小，有时退化至无茎，无毛或被白色棉毛或柔毛。

【叶】叶互生，柔软或坚硬，全缘或有锯齿至羽状分裂。

【花】头状花序具多数同型小花，多数或少数在茎与枝端排成伞房花序、圆锥花序或总状花序，或集生于茎端，极少单生。总苞球形、钟形、卵形或圆柱状；总苞片多层，覆瓦状排列，紧贴，顶端急尖、渐尖或钝或圆形，有时有干膜质的红色附属物，或有时附属物绿色、草质。花托平或突起，密生刚毛状托片，极少无托片。全部小花两性，管状，结实。花冠紫红色或淡紫色，极少白色，管部细丝状或细，檐部 5 裂至中部；花药基部箭头形，尾部撕裂；花丝分离，无毛；花柱长，顶端 2 个分枝，花柱分枝长，线形，顶端钝或稍钝。

【果实和种子】瘦果圆柱状或椭圆状，基底着生面平，禾秆色，有时有黑色斑点，极少黑色，具钝 4 条肋或多肋，平滑或有横皱纹，顶端截形，有具齿的小冠或无小冠。冠毛（1）～2层，外层短、糙毛状或短羽毛状，易脱落，内层长，羽毛状，基部连合成环，整体脱落。

【分类地位】被子植物门、双子叶植物纲、合瓣花亚纲、桔梗目、菊科、管状花亚科、菜蓟族、飞廉亚族。

【种类】全属约有 400 余种；中国有 264 种；内蒙古有 35 种，8 变种。

179

草地风毛菊 *Saussurea amara*

多年生草本。茎直立，无翼，被白色稀疏的短柔毛或通常无毛，上部或仅在顶端有短伞房花序状分枝或自中下部有长伞房花序状分枝。基生叶与下部茎叶有长或短柄，叶片披针状长椭圆形、椭圆形、长圆状椭圆形或长披针形，基部楔形渐狭；中上部茎叶渐小，椭圆形或披针形；全部叶两面绿色，下面色淡，两面被稀疏的短柔毛及稠密的金黄色小腺点。头状花序在茎枝顶端排成伞房状或伞房圆锥花序。总苞钟状或圆柱形；总苞片 4 层，外层披针形或卵状披针形，顶端急尖，有时黑绿色，有细齿或 3 裂，外层被稀疏的短柔毛，中层与内层线状长椭圆形或线形，外面有白色稀疏短柔毛，顶端有淡紫红色而边缘有小锯齿的扩大的圆形附片，全部苞片外面绿色或淡绿色。小花淡紫色。瘦果长圆形，有 4 条肋。冠毛白色，2 层，外层短，糙毛状，内层长，羽毛状。花果期 7～10 月。

生于村旁、路边。产于内蒙古各地；中国甘肃、河北、黑龙江、河南、吉林、辽宁、宁夏、青海、山西、陕西、新疆也产；哈萨克斯坦、吉尔吉斯斯坦、蒙古、俄罗斯、塔吉克斯坦、乌兹别克斯坦以及东欧也有分布。

枫杨属——【学 名】*Pterocarya*

　　　　　【蒙古名】ᠣᠢᠢᠨ ᠢᠢᠨ ᠊ᠤ ᠬᠠᠰᠢᠢ

　　　　　【英文名】Wingnut

【生活型】落叶乔木。

【叶】叶互生,常集生于小枝顶端,奇数(稀偶数)羽状复叶,小叶的侧脉在近叶缘处相互联结成环,边缘有细锯齿或细牙齿。

【花】葇荑花序单性;雄花序长而具多数雄花,下垂,单独生于小枝上端的叶丛下方,自早落的鳞状叶腋内或自叶痕腋内生出。雄花无柄,两侧对称或常不规则,具显明凸起的线形花托,苞片1个,小苞片2个,4枚花被片中仅1~3枚发育,雄蕊9~15枚,药无毛或具毛,药隔在花药顶端几乎不凸出。雌花序单独生于小枝顶端,具极多雌花,开花时俯垂,果时下垂。雌花无柄,辐射对称,苞片1个及小苞片2个各自离生,贴生于子房,花被片4枚,贴生于子房,在子房顶端与子房分离,子房下位,2枚心皮位于正中线上或位于两侧,内具2不完全隔膜而在子房底部分成不完全4室,花柱短,柱头2裂,裂片羽状。

【果实和种子】果实为干的坚果,基部具1个宿存的鳞状苞片及具2个革质翅(由2个小苞片形成),翅向果实两侧或斜上方伸展,顶端留有4个宿存的花被片及花柱,外果皮薄革质,内果皮木质,在内果皮壁内常具充满有疏松的薄壁细胞的空隙。子叶4深裂,在种子萌发时伸出地面。

【分类地位】被子植物门、双子叶植物纲、原始花被亚纲、胡桃目、胡桃科。

【种类】全属约有8种;中国5种;内蒙古有1栽培种。

枫杨 *Pterocarya stenoptera*

　　乔木。胸径达1米;幼树树皮平滑,浅灰色,老时则深纵裂;小枝灰色至暗褐色,具灰黄色皮孔;芽具柄,密被锈褐色盾状着生的腺体。叶轴具翅至翅不甚发达,与叶柄一样被有疏或密的短毛;小叶10~16片(稀6~25片),无小叶柄,对生或稀近对生,长椭圆形至长椭圆状披针形,顶端常钝圆或稀急尖,基部歪斜,上方一侧楔形至阔楔形,下方一侧圆形,边缘有向内弯的细锯齿,上面被有细小的浅色疣状凸起,沿中脉及侧脉被有极短的星芒状毛,下面幼时被有散生的短柔毛,成长后脱落而仅留有极稀疏的腺体及侧脉腋内留有1丛星芒状毛。单独生于去年生枝条上叶痕腋内,花序轴常有稀疏的星芒状毛。雄花常具1(稀2或3)枚发育的花被片,雄蕊5~12枚。雌性葇荑花序顶生,花序轴密被星芒状毛及单毛。雌花几乎无梗,苞片及小苞片基部常有细小的星芒状毛,并密被腺体。果序轴常被有宿存的毛。果实长椭圆形,基部常有宿存的星芒状毛;果翅狭,条形或阔条形,具近于平行的脉。花期4~5月,果期8~9月。

　　内蒙古有栽培;中国安徽、福建、甘肃、广东、广西、贵州、海南、河北、河南、湖北、湖南、江苏、江西、辽宁、山西、山东、陕西、四川、台湾、云南、浙江有野生;日本、朝鲜也有分布。

锋芒草属——【学　名】*Tragus*

【蒙古名】ᠬᠠᠳᠠᠭᠤᠷ ᠲᠠᠢ ᠥᠪᠡᠰᠦ ᠶᠢᠨ ᠲᠥᠷᠥᠯ（ᠬᠠᠳᠠᠭᠤᠷ ᠲᠠᠢ ᠥᠪᠡᠰᠦ ᠶᠢᠨ ᠲᠥᠷᠥᠯ）

【英文名】Burgrass

【生活型】一年生或多年生草本。

【叶】具扁平的叶片。

【花】花序顶生,通常 2～5 个小穗簇聚集成簇,每一小穗簇近无柄或有短柄着生于花轴上,形成穗形总状花序(形态上应作圆锥花序),成熟后全簇小穗一起脱落;每一小穗簇中仅下方的 2 个小穗为孕性,且互相结合为刺球体,其余 1～3 个小穗退化而不孕;第一颖薄膜质,微小或完全退化,第二颖革质,背部圆形,具 5～6 条肋,肋上生钩状刺,为 2 个孕性小穗所形成的刺球体之半;外稃膜质,扁平,具 3 条脉;内稃较外稃稍短,质地亦较薄,背部凸起,具不明显的 2 条脉;雄蕊 3 枚,花丝细弱,花药卵圆形;花柱单一,柱头分叉,帚状。

【果实和种子】颖果细瘦而长,与稃体分离。

【分类地位】被子植物门、单子叶植物纲、禾本目、禾本科、画眉草亚科、结缕草族。

【种类】全属约有 8 种;中国有 2 种;内蒙古有 1 种。

锋芒草 *Tragus racemosus*

一年生草本。须根细弱。茎丛生,基部常膝曲而伏卧地面。叶鞘短于节间,无毛;叶舌纤毛状;叶片边缘加厚,软骨质,疏生小刺毛。花序紧密呈穗状,小穗通常 3 个簇生,其中 1 个退化,或几残存为柄状;第一颖退化或极微小,薄膜质,第二颖革质,背部有 5(～7) 条肋,肋上具钩刺,顶端具明显伸出刺外的小头;外稃膜质,具 3 条不太明显的脉;内稃较外稃稍短,脉不明显;雄蕊 3 枚,花柱 2 裂,柱头 2 枚,帚状,均较简短。颖果棕褐色,稍扁。花果期 7～9 月。

生于农田、撂荒地、路边,产于内蒙古通辽市、锡林郭勒盟、乌兰察布市、包头市、鄂尔多斯市、阿拉善盟;中国甘肃、河北、宁夏、青海、陕西、四川、西藏、云南也产;印度、马来西亚、缅甸、巴基斯坦、泰国以及印度洋群岛也有分布。

凤仙花科——【学　名】*Balsaminaceae*

【蒙古名】ᠨᠠᠯᠤᠷᠭᠠᠨ ᠴᠡᠴᠡᠭ ᠤᠨ ᠢᠵᠠᠭᠤᠷ

【英文名】Balsam Family

【生活型】一年生或多年生草本,稀附生或亚灌木。

【茎】茎通常肉质,直立或平卧,下部节上常生根。

【叶】单叶,螺旋状排列,对生或轮生,具柄或无柄,无托叶或有时叶柄基具 1 对托叶状腺体,羽状脉,边缘具圆齿或锯齿,齿端具小尖头,齿基部常具腺状小尖。

【花】花两性,雄蕊先熟,两侧对称,常呈 180°倒置,排成腋生或近顶生总状或假伞形花序,或无总花梗,束生或单生,萼片 3 个,稀 5 个,侧生萼片离生或合生,全缘或具齿,下面倒置的 1 个萼片(亦称唇瓣)大,花瓣状,通常呈舟状、漏斗状或囊状,基部渐狭或急收缩成具蜜腺的距;距短或细长,直、内弯或拳卷,顶端肿胀,急尖或稀 2 裂,稀无距;花瓣 5 片,分离,位于背面的 1 片花瓣(即旗瓣)离生,小或大,扁平或兜状,背面常有鸡冠状突起,下面的侧生花瓣成对合生成 2 裂的翼瓣,基部裂片小于上部的裂片,雄蕊 5 枚,与花瓣互生,花丝短,扁平,内侧具鳞片状附属物,在雌蕊上部连合或贴生,环绕子房和柱头,在柱头成熟前脱落;花药 2 室,缝裂或孔裂;雌蕊由 4 或 5 枚心皮组成;子房上位,4 或 5 室,每室具 2 至多数倒生胚珠;花柱 1 枚,极短或无花柱,柱头 1～5 枚。

【果实和种子】果实为假浆果或多少肉质,4～5 裂片片弹裂的蒴果。种子从开裂的裂片中弹出,无胚乳,种皮光滑或具小瘤状突起。

【种类】全科有 2 属,900 余种;中国有 2 属,220 余种;内蒙古有 1 属,3 种。

凤仙花科 Balsaminaceae A. Rich. 是法国植物学家 Achille Richard(1794－1852)于 1822 年在"Dictionnaire classique d'histoire naturelle 2"(Dict. Class. Hist. Nat.)中建立的植物科,模式属为 *Balsamina*,现在 *Balsamina* 已被遗弃,用 *Impatiens*。

在恩格勒系统(1964)中,凤仙花科隶属原始花被亚纲(Archichlamydeae)、无患子目(Sapindales)、凤仙亚目(Balsamineae),本目含马桑科(Coriariaceae)、漆树科(Anacardiaceae)、槭树科(Aceraceae)、伯乐树科(Bretschneideraceae)、无患子科(Sapindaceae)、七叶树科(Hippocastanaceae)、清风藤科(Sabiaceae)、羽叶树科(Melianthaceae)、鳞枝树科(Aextoxicaceae)和凤仙花科等 10 个科。在哈钦森系统(1959)中,凤仙花科隶属双子叶植物草本支(Herbaceae)的牻牛儿苗目(Geraniales),含牻牛儿苗科(Geraniaceae)、沼泽草科(Limnanthaceae)、酢浆草科(Oxalidaceae)、旱金莲科(Tropaeolaceae)和凤仙花科 5 个科。在塔赫他间系统(1980)中,牻牛儿苗目隶属蔷薇亚纲(Rosidae),含亚麻科(Linaceae)、Houmiriaceae、古柯科(Erythroxylaceae)、酢浆草科、牻牛儿苗科、凤仙花科、旱金莲科、沼泽草科 8 个科,其中后 5 个科与塔赫他间系统相同。在克朗奎斯特系统(1981)中,牻牛儿苗目也隶属蔷薇亚纲(Rosidae),含酢浆草科、牻牛儿苗科、沼泽草科、旱金莲科、凤仙花科 5 个科,与哈钦森系统所含的科相同。

凤仙花属 —— 【学　名】*Impatiens*

【蒙古名】ᠪᠠᠯᠴᠢᠷᠭᠠᠨ᠎ᠠ ᠶᠢᠨ ᠲᠥᠷᠥᠯ

【英文名】Touch-menot，Jewelweed

【生活型】肉质多汁草本，一年生或多年生。

【叶】单叶，螺旋状排列，对生或轮生，具柄或无柄。无托叶或有时叶柄基部具 1 对托叶状腺体。羽状脉，边缘具圆点或锯齿。

【花】花两性，雄燕先熟，两侧对称，常呈 180°倒置，排成腋生或近顶生总状或假伞形花序，或无总花梗，束生或单生，萼片 3 个，稀 5 个，侧生萼片离生或合生，全缘或具点，下面倒置的 1 片萼片大，花瓣 1 片，通常呈舟状、漏斗状或囊状。

【果实和种子】果实为多少肉质弹裂的蒴果。果实成熟时种子从裂爿中弹出。

【分类地位】被子植物门、双子叶植物纲、原始花被亚纲、无患子目、凤仙花科。

【种类】全属有 900 余种；中国有 220 余种；内蒙古有 3 种。

凤仙花 *Impatiens balsamina*

一年生草本。茎粗壮，肉质，直立基部直径可达 8 毫米，具多数纤维状根，下部节常膨大。叶互生，最下部叶有时对生；叶片披针形、狭椭圆形或倒披针形，先端尖或渐尖，基部楔形，边缘有锐锯齿，向基部常有数对无柄的黑色腺体，两面无毛或被疏柔毛，侧脉 4～7 对；叶柄上面有浅沟，两侧具数对具柄的腺体。花单生或 2～3 朵簇生于叶腋，白色、粉红色或紫色；花梗密被柔毛；苞片线形，位于花梗的基部；侧生萼片 2 个，卵形或卵状披针形，唇瓣深舟状，被柔毛；旗瓣圆形，兜状，先端微凹，背面中肋具狭龙骨状突起，顶端具小尖，翼瓣具短柄，2 裂，下部裂片小，倒卵状长圆形，上部裂片近圆形，先端 2 浅裂，外缘近基部具小耳；雄蕊 5 枚，花丝线形；子房纺锤形，密被柔毛。蒴果宽纺锤形，两端尖，密被柔毛。种子多数，圆球形，黑褐色。花期 7～10 月。

栽培植物，原产于中国。

拂子茅属——【学　名】*Calamagrostis*

【蒙古名】ᠪᠣᠷᠭᠠᠰᠣᠨ ᠵᠢᠭᠡᠰᠣ ᠶᠢᠨ ᠣᠪᠣᠭ

【英文名】Woodreed

【生活型】多年生粗壮草本。

【叶】叶片线形，先端长渐尖。

【花】圆锥花序紧缩或开展。小穗线形，常含 1 朵小花，小穗轴脱节于颖之上，通常不延伸于内稃之后，或稍有极短的延伸；两颖近于等长，有时第一颖稍长，锥状狭披针形，先端长渐尖，具 1 条脉或第二颖具 3 条脉；外稃透明膜质，短于颖片，先端有微齿或 2 裂，芒自顶端齿间或中部以上伸出，基盘密生长于稃体的丝状毛；内稃细小而短于外稃、早熟禾亚科、剪股颖族。

【分类地位】被子植物门、单子叶植物纲、禾本目、禾本科。

【种类】全属约有 15 种；中国有 6 种，4 变种；内蒙古有 3 种。

拂子茅 *Calamagrostis epigeios*

多年生草本。具根状茎。秆直立，平滑无毛或花序下稍粗糙。叶鞘平滑或稍粗糙，短于或基部长于节间；叶舌膜质，长圆形，先端易破裂；叶片扁平或边缘内卷，上面及边缘粗糙，下面较平滑。圆锥花序紧密，圆筒形，劲直、具间断，分枝粗糙，直立或斜向上升；小穗淡绿色或带淡紫色；两颖近等长或第二颖微短，先端渐尖，具 1 条脉，第二颖具 3 条脉，主脉粗糙；外稃透明膜质，长约为颖之半，顶端具 2 枚齿，基盘的柔毛几与颖等长，芒自稃体背中部附近伸出，细直；内稃长约为外稃的 2/3，顶端细齿裂；小穗轴不延伸于内稃之后，或有时仅于内稃之基部残留 1 微小的痕迹；雄蕊 3 枚，花药黄色。花果期 5～9 月。

生于森林草原、草原带及半荒漠带的河滩草甸、山地草甸及沟谷、低地、沙地。产于内蒙古各地；中国各地也产；日本、克什米尔、哈萨克斯坦、吉尔吉斯斯坦、蒙古、巴基斯坦、塔吉克斯坦、土库曼斯坦以及西南亚、欧洲也有分布。

浮萍科——【学　名】*Lemnaceae*

【蒙古名】ᠣᠰᠤᠨ ᠣᠷᠬᠦᠮᠡᠯ ᠤᠨ ᠢᠵᠠᠭᠤᠷ

【英文名】Duckweed Family

【生活型】飘浮或沉水小草本。

【茎】茎不发育,以圆形或长圆形的小叶状体形式存在;叶状体绿色,扁平,稀背面强烈凸起。

【叶】叶不存在或退化为细小的膜质鳞片而位于茎的基部。根丝状,有的无根。很少开花,主要为无性繁殖:在叶状体边缘的小囊(侧囊)中形成小的叶状体,幼叶状体逐渐长大从小囊中浮出。新植物体或者与母体联系在一起,或者后来分离。

【花】花单性,无花被,着生于茎基的侧囊中。雌花单一,雌蕊葫芦状,花柱短,柱头全缘,短漏斗状,1室;胚珠1~6颗,直立,直生或半倒生;外珠被不盖住珠孔。雄花有雄蕊1枚,具花丝,2室或4室,每一花序常包括1个雌花和1~2个雄花,外围以膜质佛焰苞。

【果实和种子】果不开裂,种子1~6粒,外种皮厚,肉质,内种皮薄,于珠孔上形成一层厚的种盖。胚具短的下位胚轴,子叶大,几完全抱合胚茎。

【种类】全科有4属,约30种;中国有3属,6种;内蒙古2属,3种。

浮萍科 Lemnaceae Martinov 是俄罗斯植物学家和语言学家 Ivan Ivanovich Martinov(1771－1833) 于 1820 年在"Tekhno－Botanicheskiĭ Slovar': na latinskom i rossiĭskom iazykakh. Sanktpeterburgie 362"(Tekhno－Bot. Slovar.)上发表的植物科,模式属为浮萍属(*Lemna*)。Lemnaceae Gray 是英国植物学家 Samuel Frederick Gray(1766－1828)于 1821 年在"A natural arrangement of British plants 2"中建立的植物科,但时间比 Lemnaceae Martinov 晚。

在恩格勒系统(1964)中,浮萍科隶属单子叶植物纲(Monocotyledoneae)、佛焰花目(Spathiflorae),只含浮萍科和天南星科(Araceae)。在哈钦森系统(1959)中,浮萍科隶属单子叶植物纲冠花区(Corolliferae)、天南星目(Arales),含浮萍科和天南星科,认为天南星目中的少数水生类型与茨藻目(Najadales)有平行发展关系;天南星科由百合科演化而来。

在塔赫他间系统(1980)中,浮萍科隶属单子叶植物纲(Liliopsida)、棕榈亚纲(Arecidae)、天南星目,含浮萍科和天南星科,认为天南星目与棕榈目(Arecales)、巴拿马草目(Cyclanthales)有共同祖先。在克朗奎斯特系统(1981)中,浮萍科隶属百合纲(Liliopsida)、槟榔亚纲(Arecidae)、天南星目,也只含浮萍科和天南星科,认为天南星目与露兜树目(Pandanales)、棕榈目有较近的亲缘关系。恩格勒、哈钦森、塔赫他间、克朗奎斯特系统都把菖蒲属(Acorus)放在天南星科中。实际上乌克兰植物学家 Ivan Ivanovich Martinov(1771－1833)于 1820 年在"Tekhno－Bot. Slovar. 6."中建立了Acoraceae。

浮萍属——【学　名】*Lemna*

【蒙古名】ᠣᠰᠤᠨ ᠤ ᠨᠠᠪᠴᠢ ᠶᠢᠨ ᠲᠥᠷᠥᠯ

【英文名】Duckweed

【生活型】飘浮或悬浮水生草本。

【叶】叶状体扁平,2 面绿色,具 1~5 条脉;根 1 枚,无维管束。叶状体基部两侧具囊,囊内生营养芽和花芽。营养芽萌发后,新的叶状体通常脱离母体,也有数代不脱离的。

【花】花单性,雌雄同株,佛焰苞膜质,每个花序有雄花 2 枚,雌花 1 枚,雄蕊花丝细,花药 2 室,子房 1 室,胚珠 1~6 颗,直立或弯生。

【果实和种子】果实卵形,种子 1 粒,具肋突。

【分类地位】被子植物门、单子叶植物纲、南天星目、浮萍科。

【种类】全属约有 15 种;中国有 2 种;内蒙古有 2 种。

浮萍 *Lemna minor*

飘浮植物。叶状体对称,表面绿色,背面浅黄色或绿白色或常为紫色,近圆形,倒卵形或倒卵状椭圆形,全缘,上面稍凸起或沿中线隆起,脉 3 条,不明显,背面垂生丝状根 1 枚,白色,根冠钝头,根鞘无翅。叶状体背面一侧具囊,新叶状体于囊内形成浮出,以极短的细柄与母体相连,随后脱落。雌花具弯生胚珠 1 颗,果实无翅,近陀螺状,种子具凸出的胚乳并具 12~15 条纵肋。花期 6~7 月。

生于静水中、小水池及河湖边缘。产于内蒙古各地;中国各地也产;全球温带地区都有分布。

附地菜属──【学　名】*Trigonotis*

【蒙古名】ᠲᠣᠰᠣᠷ ᠤᠨ ᠲᠥᠷᠥᠯ ᠤᠨ ᠡᠪᠡᠰᠦ

【英文名】Trigonotis

【生活型】多年生、二年生，稀为一年生草本。

【茎】茎单一或丛生，直立或铺散，通常被糙毛或柔毛，稀无毛。

【叶】单叶互生。

【花】镰状聚伞花序单一或二歧式分枝，无苞片或下部的花梗具苞片，稀全具苞片（花单生腋外）；花萼 5 裂或 5 深裂，结实后不增大或稍增大；花冠小形，蓝色或白色，花筒通常较萼为短，裂片 5 枚，覆瓦状排列，圆钝，开展，喉部附属物 5 个，半月形或梯形；雄蕊 5 枚，内藏，花药长圆形或椭圆形，先端钝或尖；子房深 4 裂，花柱线形，通常短于花冠筒，柱头头状；雌蕊基平坦。

【果实和种子】小坚果 4 枚，半球状四面体形、倒三棱锥状四面体形或斜三棱锥状四面体形，平滑无毛具光泽，或被短柔毛，稀具瘤状突起，背面平或凸起，有锐棱或具软骨质钝棱，稀具狭窄之棱翅，腹面的 3 个面近等大，或基底面较小而其他 2 个侧面近等大，中央具 1 条纵棱，无柄或有短柄，柄生于腹面 3 个面汇合处，直立或向一侧弯曲；柄之末端着生于雌蕊基上，无柄之小坚果的着生面位于腹面 3 个面汇合处。胚直生，子叶卵形。

【分类地位】被子植物门、双子叶植物纲、合瓣花亚纲、管状花目、紫草科、紫草亚科、附地菜族。

【种类】全属约有 57 种；中国有 34 种，6 变种；内蒙古有 4 种。

附地菜 *Trigonotis peduncularis*

　　一年生草本。茎通常多条丛生，稀单一，密集，铺散，基部多分枝，被短糙伏毛。基生叶呈莲座状，有叶柄，叶片匙形，先端圆钝，基部楔形或渐狭，两面被糙伏毛，茎上部叶长圆形或椭圆形，无叶柄或具短柄。花序生茎顶，幼时卷曲，后渐次伸长，通常占全茎的 1/2～4/5，只在基部具 2～3 个叶状苞片，其余部分无苞片；花梗短，花后伸长，顶端与花萼连接部分变粗呈棒状；花萼裂片卵形，先端急尖；花冠淡蓝色或粉色，筒部甚短，裂片平展，倒卵形，先端圆钝，喉部附属 5 个，白色或带黄色；花药卵形，先端具短尖。小坚果 4 枚，斜三棱锥状四面体形，有短毛或平滑无毛，背面三角状卵形，具 3 条锐棱，腹面的 2 个侧面近等大而基底面略小，凸起，具短柄，柄向一侧弯曲。花期 5 月，果期 8 月。

　　生于山地林缘、草甸及沙地。产于内蒙古呼伦贝尔市、通辽市、赤峰市、锡林郭勒盟、乌兰察布市、呼和浩特市、鄂尔多斯市、阿拉善盟；中国福建、甘肃、广西、河北、黑龙江、江西、吉林、辽宁、宁夏、山西、山东、陕西、新疆、西藏、云南也产；温带亚洲、东欧也有分布。

腹水草属——【学　名】*Veronicastrum*

　　　　　　　　【蒙古名】ᠬᠠᠪᠤᠳᠠᠷᠲᠤ ᠶᠢᠨ ᠡᠪᠡᠰᠦ

　　　　　　　　【英文名】Ascitegrass

【生活型】多年生草本。

【根】根幼嫩时通常密被黄色茸毛。

【茎】茎直立或像钓竿一样弓曲而顶端着地生根。

【叶】叶互生、对生或轮生。

【花】穗状花序顶生或腋生，花通常极为密集；花萼深裂，裂片5枚，后方（近轴面）1枚稍小；花冠筒管状，伸直或稍稍弓曲，内面常密生一圈柔毛，少近无毛，檐部裂片4枚，辐射对称或多少2唇形，裂片不等宽，后方1枚最宽，前方1枚最窄；雄蕊2枚，着生于花冠筒后方，伸出花冠，花丝下部通常被柔毛，少无毛的，药室并连而不汇合；柱头小，几乎不扩大。

【果实和种子】蒴果卵圆状至卵状，稍稍侧扁，有2条沟纹，4片裂。种子多数，椭圆状或矩圆状，具网纹。

【分类地位】被子植物门、双子叶植物纲、合瓣花亚纲、管状花目、玄参科。

【种类】全属近20种；中国有14种，隶属4个组；内蒙古有2种。

草本威灵仙 *Veronicastrum sibiricum*

多年生草本。

根状茎横走，节间短，根多而须状。茎圆柱形，不分枝，无毛或多少被多细胞长柔毛。叶4～6片轮生，矩圆形至宽条形，无毛或两面疏被多细胞硬毛。花序顶生，长尾状，各部分无毛；花萼裂片不超过花冠一半长，钻形；花冠红紫色、紫色或淡紫色。蒴果卵状。种子椭圆形。花期7～9月。

生于山地阔叶林下、林缘、草甸及灌丛中。产于内蒙古呼伦贝尔市、兴安盟、通辽市、赤峰市、锡林郭勒盟、乌兰察布市、呼和浩特市、包头市；中国甘肃、河北、黑龙江、吉林、辽宁、山西、山东、陕西也产；日本、朝鲜、蒙古、俄罗斯也有分布。

甘草属 ——【学　名】*Glycyrrhiza*

【蒙古名】ᠴᠢᠬᠢᠷ ᠡᠪᠡᠰᠦ ᠶᠢᠨ ᠲᠦᠷᠦᠯ

【英文名】Licorice，Liquorice

【生活型】多年生草本。

【根】主根圆柱形，粗而长。

【茎】茎直立，多分枝。基部常木质，全体被鳞片状腺点或刺状腺体。

【叶】叶为奇数羽状复叶；托叶 2 枚，分离，早落或宿存；小叶(3) 5～17 片，全缘或具刺毛状的细齿。

【花】总状花序腋生；苞片早落；花萼钟状或筒状，膨胀或否，基部偏斜，萼齿 5 枚，上部的 2 枚部分连合；花冠白色、黄色、紫色、紫红色，旗瓣具短爪，翼瓣短于旗瓣，龙骨瓣连合；雄蕊(9＋1) 二体，花丝长短交错，花药 2 型，药室顶端连合；子房 1 室，无柄；含 2～10 颗胚珠。

【果实和种子】荚果圆形、卵圆形、矩圆形至线形，少有念珠状，直或弯曲呈镰刀状至环状，扁或膨胀，被鳞片状腺点、刺毛状腺体、瘤状突起或硬刺，极少光滑，不裂或成熟后开裂。种子肾形。

【分类地位】被子植物门、双子叶植物纲、原始花被亚纲、蔷薇目、蔷薇亚目、豆科、蝶形花亚科、山羊豆族、甘草亚族。

【种类】全属约有 20 种；中国有 8 种；内蒙古有 3 种。

甘草 *Glycyrrhiza uralensis*

多年生草本。根与根状茎粗状，外皮褐色，里面淡黄色，具甜味。茎直立，多分枝，密被鳞片状腺点、刺毛状腺体及白色或褐色的绒毛；托叶三角状披针形，两面密被白色短柔毛；叶柄密被褐色腺点和短柔毛；小叶 5～17 片，卵形、长卵形或近圆形，上面暗绿色，下面绿色，两面均密被黄褐色腺点及短柔毛，顶端钝，具短尖，基部圆，边缘全缘或微呈波状，多少反卷。总状花序腋生，具多数花，总花梗短于叶，密生褐色的鳞片状腺点和短柔毛；苞片长圆状披针形，褐色，膜质，外面被黄色腺点和短柔毛；花萼钟状，密被黄色腺点及短柔毛，基部偏斜并膨大呈囊状，萼齿 5 枚，与萼筒近等长，上部 2 枚齿大部分连合；花冠紫色、白色或黄色，旗瓣长圆形，顶端微凹，基部具短瓣柄，翼瓣短于旗瓣，龙骨瓣短于翼瓣；子房密被刺毛状腺体。荚果弯曲呈镰刀状或呈环状，密集成球，密生瘤状突起和刺毛状腺体。种子 3～11 粒，暗绿色，圆形或肾形。花期 6～8 月，果期 7～10 月。

生于碱化沙地、沙质草原、具沙质土的田边、路旁、低地边缘及河岸轻度碱化草甸。产于内蒙古各地；中国甘肃、河北、黑龙江、辽宁、宁夏、青海、山西、山东、陕西、新疆也产；阿富汗、哈萨克斯坦、吉尔吉斯斯坦、蒙古、巴基斯坦、俄罗斯、塔吉克斯坦也有分布。

杠柳属——【学　名】*Periploca*

【蒙古名】ᠲᠣᠷᠤ ᠶᠢᠨ ᠣᠪᠤᠭ

【英文名】Silkvine

【生活型】具乳汁,除花外无毛。

【叶】叶对生,具柄,羽状脉。

【花】聚伞花序疏松,顶生或腋生;花萼5深裂,裂片双盖覆瓦状排列,花萼内面基部有5个腺体;花冠辐状,花冠筒短,裂片5枚,通常被柔毛,向右覆盖;副花冠异形,环状,着生在花冠的基部,5～10裂,其中5裂延伸丝状,被毛;雄蕊5枚,生在副花冠的内面,花丝短,离生,背部与副花冠合生,花药卵圆形,渐尖,背面被髯毛,相连围绕柱头,并与柱头粘连;花粉器匙形,四合花粉藏在载粉器内,基部的粘盘粘在柱头上;子房由2枚离生心皮所组成,花柱极短,柱头盘状,顶端凸起,2裂,每枚心皮有胚珠多颗。

【果实和种子】蓇葖2枚,叉生,长圆柱状;种子长圆形,顶端具白色绢质种毛;胚狭长圆形,子叶扁平,薄,胚根短而粗壮。

【分类地位】被子植物门、双子叶植物纲、合瓣花亚纲、捩花目、萝藦科、红柳亚科。

【种类】全属约有12种;中国有4种;内蒙古有1种。

杠柳 *Periploca sepium*

　　落叶蔓性灌木。主根圆柱状,外皮灰棕色,内皮浅黄色。具乳汁,除花外,全株无毛;茎皮灰褐色;小枝通常对生,有细条纹,具皮孔。叶卵状长圆形,顶端渐尖,基部楔形,叶面深绿色,叶背淡绿色;中脉在叶面扁平,在叶背微凸起,侧脉纤细,两面扁平,每边20～25条。聚伞花序腋生,着花数朵;花序梗和花梗柔弱;花萼裂片卵圆形,顶端钝,花萼内面基部有10个小腺体;花冠紫红色,辐状,花冠筒短,裂片长圆状披针形,中间加厚呈纺锤形,反折,内面被长柔毛,外面无毛;副花冠环状,10裂,其中5裂延伸丝状被短柔毛,顶端向内弯;雄蕊着生在副花冠内面,并与其合生,花药彼此粘连并包围着柱头,背面被长柔毛;心皮离生,无毛,每枚心皮有胚珠多颗,柱头盘状凸起;花粉器匙形,四合花粉藏在载粉器内,粘盘粘连在柱头上。蓇葖2枚,圆柱状,无毛,具有纵条纹;种子长圆形,黑褐色,顶端具白色绢质种毛。花期5～7月,果期7～9月。

　　生于黄土丘陵、固定或半固定沙丘及其他沙质地。产于内蒙古通辽市、赤峰市、鄂尔多斯市、阿拉善盟;中国除广东、广西、海南、台湾以外的其他地区都产。

高山漆姑草属（米努草属）——【学　名】*Minuartia*

【蒙古名】ᠬᠠᠷ᠎ᠠ ᠪᠣ ᠴᠠᠭᠠᠨ ᠊ᠣ ᠣᠪᠣᠭ᠎ᠠ（ᠬᠠᠷᠠᠭᠣᠯ ᠴᠠᠭ᠎ᠠ ᠊ᠤ ᠣᠪᠣᠭᠠ）

【英文名】Minuartwort

【生活型】多年生或一年生小草本。

【茎】茎丛生，平卧，分枝

【叶】叶线形或线状锥形，具 1～3 条脉，叶腋常具叶簇。

【花】花单生或少数成聚伞花序；萼片 5 个，具 1～3 条脉；花瓣 5 片，白色，稀淡红色，全缘或有时顶端微凹缺；雄蕊 10 枚；子房 1 室，花柱 3。

【果实和种子】蒴果狭卵圆形或卵状圆柱形，3 瓣裂；种子肾形，种脊有时具流苏状齿。

【分类地位】被子植物门、双子叶植物纲、原始花被亚纲、中央种子目、石竹科、繁缕亚科、繁缕族、沙生亚族。

【种类】全属约有 120 种；中国有 7 种，1 变种；内蒙古有 1 种。

石米努草 *Minuartia laricina*

多年生丛生草本。茎仰卧，多分枝，分枝上升，无毛或被短柔毛。叶片线状钻形，基部无柄，顶端渐尖，边缘和基部被稀疏的多细胞长缘毛，具 1 条脉，叶腋具不育短枝。花 1～5(9) 朵成聚伞花序，被短毛；苞片披针形；萼片长圆状披针形，顶端钝，膜质，具 3 条脉，无毛；花瓣白色，倒卵状长圆形，长为萼的 1.5 倍，全缘或有时微缺；雄蕊花丝下部渐宽。果长圆状锥形，3 瓣裂；种子扁圆形，淡褐色，表面具低条纹状凸起，种脊具流苏状齿。花期 7～8 月，果期 8～9 月。

生于山坡、林缘、林下及河岸柳林下。产于内蒙古呼伦贝尔市、兴安盟；中国黑龙江、吉林也产；朝鲜、蒙古、俄罗斯也有分布。

191

藁本属——【学　名】*Ligusticum*

　　　　　　【蒙古名】ᠪᠣᠷᠣᠭᠠᠯ ᠲᠣᠯᠣᠢ ᠶᠢᠨ ᠲᠥᠷᠥᠯ

　　　　　　【英文名】Ligustium

【生活型】多年生草本。

【茎】根茎发达或否。茎基部常有纤维状残留叶鞘。

【叶】基生叶及茎下部叶具柄;叶片 1～4 回羽状全裂,末回裂片卵形、长圆形以至线形;茎上部叶简化。

【花】复伞形花序顶生或侧生;总苞片少数,早落或无;伞辐后期常呈弧形弯曲;小总苞片多数,线形至披针形,或为羽状分裂;萼齿线形、钻形、卵状三角形,或极不明显;花瓣白色或紫色,倒卵形至长卵形,先端具内折小舌片;花柱基隆起,常为圆锥状,花柱 2 枚,后期常向下反曲。

【果实和种子】分生果椭圆形至长圆形,横剖面近五角形至背腹扁压,主棱突起以至翅状;每棱槽内油管 1～4 个,合生面油管 6～8 个;胚乳腹面平直或微凹。

【分类地位】被子植物门、双子叶植物纲、原始花被亚纲、伞形目、伞形科、芹亚科、阿米芹族、西风芹亚族。

【种类】全属约有 60 种以上;中国约有 30 种;内蒙古有 3 种。

川芎 *Ligusticum chuanxiong*(*Ligusticum sinense cv. Chuanxiong*)

　　多年生草本。根茎发达,形成不规则的结节状拳形团块,具浓烈香气。茎直立,圆柱形,具纵条纹,上部多分枝,下部茎节膨大呈盘状(苓子)。茎下部叶具柄,基部扩大成鞘;叶片轮廓卵状三角形,3～4 回三出式羽状全裂,羽片 4～5 对,卵状披针形,末回裂片线状披针形至长卵形,具小尖头;茎上部叶渐简化。复伞形花序顶生或侧生;总苞片 3～6 个,线形;伞辐 7～24 枚,不等长,内侧粗糙;小总苞片 4～8 个,线形,粗糙;萼齿不发育;花瓣白色,倒卵形至心形,先端具内折小尖头;花柱基圆锥状,花柱 2 枚,向下反曲。幼果两侧扁压;背棱槽内油管 1～5 个,侧棱槽内油管 2～3 个,合生面油管 6～8 个。

　　栽培植物,原产于中国四川省都江堰。

戈壁藜属──【学　名】*Iljinia*

【蒙古名】ᠭᠣᠪᠢ ᠶᠢᠨ ᠲᠦᠷᠦᠯ (ᠬᠠᠷᠮᠠᠭ ᠤᠨ ᠲᠦᠷᠦᠯ)

【英文名】Iljinia

【生活型】半灌木。

【茎】枝无关节。

【叶】叶互生,近棍棒状,稍肉质。

【花】花两性,单生于叶腋,无柄,具2个小苞片;小苞片近圆形;花被球形,背腹稍扁,草质,果时变为纸质;花被片5枚,离生,彼此靠合,卵形,腹面凹,无脉,边缘膜质,果时背面近先端处生横翅;雄蕊5枚,着生于花盘上;花丝短,丝形;花盘杯状,5裂,裂片半圆形,边缘稍肥厚;花药卵形,先端具细尖状附属物;子房扁球形;花柱极短;柱头2枚,扩展。种子横生,顶基稍扁;胚平面螺旋状,无胚乳。

【分类地位】被子植物门、双子叶植物纲、原始花被亚纲、中央种子目、藜科、螺胚亚科、猪毛菜族。

【种类】全属有1种;中国有1种;内蒙古有1种。

戈壁藜 *Iljinia regelii*

半灌木。老枝灰白色,平滑无毛,通常具环状裂缝,当年生枝灰绿色,圆柱状,略有棱。叶互生,近棍棒状,肉质,先端钝,基部不扩展而下延,无毛,斜伸,直或稍向上弧曲,腋间具棉毛。花单生于叶腋;小苞片稍短于花被,背面中部肥厚并隆起,具膜质狭边;花被片近圆形或宽椭圆形,边缘膜质,果时稍变硬;翅半圆形,全缘或有缺刻,干膜质,平展或稍反曲;雄蕊5枚,花丝丝状,扁平;花药卵形,先端具细尖状附属物;花盘杯状,稍肥厚,具5枚半圆形裂片;子房卵形,平滑无毛,柱头内侧面有颗粒状突起。胞果半球形,顶面平或微凹,果皮稍肉质,黑褐色。种子横生,顶基扁;种皮膜质,黄褐色;胚平面螺旋状,无胚乳。花果期7～9月。

生于荒漠区及荒漠地带的山间、丘间谷地、坡麓和低地边缘。产于内蒙古阿拉善盟额济纳旗;中国甘肃、新疆也产;哈萨克斯坦、蒙古也有分布。

革苞菊属——【学　名】*Tugarinovia*

【蒙古名】ᠲᠡᠷᠡ ᠭᠡᠲᠦ ᠶᠢᠨ ᠴᠡᠴᠡᠭ

【英文名】Leatherybractdaisy

【生活型】多年生低矮草本。

【茎】有葶状茎。

【叶】叶在茎基部密集，革质，有顶端具刺的羽状裂片和基部扩大被棉状茸毛的叶柄。

【花】头状花序稍小，在茎端单生，常下垂，有多数同形的两性花，盘状。总苞倒卵圆形；总苞片多层，外层较宽大，叶状，绿色，有顶生的刺和具刺的齿，内层较短，披针形，有顶生的刺。花序托中央凸起无托毛。小花全部管状，褐黄色，上端有 5 枚裂片。花药上端尖，基部有丝状全缘的长尾部；花丝无毛。花柱分枝急尖，短，外面有泡状突起，内面平滑；花柱基部在子房上围有冠状具 5 枚齿的附片。冠毛有少数不等长，上端较粗厚具微刺，易分散脱落的毛。

【果实和种子】瘦果有细沟，无毛。

【分类地位】被子植物门、双子叶植物纲、合瓣花亚纲、桔梗目、菊科、管状花科、旋覆花族、旋覆花亚族。

【种类】全属有 1 种；中国有 1 种；内蒙古有 1 种。

革苞菊 *Tugarinovia mongolica*

多年生草本。有粗壮的根状茎，基部为厚层残存的枯叶柄所紧密围裹成块状体；茎基被棉状污白色厚茸毛，上端有少数稀多数簇生或单生的花茎。花茎不分枝，柔弱，被白色密茸毛，稍有沟，无叶。叶多数生于茎基上成莲座状叶丛，有基部扩大被长茸毛的叶柄；叶片长圆形，革质，被疏或密的蛛丝状毛或茸毛，羽状深裂或浅裂；裂片宽短，有浅齿和生于齿端的硬刺；中脉在下面稍凸起；内层叶较狭。头状花序在茎端单生，下垂。总苞倒卵圆形；总苞片 3～4 层，被蛛丝状棉毛，外层由较宽长的苞叶组成，革质，绿色，有浅齿和生于齿端的黄色刺；内层较短，线状披针形，无齿，上部稍紫红色，顶端有刺。小花多数，花冠管状，干后近白色，顶端褐黄色；裂片卵圆披针形，稍尖。花柱分枝短，卵圆形，顶端稍钝，下部稍扁；基部膨大。冠毛污白色，有不等长而上部稍粗厚的微糙毛。瘦果无毛。花果期 5～6 月。

生于石质丘陵顶部或沙砾质坡地。产于内蒙古包头市、巴彦淖尔市、鄂尔多斯市。

葛缕子属——【学　名】*Carum*

【蒙古名】ᠵᠢᠷᠠᠭ᠎ᠠ ᠶᠢᠨ ᠦᠷ᠎ᠡ

【英文名】Caraway

【生活型】二年生或多年生草本。

【根】直根肉质。

【茎】高,茎直立,具纵条纹,枝互生或上部呈叉状分枝,乳绿色,或微带紫色。

【叶】叶具鞘,基生叶及下部的茎生叶有柄,茎中、上部叶有短柄或无柄,叶片2～4回羽状分裂,末回裂片线形或披针形。

【花】复伞形花序顶生或侧生,无总苞片或1～6个,线形或披针形,全缘或有细齿;伞辐光滑或粗糙;无小总苞片或1～10个,线形,披针形或卵状披针形;小伞形花序有花4～30朵,两性花或杂性花,通常无萼齿,或细小;花瓣阔倒卵形,基部楔形,顶端凹陷,有内折的小舌片,白色或红色;花柱基圆锥形,花柱长于花柱基。

【果实和种子】果实长卵形或卵形,两侧扁压,果棱明显;棱槽内油管通常单生,稀为3个,合生面油管2～4个;分生果横剖面五角形;胚乳腹面平直或略凸起;心皮柄2裂至基部。

【分类地位】被子植物门、双子叶植物纲、原始花被亚纲、伞形目、伞形科、芹亚科、阿米芹族、葛缕子亚族、阿米芹族九棱类与真型类。

【种类】全属约有25～30种;中国有4种;内蒙古有2种。

195

葛缕子 *Carum carvi*

多年生草本。表皮棕褐色。茎通常单生,稀2～8个。基生叶及茎下部叶的叶柄与叶片近等长,或略短于叶片,叶片轮廓长圆状披针形,2～3回羽状分裂,末回裂片线形或线状披针形,茎中、上部叶与基生叶同形,较小,无柄或有短柄。无总苞片,稀1～3个,线形;伞辐5～10枚,极不等长,无小总苞或偶有1～3个,线形;小伞形花序有花5～15朵,花杂性,无萼齿,花瓣白色,或带淡红色,花柄不等长,花柱长约为花柱基的2倍。果实长卵形,成熟后黄褐色,果棱明显,每棱槽内油管1个,合生面油管2个。花果期5～8月。

生于林缘草甸、盐化草甸及田边路旁。产于内蒙古呼伦贝尔市、兴安盟、赤峰市、锡林郭勒盟、乌兰察布市、巴彦淖尔市、阿拉善盟;中国甘肃、河北、河南、吉林、辽宁、青海、山西、山东、四川、新疆、西藏、云南也产;亚洲、欧洲和地中海地区广泛分布。

沟繁缕科——【学　名】*Elatinaceae*

【蒙古名】ᠨᠢᠳᠦᠨ ᠤ ᠡᠪᠡᠰᠦ

【英文名】Waterwort Family

【生活型】半水生或陆生草本或亚灌木。

【叶】单叶,对生或轮生,全缘或具锯齿;有成对托叶。

【花】花小,两性,辐射对称,单生、簇生或组成腋生的聚伞花序;萼片 2～5 个,覆瓦状排列,分离或稍连合,薄膜质或具近透明的边缘;花瓣 2～5 片,分离,膜质,在花芽时呈覆瓦状排列;雄蕊与萼片同数或为其 2 倍,分离,花药背着,2 室;子房上位,2～5 室,胚珠多数,生于中轴胎座上,花柱 2～5 枚,分离,短,柱头头状。

【果实和种子】蒴果,膜质、革质或脆壳质,果瓣与中轴及隔膜分离,为室间开裂;种子多数,小,直或弯曲,种皮常有皱纹,无胚乳。

【种类】全科有 2 属,约 40 种;中国有 2 属,约 6 种;内蒙古有 1 属,1 种。

沟繁缕科 Elatinaceae Dumort. 是比利时植物学家 Barthélemy Charles Joseph Dumortier(1797－1878)于 1829 年在"Analyse des Familles des Plantes 44,49"(Anal. Fam. Pl.)中建立的植物科,模式属为沟繁缕属(*Elatine*)。

在恩格勒系统(1964)中,沟繁缕科隶属原始花被亚纲(Archichlamydeae)、堇菜目(Violales)、柽柳亚目(Tamaricineae),本目含 6 个亚目 20 个科。在哈钦森系统(1959)中,沟繁缕科隶属双子叶植物草本支(Herbaceae)的石竹目(Caryophyllales),含沟繁缕科、粟米草科(Molluginaceae)、石竹科(Caryophyllaceae)、番杏科(Aizoaceae,Ficoidaceae)和马齿苋科(Portulacaceae)。在塔赫他间系统(1980)中,沟繁缕科隶属五桠果亚纲(Dilleniidae)、山茶目(Theales),本目含 19 个科。在克朗奎斯特系统(1981)中,沟繁缕科也隶属五桠果亚纲、山茶目,含 18 个科。

沟繁缕属──【学　名】*Elatine*

【蒙古名】ᠲᠦᠭᠦᠷᠢᠭ ᠦ ᠡᠪᠡᠰᠦ（ᠲᠣᠭᠣᠷᠣᠬᠠᠢ，ᠤᠰᠤᠨ ᠡᠪᠡᠰᠦ）

【英文名】Waterwort

【生活型】水生草本植物。

【茎】茎纤细，匍匐状，节上生根。

【叶】叶小型，对生或轮生，通常全缘，具短柄。

【花】花极小，腋生，通常每节只有 1 朵花；萼片 2～4 个，基部合生，膜质、钝尖；花瓣 2～4 片，比萼片长，钝头；雄蕊与花瓣同数或为其 2 倍；子房上位，球形，压扁，顶端截平，2～4 室，胚珠多数，花柱 2～4 枚，柱头头状。

【果实和种子】蒴果膜质，2～4 瓣裂，隔膜于果开裂后脱落或附着于中轴上；种子多数，直、弯曲或呈马蹄形，具棱和网纹。

【分类地位】被子植物门、双子叶植物纲、原始花被亚纲、侧膜胎座目、山茶亚目、沟繁缕科。

【种类】全属约有 15 种；中国有 3 种；内蒙古有 1 种。

三蕊沟繁缕 *Elatine triandra*

　　一年生草本。匍匐，圆柱状，分枝多，节间短，节上生根。叶对生，近膜质，卵状长圆形、披针形至条状披针形，先端钝，基部渐狭，全缘，侧脉细，2～3 对，上面无毛，无柄或短柄；托叶小，膜质，三角形或卵状披针形，先端急尖，早落。花单生叶腋，无梗或近无梗，后者花梗在果期梗稍延长；萼片 2～3 个，卵形，先端钝，基部合生；花瓣 3 片，白色或粉红色，阔卵形或椭圆形，稍长于萼片；雄蕊 3 枚，短于花瓣；子房上位，扁球形，3 室；花柱 3 枚，分离，短而直立。蒴果扁球形，3 室，3 瓣裂，具多数种子。种子长圆形，近直生或稍弯曲，具细密的六角形网纹。花果期 6～8 月。

　　生于沼泽草甸、河岸粘泥地、泛滥地或水田中。产于内蒙古兴安盟扎赉特旗保安沼；中国广东、黑龙江、吉林、台湾也产；印度、印度尼西亚、日本、马来西亚、尼泊尔、菲律宾以及澳大利亚、欧洲、北美洲、太平洋群岛也有分布。

197

沟酸浆属——【学　名】*Mimulus*

【蒙古名】ᠮᠢᠬ᠎ᠠ ᠂ ᠴᠠᠬᠢᠯ ᠊ᠤ᠋ ᠊ᠤ ᠣᠢᠮᠥᠲ

【英文名】Monkeyflower

【生活型】一年生或多年生,直立、铺散状平卧或匍匐生根草本,罕为灌木。

【茎】茎简单或有分枝,圆柱形或四方形而具窄翅。

【叶】叶对生,不裂,全缘或具齿。

【花】花小或大而美丽,具彩色,单生于叶腋内或为顶生的总状花序,有小苞片或无;花萼筒状或钟状,果期有时膨大成囊泡状,具 5 条肋,肋有的稍作翅状,无毛或被柔毛,萼齿 5 枚,齿短而齐或长短不等;花冠 2 唇形,花冠筒筒状,上部稍膨大或偏肿,常超出于花萼,喉部通常具一隆起成 2 瓣状褶襞,多少被毛,上唇 2 裂,直立或反曲,下唇 3 裂,常开展;雄蕊 4 枚,2 枚强,着生于花冠筒内,内藏;花丝无毛或被柔毛;子房 2 室,具中轴胎座,胚珠多数,花柱通常内藏,无毛、被柔毛或腺毛,柱头扁平,分离成相等或不等的 2 片状。

【果实和种子】蒴果被包于宿存的花萼内或伸出,形状同质地多样,革质、软骨质、膜质或纸质,2 裂;种子多数而小,通常为卵圆形或长圆形,种皮光滑或具网纹。

【分类地位】被子植物门、双子叶植物纲、合瓣花亚纲、管状花目、玄参科。

【种类】全属约有 150 种;中国有 5 种;内蒙古有 1 种。

198

沟酸浆 *Mimulus tenellus*

多年生草本,柔弱,常铺散状,无毛。茎长可达 40 厘米,多分枝,下部匍匐生根,四方形,角处具窄翅。叶卵形、卵状三角形至卵状矩圆形,顶端急尖,基部截形,边缘具明显的疏锯齿,羽状脉,叶柄细长,与叶片等长或较短,偶被柔毛。花单生叶腋,花梗与叶柄近等长,明显的较叶短;花萼圆筒形,果期肿胀成囊泡状,增大近一倍,沿肋偶被绒毛,或有时稍具窄翅,萼口平截,萼齿 5 枚,细小,刺状;花冠较萼长一倍半,漏斗状,黄色,喉部有红色斑点;唇短,端圆形,竖直,沿喉部被密的髯毛。雄蕊同花柱无毛,内藏。蒴果椭圆形,较萼稍短;种子卵圆形,具细微的乳头状突起。花果期 6～9 月。

生于沟谷溪边、林下湿地。产于内蒙古通辽市大青沟;中国甘肃、贵州、河北、河南、湖北、湖南、江西、吉林、辽宁、山西、山东、陕西、四川、台湾、西藏、云南、浙江也产;印度、日本、锡金、越南也有分布。

狗筋蔓属──【学　名】*Cucubalus*

【蒙古名】ᠭᠣᠣᠵᠢᠨ ᠲᠥᠷᠦᠯ ᠤᠨ ᠲᠥᠷᠦᠯ

【英文名】Bladdercampion

【生活型】多年生草本。

【根】根簇生，稍肉质。

【茎】茎铺散，俯仰，分枝。

【叶】叶对生，叶片卵形或卵状披针形；托叶缺。

【花】花两性，单生，具1对叶状苞片，或成疏圆锥花序；花萼宽钟形，果期膨大成半圆球形，纵脉10条，萼齿5枚，较大；雌雄蕊柄极短；花瓣5片，白色，爪狭长，瓣片2裂；副花冠有雄蕊10枚，2轮列，外轮5枚基部与爪微合生成短筒状；子房1室，具多数胚珠；花柱3枚，细长。

【果实和种子】蒴果球形，呈浆果状，后期干燥，薄壳质，不规则开裂；种子多数，肾形，平滑，具光泽；胚环形。

【分类地位】被子植物门、双子叶植物纲、原始花被亚纲、中央种子目、石竹科、石竹亚科、剪秋罗族、狗筋蔓亚族。

【种类】全属有1种；中国有1种；内蒙古有1种。

199

狗筋蔓 *Cucubalus baccifer*

多年生草本。全株被逆向短绵毛。根簇生，长纺锤形，白色，断面黄色，稍肉质；根颈粗壮，多头。茎铺散，俯仰，多分枝。叶片卵形、卵状披针形或长椭圆形，基部渐狭成柄状，顶端急尖，边缘具短缘毛，两面沿脉被毛。圆锥花序疏松；花梗细，具1对叶状苞片；花萼宽钟形，草质，后期膨大呈半圆球形，沿纵脉多少被短毛，萼齿卵状三角形，与萼筒近等长，边缘膜质，果期反折；雌雄蕊柄无毛；花瓣白色，轮廓倒披针形，爪狭长，瓣片叉状浅2裂；副花冠不明显微呈乳头状；雄蕊不外露，花丝无毛；花柱细长，不外露。蒴果圆球形，呈浆果状，成熟时薄壳质，黑色，具光泽，不规则开裂；种子圆肾形，肥厚，黑色，平滑，有光泽。花期6～8月，果期7～9(10)月。

生于沟谷、溪边、林下。产于内蒙古通辽市大青沟；中国辽宁、河北、山西、陕西、宁夏、甘肃、新疆、江苏、安徽、浙江、福建、台湾、河南、湖北也产；朝鲜、日本、俄罗斯、哈萨克斯坦以及欧洲也有分布。

狗舌草属——【学　名】*Tephroseris*

【蒙古名】ᠨᠣᠬᠠᠢ ᠬᠡᠯᠡᠲᠦ ᠡᠪᠡᠰᠦ ᠶᠢᠨ ᠲᠥᠷᠥᠯ (ᠨᠣᠬᠠᠢ ᠬᠡᠯᠡᠲᠦ ᠡᠪᠡᠰᠦ)

【英文名】Dogtongueweed

【生活型】多年生草本。

【茎】稀具匍匐枝，根状茎草本，或稀二年生或一年生，具纤维状根。茎具茎生叶，近葶状或稀葶状，常被蛛丝状绒毛。

【叶】叶不分裂，互生，具柄，或无柄，基生及茎生，或稀多数或全部基生；基生叶莲座状，在花期生存或凋萎；叶片宽卵形至线状匙形，羽状脉，边缘具粗深波状锯齿至全缘，基部心形至楔状狭；叶柄无翅或具翅，基部扩大但无耳。

【花】头状花序通常少数至较多数，排列成顶生近伞形，简单或复伞房状聚伞花序，稀单生。小花异形，结实，辐射状，或有时同形，盘状；具花序梗。总苞无外层苞片，半球形，钟状或圆柱状钟形，花托平；总苞片草质，18～25 个，稀 13 个，1 层，线状披针形或披针形，通常具狭干膜质或膜质边缘。舌状花雌性，11～15 枚，通常 13 枚，稀 18 枚或 20～25 枚；舌片黄色、橘黄色或紫红色，长圆形，稀线形或椭圆状长圆形，具 4 条脉，顶端通常具 3 枚小齿；管状花多数，两性，花冠黄色、枯黄色或橘红色，有时染有紫色；檐部漏斗状或稀钟状；裂片 5 枚；花药线状长圆形或稀长圆形，基部通常具短耳，或钝至圆形，花药颈部狭圆柱形至圆柱形，略宽于花丝；细胞同形；花药内壁组织细胞壁增厚多数，极状及辐射状排列。花柱分枝顶端凸或极少常截形，被少数，较短或短钝边生乳头状微毛。

【果实和种子】瘦果圆柱形，具肋，无毛或被疏至较密柔毛；表皮细胞光滑。冠毛细毛状，同形，白色或变红色，宿存。

【分类地位】被子植物门、双子叶植物纲、合瓣花亚纲、桔梗目、菊科、管状花亚科、千里光族、狗舌草亚族。

【种类】全属约有 50 种；中国 14 种；内蒙古有 3 种。

尖齿狗舌草 *Tephroseris subdentata*

多年生草本。根状茎短，具多数纤维状根。茎单生，直立，不分枝。基生叶数片，莲座状，基部渐狭成柄，边缘全缘，近全缘或具不规则具尖头的齿，纸质。7～30 个排列成顶生近伞形伞房花序或复伞房花序；被疏蛛丝状毛及黄褐色短柔毛，基部具苞片，苞片线状钻形，顶端渐尖。总苞钟状，无外苞片；总苞片 18～20 个，1 层，披针形或线状披针形，顶端渐尖或长渐尖，绿色或顶端稍紫色，草质，边缘狭膜质，外面无毛。舌状花 13～15 朵，无毛；舌片黄色，长圆形，顶端钝，具 3 枚细齿，4 条脉。管状花多数，花冠黄色，檐部漏斗状；裂片长圆状，顶端尖，被乳头状毛；花药线状长圆形，基部钝，附片卵状披针形。瘦果圆柱形，无毛；白色。花果期 6～7 月。

生于河边沙地、路边及河滩草甸。产于内蒙古呼伦贝尔市、兴安盟；中国河北、黑龙江、吉林、辽宁、青海也产；朝鲜、俄罗斯也有分布。

狗娃花属——【学　名】*Heteropappus*

【蒙古名】ᠪᠦᠷᠣᠨ ᠨ᠋ᠣ ᠢ᠋ᠣᠩᠭᠠ

【英文名】Puppyflower

【生活型】一年生、二年生或多年生草本。

【叶】叶互生,全缘或有疏齿。

【花】头状花序疏散伞房状排列或单生,有异型花,即外围有 1 层雌花,放射状,中央有多数两性花,都结果实,有时仅有同型的两性花而无雌花。总苞半球形;总苞片 2～3 层,近等长或稍覆瓦状,条状披针形,草质,至少内层边缘膜质。花序托稍凸起,蜂窝状。雌花花冠舌状,舌片蓝色或紫色,顶端有微齿,或极少舌片不存在;两性花管状,黄色,有 5 枚不等形的裂片,其中 1 枚裂片较长;花药基部钝,全缘;花柱分枝附片三角形。冠毛同形,有近等长的带黄色或带红色的细糙毛,或异形而在雌花的冠毛极短且成冠状,或有时雌花无冠毛。

【果实和种子】瘦果倒卵形,扁,下部极狭,被绢毛,有较厚的边肋。

【分类地位】被子植物门、双子叶植物纲、合瓣花亚纲、桔梗目、菊科、管状花亚科、紫菀族。

【种类】约 30 种;中国有 12 种;内蒙古有 4 种,1 变种。

阿尔泰狗娃花 *Heteropappus altaicus*

多年生草本。有横走或垂直的根。茎直立,被上曲或有时开展的毛,上部常有腺,上部或全部有分枝。基部叶在花期枯萎;下部叶条形或矩圆状披针形,倒披针形,或近匙形,全缘或有疏浅齿;上部叶渐狭小,条形;全部叶两面或下面被粗毛或细毛,常有腺点,中脉在下面稍凸起。单生枝端或排成伞房状。总苞半球形;总苞片 2～3 层,近等长或外层稍短,矩圆状披针形或条形,顶端渐尖,背面或外层全部草质,被毛,常有腺,边缘膜质。舌状花约 20 朵,有微毛;舌片浅蓝紫色,矩圆状条形;裂片不等大,有疏毛瘦果扁,倒卵状矩圆形,灰绿色或浅褐色,被绢毛,上部有腺。冠毛污白色或红褐色,有不等长的微糙毛。花果期 5～9 月。

生于干草原与草甸草原带以及山地、丘陵坡地、砂质地、路旁及村舍附近。产于内蒙古各地;中国新疆、青海、四川西北部以及西北、华北、东北各地也产;中亚地区、蒙古、俄罗斯也有分布。

狗尾草属——【学　名】*Setaria*

【蒙古名】ᠬᠣᠨᠢᠨ ᠰᠡᠭᠦᠯ ᠦᠨ ᠡᠪᠡᠰᠦ（ᠬᠣᠨᠢᠨ ᠰᠡᠭᠦᠯ ᠦᠨ ᠡᠪᠡᠰᠦ）

【英文名】Bristlegrass，Foxtailgrass，Palmgrass

【生活型】一年生或多年生草本。

【茎】有或无根茎。秆直立或基部膝曲。

【叶】叶片线形、披针形或长披针形，扁平或具折襞，基部钝圆或窄狭成柄状。

【花】圆锥花序通常呈穗状或总状圆柱形，少数疏散而开展至塔状；小穗含 1～2 朵小花，椭圆形或披针形，全部或部分小穗下托以 1 至数个由不发育小枝而成的芒状刚毛，脱节于极短且呈杯状的小穗柄上，并与宿存的刚毛分离；颖不等长，第一颖宽卵形、卵形或三角形，具 3～5 条脉或无脉，第二颖与第一外稃等长或较短；具 5～7 条脉；第一小花雄性或中性，第一外稃与第二颖同质，通常包着纸质或膜质的内稃；第二小花两性，第二外稃软骨质或革质，成熟时背部隆起或否，平滑或具点状、横条状皱纹，等长或稍长或短于第一外稃，包着同质的内稃；鳞被 2 枚，楔形；雄蕊 3 枚，成熟时由谷粒顶端伸出；花柱 2 枚，基部联合或少数种类分离。

【果实和种子】颖果椭圆状球形或卵状球形，稍扁，种脐点状；胚长约为颖果的 1/3～2/5。

【分类地位】被子植物门、单子叶植物纲、禾本目、禾本科、黍亚科、黍族、狗尾草亚族。

【种类】全属约有130种；中国有15种，3 亚种，5 变种；内蒙古有 5 种，5 变种。

金色狗尾草 *Setaria pumila*（*Setaria glauca*）

一年生草本。单生或丛生。秆直立或基部倾斜膝曲，近地面节可生根，光滑无毛，仅花序下面稍粗糙。叶鞘下部扁压具脊，上部圆形，光滑无毛，边缘薄膜质，光滑无纤毛；叶舌具一圈纤毛，叶片线状披针形或狭披针形，先端长渐尖，基部钝圆，上面粗糙，下面光滑，近基部疏生长柔毛。圆锥花序紧密呈圆柱状或狭圆锥状，直立，主轴具短细柔毛，刚毛金黄色或稍带褐色，粗糙，先端尖，通常在一簇中仅具一个发育的小穗，第一颖宽卵形或卵形，长为小穗的 1/3～1/2，先端尖，具 3 条脉；第二颖宽卵形，长为小穗的 1/2～2/3，先端稍钝，具 5～7 条脉，第一小花雄性或中性，第一外稃与小穗等长或微短，具 5 条脉，其内稃膜质，等长且等宽于第二小花，具 2 条脉，通常含 3 枚雄蕊或无；第二小花两性，外稃革质，等长于第一外稃。谷粒先端尖，成熟时，背部极隆起，具明显的横皱纹。

生于田野、路边、荒地、山坡等处。产于内蒙古各地；中国安徽、北京、福建、广东、贵州、海南、黑龙江、河南、湖北、湖南、江西、宁夏、陕西、山东、上海、四川、台湾、新疆、西藏、云南、浙江也产；亚洲温带和亚热带地区及欧洲也有分布。

枸杞属——【学　名】*Lycium*

【蒙古名】ᠬᠠᠷᠠ ᠂ ᠥᠭᠡᠷ᠎ᠡ ᠶᠢᠨ ᠬᠦᠪᠡᠯᠢ

【英文名】Wolfberry

【生活型】灌木。

【茎】通常有棘刺或稀无刺。

【叶】单叶互生或因侧枝极度缩短而数片簇生,条状圆柱形或扁平,全缘,有叶柄或近于无柄。

【花】花有梗,单生于叶腋或簇生于极度缩短的侧枝上;花萼钟状,具不等大的 2～5 枚萼齿或裂片,在花蕾中镊合状排列,花后不甚增大,宿存;花冠漏斗状、稀筒状或近钟状,檐部 5 裂或稀 4 裂,裂片在花蕾中覆瓦状排列,基部有显著的耳片或耳片不明显,筒常在喉部扩大;雄蕊 5 枚,着生于花冠筒的中部或中部之下,伸出或不伸出于花冠,花丝基部稍上处有一圈绒毛到无毛,花药长椭圆形,药室平行,纵缝裂开;子房 2 室,花柱丝状,柱头 2 浅裂,胚珠多数或少数。

【果实和种子】浆果,具肉质的果皮。种子多数或由于不发育仅有少数,扁平,种皮骨质,密布网纹状凹穴;胚弯曲成大于半圆的环,位于周边,子叶半圆棒状。

【分类地位】被子植物门、双子叶植物纲、合瓣花亚纲、管状花目、茄科、茄族、枸杞亚族。

【种类】全属约有 80 种;中国产 7 种,3 变种;内蒙古有 4 种,1 变种。

203

宁夏枸杞 *Lycium barbarum*

灌木,或栽培因人工整枝而成大灌木;分枝细密,野生时多开展而略斜升或弓曲,栽培时小枝弓曲而树冠多呈圆形,有纵棱纹,灰白色或灰黄色,无毛而微有光泽,有不生叶的短棘刺和生叶、花的长棘刺。叶互生或簇生,披针形或长椭圆状披针形,顶端短渐尖或急尖,基部楔形,略带肉质,叶脉不明显。花在长枝上 1～2 朵生于叶腋,在短枝上 2～6 朵同叶簇生;向顶端渐增粗。花萼钟状,通常 2 中裂,裂片有小尖头或顶端又 2～3 齿裂;花冠漏斗状,紫堇色,自下部向上渐扩大,明显长于檐部裂片,卵形,顶端圆钝,基部有耳,边缘无缘毛,花开放时平展;雄蕊的花丝基部稍上处及花冠筒内壁生一圈密绒毛;花柱像雄蕊一样由于花冠裂片平展而稍伸出花冠。浆果红色或在栽培类型中也有橙色,果皮肉质,多汁液,形状及大小由于经长期人工培育或植株年龄、生境的不同而多变,广椭圆状、矩圆状、卵状或近球状,顶端有短尖头或平截、有时稍凹陷。种子常 20 余粒,略成肾脏形,扁压,棕黄色。花果期 5～10 月。

生于河岸、山地、灌溉农田的地埂或水渠旁;产于内蒙古呼和浩特市、包头市、鄂尔多斯市、阿拉善盟;中国甘肃、河北、宁夏、青海、山西、四川、新疆也产。已有广泛栽培。

栝楼属—【学　名】*Trichosanthes*

【蒙古名】ᠲᠣᠷᠣ ᠶᠢᠨ ᠲᠥᠷᠥᠯ

【英文名】Snakegourd

【生活型】一年生或具块状根的多年生藤本。

【茎】茎攀援或匍匐,多分枝,具纵向棱及槽。

【叶】单叶互生,具柄,叶片膜质、纸质或革质,叶形多变,通常卵状心形或圆心形,全缘或 3～7(～9)裂,边缘具细齿,稀为具 3～5 片小叶的复叶。卷须 2～5 歧,稀单一。

【花】花雌雄异株或同株。雄花通常排列成总状花序,有时有 1 朵单花与之并生,或为 1 朵单花;通常具苞片,稀无;花萼筒筒状,延长,通常自基部向顶端逐渐扩大,5 裂,裂片披针形,全缘,具锯齿或条裂;花冠白色,稀红色,5 裂,裂片披针形、倒卵形或扇形,先端具流苏;雄蕊 3 枚,着生于花被筒内,花丝短,分离,花药外向,靠合,1 枚 1 室,2 枚 2 室,药室对折,约隔狭;花粉粒球形,无刺,具 3 槽,3～4 孔。雌花单生,极稀为总状花序:花萼与花冠同雄花;子房下位,纺锤形或卵球形,1 室,具 3 个侧膜胎座,花柱纤细,伸长,柱头 3 枚,全缘或 2 裂:胚珠多数,水平生或半下垂。

【果实和种子】果实肉质,不开裂,球形、卵形或纺锤形,无毛且平滑,稀被长柔毛,具多数种子。种子褐色,1 室,长圆形、椭圆形或卵形,压扁,或 3 室,臌胀,两侧室空。

【分类地位】被子植物门、双子叶植物纲、原始花被亚纲、葫芦目、葫芦科、南瓜族、栝楼亚族。

【种类】全属约有 50 种;中国有 34 种,6 变种;内蒙古有 1 栽培种。

204

栝楼 *Trichosanthes kirilowii*

多年生攀援藤本;块根圆柱状,粗大肥厚,富含淀粉,淡黄褐色。茎较粗,多分枝,具纵棱及槽,被白色伸展柔毛。叶片纸质,轮廓近圆形,稀深裂或不分裂而仅有不等大的粗齿,裂片菱状倒卵形、长圆形,先端钝,急尖,边缘常再浅裂,叶基心形,上表面深绿色,粗糙,背面淡绿色,两面沿脉被长柔毛状硬毛,基出掌状脉 5 条,细脉网状;具纵条纹,被长柔毛。卷须 3～7 歧,被柔毛。花雌雄异株。雄总状花序单生,或与一单花并生,或在枝条上部者单生,粗壮,具纵棱与槽,被微柔毛,顶端有 5～8 朵花,小苞片倒卵形或阔卵形,中上部具粗齿,基部具柄,被短柔毛;花萼筒筒状,顶端扩大,中、下部被短柔毛,裂片披针形,全缘;花冠白色,裂片倒卵形,顶端中央具 1 个绿色尖头,两侧具丝状流苏,被柔毛;花药靠合,花丝分离,粗壮,被长柔毛。雌花单生,被短柔毛;花萼筒圆筒形,裂片和花冠同雄花;子房椭圆形,绿色,柱头 3 枚。果梗粗壮;果实椭圆形或圆形,成熟时黄褐色或橙黄色;种子卵状椭圆形,压扁,淡黄褐色,近边缘处具棱线。花期 5～8 月,果期 8～10 月。

生于稀疏森林、灌丛、草地及村边农田。内蒙古有栽培;产于中国甘肃、河北、河南、江苏、江西、山东、山西、浙江;日本和朝鲜也有分布。

菰属——【学　名】*Zizania*

【蒙古名】ᠰᠢᠪᠠᠭᠤᠨ ᠤ ᠲᠤᠲᠤᠷᠭ᠎ᠠ

【英文名】Wildrice

【生活型】一年生或多年生水生草本。

【茎】有时具长匍匐根状茎。秆高大、粗壮、直立,节生柔毛。

【叶】叶舌长,膜质;叶片扁平,宽大。

【花】顶生圆锥花序大型,雌雄同株;小穗单性,含 1 朵小花;雄小穗两侧压扁,大都位于花序下部分枝上,脱节于细弱小穗柄之上;颖退化;外稃膜质,具 5 条脉,紧抱其同质之内稃;雄蕊 6 枚,花药线形;雌小穗圆柱形,位于花序上部的分枝上,脱节于小穗柄之上,其柄较粗壮且顶端杯状;颖退化;外稃厚纸质,具 5 条脉,中脉顶端延伸成直芒;内稃狭披针形,具 3 条脉,顶端尖或渐尖;鳞被 20 枚。

【果实和种子】颖果圆柱形,为内外稃所包裹,胚位于果体中央,长约为果体之半。

【分类地位】被子植物门、单子叶植物纲、禾本目、禾本科、稻亚科、稻族、菰亚族。

【种类】全属有 4 种;中国有 1 种;内蒙古有 1 种。

菰 *Zizania latifolia*

多年生草本。具匍匐根状茎。须根粗壮。秆高大直立,具多数节,基部节上生不定根。叶鞘长于其节间,肥厚,有小横脉;叶舌膜质,顶端尖;叶片扁平宽大。分枝多数簇生,上升,果期开展;两侧压扁,着生于花序下部或分枝之上部,带紫色,外稃具 5 条脉,顶端渐尖具小尖头,内稃具 3 条脉,中脉成脊,具毛,雄蕊 6 枚;雌小穗圆筒形,着生于花序上部和分枝下方与主轴贴生处,外稃之 5 条脉粗糙,内稃具 3 条脉。颖果圆柱形,胚小形,为果体之 1/8。花果期 7～9 月。

生于水中、水泡子边缘。产于内蒙古兴安盟扎赉特旗保安沼、通辽市科左后旗大青沟;中国安徽、福建、广东、广西、贵州、海南、河北、河南、湖北、湖南、江苏、吉林、辽宁、陕西、山东、四川、台湾、云南、浙江也产;印度、日本、朝鲜、缅甸、俄罗斯也有分布。

谷精草科——【学　名】*Eriocaulaceae*

【蒙古名】ᠲᠤᠭᠵᠢᠷᠠᠭ᠎ᠠ ᠶᠢᠨ ᠡᠪᠡᠰᠦ

【英文名】Pipewort Family

【生活型】一年生或多年生草本,沼泽生或水生。

【茎】偶见匍匐茎或根状茎。根密生在茎的下部,索状。

【叶】叶狭窄,螺旋状着生在茎上,常成一密丛,有时散生,基部扩展成鞘状,叶质薄常半透明,具方格状的"膜孔"。

【花】花序为头状花序,向心式开放,通常小,白色、灰色或铅灰色;花葶很少分枝,直立而细长,具棱,多少向右扭转,通常高出于叶,基部被 1 个鞘状苞片所包围。总苞片位于花序下面,通常短于花序,1 至多列,覆瓦状排列;苞片通常每花 1 个,较总苞片狭,周边花常无苞片,总苞片在形态、大小、所处位置等方面均与苞片有逐渐移变的关系;花小,无柄或有短柄,多数,单性,辐射对称或两侧对称,集生于光秃或具密毛的总(花)托上,通常雌花与雄花同序,混生或雄花在外周雌花在中央,或与此相反,很少雌花和雄花异序;3 或 2 基数,花被 2 轮,有花萼、花冠之分,很少因退化而仅有花萼;雄花:花萼常合生成佛焰苞状,远轴面开裂,有时萼片离生;花冠常合生成柱状或漏斗状,富含水分,顶端 3 或 2 裂,或有时花瓣离生;雄蕊 1~2 轮,每轮 2~3 枚,花丝丝状,离生,花药 4 或 2 室,基着,内向,纵裂,黑色、白色或带棕色;花粉球形,具 1 至数个螺旋状萌发孔,表面具刺状雕纹,其间有长颗粒状突起;雌花:萼片离生或合生;花瓣常离生,顶端内侧常有腺体;子房上位,常有子房柄,1~3 室,每室 1 颗胚珠,花柱 1 枚,花柱分枝细长,与子房室同数;直生胚珠着生于子房底部。

【果实和种子】蒴果小,果皮薄,室背开裂。种子常椭圆形,棕红色或黄色,表面有六角形的网格,胚乳富含淀粉粒,充满种子的大部分,匀质,胚小,位于珠孔端,另一端有合点端胚乳。

【种类】全科有 13 属,1200 种;中国有 1 属,约 34 种;内蒙古有 1 属,1 种。

谷精草科 Eriocaulaceae Martinov 是俄罗斯植物学家和语言学家 Ivan Ivanovich Martinov(1771—1833)于 1820 年在"Tekhno—Botanicheskiĭ Slovar': na latinskom i rossiĭskom iazykakh. Sanktpeterburgie 237"(Tekhno—Bot. Slovar.)上发表的植物科,模式属为谷精草属(Eriocaulon)。Eriocaulaceae P. Beauv. ex Desv. 是由法国博物学家 Palisot de Beauvois（Ambroise Marie François Joseph Palisot, Baron de Beauvois，1752—1820）命名但未经发表的科,后由法国植物学家 Nicaise Auguste Desvaux(1784—1856)描述,于 1828 年代为发表在"Ann. Sci. Nat.(Paris)"上,但时间比 Eriocaulaceae Martinov 晚。

在恩格勒系统(1964)中,谷精草科隶属单子叶植物纲(Monocotyledoneae)、鸭趾草目(Commelinales)、谷精草亚目(Eriocaulineae),本目含 4 个亚目、8 个科。在哈钦森系统(1959)中,谷精草科隶属单子叶植物纲(Monocotyledones)、萼花区(Calyciferae)、谷精草目(Eriocaulales),只含 1 个科。在塔赫他间系统(1980)中,谷精草科隶属单子叶植物纲(Liliopsida)、百合亚纲(Liliidae)、谷精草目,只含 1 个科。在克朗奎斯特系统(1981)中,谷精草科隶属百合纲(Liliopsida)、鸭趾草亚纲(Commelinidae)、谷精草目,也只含 1 个科。

谷精草属——【学　名】*Eriocaulon*

【蒙古名】ᠲᠣᠭᠲᠣ ᠶ᠋ᠡᠪᠡᠯᠢ ᠶᠢᠨ ᠡᠪᠡᠰᠦ

【英文名】Pipewort

【生活型】水生或沼泽生草本,常年多生。

【茎】茎常短至极短,稀伸长。

【叶】叶丛生狭窄,膜质,常有"膜孔"。

【花】头状花序,生于多少扭转的花葶顶端;总苞片覆瓦状排列;苞片与花被常有短白毛或细柔毛;花3或2基数,单性,雌雄花混生;花被通常2轮,有时花瓣退化;雄花:花萼常合生成佛焰苞状,偶离生;花冠下部合生成柱状,顶端2～3裂,内面近顶处常有腺体;雄蕊常2轮,6枚,花药2室,常黑色,有时乳黄色至白色;雌花:萼片3或2个,离生或合生;花瓣离生,3或2片,内面顶端常有腺体,或花瓣缺;子房1～3室。

【果实和种子】蒴果,室背开裂,每室含1粒种子。种子常椭圆形,橙红色或黄色,表面常具横格及各种形状的突起——皮刺,皮刺为外珠被内层细胞的胞壁不均匀增厚所致。

【分类地位】被子植物门、单子叶植物纲、粉状胚乳目、帚灯草亚目、谷精草科。

【种类】全属约有400种;中国有34种;内蒙古有1种。

宽叶谷精草 *Eriocaulon robustius*

湿生草本。叶线形,丛生,半透明,具横格,脉7～12条。花葶多数,扭转,具4(～5)条棱;鞘状苞片口部斜裂;花序熟时近球形,黑褐色;总苞片宽卵形到矩圆形,禾秆色,平展或稍反折,硬膜质,无毛或上部边缘有少数短毛;总(花)托无毛,偶有少数短毛;苞片倒卵形至倒披针形,无毛或边缘有少数毛;雄花:花萼佛焰苞状,顶端3浅裂,无毛或顶端有少数毛;花冠3裂,裂片锥形,各具1个黑色腺体,无毛;雄蕊6枚,花药黑色;雌花:花萼佛焰苞状,3浅裂,无毛或边缘有个别毛;花瓣3片,披针状匙形,肉质,内面有长柔毛,顶端无毛,各具1个黑色腺体;子房3室,花柱分枝3枚,短于花柱。种子倒卵形,表面具横格,每格有2～4枚Y形、条形或少数为T字形突起。花果期7～11月。

生于沼泽、湿地。产于内蒙古呼伦贝尔市、兴安盟;中国黑龙江也产;日本、朝鲜、俄罗斯也有分布。

207

瓜叶菊属——【学　名】*Pericallis*

　　　　　　【蒙古名】ᠭᠠᠭᠴᠠᠭᠤᠷ ᠨᠠᠪᠴᠢᠲᠦ ᠢᠢᠨ ᠢᠵᠠᠭᠤᠷ

　　　　　　【英文名】Cineraria

【生活型】草本或半灌木。

【茎】被疏灰白色绒毛或无毛。

【叶】叶互生或基生,边缘具钝或锐锯齿,稀羽状分裂。

【花】头状花序多数,在枝端排列成疏伞房状;总苞钟状;总苞片 1 层,几等长,顶端钝或尖,边缘膜质;花序托平,无苞片,具异形小花;边缘小花舌状,雌性,能育,稀无舌状花;中央的小花管状,两性,能育或不育;花药基部截形或耳状短箭形;花柱分枝伸长,顶端截形,被画毛笔状毛。

【果实和种子】瘦果背面压扁;舌状花瘦果卵形,通常具翅;管状花瘦果与舌状花瘦果同形或长圆形,具 5 条棱;冠毛 1～2 层,有时脱落。

【分类地位】被子植物门、双子叶植物纲、合瓣花亚纲、桔梗目、菊科、管状花亚科、千里光族、千里光亚族。

【种类】全属约有 15 种;中国有 1 栽培种;内蒙古有 1 栽培种。

瓜叶菊 *Pericallis hybrida*

　　多年生草本。茎直立,被密白色长柔毛。叶具柄;叶片大,肾形至宽心形,有时上部叶三角状心形,顶端急尖或渐尖,基部深心形,边缘不规则三角状浅裂或具钝锯齿,上面绿色,下面灰白色,被密绒毛;叶脉掌状,上面下凹,下面凸起;基部扩大,抱茎;上部叶较小,近无柄。头状花序多数,在茎端排列成宽伞房状;花序梗粗;总苞钟状;总苞片 1 层,披针形,顶端渐尖。小花紫红色、淡蓝色、粉红色或近白色;舌片开展,长椭圆形,顶端具 3 枚小齿;管状花黄色。瘦果长圆形,具棱,初时被毛,后变无毛。冠毛白色。花果期 3～7 月。

　　栽培植物,原产于大西洋肯那列群岛。

冠毛草属——【学　名】*Stephanachne*

【蒙古名】ᠲᠣᠯᠣᠭᠠᠢ ᠲᠣ ᠡᠪᠡᠰᠣ

【英文名】Papposedge

【生活型】多年生草本。

【叶】具线形叶片和穗状圆锥花序。

【花】小穗含1朵小花，两性，脱节于颖之上，小穗轴微延伸于内稃之后；颖披针形，先端渐尖，几等长，膜质，具3～5条脉；外稃短于颖，草质兼膜质，顶端深裂，其2枚裂片先端渐尖成短尖头，或成细弱短芒，裂片的基部则生有1圈冠毛状之柔毛，基盘短而钝，具柔毛，芒从裂片间伸出；内稃等于或短于外稃，狭披针形；鳞被3～2枚，细小；雄蕊3～1枚；子房卵状椭圆形，无毛，花柱不明显，具帚刷状柱头。

【分类地位】被子植物门、单子叶植物纲、禾本目、禾本科、早熟禾亚科、针茅族。

【种类】全属有3种；中国有3种；内蒙古有1种。

冠毛草 *Stephanachne pappophorea*

　　植株草黄色。秆直立，丛生，光滑，基部宿存枯萎的叶鞘，具4～5节。叶鞘紧密抱茎，微糙涩，上部者长于节间；叶舌膜质，顶端齿裂；叶片无毛或边缘微粗糙。圆锥花序穗状，紧密，具光泽，呈黄绿色或枯草黄色；小穗柄具微毛，颖几等长或第一颖稍长，窄披针形，先端成芒状渐尖，具1～3条脉，中脉粗糙；外稃具5条脉，顶端2裂，裂片先端延伸成短尖头，裂片基部生有1圈冠毛状柔毛，其下密生短毛，芒自裂片间伸出，近中部微膝曲，芒柱稍扭转；内稃稍短于外稃，疏生短柔毛；鳞被披针形；花药深黄色；子房花柱2枚，柱头帚刷状；颖果棕黄色，卵状长圆形。花果期7～9月。

　　生于山地高寒草原及高山草甸，广泛适应于粘土质、沙砾质、石质坡地等生境。产于内蒙古巴彦淖尔市、阿拉善盟；中国甘肃、青海、新疆也产；蒙古、塔吉克斯坦也有分布。

冠芒草属（九顶草属）

【学　名】*Enneapogon*

【蒙古名】ᠲᠣᠭᠣᠰᠣᠨ ᠵᠢᠨ ᠲᠠᠷᠢᠶᠠᠨ ᠤ ᠲᠥᠷᠥᠯ

【英文名】Enneapogon

【生活型】多年生直立草本。

【叶】叶狭。

【花】圆锥花序顶生，紧缩或呈穗状；小穗含 2～3(5)朵小花，上部小花退化，小穗轴脱节于颖之上，但不在各小花间断落；颖膜质，近等长，与小花等长或较长，具 1 至数条脉，无芒；外稃短于颖，质厚，背部圆形，具 9 至多数脉，于顶端形成 9 至多数粗糙或具羽毛之芒，呈冠毛状；内稃约与外稃等长，具 2 脊，脊上具纤毛；鳞被 2 枚；雄蕊 3 枚；花柱短，分离，柱头羽毛状。

【果实和种子】颖果。

【分类地位】被子植物门、单子叶植物纲、禾本目、禾本科、画眉草亚科、冠芒草族。

【种类】全属约有 40 种；中国有 1 种；内蒙古有 1 种。

九顶草 *Enneapogon borealis*

多年生密丛草本。基部鞘内常具隐藏小穗。秆节常膝曲，被柔毛。叶鞘多短于节间，密被短柔毛，鞘内常有分枝；叶舌极短，顶端具纤毛；叶片多内卷，密生短柔毛，基生叶呈刺毛状。圆锥花序短穗状，紧缩呈圆柱形，铅灰色或成熟后呈草黄色；小穗通常含 2～3 朵小花，顶端小花明显退化，小穗轴节间无毛；颖质薄，边缘膜质，披针形，先端尖，背部被短柔毛，具 3～5 条脉，中脉形成脊；第一外稃被柔毛，尤以边缘更显，基盘亦被柔毛，顶端具 9 条直立羽毛状芒，芒略不等长；内稃与外稃等长或稍长，脊上具纤毛。花果期 8～11 月。

生于干燥山坡及草地。产于内蒙古各地；中国安徽、甘肃、河北、辽宁、宁夏、青海、山西、新疆、云南也产；印度、哈萨克斯坦、吉尔吉斯斯坦、蒙古、巴基斯坦、俄罗斯以及非洲、美洲和西南亚也有分布。

鬼针草属——【学　名】*Bidens*

【蒙古名】ᠬᠡᠷᠢᠶᠡᠨ ᠲᠣᠬᠣᠨ ᠤ ᠡᠪᠡᠰᠦ（ᠬᠠᠷᠢᠶᠠᠨ ᠲᠣᠬᠣᠨ ᠤ ᠡᠪᠡᠰᠦ）

【英文名】Beggarticks

【生活型】一年生或多年生草本。

【茎】茎直立或匍匐,通常有纵条纹。

【叶】叶对生或有时在茎上部互生,很少 3 枚轮生,全缘或具齿牙、缺刻,或 1～3 回三出或羽状分裂。

【花】头状花序单生茎、枝端或多数排成不规则的伞房状圆锥花序丛。总苞钟状或近半球形;苞片通常 1～2 层,基部常合生,外层草质,短或伸长为叶状,内层通常膜质,具透明或黄色的边缘;托片狭,近扁平,干膜质。花杂性,外围一层为舌状花,或无舌状花而全为筒状花,舌状花中性,稀为雌性,通常白色或黄色,稀为红色,舌片全缘或有齿;盘花筒状,两性,可育,冠檐壶状,整齐,4～5 裂。花药基部钝或近箭形;花柱分枝扁,顶端有三角形锐尖或渐尖的附器,被细硬毛。

【果实和种子】瘦果扁平或具 4 条棱,倒卵状椭圆形、楔形或条形,顶端截形或渐狭,无明显的喙,有芒刺 2～4 枚,其上有倒刺状刚毛。果体褐色或黑色,光滑或有刚毛。

【分类地位】被子植物门、双子叶植物纲、合瓣花亚纲、桔梗目、菊科、管状花亚科、向日葵族。

【种类】全属有 230 余种;中国有 9 种,2 变种;内蒙古有 5 种。

211

狼杷草 *Bidens tripartita*

一年生草本。圆柱状或具钝棱而稍呈四方形,绿色或带紫色,上部分枝或有时自基部分枝。叶对生,无毛,叶柄有狭翅,椭圆形或长椭圆状披针形,边缘有锯齿。上部叶 3 深裂或不裂,茎顶部的叶小,有时不分裂;茎中、下部的叶片羽状分裂或深裂,裂片 3～5 枚,卵状披针形至狭披针形,边缘疏生不整齐大锯齿,顶端裂片通常比下方者大,叶柄有翼。头状花序单生茎端及枝端,具较长的花序梗。总苞盘状,外层苞片 5～9 个,条形或匙状倒披针形,先端钝,具缘毛,叶状,内层苞片长椭圆形或卵状披针形,膜质,褐色,有纵条纹,具透明或淡黄色的边缘;托片条状披针形,约与瘦果等长,背面有褐色条纹,边缘透明。全为筒状两性花,花冠檐 4 裂。花药基部钝,顶端有椭圆形附器,花丝上部增宽。瘦果扁,楔形或倒卵状楔形,边缘有倒刺毛,顶端芒刺通常 2 枚,极少 3～4 枚,两侧有倒刺毛。花果期 9～10 月。

生于路边及低湿地滩地。产于内蒙古各地;中国安徽、福建、甘肃、贵州、河北、黑龙江、河南、湖北、湖南、江苏、江西、吉林、辽宁、宁夏、青海、陕西、山东、四川、台湾、新疆、西藏、云南、浙江也产;不丹、印度、印度尼西亚、日本、朝鲜、马来西亚、蒙古、尼泊尔、菲律宾、俄罗斯、澳大利亚以及非洲、欧洲、北美洲也有分布。

孩儿参属 ——【学　名】*Pseudostellaria*

　　　　　　　【蒙古名】ᠭᠥᠪᠢᠭᠡᠷ ᠡᠮᠡᠭᠡᠨ ᠦ ᠢᠵᠠᠭᠤᠷ

　　　　　　　【英文名】Childseng,False Chickweed,Falsestarwort

【生活型】多年生小草本。

【根】块根纺锤形、卵形或近球形。

【茎】茎直立或上升,有时匍匐,不分枝或分枝,无毛或被毛。

【叶】托叶无;叶对生,叶片卵状披针形至线状披针形,具明显中脉。

【花】花二型:开花受精花较大,生于茎顶或上部叶腋,单生或数朵成聚伞花序,常不结实;萼片5个,稀4个;花瓣5片,稀4片,白色,全缘或顶端微凹缺;雄蕊10枚,稀8枚;花柱通常3枚,稀2~4枚,线形,柱头头状。闭花受精花生于茎下部叶腋,较小,具短梗或近无花梗;萼片4个;花瓣无,雄蕊退化,稀2个;子房具多数胚珠,花柱2枚。

【果实和种子】蒴果3瓣裂,稀2~4瓣裂,裂瓣再2裂;种子稍扁平,具瘤状凸起或平滑。

【分类地位】被子植物门、双子叶植物纲、原始花被亚纲、中央种子目、石竹科、繁缕亚科、繁缕族、繁缕亚族。

【种类】全属约有15种;中国有8种;内蒙古有6种。

毛脉孩儿参 *Pseudostellaria japonica*

　　多年生草本。块根纺锤形。茎直立,不分枝,被2列柔毛。基生叶2~3对,叶片披针形;上部茎生叶约4对,叶片卵形或宽卵形,顶端急尖,基部圆形,几无柄,边缘具缘毛,两面疏生短柔毛,下面沿脉较密。开花受精花单生或2~3朵呈聚伞花序;花梗纤细,被毛;萼片5个,披针形,外面中脉及边缘疏生长毛,边缘膜质,无毛;花瓣倒卵形或宽椭圆状倒卵形,白色,顶端微缺,基部渐狭,比萼片长近1倍;雄蕊10枚,短于花瓣,花药褐紫色,卵形。闭花受精花腋生,具细长花梗。种子卵圆形,稍扁,褐色,具棘凸。花期5~6月,果期7~8月。

　　生于山地林下、林缘、灌丛下、山顶峭壁下。产于内蒙古乌兰察布市、呼和浩特市、包头市;中国河北、黑龙江、吉林、辽宁也产;日本、朝鲜、俄罗斯也有分布。

海绵豆属——【学　名】*Chesneya*

【蒙古名】ᠬᠣᠸ᠎ᠠ ᠶᠢᠨ ᠰᠢᠭᠤᠷᠢ

【英文名】Birdlingbean

【生活型】垫状半灌木。

【叶】单数羽状复叶,稀偶数羽状复叶;托叶全缘或具齿,与叶柄基部连合;叶轴宿存。

【花】花单生于叶腋;花萼管状或管状钟形,萼齿 5 枚;旗瓣倒卵形,爪与瓣片等长或较短,龙骨瓣羽与翼瓣的爪较瓣片长;雄蕊 10 枚,二体;花柱较长,子房具多数胚珠。

【果实和种子】荚果圆柱状,果皮海绵质,1 室,有时具不明显的横隔膜。

【分类地位】被子植物门、双子叶植物纲、原始花被亚纲、蔷薇目、蔷薇亚目、豆科、蝶形花亚科、山羊豆族、黄耆亚族。

【种类】全属有 21 种;中国有 8 种;内蒙古有 1 种。

大花雀儿豆 *Chesneya macrantha*

　　垫状草本。茎极短缩。羽状复叶有 7~9 片小叶;托叶近膜质,卵形,密被白色伏贴的长柔毛,1/2 以下与叶柄基部贴生,宿存;叶柄和叶轴疏被白色开展的长柔毛,宿存并硬化呈针刺状;小叶椭圆形或倒卵形,先端锐尖,具刺尖,基部楔形,两面密被白色伏贴绢质短柔毛。花单生;苞片线形;小苞片与苞片同型;花萼管状,密被长柔毛及暗褐色腺体,基部一侧膨大呈囊状,萼齿线形,与萼筒近等长,先端亦具腺体;花冠紫红色,瓣片长圆形,背面密被短柔毛,龙骨瓣短于翼瓣;子房密被长柔毛,无柄。荚果未见。花期 6 月,果期 7 月。

　　生于荒漠区或荒漠草原的山地石缝中、剥蚀残丘或沙地上。产于内蒙古包头市、鄂尔多斯市、巴彦淖尔市、阿拉善盟;中国新疆也产;蒙古也有分布。

213

海乳草属——【学　名】*Glaux*

　　　　　　　　【蒙古名】ᠲᠣᠩᠭᠠᠯᠠᠭ ᠲᠠᠷᠢᠶᠠᠨ ᠤ ᠡᠪᠡᠰᠦ

　　　　　　　　【英文名】Seamilkwort

【生活型】多年生草本。

【茎】茎直立或基部匍匐，单一或有分枝。

【叶】叶对生或有时在茎上部互生，线形至近匙形或狭长圆形，全缘，近于无柄。

【花】花单生叶腋，具短梗，无花冠；花萼白色或粉红色，钟状，通常分裂达中部，裂片 5 枚，倒卵状长圆形，在花蕾中覆瓦状排列，宿存；雄蕊 5 枚，着生于花萼基部，与萼片互生；花丝钻形或丝状；花药背着，卵心形，先端钝；子房卵珠形，花柱丝状，柱头呈小头状。

【果实和种子】蒴果卵状球形，先端稍尖，略呈喙状，下半部为萼筒所包藏，上部 5 裂；种子少数，椭圆形，背面扁平，腹面隆起，褐色。

【分类地位】被子植物门、双子叶植物纲、合瓣花亚纲、报春花目、报春花科、珍珠菜族。

【种类】全属有 1 种；中国有 1 种；内蒙古有 1 种。

海乳草 *Glaux maritima*

　　多年生小草本。茎直立或下部匍匐，节间短，通常有分枝。叶近于无柄，交互对生或有时互生，间距极短，或有时稍疏离，近茎基部的 3～4 对鳞片状，膜质，上部叶肉质，线形、线状长圆形或近匙形，先端钝或稍锐尖，基部楔形，全缘。花单生于茎中上部叶腋；花梗长可达 1.5 毫米，有时极短，不明显；花萼钟形，白色或粉红色，花冠状，分裂达中部，裂片倒卵状长圆形，先端圆形；雄蕊 5 枚，稍短于花萼；子房卵珠形，上半部密被小腺点，花柱与雄蕊等长或稍短。蒴果卵状球形，先端稍尖，略呈喙状。花期 6 月，果期 7～8 月。

　　生于低湿地矮草草甸、轻度盐化草甸。产于内蒙古各地；中国安徽、甘肃、河北、黑龙江、吉林、辽宁、宁夏、青海、陕西、山东、四川、新疆、西藏也产；日本、哈萨克斯坦、吉尔吉斯斯坦、蒙古、巴基斯坦、塔吉克斯坦、土库曼斯坦、乌兹别克斯坦以及欧洲、北美洲、北半球湿带和北极圈也有分布。

蔊菜属——【学　名】*Rorippa*

【蒙古名】ᠬᠠᠲᠠᠭᠤ ᠶᠢᠨ ᠡᠪᠡᠰᠦ

【英文名】Yellowcress, Marshcress

【生活型】一年生、二年生或多年生草本。

【茎】茎直立或呈铺散状,多数有分枝。

【叶】叶全缘,浅裂或羽状分裂。

【花】花小,多数,黄色,总状花序顶生,有时每花生于叶状苞片腋部;萼片4个,开展,长圆形或宽披针形;花瓣4片或有时缺,倒卵形,基部较狭,稀具爪;雄蕊6枚或较少。

【果实和种子】长角果多数呈细圆柱形,也有短角果呈椭圆形或球形的,直立或微弯,果瓣凸出,无脉或仅基部具明显的中脉,有时成4瓣裂;柱头全缘或2裂。种子细小,多数,每室1行或2行;子叶缘倚胚根。

【分类地位】被子植物门、双子叶植物纲、原始花被亚纲、罂粟目、白花菜亚目、十字花科、南芥族。

【种类】全属有90余种;中国有9种;内蒙古有3种。

沼生蔊菜(风花菜)*Rorippa palustris*(*Rorippa islandica*)

一年生或二年生草本,光滑无毛或稀有单毛。茎直立,单一成分枝,下部常带紫色,具棱。基生叶多数,具柄;叶片羽状深裂或大头羽裂,长圆形至狭长圆形,裂片3～7对,边缘不规则浅裂或呈深波状,顶端裂片较大,基部耳状抱茎,有时有缘毛;茎生叶向上渐小,近无柄,叶片羽状深裂或具齿,基部耳状抱茎。总状花序顶生或腋生,果期伸长,花小,多数,黄色成淡黄色,具纤细花梗;萼片长椭圆形;花瓣长倒卵形至楔形,等于或稍短于萼片;雄蕊6枚,近等长,花丝线状。短角果椭圆形或近圆柱形,有时稍弯曲,果瓣肿胀。种子每室2行,多数,褐色,细小,近卵形而扁,一端微凹,表面具细网纹;子叶缘倚胚根。花期4～7月,果期6～8月。

生于水边、沟谷。产于内蒙古各地;中国安徽、甘肃、广西、贵州、河北、黑龙江、河南、湖北、湖南、江苏、吉林、辽宁、宁夏、青海、陕西、山东、山西、四川、台湾、新疆、西藏、云南也产;阿富汗、不丹、印度、日本、哈萨克斯坦、朝鲜、蒙古、尼泊尔、巴基斯坦、锡金、塔吉克斯坦、土库曼斯坦、乌兹别克斯坦以及欧洲、北美洲也有分布。

杭子梢属——【学 名】*Campylotropis* Bunge

【蒙古名】ᠬᠠᠷᠢᠭᠠᠯᠵᠢᠨ ᠬᠠᠷᠭᠠᠨᠠ ᠶᠢᠨ ᠲᠦᠷᠦᠯ

【英文名】Clovershrub

【生活型】落叶灌木或半灌木。

【茎】小枝有棱并有毛,稀无毛,老枝毛少或无毛。

【叶】羽状复叶具 3 片小叶:托叶 2 片,通常为狭三角形至钻形,宿存或有时脱落:叶柄通常有毛,无翅或稍有翅,叶轴比小叶柄长,在小时柄基部常有 2 片脱落性的小托叶;顶生小叶通常比侧生小叶稍大而形状相似。

【花】花序通常为总状。单一腋生或有时数个腋生并顶生,常在顶部捧成圆锥花序;苞片宿存或早落,在每个苞片腋内生有 1 朵花,花梗有关节,花易从花梗顶部关节处脱落;小苞片 2 个,堕于花梗顶端,通常早落;花萼通常为钟形,5 裂,上方 2 枚裂片通常大部分合生,先端不同程度分离,下方萼裂片一般较上、侧方等裂片狭而长;旗瓣椭圆形、近圆形、卵形以至近长圆形等,顶端通常锐尖,基部常狭窄,具很短的瓣柄,翼瓣近长圆形、半圆形或半椭圆形等,基部常有耳及细瓣柄,龙骨瓣瓣片上部向内弯成直角,有时成钝角或锐角,向先端变细,通常锐尖如喙状,瓣片基部有耳或呈截形,具细瓣柄;雄蕊二体(9+1)对着旗瓣的 1 枚雄蕊在花期不同程度地与雄蕊管连合,果期则多分离至中下部以至近基部;子房被毛或无毛,通常具短柄,1 室,1 颗胚珠,花柱丝状,向内弯曲,具小而顶生的柱头。

【果实和种子】荚果压扁,两面凸,有时近扁平,不开裂,表面有毛或无毛;种子 1 粒。通常由于花柱基部宿存而形成荚果顶端的喙尖。

【分类地位】被子植物门、双子叶植物纲、原始花被亚纲、蔷薇目、蔷薇亚目、豆科、蝶形花亚科、山蚂蝗族、胡枝子亚族。

【种类】全属约有 45 种;中国有 29 种,6 变种,6 变型;内蒙古有 1 种。

杭子梢 *Campylotropis macrocarpa*

灌木。羽状复叶具 3 片小叶;托叶狭三角形、披针形或披针状钻形。总状花序单一,稀为具绒毛;苞片卵状披针形,小苞片近线形或披针形,早落;花萼钟形,稍浅裂或近中裂,稀稍深裂或深裂,通常贴生短柔毛,萼裂片狭三角形或三角形,渐尖,下方萼裂片较狭长,上方萼裂片几乎全部合生或少有分离;花冠紫红色或近粉红色,旗瓣椭圆形、倒卵形或近长圆形等,近基部狭窄,翼瓣微短于旗瓣或等长,龙骨瓣呈直角或微钝角内弯。荚果长圆形、近长圆形或椭圆形,先端具短喙尖,无毛,具网脉,边缘生纤毛。花果期(5～)6～10 月。

生于山坡、灌丛、林下。产于内蒙古通辽市;中国安徽、福建、甘肃、广东、广西、贵州、河北、河南、湖北、湖南、江苏、江西、辽宁、陕西、山东、山西、四川、台湾、云南、浙江也产;朝鲜也有分布。

蒿属——【学　名】*Artemisia*

【蒙古名】ᠱᠠᠷᠢᠯᠵᠢ ᠶᠢᠨ ᠲᠥᠷᠥᠯ

【英文名】Sagebrush，Wormwood

【生活型】一年生、二年生或多年生草本，少数为半灌木或小灌木；常有浓烈的挥发性香气。

【茎】根状茎直立、斜上升或匍地，常有营养枝；茎直立，单生，少数或多数，丛生。

【叶】叶互生，1～3 回，稀 4 回羽状分裂，或不分裂，稀近掌状分裂。

【花】头状花序小，在茎或分枝上排成疏松或密集的穗状花序，或穗状花序式的总状花序或复头状花序，常在茎上再组成开展、中等开展或狭窄的圆锥花序，稀组成伞房花序状的圆锥花序；总苞片(2～)3～4 层，卵形、长卵形或椭圆状倒卵形，稀披针形，覆瓦状排列，外、中层总苞片草质，内层总苞片半膜质或膜质；花序托半球形或圆锥形，具托毛或无托毛；花异型；边缘花雌性，1(～2)层，10 余朵至数朵，花冠狭圆锥状或狭管状，檐部具 2～3(～4)裂齿，伸出花冠外，先端 2 叉，柱头位于花柱分叉口内侧，子房下位，2 枚心皮，1 室，具 1 颗胚珠；中央花(盘花)两性，数层，孕育、部分孕育或不孕育，多朵或少数，花冠管状，檐部具 5 裂齿，雄蕊 5 枚，花药椭圆形或线形，侧边聚合，2 室，纵裂，顶端附属物长三角形，基部圆钝或具短尖头，孕育的两性花开花时花柱伸出花冠外，上端 2 叉，斜向上或略向外弯曲，叉端截形，稀圆钝或为短尖头，柱头具睫毛及小瘤点，子房特点同雌花的子房；不孕育两性花的雌蕊退化，花柱极短，先端不叉开，退化子房小或不存在。

【果实和种子】瘦果小，卵形、倒卵形或长圆状倒卵形，无冠毛。种子 1 粒。

【分类地位】菊科。

【种类】全属有 300 余种；中国有 186 种，44 变种；内蒙古有 70 种，12 变种。

217

冷蒿 *Artemisia frigida*

多年生草本。有时略成半灌木状。主根细长或粗，木质化，侧根多；根状茎粗短或略细，有多个营养枝，并密生营养叶。茎直立，常与营养枝共组成疏松或稍密集的小丛，稀单生，基部多少木质化；茎、枝、叶及总苞片背面密被淡灰黄色或灰白色、稍带绢质的短绒毛，后茎上毛稍脱落。茎下部叶与营养枝叶长圆形或倒卵状长圆形；中部叶长圆形或倒卵状长圆形。头状花序半球形、球形或卵球形，在茎上排成总状花序或为狭窄的总状花序式的圆锥花序；总苞片 3～4 层，外层、中层总苞片卵形或长卵形，背面近无毛，半膜质或膜质；花序托有白色托毛；雌花 8～13 朵，花冠狭管状，檐部具 2～3 裂齿，花柱伸出花冠外，上部 2 叉，叉枝长，叉端尖；两性花 20～30 朵，花冠管状，花药线形，先端附属物尖，长三角形，基部圆钝，花柱与花冠近等长，先端 2 叉，叉端截形。瘦果长圆形或椭圆状倒卵形，上端圆，有时有不对称的膜质冠状边缘。花果期 7～10 月。

生于典型草原。产于中国北部；吉尔吉斯斯坦、蒙古、俄罗斯、塔吉克斯坦以及西南亚和东欧也有分布。

禾本科 ——【学　名】*Gramineae*(*Poaceae*)

【蒙古名】ᠬᠢᠨᠤᠭᠡᠢ ᠲᠠᠷᠢᠶᠠᠨ ᠤ ᠢᠵᠠᠭᠤᠷ

【英文名】Grass Family

【生活型】木本(竹类和某些高大禾草亦可呈木本状)或草本。

【根】根的类型大多数为须根。

【茎】茎多为直立、倾斜,亦有匍匐于地面,节明显,基部节常膝曲,节间常中空少为实心。

【叶】叶为单叶互生,常以 1/2 叶序交互排列为 2 行,分为叶片和叶鞘两部分,叶鞘包住秆边缘彼此覆盖,于一侧并缝,少数种类的叶鞘闭合,叶片通常扁平,或为内卷;叶脉平行,中脉常明显,叶片与叶鞘间通常具叶舌,有时两侧还具叶耳。

【花】花序由小穗组成,小穗具柄或无柄,着生在穗轴上,再排成圆锥状、总状、穗状或头状花序;小穗的基部具有 2 枚颖片,颖的上面有 1 至数朵无柄的小花,着生在穗轴上,小花通常两性,稀为单性,外稃及内稃包在外面,其内有鳞被 2~3 枚,雄蕊 3~6 枚,雌蕊,由此及彼心皮组成 1 室的上位 3 房,花柱 2 枚,柱头常为羽毛状。

【果实和种子】果实通常多为颖果,其果皮质薄而与种皮愈合,一般连同包裹它的稃片合称为谷粒,此外亦可有其他类型的果实而具游离或部分游离的果皮;种子通常含有丰富的淀粉质胚乳及一小形胚体,后者位于果实或种子远轴面(即靠近外稃)的基部,在另一侧或其基部从外表即可见到线形或点状的种脐,通常线形种脐亦称为腹沟。

【种类】全科约有 700 属,近 10000 种;中国 200 余属,1500 种以上;内蒙古有 76 属,232 种,3 亚种,32 变种,1 变型。

禾本科 Gramineae Juss. 是法国植物学家 Antoine Laurent de Jussieu (1748—1836)于 1789 年在"Genera plantarum28"中建立的植物科,发表时间比 Gramineae Adans. 晚。它们的词尾不是-aceae,现在应视为保留名称。

Poaceae Rchb. 是德国植物学家和鸟类学家 Heinrich Gottlieb Ludwig Reichenbach (1793—1879)于 1828 年在"Conspectus Regni Vegetabilis 54"(Consp. Regn. Veg.)上发表的植物科。Poaceae Caruel 是意大利植物学家 Théodore(Teodoro) Caruel?(1830—1898)于 1881 年在"Atti della Reale Accademia dei Lincei, Memorie di Classe di Scienze, Fisiche, Matematiche e Naturale, ser. 3"(Atti Reale Accad. Lincei, Mem. Cl. Sci. Fis. , ser. 3)上发表的植物科。Poaceae(R. Br.) Barnhart 是美国植物学家 John Hendley Barnhart (1871—1949)于 1895 年基于苏格兰植物学家和古植物学家 Robert Brown(1773—1858)于 1814 年建立的早熟禾族(Poeae)在"Family nomenclature"[Bulletin of the Torrey Botanical Club. Lancaster, PA, USA. 22(1)]上命名的植物科名,模式属为早熟禾属(*Poa*)。

在恩格勒系统(1964)中,禾本科隶属单子叶植物纲(Monocotyledoneae)、禾目(Geraminales),只含 1 个科。在哈钦森系统(1959)中,禾本科隶属单子叶植物纲(Monocotyledones)、颖花区(Glumiflorae)、禾目,也只含 1 个科,认为禾本目是由灯心草目(Juncales)演化来的,与莎草目处于平行发展关系。禾本目通过灯心草目与百合目有亲缘关系。在塔赫他间系统(1980)中,禾本科隶属单子叶植物纲(Liliopsida,Monocotyledoneae)、百合亚纲(Liliidae)、禾本目,也只含 1 个科认为禾本目与帚灯草目(Restionales)亲缘近,且与百合目近;禾本目很可能来自帚灯草目中的久外尔草科(Joinvilleaceae),后者的久外尔草属(Joinvillea)为现今仍生存的属,由其已灭绝了的祖先可能演化出禾本科;在现今禾本科中,最原始的类型掭芒禾属(*Streptochaeta*)与久外尔草属之间的亲缘关系特别近。在以上三个系统中的莎草目(Cyperales)只含莎草科(Cyperaceae)1 个科。而在克朗奎斯特系统(1981)中,禾本科隶属百合纲(Liliopsida)、鸭趾草亚纲(Commelinidae)、莎草目,含莎草科和禾本科,认为莎草目与灯心草目共同起源于鸭趾草目,莎草科与禾本科有很多共同特征,把它们合成一个目为宜。

合头草属——【学　名】*Sympegma*

【蒙古名】ᠪᠣᠷᠭᠣ ᠭᠣᠷᠣᠬᠠᠢ ᠶᠢᠨ ᠣᠪᠣᠭ

【英文名】Sympegma

【生活型】半灌木。

【茎】茎皮近木栓质,条裂,多分枝,无毛。

【叶】叶互生,稀疏,条形,圆柱状,肉质。

【花】花两性,不具小苞片,1 至数个簇生于仅具 1 节间的腋生小枝顶端;花被两侧稍扁;花被片 5 枚,外轮 2 枚,内轮 3 枚,矩圆形,腹面凹,果时硬化,背面顶端之下生横翅,翅膜质,有脉纹;雄蕊 5 枚,花丝扁平,狭条形,基部扩展并合生,花药矩圆状心形,先端不具附属物;子房瓶状,稍扁,柱头 2 枚,钻状,外弯,花柱短;胚珠自珠柄顶端悬垂。

【果实和种子】胞果为花被包覆,两侧稍扁,圆形,果皮膜质,与种子离生。种子直立,种皮膜质;胚平面螺旋状,无胚乳。

【分类地位】被子植物门、双子叶植物纲、原始花被亚纲、中央种子目、藜科、螺胚亚科、猪毛菜族。

【种类】全属有 1 种;中国有 1 种;内蒙古有 1 种。

合头草 *Sympegma regelii*

　　小半灌木。根粗壮,黑褐色。老枝多分枝,黄白色至灰褐色,通常具条状裂隙;当年生枝灰绿色,稍有乳头状突起,具多数单节间的腋生小枝;小枝基部具关节,易断落。叶直或稍弧曲,向上斜伸,先端急尖,基部收缩。花两性,通常 1～3 个簇生于具单节间小枝的顶端,花簇下具 1 对基部合生的苞状叶,状如头状花序;花被片直立,草质,具膜质狭边,先端稍钝,脉显著浮凸;翅宽卵形至近圆形,不等大,淡黄色,具纵脉纹;雄蕊 5 枚,花药伸出花被外;柱头有颗粒状突起。胞果两侧稍扁,圆形,果皮淡黄色。种子直立;胚平面螺旋状,黄绿色。花果期 7～10 月。

　　生于荒漠区的石质山坡或土质低山丘陵坡地;产于内蒙古鄂尔多斯市、巴彦淖尔市、乌海市、阿拉善盟;中国甘肃、宁夏、青海、新疆也产;哈萨克斯坦、蒙古也有分布。

和尚菜属——【学　名】*Adenocaulon*

【蒙古名】ᠬᠣᠣᠱᠠᠩᠴᠠᠢ ᠶᠢᠨ ᠲᠦᠷᠦᠯ

【英文名】Adenocaulon

【生活型】多年生或一年生草本。

【茎】茎直立，分枝，上部常有腺毛。

【叶】叶互生，全缘或有锯齿，下面被白色茸毛，有长叶柄。

【花】头状花序小，在茎和分枝顶端排列成圆锥花序，有异型小花，外围有（7～12 朵）结实的雌花，中央有（7～18 朵）不育的两性花。总苞宽钟状或半球形；总苞片少数，近 1 层，等长，草质。花托短圆锥状或平，无托片。花冠全部管状。雌花花冠管部短，有 4～5 枚深裂片，花柱短叉状分枝，分枝宽扁，顶端圆形；两性花花冠细，有 4～5 枚齿，花柱不裂，棒棍状。花药基部全缘或有 2 枚齿，顶端有急尖的短附片，雌花有时具退化雄蕊。

【果实和种子】瘦果长椭圆状棍棒形，有不明显纵肋，被头状具柄腺毛。无冠毛。

【分类地位】被子植物门、双子叶植物纲、合瓣花亚纲、桔梗目、菊科、管状花亚科、旋覆花族、旋覆花亚族。

【种类】全属约有 3 种；中国有 1 种；内蒙古有 1 种。

和尚菜 *Adenocaulon himalaicum*

多年生草本。根状茎匍匐，自节上生出多数的纤维根。茎直立，中部以上分枝，稀自基部分枝，分枝纤细、斜上，或基部的分枝粗壮，被蛛丝状绒毛。根生叶或有时下部的茎叶花期凋落；下部茎叶肾形或圆肾形，基部心形，顶端急尖或钝，边缘有不等形的波状大牙齿，齿端有突尖，叶上面沿脉被尘状柔毛，下面密被蛛丝状毛，基出 3 脉，有狭或较宽的翼，翼全缘或有不规则的钝齿；中部茎叶三角状圆形，向上的叶渐小，三角状卵形或菱状倒卵形，最上部的叶披针形或线状披针形，无柄，全缘。头状花序排成狭或宽大的圆锥状花序，花梗短，被白色绒毛，花后花梗伸长，密被稠密头状具柄腺毛。总苞半球形；总苞片 5～7 个，宽卵形全缘，果期向外反曲。雌花白色，檐部比管部长，裂片卵状长椭圆形，两性花淡白色，檐部短于管部 2 倍。瘦果棍棒状，被多数头状具柄的腺毛。花果期 6～11 月。

生于河岸、水沟边、山谷及林下阴湿地；产于内蒙古赤峰市；中国安徽、甘肃、贵州、河北、黑龙江、河南、湖北、湖南、江西、吉林、辽宁、陕西、山东、山西、四川、西藏、云南、浙江也产；印度、日本、朝鲜、尼泊尔、俄罗斯也有分布。

盒子草属——【学　名】*Actinostemma*

【蒙古名】ᠣᠯᠠᠯᠵᠢ ᠡᠪᠡᠰᠦ ᠶ᠋ᠢᠨ ᠲᠥᠷᠥᠯ

【英文名】Boxweed

【生活型】纤细攀援草本。

【叶】叶有柄,叶片心状戟形、心状卵形、宽卵形,或披针状三角形,不分裂或 3～5 裂,边缘有疏锯齿,或微波状;卷须分 2 叉或稀单一。

【花】花单性,雌雄同株或稀两性。雄花序总状或圆锥状,稀单生或双生。花萼辐状,筒部杯状,裂片线状披针形;花冠辐状,裂片披针形,尾状渐尖;雄蕊 5(～6) 枚,离生,花丝短,丝状,花药近卵形,外向,基底着生药隔在花药背面乳头状突出,1 室,纵缝开裂,无退化雌蕊。雌花单生,簇生或稀雌雄同序,花萼和花冠与雄花同型;子房卵珠形,常具疣状凸起,1 室,花柱短,柱头 3 枚,肾形。胚珠 2(～4) 颗,着生于室壁近顶端,因而胚珠成下垂生。

【果实和种子】果实卵状,自中部以上环状盖裂,顶盖圆锥状,具 2(～4) 粒种子。种子稍扁,卵形,种皮有不规则的雕纹。

【分类地位】被子植物门、双子叶植物纲、原始花被亚纲、葫芦目、葫芦科、藏瓜族、锥形果亚族。

【种类】全属只含 1 种;中国有 1 种;内蒙古有 1 种。

盒子草 *Actinostemma tenerum*

　　一年生草本。枝纤细,疏被长柔毛,后变无毛。叶柄细,被短柔毛;叶形变异大,心状戟形、心状狭卵形或披针状三角形,不分裂或 3～5 裂或仅在基部分裂,边缘波状或具小圆齿或具疏齿,基部弯缺半圆形、长圆形、深心形,裂片顶端狭三角形,先端稍钝或渐尖,顶端有小尖头,两面具疏散疣状凸起。卷须细,2 歧。雄花总状,有时圆锥状,小花序基部具叶状 3 裂总苞片,罕 1～3 朵花生于短缩的总梗上。花序轴细弱,被短柔毛;苞片线形,密被短柔毛;花萼裂片线状披针形,边缘有疏小齿;花冠裂片披针形,先端尾状钻形,具 1 条脉或稀 3 条脉,疏生短柔毛;雄蕊 5 枚,花丝被柔毛或无毛,药隔稍伸出于花药成乳头状。雌花单生,双生或雌雄同序;雌花梗具关节,花萼和花冠同雄花;子房卵状,有疣状凸起。果实绿色、卵形、阔卵形,长圆状椭圆形,疏生暗绿色鳞片状凸起,自近中部盖裂,果盖锥形,具种子 2～4 粒。种子表面有不规则雕纹。花期 7～9 月,果期 9～11 月。

　　生于沼泽草甸、浅水中。产于内蒙古兴安盟、通辽市;中国安徽、福建、广西、河北、河南、湖北、湖南、江苏、江西、辽宁、山东、四川、西藏、云南、浙江也产;印度、日本、朝鲜、老挝、泰国、越南也有分布。

貉藻属——【学　名】*Aldrovanda*

【蒙古名】 ᠮᠣᠨᠭᠭᠣᠯ ᠤᠨ ᠡᠪᠡᠰᠤ

【英文名】Aldrovanda

【生活型】浮水或沉水草本。

【根】无根。

【茎】茎单一或分叉。

【叶】叶轮生,基部合生。

【花】花单生叶腋,萼片 5 个,基部合生;花瓣 5 片,白色或绿色;雄蕊 5 枚,花丝钻形,花药纵裂;子房近球形,花柱 5 枚,顶部扩大,多裂。

【果实和种子】果实球形,不开裂;种子由果皮腐烂而出,5～8 粒或更少,短卵球形。

【分类地位】被子植物门、双子叶植物纲、原始花被亚纲、管叶草目(瓶子草目)、茅膏菜科。

【种类】全属只有 1 种;中国有 1 种;内蒙古有 1 种。

貉藻 *Aldrovanda vesiculosa*

多年生浮水草本。叶轮生,每轮 6～9 片,基部合生;叶柄顶部具 4～6 条钻形裂条,叶片平展时肾状圆形,具腺毛和感应毛,受刺激时两半以中肋为轴互相靠合,外圈紧贴,中央形成一囊体,以此捕捉昆虫。花单生叶腋,具短柄;萼片 5 个,基部合生,卵状椭圆形或椭圆状长圆形;花瓣 5 片,白色或淡绿色,长圆形;雄蕊 5 枚,花丝钻形,花药纵裂;子房近球形,侧膜胎座 5 个,花柱 5 枚,顶部扩大多裂。果实近球形,不开裂;种子由果皮腐烂而出,5～8 粒或更少,黑色。

生于水沟中;产于内蒙古通辽市科尔沁左翼后旗;中国黑龙江也产;非洲(包括马达加斯加)、东亚、北亚、东南亚、中欧、南欧、北太平洋群岛也有分布。

鹤虱属 —— 【学　名】 *Lappula*

【蒙古名】 ᠲᠡᠮᠡᠭᠡᠨ ᠵᠢᠷᠭᠠ᠂ ᠡ᠂ ᠨᠢ ᠪᠣᠷᠴᠤᠭ

【英文名】 Graneknee, Stickseed

【生活型】一年生或二年生草本,稀为多年生草本。

【茎】全体被柔毛、糙伏毛,稀被绢毛,毛基部通常具疣状突起的圆形基盘。

【叶】叶互生。

【花】镰状聚伞花序,花后伸长,有苞片;花萼 5 深裂几达基部,裂片果期常常增大;花冠淡蓝色稀白色,钟状或低高脚碟状,筒部短,檐部 5 裂,喉部具 5 个梯形的附属物,雄蕊 5 枚,内藏;子房球形,4 裂,花柱短不超出喉部,柱头头状;雌蕊基棱锥状,长于小坚果或与小坚果等长,稀较短,与小坚果腹面整个棱脊相结合或仅与其棱脊基部相结合。

【果实和种子】小坚果 4 枚,直立,同形或异形,背面边缘通常具 1～2(～3)行锚状刺,刺基部相互离生或邻接抑或联合成翅,稀退化成疣状突起。

【分类地位】被子植物门、双子叶植物纲、合瓣花亚纲、管状花目、紫草科、紫草亚科、齿缘草族。

【种类】全属约有 61 种;中国有 36 种,6 变种;内蒙古有 8 种。

鹤虱 *Lappula myosotis*

　　一年生或二年生草本。茎直立,中部以上多分枝,密被白色短糙毛。基生叶长圆状匙形,全缘,先端钝,基部渐狭成长柄,两面密被有白色基盘的长糙毛;茎生叶较短而狭,披针形或线形,扁平或沿中肋纵折,先端尖,基部渐狭,无叶柄。花序在花期短,果期伸长;苞片线形,较果实稍长;花梗果期伸长,直立而被毛;花萼 5 深裂,几达基部,裂片线形,急尖,有毛,果期增大呈狭披针形,星状开展或反折;花冠淡蓝色,漏斗状至钟状,裂片长圆状卵形,喉部附属物梯形。小坚果卵状,背面狭卵形或长圆状披针形,通常有颗粒状疣突,稀平滑或沿中线龙骨状突起上有小棘突,边缘有 2 行近等长的锚状刺,基部不连合,外行刺较内行刺稍短或近等长,通常直立,小坚果腹面通常具棘状突起或有小疣状突起;花柱伸出小坚果但不超过小坚果上方之刺。花果期 6～9 月。

　　生于山地及沟谷草甸、田野、村旁、路边。产于内蒙古呼伦贝尔市、赤峰市、锡林郭勒盟、乌兰察布市、呼和浩特市、鄂尔多斯市、阿拉善盟;中国甘肃、河北、宁夏、青海、陕西、山东、山西、新疆也产;阿富汗、哈萨克斯坦、吉尔吉斯斯坦、蒙古、巴基斯坦、塔吉克斯坦、土库曼斯坦、乌兹别克斯坦以及南部非洲、西南亚洲、中欧、东欧、北美洲也有分布。

黑麦草属——【学　名】*Lolium*

　　　　　　　【蒙古名】ᠢᠨᠵᠢ ᠪᠤᠭᠤᠳᠠᠢ ᠲᠦᠷᠦᠯ ᠤᠨ ᠤᠷᠭᠤᠮᠠᠯ

　　　　　　　【英文名】Ryegrass

【生活型】多年生或一年生草本。

【茎】茎直立或斜升。

【叶】叶舌膜质,钝圆,常具叶耳;叶片线形扁平。

【花】顶生穗形穗状花序直立,穗轴延续而不断落,具交互着生的 2 列小穗,小穗含 4～20 朵小花,两侧压扁,无柄,单生于穗轴各节,以其背面(即第一、三、五等外稃之背面)对向穗轴;小穗轴脱节于颖之上及各小花间;颖仅 1 枚,第一颖退化或仅在顶生小穗中存在;第二颖为离轴性,位于背轴之一方,披针形,等长或短于小穗,具 5 条脉;外稃椭圆形,纸质或变硬,具 5 条脉,背部圆形,无脊,顶端有芒或无芒;内稃等长或稍短于外稃,两脊具狭翼,常有纤毛,顶端尖;鳞被 2 枚;雄蕊 3 枚,子房无毛,花柱顶生;柱头帚刷状。

【果实和种子】颖果腹部凹陷,具纵沟,与内稃粘合不易脱离,有些在成熟后肿胀,顶端具茸毛;胚小形,长为果体的 1/4,种脐狭线形。

【分类地位】被子植物门、单子叶植物纲、禾本目、禾本科、早熟禾亚科、黑麦草族。

【种类】全属约有 10 种;中国有 7 种;内蒙古有 2 种,为引种栽培牧草。

黑麦草 *Lolium perenne*

　　多年生草本,具细弱根状茎。秆丛生,具 3～4 节,质软,基部节上生根。叶片线形,柔软,具微毛,有时具叶耳。穗形穗状花序直立或稍弯;小穗轴节间长约 1 毫米,平滑无毛;颖披针形,为其小穗长的 1/3,具 5 条脉,边缘狭膜质;外稃长圆形,草质,具 5 条脉,平滑,基盘明显,顶端无芒,或上部小穗具短芒;内稃与外稃等长,两脊生短纤毛。颖果长约为宽的 3 倍。

　　原产于欧洲。

黑麦属——【学　名】*Secale*

【蒙古名】ᠬᠠᠷ᠎ᠠ ᠪᠤᠭᠤᠳᠠᠢ ᠶᠢᠨ ᠲᠥᠷᠥᠯ

【英文名】Rye

【生活型】一年生草本。

【茎】秆直立。

【花】具顶生穗状花序。小穗具 2 朵可育小花,无柄且单生于穗轴的各节,两侧压扁,以其侧面对向穗轴之扁平面;小穗轴脱节于颖上,且延伸于第二朵小花之后而形成 1 个棒状物,而在两朵可育小花间极为短缩,故基部的两朵小花相距极近且形成并生,在栽培种中延续不断落,在野生种中可逐节断落;颖窄,常具 1 条脉,两侧有膜质边,先端渐尖或延伸成芒,背部脊上常具细小纤毛;外稃具 5 条脉,在边脉背部显著具脊,脊上具纤毛,先端渐尖或延伸成芒;内稃与外稃等长,具宽膜质边缘,两脊平滑或上端微粗糙;雄蕊 3 枚;子房顶端具毛。

【果实和种子】颖果具纵长腹沟,易与稃体分离。

【分类地位】被子植物门、单子叶植物纲、禾本目、禾本科、早熟禾亚科、小麦族。

【种类】全属约有 5 种;中国有 1 栽培种;内蒙古有 1 栽培种。

黑麦 *Secale cereale*

一年生草本。秆丛生,具 5～6 节,于花序下部密生细毛。叶鞘常无毛或被白粉;叶舌顶具细裂齿;叶片下面平滑,上面边缘粗糙。穗轴节间具柔毛;小穗含 2 朵小花,2 朵小花近对生均可育,另 1 朵退化的小花位于延伸的小穗轴上,两颖几相等,具膜质边,背部沿中脉成脊,常具细刺毛;外稃顶具芒,具 5 条脉纹,沿背部两侧脉上具细刺毛,并具内褶膜质边缘;内稃与外稃近等长。颖果长圆形,淡褐色,顶端具毛。

中国安徽、福建、贵州、河北、黑龙江、河南、湖北、内蒙古、宁夏、陕西、台湾、新疆、云南有栽培。

黑三棱科——【学　名】*Sparganiaceae*

【蒙古名】ᠬᠠᠷ᠎ᠠ ᠭᠤᠷᠪᠠᠯᠵᠢᠨ ᠢᠶᠠᠮᠤᠷ ᠤᠨ ᠢᠵᠠᠭᠤᠷ

【英文名】Burreed Family

【生活型】多年生水生或沼生草本,稀湿生。

【茎】块茎膨大,肥厚或较小;根状茎粗壮,或细弱。茎直立或倾斜,挺水或浮水,粗壮或细弱。

【叶】叶条形,2 列,互生,叶片扁平,或中下部背面隆起龙骨状凸起或呈三棱形,挺水或浮水。

【花】花序由许多个雄性和雌性头状花序组成大型圆锥花序、总状花序或穗状花序;总状花序者,下部 1~2 个雌性头状花序具总花梗,其总花梗下部多少贴生于主轴;雄性头状花序 1 至多数,着生于主轴或侧枝上部,雌性头状花序位于下部;雄花被片膜质,雄蕊通常 3 枚或更多,基部有时联合,花药基着,纵裂;雌花具小苞片,膜质,鳞片状,短于花被片,花被片 4~6 枚,生于子房基部或子房柄上,宿存,厚纸质至裂,顶端具小尖头,花粉粒椭圆形,单沟;雌花序乳白色,佛焰苞数枚,条形、楔形或近倒三角形,先端全缘、不整齐、缺刻、浅裂或深裂,柱头单 1 或分叉,单侧,花柱较长至无,子房无柄或有柄,1 室,稀 2 室,胚珠 1 颗,悬垂。

【果实和种子】果实具棱或无棱,外果皮较厚,海绵质,内果皮坚纸质。种子具薄膜质种皮。

【种类】全科有 1 属,19 种;中国有 1 属,11 种;内蒙古有 1 属,5 种。

黑三棱科 Sparganiaceae F. Rudolphi 由德国植物学家 Friedrich Karl Ludwig Rudolphi(1801—1849)于 1830 年在"Systema orbis vegetabilium"上描述的植物科,模式属为黑三棱属(Sparganium)。

在恩格勒系统(1964)中,黑三棱科隶属单子叶植物纲(Monocotyledoneae)、露兜树目(Pandanales),含露兜树科(Pandanaceae)、香蒲科(Typhaceae)和黑三棱科。在哈钦森系统(1959)中,黑三棱科隶属单子叶植物纲(Monocotyledones)、冠花区(Corolliferae)、香蒲目(Typhales),含香蒲科和黑三棱科。在克朗奎斯特系统(1981)中,黑三棱科隶属百合纲(Liliopsida)、鸭趾草亚纲(Commelinidae)、香蒲目,也只含香蒲科和黑三棱科。Bentham 和 Hooker 系统把黑三棱属(Sparganium)作为香蒲科的一个属,也就是广义香蒲科。《中国植物志》和《内蒙古植物志》采用狭义香蒲科,即设立香蒲科和黑三棱科。而"Flora of China"的香蒲科包含 Sparganium 和 Typha 2 个属,即采用了广义香蒲科。

黑三棱属——【学　名】*Sparganium*

【蒙古名】ᠬᠠᠷ᠎ᠠ ᠭᠤᠷᠪᠠᠯᠵᠢᠨ ᠢᠢᠨ ᠲᠥᠷᠥᠯ

【英文名】Burreed

【生活型】多年生水生或沼生草本,稀湿生。

【茎】块茎膨大、肥厚或较小;根状茎粗壮,或细弱。茎直立或倾斜,挺水或浮水,粗壮或细弱。

【叶】叶条形,2列,互生,叶片扁平,或中下部背面隆起龙骨状凸起或呈三棱形,挺水或浮水。

【花】花序由许多个雄性和雌性头状花序组成大型圆锥花序、总状花序或穗状花序;总状花序者,下部1～2个雌性头状花序具总花梗,其总花梗下部多少贴生于主轴;雄性头状花序1至多数,着生于主轴或侧枝上部,雌性头状花序位于下部;雄花被片膜质,雄蕊通常3枚或更多,基部有时联合,花药基着,纵裂;雌花具小苞片,膜质,鳞片状,短于花被片,花被片4～6枚,生于子房基部或子房柄上,宿存,厚纸质至裂,顶端具小尖头,花粉粒椭圆形,单沟;雌花序乳白色,佛焰苞数枚,条形、楔形或近倒三角形,先端全缘、不整齐、缺刻、浅裂或深裂,柱头单1或分叉,单侧,花柱较长至无,子房无柄或有柄,1室,稀2室,胚珠1颗,悬垂。

【果实和种子】果实具棱或无棱,外果皮较厚,海绵质,内果皮坚纸质。种子具薄膜质种皮。

【分类地位】被子植物门、单子叶植物纲、露兜树目、黑三棱科。

【种类】全属有19种;中国有11种,1亚种;内蒙古有5种。

227

黑三棱 *Sparganium stoloniferum*

多年生水生或沼生草本。块茎膨大,比茎粗2～3倍,或更粗;根状茎粗壮。茎直立,粗壮,挺水。叶片具中脉,上部扁平,下部背面呈龙骨状凸起,或呈三棱形,基部鞘状。圆锥花序开展,具3～7个侧枝,每个侧枝上着生7～11个雄性头状花序和1～2个雌性头状花序,主轴顶端通常具3～5个雄性头状花序,或更多,无雌性头状花序;花期雄性头状花序呈球形;雄花花被片匙形,膜质,先端浅裂,早落,丝状,弯曲,褐色,花药近倒圆锥形;雌花花被生于子房基部,宿存,柱头分叉或否,向上渐尖,子房无柄。果实倒圆锥形,上部通常膨大呈冠状,具棱,褐色。花果期5～10月。

生于河边或池塘边浅水中。产于内蒙古呼伦贝尔市、兴安盟、通辽市、赤峰市、锡林郭勒盟、乌兰察布市、鄂尔多斯市、呼和浩特市;中国安徽、甘肃、河北、黑龙江、河南、湖北、江苏、江西、吉林、辽宁、陕西、山东、山西、新疆、西藏、云南、浙江也产;阿富汗、日本、哈萨克斯坦、朝鲜、蒙古、巴基斯坦、俄罗斯、塔吉克斯坦、乌兹别克斯坦以及西南亚洲、北美洲也有分布。

红花属——【学　名】*Carthamus*

　　　　　　【蒙古名】ᠤᠯᠠᠭᠠᠨ ᠤᠨ ᠴᠡᠴᠡᠭ

　　　　　　【英文名】Safflower

【生活型】一年生草本,极少为二年生或多年生草本。

【茎】茎直立,上部分枝,全部茎枝坚硬,淡白色,上部通常被柔毛,蛛丝状,多细胞节毛或粗毛。

【叶】叶互生,无柄,半抱茎或有时全抱茎,革质,羽状分裂或不裂,无毛或被毛,通常有腺点。

【花】头状花序同型,为头状花序外围苞叶包绕,含多数小花,多数或少数在茎枝顶端排成伞房花序,极少有单生茎顶的。总苞球形、卵形或长椭圆形。总苞片多层,中层或中外层顶端有卵形、卵状披针形或披针形,而边缘有刺齿少无刺齿的革质绿色叶质附属物。花托平,常有托毛或无托毛。全部小花两性,管状,极少外层小花为无性,花冠黄色、杏黄色、红色或紫色,极少有白色的。花丝短,分离,无毛或有毛。花柱分枝短,贴合。

【果实和种子】瘦果4棱形,卵形、倒披针形或宽楔形,乳白色,有光泽,果棱伸出成果缘,侧生着生面。冠毛多层或无冠毛,或仅边缘小花的瘦果无冠毛。如有冠毛,则冠毛刚毛膜片状,不等长,最内层膜片极短,中层较长,全部膜片边缘锯齿状。

【分类地位】被子植物门、双子叶植物纲、合瓣花亚纲、桔梗目、菊科、管状花亚科、菜蓟族、矢车菊亚族。

228

【种类】全属约有18~20种;中国有2种;内蒙古有1种。

红花 *Carthamus tinctorius*

　　一年生草本。茎直立,上部分枝,全部茎枝白色或淡白色,光滑,无毛。中下部茎叶披针形、披状披针形或长椭圆形,边缘大锯齿、重锯齿、小锯齿以至无锯齿而全缘,极少有羽状深裂的,齿顶有针刺,针刺向上的叶渐小,披针形,边缘有锯齿,齿顶针刺较长。全部叶质地坚硬,革质,两面无毛无腺点,有光泽,基部无柄,半抱茎。头状花序多数,在茎枝顶端排成伞房花序,为苞叶所围绕,苞片椭圆形或卵状披针形,包括顶端针刺边缘有针刺,或无针刺,顶端渐长,有篦齿状针刺。总苞卵形。总苞片4层,外层竖琴状,中部或下部有收缢,收缢以上叶质,绿色,边缘无针刺或有篦齿状针刺,针刺长达3毫米,顶端渐尖,收缢以下黄白色;中内层硬膜质,倒披针状椭圆形至长倒披针形,顶端渐尖。全部苞片无毛无腺点。小花红色、橘红色,全部为两性,花冠裂片几达檐部基部。瘦果倒卵形,乳白色,有4条棱,棱在果顶伸出,侧生着生面。无冠毛。花果期5~8月。

红景天属——【学　名】*Rhodiola*

【蒙古名】ᠲᠣᠯᠤᠭᠠᠢ ᠶᠢᠨ ᠡᠪᠡᠰᠤᠨ ᠤ ᠲᠦᠷᠦᠯ

【英文名】Rhodiola

【生活型】多年生草本。

【茎】根颈(collum)肉质,粗或细,被基生叶或鳞片状叶,先端部分通常出土的。花茎发自基生叶或鳞片状叶的腋部,一年生,老茎有时宿存,茎不分枝,多叶。

【叶】茎生叶互生,厚,无托叶,不分裂。

【花】花序顶生,通常为复出或简单的伞房状或二歧聚伞状,少有螺状聚伞花序,更少有花单生,通常有苞片,有总梗及花梗。花辐射对称,雌雄异株或两性;萼(3～)4～5(～6)裂;花瓣几分离,与萼片同数;雄蕊 2 轮,常为花瓣数的 2 倍,对瓣雄蕊贴生在花瓣下部,花药 2室,底着,极少有背着的,一般在开花前花药紫色,花药开裂后黄色;腺状鳞片线形、长圆形、半圆形或近正方形;心皮基部合生,与花瓣同数,子房上位。

【果实和种子】蓇葖有种子多数。

【分类地位】被子植物门、双子叶植物纲、原始花被亚纲、蔷薇目、虎耳草亚目、景天科、景天亚科。

【种类】全属约有 90 种;中国有 73 种,2 亚种,7 变种;内蒙古 4 种。

红景天 *Rhodiola rosea*

多年生草本。根粗壮,直立。根颈短,先端被鳞片。叶疏生,长圆形至椭圆状倒披针形或长圆状宽卵形,先端急尖或渐尖,全缘或上部有少数牙齿,基部稍抱茎。花序伞房状,密集多花;雌雄异株;萼片 4 个,披针状线形,钝;花瓣 4 片,黄绿色,线状倒披针形或长圆形,钝;雄花中雄蕊 8 枚,较花瓣长;鳞片 4 个,长圆形,上部稍狭,先端有齿状微缺;雌花中心皮 4 枚,花柱外弯。蓇葖披针形或线状披针形,直立;种子披针形,一侧有狭翅。花期 4～6 月,果期 7～9 月。

生于山坡林下、草坡。产于内蒙古赤峰市克什克腾旗;中国甘肃、河北、吉林、山西、新疆也产;日本、哈萨克斯坦、朝鲜、蒙古以及欧洲和北美洲也有分布。

红门兰属——【学　名】*Orchis*

【蒙古名】ᠤᠯᠠᠭᠠᠨ ᠬᠠᠭᠠᠯᠭᠠᠲᠤ ᠴᠡᠴᠡᠭ

【英文名】Orchis, Orchid

【生活型】地生草本。

【茎】基部具细、指状、肉质的根状茎或具 1～2 枚肉质,长圆形、椭圆形、卵形或圆球形的块茎,块茎不裂或下部呈掌状分裂,裂片细长,颈部常有几条细长而多少弯曲的根。茎直立,圆柱形,靠近基部具 1～3 枚筒状鞘,鞘之上具叶。

【叶】叶基生或茎生,互生,罕近对生,1～5 片,稍肥厚,基部收狭成鞘抱茎。

【花】总状花序顶生,具 1 至多数花,基生或茎生,花序筒状或密集似穗状;萼片离生,近相似;花瓣常与中萼片靠合呈兜状;唇瓣位于下方,先端常有裂,稀不裂,基部有距或无距;蕊柱短,直立;花药生于蕊柱顶端,2 室;退化雄蕊 2 枚,较小,花粉块 2 枚,粉质,颗粒状,具花粉块柄及粘盘;粘盘 2 枚,下面各有 1 个粘质球,2 个粘质球,隐藏于蕊喙上面的粘囊内,被粘囊包住;粘囊 1 个,卵球形。

【果实和种子】蒴果直立。

【分类地位】被子植物门、单子叶植物纲、微子目、兰科、兰亚科、兰族、兰亚族。

【种类】全属约有 80 种(广义);中国有 28 种,2 变种;内蒙古有 2 种。

宽叶红门兰 *Orchis latifolia*

陆生兰。块茎下部 3～5 裂呈掌状,肉质。茎直立,粗壮,中空,基部具 2～3 枚筒状鞘,鞘之上具叶。叶(3～)4～6 片,互生,叶片长圆形、长圆状椭圆形、披针形至线状披针形,上面无紫色斑点,稍微开展,先端钝、渐尖或长渐尖,基部收狭成抱茎的鞘,向上逐渐变小,最上部的叶变小呈苞片状。花序具几朵至多朵密生的花,圆柱状;花苞片直立伸展,披针形,先端渐尖或长渐尖,最下部常长于花;子房圆柱状纺锤形,扭转,无毛;花兰紫色、紫红色或玫瑰红色,不偏向一侧;中萼片卵状长圆形,直立,凹陷呈舟状,先端钝,具 3 条脉,与花瓣靠合呈兜状;侧萼片张开,偏斜,卵状披针形或卵状长圆形,先端钝或稍钝,具 3～5 条脉;花瓣直立,卵状披针形,稍偏斜,与中萼片近等长,先端钝,具 2～3 条脉;唇瓣向前伸展,卵形、卵圆形、宽菱状横椭圆形或近圆形,常稍长于萼片,基部具距,先端钝,不裂,有时先端稍具 1 个突起,似 3 浅裂,边缘略具细圆齿,上面具细的乳头状突起,在基部至中部之上具 1 个由蓝紫色线纹构成似匙形的斑纹(在新鲜花之斑纹颇为显著),斑纹内淡紫色或带白色,其外的颜色较深,为紫红色,而其顶部为浅 3 裂或 2 裂成 W 形;距圆筒形、圆筒状锥形至狭圆锥形,下垂,略微向前弯曲,末端钝,较子房短或与子房近等长。花期 6～8 月。

生于水泡附近湿草甸或沼泽地草甸。产于内蒙古呼伦贝尔市、赤峰市、通辽市、锡林郭勒盟;中国甘肃、黑龙江、吉林、宁夏、青海、四川、新疆、西藏也产;不丹、克什米尔、蒙古、尼泊尔、巴基斯坦也有分布。

红砂属（枇杷紫属）──【学　名】*Reaumuria*

【蒙古名】ᠤᠯᠠᠭᠠᠨ ᠪᠤᠷᠭᠠᠰᠤᠨ ᠤ ᠲᠥᠷᠥᠯ

【英文名】Redsandplant

【生活型】半灌木或灌木。

【茎】高达 80 厘米，有多数曲拐的小枝。

【叶】叶细小，鳞片状，短圆柱形或线形，全缘，常为肉质或革质，几无柄，有泌盐腺体。

【花】花单生于侧枝上或生于缩短的小枝上，或集成稀疏的总状花序状。花两性，5 数；苞片覆瓦状排列，较花冠略长或略短；花萼近钟形，宿存；花瓣脱落或宿存，下半部内侧具 2 枚鳞片状附属物，边缘缲状撕裂，锯齿状或全缘，雄蕊 5～多数，分离或花丝基部合生成 5 束，与花瓣对生；雌蕊 1 枚，子房圆形或广椭圆形，花柱 3～5 枚。

【果实和种子】蒴果软骨质，3～5 瓣裂；种子全面被褐色长毛。

【分类地位】被子植物门、双子叶植物纲、原始花被亚纲、侧膜胎座目、山茶亚目、柽柳科。

【种类】全属有 12 种；中国有 4 种；内蒙古有 2 种。

红砂 *Reaumuria songarica*

　　小灌木。仰卧，多分枝，老枝灰褐色，树皮为不规则的波状剥裂，小枝多拐曲，皮灰白色，粗糙，纵裂。叶肉质，短圆柱形，鳞片状，上部稍粗，常微弯，先端钝，浅灰蓝绿色，具点状的泌盐腺体，常 4～6 枚簇生在叶腋缩短的枝上，花期有时叶变紫红色。小枝常呈淡红色。花单生叶腋（实为生在极度短缩的小枝顶端），或在幼枝上端集为少花的总状花序状；花无梗；苞片 3 个，披针形，先端尖；花萼钟形，下部合生，裂片 5 枚，三角形，边缘白膜质，具点状腺体；花瓣 5 片，白色略带淡红，长圆形，先端钝，基部楔状变狭，张开，上部向外反折，下半部内侧的 2 个附属物倒披针形，薄片状，顶端缲状。着生在花瓣中脉的两侧；雄蕊 6～8（～12）枚，分离，花丝基部变宽，几与花瓣等长；子房椭圆形，花柱 3 枚，具狭尖之柱头。蒴果长椭圆形或纺锤形，或三棱锥形，高出花萼 2～3 倍，具 3 棱，3 瓣裂（稀 4），通常具 3～4 粒种子。种子长圆形，先端渐尖，基部变狭，全部被黑褐色毛。花期 7～8 月，果期 8～9 月。

　　生于砾质戈壁、盐渍低地、干湖盆、干河床、干草原。产于内蒙古呼伦贝尔市、锡林郭勒盟、乌兰察布市、鄂尔多斯市、巴彦淖尔市、阿拉善盟；中国甘肃、宁夏、青海、新疆也产；蒙古也有分布。

红升麻属(落新妇属)——【学　名】*Astilbe*

【蒙古名】ᠬᠥᠨᠳᠡᠢ ᠶᠢᠨ ᠡᠪᠡᠰᠦ ᠶᠢᠨ ᠲᠥᠷᠥᠯ

【英文名】Astilbe

【生活型】多年生草本。

【茎】根状茎粗壮。茎基部具褐色膜质鳞片状毛或长柔毛。

【叶】叶互生,2 至 4 回三出复叶,稀单叶,具长柄;托叶膜质;小叶片披针形、卵形、阔卵形至阔椭圆形,边缘具齿。

【花】圆锥花序顶生,具苞片;花小,白色、淡紫色或紫红色,两性或单性,稀杂性或雌雄异株;萼片通常 5 个,稀 4 个;花瓣通常 1～5 片,有时更多或不存在;雄蕊通常 8～10 枚,稀 5 枚;心皮 2(～3)枚,多少合生或离生;子房近上位或半下位,2(～3)室,具中轴胎座,或为 1 室,具边缘胎座;胚珠多数。

【果实和种子】蒴果或膏葖果;种子小。

【分类地位】被子植物门、双子叶植物纲、原始花被亚纲、蔷薇目、虎耳草亚目、虎耳草科、虎耳草亚科、落新妇族。

【种类】全属约有 18 种;中国有 7 种;内蒙古有 1 种。

红升麻(落新妇) *Astilbe chinensis*

多年生草本。根状茎暗褐色,粗壮,须根多数。茎无毛。基生叶为 2 至 3 回三出羽状复叶;顶生小叶片菱状椭圆形,侧生小叶片卵形至椭圆形,先端短渐尖至急尖,边缘有重锯齿,基部楔形、浅心形至圆形,腹面沿脉生硬毛,背面沿脉疏生硬毛和小腺毛;叶轴仅于叶腋部具褐色柔毛;茎生叶 2～3 片,较小。圆锥花序下部第一回分枝通常与花序轴成 15～30 度角斜上;花序轴密被褐色卷曲长柔毛;苞片卵形,几无花梗;花密集;萼片 5 个,卵形,两面无毛,边缘中部以上生微腺毛;花瓣 5 片,淡紫色至紫红色,线形,单脉;雄蕊 10 枚;心皮 2 枚,仅基部合生。种子褐色。花果期 6～9 月。

生于林缘草甸及山谷溪边。产于内蒙古通辽市、锡林郭勒盟、赤峰市、乌兰察布市;中国安徽、甘肃、广东、广西、贵州、河北、黑龙江、河南、湖北、湖南、江西、吉林、辽宁、青海、陕西、山东、山西、四川、云南、浙江也产;日本、朝鲜、俄罗斯也有分布。

喉毛花属（喉花草属）——【学　名】*Comastoma*

【蒙古名】ᠬᠣᠭᠣᠯᠠᠢᠢᠨ ᠦᠰᠦᠲᠦ ᠴᠡᠴᠡᠭ ᠦᠨ ᠲᠦᠷᠦᠯ（ᠬᠣᠭᠣᠯᠠᠢᠢ᠂ ᠨᠢ ᠴᠡᠴᠡᠭ）

【英文名】Throathair

【生活型】一年生或多年生草本。

【茎】茎不分枝或有分枝，直立或斜升。

【叶】叶对生；基生叶常早落；茎生叶无柄。

【花】花 4～5 数，单生茎或枝端或为聚伞花序；花萼深裂，萼筒极短，无萼内膜，裂片 4～5 枚，稀 2 枚，大都短于花冠；花冠钟形、筒形或高脚杯状，4～5 裂，裂片间无褶，裂片基部有白色流苏状副冠，流苏内无维管束，常呈 1～2 束，当开花时，全部向心弯曲，封盖冠筒口部，冠筒基部有小腺体；雄蕊着生冠筒上，花丝有时有毛；花柱短，柱头 2 裂。

【果实和种子】蒴果 2 裂；种子小，光滑。

【分类地位】被子植物门、双子叶植物纲、合瓣花亚纲、捩花目、龙胆科、龙胆亚科、龙胆族、龙胆亚族。

【种类】全属有 15 种；中国有 11 种；内蒙古有 2 种。

镰萼喉毛花 *Comastoma falcatum*

　　一年生草本。茎从基部分枝，分枝斜升，基部节间短缩，上部伸长，花葶状，四棱形，常带紫色。叶大部分基生，叶片矩圆状匙形或矩圆形，先端钝或圆形，基部渐狭成柄，叶脉 1～3 条；茎生叶无柄，矩圆形，稀为卵形或矩圆状卵形，先端钝。花 5 数，单生分枝顶端；花梗常紫色，四棱形；花萼绿色或有时带蓝紫色，长为花冠的 1/2，稀达 2/3 或较短，深裂近基部，裂片不整齐，形状多变，常为卵状披针形，弯曲成镰状，有时为宽卵形或矩圆形至狭披针形，先端钝或急尖，边缘平展，稀外反，近于皱波状，基部有浅囊，背部中脉明显；花冠蓝色、深蓝色或蓝紫色，有深色脉纹，高脚杯状，冠筒筒状，喉部突然膨大，裂达中部，裂片矩圆形或矩圆状匙形，先端钝圆，偶有小尖头，全缘，开展，喉部具一圈副冠，副冠白色，10 束，流苏状裂片的先端圆形或钝，冠筒基部具 10 个小腺体；雄蕊着生冠筒中部，花丝白色，基部下延于冠筒上成狭翅，花药黄色，矩圆形；子房无柄，披针形，连花柱柱头 2 裂。蒴果狭椭圆形或披针形；种子褐色，近球形，表面光滑。花果期 7～9 月。

　　生于亚高山或高山草甸。产于内蒙古阿拉善盟贺兰山；中国甘肃、河北、青海、山西、四川、新疆、西藏也产；印度、克什米尔、吉尔吉斯斯坦、蒙古、尼泊尔、俄罗斯、塔吉克斯坦也有分布。

狐尾藻属 —— 【学　名】*Myriophyllum*

【蒙古名】ᠣᠢᠢᠷᠮᠠᠭ ᠲᠥᠰᠥᠯ ᠤ ᠣᠪᠤᠭ (ᠣᠢᠷᠠᠨ ᠢᠰᠡᠭᠡᠨ ᠲᠥᠰᠥᠯ ᠤ ᠣᠪᠤᠭ)

【英文名】Parrotfeather

【生活型】水生或半湿生草本。

【根】根系发达,在水底泥中蔓生。

【叶】叶互生,轮生,无柄或近无柄,线形至卵形,全缘,有锯齿、多篦齿状分裂。

【花】花水上生,很小,无柄,单生叶腋或轮生,或少有成穗状花序;苞片 2 个,全缘或分裂。花单性同株或两性,稀雌雄异株。雄花具短萼筒:先端 2～4 裂或全缘;花瓣 2～4 片,早落;退化雌蕊存在或缺;雄蕊 2～8 枚,分离,花丝丝状;花药线状长圆形,基着生,纵裂。雌花:萼筒与子房合生,具 4 深槽,萼裂 4 或不裂;花瓣小,早落或缺;退化雄蕊存在或缺;子房下位,4 室,稀 2 室,每室具 1 颗倒生胚珠;花柱 4(2)裂,通常弯曲;柱头羽毛状。

【果实和种子】果实成熟后分裂成 4(2)小坚果状的果瓣,果皮光滑或有瘤状物,每片小坚果状的果瓣具 1 粒种子。种子圆柱形,种皮膜质,胚具胚乳。

【分类地位】被子植物门、双子叶植物纲、原始花被亚纲、桃金娘目、小二仙草科。

【种类】全属约有 45 种;中国约有 5 种,1 变种;内蒙古有 2 种。

狐尾藻 *Myriophyllum spicatum*

多年生沉水草本。根状茎发达,在水底泥中蔓延,节部生根。茎圆柱形,分枝极多。叶常 5 片轮生(或 4～6 片轮生、或 3～4 片轮生),丝状全细裂,叶的裂片约 13 对,细线形;叶柄极短或不存在。花两性,单性或杂性,雌雄同株,单生于苞片状叶腋内,常 4 朵轮生,由多数花排成近裸颏的顶生或腋生的穗状花序,生于水面上。如为单性花,则上部为雄花,下部为雌花,中部有时为两性花,基部有 1 对苞片,其中 1 片稍大、为广椭圆形,全缘或呈羽状齿裂。雄花:萼筒广钟状,顶端 4 深裂、平滑;花瓣 4 片,阔匙形,凹陷,顶端圆形、粉红色;雄蕊 8 枚,花药长椭圆形;淡黄色;无花梗。雌花:萼筒管状,4 深裂;花瓣缺,或不明显;子房下位,4 室,花柱 4 枚,很短、偏于一侧,柱头羽毛状,向外反转,具 4 颗胚珠;大苞片矩圆形,全缘或有细锯齿,较花瓣为短,小苞片近圆形,边缘有锯齿。分果广卵形或卵状椭圆形,具 4 条纵深沟,沟缘表面光滑。花果期 7～8 月。

生于池塘、河边浅水中。产于内蒙古全区;中国各地也产;亚洲和欧洲也有分布。

胡卢巴属——【学　名】*Trigonella*

【蒙古名】ᠱᠠᠮᠪᠠᠯᠠ ᠶᠢᠨ ᠲᠥᠷᠥᠯ

【英文名】Fenugreek

【生活型】一年生或多年生草本。

【茎】茎直立、平卧或匍匐,多分枝。

【叶】羽状三出复叶,顶生小叶通常稍大,具柄;小叶边缘多少具锯齿或缺刻状;托叶具明显脉纹,全缘具或齿裂。

【花】花序腋生,呈短总状、伞状、头状或卵状,偶为 1～2 朵着生叶腋;总花梗发达或不发达,在果期与花序轴同时伸长;花梗短,纤细,花后增粗,挺直;萼钟形,偶为筒形,萼齿 5 枚,近等长,稀上下近 2 唇形;花冠普通型或"苜蓿型",黄色、蓝色或紫色,偶为白色;雄蕊二体,与花瓣分离,花丝顶端不膨大,花药小,同型。

【果实和种子】荚果线形、线状披针形或圆锥形,直或弧形弯曲,成半月形,但不作螺旋状转曲,膨胀或稍扁平,有时缝线具啮蚀状窄翅,两端狭尖或钝,表面有横向或斜向网纹;有种子 1 至多数。种子具皱纹或细疣点,有时具暗色或紫色斑点,稍光滑;胚位于子叶与胚根之间,子叶出土时叶柄基部具关节并膨大,第一叶为单叶,后生叶均为 3 片小叶。

【分类地位】被子植物门、双子叶植物纲、原始花被亚纲、蔷薇目、蔷薇亚目、豆科、蝶形花亚科、车轴草族。

【种类】全属有 70 余种;中国有 9 种;内蒙古有 1 栽培种。

235

胡卢巴 *Trigonella foenum-graecum*

一年生草本。根系发达。茎直立,圆柱形,多分枝,微被柔毛。羽状三出复叶;托叶全缘,膜质,基部与叶柄相连,先端渐尖,被毛;叶柄平展;小叶长倒卵形、卵形至长圆状披针形,近等大,先端钝,基部楔形,边缘上半部具三角形尖齿,上面无毛,下面疏被柔毛,或秃净,侧脉 5～6 对,不明显;顶生小叶具较长的小叶柄。花无梗,1～2 朵着生叶腋;萼筒状,被长柔毛,萼齿披针形,锥尖,与萼等长;花冠黄白色或淡黄色,基部稍呈堇青色,旗瓣长倒卵形,先端深凹,明显比翼瓣和龙骨瓣长;子房线形,微被柔毛,花柱短,柱头头状,胚珠多数。荚果圆筒状,直或稍弯曲,无毛或微被柔毛,先端具细长喙,背缝增厚,表面有明显的纵长网纹,有种子 10～20 粒。种子长圆状卵形,棕褐色,表面凹凸不平。花期 4～7 月,果期 7～9 月。

栽培植物,原产于西非,后传入地中海沿岸一带,在汉朝时作为香料传入中国。中国南北各地均有栽培;在甘肃、河北、黑龙江、辽宁、内蒙古、宁夏、青海、陕西、山西、四川、新疆、西藏呈半野生状态。喜马拉雅地区、西南亚有分布。

胡萝卜属——【学　名】*Daucus*

【蒙古名】ᠱᠠᠷᠠ ᠨᠤᠭᠤᠭ᠎ᠠ

【英文名】Carrot

【生活型】一年生或二年生草本。

【根】肉质。

【茎】茎直立,有分枝。

【叶】叶有柄,叶柄具鞘;叶片薄膜质;羽状分裂,末回裂片窄小。

【花】花序为疏松的复伞形花序,花序梗顶生或腋生;总苞具多数羽状分裂或不分裂的苞片;小总苞片多数,3 裂、不裂或缺乏;伞辐少数至多数,开展;花白色或黄色,小伞形花序中心的花呈紫色,通常不孕;花柄开展,不等长;萼齿小或不明显;花瓣倒卵形,先端凹陷,有 1 枚内折的小舌片,靠外缘的花瓣为辐射瓣;花柱基短圆锥形,花柱短。

【果实和种子】果实长圆形至圆卵形,棱上有刚毛或刺毛,每棱槽内有油管 1 个,合生面油管 2 个;胚乳腹面略凹陷或近平直;心皮柄不分裂或顶端 2 裂。

【分类地位】被子植物门、双子叶植物纲、原始花被亚纲、伞形目、伞形科、芹亚科、胡萝卜族。

【种类】全属约有 60 种;中国有 1 种,1 栽培变种;内蒙古有 1 栽培种。

胡萝卜 *Daucus carota* var. *sativa*

　　二年生草本。主根粗大,肉质,长圆锥形,橙黄色或橙红色。茎直立,节间中空,表面具纵棱与沟槽,上部分枝,被倒向或开展的硬毛。基生叶具长柄与叶鞘;叶片 2～3回羽状全裂,轮廓三角状披针形或矩圆状披针形;1 回羽片 4～6 对,具柄,轮廓卵形;2 回羽片无柄,轮廓披针形;最终裂片条形至披针形,先端尖,具小突尖,上面常无毛,下面沿叶脉与边缘具长硬毛,叶柄与叶轴均被倒向硬毛;茎生叶与基生叶相似,但较小,叶柄一部分或全部成叶鞘。复伞形花序伞辐多数,不等长,具细纵棱,被短硬毛;总苞片多数,呈叶状,羽状分裂,裂片细长,先端具长刺尖;小伞形花序具多数花;小总苞片多数,条形,有时上部 3 裂,边缘白色宽膜质,先端长渐尖;花瓣白色或淡红色。果椭圆形。花期 6～7 月,果期 7～8 月。

　　栽培植物,原产于亚洲的西南部,阿富汗为最早演化中心,约在 13 世纪从伊朗引入中国。

胡麻科——【学　名】*Pedaliaceae*

【蒙古名】ᠬᠦᠮᠦᠯᠢ ᠶᠢᠨ ᠢᠵᠠᠭᠤᠷ

【英文名】Pedalium Family

【生活型】一年生或多年生草本,稀为灌木。

【叶】叶对生或生于上部的互生,全缘、有齿缺或分裂。

【花】花左右对称,单生、腋生或组成顶生的总状花序,稀簇生;花梗短,苞片缺或极小。花萼 4～5 深裂。花冠筒状,一边肿胀,呈不明显 2 唇形,檐部裂片 5 枚,蕾时覆瓦状排列。雄蕊 4 枚,2 枚强,常有 1 枚退化雄蕊。花药 2 室,内向,纵裂。花盘肉质。子房上位或很少下位,2～4 室,很少为假一室,中轴胎座,花柱丝形,柱头 2 浅裂,胚珠多数,倒生。

【果实和种子】蒴果不开裂,常覆以硬钩刺或翅。种子多数,具薄肉质胚乳及小型劲直的胚。

【种类】全科约有 14 属,约 50 种;中国有 2 属,2 种;内蒙古有 2 属,2 种。

胡麻科 Pedaliaceae R. Br. 由苏格兰植物学家和古植物学家 Robert Brown (1773－1858)于 1810 年在"Prodromus Florae Novae Hollandiae 519"(Prodr.)上描述的植物科,模式属为 Pedalium。

在恩格勒系统(1964)中,胡麻科隶属合瓣花亚纲(Sympetalae)、管状花目(Tubiflorae),本目包括 6 个亚目、26 个科。在哈钦森系统(1959)中,胡麻科隶属双子叶植物木本支(Lignosae)、紫葳目(Bignoniales),另含电灯花科(Cobaeaceae)、紫葳科(Bignoniaceae)和角胡麻科(Martyniaceae)。在塔赫他间系统(1980)中,胡麻科隶属菊亚纲(Asteridae)、玄参目(Scrophulariales),含茄科(Solanaceae)、醉鱼草科(Buddlejaceae)、玄参科(Scrophulariaceae)、紫葳科(Bignonoaceae)、胡麻科(Pedaliaceae)、列当科(Orobanchaceae)、苦苣苔科(Gesneriacee)、狸藻科(Lentibulariaceae)、爵床科(Acanthaceae)等 16 个科。在克朗奎斯特系统(1981)中,胡麻科也隶属菊亚纲、玄参目,含木犀科(Oleaceae)、醉鱼草科、玄参科、紫葳科、列当科、苦苣苔科、狸藻科、爵床科等 12 个科。

胡麻属——【学　名】*Sesamum*

　　　　　　【蒙古名】ᠬᠢᠮᠠ ᠶᠢᠨ ᠲᠥᠷᠥᠯ （ᠴᠢᠭᠠᠨᠠ ᠶᠢᠨ ᠲᠥᠷᠥᠯ）

　　　　　　【英文名】Sesame

【生活型】直立或匍匐草本。

【叶】叶生于下部的对生，其他互生或近对生，全缘、有齿缺或分裂。

【花】花腋生、单生或数朵丛生，具短柄，白色或淡紫色。花萼小，5 深裂。花冠筒状，基部稍肿胀，檐部裂片 5 枚，圆形，近轴的 2 枚较短。雄蕊 4 枚，2 枚强，着生于花冠筒近基部，花药箭头形，药室 2 个。花盘微凸。子房 2 室，每室再由一假隔膜分为 2 室，每室具有多数叠生的胚珠。

【果实和种子】蒴果矩圆形，室背开裂为 2 果瓣。种子多数。

【分类地位】被子植物门、双子叶植物纲、合瓣花被亚纲、管状花目、胡麻科。

【种类】全属约有 30 种；中国有 1 栽培种；内蒙古有 1 栽培种。

芝麻 *Sesamum indicum*

　　一年生直立草本。分枝或不分枝，中空或具有白色髓部，微有毛。叶矩圆形或卵形，下部叶常掌状 3 裂，中部叶有齿缺，上部叶近全缘。花单生或 2～3 朵同生于叶腋内。花萼裂片披针形，被柔毛。筒状，白色而常有紫红色或黄色的彩晕。雄蕊 4 枚，内藏。子房上位，4 室（云南西双版纳栽培植物可至 8 室），被柔毛。蒴果矩圆形，有纵棱，直立，被毛，分裂至中部或基部。种子有黑白之分。花期夏末秋初。

　　栽培植物。

胡桃科——【学　名】*Juglandaceae*

【蒙古名】ᠬᠠᠯᠢᠶᠠᠷ ᠤᠨ ᠪᠦᠯᠦ

【英文名】Walnut Family

【生活型】落叶或半常绿乔木或小乔木。

【叶】叶互生或稀对生,无托叶,奇数或稀偶数羽状复叶;小叶对生或互生,具或不具小叶柄,羽状脉,边缘具锯齿或稀全缘。花单性,雌雄同株,风媒。

【花】花序单性或稀两性。雄花为荑黄花序,下垂,常集成穗状,雄蕊2至多数,花被具不规则的裂片,花丝短而分离,花药隔不达,2室,纵裂苞片腋内,苞片与子房分离,或与2个小苞片愈合而贴生于子房下端,胚珠1颗,花2朵。

【果实和种子】果实由小苞片及花被片或仅由花被片或由总苞以及子房共同发育成核果状的假核果或坚果状;外果皮肉质或革质或膜质,成熟时不开裂或不规则破裂,或4～9瓣开裂;内果皮(果核)由子房本身形成,坚硬,骨质,1室,室内基部具1或2个骨质的不完全隔膜,因而成不完全2或4室;内果皮及不完全隔膜的壁内在横切面上具或不具各式排列大小不同的空隙(腔隙)。种子大形,完全填满果室,具1层膜质的种皮,无胚乳;胚根向上,子叶肥大,肉质,常成2裂,基部渐狭或成心脏形,胚芽小,常被有盾状着生的腺体。

【种类】全科有8属,60余种;中国有7属,27种,1变种;内蒙古有2属,3种。

胡桃科 Juglandaceae DC. ex Perleb 由瑞士植物学家 Augustin Pyramus de Candolle(1778－1841)命名但未经发表的植物科,后由德国植物学家和自然科学家 Karl Julius Perleb(1794－1845) 描述,于 1818 年代发表在"Versuch über die Arzneikräfte der Pflanzen 143"(Vers. Arzneikr. Pfl.)上,模式属为胡桃属(Juglans)。Juglandaceae A. Richard ex Kunth 是由法国植物学家 Achille Richard(1794－1852)命名但未经发表的植物科,后由德国植物学家 Carl Sigismund Kunth(1788－1850)描述,于 1828 年代发表在"Ann. Sci. Nat. (Paris)"上,但发表时间比 Juglandaceae DC. ex Perleb 晚 10 年。

在恩格勒系统(1964)中,胡桃科隶属原始花被亚纲(Archichlamydeae)、胡桃目(Juglandales),含杨梅科(Myricaceae)和胡桃科。在哈钦森系统(1959)中,胡桃科隶属双子叶植物木本支(Lignosae)、胡桃目,含马尾树科(Rhoipteleaceae)、三叶脱皮树科(Picrodendraceae)和胡桃科,认为胡桃目由壳斗目(Fagales)演化而来。在塔赫他间系统(1980)和克朗奎斯特系统(1981)中,胡桃科隶属金缕梅亚纲(Hamamelididae)、胡桃目,含马尾树科和胡桃科。塔赫他间系统的胡桃目与壳斗目有共同祖先,起源于金缕梅目(Hamamelidales);克朗奎斯特系统胡桃目也远源于金缕梅目。

胡桃属——【学　名】*Juglans*

　　　　　　【蒙古名】ᠱᠠᠩᠭᠠ ᠶᠢᠨ ᠲᠥᠷᠥᠯ

　　　　　　【英文名】Walnut

【生活型】落叶乔木。

【茎】芽具芽鳞。

【叶】叶互生,奇数羽状复叶;小叶具锯齿,稀全缘。

【花】雌雄同株;雄性葇荑花序具多数雄花,无花序梗,下垂,单生于去年生枝条的叶痕腋内。雄花具短梗;苞片1个,小苞片2个,分离,位于两侧,贴生于花托;花被片3枚,分离,贴生于花托,其中1枚着生于近轴方向,与苞片相对生;雄蕊通常多数,4~40枚,插生于扁平而宽阔的花托上,几乎无花丝,花药具毛或无毛,药隔较发达,伸出于花药顶端。雌花序穗状,直立,顶生于当年生小枝,具多数至少数雌花。雌花无梗,苞片与2个小苞片愈合成一壶状总苞并贴生于子房,花后随子房增大;花被片4枚,高出总苞,前后2枚位于外方,两侧2枚位于内方,下部联合并贴生于子房;子房下位,2枚心皮组成,柱头2枚,内面具柱头面。

【果实和种子】果序直立或俯垂。果为假核果,外果皮由苞片及小苞片形成的总苞及花被发育而成,未成熟时肉质,不开裂,完全成熟时常不规则裂开;果核不完全2~4室,内果皮(核壳)硬,骨质,永不自行破裂,壁内及隔膜内常具空隙。

【分类地位】被子植物门、双子叶植物纲、原始花被亚纲、胡桃目、胡桃科。

240

【种类】全属约有20种;中国有5种,1变种;内蒙古有2种。

胡桃 *Juglans regia*

　　乔木。树干较别的种类矮,树冠广阔;树皮幼时灰绿色,老时则灰白色而纵向浅裂;小枝无毛,具光泽,被盾状着生的腺体,灰绿色,后来带褐色。奇数羽状复叶叶柄及叶轴幼时被有极短腺毛及腺体;小叶通常5~9片,稀3片,椭圆状卵形至长椭圆形,顶端钝圆或急尖、短渐尖,基部歪斜,近于圆形,边缘全缘或在幼树上者具稀疏细锯齿,上面深绿色,无毛,下面淡绿色,侧脉11~15对,腋内具簇短柔毛,侧生小叶具极短的小叶柄或近无柄,生于下端者较小,顶生小叶常具小叶柄。雄性葇荑花序下垂。雄花的苞片、小苞片及花被片均被腺毛;雄蕊6~30枚,花药黄色,无毛。雌性穗状花序通常具1~3(~4)朵雌花。雌花的总苞被极短腺毛,柱头浅绿色。果序短,杞俯垂,具1~3枚果实;果实近球状,无毛;果核稍具皱曲,有2条纵棱,顶端具短尖头;隔膜较薄,内里无空隙;内果皮壁内具不规则的空隙或无空隙而仅具皱曲。花期5月,果期10月。

　　生于排水良好、土层深厚的沙质壤土、石灰性壤土上。产于内蒙古赤峰市宁城县,呼和浩特市和包头市有栽培;中国华中、华东、西北和西南有广泛分布;西南亚到喜马拉雅、东南亚、欧洲也有分布。

胡颓子科 ——【学　名】*Elaeagnaceae*

【蒙古名】ᠬᠠᠯᠮᠠᠭᠠᠨ᠎ᠠ ᠶᠢᠨ ᠣᠪᠣᠭ

【英文名】Oleaster Family

【生活型】常绿或落叶直立灌木或攀援藤本,稀乔木。

【叶】单叶互生,稀对生或轮生,全缘,羽状叶脉,具柄,无托叶。

【花】花两性或单性,稀杂性。单生或数花组成叶腋生的伞形总状花序,通常整齐,白色或黄褐色,具香气,虫媒花;花萼常连合成筒,顶端 4 裂,稀 2 裂(Hippophae),在子房上面通常明显收缩,花蕾时镊合状排列;无花瓣;雄蕊着生于萼筒喉部或上部,与裂片互生,或着生于基部,与裂片同数或为其倍数(Hippophae),花丝分离,短或几无,花药内向,2 室纵裂,背部着生,通常为丁字药,花粉粒钝三角形或近圆形(Shepherdia 则为椭圆形);子房上位,包被于花萼管内,1 枚心皮,1 颗室,1 颗胚珠,花柱单一,直立或弯曲,柱头棒状或偏向一边膨大;花盘通常不明显,稀发达成锥状。

【果实和种子】果实为瘦果或坚果,为增厚的萼管所包围,核果状,红色或黄色;味酸甜或无味,种皮骨质或膜质;无或几无胚乳,胚直立,较大,具 2 枚肉质子叶。

【种类】全科有 3 属,80 余种;中国有 2 属,约 60 种;内蒙古有 2 属,1 种,1 亚种,1 变种。

胡颓子科 Elaeagnaceae Juss. 由法国植物学家 Antoine Laurent de Jussieu (1748－1836)于 1789 年在"Genera plantarum 74～75"(Gen. Pl.)中建立的植物科,模式属为胡颓子属(*Elaeagnus*)。

在恩格勒系统(1964)中,胡颓子科隶属原始花被亚纲(Archichlamydeae)、瑞香目(Thymelaeales),含四棱果科(Geissolomataceae)、管萼科(Penaeaceae)、毒鼠子科(Dichapetalaceae)、瑞香科(Thymelaeaceae)和胡颓子科。在哈钦森系统(1959)中,胡颓子科隶属双子叶植物木本支(Lignosae)、鼠李目(Rhamnales),含大柱头树科(Heteropyxidaceae)、鼠李科(Rhamnaceae)、葡萄科(Vitaceae)和胡颓子科。在塔赫他间系统(1980)中,胡颓子科隶属蔷薇亚纲(Rosidae)、胡颓子目(Elaeagnales),只含 1 个科。在克朗奎斯特系统(1981)中,胡颓子科也隶属蔷薇亚纲(Rosidae),但与山龙眼科(Proteaceae)一起隶属山龙眼目(Proteales)。

胡颓子属——【学　名】*Elaeagnus*

【蒙古名】ᠬᠣᠲᠣᠮᠵᠢᠨ ᠮᠣᠳᠣ ᠣ᠋ ᠤᠷᠤᠭ

【英文名】Elaeagnus

【生活型】常绿或落叶灌木或小乔木,直立或攀援。

【叶】单叶互生,膜质、纸质或革质,披针形至椭圆形或卵形,全缘、稀波状,上面幼时散生银白色或褐色鳞片或星状柔毛,成熟后通常脱落,下面灰白色或褐色,密被鳞片或星状绒毛,通常具叶柄。

【花】花两性,稀杂性,单生或 1～7 朵花簇生于叶腋或叶腋短小枝上,成伞形总状花序;通常具花梗;花萼筒状,上部 4 裂,下部紧包围子房,在子房上面通常明显收缩;雄蕊 4 枚,着生于萼筒喉部,与裂片互生,花丝极短,花药矩圆形或椭圆形,丁字药,内向,2 室纵裂,花柱单一,细弱伸长,顶端常弯曲,无毛或具星状柔毛,稀具鳞片,柱头偏向一边膨大或棒状。花盘一般不甚发达。

【果实和种子】果实为坚果,为膨大肉质化的萼管所包围,呈核果状,矩圆形或椭圆形,稀近球形,红色或黄红色;果核椭圆形,具 8 条肋,内面通常具白色丝状毛。

【分类地位】被子植物门、双子叶植物纲、原始花被亚纲、桃金娘目、胡颓子科。

【种类】全属约有 80 种;中国约有 55 种;内蒙古有 1 种,1 变种。

沙枣 *Elaeagnus angustifolia*

落叶乔木或小乔木。无刺或具刺,棕红色,发亮;幼枝密被银白色鳞片,老枝鳞片脱落,红棕色,光亮。叶薄纸质,矩圆状披针形至线状披针形,顶端钝尖或钝形,基部楔形,全缘,上面幼时具银白色圆形鳞片,成熟后部分脱落,带绿色,下面灰白色,密被白色鳞片,有光泽,侧脉不甚明显;叶柄纤细,银白色。花银白色,直立或近直立,密被银白色鳞片,芳香,常 1～3 朵花簇生新枝基部最初 5～6 片叶的叶腋;萼筒钟形,在裂片下面不收缩或微收缩,在子房上骤收缩,裂片宽卵形或卵状矩圆形,顶端钝渐尖,内面被白色星状柔毛;雄蕊几无花丝,花药淡黄色,矩圆形;花柱直立,无毛,上端弯曲;花盘明显,圆锥形,包围花柱的基部,无毛。果实椭圆形,粉红色,密被银白色鳞片;果肉乳白色,粉质;果梗短,粗壮。花期 5～6 月,果期 9 月。

生于荒漠河岸。产于内蒙古巴彦淖尔市、鄂尔多斯市、阿拉善盟;中国甘肃、河北、河南、辽宁、宁夏、青海、陕西、山西、新疆也产;阿富汗、印度、哈萨克斯坦、蒙古、巴基斯坦、俄罗斯、塔吉克斯坦、土库曼斯坦、乌兹别克斯坦以及西南亚、东欧也有分布。

胡枝子属——【学　名】*Lespedeza*

【蒙古名】ᠬᠠᠷᠭᠠᠨ᠎ᠠ ᠶᠢᠨ ᠣᠪᠤᠭ

【英文名】Bushclover

【生活型】多年生草本、半灌木或灌木。

【叶】羽状复叶具 3 片小叶;托叶小,钻形或线形,宿存或早落,无小托叶;小叶全缘,先端有小刺尖,网状脉。

【花】花 2 至多数组成腋生的总状花序或花束;苞片小,宿存,小苞片 2 个,着生于花基部;花常二型:一种有花冠,结实或不结实,另一种为闭锁花,花冠退化,不伸出花萼(有些学者称无瓣花),结实;花萼钟形,5 裂,裂片披针形或线形,上方 2 枚裂片通常下部合生,上部分离;花冠超出花萼,花瓣具瓣柄,旗瓣倒卵形或长圆形,翼瓣长圆形,与龙骨瓣稍附着或分离,龙骨瓣钝头、内弯;雄蕊 10 枚,二体(9+1);子房上位,具 1 颗胚珠,花柱内弯,柱头顶生。

【果实和种子】荚果卵形、倒卵形或椭圆形,稀稍呈球形,双凸镜状,常有网纹;种子 1 粒,不开裂。

【分类地位】被子植物门、双子叶植物纲、原始花被亚纲、蔷薇目、蔷薇亚目、豆科、蝶形花亚科、山蚂蝗族、胡枝子亚族。

【种类】全属有 60 余种;中国有 25 种;内蒙古有 7 种,3 变种。

胡枝子 *Lespedeza bicolor*

直立灌木,多分枝,小枝黄色或暗褐色,有条棱,被疏短毛;芽卵形,具数个黄褐色鳞片。羽状复叶具 3 片小叶;托叶 2 片,线状披针形;小叶质薄,卵形、倒卵形或卵状长圆形,先端钝圆或微凹,稀稍尖,具短刺尖,基部近圆形或宽楔形,全缘,上面绿色,无毛,下面色淡,被疏柔毛,老时渐无毛。总状花序腋生,比叶长,常构成大型、较疏松的圆锥花序;小苞片 2 个,卵形,先端钝圆或稍尖,黄褐色,被短柔毛;花梗短,密被毛;花萼 5 浅裂,裂片通常短于萼筒,上方 2 枚裂片合生成 2 齿,裂片卵形或三角状卵形,先端尖,外面被白毛;花冠红紫色,极稀白色,旗瓣倒卵形,先端微凹,翼瓣较短,近长圆形,基部具耳和瓣柄,龙骨瓣与旗瓣近等长,先端钝,基部具较长的瓣柄;子房被毛。荚果斜倒卵形,稍扁,表面具网纹,密被短柔毛。花期 7~9 月,果期 9~10 月。

生于山地森林或灌丛中。产于内蒙古呼伦贝尔市、兴安盟、通辽市、赤峰市、锡林郭勒盟、乌兰察布市、呼和浩特市、包头市、鄂尔多斯市、巴彦淖尔市;中国安徽、福建、甘肃、广东、广西、河北、黑龙江、河南、湖南、江苏、吉林、辽宁、山西、山东、陕西、浙江也产;日本、朝鲜、蒙古、俄罗斯也有分布。

葫芦科——【学　名】*Cucurbitaceae*

【蒙古名】 ᠭᠣᠣ᠊᠊ᠣᠰᠣ᠊᠊ᠣᠨ ᠣᠪᠣᠭ

【英文名】Gourd Family

【生活型】一年生或多年生草质或木质藤本,极稀为灌木或乔木状。

【根】一年生植物的根为须根,多年生植物常为球状或圆柱状块根。

【茎】茎通常具纵沟纹,匍匐或借助卷须攀援。具卷须或极稀无卷须,卷须侧生叶柄基部,单1,或2至多歧,大多数在分歧点之上旋卷,少数在分歧点上下同时旋卷,稀伸直,仅顶端钩状。

【叶】叶互生,通常为2/5叶序,无托叶,具叶柄;叶片不分裂,或掌状浅裂至深裂,稀为鸟足状复叶,边缘具锯齿或稀全缘,具掌状脉。

【花】花单性(罕两性),雌雄同株或异株,辐射对称,单生、簇生或形成各式花序;花托漏斗状、钟状或筒状;花萼与子房合生,花瓣5片或花冠5裂;雄蕊3~5枚。分离或合生,药室在5枚雄蕊中,全部1室,弓曲或S形折曲至多回折曲,子房下位或半下位,由3枚心皮组成1室、不完全3室或3室,胚珠丝数或稀少数至1颗,侧膜胎座,花柱1枚或衡3枚,柱头膨大,2~3裂。

【果实和种子】果实大型至小型,常为肉质浆果状或果皮木质,不开裂或在成熟后盖裂或3瓣纵裂,1室或3室。种子常多数,稀少数至1粒,扁压状,水平生或下垂生,种皮骨质、硬革质或膜质,有各种纹饰,边缘全缘或有齿;无胚乳;胚直,具短胚根,子叶大、扁平,常含丰富的油脂。

244

【种类】全科约有113属,800余种;中国有32属,154种,35变种;内蒙古有10属,23种,4变种。

葫芦科 Cucurbitaceae Juss. 由法国植物学家 Antoine Laurent de Jussieu(1748－1836)于1789年在"Genera plantarum 393－394"(Gen. Pl.)中建立的植物科,模式属为南瓜属(*Cucurbita*)。

在恩格勒系统(1964)中,葫芦科隶属原始花被亚纲(Archichlamydeae)、葫芦目(Cucurbitales),只含1个科。在哈钦森系统(1959)中,葫芦科隶属双子叶植物木本支(Lignosae)、葫芦目,含葫芦科、秋海棠科(Begoniaceae)、野麻科(Datiscaceae)、番木瓜科(Caricaceae),认为葫芦目与西番莲目(Passiflorales)中的西番莲科(Passifloraceae)关系密切,比西番莲目进化,葫芦目起源于西番莲目。在塔赫他间系统(1980)中,葫芦科隶属五桠果亚纲(Dilleniidae)、堇菜目(Violales),含大风子科(Flacourtiaceae)、西番莲科、堇菜科(Violaceae)、红木科(Bixaceae)、番木瓜科(Caricaceae)、半日花科(Cistaceae)等14个科,认为西番莲科与葫芦科同属一个目,西番莲科处于原始地位,葫芦科处于高级地位,葫芦科起源于西番莲科。在克朗奎斯特系统(1981)中,葫芦科也隶属五桠果亚纲、堇菜目,但这里的堇菜目包含24个科,有大风子科、西番莲科、堇菜科、柽柳科(Tamaricaceae)、瓣鳞花科(Frankeniaceae)、钩枝藤科(Ancistrocladaceae)、红木科、番木瓜科、野麻科、秋海棠科(Begoniaceae)、半日花科等。

葫芦属——【学　名】*Lagenaria*

【蒙古名】ᠯᠠᠭᠸᠠ ᠶᠢᠨ ᠲᠥᠷᠥᠯ

【英文名】Calabash，Bottle Gourd

【生活型】攀援草本。

【叶】叶柄顶端具 1 对腺体；叶片卵状心形或肾状圆形。卷须 2 歧。

【花】雌雄同株，花大，单生，白色。雄花：花梗长；花萼筒狭钟状或漏斗状，裂片 5 枚，小；花冠裂片 5 枚，长圆状倒卵形，微凹；雄蕊 3 枚，花丝离生；花药内藏，稍靠合，长圆形，1 枚 1 室，2 枚 2 室，药室折曲，药隔不伸出；退化雌蕊腺体状。雌花花梗短；花萼筒盃状，花萼和花冠同雄花；子房卵状或圆筒状或中间缢缩，3 胎座，花柱短，柱头 3 枚，2 浅裂；胚珠多数，水平着生。

【果实和种子】果实形状多型，不开裂，嫩时肉质，成熟后果皮木质，中空。种子多数，倒卵圆形，扁，边缘多少拱起，顶端截形。

【分类地位】被子植物门、原始花被亚纲、葫芦目、葫芦科、南瓜族、葫芦亚族。

【种类】全属有 6 种；中国有 1 种，3 变种；内蒙古有 1 种，3 变种。

葫芦 *Lagenaria siceraria*

　　一年生攀援草本。茎、枝具沟纹，被粘质长柔毛，老后渐脱落，变近无毛。叶柄纤细，有和茎枝一样的毛被，顶端有 2 个腺体；叶片卵状心形或肾状卵形，不分裂或 3～5 裂，具 5～7 条掌状脉，先端锐尖，边缘有不规则的齿，基部心形，弯缺开张，半圆形或近圆形，两面均被微柔毛，叶背及脉上较密。卷须纤细，初时有微柔毛，后渐脱落，变光滑无毛，上部分 2 歧。雌雄同株，雌、雄花均单生。雄花：花梗细，比叶柄稍长，花梗、花萼、花冠均被微柔毛；花萼筒漏斗状，裂片披针形；花冠黄色，裂片皱波状，先端微缺而顶端有小尖头；雄蕊 3 枚，长圆形，药室折曲。雌花花梗比叶柄稍短或近等长；花萼和花冠似雄花；子房中间缢细，密生粘质长柔毛，花柱粗短，柱头 3 枚，膨大，2 裂。果实初为绿色，后变白色至带黄色，由于长期栽培，果形变异很大。种子白色，倒卵形或三角形，顶端截形或 2 齿裂，稀圆。花期 6～7 月，果期 8～10 月。

　　栽培植物。

槲寄生属——【学　名】*Viscum*

【蒙古名】ᠲᠤᠣᠯᠠ ᠶᠢᠨ ᠪᠥᠮᠪᠦᠷ ᠦᠨ ᠡᠪᠡᠰᠦᠨ

【英文名】Mistletoe

【生活型】寄生性灌木或亚灌木。

【茎】茎、枝圆柱状或扁平,具明显的节,相邻的节间互相垂直;枝对生或二歧地分枝。

【叶】叶对生,具基出脉或叶退化呈鳞片状。

【花】雌雄同株或异株;聚伞式花序,顶生或腋生,通常具花 3～7 朵,总花梗短或无,常具 2 个苞片组成的舟形总苞;花单性,小,花梗无,具苞片 1～2 个或无;副萼无;花被萼片状;雄花:花托辐状;萼片通常 4 个;雄蕊贴生于萼片上,花丝无,花药圆形或椭圆形,多室,药室大小不等,孔裂;雌花:花托卵球形至椭圆状;萼片 4 个,稀 3 个,通常花后凋落;子房 1 室,基生胎座,花柱短或几无,柱头乳头状或垫状。

【果实和种子】浆果近球形或卵球形或椭圆状,常具宿存花柱,外果皮平滑或具小瘤体,中果皮具粘胶质。种子 1 粒,胚乳肉质,胚 1～3 颗。

【分类地位】被子植物门、双子叶植物纲、原始花被亚纲、檀香目、桑寄生亚目、桑寄生科、槲寄生亚科、槲寄生族。

【种类】全属约有 70 种;中国有 11 种,1 亚种;内蒙古有 1 种。

槲寄生 *Viscum coloratum*

半寄生常绿灌木;茎、枝均圆柱状,二歧或三歧,稀多歧地分枝,节稍膨大,干后具不规则皱纹。叶对生,稀 3 片轮生,厚革质或革质,长椭圆形至椭圆状披针形,顶端圆形或圆钝,基部渐狭;基出脉 3～5 条;叶柄短。雌雄异株;花序顶生或腋生于茎叉状分枝处;雄花序聚伞状,总花梗几无或长达 5 毫米,总苞舟形,通常具花 3 朵,中央的花具 2 个苞片或无;雄花:花蕾时卵球形,萼片 4 个,卵形;花药椭圆形。雌花序聚伞式穗状,总花梗长 2～3 毫米或几无,具花 3～5 朵,顶生的花具 2 个苞片或无,交叉对生的花各具 1 个苞片;苞片阔三角形,初具细缘毛,稍后变全缘;雌花:花蕾时长卵球形;花托卵球形,萼片 4 个,三角形;柱头乳头状。果球形,具宿存花柱,成熟时淡黄色或橙红色,果皮平滑。花期 4～5 月,果期 9～11 月。

常寄生于杨树、柳树、榆树、栎树、梨树、桦木、桑树上。产于内蒙古呼伦贝尔市、兴安盟、赤峰市、巴彦淖尔市;中国安徽、福建、甘肃、广西、贵州、湖北、湖南、江苏、江西、四川、台湾、浙江也产;日本、朝鲜、俄罗斯也有分布。

虎耳草科——【学　名】*Saxifragaceae*

【蒙古名】ᠲᠣᠰᠣᠩ ᠣᠨ ᠬᠢᠮᠣᠰᠣᠨ

【英文名】Saxifrage Family

【生活型】通常为多年生草本，灌木、小乔木或藤本。

【叶】单叶或复叶，互生或对生，一般无托叶。

【花】通常为聚伞状、圆锥状或总状花序，稀单花；花两性，稀单性，下位或多少上位，稀周位，一般为双被，稀单被；花被片 4～5 基数，稀 6～10 基数，覆瓦状、镊合状或旋转状排列；萼片有时花瓣状；花冠辐射对称，稀两侧对称，花瓣一般离生；雄蕊（4～）5～10 枚，或多数，一般外轮对瓣，或为单轮，如与花瓣同数，则与之互生，花丝离生，花药 2 室，有时具退化雄蕊；心皮 2 枚，稀 3～5（～10）枚，通常多少合生；子房上位、半下位至下位，多室而具中轴胎座，或 1 室且具侧膜胎座，稀具顶生胎座，胚珠具厚珠心或薄珠心，有时为过渡型，通常多数，2 列至多列，稀 1 粒，具 1～2 层珠被，孢原通常为单细胞；花柱离生或多少合生。

【果实和种子】蒴果，浆果，小蓇葖果或核果；种子具丰富胚乳，稀无胚乳；胚乳为细胞型，稀核型；胚小。

【种类】全科约有 80 属，1200 余种；中国有 28 属，500 种；内蒙古有 10 属，26 种。

虎耳草科 Saxifragaceae Juss. 由法国植物学家 Antoine Laurent de Jussieu（1748—1836）于 1789 年在"Genera plantarum 308"（Gen. Pl.）中建立的植物科，模式属为虎耳草属（Saxifraga）。

在恩格勒系统（1964）中，虎耳草科隶属原始花被亚纲（Archichlamydeae）、蔷薇目（Rosales）、虎耳草亚目（Saxifragineae），本目含 19 个科，为广义虎耳草科。在哈钦森系统（1959）中，虎耳草科隶属双子叶植物草本支（Herbaceae）、虎耳草目（Saxifragales），本目含 9 个科。哈钦森系统的虎耳草科范围小，为狭义虎耳草科。因为溲疏属（Deutzia）和山梅花属（Philadelphus）归入山梅花科（Philadelphaceae），绣球属（Hydrangea）归入绣球科（Hydrangeaceae），茶藨子属（Ribes）归入茶藨子科（Grossulariaceae），梅花草属（Parnassia）归入梅花草科（Parnassiaceae）。而哈钦森系统的虎耳草目不包括山梅花科、绣球科、茶藨子科，它们隶属火把树目（Cunoniales），与蔷薇目有联系，比蔷薇目进化。在塔赫他间系统（1980）中，虎耳草科隶属蔷薇亚纲（Rosidae）、虎耳草目，本目含 25 个科，包括虎耳草科及其分出的绣球科、茶藨子科和梅花草科，但没有分出山梅花科，认为虎耳草目与蔷薇目有共同的祖先，为蔷薇亚纲中的最原始类群。在克朗奎斯特系统（1981）中，虎耳草科隶属蔷薇亚纲、蔷薇目（Rosales），本目含 24 个科，包括虎耳草科及其分出的绣球科（八仙花科）和茶藨子科，但没有分出山梅花科和梅花草科。

虎耳草属——【学　名】*Saxifraga*

【蒙古名】ᠬᠠᠳᠠᠨ ᠤᠢ ᠡᠪᠡᠰᠦ

【英文名】Rockfoil

【生活型】多年生、稀一年生或二年生草本。

【茎】茎通常丛生，或单一。

【叶】单叶全部基生或兼茎生，有柄或无柄，叶片全缘、具齿或分裂；茎生叶通常互生，稀对生。

【花】花通常两性，有时单性，辐射对称，稀两侧对称，黄色、白色、红色或紫红色，多组成聚伞花序，有时单生，具苞片；花托杯状（内壁完全与子房下部愈合），或扁平；萼片5个；花瓣5片，通常全缘，脉显著，具痂体或无痂体；雄蕊10枚，花丝棒状或钻形；心皮2枚，通常下部合生，有时近离生；子房近上位至半下位，通常2室，具中轴胎座，有时1室而具边缘胎座，胚珠多数；蜜腺隐藏在子房基部或花盘周围。

【果实和种子】通常为蒴果，稀蓇葖果；种子多数。

【分类地位】被子植物门、双子叶植物纲、原始花被亚纲、蔷薇目、虎耳草亚目、虎耳草科、虎耳草族。

【种类】全属约有400余种；中国有203种；内蒙古有5种。

248

爪瓣虎耳草 *Saxifraga unguiculata*

多年生草本，丛生。小主轴分枝，具莲座叶丛；花茎具叶，中下部无毛，上部被褐色柔毛。莲座叶匙形至近狭倒卵形，先端具短尖头，通常两面无毛，边缘多少具刚毛状睫毛；茎生叶较疏，稍肉质，长圆形、披针形至剑形，先端具短尖头，通常两面无毛，边缘具腺睫毛（有时腺头掉落），稀无毛或背面疏被腺毛。花单生于茎顶，或聚伞花序具2～8朵花，细弱；花梗被褐色腺毛；萼片起初直立，后变开展至反曲，肉质，通常卵形，先端钝或急尖，腹面和边缘无毛，背面被褐色腺毛，3～5条脉于先端不汇合、半汇合至汇合；花瓣黄色，中下部具橙色斑点，狭卵形、近椭圆形、长圆形至披针形，先端急尖或稍钝，基部具爪，3～7条脉，具不明显之2痂体或无痂体；子房近上位，阔卵球形。花果期7～8月。

生于海拔3200～5644米的高山灌丛下、碎石缝、高山草甸。产于内蒙古阿拉善盟贺兰山；中国甘肃、河北、青海、宁夏、山西、四川、西藏、云南也产。

虎舌兰属——【学　名】*Epipogium*

【蒙古名】ᠪᠠᠭᠠᠯᠢᠭ ᠤᠨ ᠡᠪᠡᠰᠦ

【英文名】Epipogium

【生活型】腐生草本。

【茎】地下具珊瑚状根状茎或肉质块茎。茎直立,有节,肉质。

【叶】无绿叶,通常黄褐色,疏被鳞片状鞘。

【花】总状花序顶生,具数朵或多数花;花苞片较小;子房膨大;花常多少下垂;萼片与花瓣相似,离生,有时多少靠合;唇瓣较宽阔,3裂或不裂,肉质,凹陷,基部具宽大的距;唇盘上常有带疣状突起的纵脊或褶片;蕊柱短,无蕊柱足;花药向前俯倾,肉质;花粉团2个,有裂隙,松散的粒粉质,由小团块组成,各具1个纤细的花粉团柄和1个共同的粘盘;柱头生于蕊柱前方近基部处;蕊喙较小。

【分类地位】被子植物门、单子叶植物纲、微子目、兰科、兰亚科、树兰族、虎舌兰族。

【种类】全属有2种;中国有2种;内蒙古有1种。

裂唇虎舌兰 *Epipogium aphyllum*

植株高,地下具分枝的、珊瑚状的根状茎。茎直立,淡褐色,肉质,无绿叶,具数枚膜质鞘;鞘抱茎。总状花序顶生,具2～6朵花;花苞片狭卵状长圆形;花梗纤细;子房膨大;花黄色而带粉红色或淡紫色晕,多少下垂;萼片披针形或狭长圆状披针形,先端钝;花瓣与萼片相似,常略宽于萼片;唇瓣近基部3裂;侧裂片直立,近长圆形或卵状长圆形;中裂片卵状椭圆形,凹陷,先端急尖,边缘近全缘并多少内卷,内面常有4～6条紫红色的纵脊,纵脊皱波状;距粗大,末端浑圆;蕊柱粗短。花期8～9月。

生于海拔1200～3600米的山坡林下朽木上。产于内蒙古呼伦贝尔市、兴安盟;中国甘肃、黑龙江、吉林、辽宁、山西、四川、台湾、新疆、西藏、云南也产;不丹、印度、日本、克什米尔、朝鲜、尼泊尔以及欧洲也有分布。

虎尾草属——【学　名】*Chloris*

　　　　　　　　【蒙古名】ᠬᠢᠨᠵᠢ ᠪᠦᠬᠡᠨ ᠤ ᠲᠥᠷᠥᠯ

　　　　　　　　【英文名】Fingergrass

【生活型】一年生或多年生草本。

【茎】具匍匐茎或否。

【叶】叶片线形，扁平或对折；叶鞘常于背部具脊；叶舌短小，膜质。

【花】花序为少至多数穗状花序呈指状簇生于秆顶；小穗含 2～3（～4）朵小花，第一小花两性，上部其余诸小花退化不孕而互相包卷成球形，小穗脱节于颖之上，不孕小花附着于孕性小花上不断离，许多小穗成 2 行覆瓦状排列于穗轴的一侧；颖狭披针形或具短芒，1 条脉，不等长，宿存；第一外稃两侧压扁，质较厚，先端尖或钝，全缘或 2 浅裂，中脉延伸成直芒，基盘被柔毛；内稃约等长于外稃，具 2 条脊，脊上具短纤毛；不孕小花仅具外稃，无毛，先端截平或略尖，常具直芒。

【果实和种子】颖果长圆柱形。

【分类地位】被子植物门、单子叶植物纲、禾本目、禾本科、画眉草亚族、虎尾草族。

【种类】全属约有 50 种；中国有 4 种；内蒙古有 1 种。

虎尾草 *Chloris virgata*

　　一年生草本。秆直立或基部膝曲，光滑无毛。叶鞘背部具脊，包卷松弛，无毛；叶舌无毛或具纤毛；叶片线形，两面无毛或边缘及上面粗糙。穗状花序 5 至 10 余个，指状着生于秆顶，常直立而并拢成毛刷状，有时包藏于顶叶之膨胀叶鞘中，成熟时常带紫色；小穗无柄；颖膜质，1 条脉；第二颖与第一颖等长或略短于小穗，中脉延伸成小尖头；第一小花两性，外稃纸质，两侧压扁，呈倒卵状披针形，3 条脉，沿脉及边缘被疏柔毛或无毛，两侧边缘上部 1/3 处有白色柔毛，顶端尖或有时具 2 枚微齿，芒自背部顶端稍下方伸出；内稃膜质，略短于外稃，具 2 条脊，脊上被微毛；基盘具毛；第二小花不孕，长楔形，仅存外稃，顶端截平或略凹，芒自背部边缘稍下方伸出。颖果纺锤形，淡黄色，光滑无毛而半透明，胚长约为颖果的 2/3。花果期 6～10 月。

　　生于农田、撂荒地及路边。产于内蒙古各地；中国甘肃、河北、黑龙江、河南、江苏、吉林、辽宁、宁夏、青海、陕西、山东、山西、四川、新疆、西藏、云南也产；阿富汗、不丹、印度、缅甸、尼泊尔、巴基斯坦以及非洲、美洲、西南亚洲、澳大利亚、太平洋群岛也有分布。

虎榛子属——【学　名】*Ostryopsis*

【蒙古名】ᠣᠶᠢᠮᠠ᠊ᠳᠤ ᠬᠠᠰᠢ ᠶᠢᠨ ᠲᠥᠷᠥᠯ（ᠡᠶᠢᠮᠠᠳᠤ ᠶᠢᠨ ᠲᠥᠷᠥᠯ）

【英文名】Ostryopsis

【生活型】矮灌木。

【茎】多分枝。

【叶】单叶互生，具短柄；叶脉羽状，侧脉伸达叶缘，第三次脉与侧脉近垂直，彼此近于平行；叶缘具不规则的重锯齿或浅裂。

【花】花单性，雌雄同株；雄花序呈葇荑花序状，冬季不裸露，自上一年之枝条生出，无梗，顶生或侧生；苞鳞覆瓦状排列，每苞鳞内具 1 朵雄花，无小苞片；雄花无花被，具 4～8 枚插生于苞鳞基部之雄蕊；花丝短，顶端分叉，花药 2 室，药室分离，纵裂，顶端具毛；花粉粒与榛属（Corylus）同型；雌花序排成总状，直立或斜展；苞鳞成对生于花序轴上，膜质，每苞鳞内具 2 朵雌花；雌花的基部具 1 个苞片与 2 个小苞片（果时发育成包被小坚果的果苞），有花被；花被膜质，与子房贴生；子房 2 室，每室具 1 颗倒生胚珠，花柱 2 枚。

【果实和种子】果苞厚纸质，囊状，顶端 3 裂。小坚果宽卵圆形，稍扁，完全为果苞所包，外果皮木质。种子 1 粒。

【分类地位】被子植物门、双子叶植物纲、原始花被亚纲、山毛榉目、桦木科、榛族。

【种类】中国特有属，全属共 2 种；内蒙古有 1 种。

虎榛子 *Ostryopsis davidiana*

灌木。树皮浅灰色；枝条灰褐色，无毛，密生皮孔；小枝褐色，具条棱，密被短柔毛，疏生皮孔；芽卵状，细小，具数枚膜质、被短柔毛、覆瓦状排列的芽鳞。叶卵形或椭圆状卵形，顶端渐尖或锐尖，基部心形、斜心形或几圆形，边缘具重锯齿，中部以上具浅裂；上面绿色，多少被短柔毛，下面淡绿色，密被褐色腺点，疏被短柔毛，侧脉 7～9 对，上面微陷，下面隆起，密被短柔毛，脉腋间具簇生的髯毛；密被短柔毛。雄花序单生于小枝的叶腋，倾斜至下垂，短圆柱形；花序梗不明显；苞鳞宽卵形，外面疏被短柔毛。果 4 至多枚排成总状，下垂，着生于当年生小枝顶端；果梗短（有时不明显）；序梗细瘦，密被短柔毛，间有稀疏长硬毛；果苞厚纸质，下半部紧包果实，上半部延伸呈管状，外面密被短柔毛，具条棱，绿色带紫红色，成熟后一侧开裂，顶端 4 浅裂，裂片长达果苞的 1/4～1/3。小坚果宽卵圆形或几球形，褐色，有光泽，疏被短柔毛，具细肋。花期 4～5 月，果期 7～8 月。

生于山坡、林缘。产于内蒙古兴安盟、通辽市、赤峰市、锡林郭勒盟、乌兰察布市、巴彦淖尔市、阿拉善盟、包头市、呼和浩特市；中国甘肃、河北、辽宁、宁夏、陕西、山西、四川也产。

花花柴属——【学　名】*Karelinia*

【蒙古名】ᠬᠠᠷᠠ ᠬᠠᠷᠠᠭᠠᠨᠠ ᠶᠢᠨ ᠲᠦᠷᠦᠯ

【英文名】Karelinia

【生活型】多年生草本。

【茎】茎直立，多分枝。

【叶】叶互生，全缘或基部浅裂，抱茎。

【花】头状花序较小，常排列成伞房状聚伞花序，有多数异型的小花，盘状，外缘有多层结果实的雌花，中央有多数不结果实的两性花（亦称雄花）。总苞长圆形或短圆柱形；总苞片多层，覆瓦状紧密排列，卵圆形至卵圆披针形，宽阔，坚韧，厚质，花托平，边缘收缩，有托毛。雌花花冠极细长，丝状，上端有 3～4 枚细齿，较花柱稍短；花柱纤细，分枝狭长，顶端稍尖。两性花花冠狭长管状，上部较宽大，上端有 5 枚裂片；花药顶端钝，基部无箭形的尾部；花柱纤细，有短硬毛，分枝短，直立，顶端截形。冠毛白色，多层，基部多少结合；雌花的冠毛纤细，有疏齿，两性花的冠毛上端较粗厚，有短糙毛。

【果实和种子】瘦果圆柱形，有 4～5 条棱，无毛。

【分类地位】被子植物门、双子叶植物纲、合瓣花亚纲、桔梗目、菊科、管状花亚科、旋覆花族、阔苞菊亚族。

【种类】全属仅有 1 种；中国有 1 种，内蒙古有 1 种。

花花柴 *Karelinia caspia*

多年生草本。茎粗壮，直立，多分枝，圆柱形，中空，幼枝有沟或多角形，被密糙毛或柔毛，老枝除有疣状突起外，几无毛。叶卵圆形、长卵圆形，或长椭圆形，顶端钝或圆形，基部等宽或稍狭，有圆形或戟形的小耳，抱茎，全缘，有时具稀疏而不规则的短齿，质厚，几肉质，两面被短糙毛，后有时无毛；中脉和侧脉纤细，在下面稍高起。头状花序约 3～7 个生于枝端；苞叶渐小，卵圆形或披针形。总苞卵圆形或短圆柱形，外层卵圆形，顶端圆形，较内层短 3～4 倍，内层长披针形，顶端稍尖，厚纸质，外面被短毡状毛，边缘有较长的缘毛。小花黄色或紫红色；雌花花冠丝状；花柱分枝细长，顶端稍尖；两性花冠细管状，上部约 1/4 稍宽大，有卵形被短毛的裂片；花药超出花冠；花柱分枝较短，顶端尖。冠毛白色；雌花冠毛有纤细的微糙毛；雄花冠毛顶端较粗厚，有细齿。瘦果圆柱形，基部较狭窄，有 4～5 条纵棱，无毛。花期 7～9 月，果期 9～10 月。

生于盐生荒漠、荒漠区的灌溉农田中。产于内蒙古鄂尔多斯市、阿拉善盟；中国甘肃、青海、新疆也产；哈萨克斯坦、蒙古、俄罗斯、土库曼斯坦以及西南亚也有分布。

花蔺科 —— 【学　名】*Butomaceae*

【蒙古名】ᠬᠥᠬᠡᠭᠡᠨ ᠤ᠋ ᠢᠵᠠᠭᠤᠷ

【英文名】Floweringrush Family

【生活型】一年生或多年生沼生或水生草本。

【茎】植根茎粗壮，匍匐。

【叶】叶基生，三棱状条形或椭圆形，有柄或无柄，基部鞘状。

【花】单花顶生，或数至多花聚成伞形花序，花序基部有苞片 3 个；花两性；花被片 6 枚，整齐，分离，2 轮排列，外轮 3 枚萼片状，绿色，近革质，宿存，内轮 3 枚花瓣状，较大，膜质，大多很快枯萎；雄蕊(6~)9(至多)枚，花丝分离，扁平，基部较宽，花药 2 室，基着；雌蕊 6 枚或多数，分离或基部联合，子房上位，1 室，胚珠多数。

【果实和种子】果为蓇葖果。种子多数；胚直立或弯曲，无内胚乳。

【种类】全科有 4 属，13 种；中国有 3 属，3 种；内蒙古有 1 属，1 种。

花蔺科 Butomaceae Mirb. 是德国植物学家和政治家 Charles－François Brisseau de Mirbel(1776－1854) 于 1804 年在"Histoire naturelle, générale et particulière, des plantes 8"(Hist. Nat. Pl.)上发表的植物科，模式属为花蔺属(Butomus)。Butomaceae Rich. 是由法国植物学家和植物画家 Louis Claude Marie Richard(1754－1821)于 1815－1816 年在"Mém. Mus. Hist. Nat."中建立的植物科，发表时间比 Butomaceae Mirb. 晚。

在恩格勒系统(1964)中，花蔺科隶属单子叶植物纲(Monocotyledoneae)、沼生目(Helobiae)、泽泻亚目(Alismatineae)，本目含 4 个亚目 9 个科。在哈钦森系统(1959)中，花蔺科隶属单子叶植物纲(Monocotyledones)、萼花区(Calyciferae)、花蔺目(Butomales)，含花蔺科和水鳖科(Hydrocharitaceae)。在塔赫他间系统(1980)中，花蔺科隶属单子叶植物纲(Liliopsida)、泽泻亚纲(Alismatidae)、泽泻目(Alismatales)，含花蔺科、黄花绒叶草科(Limnocharitaceae)、泽泻科(Alismataceae)和水鳖科。在克朗奎斯特系统(1981)中，花蔺科隶属单子叶植物纲(Liliopsida)、泽泻亚纲、泽泻目，含花蔺科、黄花绒叶草科和泽泻科，由水鳖科成立了水鳖目(Hydrocharitales)。

花蔺属——【学　名】*Butomus*

　　　　　　　【蒙古名】ᠬᠠᠭᠠᠨ ᠤᠢ ᠢᠢᠰᠤᠨ

　　　　　　　【英文名】Florrush

【生活型】多年生水生草本。

【茎】有粗壮的横走根茎。

【叶】叶基生，条形扭曲，呈三棱状。

【花】花葶直立，聚伞状伞形花序顶生，具苞片 3 个；花多数，两性；花被片 6 枚，宿存，2 轮排列，外轮 3 枚萼片状，较小，绿色，内轮 3 枚花瓣状，粉红色；雄蕊 9 枚，分离，花药底着，2 室，纵裂；心皮 6 枚，通常基部联合成一环，子房内胚珠多数，着生于心皮的内壁。

【果实和种子】果为蓇葖果，具顶生长喙。种子具沟纹；胚直立。

【分类地位】被子植物门、单子叶植物纲、沼生目、花蔺亚目、花蔺科。

【种类】全属仅有 1 种；中国有 1 种；内蒙古有 1 种。

花蔺 *Butomus umbellatus*

　　多年生水生草本，通常成丛生长。根茎横走或斜向生长，节生须根多数。叶基生，无柄，先端渐尖，基部扩大成鞘状，鞘缘膜质。花葶圆柱形；花序基部 3 枚苞片卵形，先端渐尖；花被片外轮较小，萼片状，绿色而稍带红色，内轮较大，花瓣状，粉红色；雄蕊花丝扁平，基部较宽；雌蕊柱头纵折状向外弯曲。蓇葖果成熟时沿腹缝线开裂，顶端具长喙。种子多数，细小。花果期 7~9 月。

　　生于水边、沼泽。产于内蒙古兴安盟、通辽市、锡林郭勒盟、乌兰察布市、鄂尔多斯市；中国安徽、河北、黑龙江、河南、湖北、江苏、陕西、山东、山西、新疆也产；阿富汗、印度、克什米尔、哈萨克斯坦、蒙古、巴基斯坦、塔吉克斯坦、乌兹别克斯坦以及西南亚、欧洲也有分布。

花锚属——【学　名】*Halenia*

【蒙古名】ᠬᠣᠩᠬᠣᠨ ᠴᠡᠴᠡᠭ ᠤᠨ ᠲᠦᠷᠦᠯ

【英文名】Spurgentian, Snowdroptree

【生活型】一年生或多年生草本。

【茎】茎直立,通常分枝或单一不分枝。

【叶】单叶,对生,全缘,具 3~5 条脉,无柄或具柄。

【花】聚伞花序腋生或顶生,形成疏松的圆锥花序。花 4 数;花萼深裂,萼筒短;花冠钟形,深裂,裂片基部有窝孔并延伸成一长距,距内有蜜腺;雄蕊着生于冠筒上,与裂片互生,花药丁字着生;雌蕊无柄,花柱短或无,子房 1 室,胚珠多数。

【果实和种子】蒴果室间开裂;种子小,多数,常褐色。

【分类地位】被子植物门、双子叶植物纲、合瓣花亚纲、捩花目、龙胆科、龙胆亚科、龙胆族、龙胆亚族。

【种类】全属约有 100 种;中国有 2 种;内蒙古有 2 种。

花锚 *Halenia corniculata*

一年生草本,直立。根具分枝,黄色或褐色。茎近四棱形,具细条棱,从基部起分枝。基生叶倒卵形或椭圆形,先端圆或钝尖,基部楔形、渐狭呈宽扁的叶柄,通常早枯萎;茎生叶椭圆状披针形或卵形,先端渐尖,基部宽楔形或近圆形,全缘,有时粗糙密生乳突,叶片上面幼时常密生乳突,后脱落,叶脉 3 条,在下面沿脉疏生短硬毛,无柄或具极短而宽扁的叶柄,两边疏被短硬毛。聚伞花序顶生和腋生;花 4 数;花萼裂片狭三角状披针形,先端渐尖,具 1 条脉,两边及脉粗糙,被短硬毛;花冠黄色、钟形,裂片卵形或椭圆形,先端具小尖头;雄蕊内藏,花药近圆形;子房纺锤形,无花柱,柱头 2 裂,外卷。蒴果卵圆形,淡褐色,顶端 2 瓣开裂;种子褐色,椭圆形或近圆形。花果期7~9月。

生于山地林缘及低湿草甸。产于内蒙古呼伦贝尔市、兴安盟、通辽市、赤峰市、锡林郭勒盟、乌兰察布市、呼和浩特市、包头市;中国河北、黑龙江、吉林、辽宁、陕西、山西也产;日本、朝鲜、蒙古、俄罗斯也有分布。

花旗杆属——【学　名】*Dontostemon*

【蒙古名】ᠬᠣᠲᠠᠯ ᠲᠥᠪᠡᠷ ᠤ ᠡᠪᠡᠰᠤ

【英文名】Dontostemon

【生活型】一年生、二年生或多年生草本。

【茎】茎分枝或单一。

【叶】叶多数,全缘或具齿,草质或肉质。

【花】总状花序顶生或侧生,萼片直立,扁平,或内轮 2 枚基部略呈囊状;花淡紫色、紫色或白色,瓣片顶部钝圆或微凹,基部具爪;长雄蕊花丝成对联合至长度的 3/4 或几达花药处,具侧蜜腺,半圆形或塔形。

【果实和种子】长角果圆柱形至长线形,或果瓣与假隔膜呈平行方向压扁成带状,种子 1 行,褐色而小,卵形或长椭圆形,具膜质边缘或无边缘;子叶背依、缘倚或斜缘倚胚根。

【分类地位】被子植物门、双子叶植物纲、原始花被亚纲、罂粟目、白花菜亚目、十字花科、南芥族。

【种类】全属约有 10 种;中国有 7 种及 1 变种;内蒙古有 8 种。

花旗杆 *Dontostemon dentatus*

一年生或二年生草本。植株散生白色弯曲柔毛;茎单一或分枝,基部常带紫色。叶椭圆状披针形,两面稍具毛。总状花序生枝顶;萼片椭圆形,具白色膜质边缘,背面稍被毛;花瓣淡紫色,倒卵形,顶端钝,基部具爪。长角果长圆柱形,光滑无毛,宿存花柱短,顶端微凹。种子棕色,长椭圆形,具膜质边缘;子叶斜缘倚胚根。花果期 7~8 月。

生于山地林下、林缘草甸。产于内蒙古呼伦贝尔市、兴安盟、通辽市、赤峰市;中国安徽、河北、黑龙江、河南、江苏、吉林、辽宁、陕西、山东、山西、新疆、云南也产;日本、朝鲜、俄罗斯也有分布。

花楸属 ——【学　名】*Sorbus*

【蒙古名】ᠤᠨᠠᠭᠠᠨ ᠵᠢᠮᠢᠰ ᠤᠨ ᠲᠥᠷᠥᠯ（ᠤᠨᠠᠭᠠᠨ ᠵᠢᠮᠢᠰ ᠤᠨ ᠤᠷᠤᠭ）

【英文名】Mountainash

【生活型】落叶乔木或灌木。

【叶】叶互生,有托叶,单叶或奇数羽状复叶,在芽中为对折状,稀席卷状。

【花】花两性,多数成顶生复伞房花序;萼片和花瓣各 5 个;雄蕊 15～25 枚;心皮 2～5 个,部分离生或全部合生;子房半下位或下位,2～5 室,每室具 2 颗胚珠。

【果实和种子】果实为 2～5 室小形梨果,子房壁成软骨质,各室具 1～2 粒种子。

【分类地位】被子植物门、双子叶植物纲、原始花被亚纲、蔷薇目、蔷薇亚目、蔷薇科、苹果亚科。

【种类】全属有 80 余种;中国有 50 余种;内蒙古有 1 种。

花楸树 *Sorbus pohuashanensis*

乔木。小枝粗壮,圆柱形,灰褐色,具灰白色细小皮孔,嫩枝具绒毛,逐渐脱落,老时无毛;冬芽长大,长圆卵形,先端渐尖,具数个红褐色鳞片,外面密被灰白色绒毛。奇数羽状复叶;小叶片 5～7 对,基部和顶部的小叶片常稍小,卵状披针形或椭圆披针形,先端急尖或短渐尖,基部偏斜圆形,边缘有细锐锯齿,基部或中部以下近于全缘,上面具稀疏绒毛或近于无毛,下面苍白色,有稀疏或较密集绒毛,间或无毛,侧脉 9～16 对,在叶边稍弯曲,下面中脉显著突起;叶轴有白色绒毛,老时近于无毛;托叶草质,宿存,宽卵形,有粗锐锯齿。复伞房花序具多数密集花朵,总花梗和花梗均密被白色绒毛,成长时逐渐脱落;萼筒钟状,外面有绒毛或近无毛,内面有绒毛;萼片三角形,先端急尖,内外两面均具绒毛;花瓣宽卵形或近圆形,先端圆钝,白色,内面微具短柔毛;雄蕊 20 枚,几与花瓣等长;花柱 3 枚,基部具短柔毛,较雄蕊短。果实近球形,红色或橘红色,具宿存闭合萼片。花期 6 月,果期 9～10 月。

生于山地阴坡、溪涧或疏林中。产于内蒙古呼伦贝尔市、兴安盟、锡林郭勒盟、赤峰市、乌兰察布市、呼和浩特市;中国甘肃、河北、黑龙江、吉林、辽宁、陕西、山东、山西也产。

257

花葱科——【学　名】*Polemoniaceae*

【蒙古名】ᠬᠥᠬᠡ ᠴᠡᠴᠡᠭᠲᠦ ᠶᠢᠨ ᠣᠪᠣᠭ

【英文名】Polemonium Family，Phlox Family

【生活型】一年生、二年生或多年生草本或灌木，有时以其叶卷须攀援。

【叶】叶通常互生，或下方或全部对生，全缘或分裂或羽状复叶；无托叶。

【花】花小或大，通常颜色鲜艳，组成二歧聚伞花序、圆锥花序，有时穗状或头状花序，很少单生叶腋；花两性，整齐或微两侧对称；花萼钟状或管状，5 裂，宿存，裂片覆瓦状或镊合状形成 5 翅；花冠合瓣，高脚碟状、钟状至漏斗状，裂片在芽时扭曲，花开后开展，有时不等大；雄蕊 5 枚，常以不同的高度着生花冠管上，花丝丝状，基部常扩大并被毛，花药 2 室，纵裂；花粉粒球形，表面具网纹；花盘在雄蕊内，通常显著；子房上位，由 3(少有 2 或 5)枚心皮组成，3(～5)室，花柱 1 枚，线形，顶端分裂成 3 枚上表面具乳头状凸起的柱头；中轴胎座，每室有胚珠 1 至多数，倒生，无柄。

【果实和种子】蒴果室背开裂，仅在电灯花属(Cobaea)为室间开裂，1 室，通常果瓣间有一半的假隔膜。种子与胚珠同数，有各种形态，通常为不规则的棱柱状的具锐尖棱或有翅，外种皮具一层粘液细胞；胚乳肉质或软骨质；胚直，具平坦、稍粗壮而宽的子叶，通常与胚乳等大。

【种类】全科有 15 属，约 300 种；中国有 3 属，6 种；内蒙古有 1 属，2 种。

花葱科 Polemoniaceae Juss. 由法国植物学家 Antoine Laurent de Jussieu(1748—1836)于 1789 年在"Genera plantarum136"中建立的植物科，模式属为花葱属(Polemonium)。

在恩格勒系统(1964)中，花葱科隶属合瓣花亚纲(Sympetalae)、管状花目(Tubiflorae)、旋花亚目(Convolvulineae)，本目包括 6 个亚目 26 个科。在哈钦森系统(1959)中，花葱科隶属双子叶植物草本支(Herbaceae)、花葱目(Polemoniales)，另含田基麻科(Hydrophyllaceae)和菟丝子科(Cuscutaceae)，认为本目接近于牻牛儿苗目(Geraniales)，由牻牛儿苗目进一步发展而成。在塔赫他间系统(1980)中，花葱科隶属菊亚纲(Asteridae)、花葱目，本目含 7 个科，包括花葱科、旋花科(Convolvulaceae)、菟丝子科、田基麻科、紫草科(Boraginaceae)等，认为该目与龙胆目(Gentianales)接近，它们有共同的祖先。在克朗奎斯特系统(1981)中，花葱科隶属菊亚纲(Asteridae)、茄目(Solanales)，含 8 个科，包括花葱科、茄科(Solanaceae)、旋花科、菟丝子科、睡菜科(Menyanthaceae)、田基麻科等，认为茄目与龙胆目接近，二者有共同的祖先。

花荵属 —— 【学　名】*Polemonium*

【蒙古名】ᠬᠥᠬᠡ ᠴᠡᠴᠡᠭᠲᠦ ᠢᠢᠨ ᠲᠥᠷᠥᠯ

【英文名】Polemonium

【生活型】多年生草本,很少一年生,高大或矮小。

【茎】具通常匍匐的根茎,增粗或细。

【叶】叶互生,一次羽状分裂。

【花】顶生聚伞花序,或疏散伞房花序或近头状的聚伞圆锥花序;花蓝紫色或白色,通常显著;花萼钟状,5 裂,裂片钝或锐尖,花后扩大;花冠宽钟状、近辐状或短漏斗状,裂片倒卵形;雄蕊基部着生位置相等,花丝基部具髯毛,向外折曲;花盘具圆齿;子房卵圆形,3 室,每室有 2~12 颗胚珠。

【果实和种子】蒴果卵圆形,3 瓣裂。种子具锐角棱,无翅,种皮具螺纹纤维的膨胀的细胞,潮湿时外面具粘液质。

【分类地位】被子植物门、双子叶植物纲、合瓣花被亚纲、管状花目、花荵科。

【种类】全属约有 50 种;中国有 2 种;内蒙古有 2 种。

花荵 *Polemonium coeruleum*

　　多年生草本。根匍匐,圆柱状,多纤维状须根。茎直立,无毛或被疏柔毛。羽状复叶互生,小叶互生,11~21 片,长卵形至披针形,顶端锐尖或渐尖,基部近圆形,全缘,两面有疏柔毛或近无毛,无小叶柄;叶柄生下部者长,上部具短叶柄或无柄,与叶轴同被疏柔毛或近无毛。聚伞圆锥花序顶生或上部叶腋生,疏生多花;花梗连同总梗密生短的或疏长腺毛;花萼钟状,被短的或疏长腺毛,裂片长卵形、长圆形或卵状披针形,顶端锐尖或钝头,稀钝圆,与萼筒近相等长;花冠紫蓝色,钟状,裂片倒卵形,顶端圆或偶有渐狭或略尖,边缘有疏或密的缘毛或无缘毛;雄蕊着生于花冠筒基部之上,通常与花冠近等长,花药卵圆形,花丝基部簇生黄白色柔毛;子房球形,柱头稍伸出花冠之外。蒴果卵形。种子褐色,纺锤形,种皮具有膨胀性的粘液细胞,干后膜质似种子有翅。花期 6~7 月,果期 7~8 月。

　　生于山地林下草甸或沟谷湿地。产于内蒙古呼伦贝尔市、兴安盟、通辽市、赤峰市、锡林郭勒盟、乌兰察布市、巴彦淖尔市、呼和浩特市、包头市;中国黑龙江、吉林、辽宁、新疆、云南也产;印度、日本、克什米尔、朝鲜、蒙古、尼泊尔、巴基斯坦以及欧洲、北美洲也有分布。

画眉草属——【学　名】*Eragrostis*

【蒙古名】ᠬᠤᠮᠤᠯᠢ ᠶᠢᠨ ᠡᠪᠡᠰᠦ

【英文名】Lovegrass

【生活型】多年生或一年生草本。

【茎】秆通常丛生。

【叶】叶片线形。

【花】圆锥花序开展或紧缩;小穗两侧压扁,有数朵至多数小花,小花常疏松地或紧密地覆瓦状排列;小穗轴常作"之"字形曲折,逐渐断落或延续而不折断;颖不等长,通常短于第一小花,具 1 条脉,宿存,或个别脱落;外稃无芒,具 3 条明显的脉,或侧脉不明显;内稃具 2 条脊,常作弓形弯曲,宿存,或与外稃同落。

【果实和种子】颖果与稃体分离,球形或压扁。

【分类地位】被子植物门、单子叶植物纲、禾本目、禾本科、画眉草亚科、画眉草族、画眉草亚族。

【种类】全属约有 300 种;中国有 29 种,1 变种;内蒙古有 5 种。

大画眉草 *Eragrostis cilianensis*

一年生。秆粗壮,直立丛生,基部常膝曲,具 3～5 节,节下有一圈明显的腺体。叶鞘疏松裹茎,脉上有腺体,鞘口具长柔毛;叶舌为一圈成束的短毛;叶片线形扁平,伸展,无毛,叶脉上与叶缘均有腺体。圆锥花序长圆形或尖塔形,分枝粗壮,单生,上举,腋间具柔毛,小枝和刁穗柄上均有腺体;小穗长圆形或卵状长圆形,墨绿色带淡绿色或黄褐色,扁压并弯曲,有 10～40 朵小花,小穗除单生外,常密集簇生;颖近等长,颖具 1 条脉或第二颖具 3 条脉,脊上均有腺体;外稃呈广卵形,先端钝,第一外稃侧脉明显,主脉有腺体,暗绿色而有光泽;内稃宿存,稍短于外稃,脊上具短纤毛。雄蕊 3 枚。颖果近圆形。花果期 7～10 月。

生于田野、路边、撂荒地。产于内蒙古各地;中国安徽、北京、福建、贵州、海南、黑龙江、河南、湖北、宁夏、青海、陕西、山东、台湾、新疆、云南、浙江也产;世界热带和亚热带地区也有广泛分布。

桦木科——【学 名】*Betulaceae*

【蒙古名】ᠬᠤᠰᠤ ᠶᠢᠨ ᠲᠥᠷᠥᠯ

【英文名】Birch Family

【生活型】落叶乔木或灌木。

【茎】小枝及叶有时具树脂腺体或腺点。

【叶】单叶,互生,叶缘具重锯齿或单齿,较少具浅裂或全缘,叶脉羽状,侧脉直达叶缘或在近叶缘处向上弓曲相互网结成闭锁式;托叶分离,早落,很少宿存。

【花】花单性,雌雄同株,风媒;雄花序顶生或侧生,春季或秋季开放;雄花具苞鳞,有花被(桦木族)或无(榛族);雄蕊 2~20 枚(很少 1 枚)插生在苞鳞内,花丝短,花药 2 室,药室分离或合生,纵裂,花粉粒扁球形,具 3 或 4~5 孔,很少具 2 或 8 孔,外壁光滑;雌花序为球果状、穗状、总状或头状,直立或下垂,具多数苞鳞(果时称果苞),每苞鳞内有雌花 2~3 朵,每朵雌花下部又具 1 个苞片和 1~2 个小苞片,无花被(桦木族)或具花被并与子房贴生(榛族);子房 2 室或不完全 2 室,每室具 1 颗倒生胚珠或 2 颗倒生胚珠而其中的 1 颗败育;花柱 2 枚,分离,宿存。果序球果状、穗状、总状或头状;果苞由雌花下部的苞片和小苞片在发育过程中逐渐以不同程度连合而成,木质、革质、厚纸质或膜质,宿存或脱落。

【果实和种子】果为小坚果或坚果;胚直立,子叶扁平或肉质,无胚乳。

【种类】全科有 6 属,100 余种;中国有 6 属,约 70 种;内蒙古有 4 属,16 种,3 变种。

261

桦木科 Betulaceae Gray 由英国植物学家、真菌学家和药物学家 Samuel Frederick Gray(1766—1828)于 1821 年在"A Natural Arrangement of British Plants 2"(Nat. Arr. Brit. Pl.)中建立的植物科,模式属为桦木属(Betula)。法国植物学家 Charles—Fran ois Brisseau de Mirbel(1776 —1854)曾于 1815 年在"Elém. Physiol. Vég. Bot."上描述建立榛科(Corylaceae Mirb.),其模式属为榛属(Corylus)。

在恩格勒系统(1964)中,桦木科隶属原始花被亚纲(Archichlamydeae)、壳斗目(Fagales),含桦木科和壳斗科(山毛榉科,Fagaceae)2 个科。恩格勒系统持假花学说,因此壳斗目应属于原始类型。在哈钦森系统(1959)中,桦木科隶属双子叶植物木本支(Lignosae)、壳斗目,含桦木科、壳斗科和榛科(Corylaceae)3 个科。因此,哈钦森系统的桦木科是狭义的。在塔赫他间系统(1980)中,桦木科隶属金缕梅亚纲(Hamamelididae)、壳斗目,含桦木科和壳斗科。在克朗奎斯特系统(1981)中,桦木科隶属金缕梅亚纲、壳斗目,含假橡树科(Balanopaceae,Balanopsidaceae)、桦木科和壳斗科。哈钦森系统、塔赫他间系统和克朗奎斯特系统认为壳斗目为进化类型。

桦木属——【学　名】*Betula*

【蒙古名】ᠬᠤᠰᠤ ᠶᠢᠨ ᠲᠥᠷᠥᠯ

【英文名】Birch

【生活型】落叶乔木或灌木。

【叶】单叶,互生,叶下面通常具腺点,边缘具重锯齿,很少为单锯齿,叶脉羽状,具叶柄;托叶分离,早落。

【花】花单性,雌雄同株;雄花序 2～4 枚簇生于上一年枝条的顶端或侧生;苞鳞覆瓦状排列,每苞鳞内具 2 个小苞片及 3 朵雄花;花被膜质,基部连合;雄蕊通常 2 枚,花丝短,顶端叉分,花药具 2 个完全分离的药室,顶端有毛或无毛;花粉粒赤道面观为宽椭圆形,极面观具棱,大多数具 3 孔,呈三角形,很少为 2、4、5～8 孔,外壁两层均加厚,不形成孔室,外层在孔处无明显的带状加厚;雌花序单 1 或 2～5 枚生于短枝的顶端,圆柱状、矩圆状或近球形,直立或下垂;苞鳞覆瓦状排列,每苞鳞内有 3 朵雌花;雌花无花被,子房扁平,2 室,每室有 1 颗倒生胚珠,花柱 2 枚,分离。

【果实和种子】果苞革质,鳞片状,脱落,由 3 个苞片愈合而成,具 3 枚裂片,内有 3 枚小坚果。小坚果小,扁平,具或宽或窄的膜质翅,顶端具 2 枚宿存的柱头。种子单生,具膜质种皮。

【分类地位】被子植物门、双子叶植物纲、原始花被亚纲、山毛榉目、桦木科、桦木族。

【种类】全属约有 100 种;中国有 29 种,6 变种;内蒙古有 11 种,3 变种。

白桦 *Betula platyphylla*

乔木。树皮灰白色,成层剥裂;枝条暗灰色或暗褐色,无毛,具或疏或密的树脂腺体或无;小枝暗灰色或褐色,无毛亦无树脂腺体,有时疏被毛和疏生树脂腺体。叶厚纸质,三角状卵形,三角状菱形,三角形,少有菱状卵形和宽卵形,顶端锐尖、渐尖至尾状渐尖,基部截形,宽楔形或楔形,有时微心形或近圆形,边缘具重锯齿,有时具缺刻状重锯齿或单齿,上面于幼时疏被毛和腺点,成熟后无毛无腺点,下面无毛,密生腺点,侧脉 5～7(～8) 对;叶柄细瘦,无毛。果序单生,圆柱形或矩圆状圆柱形,通常下垂;序梗细瘦,密被短柔毛,成熟后近无毛,无或具或疏或密的树脂腺体;果苞背面密被短柔毛至成熟时毛渐脱落,边缘具短纤毛,基部楔形或宽楔形,中裂片三角状卵形,顶端渐尖或钝,侧裂片卵形或近圆形,直立、斜展至向下弯,如为直立或斜展时则较中裂片稍宽且微短,如为横展至下弯时则长及宽均大于中裂片。小坚果狭矩圆形、矩圆形或卵形,背面疏被短柔毛,膜质翅较果长 1/3,较少与之等长,与果等宽或较果稍宽。花期 5～6 月,果期 8～9 月。

生于温带阔叶林、山坡。产于内蒙古呼伦贝尔市、兴安盟、赤峰市、通辽市、乌兰察布市、锡林郭勒盟、呼和浩特市、包头市、巴彦淖尔市、阿拉善盟;中国甘肃、河北、黑龙江、河南、江苏、吉林、辽宁、宁夏、青海、陕西、山西、四川、西藏、云南也产;日本、朝鲜、蒙古、俄罗斯也有分布。

槐属——【学　名】*Sophora*

【蒙古名】ᠰᠣᠹᠣᠷᠠ᠊ᠠ ᠶᠢᠨ ᠤ ᠲᠥᠷᠥᠯ

【英文名】Sophora,Pagodatree

【生活型】落叶或常绿乔木、灌木、亚灌木或多年生草本,稀攀援状。

【叶】奇数羽状复叶;小叶多数,全缘;托叶有或无,少数具小托叶。

【花】花序总状或圆锥状,顶生、腋生或与叶对生;花白色、黄色或紫色,苞片小,线形,或缺如,常无小苞片;花萼钟状或杯状,萼齿 5 枚,等大,或上方 2 枚近合生而成为近 2 唇形;旗瓣形状、大小多变,圆形、长圆形、椭圆形、倒卵状长圆形或倒卵状披针形,翼瓣单侧生或双侧生,具皱褶或无,形状与大小多变,龙骨瓣与翼瓣相似,无皱褶;雄蕊 10 枚,分离或基部有不同程度的连合,花药卵形或椭圆形,丁字着生;子房具柄或无,胚珠多数,花柱直或内弯,无毛,柱头棒状或点状,稀被长柔毛,呈画笔状。

【果实和种子】荚果圆柱形或稍扁,串珠状,果皮肉质、革质或壳质,有时具翅,不裂或有不同的开裂方式;种子 1 至多数,卵形、椭圆形或近球形,种皮黑色、深褐色、赤褐色或鲜红色;子叶肥厚,偶具胶质内胚乳。

【分类地位】被子植物门、双子叶植物纲、原始花被亚纲、蔷薇目、蔷薇亚目、豆科、蝶彩花亚科、槐族。

【种类】全属有 70 余种;中国有 21 种,14 变种,2 变型;内蒙古有 3 种。

263

苦参 *Sophora flavescens*

多年生草本。根圆柱状,外皮浅棕黄色。草本或亚灌木。茎具纹棱。托叶披针状线形,渐尖;小叶 6～12 对,互生或近对生,纸质,形状多变,椭圆形、卵形、披针形至披针状线形,先端钝或急尖,基部宽楔形或浅心形。中脉下面隆起。总状花序顶生;花多数,疏或稍密;花梗纤细;苞片线形;花萼钟状,明显歪斜,具不明显波状齿,完全发育后近截平,疏被短柔毛;花冠比花萼长 1 倍,白色或淡黄白色,旗瓣倒卵状匙形,先端圆形或微缺,基部渐狭成柄,翼瓣单侧生,强烈皱褶几达瓣片的顶部,柄与瓣片近等长,龙骨瓣与翼瓣相似,稍宽,雄蕊10枚,分离或近基部稍连合;子房近无柄,被淡黄白色柔毛,花柱稍弯曲,胚珠多数。种子间稍缢缩,呈不明显串珠状,稍四棱形,疏被短柔毛或近无毛,成熟后开裂成 4 瓣,有种子1～5粒;种子长卵形,稍压扁,深红褐色或紫褐色。花期 6～8 月,果期 7～10 月。

生于草原带的沙地、田埂、山坡。产于内蒙古呼伦贝尔市、兴安盟、通辽市、赤峰市、锡林郭勒盟、呼和浩特市、鄂尔多斯市;中国各省区市也产;印度、日本、朝鲜、俄罗斯也有分布。

还阳参属——【学　名】*Crepis*

【蒙古名】ᠠᠷᠢᠬᠢᠨ ᠲᠣᠰᠤᠨ ᠤ ᠣᠪᠤᠭ

【英文名】Hawksbeard

【生活型】多年生、二年生或一年生草本。

【根】有直根。

【茎】具根状茎。

【叶】茎生叶或无叶,叶羽状分裂或不裂,边缘有锯齿或无齿。

【花】头状花序同型,舌状,大或中等大小或小,通常有多数舌状小花,在茎枝顶端排成伞房花序、圆锥花序或总状花序,或头状花序单生茎顶。总苞钟状或圆柱状;总苞片2～4层,外层及最外层短或极短,内层及最内层长或最长,全部苞片外面被各式毛被或光滑无毛。花托平,蜂窝状,窝缘有短缘毛或流苏状毛或无毛。全部小花舌状,两性,结实,黄色,极少紫红色,舌片顶端5齿裂,花冠管部被长或短柔毛或无毛;花柱分枝细,花丝基部有箭头状附属物。

【果实和种子】瘦果圆柱状、纺锤状,向两端收窄,近顶处有收缩,有10～20条高起的等粗纵肋,沿脉有小或微刺毛或无毛,顶端无喙或有喙状物或有长细喙。冠毛1层,白色,与瘦果等长或稍长于瘦果或短于瘦果,不脱落或脱落,硬或软,基部连合成环或不连合成环,糙毛状。

【分类地位】被子植物门、双子叶植物纲、合瓣花亚纲、桔梗目、菊科、舌状花亚科、菊苣族、莴苣亚族。

264

【种类】全属有200余种;中国有22种;内蒙古有4种。

西伯利亚还阳参 *Crepis sibirica*

多年生草本。茎直立,单生,粗壮,上部伞房状分枝。基生叶基部平截,常突然收窄,边缘大锯齿状或羽状浅裂状;中部茎叶卵形、长椭圆形或披针形;上部茎叶更小,卵形、心形或披针形,基部半抱茎;最上部及接头状花序下部的叶最小,椭圆形或线状披针形,边缘全缘,基部半抱茎;全部茎叶顶端急尖至渐尖,上面无毛,下面粗糙,沿脉被白色糙硬毛或长硬毛,边缘有糙硬毛。头状花序较大,少数,在茎枝顶端排成疏松伞房花序,极少头状花序1个而单生茎顶或植株含2个头状花序,头状花序并不成明显的花序式排列,花序梗粗壮。总苞钟状,果期黑绿色;总苞片3～4层,外层及最外层短,卵状披针形至长椭圆状披针形,顶端急尖或钝,内层及最内层长,长椭圆形或长椭状披针形,顶端稍急尖,内面无毛,全部总苞片外面,特别是沿中脉被相当稠密的长硬毛。舌状小花黄色,花冠管被稀疏或稠密的长柔毛。瘦果深褐色或红褐色,纺锤状,微弯,向顶渐收窄,无喙,有20条近等粗的细纵肋,纵肋不达果顶,无小刺毛。冠毛白色或淡黄白色,微粗糙。花果期5～9月。

生于山地林缘、疏林及沟谷中。产于内蒙古赤峰市、锡林郭勒盟;中国黑龙江、辽宁、新疆也产;哈萨克斯坦、吉尔吉斯斯坦、蒙古、俄罗斯、塔吉克斯坦以及东欧也有分布。

黄鹌菜属——【学　名】*Youngia*

【蒙古名】 ᠰᠢᠷᠠ ᠬᠣᠨᠣᠭ ᠤ᠋ ᠢᠣᠮᠤᠭ (ᠨᠠᠩᠭᠢᠨᠠᠭ ᠤᠨ ᠢᠣᠮᠤᠭ)

【英文名】Youngia

【生活型】一年生或多年生草本。

【叶】叶羽状分裂或不分裂。

【花】头状花序小,极少中等大小,同型,舌状,具少数(5朵)或多数(25朵)舌状小花,多数或少数在茎枝顶端或沿茎排成总状花序、伞房花序或圆锥状伞房花序。总苞圆柱状、圆柱状钟形、钟状或宽圆柱状。总苞3～4层,外层及最外层短,顶端急尖,内层及最内层长,外面顶端无鸡冠状附属物或有鸡冠状附属物。花托平,蜂窝状,无托毛。舌状小花两性,黄色,1层,舌片顶端截形,5齿裂;花柱分枝细,花药基部附属物箭头形。

【果实和种子】瘦果纺锤形,向上收窄,近顶端有收缢,顶端无喙,有顶端收窄成粗短的喙状物,有10～15条粗细不等的椭圆形纵肋。冠毛白色,少鼠灰色,1～2层。单毛状或糙毛状,易脱落或不脱落,有时基部连合成环,整体脱落。

【分类地位】被子植物门、双子叶植物纲、合瓣花亚纲、桔梗目、菊科、舌状花亚科、菊苣族、莴苣亚族。

【种类】全属约有40种;中国有37种;内蒙古有4种。

265

碱黄鹌菜 *Youngia stenoma*

多年生草本。茎直立,单生或少数茎成簇生,具纵棱,无毛,有时下部淡紫红色,不分枝或上部具向上的短分枝,有时自基部长总状花序分枝。基生叶及下部茎叶线形或线状披针形或线状倒披针形,顶端急尖,基部渐窄成具狭翼的长柄,边缘全缘或浅波状锯齿或锯齿;中上部茎叶渐小,线形,无柄,边缘全缘;花序下部的叶或花序分枝下部的叶钻形;全部叶两面无毛。头状花序稍小,含11朵舌状小花,沿茎上部排成总状花序或总状狭圆锥花序。总苞圆柱状,干后褐绿色;总苞片4层,外层及最外层极短,卵形,顶端急尖或渐尖,内层及最内层长,长椭圆状披针形或披针形,顶端急尖,外面近顶端有角状附属物,边缘膜质;全部总苞片外面无毛。瘦果纺锤形,褐色,向两端收窄,顶端截形,有12～14条不等粗的纵肋,肋上有小刺毛。冠毛白色,糙毛状。花果期7～9月。

生于沙地、盐渍地。产于内蒙古呼伦贝尔市、赤峰市、锡林郭勒盟、鄂尔多斯市、阿拉善盟;中国甘肃、西藏也产;俄罗斯也有分布。

黄檗属（黄柏属）——【学　名】*Phellodendron*

【蒙古名】ᠰᠢᠷ᠎ᠠ ᠮᠣᠳᠣ

【英文名】Corktree

【生活型】落叶乔木。

【茎】成年树的树皮较厚，纵裂，且有发达的木栓层，内皮黄色，味苦，木材淡黄色，枝散生小皮孔。

【叶】叶对生，奇数羽状复叶，叶缘常有锯齿，仅齿缝处有较明显的油点。

【花】花单性，雌雄异株，圆锥状聚伞花序，顶生；萼片、花瓣、雄蕊及心皮均为 5 数；萼片基部合生，背面常被柔毛；花瓣覆瓦状排列，腹面脉上常被长柔毛；雄蕊插生于细小的花盘基部四周，花药纵裂，背着，药隔顶端突尖，花丝基部两侧或腹面常被长柔毛，退化雌蕊短小，5 叉裂，裂瓣基部密被毛；雌花的退化雄蕊鳞片状，子房 5 室，每室有胚珠 2 颗，花柱短，柱头头状。

【果实和种子】有粘胶质液的核果，蓝黑色，近圆球形，有小核 4～10 个；种子卵状椭圆形，种皮黑色，骨质，胚乳薄，肉质，子叶扁平，胚直立。

【分类地位】被子植物门、双子叶植物纲、原始花被亚纲、芸香目、芸香亚目、芸香科、飞龙掌血亚科。

【种类】全属约有 4 种；中国有 2 种，1 变种；内蒙古有 1 种。

266

黄檗 *Phellodendron amurense*

　　枝扩展，成年树的树皮有厚木栓层，浅灰或灰褐色，深沟状或不规则网状开裂，内皮薄，鲜黄色，味苦，粘质，小枝暗紫红色，无毛。叶轴及叶柄均纤细，有小叶 5～13 片，小叶薄纸质或纸质，卵状披针形或卵形，顶部长渐尖，基部阔楔形，一侧斜尖，或为圆形，叶缘有细钝齿和缘毛，叶面无毛或中脉有疏短毛，叶背仅基部中脉两侧密被长柔毛，秋季落叶前叶色由绿转黄而明亮，毛被大多脱落。花序顶生；萼片细小，阔卵形；花瓣紫绿色；雄花的雄蕊比花瓣长，退化雌蕊短小。果圆球形，蓝黑色，通常有 5～8（～10）浅纵沟，干后较明显；种子通常 5 粒。花期 5～6 月，果期 9～10 月。

　　生于杂木林中。产于内蒙古呼伦贝尔市、兴安盟、通辽市；中国安徽、河北、黑龙江、河南、吉林、辽宁、山东、山西、台湾也产；日本、朝鲜、俄罗斯也有分布。

黄华属（野决明属）——【学　名】*Thermopsis*

【蒙古名】ᠮᠣᠩᠭᠣᠯ ᠰᠢᠷ᠎ᠠ ᠶᠢᠨ ᠢᠵᠠᠭᠤᠷ

【英文名】Wildsenna

【生活型】多年生草本。

【茎】具匍匐根状茎。茎直立,少分枝,具纵槽纹,基部有膜质托叶鞘,抱茎合生成筒状,上缘裂成 3 齿,偶不裂。

【叶】掌状三出复叶,具柄;托叶叶状,分离,通常大。

【花】总状花序顶生,单一,或偶为 2～3 枝;花大,轮生或对生,偶互生;苞片 3(～6) 个,稀 1 个,叶状,近基部连合,宿存;萼钟形,外侧稍呈囊状隆起或不隆起,基部钝圆或狭尖,萼齿 5 枚,上方 2 枚多少合生;花冠黄色,稀紫色,花瓣均具瓣柄,旗瓣卵圆,先端凹缺,翼瓣长圆形,比龙骨瓣窄一倍或等宽,龙骨瓣前缘稍连合;雄蕊 10 枚,花丝扁平,全部分离;子房线形,胚珠4～22颗,花柱长,稍弯曲,通常密被毛,柱头点状。

【果实和种子】荚果线形、长圆形或卵形,扁平,偶膨胀。种子肾形或圆形,种脐小,白色,圆形,点状。

【分类地位】被子植物门、双子叶植物纲、原始花被亚纲、蔷薇目、蔷薇亚目、豆科、蝶形花亚科、野决明族。

【种类】全属约有 25 种;中国有 12 种,1 变种;内蒙古有 1 种。

披针叶野决明 *Thermopsis lanceolata*

多年生草本。茎直立,分枝或单一,具沟棱,被黄白色贴伏或伸展柔毛。3 片小叶;叶柄短;托叶叶状,卵状披针形,先端渐尖,基部楔形,上面近无毛,下面被贴伏柔毛;小叶狭长圆形、倒披针形,上面通常无毛,下面多少被贴伏柔毛。总状花序顶生,具花 2～6 轮,排列疏松;苞片线状卵形或卵形,先端渐尖,宿存;萼钟形密被毛,背部稍呈囊状隆起,上方 2 枚齿连合,三角形,下方萼齿披针形,与萼筒近等长。花冠黄色,旗瓣近圆形,先端微凹,基部渐狭成瓣柄,先端有狭窄头;子房密被柔毛,具柄,胚珠 12～20 颗。荚果线形,先端具尖喙,被细柔毛,黄褐色,种子 6～14 颗。位于中央。种子圆肾形,黑褐色,具灰色蜡层,有光泽。花期 5～7 月,果期 6～10 月。

生于草地、沟谷、撂荒地。产于内蒙古各地;中国甘肃、河北、陕西、山西、新疆、西藏也产;吉尔吉斯斯坦、蒙古、俄罗斯也有分布。

黄精属──【学　名】*Polygonatum*

　　　　　　　【蒙古名】ᠬᠦᠨᠦᠳᠦ ᠴᠡᠴᠡᠭ ᠤᠨ ᠲᠦᠷᠦᠯ （ᠭᠠᠨᠣ ᠴᠡᠭ ᠤᠨ ᠲᠦᠷᠦᠯ · ᠬᠠᠰᠢᠷ ᠴᠡᠴᠡᠭ ᠊ᠦ᠌ ᠲᠦᠷᠦᠯ）

　　　　　　　【英文名】Landpick，Solomon's Seal

　　【生活型】多年生草本。

　　【茎】具根状茎，茎不分枝，基部具膜质的鞘，直立，或上端向一侧弯拱而叶偏向另一侧（某些具互生叶的种类），或上部有时作攀援状（某些具轮生叶的种类）。

　　【叶】叶互生、对生或轮生，全缘。

　　【花】花生叶腋间，通常集生成伞形、伞房或总状花序；花被片 6 枚，下部合生成筒，裂片顶端外面通常具乳突状毛，花被筒基部与子房贴生，成小柄状，并与花梗间有一关节；雄蕊 6 枚，内藏；花丝下部贴生于花被筒，上部离生，似着生于花被筒中部上下，丝状或两侧扁，花药矩圆形至条形，基部 2 裂，内向开裂；子房 3 室，每室有 2～6 颗胚珠，花柱丝状，多数不伸出花被之外，很少有稍稍伸出的，柱头小。

　　【果实和种子】浆果近球形。具几粒至 10 余粒种子。

　　【分类地位】被子植物门、单子叶植物纲、百合目、百合亚目、百合科、黄精族。

　　【种类】全属约有 40 种；中国有 31 种；内蒙古有 7 种。

黄精 *Polygonatum sibiricum*

　　根状茎圆柱状，由于结节膨大，一头粗，一头细，在粗的一头有短分枝。茎有时呈攀援状。叶轮生，每轮 4～6 片，条状披针形，先端拳卷或弯曲成钩。花序通常具 2～4 朵花，似伞形，俯垂；苞片位于花梗基部，膜质，钻形或条状披针形，具 1 条脉；花被乳白色至淡黄色，花被筒中部稍缢缩。浆果黑色，具 4～7 粒种子。花期 5～6 月，果期 8～9 月。

　　生于林下、灌丛或山地草甸。产于内蒙古呼伦贝尔市、通辽市、赤峰市、锡林郭勒盟、乌兰察布市、呼和浩特市、巴彦淖尔市、阿拉善盟；中国安徽、甘肃、河北、黑龙江、宁夏、陕西、浙江也产；朝鲜、蒙古、俄罗斯也有分布。

黄芪（耆）属——【学　名】*Astragalus*

【蒙古名】ᠬᠣᠩᠭᠣᠷ ᠤᠨ ᠥᠩᠭᠡᠲᠦ

【英文名】Milkvetch，Loco，Poisonvetch

【生活型】草本，稀为小灌木或半灌木。

【茎】茎发达或短缩，稀无茎或不明显。

【叶】叶羽状复叶，稀三出复叶或单叶；少数种叶柄和叶轴退化成硬刺；托叶与叶柄离生或贴生，相互离生或合生而与叶对生；小叶全缘，不具小托叶。

【花】总状花序或密集呈穗状、头状与伞形花序式，稀花单生，腋生或由根状茎（叶腋）发出；花紫红色、紫色、青紫色、淡黄色或白色；苞片通常小，膜质；小苞片极小或缺，稀大型；花萼管状或钟状，萼筒基部近偏斜，或在花期前后呈肿胀囊状，具5枚齿，包被或不包被荚果；花瓣近等长或翼瓣和龙骨瓣较旗瓣短，下部常渐狭成瓣柄，旗瓣直立、卵形、长圆形或提琴形，翼瓣长圆形，全缘，极稀顶端2裂，瓣片基部具耳，龙骨瓣向内弯，近直立，先端钝，稀尖，一般上部粘合；雄蕊二体，极稀全体花丝由中上部向下合生为单体，均能育，花药同型；子房有或无子房柄，含多数或少数胚珠，花柱丝形，劲直或弯曲，极稀上部内侧有毛，柱头小，顶生，头形，无髯毛，稀具簇毛。

【果实和种子】荚果形状多样，由线形至球形，一般肿胀，先端喙状，1室，有时因背缝隔膜侵入分为不完全假2室或假2室，有或无果颈（即果熟后的子房柄），开裂或不开裂，果瓣膜质、革质或软骨质；种子通常肾形，无种阜，珠柄丝形。

【分类地位】被子植物门、双子叶植物纲、原始花被亚纲、蔷薇目、蔷薇亚目、豆科、蝶形花亚科、山羊豆族、黄耆亚族。

【种类】全属有2000余种；中国有278种，2亚种，35变种，2变种；内蒙古有40种，7变种，1栽培变种。

蒙古黄芪（耆）*Astragalus membranaceus* var. *mongholicus*

　　多年生草本。主根肥厚，木质，常分枝，灰白色。茎直立，上部多分枝，有细棱，被白色柔毛。羽状复叶有25～37片小叶；托叶离生，卵形，披针形或线状披针形，下面被白色柔毛或近无毛。总状花序稍密，有10～20朵花；总花梗与叶近等长或较长，至果期显著伸长；花萼钟状，外面被白色或黑色柔毛，萼齿短，三角形至钻形；花冠黄色或淡黄色，旗瓣倒卵形，顶端微凹，基部具短瓣柄，翼瓣较旗瓣稍短，瓣片长圆形，基部具短耳，瓣柄较瓣片长约1.5倍，龙骨瓣与翼瓣近等长，瓣片半卵形，瓣柄较瓣片稍长；子房无毛。荚果无毛，稍膨胀，半椭圆形；种子3～8粒，肾形，棕褐色。花果期7～9月。

　　生于草甸草原、草原化草甸、山地灌丛及林缘。产于内蒙古呼伦贝尔市、锡林郭勒盟、乌兰察布市；中国甘肃、河北、黑龙江、吉林、陕西、山东、山西、四川、新疆、西藏也产；哈萨克斯坦、蒙古、俄罗斯也有分布。

黄芩属——【学　名】*Scutellaria*

　　　　　　【蒙古名】ᠬᠠᠩ ᠤᠨ ᠡᠪᠡᠰᠤ

　　　　　　【英文名】Skullcap

【生活型】多年生或一年生草本，半灌木，稀至灌木。

【叶】茎叶常具齿，或羽状分裂或极全缘，苞叶与茎叶同形或向上成苞片。

【花】花腋生、对生或上部者有时互生，组成顶生或侧生总状或穗状花序，有时远离而不明显成花序。花萼钟形，背腹压扁，分2唇，唇片短、宽、全缘，在果时闭合最终沿缝合线开裂达萼基部成为不等大2枚裂片，上裂片脱落而下裂片宿存，有时2枚裂片均不脱落或一同脱落，上裂片在背上有一圆形、内凹、鳞片状的盾片或无盾片而明显呈囊状突起。冠筒伸出于萼筒，背面成弓曲或近直立，上方趋于喉部扩大，前方基部膝曲呈囊状增大或成囊状距，内无明显毛环，冠檐2唇形，上唇直伸，盔状，全缘或微凹，下唇中裂片宽而扁平，全缘或先端微凹，稀浅4裂，比上唇长或短，2侧裂片有时开展，与上唇分离或靠合，稀与下唇靠合。雄蕊4枚，2枚强，前对较长，均成对靠近延伸至上唇片之下，花丝无齿突，花药成对靠近，后对花药具2室，室分明且多少锐尖，前对花药由于败育而退化为一室，室明显或不明显，药室裂口均具髯毛。花盘前方常呈指状，后方延伸成直伸或弯曲柱状子房柄。花柱先端锥尖，不相等2浅裂，后裂片甚短。

【果实和种子】小坚果扁球形或卵圆形，背腹面不明显分化，具瘤，被毛或无毛，有时背腹面明显分化，背面具瘤而腹面具刺状突起或无，赤道面上有膜质的翅或无。

【分类地位】被子植物门、双子叶植物纲、合瓣花亚纲、管状花目、唇形科、黄芩亚科。

【种类】全属有300余种；中国有96种，28变种；内蒙古有6种，2变种。

黄芩 *Scutellaria baicalensis*

　　多年生草本。根茎肥厚，肉质，伸长而分枝。茎基部伏地，上升，钝四棱形，具细条纹，近无毛或被上曲至开展的微柔毛。叶披针形至线状披针形，顶端钝，基部圆形，全缘，上面暗绿色，下面色较淡，侧脉4对；叶柄短。花序在茎及枝上顶生，总状，常在茎顶聚成圆锥花序；花梗与序轴均被微柔毛。花萼外面密被微柔毛，萼缘被疏柔毛，内面无毛，果时花萼有盾片。花冠紫、紫红至蓝色，外面密被具腺短柔毛，内面在囊状膨大处被短柔毛；冠筒近基部明显膝曲；冠檐2唇形，上唇盔状，先端微缺，下唇中裂片三角状卵圆形，两侧裂片向上唇靠合。雄蕊4枚，前对较长，后对较短；花丝扁平。花柱细长，先端锐尖，微裂。子房褐色，无毛。小坚果卵球形，黑褐色。花期7~8月，果期8~9月。

　　生于山地、丘陵的砾石坡地及沙质土上。产于内蒙古呼伦贝尔市、兴安盟、通辽市、赤峰市、锡林郭勒盟、乌兰察布市、呼和浩特市、鄂尔多斯市；中国甘肃、河北、黑龙江、河南、湖北、江苏、辽宁、陕西、山东、山西也产；日本、朝鲜、蒙古、俄罗斯也有分布。

黄缨菊属——【学　名】*Xanthopappus*

【蒙古名】ᠱᠠᠷ᠎ᠠ ᠰᠢᠭ᠎ᠠ ᠶᠢᠨ ᠢᠵᠠᠭᠤᠷ

【英文名】Xanthopappus

【生活型】多年生无茎草本。

【叶】叶基生,莲座状,羽状分裂。

【花】头状花序大,同型,多数集生于茎基顶端,花序梗长或有极短的花序梗。总苞宽钟状。总苞片多层,覆瓦状排列,多数,中外层苞片质地坚硬,硬革质,向上渐尖成硬针刺,最内层苞片硬膜质。花托平,有稠密的托毛。全部小花两性,管状,黄色,顶端5齿裂。花药基部附属物箭形。花丝分离,无毛。花柱分枝极短,顶端截形,基部有毛环。

【果实和种子】瘦果偏斜倒卵形,顶端有果缘,果缘平展,边缘无锯齿,基底着生面平或稍见偏斜。冠毛多层,冠毛刚毛等长,糙毛状,顶端渐细,基部连合成环,整体脱落。

【分类地位】被子植物门、双子叶植物纲、合瓣花亚纲、桔梗目、菊科、管状花亚科、菜蓟族、飞廉亚族。

【种类】中国特有属,有1种;内蒙古有1种。

黄缨菊 *Xanthopappus subacaulis*

多年生无茎草本。根粗壮,棕褐色。茎基极短,粗厚,被纤维状撕裂的褐色的叶柄残鞘。叶莲座状,坚硬,革质,长椭圆形或线状长椭圆形,羽状深裂,叶柄基部扩大成鞘,中脉在下面突起,粗厚;侧裂片8～11对或奇数,中部侧裂片半长椭圆形或卵状三角形,侧脉及细脉及中脉在两面明显并在边缘及顶端延伸成长或短针刺,自中部向上或向下的侧裂片渐小,与中部侧裂片同形,边缘及顶端具等针刺。两面异色,上面绿色,无毛,下面灰白色,被密厚的蛛丝状绒毛,叶柄上的绒毛稠密或变稀疏。头状花序多数,达20个,密集成团球状,花序梗粗壮,有1～2个线形或线状披针形的苞叶。总苞宽钟状。总苞片8～9层,最外层披针形,坚硬,革质,顶端渐尖成芒刺;中内层披针形或长披针形,坚硬,革质;最内层线形或宽线形,硬膜质。全部苞片外面有微糙毛,最内层苞片糙毛较稠密。小花黄色,花冠檐部不明显,顶端5浅裂,裂片线形。瘦果偏斜倒长卵形,压扁,有不明显的脉纹,基底着生面平或稍见偏斜,顶端果缘平展,边缘全缘。冠毛多层,淡黄色或棕黄色,等长,冠毛刚毛糙毛状,向顶端渐细,基部连合成环,整体脱落。花果期7～9月。

生于山坡。产于内蒙古阿拉善盟龙首山;中国宁夏、青海、四川、云南也产。

茴芹属──【学　名】*Pimpinella*

　　　　　　　【蒙古名】ᠷᠠᠰᠢ ᠤ᠋ᠨ ᠢᠮᠠᠭᠠᠯ （ᠰᠢᠷ᠎ᠠ ᠬᠢᠷᠠᠭ᠎ᠠ ᠷᠠᠰᠢ ᠤ᠋ᠨ ᠢᠮᠠᠭᠠᠯ）

　　　　　　　【英文名】Pimpinella

【生活型】一年生、二年生或多年生草本。

【根】须根或有长圆锥形的主根。

【茎】茎通常直立，稀匍匐，一般有分枝。

【叶】叶柄长于或短于叶片，或与叶片近等长，基部有叶鞘；叶片不分裂、三出分裂、三出式羽状分裂或羽状分裂，裂片卵形、心形、披针形或线形；茎生叶与基生叶异形或同形，茎生叶向上逐渐简化变小，茎上部叶通常无柄，只有叶鞘。

【花】复伞形花序顶生和侧生，有或无总苞片及小总苞片，线形，稀披针形，全缘，偶有 3 裂；伞辐近等长、不等长或极不等长；小伞形花序通常有多数花，罕为 2～4 朵；萼齿通常不明显，或呈三角形、披针形；花瓣卵形、阔卵形或倒卵形，白色，稀为淡红色或紫色，基部一般为楔形，罕有爪，顶端凹陷，有内折小舌片，或全缘，并不内折，背面有毛或光滑；花柱基圆锥形、短圆锥形，稀为垫状，花柱一般长于花柱基，向两侧弯曲，或与花柱基近等长。

【果实和种子】果实卵形、长卵形或卵球形，基部心形，两侧扁压，有毛或无毛，果棱线形或不明显；分生果横剖面五角形或近圆形；每棱槽内油管 1～4 个，合生面油管 2～6 个；胚乳腹面平直或微凹；心皮柄 2 裂至中部或基部。

【分类地位】被子植物门、双子叶植物纲、原始花被亚纲、伞形目、伞形科、芹亚科、阿米芹族、葛缕子亚族、阿米芹族九棱类与真型类。

【种类】全属约有150种；中国有39种，2 变种；内蒙古有 1 种。

羊红膻 *Pimpinella thellungiana*

　　多年生或二年生草本。根长圆锥形，茎直立，有细条纹，密被短柔毛，基部有残留的叶鞘纤维束，上部有少数分枝。基生叶和茎下部叶有柄，被短柔毛；叶片轮廓卵状长圆形，1 回羽状分裂，小羽片 3～5 对，有短柄至近无柄，卵形或卵状披针形，基部楔形或钝圆，边缘有缺刻状齿或近于羽状条裂，表面有稀疏的柔毛，背面和叶轴上密被柔毛；茎中部叶较基生叶小，叶柄稍短，叶片与基生叶相似，或为 2 回羽状分裂，末回裂片线形；茎上部叶较小，无柄，叶鞘长卵形或卵形，边缘膜质；叶片羽状分裂，羽片 2～3 对，或 3 裂，裂片线形。无总苞片和小总苞片；伞辐 10～20 枚，纤细，不等长；小伞形花序有花 10～25 朵；无萼齿；花瓣卵形或倒卵形，白色，基部楔形，顶端凹陷，有内折的小舌片；花柱基圆锥形，花柱长约为花柱基的 2 倍或更长。果实长卵形，果棱线形，无毛；每棱槽内油管 3 个，合生面油管 4～6 个；胚乳腹面平直。花果期 6～9 月。

　　生于林缘草甸、沟谷及河边草甸。产于内蒙古呼伦贝尔市、兴安盟、赤峰市、锡林郭勒盟；中国河北、黑龙江、吉林、辽宁、陕西、山东、山西也产；俄罗斯也有分布。

茴香属——【学　名】*Foeniculum*

【蒙古名】ᠵᠢᠷᠠᠭᠠᠢ ᠶᠢᠨ ᠲᠥᠷᠥᠯ

【英文名】Fennel

【生活型】一年生或多年生草本。

【茎】茎光滑,灰绿色或苍白色。

【叶】叶有柄,叶鞘边缘膜质;叶片多回羽状分裂,末回裂片呈线形。

【花】复伞形花序,花序顶生和侧生;无总苞片和小总苞片;伞辐多数,直立,开展,不等长;小伞形花序有多数花;花柄纤细;萼齿退化或不明显;花瓣黄色,倒卵圆形,顶端有内折的小舌片;花柱基圆锥形,花柱甚短,向外反折。

【果实和种子】果实长圆形,光滑,主棱 5 条,尖锐或圆钝;每棱槽内有油管 1 个,合生面油管 2 个;胚乳腹面平直或微凹;心皮柄 2 裂至基部。

【分类地位】被子植物门、双子叶植物纲、原始花被亚纲、伞形目、伞形科、芹亚科、阿米芹族、西风芹亚族。

【种类】全属约有 4 种;中国有 1 种;内蒙古有 1 种。

茴香 *Foeniculum vulgare*

一年生草本。茎直立,光滑,灰绿色或苍白色,多分枝。中部或上部的叶柄部分或全部成鞘状,叶鞘边缘膜质;叶片轮廓为阔三角形,4～5 回羽状全裂,末回裂片线形。复伞形花序顶生与侧生;伞辐 6～29 枚,不等长;小伞形花序有花 14～39 朵;花柄纤细,不等长;无萼齿;花瓣黄色,倒卵形或近倒卵圆形,先端有内折的小舌片,中脉 1条;花丝略长于花瓣,花药卵圆形,淡黄色;花柱基圆锥形,花柱极短,向外叉开或贴伏在花柱基上。果实长圆形,主棱 5 条,尖锐;每棱槽内有油管 1 个,合生面油管 2 个;胚乳腹面近平直或微凹。花期 5～6 月,果期 7～9 月。

栽培植物,原产地中海地区。

火绒草属——【学　名】*Leontopodium*

　　　　　　【蒙古名】ᠲᠣᠯᠢ ᠲᠣᠯᠣᠢ ᠶᠢᠨ ᠡᠪᠡᠰᠦ

　　　　　　【英文名】Edelweiss

【生活型】多年生草本或亚灌木,簇生或丛生,有时垫状。

【叶】叶互生,全缘,匙形,长圆形、披针形或线形,有或无鞘部。苞叶数个,围绕花序开展,形成星状苞叶群,或少数直立,稀无苞叶。

【花】头状花序多数,排列成密集或较疏散的伞房花序,各有多数同形或异形的小花;或雌雄同株,即中央的小花雄性,外围的小花雌性,稀中央的头状花序有雄性小花或同时有雄性及雌性小花而外围的头状花序仅有雌花;或雌雄异株,即全部头状花序仅有雄性或雌性小花。总苞半球状或钟状;总苞片小数层,覆瓦状排列或近等长,中部草质,顶端及边缘褐色或黑色,膜质或近干膜质,外层总苞片被棉毛或柔毛。花托无毛,无托片。雄花(即不育的两性花)花冠管状,上部漏斗状,有5枚裂片;花药基部有尾状小耳。花柱2浅裂,顶端截形;子房不育。雌花花冠丝状或细管状,顶端有3~4枚细齿;花柱有细长分枝。

【果实和种子】瘦果长圆形或椭圆形,稍扁。冠毛有多数分离或基部合生、近等长的毛,下部细,常有细齿,雄花冠毛上部较粗厚,有齿或锯齿。

【分类地位】被子植物门、双子叶植物纲、合瓣花亚纲、桔梗目、菊科、管状花亚科、旋覆花族、鼠麹草亚族。

【种类】全属约有56种;中国有40余种;内蒙古有5种。

274

绢茸火绒草 *Leontopodium smithianum*

　　多年生草本。根状茎短。茎直立或斜升。下部叶在花期枯萎宿存;叶多少开展或直立,线状披针形,顶部钝或稍尖,有较短或较长的尖头,基部渐狭或急狭,无柄,边缘平,草质,上面被灰白色柔毛,下面被灰白色或白色密茸毛或粘结的绢状毛;中脉有时脱毛。苞叶少数或较多数(3~10个),长椭圆形或线状披针形,稀下部稍宽,与茎上部叶同长或较短,基部渐狭,顶端尖或稍钝,边缘常反卷,两面同样被白色或灰白色厚茸毛,较花序稍长或较长2~3倍,排列成稀疏的、不整齐的苞叶群,或有长花序梗而成几个分苞叶群。头状花序大,稀1个,或有花序梗而成伞房状。被白色密棉毛;总苞片3~4层,顶端无毛,浅或深褐色,尖或稍撕裂,露出毛茸之上。小花异型,有少数雄花,或通常雌雄异株。雄花花冠管状漏斗状,有小裂片;雌花花冠丝状。冠毛白色,较花冠稍长;雄花冠毛上部较粗厚,有锯齿;雌花冠毛细丝状,下部有微齿。不育的子房和瘦果有乳头状短粗毛。花期6~8月,果期8~10月。

　　生于山地草原及山地灌丛。产于内蒙古呼伦贝尔市、赤峰市、锡林郭勒盟、乌兰察布市、呼和浩特市、阿拉善盟;中国甘肃、河北、青海、陕西、山西也产。

火烧兰属——【学　名】*Epipactis*

【蒙古名】ᠣᠳᠦᠭ ᠠᠷᠴᠢ ᠶᠢᠨ ᠡᠪᠡᠰᠦ

【英文名】Epipactis

【生活型】地生植物。

【茎】通常具根状茎。茎直立,近基部具 2～3 枚鳞片状鞘,其上具 3～7 片叶。

【叶】叶互生;叶片从下向上由具抱茎叶鞘逐渐过渡为无叶鞘,上部叶片逐渐变小而成花苞片。

【花】总状花序顶生,花斜展或下垂,多少偏向一侧;花被片离生或稍靠合;花瓣与萼片相似,但较萼片短;唇瓣着生于蕊柱基部,通常分为 2 部分,即下唇(近轴的部分)与上唇(或称前唇,远轴的部分);下唇舟状或杯状,较少囊状,具或不具附属物;上唇平展,加厚或不加厚,形状各异;上、下唇之间缢缩或由一个窄的关节相连;蕊柱短;蕊喙常较大,光滑,有时无蕊喙;雄蕊无柄;花粉团 4 个,粒粉质,无花粉团柄,亦无粘盘。

【果实和种子】蒴果倒卵形至椭圆形,下垂或斜展。

【分类地位】被子植物门、单子叶植物纲、微子目、兰科、兰亚科、鸟巢兰族、头蕊兰亚族。

【种类】全属约有 20 种;中国有 8 种,2 变种;内蒙古有 2 种。

小花火烧兰 *Epipactis helleborine*

地生草本。根状茎粗短。茎上部被短柔毛,下部无毛,具 2～3 枚鳞片状鞘。叶 4～7 枚,互生;叶片卵圆形、卵形至椭圆状披针形,罕有披针形,先端通常渐尖至长渐尖;向上叶逐渐变窄而成披针形或线状披针形。总状花序通常具 3～40 朵花;花苞片叶状,线状披针形,下部的长于花 2～3 倍或更多,向上逐渐变短;花梗和子房具黄褐色绒毛;花绿色或淡紫色,下垂,较小;中萼片卵状披针形,较少椭圆形,舟状,先端渐尖;侧萼片斜卵状披针形,先端渐尖;花瓣椭圆形,先端急尖或钝;唇瓣中部明显缢缩;下唇兜状;上唇近三角形或近扁圆形,先端锐尖,在近基部两侧各有一枚半圆形褶片,近先端有时脉稍呈龙骨状。蒴果倒卵状椭圆状,具极疏的短柔毛。花期 7 月,果期 9 月。

生于海拔 250～3600 米的山坡林下或林缘草甸。产于内蒙古阿拉善盟贺兰山;中国安徽、甘肃、贵州、河北、湖北、辽宁、青海、陕西、山西、四川、新疆、西藏、云南也产;阿富汗、不丹、克什米尔、哈萨克斯坦、吉尔吉斯斯坦、尼泊尔、巴基斯坦、塔吉克斯坦、乌兹别克斯坦以及北非、西南亚、欧洲也有分布。

火焰草属——【学　名】*Castilleja*

【蒙古名】ᠭᠠᠯ ᠦᠨ ᠡᠪᠡᠰᠦ

【英文名】Flamegrass，Paintedcup

【生活型】草本，稀为灌木。

【叶】叶互生或最下部的对生。

【花】穗状花序顶生；苞片常比叶大，各色，顶端有缺刻；花萼管状，侧扁，基部常膨大，顶端 2 裂，裂片全缘，具不等的齿缺或 2 浅裂；花冠筒藏于萼内，上唇狭长，倒舟状，全缘，下唇短而开展，3 裂；雄蕊 4 枚，2 枚强，花药藏于上唇下，药室狭长，并行。

【果实和种子】蒴果卵状，稍侧扁，室背开裂。种子每室多数，微小，外种皮透明膜质，蜂窝状。

【分类地位】被子植物门、双子叶植物纲、合瓣花亚纲、管状花目、玄参科。

【种类】全属约有 30 种；中国有 1 种；内蒙古有 1 种。

火焰草 *Castilleja pallida*

多年生直立草本。全体被白色柔毛。茎通常丛生，不分枝。叶最下部的对生，其余的互生，长条形至条状披针形，全缘，基出三大脉。苞片卵状披针形，黄白色；花萼前后两方裂达一半，两侧裂达 1/4，裂片条形；花冠淡黄色或白色，筒部长管状；药室一长一短。蒴果无毛，顶端钩状尾尖。花期 6～8 月。

生于草甸草原、碱土草甸、林缘、灌丛中。产于内蒙古呼伦贝尔市；中国黑龙江也产；蒙古、俄罗斯以及东欧、北美洲也有分布。

藿香属──【学　名】*Agastache*

【蒙古名】ᠵᠤᠯᠠᠪᠤᠷ ᠬᠠᠮᠪᠠᠭᠠᠢ ᠡᠪᠡᠰᠦᠨ ᠤ ᠲᠥᠷᠥᠯ（ᠬᠠᠮᠪᠠᠭᠠᠢ ᠡᠪᠡᠰᠦᠨ ᠤ ᠲᠥᠷᠥᠯ）

【英文名】Gianthyssop

【生活型】多年生高大草本。

【叶】叶具柄,边缘具齿。

【花】花两性。轮伞花序多花,聚集成顶生穗状花序。花萼管状倒圆锥形,直立,具斜向喉部,具15条脉,内面无毛环。花冠筒直,逐渐而不急骤扩展为喉部,微超出花萼或与之相等,内面无毛环,冠檐2唇形,上唇直伸,2裂,下唇开展,3裂,中裂片宽大,平展,基部无爪,边缘波状,侧裂片直伸。雄蕊4枚,均能育,比花冠长许多,后对较长,向前倾,前对直立上升,药室初彼此几平行,后来多少叉开。花柱先端短2裂,具几相等的裂片。花盘平顶,具不太明显的裂片。

【果实和种子】小坚果光滑,顶部被毛。

【分类地位】被子植物门、双子叶植物纲、合瓣花亚纲、管状花目、唇形科、野芝麻亚科、荆芥族。

【种类】全属有9种;中国有1种,内蒙古有1种。

藿香 *Agastache rugosa*

多年生草本。茎直立,四棱形,上部被极短的细毛,下部无毛,在上部具能育的分枝。叶心状卵形至长圆状披针形,向上渐小,先端尾状长渐尖,基部心形,稀截形,边缘具粗齿,纸质,上面橄榄绿色,近无毛,下面略淡,被微柔毛及点状腺体。轮伞花序多花,在主茎或侧枝上组成顶生密集的圆筒形穗状花序;花序基部的苞叶长不超过5毫米,披针状线形,长渐尖,苞片形状与之相似,较小;轮伞花序具短梗,总梗被腺微柔毛。花萼管状倒圆锥形,被腺微柔毛及黄色小腺体,多少染成浅紫色或紫红色,喉部微斜,萼齿三角状披针形,后3枚齿长,前2枚齿稍短。花冠淡紫蓝色,外被微柔毛,冠筒基部微超出于萼,向上渐宽,至喉部冠檐2唇形,上唇直伸,先端微缺,下唇3裂,中裂片较宽大,平展,边缘波状,基部宽,侧裂片半圆形。雄蕊伸出花冠,花丝细,扁平,无毛。花柱与雄蕊近等长,丝状,先端相等的2裂。花盘厚环状。子房裂片顶部具绒毛。成熟小坚果卵状长圆形,腹面具棱,先端具短硬毛,褐色。花期6～9月,果期9～11月。

生于山地林缘。产于内蒙古赤峰市;中国各地广泛分布,主要产于四川、江苏、浙江、湖南、广东;日本、朝鲜、俄罗斯以及北美洲也有分布。

277

芨芨草属——【学　名】*Achnatherum*

【蒙古名】ᠠᠷᠠᠭᠠᠯ ᠤᠨ ᠡᠪᠡᠰᠦ

【英文名】Jijigrass

【生活型】多年生丛生草本。

【叶】叶片通常内卷,稀扁平。

【花】圆锥花序顶生、狭窄或开展;小穗含 1 朵小花,两性,小穗轴脱节于颖之上;两颖近等长或略有上下,宿存,膜质或兼草质,先端尖或渐尖,稀钝圆;外稃较短于颖,圆柱形,厚纸质,成熟后略变硬,顶端具 2 枚微齿,背部被柔毛,芒从齿间伸出,膝曲而宿存,稀近于劲直而脱落,基盘钝或较尖,具髯毛;内稃具 2 条脉,无脊,脉间具毛,成熟后背部多少裸露;鳞被 3 枚;雄蕊 3 枚,花药顶端具毫毛或稀无毛。

【分类地位】被子植物门、单子叶植物纲、禾本目、禾本科、早熟禾亚科、针茅族。

【种类】全属有 20 余种;中国有 14 种;内蒙古有 8 种。

芨芨草 *Achnatherum splendens*

植株具粗而坚韧外被砂套的须根。秆直立,坚硬,内具白色的髓,形成大的密丛,节多聚于基部,具 2～3 节,平滑无毛,基部宿存枯萎的黄褐色叶鞘。叶鞘无毛,具膜质边缘;叶舌三角形或尖披针形;叶片纵卷,质坚韧,上面脉纹凸起,微粗糙,下面光滑无毛。圆锥花序开花时呈金字塔形开展,主轴平滑,或具角棱而微粗糙,分枝细弱,2～6枚簇生,平展或斜向上升,基部裸露;小穗灰绿色,基部带紫褐色,成熟后常变草黄色;颖膜质,披针形,顶端尖或锐尖,第一颖具 1 条脉,第二颖具 3 条脉;外稃厚纸质,顶端具 2 枚微齿,背部密生柔毛,具 5 条脉,基盘钝圆,具柔毛,芒自外稃齿间伸出,直立或微弯,粗糙,不扭转,易断落;内稃具 2 条脉而无脊,脉间具柔毛;花药顶端具毫毛。花果期 6～9 月。

生于盐化草甸、干燥山坡、盐化低地、湖盆边缘、丘间谷地、干河床、阶地、侵蚀洼地等。产于内蒙古各地;中国甘肃、黑龙江、河南、宁夏、青海、山西、四川、新疆、西藏、云南也产;阿富汗、印度、哈萨克斯坦、吉尔吉斯斯坦、蒙古、巴基斯坦、俄罗斯、塔吉克斯坦、土库曼斯坦、乌兹别克斯坦也有分布。

鸡娃草属——【学　名】*Plumbagella*

【蒙古名】ᠣᠨᠠᠭᠠᠨ ᠬᠣᠷᠣᠬᠠᠢᠠ ᠤ ᠲᠥᠷᠥᠯ

【英文名】Plumbagella

【生活型】一年生草本。

【叶】叶互生,基部半抱茎,两侧耳部沿茎上细棱下延。

【花】花序生于茎枝顶端,初时近头状,渐延伸成短穗状;小穗含 2～3 朵花,具 1 个叶状的草质苞片,每花具 2 个膜质小苞,花小,具短梗;萼硬草质,管状圆锥形,略显有 5 棱角,先端具 5 枚裂片,裂片边缘着生具柄的腺,萼筒无腺而于结果时自棱上形成 1～2 个鸡冠状突起;花冠具狭钟状的筒部与 5 个近直立而露于萼外的裂片;雄蕊下位,或与花冠筒之基部略接合,花药长卵形;子房卵形,先端渐细;花柱 1 枚;柱头 5 枚,伸长,指状,内侧具钉状腺质突起(受粉面)。

【果实和种子】蒴果尖,长卵形;种子长卵形。

【分类地位】被子植物门、双子叶植物纲、合瓣花亚纲、白花丹目、白花丹科、白花丹族。

【种类】单种属;中国有 1 种;内蒙古有 1 种。

鸡娃草 *Plumbagella micrantha*

一年生草本。或多或少被细小钙质颗粒;茎直立,通常有 6～9 节,基节以上均可分枝,具条棱,沿棱有稀疏细小的皮刺。中部叶最大,下部叶片上部最宽,匙形至倒卵状披针形,有略明显的宽扁柄状部,愈向茎的上部,叶片渐变为中部最宽至基部最宽,狭披针形至卵状披针形,由无明显的柄部至完全无柄,先端急尖至渐尖,基部由无耳(最下部的叶)至有耳抱茎而沿棱下延,边缘常有细小皮刺。花序通常含 4～12 个小穗;穗轴被灰褐色至红褐色绒毛,结果时略延长;小穗含 2～3 朵花;苞片下部者较萼长,上部者与萼近等长或较短,通常宽卵形,先端渐尖,小苞片膜质,通常披针状长圆形,远较苞片为小;萼绿色,筒部具 5 棱角,先端有 5 枚与筒部等长的狭长三角形裂片,裂片两侧有具柄的腺;结果时,萼筒的棱脊上生出鸡冠状突起,萼也同时略增大而变硬;花冠淡蓝紫色,狭钟状,先端有 5 枚卵状三角形裂片;雄蕊几与花冠筒部等长或略短,花药淡黄色,花丝白色;子房卵状,上端渐细成花柱。蒴果暗红褐色,有 5 条淡色条纹;种子红褐色。花期 7～8 月,果期 7～9 月。

生于海拔 2000～3500 米山谷的河沟。产于内蒙古阿拉善盟贺兰山;中国甘肃、宁夏、青海、新疆、西藏也产;哈萨克斯坦、吉尔吉斯斯坦、蒙古、俄罗斯也有分布。

鸡眼草属——【学　名】*Kummerowia*

　　　　　　【蒙古名】ᠷᠠᠰᠢᠶᠠᠨ ᠦᠨᠦᠷᠲᠦ ᠡ ᠶᠢᠨ ᠡᠪᠡᠰᠦ

　　　　　　【英文名】Cockeyeweed

【生活型】一年生草本。

【叶】叶为三出羽状复叶;托叶膜质,大而宿存,通常比叶柄长。

【花】花通常 1～2 朵簇生于叶腋,稀 3 朵或更多,小苞片 4 个,生于花萼下方,其中有一个较小;花小,旗瓣与翼瓣近等长,通常均较龙骨瓣短,正常花的花冠和雄蕊管在果时脱落,闭锁花或不发达的花的花冠、雄蕊管和花柱在成果时与花托分离连在荚果上,至后期才脱落;雄蕊二体(9＋1);子房有 1 颗胚珠。

【果实和种子】荚果扁平,具 1 节,1 粒种子,不开裂。

【分类地位】被子植物门、双子叶植物纲、原始花被亚纲、蔷薇目、蔷薇亚目、豆科、蝶形花亚科、山蚂蝗族、胡枝子亚族。

【种类】全属有 2 种;中国有 2 种;内蒙古有 2 种。

鸡眼草 *Kummerowia striata*

　　一年生草本。披散或平卧,多分枝,茎和枝上被倒生的白色细毛。叶为三出羽状复叶;托叶大,膜质,卵状长圆形,比叶柄长,具条纹,有缘毛;叶柄极短;小叶纸质,倒卵形、长倒卵形或长圆形,较小,先端圆形,稀微缺,基部近圆形或宽楔形,全缘;两面沿中脉及边缘有白色粗毛,但上面毛较稀少,侧脉多而密。花小,单生或 2～3 朵簇生于叶腋;花梗下端具 2 个大小不等的苞片,萼基部具 4 个小苞片,其中 1 个极小,位于花梗关节处,小苞片常具 5～7 条纵脉;花萼钟状,带紫色,5 裂,裂片宽卵形,具网状脉,外面及边缘具白毛;花冠粉红色或紫色,较萼约长 1 倍,旗瓣椭圆形,下部渐狭成瓣柄,具耳,龙骨瓣比旗瓣稍长或近等长,翼瓣比龙骨瓣稍短。荚果圆形或倒卵形,稍侧扁,较萼稍长或长达 1 倍,先端短尖,被小柔毛。花期 7～9 月,果期 8～10 月。

　　生于草原带和森林草原带的林边、林下、田边、路旁。产于内蒙古通辽市大青沟;中国安徽、福建、广东、广西、吉林、辽宁、陕西、山东、山西、四川、台湾、云南、浙江也产;印度、日本、朝鲜、俄罗斯、越南也有分布。

棘豆属——【学　名】*Oxytropis*

【蒙古名】ᠣᠷᠭᠤᠭᠤᠯ ᠦᠨ ᠡᠪᠡᠰᠦ

【英文名】Crazyweed

【生活型】多年生草本、半灌木或矮灌木,稀垫状小半灌木。

【根】根通常发达。

【茎】茎发达、缩短或成根颈状。植物体被毛、腺毛或腺点,稀被不等臂的丁字毛。

【叶】奇数羽状复叶;托叶纸质、膜质,稀近革质,合生或离生,与叶柄贴生或分离;叶轴有时硬化成刺状;小叶对生、互生或轮生,全缘,无小托叶。

【花】腋生或基生总状花序、穗形总状花序,或密集成头形总状花序,有时为伞形花序,具多花或少花,有时1~2朵花;苞片小膜质;小苞片微小或无;花萼筒状或钟状,萼齿5枚,近等长;花冠紫色、紫堇色、白色或淡黄色,或多或少突出萼外,常具较长的瓣柄;旗瓣直立,卵形或长圆形;翼瓣长圆形;龙骨瓣与翼瓣等长或较短,直立,先端具直立或反曲的喙;雄蕊二体(9+1),花药同型;子房无柄或有柄,具多数胚珠,花柱线状,直立或内弯,无髯毛,柱头头状,顶生。

【果实和种子】荚果长圆形、线状长圆形或卵状球形,膨胀,膜质、草质或革质,伸出萼外,稀藏于萼内,腹缝通常成深沟槽,沿腹缝2瓣裂,稀不裂,1室(无隔膜)或不完全2室(稍具隔膜),稀为2室(具隔膜),无果梗或具果梗。种子肾形,无种阜,珠柄线状。

【分类地位】被子植物门、双子叶植物纲、原始花被亚纲、蔷薇目、蔷薇亚目、豆科、蝶形花亚科、山羊豆族、黄耆亚族。

【种类】全属有300余种;中国有146种,12变种,3变型;内蒙古有27种,3变种,3变型。

281

地角儿苗 *Oxytropis bicolor*

多年生草本。外倾,植株各部密被开展白色绢状长柔毛,淡灰色。主根发达,直伸,暗褐色。茎缩短,簇生。托叶膜质,卵状披针形,与叶柄贴生很高,彼此于基部合生,先端分离而渐尖,密被白色绢状长柔毛;叶轴有时微具腺体;对生或4片轮生,线形、线状披针形、披针形,先端急尖,基部圆形,边缘常反卷,两面密被绢状长柔毛,上面毛较疏。10~15(~23)朵花组成或疏或密的总状花序;花葶与叶等长或稍长,直立或平卧,被开展长硬毛;苞片披针形,先端尖,疏被白色柔毛;花萼筒状,密被长柔毛,萼齿线状披针形;花冠紫红色、蓝紫色,旗瓣菱状卵形,先端圆,或略微凹,中部黄色,干后有黄绿色斑,翼瓣长圆形,先端斜宽,微凹;子房被白色长柔毛或无毛,花柱下部有毛,上部无毛;胚珠26~28颗。荚果几革质,稍坚硬,卵状长圆形,膨胀,腹背稍扁,先端具长喙,腹、背缝均有沟槽,密被长柔毛,不完全2室。种子宽肾形,暗褐色。花果期4~9月。

生于山坡、沙质地、撂荒地。产于内蒙古赤峰市、锡林郭勒盟、呼和浩特市、鄂尔多斯市;中国甘肃、河北、河南、宁夏、陕西、山东、山西也产;蒙古也有分布。

蒺藜草属——【学　名】*Cenchrus*

【蒙古名】ᠬᠥᠷᠥᠭᠡᠰᠦᠨ ᠥᠪᠥᠯᠵᠢ ᠶᠢᠨ ᠡᠪᠡᠰᠦ

【英文名】Sandbur

【生活型】一年生或多年生草本。

【茎】秆通常低矮且下部分枝较多。

【叶】叶片扁平。

【花】穗形总状花序顶生；由多数不育小枝形成的刚毛常部分愈合而成球形刺苞，具短而粗的总梗，总梗在基部脱节，连同刺苞一起脱落，刺苞上刚毛直立或弯曲，内含簇生小穗 1 至数个，成熟时，小穗与刺苞一起脱落，种子常在刺苞内萌发；小穗无柄；颖不等长，第一颖常短小或缺；第二颖通常短于小穗；第一小花雄性或中性，具 3 枚雄蕊，外稃薄纸质至膜质，内稃发育良好；第二小花两性，外稃成熟时质地变硬，通常肿胀，顶端渐尖，边缘薄而扁平，包卷同质的内稃；鳞被退化；雄蕊 3 枚，花药线形，顶端无毛或具毫毛；花柱 2 枚，基部联合。

【果实和种子】颖果椭圆状扁球形；种脐点状；胚长约为果实的 2/3。

【分类地位】被子植物门、单子叶植物纲、禾本目、禾本科、黍亚科、黍族、蒺藜草亚族。

【种类】全属约有 25 种；中国有 2 种；内蒙古有 1 种。

光梗蒺藜草 *Cenchrus calyculatus*

一年生草本。须根较短粗，秆基部分蘖呈丛，茎横向匍匐后直立生长，近地面数节具根，茎节处稍有膝曲。叶鞘具脊，基部包茎，上部松弛，近边缘疏生细长柔毛，下部边缘无毛，膜质；叶舌具一圈短纤毛；叶片线形或狭长披针形，干后常对折，两面无毛，总状花序自叶鞘中部伸出，花序轴具棱，稍粗糙，刺苞稍长圆球形，宽稍小于长（都包括刚毛长），刺苞的近基部有 1～2 圈较细的刚毛，具极疏的不明显的倒向糙毛（几乎无毛），上部刚毛粗壮，其基部较宽，呈尖三角形，与刺苞裂片近相等长，直立、开展或向内弯曲，刺苞外面具白色短毛或长绵毛，裂片在中部或 2/3 以下连合，近基部边缘具平展的白色纤毛或无毛，刺苞基部楔形，总梗光滑无毛，每刺苞内具小穗 2～3 个，小穗椭圆形，顶端渐尖，含 2 朵小花，颖片膜质，第一颖三角状披针形，先端渐尖，长为小穗的 1/3～1/2，具 1 条脉，第 2 颖长为小穗的 3/4，先端钝，具 5 条脉，背部具疏毛；第一小花中性，第一外稃纸质，与第二小花等长，先端尖，具 5 条脉，背面有较疏短毛，其内稃薄纸质，狭长披针形，与第一外稃等长，先端较钝；第二外稃纸质，成熟后质地渐变硬，具 5 条脉，先端尖，其内稃短于外稃，先端尖；鳞被退化，花柱基部联合。颖果椭圆状扁球形，背腹压扁。花果期 8 月。

生于居民点、田边。产于内蒙古通辽市；中国辽宁也产；日本也有分布。

蒺藜科 ——【学　名】*Zygophyllaceae*

【蒙古名】ᠬᠣᠩᠭᠣᠷᠠᠭ᠎ᠠ ᠵᠢᠮᠢᠰᠲᠦ ᠶᠢᠨ ᠣᠪᠣᠭ

【英文名】Beancaper Family, Caltrop Family

【生活型】多年生草本、半灌木或灌木,稀为一年生草本。

【叶】托叶分裂或不分裂,常宿存;单叶或羽状复叶,小叶常对生,有时互生,肉质。

【花】花单生或 2 朵并生于叶腋,有时为总状花序,或为聚伞花序;花两性,辐射对称或两侧对称;萼片 5 个,有时 4 个,覆瓦状或镊合状排列;花瓣 4~5 片,覆瓦状或镊合状排列;雄蕊与花瓣同数,或比花瓣多 1~3 倍,通常长短相间,外轮与花瓣对生,花丝下部常具鳞片,花药丁字形着生,纵裂;子房上位,3~5 室,稀 2~12 室,极少各室有横隔膜。

【果实和种子】果革质或脆壳质,或为 2~10 枚分离或连合果瓣的分果,或为室间开裂的蒴果,或为浆果状核果,种子有胚乳或无胚乳;

【种类】全科约有 27 属,350 种;中国有 6 属,31 种,2 亚种,4 变种;内蒙古有 5 属,16 种,1 变种。

蒺藜科 Zygophyllaceae R. Br. 由苏格兰植物学家和古植物学家 Robert Brown (1773—1858)于 1814 年在"A Voyage to Terra Australis 2"(Voy. Terra Austral.)中建立的植物科,模式属为 Zygophyllum(驼蹄瓣属,霸王属),为广义的蒺藜科。1830 年,英国植物学家 John Lindley 在"An Introduction to the Natural System of Botany"中以白刺属(Nitraria)为模式建立了白刺科(Nitrariaceae Lindl.),从 Zygophyllaceae 分出。1986 年,塔赫他间(Armen Leonovich Takhtajan? or? Takhtajian,1910—2009)在"Floristic Regions of the World 333"上发表了旱霸王科(Tetradiclidaceae),模式属为 Tetradiclis。1987 年,塔赫他间在"Sistema Magnoliofitov"上把法国植物学家 Philippe Édouard Léon Van Tieghem(1839—1914)命名但未经发表的 Peganaceae 代为发表,模式属为骆驼蓬属(Peganum),主张从 Zygophyllaceae 分出。

在恩格勒系统(1964)中,蒺藜科(Zygophyllaceae)隶属原始花被亚纲(Archichlamydeae)、牻牛儿苗目(Geraniales),另含 8 个科,为广义的蒺藜科。在哈钦森系统(1959)中,蒺藜科(Zygophyllaceae)隶属双子叶植物木本支(Lignosae)、金虎尾目(Malpighiales),另含 11 个科,为广义的蒺藜科。在塔赫他间系统(1980)中,蒺藜科(Zygophyllaceae)和白刺科(Nitrariaceae)隶属蔷薇亚纲(Rosidae)、芸香目(Rutales),另含 13 个科,是狭义的蒺藜科。在克朗奎斯特系统(1981)中,蒺藜科也隶属蔷薇亚纲(Rosidae),但隶属无患子目(Sapindales),含 15 个科,这里的蒺藜科是广义的。

蒺藜属——【学　名】*Tribulus*

【蒙古名】ᠬᠠᠷᠠᠭᠠᠨ᠎ᠠ ᠡᠪᠡᠰᠦ ᠶᠢᠨ ᠲᠥᠷᠥᠯ

【英文名】Caltrop

【生活型】草本。

【叶】偶数羽状复叶。

【花】花单生叶腋;萼片5个;花瓣5片,覆瓦状排列,开展;花盘环状,10裂;雄蕊10枚,外轮5枚较长,与花瓣对生,内轮5枚较短,基部有腺体;子房由5枚心皮组成,每室3～5粒种子。

【果实和种子】果由不开裂的果瓣组成,具锐刺。种子斜悬,无胚乳,种皮薄膜质。

【分类地位】被子植物门、双子叶植物纲、原始花被亚纲、牻牛儿苗目、蒺藜科。

【种类】全属约有20种;中国有2种;内蒙古有1种。

蒺藜 *Tribulus terrester*

一年生草本。茎平卧,无毛,被长柔毛或长硬毛,偶数羽状复叶;小叶对生,3～8对,矩圆形或斜短圆形,先端锐尖或钝,基部稍偏斜,被柔毛,全缘。花腋生,花梗短于叶,花黄色;萼片5个,宿存;花瓣5片;雄蕊10枚,生于花盘基部,基部有鳞片状腺体,子房5棱,柱头5裂,每室3～4颗胚珠。果有分果瓣5枚,硬,无毛或被毛,中部边缘有锐刺2枚,下部常有小锐刺2枚,其余部位常有小瘤体。花果期6～9月。

生于荒地、山坡、路旁、田间、居民区附近。产于内蒙古各地;中国安徽、福建、甘肃、广东、广西、海南、河北、黑龙江、河南、湖北、湖南、江苏、江西、吉林、辽宁、宁夏、青海、陕西、山东、山西、四川、台湾、新疆、西藏、云南、浙江也产;全球温带地区都有分布。

蓟属——【学　名】*Cirsium*

【蒙古名】ᠬᠠᠷ᠎ᠠ ᠡᠪᠡᠰᠦ

【英文名】Thistle

【生活型】一年生、二年生或多年生植物，无茎至高大草本，雌雄同株，极少异株。

【叶】茎分枝或不分枝，叶无毛至有毛，边缘有针刺。

【花】头状花序同型，或全部为两性花或全部为雌花，直立，下垂或下倾，小、中等大小或更大，在茎枝顶端排成伞房花序、伞房圆锥花序、总状花序或集成复头状花序，少有单生茎端。总苞卵状、卵圆状、钟状或球形，无毛或被稀疏的蛛丝毛或蛛丝毛极稠密且膨松，或被多细胞的长节毛。总苞片多层，覆瓦状排列或镶合状排列，边缘全缘，无针刺或有缘毛状针刺。花托被稠密的长托毛。小花红色、红紫色，极少为黄色或白色，檐部与细管部几等长或细管部短，5裂，有时深裂几达檐部的基部。花丝分离，有毛或乳突，极少无毛；花药基部附属物撕裂。花柱分枝基部有毛环。

【果实和种子】瘦果光滑，压扁，通常有纵条纹，顶端截形或斜截形，有果缘，基底着生面平。冠毛多层，向内层渐长，全部冠毛刚毛长羽毛状，基部连合成环，整体脱落。

【分类地位】被子植物门、双子叶植物纲、合瓣花亚纲、桔梗目、菊科、管状花亚科、菜蓟族、飞廉亚族。

【种类】全属约有250～300种；中国有50余种；内蒙古有11种。

285

莲座蓟 *Cirsium esculentum*

　　多年生草本。无茎，茎基粗厚，生多数不定根，顶生多数头状花序，外围莲座状叶丛。莲座状叶丛的叶全形倒披针形或椭圆形或长椭圆形，羽状半裂、深裂或几全裂，基部渐狭成有翼的长或短的叶柄，柄翼边缘有针刺或3～5个针刺组合成束；侧裂片4～7对，中部侧裂片稍大，全部侧裂片偏斜卵形或半椭圆形或半圆形，边缘有三角形刺齿及针刺，齿顶有针刺，齿顶针刺较长，边缘针刺较短，基部的侧裂片常针刺化。叶两面同色，绿色，两面或沿脉或仅沿中脉被稠密或稀疏的多细胞长节毛。头状花序5～12个集生于茎基顶端的莲座状叶丛中。总苞钟状。总苞片约6层，覆瓦状排列，向内层渐长；外层与中层长三角形至披针形，顶端急尖，有短尖头；内层及最内层线状披针形至线形，顶端膜质渐尖；全部苞片无毛。小花紫色，花冠不等5浅裂。瘦果淡黄色，楔状长椭圆形，压扁，顶端斜截形。冠毛白色或污白色或稍带褐色或带黄色；多层，基部连合成环，整体脱落；冠毛刚毛长羽毛状，向顶端渐细。花果期8～9月。

　　生于河漫滩阶地、滨湖阶地、山间谷地。产于内蒙古呼伦贝尔市、赤峰市、锡林郭勒盟、乌兰察布市；中国河北、吉林、辽宁、新疆也产；哈萨克斯坦、蒙古、俄罗斯、乌兹别克斯坦也有分布。

夹竹桃科——【学　名】*Apocynaceae*

【蒙古名】ᠣᠯᠠᠭᠠᠨᠠ ᠲᠤᠷᠤᠭᠤ ᠵᠢᠮᠢᠰᠲᠤ ᠡᠸᠧᠰᠦᠨ

【英文名】Dogbane

【生活型】乔木，直立灌木或木质藤木，也有多年生草本。

【叶】单叶对生、轮生，稀互生，全缘，稀有细齿；羽状脉；通常无托叶或退化成腺体，稀有假托叶。

【花】花两性，辐射对称，单生或多生组成聚伞花序，顶生或腋生；花萼裂片 5 枚，稀 4 枚，基部合生成筒状或钟状，裂片通常为双盖覆瓦状排列，基部内面通常有腺体；花冠合瓣，高脚碟状、漏斗状、坛状、钟状、盆状稀辐状，裂片 5 枚，稀 4 枚，覆瓦状排列，其基部边缘向左或向右覆盖，稀镊合状排列，花冠喉部通常有副花冠或鳞片或膜质或毛状附属体；雄蕊 5 枚，着生在花冠筒上或花冠喉部，内藏或伸出，花丝分离，花药长圆形或箭头状，2 室，分离或互相粘合并贴生在柱头上；花粉颗粒状；花盘环状、杯状或成舌状，稀无花盘；子房上位，稀半下位，1～2 室，或为 2 枚离生或合生心皮所组成；花柱 1 枚，基部合生或裂开；柱头通常环状、头状或棍棒状，顶端通常 2 裂；胚珠 1 至多颗，着生于腹面的侧膜胎座上。

【果实】果为浆果、核果、蒴果或蓇葖；种子通常一端被毛，稀两端被毛或仅有膜翅或毛翅均缺，通常有胚乳及直胚。

【种类】全科约有 250 属，2000 种；中国有 46 属，176 种，33 变种；内蒙古有 3 属，3 种。

夹竹桃科 Apocynaceae Juss. 是法国植物学家 Antoine Laurent de Jussieu (1748－1836)于 1789 年在"Genera plantarum 143－144"(Gen. Pl.)中建立的植物科，模式属为罗布麻属(Apocynum)。

在恩格勒系统(1964)中，夹竹桃科隶属合瓣花亚纲(Sympetalae)、龙胆目(Gentianales)，含夹竹桃科、马钱科(Loganiaceae)、龙胆科(Gentianaceae)、睡菜科(Menyanthaceae)、萝藦科(Asclepiadaceae)、茜草科(Rubiaceae)、离水花科(Desfontainiaceae)等 7 个科。哈钦森系统(1959)的夹竹桃科隶属双子叶植物木本支(Lignosae)、夹竹桃目(Apocynales)，含夹竹桃科、萝藦科、杠柳科(Periplocaceae)、毛子树科(Plocospermaceae)等 4 个科，认为本目为演化到顶之一群，来自马钱目(Loganiales)。在塔赫他间系统(1980)中，夹竹桃科隶属菊亚纲(Asteridae)、龙胆目，含夹竹桃科、马钱科、龙胆科、睡菜科、萝藦科、茜草科、假繁缕科(Theligonaceae)、毛枝树科(Dialypetalanthaceae)等 8 个科，认为夹竹桃科与马钱科关系密切，龙胆目远源于虎耳草目(Saxifragales)。在克朗奎斯特系统(1981)中，夹竹桃科隶属菊亚纲(Asteridae)、龙胆目，含夹竹桃科、马钱科、龙胆科、萝藦科、轮叶科(Retziaceae)、勺叶木科(Saccifoliaceae)等 6 个科，认为龙胆目为菊亚纲中较为原始的目，与菊亚纲中其他目有共同起源。

夹竹桃属——【学　名】*Nerium*

【蒙古名】ᠣᠯᠠᠭᠠᠨ ᠵᠢᠭᠡ ᠵᠢᠮᠢᠰᠲᠤ ᠶᠢᠨ ᠲᠥᠷᠥᠯ

【英文名】Oleander

【生活型】直立灌木。

【茎】枝条灰绿色,含水液。

【叶】叶轮生,稀对生,具柄,革质,羽状脉,侧脉密生而平行。

【花】伞房状聚伞花序顶生,具总花梗;花萼 5 裂,裂片披针形,双覆瓦状排列,内面基部具腺体;花冠漏斗状,红色,栽培种有演变为白色或黄色的,花冠筒圆筒形,上部扩大呈钟状,喉部具 5 枚阔鳞片状副花冠,每片顶端撕裂;花冠裂片 5 枚,或更多而呈重瓣,斜倒卵形,花蕾时向右覆盖;雄蕊 5 枚,着生在花冠筒中部以上,花丝短,花药箭头状,附着在柱头周围,基部具耳,顶端渐尖,药隔延长成丝状,被长柔毛;无花盘;子房由 2 枚离生心皮组成,花柱丝状或中部以上加厚,柱头近球状,基部膜质环状,顶端具尖头;每枚心皮有胚珠多颗。

【果实和种子】蓇葖 2 枚,离生,长圆形;种子长圆形,种皮被短柔毛,顶端具种毛。

【分类地位】被子植物门、双子叶植物纲、合瓣花亚纲、捩花目、夹竹桃科、夹竹桃亚科、夹竹桃族。

【种类】全属约有 4 种;中国引入栽培有 2 种,1 栽培变种;内蒙古有 1 种。

夹竹桃 *Nerium indicum*

　　常绿直立灌木。枝条灰绿色,含水液;嫩枝条具棱,被微毛,老时毛脱落。叶 3～4 枚轮生,下枝为对生,窄披针形,顶端急尖,基部楔形,叶缘反卷,叶面深绿,无毛,叶背浅绿色,有多数洼点,幼时被疏微毛,老时毛渐脱落;中脉在叶面陷入,在叶背凸起,侧脉两面扁平,纤细,密生而平行,每边达 120 条,直达叶缘;叶柄扁平,基部稍宽,幼时被微毛,老时毛脱落;叶柄内具腺体。聚伞花序顶生,着花数朵;被微毛;苞片披针形;花芳香;花萼 5 深裂,红色,披针形,外面无毛,内面基部具腺体;花冠深红色或粉红色,栽培演变有白色或黄色,花冠为单瓣呈 5 裂时,其花冠为漏斗状,其花冠筒圆筒形,上部扩大呈钟形,花冠筒内面被长柔毛,花冠喉部具 5 片宽鳞片状副花冠,每片其顶端撕裂,并伸出花冠喉部之外,花冠裂片倒卵形,顶端圆形;花冠为重瓣呈 15～18 枚时,裂片组成 3 轮,内轮为漏斗状,外面 2 轮为辐状,分裂至基部或每 2～3 片基部连合,每花冠裂片基部具长圆形而顶端撕裂的鳞片;雄蕊着生在花冠筒中部以上,花丝短,被长柔毛,花药箭头状,内藏,与柱头连生,基部具耳,顶端渐尖,药隔延长呈丝状,被柔毛;无花盘;心皮 2 枚,离生,被柔毛,花柱丝状,柱头近球圆形,顶端凸尖;每枚心皮有胚珠多颗。蓇葖 2 枚,离生,平行或并连,长圆形,两端较窄,绿色,无毛,具细纵条纹;种子长圆形,基部较窄,顶端钝、褐色,种皮被锈色短柔毛,顶端具黄褐色绢质种毛。

　　栽培植物,用于观赏;野生于伊朗、印度、尼泊尔。

荚蒾属──【学　名】*Viburnum*

【蒙古名】ᠵᠢᠮᠢᠰ ᠤᠨ ᠮᠣᠳᠣ

【英文名】Arrowwood

【生活型】灌木或小乔木,落叶或常绿。

【茎】茎干有皮孔。

【叶】单叶,对生,稀 3 片轮生,全缘或有锯齿或牙齿,有时掌状分裂,有柄;托叶通常微小,或不存在。

【花】花小,两性,整齐;花序由聚伞合成顶生或侧生的伞形式、圆锥式或伞房式,很少紧缩成簇状,有时具白色大型的不孕边花或全部由大型不孕花组成;苞片和小苞片通常微小而早落;萼齿 5 枚,宿存;花冠白色,较少淡红色,辐状、钟状、漏斗状或高脚碟状,裂片 5 枚,通常开展,很少直立,蕾时覆瓦状排列;雄蕊 5 枚,着生于花冠筒内,与花冠裂片互生,花药内向,宽椭圆形或近圆形;子房 1 室,花柱粗短,柱头头状或浅(2～)3 裂;胚珠 1 颗,自子房顶端下垂。

【果实和种子】果实为核果,卵圆形或圆形,冠以宿存的萼齿和花柱;核扁平,较少圆形,骨质,有背、腹沟或无沟,内含 1 粒种子;胚直,胚乳坚实,硬肉质或嚼烂状。

【分类地位】被子植物门、双子叶植物纲、合瓣花亚纲、茜草目、忍冬科、荚蒾族。

【种类】全属约有 200 种;中国有 74 种;内蒙古有 2 种。

蒙古荚蒾 *Viburnum mongolicum*

落叶灌木。幼枝、叶下面、叶柄和花序均被簇状短毛,二年生小枝黄白色,浑圆,无毛。叶纸质,宽卵形至椭圆形,稀近圆形,顶端尖或钝形,基部圆或楔圆形,边缘有波状浅齿,齿顶具小突尖,上面被簇状或叉状毛,下面灰绿色,侧脉 4～5 对,近缘前分枝而互相网结,连同中脉上面略凹陷或不明显,下面凸。聚伞花序具少数花,第一级辐射枝 5 条或较少,花大部生于第一级辐射枝上;萼筒矩圆筒形,无毛,萼齿波状;花冠淡黄白色,筒状钟形,无毛;雄蕊约与花冠等长,花药矩圆形。果实红色而后变黑色,椭圆形;核扁,有 2 条浅背沟和 3 条浅腹沟。花期 5 月,果熟期 9 月。

生于山地林缘、杂木林及灌丛中。产于内蒙古呼伦贝尔市、兴安盟、通辽市、赤峰市、锡林郭勒盟、乌兰察布市、呼和浩特市、包头市、巴彦淖尔市、阿拉善盟;中国甘肃、河北、河南、宁夏、青海、陕西、山西也产;蒙古、俄罗斯也有分布。

假报春属——【学　名】*Cortusa*

【蒙古名】ᠬᠤᠳᠠᠯ ᠬᠠᠪᠤᠷ ᠤᠨ ᠡᠪᠡᠰᠦ

【英文名】Cortusa

【生活型】多年生草本。

【叶】叶全部基生,具长柄,叶片心状圆形,7～9裂,裂片有牙齿或缺刻。

【花】花葶直立;伞形花序顶生,具苞片;花梗纤细,不等长;花萼5深裂,裂片披针形,宿存;花冠漏斗状钟形,红色或黄色,分裂达中部以下,裂片5枚,通常卵圆形,先端钝,筒部短,喉部无附属物;雄蕊5枚,着生于冠筒基部,花丝极短,基部膜质,连合成环;花药基部心形,向上渐狭,顶端具小尖头;子房卵珠形;胚珠多数,半倒生;花柱丝状,伸出冠筒外,柱头头状。

【果实和种子】蒴果顶端5瓣开裂;种子扁球形,具皱纹。

【分类地位】被子植物门、双子叶植物纲、合瓣花亚纲、报春花目、报春花科、报春花族。

【种类】全属约有10种;中国有1种,1亚种;内蒙古有1种,1亚种。

假报春 *Cortusa matthioli*

　　多年生草本。叶基生,轮廓近圆形,基部深心形,边缘掌状浅裂,裂深不超过叶片的1/4,裂片三角状半圆形,边缘具不整齐的钝圆或稍锐尖牙齿,上面深绿色,被疏柔毛或近于无毛,下面淡灰色,被柔毛;叶柄长为叶片的2～3倍,被柔毛。花葶直立,通常高出叶丛1倍,被稀疏柔毛或近于无毛;伞形花序5～8(10)朵花;苞片狭楔形,顶端有缺刻状深齿;花梗纤细,不等长;分裂略超过中部,裂片披针形,锐尖;花冠漏斗状钟形,紫红色,分裂略超过中部,裂片长圆形,先端钝;雄蕊着生于花冠基部,花药纵裂,先端具小尖头;花柱伸出花冠外。蒴果圆筒形,长于宿存花萼。花期5～7月;果期7～8月。

　　生于山地林下。产于内蒙古兴安盟、阿拉善盟;中国甘肃、河北、陕西、山西、新疆也产;欧洲中部、亚洲北部也有分布。

289

假贝母属——【学　名】*Bolbostemma*

【蒙古名】ᠪᠣᠯᠪᠣ ᠶᠢᠨ ᠤᠷᠤᠭ

【英文名】Bolbostemma

【生活型】攀援草本。

【茎】茎、枝细。

【叶】叶近圆形或心形,波状 5 浅裂或掌状 5 深裂,基部小裂片顶端有 2 个突出的腺体;卷须单一或分 2 叉。

【花】雌雄异株;雄花序为疏散的圆锥花序,雌花生于疏散的圆锥花序上,有时单生或簇生。雄花:花萼辐状,裂片 5 枚,线状披针形;花冠辐状,裂片 5 枚,狭披针形,尾状渐尖;雄蕊 5 枚,花丝分离,或者两两成对在花丝中部以下联合,其余 1 枚单生,花药卵形,全部为 1 室,药隔伸出或不伸出。雌花:花萼和花冠同雄花;子房近球形,有瘤状凸起或无,3 室,每室具 2 颗下垂着生的胚珠,花柱短粗,柱头 3 枚,2 裂。

【果实和种子】果实圆柱形,有刺或无刺,上部环状盖裂,果盖圆锥形,连同胎座一起脱落,具 4～6 粒种子。种子近卵形,表面雕纹状,顶端有膜质的翅。

【分类地位】被子植物门、双子叶植物纲、原始花被亚纲、葫芦目、葫芦科、藏瓜族、锥形果亚族。

【种类】全属有 2 种,1 变种,中国特有;内蒙古有 1 栽培种。

假贝母 *Bolbostemma paniculatum*

多年生攀援草本。鳞茎肥厚,肉质,乳白色;茎草质,无毛,攀援状,枝具棱沟,无毛。叶柄纤细,叶片卵状近圆形,掌状 5 深裂,每枚裂片再 3～5 浅裂,侧裂片卵状长圆形,急尖,中间裂片长圆状披针形,渐尖,基部小裂片顶端各有 1 个显著突出的腺体,叶片两面无毛或仅在脉上有短柔毛。卷须丝状,单一或 2 歧。花雌雄异株。雌、雄花序均为疏散的圆锥状,极稀花单生,花序轴丝状,花梗纤细;花黄绿色;花萼与花冠相似,裂片卵状披针形,顶端具长丝状尾;雄蕊 5 枚,离生;花丝顶端不膨大,药隔在花药背面不伸出于花药。子房近球形,疏散生不显著的疣状凸起,3 室,每室 2 颗胚珠,花柱 3 枚,柱头 2 裂。果实圆柱状,成熟后由顶端盖裂,果盖圆锥形,具 6 粒种子。种子卵状菱形,暗褐色,表面有雕纹状凸起,边缘有不规则的齿,顶端有膜质的翅。花期 6～8 月,果期 8～9 月。

内蒙古有栽培,块茎入药。中国甘肃、河北、河南、湖南、陕西、山东、山西、四川有分布。

假稻属——【学　名】*Leersia*

【蒙古名】ᠣᠷᠤᠮᠠᠯ ᠤᠨ ᠲᠥᠷᠥᠯ（ᠣᠷᠤᠮᠠᠯ ᠤᠨ ᠲᠥᠷᠥᠯ）

【英文名】Cutgrass，Whitegrass

【生活型】多年生草本。水生或湿生沼泽草本。

【茎】具长匍匐茎或根状茎。秆具多数节，节常生微毛，下部伏卧地面或漂浮水面，上部直立或倾斜。

【叶】叶鞘多短于其节间；叶舌纸质；叶片扁平，线状披针形。

【花】顶生圆锥花序较疏松，具粗糙分枝；小穗含 1 朵小花，两侧极压扁，无芒，自小穗柄的顶端脱落；两颖完全退化；外稃硬纸质，舟状，具 5 条脉，脊上生硬纤毛，边脉接近边缘而紧扣内稃之边脉；内稃与外稃同质，具 3 条脉，脊上具纤毛；鳞被 2 枚；雄蕊 6 枚或 1～3 枚，花药线形。

【果实和种子】颖果长圆形，压扁，胚长约为果体之 1/3。种脐线形。

【分类地位】被子植物门、单子叶植物纲、禾本目、禾本科、稻亚科、稻族、稻亚族。

【种类】全属约有 20 种；中国有 4 种；内蒙古有 1 种。

粃壳草（蓉草）*Leersia oryzoides*

多年生，具根状茎。秆下部倾卧，节着土生根，具分枝，节生鬓毛，花序以下部分粗糙。叶鞘被倒生刺毛；叶片线状披针形，渐尖，两面与边缘具小刺状粗糙。圆锥花序疏展，分枝具 3～5 个小枝，下部长裸露，3 至数个着生于主轴各节；小穗长椭圆形，先端具短脉，基部具短柄；外稃压扁，散生糙毛，脊具刺状纤毛；内稃与外稃相似，较窄而具 3 条脉，脊上生刺毛；雄蕊 3 枚。有时上部叶鞘中具隐藏花序，其小穗多不发育。

生于稻田及水边沼泽。产于内蒙古赤峰市、通辽市和大青沟；中国福建、海南、黑龙江、湖南、新疆也产；哈萨克斯坦、吉尔吉斯斯坦、俄罗斯、塔吉克斯坦、土库曼斯坦、乌兹别克斯坦以及北非、西南亚、欧洲、北美洲也有分布。

假龙胆属——【学　名】*Gentianella*

【蒙古名】ᠣᠬᠣᠷᠬᠠᠨ ᠵᠢᠮᠢᠰ ᠦᠨ ᠡᠪᠡᠰᠦ

【英文名】Gentian nella

【生活型】一年生草本。

【茎】茎单一或有分枝。

【叶】叶对生;基生叶早落;茎生叶无柄或有柄。

【花】花 4～5 数,单生茎或枝端,或排列成聚伞花序;花萼叶质或膜质,深裂,萼筒短或极短,裂片同形或异形,裂片间无萼内膜;花冠筒状或漏斗状,浅裂或深裂,冠筒上着生有小腺体,裂片间无褶,裂片基部常光裸,稀具有维管束的柔毛状流苏;雄蕊着生于冠筒上;子房有花柱,柱头小,2 裂。

【果实和种子】蒴果自顶端开裂;种子多数,表面光滑或有疣状突起。

【分类地位】被子植物门、双子叶植物纲、合瓣花亚纲、捩花目、龙胆科、龙胆亚科、龙胆族、龙胆亚族。

【种类】全属约有 125 种;中国有 9 种;内蒙古有 1 种。

尖叶假龙胆 *Gentianella acuta*

　　一年生草本。主根细长。茎直立,单一,上部有短的分枝,近四棱形。基生叶早落;茎生叶无柄,披针形或卵状披针形,先端急尖,基部稍宽,不连合,叶脉 3～7 条,在下面较明显。聚伞花序顶生和腋生,组成狭窄的总状圆锥花序;花 5 数,稀 4 数;花梗细而短,四棱形;花萼长为花冠的 1/2～2/3,深裂,萼筒浅钟形,裂片狭披针形,先端渐尖,边缘略增厚,背部中脉隆起,脊状;花冠蓝色,狭圆筒形,裂片矩圆状披针形,先端急尖,基部具 6～7 条排列不整齐的流苏,流苏长柔毛状,内有维管束,冠筒基部具 8～10 个小腺体,雄蕊着生于冠筒中部,花丝线形,基部下延成狭翅,花药蓝色,矩圆形;子房无柄,圆柱形,花柱不明显。蒴果无柄,圆柱形;种子褐色,圆球形,表面具小点状突起。花果期 8～9 月。

　　生于山地林下、灌丛、低湿草甸。产于内蒙古呼伦贝尔市、赤峰市、锡林郭勒盟、乌兰察布市、巴彦淖尔市、阿拉善盟;中国河北、黑龙江、吉林、辽宁、宁夏、陕西、山东、山西也产;蒙古、俄罗斯以及北美洲也有分布。

假木贼属──【学　名】*Anabasis*

【蒙古名】ᠭᠠᠨᠵᠤᠭᠤᠷ ᠤᠨ ᠢᠵᠠᠭᠤᠷ

【英文名】Anabasis

【生活型】半灌木。

【茎】木质茎多分枝或退缩成瘤状肥大的茎基;当年枝绿色,具关节,无毛或有乳头状突起。

【叶】叶对生,肉质,半圆柱状、钻状、鳞片状或不明显,先端钝或锐,有时具刺状尖,基部合生,腋部通常有绵毛。

【花】花两性,单生叶(苞)腋,较少为簇生;小苞片 2 个,舟状,通常短于花被;花被片 5 枚,膜质,外轮 3 枚宽椭圆形或近圆形,内轮 2 枚卵形,果时每枚或仅外轮 3 枚的背面各具 1 枚翅状附属物,很少全无翅状附属物;雄蕊 5 枚,着生于花盘上,花丝钻状,稍扁,花药矩圆状心形,先端钝或具细尖;花盘杯状,5 裂,裂片(退化雄蕊)与雄蕊相间,半圆形或条形,顶端多少有颗粒状腺体;子房卵状球形,无毛或有乳头状突起,柱头 2 枚,直立或外弯,花柱短。

【果实和种子】胞果近球形至宽椭圆形,背腹稍扁,果皮肉质。种子直立,胚螺旋状,无胚乳。

【分类地位】被子植物门、双子叶植物纲、原始花被亚纲、中央种子目、藜科、螺胚亚科、猪毛菜族。

【种类】全属约有 30 种;中国有 8 种;内蒙古有 1 种。

293

短叶假木贼 *Anabasis brevifolia*

　　小半灌木。茎多分枝,当年枝多成对发自小枝顶端,通常具 4～8 节,不分枝或上部有少数分枝;节间平滑或有乳头状突起。叶条形,半圆柱状,开展并向上弧曲,先端钝或锐尖,有半透明的短刺尖,叶基部合生成鞘,腋内生绵毛。花两性,单生叶腋,有时叶腋内同时具含 2～4 朵花的短枝,形似数花簇生;小苞片卵形;花被片 5 枚,果时外轮 3 枚花被片自背侧横生翅,翅膜质,扇形或半圆形,具脉纹,淡黄色或橘红色;内轮 2 枚花被片生较小的翅。胞果宽椭圆形或近球形,黄褐色。密被乳头状突起;种子与果同形。卵形,外轮 3 枚花被片的翅肾形或近圆形,内轮 2 枚花被片的翅较狭小,圆形或倒卵形。胞果卵形至宽卵形。花期 7～8 月,果期 9～10 月。

　　生于荒漠区和荒漠草原带的石质山丘,粘质或粘壤质微碱化山丘间谷地和坡楚地带。产于内蒙古锡林郭勒盟、乌兰察布市、包头市、鄂尔多斯市、巴彦淖尔市、阿拉善盟;中国甘肃、宁夏、新疆也产;哈萨克斯坦、俄罗斯也有分布。

假升麻属——【学　名】*Aruncus*

　　　　　　　【蒙古名】ᠵᠡᠷᠯᠢᠭ ᠶᠢᠨ ᠴᠠᠭᠠᠨ

　　　　　　　【英文名】Goatsbeard

【生活型】多年生草本。

【茎】根茎粗大。

【叶】叶互生,大型,1～3回羽状复叶,稀掌状复叶,小叶边缘有锯齿,不具托叶。

【花】花单性,雌雄异株,成大型穗状圆锥花序,无梗或近于无梗;萼筒杯状,5裂;花瓣5片,白色;雄蕊15～30枚,花丝细长,约为花瓣的1倍,雌花中具有短花丝和不发育的花药;心皮3～4枚,稀5～8枚,与萼片互生,子房1室,雄花中有退化雌蕊。

【果实和种子】蓇葖果沿腹缝开裂,通常具棍棒状种子2粒,有少量胚乳。

【分类地位】被子植物门、双子叶植物纲、原始花被亚纲、蔷薇目、蔷薇亚目、蔷薇科、绣线菊亚科。

【种类】全属约有6种;中国产2种;内蒙古有1种。

假升麻 *Aruncus sylvester*

多年生草本。基部木质化;茎圆柱形,无毛,带暗紫色。大型羽状复叶,通常2回稀3回,总叶柄无毛;小叶片3～9枚,菱状卵形、卵状披针形或长椭圆形,先端渐尖,稀尾尖,基部宽楔形,稀圆形,边缘有不规则的尖锐重锯齿,近于无毛或沿叶边具疏生柔毛;小叶柄长4～10毫米或近于无柄;不具托叶。大型穗状圆锥花序,外被柔毛与稀疏星状毛,逐渐脱落,果期较少;苞片线状披针形,微被柔毛;萼筒杯状,微具毛;萼片三角形,先端急尖,全缘,近于无毛;花瓣倒卵形,先端圆钝,白色;雄花具雄蕊20枚,着生在萼筒边缘,花丝比花瓣长约1倍,有退化雌蕊;花盘盘状,边缘有10枚圆形突起;雌花心皮3～4枚,稀5～8枚,花柱顶生,微倾斜于背部,雄蕊短于花瓣。蓇葖果并立,无毛,果梗下垂;萼片宿存,开展稀直立。花期6月,果期8～9月。

生于山地林下、林缘、林间基甸。产于内蒙古呼伦贝尔市、兴安盟、锡林郭勒盟;中国安徽、甘肃、广西、黑龙江、河南、湖南、江西、吉林、辽宁、陕西、四川、西藏、云南也产;不丹、印度、日本、朝鲜、蒙古、尼泊尔、锡金以及西南亚、欧洲、北美洲也有分布。

菅属——【学　名】*Themeda*

【蒙古名】ᠭᠣᠶᠤᠭᠠ ᠶᠢᠨ ᠲᠥᠷᠥᠯ (ᠮᠣᠩᠭᠣᠯ ᠮᠣᠩᠭᠣᠯ ᠶᠢᠨ ᠲᠥᠷᠥᠯ)

【英文名】Themeda

【生活型】多年生或一年生草本。

【茎】秆粗壮或纤细，近圆形，实心，坚硬，左右压扁或具棱，无毛或被毛。

【叶】叶鞘具脊，近缘及鞘口常散生瘤基刚毛，边缘膜质，疏松或紧抱秆，上部的常短于节间；叶舌短，膜质，顶端密生纤毛或撕裂状；叶片线形，长而狭，边缘常粗糙。

【花】总状花序具长短不一的梗至几无梗，托以舟形佛焰苞，单生或数枚镰状聚生成簇，生于主秆顶和上部叶腋，组成复合或草纯之假圆锥花序；小穗孪生或在穗轴顶端者为 3 个，最下 2 对为同性对，即无柄小穗和有柄小穗均为雄性或中性，互相接近似轮生总苞，其余 1～3 对为异性，即无柄者为两性，有柄者为雄性或中性，无柄小穗圆柱形，通常有长芒，有时无芒，倾斜脱落。

【果实和种子】颖果线状倒卵形，具沟，胚乳约占其 1/2。

【分类地位】被子植物门、单子叶植物纲、禾本目、禾本科、黍亚科、高粱族、菅亚族。

【种类】全属有 30 余种；中国有 13 种；内蒙古有 1 种。

黄背草 *Themeda japonica*

多年生草本。分枝少。叶鞘压扁具脊，具瘤基柔毛；叶片线形，基部具瘤基毛。伪圆锥花序狭窄，由具线形佛焰苞的总状花序组成；总状花序由 7 个小穗组成，基部 2 对总苞状小穗着生在同一平面。有柄小穗雄性，第一颖草质，疏生瘤基刚毛，无膜质边缘或仅一侧具窄膜质边缘。无柄小穗两性，纺锤状圆柱形，基盘具棕色糙毛；第一颖草质，上部粗糙或生短毛；第二颖与第一颖同质，等长。第二外稃具芒，1～2 回膝曲，芒柱粗糙或密生短毛。

生于林缘草地。产于内蒙古赤峰市宁城县；中国安徽、福建、贵州、海南、河北、河南、湖北、湖南、江苏、江西、陕西、山东、四川、台湾、西藏、云南、浙江也产；不丹、印度、印度尼西亚、日本、朝鲜、马来西亚、缅甸、尼泊尔、菲律宾、斯里兰卡、泰国、越南以及非洲、西南亚、澳大利亚也有分布。

剪股颖属——【学　名】*Agrostis*

【蒙古名】ᠣᠨᠠᠭᠠᠨ ᠰᠣᠶᠣᠯᠵᠢ ᠶᠢᠨ ᠲᠥᠷᠥᠯ

【英文名】Bentgrass

【生活型】一年生或多年生丛生草本。

【茎】具根状茎、匍匐茎或根茎头。秆直立或基部膝曲,光滑或在花序下部粗糙。

【叶】叶鞘抱茎,长或短于节间;叶舌膜质,先端有齿或破裂,稀完整;叶片扁平或内卷成针状。

【花】圆锥花序张开或收缩成穗状;小穗含 1 朵小花,退化小穗轴多消失,稀存在;颖片 2 枚,等长或不等长,先端急尖、渐尖或具小尖头,无芒,具 1 条脉,脉上粗糙或被短硬毛,稀颖片,全部粗糙;外稃白色,膜质,一般短于颖片,稀等长,先端平截或圆钝,有的急尖,外表面有时被毛,部分被柔毛或粗糙,一般光滑,具 5 条脉,稀 3 条脉,脉有时在顶端稍突出,无芒或从外稃近基部至近顶部生出 1 枚直立或膝曲的芒;基盘光滑或两侧簇生短毛;内稃一般短于外稃,稀等长,长圆形、卵形或倒卵形,有些种几乎全部退化,仅残留一点痕迹,先端全缘或平截,有齿或裂,具 2 条脉;鳞被 2 枚,近披针形,透明膜质;雄蕊 3 枚,花药为外稃的 3/4～1/10;子房光滑,柱头 2 枚,短小,被羽毛。

【果实和种子】颖果与外稃分离或紧被外稃所包,长圆形,最宽点在果实的中部或下部,具纵槽,胚小,脐长或斑点状。

【分类地位】被子植物门、单子叶植物纲、禾本目、禾本科、早熟禾亚科、剪股颖族。

【种类】全属约有 200 种;中国有 29 种,10 变种;内蒙古 6 种。

歧序剪股颖 *Agrostis divaricatissima*

多年生草本。秆具 4～5 节,平滑。叶鞘松弛,短于节间,平滑;叶舌干膜质,先端微裂;叶片线形,先端渐尖,边缘粗糙。秆先端着生暗紫色的圆锥花序,卵形,基部分枝 6～8 个,细瘦而斜展,下部裸露处有 2/3,基部无小穗,向上分枝渐少;小穗深紫色;穗梗被短毛;颖披针形,两颖等长,除脊部粗糙外,余皆光滑,先端稍显膜质;外稃略短于颖,脉明显;内稃倒卵形或倒披针形,与外稃的 2/3 长度相等,先端平截,有齿。颖果长圆形或近椭圆形,红褐色。花果期 7～8 月。

生于河滩、谷地、低地草甸。产于内蒙古呼伦贝尔市、赤峰市、锡林郭勒盟;中国黑龙江、吉林、辽宁也产;朝鲜、蒙古、俄罗斯也有分布。

剪秋罗属 —— 【学 名】*Lychnis*

【蒙古名】ᠬᠠᠢᠷᠠ ᠶᠢᠨ ᠡᠪᠡᠰᠦ

【英文名】Campion，Lychnis

【生活型】多年生草本。

【茎】茎直立，不分枝或分枝。

【叶】叶对生，无托叶。

【花】花两性，成二歧聚伞花序或头状花序；花萼筒状棒形，稀钟形，常不膨大，无腺毛，具 10 条凸起纵脉，脉直达萼齿端，萼齿 5 枚，远比萼筒短；萼、冠间雌雄蕊柄显著；花瓣 5 片，白色或红色，具长爪，瓣片 2 裂或多裂，稀全缘；花冠喉部具 10 片状或鳞片状副花冠；雄蕊 10 枚；雌蕊心皮与萼齿对生，子房 1 室，具部分隔膜，有多数胚珠；花柱 5 枚，离生。

【果实和种子】蒴果 5 齿或 5 瓣裂，裂齿（瓣）与花柱同数；种子多数，细小，肾形，表面具凸起；脊平或圆钝；胚环形。

【分类地位】被子植物门、双子叶植物纲、原始花被亚纲、中央种子目、石竹科、石竹亚科、剪秋罗族、蝇子草亚族。

【种类】全属约有 12 种；中国有 8 种；内蒙古有 3 种。

大花剪秋罗（剪秋罗）*Lychnis fulgens*

多年生草本。全株被柔毛。根簇生，纺锤形，稍肉质。茎直立，不分枝或上部分枝。叶片卵状长圆形或卵状披针形，基部圆形，稀宽楔形，不呈柄状，顶端渐尖，两面和边缘均被粗毛。二歧聚伞花序具数花，稀多数花，紧缩呈伞房状；苞片卵状披针形，草质，密被长柔毛和缘毛；花萼筒状棒形，后期上部微膨大，被稀疏白色长柔毛，沿脉较密，萼齿三角状，顶端急尖；花瓣深红色，爪不露出花萼，狭披针形，具缘毛，瓣片轮廓倒卵形，深 2 裂达瓣片的 1/2，裂片椭圆状条形，有时顶端具不明显的细齿，瓣片两侧中下部各具 1 枚线形小裂片；副花冠片长椭圆形，暗红色，呈流苏状；雄蕊微外露，花丝无毛。蒴果长椭圆状卵形；种子肾形，肥厚，黑褐色，具乳凸。花期 6～7 月，果期 8～9 月。

生于山地草甸、林缘灌丛、林下。产于内蒙古呼伦贝尔市；中国贵州、河北、黑龙江、河南、湖北、吉林、辽宁、山西、四川、云南也产；日本、朝鲜、俄罗斯也有分布。

碱毛茛属（水葫芦苗属）——【学　名】*Halerpestes*

　　　　　　　　　　　【蒙古名】ᠤᠷ ᠦᠨᠠᠩ ᠤᠨ ᠦᠨᠠᠬᠤ

　　　　　　　　　　　【英文名】Soda Buttercup

【生活型】多年生小草本。

【根】须根簇生。

【茎】匍匐茎伸长，横走，节处生根和簇生数叶。

【叶】叶多数基生，单叶全缘，有齿或 3 裂，有时多回细裂，大多质地较厚而无毛；叶柄基部变宽成鞘。

【花】花葶单一或上部分枝，无叶或有苞片；花单朵顶生；萼片绿色，5 个，草质，脱落；花瓣黄色，5～12 片，基部有爪，蜜槽呈点状凹穴，位于爪的上端；雄蕊多数，花药卵圆形，花丝细长；花托圆柱形，密生白色短毛。

【果实和种子】聚合果球形至长圆形；瘦果多数，斜倒卵形，两侧扁或稍臌起，有 3～5（～7）条分歧的纵肋，边缘有窄棱，果皮薄，无厚壁组织，喙短，直或外弯。

【分类地位】被子植物门、双子叶植物纲、原始花被亚纲、毛茛目、毛茛科、毛茛亚科、毛茛族、毛茛亚族。

【种类】全属有 7 种；中国有 5 种；内蒙古有 2 种。

黄戴戴（长叶碱毛茛）*Halerpestes ruthenica*

　　多年生草本。匍匐茎长达 30 厘米以上。叶簇生；叶片卵状或椭圆状梯形，基部宽楔形、截形至圆形，不分裂，顶端有 3～5 个圆齿，常有 3 条基出脉，无毛；叶柄近无毛，基部有鞘。花葶单一或上部分枝，有 1～3 朵花，生疏短柔毛；苞片线形；萼片绿色，5 个，卵形，多无毛；花瓣黄色，6～12 片，倒卵形，基部渐狭成爪少蜜槽点状；花托圆柱形，有柔毛。聚合果卵球形；瘦果极多，紧密排列，斜倒卵形，无毛，边缘有狭棱；两面有 3～5 条分歧的纵肋，喙短而直。花果期 5～8 月。

　　生于低湿地草甸、轻度盐化草甸。产于内蒙古呼伦贝尔市、兴安盟、通辽市、赤峰市、锡林郭勒盟、乌兰察布市、呼和浩特市、包头市、鄂尔多斯市、巴彦淖尔市、阿拉善盟；中国甘肃、河北、黑龙江、吉林、辽宁、宁夏、陕西、山西、新疆也产；哈萨克斯坦、蒙古、俄罗斯也有分布。

碱茅属——【学　名】*Puccinellia*

【蒙古名】 ᠬᠣᠵᠢᠷᠤᠨ ᠲᠣᠲᠣᠷᠭ᠎ᠠ ᠶ᠋ᠢᠨ ᠲᠥᠷᠥᠯ

【英文名】Alkaligrass

【生活型】多年生草本。

【茎】秆直立，丛生。

【叶】叶鞘散生于全秆或聚集基部，平滑无毛；叶舌膜质；叶片线形，内卷粗糙或平滑无毛。

【花】圆锥花序开展或紧缩；小穗含 2～8 朵小花，两侧稍压扁或圆筒形；小穗轴无毛，脱节于颖之上与各小花之间；小花覆瓦状排成 2 列；颖披针形至宽卵形，纸质，不等长，均短于第一小花，顶端钝或尖，常为干膜质，第一颖较小，具 1（～3）条脉，第二颖具 3 条脉；外稃长圆形、披针形或卵形，纸质，背部圆形，有平行的 5 条脉，顶端钝或稍尖，膜质，具缘毛或不整齐的细齿裂，背部无毛或下部脉与脉间与基部两侧生短柔毛；内稃等长或稍短于其外稃；鳞被 2 枚，常 2 裂；雄蕊 3 枚，较小。

【果实和种子】颖果小，长圆形，无沟槽，与内外稃分离。

【分类地位】被子植物门、单子叶植物纲、禾本目、禾本科、早熟禾亚科、早熟禾族。

【种类】全属约有 200 种；中国有 67 种；内蒙古有 4 种。

星星草 *Puccinellia tenuiflora*

多年生，疏丛型。秆直立，具 3～4 节，节膝曲，顶节位于下部 1/3 处。叶鞘短于其节间，平滑无毛；叶舌膜质，钝圆；对折或稍内卷，上面微粗糙。疏松开展，主轴平滑；分枝 2～3 个生于各节，下部裸露，细弱平展，微粗糙；小穗柄短而粗糙；小穗含 2～3（～4）朵小花，带紫色；颖质地较薄，边缘具纤毛状细齿裂，具 1 条脉，顶端尖，具 3 条脉，顶端稍钝；外稃具不明显 5 条脉，顶端钝，基部无毛；内稃等长于外稃，平滑无毛或脊上有数个小刺；花药线形。

生于盐化草甸。产于内蒙古呼伦贝尔市、兴安盟、通辽市、赤峰市、锡林郭勒盟、乌兰察布市、呼和浩特市、鄂尔多斯市、巴彦淖尔市、阿拉善盟；中国安徽、甘肃、河北、黑龙江、吉林、辽宁、青海、山西、新疆也产；日本、哈萨克斯坦、蒙古、俄罗斯以及西南亚也有分布。

碱蓬属——【学　名】*Suaeda*

【蒙古名】ᠬᠥᠮᠥᠯᠢ ᠶᠢᠨ ᠡᠪᠡᠰᠦ

【英文名】Seepweed

【生活型】一年生草本,半灌木或灌木。

【茎】茎直立、斜升或平卧。

【叶】叶通常狭长,肉质,圆柱形或半圆柱形,较少为棍棒状或略扁平,全缘,通常无柄。

【花】花小型,两性,有时兼有雌性,通常3至多数集成团伞花序;团伞花序生叶腋或腋生短枝上,有时短枝的基部与叶的基部合并,外观似着生在叶柄上,有小苞;小苞片鳞片状,膜质,白色;花被近球形、半球形、陀螺状或坛状,5深裂或浅裂,稍肉质或草质,裂片内面凹或呈兜状,果时背面膨胀、增厚,或延伸成翅状或角状突起,较少无显著变化;雄蕊5枚,花丝短,扁平,半透明,花药矩圆形、椭圆形或近球形,不具附属物;子房卵形或球形,柱头2～3枚,较少4～5枚,通常外弯,四周都有乳头突起。

【果实和种子】胞果为花被所包覆;果皮膜质,与种皮分离。种子横生或直立,双凸镜形、肾形、卵形,或为扁平的圆形;种皮薄壳质或膜质;胚为平面盘旋状,细瘦,绿色或带白色;胚乳无或很少。

【分类地位】被子植物门、双子叶植物纲、原始花被亚纲、中央种子目、藜科、螺胚亚科、碱蓬族。

【种类】全属有100余种;中国有20种,1变种;内蒙古有9种。

盐地碱蓬 *Suaeda salsa*

一年生草本。根圆柱状,黑褐色。茎直立,多由基部分枝;枝平卧或上升,圆柱形,上部稍有棱,黄白色,无毛。叶极肥厚,生在茎和主枝上的条形,半圆柱状,生在侧枝上的倒狭卵形至倒卵形,略扁,先端钝圆,基部圆形至宽楔形,几无柄。花两性兼有雌性,通常2～5朵团集,生于叶腋及腋生的无叶短枝上,短枝通常2叉分;花被顶基扁,5裂;裂片近三角形,果时基部向四周延伸出形状不规则的横翅;雄蕊1～2枚发育,花丝扁平,不伸出花被外,花药卵状矩圆形;柱头2枚,细小,叉开,花柱不明显。种子横生,圆形,扁平,或为双凸镜形,种皮膜质或薄壳质,壳质种皮的种子红褐色至黑色,有光泽,表面具不清晰的浅网纹。花果期7～10月。

碱菀属——【学　名】*Tripolium*

【蒙古名】ᠬᠣᠵᠢᠷᠠᠭ ᠤᠨ ᠴᠡᠴᠡᠭ

【英文名】Seastarwort

【生活型】一年生草本。

【茎】茎直立。

【叶】叶互生,全缘或有疏齿。

【花】头状花序稍小,疏散伞房状排列,辐射状,有异形花,外围有 1 层雌花,中央有多数两性花,后者有时不育。总苞近钟状;总苞片 2～3 层,外层较短,稍覆瓦状排列,肉质,边缘近膜质。花托平,蜂窝状,窝孔有齿。雌花舌状,舌片蓝紫色或浅红色;两性花黄色,管状,檐部狭漏斗状,有不等长的分裂片;花药基部钝,全缘;花柱分枝附片肥厚,顶端三角形。冠毛多层,极纤细,有微齿,稍不等长,白色或浅红色,花后增长。

【果实和种子】瘦果狭矩圆形,扁,有厚边肋,两面各有 1 条细肋,无毛或有疏毛。

【分类地位】被子植物门、双子叶植物纲、合瓣花亚纲、桔梗目、菊科、管状花亚科、紫菀族。

【种类】单种属;中国有 1 种;内蒙古有 1 种。

碱菀 *Tripolium vulgare*

单生或数个丛生于根颈上,下部常带红色,无毛,上部有多少开展的分枝。基部叶在花期枯萎,下部叶条状或矩圆状披针形,顶端尖,全缘或有具小尖头的疏锯齿;中部叶渐狭,无柄,上部叶渐小,苞叶状;全部叶无毛,肉质。头状花序排成伞房状,有长花序梗。总苞近管状,花后钟状。总苞片 2～3 层,疏覆瓦状排列,绿色,边缘常红色,干后膜质,无毛,外层披针形或卵圆形,顶端钝,内层狭矩圆形。舌状花 1 层。瘦果扁,有边肋,两面各有 1 条脉,被疏毛。冠毛在花后增长,有多层极细的微糙毛。花期 8～12 月。

生于湖边、沼泽、盐碱地。产于内蒙古通辽市、赤峰市、鄂尔多斯市、阿拉善盟;中国甘肃、河北、黑龙江、湖南、江苏、吉林、辽宁、宁夏、青海、陕西、山东、山西、四川、新疆、浙江也产;日本、哈萨克斯坦、朝鲜、吉尔吉斯斯坦、蒙古、塔吉克斯坦、土库曼斯坦、乌兹别克斯坦以及北非、西南亚和欧洲也有分布。

豇豆属——【学　名】*Vigna*

【蒙古名】ᠬᠢᠲᠠᠳ ᠪᠣᠪᠣᠢ ᠶᠢᠨ ᠲᠥᠷᠥᠯ

【英文名】Cowpea

【生活型】缠绕或直立草本,稀为亚灌木。

【叶】羽状复叶具 3 片小叶;托叶盾状着生或基着。

【花】总状花序或 1 至多花的花簇腋生或顶生,花序轴上花梗着生处常增厚并有腺体;苞片及小苞片早落;花萼 5 裂,2 唇形,下唇 3 裂,中裂片最长,上唇中 2 枚裂片完全或部分合生;花冠小或中等大,白色、黄色、蓝色或紫色;旗瓣圆形,基部具附属体,翼瓣远较旗瓣为短,龙骨瓣与翼瓣近等长,无喙或有 1 内弯、稍旋卷的喙(但不超过 360°);雄蕊二体,对旗瓣的 1 枚雄蕊离生,其余合生,花药 1 室;子房无柄,胚珠 3 至多数,花柱线形,上部增厚,内侧具髯毛或粗毛,下部喙状,柱头侧生。

【果实和种子】荚果线形或线状长圆形,圆柱形或扁平,直或稍弯曲,2 瓣裂,通常多少具隔膜;种子通常肾形或近四方形;种脐小或延长,有假种皮或无。

【分类地位】被子植物门、双子叶植物纲、原始花被亚纲、蔷薇目、蔷薇亚目、豆科、蝶形花亚科、菜豆族、菜豆亚族。

【种类】全属约有 100 种;中国有 16 种,3 亚种,3 变种;内蒙古有 2 栽培种。

赤豆 *Vigna angularis*

一年生,直立或缠绕草本。植株被疏长毛。羽状复叶具 3 片小叶;托叶盾状着生,箭头形;小叶卵形至菱状卵形,先端宽三角形或近圆形,侧生的偏斜,全缘或浅 3 裂,两面均稍被疏长毛。花黄色,约 5 或 6 朵生于短的总花梗顶端;花梗极短;小苞片披针形;花萼钟状;花冠旗瓣扁圆形或近肾形,常稍歪斜,顶端凹,翼瓣比龙骨瓣宽,具短瓣柄及耳,龙骨瓣顶端弯曲近半圈,其中一片的中下部有一枚角状突起,基部有瓣柄;子房线形,花柱弯曲,近先端有毛。荚果圆柱状,平展或下弯,无毛;种子通常暗红色或其他颜色,长圆形,两头截平或近浑圆,种脐不凹陷。花果期 9～10 月。

栽培植物,原产亚洲。

角果藻属——【学　名】*Zannichellia*

【蒙古名】ᠴᠢᠩᠬᠢᠯᠢᠭ ᠲᠣᠯᠣᠭᠠᠢ ᠶᠢᠨ ᠢᠵᠠᠭᠤᠷ（ᠲᠣᠯᠣᠭᠠᠢ ᠶᠢᠨ ᠢᠵᠠᠭᠤᠷ）

【英文名】Poolmat

【生活型】沉水草本，生于淡水、半咸水或海水中。

【茎】具匍匐茎，多分枝，细弱而纤长，每节疏生须根。

【叶】叶线形，无柄，互生（有时近对生），全缘，先端渐尖，基部具鞘状托叶。

【花】花序腋生；花单性同株，1 朵雄花和 1 朵雌花同生于 1 枚无色苞状鞘内；雄花仅 1 枚雄蕊，无花被，花丝细长，着生于雌花基部；雌花生于 1 个透明的杯状苞内，心皮通常（2～）4（～8）枚，离生，花柱长，柱头斜盾形。

【果实和种子】瘦果肾形略扁，无柄或具短柄，先端具喙，稍向背面弯曲。

【分类地位】被子植物门、单子叶植物纲、沼生目、眼子菜亚目、茨藻科。

【种类】全属有 1 种；中国有 1 种；内蒙古有 1 种。

> **角果藻** *Zannichellia palustrs*
>
> 　　多年生沉水草本。茎细弱，下部常匍匐生泥中，分枝较多，常交织成团，易折断。叶互生至近对生，线形，无柄，全缘，先端渐尖，基部有离生或贴生的鞘状托叶，膜质，无脉。花腋生；雄花仅 1 枚雄蕊，花药 2 室，纵裂，药隔延生至顶端，花丝细长，花粉球形；雌花花被杯状，半透明，通常具 4 枚离生心皮（稀 6 枚），子房椭圆形，花柱短粗，后伸长，宿存，柱头卵圆形或广卵形，边缘钝齿不明显；胚珠单一，悬垂。果实新月形，常 2～4 枚（稀 6 枚）簇生于叶腋（稀有总果柄），每枚均有与果等长（至少不短于果长的 1/2）的小果柄（心皮柄）；果脊有钝齿，生于脊翅边缘，先端具长喙，通常长于或等于果长，略向背后弯曲。种子直生，有卷曲的子叶。
>
> 　　生于淡水池沼、盐碱湖。产于内蒙古乌兰察布市、呼和浩特市、阿拉善盟；中国安徽、河北、黑龙江、湖北、江苏、辽宁、宁夏、青海、陕西、山东、台湾、新疆、西藏、浙江也产；世界各地均有分布。

303

角蒿属——【学　名】*Incarvillea*

【蒙古名】ᠲᠣᠢᠮᠠᠨ ᠤ ᠢᠢᠰ ᠤᠨ ᠲᠥᠷᠥᠯ

【英文名】Boloflower，Hornsage

【生活型】一年生或多年生直立或匍匐草本。

【茎】植株具茎或无茎。

【叶】叶基生或互生，单叶或 1～3 回羽状分裂。

【花】总状花序顶生。花萼钟状，萼齿 5 枚，三角形渐尖或圆形突尖，稀基部膨大成腺体。花冠红色或黄色，漏斗状，多少 2 唇形，裂片 5 枚，圆形，开展。雄蕊 4 枚，2 枚强，内藏，花药无毛，"丁"字形着生，基部具矩。花盘环状。子房无柄，2 室，胚珠多数，在每 1 胎座上 1～2 列，花柱线形，柱头扁平，扇状，2 裂。

【果实和种子】蒴果长圆柱形，直或弯曲，渐尖，有时有 4～6 条棱。种子较多，细小，扁平，两端或四周有白色透明膜质翅或丝状毛。

【分类地位】被子植物门、双子叶植物纲、合瓣花亚纲、管状花目、紫葳科、硬骨凌霄族。

【种类】全属约有 15 种；中国有 11 种，3 变种；内蒙古有 2 种，1 变型。

角蒿 *Incarvillea sinensis*

一年生草本。具分枝的茎；根近木质而分枝。叶互生，不聚生于茎的基部，2～3 回羽状细裂，形态多变异，小叶不规则细裂，末回裂片线状披针形，具细齿或全缘。顶生总状花序，疏散；小苞片绿色，线形。花萼钟状，绿色带紫红色，萼齿钻状，萼齿间皱褶 2 浅裂。花冠淡玫瑰色或粉红色，有时带紫色，钟状漏斗形，基部收缩成细筒，花冠裂片圆形。雄蕊 4 枚，2 枚强，着生于花冠筒近基部，花药成对靠合。花柱淡黄色。蒴果淡绿色，细圆柱形，顶端尾状渐尖。种子扁圆形，细小，四周具透明的膜质翅，顶端具缺刻。花期 5～9 月，果期 10～11 月。

生于山地、沙地、河滩、河谷、田野、撂荒地、路边及宅旁。产于内蒙古呼伦贝尔市、通辽市、赤峰市、乌兰察布市、鄂尔多斯市；中国甘肃、河北、黑龙江、河南、宁夏、青海、陕西、山东、山西、四川、西藏、云南也产。

角茴香属 —— 【学　名】*Hypecoum*

【蒙古名】ᠱᠢᠷᠠᠢᠲᠤ ᠴᠡᠴᠡᠭ ᠤᠨ ᠲᠦᠷᠦᠯ

【英文名】Hornfennel

【生活型】一年生草本。

【茎】茎直立,具分棱,分枝直立至平卧。

【叶】基生叶近莲座状,2 回羽状分裂,具叶柄。

【花】花小,稀较大,排列成二歧式聚伞花序。花萼小,萼片 2 个,披针形或卵形,先端通常具细牙齿,早落;花瓣 4 片,大多黄色,2 轮排列,外面 2 片 3 浅裂或全缘,基部楔形,里面 2 片 3 深裂,极稀近全缘,侧裂片狭窄,中裂片匙形,常具柄,边缘被短缘毛;雄蕊 4 枚,花丝大多具翅,有时基部呈披针形,花药往往由于药隔延伸而至少具 2 短尖;子房 1 室,2 枚心皮。

【果实和种子】蒴果长圆柱形,大多具节,节内有横隔膜,成熟时在节间分离,或者不具节而裂为 2 果瓣。种子多数,卵形,表面具小疣状突起,稀近四棱形并具十字形的突起。

【分类地位】被子植物门、双子叶植物纲、原始花被亚纲、罂粟目、罂粟亚目、罂粟科、角茴香亚科、角茴香族。

【种类】全属约有 15 种;中国有 3 种;内蒙古有 2 种。

角茴香 *Hypecoum erectum*

　　一年生草本。根圆柱形,向下渐狭,具少数细根。花茎多,圆柱形,二歧状分枝。基生叶多数,叶片轮廓倒披针形,多回羽状细裂,裂片线形,先端尖;叶柄细,基部扩大成鞘;茎生叶同基生叶,但较小。二歧聚伞花序多花;苞片钻形。萼片卵形,先端渐尖,全缘;花瓣淡黄色,无毛,外面 2 枚倒卵形或近楔形,先端宽,3 浅裂,中裂片三角形,里面 2 枚倒三角形,3 裂至中部以上,侧裂片较宽,具微缺刻,中裂片狭,匙形,先端近圆形;雄蕊 4 枚,花丝宽线形,扁平,下半部加宽,花药狭长圆形;子房狭圆柱形,柱头 2 深裂,裂片细,向两侧伸展。蒴果长圆柱形,直立,先端渐尖,两侧稍压扁,成熟时分裂成 2 果瓣。种子多数,近四棱形,两面均具十字形的突起。

　　生于砾石质地、沙质地、盐化草甸、路边。产于内蒙古呼伦贝尔市、锡林郭勒盟、乌兰察布市、呼和浩特市、包头市、鄂尔多斯市、巴彦淖尔市、阿拉善盟;中国甘肃、黑龙江、湖北、辽宁、宁夏、陕西、山东、山西、新疆也产;俄罗斯也有分布。

角盘兰属——【学　名】*Herminium*

【蒙古名】ᠬᠤᠷᠤᠭᠤ ᠴᠡᠴᠡᠭ ᠤᠨ ᠲᠥᠷᠥᠯ (ᠬᠤᠷᠤᠭᠤ ᠴᠡᠴᠡᠭ ᠤᠨ ᠲᠥᠷᠥᠯ)

【英文名】Herminium

【生活型】地生草本。

【茎】块茎球形或椭圆形,1～2 枚,肉质,不分裂,颈部生几条细长根。

【叶】茎直立,具 1 至数片叶。

【花】花序顶生,具多数花,总状或似穗状;花小,密生,通常为黄绿色,常呈钩手状,倒置(唇瓣位于下方)或罕为不倒置(唇瓣位于上方)的;萼片离生,近等长;花瓣通常较萼片狭小,一般增厚而带肉质;唇瓣贴生于蕊柱基部,前部 3 裂(罕 5 裂)或不裂,基部多少凹陷,通常无距,少数具短距者其粘盘卷成角状;蕊柱极短;花药生于蕊柱顶端,2 室,药室并行或基部稍叉开;花粉团 2 个,为具小团块的粒粉质,具极短的花粉团柄和粘盘,粘盘常卷成角状,裸露;蕊喙较小;柱头 2 枚,隆起而向外伸,分离,几为棍棒状;退化雄蕊 2 枚,较大,位于花药基部两侧。

【果实和种子】蒴果长圆形,通常直立。

【分类地位】被子植物门、单子叶植物纲、微子目、兰科、兰亚科、兰族、兰亚族。

【种类】全属约有 25 种;中国有 17 种;内蒙古有 2 种。

角盘兰 *Herminium monorchis*

　　块茎球形,肉质。茎直立,无毛,基部具 2 枚筒状鞘,下部具 2～3 片叶,在叶之上具 1～2 片苞片状小叶。叶片狭椭圆状披针形或狭椭圆形,直立伸展,先端急尖,基部渐狭并略抱茎。总状花序具多数花,圆柱状;花苞片线状披针形,先端长渐尖,尾状,直立伸展;子房圆柱状纺锤形,扭转,顶部明显钩曲,无毛;花小,黄绿色,垂头,萼片近等长,具 1 条脉;中萼片椭圆形或长圆状披针形,先端钝;侧萼片长圆状披针形,较中萼片稍狭,先端稍尖;花瓣近菱形,上部肉质增厚,较萼片稍长,向先端渐狭,或在中部多少 3 裂,中裂片线形,先端钝,具 1 条脉;唇瓣与花瓣等长,肉质增厚,基部凹陷呈浅囊状,近中部 3 裂,中裂片线形,侧裂片三角形,较中裂片短很多;蕊柱粗短;药室并行;花粉团近圆球形,具极短的花粉团柄和粘盘,粘盘较大,卷成角状;蕊喙矮而阔;柱头 2 枚,隆起,叉开,位于蕊喙之下;退化雄蕊 2 枚,近三角形,先端钝,显著。花期 6～8 月。

　　生于山地海拔 600～4500 米的林缘草甸和林下。产于内蒙古呼伦贝尔市、兴安盟、赤峰市、锡林郭勒盟、乌兰察布市、呼和浩特市、鄂尔多斯市、巴彦淖尔市,中国安徽、甘肃、河北、黑龙江、河南、吉林、辽宁、宁夏、陕西、山东、山西、四川、西藏、云南也产;锡金、日本、克什米尔、朝鲜、蒙古、尼泊尔、巴基斯坦以及中亚、西亚、欧洲也有分布。

接骨木属——【学　名】*Sambucus*

【蒙古名】ᠪᠣᠭᠢᠨ᠎ᠠ ᠪᠤᠲᠠ ᠶᠢᠨ ᠲᠦᠷᠦᠯ

【英文名】Eldetr

【生活型】落叶乔木或灌木,很少多年生高大草本。

【茎】茎干常有皮孔,具发达的髓。

【叶】单数羽状复叶,对生;托叶叶状或退化成腺体。

【花】花序由聚伞合成顶生的复伞式或圆锥式;花小,白色或黄白色,整齐;萼筒短,萼齿5枚;花冠辐状,5裂;雄蕊5枚,开展,很少直立,花丝短,花药外向;子房3～5室,花柱短或几无,柱头2～3裂。

【果实和种子】浆果状核果红黄色或紫黑色,具3～5枚核;种子三棱形或椭圆形;胚与胚乳等长。

【分类地位】被子植物门、双子叶植物纲、合瓣花亚纲、茜草目、忍冬科、接骨木族。

【种类】全属有20余种;中国有4～5种;内蒙古有1种。

接骨木 *Sambucus williamsii*

　　落叶灌木或小乔木。老枝淡红褐色,具明显的长椭圆形皮孔,髓部淡褐色。羽状复叶有小叶2～3对,有时仅1对或多达5对,侧生小叶片卵圆形、狭椭圆形至倒矩圆状披针形,顶端尖、渐尖至尾尖,边缘具不整齐锯齿,有时基部或中部以下具1至数枚腺齿,基部楔形或圆形,有时心形,两侧不对称,最下1对小叶有时具柄,顶生小叶卵形或倒卵形,顶端渐尖或尾尖,基部楔形,初时小叶上面及中脉被稀疏短柔毛,后光滑无毛,叶搓揉后有臭气;托叶狭带形,或退化成带蓝色的突起。花与叶同出,圆锥形聚伞花序顶生,具总花梗,花序分枝多成直角开展,有时被稀疏短柔毛,随即光滑无毛;花小而密;萼筒杯状,萼齿三角状披针形,稍短于萼筒;花冠蕾时带粉红色,开后白色或淡黄色,筒短,裂片矩圆形或长卵圆形;雄蕊与花冠裂片等长,开展,花丝基部稍肥大,花药黄色;子房3室,花柱短,柱头3裂。果实红色,极少蓝紫黑色,卵圆形或近圆形;分核2～3枚,卵圆形至椭圆形,略有皱纹。花期4～5月,果期8～9月。

　　生于山地灌丛、林缘、山麓。产于内蒙古呼伦贝尔市、兴安盟、通辽市、赤峰市;中国安徽、福建、甘肃、广东、广西、贵州、河北、黑龙江、河南、湖北、湖南、江苏、吉林、辽宁、陕西、山东、山西、四川、云南、浙江也有分布。

307

金鸡菊属——【学　名】*Coreopsis*

【蒙古名】ᠪᠣᠯᠵᠣ ᠲᠠᠢ ᠰᠢᠷᠠ ᠴᠡᠴᠡᠭ ᠦᠨ ᠲᠦᠷᠦᠯ

【英文名】Coreopsis

【生活型】一年生或多年生草本。

【茎】茎直立。

【叶】叶对生或上部叶互生,全缘或一次羽状分裂。

【花】头状花序较大,单生或作疏松的伞房状圆锥花序状排列,有长花序梗,各有多数异形的小花,外层有 1 层无性或雌性结果实的舌状花,中央有多数结实的两性管状花。总苞半球形;总苞片 2 层,每层约 8 个,基部多少连合;外层总苞片窄小,革质;内层总苞片宽大,膜质。花托平或稍凸起,托片膜质,线状钻形至线形,有条纹。舌状花的舌片开展,全缘或有齿,两性花的花冠管状,上部圆柱状或钟状,上端有 5 枚裂片。花药基部全缘;花柱分枝顶端截形或钻形。

【果实和种子】瘦果扁,长圆形或倒卵形,或纺锤形,边缘有翅或无翅,顶端截形,或有 2 枚尖齿或 2 个小鳞片或芒。

【分类地位】被子植物门、双子叶植物纲、合瓣花亚纲、桔梗目、菊科、管状花亚科、向日葵族。

【种类】全属约有 100 种;中国有 3 栽培种;内蒙古有 1 栽培种。

308

两色金鸡菊 *Coreopsis tinctoria*

一年生草本。无毛。茎直立,上部有分枝。叶对生,下部及中部叶有长柄,2 次羽状全裂,裂片线形或线状披针形,全缘;上部叶无柄或下延成翅状柄,线形。头状花序多数,有细长花序梗,排列成伞房或疏圆锥花序状。总苞半球形,总苞片外层较短,内层卵状长圆形,顶端尖。舌状花黄色,舌片倒卵形,管状花红褐色、狭钟形。瘦果长圆形或纺锤形,两面光滑或有瘤状突起,顶端有 2 个细芒。花期 5～9 月,果期 8～10 月。

栽培观赏植物。原产于北美洲。

金莲花属——【学　名】*Trollius*

【蒙古名】ᠮᠣᠩᠭᠣᠯ ᠴᠡᠴᠡᠭ ᠦᠨ ᠲᠥᠷᠥᠯ

【英文名】Globeflower

【生活型】多年生草本。

【叶】叶为单叶，全部基生或同时在茎上互生，掌状分裂。

【花】花单独顶生或少数组成聚伞花序，规则；花托稍隆起。萼片 5 至较多数，花瓣状，倒卵形，通常黄色，稀淡紫色，通常脱落，间或宿存。花瓣 5 至多数，线形，具短爪，在接近基部处有蜜槽。雄蕊多数，螺旋状排列，花药椭圆形或长圆形，在侧面开裂，花丝狭线形。心皮 5 至多数，无柄；胚珠多数，成 2 列着生于子房室的腹缝线上。蓇葖开裂，具脉网及短喙。种子近球形，种皮光滑。

【分类地位】被子植物门、双子叶植物纲、原始花被亚纲、毛茛目、毛茛亚目、金莲花亚科、金莲花族。

【种类】全属约有 25 种；中国有 16 种；内蒙古有 3 种。

金莲花 *Trollius chinensis*

植株全体无毛，不分枝，疏生（2～）3～4 片叶。基生叶 1～4 片，有长柄；叶片五角形，基部心形，3 全裂，全裂片分开，中央全裂片菱形，顶端急尖，3 裂达中部或稍超过中部，边缘密生稍不相等的三角形锐锯齿，侧全裂片斜扇形，2 深裂近基部，上面深裂片与中全裂片相似，下面深裂片较小，斜菱形；基部具狭鞘。茎生叶似基生叶，下部的具长柄，上部的较小，具短柄或无柄。花单独顶生或 2～3 朵组成稀疏的聚伞花序；苞片 3 裂；萼片（6～）10～15（～19）个，金黄色，干时不变绿色，最外层的椭圆状卵形或倒卵形，顶端疏生三角形牙齿，间或生 3 枚小裂片，其他的椭圆状倒卵形或倒卵形，顶端圆形，生不明显的小牙齿；花瓣 18～21 片，稍长于萼片或与萼片近等长，稀比萼片稍短，狭线形，顶端渐狭；心皮 20～30 枚。具稍明显的脉网；种子近倒卵球形，黑色，光滑，具 4～5 棱角。花期 6～7 月，果期 8～9 月。

生于山地林下、林缘草甸、沟谷草甸、低湿地草甸、沼泽草甸。产于内蒙古赤峰市、锡林郭勒盟、乌兰察布市、呼和浩特市、包头市；中国河北、河南、吉林、辽宁、山西也产。

金丝桃科(藤黄科)——【学　名】*Guttiferae*

【蒙古名】ᠵᠢᠭᠠᠰᠤ ᠮᠤᠳᠤᠨ ᠤ ᠢᠵᠠᠭᠤᠷ

【英文名】Garcinia Family

【生活型】乔木或灌木,稀为草本。

【叶】叶为单叶,全缘,对生或有时轮生,一般无托叶。

【花】花序各式,聚伞状,或伞状,或为单花;小苞片通常生于花萼之紧接下方,与花萼难区分。花两性或单性,轮状排列或部分螺旋状排列,通常整齐,下位。萼片(2)4～5(6)个,覆瓦状排列或交互对生,内部的有时花瓣状。花瓣(2)4～5(6)片,离生,覆瓦状排列或旋卷。雄蕊多数,离生或成4～5(～10)束,束离生或不同程度合生。子房上位,通常有5或3枚多少合生的心皮,1～12室,具中轴或侧生或基生的胎座;胚在各室中1至多数,横生或倒生;花柱1～5枚或不存在;柱头1～12枚,常呈放射状。

【果实和种子】果为蒴果、浆果或核果;种子1至多粒,完全被直伸的胚所充满,假种皮有或不存在。

【种类】全科约有40属,1000种;中国有8属,87种;内蒙古有1属,3种。

Guttiferae Juss. 是法国植物学家 Antoine Laurent de Jussieu(1748－1836)于 1789 年在"Genera plantarum? 255"(Gen. Pl.)中建立的植物科,其科名词尾不是-aceae,现在应视为保留名称。Hypericaceae 也是 Jussieu 1789 年在"Genera plantarum 254"里描述的植物科。Clusiaceae 是英国植物学家、园艺家和兰花专家 John Lindley(1799－1865)于 1836 年在"An Introduction to the Natural System of Botany 74"[Intr. Nat. Syst. Bot. (ed. 2)]上描述的植物科,模式属为书带木属(Clusia)。《中国植物志》和"Flora of China"采用了广义的 Clusiaceae;有些学者从广义的 Clusiaceae 分出 Hypericaceae(Hypericum, Lianthus, Triadenum, Cratoxylum),狭义的 Clusiaceae 包含 Mesua,Calophyllum,Mammea, Garcinia。《内蒙古植物志》第二版采用金丝桃科(Hypericaceae)。汉文文献有时把 Clusiaceae 译成"藤黄科"。

在恩格勒系统(1964)中,藤黄科(Guttiferae)隶属藤黄目(Guttiferales)、茶亚目(Theineae)。在哈钦森系统(1959)中,Guttiferales 包括金丝桃科(Hypericaceae)、山竹子科(Clusiaceae)、船形果科(Eucryphiaceae)和绒子树科(Quiinaceae),也就是把恩格勒系统(1964)的藤黄科(Guttiferae)分为2个科。在塔赫他间系统(1980)中只有山竹子科,作为五桠果亚纲(Dilleniidae)、山茶目(Theales)19 个科之一。在克朗奎斯特系统(1981)中也只有山竹子科,是五桠果亚纲、山茶目(Theales)的 18 个科之一,分为 Clusioideae 和 Hypericoideae 2 个亚科。

金丝桃属——【学　名】*Hypericum*

【蒙古名】ᠣᠯᠠᠭᠠᠨ ᠵᠢᠷᠭᠠᠨ ᠤ ᠲᠥᠷᠥᠯ

【英文名】St. John's Wort

【生活型】灌木或多年生至一年生草本。

【叶】叶对生,全缘,具柄或无柄。花序为聚伞花序,1至多花,顶生或有时腋生,常呈伞房状。

【花】花两性。萼片(4)5个,等大或不等大,覆瓦状排列。花瓣(4)5片,黄至金黄色,偶有白色,有时脉上带红色,通常不对称,宿存或脱落。雄蕊联合成束或明显不规则且不联合成束,前种情况或为5束而与花瓣对生,或更有合并成4束至3束的,此时合并的束与萼片对生,每束具多至80枚的雄蕊,花丝纤细,几分离至基部,花药背着或多少基着,纵向开裂,药隔上有腺体;无退化雄蕊及不育的雄蕊束。子房3～5室,具中轴胎座,或全为1室,具侧膜胎座,每胎座具多数胚珠;花柱(2)3～5枚,离生或部分至全部合生,多少纤细;柱头小或多少呈头状。

【果实和种子】果为1室间开裂的蒴果,果片常有含树脂的条纹或囊状腺体。种子小,通常两侧或一侧有龙骨状突起或多少具翅,表面有各种雕纹,无假种皮;胚纤细,直。

【分类地位】被子植物门、双子叶植物纲、原始花被亚纲、侧膜胎座目、山茶亚目、藤黄科、金丝桃亚科、金丝桃科。

【种类】全属有400余种;中国有55种,8亚种;内蒙古有3种。

长柱金丝桃(黄海棠)*Hypericum ascyron*

　　多年生草本。茎直立或在基部上升,单一或数茎丛生,不分枝或上部具分枝,有时于叶腋抽出小枝条,茎及枝条幼时具4条棱,后明显具4条纵线棱。叶无柄,叶片披针形、长圆状披针形,或长圆状卵形至椭圆形,或狭长圆形,先端渐尖、锐尖或钝形,基部楔形或心形而抱茎,全缘,坚纸质,上面绿色,下面通常淡绿色且散布淡色腺点,中脉、侧脉及近边缘脉下面明显,脉网较密。花序具1～35朵花,顶生,近伞房状至狭圆锥状,后者包括多数分枝。平展或外反;花蕾卵珠形,先端圆形或钝形;萼片卵形或披针形至椭圆形或长圆形,先端锐尖至钝形,全缘,结果时直立。花瓣金黄色,倒披针形,十分弯曲,具腺斑或无腺斑,宿存。雄蕊极多数,5束,每束有雄蕊约30枚,花药金黄色,具松脂状腺点。子房宽卵珠形至狭卵珠状三角形,5室,具中央空腔;花柱5枚,长为子房的1/2至为其2倍,自基部或至上部4/5处分离。蒴果为或宽或狭的卵珠形或卵珠状三角形,棕褐色,成熟后先端5裂,柱头常折落。种子棕色或黄褐色,圆柱形,微弯,有明显的龙骨状突起或狭翅和细的蜂窝纹。花期5～7月,果期8～9月。

　　生于林缘、山地草甸、灌丛中。产于内蒙古呼伦贝尔市、兴安盟、通辽市、赤峰市、锡林郭勒盟、乌兰察布市、呼和浩特市;除西藏外,中国各地均产;日本、朝鲜、蒙古、俄罗斯、越南以及北美洲也有分布。

金粟兰科——【学　名】*Chloranthaceae*

【蒙古名】ᠤᠷᠠᠯᠵᠢᠨ ᠠᠯᠲᠠᠨ ᠤ ᠢᠵᠠᠭᠤᠷ

【英文名】Chloranthus Family

【生活型】草本、灌木或小乔木。

【叶】单叶对生，具羽状叶脉，边缘有锯齿；叶柄基部常合生；托叶小。

【花】花小，两性或单性，排成穗状花序、头状花序或圆锥花序，无花被或在雌花中有浅杯状 3 齿裂的花被（萼管）；两性花具雄蕊 1 枚或 3 枚，着生于子房的一侧，花丝不明显，药隔发达，有 3 枚雄蕊时，药隔下部互相结合或仅基部结合或分离，花药 2 室或 1 室，纵裂；雌蕊 1 枚，由 1 枚心皮所组成，子房下位，1 室，含 1 颗下垂的直生胚珠，无花柱或有短花柱；单性花其雄花多数，雄蕊 1 枚；雌花少数，有与子房贴生的 3 枚齿萼状花被。

【果实和种子】核果卵形或球形，外果皮多少肉质，内果皮硬。种子含丰富的胚乳和微小的胚。

【种类】全科有 5 属，约 70 种；中国有 3 属，16 种，5 变种；内蒙古有 1 属，1 种。

金粟兰科 Chloranthaceae R. Br. ex Sims，由苏格兰植物学家和古植物学家 Robert Brown（1773－1858）命名但未经发表的科，后由英国植物学家 John Sims（1749－1831）描述，于 1820 年发表在"Botanical Magazine 48：sub pl. 2190."（Bot. Mag.）上，模式属为金粟兰属（Chloranthus）。Chloranthaceae? R. Br. ex Lindl. 是由苏格兰植物学家和古植物学家 Robert Brown 命名但未经发表的科，后由英国植物学家、园艺家和兰花专家 John Lindley（1799－1865）描述，于 1821 年代发表在"Collectanea Botanica；or，Figures and Botanical Illustrations of Rare and Curious Exotic Plants. London"[Coll. Bot. (Lindley)]上，发表时间比 John Sims 晚。

在恩格勒系统（1964）中，金粟兰科隶属原始花被亚纲（Archichlamydeae）、胡椒目（Piperales），含金粟兰科、三白草科（Saururaceae）、胡椒科（Piperaceae）、鸟嘴果科（Lactoridaceae）等 4 个科。在哈钦森系统（1959）中，金粟兰科隶属双子叶植物草本支（Herbaceae）、胡椒目，含金粟兰科、三白草科、胡椒科等 3 个科。在塔赫他间系统（1980）中，金粟兰科隶属木兰亚纲（Magnoliidae）、樟目（Laurales），含 10 个科；由三白草科和胡椒科成立了胡椒目。在克朗奎斯特系统（1981）中，金粟兰科隶属木兰亚纲、胡椒目，含金粟兰科、三白草科、胡椒科等 3 个科，与哈钦森系统（1959）相同。

金粟兰属——【学　名】*Chloranthus*

【蒙古名】ᡂᠣᠣᠳᠣᠨᠢ ᠵᠢᠷᡳᠭᠡᠶᠢᠨ ᠣᠪᠣᠭ

【英文名】Chloranthus

【生活型】多年生草本或半灌木。

【叶】叶对生或呈轮生状，边缘有锯齿；叶柄基部相连接；托叶微小。

【花】花序穗状或分枝排成圆锥花序状，顶生或腋生；花小，两性，无花被；雄蕊通常 3 枚，稀为 1 枚，着生于子房的上部一侧，药隔下半部互相结合，或仅基部结合，或分离而基部相接或覆叠，卵形、披针形，有时延长成线形，花药 1～2 室；如为 3 枚雄蕊时，则中央的花药 2 室或偶无花药，两侧的花药 1 室，如为单枚雄蕊时，则花药 2 室；子房 1 室，有下垂、直生的胚珠 1 颗，通常无花柱，少有具明显的花柱，柱头截平或分裂。

【果实和种子】核果球形、倒卵形或梨形。

【分类地位】被子植物门、双子叶植物纲、原始花被亚纲、胡椒目、金粟兰科。

【种类】全属约有 17 种；中国约有 13 种，5 变种；内蒙古有 1 种。

银线草 *Chloranthus japonicys*

多年生草本。根状茎多节，横走，分枝，生多数细长须根，有香气；茎直立，单生或数个丛生，不分枝，下部节上对生 2 片鳞状叶。叶对生，通常 4 片生于茎顶，成假轮生，纸质，宽椭圆形或倒卵形，顶端急尖，基部宽楔形，边缘有齿牙状锐锯齿，齿尖有 1 个腺体，近基部或 1/4 以下全缘，腹面有光泽，两面无毛，侧脉 6～8 对，网脉明显；鳞状叶膜质，三角形或宽卵形。穗状花序单一，顶生；苞片三角形或近半圆形；花白色；雄蕊 3 枚，药隔基部连合，着生于子房上部外侧；中央药隔无花药，两侧药隔各有 1 个 1 室的花药；药隔延伸成线形，水平伸展或向上弯，药室在药隔的基部；子房卵形，无花柱，柱头截平。核果近球形或倒卵形，绿色。花期 4～5 月，果期 5～7 月。

生于沟谷杂木林下。产于内蒙古通辽市大青沟；中国甘肃、河北、吉林、辽宁、陕西、山东、山西也产；日本、朝鲜、俄罗斯也有分布。

313

金腰属——【学　名】*Chrysosplenium*

【蒙古名】ᠱᠠᠷ᠎ᠠ ᠪᠡᠬᠢᠯ᠎ᠡ ᠶᠢᠨ ᠲᠥᠷᠥᠯ

【英文名】Goldwaist，Goldsaxifrage

【生活型】多年生小草本。

【茎】通常具鞭匐枝或鳞茎。

【叶】单叶，互生或对生，具柄，无托叶。

【花】通常为聚伞花序，围有苞叶，稀单花；花小型，绿色、黄色、白色或带紫色；托杯内壁通常多少与子房愈合；萼片 4 个，稀 5 个，在芽中覆瓦状排列；无花瓣，花盘极不明显或无，或明显(4)8 裂，有时其周围具褐色乳头状突起；雄蕊 8(10)或 4 枚；花丝钻形，花药 2 室，侧裂，花粉粒微细，具 3 拟孔沟，并具华美网纹；2 枚心皮通常中下部合生，子房近上位、半下位或近下位，1 室，胚珠多数，具 2 个侧膜胎座，花柱 2 枚，离生，柱头具斑点。

【果实和种子】蒴果之 2 枚果瓣近等大或明显不等大；种子多数，卵球形至椭圆球形，有时光滑无毛，有时具微乳头状突起、微柔毛或微瘤突，有时具纵肋，肋上具横纹、乳头状突起或微瘤突等。

【分类地位】被子植物门、双子叶植物纲、原始花被亚纲、蔷薇目、虎耳草亚目、虎耳草亚科、虎耳草族。

【种类】全属约有 65 种；中国有 35 种；内蒙古有 2 种。

毛金腰 *Chrysosplenium pilosum*

多年生草本。不育枝出自茎基部叶腋，密被褐色柔毛，其叶对生，具褐色斑点，近扇形，先端钝圆，边缘具不明显 5～9 枚波状圆齿，基部宽楔形，腹面疏生褐色柔毛，背面无毛，边缘具褐色睫毛，叶柄具褐色柔毛，顶生者阔卵形至近圆形，边缘具不明显之 7 枚波状圆齿，两面无毛。花茎疏生褐色柔毛。茎生叶对生，扇形，先端近截形，具不明显之 6 枚波状圆齿，基部楔形，两面无毛，叶柄具褐色柔毛。花序分枝无毛；苞叶近扇形，先端钝圆至近截形，边缘具 3～5 枚波状圆齿（不明显），两面无毛，疏生褐色柔毛；花梗无毛；萼片具褐色斑点，阔卵形至近阔椭圆形，先端钝；雄蕊 8 枚；子房半下位；无花盘。蒴果之 2 枚果瓣不等大；种子黑褐色，阔椭椭球形，具纵沟和纵肋，纵沟较深，纵肋 17 条，肋上具微乳头突起。花期 4～6 月。

生于林下、林缘溪边。产于内蒙古呼伦贝尔市、嘎仙洞；中国安徽、甘肃、广东、河北、黑龙江、湖北、湖南、吉林、辽宁、青海、陕西、山西、四川、浙江也产；朝鲜、俄罗斯也有分布。

金鱼藻科——【学　名】*Ceratophyllaceae*

【蒙古名】ᠮᠦᠨ ᠵᠢᠯ ᠦᠨ ᠡᠪᠡᠰᠦ ᠶᠢᠨ ᠣᠪᠣᠭ

【英文名】Hornwort Family

【生活型】多年生沉水草本。

【根】无根。

【茎】茎漂浮，有分枝。

【叶】叶4～12片轮生，硬且脆，1～4次二叉状分歧，条形，边缘一侧有锯齿或微齿，先端有2刚毛；无托叶。

【花】花单性，雌雄同株，微小，单生叶腋，雌雄花异节着生，近无梗；总苞有8～12个苞片，先端有带色毛；无花被；雄花有10～20枚雄蕊，花丝极短，花药外向，纵裂，药隔延长成着色的粗大附属物，先端有2～3枚齿；雌蕊有1枚心皮，柱头侧生，子房1室，有1颗悬垂直生的胚珠，具单层珠被。

【果实和种子】坚果革质，卵形或椭圆形，平滑或有疣点，边缘有或无翅，先端有长刺状宿存花柱，基部有2枚刺，有时上部还有2枚刺；种子1粒，具单层种皮，胚乳极少或全无。

【种类】全科只有1属；中国有1属；内蒙古有1属。

金鱼藻科 Ceratophyllaceae Gray 是英国植物学家、真菌学家和药物学家 Samuel Frederick Gray（1766－1828）于1822年在"A Natural Arrangement of British Plants 2"（Nat. Arr. Brit. Pl.）上发表的植物科，模式属为金鱼藻属（Ceratophyllum）。

在恩格勒系统（1964）中，金鱼藻科隶属原始花被亚纲（Archichlamydeae）、毛茛目（Ranunculales）、睡莲亚目（Nymphaeineae），本目含金鱼藻科、毛茛科（Ranunculaceae）、小檗科（Berberidaceae）、大血藤科（Sargentodoxaceae）、木通科（Lardizabalaceae）、防己科（Menispermaceae）、睡莲科（Nymphaeaceae）7个科。在哈钦森系统（1959）中，金鱼藻科隶属双子叶植物草本支（Herbaceae）、毛茛目，本目含金鱼藻科、芍药科（Paeoniaceae）、毛茛科、睡莲科、莼菜科（Cabombaceae）等7个科。在塔赫他间系统（1980）中，金鱼藻科隶属木兰亚纲（Magnoliidae）、睡莲目（Nymphaeales），含金鱼藻科、莼菜科和睡莲科等3个科。在克朗奎斯特系统（1981）中，金鱼藻科隶属木兰亚纲、睡莲目，含金鱼藻科、莲科（Nelumbonaceae）、睡莲科、合瓣莲科（Barclayaceae）、莼菜科等5个科。

金鱼藻属——【学　名】*Ceratophyllum*

【蒙古名】ᠬᠣᠷᠢᠨ ᠤ ᠡᠪᠡᠰᠦ ᠶᠢᠨ ᠲᠥᠷᠥᠯ

【英文名】Hornwort

【生活型】多年生沉水草本。

【根】无根。

【茎】茎漂浮,有分枝。

【叶】叶 4～12 片轮生,硬且脆,1～4 次二叉状分歧,条形,边缘一侧有锯齿或微齿,先端有 2 刚毛;无托叶。

【花】花单性,雌雄同株,微小,单生叶腋,雌雄花异节着生,近无梗;总苞有 8～12 个苞片,先端有带色毛;无花被;雄花有 10～20 枚雄蕊,花丝极短,花药外向,纵裂,药隔延长成着色的粗大附属物,先端有 2～3 枚齿;雌蕊有 1 枚心皮,柱头侧生,子房 1 室,有 1 颗悬垂直生的胚珠,具单层珠被。

【果实和种子】坚果革质,卵形或椭圆形,平滑或有疣点,边缘有或无翅,先端有长刺状宿存花柱,基部有 2 枚刺,有时上部还有 2 枚刺;种子 1 粒,具单层种皮,胚乳极少或全无。

【分类地位】被子植物门、双子叶植物纲、原始花被亚纲、毛茛目、金鱼藻科。

【种类】全属约有 7 种;中国有 5 种;内蒙古有 1 种。

金鱼藻 *Ceratophyllum demersum*

多年生沉水草本。茎平滑,具分枝。叶 4～12 片轮生,1～2 次二叉状分歧,裂片丝状,或丝状条形,先端带白色软骨质,边缘仅一侧有数枚细齿。苞片 9～12 个,条形,浅绿色,透明,先端有 3 枚齿及带紫色毛;雄蕊 10～16 枚,微密集;子房卵形,花柱钻状。坚果宽椭圆形,黑色,平滑,边缘无翅,有 3 枚刺,先端具钩,基部 2 枚刺向下斜伸,先端渐细成刺状。花期 6～7 月,果期 8～10 月。

生于池沼、湖泊、水泡、河流中。产于内蒙古呼伦贝尔市、兴安盟、通辽市、赤峰市、鄂尔多斯市;中国安徽、福建、广东、广西、贵州、河北、黑龙江、河南、湖北、湖南、江苏、吉林、宁夏、陕西、山东、山西、四川、台湾、新疆、西藏、云南、浙江也产;世界各地均有分布。

金盏花属——【学　名】*Calendula*

【蒙古名】ᠲᠣᠮᠣᠷ ᠤᠨ ᠴᠡᠴᠡᠭ ᠤᠨ ᠲᠦᠷᠦᠯ

【英文名】Calendula

【生活型】一年生或多年生草本。

【叶】叶互生,全缘或具波状齿。

【花】头状花序顶生,总苞钟状或半球形;总苞片 1~2 层,披针形至线状披针形,顶端渐尖,边缘干膜质;花序托平或凸起,无毛,具异形小花,外围的花雌性,舌状,2~3 层,结实,舌片顶端具 3 齿裂;花柱线形 2 裂,中央的小花两性,不育,花冠管状,檐部 5 浅裂;花药基部箭形,柱头不分裂,球形。

【果实和种子】瘦果 2~3 层,异形向内卷曲、外层的瘦果形状和结构与中央和内层的不同。

【分类地位】被子植物门、双子叶植物纲、合瓣花亚纲、桔梗目、菊科、管状花亚科、金盏花族。

【种类】全属有 20 余种;中国有 1 栽培种;内蒙古有 1 栽培种。

金盏花 *Calendula officinalis*

　　一年生草本。通常自茎基部分枝,绿色或多少被腺状柔毛。基生叶长圆状倒卵形或匙形,全缘或具疏细齿,具柄,茎生叶长圆状披针形或长圆状倒卵形,无柄,顶端钝,稀急尖,边缘波状具不明显的细齿,基部多少抱茎。头状花序单生茎枝端,总苞片 1~2 层,披针形或长圆状披针形,外层稍长于内层,顶端渐尖,小花黄或橙黄色,长于总苞的 2 倍;管状花檐部具三角状披针形裂片,瘦果全部弯曲,淡黄色或淡褐色,外层的瘦果大半内弯,外面常具小针刺,顶端具喙,两侧具翅脊部具规则的横折皱。花期 4~9 月,果期 6~10 月。

　　栽培观赏植物。

筋骨草属——【学　名】*Ajuga*

　　　　　　【蒙古名】ᠬᠦᠷᠡᠯ ᠦᠨ ᠡᠪᠡᠰᠦ (ᠬᠦᠷᠡᠯ ᠮᠠᠭᠠᠨ ᠤ ᠡᠪᠡᠰᠦ)

　　　　　　【英文名】Bugle

【生活型】一年生、二年生或常为多年生草本,较稀灌木状。

【茎】直立或具匍匐茎。茎四棱形。

【叶】单叶对生,通常为纸质,边缘具齿或缺刻,较稀近于全缘;苞叶与茎叶同形,或下部者与茎叶同形而上部者变小呈苞片状,或较少与茎叶异形或较大。

【花】轮伞花序具 2 至多数花,组成间断或密集或下部间断上部密集的穗状花序。花两性,通常近于无梗。花萼卵状或球状,钟状或漏斗状,通常具 10 条脉,其中 5 条副脉有时不明显,萼齿 5 枚,近整齐。花冠通常为紫色至蓝色,稀黄色或白色,脱落或在果时仍宿存,冠筒挺直或微弯,内藏或伸出,基部略呈曲膝状或微膨大,喉部稍膨大,内面有毛环或稀无毛环,冠檐 2 唇形,上唇直立,全缘或先端微凹或 2 裂,下唇宽大,伸长,3 裂,中裂片通常倒心形或近扇形,侧裂片通常为长圆形。雄蕊 4 枚,2 枚强,前对较长,常自上唇间伸出,花芽时内卷,花丝挺直或微弯曲,花药 2 室,其后横裂并贯通为 1 室。花柱细长,着生于子房底部,先端近相等 2 浅裂,裂片钻形,细尖。花盘环状,裂片不明显,等大或常在前面呈指状膨大。子房 4 裂,无毛或被毛。

【果实和种子】小坚果通常为倒卵状三棱形,背部具网纹,侧腹面具宽大果脐,占腹面之 1/2 或 2/3,有 1 油质体。

【分类地位】被子植物门、双子叶植物纲、合瓣花亚纲、管状花目、唇形科、筋骨草亚科。

【种类】全属有 40～50 种;中国有 18 种,12 变种,5 变型;内蒙古有 1 种。

多花筋骨草 *Ajuga multiflora*

　　多年生草本。茎直立,不分枝,四棱形。基生叶具柄,茎上部叶无柄;叶片均纸质,椭圆状长圆形或椭圆状卵圆形。轮伞花序自茎中部向上渐靠近,至顶端呈一密集的穗状聚伞花序;苞叶大,呈披针形或卵形,渐变为全缘;花梗极短,被柔毛。花萼宽钟形,外面被绵毛状长柔毛,以萼齿上毛最密,内面无毛,萼齿 5 枚,整齐。花冠蓝紫色或蓝色,筒状,内外两面被微柔毛,内面近基部有毛环,冠檐 2 唇形,上唇短,直立,先端 2 裂,裂片圆形,下唇伸长,宽大,3 裂,中裂片扇形,侧裂片长圆形。雄蕊 4 枚,2 枚强,伸出,微弯,花丝粗壮,具长柔毛。花柱细长,微弯,超出雄蕊,上部被疏柔毛,先端 2 浅裂,裂片细尖。花盘环状,裂片不明显,前面呈指状膨大。子房顶端被微柔毛。小坚果倒卵状三棱形,背部具网状皱纹,腹部中间隆起,具 1 大果脐,其长度占腹面 2/3,边缘被微柔毛。花期 4～5 月,果期 5～6 月。

　　生于山地草甸、河谷草甸、林缘灌丛中。产于内蒙古呼伦贝尔市、赤峰市;中国安徽、河北、黑龙江、江苏、辽宁也产;朝鲜、俄罗斯也有分布。

堇菜科——【学　名】*Violaceae*

【蒙古名】ᠬᠤᠷᠮᠤᠰᠤᠨ ᠤ ᠤᠷᠤᠭᠠ

【英文名】Violet Family

【生活型】多年生草本、半灌木或小灌木，稀为一年生草本、攀援灌木或小乔木。

【叶】叶为单叶，通常互生，少数对生，全缘，有锯齿或分裂，有叶柄；托叶小或叶状。

【花】花两性或单性，少有杂性，辐射对称或两侧对称，单生或组成腋生或顶生的穗状、总状或圆锥状花序，有 2 个小苞片，有时有闭花受精花；萼片下位，5 个，同形或异形，覆瓦状，宿存；花瓣下位，5 片，覆瓦状或旋转状，异形，下面 1 片通常较大，基部囊状或有距；雄蕊 5 枚，通常下位，花药直立，分离或围绕子房成环状靠合，药隔延伸于药室顶端成膜质附属物，花丝很短或无，下方 2 枚雄蕊基部有距状蜜腺；子房上位，完全被雄蕊覆盖，1 室，由 3～5 枚心皮联合构成，具 3～5 个侧膜胎座，花柱单一稀分裂，柱头形状多变化，胚珠 1 至多数，倒生。

【果实和种子】果实为沿室背弹裂的蒴果或为浆果状；种子无柄或具极短的种柄，种皮坚硬，有光泽，常有油质体，有时具翅，胚乳丰富，肉质，胚直立。

【种类】全科约有 22 属，900 余种；中国有 4 属，约 130 种；内蒙古有 1 属，25 种，2 变型。

堇菜科 Violaceae Batsch 是德国博物学家 August Johann Georg Karl Batsch（1761－1802）于 1802 年在"Tabula Affinitatum Regni Vegetabilis 57"（Tab. Affin. Regni Veg.）上发表的植物科，模式属为堇菜属（Viola）。

在恩格勒系统（1964）中，堇菜科隶属原始花被亚纲（Archichlamydeae）、堇菜目（Violales）、大风子亚目（Flacourtiineae），本目含 6 个亚目、20 个科，大风子亚目包含 9 个科。在哈钦森系统（1959）中，堇菜科为木本支（Lignosae）、堇菜目，只含 1 个科。在塔赫他间系统（1980）中，堇菜科隶属五桠果亚纲（Dilleniidae）、堇菜目，含 14 个科，有大风子科（Flacourtiaceae）、西番莲科（Passifloraceae）、堇菜科、半日花科（Cistaceae）、红木科（Bixaceae）、番木瓜科（Caricaceae）、葫芦科（Cucurbitaceae）等。在克朗奎斯特系统（1981）中，堇菜科也隶属五桠果亚纲、堇菜目，但这里的堇菜目包含 24 个科，有大风子科、半日花科、堇菜科、柽柳科（Tamaricaceae）、瓣鳞花科（Frankeniaceae）、钩枝藤科（Ancistrocladaceae）、西番莲科、红木科、番木瓜科、葫芦科、秋海棠科（Begoniaceae）等等。

堇菜属——【学　名】*Viola*

【蒙古名】ᠢᠮᠠᠭᠠᠨ ᠤ ᠡᠪᠡᠰᠦ

【英文名】Violet

【生活型】多年生,少数为二年生草本,稀为半灌木。

【茎】具根状茎。地上茎发达或缺少,有时具匍匐枝。

【叶】叶为单叶,互生或基生,全缘,具齿或分裂;托叶小或大,呈叶状,离生或不同程度地与叶柄合生。

【花】花两性,两侧对称,单生,稀为2朵花,有2种类型的花,生于春季者有花瓣,生于夏季者无花瓣,名闭花。花梗腋生,有2个小苞片;萼片5个,略同形,基部延伸成明显或不明显的附属物;花瓣5枚,异形,稀同形,下方(远轴)1瓣通常稍大且基部延伸成距;雄蕊5枚,花丝极短,花药环生于雌蕊周围,药隔顶端延伸成膜质附属物,下方2枚雄蕊的药隔背方近基部处形成距状蜜腺,伸入下方花瓣的距中;子房1室,3枚心皮,侧膜胎座,有多数胚珠;花柱棍棒状,基部较细,通常稍膝曲,顶端浑圆、平坦或微凹,有各种不同的附属物,前方具喙或无喙,柱头孔位于喙端或在柱头面上。

【果实和种子】蒴果球形、长圆形或卵圆状,成熟时3瓣裂;果瓣舟状,有厚而硬的龙骨,当薄的部分干燥而收缩时,则果瓣向外弯曲将种子弹射出去。种子倒卵状,种皮坚硬,有光泽,内含丰富的内胚乳。

【分类地位】被子植物门、双子叶植物纲、原始花被亚纲、侧膜胎座目、山茶亚目、堇菜科。

【种类】全属约500余种;中国约有111种;内蒙古有25种,2变型。

蒙古堇菜 *Viola mongolica*

多年生草本,无地上茎,花期通常宿存去年残叶。根状茎稍粗壮,垂直或斜生,生多条白色细根。叶数枚,基生;叶片卵状心形、心形或椭圆状心形,果期叶片较大,先端钝或急尖,基部浅心形或心形,边缘具钝锯齿,两面疏生短柔毛,下面有时几无毛;叶柄具狭翅,无毛;托叶1/2与叶柄合生,离生部分狭披针形,边缘疏生细齿。花白色;花梗细,通常高出于叶,无毛,近中部有2个线形小苞片;萼片椭圆状披针形或狭长圆形,先端钝或尖,末端浅齿裂,具缘毛;侧方花瓣里面近基部稍有须毛,稍向上弯,末端钝圆;子房无毛,花柱基部稍向前膝曲,向上渐增粗,柱头两侧及后方具较宽的缘边,前方具短喙,喙端具微上向的柱头孔。蒴果卵形,无毛。花果期5~8月。

生于山地林下、林缘、砾石质地、岩缝。产于内蒙古呼伦贝尔市、兴安盟、赤峰市、锡林郭勒盟、乌兰察布市、呼和浩特市;中国甘肃、河北、黑龙江、河南、吉林、辽宁、宁夏、青海、陕西、山东、山西也产。

锦带花属——【学　名】*Weigela*

【蒙古名】ᠰᠥᠪᠥᠭᠡᠲᠦ ᠴᠡᠴᠡᠭ ᠦᠨ ᠲᠥᠷᠥᠯ

【英文名】Brocadebeldflower

【生活型】落叶灌木。

【茎】幼枝稍呈四方形。冬芽具数个鳞片。

【叶】叶对生,边缘有锯齿,具柄或几无柄,无托叶。

【花】花单生或由 2～6 朵花组成聚伞花序生于侧生短枝上部叶腋或枝顶;萼筒长圆柱形,萼檐 5 裂,裂片深达中部或基底;花冠白色、粉红色至深红色,钟状漏斗形,5 裂,不整齐或近整齐,筒长于裂片;雄蕊 5 枚,着生于花冠筒中部,内藏,花药内向;子房上部一侧生 1 个球形腺体,子房 2 室,含多数胚珠,花柱细长,柱头头状,常伸出花冠筒外。

【果实和种子】蒴果圆柱形,革质或木质,2 瓣裂,中轴与花柱基部残留;种子小而多,无翅或有狭翅。

【分类地位】被子植物门、双子叶植物纲、合瓣花亚纲、茜草目、忍冬科、锦带花族。

【种类】全属约有 10 种;中国有 2 种;内蒙古有 1 种。

锦带花 *Weigela florida*

　　落叶灌木。幼枝稍四方形,有 2 列短柔毛;树皮灰色。芽顶端尖,具 3～4 对鳞片,常光滑。叶矩圆形、椭圆形至倒卵状椭圆形,顶端渐尖,基部阔楔形至圆形,边缘有锯齿,上面疏生短柔毛,脉上毛较密,下面密生短柔毛或绒毛,具短柄至无柄。花单生或成聚伞花序生于侧生短枝的叶腋或枝顶;萼筒长圆柱形,疏被柔毛,萼齿长不等,深达萼檐中部;花冠紫红色或玫瑰红色,外面疏生短柔毛,裂片不整齐,开展,内面浅红色;花丝短于花冠,花药黄色;子房上部的腺体黄绿色,花柱细长,柱头 2 裂。顶有短柄状喙,疏生柔毛;种子无翅。花期 4～6 月。

　　生于山地灌丛中或杂木林下,亦有栽植观赏。产于内蒙古赤峰市;中国河北、黑龙江、河南、江苏、吉林、辽宁、陕西、山东、山西也产;日本、朝鲜也有分布。

锦鸡儿属 ——【学　名】*Caragana*

【蒙古名】ᠮᠣᠩᠭᠣᠯ ᠤᠨ ᠡᠪᠡᠰᠦ

【英文名】Peashrub

【生活型】灌木,稀为小乔木。

【根】根系特别发达,扎根极深。

【叶】叶偶数羽状复叶或假掌状复叶,有 2～10 对小叶;叶轴顶端常硬化成针刺,刺宿存或脱落;托叶宿存并硬化成针刺,稀脱落;小叶全缘,先端常具针尖状小尖头。

【花】花梗单生、并生或簇生叶腋,具关节;苞片 1 或 2 个,着生在关节处,有时退化成刚毛状或不存在,小苞片缺或 1 至多个生于花萼下方;花萼管状或钟状,基部偏斜,囊状凸起或不为囊状,萼齿 5 枚,常不相等;花冠黄色,少有淡紫色、浅红色,有时旗瓣带橘红色或土黄色,各瓣均具瓣柄,翼瓣和龙骨瓣常具耳;雄蕊二体;子房无柄,稀有柄,胚珠多数。

【果实和种子】荚果筒状或稍扁。

【分类地位】被子植物门、双子叶植物纲、原始花被亚纲、蔷薇目、蔷薇亚目、豆科、蝶形花亚科、山羊豆族、黄耆亚族。

【种类】全属有 100 余种;中国有 62 种,9 变种,12 变型;内蒙古有 17 种,5 变种。

小叶锦鸡儿 *Caragana microphylla*

灌木。老枝深灰色或黑绿色,嫩枝被毛,直立或弯曲。羽状复叶有 5～10 对小叶;托叶脱落;小叶倒卵形或倒卵状长圆形,先端圆或钝,很少凹入,具短刺尖,幼时被短柔毛。花梗近中部具关节,被柔毛;花萼管状钟形,萼齿宽三角形;花冠黄色,旗瓣宽倒卵形,先端微凹,基部具短瓣柄,翼瓣的瓣柄长为瓣片的 1/2,耳短,齿状;龙骨瓣的瓣柄与瓣片近等长,耳不明显,基部截平;子房无毛。荚果圆筒形,稍扁,具锐尖头。花期 5～6 月,果期 7～8 月。

生于固定、半固定沙地。产于内蒙古呼伦贝尔市、兴安盟、通辽市、赤峰市、锡林郭勒盟、乌兰察布市、包头市;中国吉林、辽宁也产;蒙古、俄罗斯也有分布。

锦葵科——【学　名】*Malvaceae*

【蒙古名】ᠨᠣᠭᠣᠭᠠᠨ ᠬᠠᠮᠪᠠ ᠶᠢᠨ ᠢᠵᠠᠭᠤᠷ

【英文名】Mallow Family

【生活型】草本、灌木至乔木。

【叶】叶互生，单叶或分裂，叶脉通常掌状，具托叶。

【花】花腋生或顶生，单生、簇生、聚伞花序至圆锥花序；花两性，辐射对称；萼片3～5个，分离或合生；其下面附有总苞状的小苞片（又称副萼）3至多数；花瓣5片，彼此分离，但与雄蕊管的基部合生；雄蕊多数，连合成一管称雄蕊柱，花药1室，花粉被刺；子房上位，2至多室，通常以5室较多，由2～5枚或较多的心皮环绕中轴而成，花柱上部分枝或者为棒状，每室被胚珠1至多颗，花柱与心皮同数或为其2倍。

【果实和种子】蒴果，常几枚果爿分裂，很少浆果状，种子肾形或倒卵形，被毛至光滑无毛，有胚乳。子叶扁平，折叠状或回旋状。

【种类】全科约有50属，1000种；中国有19属，81种和36变种或变型；内蒙古有4属，5种。

锦葵科 Malvaceae Juss. 是法国植物学家 Antoine Laurent de Jussieu（1748－1836）于1789年在"Genera plantarum271"（Gen. Pl.）中建立的植物科，模式属为锦葵属（Malva）。

在恩格勒系统（1964）中，锦葵科隶属原始花被亚纲（Archichlamydeae）、锦葵目（Malvales）、锦葵亚目（Malvineae），本亚目含椴树科（Tiliaceae）、锦葵科、木棉科（Bombacaceae）、梧桐科（Sterculiaceae）。在哈钦森系统（1959）中，锦葵科为木本支（Lignosae）、锦葵目，只含1个科，椴树科隶属椴树目（Tiliales），认为由椴树目发展出锦葵目，锦葵目比椴树目进化。在塔赫他间系统（1980）中，锦葵科隶属五桠果亚纲（Dilleniidae）、锦葵目，含椴树科、梧桐科、木棉科、锦葵科等10个科，认为锦葵目来源于原始的堇菜目植物。在克朗奎斯特系统（1981）中，锦葵科也隶属五桠果亚纲、锦葵目，含杜英科（Elaeocarpaceae）、椴树科、梧桐科、木棉科、锦葵科等5个科，认为锦葵目来源于山茶目（Theales）。

锦葵属──【学　名】*Malva*

【蒙古名】ᠲᠣᠷᠣᠠ ᠶᠢᠨ ᠣᠷᠤᠮ ᠣᠷᠤᠮᠠᠯ

【英文名】Mallow

【生活型】一年生或多年生草本。

【叶】叶互生,有角或掌状分裂。

【花】花单生于叶腋间或簇生成束,有花梗或无花梗;有小苞片(副萼)3 个,线形,常离生,萼杯状,5 裂;花瓣 5~9 片,顶端常凹入,白色或玫红色至紫红色;雄蕊柱的顶端有花药;子房有心皮 9~15 枚,每枚心皮有胚珠 1 颗,柱头与心皮同数。

【果实和种子】果由数枚心皮组成,成熟时各枚心皮彼此分离,且与中轴脱离而成分果。

【分类地位】被子植物门、双子叶植物纲、原始花被亚纲、锦葵目、锦葵科、锦葵族。

【种类】全属约有 30 种;中国有 4 种;内蒙古有 2 种。

锦葵 *Malva sinensis*

一年生草本。分枝多,疏被粗毛。叶圆心形或肾形,具 5~7 枚圆齿状钝裂片,宽几相等,基部近心形至圆形,边缘具圆锯齿,两面均无毛或仅脉上疏被短糙伏毛;叶柄近无毛,但上面槽内被长硬毛;托叶偏斜,卵形,具锯齿,先端渐尖。花 3~11 朵簇生,花梗无毛或疏被粗毛;小苞片 3 个,长圆形,先端圆形,疏被柔毛;萼状,萼裂片 5 枚,宽三角形,两面均被星状疏柔毛;花紫红色或白色,花瓣 5 片,匙形,先端微缺,爪具髯毛;雄蕊柱被刺毛,花丝无毛;花柱分枝 9~11 枚,被微细毛。果扁圆形,分果爿 9~11 枚,肾形,被柔毛;种子黑褐色,肾形。

栽培植物,供观赏和药用。

荩草属——【学　名】*Arthraxon*

【蒙古名】ᠬᠢᠲᠦ ᠲᠣᠯᠤᠭᠠᠢᠲᠤ ᠡᠪᠡᠰᠦ

【英文名】Ungeargrass

【生活型】一年生或多年生纤细草本。

【叶】叶片披针形或卵状披针形,基部心形,抱茎。

【花】总状花序 1 至数个在秆顶常成指状排列;小穗成对着生于总状花序轴的各节,一无柄,一有柄。有柄小穗雄性或中性,有时完全退化仅剩一针状柄或柄的痕迹而使小穗单生于各节;无柄小穗两侧压扁或第一颖背腹压扁,含 1 朵两性小花,有芒或无芒,随同节间脱落;第一颖厚纸质或近革质,具数至多脉或脉不显,脉上粗糙或具小刚毛,有时在边缘内折或具篦齿状疣基钩毛或不呈龙骨而边缘内折或稍内折;第二颖等长或稍长于第一颖,具 3 条脉,对折而使主脉成 2 脊,先端尖或具小尖头;第一小花退化仅剩一透明膜质的外稃;第二小花两性,其外稃透明膜质,基部质稍厚而自该处伸出一芒,全缘或顶端具 2 枚微齿;内稃微小或不存在;雄蕊 2 或 3 枚;柱头 2 枚,花柱基部分离;鳞被 2 枚,折叠,具多脉。

【果实和种子】颖果细长而近线形。

【分类地位】被子植物门、单子叶植物纲、禾本目、禾本科、黍亚科、高粱族、荩草亚族。

【种类】全属约有 20 种;中国有 10 种,6 变种;内蒙古有 1 种。

荩草 *Arthraxon hispidus*

一年生草本。秆细弱,无毛,基部倾斜,具多节,常分枝,基部节着地易生根。叶鞘短于节间,生短硬疣毛;叶舌膜质,边缘具纤毛;叶片卵状披针形,基部心形,抱茎,除下部边缘生疣基毛外其余均无毛。总状花序细弱,2～10 枚呈指状排列或簇生于秆顶;总状花序轴节间无毛,长为小穗的 2/3～3/4。无柄小穗卵状披针形,呈两侧压扁,灰绿色或带紫;第一颖草质,边缘膜质,包住第二颖 2/3,具 7～9 条脉,脉上粗糙至生疣基硬毛,尤以顶端及边缘为多,先端锐尖;第二颖近膜质,与第一颖等长,舟形,脊上粗糙,具 3 条脉而 2 条侧脉不明显,先端尖;第一外稃长圆形,透明膜质,先端尖,长为第一颖的 2/3;第二外稃与第一外稃等长,透明膜质,近基部伸出一膝曲的芒;芒下几部扭转;雄蕊 2 枚;花药黄色或带紫色。颖果长圆形,与稃体等长。有柄小穗退化仅到针状刺。花果期 9～11 月。

生于山坡草地、水边湿地、河滩沟谷草甸、山地灌丛、沙地、田野。产于内蒙古呼伦贝尔市、兴安盟、通辽市、赤峰市、乌兰察布市、呼和浩特市、鄂尔多斯市、巴彦淖尔市;中国安徽、福建、广东、贵州、海南、河北、黑龙江、河南、湖北、江苏、江西、宁夏、陕西、山东、四川、台湾、新疆、云南、浙江也产;不丹、印度、印度尼西亚、日本、哈萨克斯坦、朝鲜、吉尔吉斯斯坦、马来西亚、尼泊尔、新几内亚岛、巴基斯坦、菲律宾、俄罗斯、斯里兰卡、塔吉克斯坦、泰国、乌兹别克斯坦、澳大利亚以及非洲、西南亚也有分布。

荆芥属——【学　名】*Nepeta*

【蒙古名】ᠮᠣᠣᠷ ᠤᠨ ᠲᠥᠷᠥᠯ（ᠵᠡᠭᠡᠷᠭᠡᠨ᠎ᠡ ᠶᠢᠨ ᠨᠠᠪᠴᠢᠲᠦ ᠶᠢᠨ ᠲᠥᠷᠥᠯ）

【英文名】Catnip, Catmint

【生活型】大多为多年生，稀为一年生草本，更稀为半灌木。

【叶】叶具齿，上部叶有时变全缘，具柄或无柄。

【花】花组成轮伞花序或聚伞花序，前者分离或聚集成穗状或头状花序，后者则成对着生，组成总状或圆锥状花序；苞叶十分细小，常呈苞片状，苞片狭，通常不比花萼长，但也有与花等长或比花长。花大都为两性，但偶有雌花两性花同株或异株现象。花萼具(13)15～(17)条脉，管状、倒锥形，稀钟形或瓶形，果时稀增大呈卵形，微弯或直，具斜或整齐的喉，或为 2 唇形，齿 5 枚，直或斜向前伸，等大或不等大，锥形、狭披针形、三角形或长圆状三角形等，渐尖，芒状渐尖或刺状渐尖。花冠小或中等大，冠筒内无毛环，但有时在喉部有短柔毛，下部狭窄，通常向上骤然扩展成喉，稀向冠檐逐渐扩展，冠檐 2 唇形，上唇直或稍向前倾，近扁平或内凹，2 深裂或浅裂，也有顶端微缺，下唇大于上唇很多，3 裂，中裂片最宽大，内凹或近扁平，斜伸、水平或下垂，顶端具弯缺，边缘全缘、波状或具牙齿，基部具爪或无，内面基部隆起或无，具髯毛或无，侧裂片十分细小，直伸或外反，卵圆形或半圆形，明显至不明显。雄蕊 4 枚，近平行，沿花冠上唇上升，后对较长，内藏或伸出于花冠上唇，前对较短，通常内藏，均能育，花药 2 室，椭圆状，通常呈水平叉开，不贯通为 1 室；在雌花中，雄蕊成为退化雄蕊，内藏于冠筒扩展部分；花丝扁平，无毛，先端无附属器或具突起的附属器。花柱丝状，伸出，先端近相等 2 裂。花盘杯状，具等大 4 裂，或前 1 枚裂片较大。

【果实和种子】小坚果长圆状卵形、椭圆柱形、卵形或倒卵形，腹面微具棱，光滑或具突起。

【分类地位】被子植物门、双子叶植物纲、合瓣花亚纲、管状花目、唇形科、野芝麻亚科、荆芥族。

【种类】全属约有 250 种；中国有 38 种，1 变种；内蒙古有 2 种。

大花荆芥 *Nepeta sibirica*

多年生草本。根茎木质，长，匍匐状。茎多数，上升，常在下部具分枝，四棱形。叶三角状长圆形至三角状披针形，边缘通常密具小牙齿，坚纸质；茎下部叶具较长的柄，中部叶柄变短。轮伞花序稀疏排列于茎顶部；苞叶叶状，披针形；苞片长，线形，被短柔毛及睫毛；花梗短，密被腺点。外密被腺短柔毛及黄色腺点，喉部极斜，上唇 3 裂，裂至本身长度 1/2 或达 2/3，披针状三角形，渐尖。边缘具大圆齿，侧裂片卵状三角形或卵形。雄蕊 4 枚，后对雄蕊稍短于或略超出上唇。花柱等于或略超出上唇。小坚果倒卵形，腹部略具棱，光滑，褐色。花期 8～9 月。

生于山地林缘、沟谷草甸中。产于内蒙古阿拉善盟贺兰山；中国甘肃、宁夏、青海也产；蒙古、俄罗斯也有分布。

景天科——【学　名】*Crassulaceae*

【蒙古名】ᠪᠣᠷᠠᠭ᠎ᠠ ᠶᠢᠨ ᠢᠵᠠᠭᠤᠷ ᠤᠨ ᠡᠪᠡᠰᠦ

【英文名】Crassula Family

【生活型】草本、半灌木或灌木。

【茎】常有肥厚、肉质的茎。

【叶】叶常肉质，不具托叶，互生、对生或轮生，常为单叶，全缘或稍有缺刻，少有为浅裂或为单数羽状复叶的。

【花】常为聚伞花序，或为伞房状、穗状、总状或圆锥状花序，有时单生。花两性，或为单性而雌雄异株，辐射对称，花各部常为 5 数或其倍数，少有为 3、4 或 6～32 数或其倍数；萼片自基部分离，少有在基部以上合生，宿存；花瓣分离，或多少合生；雄蕊 1 轮或 2 轮，与萼片或花瓣同数或为其 2 倍，分离，或与花瓣或花冠筒部多少合生，花丝丝状或钻形，少有变宽的，花药基生，少有背着，内向开裂；心皮常与萼片或花瓣同数，分离或基部合生，常在基部外侧有腺状鳞片 1 个，花柱钻形，柱头头状或不显著，胚珠倒生，有 2 层珠被，常多数，排成 2 行沿腹缝线排列，稀少数或一个的。

【果实和种子】蓇葖有膜质或革质的皮，稀为蒴果；种子小，长椭圆形，种皮有皱纹或微乳头状突起，或有沟槽，胚乳不发达或缺。

【种类】全科有 35 属，1500 种以上；中国有 10 属，242 种；内蒙古有 5 属，21 种，2 变种，1 变型。

景天科 Crassulaceae J. St.－Hil. 是法国博物学家和画家 Jean Henri Jaume Saint－Hilaire(1772－1845)于 1805 年(2～4 月)在"Exposition des Familles Naturelles 2"(Expos. Fam. Nat.)上发表的植物科，模式属为青锁龙属(Crassula)。Crassulaceae DC. 是瑞士植物学家 Augustin Pyramus de Candolle (1778－1841)于 1805 年(9 月 17 日)在"Lam. & DC., Fl. Franç. ed. 3, 4(1)"上发表的植物科，模式属为青锁龙属 Crassula，发表时间比 Crassulaceae J. St.－Hil. 晚一点。"Flora of China"采用了 Crassulaceae Candolle。

在恩格勒系统(1964)中，景天科隶属原始花被亚纲(Archichlamydeae)、蔷薇目(Rosales)、虎耳草亚目(Saxifragineae)，本亚目含景天科、虎耳草科(Saxifragaceae)等 10 个科。在哈钦森系统(1959)中，景天科为草本支(Herbaceae)、虎耳草目(Saxifragales)，含景天科、虎耳草科、梅花草科(Parnassiaceae)、五福花科(Adoxaceae)等 9 个科。在塔赫他间系统(1980)中，景天科隶属蔷薇亚纲(Rosidae)、虎耳草目，含景天科、绣球科(八仙花科，Hydrangeaceae)、虎耳草科、茶藨子科(醋栗科，Crossulariaceae)、梅花草科等 25 个科。在克朗奎斯特系统(1981)中，景天科隶属蔷薇亚纲、蔷薇目，含绣球科(八仙花科)、茶藨子科(醋栗科)、景天科、虎耳草科、蔷薇科(Rosaceae)等 24 个科。

景天属——【学　名】*Sedum*

【蒙古名】ᠲᠡᠮᠡᠭᠡ ᠶᠢᠨ ᠬᠠᠷᠠᠭᠠᠨ ᠤ ᠢᠵᠠᠭᠤᠷ

【英文名】Stonecrop，Buddhanail

【生活型】一年生或多年生草本。

【茎】少有茎基部呈木质，无毛或被毛，肉质，直立或外倾的，有时丛生或薜状。

【叶】叶各式，对生、互生或轮生，全缘或有锯齿，少有线形的。

【花】花序聚伞状或伞房状，腋生或顶生；花白色、黄色、红色、紫色；常为两性，稀退化为单性；常为不等 5 基数，少有 4～9 基数；花瓣分离或基部合生；雄蕊通常为花瓣数的 2 倍，对瓣雄蕊贴生在花瓣基部或稍上处；鳞片全缘或有微缺；心皮分离，或在基部合生，基部宽阔，无柄，花柱短。

【果实和种子】蓇葖有种子多数或少数。

【分类地位】被子植物门、双子叶植物纲、原始花被亚纲、蔷薇目、虎耳草亚目、景天科、景天亚科。

【种类】全属有 470 种左右；中国有 124 种，1 亚种，14 变种，1 变型；内蒙古有 6 种，2 变种，1 变型。

阔叶景天 *Sedum roborowskii*

　　一年生或二年生草本，无毛。根纤维状。花茎近直立，由基部分枝。叶长圆形，有钝距，先端钝。花序伞房状（近蝎尾状聚伞花序），疏生多数花；苞片叶形。花为不等的五基数；萼片长圆形或长圆状倒卵形，不等长，有钝距，先端钝（有时有乳头状突起）；花瓣淡黄色，卵状披针形，离生，先端钝；雄蕊 10 枚，2 轮，内轮的生于距花瓣基部约 0.7 毫米处；鳞片线状长方形（有时上部扩大），先端微缺；心皮长圆形，先端突狭为花柱，有胚珠 12～15 颗。种子卵状长圆形，有小乳头状突起。花期 8～9 月，果期 9 月。

　　生于山坡林下阴湿处或岩石上。产于内蒙古阿拉善盟贺兰山；中国甘肃、宁夏、青海、西藏也产；尼泊尔也有分布。

桔梗科——【学　名】*Campanulaceae*

【蒙古名】ᠬᠣᠩᠬᠣᠯᠠᠢ ᠴᠡᠴᠡᠭ ᠦᠨ ᠪᠦᠯᠡ

【英文名】Bellflower Family

【生活型】一年生或多年生草本。稀为灌木、小乔木或草质藤本。

【茎】具根状茎,或具茎基,有时茎基具横走分枝,有时植株具地下块根。

【叶】叶为单叶,互生,少对生或轮生。

【花】花常常集成聚伞花序,有时聚伞花序演变为假总状花序,或集成圆锥花序,或缩成头状花序,有时花单生。花两性,稀少单性或雌雄异株,大多 5 数,辐射对称或两侧对称。花萼 5 裂,筒部与子房贴生,有的贴生至子房顶端,有的仅贴生于子房下部,也有花萼无筒,5 全裂,完全不与子房贴生,裂片大多离生,常宿存,镊合状排列。花冠为合瓣的,浅裂或深裂至基部而成为 5 枚花瓣状的裂片,整齐,或后方纵缝开裂至基部,其余部分浅裂,使花冠为两侧对称,裂片在花蕾中镊合状排列,极少覆瓦状排列,雄蕊 5 枚,通常与花冠分离,或贴生于花冠筒下部,彼此间完全分离,或借助于花丝基部的长绒毛而在下部粘合成筒,或花药联合而花丝分离,或完全联合;花丝基部常扩大成片状,无毛或边缘密生绒毛;花药内向,极少侧向,在两侧对称的花中,花药常不等大,常有两室或更多室花药有顶生刚毛,别处有或无毛。花盘有或无,如有则为上位,分离或为筒状(或环状)。子房下位,或半上位,少完全上位的,2～5(6)室;花柱单一,常在柱头下有毛,柱头 2～5(6)裂,胚珠多数,大多着生于中轴胎座上。

【果实和种子】果通常为蒴果,顶端瓣裂或在侧面(在宿存的花萼裂片之下)孔裂,或盖裂,或为不规则撕裂的干果,少为浆果。种子多数,有或无棱,胚直,具胚乳。

【种类】全科有 60～70 属,大约 2000 余种;中国有 16 属,170 种;内蒙古有 5 属,25 种,2 亚种,14 变种。

329

桔梗科 Campanulaceae Juss. 是法国植物学家 Antoine Laurent de Jussieu (1748－1836)于 1789 年在"Genera plantarum 163"(Gen. Pl.)中建立的植物科,模式属为风铃草属(Campanula)。

在恩格勒系统(1964)中,桔梗科隶属合瓣花亚纲(Sympetalae)、桔梗目(Campanulales),含桔梗科、菊科(Compositae)等 8 个科。在哈钦森系统(1959)中,桔梗科隶属双子叶植物草本支(Herbaceae)、桔梗目,含桔梗科和半边莲科(Lobeliaceae)2 个科,认为本目起源于原始的龙胆目植物。在塔赫他间系统(1980)中,桔梗科隶属菊亚纲(Asteridae)、桔梗目,含 4 个科,本目与龙胆目有共同的祖先。在克朗奎斯特系统(1981)中,桔梗科隶属菊亚纲、桔梗目,含 7 个科。

桔梗属——【学　名】*Platycodon*

【蒙古名】ᠯᠣᠣᠪᠠᠩ ᠴᠡᠴᠡᠭ ᠶᠢᠨ ᠣᠪᠤᠭ

【英文名】Balloonflower

【生活型】多年生草本,有白色乳汁。

【根】根胡萝卜状。

【茎】茎直立。

【叶】叶轮生至互生。

【花】花萼5裂;花冠宽漏斗状钟形,5裂;雄蕊5枚,离生,花丝基部扩大成片状,且在扩大部分生有毛;无花盘;子房半下位,5室,柱头5裂。

【果实和种子】蒴果在顶端(花萼裂片和花冠着生位置之上),室背5裂,裂片带着隔膜。种子多数,黑色,一端斜截,一端急尖,侧面有1条棱。

【分类地位】被子植物门、双子叶植物纲、合瓣花亚纲、桔梗目、桔梗科、桔梗亚科、桔梗族。

【种类】单种属;中国有1种;内蒙古有1种。

桔梗 *Platycodon grandiflorus*

茎通常无毛,偶密被短毛,不分枝,极少上部分枝。叶全部轮生,部分轮生至全部互生,无柄或有极短的柄,叶片卵形,卵状椭圆形至披针形,基部宽楔形至圆钝,顶端急尖,上面无毛而绿色,下面常无毛而有白粉,有时脉上有短毛或瘤突状毛,边缘具细锯齿。花单朵顶生,或数朵集成假总状花序,或有花序分枝而集成圆锥花序;花萼筒部半圆球状或圆球状倒锥形,被白粉,裂片三角形,或狭三角形,有时齿状;花冠大,蓝色或紫色。蒴果球状,或球状倒圆锥形,或倒卵状。花期7~9月,果期8~10月。

生于山地林缘草甸、沟谷草甸。产于内蒙古呼伦贝尔市、兴安盟、通辽市、赤峰市、锡林郭勒盟;中国安徽、重庆、福建、广东、广西、贵州、河北、黑龙江、河南、湖北、湖南、江苏、江西、吉林、辽宁、陕西、山东、山西、四川、云南、浙江也产;日本、朝鲜、俄罗斯也有分布。

菊蒿属——【学　名】*Tanacetum*

【蒙古名】ᠬᠦᠷᠢᠨ ᠴᠠᠭᠠᠨ ᠤ᠋ ᠲᠥᠷᠥᠯ

【英文名】Tansy

【生活型】多年生草本,全株有单毛、丁字毛或星状毛。

【叶】叶互生,羽状全裂或浅裂。

【花】头状花序异型。茎生 2～80 个头状花序,排成疏松或紧密、规则或不规则的伞房花序,极少单生。边缘雌花一层,管状或舌状;中央两性花管状。总苞钟状;总苞片硬草质或草质,3～5 层,有膜质狭边或几无膜质狭边。花托凸起或稍凸起,无托毛。如边缘为舌状花,则舌片有各种式样,或肾形而顶端 3 齿裂或宽椭圆形而顶端有多少明显的 2～3 齿裂。舌状花和雌性管状花之间有一系列过渡变化,类似两性的管状花,但雄蕊极退化,花冠顶端 2～5 齿裂,齿裂形状及大小不一。两性管状花上半部稍扩大或逐渐扩大,顶端 5 齿裂。全部小花黄色。花药基部钝,顶端附片卵状披针形。花柱分枝线形,顶端截形。

【果实和种子】全部瘦果同形,三棱状圆柱形,有 5～10 条椭圆形突起的纵肋。冠缘有齿或浅裂,有时分裂几达基部。

【分类地位】被子植物门、双子叶植物纲、合瓣花亚纲、桔梗目、菊科、管状花亚科、春黄菊族、菊亚族。

【种类】全属约有 50 种;中国有 7 种;内蒙古有 1 种。

331

菊蒿 *Tanacetum vulgare*

多年生草本。茎直立,单生或少数茎成簇生,仅上部有分枝,有极稀疏的单毛,但通常光滑无毛。茎叶多数,全形椭圆形或椭圆状卵形,2 回羽状分裂。1 回为全裂,侧裂片达 12 对;2 回为深裂,2 回裂片卵形、线状披针形、斜三角形或长椭圆形,边缘全缘或有浅齿或为半裂而赋于叶为 3 回羽状分裂。羽轴有节齿。下部茎叶有长柄,中上部茎叶无柄。叶全部绿色或淡绿色,有极稀疏的毛或几无毛。头状花序多数(10～20 个)在茎枝顶端排成稠密的伞房或复伞房花序。总苞片 3 层,草质。外层卵状披针形,中内层披针形或长椭圆形。全部苞片边缘白色或浅褐色狭膜质,顶端膜质扩大。全部小花管状,边缘雌花比两性花小。冠缘浅齿裂。花果期 6～8 月。

生于山地草甸、河滩草甸或路边。产于内蒙古呼伦贝尔市;中国黑龙江、新疆也产;日本、哈萨克斯坦、朝鲜、蒙古、土库曼斯坦以及欧洲和北美洲也有分布。

菊科——【学　名】*Compositae*

　　　　　【蒙古名】ᠲᠣᠭᠣᠷᠢ ᠶᠢᠨ ᠢᠵᠠᠭᠤᠷ

　　　　　【英文名】Composite Family

　　【生活型】草本、亚灌木或灌木,稀为乔木。

　　【叶】叶通常互生,稀对生或轮生,全缘或具齿或分裂,无托叶,或有时叶柄基部扩大成托叶状。

　　【花】花两性或单性,极少有单性异株,整齐或左右对称,五基数,少数或多数密集成头状花序或为短穗状花序,为 1 层或多层总苞片组成的总苞所围绕;头状花序单生或数个至多数排列成总状、聚伞状、伞房状或圆锥状;花序托平或凸起,具窝孔或无窝孔,无毛或有毛;具托片或无托片;萼片不发育,通常形成鳞片状、刚毛状或毛状的冠毛;花冠常辐射对称,管状,或左右对称,2 唇形,或舌状,头状花序盘状或辐射状,有同形的小花,全部为管状花或舌状花,或有异形小花,即外围为雌花,舌状,中央为两性的管状花;雄蕊 4～5 枚,着生于花冠管上,花药内向,合生成筒状,基部钝,锐尖,戟形或具尾;花柱上端 2 裂,花柱分枝上端有附器或无附器;子房下位,合生心皮 2 枚,1 室,具 1 颗直立的胚珠。

　　【果实和种子】果为不开裂的瘦果;种子无胚乳,具 2 片,稀 1 片子叶。

　　【种类】全科约有 1000 属,25000～30000 种;中国有 200 余属,2000 余种;内蒙古有 95 属,328 种,35 变种。

菊科 Compositae Giseke 是德国植物学家 Paul Dietrich Giseke(1741—1796)于 1792 年在"Praelectiones in ordines naturales plantarum 538"(Prae. Ord. Nat. Pl.)里描述的植物科,其科名词尾不是 -aceae,现在应视为保留名称。Asteraceae Bercht. & J. Presl 是波希米亚植物学家 Friedrich Wssemjr von Berchtold(1781—1876)和自然科学家 Jan Svatopluk Presl(1791—1849)于 1820 年在"O Prirozenosti Rostlin 254"(Prir. Rostlin)上发表的植物科,模式属为紫菀属(Aster)。Asteraceae Dumort. 是 Barthélemy Charles Joseph Dumortier(1797—1878)于 1822 年在"Comment. Bot."里描述的植物科,发表时间比 Asteraceae Bercht. & J. Presl 晚。

　　在恩格勒系统(1964)中,菊科 Compositae 隶属合瓣花亚纲(Sympetalae)、桔梗目(Campanulales),含菊科、桔梗科(Campanulaceae)等 8 个科。在哈钦森系统(1959)中,菊科 Compositae 隶属双子叶植物草本支(Herbaceae)的菊目(Asterales),只含 1 个科,认为本目起源于桔梗目。在塔赫他间系统(1980)和克朗奎斯特系统(1981)中,菊科的均隶属菊亚纲(Asteridae)、菊目,只含 1 个科。塔赫他间系统认为菊目与桔梗目有共同的祖先,克朗奎斯特系统认为菊目起源于茜草目(Rubiales),而与桔梗目距离较远。

菊属——【学　名】*Dendranthema*

【蒙古名】ᠣᠷᠣᠢ ᠢᠢᠨ ᠴᠡᠴᠡᠭ

【英文名】Daisy

【生活型】多年生草本。

【叶】叶不分裂或1回或2回掌状或羽状分裂。

【花】头状花序异型,单生茎顶,或少数或较多在茎枝顶端排成伞房或复伞房花序。边缘花雌性,舌状,1层(在栽培品种中多层),中央盘花两性管状。总苞浅碟状,极少为钟状。总苞片4～5层,边缘白色、褐色或黑褐色或棕黑色膜质或中外层苞片叶质化而边缘羽状浅裂或半裂。花托突起,半球形,或圆锥状,无托毛。舌状花黄色、白色或红色,舌片长或短。管状花全部黄色,顶端5齿裂。花柱分枝线形,顶端截形。花药基部钝,顶端附片披针状卵形或长椭圆形。

【果实和种子】全部瘦果同形,近圆柱状而向下部收窄,有5～8条纵脉纹,无冠状冠毛。

【分类地位】被子植物门、双子叶植物纲、合瓣花亚纲、桔梗目、菊科、管状花亚科、春黄菊族、菊亚族。

【种类】全属有近30种;中国有17种;内蒙古有7种。

蒙菊 *Dendranthema mongolicum*

多年生草本,有地下匍匐根状茎。茎通常簇生,自中上部分枝,有时自基部分枝,下部或中下部紫红色或全茎紫红色,被稀疏柔毛,但上部的毛稍多。中下部茎叶2回羽状或掌式羽状分裂,全形宽卵形、近菱形或椭圆形。1回为深裂,侧裂片1～2对;2回为浅裂,2回裂片三角形。上部茎叶长椭圆形,羽状半裂,裂片2～4对,有时多至8对。全部叶有柄,两面无毛或有极稀疏的短柔毛,末回裂片顶端芒尖状。头状花序2～7个在茎枝顶端排成伞房花序,极少单生。总苞碟状。总苞片5层,外层或中外层大,苞叶状,叶质,长椭圆形,羽状浅裂或半裂,裂片顶端芒尖,中内层长椭圆形,边缘白色膜质。舌状花粉红色或白色。花果期8～9月。

生于石质或砾石质山坡。产于内蒙古巴彦淖尔市;蒙古、俄罗斯也有分布。

卷耳属 ——【学　名】Cerastium

　　　　　　【蒙古名】ᠬᠣᠯᠣᠬᠠᠨᠠ ᠶᠢᠨ ᠡᠪᠡᠰᠦ (ᠬᠣᠯᠣ ᠶᠢᠨ ᠴᠢᠬᠢ ᠶᠢᠨ ᠡᠪᠡᠰᠦ)

　　　　　　【英文名】Mouse-ear Chickweed

【生活型】一年生或多年生草本,多数被柔毛或腺毛。

【叶】叶对生,叶片卵形或长椭圆形至披针形。

【花】二歧聚伞花序,顶生;萼片 5 枚,稀为 4 枚,离生;花瓣 5 片,稀 4 片,白色,顶端 2 裂,稀全缘或微凹;雄蕊 10 枚,稀 5 枚,花丝无毛或被毛;子房 1 室,具多数胚珠;花柱通常 5 枚,稀 3 枚,与萼片对生。

【果实和种子】蒴果圆柱形,薄壳质,露出宿萼外,顶端裂齿为花柱数的 2 倍;种子多数,近肾形,稍扁,常具疣状凸起。

【分类地位】被子植物门、双子叶植物纲、原始花被亚纲、中央种子目、石竹科、繁缕亚科、繁缕族、繁缕亚族。

【种类】全属约有 100 种;中国有 17 种,1 亚种,3 变种;内蒙古有 4 种,3 变种。

达乌里卷耳 *Cerastium davuricum*

　　多年生草本。全株近无毛或被疏长柔毛。茎粗壮,上升,具纵纹。叶片长圆形至椭圆形,顶端钝或急尖,基部无柄,有垂耳,稍抱茎。聚伞花序顶生;苞片卵形;萼片 5 个,椭圆状长圆形或卵状披针形,有光泽,顶端急尖,边缘膜质;花瓣白色,倒心形,长为花萼的 1.5～2 倍,顶端浅 2 裂,爪具毛;雄蕊与萼片等长;花柱 5 枚。蒴果长圆形,长为宿存萼的 1.5～2 倍,直立;种子暗褐色,近三角状扁圆形,具疣状凸起。花期 6～7 月,果期 8～9 月。

　　生于落叶松林和白桦林中、林缘、溪岸。产于内蒙古呼伦贝尔市大兴安岭地区;中国宁夏也产;哈萨克斯坦、蒙古、巴基斯坦、俄罗斯以及西南亚洲也有分布。

绢蒿属 ——【学　名】*Seriphidium*

【蒙古名】ᠪᠠᠭᠠᠯᠵᠤᠤᠷ ᠤᠨ ᠢᠵᠠᠭᠤᠷ（ᠪᠠᠭᠠᠯᠵᠤᠤᠷ ᠤᠨ ᠲᠥᠷᠥᠯ ᠤᠨ ᠢᠵᠠᠭᠤᠷ）

【英文名】Spunsilksage

【生活型】多年生草本或半灌木状或小灌木状,稀一年生或二年生草本;常有浓烈的香味。

【根】根通常粗大,木质,稀少细,垂直。

【茎】根状茎通常粗,短,木质,常有多年生、木质或一年生的营养枝。茎、枝、叶与总苞片初时通常被绒毛或蛛丝状柔毛或绵毛,宿存或以后部分脱落或全脱落。茎直立或斜上长,少数至多数,常与营养枝共同组成疏松或密集的小丛,稀茎单生。

【叶】叶互生,茎下部叶与营养枝叶通常 2～3(～4)回羽状全裂,稀浅裂或近于栉齿状的细裂,或叶 1～2 回掌状或 3 出全裂,小裂片多为狭线形、狭线状披针形,稀细短线形、椭圆形或栉齿形;茎中部与上部叶 2～3 回或 1 回羽状分裂或 3 裂,稀不分裂;苞片叶分裂或不分裂。

【花】头状花序小,椭圆形、长圆形、长卵形或椭圆状卵形,稀卵形、卵钟形或近球形,无梗或有短梗,在茎端或分枝上排成疏松或密集的穗状花序、总状花序、复穗状或复总状花序,或密集成近于复头状花序,而在茎上再组成开展或狭窄约总状或圆锥花序,稀为穗状花序式的圆锥花序;总苞片(3～)4～6(～7)层,覆瓦状排列,外层总苞片最小,卵形,中、内层总苞片椭圆形、长卵形或披针形,稀总苞片顶端合生,背面常被宿存或脱落性的柔毛或蛛丝状毛,有时背面成龙骨状突起,边缘具狭或宽膜质;花序托小,无托毛;全为两性花,孕育,(1～)3～12(～15)朵,花冠管状,黄色,檐部具 5 裂齿,黄色或红色,花药线形或披针形,先端附属物线状披针形、线形或锥形,基部圆钝,稀少有短尖头,花柱线形,通常较雄蕊短,稀少近等长,花期不伸长或略伸长,先端稍叉开或不叉开,叉端具睫毛或不明显。

【果实和种子】瘦果小,卵形或倒卵形,略扁,果壁上具不明显的细纵纹。

【分类地位】被子植物门、双子叶植物纲、合瓣花亚纲、桔梗目、菊科、管状花亚科、春黄菊族、黄亚族。

【种类】全属约有 100 种;中国有 31 种,3 变种;内蒙古有 4 种,1 变种。

蒙青绢蒿 *Seriphidium mongolorum*

半灌木状草本。主根稍粗,明显,木质;根状茎粗,木质,具细短的营养枝。茎下部木质,上部半木质;初时茎、枝密被苍白色绒毛,以后茎下部近光滑,绿色,茎上部毛部分脱落。叶两面初时密被苍白色绒毛;茎下部叶椭圆形或长卵形。头状花序椭圆形或长卵形,直立,无梗;总苞片 4～5 层,外层总苞片短小,卵形或狭卵形,向内渐增长,中、内层总苞片椭圆形或长卵形,外、中层总苞片背面初时被灰白色柔毛,内层总苞片半膜质,无毛;两性花 3～6 朵,花冠管状,花药线形,先端附属物披针形,基部有短尖头。瘦果倒卵形。花果期 8～10 月。

生于荒漠化草原及低山砾质坡地。产于内蒙古阿拉善盟额济纳旗;中国青海也产;蒙古也有分布。

看麦娘属——【学　名】*Alopecurus*

【蒙古名】ᠲᠠᠷᠢᠶᠠᠨ ᠤ ᠡᠪᠡᠰᠦ

【英文名】Alopecurus

【生活型】一年生或多年生草本。

【茎】秆直立,丛生或单生。

【花】圆锥花序圆柱形;小穗含 1 朵小花,两侧压扁,脱节于颖之下;颖等长,具 3 条脉,常于基部连合;外稃膜质,具不明显 5 条脉,中部以下有芒,其边缘于下部连合;内稃缺;子房光滑。

【果实和种子】颖果与稃分离。

【分类地位】被子植物门、单子叶植物纲、禾本目、禾本科、早熟禾亚科、剪股颖族。

【种类】全属约有 50 种;中国有 9 种;内蒙古有 5 种。

苇状看麦娘 *Alopecurus arundinaceus*

多年生草本。具根茎。秆直立,单生或少数丛生,具 3～5 节。叶鞘松弛,大都短于节间;叶舌膜质;叶片斜向上升,上面粗糙,下面平滑。圆锥花序长圆状圆柱形,灰绿色或成熟后黑色;小穗卵形;颖基部约 1/4 互相连合,顶端尖,稍向外张开,脊上具纤毛,两侧无毛或疏生短毛;外稃较颖短,先端钝,具微毛,芒近于光滑,约自稃体中部伸出,隐藏或稍露出颖外;雄蕊 3 枚,花药黄色。花果期 7～9 月。

生于沟谷河滩草甸、沼泽草甸、山坡草地。产于内蒙古呼伦贝尔市、兴安盟、锡林郭勒盟、乌兰察布市;中国甘肃、黑龙江、宁夏、青海、新疆也产;克什米尔、哈萨克斯坦、吉尔吉斯斯坦、蒙古、巴基斯坦、塔吉克斯坦、土库曼斯坦、乌兹别克斯坦以及西南亚、欧洲也有分布。

孔颖草属 —— 【学　名】*Bothriochloa*

　　　　　　【蒙古名】ᠲᠣᠪᠣᠷᠠᠲᠤ ᠬᠦ ᠡᠪᠡᠰᠦ（ᠨᠠᠷᠠᠨ ᠬᠤᠬᠠ ᠶᠢᠨ ᠲᠦᠷᠦᠯ）

　　　　　　【英文名】Holeglumegrass

　　【生活型】多年生草本。

　　【茎】秆实心,分枝或不分枝。

　　【叶】叶鞘背部具脊或圆形,鞘口和节上通常具疣基毛;叶舌短,先端钝圆或截形,具纤毛或无毛;叶片线形或披针形,通常秆生,稀基生。

　　【花】总状花序呈圆锥状、伞房状或指状排列于秆顶,总状花序轴节间与小穗柄边缘质厚,中间具纵沟,尤以节间的上部最为明显;小穗孪生,一有柄,一无柄,均为披针形,背部压扁;无柄小穗水平脱落,基盘钝,通常具髯毛,两性;第一颖草质至硬纸质,先端渐尖或其小齿,边缘内折,两侧具脊,7～11 条脉,第二颖舟形,具 3 条脉,先端尖;第一外稃透明膜质,无脉,内稃退化;第二外稃退化成膜质线形,先端延伸成一膝曲的芒;鳞被 2 枚;雄蕊 3 枚;子房光滑;花柱 2 枚,柱头帚状。有柄小穗形似无柄小穗,但无芒,为雄性或中性;第一外稃和内稃通常缺。

　　【分类地位】被子植物门、单子叶植物纲、禾本目、禾本科、黍亚科、高粱族、高粱亚族。

　　【种类】全属约有 35 种;中国有 7 种,1 变种;内蒙古有 1 种。

白羊草 *Bothriochloa ischaemum*

　　多年生草本。秆丛生,直立或基部倾斜,具 3 至多节,节上无毛或具白色髯毛;叶鞘无毛,多密集于基部而相互跨覆,常短于节间;叶舌膜质,具纤毛;叶片线形,顶生者常缩短,先端渐尖,基部圆形,两面疏生疣基柔毛或下面无毛。总状花序 4 至多数着生于秆顶呈指状,纤细,灰绿色或带紫褐色,总状花序轴节间与小穗柄两侧具白色丝状毛;无柄小穗长圆状披针形,基盘具髯毛;第一颖草质,背部中央略下凹,具 5～7 条脉,下部 1/3 具丝状柔毛,边缘内卷成 2 脊,脊上粗糙,先端钝或带膜质;第二颖舟形,中部以上具纤毛;脊上粗糙,边缘亦膜质;第一外稃长圆状披针形,先端尖,边缘上部疏生纤毛;第二外稃退化成线形,先端延伸成一膝曲扭转的芒;第一内稃长圆状披针形;第二内稃退化;鳞被 2 枚,楔形;雄蕊 3 枚。有柄小穗雄性;第一颖背部无毛,具 9 条脉;第二颖具 5 条脉,背部扁平,两侧内折,边缘具纤毛。花果期 7～9 月。

　　生于山地草原、灌丛。产于内蒙古乌兰察布市、呼和浩特市、包头市、鄂尔多斯市、乌海市、阿拉善盟贺兰山;中国安徽、福建、广东、贵州、海南、河北、河南、湖北、湖南、江西、宁夏、青海、陕西、山东、四川、台湾、新疆、西藏、云南、浙江也有;阿富汗、不丹、印度、哈萨克斯坦、朝鲜、吉尔吉斯斯坦、乌兹别克斯坦以及非洲、西南亚、欧洲也有分布。

苦苣菜属——【学　名】*Sonchus*

【蒙古名】ᠭᠣᠣᠵᠠ ᠢᠢᠨ ᠨᠣᠭᠣᠭᠠ

【英文名】Sowthistle

【生活型】一年生、二年生或多年生草本。

【叶】叶互生。

【花】头状花序稍大,同型,舌状,含多数舌状小花,通常80朵以上,在茎枝顶端排成伞房花序或伞房圆锥花序。总苞卵状、钟状、圆柱状或碟状,花后常下垂。总苞片3～5层,覆瓦状排列,草质,内层总苞片披针形、长椭圆形或长三角形,边缘常膜质。花托平,无托毛。舌状小花黄色,两性,结实,舌状顶端截形,5齿裂,花药基部短箭头状,花柱分枝纤细。

【果实和种子】瘦果卵形或椭圆形,极少倒圆锥形,极压扁或粗厚,有多数(达20条)高起的纵肋,或纵肋少数,常有横皱纹,顶端较狭窄,无喙。冠毛多层多数,细密、柔软且彼此纠缠,白色,单毛状,基部整体连合成环或连合成组,脱落。

【分类地位】被子植物门、双子叶植物纲、合瓣花亚纲、桔梗目、菊科、舌状花亚科、菊苣族、莴苣亚族。

【种类】全属约有50种;中国有8种;内蒙古有2种。

苣荬菜 *Sonchus arvensis*

多年生草本。根垂直直伸,多少有根状茎。茎直立,有细条纹,上部或顶部有伞房状花序分枝,花序分枝与花序梗被稠密的头状具柄的腺毛。基生叶多数,与中下部茎叶全形倒披针形或长椭圆形,羽状或倒向羽状深裂、半裂或浅裂,侧裂片2～5对,偏斜半椭圆形、椭圆形、卵形、偏斜卵形、偏斜三角形、半圆形或耳状,顶裂片稍大,长卵形、椭圆形或长卵状椭圆形;全部叶裂片边缘有小锯齿或无锯齿而有小尖头;上部茎叶及接花序分枝下部的叶披针形或线钻形,小或极小;全部叶基部渐窄成长或短的翼柄,但中部以上茎叶无柄,基部圆耳状扩大半抱茎,顶端急尖、短渐尖或钝,两面光滑无毛。头状花序在茎枝顶端排成伞房状花序。总苞钟状,基部有稀疏或稍稠密的长或短绒毛。总苞片3层,外层披针形,中内层披针形;全部总苞片顶端长渐尖,外面沿中脉有1行头状具柄的腺毛。舌状小花多数,黄色。瘦果稍压扁,长椭圆形,每面有5条细肋,肋间有横皱纹。冠毛白色,柔软,彼此纠缠,基部连合成环。花果期5～12月。

生于田间、村舍附近、路边。产于内蒙古全区各地;中国福建、甘肃、广东、广西、河北、黑龙江、河南、湖南、江苏、江西、吉林、辽宁、宁夏、青海、陕西、山东、山西、四川、新疆、西藏、云南、浙江也产;日本、哈萨克斯坦、吉尔吉斯斯坦、蒙古、俄罗斯、泰国也有分布。

苦马豆属——【学　名】*Sphaerophysa*

【蒙古名】ᠲᠣᠷᠠᠭᠤᠬᠠᠢ ᠨᠣᠭᠤᠭᠠ ᠶᠢᠨ ᠲᠦᠷᠦᠯ

【英文名】Bitterhorsebean

【生活型】小灌木或多年生草本,无毛或被灰白色毛。

【叶】奇数羽状复叶;托叶小;小叶3至多数,全缘,无小托叶。

【花】总状花序腋生;花萼具5枚齿,萼齿近等大或上边2枚靠拢;花冠红色,旗瓣圆形,边缘反折,露出里面,翼瓣镰状长圆形,龙骨瓣先端内弯而钝;雄蕊二体,花药同形;子房具长柄;胚珠多数;花柱内弯,近轴面具纵列髯毛,柱头顶生,头状或偏斜。

【果实和种子】荚果膨胀,近无毛,几不开裂,基部具长果颈,腹缝线稍内凹,果瓣膜质或革质;种子多数,肾形,珠柄丝状。

【分类地位】被子植物门、双子叶植物纲、原始花被亚纲、蔷薇目、蔷薇亚目、豆科、蝶形花亚科、山羊豆族、鱼鳔亚族。

【种类】全属有2种;中国有1种;内蒙古有1种。

苦马豆 *Sphaerophysa salsula*

多年生草本。茎直立;枝开展,具纵棱脊,被疏至密的灰白色丁字毛;托叶线状披针形,三角形至钻形,自茎下部至上部渐变小。叶轴上面具沟槽;小叶11~21片,倒卵形至倒卵状长圆形,先端微凹至圆,具短尖头,基部圆至宽楔形,上面疏被毛至无毛,侧脉不明显,下面被细小、白色丁字毛;小叶柄短,被白色细柔毛。总状花序常较叶长,生6~16朵花;苞片卵状披针形;花梗密被白色柔毛,小苞片线形至钻形;花萼钟状,萼齿三角形,上边2枚齿较宽短,其余较窄长,外面被白色柔毛;花冠初呈鲜红色,后变紫红色,旗瓣瓣片近圆形,向外反折,先端微凹,基部具短柄,翼瓣较龙骨瓣短,连柄先端圆,基部具微弯的瓣柄及先端圆的耳状裂片,裂片近成直角,先端钝;子房近线形,密被白色柔毛,花柱弯曲,仅内侧疏被纵列髯毛,柱头近球形。荚果椭圆形至卵圆形,膨胀,先端圆,果瓣膜质,外面疏被白色柔毛,缝线上较密;种子肾形至近半圆形,褐色,种脐圆形凹陷。花期5~8月,果期6~9月。

生于盐碱性荒地、河岸低湿地、沙质地上。产于内蒙古兴安盟、通辽市、赤峰市、锡林郭勒盟、乌兰察布市、呼和浩特市、包头市、鄂尔多斯市、巴彦淖尔市、阿拉善盟;中国甘肃、河北、吉林、辽宁、宁夏、青海、陕西、山西、新疆也产;蒙古、俄罗斯也有分布。

苦荬菜属——【学　名】*Ixeris*

【蒙古名】ᠬᠣᠷᠣᠰᠣ ᠶᠢᠨ ᠣᠪᠥᠭ (ᠬᠣᠷᠣᠰᠣ ᠶᠢᠨ ᠣᠪᠥᠭ)

【英文名】*Ixeris*

【生活型】一年生或多年生草本

【叶】基生叶花期生存。

【花】头状花序同型，舌状，含多数舌状小花（10～26 朵），2～3 层，外层最短，内层最长。花托平，无托毛。舌状小花黄色，舌片顶端 5 齿裂。花柱分枝细，花药基部附属物箭头形。

【果实和种子】瘦果压扁，褐色，纺锤形或椭圆形，无毛，有 10 条尖翅肋，顶端渐尖成细喙，喙长或短，细丝状，异色。冠毛白色，2 层，纤细，不等长，微粗糙，宿存或脱落。

【分类地位】被子植物门、双子叶植物纲、合瓣花亚纲、桔梗目、菊科、舌状花亚科、菊苣族、莴苣亚族。

【种类】全属约有 20 种；中国有 4 种；内蒙古有 3 种，3 变种。

中华苦荬菜 *Ixeris chinensis*

　　多年生草本。全株无毛。茎少数或多数簇生，直立或斜生。基生叶莲座状，条状披针形、倒披针形或条形，基部渐狭成柄，柄基部扩大，全缘或具疏小牙齿或呈不规则羽状浅裂与深裂，两面灰绿色；茎生叶 1～3 片，与基生叶相似，但无柄，基部稍抱茎。头状花序多数，排列成稀疏的伞房状，梗细；总苞圆筒状或长卵形；总苞片无毛，先端尖；外层者 6～8 个，短小，三角形或宽卵形，内层者 7～8 个，较长，条状披针形，舌状花 20～25 朵，花冠黄色、白色或变淡紫色。瘦果狭披针形，稍扁，红棕色，喙长约 2 毫米；冠毛白色。花果期 1～10 月。

　　生于山野、田间、撂荒地、路旁。产于内蒙古全区各地；中国安徽、重庆、福建、甘肃、广东、广西、贵州、海南、河北、黑龙江、河南、湖北、湖南、江苏、江西、吉林、辽宁、宁夏、青海、陕西、山东、山西、四川、台湾、新疆、西藏、云南、浙江也产；柬埔寨、日本、朝鲜、老挝、蒙古、俄罗斯、泰国、越南也有分布。

苦木科 ——【学 名】*Simaroubaceae*

【蒙古名】ᠬᠢᠩᠰᠤᠨ ᠮᠤᠳᠤᠨ ᠤ ᠤᠪᠤᠭ

【英文名】Quassia Family

【生活型】落叶或常绿的乔木或灌木。

【茎】树皮通常有苦味。

【叶】叶互生,有时对生,通常成羽状复叶,少数单叶;托叶缺或早落。

【花】花序腋生,成总状、圆锥状或聚伞花序,很少为穗状花序;花小,辐射对称,单性、杂性或两性;萼片 3～5 个,镊合状或覆瓦状排列;花瓣 3～5 片,分离,少数退化,镊合状或覆瓦状排列;花盘环状或杯状;雄蕊与花瓣同数或为花瓣的 2 倍,花丝分离,通常在基部有 1 个鳞片,花药长圆形,丁字着生,2 室,纵向开裂;子房通常 2～5 裂,2～5 室,或者心皮分离,花柱 2～5 枚,分离或多少结合,柱头头状,每室有胚珠 1～2 颗,倒生或弯生,中轴胎座。

【果实和种子】果为翅果、核果或蒴果,一般不开裂;种子有胚乳或无,胚直或弯曲,具有小胚轴及厚子叶。

【种类】全科有 20 属,120 种;中国有 5 属,11 种,3 变种;内蒙古有 1 属,1 种。

苦木科 Simaroubaceae DC. 是瑞士植物学家 Augustin Pyramus de Candolle (1778－1841)于 1811 年在"Nouveau Bulletin des Sciences, publié par la Société Philomatique de Paris 2"(Nouv. Bull. Sci. Soc. Philom. Paris)上发表的植物科,模式属为苦木属(Simarouba)。

在恩格勒系统(1964)中,苦木科隶属原始花被亚纲(Archichlamydeae)、芸香目(Rutales)、芸香亚目(Rutineae),本目含芸香科(Rutaceae)、苦木科、橄榄科(Burseraceae)、楝科(Meliaceae)、远志科(Polygalaceae)等 12 个科。在哈钦森系统(1959)中,苦木科隶属双子叶植物木本支(Lignosae)、芸香目,含芸香科、苦木科、橄榄科、阳桃科(Averrhoaceae)等 4 个科,认为芸香目出自卫矛目(Celastrales)并演化出无患子目(Sapindales)。在塔赫他间系统(1980)中,苦木科隶属蔷薇亚纲(Rosidae)、芸香目,含芸香科、苦木科、蒺藜科(Zygophyllaceae)、白刺科(Nitrariaceae)、楝科、橄榄科、漆树科(Anacardiaceae)等 15 个科,认为芸香目和无患子目共同起源于虎耳草目(Saxifragales)中的火把树亚目(Subcunoniineae)。在克朗奎斯特系统(1981)中,苦木科隶属蔷薇亚纲、无患子目(Sapindales),含无患子科(Sapindaceae)、槭树科(Aceraceae)、橄榄科、漆树科、苦木科、楝科、芸香科、蒺藜科等 15 个科,认为无患子目起源于蔷薇目(Rosales)。

款冬属——【学　名】*Tussilago*

　　　　　　【蒙古名】ᠲᠠᠮᠠᠬᠢ ᠶᠢᠨ ᠡᠪᠡᠰᠦ (ᠲᠠᠮᠠᠬᠢᠯᠠᠬᠤ ᠵᠣᠷᠢᠭᠤᠯᠤᠯ ᠤᠨ ᠡᠪᠡᠰᠦ)

　　　　　　【英文名】Coltsfoot

【生活型】多年生葶状草本。

【茎】根状茎匍匐或横生地下。

【叶】叶前开花。基部叶卵形或三角状心形。

【花】花葶数个,具多数苞片状叶;具1个头状花序。头状花序具异形小花,辐射状;总苞钟状;总苞片1～2层,等长,披针形,顶端渐尖;花序托平,无毛;小花黄色;边缘的小花雌性,多数,舌状;结实,中央的小花两性,不发育,少数,花冠管状,5裂。花药基部全缘或近有小耳,花丝上端有等大的细胞;花柱全缘,顶端钝,柱头有乳头状毛。

【果实和种子】瘦果狭圆柱形,具5～10条肋;冠毛雪白色,糙毛状。

【分类地位】被子植物门、双子叶植物纲、合瓣花亚纲、桔梗目、菊科、管状花亚科、千里光族、款冬亚族。

【种类】全属只有1种;中国有1种;内蒙古有1种。

> 款冬 *Tussilago farfara*
>
> 　　多年生草本。根状茎横生地下,褐色。早春花叶抽出数个花葶,密被白色茸毛,有鳞片状,互生的苞叶,苞叶淡紫色。头状花序单生顶端,初时直立,花后下垂;总苞片1～2层,总苞钟状,总苞片线形,顶端钝,常带紫色,被白色柔毛及脱毛,有时具黑色腺毛;边缘有多层雌花,花冠舌状,黄色,子房下位;柱头2裂;中央的两性花少数,花冠管状,顶端5裂;花药基部尾状;柱头头状,通常不结实。瘦果圆柱形;冠毛白色。后生出基生叶阔心形,具长叶柄,叶片边缘有波状,顶端增厚的疏齿,掌状网脉,下面被密白色茸毛;叶柄被白色棉毛。
>
> 　　生于河边、砂质地上。产于内蒙古乌兰察布市、呼和浩特市、鄂尔多斯市;中国安徽、甘肃、贵州、河北、河南、湖北、湖南、江苏、江西、吉林、宁夏、陕西、山西、四川、新疆、西藏、云南、浙江也产;印度、尼泊尔、巴基斯坦、俄罗斯以及北非、西南亚、西欧也有分布。

拉拉藤属——【学　名】*Galium*

【蒙古名】ᠲᠠᠲᠠᠭᠤᠷ ᠤᠨ ᠢᠵᠠᠭᠤᠷ

【英文名】Bedstraw

【生活型】一年生或多年生草本,稀基部木质而成灌木状。

【茎】直立、攀缘或匍匐;茎通常柔弱,分枝或不分枝,常具 4 角棱,无毛、具毛或具小皮刺。

【叶】叶 3 至多片轮生,稀 2 片对生,宽或狭,无柄或具柄;托叶叶状。

【花】花小,两性,稀单性同株,4 数,稀 3 或 5 数,组成腋生或顶生的聚伞花序,常再排成圆锥花序式,稀单生,无总苞;萼管卵形或球形,萼檐不明显;花冠辐状,稀钟状或短漏斗状,通常深 4 裂,裂片镊合状排列,冠管常很短;雄蕊与花冠裂片互生,花丝常短,花药双生,伸出;花盘环状;子房下位,2 室,每室有胚珠 1 颗,胚珠横生,着生在隔膜上,花柱 2 枚,短,柱头头状。

【果实和种子】果为小坚果,小,革质或近肉质,有时膨大,干燥,不开裂,常为双生、稀单生的分果爿,平滑或有小瘤状凸起,无毛或有毛,毛常为钩状硬毛;种子附着在外果皮上,背面凸,腹面具沟纹,外种皮膜质,胚乳角质;胚弯,子叶叶状,胚根伸长,圆柱形,下位。

【分类地位】被子植物门、双子叶植物纲、合瓣花亚纲、茜草目、茜草科、茜草亚科、茜草族。

【种类】全属约有 300 种;中国有 58 种,1 亚种,38 变种;内蒙古有 8 种,7 变种。

343

蓬子菜 *Galium verum*

多年生近直立草本。基部稍木质;茎有 4 角棱,被短柔毛或秕糠状毛。叶纸质,6～10 片轮生,线形,顶端短尖,边缘极反卷,常卷成管状,上面无毛,稍有光泽,下面有短柔毛,稍苍白,干时常变黑色,1 条脉,无柄。聚伞花序顶生和腋生,较大,多花,通常在枝顶结成带叶的圆锥花序状;总花梗密被短柔毛;花小,稠密;花梗有疏短柔毛或无毛;萼管无毛;花冠黄色,辐状,无毛,花冠裂片卵形或长圆形,顶端稍钝;花药黄色;花柱顶部 2 裂。果小,果爿双生,近球状,无毛。花期 4～8 月,果期 5～10 月。

生于草甸草原、杂草类草甸、山地林缘、灌丛。产于内蒙古呼伦贝尔市、兴安盟、通辽市、赤峰市、锡林郭勒盟、乌兰察布市、呼和浩特市、巴彦淖尔市、阿拉善盟;中国安徽、甘肃、湖北、黑龙江、河南、湖北、江苏、吉林、辽宁、宁夏、青海、陕西、山东、山西、四川、新疆、西藏、浙江也产;印度、日本、克什米尔、哈萨克斯坦、朝鲜、蒙古、巴基斯坦、土库曼斯坦、乌兹别克斯坦以及西南亚、欧洲也有分布。

辣椒属——【学　名】*Capsicum*

　　　　　　　【蒙古名】ᠢᠯᠴᠢᠭᠠᠨᠠ ᠶᠢᠨ ᠲᠥᠷᠥᠯ

　　　　　　　【英文名】Redpepper，Cayennepepper

【生活型】灌木、半灌木或一年生。

【茎】多分枝。

【叶】单叶互生，全缘或浅波状。

【花】花单生、双生或有时数朵簇生于枝腋，或者有时因节间缩短而生于近叶腋；花梗直立或俯垂。花萼阔钟状至杯状，有 5（～7）枚小齿，果时稍增大宿存；花冠辐状，5 中裂，裂片镊合状排列；雄蕊 5 枚，贴生于花冠筒基部，花丝丝状，花药并行，纵缝裂开；子房 2（稀 3）室，花柱细长，冠以近头状的不明显 2（～3）裂的柱头，胚珠多数；花盘不显著。

【果实和种子】果实俯垂或直立，浆果无汁，果皮肉质或近革质。种子扁圆盘形，胚极弯曲。

【分类地位】被子植物门、双子叶植物纲、合瓣花亚纲、管状花目、茄科、茄族、茄亚族。

【种类】全属有 20 余种；中国有栽培和野生 2 种；内蒙古有 1 栽培种。

辣椒 *Capsicum annuum*

　　一年生草本。茎近无毛或微生柔毛，分枝稍"之"字形折曲。叶互生，枝顶端节不伸长而成双生或簇生状，矩圆状卵形、卵形或卵状披针形，全缘，顶端短渐尖或急尖，基部狭楔形。花单生，俯垂；花萼杯状，不显著 5 枚齿；花冠白色，裂片卵形；花药灰紫色。果梗较粗壮，俯垂；果实长指状，顶端渐尖且常弯曲，未成熟时绿色，成熟后成红色、橙色或紫红色，味辣。种子扁肾形，淡黄色。

　　栽培植物，原产于墨西哥和南美洲。

楝木属——【学　名】*Swida*

　　　　　　【蒙古名】 ᠊ᠣᠣᠷᠮᠠᠭ ᠊ᠠᠢ ᠊ᠣᠣᠰᠣᠨ

　　　　　　【英文名】Dogwood

【生活型】落叶乔木或灌木,稀常绿。

【叶】叶对生,纸质,稀革质,卵圆形或椭圆形,边缘全缘,通常下面有贴生的短柔毛。

【花】伞房状或圆锥状聚伞花序,顶生,无花瓣状总苞片;花小,两性;花萼管状,顶端有齿状裂片 4 枚;花瓣 4 片,白色,卵圆形或长圆形,镊合状排列;雄蕊 4 枚,着生于花盘外侧,花丝线形,花药长圆形,2 室;花盘垫状;花柱圆柱形,柱头头状或盘状;子房下位,2 室。

【果实和种子】核果球形或近于卵圆形,稀椭圆形;核骨质,有种子 2 粒。

【分类地位】被子植物门、双子叶植物纲、原始花被亚纲、伞形目、山茱萸科。

【种类】全属约有 42 种;中国有 25 种,20 变种;内蒙古有 2 种,1 变种。

红瑞木 *Swida alba*

　　落叶灌木。树皮紫红色;幼枝有淡白色短柔毛,后即秃净而被蜡状白粉,老枝红白色,散生灰白色圆形皮孔及略为突起的环形叶痕。冬芽卵状披针形,被灰白色或淡褐色短柔毛。叶对生,纸质,椭圆形,稀卵圆形,先端突尖,基部楔形或阔楔形,边缘全缘或波状反卷,上面暗绿色,有极少的白色平贴短柔毛,下面粉绿色,被白色贴生短柔毛,有时脉腋有浅褐色髯毛,中脉在上面微凹陷,下面凸起,侧脉(4～)5(～6)对,弓形内弯,在上面微凹下,下面凸出,细脉在两面微显明。伞房状聚伞花序顶生,较密,被白色短柔毛;总花梗圆柱形,被淡白色短柔毛;花小,白色或淡黄白色,花萼裂片 4 枚,尖三角形,短于花盘,外侧有疏生短柔毛;花瓣 4 片,卵状椭圆形,先端急尖或短渐尖,上面无毛,下面疏生贴生短柔毛;雄蕊着生于花盘外侧,花丝线形,微扁,无毛,花药淡黄色,2 室,卵状椭圆形,"丁"字形着生;花盘垫状;花柱圆柱形,近于无毛,柱头盘状,宽于花柱,子房下位,花托倒卵形,被贴生灰白色短柔毛;花梗纤细,被淡白色短柔毛,与子房交接处有关节。核果长圆形,微扁,成熟时乳白色或蓝白色,花柱宿存;核棱形,侧扁,两端稍尖呈喙状,每侧有脉纹 3 条;果梗细圆柱形,有疏生短柔毛。花期 6～7 月,果期 8～10 月。

　　生于河谷、溪流旁、杂木林中。产于内蒙古呼伦贝尔市、兴安盟、赤峰市、锡林郭勒盟、巴彦淖尔市;中国甘肃、海南、河北、黑龙江、江苏、江西、吉林、辽宁、青海、陕西、山东也产;朝鲜、蒙古、俄罗斯以及欧洲也有分布。

345

内蒙古种子植物科属词典

赖草属——【学　名】*Leymus*

【蒙古名】ᠬᠠᠮᠬᠠᠭ ᠤᠨ ᠲᠥᠷᠥᠯ（ᠬᠣᠮᠬᠠ ᠬᠠᠮᠬᠠᠭ ᠤᠨ ᠲᠥᠷᠥᠯ）

【英文名】Leymus

【生活型】多年生草本。

【茎】具横走和直伸根茎。

【叶】叶片常内卷且质地较硬。小穗常以 1～5 个簇生于穗轴的每节,小穗轴多少扭转,致使颖与稃体位置改变而不在一个面上,颖自披针形变至窄披针形或锥刺状。

【花】小穗含 2 至数朵小花;颖具 3～5 条脉,为锥刺状者仅具 1 条脉;外稃披针形,先端渐尖,无芒或具小尖头;内稃的脊上具细刺毛或无毛;子房被毛。

【果实和种子】颖果扁长圆形。

【分类地位】被子植物门、单子叶植物纲、禾本目、禾本科、早熟禾亚科、小麦族。

【种类】全属有 30 余种;中国有 9 种;内蒙古有 7 种,1 变种。

羊草 *Leymus chinensis*

多年生草本。具下伸或横走的根茎;须根具沙套。秆散生,直立,具 4～5 节。叶鞘光滑,基部残留叶鞘呈纤维状,枯黄色;叶舌截平,顶具裂齿,纸质;叶扁平或内卷,上面及边缘粗糙,下面较平滑。穗状花序直立;穗轴边缘具细小睫毛,最基部的节长可达 16 毫米;小穗含 5～10 朵小花,通常 2 朵生于 1 节,或在上端及基部者常单生,粉绿色,成熟时变黄;小穗轴节间光滑;颖锥状,等于或短于第一小花,不覆盖第一外稃的基部,质地较硬,具不显著 3 条脉,背面中下部光滑,上部粗糙,边缘微具纤毛;外稃披针形,具狭窄膜质的边缘,顶端渐尖或形成芒状小尖头,背部具不明显的 5 条脉,基盘光滑;内稃与外稃等长,先端常微 2 裂,上半部脊上具微细纤毛或近于无毛。花果期 6～8 月。

生于开阔平原,起伏低山丘陵、河滩、盐渍低地。产于内蒙古全区各地;中国甘肃、河北、黑龙江、河南、吉林、辽宁、青海、陕西、山东、山西、新疆也产;朝鲜、蒙古、俄罗斯也有分布。

兰科——【学　名】*Orchidaceae*

【蒙古名】 ᠊ᠤᠷᠤᠭ ᠤᠨ ᠲᠥᠷᠥᠯ

【英文名】Orchid Family

【生活型】地生、附生或较少为腐生草本,极罕为攀援藤本。

【茎】地生与腐生种类常有块茎或肥厚的根状茎,附生种类常有由茎的一部分膨大而成的肉质假鳞茎。

【叶】叶基生或茎生,后者通常互生或生于假鳞茎顶端或近顶端处,扁平或有时圆柱形或两侧压扁,基部具或不具关节。

【花】花葶或花序顶生或侧生;花常排列成总状花序或圆锥花序,少有为缩短的头状花序或减退为单花,两性,通常两侧对称;花被片 6 枚,2 轮;萼片离生或不同程度合生;中央 1 片花瓣的形态常有较大的特化,明显不同于 2 片侧生花瓣,称唇瓣,唇瓣由于花(花梗和子房)作 180 度扭转或 90 度弯曲,常处于下方(远轴的一方);子房下位,1 室,侧膜胎座,较少 3 室而具中轴胎座;除子房外整个雌雄蕊器官完全融合成柱状体,称蕊柱;蕊柱顶端一般具药床和 1 个花药,腹面有 1 个柱头穴,柱头与花药之间有 1 个舌状器官,称蕊喙(源自柱头上裂片),极罕具 2~3 枚花药(雄蕊)、2 枚隆起的柱头或不具蕊喙的;蕊柱基部有时向前下方延伸成足状,称蕊柱足,此时 2 个侧萼片基部常着生于蕊柱足上,形成囊状结构,称萼囊;花粉通常粘合成团块,称花粉团,花粉团的一端常变成柄状物,称花粉团柄;花粉团柄连接于由蕊喙的一部分变成固态粘块即粘盘上,有时粘盘还有柄状附属物,称粘盘柄;花粉团、花粉团柄、粘盘柄和粘盘连接在一起,称花粉块,但有的花粉块不具花粉团柄或粘盘柄,有的不具粘盘而只有粘质团。

【果实和种子】果实通常为蒴果,较少呈荚果状,具极多种子。种子细小,无胚乳,种皮常在两端延长成翅状。

【种类】全科约有 700 属,20000 余种;中国有 171 属,1247 种以及许多亚种、变种和变型;内蒙古有 21 属,29 种。

347

兰科 Orchidaceae Juss. 是法国植物学家 Antoine Laurent de Jussieu(1748－1836)于 1789 年在"Genera plantarum 64－65"(Gen. Pl.)中建立的植物科,模式属为红门兰属(Orchis)。

在恩格勒系统(1964)中,兰科隶属单子叶植物纲(Monocotyledoneae)、微子目(Microspermae),只含 1 个科。在哈钦森系统(1959)中,兰科隶属单子叶植物纲(Monocotyledones)、冠花区(Corolliferae)、兰目(Orchidales),只含 1 个科,认为由百合目(Liliales)经血皮草目(Haemodorales)演化出兰目。塔赫他间系统(1980)的兰科隶属单子叶植物纲(Liliopsida)、百合亚纲(Liliidae)、兰目,只含 1 个科,认为兰目是由百合目演化出来,比百合目进化。在克朗奎斯特系统(1981)中,兰科隶属百合纲(Liliopsida)、百合亚纲、兰目,含地蜂草科(地弯尾科,Geosiridaceae)、水玉簪科(Burmanniaceae)、美丽腐生草科(Corsiaceae)和兰科 4 个科,认为也出自百合目。

蓝刺头属——【学　名】*Echinops*

【蒙古名】 ᠬᠥᠬᠡ ᠡᠭᠦᠯᠡᠨ ᠤ ᠢᠵᠠᠭᠤᠷ

【英文名】Globethistle

【生活型】多年生、二年生,很少为一年生草本。

【茎】茎直立,上部通常分枝,被蛛丝状毛或绵毛,或兼杂褐色长单毛,通常有头状具柄的腺点。

【叶】头状花序仅含 1 朵小花,多数头状花序在茎枝顶端排成球形或卵形的复头状花序,外围有极小的 1~2 层刚毛状苞叶。

【花】头状花序基部有多数或少数刚毛状的扁平基毛。苞片 3~5 层,膜质或革质;外层短,线形,上部三角形或椭圆状扩大;中层龙骨状,顶端钻状渐尖;内层有时短于中层,部分苞片中下部粘合,但通常全部苞片分离,间或最内层苞合生成管状,全部内层总苞片顶端渐尖。全部总苞片边缘有长或短的缘毛。花冠管状,两性,白色、蓝色或紫色。花药基部附属物钻形、箭形。花柱分枝短,在分枝处以下有毛环。

【果实和种子】瘦果倒圆锥形,有细纵肋,被稠密贴伏的顺向长直毛。冠毛冠状或量杯状,冠毛刚毛膜片状,线形或钻形,边缘糙毛状,或边缘平滑,无糙毛,上部或中部以上或大部分离。

【分类地位】被子植物门、双子叶植物纲、合瓣花亚纲、桔梗目、菊科、管状花亚科、蓝刺头族。

【种类】全属有 120 余种;中国有 17 种;内蒙古有 5 种。

火烙草 *Echinops przewalskii*

多年生草本。根直伸,粗壮。基生叶与下部茎叶长椭圆形或长椭圆状披针形或长倒披针形,2 回或近 2 回羽状分裂。中上部茎叶渐小,基部无柄,抱茎或贴茎,羽状深裂,裂片边缘及顶端有刺齿及针刺,裂片顶端针刺较大。全部叶质地坚硬,革质,两面异色,上面绿色或黄绿色,被稀疏蛛丝毛,无腺点,下面白色或灰白色,被稠密或密厚的蛛丝状绵毛。复头状花序单生茎枝顶端。基毛白色,不等长,扁毛状,约为总苞长度之半或过之。外层苞片线状倒披针形,稍长于基毛,上部椭圆扩大,褐色,边缘有稀疏的软骨质短缘毛或无缘毛,顶端钻形软骨状短渐尖,爪部边缘有稀疏的长缘毛;倒披针形,自中部以上收窄成刺芒状长渐尖,边缘有紧贴的长缘毛;内层苞片与中层同形,但稍长,基部有时粘合。全部苞片 16~20 个,龙骨状,外面无毛无腺点。小花白色或浅蓝色,外面有腺点。瘦果倒圆锥状。

生于石质山地、沙砾质戈壁、砂质戈壁、干燥石质山地阳坡。产于内蒙古鄂尔多斯市、阿拉善盟;中国甘肃、宁夏、山东、山西、新疆也产。

蓝堇草属——【学　名】*Leptopyrum*

【蒙古名】ᠣᠯᠠᠭᠠᠨ ᠤ᠋ ᠡᠪᠡᠰᠦ (ᠣᠯᠠᠭᠠᠨ᠂ ᠤ᠋ ᠡᠪᠡᠰᠦ)

【英文名】Leptopyrum

【生活型】一年生草本。

【根】直根不分枝,具少数侧根。

【茎】茎数条,无毛或近无毛。

【叶】叶为 1～2 回三出复叶,小叶再 1～2 回细裂,基生叶具长柄,茎生叶的柄较短。

【花】花序为简单或复杂的单歧聚伞花序;苞片叶状,形状及分裂情况似茎生叶。花小,辐射对称,具细长的花梗。萼片 5 枚,花瓣状,淡黄色,椭圆形。花瓣 2～3 片,小,比萼片短 3 至 4 倍,近 2 唇形。雄蕊 10～15 枚,花药近球形,花丝近丝形。心皮 6～20 枚,无毛。蓇葖线状长椭圆形,顶端具一细喙,表面具凸起的网脉;种子 4～14 粒,狭卵形,深褐色或近黑色,表面具小疣状突起。

【分类地位】被子植物门、双子叶植物纲、原始花被亚纲、毛茛目、毛茛科、唐松草亚科、耧斗菜族。

【种类】单种属。中国有 1 种;内蒙古有 1 种。

蓝堇草 *Leptopyrum fumarioides*

　　一年生草本。直根细长,生少数侧根。茎(2～)4～9(～17)个,多少斜升,生少数分枝。基生叶多数,无毛;叶片轮廓三角状卵形,3 全裂,中全裂片等边菱形,下延成的细柄,常再 3 深裂,深裂片长椭圆状倒卵形至线状狭倒卵形,常具 1～4 枚钝锯齿,侧全裂片通常无柄,不等 2 深裂。茎生叶 1～2 片,小。花小;花梗纤细;萼片椭圆形,淡黄色,具 3 条脉,顶端钝或急尖;花瓣近 2 唇形,上唇顶端圆,下唇较短;雄蕊通常 10～15枚,花药淡黄色;心皮 6～20 枚,无毛。蓇葖直立,线状长椭圆形;种子 4～14 粒,卵球形或狭卵球形。花期 5～6 月,果期 6～7 月。

　　生于田野、路边、向阳山坡。产于内蒙古呼伦贝尔市、兴安盟、赤峰市、锡林郭勒盟、乌兰察布市、呼和浩特市、包头市、鄂尔多斯市、阿拉善盟;中国甘肃、河北、黑龙江、吉林、辽宁、宁夏、青海、陕西、新疆也产;哈萨克斯坦、朝鲜、蒙古、俄罗斯也有分布。

蓝盆花属（山萝卜属）——【学　名】*Scabiosa*

【蒙古名】ᠬᠥᠬᠡ ᠲᠣᠭᠣᠷᠠᠢ ᠴᠡᠴᠡᠭ ᠤᠨ ᠲᠥᠷᠥᠯ（ᠬᠥᠬᠡ ᠲᠣᠭᠣᠷᠠᠢ᠂ ᠴᠠᠭᠠᠨ ᠲᠥᠷᠥᠯ）

【英文名】Bluebasin，Scabious，Mourning Bride

【生活型】多年生草本，有时基部木质成亚灌木状，或为二年生草本，稀为一年生草本。

【叶】叶对生，茎生叶基部连合，叶片羽状半裂或全裂，稀全缘。

【花】头状花序扁球形或卵形至卵状圆锥形，顶生，具长梗或在上部成聚伞状分枝；总苞苞片草质，1～2 列；花托在结果时成拱形至半球形，有时可成圆柱状，花托具苞片，苞片线状披针形，具 1 条脉，背部常成龙骨状；小总苞（外萼）广漏斗形或方柱状，结果时具 8 条肋棱，全长具沟槽，或仅上部具沟槽而基部圆形，上部常裂成 2～8 窝孔，末端成膜质的冠，冠钟状或辐射状，具 15～30 条脉，边缘具齿牙；花萼（内萼）具柄，盘状，5 裂成星状刚毛；花冠筒状，蓝色、紫红色、黄色或白色，4～5 裂，边缘花常较大，2 唇形，上唇通常 2 裂，较短，下唇 3 裂，较长，中央花通常筒状，花冠裂片近等长；雄蕊 4 枚；子房下位，包于宿存小总苞内，花柱细长，柱头头状或盾形。

【果实和种子】瘦果包藏在小总苞内，顶端冠以宿存萼刺。

【分类地位】被子植物门、双子叶植物纲、合瓣花亚纲、茜草目、川续断科、蓝盆花族。

【种类】全属约有 100 种；中国有 9 种，2 变种；内蒙古有 2 种，1 变种。

窄叶蓝盆花 *Scabiosa comosa*

多年生草本。根单一或 2～3 头，外皮粗糙，棕褐色，里面白色。茎直立，黄白色或带紫色，具棱，疏或密被贴伏白色短柔毛，在茎基部和花序下最密。基生叶成丛，叶片轮廓窄椭圆形，羽状全裂，稀为齿裂，裂片线形；花时常枯萎；茎生叶对生，基部连接成短鞘，抱茎，叶片轮廓长圆形，1～2 回狭羽状全裂，裂片线形，渐尖头，两面均光滑或疏生白色短伏毛。近顶端处密生卷曲白色短纤毛；头状花序单生或 3 出，半球形，球形；总苞苞片 6～10 个，披针形，先端渐尖，光滑或疏生柔毛；小总苞倒圆锥形，方柱状，淡黄白色，具 8 条肋棱，中棱较细弱，密生白色长柔毛，顶端具 8 个凹穴，通常仅 1～2 个明显，冠部干膜质，带紫色或污白色，具 18～20 条脉，边缘牙齿状，脉上密生白色柔毛；花萼 5 裂，细长针状，棕黄色，上面疏生短毛；花冠蓝紫色，外面密生短柔毛，中央花冠筒状，先端 5 裂，裂片等长，边缘花 2 唇形，上唇 2 裂，较短，下唇 3 裂，较长，倒卵形；雄蕊 4 枚，花丝细长，外伸；柱头头状。瘦果长圆形，具 5 条棕色脉，顶端冠以宿存的萼刺。花期 7～8 月，果期 9 月。

生于草原带及森林草原带的少地与沙质草原。产于内蒙古呼伦贝尔市、兴安盟、通辽市、赤峰市、乌兰察布市、巴彦淖尔市；中国甘肃、河北、河南、黑龙江、吉林、辽宁、宁夏、陕西、山西也产；朝鲜、蒙古、俄罗斯也有分布。

狼毒属——【学　名】*Stellera*

【蒙古名】ᠨᠣᠬᠠᠢ ᠶᠢᠨ ᠬᠣᠣᠷᠠᠲᠤ ᠶᠢᠨ ᠲᠥᠷᠥᠯ

【英文名】Stellera

【生活型】多年生草本或灌木。

【茎】通常具木质的根茎。

【叶】叶散生,稀对生,披针形,边缘全缘。

【花】花白色、黄色或淡红色,顶生无梗的头状或穗状花序,花萼筒筒状或漏斗状,在子房上面有关节,果实成熟时横断,下部膨胀包围子房,果实成熟时宿存,裂片4枚,稀5～6枚,开展,大小近相等;无花瓣;雄蕊8枚,稀10或12枚,2轮,包藏于花萼筒内,稀上轮花药一部分伸出;花盘生于一侧,针形或线状鳞片状,膜质,全缘或近2裂;子房几无柄,花柱短,柱头头状或卵形,具粗硬毛状突起。

【果实和种子】小坚果干燥,基部为宿存的花萼筒所包围,果皮膜质。

【分类地位】被子植物门、双子叶植物纲、原始花被亚纲、桃金娘目、瑞香科。

【种类】全属有10～12种;中国有2种;内蒙古有1种。

狼毒 *Stellera chamaejasme*

多年生草本。根茎木质,粗壮,圆柱形,不分枝或分枝,表面棕色,内面淡黄色;茎直立,丛生,不分枝,纤细,绿色,有时带紫色,无毛,草质,基部木质化,有时具棕色鳞片。叶散生,稀对生或近轮生,薄纸质,披针形或长圆状披针形,稀长圆形,先端渐尖或急尖,稀钝形,基部圆形至钝形或楔形,上面绿色,下面淡绿色至灰绿色,边缘全缘,不反卷或微反卷,中脉在上面扁平,下面隆起,侧脉4～6对,第2对直伸直达叶片的2/3,两面均明显;叶柄短,基部具关节,上面扁平或微具浅沟。花白色、黄色至带紫色,芳香,多花的头状花序,顶生,圆球形;具绿色叶状总苞片;无花梗;花萼筒细瘦,具明显纵脉,基部略膨大,无毛,裂片5枚,卵状长圆形,顶端圆形,稀截形,常具紫红色的网状脉纹;雄蕊10枚,2轮,下轮着生于花萼筒的中部以上,上轮着生于花萼筒的喉部,花药微伸出,花丝极短,花药黄色,线状椭圆形;花盘一侧发达,线形,顶端微2裂;子房椭圆形,几无柄,上部被淡黄色丝状柔毛,花柱短,柱头头状,顶端微被黄色柔毛。果实圆锥形,上部或顶部有灰白色柔毛,为宿存的花萼筒所包围;种皮膜质,淡紫色。花期4～6月,果期7～9月。

生于山坡、沙地、草原地带。产于内蒙古除阿拉善盟以外的各地;中国甘肃、河北、黑龙江、河南、吉林、辽宁、宁夏、青海、陕西、山西、四川、新疆、西藏、云南也产;不丹、蒙古、尼泊尔、俄罗斯也有分布。

狼尾草属——【学　名】*Pennisetum*

　　　　　　　　【蒙古名】ᠴᠣᠨᠣᠢᠨ ᠤ ᠰᠡᠭᠦᠯ

　　　　　　　　【英文名】Wolftailgrass

【生活型】一年生或多年生草本。

【茎】秆质坚硬。

【叶】叶片线形,扁平或内卷。

【花】圆锥花序紧缩呈穗状圆柱形;小穗单生或 2～3 聚生成簇,无柄或具短柄,有 1～2 朵小花,其下围以总苞状的刚毛;刚毛长于或短于小穗,光滑、粗糙或生长柔毛而呈羽毛状,随同小穗一起脱落,其下有或无总梗;颖不等长,第一颖质薄而微小,第二颖较长于第一颖;第一小花雄性或中性,第一外稃与小穗等长或稍短,通常包 1 内稃;第二小花两性,第二外稃厚纸质或革质,平滑,等长或较短于第一外稃,边缘质薄而平坦,包着同质的内稃,但顶端常游离;鳞被 2 枚,楔形,折叠,通常 3 条脉;雄蕊 3 枚,花药顶端有毫毛或无;花柱基部多少联合,很少分离。

【果实和种子】颖果长圆形或椭圆形,背腹压扁;种脐点状,胚长为果实的 1/2 以上。

【分类地位】被子植物门、单子叶植物纲、禾本目、禾本科、黍亚科、黍族、蒺藜草亚族。

【种类】全属约有 140 种;中国有 11 种,2 变种(包括引种栽培);内蒙古有 1 种。

白草 *Pennisetum centrasiaticum*

　　多年生草本。具横走根茎。秆直立,单生或丛生。叶鞘疏松包茎,近无毛,基部者密集近跨生,上部短于节间;叶舌短;叶片狭线形,两面无毛。圆锥花序紧密,直立或稍弯曲;主轴具棱角,无毛或罕疏生短毛;刚毛柔软,细弱,微粗糙,灰绿色或紫色;小穗通常单生,卵状披针形;第一颖微小,先端钝圆、锐尖或齿裂,脉不明显;第二颖长为小穗的 1/3～3/4,先端芒尖,具 1～3 条脉;第一小花雄性,罕或中性,第一外稃与小穗等长,厚膜质,先端芒尖,具 3～5(～7)条脉,第一内稃透明,膜质或退化;第二小花两性,第二外稃具 5 条脉,先端芒尖,与其内稃同为纸质;鳞被 2 枚,楔形,先端微凹;雄蕊 3 枚,花药顶端无毫毛;花柱近基部联合。颖果长圆形。叶表皮细胞结构为上下表皮近相同均为无波纹、微波纹、壁薄的长细胞。花果期 7～10 月。

　　生于干燥丘陵坡地、沙地、沙丘间清地、田野。产于内蒙古呼伦贝尔市、兴安盟、通辽市、赤峰市、锡林郭勒盟、乌兰察布市、包头市、鄂尔多斯市、巴彦淖尔市、阿拉善盟;中国甘肃、河北、黑龙江、河南、湖北、吉林、辽宁、宁夏、青海、陕西、山西、四川、新疆、西藏、云南也产;阿富汗、不丹、印度、克什米尔、尼泊尔、巴基斯坦、塔吉克斯坦以及西南亚也有分布。

狼紫草属——【学　名】*Lycopsis*

【蒙古名】ᠴᠢᠨ᠎ᠠ ᠶᠢᠨ ᠡᠪᠡᠰᠦ

【英文名】Ablfgromwell

【生活型】一年生草本,被疏糙伏毛。

【茎】茎直立或铺散。

【叶】叶互生。

【花】镰状聚伞花序顶生,蝎尾状,具苞片;花萼5裂至基部,裂片线形,不等大,果期稍增大;花冠蓝紫色,筒部比萼长,弧曲或膝曲,檐部具5枚开展的钝裂片,喉部附属物鳞片状或疣状,有短毛;雄蕊5枚,着生花冠筒中部,内藏,花丝短,丝形,花药卵状长圆形,两端钝;子房4裂,花柱内藏,柱头头状,2裂;雌蕊基平坦。

【果实和种子】小坚果斜卵形,直立,有网状皱纹,着生面居腹面近下部,有硬化的环状边缘。

【分类地位】被子植物门、双子叶植物纲、合瓣花亚纲、管状花目、紫草科、紫草亚科、牛舌草族。

【种类】全属约有3种;中国有1种;内蒙古有1种。

狼紫草 *Lycopsis orientalis*

一年生草本。茎常自下部分枝,有开展的稀疏长硬毛。基生叶和茎下部叶有柄,其余无柄,倒披针形至线状长圆形,两面疏生硬毛,边缘有微波状小牙齿。花序花期短,花后逐渐伸长;苞片比叶小,卵形至线状披针形;花萼5裂至基部,有半贴伏的硬毛,裂片钻形,稍不等长,果期增大,星状开展;花冠蓝紫色,有时紫红色,无毛,筒下部稍膝曲,裂片开展,宽度稍大于长度,附属物疣状至鳞片状,密生短毛;雄蕊着生花冠筒中部之下,花丝极短;花柱头球形,2裂。小坚果肾形,淡褐色,表面有网状皱纹和小疣点,着生面碗状,边缘无齿。种子褐色,子叶狭长卵形,肥厚,胚根在上方。花期5~6月,果期6~8月。

生于山地砾石质坡地、沟谷、田间、村旁。产于内蒙古乌兰察布市、呼和浩特市、包头市、鄂尔多斯市、巴彦淖尔市、阿拉善盟;中国甘肃、海南、河北、宁夏、青海、陕西、山西、新疆、西藏也产;阿富汗、印度、哈萨克斯坦、吉尔吉斯斯坦、蒙古、尼泊尔、巴基斯坦、俄罗斯、塔吉克斯坦、土库曼斯坦、乌兹别克斯坦以及非洲东北部、亚洲西南部、欧洲东南部也有分布。

老鹳草属──【学　名】*Geranium*

【蒙古名】ᠬᠠᠷᠠᠭᠠᠢ ᠶᠢᠨ ᠡᠪᠡᠰᠦ

【英文名】Cranebill

【生活型】草本,稀为亚灌木或灌木,通常被倒向毛。

【茎】茎具明显的节。

【叶】叶对生或互生,具托叶,通常具长叶柄;叶片通常掌状分裂,稀 2 回羽状或仅边缘具齿。

【花】花序聚伞状或单生,每总花梗通常具 2 朵花,稀为单花或多花;总花梗具腺毛或无腺毛;花整齐,花萼和花瓣 5 片,覆瓦状排列,腺体 5 个,每室具 2 颗胚珠。

【果实和种子】蒴果具长喙,5 枚果瓣,每枚果瓣具 1 粒种子,果瓣在喙顶部合生,成熟时沿主轴从基部向上端反卷开裂,弹出种子或种子与果瓣同时脱落,附着于主轴的顶部,果瓣内无毛。种子具胚乳或无。

【分类地位】被子植物门、双子叶植物纲、原始花被亚纲、牻牛儿苗目、牻牛儿苗科。

【种类】全属约有 400 种;中国约 55 种,5 变种;内蒙古有 10 种。

粗根老鹳草 *Geranium dahuricum*

多年生草本。根茎短粗,斜生,具簇生纺锤形块根。茎多数,直立,具棱槽,假二叉状分枝,被疏短伏毛或下部近无毛,亦有时全茎被长柔毛或基部具腺毛,叶基生和茎上对生;托叶披针形或卵形,先端长渐尖,外被疏柔毛;基生叶和茎下部叶具长柄,柄长为叶片的 3～4 倍,密被短伏毛,向上叶柄渐短,最上部叶几无柄;叶片七角状肾圆形,掌状 7 深裂近基部,裂片羽状深裂,小裂片披针状条形、全缘,表面被短伏毛,背面被疏柔毛,沿脉被毛较密或仅沿脉被毛。花序腋生和顶生,长于叶,密被倒向短柔毛,总花梗具 2 朵花,苞片披针形,先端长渐尖;花梗与总梗相似,长约为花的 2 倍,花、果期下弯;萼片卵状椭圆形,先端具短尖头,背面和边缘被长柔毛;花瓣紫红色,倒长卵形,先端圆形,基部楔形,密被白色柔毛;雄蕊稍短于萼片,花丝棕色,下部扩展,被睫毛,花药棕色;雌蕊密被短伏毛。种子肾形,具密的微凹小点。花期 7～8 月,果期 8～9 月。

生于林下、林缘、灌丛间、林缘草甸、湿草地。产于内蒙古呼伦贝尔市、兴安盟、通辽市、赤峰市、锡林郭勒盟、乌兰察布市;中国青海、陕西、山西、四川、新疆、西藏也产;朝鲜、蒙古、俄罗斯也有分布。

肋柱花属（侧蕊属）──【学　名】*Lomatogonium*

【蒙古名】ᠵᠢᠭᠦᠷᠲᠦ ᠴᠡᠴᠡᠭ ᠦᠨ ᠲᠥᠷᠦᠯ

【英文名】Felwort

【生活型】一年生或多年生草本，全株光滑，偶有密被乳突状毛。

【茎】茎基部单一，上部有分枝或从基部起有分枝，分枝直立或铺散。

【叶】叶对生；基生叶在花期存在或早落。

【花】花 5 数，稀 4 数，偶有花冠裂片多至 10 数者，单生或为聚伞花序；花萼深裂，萼筒短，有时稍长，裂片常与叶同形，大都短于花冠；花冠辐状，深裂近基部，冠筒极短，裂片在蕾中右向旋转排列，重叠覆盖，开放时呈明显的 2 色，1 侧色深，1 侧色浅，基部有 2 个腺窝，腺窝管形或片状，基部合生或否，边缘有裂片状流苏；雄蕊着生于冠筒基部与裂片互生，花药蓝色或黄色，短于花丝或幼时等长；子房剑形，无花柱，柱头沿着子房的缝合线下延。

【果实和种子】蒴果 2 裂，果瓣近革质；种子小，多数，近圆形，常光滑。

【分类地位】被子植物门、双子叶植物纲、合瓣花亚纲、捩花目、龙胆科、龙胆亚科、龙胆族、龙胆亚族。

【种类】全属约有 24 种；中国有 20 种；内蒙古有 2 种。

小花肋柱花 *Lomatogonium rotatum*

一年生草本。茎不分枝或自基部有少数分枝，近四棱形，直立，绿色或常带紫色。叶无柄，狭长披针形、披针形至线形，枝及上部叶较小，先端急尖，基部钝，半抱茎，中脉在两面明显。花 5 数，顶生和腋生，花梗直立或斜伸，四棱形，不等长；花萼较花冠稍短或等长，裂片线形或线状披针形，稍不整齐，先端急尖，花冠淡蓝色，具深色脉纹，裂片椭圆状披针形或椭圆形，先端钝或急尖，基部两侧各具 1 个腺窝，腺窝管形，边缘具不整齐的裂片状流苏；花丝线形，花药蓝色，狭矩圆形；子房无柄，柱头小，三角形，下延至子房下部。蒴果狭椭圆形或倒披针状椭圆形，与花冠等长或稍长；种子淡褐色，圆球形，光滑。花果期 8～9 月。

生于林缘草甸、沟谷溪边、低湿草甸。产于内蒙古兴安盟、赤峰市、锡林郭勒盟、乌兰察布市、呼和浩特市、鄂尔多斯市；中国甘肃、贵州、河北、黑龙江、吉林、辽宁、宁夏、青海、陕西、山东、山西、四川、新疆、云南也产；日本、哈萨克斯坦、蒙古以及欧洲和北美洲也有分布。

类叶升麻属——【学　名】*Actaea*

【蒙古名】ᠰᠣᠳᠣᠨ ᠶ᠋ᠢᠨ ᠲᠥᠷᠥᠯ

【英文名】Baneberry

【生活型】多年生草本。

【茎】根状茎横走,生多数须根。茎单一,直立。

【叶】基生叶鳞片状,茎生叶互生,为2～3回三出复叶,有长柄。花序为简单或分枝的总状花序。

【花】花小,辐射对称。萼片通常4个,白色,花瓣状,早落。花瓣1～6片,偶尔不存在,匙形,比萼片小,黄色,无蜜槽。雄蕊多数,花药卵圆形,黄白色,花丝狭线状丝形,有时在上部增宽。心皮1枚,子房卵形或椭圆形,无毛,柱头无柄,扁球形。

【果实和种子】果实浆果状,近球形,成熟后紫黑色、红色或白色;种子多数,卵形并具三棱,褐色或黑色,干后表面微粗糙状。

【分类地位】被子植物门、双子叶植物纲、原始花被亚纲、毛茛目、毛茛科、金莲花亚科、升麻族。

【种类】全属约有8种;中国有2种;内蒙古有2种。

类叶升麻 *Actaea asiatica*

多年生草本。根状茎横走,质坚实,外皮黑褐色,生多数细长的根。茎圆柱形,微具纵棱,下部无毛,中部以上被白色短柔毛,不分枝。叶2～3片,茎下部的叶为3回三出近羽状复叶,具长柄;叶片三角形;顶生小叶卵形至宽卵状菱形,3裂边缘有锐锯齿,侧生小叶卵形至斜卵形,表面近无毛,背面变无毛。茎上部叶的形状似茎下部叶,但较小,具短柄。总状轴和花梗密被白色或灰色短柔毛;苞片线状披针形;萼片倒卵形,花瓣匙形,下部渐狭成爪;心皮与花瓣近等长。果序与茎上部叶等长或超出上部叶;果实紫黑色;种子约6粒,卵形,有3条纵棱,深褐色。花期5～6月,果期7～9月。

生于山地阔叶林下。产于内蒙古包头市九峰山;中国甘肃、河北、黑龙江、湖北、吉林、辽宁、青海、陕西、山西、四川、西藏、云南也产;日本、朝鲜、俄罗斯也有分布。

棱子芹属——【学　名】*Pleurospermum*

【蒙古名】ᠬᠠᠪᠲᠠᠭᠠᠢ ᠵᠢᠮᠢᠰᠲᠦ ᠶᠢᠨ ᠲᠥᠷᠥᠯ

【英文名】Ribseedcelery

【生活型】多年生稀二年生草本。

【茎】根茎粗壮,直伸或分叉,颈部常有残存的叶鞘。茎直立或有短缩茎,无毛或有毛。

【叶】叶为 1～4 回羽状或三出式羽状分裂,末回裂片有缺刻状锯齿或条裂,叶柄基部常扩大呈膜质鞘状而抱茎。

【花】复伞形花序顶生或生自叶腋;伞辐多数或少数;总苞片全缘或呈叶状分裂,通常有白色膜质边缘;小总苞片多少有白色膜质边缘,顶端羽状分裂或全缘;萼齿明显或不明显;花瓣白色或带紫红色,长圆形至宽卵形,顶端常有内曲的小舌片,基部有爪;花柱基圆锥形或压扁。

【果实和种子】分生果卵形或长圆形,外果皮常疏松,果棱显著,锐尖,有时呈波状、鸡冠状或半翅状,棱槽中油管 1 个,有时 2～3 个,合生面 2 个,有时 4～6 个;心皮柄 2 裂至基部。种子背向压扁,胚乳腹面内凹。

【分类地位】被子植物门、双子叶植物纲、原始花被亚纲、伞形目、伞形科、芹亚族、美味芹族。

【种类】全属约有 40 种;中国有 32 种,2 变种;内蒙古有 1 种。

357

棱子芹 *Pleurospermum camtschaticum*

多年生草本。根粗状,有分枝。茎分枝或不分枝,中空,表面有细条棱,初有粗糙毛,后近于无毛。基生叶或茎下部的叶有较长的柄;叶片轮廓宽卵状三角形,三出式 2 回羽状全裂,末回裂片狭卵形或狭披针形,边缘有缺刻状牙齿,脉上及边缘有粗糙毛;茎上部的叶有短柄。顶生复伞形花序大;总苞片多数,线形或披针形,羽状分裂或全缘,外折,脱落;伞辐 20～60 枚,不等长,有粗糙长;侧生复伞形花序较小;伞辐 10～15枚;小总苞片 6～9 个,线状披针形,全缘或分裂;花多数,花柄有粗糙毛;花白色,花瓣宽卵形;花药黄色。果实卵形,果棱狭翅状,边缘有小钝齿,表面密生水泡状微突起,每棱槽有油管 1 个,合生面 2 个。花期 6～7 月,果期 7～8 月。

生于山谷林下、林缘草甸、溪边。产于内蒙古锡林郭勒盟、乌兰察布市、巴彦淖尔市;中国河北、吉林、辽宁、陕西、山西也产;日本、蒙古、俄罗斯也有分布。

冷水花属——【学　名】*Pilea*

【蒙古名】ᠬᠦᠢᠲᠡᠨ ᠤᠰᠤᠨ ᠤ ᠴᠡᠴᠡᠭ (ᠤᠰᠤᠨ ᠤ ᠴᠡᠴᠡᠭ)

【英文名】Coldwaterflower,Clearweed

【生活型】草本或亚灌木,稀灌木,无刺毛。

【叶】叶对生,具柄,稀同对的 1 枚近无柄,叶片同对的近等大或极不等大,对称,有时不对称,边缘具齿或全缘,具 3 出脉,稀羽状脉,钟乳体条形、纺锤形或短秆状,稀点状;托叶膜质鳞片状,或草质叶状,在柄内合生。

【花】花雌雄同株或异株,花序单生或成对腋生,聚伞状、聚伞总状、聚伞圆锥状、穗状、串珠状、头状,稀雄的盘状(此时序具杯状花序托);苞片小,生于花的基部。花单性,稀杂性;雄花四基数或五基数,稀二基数;花被片合生至中部或基部,镊合状排列,稀覆瓦状排列,在外面近先端处常有角状突起;雄蕊与花被片同数;退化雌蕊小。雌花通常三基数,有时五基数、四基数或二基数;花被片分生或多少合生,在果时增大,常不等大,有时近等大,当三基数时,中间的 1 枚常较大,外面近先端常有角状突起或呈帽状,有时背面呈龙骨状;退化雄蕊内折,鳞片状,花后常增大,明显或不明显;子房直立,顶端多少歪斜;柱头呈画笔头状。

【果实和种子】瘦果卵形或近圆形,稀长圆形,多少压扁,常稍偏斜,表面平滑或有瘤状突起,稀隆起呈鱼眼状。种子无胚乳;子叶宽。

【分类地位】被子植物门、双子叶植物纲、原始花被亚纲、荨麻目、荨麻科、楼梯草族。

【种类】全属约有 400 种;中国约有 90 种;内蒙古有 1 种,1 变种。

透茎冷水花 *Pilea pumila*

一年生草本。茎肉质,直立,无毛。叶近膜质,基部常宽楔形,有时钝圆,边缘除基部全缘外,其上有牙齿或牙状锯齿,稀近全绿,两面疏生透明硬毛;托叶卵状长圆形,后脱落。花雌雄同株。雄花具短梗或无梗,在芽时倒卵形;花被片近船形,外面近先端处有短角突起;雄蕊 2 枚,退化雌蕊不明显。雌花花被片 3 枚,条形,在果时长不过果实或与果实近等长,而不育的雌花花被片更长;退化雄蕊在果时增大,椭圆状长圆形,长及花被片的一半。瘦果三角状卵形,扁,初时光滑,常有褐色或深棕色斑点,熟时色斑多少隆起。花期 6～8 月,果期 8～10 月。

生于湿润的林下、林缘、山地岩石、沟谷、溪边、河岸、草甸、河谷。产于内蒙古兴安盟、通辽市;中国安徽、重庆、福建、甘肃、广东、广西、贵州、河北、黑龙江、河南、湖北、湖南、江苏、江西、吉林、辽宁、宁夏、陕西、山东、山西、四川、台湾、西藏、云南、浙江也产;日本、朝鲜、蒙古、俄罗斯以及北美洲也有分布。

狸藻科──【学　名】*Lentibulariaceae*

【蒙古名】ᠣᠰᠤᠨ ᠤ ᠨᠠᠪᠴᠢᠲᠤ (ᠡᠪᠡᠰᠦ ᠶᠢᠨ ᠣᠪᠣᠭ ᠤᠨ ᠨᠠᠪᠴᠢᠲᠤ)

【英文名】Bladderwort Family

【生活型】一年生或多年生食虫草本，陆生、附生或水生。

【茎】茎及分枝常变态成根状茎、匍匐枝、叶器(foliar organs)和假根(rhizoids)。

【叶】仅捕虫堇属(Pinguicula)和旋刺草属(Genlisea)具叶，其余无真叶而具叶器。托叶不存在。除捕虫堇属外均有捕虫囊。

【花】花单生或排成总状花序；花序梗直立，稀缠绕。花两性，虫媒或闭花受精。花萼2个、4或5裂，裂片镊合状或覆瓦状排列，宿存并常于花后增大。花冠合生，左右对称，檐部2唇形，上唇全缘或2(～3)裂，下唇全缘或2～3(～6)裂，裂片覆瓦状排列，筒部粗短，基部下延成囊状、圆柱状、狭圆锥状或钻形的距。雄蕊2枚，着生于花冠筒下(前)方的基部，与花冠的裂片互生；花丝线形，常弯曲；花药背着，2药室极叉开，于顶端汇合或近分离。退化雄蕊和花盘均不存在。雌蕊1枚，由2枚心皮构成；子房上位，1室，特立中央胎座或基底胎座；胚珠2至多数，倒生，基部略嵌人入胎座，具单珠被和一囊伏于珠孔端开口的珠被绒毡层，薄珠心；花柱短或不存在；柱头不等2裂，上唇较小至消失。

【果实和种子】蒴果球形、卵球形或椭圆球形，室背开裂或兼室间开裂，有时周裂或不规则开裂，稀不裂。种子多数至少数，稀单生，细小，椭圆球形、卵球形、球形、长球形、圆柱形、盘状或双凸镜状；无胚乳；种皮具网状突起、疣突、棘刺或倒刺毛，稀平滑或具扁平的糙毛。

【种类】全科有3属，约230种；中国有2属，19种；内蒙古有3种。

狸藻科 Lentibulariaceae Rich. 是法国植物学家 Louis Claude Marie Richard (1754－1821)于 1808 年在"Flore parisienne：contenant la description des plantes qui croissent naturellement aux environs de Paris 1"(Fl. Paris 1)上发表的植物科，模式属为 Lentibularia。

在恩格勒系统(1964)中，狸藻科隶属合瓣花亚纲(Sympetalae)、管花目(Tubiflorae)、茄亚目(Solanineae)，本目含 6 亚目、26 个科。在哈钦森系统(1959)中，狸藻科隶属双子叶植物草本支(Herbaceae)、玄参目(Personales)，含 6 个科，认为本目处于一个演化分支的顶级地位。在塔赫他间系统(1980)中，狸藻科隶属菊亚纲(Asteridae)、玄参目(Scrophulariales)，含 16 个科，本目很接近花葱目(Polemoniales)，特别接近花葱目中的旋花科(Convolvulaceae)，两目有共同祖先。在克朗奎斯特系统(1981)中，狸藻科也隶属菊亚纲、玄参目，含 12 个科，本目与茄目(Solanales)、唇形目(Lamiales)有共同祖先。

359

狸藻属——【学　名】*Utricularia*

【蒙古名】ᠤᠰᠤᠨ ᠤ ᠴᠢᠨ᠎ᠠ (ᠴᠢᠬᠢ ᠲᠠᠲᠠᠬᠤ ᠶ᠋ᠢᠨ ᠡᠪᠡᠰᠤ)

【英文名】Bladderwort,Draws ear grass

【生活型】一年生或多年生草本。水生、沼生或附生。

【根】无真正的根。

【茎】茎枝变态成匍匐枝、假根和叶器。

【叶】无真正的叶,叶器基生呈莲座状或互生于匍匐枝上,全缘或 1 至多回深裂,末回裂片线形至毛发状。捕虫囊生于叶器、匍匐枝及假根上,卵球形或球形,多少侧扁。

【花】花序总状;有时简化为单花,具苞片,小苞片存在时成对着生于苞片内侧;花序梗直立或缠绕,具或不具鳞片。花萼 2 深裂,裂片相等或不相等,宿存并多少增大。花冠 2 唇形,黄色、紫色或白色,稀蓝色或红色;上唇全缘或 2～3 浅裂,下唇全缘或 2～6 浅裂,喉凸常隆起呈浅囊状,喉部多少闭合;距囊状、圆锥状、圆柱状或钻形。雄蕊 2 枚,生于花冠下方内面的基部;花丝短,线形或狭线形,常内弯,基部多少合生,上部常膨大;花药极叉开,2 药室多少汇合。子房球形或卵球形,胚珠多数;花柱通常极短;柱头 2 唇形,下唇通常较大。

【果实和种子】蒴果球形、长球形或卵球形,仅前方室背开裂(1 侧裂)或前方和后方室背开裂(2 瓣裂)、室背连同室间开裂(4 瓣裂)、周裂或不规则开裂。种子通常多数,稀少数或单生,球形、卵球形、椭圆球形、长球形、圆柱形、狭长圆形、盘状或双凸镜伏,具网状、棘状或疣状突起,有时具翅,稀具倒钩毛或扁平糙毛。

【分类地位】被子植物门、双子叶植物纲、合瓣花亚纲、管状花目、狸藻科、狸藻亚科。

【种类】全属约有 180 种;中国有 17 种;内蒙古有 3 种。

狸藻 *Utricularia vulgaris*

水生多年食虫草本。匍匐枝圆柱形。叶器多数,互生,先羽状深裂,顶端及齿端各有 1 至数条小刚毛,其余部分无毛。秋季于匍匐枝及其分枝的顶端产生冬芽,冬芽球形或卵球形,密被小刚毛。捕虫囊通常多数,侧生于叶器裂片上,斜卵球状,侧扁,具短柄。花序直立,无毛;花序梗圆柱状;苞片与鳞片同形;花梗丝状,于花期直立,果期明显下弯。花萼 2 裂达基部,裂片近相等,卵形至卵状长圆形,上唇顶端微钝,下唇顶端截形或微凹。花冠黄色,无毛;上唇卵形至近圆形,下唇横椭圆形,顶端圆形或微凹,喉凸隆起呈浅囊状;距筒状,基部宽圆锥状,顶端多少急尖,较下唇短并与其成锐角叉开,仅远轴的内面散生腺毛。雄蕊无毛;花丝线形,弯曲,药室汇合。子房球形,无毛;花柱稍短于子房,无毛;柱头下唇半圆形。蒴果球形,周裂。种子,褐色,无毛。花期 6～8 月,果期 7～9 月。

生于河岸沼泽、湖泊、浅水中。产于内蒙古呼伦贝尔市、兴安盟、通辽市、锡林郭勒盟、鄂尔多斯市、巴彦淖尔市;中国甘肃、河北、黑龙江、河南、吉林、辽宁、宁夏、青海、陕西、山东、山西、四川、新疆、西藏也产;阿富汗、哈萨克斯坦、蒙古、巴基斯坦、俄罗斯、乌兹别克斯坦以及北非、西南亚、欧洲、北美洲也有分布。

梨属——【学　名】*Pyrus*

【蒙古名】ᠠᠯᠢᠮᠠ ᠶᠢᠨ ᠲᠥᠷᠥᠯ

【英文名】Pear

【生活型】落叶乔木或灌木,稀半常绿乔木,有时具刺。

【叶】单叶,互生,有锯齿或全缘,稀分裂,在芽中呈席卷状,有叶柄与托叶。

【花】花先于叶开放或同时开放,伞形总状花序;萼片5个,反折或开展;花瓣5片,具爪,白色稀粉红色,雄蕊15～30枚,花药通常深红色或紫色;花柱2～5枚,离生,子房2～5室,每室有2颗胚珠。

【果实和种子】梨果,果肉多汁,富含石细胞,子房壁软骨质;种子黑色或黑褐色,种皮软骨质,子叶平凸。

【分类地位】被子植物门、双子叶植物纲、原始花被亚纲、蔷薇目、蔷薇亚目、蔷薇科、苹果亚科。

【种类】全属约有25种;中国有14种;内蒙古有4种,1变种。

秋子梨 *Pyrus ussuriensis*

乔木。树冠宽广;嫩枝无毛或微具毛,二年生枝条黄灰色至紫褐色,老枝转为黄灰色或黄褐色,具稀疏皮孔;冬芽肥大,卵形,先端钝,鳞片边缘微具毛或近于无毛。叶片卵形至宽卵形,先端短渐尖,基部圆形或近心形,稀宽楔形,边缘具有带刺芒状尖锐锯齿,上下两面无毛或在幼嫩时被绒毛,不久脱落;叶柄嫩时有绒毛,不久脱落;托叶线状披针形,先端渐尖,边缘具有腺齿,早落。花序密集,有花5～7朵,总花梗和花梗在幼嫩时被绒毛,不久脱落;苞片膜质,线状披针形,先端渐尖,全缘;萼筒外面无毛或微具绒毛;萼片三角披针形,先端渐尖,边缘有腺齿,外面无毛,内面密被绒毛;花瓣倒卵形或广卵形,先端圆钝,基部具短爪,无毛,白色;雄蕊20枚,短于花瓣,花药紫色;花柱5枚,离生,近基部有稀疏柔毛。果实近球形,黄色,萼片宿存,基部微下陷,具短果梗。花期5月,果期8～10月。

生于山地及溪沟杂木林中。产于内蒙古呼伦贝尔市、通辽市、赤峰市、锡林郭勒盟、呼和浩特市;中国甘肃、河北、黑龙江、吉林、辽宁、陕西、山东、山西也产;朝鲜、俄罗斯以及东北亚也有分布。

犁头尖属——【学　名】*Typhonium*

【蒙古名】ᠠᠷᠠᠯᠵᠢᠨ ᠤ ᠲᠥᠷᠥᠯ (ᠬᠣᠰᠢᠭᠤ ᠬᠡᠯᠡᠮᠡᠢ ᠶᠢᠨ ᠲᠥᠷᠥᠯ)

【英文名】Ploughpoint

【生活型】多年生草本。

【茎】块茎小。

【叶】叶多数，和花序柄同时出现。叶柄稍长，稀于顶部生珠芽；叶片箭状戟形或 3～5 浅裂、3 裂或鸟足状分裂，集合脉 3 条，2 条接近边缘，第三条较远离。

【花】花序柄短，稀伸长；佛焰苞管部席卷，喉部多少收缩；檐部后期后仰，卵状披针形或披针形，多少渐尖，常紫红色、稀白色。肉穗花序两性：雌花序短，与雄花序之间有一段较长的间隔，附属器各式，大都具短柄，基部近截形、圆锥形、线状圆锥形、棒状或纺锤形。花单性，无花被。雄花：雄蕊 1～3 枚，花药近无柄，压扁状，药隔薄，有时稍突出于药室之上，药室卵圆形，对生或近对生，由顶部向下开裂或顶孔开裂。雌花：子房卵圆形或长圆状卵圆形，1 室，胚珠 1～2 颗，卵圆形或近葫芦形，珠柄短，着生于室基；无花柱；柱头半头状。中性花同型或异型：下部的与雌花相邻（假雌蕊），棒状、匙状、钻状或疣状，或隐失，或圆柱状线形，或几成钻形；上部的细小。

【果实和种子】浆果卵圆形，种子 1～2 粒，球形，顶部锐尖，有皱纹，珠柄与种阜汇合，种皮薄，珠孔稍凸出。胚乳丰富，胚具轴。

【分类地位】被子植物门、单子叶植物纲、南天星目、南天星科、南天星族。

【种类】全属约有 35 种；中国有 13 种；内蒙古有 1 种。

三叶犁头尖 *Typhonium trifoliatum*

多年生草本。块茎长圆形或圆球形。叶多数，丛生，叶柄基部鞘状；叶片稀线形全缘，常 3 深裂几达基部，裂片线形，无柄，渐尖，侧裂片平展，中肋背面明显，侧脉细弱。花序柄从叶丛中抽出。佛焰苞深紫色，上部收缩；檐部卵状披针形，中部以上长渐尖，上部线形后仰。中性花序下部具花，余裸秃；附属器具短柄，基部近截形，向上渐细，近直立。子房卵形，柱头盘状，胚珠 1 颗，基生。中性花线形，弯曲，密集。浆果卵球形，内有种子 1 粒。花果期 7～8 月。

生于荒地、田边、农田。产于内蒙古鄂尔多斯市准格尔旗；中国河北、陕西、山西也产。

离蕊芥属（涩荠属）——【学　名】*Malcolmia*

【蒙古名】ᠬᠣᠨᠣᠭ ᠪᠣᠳᠣᠭᠠᠨ ᠤ ᠲᠥᠷᠥᠯ（ᠬᠥᠬᠡ ᠳᠡᠭ ᠤᠨ ᠲᠥᠷᠥᠯ）

【英文名】Malcolmia

【生活型】一年生，少数二年生草本。

【茎】茎直立或开展，常有单毛或分叉毛，少数无毛。

【叶】叶倒披针形或椭圆形，羽状深裂至近全缘，有或无叶柄。

【花】总状花序常疏松；花梗短，果期增粗，开展或上升；萼片直立，内轮基部囊状；花瓣白色、粉红色至紫色，线形至倒披针形；雄蕊全部离生或内轮成对合生；侧蜜腺成对，锥状，无中蜜腺；子房有多数胚珠，近无花柱。

【果实和种子】长角果圆筒状或近圆筒状，2室，不易开裂；果瓣稍坚硬，有单毛或分叉毛至无毛，具1条明显中脉。种子每室1～2行，长圆形；子叶背倚胚根。

【分类地位】被子植物门、双子叶植物纲、原始花被亚纲、罂粟目、白花菜亚目、十字花科、香花芥族。

【种类】全属约有35种；中国有4种；内蒙古有1种。

363

离蕊芥（涩荠）*Malcolmia africana*

一年生草本。密生单毛或叉状硬毛；茎直立或近直立，多分枝，有棱角。叶长圆形、倒披针形或近椭圆形，顶端圆形，有小短尖，基部楔形，边缘有波状齿或全缘。总状花序有10～30朵花，疏松排列；萼片长圆形；花瓣紫色或粉红色。长角果（线细状）圆柱形或近圆柱形，近4棱，倾斜、直立或稍弯曲，密生短或长分叉毛，或二者间生，或具刚毛，少数几无毛或完全无毛；柱头圆锥状；果梗加粗。种子长圆形，浅棕色。花果期6～8月。

生于田野、麦田中。产于内蒙古阿拉善盟额济纳旗；中国安徽、甘肃、河北、河南、江苏、宁夏、青海、陕西、山西、四川、新疆、西藏也产；阿富汗、印度、克什米尔、哈萨克斯坦、吉尔吉斯斯坦、蒙古、巴基斯坦、塔吉克斯坦、土库曼斯坦、乌兹别克斯坦以及北非、西南亚、欧洲也有分布。

藜科──【学　名】*Chenopodiaceae*

【蒙古名】ᠨᠣᠭᠣᠭ᠎ᠠ ᠶᠢᠨ ᠢᠵᠠᠭᠤᠷ

【英文名】Goosefoot Family

【生活型】一年生草本。半灌木、灌木,较少为多年生草本或小乔木。

【茎】茎和枝有时具关节。

【叶】叶互生或对生,扁平或圆柱状及半圆柱状,较少退化成鳞片状,有柄或无柄;无托叶。

【花】花为单被花,两性,较少为杂性或单性,如为单性时,雌雄同株,极少雌雄异株;有苞片或无苞片,或苞片与叶近同形;小苞片 2 个,舟状至鳞片状,或无小苞片;花被膜质、草质或肉质,3(1～2)～5 深裂或全裂,花被片(裂片)覆瓦状,很少排列成 2 轮,果时常常增大,变硬,或在背面生出翅状、刺状、疣状附属物,较少无显著变化(在滨藜族中,雌花常常无花被,子房着生于 2 个特化的苞片内);雄蕊与花被片(裂片)同数对生或较少,着生于花被基部或花盘上,花丝钻形或条形,离生或基部合生,花药背着,在芽中内曲,2 室,外向纵裂或侧面纵裂,顶端钝或药隔突出形成附属物;花盘有或无;子房上位,卵形至球形,由 2～5 枚心皮合成,离生,极少基部与花被合生,1 室;花柱顶生,通常极短;柱头通常 2 枚,很少 3～5 枚,丝形或钻形,很少近于头状,四周或仅内侧面具颗粒状或毛状突起;胚珠 1 颗,弯生。

【果实和种子】果实为胞果,很少为盖果;果皮膜质、革质或肉质,与种子贴生或贴伏。种子直立、横生或斜生,扁平圆形、双凸镜形、肾形或斜卵形;种皮壳质、革质、膜质或肉质,内种皮膜质或无;胚乳为外胚乳,粉质或肉质,或无胚乳,胚环形、半环形或螺旋形,子叶通常狭细。

【种类】全科约有 100 属,1400 余种;中国有 39 属,186 种;内蒙古有 22 属,80 种,2 亚种,16 变种,1 变型。

藜科 Chenopodiaceae Vent. 是法国植物学家 Étienne Pierre Ventenat(1757—1808)于 1799 年在"Tableau du Regne Vegetal 2"(Tabl. Regn. Veg.)上发表的植物科,模式属为藜属(Chenopodium)。

在恩格勒系统(1964)中,藜科隶属原始花被亚纲(Archichlamydeae)、中子目(Centrospermae)、藜亚目(Chenopodiineae),本目有 5 个亚目、13 个科。在哈钦森系统(1959)中,藜科隶属草本支(Herbaceae)、藜目(Chenopodiales),含 10 个科,包括商陆科(Phytolaccaceae)、藜科、苋科(Amaranthaceae)等,认为藜目由石竹目(Caryophyllales)演化而来,与蓼目平行发展。在塔赫他间系统(1980)中,藜科隶属石竹亚纲(Caryophyllidae)、石竹目,含 14 个科。在克朗奎斯特系统(1981)中,藜科也隶属石竹亚纲(Caryophyllidae)、石竹目,含 12 个科。

藜芦属——【学　名】*Veratrum*

【蒙古名】ᠲᠠᠮᠠᠬᠢ ᠶᠢᠨ ᠡᠪᠡᠰᠦ

【英文名】Falsehellebore

【生活型】多年生草本。

【茎】根状茎粗短,具多数稍肉质、成束的须根,须根表面常有横皱纹。茎直立,圆柱形,从基部至上部具叶,上部有毛,基部为叶鞘所包围,叶鞘枯死后许多成为棕褐色的纤维残留物。

【叶】叶互生,从椭圆形至条形,在茎下部的较宽,向上逐渐变狭,并过渡为苞片状,基部常抱茎,有柄或无柄,全缘。

【花】圆锥花序具许多花,雄性花和两性花同株,极少仅为两性花的;花被片6枚,离生,内轮较外轮长而狭,宿存;雄蕊6枚,着生于花被片基部;花丝丝状,比花被片短或稍长,花药近肾形,背着,汇合成1室,横向开裂,易脱落;子房有毛或无毛,上端稍微3裂,3室,每室有多数胚株;花柱3枚,较短,多少外弯,宿存,柱头小,位于花柱顶端与内侧。

【果实和种子】蒴果椭圆形或卵圆形,多少具三钝棱,直立或下垂,室间开裂,每室有多数种子。种子扁平,种皮薄,周围具膜质翅。

【分类地位】被子植物门、单子叶植物纲、百合目、百合亚目、百合科、藜芦族。

【种类】全属约有40种;中国有13种,1变种;内蒙古有3种。

藜芦 *Veratrum nigrum*

多年生草本。通常粗壮,基部的鞘枯死后残留为有网眼的黑色纤维网。叶椭圆形、宽卵状椭圆形或卵状披针形,大小常有较大变化,薄革质,先端锐尖或渐尖,基部无柄或生于茎上部的具短柄,两面无毛。圆锥花序密生黑紫色花;侧生总状花序近直立伸展,通常具雄花;顶生总状花序常较侧生花序长2倍以上,几乎全部着生两性花;总轴和枝轴密生白色绵状毛;小苞片披针形,边缘和背面有毛;生于侧生花序上的花梗长约等长于小苞片,密生绵状毛;花被片开展或在两性花中略反折,矩圆形,先端钝或浑圆,基部略收狭,全缘;雄蕊长为花被片的一半;子房无毛。花果期7～9月。

生于林缘、草甸、山坡林下。产于内蒙古呼伦贝尔市、兴安盟、通辽市、赤峰市、锡林郭勒盟、乌兰察布市;中国甘肃、贵州、河北、黑龙江、河南、湖北、吉林、辽宁、陕西、山东、山西、四川也产;哈萨克斯坦、蒙古、俄罗斯以及中欧也有分布。

藜属——【学　名】*Chenopodium*

　　　　　　【蒙古名】ᠲᠡᠮᠡᠭᠡ ᠶᠢᠨ ᠲᠠᠪᠤᠭ

　　　　　　【英文名】Goosefoot

【生活型】一年生或多年生草本,很少为半灌木(中国无此类)。

【叶】叶互生,有柄;叶片通常宽阔扁平,全缘或具不整齐锯齿或浅裂片。

【花】花两性或兼有雌性,不具苞片和小苞片,通常数花聚集成团伞花序(花簇),较少为单生,并再排列成腋生或顶生的穗状,圆锥状或复二歧式聚伞状的花序;花被球形,绿色,5裂,较少为3~4裂裂片腹面凹,背面中央稍肥厚或具纵隆脊,果时花被不变化,较少增大或变为多汁,无附属物;雄蕊5枚或较少,与花被裂片对生,下位或近周位,花丝基部有时合生;花药矩圆形,不具附属物;花盘通常不存在;子房球形,顶基稍扁,较少为卵形;柱头2枚,很少3~5枚,丝状或毛发状,花柱不明显,极少有短花柱;胚珠几无柄。

【果实和种子】胞果卵形,双凸镜形或扁球形;果皮薄膜质或稍肉质,与种子贴生,不开裂。种子横生,较少为斜生或直立;种皮壳质,平滑或具点洼,有光泽;胚环形、半环形或马蹄形;胚乳丰富,粉质。

【分类地位】被子植物门、双子叶植物纲、原始花被亚纲、中央种子目、藜科、环胚亚科、藜族。

【种类】全属约有250种;中国有19种,2亚种;内蒙古有10种,2亚种,1变种。

藜 *Chenopodium album*

　　一年生草本。茎直立,粗壮,具条棱及绿色或紫红色色条,多分枝;枝条斜升或开展。叶片菱状卵形至宽披针形,先端急尖或微钝,基部楔形至宽楔形,上面通常无粉,有时嫩叶的上面有紫红色粉,下面多少有粉,边缘具不整齐锯齿;叶柄与叶片近等长,或为叶片长度的1/2。花两性,花簇于枝上部排列成或大或小的穗状圆锥状或圆锥状花序;花被裂片5枚,宽卵形至椭圆形,背面具纵隆脊,有粉,先端或微凹,边缘膜质;雄蕊5枚,花药伸出花被,柱头2枚。果皮与种子贴生。种子横生,双凸镜状,边缘钝,黑色,有光泽,表面具浅沟纹;胚环形。花果期5~10月。

　　生于田间、路旁、荒地、居民点附近、河岸低湿地。产于内蒙古各地;中国各省、自治区、市也产;全球温带和热带地区广泛分布。

李属——【学　名】*Prunus*

【蒙古名】ᠲᠣᠣᠷᠠᠢ ᠶᠢᠨ ᠣᠪᠣᠭᠲᠠᠨ ᠤ ᠲᠥᠷᠥᠯ

【英文名】Plum

【生活型】落叶小乔木或灌木。

【茎】分枝较多;顶芽常缺,腋芽单生,卵圆形,有数个覆瓦状排列鳞片。

【叶】单叶互生,幼叶在芽中为席卷状或对折状;有叶柄,在叶片基部边缘或叶柄顶端常有 2 个小腺体;托叶早落。

【花】花单生或 2～3 朵簇生,具短梗,先叶开放或与叶同时开放;有小苞片,早落;萼片和花瓣均为数枚,覆瓦状排列;雄蕊多数(20～30 枚);雌蕊 1 枚,周位花,子房上位,心皮无毛,1 室具 2 颗胚珠。

【果实和种子】核果,具 1 粒成熟种子,外面有沟,无毛,常被蜡粉;核两侧扁平、平滑,稀有沟或皱纹;子叶肥厚。

【分类地位】被子植物门、双子叶植物纲、原始花被亚纲、蔷薇目、蔷薇亚目、蔷薇科、李亚科。

【种类】全属有 30 余种;中国有 7 种;内蒙古有 1 种。

《内蒙古植物志》第二版的李属 Prunus L. 的分类范围包括桃属 Amygdalus L.、杏属 Armeniaca Mill.、李属 Prunsu L.、樱属 Cerasu Mill.、稠李属 Padus Mill.。因此,内蒙古广义的李属有 12 种,狭义的李属只有 1 种。

李（中国李）*Prunus salicina*

落叶乔木。树冠广圆形,树皮灰褐色,起伏不平;老枝紫褐色或红褐色,无毛;小枝黄红色,无毛;冬芽卵圆形,红紫色,有数个覆瓦状排列鳞片,通常无毛,稀鳞片边缘有极稀疏毛。叶片长圆倒卵形、长椭圆形,稀长圆卵形,先端渐尖、急尖或短尾尖,基部楔形,边缘有圆钝重锯齿,常混有单锯齿,幼时齿尖带腺,上面深绿色,有光泽,侧脉 6～10 对,不达到叶片边缘,与主脉成 45°角,两面均无毛,有时下面沿主脉有稀疏柔毛或脉腋有髯毛;托叶膜质,线形,先端渐尖,边缘有腺,早落;叶柄通常无毛,顶端有 2 个腺体或无,有时在叶片基部边缘有腺体。花通常 3 朵并生;花梗通常无毛;萼筒钟状;萼片长圆卵形,先端急尖或圆钝,边有疏齿,与萼筒近等长,萼筒和萼片外面均无毛,内面在萼筒基部被疏柔毛;花瓣白色,长圆倒卵形,先端啮蚀状,基部楔形,有明显带紫色脉纹,具短爪,着生在萼筒边缘,比萼筒长 2～3 倍;雄蕊多数,花丝长短不等,排成不规则 2 轮,比花瓣短;雌蕊 1 枚,柱头盘状,花柱比雄蕊稍长。核果球形、卵球形或近圆锥形,黄色或红色,有时为绿色或紫色,梗凹陷入,顶端微尖,基部有纵沟,外被蜡粉;核卵圆形或长圆形,有皱纹。花期 4 月,果期 7～8 月。

生于山坡灌丛中、山谷疏林、水边、沟底、路旁。内蒙古有栽培;产于中国安徽、福建、甘肃、广东、广西、贵州、河北、黑龙江、河南、湖北、湖南、江苏、江西、吉林、辽宁、宁夏、陕西、山东、山西、四川、台湾、云南、浙江。

栎属——【学　名】*Quercus*

　　　　　　　　【蒙古名】ᠪᠤᠯᠠᠭ ᠤᠨ ᠮᠣᠳᠣ

　　　　　　　　【英文名】Oak

【生活型】常绿、落叶乔木,稀灌木。

【叶】叶螺旋状互生;托叶常早落。

【花】花单生,雌雄同株;雌花序为下垂柔荑花序,花单朵散生或数朵簇生于花序轴下;花被杯形,4～7裂或更多;雄蕊与花被裂片同数或较少,花丝细长,花药2室,纵裂,退化雌蕊细小;雌花单生,簇生或排成穗状,单生于总苞内,花被5～6深裂,有时具细小退化雄蕊,子房3室,稀2或4室,每室有2颗胚珠;花柱与子房室同数,柱头侧生带状或顶生头状。壳斗(总苞)包着坚果一部分稀全包坚果。壳斗外壁的小苞片鳞形、线形、钻形,覆瓦状排列,紧贴或开展,每壳斗内有1枚坚果。

【果实和种子】坚果当年成熟或翌年成熟,坚果顶端有突起柱座,底部有圆形果脐,不育胚珠位于种皮的基部,种子萌发时子叶不出土。

【分类地位】被子植物门、双子叶植物纲、原始花被亚纲、山毛榉目、壳斗科。

【种类】全属约有300种;中国有51种,14变种,1变型;内蒙古有1种。

蒙古栎 *Quercus mongolica*

　　落叶乔木。树皮灰褐色,纵裂。幼枝紫褐色,有棱,无毛。顶芽长卵形,微有棱,芽鳞紫褐色,有缘毛。叶片倒卵形至长倒卵形,顶端短钝尖或短突尖,基部窄圆形或耳形,叶缘7～10对钝齿或粗齿,幼时沿脉有毛,后渐脱落,侧脉每边7～11条;叶柄无毛。雄花序生于新枝下部,花序轴近无毛;花被6～8裂,雄蕊通常8～10枚;雌花序生于新枝上端叶腋,有花4～5朵,通常1～2朵发育,花被6裂,花柱短,柱头3裂。壳斗杯形,包着坚果1/3～1/2,壳斗外壁小苞片三角状卵形,呈半球形瘤状突起,密被灰白色短绒毛,伸出口部边缘呈流苏状。坚果卵形至长卵形,无毛,果脐微突起。花期4～5月,果期9月。

　　生于山坡。产于内蒙古呼伦贝尔市、兴安盟、通辽市、赤峰市、锡林郭勒盟、乌兰察布市、呼和浩特市、包头市、巴彦淖尔市、阿拉善盟;中国甘肃、河北、黑龙江、河南、吉林、辽宁、宁夏、青海、陕西、山东、山西、四川也产;日本、朝鲜、俄罗斯也有分布。

连翘属 ——【学　名】*Forsythia*

【蒙古名】ᠬᠣᠯᠪᠤᠭ᠎ᠠ ᠴᠡᠴᠡᠭ ᠤᠨ ᠲᠦᠷᠦᠯ

【英文名】Forsythia

【生活型】直立或蔓性落叶灌木。

【茎】枝中空或具片状髓。

【叶】叶对生,单叶,稀 3 裂至三出复叶,具锯齿或全缘,有毛或无毛;具叶柄。

【花】花两性,1 至数朵着生于叶腋,先于叶开放;花萼深 4 裂,多少宿存;花冠黄色,钟状,深 4 裂,裂片披针形、长圆形至宽卵形,较花冠管长,花蕾时呈覆瓦状排列;雄蕊 2 枚,着生于花冠管基部,花药 2 室,纵裂;子房 2 室,每室具下垂胚珠多枚,花柱细长,柱头 2 裂;花柱异长,具长花柱的花,雄蕊短于雌蕊,具短花柱的花,雄蕊长于雌蕊。

【果实和种子】果为蒴果,2 室,室间开裂,每室具种子多粒;种子一侧具翅;子叶扁平;胚根向上。

【分类地位】被子植物门、双子叶植物纲、合瓣花亚纲、捩花目、木犀亚目、木犀科、木犀亚科、丁香族。

【种类】全属约有 11 种;中国有 6 种;内蒙古有 1 种。

连翘 *Forsythia suspensa*

　　落叶灌木。枝开展或下垂,棕色、棕褐色或淡黄褐色,小枝土黄色或灰褐色,略呈四棱形,疏生皮孔,节间中空,节部具实心髓。叶通常为单叶,或 3 裂至三出复叶,叶片卵形、宽卵形或椭圆状卵形至椭圆形,先端锐尖,基部圆形、宽楔形至楔形,叶缘除基部外具锐锯齿或粗锯齿,上面深绿色,下面淡黄绿色,两面无毛;叶柄无毛。花通常单生或 2 至数朵着生于叶腋,先于叶开放;花萼绿色,裂片长圆形或长圆状椭圆形,先端钝或锐尖,边缘具睫毛,与花冠管近等长;花冠黄色,裂片倒卵状长圆形或长圆形。果卵球形、卵状椭圆形或长椭圆形,先端喙状渐尖,表面疏生皮孔。花期 3～4 月,果期7～9 月。

　　内蒙古有栽培;产于中国安徽、河北、河南、湖北、陕西、山东、山西、四川。

连蕊芥属——【学　名】*Synstemon*

【蒙古名】ᠬᠣᠯᠪᠣᠭᠠᠲᠤ ᠵᠢᠩᠭᠠᠷ ᠢᠢᠨ ᠲᠥᠷᠦᠯ

【英文名】Synstemon

【生活型】一年生草本。

【叶】茎生叶条形,下部的全缘或有窄裂片,开展,上部的全缘。

【花】花序无苞叶,花中等大小;萼片直立,近相等,卵圆形,顶端钝,有白色边缘,基部不呈囊状,无毛或有波状毛;花瓣长于萼片,淡蓝色,倒卵形,先端钝圆,爪短,基部有长单毛;雄蕊6枚,长雄蕊花丝基部联合,花药长圆形,钝;侧蜜腺环状,与中蜜腺汇合。

【果实和种子】长角果线形,2室,果瓣与假隔膜呈平行方向扁压,种子间略缢缩,呈念珠状,开裂;果瓣膜质,有1条中脉;隔膜薄,透明,无脉;花柱细,柱头略呈头状;果梗细。种子每室1行,多数,椭圆形,顶端有边;子叶背倚胚根。

【分类地位】被子植物门、双子叶植物纲、原始花被亚纲、罂粟目、白花菜亚目、十字花科、大蒜芥族、肉业荠亚族。

【种类】全属有2种,2变种;中国特有属;内蒙古有1种。

连蕊芥 *Synstemon Petrovii*

一年生或多年生草本,茎于基部分枝,分枝直立或稍外倾,具卷曲单毛。叶条形,具稀疏长单毛。花序伞房状,果期极伸长;萼片淡黄色,倒卵状长圆形,顶端钝,常带淡紫色,边缘窄,白色膜质,背面有疏单毛;花瓣黄色,圆形,骤窄成爪;长雄蕊花丝成对全部联合;子房无毛。长角果直或略曲,种子间明显缢缩;果瓣近扁平,两端钝,中脉明显,网状侧脉隐约可见;果梗斜上升或水平展开。种子长圆形,淡黄褐色,杂有黑色小点。

生于山坡。产于内蒙古阿拉善盟贺兰山;中国甘肃也产。

两型豆属——【学　名】*Amphicarpaea*

【蒙古名】ᠲᠣᠯᠣᠭᠠᠢ ᠠᠪᠤᠷᠠᠭ ᠤᠨ ᠢᠵᠠᠭᠤᠷ

【英文名】Biformbean

【生活型】缠绕草本。

【叶】叶为羽状复叶,互生,有小叶 3 片,托叶和小托叶常有脉纹。

【花】花两性,常两型,一为闭锁花(闭花受精)式,无花瓣,生于茎下部,于地下结实;二为正常花,生于茎上部,通常 3～7 朵排成腋生的短总状花序;苞片宿存或脱落,小苞片有或无;花萼管状,4～5 裂;花冠伸出萼外,各瓣近等长,旗瓣倒卵形或倒卵状椭圆形,具瓣柄和耳,龙骨瓣略镰状弯曲;雄蕊二体(9＋1),花药 1 室;子房无柄或近无柄,基部具鞘状花盘,花柱无毛,柱头小,顶生。

【果实和种子】荚果线状长圆形,扁平,微弯,不具隔膜;在地下结的果通常圆形或椭圆形。不开裂,具 1 粒种子。

【分类地位】被子植物门、双子叶植物纲、原始花被亚纲、蔷薇目、蔷薇亚目、豆科、蝶形花亚科、菜豆族、大豆亚族。

【种类】全属约有 10 种;中国有 3 种;内蒙古有 1 种。

两型豆 *Amphicarpaea edgeworthii*（*Amphicarpaea trisperma*）

一年生缠绕草本。茎纤细,被淡褐色柔毛。叶具羽状 3 小叶;托叶小,披针形或卵状披针形,具明显线纹;小叶薄纸质或近膜质,顶生小叶菱状卵形或扁卵形,稀更大或更宽,先端钝或有时短尖,常具细尖头,基部圆形、宽楔形或近截平,上面绿色,下面淡绿色,两面常被贴伏的柔毛,基出脉 3 条,纤细,小叶柄短;小托叶极小,常早落,侧生小叶稍小,常偏斜。花二型:生在茎上部的为正常花,排成腋生的短总状花序,有花 2～7 朵,各部被淡褐色长柔毛;苞片近膜质,卵形至椭圆形,具线纹多条,腋内通常具花 1 朵;花梗纤细;花萼管状,5 裂,裂片不等;花冠淡紫色或白色,各瓣近等长,旗瓣倒卵形,具瓣柄,两侧具内弯的耳,翼瓣长圆形亦具瓣柄和耳,龙骨瓣与翼瓣近似,先端钝,具长瓣柄;雄蕊二体,子房被毛。另生于下部为闭锁花,无花瓣,柱头弯至与花药接触,子房伸入地下结实。荚果二型;生于茎上部的完全花结的荚果为长圆形或倒卵状长圆形,扁平,微弯,被淡褐色柔毛,以背、腹缝线上的毛较密;种子 2～3 粒,肾状圆形,黑褐色,种脐小;由闭锁花伸入地下结的荚果呈椭圆形或近球形,不开裂,内含一粒种子。花果期 8～11 月。

生于湿草甸、林缘、疏林下、灌丛、溪流附近。产于内蒙古赤峰市敖汉旗;中国安徽、福建、甘肃、贵州、海南、河北、黑龙江、河南、湖北、湖南、江苏、江西、吉林、辽宁、陕西、山东、山西、四川、台湾、西藏、云南、浙江也产;印度、日本、朝鲜、俄罗斯、越南也有分布。

疗齿草属——【学　名】*Odontites*

【蒙古名】ᠣᠳᠣ ᠥᠪᠰᠦᠨ ᠤ ᠢᠵᠠᠭᠤᠷ

【英文名】Bartsia

【生活型】直立草本。

【叶】叶对生。

【花】花萼管状或钟状,4 裂;花冠筒管状,檐部 2 唇形,上唇稍弓曲,呈不明显盔状,顶端全缘或微凹,边缘不反卷,下唇稍开展,3 裂,两侧裂片全缘,中裂片顶端微凹;雄蕊 4 枚,2 强,药室略叉开,基部突尖;柱头头状。

【果实和种子】蒴果长矩圆状,稍侧扁,室背开裂。种子多数,下垂,具纵翅,翅上有横纹。

【分类地位】被子植物门、双子叶植物纲、合瓣花亚纲、管状花目、玄参科。

【种类】全属约有 20 种;中国有 1 种;内蒙古有 1 种。

疗齿草 *Odontites serotina*（*Odontites vulgaris*）

　　一年生草本。植株全体被贴伏而倒生的白色细硬毛。茎常在中上部分枝,上部四棱形。叶无柄,披针形至条状披针形,边缘疏生锯齿。穗状花序顶生;苞片下部的叶状;花萼裂片狭三角形;花冠紫色、紫红色或淡红色,外被白色柔毛。蒴果上部被细刚毛。种子椭圆形。花期 7~8 月,果期 8~9 月。

　　生于低湿草甸、水边。产于内蒙古呼伦贝尔市、兴安盟、通辽市、赤峰市、锡林郭勒盟、乌兰察布市、呼和浩特市、包头市、鄂尔多斯市、巴彦淖尔市、阿拉善盟;中国甘肃、河北、黑龙江、吉林、辽宁、宁夏、青海、陕西、山西、新疆也产;哈萨克斯坦、吉尔吉斯斯坦、蒙古、塔吉克斯坦、乌兹别克斯坦以及欧洲也有分布。

蓼科——【学　名】*Polygonaceae*

【蒙古名】ᠲᠠᠨᠠ ᠶᠢᠨ ᠢᠵᠠᠭᠤᠷ

【英文名】Knotweed Family,Buckwheat Family

【生活型】草本稀灌木或小乔木。

【茎】茎直立,平卧、攀援或缠绕,通常具膨大的节,稀膝曲,具沟槽或条棱,有时中空。

【叶】叶为单叶,互生,稀对生或轮生,边缘通常全缘,有时分裂,具叶柄或近无柄;托叶通常联合成鞘状(托叶鞘),膜质,褐色或白色,顶端偏斜、截形或 2 裂,宿存或脱落。

【花】花序穗状、总状、头状或圆锥状,顶生或腋生;花较小,两性,稀单性,雌雄异株或雌雄同株,辐射对称;花梗通常具关节;花被 3～5 深裂,覆瓦状或花被片 6 成 2 轮,宿存,内花被片有时增大,背部具翅、刺或小瘤;雄蕊 6～9 枚,稀较少或较多,花丝离生或基部贴生,花药背着,2 室,纵裂;花盘环状,腺状或缺,子房上位,1 室,心皮通常 3 枚,稀 2～4 枚,合生,花柱 2～3 枚,稀 4 枚,离生或下部合生,柱头头状、盾状或画笔状,胚珠 1 颗,直生,极少倒生。

【果实和种子】瘦果卵形或椭圆形,具 3 棱或双凸镜状,极少具 4 棱,有时具翅或刺,包于宿存花被内或外露;胚直立或弯曲,通常偏于一侧,胚乳丰富,粉末状。

【种类】全科约有 50 属,1150 种;中国有 13 属,235 种,37 变种;内蒙古有 6 属,59 种,5 变种。

　　蓼科 Polygonaceae Juss. 是法国植物学家 Antoine Laurent de Jussieu(1748－1836)于 1789 年在"Genera plantarum 82"(Gen. Pl.)中建立的植物科,模式属为蓼属(Polygonum)。

　　在恩格勒系统(1964)中,蓼科隶属原始花被亚纲(Archichlamydeae)、蓼目(Polygonales),只含 1 个科。在哈钦森系统(1959)中,蓼科隶属草本支(Herbaceae)、蓼目,含蓼科和裸果木科(Illecebraceae)2 个科,认为蓼目来源于石竹目(Caryophyllales)。裸果木科 Illecebraceae R. Br. 是苏格兰植物学家和古植物学家 Robert Brown,(1773－1858)于 1810 年在"Prodromus Florae Novae Hollandiae 413"(Prodr.)上发表的植物科,模式属为 Illecebrum,是从石竹科(Caryophyllaceae)分出来的科,很少被采纳。在塔赫他间系统(1980)中,蓼科隶属石竹亚纲(Caryophyllidae)、蓼目,只含 1 个科,认为蓼目与石竹目有共同起源,并与毛茛目(Ranunculales)、八角目(Illiciales)共同远源于木兰目(Magnoliales),并认为蓼目特别与石竹目中的马齿苋科(Portulacaceae)和落葵科(Basellaceae)关系密切。在克朗奎斯特系统(1981)中,蓼科也隶属石竹亚纲、蓼目,也只含 1 个科,认为蓼目起源于石竹目。

蓼属——【学　名】*Polygonum*

　　　　　　　【蒙古名】ᠲᠣᠷᠣᠭᠤ ᠶᠢᠨ ᠡᠪᠡᠰᠦ (ᠲᠠᠷᠨ᠎ᠠ ᠶᠢᠨ ᠡᠪᠡᠰᠦ)

　　　　　　　【英文名】Knotweed，Smartweed，Jointweed

【生活型】一年生或多年生草本，稀为半灌木或小灌木。

【茎】茎直立、平卧或上升，无毛、被毛或具倒生钩刺，通常节部膨大。

【叶】叶互生，线形、披针形、卵形、椭圆形、箭形或戟形，全缘，稀具裂片；托叶鞘膜质或草质，筒状，顶端截形或偏斜，全缘或分裂，有缘毛或无缘毛。

【花】花序穗状、总状、头状或圆锥状，顶生或腋生，稀为花簇，生于叶腋；花两性稀单性，簇生稀为单生；苞片及小苞片为膜质；花梗具关节；花被5深裂稀4裂，宿存；花盘腺状、环状，有时无花盘；雄蕊8枚，稀4~7枚；子房卵形；花柱2~3枚，离生或中下部合生；柱头头状。

【果实和种子】瘦果卵形，具3棱或双凸镜状，包于宿存花被内或突出花被之外。

【分类地位】被子植物门、双子叶植物纲、原始花被亚纲、蓼目、蓼科、蓼亚科、蓼族。

【种类】全属约有230种；中国有113种，26变种；内蒙古有33种，1变种。

萹蓄 *Polygonum aviculare*

　　一年生草本。茎平卧、上升或直立，自基部多分枝，具纵棱。叶椭圆形、狭椭圆形或披针形，顶端钝圆或急尖，基部楔形，边缘全缘，两面无毛，下面侧脉明显；叶柄短或近无柄，基部具关节；托叶鞘膜质，下部褐色，上部白色，撕裂脉明显。花单生或数朵簇生于叶腋，遍布于植株；苞片薄膜质；花梗细，顶部具关节；花被5深裂，花被片椭圆形，绿色，边缘白色或淡红色；雄蕊8枚，花丝基部扩展；花柱3枚，柱头头状。瘦果卵形，具3棱，黑褐色，密被由小点组成的细条纹，无光泽，与宿存花被近等长或稍超过。花果期6~9月。

　　生于田野、路旁、村舍附近、河边湿地。产于内蒙古各地；中国安徽、福建、甘肃、广东、广西、贵州、海南、河北、黑龙江、河南、湖北、湖南、江苏、江西、吉林、辽宁、宁夏、青海、陕西、山东、山西、四川、台湾、新疆、西藏、云南、浙江也产；全世界北温带广泛分布。

列当科──【学　名】*Orobanchaceae*

【蒙古名】ᠪᠣᠭᠣ ᠶᠢᠨ ᠣᠪᠣᠭ

【英文名】Broomrape Family

【生活型】多年生、二年生或一年生寄生草本。

【茎】茎常不分枝或少数种有分枝。

【叶】叶鳞片状，螺旋状排列，或在茎的基部排列密集成近覆瓦状。

【花】花单生，穗状花或总状花序，两性两侧对称，具苞片，有时具有 1 对小苞片，花萼 2～4 裂，花冠 5 裂或 2 唇形，花冠弯曲；雄蕊 4 枚，2 枚强，着生在花冠筒上；雌蕊曲或 3 枚心皮合生，子房上位，1 室，侧膜胎座，胚珠多数，花柱 1 枚，柱头 2～4 裂。

【果实和种子】果实为蒴果，室背开裂，常 2 瓣裂，稀 3 瓣裂，外果皮稍硬。种子细小，种皮具凹点或网状纹饰，极少具沟状纹饰，胚乳肉质。

【种类】全科约有 15 属，约 150 种；中国有 9 属，40 种，3 变种；内蒙古有 3 属，8 种。

列当科 Orobanchaceae Vent. 是法国植物学家 Étienne Pierre Ventenat（1757－1808）于 1799 在"Tableau du Regne Vegetal 2"（Tabl. Regn. Veg.）上发表的植物科，模式属为列当属（Orobanche）。

在恩格勒系统（1964）中，列当科隶属合瓣花亚纲（Sympetalae）、管花目（Tubiflorae）、茄亚目（Solanineae），本目含 6 亚目、26 个科。在哈钦森系统（1959）中，列当科隶属双子叶植物草本支（Herbaceae）、玄参目（Personales），含 6 个科，认为本目处于一个演化分支的顶级地位。在塔赫他间系统（1980）中，列当科隶属菊亚纲（Asteridae）、玄参目（Scrophulariales），含 16 个科，认为本目处于一个演化分支的顶级地位。在克朗奎斯特系统（1981）中，列当科也隶属玄参目，含 12 个科，本目与茄目（Solanales）、唇形目（Lamiales）有共同祖先。

列当属——【学　名】*Orobanche*

【蒙古名】ᠵᠠᠭᠠᠨ ᠡᠪᠡᠰᠦ ᠶᠢᠨ ᠲᠦᠷᠦᠯ

【英文名】Broomrape

【生活型】多年生、二年生或一年生肉质寄生草本,植株常被蛛丝状长绵毛、长柔毛或腺毛,极少近无毛。

【茎】茎常不分枝或有分枝,圆柱状,常在基部稍增粗。

【叶】叶鳞片状,螺旋状排列,或生于茎基部的叶通常紧密排列成覆瓦状,卵形、卵状披针形或披针形。

【花】花单生,穗状花或总状花序,两性,两侧对称,具苞片,花萼 2～4 裂,花冠 5 裂或 2 唇形,花冠筒弯曲;雄蕊 4 枚,2 枚强,着生在花冠筒上;雌蕊由 2 或 3 枚心皮合生,子房上位,1 室,侧膜胎座,胚珠多数,花柱 1 枚,柱头 2～4 裂。

【果实和种子】蒴果卵球形或椭圆形,2 瓣开裂。种子小,多数,长圆形或近球形,种皮表面具网状纹饰,网眼底部具细网状纹饰或具蜂巢状小穴。

【分类地位】被子植物门、双子叶植物纲、合瓣花亚纲、管状花目、列当科。

【种类】全属有 100 余种;中国有 23 种,3 变种,1 变型;内蒙古有 4 种,1 变种,1 变型。

列当 *Orobanche coerulescens*

　　二年生或多年生寄生草本。全株密被蛛丝状长绵毛。茎直立,不分枝,具明显的条纹,基部常稍膨大。叶干后黄褐色,生于茎下部的较密集,上部的渐变稀疏,卵状披针形,连同苞片和花萼外面及边缘密被蛛丝状长绵毛。花多数,排列成穗状花序,顶端钝圆或呈锥状;苞片与叶同形并近等大,先端尾状渐尖。花萼 2 深裂达近基部,每枚裂片中部以上再 2 浅裂,小裂片狭披针形,先端长尾状渐尖。花冠深蓝色、蓝紫色或淡紫色,筒部在花丝着生处稍上方缢缩,口部稍扩大;上唇 2 浅裂,极少顶端微凹,下唇 3 裂,裂片近圆形或长圆形,中间的较大,顶端钝圆,边缘具不规则小圆齿。雄蕊 4 枚,花丝着生于筒中部,基部略增粗,常被长柔毛,花药卵形,无毛。雌蕊子房椭圆状或圆柱状,花柱与花丝近等长,常无毛,柱头常 2 浅裂。蒴果卵状长圆形或圆柱形,干后深褐色。种子多数,干后黑褐色,不规则椭圆形或长卵形,表面具网状纹饰,网眼底部具蜂巢状凹点。花期 4～7 月,果期 7～9 月。

　　根寄生植物,生于蒿属(Arlemisia)植根上,固定或半固定沙丘、向阳山坡、山沟草地上。产于内蒙古各地;中国甘肃、河北、黑龙江、湖北、吉林、辽宁、宁夏、青海、陕西、山东、山西、四川、新疆、西藏、云南也产;日本、哈萨克斯坦、朝鲜、吉尔吉斯斯坦、蒙古、尼泊尔、俄罗斯、土库曼斯坦以及欧洲也有分布。

裂瓜属——【学　名】*Schizopepon*

【蒙古名】ᠲᠣᠭᠲᠠᠭᠠᠠ ᠤ ᠲᠦᠷᠦᠯ

【英文名】Splitmelon

【生活型】攀援草质藤本。

【茎】茎、枝纤细而柔弱。

【叶】卷须分 2 歧;叶具长柄,叶片卵状心形或阔卵状心形,稀戟形,基部弯缺深,边缘有不规则锯齿,通常 5～7 浅裂至中裂或稀不分裂。

【花】花小型,两性或单性,雌雄同株或异株;两性花或雄花生于伸长的或稀短缩的总状花序上;雌花单生或稀少数花生于缩短的总状花序上,雌雄同株时则雌花和雄花同序而仅 1～2 朵生于花序的下部;花萼筒杯状或钟状,裂片 5 枚,披针形或钻形;花冠裂片 5 枚,白色,卵形;雄蕊 3 枚,分离或各式合生,花丝短,花药 1 枚 1 室、2 枚 2 室,药室直,药隔不伸出或显著伸出成锥形;子房卵形或圆锥形,3 室或不完全 3 室,每室具 1 颗下垂的胚珠,胚珠附着于室的顶端或近中部,花柱短,自中部或几乎达基部 3 深裂或极稀 5 裂,柱头稍膨大,2 裂。

【果实和种子】果实小型,卵状或圆锥状,平滑或有小疣状突起,先端急尖或长渐尖成喙状,成熟后自顶端向下部 3 瓣裂或不开裂,具 1～3 粒种子。种子下垂生,卵形,扁压,边缘有不规则齿。

【分类地位】被子植物门、双子叶植物纲、原始花被亚纲、葫芦目、葫芦科、马瓜族、马瓜亚族。

【种类】全属有 8 种,2 变种;中国有 8 种,2 变种;内蒙古有 1 种。

裂瓜 *Schizopepon bryoniaefolius*

　　一年生攀援草本。枝细弱,近无毛或疏被短柔毛。卷须丝状,中部以上 2 歧,无毛;叶柄细,有时被短柔毛,与叶片近等长或稍长;叶片卵状圆形或阔卵状心形,膜质,边缘有 3～7 个角或不规则波状浅裂,具稀疏的不等大的小锯齿,有时最下面的两枚裂片靠合,叶片先端渐尖,基部弯缺半圆形,掌状 5～7 条脉,小脉成网状,两面光滑或因刚毛基部断裂残留成疣状凸起,有稀疏的短柔毛。花极小,两性,在叶腋内单生或 3～5 朵密聚生于短缩的花序轴的上端,形成一密集的总状花序,花序轴纤细,被微柔毛;单生花的花梗生于花序上的花梗短,丝状,几无毛;花萼裂片披针形,全缘,有稀疏的缘毛,1 条脉,亮绿色;花冠辐状,白色,裂片长椭圆形,全缘,膜质,3 条脉,被微柔毛,布有颗粒状小点;雄蕊 3 枚,插生于花萼筒的基部,分生,无毛,花丝线形,与花药近等长或稍短,花药长圆状椭圆形,外向,1 枚 1 室,2 枚 2 室,药室直,纵裂,药隔不伸出,顶端微缺;子房卵形,3 室,花柱短,柱头 3 枚。果实阔卵形,顶端锐尖,成熟后由顶端向基部 3 瓣裂,有 1～3 粒种子。种子卵形,压扁状,顶端截形,边缘有不规则的齿。花期 7～8 月,果期 8～9 月。

　　生于沟谷溪流沿岸、山地林下、灌丛。产于内蒙古兴安盟、赤峰市、锡林郭勒盟;中国河北、黑龙江、吉林、辽宁也产;俄罗斯也有分布。

裂叶芥属（芹叶荠属）——【学　名】*Smelowskia*

【蒙古名】ᠬᠣᠯᠢᠨ᠎ᠠ ᠶᠢᠨ ᠡᠪᠡᠰᠣ（ᠲᠦᠷᠦᠯ ᠬᠣᠯᠢᠨ᠎ᠠ ᠶᠢᠨ ᠡᠪᠡᠰᠣ）

【英文名】Celerycress

【生活型】多年生矮小草本,被单毛或杂有数分枝毛。

【花】花梗丝状,细;萼片直立,基部相等,长圆形,内轮的略比外轮的宽,顶端有宽膜质边缘;花瓣白色或红色,长圆形,顶端钝;侧蜜腺环状,内侧开口或略具缺刻,中蜜腺位于长雄蕊外侧,二者汇合;子房无柄,柱头呈扁压头状或近 2 浅裂。

【果实和种子】短角果短条形或椭圆形,近四棱状或圆筒形,遇水无胶粘物质,种柄丝状;子叶背倚胚根。

【分类地位】被子植物门、双子叶植物纲、原始花被亚纲、罂粟目、白花菜亚目、十字花科、大蒜芥族、播娘蒿亚族。

【种类】全属有 5 种;中国有 3 种;内蒙古有 1 种。

灰白芹叶荠 *Smelowskia alba*

多年生草本。密被短分枝毛,并杂有长单毛而呈灰绿色,根茎分枝极多,地面上能育枝与不育枝成丛状,基部包以残存叶柄。基生叶莲座状,具柄,近基处变宽,密被细丛卷毛及睫毛;叶片羽状全裂,裂片 5～8 对,裂片卵状椭圆形,顶端裂片与其下的侧裂片相汇合;茎生叶越向上裂片数目越多,越变长,条状披针形,裂片下侧有时有 1 枚齿状小裂片。花序伞房状,果期伸长;萼片卵圆形,顶端钝或钝圆,背面有长单毛,近顶端处带淡紫红色;花瓣白色,近圆形,爪细。长角果条形,果瓣中脉显著,两端急钝尖。种子黑色,长圆形。花期 6 月。

生于石质山坡。产于内蒙古兴安盟、通辽市;中国黑龙江也产;蒙古、俄罗斯也有分布。

裂叶荆芥属——【学　名】*Schizonepeta*

【蒙古名】ᠬᠠᠭᠠᠷᠠᠬᠠᠢ ᠨᠠᠪᠴᠢᠲᠤ ᠶ᠋ᠢᠨ ᠢᠵᠠᠭᠤᠷ（ᠨᠠᠪᠴᠢᠲᠤ ᠶ᠋ᠢᠨ ᠢᠵᠠᠭᠤᠷ）

【英文名】Schizonepeta

【生活型】多年生或一年生草本。

【叶】叶指状 3 裂或羽状或 2 回羽状深裂。

【花】花序为由轮伞花序组成的顶生穗状花序。花萼具 15 条脉，通常齿间弯缺处的 2 条脉不相会成结，稀形成不明显的结，倒圆锥形，具斜喉，内面无毛环。花冠浅紫色至蓝紫色，略超出萼，冠筒内面无毛，向上部急骤增大成喉部，冠檐 2 唇形，上唇直立，先端 2 裂，下唇平伸，3 深裂，中裂片宽大，先端微凹，基部爪状变狭，边缘全缘或具齿，侧裂片较之小许多。雄蕊 4 枚，均能育，后对上升至上唇片之下或超过之，前对向前面直伸，药室初平行，最后水平叉开。花柱先端 2 裂，裂片近相等。花盘 4 浅裂，前裂片明显较大。

【果实和种子】小坚果平滑，无毛，极少于先端微被小毛，基着于花盘裂片间，着生面小，白色。

【分类地位】被子植物门、双子叶植物纲、合瓣花亚纲、管状花目、唇形科、野芝麻亚科、荆芥族。

【种类】全属有 3 种，1 变种；中国有 3 种；内蒙古有 3 种。

裂叶荆芥 *Schizonepeta tenuifolia*

　　一年生草本。四棱形，多分枝，被灰白色疏短柔毛，茎下部的节及小枝基部通常微红色。叶通常为指状三裂，大小不等，先端锐尖，基部楔状渐狭并下延至叶柄，裂片披针形，中间的较大，两侧的较小，全缘，草质，上面暗橄榄绿色，被微柔毛，下面带灰绿色，被短柔毛，脉上及边缘较密，有腺点。花序为多数轮伞花序组成的顶生穗状花序，通常生于主茎上的较大而多花，生于侧枝上的较小而疏花，但均为间断的；苞片叶状，下部的较大，与叶同形，上部的渐变小，乃至与花等长，小苞片线形，极小。花萼管状钟形，被灰色疏柔毛，具 15 条脉，齿 5 枚，三角状披针形或披针形，先端渐尖，后面的较前面的为长。花冠青紫色，外被疏柔毛，内面无毛，冠筒向上扩展，冠檐 2 唇形，上唇先端 2 浅裂，下唇 3 裂，中裂片最大。雄蕊 4 枚，后对较长，均内藏，花药蓝色。花柱先端近相等 2 裂。小坚果长圆状三棱形，褐色，有小点。花期 7～9 月，果期在 9 月以后。

　　内蒙古有栽培；产于中国甘肃、贵州、河北、黑龙江、河南、辽宁、青海、陕西、山西、四川；朝鲜也有分布。

苓菊属——【学　名】*Jurinea*

【蒙古名】ᠵᠢ᠌ᠷᠢᠨᠢ᠋ᠶ᠎ᠠ ᠶᠢᠨ ᠣᠪᠤᠭ

【英文名】Jurinea

【生活型】多年生草本或小半灌木。

【叶】叶不分裂或分裂。

【花】头状花序中等大小，单生茎顶或多数头状花序在茎枝顶端排成伞房花序，或植物含少数头状花序，但不形成明显的花序式排列，同型，有多数两性小花。总苞碗状、卵状、钟状或半球形，很少为椭圆状或楔状。总苞片多层，覆瓦状排列，紧贴或外层或中外层上部或顶端不同程度地向外张开或反折，但内层苞片总是直立紧贴的。全部苞片草质或近革质，被蛛丝毛或无毛，但通常有腺点。花托平，被稠密的托片。全部小花两性，管状，花冠红色或紫色，外面通常有腺点，冠檐 5 浅裂或偏斜 5 深裂。花药无毛，基部附属物尾状，撕裂。花丝分离，无毛或有乳突。花柱短 2 裂，花柱分枝顶端截形，基部有毛环。

【果实和种子】瘦果长倒卵状、长椭圆状或长倒圆锥状，有 4 条椭圆状高起的纵肋，基底着生面平或稍见偏斜，无毛，有时有腺点或稀疏或稠密的刺瘤或刺脊或无刺瘤和刺脊亦无腺点，顶端有果缘，果缘边缘锯齿状。冠毛多层，向内层渐长；冠毛刚毛锯齿状、短糙毛状、短羽毛状或羽毛状，最内层通常有 2～5 根超长的冠毛刚毛；全部冠毛刚毛基部连合成环，整体脱落或基部不连合成环而冠毛刚毛永久固结在瘦果上。

【分类地位】被子植物门、双子叶植物纲、合瓣花亚纲、桔梗目、菊科、管状花亚科、菜蓟族、飞廉亚族。

【种类】全属约有 250 种；中国约有 14 种；内蒙古有 1 种。

蒙疆苓菊 *Jurinea mongolica*

多年生草本。根直伸，粗厚。茎基粗厚，团球状或疙瘩状；全部裂片边缘全缘，反卷；茎生叶与基生叶同形或披针形或倒披针形并等样分裂或不裂，但基部无柄，然小耳状扩大。全部茎叶两面同色或几同色，绿色或灰绿色，无毛或被稀疏的蛛丝毛。头状花序单生枝端，植株有少数头状花序，并不形成明显的伞房花序式排列。总苞碗状，绿色或黄绿色。总苞片 4～5 层，最外层披针形；中层披针形或长圆状披针形；最内层线状长椭圆形或宽线形。全部苞片质地坚硬，革质，直立，紧贴，外面有黄色小腺点及稀疏蛛丝毛，中外层苞片外面通常被稠密的短糙毛。花冠红色，外面有腺点。瘦果淡黄色，倒圆锥状，基底着生面平，上部有稀疏的黄色小腺点，顶端截形，果缘边缘齿裂。花果期 5～8 月。

生于荒漠草原地带、路旁、畜群集中点。产于内蒙古鄂尔多斯市、巴彦淖尔市、阿拉善盟；中国宁夏、陕西、新疆也产；蒙古也有分布。

铃兰属——【学　名】*Convallaria*

【蒙古名】ᠬᠣᠩᠬᠤ ᠴᠡᠴᠡᠭ ᠤ᠋ᠨ ᠲᠥᠷᠥᠯ

【英文名】Valley lily

【生活型】多年生草本。

【茎】根状茎粗短,常发出 1～2 条细长的匍匐茎;根较细。

【叶】叶通常 2 枚,极少 3 枚,具弧形脉,长的叶柄和鞘互相套迭成茎状,外面有几个膜质鞘状鳞片。

【花】花葶侧生于鞘状鳞片的腋部,顶端为总状花序;苞片膜质;花俯垂,偏向一侧,短钟状;花被顶端 6 浅裂;雄蕊 6 枚,着生于花被筒基部,内藏;花丝短;花药基着,内向纵裂;子房 3 室,卵状球形,每室有胚珠数颗。

【果实和种子】浆果球形,肉质,具数粒较小的种子。

【分类地位】被子植物门、单子叶植物纲、百合目、百合亚目、百合科、铃兰族。

【种类】全属有 1 种;中国有 1 种;内蒙古有 1 种。

铃兰 *Convallaria majalis*

多年生草本。植株全部无毛,常成片生长。叶椭圆形或卵状披针形,先端近急尖,基部楔形。花葶稍外弯;苞片披针形,短于花梗;花梗近顶端有关节,果熟时从关节处脱落;花白色;裂片卵状三角形,先端锐尖,具 1 条脉;花丝稍短于花药,向基部扩大,花药近矩圆形;花柱柱状。浆果熟后红色,稍下垂。种子扁圆形或双凸状,表面有细网纹。花期 5～6 月,果期 7～9 月。

生于林下、林间草甸、灌丛。产于内蒙古呼伦贝尔市、通辽市、赤峰市、锡林郭勒盟、呼和浩特市、包头市、巴彦淖尔市;中国甘肃、河北、黑龙江、河南、湖南、吉林、辽宁、宁夏、陕西、山东、山西、浙江也产;日本、朝鲜、蒙古、缅甸、俄罗斯以及欧洲和北美洲也有分布。

菱科——【学　名】*Trapaceae*

　　　　　　　【蒙古名】ᠤᠰᠤᠨ ᠬᠠᠷᠮᠠᠭ ᠤᠨ ᠣᠪᠤᠭ

　　　　　　　【英文名】Water Chestnut Family

【生活型】一年生浮水或半挺水草本。

【根】根二型：着泥根细长，黑色，呈铁丝状，生于水底泥中；同化根（photosynthetic roots）由托叶边缘演生而来，生于沉水叶叶痕两侧，对生或轮生状，呈羽状丝裂，淡绿褐色，不脱落，是具有同化和吸收作用的不定根。

【茎】茎常细长柔软，分枝，出水后节间缩短。

【叶】叶二型：沉水叶互生，对生于茎节上，淡绿色，羽状分裂，裂片丝状；另一种为浮明叶，聚生于主茎及分枝顶部呈现莲座状，叶片菱形，中上部边缘具矛齿，基部全缘；叶柄上部膨胀，呈海绵质气囊。

【花】花小，两性，单生于叶腋，具短柄；萼筒短，与子房基部合生；萼片 4 个，其中 2 个或 4 个都演变成刺；花瓣 4 片，白色，着生于上位花盘的边缘；雄蕊 4 枚；子房半下位，2 室，每室含 1 颗垂悬胚珠。

【果实和种子】果实为坚果状，革质或木质，在水中成熟，有刺状角 1 个、2 个、3 个或 4 个，稀无角，不开裂，果的顶端具 1 枚果喙；种子 1 粒，无胚乳。

【种类】全科有 1 属，约 30 种；中国有 15 种，11 变种；内蒙古有 1 种。

菱科 Trapaceae Dumort. 是比利时植物学家 Barthélemy Charles Joseph Dumortier(1797—1878)于 1829 年在"Analyse des Familles des Plantes 36，39"(Anal. Fam. Pl.)上发表的植物科，模式属为菱属(Trapa)。

在恩格勒系统(1964)中，菱科隶属原始花被亚纲(Archichlamydeae)、桃金娘目(Myrtiflorae)、桃金娘亚目(Myrtineae)，本目含 3 个亚目、17 个科。在哈钦森系统(1959)中，菱科隶属双子叶植物草本支(Herbaceae)、千屈菜目(Lythrales)，含千屈菜科(Lythraceae)、柳叶菜科(Onagraceae)、菱科、小二仙草科(Haloragidaceae)和水马齿科(Callitrichaceae)5 个科。在塔赫他间系统(1980)中，菱科隶属蔷薇亚纲(Rosidae)、桃金娘目，本目含 14 个科。在克朗奎斯特系统(1981)中，菱科也隶属蔷薇亚纲、桃金娘目，含 12 个科。

菱属——【学　名】*Trapa*

【蒙古名】ᠪᠤᠯᠠᠭ ᠤᠨ ᠳᠠᠷᠠ ᠶᠢᠨ

【英文名】Water Chestnut

【生活型】一年生浮水或半挺水草本。

【根】根二型：着泥根细长，黑色，呈铁丝状，生于水底泥中；同化根（photosynthetic roots）由托叶边缘演生而来，生于沉水叶叶痕两侧，对生或轮生，呈羽状丝裂，淡绿褐色，不脱落，是具有同化和吸收作用的不定根。

【茎】茎常细长柔软，分枝，出水后节间缩短

【叶】叶二型：沉水叶互生，对生于茎节上，淡绿色，羽状分裂，裂片丝状；另一种为浮水叶，聚生于主茎及分枝顶部呈莲座状，叶片菱形，中上部边缘具矛齿，基部全缘；叶柄上部膨胀，呈海绵质状气囊。

【花】花小，两性，单生于叶腋，具短柄；萼筒短，与子房基部合生，萼片2个，其中2个或4个都演变成刺；花瓣4枚，白色，着生于上位花盘的边缘；雄蕊4枚；子房中下位，2室，每室含1颗垂悬胚珠。

【果实和种子】果实为坚果状，革质或木质，在水中成熟，有刺状角1个、2个、3个或4个，稀无角，不开裂，果的顶端具1枚果喙；种子1粒，无胚乳。

【分类地位】被子植物门、双子叶植物纲、原始花被亚纲、桃金娘目、菱科。

【种类】全属有2种；中国有2种；内蒙古有1种。

Flora of china 采用了林奈的 rapa natans，《内蒙古植物志》第三版所记述的 5 种均可归入。

383

四角矮菱 *Trapa natans*

　　一年生浮水水生草本植物。根二型：着泥根细铁丝状，生于水底泥中；同化根，羽状细裂，裂片丝状，绿褐色。茎柔弱，分枝。叶二型：浮水叶互生，聚生于主茎和分枝茎顶端，形成莲座状菱盘，叶片三角状菱圆形，表面深亮绿色，背面绿色带紫，疏生淡棕色短毛，尤其主侧脉明显，脉间有棕色斑块，每边侧脉4(5)条，叶边缘中上部具齿状缺刻或细锯齿，每齿先端再2浅裂，叶片边缘中下部阔楔形，全缘，叶柄中上部膨大成海绵质气囊或不膨大，疏被淡褐色短毛；沉水叶小，早落。花小，单生于叶腋，两性，花梗有毛；萼管4裂，密被淡褐色短毛；花瓣4片，白色；雄蕊4枚，花丝纤细，花药“丁”字形着生，背部着生，内向；子房半下位；花盘鸡冠状，包围子房。果三角状菱形，具4刺角，2肩角斜上伸，2腰角向下伸，刺角扁锥状；果喙圆锥状，无果冠。花期6～9月，果期7～10月。

　　生于湖泊、池塘、水泡子、河湾。产于内蒙古呼伦贝尔市、兴安盟、通辽市、赤峰市、呼和浩特市、包头市、鄂尔多斯市；中国安徽、福建、广东、广西、贵州、海南、河北、黑龙江、河南、湖北、湖南、江苏、江西、吉林、辽宁、陕西、山东、四川、台湾、新疆、西藏、云南、浙江也产；印度、印度尼西亚、日本、朝鲜、老挝、马来西亚、巴基斯坦、菲律宾、泰国、越南以及非洲、西南亚、欧洲也有分布。

琉璃草属——【学　名】*Cynoglossum*

【蒙古名】ᠨᠣᠬᠠᠢ ᠬᠡᠯᠡᠲᠦ ᠡᠪᠡᠰᠦ

【英文名】Houndstongue

【生活型】多年生草本,稀为一年生。

【叶】叶为单叶,基生或同时茎生,全缘,基生叶及茎下部叶具长柄。

【花】镰状聚伞花序顶生及腋生,集为紧密或开展的圆锥状花序,无苞片或具苞片;花梗长或短,果期下弯或稍增长;花萼5裂,裂至基部,果期增大,向后反折或呈星状展开;花冠通常蓝色,稀为白色、暗紫红色、黑紫色或绿黄色,钟状、筒状或漏斗状,5裂,裂片卵形或圆形,筒部短,不超过花萼,喉部有5个梯形或半月形的附属物,附属物先端凹陷或稍凹陷;雄蕊5枚,内藏,着生花冠筒中部或中部以上,花药卵球形或长圆形;花柱短或长,线状圆柱形或肥厚而略现四棱,柱头头状,不伸出花冠外,子房4裂,胚珠倒生;雌蕊基金字塔形或金字塔状圆锥形。

【果实和种子】小坚果4枚,卵形、卵球形或近圆球形,有锚状刺,着生面居果的顶部,近胚根一端。

【分类地位】被子植物门、双子叶植物纲、合瓣花亚纲、管状花目、紫草科、紫草亚科、琉璃草族。

【种类】全属约有60种;中国有10种,2变种;内蒙古有1种。

大果琉璃草 *Cynoglossum divaricatum*

多年生草本。具红褐色粗壮直根。茎直立,中空,具肋棱,由上部分枝,分枝开展,被向下贴伏的柔毛。基生叶和茎下部叶长圆状披针形或披针形,先端钝或渐尖,基部渐狭成柄,灰绿色,上下面均密生贴伏的短柔毛;茎中部及上部叶无柄,狭披针形,被灰色短柔毛。花序顶生及腋生,花稀疏,集为疏松的圆锥状花序;苞片狭披针形或线形;花梗细弱,花后伸长,果期下弯,密被贴伏柔毛;花萼外面密生短柔毛,裂片卵形或卵状披针形,果期几不增大,向下反折;花冠蓝紫色,深裂至下1/3,裂片卵圆形,先端微凹,喉部有5个梯形附属物;花药卵球形,着生花冠筒中部以上;花柱肥厚,扁平。小坚果卵形,密生锚状刺,背面平,腹面中部以上有卵圆形的着生面。花期6～7月,果期8月。

生于沙地、干河谷、田边、路边、村旁。产于内蒙古呼伦贝尔市、兴安盟、通辽市、赤峰市、锡林郭勒盟、乌兰察布市、呼和浩特市、鄂尔多斯市、巴彦淖尔市;中国甘肃、河北、黑龙江、吉林、辽宁、宁夏、陕西、山东、山西、新疆也产;哈萨克斯坦、蒙古、俄罗斯也有分布。

柳穿鱼属——【学　名】*Linaria*

【蒙古名】ᠮᠣᠷᠢᠨ ᠳᠤᠭᠤᠢ ᠶᠢᠨ ᠲᠥᠷᠥᠯ

【英文名】Toadflax

【生活型】一年生或多年生草本。

【叶】叶互生或轮生,常无柄,单脉或有数条弧状脉。

【花】花序穗状、总状,稀为头状。花萼5裂几乎达到基部。花冠筒管状,基部有长距,檐部2唇形,上唇直立,2裂,下唇中央向上唇隆起并扩大,几乎封住喉部,使花冠呈假面状,顶端3裂,在隆起处密被腺毛。雄蕊4枚,前面一对较长,前后雄蕊的花药各自靠拢,药室并行,裂后叉开。柱头常有微缺。

【果实和种子】蒴果卵状或球状,在近顶端不规则孔裂,裂片不整齐。种子多数,扁平,常为盘状,边缘有宽翅,少为三角形而无翅或肾形而边缘加厚。

【分类地位】被子植物门、双子叶植物纲、合瓣花亚纲、管状花目、玄参科。

【种类】全属约有100种;中国有8种;内蒙古有2种,1亚种。

柳穿鱼 *Linaria vulgaris*

多年生草本。茎叶无毛。茎直立,常在上部分枝。叶通常多数而互生,少下部的轮生,上部的互生,更少全部叶都成4枚轮生的,条形,常单脉,少3条脉。总状花序,花期短而花密集,果期伸长而果疏离,花序轴及花梗无毛或有少数短腺毛;苞片条形至狭披针形,超过花梗;花萼裂片披针形,外面无毛,内面多少被腺毛;花冠黄色,上唇长于下唇,裂片卵形,下唇侧裂片卵圆形,中裂片舌状,距稍弯曲。蒴果卵球状。种子盘状,边缘有宽翅,成熟时中央常有瘤状突起。花期6~9月。

生于山地草甸、沙地、路边。产于内蒙古呼伦贝尔市、兴安盟、通辽市、赤峰市、锡林郭勒盟、乌兰察布市、呼和浩特市、包头市、鄂尔多斯市、巴彦淖尔市;中国甘肃、河北、黑龙江、河南、江苏、吉林、辽宁、陕西、山东、新疆也产;朝鲜以及欧洲也有分布。

内蒙古种子植物科属词典

柳叶菜科——【学　名】*Onagraceae*

【蒙古名】ᠰᠦᠢᠷᠢᠰᠦ ᠶᠢᠨ ᠢᠵᠠᠭᠤᠷ

【英文名】Eveningprimrose Family

【生活型】一年生或多年生草本，有时为半灌木或灌木，稀为小乔木，有的为水生草本。

【叶】叶互生或对生；托叶小或不存在。

【花】花两性，稀单性，辐射对称或两侧对称，单生于叶腋或排成顶生的穗状花序、总状花序或圆锥花序。花通常 4 数，稀 2 或 5 数；花管（floral tube 由花萼、花冠，有时还有花丝之下部合生而成）存在或不存在；萼片（2～）4 或 5；花瓣（0～2～）4 或 5 片，在芽时常旋转或覆瓦状排列，脱落；雄蕊（2～）4 枚，或 8 枚或 10 枚排成 2 轮；花药丁字着生，稀基部着生；花粉单一，或为四分体，花粉粒间以粘丝连接；子房下位，（1～2～）4～5 室，每室有少数或多数胚珠，中轴胎座；花柱 1 枚，柱头头状、棍棒状或具裂片。

【果实和种子】果为蒴果，室背开裂、室间开裂或不开裂，有时为浆果或坚果。种子为倒生胚珠，多数或少数，稀 1 颗，无胚乳。

【种类】全科有 15 属，约 650 种；中国有 7 属，68 种，8 亚种；内蒙古有 4 属，12 种。

柳叶菜科 Onagraceae Juss. 是法国植物学家 Antoine Laurent de Jussieu（1748—1836）于 1789 年在"Genera plantarum 317—318"（Gen. Pl.）中建立的植物科，模式属为月见草属（Oenothera）（Onagra）。

在恩格勒系统（1964）中，柳叶菜科隶属原始花被亚纲（Archichlamydeae）、桃金娘目（Myrtiflorae）、桃金娘亚目（Myrtineae），本目含 3 个亚目、17 个科。在哈钦森系统（1959）中，柳叶菜科隶属双子叶植物草本支（Herbaceae）、千屈菜目（Lythrales），含千屈菜科（Lythraceae）、柳叶菜科、菱科（Trapaceae）、小二仙草科（Haloragidaceae）和水马齿科（Callitrichaceae）5 个科。在塔赫他间系统（1980）中，柳叶菜科隶属蔷薇亚纲（Rosidae）、桃金娘目，本目含 14 个科。在克朗奎斯特系统（1981）中，柳叶菜科也隶属蔷薇亚纲、桃金娘目，含 12 个科。

柳叶菜属——【学　名】*Epilobium*

【蒙古名】ᠪᠦᠷᠭᠡᠰᠦᠨ ᠤᠢ ᠢᠰᠦᠨ

【英文名】Willowweed

【生活型】多年生,稀一年生草本,有时为亚灌木。

【根】常具纤维状根与根状茎;多年生植物营养繁殖形式多样:入秋自茎基部地面或地下长出越冬的根出条(soboles)、匍匐枝(stolons)、多叶的莲座状芽(rosettes)或近球状肉质的鳞芽(turions)。

【茎】茎圆柱状或近四棱形,无毛或周围被毛,常自叶柄边缘下延至茎上成棱线,其上常被毛。

【叶】叶交互对生,茎上部花序上的常互生,或完全互生(柳兰组 Sect. Chamaenerion),边缘有细锯齿或细牙齿,或胼胝状齿突,稀全缘;托叶缺。

【花】花单生于茎或枝上部叶腋,排成穗状、总状、圆锥状或伞房状花序,萼筒管状,4 深裂;倒卵形或倒心形,顶端 2 裂,雄蕊 8 枚,排列呈现 2 轮,4 枚较长;子房下位,4 室,每室多数胚珠,柱头棍棒状,头状或 4 裂花柱细。

【果实和种子】蒴果具果梗,线形或棱形,具不明显的 4 棱,熟时自顶端室背开裂为 4 片,中轴四棱形。种子多数,稀仅 4 枚(中国不产),表面具乳突或网状,顶端常具喙状的合点领,其上生一簇种缨。

【分类地位】被子植物门、双子叶植物纲、原始花被亚纲、桃金娘目、柳叶菜科。

【种类】全属约有166种;中国有37种,4 亚种;内蒙古有 7 种。

387

柳兰 *Epilobium angustifolium*

　　多年生草本。直立,丛生;根状茎木质化。叶螺旋状互生,稀近基部对生,无柄,茎下部的近膜质,披针状长圆形至倒卵形,常枯萎,褐色,中上部的叶近革质,线状披针形或狭披针形,先端渐狭,基部钝圆或有时宽楔形,上面绿色或淡绿,两面无毛,边缘近全缘或稀疏浅小齿,稍微反卷,侧脉常不明显,每侧 10～25 条,近平展或稍上斜出至近边缘处网结。花序总状,直立,无毛;苞片下部的叶状,上部的很小,三角状披针形。花在芽时下垂,到开放时直立展开;花蕾倒卵状;子房淡红色或紫红色,被贴生灰白色柔毛;花管缺;萼片紫红色,长圆状披针形,先端渐狭渐尖,被灰白柔毛;粉红至紫红色,稀白色,稍不等大,上面 2 枚较大,倒卵形或狭倒卵形,全缘或先端具浅凹缺;花药长圆形,初期红色,开裂时变紫红色,产生带蓝色的花粉;柱头白色密被贴生的白灰色柔毛。种子狭倒卵状,表面近光滑但具不规则的细网纹。花期 6～9 月,果期 8～10 月。

　　生于山地、林缘、森林采伐迹地、路旁。产于内蒙古呼伦贝尔市、兴安盟、赤峰市、锡林郭勒盟、乌兰察布市、呼和浩特市、包头市、巴彦淖尔市、阿拉善盟;中国甘肃、贵州、河北、黑龙江、河南、湖北、江西、吉林、辽宁、宁夏、青海、陕西、山东、山西、四川、新疆、西藏、云南也产;阿富汗、不丹、印度、日本、朝鲜、蒙古、缅甸、尼泊尔、巴基斯坦、俄罗斯以及北非、中亚、北亚、西南亚、欧洲、北美洲也有分布。

柳叶芹属——【学　名】*Czernaevia*

【蒙古名】ᠨᠣᠭᠣᠭᠠᠨ ᠵᠢᠭᠠᠰᠤᠨ ᠤ ᠡᠪᠡᠰᠦ

【英文名】Willowcelery

【生活型】二年生草本。

【叶】叶为 2 回羽状全裂,末回裂片披针形或长卵状披针形,边缘有不整齐的粗锯齿。

【花】复伞形花序;总苞片无或有 1 片,早落;小总苞片 3～5 个;通常萼齿不明显;花瓣白色,顶端有内卷的小舌片,伞形花序外侧的花瓣比内侧的显著增大。

【果实和种子】双悬果近圆形或阔卵圆形,稍扁压;分生果横切面近半圆形,通常 5 条果棱几乎均为翼状,稀成肋状,背棱狭翅状,侧棱宽翅状,约比背棱宽一倍,棱槽中各具油管 3～5 个,合生面平坦,油管 4～10 个,心皮柄 2 裂,分离。

【分类地位】被子植物门、双子叶植物纲、原始花被亚纲、伞形目、伞形科、芹亚科、前胡族、当归亚族。

【种类】单种属。中国有 1 种,1 变种,1 变型;内蒙古有 1 种,1 变种。

柳叶芹 *Czernaevia laevigata*

二年生草本。根圆柱形,有数条支根。茎直立,单一或上部略分枝,中空,有浅细沟纹,光滑无毛。叶片 2 回羽状全裂,轮廓为三角状卵形,或长圆卵形,基部膨大为半圆柱状的叶鞘,下部抱茎,边缘膜质,背面无毛;2 回羽片的第一对小叶常 3 裂、末回裂片披针形或长卵状披针形,有或无小叶柄,顶端渐尖,基部略扁斜,边缘有不整齐的粗锯齿,顶端锐尖,稍具白色软骨质,两面无毛或下面脉上有短糙毛,有时末回裂片的基部再具 1～2 个缺刻;茎上部叶简化为带小叶、半抱茎的狭鞘状。复伞形花序;总苞片 1,鞘状,早落;小总苞片 3～5 个,线形;小伞花序有花 15～30 朵;花白色,萼齿不明显,有时可见小形尖锐的萼齿;花瓣倒卵形,顶端内卷,凹入,或深 2 裂成二叉状圆裂,花序外缘的花瓣较内侧者显著增大;花柱基垫状。果实近圆形或阔卵圆形,成熟时略内弯,背棱尖而突出,狭翅状,侧棱翅状,较果体狭,棱槽中有油管 3～5 个,合生面 4～8（～10）个。花期 7～8 月,果期 9～10 月。

生于河边沼泽草甸、山地灌丛、林下、林缘草甸。产于内蒙古呼伦贝尔市、兴安盟、赤峰市、锡林郭勒盟;中国河北、黑龙江、吉林、辽宁也产;朝鲜、俄罗斯也有分布。

柳属——【学　名】*Salix*

【蒙古名】ᠰᠥᠭᠡᠷ ᠤᠨ ᠢᠵᠠᠭᠤᠷ (ᠪᠤᠷᠭᠠᠰᠤ ᠤᠨ ᠢᠵᠠᠭᠤᠷ)

【英文名】Willow Family

【生活型】乔木或匍匐状、垫状、直立灌木。

【茎】枝圆柱形,髓心近圆形。无顶芽,侧芽通常紧贴枝上,芽鳞单一。

【叶】叶互生,稀对生,通常狭而长,多为披针形,羽状脉,有锯齿或全缘;叶柄短;具托叶,多有锯齿,常早落,稀宿存。

【花】葇荑花序直立或斜展,先叶开放,或与叶同时开放,稀后叶开放;苞片全缘,有毛或无毛,宿存,稀早落;雄蕊 2 至多数,花丝离生或部分或全部合;腺体 1～2 个(位于花序轴与花丝之间者为腹腺,近苞片者为背腺);雌蕊由 2 枚心皮组成,子房无柄或有柄,花柱长短不一,或缺,单 1 或分裂,柱头 1～2 枚,分裂或不裂。

【果实和种子】蒴果 2 瓣裂;种子小。多暗褐色。

【分类地位】被子植物门、双子叶植物纲、原始花被亚纲、杨柳目、杨柳科。

【种类】全属有 520 余种;中国有 275 种,122 变种,33 变型;内蒙古有 30 种,6 变种,1 栽培种,2 变型。

黄柳 *Salix gordejevii*

灌木。树皮灰白色,不开裂。小枝黄色,无毛,有光泽。冬芽无毛,长圆形,红黄色。叶线形或线状披针形,先端短渐尖,基部楔形,边缘有腺锯齿,上面淡绿色,下面较淡,幼叶有短绒毛,后无毛;叶柄无毛;托叶披针形,边缘有腺齿,常早落。花先叶开放,花序椭圆形至短圆柱形,无梗;苞片长圆形,先端钝,色暗,两面有灰色长毛;腺体 1 个,腹生;雄蕊 2 枚,花丝离生,无毛,花药黄色,长圆形;子房长卵形,被极疏柔毛,花柱短,柱头几与花柱等长,但较粗,4 深裂。蒴果无毛,淡褐黄色。花期 4 月,果期 5 月。

生于森林草原及干草原地带的固定、半固定沙地。产于内蒙古呼伦贝尔市、兴安盟、通辽市、赤峰市、锡林郭勒盟;中国辽宁也产;蒙古也有分布。

六道木属——【学　名】*Abelia*

【蒙古名】ᠳᠤᠯᠤᠭᠠᠨ ᠢᠶᠠᠰᠤᠲᠤ ᠶᠢᠨ ᠲᠥᠷᠥᠯ（ᠳᠤᠯᠤᠭᠠᠨ ᠢᠶᠠᠰᠤᠲᠤ ᠶᠢᠨ ᠲᠥᠷᠥᠯ）

【英文名】Abelia

【生活型】落叶或很少常绿灌木。

【叶】叶对生,稀 3 片轮生,全缘或齿牙或圆锯齿,具短柄,无托叶。

【花】具单花、双花或多花的总花梗顶生或生于侧枝叶腋,也有三歧分枝的聚伞花序或伞房花序;苞片 2～4 个;花整齐或稍呈 2 唇形;萼筒狭长,矩圆形,萼檐 5、4 或 2 裂,裂片扁平,开展,狭矩圆形、椭圆形或匙形,具 1、3 或 7 条脉,宿存;花冠白色或淡玫瑰红色,筒状漏斗形或钟形,挺直或弯曲,基部两侧不等或一侧膨大成浅囊,4～5 裂;雄蕊 4 枚,等长或 2 枚强,着生于花冠筒中部或基部,内藏或伸出,花药黄色,内向;子房 3 室,其中 2 室各具 2 列不育的胚珠,仅 1 室具 1 颗能育的胚珠,花柱丝状,柱头头状。

【果实和种子】果实为革质瘦果,矩圆形,冠以宿存的萼裂片;种子近圆柱形,种皮膜质;胚乳肉质,胚短,圆柱形。

【分类地位】被子植物门、双子叶植物纲、合瓣花亚纲、茜草目、忍冬科、北极花族。

【种类】全属有 20 余种;中国有 9 种;内蒙古有 1 种。

六道木 *Abelia biflora*

落叶灌木。幼枝被倒生硬毛,老枝无毛。叶矩圆形至矩圆状披针形,顶端尖至渐尖,基部钝至渐狭成楔形,全缘或中部以上羽状浅裂而具 1～4 对粗齿,上面深绿色,下面绿白色,两面疏被柔毛,脉上密被长柔毛,边缘有睫毛;叶柄基部膨大且成对相连,被硬毛。花单生于小枝上叶腋,无总花梗;花梗被硬毛;小苞片三齿状,齿 1 长 2 短,花后不落;萼筒圆柱形,疏生短硬毛,萼齿 4 枚,狭椭圆形或倒卵状矩圆形;花冠白色、淡黄色或带浅红色,狭漏斗形或高脚碟形,外面被短柔毛,杂有倒向硬毛,4 裂,裂片圆形,筒为裂片长的 3 倍,内密生硬毛;雄蕊 4 枚,2 枚强,着生于花冠筒中部,内藏,花药长卵圆形;子房 3 室,仅 1 室发育,花柱头头状。果实具硬毛,冠以 4 枚宿存而略增大的萼裂片;种子圆柱形,具肉质胚乳。花期 4～5 月,果期 8～9 月。

生于山顶岩石上。产于内蒙古赤峰市喀喇沁旗;中国辽宁、河北、山西也产;俄罗斯也有分布。

龙常草属 ——【学　名】*Diarrhena*

【蒙古名】ᠮᠠᠨᠵᠢ ᠶᠢᠨ ᠡᠪᠡᠰᠦ

【英文名】Beakgrain

【生活型】多年生草本。

【茎】具短根状茎。秆直立,节与花序下部常被微毛或粗糙。

【叶】叶鞘被短毛;叶舌短膜质;叶片线状披针形,基部渐窄或成柄状,散生短毛或粗糙。

【花】顶生圆锥花序开展,具粗糙分枝;小穗含 2～4 朵小花,上部小花退化,小穗轴脱节于颖之上与各小花间;颖微小,远短于小穗,具 1(3)条脉;外稃厚纸质,具 3 条脉,脉平滑或微糙,无脊,顶端钝,无芒,基盘无毛;内稃等长或略短于外稃,脊具纤毛或粗糙;雄蕊 2 枚。

【果实和种子】颖果顶端具圆锥形之喙。

【分类地位】被子植物门、单子叶植物纲、禾本目、禾本科、早熟禾亚科、龙常草族。

【种类】全属有 5 种,中国有 3 种,内蒙古有 2 种。

龙常草 *Diarrhena mandshurica*

多年生草本。具短根状茎,被鳞状苞片之芽体,须根纤细。秆直立,具 5～6 节,节下被微毛,节间粗糙。叶鞘密生微毛,短于其节间;叶舌顶端截平或有齿裂;叶片线状披针形,质地较薄,上面密生短毛,下面粗糙,基部渐狭。圆锥花序有角棱,基部主枝贴向主轴,直伸,通常单纯而不分枝,各枝具 2～5 个小穗;小穗被微毛;小穗含 2～3 朵小花;颖膜质,通常具 1(3)条脉;外稃具 3～5 条脉,脉糙涩;内稃与外稃几等长,脊上部 2/3 具纤毛;雄蕊 2 枚。颖果成熟时肿胀,黑褐色,顶端圆锥形之喙呈黄色。花果期7～9 月。

生于丘陵沟谷、林缘。产于内蒙古通辽市大青沟;中国黑龙江、吉林、辽宁、河北、山西也产;日本、朝鲜、俄罗斯也有分布。

龙胆科——【学　名】*Gentianaceae*

　　　　　　【蒙古名】ᠬᠡᠯᠡᠨ ᠵᠢᠷᠦᠬᠡ ᠶᠢᠨ ᠢᠵᠠᠭᠤᠷ

　　　　　　【英文名】Gentain Family

【生活型】一年生或多年生草本。

【茎】茎直立或斜升,有时缠绕。

【叶】单叶,稀为复叶,对生,少有互生或轮生,全缘,基部合生,筒状抱茎或为一横线所连接;无托叶。

【花】花序一般为聚伞花序或复聚伞花序,有时减退至顶生的单花;花两性,极少数为单性,辐射状或在个别属中为两侧对称,一般4～5数,稀达6～10数;花萼筒状、钟状或辐状;花冠筒状、漏斗状或辐状,基部全缘,稀有距,裂片在蕾中右向旋转排列,稀镊合状排列;雄蕊着生于冠筒上与裂片互生,花药背着或基着,2室,雌蕊由2枚心皮组成,子房上位,1室,侧膜胎座,稀心皮结合处深入而形成中轴胎座,致使子房变成2室;柱头全缘或2裂;胚珠常多数;腺体或腺窝着生于子房基部或花冠上。

【果实和种子】蒴果2瓣裂,稀不开裂。种子小,常多数,具丰富的胚乳。

【种类】全科约有80属,700种;中国有22属,427种;内蒙古有11属,23种,4变种。

　　　　龙胆科 Gentianaceae Juss. 是法国植物学家 Antoine Laurent de Jussieu(1748—1836)于1789年在"Genera plantarum 141"(Gen. Pl.)中建立的植物科,模式属为龙胆属(Gentiana)。

　　　　在恩格勒系统(1964)中,龙胆科隶属合瓣花亚纲(Sympetalae)、龙胆目(Gentianales),含马钱科(Loaniaceae)、离水花科(Desfontainiaceae)、龙胆科、睡菜科(Menyanthaceae)、夹竹桃科(Apocynaceae)、萝藦科(Asclepiadaceae)、茜草科(Rubiaceae)等7个科。在哈钦森系统(1959)中,龙胆科隶属双子叶植物草本支(Herbaceae)、龙胆目,含龙胆科和睡菜科2个科,认为龙胆目出自石竹目(Caryophyllales),而石竹目与虎耳草目(Saxifragales)有联系,二者同源于毛茛目(Ranales),故龙胆目也与虎耳草目有联系,龙胆目是更进化的类群。在塔赫他间系统(1980)中,龙胆科隶属菊亚纲(Asteridae)、龙胆目,含马钱科、茜草科、假繁缕科(Theligonaceae)、夹竹桃科、萝藦科、龙胆科、睡菜科、毛枝树科(Dialypetalanthaceae)等8个科,认为龙胆目与山茱萸目(Cornales)有关系,它们同源于虎耳草目的海桐花亚目(Pittosporineae)。在克朗奎斯特系统(1981)中,龙胆科也隶属菊亚纲(Asteridae)、龙胆目,含马钱科、轮叶科(Retziaceae)、龙胆科、囊叶木科(Saccifoliaceae)、夹竹桃科、萝藦科等6个科,不包括睡菜科。

龙胆属——【学　名】*Gentiana*

【蒙古名】ᠣᠨᠠᠲᠤ ᠶᠢᠨ ᠭᠦᠢᠯᠡᠰᠦ ᠶᠢᠨ ᠲᠥᠷᠥᠯ

【英文名】Gentian

【生活型】一年生或多年生草本。

【茎】茎直立,四棱形,斜升或铺散。

【叶】叶对生,稀轮生,在多年生的种类中,不育茎或营养枝的叶常呈莲座状。

【花】复聚伞花序、聚伞花序或花单生;花两性,4~5 数,稀 6~8 数;花萼筒形或钟形,浅裂,萼筒内面具萼内膜,萼内膜高度发育呈筒形或退化,仅保留在裂片间呈三角袋状;花冠筒形、漏斗形或钟形,常浅裂,稀分裂较深,使冠筒与裂片等长或较短,裂片间具褶,裂片在蕾中右向旋卷;雄蕊着生于冠筒上,与裂片互生,花丝基部略增宽并向冠筒下延成翅,花药背着;子房 1 室,花柱明显,一般较短,有时较长呈丝状;腺体小,多达 10 个,轮状着生于子房基部。

【果实和种子】蒴果 2 裂。种子小,甚多,表面具多种纹饰,有致密的细网纹,增粗的网纹,蜂窝状网隙或海绵状网隙,常无翅,少有翅或幼时具狭翅,老时翅消失。

【分类地位】被子植物门、双子叶植物纲、合瓣花亚纲、捩花目、龙胆科、龙胆亚科、龙胆族、龙胆亚族。

【种类】全属约有 400 种;中国有 247 种;内蒙古有 8 种,1 变种。

达乌里龙胆 *Gentiana dahurica*

多年生草本。全株光滑无毛,基部被枯存的纤维状叶鞘包裹。须根多条,向左扭结成一个圆锥形的根。枝多数丛生,斜升,黄绿色或紫红色,近圆形,光滑。莲座丛叶披针形或线状椭圆形。先端渐尖,基部渐狭,边缘粗糙,叶脉 3~5 条,在两面均明显,并在下面突起,叶柄宽,扁平,膜质,包被于枯存的纤维状叶鞘中;茎生叶少数,线伏披针形至线形,先端渐尖,基部渐狭,边缘粗糙,叶脉 1~3 条,在两面均明显,中脉在下面突起,叶柄宽,愈向茎上部叶愈小,柄愈短。聚伞花序顶生及腋生,排列成疏松的花序;花梗斜伸,黄绿色或紫红色,极不等长;花萼筒膜质,黄绿色或带紫红色,筒形,不裂,稀一侧浅裂,裂片 5 枚,不整齐,线形,绿色,先端渐尖,边缘粗糙,背面脉不明显,弯缺宽,圆形或截形;花冠深蓝色,有时喉部具多数黄色斑点,筒形或漏斗形,裂片卵形或卵状椭圆形,先端钝,全缘,褶整齐,三角形或卵形,先端钝,全缘或边缘啮蚀形;雄蕊着生于冠筒中下部,整齐,花丝线状钻形,花药矩圆形;子房无柄,披针形或线形,先端渐尖,花柱线形,柱头 2 裂。蒴果内藏,无柄,狭椭圆形;种子淡褐色,有光泽,矩圆形,表面有细网纹。花果期 7~9 月。

生于草原、草甸草原、山地草甸、灌丛。产于内蒙古各地;中国河北、宁夏、青海、陕西、山东、山西、四川也产;蒙古、俄罗斯也有分布。

龙芽草属——【学　名】*Agrimonia*

【蒙古名】ᠣᠷᠣᠶᠣᠷᠠᠯ ᠲᠡᠪᠡᠯ ᠤ᠋ ᠢᠵᠠᠭᠤᠷ

【英文名】Cocklebur，Agrimonia，Agrimony

【生活型】多年生草本。

【茎】根状茎倾斜，常有地下芽。

【叶】奇数羽状复叶，有托叶。

【花】花小，两性，成顶生穗状总状花序；萼筒陀螺状，有棱，顶端有数层钩刺，花后靠合、开展或反折；萼片 5 个，覆瓦状排列；花瓣 5 片，黄色；花盘边缘增厚，环绕萼筒口部；雄蕊 5～15 枚或更多，成一列着生在花盘外面；雌蕊通常 2 枚，包藏在萼筒内，花柱顶生，丝状，伸出萼筒外，柱头微扩大；胚珠每枚心皮 1 颗，下垂。

【果实和种子】瘦果 1～2 枚，包藏在具钩刺的萼筒内。种子 1 粒。染色体基数 x＝7。

【分类地位】被子植物门、双子叶植物纲、原始花被亚纲、蔷薇目、蔷薇亚目、蔷薇科、蔷薇亚科。

【种类】全属有 10 余种；中国有 4 种；内蒙古有 1 种。

龙芽草 *Agrimonia pilosa*

多年生草本。根多呈块茎状，周围长出若干侧根，根茎短，基部常有 1 至数枚地下芽。茎被疏柔毛及短柔毛，稀下部被稀疏长硬毛。叶为间断奇数羽状复叶，通常有小叶 3～4 对，稀 2 对，向上减少至 3 小叶，叶柄被稀疏柔毛或短柔毛；小叶片无柄或有短柄，倒卵形，倒卵椭圆形或倒卵披针形，顶端急尖至圆钝，稀渐尖，基部楔形至宽楔形，边缘有急尖到圆钝锯齿，上面被疏柔毛，稀脱落几无毛，下面通常脉上伏生疏柔毛，稀脱落几无毛，有显著腺点；托叶草质，绿色，镰形，稀卵形，顶端急尖或渐尖，边缘有尖锐锯齿或裂片，稀全缘，茎下部托叶有时卵状披针形，常全缘。花序穗状总状顶生，分枝或不分枝，花序轴被柔毛，花梗被柔毛；苞片通常深 3 裂，裂片带形，小苞片对生，卵形，全缘或边缘分裂；萼片 5 个，三角卵形；花瓣黄色，长圆形；雄蕊 5～8～15 枚；花柱 2 枚，丝状，柱头头状。果实倒卵圆锥形，外面有 10 条肋，被疏柔毛，顶端有数层钩刺，幼时直立，成熟时靠合。花果期 5～12 月。

生于林缘草甸、低湿地草甸、河边、路旁。产于内蒙古呼伦贝尔市、兴安盟、通辽市、赤峰市、锡林郭勒盟、乌兰察布市、呼和浩特市、包头市、巴彦淖尔市；中国各地也产；不丹、印度、日本、老挝、朝鲜、蒙古、缅甸、尼泊尔、锡金、泰国、越南以及欧洲也有分布。

耧斗菜属——【学　名】*Aquilegia*

　　　　　　　【蒙古名】ᠲᠣᠭᠣᠷᠠᠢ ᠡᠪᠡᠰᠦ ᠶᠢᠨ ᠲᠥᠷᠥᠯ

　　　　　　　【英文名】Columbine

【生活型】多年生草本。

【茎】从茎基生出多数直立的茎。

【叶】基生叶为 2 至 3 回三出复叶,有长柄,叶柄基部具鞘;小叶倒卵形或近圆形,中央小叶 3 裂,侧面小叶常 2 裂;茎生叶通常存在,比基生叶小,有短柄或近无柄。

【花】花序为单歧或二歧聚伞花序。花辐射对称,中等大或较大。萼片 5 个,花瓣状,紫色、堇色、黄绿色或白色。花瓣 5 片,与萼片同色或异色,瓣片宽倒卵形、长方形或近方形,罕近缺如,下部常向下延长成距,距直或末端弯曲呈钩状,稀呈囊状或近不存在。雄蕊多数,花药椭圆形,黄色或近黑色,花丝狭线形,上部丝形,中央有 1 条脉。退化雄蕊少数,线形至披针形,白膜质,位于雄蕊内侧。心皮 5(～10)枚,花柱长约为子房之半;胚珠多数。

【果实和种子】蓇葖多少直立,顶端有细喙,表面有明显的网脉;种子多数,通常黑色,光滑,狭倒卵形,有光泽。

【分类地位】被子植物门、双子叶植物纲、原始花被亚纲、毛茛目、毛茛科、唐松草亚科、耧斗菜族。

【种类】全属约有 70 种;中国有 13 种;内蒙古有 6 种,2 变型。

395

耧斗菜 *Aquilegia viridiflora*

　　多年生草本。根肥大,圆柱形,简单或有少数分枝,外皮黑褐色。常在上部分枝,除被柔毛外还密被腺毛。基生叶少数,2 回三出复叶;叶片中央短柄,楔状倒卵形,宽几相等或更宽,上部 3 裂,裂片常有 2～3 枚圆齿,表面绿色,无毛,背面淡绿色至粉绿色,被短柔毛或近无毛;叶柄疏被柔毛或无毛,基部有鞘。茎生叶数片,为 1 至 2 回三出复叶,向上渐变小。花 3～7 朵,倾斜或微下垂;苞片 3 全裂;萼片黄绿色,长椭圆状卵形,顶端微钝,疏被柔毛;花瓣瓣片与萼片同色,直立,倒卵形,比萼片稍长或稍短,顶端近截形,距直或微弯;雄蕊伸出花外,花药长椭圆形,黄色;退化雄蕊白膜质,线状长椭圆形;心皮密被伸展的腺状柔毛,花柱比子房长或等长。种子黑色,狭倒卵形,具微凸起的纵棱。花期 5～7 月,果期 7～8 月。

　　生于石质山坡灌丛、沟谷。产于内蒙古呼伦贝尔市、兴安盟、赤峰市、锡林郭勒盟、乌兰察布市、呼和浩特市、包头市、巴彦淖尔市、阿拉善盟;中国甘肃、河北、黑龙江、湖北、吉林、辽宁、宁夏、青海、陕西、山东、山西也产;日本、蒙古、俄罗斯也有分布。

漏芦属——【学　名】*Stemmacantha*

　　　　　　【蒙古名】 ᠲᠣᠯᠣᠭᠠᠢᠲᠤ ᠶᠢᠨ ᠢᠵᠠᠭᠤᠷ

　　　　　　【英文名】Swisscentaury

【生活型】多年生草本。

【茎】茎直立,单生,不分枝或分枝,或无茎。

【花】头状花序同型,大,单生茎端或茎枝顶端。总苞半球形。总苞片多层多数,向内层渐长,覆瓦状排列,顶端有膜质附属物。花托稍突起,被稠密的托毛。全部小花两性,管状,花冠紫红色,很少为黄色,细管部几等长或细管部较长,花冠 5 裂,裂片线形。花药基部附属物箭形,彼此结合包围花丝。花丝粗厚,被稠密的乳突。花柱超出花冠,上部增粗,中部有毛环。

【果实和种子】瘦果长椭圆形,压扁,4 棱,棱间有细脉纹,顶端有果缘,侧生着生面。冠毛 2 至多层,外层较短,向内层渐长,褐色,基部连合成环,整体脱落;冠毛刚毛糙毛状或短羽毛状。

【分类地位】被子植物门、双子叶植物纲、桔梗目、菊科、管状花亚科、菜蓟族、矢车菊亚族。

【种类】全属约有 24 种;中国有 2 种;内蒙古有 1 种。

漏芦 *Stemmacantha uniflora*

多年生草本。根状茎粗厚。根直伸。茎直立,不分枝,簇生或单生,灰白色,被棉毛,被褐色残存的叶柄。基生叶及下部茎叶全形椭圆形,长椭圆形,倒披针形,羽状深裂或几全裂,有长叶柄。侧裂片 5～12 对,椭圆形或倒披针形,边缘有锯齿或锯齿稍大而使叶呈现 2 回羽状分裂状态,或边缘少锯齿或无锯齿,中部侧裂片稍大,向上或向下的侧裂片渐小,最下部的侧裂片小耳状,顶裂片长椭圆形或几匙形,边缘有锯齿。中上部茎叶渐小,与基生叶及下部茎叶同形并等样分裂,无柄或有短柄。全部叶质地柔软,两面灰白色,被稠密的或稀疏的蛛丝毛及多细胞糙毛和黄色小腺点。叶柄灰白色,被稠密的蛛丝状棉毛。头状花序单生茎顶,花序梗粗壮,裸露或有少数钻形小叶。总苞半球形。总苞片约 9 层,覆瓦状排列,向内层渐长,外层不包括顶端膜质附属长三角形;中层不包括顶端膜质附属物椭圆形至披针形;内层及最内层不包括顶端附属物披针形。全部苞片顶端有膜质附属物,附属物宽卵形或几圆形,浅褐色。全部小花两性,管状,花冠紫红色。瘦果 3～4 条棱,楔状,顶端有果缘,果缘边缘细尖齿,侧生着生面。冠毛褐色,多层,不等长,向内层渐长,基部连合成环,整体脱落;冠毛刚毛糙毛状。花果期 4～9 月。

芦苇属——【学　名】*Phragmites*

　　　　　　【蒙古名】ᠬᠤᠯᠤᠰᠤ ᠊ᠶᠢᠨ ᠲᠥᠷᠥᠯ

　　　　　　【英文名】Reed

【生活型】多年生,具发达根状茎的苇状沼生草本。

【茎】茎直立,具多数节。

【叶】叶鞘常无毛;叶舌厚膜质,边缘具毛;叶片宽大,披针形,大多无毛。

【花】圆锥花序大型密集,具多数粗糙分枝;小穗含 3～7 朵小花,小穗轴节间短而无毛,脱节于第一外稃与成熟花之间;颖不等长,具 3～5 条脉,顶端尖或渐尖,均短于其小花;第一外稃通常不孕,含雄蕊或中性,小花外稃向上逐渐变小,狭披针形,具 3 条脉,顶端渐尖或呈芒状,无毛,外稃基盘延长具丝状柔毛,内稃狭小,甚短于其外稃;鳞被 2 枚,雄蕊 3 枚。

【果实和种子】颖果与其稃体相分离,胚小型。

【分类地位】被子植物门、单子叶植物纲、禾本目、禾本科、芦竹亚科。

【种类】全属有 10 余种;中国有 3 种;内蒙古有 2 种。

芦苇 *Phragmites australis*

　　多年生。根状茎十分发达。秆直立,具 20 多节,基部和上部的节间较短,最长节间位于下部第 4～6 节,节下被腊粉。叶鞘下部者短于上部者,长于其节间;叶舌边缘密生一圈短纤毛,两侧缘毛易脱落;叶片披针状线形,无毛,顶端长渐尖成丝形。圆锥花序大型,分枝多数,着生稠密下垂的小穗;小穗柄无毛;小穗含 4 朵花;颖具 3 条脉;第一不孕外稃雄性,第二外稃具 3 条脉,顶端长渐尖,基盘延长,两侧密生等长于外稃的丝状柔毛,与无毛的小穗轴相连接处具明显关节,成熟后易自关节上脱落;内稃两脊粗糙;雄蕊 3 枚,黄色。

　　产于全国各地。生于江河湖泽、池塘沟渠沿岸和低湿地。为全球广泛分布的多型种。除森林生境不生长外,各种有水源的空旷地带,常以其迅速扩展的繁殖能力,形成连片的芦苇群落。

397

鹿蹄草科——【学　名】*Pyrolaceae*

【蒙古名】ᠪᠤᠭᠤ ᠲᠤᠭᠤᠷᠠᠢ ᠶᠢᠨ ᠢᠵᠠᠭᠤᠷ

【英文名】Pyrola Family

【生活型】常绿草本状小半灌木，具细长的根茎或为多年生腐生肉质草本植物，无叶绿素，全株无色，半透明。

【叶】叶为单叶，基生，互生，稀为对生或轮生，有时退化成鳞片状叶，边缘有细锯齿或全缘；无托叶。

【花】花单生或聚成总状花序、伞房花序或伞形花序，两性花，整齐；萼5(2～4或6)全裂或无萼片；花瓣5，稀3～4或6片，雄蕊10枚，稀6～8及12枚，花药顶孔裂，纵裂或横裂；花粉四分子型或单独；子房上位，基部有花盘或无，5(4)枚心皮合生，胚珠多数，中轴胎座或侧膜胎座，花柱单一，柱头多少浅裂或圆裂。

【果实和种子】果为蒴果或浆果；种子小，多数。

【种类】全科约有14属，60余种；中国有7属，40种，5变种；内蒙古有5属。

鹿蹄草科 Pyrolaceae Lindl. 是英国植物学家、园艺学家和兰花专家 John Lindley (1799－1865)于1829年在"A Synopsis of the British Flora 175"(Syn. Brit. Fl.)上发表的植物科，模式属为鹿蹄草属(Pyrola)。

在恩格勒系统(1964)中，鹿蹄草科隶属合瓣花亚纲(Sympetalae)、杜鹃花目(Ericales)，含山柳科(Clethraceae)、鹿蹄草科、杜鹃花科(Ericaceae)、岩高兰科(Empetraceae)、尖苞树科(Epacridaceae)等5个科。在哈钦森系统(1959)中，鹿蹄草科隶属双子叶植物木本支(Lignosae)、杜鹃花目，含山柳科、鹿蹄草科、杜鹃花科、尖苞树科、水晶兰科(Monotropaceae)、盖裂寄生科(Lennoaceae)、乌饭树科(Vacciniaceae)等8个科。在塔赫他间系统(1980)中，鹿蹄草科归入杜鹃花科(Ericaceae)。在克朗奎斯特系统(1981)中，鹿蹄草科隶属五桠果亚纲(Dilleniidae)、杜鹃花目，含翅萼树科(Cyrillaceae)、山柳科、假石南科或毛盘花科(Grubbiaceae)、岩高兰科、尖苞树科、杜鹃花科、鹿蹄草科、水晶兰科等8个科。《中国植物志》设有鹿蹄草科，分鹿蹄草亚科(Pyroloideae)和水晶兰亚科(Monotropoideae)，而"Flora of China"把鹿蹄草科归入杜鹃花科(Ericaceae)中。

鹿蹄草属——【学　名】*Pyrola*

【蒙古名】ᠪᠤᠷᠭᠠᠰᠤᠨ ᠤ ᠢᠵᠠᠭᠤᠷ

【英文名】Pyrola

【生活型】小型草本状小半灌木。

【根】根茎细长。

【叶】叶常基生,稀聚集在茎下部互生或近对生。

【花】花聚成总状花序;花萼 5 全裂,宿存;花瓣 5 片,脱落性;雄蕊 10 枚,花丝扁平,无毛,花药有极短小角,成熟时顶端孔裂,子房上位,中轴胎座,5 室,花柱单生,顶端在柱头下有环状突起或无,柱头 5 裂。

【果实和种子】蒴果下垂,由基部向上 5 纵裂,裂瓣的边缘常有蛛丝状毛。

【分类地位】被子植物门、双子叶植物纲、合瓣花亚纲、杜鹃花目、鹿蹄草科、鹿蹄草亚科。

【种类】全属有 30 余种;中国有 27 种,3 变种;内蒙古有 3 种。

圆叶鹿蹄草 *Pyrola rotundifolia*

常绿草本状小半灌木。根茎细长,横生,斜升,有分枝。叶 4～7 片,基生,革质,稍有光泽,圆形或圆卵形,先端圆钝,基部圆形至圆截形,有时稍心形,边缘有不明显的疏圆齿或近全缘,上面绿色,下面色稍淡;叶柄长约为叶片之 2 倍或近等长。花葶有 1～2 片褐色鳞片状叶,长椭圆状卵形,先端,急尖,基部稍抱花葶。总状花倾斜,稍下垂,花冠广开,白色;花梗腋间有膜质苞片,披针形,与花梗近等长或稍长;萼片狭披针形,长为宽的 3～3.5 倍,约为花瓣之半,先端渐尖或长渐尖,边缘全缘;花瓣倒圆卵形,先端圆钝;雄蕊 10 枚,花丝无毛,花药具小角,黄色;花柱倾斜,上部向上弯曲,伸出花冠,顶端有明显的环状突起,柱头 5 浅圆裂。蒴果扁球形。花期 6～7 月,果期 8～9 月。

399

鹿药属——【学　名】*Smilacina*

【蒙古名】ᠪᠤᠭᠤᠢᠢᠨ ᠡᠮ

【英文名】Deerdrug，False Solomonseal，Solomonplime

【生活型】多年生草本。

【茎】根状茎短，直生或匍匐状。茎单生，直立，下部有膜质鞘，上部具互生叶。

【叶】叶通常矩圆形或椭圆形，具柄或无柄。

【花】圆锥花序或总状花序顶生；花小，两性或雌雄异株；花被片6枚，离生或不同程度的合生，较少合生成高脚碟状；雄蕊6枚，花丝常有不同程度的贴生，长或极短；花药球形或椭圆形，基着，内向纵裂；子房近球形，3室，每室有1～2颗胚珠；花柱长或短，柱头3浅裂或深裂。

【果实和种子】浆果球形，具1至数粒种子。

【分类地位】被子植物门、单子叶植物纲、百合目、百合亚目、百合科、黄精族。

【种类】全属约有25种；中国有14种，2变种；内蒙古有2种。

兴安鹿药 *Smilacina dahurica*

　　根状茎纤细。茎近无毛或上部有短毛，具6～12片叶。叶纸质，矩圆状卵形或矩圆形，先端急尖或具短尖，背面密生短毛，无柄。总状花序除花以外全部有短毛；花通常2～4朵簇生，极少为单生，白色；花被片基部稍合生，倒卵状矩圆形或矩圆形；花药小，近球形；花柱与子房近等长或稍短，柱头稍3裂。浆果近球形，熟时红色或紫红色，具1～2粒种子。花期6月，果期8月。

露珠草属 —— 【学　名】*Circaea*

【蒙古名】ᠰᠢᠭᠦᠳᠡᠷᠢ ᠶᠢᠨ ᠡᠪᠡᠰᠦ

【英文名】Dewdropgrass

【生活型】多年生草本。

【茎】具根状茎,常丛生。

【叶】叶具柄,对生,花序轴上的叶则互生并呈苞片状,常平展;托叶常早落。

【花】花序生于主茎及侧生短枝的顶端,单总状花序或具分枝。花白色或粉红色,2 基数,具花管,花管由花萼与花冠下部合生而成;子房 1 室或 2 室,每室 1 颗胚珠;花萼与花瓣互生,雄蕊与花萼对生;花瓣倒心形或菱状倒卵形,顶端有凹缺;蜜腺环生于花柱基部,或全部藏于花管之内,或延伸而突出于花管之外而形成 1 肉质柱状或环状花盘。花柱与雄蕊等长或长于雄蕊;柱头 2 裂。

【果实和种子】果为蒴果,不开裂,外被硬钩毛;有时具明显的木栓质纵棱。种子光滑,纺锤形、阔棒状至长卵状,多少紧贴于子房壁。染色体数 n=11。

【分类地位】被子植物门、双子叶植物纲、原始花被亚纲、桃金娘目、柳叶菜科。

【种类】全属有 7 种,7 亚种;中国有 7 种;内蒙古有 3 种,1 变种。

高山露珠草 *Circaea alpina*

　　无毛或茎上被短镰状毛及花序上被腺毛;根状茎顶端有块茎状加厚。叶形变异极大,自狭卵状菱形或椭圆形至近圆形,基部狭楔形至心形,先端急尖至短渐尖,边缘近全缘至尖锯齿。花梗与花序轴垂直或花梗呈上升或直立,基部有时有 1 个刚毛状小苞片。花芽无毛,稀近无毛;花萼无或短;萼片白色或粉红色,稀紫红色,或只先端淡紫色,矩圆状椭圆形、卵形、阔卵形或三角状卵形,无毛,先端钝圆或微呈乳突状,伸展或微反曲;花瓣白色,狭倒三角形、倒三角形、倒卵形至阔倒卵形,先端无凹缺至凹达花瓣的中部,花瓣裂片圆形至截形,稀呈细圆齿状;雄蕊直立或上升,稀伸展,与花柱等长或略长于花柱;蜜腺不明显,藏于花管内。果实棒状至倒卵状,基部平滑地渐狭向果梗,1 室,具 1 粒种子,表面无纵沟,但果梗延伸部分有浅槽。

驴豆属（驴食草属）——【学　名】*Onobrychis*

【蒙古名】ᠢᠵᠢᠭᠡᠨ ᠦ ᠡᠪᠡᠰᠦᠨ ᠦ ᠲᠥᠷᠥᠯ

【英文名】Sainfoin

【生活型】一年生或多年生草本，有时为具刺的小灌木。

【叶】叶为奇数羽状复叶；托叶干膜质，离生或合生；小叶全缘，无小托叶。

【花】总状花序腋生或有时花序呈穗状；苞片暗棕色，干膜质；具长的总花梗；小苞片 2 个，钻状，着生萼筒基部或无苞片；花萼钟状，5 齿裂，萼齿披针状线形，近等长或下萼齿较狭小，上萼齿之间的距离较宽大；花冠紫红色、玫瑰紫色或淡黄色，旗瓣倒卵形或倒心形，翼瓣短小，龙骨瓣等于、长于或短于旗瓣；雄蕊为 9＋1 的二体，分离的 1 枚雄蕊在中部与雄蕊管粘着，花药同型；子房无柄，1～2 颗胚珠，花柱丝状，上部与雄蕊同时内弯，顶生，小。

【果实和种子】荚果通常 1 节，节荚半圆形或鸡冠状，两侧膨胀，不开裂，脉纹隆起，通常具皮刺。种子宽肾形或长圆形。

【分类地位】被子植物门、双子叶植物纲、原始花被亚纲、蔷薇目、蔷薇亚目、豆科、蝶形花亚科、岩黄耆族。

【种类】全属约有 120 种；中国有 2 野生种，1 栽培种；内蒙古有 1 栽培种。

驴食草 *Onobrychis viciifolia*

　　多年生草本。茎直立，中空，被向上贴伏的短柔毛。小叶 13～19 片，几无小叶柄；小叶片长圆状披针形或披针形，上面无毛，下面被贴伏柔毛。总状花序腋生，明显超出叶层；花多数，具短花梗；萼钟状，萼齿披针状钻形，长为萼筒的 2～2.5 倍，下萼齿较短；花冠玫瑰紫色，旗瓣倒卵形，翼瓣长为旗瓣的 1/4，龙骨瓣与旗瓣约等长；子房密被贴伏柔毛。荚果具 1 个节荚，节荚半圆形，上部边缘具或尖或钝的刺。

　　中国华北、西北地区有栽培。主要分布于欧洲。

驴蹄草属——【学　名】*Caltha*

【蒙古名】ᠣᠵᠦᠭᠦᠷ ᠤᠨ ᠡᠪᠡᠰᠦ

【英文名】Marshmarigold

【生活型】多年生草本植物。

【根】有须根。

【茎】茎不分枝或具少数分枝。

【叶】叶全部基生或同时茎生，茎生叶互生，叶片不分裂，稀茎上部叶掌状分裂，有齿或全缘，叶柄基部具鞘。

【花】花单独生于茎顶端或 2 朵或较多朵组成简单的或复杂的单歧聚伞花序。萼片 5 个或较多，花瓣状，黄色、稀白色或红色，倒卵形或椭圆形，脱落。花瓣不存在，雄蕊多数，花药椭圆形，花丝狭线形。心皮少数至多数，无柄或具短柄，顶端渐狭成短花柱；胚珠多数，成 2 列生子房腹缝线上。

【果实和种子】蓇葖果开裂，稀不开裂。种子椭圆球形，种皮光滑或具少数纵皱纹。

【分类地位】被子植物门、双子叶植物纲、原始花被亚纲、毛茛目、毛茛科、金莲花亚科、金莲花族。

【种类】全属约有 20 种；中国约有 4 种；内蒙古有 2 种，2 变种。

驴蹄草 *Caltha palustris*

多年生草本。全部无毛，有多数肉质须根。实心，具细纵沟，在中部或中部以上分枝，稀不分枝。基生叶 3～7 片，有长柄；叶片圆形、圆肾形或心形，顶端圆形，基部深心形或基部 2 枚裂片互相覆压，边缘全部密生正三角形小牙齿。茎生叶通常向上逐渐变小，稀与基生叶近等大，圆肾形或三角状心形，具较短的叶柄或最上部叶完全不具柄。茎或分枝顶部有由 2 朵花组成的简单的单歧聚伞花序；苞片三角状心形；萼片 5 个，黄色，倒卵形或狭倒卵形，顶端圆形；花药长圆形，花丝狭线形；心皮（5～）7～12 枚，与雄蕊近等长，无柄，有短花柱。蓇葖具横脉；种子狭卵球形，黑色，有光泽，有少数纵皱纹。5～9 月开花，6 月开始结果。

分布于中国西藏东部、云南西北部、四川、浙江西部、甘肃南部、陕西、河南西部、山西、河北、内蒙古、新疆。通常生于山谷溪边或湿草甸，有时也生在草坡或林下较阴湿处。在北半球温带及寒温带地区广布。

葎草属 —— 【学　名】*Humulus*

　　　　　　【蒙古名】 ᠬᠣᠮᠤᠯ ᠤᠨ ᠣᠪᠣᠭ

　　　　　　【英文名】Hop

【生活型】一年生或多年生草本。

【茎】茎粗糙,具棱。

【叶】叶对生,3～7 裂。

【花】花单性,雌雄异株;雄花为圆锥花序式的总状花序;花被 5 裂,雄蕊 5 枚,在花芽时直立,雌花少数,生于宿存覆瓦状排列的苞片内,排成一假柔荑花序,结果时苞片增大,变成球果状体,每花有 1 个全缘苞片包围子房,花柱 2 枚。

【果实和种子】果为扁平的瘦果。

【分类地位】被子植物门、双子叶植物纲、原始花被亚纲、荨麻目、桑科、大麻亚科。

【种类】有 3 种;中国有 3 种;内蒙古有 2 种,其中 1 栽培种。

啤酒花 *Humulus lupulus*

　　多年生攀援草本。茎、枝和叶柄密生绒毛和倒钩刺。叶卵形或宽卵形,先端急尖,基部心形或近圆形,不裂或 3～5 裂,边缘具粗锯齿,表面密生小刺毛,背面疏生小毛和黄色腺点;叶柄长不超过叶片。雄花排列为圆锥花序,花被片与雄蕊均为 5 枚;雌花每两朵生于 1 苞片腋间;苞片呈覆瓦状排列,为 1 近球形的穗状花序。果穗球果状;宿存苞片干膜质,果实增大,无毛,具油点。瘦果扁平,每苞腋 1～2 个,内藏。花期秋季。

　　新疆、四川北部(南坪)有分布,中国各地多栽培。亚洲北部和东北部、美洲东部也有。果穗供制啤酒用,雌花药用。

罗布麻属——【学　名】*Apocynum*

【蒙古名】ᠮᠣᠩᠭᠣᠯ ᠪᠣᠷᠤᠭᠠᠨ (ᠴᠠᠭᠠᠨ ᠪᠣᠷ) ᠤᠨ ᠲᠥᠷᠥᠯ

【英文名】Dogbane，India Hemp

【生活型】直立半灌木，具乳汁。

【茎】枝条对生或互生。

【叶】叶对生，稀近对生或互生，具柄，叶柄基部及腋间具腺体。

【花】圆锥状聚伞花序一至多歧，顶生或腋生；花萼 5 裂，双盖覆瓦状排列（开花后镊合状排列），内面无腺体；花冠圆筒状钟形，整齐 5 裂，裂片的基部在花蕾时向右覆盖，花冠筒内面基部具副花冠，裂片 5 枚，离生（美洲种）或基部合生；雄蕊 5 枚，着生于花冠筒基部，与副花冠裂片互生，花药箭头状，基部具耳，顶端渐尖，隐藏在花喉内，花药背面隆起，腹面中部粘生在柱头基部；雌蕊 1 枚，柱头基部盘状，顶端钝，2 裂，花柱短，子房半下位，由 2 枚离生心皮组成，胚珠多数，着生在子房的腹缝线侧膜胎座上；花盘环状，肉质，其裂片离生或基部合生，环绕子房，着生在花托上。

【果实和种子】蓇葖果，平行或叉生，细而长，圆筒状；种子多数，细小，顶端具有 1 簇白色绢质的种毛；胚根在上。

【分类地位】被子植物门、双子叶植物纲、合瓣花亚纲、捩花目、夹竹桃科、夹竹桃族。

【种类】全属约有 14 种；中国有 1 种；内蒙古有 1 种。

【注释】属名 Apocynum〈中〉为希腊语，是离去、致死之意。

405

罗布麻 *Apocynum venetum*

直立半灌木，具乳汁；枝条对生或互生。叶对生，叶缘具细牙齿，两面无毛；叶柄间具腺体。圆锥状聚伞花序顶生，有时腋生；苞片膜质；花萼 5 深裂，边缘膜质；花冠圆筒状钟形，紫红色或粉红色；雄蕊着生在花冠筒基部，与副花冠裂片互生；花药箭头状，顶端渐尖，隐藏在花喉内，背部隆起，腹部粘生在柱头基部，基部具耳，耳通常平行，有时紧接或黏合，花丝短，密被白茸毛；花柱短，上部膨大，下部缩小，柱头基部盘状，顶端钝，2 裂；子房由 2 枚离生心皮组成，被白色茸毛，每枚心皮有胚珠多数，着生在子房的腹缝线侧膜胎座上；花盘环状，肉质，顶端不规则 5 裂，基部合生，环绕子房，着生在花托上。蓇葖 2 枚，平行或叉生，下垂，箸状圆筒形，顶端渐尖，基部钝，外果皮棕色，无毛，有纸纵纹；种子多数，卵圆状长圆形，黄褐色，顶端有一簇白色绢质的种毛；子叶长卵圆形，与胚根近等长；胚根在上。花期 4～9 月，果期 7～12 月。

罗勒属——【学　名】*Ocimum*

　　　　　　【蒙古名】ᠬᠣᠩᠬᠢᠨᠠ ᠲᠣᠰᠣᠲᠤ ᠶᠢᠨ ᠣᠪᠣᠭ

　　　　　　【英文名】Basil

【生活型】草本,半灌木或灌木。

【叶】叶具柄,具齿。

【花】轮伞花序通常 6 朵花,极稀近 10 朵花,多数排列成具梗的穗状或总状花序,此花序单一顶生或多数复合组成圆锥花序;苞片细小,早落,常具柄,极全缘,极少比花长。花通常白色,小或中等大,花梗直伸,先端下弯。花萼卵珠状或钟状,果时下倾,外面常被腺点,内面喉部无毛或偶有柔毛,萼齿 5 枚,呈 2 唇形,上唇 3 齿,中齿圆形或倒卵圆形,宽大,边缘呈翅状下延至萼筒,花后反折,侧齿常较短,下唇 2 齿,较狭,先端渐尖或刺尖,有时十分靠合。花冠筒稍短于花萼或极稀伸出花萼,内面无毛环,喉部常膨大呈斜钟形,冠檐 2 唇形,上唇近相等 4 裂,稀有 3 裂,下唇几不或稍伸长,下倾,极全缘,扁平或稍内凹。雄蕊 4 枚,伸出,前对较长,均下倾于花冠下唇,花丝丝状,离生或前对基部靠合,均无毛或后对基部具齿或柔毛簇附属器,花药卵圆状肾形,汇合成 1 室,或其后平铺。花盘具齿,齿不超过子房,或前方 1 枚齿呈指状膨大,其长超过子房。花柱超出雄蕊,先端 2 浅裂,裂片近等大,钻形或扁平。

【果实和种子】小坚果卵珠形或近球形,光滑或有具腺的穴陷,湿时具粘液,基部有 1 枚白色果脐。

【分类地位】被子植物门、双子叶植物纲、合瓣花亚纲、管状花目、唇形科、罗勒亚科、罗勒族。

【种类】全属有 100～150 种;中国连栽培种在内有 5 种,3 变种;内蒙古有 1 栽培种。

罗勒 *Ocimum basilicum*

　　一年生草本。茎直立,钝四棱形,上部微具槽,基部无毛。叶卵圆形至卵圆状长圆形;叶柄伸长,近于扁平,向叶基多少具狭翅,被微柔毛。总状花序顶生;苞片细小,常具色泽;先端明显下弯。花萼呈 2 唇形,脉纹显著。花冠淡紫色,或上唇白色、下唇紫红色,伸出花萼,外面在唇片上被微柔毛。雄蕊 4 枚,分离,略超出花冠,插生于花冠筒中部,花丝丝状,后对花丝基部具齿状附属物,其上有微柔毛,花药卵圆形,汇合成 1 室。花柱超出雄蕊之上,先端相等 2 浅裂。花盘平顶,具 4 枚齿,齿不超出子房。小坚果卵珠形,黑褐色,有具腺的穴陷,基部有 1 枚白色果脐。花期通常 7～9 月,果期 9～12 月。

萝卜属──【学　名】*Raphanus*

【蒙古名】ᠲᠤᠷᠮᠠ ᠶᠢᠨ ᠲᠥᠷᠥᠯ

【英文名】Radish

【生活型】一年生或多年生草本。

【根】有时具肉质根。

【茎】茎直立,常有单毛。

【叶】叶大头羽状半裂,上部多具单齿。

【花】总状花序伞房状;无苞片;花大,白色或紫色;萼片直立,长圆形,近相等,内轮基部稍成囊状;花瓣倒卵形,常有紫色脉纹,具长爪;侧蜜腺微小,凹陷,中蜜腺近球形或柄状;子房钻状,2 节,具 2～21 颗胚珠,柱头头状。

【果实和种子】长角果圆筒形,下节极短,无种子,上节伸长,在相当种子间处稍缢缩,顶端成 1 细喙,成熟时裂成含 1 粒种子的节,或裂成几个不开裂的部分。种子 1 行,球形或卵形,棕色;子叶对折。

【分类地位】被子植物门、双子叶植物纲、原始花被亚纲、罂粟目、白花菜亚目、十字花科、芸苔族。

【种类】全属约有 8 种;中国有 2 种,2 变种;内蒙古有 1 种。

萝卜 *Raphanus sativus*

　　二年生或一年生草本。直根肉质,长圆形、球形或圆锥形,外皮绿色、白色或红色;茎有分枝,无毛,稍具粉霜。基生叶和下部茎生叶大头羽状半裂,顶裂片卵形,侧裂片 4～6 对,长圆形,有钝齿,疏生粗毛,上部叶长圆形,有锯齿或近全缘。总状花序顶生及腋生;花白色或粉红色;萼片长圆形;花瓣倒卵形,具紫纹,下部有爪。长角果圆柱形,在相当种子间处缢缩,并形成海绵质横隔。种子 1～6 粒,卵形,微扁,红棕色,有细网纹。花期 4～5 月,果期 5～6 月。

萝藦科——【学　名】*Asclepiadaceae*

【蒙古名】ᠰᠦ᠋ᠲᠡᠢ ᠡᠪᠡᠰᠤᠨ ᠤ ᠣᠪᠤᠭ

【英文名】Milkweed Family

【生活型】具有乳汁的多年生草本、藤本、直立或攀援灌木。

【根】根部木质或肉质成块状。

【叶】叶对生或轮生,具柄,全缘,羽状脉;叶柄顶端通常具丛生的腺体,稀无叶;通常无托叶。

【花】聚伞花序通常伞形,有时成伞房状或总状,腋生或顶生;花两性,整齐,5 数;花萼筒短,裂片 5 枚,副花冠 5 至数片,离生或合生,着生于花冠或雄蕊;雄蕊 5 枚,与雌蕊粘生成中心蕊柱,称合蕊柱;花药连生成环而生于柱头;花丝合生成筒包围雌蕊,称合雌蕊冠,稀花丝离生;花粉粒粘合成花粉块或四花粉,有时形成载粉器,无花盘;雌蕊 1 枚,子房上位,由 2 枚离生心皮组成,花柱 2 枚,合生 1 枚盘状柱头;胚珠多数。

【种类】全属约有 180 属,2200 种;中国产 44 属,245 种,33 变种;内蒙古有 3 属,10 种,2 变种。

萝藦科 Asclepiadaceae Borkh. 是德国博物学家和林学家 Moritz Balthasar Borkhausen(1760－1806)于 1797 年在"Botanisches Wörterbuch 1"(Bot. Wörterb.)上发表的植物科,模式属为马利筋属(Asclepias)。

在恩格勒系统(1964)中,萝藦科隶属合瓣花亚纲(Sympetalae)、龙胆目(Gentianales),含夹竹桃科(Apocynaceae)、马钱科(Loganiaceae)、龙胆科(Gentianaceae)、睡菜科(Menyanthaceae)、萝藦科、茜草科(Rubiaceae)、离水花科(Desfontainiaceae)等 7 个科。在哈钦森系统(1959)中,萝藦科隶属双子叶植物木本支(Lignosae)、夹竹桃目(Apocynales),含毛子树科(Plocospermaceae)、夹竹桃科、杠柳科(Periplocaceae)、萝藦科等 4 个科,认为本目为演化到顶之一群,来自马钱目(Loganiales)。哈钦森承认从萝藦科分出的杠柳科 Periplocaceae Schltr. 。杠柳科是德国分类学家和植物学家 Friedrich Richard Rudolf Schlechter(1872－1925)于 1905 年在"Nachträge zur Flora der Deutschen Schutzgebiete in der Südsee 351"(Nachtr. Fl. Schutzgeb. Südsee)上发表的植物科,模式属为杠柳属(Periploca)。在塔赫他间系统(1980)中,萝藦科隶属菊亚纲(Asteridae)、龙胆目,含马钱科、茜草科、假繁缕科(Theligonaceae)、夹竹桃科、萝藦科、龙胆科、睡菜科、毛枝树科(Dialypetalanthaceae)等 8 个科,认为龙胆目远源于虎耳草目(Saxifragales)。在克朗奎斯特系统(1981)中,萝藦科隶属菊亚纲(Asteridae)、龙胆目,含马钱科、轮叶科(Retziaceae)、龙胆科、勺叶木科(Saccifoliaceae)、夹竹桃科、萝藦科等 6 个科,认为龙胆目为菊亚纲中较为原始的目,与菊亚纲中其他目有共同起源。

萝藦科与夹竹桃科的亲缘关系非常密切,因此有人主张将萝藦科(含杠柳亚科)和夹竹桃科合并为夹竹桃科。

萝藦属 ——【学　名】*Metaplexis*

【蒙古名】ᠣᠷᠤᠭ᠎ᠠ ᠲᠦᠷᠦᠯ

【英文名】Metaplexis

【生活型】多年生草质藤本或藤状半灌木,具乳汁。

【叶】叶对生,卵状心形,具柄。

【花】聚伞花序总状式,腋生,具长总花梗;花中等大或小;花萼5深裂,裂片双盖覆瓦状排列,花萼内面基部具有5个小腺体;花冠近辐状,花冠筒短,裂片5枚,向左覆盖;副花冠环状,着生于合蕊冠上,5短裂,裂片兜状;雄蕊5枚,着生于花冠基部,腹部与雌蕊粘生,花丝合生成短筒状,花药顶端具内弯的膜片;花粉块每室1个,下垂;子房由2枚离生心皮组成,每枚心皮有胚珠多数,花柱短,柱头延伸成1长喙,顶端2裂。

【果实和种子】蓇葖叉生,纺锤形或长圆形,外果皮粗糙或平滑;种子顶端具白色绢质种毛。

【分类地位】被子植物门、双子叶植物纲、合瓣花亚纲、捩花目、萝藦科、马利筋亚科、马利筋族。

【种类】全属约有6种;中国产2种;内蒙古有1种。

萝藦 *Metaplexis japonica*

多年生草质藤本,具乳汁。茎圆柱状,下部木质化,上部较柔韧,表面淡绿色,有纵条纹,幼时密被短柔毛,老时被毛渐脱落。叶膜质,卵状心形,顶端短渐尖,基部心形,叶耳圆,两叶耳展开或紧接,叶面绿色,叶背粉绿色,两面无毛,或幼时被微毛,老时被毛脱落;侧脉每边10～12条,在叶背略明显;叶柄长,顶端具丛生腺体。总状式聚伞花序腋生或腋外生,具长总花梗;总花梗被短柔毛;花梗被短柔毛,着花通常13～15朵;小苞片膜质,披针形,顶端渐尖;花蕾圆锥状,顶端尖;花萼裂片披针形,外面被微毛;花冠白色,有淡紫红色斑纹,近辐状,花冠筒短,花冠裂片披针形,张开,顶端反折,基部向左覆盖,内面被柔毛;副花冠环状,着生于合蕊冠上,短5裂,裂片兜状;雄蕊连生成圆锥状,并包围雌蕊在其中,花药顶端具白色膜片;花粉块卵圆形,下垂;子房无毛,柱头延伸成1长喙,顶端2裂。蓇葖叉生,纺锤形,平滑无毛,顶端急尖,基部膨大;种子扁平,卵圆形,有膜质边缘,褐色,顶端具白色绢质种毛。花期7～8月,果期9～12月。

裸果木属 —— 【学　名】 *Gymnocarpos*

【蒙古名】ᠲᠠᠯᠠᠭᠠᠢ ᠵᠢᠮᠢᠰᠲᠦ (ᠨᠢᠴᠡᠭᠦᠨ) ᠤᠨ ᠲᠦᠷᠦᠯ

【英文名】Nakedfriut

【生活型】亚灌木。

【茎】茎粗壮,多分枝。

【叶】叶对生,叶片线形;托叶膜质,透明。

【花】花两性,小形,成聚伞花序,具苞片;萼片 5 个,顶端具芒尖,宿存;花瓣缺;雄蕊 10 枚,排列 2 轮,外轮 5 枚退化,内轮 5 枚与萼片对生;雌蕊由 3 枚心皮合生,子房上位,1 室,具 1 颗胚珠;花柱短,基部连合。

【果实和种子】果实为瘦果,包于宿存萼内。

【分类地位】被子植物门、双子叶植物纲、原始花被亚纲、中央种子目、石竹科、指甲草亚科、指甲草族。

【种类】全属有 2 种;中国有 1 种;内蒙古有 1 种。

裸果木 *Gymnocarpos przewalskii*

亚灌木状。茎曲折,多分枝;树皮灰褐色,剥裂;嫩枝赭红色,节膨大。叶几无柄,叶片稍肉质,线形,略成圆柱状,顶端急尖,具短尖头,基部稍收缩;托叶膜质,透明,鳞片状。聚伞花序腋生;苞片白色,膜质,透明,宽椭圆形;花小,不显著;花萼下部连合,萼片倒披针形,顶端具芒尖,外面被短柔毛;花瓣无;外轮雄蕊无花药,内轮雄蕊花丝细,花药椭圆形,纵裂;子房近球形。瘦果包于宿存萼内;种子长圆形,褐色。花期 5~7 月,果期 8 月。

产于内蒙古、宁夏、甘肃、青海、新疆。生于海拔 1000~2500 米荒漠区的干河床、戈壁滩、砾石山坡,性耐干旱。蒙古也有。

骆驼刺属——【学　名】*Alhagi*

【蒙古名】ᠲᠡᠮᠡᠭᠡᠨ ᠬᠠᠷᠭᠠᠨ᠎ᠠ ᠶᠢᠨ ᠲᠥᠷᠥᠯ

【英文名】Camelthorn，Alhagi

【生活型】多年生草本或半灌木。

【叶】单叶，全缘，具钻状托叶。

【花】花序总状，腋生；花冠红色或紫红色；每花具 1 个苞片和 2 个钻状小苞片；花萼钟状，5 裂，萼齿近同形；旗瓣与龙骨瓣约等长；翼瓣较短，其与龙骨瓣皆具长瓣柄和短耳；雄蕊二体(9+1)，雄蕊管前端弯曲，花药同型；子房线形，无毛，胚珠多数，花柱丝状，与雄蕊共同弯曲，柱头头状。

【果实和种子】荚果为不太明显的串珠状，平直或弯曲，节间椭圆体形，不开裂。种子肾形或近正方形，彼此被横隔膜分开。2n＝16，28。

【分类地位】被子植物门、双子叶植物纲、原始花被亚纲、蔷薇目、蔷薇亚目、豆科、蝶形花亚科、山羊豆族、黄耆亚族。

【种类】全属约有 5 种；中国有 1 种；内蒙古有 1 变种。

骆驼刺 *Alhagi sparsifolia*

半灌木。茎直立，具细条纹，无毛或幼茎具短柔毛，从基部开始分枝，枝条平行上升。叶互生，卵形、倒卵形或倒圆卵形，先端圆形，具短硬尖，基部楔形，全缘，无毛，具短柄。总状花序，腋生，花序轴变成坚硬的锐刺，刺长为叶的 2～3 倍，无毛，当年生枝条的刺上具花 3～6(～8)朵，老茎的刺上无花；苞片钻状；花萼钟状，被短柔毛，萼齿三角状或钻状三角形，长为萼筒的 1/3 至 1/4；花冠深紫红色，旗瓣倒长卵形，先端钝圆或截平，基部楔形，具短瓣柄，翼瓣长圆形，长为旗瓣的 3/4，龙骨瓣与旗瓣约等长；子房线形，无毛。荚果线形，常弯曲，几无毛。

411

骆驼蓬属——【学　名】*Peganum*

【蒙古名】ᠲᠡᠮᠡᠭᠡᠨ ᠤ ᠲᠦᠷᠦ

【英文名】Peganum

【生活型】多年生草本。

【叶】叶分裂为条状裂片。萼片5个,由基部分裂成不规则条形裂片,果期宿存。

【花】花瓣5片;雄蕊15枚,花丝由基部扩大;花柱上部三棱状。

【果实和种子】蒴果3室,种子多数。

【分类地位】被子植物门、双子叶植物纲、原始花被亚纲、牻牛儿苗目、蒺藜科。

【种类】全属有6种;中国有3种;内蒙古有2种,1变种。

骆驼蓬 *Peganum harmala*

多年生草本。无毛。根多数。茎直立或开展,由基部多分枝。叶互生,卵形,全裂为3～5条形或披针状条形裂片。花单生枝端,与叶对生;萼片5个,裂片条形,有时仅顶端分裂;花瓣黄白色,倒卵状矩圆形;雄蕊15枚,花丝近基部宽展;子房3室,花柱3枚。蒴果近球形,种子三棱形,稍弯,黑褐色,表面被小瘤状突起。花期5～6月,果期7～9月。分布于宁夏、内蒙古巴彦淖尔市和阿拉善盟、甘肃河西、新疆、西藏(贡嘎、泽当)。生于荒漠地带干旱草地、绿洲边缘轻盐渍化沙地、壤质低山坡或河谷沙丘(达3600米)。蒙古、中亚、西亚、伊朗、印度(西北部)、地中海地区及非洲北部也有。

落花生属 ——【学　名】*Arachis*

【蒙古名】ᠭᠠᠷᠢᠮᠠᠯ ᠤᠨ ᠰᠠᠮᠤᠷ

【英文名】Peanut

【生活型】一年生草本。

【叶】偶数羽状复叶具小叶 2～3 对；托叶大而显著，部分与叶柄贴生；无小托叶。

【花】花单生或数朵簇生于叶腋内，无柄；花萼膜质，萼管纤弱，随花的发育而伸长，裂片 5 枚，上部 4 枚裂片合生，下部 1 枚裂片分离；花冠黄色，旗瓣近圆形，具瓣柄，无耳，翼瓣长圆形，具瓣柄，有耳，龙骨瓣内弯，雄蕊 10 枚，单体，1 枚常缺如，花药二型，长短互生，长者具长圆形近背着的花药，短的具小球形基着的花药，子房近无柄，胚珠 2～3 颗，稀为 4～6 颗，花柱细长，胚珠受精后子房柄逐渐延长，下弯成 1 坚强的柄，将尚未膨大的子房插入土下，并于地下发育成熟。

【果实和种子】荚果长椭圆形，有凸起的网脉，不开裂，通常于种子之间缢缩，有种子 1～4 粒。

【分类地位】被子植物门、双子叶植物纲、原始花被亚纲、蔷薇目、蔷薇亚目、豆科、蝶形花亚科、合萌族、笔花豆亚族。

【种类】全属约有 22 种；中国有 1 栽培种；内蒙古有 1 栽培种。

落花生 *Arachis hypogaea*

一年生草本。根部有丰富的根瘤；茎直立或匍匐，茎和分枝均有棱，被黄色长柔毛，后变无毛。叶通常具小叶 2 对；托叶具纵脉纹，被毛；叶柄基部抱茎，被毛；小叶纸质，卵状长圆形至倒卵形，先端钝圆形，有时微凹，具小刺尖头，基部近圆形，全缘，两面被毛，边缘具睫毛；侧脉每边约 10 条；叶脉边缘互相联结成网状；小叶柄被黄棕色长毛；苞片 2 个，披针形；小苞片披针形，具纵脉纹，被柔毛；萼管细；花冠黄色或金黄色，旗瓣开展，先端凹入；翼瓣与龙骨瓣分离，翼瓣长圆形或斜卵形，细长；龙骨瓣长卵圆形，内弯，先端渐狭成喙状，较翼瓣短；花柱延伸于萼管咽部之外，柱头顶生，小，疏被柔毛。荚果膨胀，荚厚。花果期 6～8 月。

落芒草属——【学　名】*Oryzopsis*

【蒙古名】ᠣᠷᠢᠽᠣᠫᠰᠢᠰ ᠤᠨ ᠲᠥᠷᠥᠯ

【英文名】Ricegrass

【生活型】多年生草本。

【茎】秆直立或基部稍倾斜。

【叶】叶片扁平或内卷。

【花】圆锥花序开展或窄狭似穗状；小穗含 1 朵小花，两性，卵形至披针形，脱节于颖之上；颖几等长，宿存，草质或膜质，先端渐尖或钝圆；外稃质地硬，背腹压扁或近于圆形，果期革质，常显褐色或黑褐色，多被贴生柔毛或无毛，且常发亮而有光泽，具短而钝且被毛或光滑无毛的基盘，顶端具细弱、微粗糙、不膝曲也不扭转且易早落的芒（稀不断落）；内稃扁平，同质。几全被外稃所包裹或仅边缘被外稃所包；鳞被 3～2 枚；花药顶端常具髯毛或稀无毛。

【分类地位】被子植物门、单子叶植物纲、禾本目、禾本科、早熟禾亚科、针茅族。

【种类】全属有 50 余种；中国有 12 种，3 变种，1 栽培种；内蒙古有 1 种。

中华落芒草 *Oryzopsis chinensis*

多年生。须根稀疏且较长。具短的根头。秆直立，平滑无毛，具 2～4 节，常为密丛或少数丛生。叶鞘无毛或鞘口部及边缘被疏生短纤毛，多短于节间；叶舌极短或完全没有；叶片常密集于秆基，茎生者少，多内卷呈针形，下面光滑无毛或主脉的上部微粗糙，上面及边缘粗糙。圆锥花序疏松开展，有时下垂，分枝细长，粗糙，常孪生，主枝上部分生小枝，呈三叉状；小穗绿色或浅绿色，披针形；颖透明膜质，几相等，粗糙或微粗糙，先端尖，具 3～5 条脉，侧脉仅达中脉 1/2 处，或仅在基部；外稃卵圆形，浅褐色，果期变黑褐色，具 3 条脉，被贴生短毛（包括基盘），芒自顶端伸出，粗糙，易脱落；内稃与外稃等长，被同样毛，具 2 条脉；鳞被 3 枚，膜质；花药顶生毫毛。花果期 5～7 月。

产于内蒙古、宁夏、甘肃、陕西、山西（南部）、河北、河南等省区。生于海拔 500～2350 米的干旱山坡、路旁草丛中及林缘草地。

落叶松属——【学　名】*Larix*

【蒙古名】ᠱᠣᠯᠣᠭᠤ ᠊ᠶᠢᠨ ᠮᠣᠳᠣ

【英文名】Larch

【生活型】落叶乔木。

【茎】小枝下垂或不下垂,枝条二型:有长枝和由长枝上的腋芽长出而生长缓慢的距状短枝;冬芽小,近球形,芽鳞排列紧密,先端钝。

【叶】叶在长枝上螺旋状散生,在短枝上呈簇生状,倒披针状窄条形,扁平,稀呈四棱形,柔软,上面平或中脉隆起,有气孔线或无,下面中脉隆起,两侧各有数条气孔线,横切面有 2 个树脂道,常边生,位于两端靠近下表皮,稀中生。

【花】球花单性,雌雄向株,雄球花和雌球花均单生于短枝顶端,春季与叶同时开放,基部具膜质苞片,着生球花的短枝顶端有叶或无叶;雄球花具多数雄蕊,雄蕊螺旋状着生,花药 2 室,药室纵裂,药隔小、鳞片状,花粉无气囊;雌球花直立,珠鳞形小,螺旋状着生,腹面基部着生 2 颗倒生胚珠,向后弯曲,背面托以大而显著的苞鳞,苞鳞膜质,直伸、反曲或向后反折,中肋延长成尖头,受精后珠鳞迅速长大而苞鳞不长大或略为增大。

【果实和种子】球果当年成熟,直立,具短梗,幼嫩球果通常紫红色或淡红紫色,稀为绿色,成熟前绿色或红褐色,熟时球果的种鳞张开;种鳞革质,宿存;苞鳞短小,不露出或微露出,或苞鳞较种鳞为长,显著露出,露出部分直伸或向后弯曲或反折,背部常有明显的中肋,中肋常延长成尖头;发育种鳞的腹面有 2 粒种子,种子上部有膜质长翅;子叶通常 6～8 片,发芽时出土。

【分类地位】裸子植物门、松杉纲、松杉目、松科、落叶松亚科。

【种类】全属约有18种;中国有10种,1 变种;内蒙古有 3 种。

落叶松 *Larix gmelinii*

乔木。枝斜展或近平展,树冠卵状圆锥形;冬芽近圆球形,芽鳞暗褐色,边缘具睫毛,基部芽鳞的先端具长尖头。叶倒披针状条。球果幼时紫红色,成熟前卵圆形或椭圆形,成熟时上部的种鳞张开,黄褐色、褐色或紫褐色,种鳞约 14～30 枚;中部种鳞五角状卵形,先端截形、圆截形或微凹,鳞背无毛,有光泽;苞鳞较短,长为种鳞的 1/3～1/2,近三角状长卵形或卵状披针形,先端具中肋延长的急尖头;种子斜卵圆形,灰白色,具淡褐色斑纹,种翅中下部宽,上部斜三角形,先端钝圆;子叶 4～7 片,针形;初生叶窄条形,上面中脉平,下面中脉隆起,先端钝或微尖。花期 5～6 月,球果 9 月成熟。

415

麻花头属——【学　名】*Serratula*

【蒙古名】ᠰᠣᠷᠣᠮ ᠪᠤᠷ ᠢ᠋ᠶᠠᠨ ᠵᠡᠭᠦᠦᠨ ᠦᠨ ᠡᠪᠡᠰᠦ

【英文名】Sawwort

【生活型】多年生草本。

【茎】有茎,极少无茎。

【叶】叶互生,质地多少坚硬或柔软,少有革质,羽状分裂,少有不分裂的,边缘全缘或有锯齿。

【花】头状花序同型,极少异型,中等大小或较小,多数或少数在茎枝顶端排成伞房花序,极少植株含 1 个头状花序单生茎顶或茎基顶端叶丛中的。总苞球形、半球形、卵形、卵圆形、碗状或圆柱形。总苞片多层(4～12 层),覆瓦状排列,向内层渐长,质地坚硬或柔软而纸质,内层顶端有附片,附片硬膜质或质地柔软。花托平,被稠密的托毛。全部小花两性管状,花管红色、紫红色、黄色或白色,檐部 5 裂,极少边花为雌性而雄蕊发育不全。花药基部附属物箭形。花丝分离,无毛。花柱分枝细长,极少不分枝。

【果实和种子】瘦果椭圆形、长椭圆形、楔状长椭圆形、倒卵状长椭圆形或倒卵形等,有细条纹或 3～4 条肋棱或无细条纹亦无肋棱,顶端截形,有果缘,侧生着生面。冠毛污白色或黄褐色,同型,多层,向内层渐长,基部不连合成环,不整体脱落、分散脱落或不脱落;全部冠毛刚毛毛状,边缘微锯齿状或糙毛状。

【分类地位】被子植物门、双子叶植物纲、合瓣花亚纲、桔梗目、菊科、管状花亚科、菜蓟族、矢车菊亚族。

【种类】全属约有70种;中国有17种;内蒙古有 6 种。

416

麻花头 *Serratula centauroides*

多年生草本。根状茎横走,黑褐色。茎直立,基部被残存的纤维状撕裂的叶柄。基生叶及下部茎叶长椭圆形,羽状深裂;头状花序少数,单生茎枝顶端,但不形成明显的伞房花序式排列,或植株含 1 个头状花序,单生茎端,花序梗或花序枝伸长,几裸露,无叶。总苞卵形或长卵形,上部有收缢或稍见收缢。总苞片 10～12 层,覆瓦状排列,向内层渐长,外层与中层三角形、三角状卵形至卵状披针形,顶端急尖,有短针刺或刺尖;内层及最内层椭圆形、披针形或长椭圆形至线形,最内层最长,上部淡黄白色,硬膜质。全部小花红色、红紫色或白色。瘦果楔状长椭圆形,褐色,有 4 条高起的肋棱。冠毛褐色或略带土红色。冠毛刚毛糙毛状,分散脱落。花果期 6～9 月。

麻黄科——【学　名】*Ephedraceae*

【蒙古名】 ᠮᠣᠩᠭᠣᠯ ᠤᠨ ᠣᠪᠣᠭ

【英文名】Ephedra Family

【生活型】灌木、亚灌木或草本状,稀为缠绕灌木。

【茎】茎直立或匍匐,分枝多,小枝对生或轮生,绿色,圆筒形,具节,节间有多条细纵槽纹,横断面常有棕红色髓心。

【叶】叶退化成膜质,在节上交叉对生或轮生 2～3 片合生成鞘状,先端具三角状裂齿,通常黄褐色或淡黄白色,裂片中央色深,有 2 条平行脉。

【花】雌雄异株,稀同株,球花卵圆形或椭圆形,生枝顶或叶腋;雄球花单生或数朵丛生,或 3～5 朵成 1 复穗花序,具 2～8 对交叉对生或 2～8 轮(每轮 3 片)苞片,少苞片厚膜质或膜质,每片生 1 朵雄花,雄花具膜质假花被,假花被圆形或倒卵形,大部分合生,仅顶端分离,雄蕊 2～8 枚,花丝连合成 1～2 束,有时先端分离使花药具短梗,花药 1～3 室,花粉椭圆形,具 5～10 条纵肋,肋下有曲折线状萌发孔;雌球花具 2～8 对交叉对生或 2～8 轮(每轮 3 朵)苞片,仅顶端 1～3 个苞片生有雌花,雌花具顶端开口的囊状革质假花被,包于胚珠外,胚珠具 1 层膜质珠被,珠被上部延长成珠被管,自假花被管口伸出,珠被管直或弯曲;雌球花的苞片随胚珠生长发育而增厚成肉质,红色或橘红色,稀为干燥膜质,淡褐色,假花被发育成革质假种皮。种子 1～3 粒,胚乳丰富,肉质或粉质;子叶 2 片,发芽时出土。

417

麻黄科 Ephedraceae Dumort. 是比利时植物学家 Barthélemy Charles Joseph Dumortier(1797－1878)于 1829 年在"Analyse des Familles des Plantes 11, 12."(Anal. Fam. Pl.)上发表的植物科,模式属为麻黄属(Ephedra)。

在植物界,麻黄科隶属裸子植物门(Gymnospermae)、盖子植物纲(Chlamydospermopsida)或买麻藤纲(倪藤纲)(Gnetopsida)、麻黄目(Ephedrales)。Gymnospermae 是德国植物学家 Karl Anton Eugen Prantl?(1849－1893)于 1874 年在"Lehrbuch der Botanik 131"(Lehrb. Bot.)上命名的植物门。Gnetopsida Engl. 是德国植物学家恩格勒 Heinrich Gustav Adolf Engler?(1844－1930)于 1898 年在"Syllabus der Pflanzenfamilien(ed. 2) 69"[Syllabus(ed. 2)]上命名的植物纲的名称,模式属为买麻藤属(Gnetum)。Gnetopsida Eichler ex Kirpotenko 是由德国植物学家 August Wilhelm Eichle?(1839－1887)命名但未经发表的植物纲的名称,后由 Kirpotenko(?)于 1884 年代为发表在"Ocerk Estesvv. Klassif. Rast. viii－31"(Ocerk Estesvv. Klassif. Rast.)上的植物纲的名称,模式属为买麻藤属。

麻黄属——【学　名】*Ephedra*

【蒙古名】ᠮᠣᠩ...ᠢ ᠨᠠᠷ ᠣᠪᠤᠭ

【英文名】Ephedra

【生活型】灌木、亚灌木或草本状,稀为缠绕灌木。

【茎】茎直立或匍匐,分枝多,小枝对生或轮生,绿色,圆筒形,具节,节间有多条细纵槽纹,横断面常有棕红色髓心。

【叶】叶退化成膜质,在节上交叉对生或轮生 2～3 片合生成鞘状,先端具三角状裂齿,通常黄褐色或淡黄白色,裂片中央色深,有 2 条平行脉。

【花】雌雄异株,稀同株,球花卵圆形或椭圆形,生枝顶或叶腋;雄球花单生或数个丛生,或 3～5 个成 1 复穗花序,具 2～8 对交叉对生或 2～8 轮(每轮 3 个)苞片,少苞片厚膜质或膜质,每片生 1 朵雄花,雄花具膜质假花被,假花被圆形或倒卵形,大部分合生,仅顶端分离,雄蕊 2～8 枚,花丝连合成 1～2 束,有时先端分离使花药具短梗,花药 1～3 室,花粉椭圆形,具 5～10 条纵肋,肋下有曲折线状萌发孔;雌球花具 2～8 对交叉对生或 2～8 轮(每轮 3 个)苞片,仅顶端 1～3 个苞片生有雌花,雌花具顶端开口的囊状革质假花被,包于胚珠外,胚珠具 1 层膜质珠被,珠被上部延长成珠被管,自假花被管口伸出,珠被管直或弯曲;雌球花的苞片随胚珠生长发育而增厚成肉质,红色或橘红色,稀为干燥膜质,淡褐色,假花被发育成革质假种皮。

【种类】种子 1～3 粒,胚乳丰富,肉质或粉质;子叶 2 片,发芽时出土。

【分类地位】裸子植物门、盖子植物纲、麻黄目、麻黄科。

木贼麻黄 *Ephedra equisetina*

直立小灌木。木质茎粗长,直立,稀部分匍匐状;小枝细,节间短,纵槽纹细浅不明显,常被白粉,呈蓝绿色或灰绿色。叶 2 裂,褐色,大部合生,上部约 1/4 分离,裂片短三角形,先端钝。雄球花单生或 3～4 个集生于节上,无梗或开花时有短梗,卵圆形或窄卵圆形,苞片 3～4 对,基部约 1/3 合生,假花被近圆形,雄蕊 6～8 枚,花丝全部合生,微外露,花药 2 室,稀 3 室;雌球花常 2 个对生于节上,窄卵圆形或窄菱形,苞片 3 对,菱形或卵状菱形,最上面 1 对苞片约 2/3 合生,雌花 1～2 朵,珠被管稍弯曲。雌球花成熟时肉质红色,长卵圆形或卵圆形,具短梗;种子通常 1 粒,窄长卵圆形,顶端窄缩成颈柱状,基部渐窄圆,具明显的点状种脐与种阜。花期 6～7 月,种子 8～9 月成熟。

马鞭草科——【学　名】*Verbenaceae*

【蒙古名】ᠮᠢᠬᠢᠷ᠎ᠠ ᠲᠠᠢ᠋ᠢ᠋ᠨ ᠊ᠤ ᠢᠵᠠᠭᠤᠷ

【英文名】Vervain Family

【生活型】灌木或乔木,有时为藤本,极少数为草本。

【叶】叶对生,很少轮生或互生,单叶或掌状复叶,很少羽状复叶;无托叶。

【花】花序顶生或腋生,多数为聚伞、总状、穗状、伞房状聚伞或圆锥花序;花两性,极少退化为杂性,左右对称或很少辐射对称;花萼宿存,杯状、钟状或管状,稀漏斗状,顶端有 4～5 枚齿或为截头状,很少有 6～8 枚齿,通常在果实成熟后增大或不增大,或有颜色;花冠管圆柱形,管口裂为 2 唇形或略不相等的 4～5 裂,很少多裂,裂片通常向外开展,全缘或下唇中间 1 枚裂片的边缘呈流苏状;雄蕊 4 枚,极少 2 或 5～6 枚,着生于花冠管上,花丝分离,花药通常 2 室,基部或背部着生于花丝上,内向纵裂或顶端先开裂而成孔裂;花盘通常不显著;子房上位,通常为 2 枚心皮组成,少为 4 或 5 枚,全缘或微凹或 4 浅裂,极稀深裂,通常 2～4 室,有时为假隔膜,分为 4～10 室,每室有 2 颗胚珠,或因假隔膜而每室有 1 颗胚珠;胚珠倒生而基生,半倒生而侧生,或直立,或顶生而悬垂,珠孔向下;花柱顶生,极少数多少下陷于子房裂片中;柱头明显分裂或不裂。

【果实和种子】果实为核果、蒴果或浆果状核果,外果皮薄,中果皮干或肉质,内果皮多少质硬成核,核单一或可分为 2 或 4 枚,例外的 8～10 枚分核。种子通常无胚乳,胚直立,有扁平、多少厚或折皱的子叶,胚根短,通常下位。

【种类】全属约有 80 余属,3000 余种;中国有 21 属,175 种,31 变种,10 变型;内蒙古有 3 属,2 种,1 变种。

419

马鞭草科 Verbenaceae J. St.—Hil. 是法国博物学家和画家 Jean Henri Jaume Saint—Hilaire(1772—1845)于 1805 年在"Exposition des Familles Naturelles 1"(Expos. Fam. Nat.)上发表的植物科,模式属为马鞭草属(Verbena)。

在恩格勒系统(1964)中,马鞭草科隶属合瓣花亚纲(Sympetalae)、管花目(Tubiflorae)、马鞭草亚目(Verbenineae),本目含 6 个亚目、26 个科。在哈钦森系统(1959)中,马鞭草科隶属双子叶植物木本支(Lignosae)、马鞭草目(Verbenales),含厚壳树科(Ehretiaceae)、马鞭草科、密穗科(Stilbeaceae)、连药科(Chloanthaceae)和透骨草科(Phrymaceae)等 5 个科,认为马鞭草目起源于马钱目(Loganiales)的另一进化到顶点的类群,犹如草本支中的唇形科。在塔赫他间系统(1980)中,马鞭草科隶属菊亚纲(Asteridae)、唇形目(Lamiales),含马鞭草科、唇形科(Lamiaceae)和水马齿科(Callitrichaceae)3 个科,认为唇形目是菊亚纲中的一个分支顶点,唇形目来自花葱目(Polemoniales),认为唇形目特别与花葱目中紫草科的厚壳树亚科(Ehretioideae)有亲缘关系。在克朗奎斯特系统(1981)中,马鞭草科也隶属菊亚纲(Asteridae)、唇形目,含盖裂寄生科(Lennoaceae)、紫草科(Boraginaceae)、马鞭草科和唇形科 4 个科,认为唇形目来自茄目(Solanales)或与茄目有共同祖先。

马鞭草属 —— 【学　名】*Verbena*

【蒙古名】ᠮᠣᠷᠢᠨ ᠲᠠᠰᠢᠭᠤᠷ ᠤᠨ ᠣᠪᠤᠭ

【英文名】Vervain

【生活型】一年生、多年生草本或亚灌木。

【茎】茎直立或匍匐,无毛或有毛。

【叶】叶对生,稀轮生或互生,近无柄,边缘有齿至羽状深裂,极少无齿。

【花】花常排成顶生穗状花序,有时为圆锥状或伞房状,稀有腋生花序,花后因穗轴延长而花疏离,穗轴无凹穴;花生于狭窄的苞片腋内,蓝色或淡红色;花萼膜质,管状,有 5 条棱,延伸成 5 枚齿;花冠管直或弯,向上扩展成开展的 5 枚裂片,裂片长圆形,顶端钝、圆或微凹,在芽中覆瓦状排列;雄蕊 4 枚,着生于花冠管的中部,2 枚在上,2 枚在下,花药卵形,药室平行或微叉开;子房不分裂或顶端浅 4 裂,4 室,每室有 1 颗直立向底部侧面着生的胚珠;花柱短,柱头 2 浅裂。

【果实和种子】果干燥,包藏于萼内,成熟后 4 瓣裂为 4 个狭小的分核。种子无胚乳,幼根向下。

【分类地位】被子植物门、双子叶植物纲、合瓣花亚纲、管状花目、马鞭草科、马鞭草亚科、马鞭草族。

【种类】全属有 250 种;中国有 1 野生种,2 栽培种;内蒙古有 1 栽培种。

马鞭草 *Verbena officinalis*

多年生草本。茎四方形,近基部可为圆形,节和棱上有硬毛。叶片卵圆形至倒卵形或长圆状披针形,基生叶的边缘通常有粗锯齿和缺刻,茎生叶多数 3 深裂,裂片边缘有不整齐的锯齿,两面均有硬毛,背面脉上尤多。穗状花序顶生和腋生,细弱,花小,无柄,最初密集,结果时疏离;苞片稍短于花萼,具硬毛;花萼有硬毛,有 5 条脉,脉间凹穴处质薄而色淡;花冠淡紫色至蓝色,外面有微毛,裂片 5 枚;雄蕊 4 枚,着生于花冠管的中部,花丝短;子房无毛。果长圆形,外果皮薄,成熟时 4 瓣裂。花期 6～8 月,果期 7～10 月。

全草供药用,性凉,味微葳,有凉血、散瘀、通经、清热、解毒、止痒、驱虫、消胀的功效。

马齿苋科 —— 【学　名】*Portulacaceae*

【蒙古名】ᠪᠠᠭᠠᠵᠠᠢ ᠢᠢᠨ ᠡ ᠢᠢᠨ ᠤᠷᠤᠭᠠᠢ

【英文名】Purslane Family

【生活型】一年生或多年生草本,稀半灌木。

【叶】单叶,互生或对生,全缘,常肉质;托叶干膜质或刚毛状,稀不存在。

【花】花两性,整齐或不整齐,腋生或顶生,单生或簇生,或成聚伞花序、总状花序、圆锥花序;萼片2个,稀5个,草质或干膜质,分离或基部连合;花瓣4～5片,稀更多,覆瓦状排列,分离或基部稍连合,常有鲜艳色,早落或宿存;雄蕊与花瓣同数,对生,或更多,分离或成束或与花瓣贴生,花丝线形,花药2室,内向纵裂;雌蕊3～5枚心皮合生,子房上位或半下位,1室,基生胎座或特立中央胎座,有弯生胚珠1至多颗,花柱线形,柱头2～5裂,形成内向的柱头面。

【果实和种子】蒴果近膜质,盖裂或2～3瓣裂,稀为坚果;种子肾形或球形,多数,稀为2粒,种阜有或无,胚环绕粉质胚乳,胚乳大多丰富。

【种类】全科有19属,580种;中国有3属,8种;内蒙古有1属,2种,其中1栽培种。

马齿苋科 Portulacaceae Juss. 是法国植物学家 Antoine Laurent de Jussieu (1748—1836)于1789年在"Genera plantarum 312"(Gen. Pl.)中建立的植物科,模式属为马齿苋属(Portulaca)。

在恩格勒系统(1964)中,马齿苋科隶属原始花被亚纲(Archichlamydeae)、中央种子目(Centrospermae)、马齿苋亚目(Portulacineae),本目有5个亚目、13个科。在哈钦森系统(1959)中,马齿苋科隶属草本支(Herbaceae)、石竹目(Caryophyllales),含沟繁缕科(Elatinaceae)、粟米草科(Molluginaceae)、石竹科(Caryophyllaceae)、番杏科(Ficoidaceae, Aizoaceae)和马齿苋科5个科,认为石竹目与毛茛目有联系,比毛茛目进化。石竹目是一个演化中心,由它演化出其他多个目。在塔赫他间系统(1980)中,马齿苋科隶属石竹亚纲(Caryophyllidae)、石竹目,包括商陆科(Phytolaccaceae)、紫茉莉科(Nyctaginaceae)、番杏科、仙人掌科(Cactaceae)、马齿苋科、石竹科、苋科(Amaranthaceae)、藜科(Chenopodiaceae)等14个科。在克朗奎斯特系统(1981)中,马齿苋科也隶属石竹亚纲(Caryophyllidae)、石竹目,含商陆科、紫茉莉科、番杏科、仙人掌科、藜科、苋科、马齿苋科、粟米草科、石竹科等12个科。

马齿苋属——【学　名】*Portulaca*

【蒙古名】ᠢᠮᠠᠭᠠᠨ ᠵᠢᠮᠢᠰᠦᠩ ᠦᠨ ᠣᠪᠣᠭ

【英文名】Purslane

【生活型】一年生或多年生肉质草本。

【茎】茎铺散,平卧或斜升。

【叶】叶互生或近对生或在茎上部轮生,叶片圆柱状或扁平;托叶为膜质鳞片状或毛状的附属物,稀完全退化。

【花】花顶生,单生或簇生;花梗有或无;常具数个叶状总苞;萼片 2 个,筒状,其分离部分脱落;花瓣 4 或 5 片,离生或下部连合,花开后粘液质,先落;雄蕊 4 枚至多数,着生在花瓣上;子房半下位,1 室,胚珠多数,花柱线形,上端 3～9 裂成线状柱头。

【果实和种子】蒴果盖裂;种子细小,多数,肾形或圆形,光亮,具疣状凸起。

【分类地位】被子植物门、双子叶植物纲、原始花被亚纲、中央种子目、马齿苋科。

【种类】全属约有 200 种;中国有 6 种;内蒙古有 2 种,其中 1 栽培种。

马齿苋 *Portulaca oleracea*

一年生草本。全株无毛。茎平卧或斜倚,伏地铺散,多分枝,圆柱形,淡绿色或带暗红色。叶互生,有时近对生,叶片扁平,肥厚,倒卵形,似马齿状,顶端圆钝或平截,有时微凹,基部楔形,全缘,上面暗绿色,下面淡绿色或带暗红色,中脉微隆起;叶柄粗短。花无梗,常 3～5 朵簇生枝端,午时盛开;苞片 2～6 个,叶状,膜质,近轮生;萼片 2 个,对生,绿色,盔形,左右压扁,顶端急尖,背部具龙骨状凸起,基部合生;花瓣 5 片,稀 4 片,黄色,倒卵形,顶端微凹,基部合生;雄蕊通常 8 枚,或更多,花药黄色;子房无毛,花柱比雄蕊稍长,柱头 4～6 裂,线形。蒴果卵球形,盖裂;种子细小,多数,偏斜球形,黑褐色,有光泽,具小疣状凸起。花期 5～8 月,果期 6～9 月。

中国南北各地均产。性喜肥沃土壤,耐旱亦耐涝,生命力强,生于菜园、农田、路旁,为田间常见杂草。广布全世界温带和热带地区。

马兜铃科——【学　名】*Aristolochiaceae*

【蒙古名】ᠠᠷᠠᠢ ᠶᠢᠨ ᠢᠵᠠᠭᠤᠷ

【英文名】Dutchmanspipe Family

【生活型】草质或木质藤本、灌木或多年生草本,稀乔木。

【茎】根、茎和叶常有油细胞。

【叶】单叶,互生,具柄,叶片全缘或 3～5 裂,基部常心形,无托叶。

【花】花两性,有花梗,单生、簇生或排成总状、聚伞状或伞房花序,顶生、腋生或生于老茎上,花色通常艳丽而有腐肉臭味;花被辐射对称或两侧对称,花瓣状,1 轮,稀 2 轮,花被管钟状、瓶状、管状、球状或其他形状;檐部圆盘状、壶状或圆柱状,具整齐或不整齐 3 裂,或为向一侧延伸成 1～2 枚舌片,裂片镊合状排列;雄蕊 6 枚至多数,1 或 2 轮;花丝短,离生或与花柱、药隔合生成蕊柱;花药 2 室,平行,外向纵裂;子房下位,稀半下位或上位,4～6 室或为不完全的子房室,稀心皮离生或仅基部合生;花柱短而粗厚,离生或合生,顶端 3～6 裂;胚珠每室多颗,倒生,常 1～2 行叠置,中轴胎座或侧膜胎座内侵。

【果实和种子】朔果蓇葖果状、长角果状或为浆果状;种子多数,常藏于内果皮中,通常长圆状倒卵形、倒圆锥形、椭圆形、钝三棱形,扁平或背面凸而腹面凹入,种皮脆骨质或稍坚硬,平滑,具皱纹或疣状突起,种脊海绵状增厚或翅状,胚乳丰富,胚小。

【种类】全科约有 8 属,600 种;中国有 4 属,71 种,6 变种,4 变型;内蒙古有 1 属,1 种。

马兜铃科 Aristolochiaceae Juss. 是法国植物学家 Antoine Laurent de Jussieu (1748－1836)于 1789 年在"Genera plantarum 72－73"(Gen. Pl.)中建立的植物科,模式属为马兜铃属(Aristolochia)。

在恩格勒系统(1964)中,马兜铃科隶属原始花被亚纲(Archichlamydeae)、马兜铃目(Aristolochiales),含马兜铃科、大花草科(Rafflesiaceae)和根寄生科(Hydnoraceae) 3 个科。在哈钦森系统(1959)中,马兜铃科隶属草本支(Herbaceae)、马兜铃目,含马兜铃科、根寄生科、大花草科和猪笼草科(Nepenthaceae)4 个科。在塔赫他间系统(1980)中,马兜铃科隶属木兰亚纲(Magnoliidae)、马兜铃目,只含 1 个科。本系统由根寄生科和大花草科成立了大花草目(Rafflesiales)。在克朗奎斯特系统(1981)中,马兜铃科也隶属木兰亚纲(Magnoliidae)、马兜铃目,也只含 1 个科。本系统由根寄生科、帽蕊草科(Mitrastemonaceae)和大花草科成立了大花草目,放在蔷薇亚纲(Rosidae)中。

马兜铃属——【学　名】*Aristolochia*

【蒙古名】ᠮᠠᠯ ᠤᠨ ᠬᠣᠩᠬᠤ

【英文名】Dutchmanspipe

【生活型】草质或木质藤本,稀亚灌木或小乔木。

【根】常具块状根。

【叶】叶互生,全缘或 3～5 裂,基部常心形;羽状脉或掌状 3～7 出脉,无托叶,具叶柄。

【花】花排成总状花序,稀单生、腋生或生于老茎上;苞片着生于总花梗和花梗基部或近中部;花被 1 轮,花被管基部常膨大,形状各种,中部管状,劲直或各种弯曲,檐部展开或成各种形状,常边缘 3 裂,稀 2～6 裂,或一侧分裂成 1 或 2 枚舌片,形状和大小变异极大,颜色艳丽而常有腐肉味;雄蕊 6 枚、稀 4 或 10 枚或更多,围绕合蕊柱排成一轮,常成对或逐个与合蕊柱裂片对生,花丝缺;花药外向,纵裂;子房下位,6 室,稀 4 或 5 室或子房室不完整;侧膜胎座稍突起或常于子房中央靠合或连接;合蕊柱肉质,顶端 3～6 裂,稀多裂,裂片短而粗厚,稀线形;胚珠甚多,排成两行或在侧膜胎座两边单行叠置。

【果实和种子】蒴果室间开裂或沿侧膜处开裂;种子常多粒,扁平或背面凸起,腹面凹入,常藏于内果皮中,很少埋藏于海绵状纤维质体内,种脊有时增厚或呈翅状,种皮脆壳质或坚硬,胚乳肉质,丰富,胚小。

【分类地位】被子植物门、双子叶植物纲、原始花被亚纲、马兜铃目、马兜铃科、马兜铃亚科、马兜铃族。

【种类】全属约有 350 种;中国有 39 种,2 变种,3 变型;内蒙古有 1 种。

424

北马兜铃 *Aristolochia contorta*

　　草质藤本。无毛,干后有纵槽纹。叶纸质,卵状心形或三角状心形,顶端短尖或钝,基部心形,两侧裂片圆形,下垂或扩展,边全缘,上面绿色,下面浅绿色,两面均无毛;基出脉 5～7 条,邻近中脉的 2 侧脉平行向上,略叉开,各级叶脉在两面均明显且稍凸起;叶柄柔弱。总状花序有花 2～8 朵或有时仅 1 朵生于叶腋;花序梗和花序轴极短或近无;花梗无毛,基部有小苞片;小苞片卵形,具长柄;花被基部膨大呈球形,向上收狭呈一长管,绿色,外面无毛,内面具腺体状毛,管口扩大呈漏斗状;檐部一侧极短,有时边缘下翻或稍 2 裂,另一侧渐扩大成舌片;舌片卵状披针形,顶端长渐尖具线形而弯扭的尾尖,黄绿色,常具紫色纵脉和网纹;花药长圆形,贴生于合蕊柱近基部,并单个与其裂片对生;子房圆柱形,6 棱;合蕊柱顶端 6 裂,裂片渐尖,向下延伸成波状圆环。蒴果宽倒卵形或椭圆状倒卵形,顶端圆形而微凹,6 棱,平滑无毛,成熟时黄绿色,由基部向上 6 瓣开裂;果梗下垂,随果开裂;种子三角状心形,灰褐色,扁平,具小疣点,具浅褐色膜质翅。花期 5～7 月,果期 8～10 月。

马兰属──【学　名】*Kalimeris*

【蒙古名】ᠲᠠᠰᠢᠯ ᠤᠨ ᠡᠪᠡᠰᠦ

【英文名】Kalimeris

【生活型】多年生草本。

【叶】叶互生,全缘或有齿,或羽状分裂。

【花】头状花序较小,单生于枝端或疏散伞房状排列,辐射状,外围有 1～2 层雌花,中央有多数两性花,都结果实。总苞半球形;总苞片 2～3 层,近等长或外层较短而覆瓦状排列;草质或边缘膜质或革质;花托凸起或圆锥形,蜂窝状。雌花花冠舌状,舌片白色或紫色,顶端有微齿或全缘;两性花花冠钟状,有分裂片;花药基部钝,全缘;花柱分枝附片三角形或披针形。冠毛极短或膜片状,分离或基部结合成杯状。

【果实和种子】瘦果稍扁,倒卵圆形,边缘有肋,两面无肋或一面有肋,无毛或被疏毛。

【分类地位】被子植物门、双子叶植物纲、合瓣花亚纲、桔梗目、菊科、管状花亚科、紫菀族。

【种类】全属约有 20 种;中国有 7 种;内蒙古有 4 种。

蒙古马兰 *Kalimeris mongolica*

多年生草本。茎直立,有沟纹,被向上的糙伏毛,上部分枝。叶纸质或近膜质,最下部叶花期枯萎,中部及下部叶倒披针形或狭矩圆形,羽状中裂,两面疏生短硬毛或近无毛,边缘具较密的短硬毛;裂片条状矩圆形,顶端钝,全缘;上部分枝上的叶条状披针形。头状花序单生于长短不等的分枝顶端。总苞半球形;总苞片 3 层,覆瓦状排列,无毛,椭圆形至倒卵形,顶端钝,有白色或带紫色和红色的膜质缘缘,背面上部绿色。舌状花淡蓝紫色、淡蓝色或白色。管状花黄色。瘦果倒卵形,黄褐色,有黄绿色边肋,扁或有时有 3 条肋而果呈三棱形,边缘及表面疏生细短毛。冠毛淡红色,不等长。花果期 7～9 月。

产于吉林、辽宁、内蒙古、河北、山东(泰山)、河南(卢氏、西峡)、山西、陕西、宁夏(固原)、甘肃东部及四川西北部(康定、汉源)。生于山坡、灌丛、田边。

马钱科──【学　名】*Loganiaceae*

【蒙古名】ᠮᠠᠷᠠᠯ ᠤᠨ ᠡᠪᠡᠰᠦ

【英文名】Longania Family

【生活型】乔木、灌木、藤本或草本。

【茎】通常无刺,稀枝条变态而成伸直或弯曲的腋生棘刺。

【叶】单叶对生或轮生,稀互生,全缘或有锯齿;通常为羽状脉,稀3～7条基出脉;具叶柄;托叶存在或缺,分离或连合成鞘,或退化成连接2个叶柄间的托叶线。

【花】花通常两性,辐射对称,单生或孪生,或组成2～3歧聚伞花序,再排成圆锥花序、伞形花序或伞房花序、总状或穗状花序,有时也密集成头状花序或为无梗的花束;有苞片和小苞片;花萼4～5裂,裂片覆瓦状或镊合状排列;合瓣花冠,4～5裂,少数8～16裂,裂片在花蕾时为镊合状或覆瓦状排列,少数为旋卷状排列;雄蕊通常着生于花冠管内壁上,与花冠裂片同数,且与其互生,稀退化为1枚,内藏或略伸出,花药基生或略呈背部着生,2室,稀4室,纵裂,内向,基部浅或深2裂,药隔凸尖或圆;无花盘或有盾状花盘;子房上位,稀半下位,通常2室,稀为1室或3～4室,中轴胎座或子房1室为侧膜胎座,花柱通常单生,柱头头状,全缘或2裂,稀4裂,胚珠每室多颗,稀1颗,横生或倒生。

【果实和种子】果为蒴果、浆果或核果;种子通常小而扁平或椭圆状球形,有时具翅,有丰富的肉质或软骨质的胚乳,胚细小,直立,子叶小。

【种类】全科约有28属,550种;中国产8属,54种,9变种;内蒙古有1属,1种。

马钱科 Loganiaceae R. Br. ex Mart. 是苏格兰植物学家和古植物学家 Robert Brown(1773—1858)命名但未经发表的植物科,后由德国植物学家和探险家 Carl Friedrich Philipp(Karl Friedrich Philipp) von Martius(1794—1868) 描述,于 1827 年代发表在"Nova Genera et Species Plantarum...2"(Nov. Gen. Sp. Pl.)上,模式属为 Logania。

在恩格勒系统(1964)中,马钱科隶属合瓣花亚纲(Sympetalae)、龙胆目(Gentianales),含马钱科、离水花科(Desfontainiaceae)、龙胆科(Gentianaceae)、睡菜科(Menyanthaceae)、夹竹桃科(Apocynaceae)、萝藦科(Asclepiadaceae)、茜草科(Rubiaceae)等 7 个科。在哈钦森系统(1959)中,马钱科隶属双子叶植物木本支(Lignosae)、马钱目(Loganiales),含龙爪七叶科(Potaliaceae)、马钱科、醉鱼草科(Buddleiaceae)、鞘柄科(Antoniaceae)、度量草科(Spigeriaceae)、马钱子科(Strychnaceae)和木犀科(Oleaceae)等 7 个科,认为本目与卫矛目(Celastrales)有联系,但比卫矛目进化。在塔赫他间系统(1980)中,马钱科隶属菊亚纲(Asteridae)、龙胆目,含马钱科、茜草科、假繁缕科(Theligonaceae)、夹竹桃科、萝藦科、龙胆科、睡菜科、毛枝树科(Dialypetalanthaceae)等 8 个科。在克朗奎斯特系统(1981)中,马钱科也隶属菊亚纲(Asteridae)、龙胆目,含马钱科、轮叶科(Retziaceae)、龙胆科、勺叶木科(Saccifoliaceae)、夹竹桃科、萝藦科等 6 个科。

马唐属——【学　名】*Digitaria*

【蒙古名】ᠲᠠᠬᠢᠶᠠᠨ ᠤ ᠢᠳᠡᠰᠢ ᠶᠢᠨ ᠡᠪᠡᠰᠦ

【英文名】Crabgrass

【生活型】多年生或一年生草本。

【茎】秆直立或基部横卧地面，节上生根。

【叶】叶片线状披针形至线形，质地大多柔软扁平。

【花】总状花序较纤细，2 至多个呈指状排列于茎顶或着生于短缩的主轴上。小穗含 1 朵两性花，背腹压扁，椭圆形至披针形，顶端尖，2 或 3～4 枚着生于穗轴之各节，互生或成 4 行排列于穗轴的一侧；穗轴扁平具翼或狭窄呈三棱状线形；小穗柄长短不等，下方一枚近无柄，第一颖短小或缺如；第二颖披针形，较短于小穗，常生柔毛；第一外稃与小穗等长或稍短，有 3～9 条脉，脉间距离近等或不等，通常生柔毛或具多种毛被；第二外稃厚纸质或软骨质，顶端尖，背部隆起，贴向穗轴，边缘膜质扁平，覆盖同质的内稃而不内卷，苍白色、紫色或黑褐色，有光泽，常具颗粒状微细突起；雄蕊 3 枚；柱头 2 枚；鳞被 2 枚。

【果实和种子】颖果长圆状椭圆形，约占果体的 1/3，种脐点状。

【分类地位】被子植物门、单子叶植物纲、禾本目、禾本科、黍亚科、黍族、雀稗亚族。

【种类】全属有 300 余种；中国有 24 种；内蒙古有 2 种。

427

止血马唐 *Digitaria ischaemum*

　　一年生。秆直立或基部倾斜，下部常有毛。叶鞘具脊，无毛或疏生柔毛；叶片扁平，线状披针形，顶端渐尖，基部近圆形，多少生长柔毛。总状花序具白色中肋，两侧翼缘粗糙；小穗 2～3 枚着生于各节；第一颖不存在；第二颖具 3～5 脉，等长或稍短于小穗；第一外稃具 5～7 条脉，与小穗等长，脉间及边缘具细柱状棒毛与柔毛。第二外稃成熟后紫褐色。有光泽。花果期 6～11 月。

　　产于黑龙江、吉林、辽宁、内蒙古、甘肃、新疆、西藏、陕西、山西、河北、四川及台湾等省区；生于田野、河边润湿的地方。欧亚温带地区广泛分布，北美温带地区已归化。

马先蒿属——【学　名】*Pedicularis*

【蒙古名】ᠲᠠᠭᠠ ᠶᠢᠨ ᠴᠢᠭᠢᠭ ᠤᠨ ᠲᠥᠷᠥᠯ

【英文名】Woodbetony，Lousewort

【生活型】多年生（少数只结一次果）或一年生的草本，常为半寄生或半腐生。

【根】根在多年生种类中常为肉质，粗壮而分枝，或数目较多，细而圆筒形或中部略膨大或完全为纺锤形。

【茎】在有些群中具有极粗壮而肉质的根茎，常有分枝，在顶部直接连在一条鞭状的、有时生有细小鳞片的较细根茎上，或在顶端分为数枝，每一枝发生一条鞭状根茎，此根茎的顶端再连接在粗壮的根颈上，在此根颈的周围，发出 1 条稠密的须状细根，在一年生的种类中则根多少木质化而细。茎常中空，有的不分枝，有的在基部分枝或上部分枝，其中尤以上部分枝的特征，固定只在某些群中发生；枝有互生、对生与轮生之别，但在互生群中，常有强烈的对生倾向而形成假对生或假轮生。

【叶】叶也有互生、对生与轮生之别，大小、边缘的情况都有极大的不同，在某一群中，在芽中有拳卷的现象。

【花】花序总状或穗状，花萼筒状钟形或多少坼状，膜质、草质，其上具明显的纵脉，不等约 4～5 齿裂，出或长或短的喙，稀无喙，或具小齿，下唇 3 裂；雄蕊 4 枚，2 枚强，由藏匿丝面对均被毛或其中 1 对被毛；子房 2 室，有胚珠 4 至多数，花柱细长，柱头头状。

【果实和种子】蒴果多少卵圆形，顶端尖，室背开裂；种子卵形或短圆形，具网状或蜂窝状孔纹。

【分类地位】被子植物门、双子叶植物纲、合瓣花亚纲、管状花目、玄参科。

【种类】全属有 500 种以上；中国有 300 余种；内蒙古有 18 种，4 亚种，3 变种。

阿拉善马先蒿 *Pedicularis alaschanica*

多年生草本。根粗壮而短，一般较细，向端渐细，有细状侧根或分枝；根颈有多对覆瓦状膜质卵形之鳞片。叶基出者早败，茎生者茂密，下部者对生；叶片披针状长圆形至卵状长圆形，两面均近于光滑，羽状全裂。花序穗状，生于茎枝之端，长短不一，花轮可达 10 枚，下部花轮多间断；苞片叶状，甚长于花，柄多少膜质膨大变宽，中上部者渐渐变短，略长至略短于花，基部卵形而宽，前部线形而仅具锐齿或浅裂，很像五角马先蒿的苞片；萼膜质，长圆形，前方开裂，脉 5 主 5 次，明显高凸，沿脉被长柔毛，无网脉，齿 5 枚，后方 1 枚三角形全缘，其余三角状披针形而长，有反卷而具胼胝的踞齿；花冠黄色，花管约与萼等长，在中上部稍稍向前膝屈，下唇与盔等长或稍长，浅裂，侧裂斜椭圆形而略带方形，甚大于亚菱形而显著的中裂，背线向前上方转折形成多少膨大的含有雄蕊部分，而后再转向前下方成为倾斜之额，顶端渐细成为稍稍下弯的短喙，喙长短和粗细很不一致；雄蕊花丝着生于管的基部，前方一对端有长柔毛。

蚂蚱腿子属 ——【学　名】*Myripnois*

【蒙古名】ᠮᠢᠷᠢ ᠊ᠥ ᠬᠣᠳᠣᠷ

【英文名】Locustleg

【生活型】灌木。

【叶】叶互生,近无柄或有短柄,全缘。

【花】头状花序少花,通常4～9朵,同性,雌花和两性花(子房不育)异株,无梗,单生于短侧枝之顶,先叶开花。总苞钟形或近圆筒状,总苞片少数,5个,覆瓦状排列,大小近相等;花托小,无毛;雌花花冠具明显的舌片;两性花花冠管状2唇形,檐部5裂,裂片极不等长;花药基部箭形,具渐尖的尾部。两性花的花柱延长,顶端极钝或截平,不分枝,雌花花柱分枝通常外卷,顶端尖。

【果实和种子】瘦果纺锤形,密被白色长毛;雌花的冠毛多层,粗糙,浅白色;两性花的冠少数,通常2～4条,雪白色。

【分类地位】被子植物门、双子叶植物纲、合瓣花亚纲、桔梗目、菊科、管状花亚科、帚菊木族。

【种类】全属有1种;中国有1种;内蒙古有1种。

蚂蚱腿子 *Myripnois dioica*

　　落叶小灌木。枝多而细直,呈帚状,具纵纹,被短柔毛。叶片纸质,生于短枝上的椭圆形或近长圆形,生于长枝上的阔披针形或卵状披针形,顶端短尖至渐尖,基部圆或长楔尖,全缘,幼时两面被较密的长柔毛,老时脱毛;中脉两面均凸起,侧脉极纤弱,通常仅于基部的1对较明显,网脉密而显著,两面均凸起;叶柄被柔毛,短枝上的叶无明显的叶柄。头状花序近无梗或于果期有短梗,单生于侧枝之顶;总苞钟形或近圆筒形;总苞片5个,内层与外层的形状相似,大小几相等,长圆形或近长圆形,顶端钝,背面被紧贴的绢毛;花托小,不平,无毛。花雌性和两性异株,先叶开放;雌花花冠紫红色,舌状,顶端3浅裂,两性花花冠白色,管状2唇形,5裂,裂片极不等长;花药顶端尖,基部箭形,尾部渐狭;雌花花柱分枝外卷,顶端略尖,两性花的子房退化。瘦果纺锤形,密被毛。雌花冠毛丰富,多层,浅白色,两性花的冠毛少数,2～4条,雪白色。花期5月。

麦毒草属（麦仙翁属）——【学　名】*Agrostemma*

【蒙古名】ᠪᠤᠭᠤᠳᠠᠢ ᠶᠢᠨ ᠬᠣᠣᠷᠲᠤ ᠡᠪᠡᠰᠦ

【英文名】Cockle

【生活型】一年生草本。

【茎】茎直立，不分枝或分枝。

【叶】叶对生，无柄或近无柄，无托叶。

【花】花两性，单生枝端；花萼卵形或椭圆状卵形，具 10 条凸起纵脉，裂片 5 枚，线形，叶状，通常比萼筒长，稀近等长；雌雄蕊柄无；花瓣 5 片，深紫色，稀近白色，常比花萼短，爪明显，瓣片微凹缺；副花冠缺；雄蕊 10 枚，2 轮列，外轮雄蕊基部与瓣爪合生；子房 1 室；花柱 5 枚，与萼裂片互生。

【果实和种子】蒴果卵形，5 齿裂；种子多数，肾形；胚环形。

【分类地位】被子植物门、双子叶植物纲、原始花被亚纲、中央种子目、石竹科、石竹亚科、剪秋罗族、蝇子草亚族。

【种类】全属约有 3 种；中国有 1 种；内蒙古有 1 种。

麦仙翁 *Agrostemma githago*

　　一年生草本。全株密被白色长硬毛。茎单生，直立，不分枝或上部分枝。叶片线形或线状披针形，基部微合生，抱茎，顶端渐尖，中脉明显。花单生，花梗极长；花萼长椭圆状卵形，后期微膨大，萼裂片线形，叶状；花瓣紫红色，比花萼短，爪狭楔形，白色，无毛，瓣片倒卵形，微凹缺；雄蕊微外露，花丝无毛；花柱外露，被长毛。蒴果卵形，微长于宿存萼，裂齿 5 枚，外卷；种子呈不规则卵形或圆肾形，黑色，具棘凸。2n＝48。花期 6～8 月，果期 7～9 月。

　　生于麦田中或路旁草地，为田间杂草。产于黑龙江、吉林、内蒙古、新疆。欧洲、亚洲、非洲北部和北美洲也有。

麦瓶草属(蝇子草属)——【学　名】*Silene*

【蒙古名】ᠮᠣᠩᠭᠣᠯ ᠵᠦᠢᠯ ᠤᠨ ᠡᠪᠡᠰᠦ

【英文名】Catchfly

【生活型】一年生、二年生或多年生草本,稀亚灌木状。

【茎】茎直立、上升、俯仰或近平卧。

【叶】叶对生、线形、披针形、椭圆形或卵形,近无柄;托叶无。

【花】花两性,稀单性,雌雄同株或异株,成聚伞花序或圆锥花序,稀呈头状花序或单生;花萼筒状、钟形、棒状或卵形,稀呈囊状或圆锥形,花后多少膨大,具10、20或30条纵脉,萼脉平行,稀网结状,萼齿5枚,萼冠间具雌雄蕊柄;花瓣5片,白色、淡黄绿色、红色或紫色,瓣爪无毛或具缘毛,上部扩展呈耳状,稀无耳,瓣片外露,稀内藏,平展,2裂,稀全缘或多裂,有时微凹缺;花冠喉部具10枚片状或鳞片状副花冠,稀缺;雄蕊10枚,2轮列,外轮5枚较长,与花瓣互生,常早熟,内轮5枚基部多少与瓣爪合生,花丝无毛或具缘毛;子房基部1、3或5室,具多数胚珠;花柱3枚,稀5(偶4或6)枚。

【果实和种子】蒴果基部隔膜常多变化,顶端6或10齿裂,裂齿为花柱数的2倍,稀5瓣裂,与花柱同数;种子肾形或圆肾形;种皮表面具短线条纹或小瘤,稀具棘凸,有时平滑;种脊平、圆钝、具槽或具环翅;胚环形。

【分类地位】被子植物门、双子叶植物纲、原始花被亚纲、中央种子目、石竹科、石竹亚科、剪秋罗族、蝇子草亚族。

【种类】全属约有400种;中国有112种,2亚种,17变种;内蒙古有7种,5变种,3变型。

蔓茎蝇子草 *Silene repens*

多年生草本。全株被短柔毛。根状茎细长,分叉。茎疏丛生或单生,不分枝或有时分枝。叶片线状披针形、披针形、倒披针形或长圆状披针形,基部楔形,顶端渐尖,两面被柔毛,边缘基部具缘毛,中脉明显。总状圆锥花序,小聚伞花序常具1～3朵花;苞片披针形,草质;花萼筒状棒形,常带紫色,被柔毛,萼齿宽卵形,顶端钝,边缘膜质,具缘毛;雌雄蕊柄被短柔毛;花瓣白色,稀黄白色,爪倒披针形,不露出花萼,无耳,瓣片平展,轮廓倒卵形,浅2裂或深达其中部;副花冠片长圆状,顶端钝,有时具裂片;雄蕊微外露,花丝无毛;花柱微外露。蒴果卵形,比宿存萼短;种子肾形,黑褐色。花期6～8月,果期7～9月。

431

曼陀罗属——【学　名】*Datura*

【蒙古名】ᠬᠤᠷᠬᠤᠢ ᠵᠢᠮᠢᠰ ᠤᠨ ᠲᠥᠷᠥᠯ

【英文名】Datura，Jimsonweed

【生活型】草本、半灌木、灌木或小乔木。

【茎】茎直立，二歧分枝。

【叶】单叶互生，有叶柄。花大型，常单生于枝分叉间或叶腋，直立、斜升或俯垂。

【花】花萼长管状，筒部5棱形或圆筒状，贴近于花冠筒或膨胀而不贴于花冠筒，5浅裂或稀同时在一侧深裂，花后自基部稍上处环状断裂而仅基部宿存部分扩大或者自基部全部脱落；花冠长漏斗状或高脚碟状，白色、黄色或淡紫色，筒部长，檐部具折襞，5浅裂，裂片顶端常渐尖或稀在2枚裂片间亦有1长尖头而呈十角形，在蕾中折合而旋转；雄蕊5枚，花丝下部贴于花冠筒内而上部分离，不伸出或稍伸出花冠筒，花药纵缝裂开；子房2室，每室由于从背缝线伸出的假隔膜而再分成2室则成不完全4室，花柱丝状，柱头膨大，2浅裂。

【果实和种子】蒴果，规则或不规则4瓣裂，或者浆果状，表面生硬针刺或无针刺而光滑。种子多数，扁肾形或近圆形；胚极弯曲。

【分类地位】被子植物门、双子叶植物纲、合瓣花亚纲、管状花目、茄科、曼陀罗族。

【种类】全属约有16种；中国有4种；内蒙古有2种。

洋金花 *Datura metel*

一年生直立草木。呈半灌木状，全体近无毛；茎基部稍木质化。叶卵形或广卵形，顶端渐尖，基部不对称呈圆形、截形或楔形，边缘有不规则的短齿或浅裂，或者全缘而波状，侧脉每边4～6条。花单生于枝叉间或叶腋。花萼筒状，裂片狭三角形或披针形，果时宿存部分增大成浅盘状；花冠长漏斗状，筒中部之下较细，向上扩大呈喇叭状，裂片顶端有小尖头，白色、黄色或浅紫色，单瓣，在栽培类型中有2重瓣或3重瓣；雄蕊5枚，在重瓣类型中常变态成15枚左右；子房疏生短刺毛。蒴果近球状或扁球状，疏生粗短刺，不规则4瓣裂。种子淡褐色。花果期3～12月。

芒属──【学　名】*Miscanthus*

【蒙古名】ᠬᠠᠷᠠᠭᠤ ᠵᠢᠮᠢᠰ (ᠬᠠᠷᠠᠭᠤ ᠡᠪᠡᠰᠦᠲᠦ ᠲᠥᠷᠥᠯ) ᠶᠢᠨ ᠲᠥᠷᠥᠯ

【英文名】Awngrass

【生活型】多年生高大草本植物。

【茎】秆粗壮,中空。

【叶】叶片扁平宽大。顶生圆锥花序大型,由多数总状花序沿一延伸的主轴排列而成。

【花】小穗含 1 朵两性花,具不等长的小穗柄,孪生于连续的总状花序轴之各节,基盘具长于其小穗的丝状柔毛。两颖近相等,厚纸质至膜质。第一颖背腹压扁,顶端尖,边缘内折成 2 脊,有 2~4 条脉;第二颖舟形,具 1~3 条脉;外稃透明膜质,第一外稃内空,第二外稃具 1 条脉,顶端 2 裂,微齿间伸出一扭转膝曲之芒;内稃微小;鳞被 2 枚,楔形,雄蕊 3 枚,先雌蕊而成熟;花柱 2 枚,甚短;柱头帚刷状,近小穗中部之两侧伸出。

【果实和种子】颖果长圆形,胚大型。染色体小型,基数为 10。

【分类地位】被子植物门、单子叶植物纲、禾本目、禾本科、黍亚科、高粱族、甘蔗亚族。

【种类】全属约有 10 种;中国有 6 种;内蒙古有 1 种。

芒 *Miscanthus sinensis*

　　多年生苇状草本。无毛或在花序以下疏生柔毛。叶鞘无毛,长于其节间;叶舌膜质,顶端及其后面具纤毛;叶片线形,下面疏生柔毛及被白粉,边缘粗糙。圆锥花序直立,主轴无毛,延伸至花序的中部以下,节与分枝腋间具柔毛;分枝较粗硬,直立,不再分枝或基部分枝具第二次分枝;小枝节间三棱形,边缘微粗糙;小穗披针形,黄色有光泽,基盘具等长于小穗的白色或淡黄色的丝状毛;第一颖顶具 3~4 条脉,边脉上部粗糙,顶端渐尖,背部无毛;第二颖常具 1 条脉,粗糙,上部内折之边缘具纤毛;第一外稃长圆形,膜质,边缘具纤毛;第二外稃明显短于第一外稃,先端 2 裂,裂片间具 1 芒,棕色,膝曲,芒柱稍扭曲,第二内稃长约为其外稃的 1/2;雄蕊 3 枚,稃褐色,先雌蕊而成熟;柱头羽状,紫褐色,从小穗中部之两侧伸出。颖果长圆形,暗紫色。

　　产于江苏、浙江、江西、湖南、福建、台湾、广东、海南、广西、四川、贵州、云南等省区;遍布于海拔 1800 米以下的山地、丘陵和荒坡原野,常组成优势群落。也分布于朝鲜、日本。

牻牛儿苗科——【学　名】*Geraniaceae*

【蒙古名】ᠮᠣᠯᠣᠷ ᠤᠨ ᠲᠥᠷᠥᠯ

【英文名】Granebill Family

【生活型】草本,稀为亚灌木或灌木。

【叶】叶互生或对生,叶片通常掌状或羽状分裂,具托叶。

【花】聚伞花序腋生或顶生,稀花单生;花两性,整齐,辐射对称或稀为两侧对称;萼片通常 5 个或稀为 4 个,覆瓦状排列;花瓣 5 片或稀为 4 片,覆瓦状排列;雄蕊 10～15 枚,2 轮,外轮与花瓣对生,花丝基部合生或分离,花药丁字着生,纵裂;蜜腺通常 5 个,与花瓣互生;子房上位,心皮 2～3～5 枚,通常 3～5 室,每室具 1～2 颗倒生胚珠,花柱与心皮同数,通常下部合生,上部分离。

【果实和种子】果实为蒴果,通常由中轴延伸成喙,稀无喙,室间开裂或稀不开裂,每枚果瓣具 1 粒种子,成熟时果瓣通常爆裂或稀不开裂,开裂的果瓣常由基部向上反卷或成螺旋状卷曲,顶部通常附着于中轴顶端。种子具微小胚乳或无胚乳,子叶折叠。

【种类】本科有 11 属,约 750 种;中国有 4 属,约 67 种;内蒙古有 2 属,13 种。

牻牛儿苗科 Geraniaceae Juss. 是法国植物学家 Antoine Laurent de Jussieu (1748－1836)于 1789 年在"Genera plantarum 268"(Gen. Pl.)中建立的植物科,模式属为老鹳草属(Geranium)。

在恩格勒系统(1964)中,牻牛儿苗科隶属原始花被亚纲(Archichlamydeae)、牻牛儿苗目(Geraniales)、牻牛儿苗亚目(Geraniineae),本目含沼泽草科(Limnanthaceae)、酢浆草科(Oxalidaceae)、牻牛儿苗科、旱金莲科(Tropaeolaceae)、蒺藜科(Zygophyllaceae)、亚麻科(Linaceae)、古柯科(Erythroxylaceae)、大戟科(Euphorbiaceae)、交让木科(Daphniphyllaceae)等 9 个科。在哈钦森系统(1959)中,牻牛儿苗科隶属双子叶植物草本支(Herbaceae)、牻牛儿苗目,本目包括牻牛儿苗科、沼泽草科、酢浆草科、旱金莲科和凤仙花科(Balsaminaceae)5 个科,认为本目起源于石竹目(Caryophyllales),或直接起源于毛茛目(Ranales)。在塔赫他间系统(1980)中,牻牛儿苗科隶属蔷薇亚纲(Rosidae)、牻牛儿苗目,含亚麻科、Houmiriaceae、古柯科、酢浆草科、牻牛儿苗科、凤仙花科、旱金莲科、沼泽草科等 8 个科,认为本目与芸香目(Rutales)有联系,特别与芸香科(Rutaceae)有联系,其进化地位放在由芸香目演化出来的线上。在克朗奎斯特系统(1981),牻牛儿苗科也隶属蔷薇亚纲(Rosidae)、牻牛儿苗目,但只含酢浆草科、牻牛儿苗科、沼泽草科、旱金莲科和凤仙花科 5 个科,认为本目由无患子目(Sapindales)演化而来。

牻牛儿苗属——【学　名】*Erodium*

【蒙古名】 ᠲᠣᠣᠷᠮᠠᠭ ᠤᠨ ᠡᠪᠡᠰᠦ

【英文名】Heronbill

【生活型】草本,稀为亚灌木状。

【茎】茎分枝或无茎,常具膨大的节。

【叶】叶对生或互生,羽状分裂;托叶淡棕色干膜质。

【花】总花梗腋生,通常伞形花序,稀仅具 2 朵花;花对称或稍不对称;萼片 5 个,覆瓦状排列,边缘常膜质;花瓣 5 片,覆瓦状排列;蜜腺 5 个,与花瓣互生;雄蕊 10 枚,2 轮,外轮无药,与花瓣对生,内轮具药,与花瓣互生,花丝中部以下扩展,基部稍合生;子房 5 裂,5 室,每室具 2 颗胚珠,花柱 5 枚。

【果实和种子】蒴果 5 室,具 5 枚果瓣,每枚果瓣具 1 粒种子,蒴果成熟时由基部向顶端螺旋状卷曲或扭曲,果瓣内面具长糙毛;种子无胚乳。

【分类地位】被子植物门、双子叶植物纲、原始花被亚纲、牻牛儿苗目、牻牛儿苗科。

【种类】全属约有 90 种;中国有 4 种;内蒙古有 3 种。

【注释】Erodium 意为鹭,原为希腊字,为 L'Heriter 引用于此,意指其果实喙如鹭之嘴。

芹叶牻牛儿苗 *Erodium cicutarium*

　　一年生或二年生草本。根为直根系,主根深长,侧根少。茎多数,直立、斜升或蔓生,被灰白色柔毛叶对生或互生;托叶三角状披针形或卵形,干膜质,棕黄色,先端渐尖;基生叶具长柄,茎生叶具短柄或无柄,叶片矩圆形或披针形,2 回羽状深裂,裂片 7～11 对,具短柄或几无柄,小裂片短小,全缘或具 1～2 枚齿,两面被灰白色伏毛。伞形花序腋生,明显长于叶,总花梗被白色早落长腺毛,每梗通常具 2～10 朵花;花梗与总花梗相似,长为花之 3～4 倍,花期直立,果期下折;苞片多数,卵形或三角形,合生至中部;萼片卵形,3～5 条脉,先端锐尖,被腺毛或具枯胶质糙长毛;花瓣紫红色,倒卵形,稍长于萼片,先端钝圆或凹,基部楔形,被糙毛;雄蕊稍长于萼片,花丝紫红色,中部以下扩展;雌蕊密被白色柔色。蒴果被短伏毛。种子卵状矩圆形。花期 6～7 月,果期 7～10 月。

435

内蒙古种子植物科属词典

猫儿菊属——【学　名】*Hypochaeris*

【蒙古名】ᠬᠡᠯᠡᠨ ᠦ ᠴᠡᠴᠡᠭ

【英文名】Catdaisy

【生活型】多年生草本,极少一年生。

【茎】茎单生,不分枝或少分枝。

【叶】有叶或无叶,有基生的莲座状叶丛。

【花】头状花序大或中等大小,卵状、宽半球形或钟形,植株含1～3个头状花序,单生茎顶或枝端,有多数同形两性舌状小花。总苞片多层,覆瓦状排列。花托平,有托片,托片长膜质,线形,基部包围舌状小花。全部小花舌状,两性,结实,黄色,舌片顶端截形,5齿裂。花药基部箭形,花柱分枝纤细,顶端微钝。

【果实和种子】瘦果圆柱形或长椭圆形,有多条高起的纵肋,或纵肋少数,顶端有喙,喙细或短,或顶端截形而无喙。冠毛羽毛状,1层。

【分类地位】被子植物门、双子叶植物纲、合瓣花亚纲、桔梗目、菊科、舌状花亚科、菊苣族、猫儿菊亚族。

【种类】全属约有60种,中国有2种;内蒙古有1种。

436

猫儿菊大黄菊 *Hypochaeris ciliata*

多年生草本。根垂直直伸。茎直立,有纵沟棱,不分枝,全长或仅下半部被稠密或稀疏的硬刺毛或光滑无毛,基部被黑褐色枯燥叶柄。基生叶椭圆形或长椭圆形或倒披针形,基部渐狭成长或短翼柄,顶端急尖或圆形,边缘有尖锯齿或微尖齿;下部茎生叶与基生叶同形,等大或较小,但通常较宽;向上的茎叶椭圆形或长椭圆形或卵形或长卵形,但较小,全部茎生叶基部平截或圆形,无柄,半抱茎。全部叶两面粗糙,被稠密的硬刺毛。头状花序单生于茎端。总苞宽钟状或半球形;总苞片3～4层,覆瓦状排列,外层卵形或长椭圆状卵形,顶端钝或渐尖,边缘有缘毛,中内层披针形,边缘无缘毛,顶端急尖,全部总苞片或中外层总苞片外面沿中脉被白色卷毛。舌状小花多数,金黄色。瘦果圆柱状,浅褐色,顶端截形,无喙,有约15～16条稍高起的细纵肋。冠毛浅褐色,羽毛状,1层。花果期6～9月。

毛茛科——【学　名】*Ranunculaceae*

【蒙古名】ᠭᠣᠶᠠᠯᠲᠠᠨ ᠤ ᠣᠪᠤᠭ (蒙古文)

【英文名】Buttercup Family

【生活型】多年生或一年生草本，少有灌木或木质藤本。

【叶】叶通常互生或基生，少数对生，单叶或复叶，通常掌状分裂，无托叶；叶脉掌状，偶尔羽状，网状连接，少有开放的两叉状分枝。

【花】花两性，少有单性，雌雄同株或雌雄异株，辐射对称，稀为两侧对称，单生或组成各种聚伞花序或总状花序。萼片下位，4～5 个，或较多，或较少，绿色，或花瓣不存在或特化成分泌器官时常较大，呈花瓣状，有颜色。花瓣存在或不存在，下位，4～5 片，或较多，常有蜜腺并常特化成分泌器官，这时常比萼片小得多，呈杯状、筒状、2 唇状，基部常有囊状或筒状的距。雄蕊下位，多数，有时少数，螺旋状排列，花药 2 室，纵裂。退化雄蕊有时存在。心皮分生，少有合生，多数、少数或 1 枚，在多少隆起的花托上螺旋状排列或轮生，沿花柱腹面生柱头组织，柱头不明显或明显；胚珠多数、少数至 1 个，倒生。

【果实和种子】果实为蓇葖或瘦果，少数为蒴果或浆果。种子有小的胚和丰富的胚乳。

【种类】全科约有 50 属，2000 余种；中国有 42 属，约 720 种；内蒙古有 18 属，119 种，1 亚种，27 变种，5 变型。

毛茛科 Ranunculaceae Juss. 是法国植物学家 Antoine Laurent de Jussieu(1748—1836)于 1789 年在"Genera plantarum 231"(Gen. Pl.)中建立的植物科，模式属为毛茛属(Ranunculus)。

在恩格勒系统(1964)中，毛茛科隶属原始花被亚纲(Archichlamydeae)、毛茛目(Ranales)、毛茛亚目(Ranumculineae)，本目含毛茛科、小檗科(Berberidaceae)、大血藤科(Sargentodoxaceae)、木通科(Lardizabalaceae)、防己科(Menispermaceae)、睡莲科(Nymphaeaceae)、金鱼藻科(Ceratophyllaceae)等 7 个科。在恩格勒系统(1964)中，毛茛科不包括芍药属(Paeonia)，即承认芍药科(Paeoniaceae)并把它放在藤黄目(Guttiferales)的无柽果亚目(Dilleniineae)中。芍药科 Paeoniaceae Raf. 是 Constantine Samuel Rafinesque—Schmaltz (1783—1840)于 1815 年在"Analyse de la Nature 176"(Anal. Nat.)上发表的植物科，模式属为芍药属(Paeonia)。在哈钦森系统(1959)中，毛茛科隶属双子叶植物草本支(Herbaceae)、毛茛目，含芍药科、铁筷子科(Helleboraceae)、毛茛科、睡莲科、鬼白科(Podophyllaceae)、金鱼藻科和莼菜科(Cabombaceae)等 7 个科。哈钦森系统(1959)认为，毛茛目为原始被子植物，比木兰目(Magnoliales)进化，泽泻目(Alismatales)和花蔺目(Butomales)起源于毛茛目。在塔赫他间系统(1980)中，毛茛科隶属毛茛亚纲(Ranunculidae)、毛茛目，含木通科、大血藤科、防己科、小檗科、毛茛科、白根葵科(Glaucidaceae)和星叶草科(Circaeasteraceae)等 7 个科。塔赫他间系统(1980)由芍药科成立了芍药目(Paeoniales)，只含 1 个科。在克朗奎斯特系统(1981)中，毛茛科隶属木兰亚纲(Magnoliidae)、毛茛目，含毛茛科、星叶草科、小檗科、大血藤科、木通科、防己科、马桑科(Coriariaceae)和清风藤科(Sabiaceae)等 8 个科。克朗奎斯特系统(1981)把芍药科放在无柽果目(Dilleniales)，含无柽果科(Dilleniaceae)和芍药科 2 个科。

毛茛属——【学　名】*Ranunculus*

【蒙古名】ᠪᠠᠷᠠᠭᠤᠯ ᠴᠡᠴᠡᠭ ᠤᠨ ᠲᠦᠷᠦᠯ

【英文名】Buttercup, Crowfoot, Frogflower

【生活型】多年生或少数一年生草本,陆生或部分水生。

【根】须根纤维状簇生,或基部粗厚呈纺锤形,少数有根状茎。茎直立、斜升或有匍匐茎。

【叶】叶大多基生并茎生,单叶或三出复叶,3浅裂至3深裂,或全缘及有齿;叶柄伸长,基部扩大成鞘状。

【花】花单生或成聚伞花序;花两性,整齐,萼片5个,绿色,草质,大多脱落;花瓣5片,有时6至10片,黄色,基部有爪,蜜槽呈点状或杯状袋穴,或有分离的小鳞片覆盖;雄蕊通常多数,向心发育,花药卵形或长圆形,花丝线形;心皮多数,离生,含1颗胚珠,螺旋着生于有毛或无毛的花托上;花柱腹面生有柱头组织。

【果实和种子】聚合果球形或长圆形;瘦果卵球形或两侧压扁,背腹线有纵肋,或边缘有棱至宽翼,果皮有厚壁组织而较厚,无毛或有毛,或有刺及瘤突,喙较短,直伸或外弯。

【分类地位】被子植物门、双子叶植物纲、原始花被亚纲、毛茛目、毛茛科、毛茛亚科、毛茛族、毛茛亚族。

【种类】全属约有400种;中国有78种,9变种;内蒙古有23种,1变种,1变型。

毛茛 *Ranunculus japonicus*

多年生草本。须根多数簇生。茎直立,中空,有槽,具分枝,生开展或贴伏的柔毛。基生叶多数;叶片圆心形或五角形,基部心形或截形,通常3深裂不达基部,中裂片倒卵状楔形或宽卵圆形或菱形,3浅裂,边缘有粗齿或缺刻,侧裂片不等地2裂,两面贴生柔毛,下面或幼时的毛较密;叶柄生开展的柔毛。下部叶与基生叶相似,渐向上叶柄变短,叶片较小,3深裂,裂片披针形,有尖齿牙或再分裂;最上部叶线形,全缘,无柄。聚伞花序有多数花,疏散;花梗贴生柔毛;萼片椭圆形,生白柔毛;花瓣5片,倒卵状圆形,基部有爪;花托短小,无毛。聚合果近球形;瘦果扁平,上部最宽处与长近相等,约为厚的5倍以上,边缘有棱,无毛,喙短直或外弯。花果期4～9月。

毛蒿豆属——【学　名】*Oxycoccus*

【蒙古名】ᠣᠶᠢᠮᠠᠯ ᠤᠨ ᠲᠥᠷᠥᠯ

【英文名】Craneberry

【生活型】常绿半灌木。

【茎】茎纤细,有细长匍匐的走茎。分枝少,直立上升,幼枝淡褐色,被微柔毛,老枝暗褐色,无毛,茎皮成条状剥离。

【叶】叶散生,叶片革质,卵形或椭圆形,通常至基部变宽,顶端锐尖,基部钝圆,边缘反卷,全缘,表面深绿色,背面带灰白色,两面无毛,中脉在表面下陷,在背面隆起,侧脉和网脉在两面不显;叶柄极短,幼时被微柔毛。

【花】花 1～2 朵生于枝顶;花梗细弱,近无毛,顶端稍下弯;苞片着生花梗基部,卵形,无毛,小苞片 2 个,着生花梗中部,线形,无毛;萼筒无毛,萼齿 4 枚,半圆形,无毛;花冠粉红色,4 深裂,裂片长圆形,向外反折;雄蕊 8 枚,花丝扁平,无毛,药室背部无距,药管与药室近等长;子房 4 室,花柱细长,超出雄蕊。

【果实和种子】浆果球形,红色。

【分类地位】被子植物门、双子叶植物纲、合瓣花亚纲、杜鹃花目、杜鹃花科、越桔亚科、越桔属。

【种类】全属有 3 种;中国有 2 种;内蒙古有 1 种。

毛蒿豆 *oxycocussp*

　　常绿半灌木。茎纤细,有细长匍匐走茎。分枝少,直立上升,幼枝淡褐色,被微柔毛,老枝暗褐色,无毛,茎皮成条状剥离。叶散生,叶片革质,卵形或椭圆形,通常至基部变宽,顶端锐尖,基部钝圆,边缘反卷,全缘,表面深绿色,背面带灰白色,两面无毛,中脉在表面下陷,在背面隆起,侧脉和网脉在两面不显;叶柄极短,幼时被微柔毛。花 1～2 朵生于枝顶;花梗细弱,近无毛,顶端稍下弯;苞片着生花梗基部,卵形,无毛,小苞片 2 个,着生花梗中部,线形,无毛;萼筒无毛,萼齿 4 枚,半圆形,无毛;花冠粉红色,4 深裂,裂片长圆形,向外反折,花丝扁平,无毛,药室背部无距,药管与药室近等长;子房 4 室,花柱细长,超出雄蕊。浆果球形,红色。花期 6～7 月,果期 7～8 月。

　　产于大兴安岭、吉林长白山。生于落叶松林下或苔藓植物生长的水湿台地,植株下部埋在苔藓植物中,仅上部露出。分布于朝鲜、日本、俄罗斯,欧洲北部延至乌克兰(西北)、喀尔巴阡山、阿尔卑斯山,北美洲北部的阿拉斯加—育空地区。

毛连菜属——【学　名】*Picris*

　　　　　　【蒙古名】ᠲᠣᠲᠣᠯᠣᠢᠨ ᠵᠦᠢᠯ ᠦᠨ ᠡᠪᠡᠰᠦ

　　　　　　【英文名】Otongue

【生活型】一年生、二年生或多年生分枝草本。

【茎】全部茎枝被钩状硬毛或硬刺毛。

【叶】叶互生或基生,全缘或边缘有锯齿,极少羽状分裂。

【花】头状花序同型,舌状,在茎枝顶端成伞房花序或圆锥花序式排列或不呈明显的花序式排列,花梗长,有时增粗。总苞钟状或坛状。总苞片约 3 层,覆瓦状排列或不明显覆瓦状排列。花托平,无托毛。全部小花舌状,多数,黄色,舌片顶端截形,5 齿裂,花药基部箭头形,花柱分枝纤细。

【果实和种子】瘦果椭圆形或纺锤形,有 5～14 条高起的纵肋,肋上有横皱纹,基部收窄,顶端短收窄,但无喙或喙极短。冠毛 2 层,外层短或极短,糙毛状,内层长,羽毛状,基部连合成环。

【分类地位】被子植物门、双子叶植物纲、合瓣花亚纲、桔梗目、菊科、舌状花亚科、菊苣族、猫儿菊亚族。

【种类】全属约有 40 种;中国有 5 种;内蒙古有 1 种。

毛连菜 *Picris hieracioides*

　　二年生草本。根垂直直伸,粗壮。茎直立,上部伞房状或伞房圆状分枝,有纵沟纹,被稠密或稀疏的亮色分叉的钩状硬毛。基生叶花期枯萎脱落;下部茎叶长椭圆形或宽披针形,先端渐尖或急尖或钝,边缘全缘或有尖锯齿或大而钝的锯齿,基部渐狭成长或短的翼柄;中部和上部茎叶披针形或线形,较下部茎叶小,无柄,基部半抱茎;最上部茎小,全缘;全部茎叶两面特别是沿脉被亮色的钩状分叉的硬毛。头状花序较多数,在茎枝顶端排成伞房花序或伞房圆锥花序,花序梗细长。总苞圆柱状钟形;总苞片 3 层,外层线形,短,顶端急尖,内层长,线状披针形,边缘白色膜质,先端渐尖;全部总苞片外面被硬毛和短柔毛。舌状小花黄色,冠筒被白色短柔毛。瘦果纺锤形,棕褐色,有纵肋,肋上有横皱纹。冠毛白色,外层极短,糙毛状,内层长,羽毛状。花果期 6～9 月。

　　生于山坡草地、林下、沟边、田间、撂荒地或沙滩地,海拔 560～3400 米。分布于中国、欧洲、地中海地区、伊朗、俄罗斯(欧洲部分、西西伯利亚)及哈萨克斯坦。全草入药。

茅膏菜科——【学　名】*Droseraceae*

【蒙古名】ᠲᠠᠮᠠᠬᠢᠨ ᠤ ᠬᠣᠣᠷ ᠤᠨ ᠣᠪᠣᠭ

【英文名】Sundew Family

【生活型】食虫植物,多年生或一年生草本,陆生或水生。

【茎】茎的地下部位具不定根,常有退化叶,末端具或不具球茎,地上部位短或伸长。

【叶】叶互生,常莲座状密集,稀轮生,通常被头状粘腺毛,幼叶常拳卷;托叶存在或不存在,干膜质。

【花】花通常多朵排成顶生或腋生的聚伞花序,稀单生于叶腋,两性,辐射对称;萼通常 5 裂至近基部或基部,稀 4 或 6～7 裂,裂片覆瓦状排列,宿存;花瓣 5 片,分离,具脉纹,宿存;雄蕊通常 5 枚,与花瓣互生,稀 4 或 5 基数的排成 2～4 轮,花丝分离,稀基部合生,花药 2 室,外向,纵裂;子房上位,有时半下位,1 室,心皮 2～5 枚,侧膜胎座或基生胎座,胚珠多数,稀少数;花柱 2～5 枚,多呈各式分裂,少有不裂。

【果实和种子】蒴果室背开裂;种子多数,稀少数,胚乳丰富,胚直,小,基生。

【种类】全科有 4 属,100 余种;中国有 2 属,7 种,3 变种;内蒙古有 1 属,1 种。

茅膏菜科 Droseraceae Salisb. 是英国植物学家 Richard Anthony Salisbury (1761－1829)于 1808 年在"The Paradisus Londinensis，ad t. 95"(Parad. Lond.)上发表的植物科,模式属为茅膏菜属(Drosera)。

在恩格勒系统(1964)中,茅膏菜科隶属原始花被亚纲(Archichlamydeae)、管叶草目(瓶子草目)(Sarraceniales),含管叶草科(瓶子草科)(Sarraceniaceae)、猪笼草科(Nepenthaceae)和茅膏菜科 3 个科。在哈钦森系统(1959)中,茅膏菜科隶属双子叶植物草本支(Herbaceae)、管叶草目,含茅膏菜科和管叶草科 2 个科,猪笼草科则被放在马兜铃目(Aristolochiales)中。在塔赫他间系统(1980)中,茅膏菜科隶属蔷薇亚纲(Rosidae)、虎耳草目(Saxifragales),本目含 25 个科。克朗奎斯特系统(1981)把茅膏菜科放在无瓣果亚纲(Dilleniidae)、猪笼草目(Nepenthaceae),含管叶草科(瓶子草科)、猪笼草科和茅膏菜科 3 个科,所含科与恩格勒系统(1964)相同。

441

茅香属——【学　名】*Hierochloe*

【蒙古名】ᠲᠣᠮᠤᠷ ᠬᠤᠬᠢᠷ ᠤᠨ ᠲᠦᠷᠦᠯ

【英文名】Sweetgrass

【生活型】多年生有香气的草本植物。

【花】圆锥花序卵形或金字塔形；小穗褐色有光泽，有 1 朵顶生两性小花和 2 朵侧生雄性小花，两侧压扁，小穗轴脱节于颖之上，但不在小花间折断，3 朵小花同时脱落；颖几等长，薄膜质，宽卵形，顶端尖，有 1～5 条脉，雄性花含 3 枚雄蕊，外稃多少变硬，古铜色，均等长于颖片，舟形，边缘具纤毛，无芒或有芒；两性花含 2 枚雄蕊，外稃无芒或具短尖头，等长或稍短于雄花外稃，下部有光泽，上部多少有柔毛；内稃具 1～2 条脉；鳞被 2 枚。

【分类地位】被子植物门、单子叶植物纲、禾本目、禾本科、早熟禾亚科、蔺草族。

【种类】全属有 20 种；中国有 4 种，1 变种；内蒙古有 2 种。

光稃香草 *Hierochloe glabra*

多年生。根茎细长。秆具 2～3 节，上部常裸露。叶鞘密生微毛，长于节间；叶舌透明膜质，先端啮蚀状；叶片披针形，质较厚，上面被微毛，秆生者较短，基生者较长而窄狭。小穗黄褐色，有光泽；颖膜质，具 1～3 条脉，等长或第一颖稍短；雄花外稃等长或较长于颖片，背部向上渐被微毛或几乎无毛，边缘具纤毛；两性花外稃锐尖，上部被短毛。花果期 6～9 月。

梅花草属——【学　名】*Parnassia*

【蒙古名】ᠲᠠᠪᠠᠭ ᠤ᠋ᠨ ᠴᠡᠴᠡᠭ

【英文名】Parnassia

【生活型】多年生草本。

【根】较多细长之根。

【茎】具粗厚合轴根状茎和茎不分枝,1 或几条;常在中部具 1 或 2 至数叶(苞叶),稀裸露。

【叶】基生叶 2 至数片或较多呈莲座状;具长柄,有托叶,叶片全缘;茎生叶(苞叶)无柄,常半抱茎。

【花】花单生茎顶;萼筒离生或下半部与子房合生,裂片 5 枚,覆瓦状排列;花瓣 5 片,覆瓦状排列,白色或淡黄色,稀淡绿色,边缘全边流苏状或啮蚀状,下部流苏状或啮蚀状和全缘;雄蕊 5 枚,与萼片对生,周位花或近下位花;退化雄蕊 5 枚,与花瓣对生,形状多样,呈柱状:顶端不裂或分裂;呈扁平状:顶端 3～5(～7)浅至中裂,稀深裂或 5～7 枚齿;呈分枝状:2～3～5或 7～13(～23)枝,顶端带腺体;雌蕊 1 枚,子房 3～4 室;胚珠多数,具薄珠心,柱头联合。

【果实和种子】蒴果有时带棱,上位或半下位,室背开裂,有 3～4 裂瓣;种子多数,沿整个腹缝线着生,倒卵球形或长圆体,平滑,褐色;胚乳很薄或缺如。

【分类地位】被子植物门、双子叶植物纲、蔷薇目、虎耳草亚目、虎耳草科、梅花草亚科。

【种类】全属有 70 余种;中国约有 60 种;内蒙古有 2 种。

443

梅花草 *Parnassia palustris*

多年生草本。根状茎短粗,偶有稍长者,其下长出多数细长纤维状和须状根,其上有残存褐色膜质鳞片。基生叶 3 至多数,具柄;叶片卵形至长卵形,偶有三角状卵形,先端圆钝或渐尖,常带短头,基部近心形,边全缘,薄而微向外反卷,上面深绿色,下面淡绿色,常被紫色长圆形斑点,脉近基部 5～7 条,呈弧形,下面更明显;叶柄两侧有窄翼,具长条形紫色斑点;托叶膜质,大部贴生于叶柄,边有褐色流苏状毛,早落。茎 2～4 条,通常近中部具 1 片茎生叶,茎生叶与基生叶同形,其基部常有铁锈色的附属物,无柄半抱茎。花单生于茎顶;萼片椭圆形或长圆形,先端钝,全缘,具 7～9 条脉,密被紫褐色小斑点;花瓣白色,宽卵形或倒卵形,先端圆钝或短渐尖,基部有宽而短的爪,全缘,有显著自基部发出的 7～13 条脉,常有紫色斑点;雄蕊 5 枚,花丝扁平,长短不等,向基部逐渐加宽,花药椭圆形;退化雄蕊 5 枚,呈分枝状,有明显主干,分枝长短不等,中间长者比主干长 3～4 倍,两侧者则短,通常(7～)9～11(～13)枝,每枝顶端有球形腺体;子房上位,卵球形,花柱极短,柱头 4 裂。蒴果卵球形,干后有紫褐色斑点,呈 4 瓣开裂;种子多数,长圆形,褐色,有光泽。花期 7～9 月,果期 10 月。

迷果芹属——【学　名】*Sphallerocarpus*

　　　　　　　【蒙古名】ᠮᠢᠨ （ᠵᠢᠮᠦᠰᠦᠨ） ᠬᠢ ᠡᠪᠡᠰᠦ

　　　　　　　【英文名】Losefriut

【生活型】多年生草本。

【茎】茎圆柱,多分枝,有柔毛。

【叶】叶片 2～3 回羽状分裂,裂片渐尖。

【花】复伞形花序顶生和侧生,伞辐多数,通常无总苞片,小总苞片 5 个,卵状披针形,边缘膜质;花白色,花序顶生和侧生,伞辐多数;通常无总苞片;小总苞片 5 个,卵状披针形,边缘膜质;花白色,在顶生的伞形花序中几乎全是两性,侧生的伞形花序有时为雄性,花序外缘有时有辐射瓣;萼齿微小,不明显,卵状三角形或钻形;花瓣倒卵形;花柱短而直立或外折,花柱基圆锥形或平压状,全缘或呈波状皱褶。

【果实和种子】果实椭圆状长圆形,两侧微扁,合生面收缩,皮有 5 条突出的波状棱,棱槽有油管 2～3 个,合生面 4～6 个;心皮柄 2 裂,种子近圆锥形,胚乳腹面有槽。

【分类地位】被子植物门、双子叶植物纲、原始花被亚纲、伞形目、伞形科、芹亚科、针果芹族。

【种类】全属仅有 1 种;中国有 1 种;内蒙古有 1 种。

> **迷果芹** *Sphallerocarpus gracilis*
>
> 　　多年生草本。根块状或圆锥形。茎圆形,多分枝,有细条纹,下部密被或疏生白毛,上部无毛或近无毛。基生叶早落或凋存;茎生叶 2～3 回羽状分裂,2 回羽片卵形或卵状披针形,顶端长尖,基部有短柄或近无柄;末回裂片边缘羽状缺刻或齿裂,通常表面绿色,背面淡绿色,无毛或疏生柔毛;叶柄基部有阔叶鞘,鞘棕褐色,边缘膜质,被白色柔毛,脉 7～11 条;序托叶的柄呈鞘状,裂片细小。复伞形花序顶生和侧生;伞辐 6～13 枚,不等长,有毛或无;小总苞片通常 5 个,长卵形乃至广披针形,常向下反曲,边缘膜质,有毛;小伞形花序有花 15～25 朵;花柄不等长;萼齿细小;花瓣倒卵形,顶端有内折的小舌片;花丝与花瓣同长或稍超出,花药卵圆形。果实椭圆状长圆形,两侧微扁,背部有 5 条突起的棱,棱略呈波状,棱槽内油管 2～3 个,合生面 4～6 个;胚乳腹面内凹。花果期 7～10 月。

猕猴桃科──【学　名】*Actinidiaceae*

【蒙古名】ᠬᠠᠷᠠᠭᠠᠢ ᠶᠢᠨ ᠪᠦᠯᠦ

【英文名】Kiwifruit Family

【生活型】乔木、灌木或藤本，常绿、落叶或半落叶林植物。

【叶】叶为单叶，互生，无托叶。

【花】花序腋生，聚伞式或总状式，或简化至 1 朵花单生。花两性或雌雄异株，辐射对称；萼片 5 个，稀 2～3 个，覆瓦状排列，稀镊合状排列；花瓣 5 片或更多，覆瓦状排列，分离或基部合生；雄蕊 10(～13)枚，分 2 轮排列，或无数，木作轮列式排列，花药背部着生，纵缝开裂或顶孔开裂；心皮无数或少至 3 枚，子房多室或 3 室，花柱分离或合生为一体，胚珠每室无数或少数，中轴胎座。

【果实和种子】果为浆果或蒴果；种子每室无数至 1 颗，具肉质假种皮，胚乳丰富。

【种类】全科有 4 属，370 余种；中国 4 属全产，共计 96 种以上；内蒙古有 1 属，1 种。

猕猴桃科 Actinidiaceae Gilg & Werderm. 是德国植物学家 Ernest Friedrich Gilg (1867－1933) 和 Erich Werdermann(1892－1959) 于 1925 年在 "Die natürlichen Pflanzenfamilien, Zweite Auflage 21"[Nat. Pflanzenfam. (ed. 2)]上发表的植物科，模式属为猕猴桃属(Actinidia)。Actinidiaceae Hutch. 是英国植物学家和分类学家哈钦森 John Hutchinson(1884－1972)于 1926 年在 "The families of flowering plants 1" (Fam. Fl. Pl. 1)上发表的植物科，发表时间比 Actinidiaceae Gilg & Werderm. 都晚。

在恩格勒系统(1964)中，猕猴桃科隶属原始花被亚纲(Archichlamydeae)、藤黄目(Guttiferales)、无桠果亚目(Dilleniineae)，本目含 4 个亚目、16 个科。在哈钦森系统(1959)中，猕猴桃科隶属双子叶植物木本支(Lignosae)、山茶目(Theales)，含山茶科(Theaceae)、猕猴桃科等 10 个科，认为山茶目比较原始，与无桠果目(Dilleniales)有联系，但比无桠果目进化。在塔赫他间系统(1980)中，猕猴桃科隶属五桠果亚纲(Dilleniidae)、杜鹃花目(Ericales)，本目含猕猴桃科、杜鹃花科(Ericaceae)、岩高兰科(Empetraceae)等 8 个科，认为猕猴桃科是杜鹃花目最原始的一个科，与无桠果目有许多相似点，是通过猕猴桃科与无桠果目联系的。克朗奎斯特系统(1981)把猕猴桃科放在无桠果亚纲(Dilleniidae)、山茶目，本目含山茶科、猕猴桃科、沟繁缕科(Elatinaceae)、藤黄科(Clusiaceae)等 18 个科，认为山茶目在无桠果亚纲中处于演化中心地位，由它引出多个侧支，与许多不同的目联系。

猕猴桃属——【学　名】*Actinidia*

　　　　　　　　【蒙古名】ᠮᠠᠢᠮᠦᠨ ᠤᠢ ᠢᠰᠦᠳ

　　　　　　　　【英文名】Kiwifruit

【生活型】落叶、半落叶至常绿藤本。

【茎】髓实心或片层状。枝条通常有皮孔;冬芽隐藏于叶座之内或裸露于外。

【叶】叶为单叶,互生,膜质、纸质或革质,多数具长柄,有锯齿,很少近全缘,叶脉羽状,多数侧脉间有明显的横脉,小脉网状;托叶缺或废退。

【花】花白色、红色、黄色或绿色,雌雄异株,单生或排成简单的或分歧的聚伞花序,腋生或生于短花枝下部,有苞片,小;萼片 5 个,间有 2～4 个的,分离或基部合生,覆瓦状排列,极少为镊合状排列,雄蕊多数,在雄花中的数目比雌花中的(不育雄蕊)为多,而且较长,花药黄色、褐色、紫色或黑色,丁字着生,2 室,纵裂,基部通常叉开;花盘缺;子房上位,无毛或有毛、球状、柱状或瓶状,多室,有中轴胎座,胚珠多数,倒生,花柱与心皮向数,通常外弯压成放射状;在雄花中存在退化子房。

【果实和种子】果为浆果,秃净,少数被毛,球形、卵形至柱状长圆形,有斑点(皮孔显著)或无斑点(皮孔几不可见);种子多数,细小,扁卵形,褐色,悬浸于果瓤之中;种皮尽成网状洼点;胚乳肉质,丰富;胚长约为种子的一半,圆柱状,直,位于胚乳的中央;子叶短;胚根靠近种脐。

【分类地位】被子植物门、双子叶植物纲、原始花被亚纲、侧膜胎座目、山茶亚目、猕猴桃科。

【种类】全属有 54 种以上;中国有 52 种以上;内蒙古有 1 种。

葛枣猕猴桃 *Actinidia polygama*

　　大型落叶藤本。着花小枝细长,基本无毛,最多幼枝顶部略被微柔毛,皮孔不是很显著;髓白色,实心。花序 1～3 朵花;苞片小;花白色,芳香;萼片 5 个,卵形至长方卵形,两面薄被微茸毛或近无毛;花瓣 5 片,倒卵形至长方倒卵形,最外 2～3 片的背面有时略被微茸毛;花丝线形,花药黄色,卵形箭头状,洁净无毛。果成熟时淡橘色,卵珠形或柱状卵珠形,无毛,无斑点,顶端有喙,基部有宿存萼片。花期 6 月中旬至 7 月上旬,果期 9～10 月。

米口袋属——【学　名】*Gueldenstaedtia*

【蒙古名】ᠳᠤᠯᠠᠭᠠᠨ ᠤ ᠤᠭᠤᠷᠰᠤᠨ

【英文名】Ricebag

【生活型】多年生草本。

【根】主根圆锥状。

【茎】主茎极缩短而成根颈。自根颈发出多数缩短的分茎。

【叶】奇数羽状复叶具多对全缘的小叶,着生于缩短的分茎上而呈莲座丛状。稀退化为1片小叶;托叶贴生于叶柄,宽到狭三角形,常成膜质宿存于分茎基部。小叶具短叶柄或几无柄,卵形、披针形、椭圆形、长圆形和线形,稀近圆形。

【花】伞形花序具 3～8(～12) 朵花;花紫堇色、淡红色及黄色;花萼钟状,密被贴伏白色长柔毛,间有或多或少的黑色毛,稀无毛,萼齿 5 枚,上方 2 枚较长而宽;旗瓣卵形或近圆形,基部渐狭成瓣柄,顶端微凹,翼瓣斜倒卵形,离生,稍短于旗瓣,龙骨瓣钝头,卵形,极短小,约为翼瓣长之半。雄蕊(9+1)二体。子房圆筒状,花柱内卷,柱头钝,圆形。

【果实和种子】荚果圆筒形,1 室,无假隔膜,具多数种子;种子三角状肾形,表面具凹点。

【分类地位】被子植物门、双子叶植物纲、原始花被亚纲、蔷薇目、蔷薇亚目、豆科、蝶形花亚科、山羊豆族、黄耆亚族。

【种类】全属有 12 种;中国有 10 种,1 亚种,2 变型;内蒙古有 4 种。

447

少花米口袋 *Gueldenstaedtia verna*

　　多年生草本。主根直下,分茎具宿存托叶。托叶三角形,基部合生;叶柄具沟,被白色疏柔毛;小叶 7～19 片,长椭圆形至披针形,钝头或急尖,先端具细尖,两面被疏柔毛,有时上面无毛。伞形花序有花 2～4 朵,总花梗约与叶等长;苞片长三角形;小苞片线形,长约为萼筒的 1/2;花萼钟状,被白色疏柔毛;萼齿披针形,上 2 枚萼齿约与萼筒等长,下 3 枚萼齿较短小,最下 1 枚最小;花冠红紫色,旗瓣卵形,先端微缺,基部渐狭成瓣柄,翼瓣瓣片倒卵形具斜截头,具短耳,龙骨瓣瓣片倒卵形;子房椭圆状,密被疏柔毛,花柱无毛,内卷。荚果长圆筒状,被长柔毛,成熟时毛稀疏,开裂。种子圆肾形,具不深凹点。花期 5 月,果期 6～7 月。

绵刺属——【学　名】*Potaninia*

【蒙古名】ᠲᠣᠮᠣᠷ ᠢᠢᠨ ᠤᠨ ᠤᠨ ᠤᠷᠠᠯ

【英文名】Cottonspine

【生活型】小灌木。

【茎】地下茎粗壮,多分枝;茎有密生分枝,老枝由于具宿存叶柄成刺状,树皮撕裂状。

【叶】叶为具 3 或 5 片小叶的复叶,小叶片微小,革质,易落,有长绢毛;托叶大,透明,贴生在叶柄上。

【花】花两性,微小,单生叶腋,有花梗,各部分疏生长绢毛;苞片 3 个,宿存;花萼宿存,萼筒漏斗状,萼片 3 个,花瓣 3 片,约和萼片等长;雄蕊 3 枚,和花瓣对生,花盘内面密生绢毛,花药背着;心皮 1 枚,子房上位,1 室,密生绢毛,花柱基生,宿存,柱头头状,胚珠 1 颗,上升。

【果实和种子】瘦果长圆形,有柔毛。种子 1 粒,长圆形,向下渐粗。

【分类地位】被子植物门、双子叶植物纲、原始花被亚纲、蔷薇目、蔷薇亚目、蔷薇科、蔷薇亚科。

【种类】全属有 1 种;中国有 1 种;内蒙古有 1 种。

绵刺 *Potaninia mongolica*

　　小灌木。各部有长绢毛;茎多分枝,灰棕色。复叶具 3 或 5 片小叶稀 1 片小叶,先端急尖,基部渐狭,全缘,中脉及侧脉不显;叶柄坚硬,宿存成刺状;托叶卵形。花单生于叶腋;苞片卵形;萼筒漏斗状,萼片三角形,先端锐尖;花瓣卵形,白色或淡粉红色;雄蕊花丝比花瓣短,着生在膨大花盘边上,内面密被绢毛;子房卵形,具 1 颗胚珠。瘦果长圆形,浅黄色,外有宿存萼筒。花期 6～9 月,果期 8～10 月。

　　饲料植物,青鲜时骆驼最喜食,羊、马、驴也喜食,叶枯黄时家畜不食。在荒漠地区有一定的饲用意义。

　　产于内蒙古。生在砂质荒漠中,强度耐旱也极耐盐碱。蒙古有分布。

绵枣儿属—— 【学　名】*Scilla*

【蒙古名】ᠲᠠᠨᠠᠲᠤ ᠶᠢᠨ ᠣᠪᠣᠭ

【英文名】Squill

【茎】鳞茎具膜质鳞茎皮。

【叶】叶基生,条形或卵形。

【花】花葶不分枝,直立,具总状花序;花小或中等大,花梗有关节(有时由于关节位于顶端而不明显),苞片小;花被片 6 枚,离生或基部稍合生;雄蕊 6 枚,着生于花被片基部或中部,花药卵形至矩圆形,背着,内向开裂;子房 3 室,通常每室具 1～2 颗胚珠,较少达 8～10 颗胚珠,花柱丝状,柱头很小。

【果实和种子】蒴果室背开裂,近球形或倒卵形,通常具少数黑色种。

【分类地位】被子植物门、单子叶植物纲、百合目、百合亚目、百合科、绵枣儿族。

【种类】全属约有 90 种;中国有 1 种,1 变种;内蒙古有 1 种。

绵枣儿 *Scilla scilloides*

　　鳞茎卵形或近球形,鳞茎皮黑褐色。基生叶通常 2～5 片,狭带状,柔软。花葶通常比叶长;总状花具多数花;花紫红色、粉红色至白色,小,在花梗顶端脱落;花梗基部有 1～2 个较小的、狭披针形苞片;花被片近椭圆形、倒卵形或狭椭圆形,基部稍合生而成盘状,先端钝而且增厚;雄蕊生于花被片基部,稍短于花被片;花丝近披针形,边缘和背面常多少具小乳突,基部稍合生,中部以上骤然变窄;子房基部有短柄,表面多少有小乳突,3 室,每室 1 颗胚珠;花柱长约为子房的 1/2 至 2/3。果近倒卵形。种子1～3粒,黑色,矩圆状狭倒卵形。花果期 7～11 月。

　　产于东北、华北、华中以及四川(木里)、云南(洱源、中甸)、广东(北部)、江西、江苏、浙江和台湾。生于海拔 2600 米以下的山坡、草地、路旁或林缘。也分布于朝鲜、日本和苏联。

母草属——【学　名】*Lindernia*

【蒙古名】ᠬᠣᠨᠣᠭᠠᠨ ᠦ ᠡᠪᠡᠰᠦ

【英文名】Motherweed，Falsepimpernel

【生活型】草本，直立、倾卧或匍匐。

【叶】叶对生，有柄或无，形状多变，常有齿，稀全缘，脉羽状或掌状。

【花】花常对生、稀单生，生于叶腋之中或在茎枝之顶形成疏总状花序，有时短缩而成假伞形花序，偶有大型圆锥花序；常具花梗，无小苞片；萼具 5 枚齿，齿相等或微不等，有深裂、半裂或萼有管而多少单面开裂，其开裂不及一半；花冠紫色、蓝色或白色，2 唇形，上唇直立、微 2 裂，下唇较大而伸展，3 裂；雄蕊 4 枚，均有性，也有前方一对退化而无药，其花丝常有齿状、丝状或棍棒状附属物，其花药互相贴合或下方药室顶端有刺尖或距；花柱顶端常膨大，多为 2 片状。

【果实和种子】蒴果球形、矩圆形、椭圆形、卵圆形、圆柱形或条形；种子小，多数。

【分类地位】被子植物门、双子叶植物纲、合瓣花亚纲、管状花目、玄参科。

【种类】全属约有 70 种；中国约有 26 种；内蒙古有 1 种。

450

陌上菜 *Lindernia procumbens*

直立草本。根细密成丛；茎基部多分枝，无毛。叶无柄；叶片椭圆形至矩圆形多少带菱形，顶端钝至圆头，全缘或有不明显的钝齿，两面无毛，叶脉并行，自叶基发出 3～5 条。花单生于叶腋，花梗纤细，比叶长，无毛；萼仅基部联合，齿 5 枚，条状披针形，顶端钝头，外面微被短毛；花冠粉红色或紫色，向上渐扩大，上唇短，2 浅裂，下唇甚大于上唇，3 裂，侧裂椭圆形较小，中裂圆形，向前突出；雄蕊 4 枚，全育，前方 2 枚雄蕊的附属物腺体状而短小；花药基部微凹；柱头 2 裂。蒴果球形或卵球形，与萼近等长或略过之，室间 2 裂；种子多数，有格纹。花期 7～10 月，果期 9～11 月。

母菊属——【学　名】*Matricaria*

【蒙古名】ᠬᠡᠭ᠌ ᠵᠢᠮᠦᠨ ᠴᠡᠴᠡᠭ ᠤᠨ ᠲᠦᠷᠦᠯ

【英文名】Mamdaisy，Mayweed

【生活型】一年生草本。

【叶】叶 1 至 2 回羽状分裂。

【花】头状花序同型或异型；舌状花 1 列，雌性，舌片白色；管状花黄色或淡绿色，4～5 裂；花柱分枝顶端截形，画笔状；花药基部钝，顶端有三角形急尖的附片；花托圆锥状，中空。

【果实和种子】瘦果小，圆筒状，顶端斜截形，基部收狭，背面凸起，无肋，腹面有 3～5 条细肋，褐色或淡褐色，光滑，无冠状冠毛或有极短的有锯齿的冠状冠毛、管状花亚科、春黄菊族、菊亚族。

【分类地位】被子植物门、双子叶植物纲、合瓣花亚纲、桔梗目、菊科、管状花亚科、春黄菊族、菊亚族。

【种类】全属有 40 种；中国有 2 种；内蒙古有 1 种。

同花母菊 *Matricaria matricarioides*

　　一年生草本。茎单一或基部有多数花枝和细小的不育枝，直立或斜升，无毛，上部分枝，有时在花序下被疏短柔毛。叶矩圆形或倒披针形，2 回羽状全裂；无叶柄，基部稍抱茎，两面无毛，裂片多数，条形，末次裂片短条形。头状花序同型，生于茎枝顶端；总苞片 3 层，近等长，矩圆形，有白色透明的膜质边缘，顶端钝。花托卵状圆锥形。全部小花管状，淡绿色，冠檐 4 裂。瘦果矩圆形，淡褐色，光滑，略弯，顶端斜截形，基部收狭，背凸起，腹面有 2～3 条白色细肋，两侧面各有 1 条红色条纹。冠毛极短，冠状，有微齿，白色。花果期 7 月。

牡荆属（荆条属）──【学　名】*Vitex*

【蒙古名】ᠲᠣᠷᠣᠯᠤᠭ ᠤᠨ ᠲᠣᠷᠣᠯ

【英文名】Chastetree

【生活型】乔木或灌木。

【茎】小枝通常四棱形，无毛或有微柔毛。

【叶】叶对生，有柄，掌状复叶，小叶 3～8 片，稀单叶，小叶片全缘或有锯齿，浅裂以至深裂。

【花】花序顶生或腋生，为有梗或无梗的聚伞花序，或为聚伞花序组成圆锥状、伞房状以至近穗状花序；苞片小；花萼钟状，稀管状或漏斗状，顶端近截平或有 5 枚小齿，有时略为 2 唇形，外面常有微柔毛和黄色腺点，宿存，结果时稍增大；花冠白色、浅蓝色、淡蓝紫色或淡黄色，略长于萼，2 唇形，上唇 2 裂，下唇 3 裂，中间的裂片较大；雄蕊 4 枚，2 枚长 2 枚短或近等长，内藏或伸出花冠外；子房近圆形或微卵形，2～4 室，每室有胚珠 1～2 颗；花柱丝状，柱头 2 裂。

【果实和种子】果实球形、卵形至倒卵形，中果皮肉质，内果皮骨质；种子倒卵形、长圆形或近圆形，无胚乳。子叶通常肉质。

【分类地位】被子植物门、双子叶植物纲、合瓣花亚纲、管状花目、马鞭草科、牡荆亚科、牡荆族。

【种类】全属约有 250 种；中国有 14 种，7 变种，3 变型；内蒙古有 1 变种。

黄荆 *Vitex negundo*

　　灌木或小乔木。小枝四棱形，密生灰白色绒毛。掌状复叶，小叶 5 片，少有 3 片；小叶片长圆状披针形至披针形，顶端渐尖，基部楔形，全缘或每边有少数粗锯齿，表面绿色，背面密生灰白色绒毛；两侧小叶依次渐小，若具 5 片小叶时，中间 3 片小叶有柄，最外侧 2 片小叶无柄或近于无柄。聚伞花序排成圆锥花序式，顶生，花序梗密生灰白色绒毛；花萼钟状，顶端有 5 裂齿，外有灰白色绒毛；花冠淡紫色，外有微柔毛，顶端 5 裂，2 唇形；雄蕊伸出花冠管外；子房近无毛。核果近球形；宿萼接近果实的长度。花期 4～6 月，果期 7～10 月。

木槿属——【学　名】*Hibiscus*

【蒙古名】ᠮᠣᠳᠣᠨ ᠵᠢᠭᠠᠰᠤᠨ ᠤ ᠲᠥᠷᠥᠯ

【英文名】Rrosemallow

【生活型】草本、灌木或乔木。

【叶】叶互生,掌状分裂或不分裂,具掌状叶脉,具托叶。

【花】花两性,5 数,花常单生于叶腋间;小苞片 5 个或多数,分离或于基部合生;花萼钟状,很少为浅杯状或管状,5 齿裂,宿存;花瓣 5 片,各色,基部与雄蕊柱合生;雄蕊柱顶端平截或 5 齿裂,花药多数,生于柱顶;子房 5 室,每室具胚珠 3 至多数,花柱 5 裂,柱头头状。

【果实和种子】蒴果胞背开裂成 5 枚果片;种子肾形,被毛或为腺状乳突。

【分类地位】被子植物门、双子叶植物纲、原始花被亚纲、锦葵目、锦葵科、木槿族。

【种类】全属有 200 余种;中国有 24 种,16 变种或变型(包括引入栽培种);内蒙古有 1 种。

野西瓜苗 *Hibiscus trionum*

一年生直立或平卧草本。茎柔软,被白色星状粗毛。叶二型,下部的叶圆形,不分裂,上部的叶掌状 3～5 深裂,中裂片较长,两侧裂片较短,裂片倒卵形至长圆形,通常羽状全裂,上面疏被粗硬毛或无毛,下面疏被星状粗刺毛;叶被星状粗硬毛和星状柔毛;托叶线形,被星状粗硬毛。花单生于叶腋,被星状粗硬毛;小苞片 12 个,线形,被粗长硬毛,基部合生;花萼钟形,淡绿色,被粗长硬毛或星状粗长硬毛,裂片 5 枚,膜质,三角形,具纵向紫色条纹,中部以上合生;花淡黄色,内面基部紫色,花瓣 5 片,倒卵形,外面疏被极细柔毛;雄蕊花丝纤细,花药黄色;花柱枝 5 个,无毛。蒴果长圆状球形,被粗硬毛,果片 5 枚,果皮薄,黑色;种子肾形,黑色,具腺状突起。花期 7～10 月。

产于全国各地,无论平原、山野、丘陵或田埂处处有之,是常见的田间杂草。原产于非洲中部,分布于欧洲至亚洲各地。

木兰科——【学　名】*Magnoliaceae*

【蒙古名】ᠮᠣᠳᠣᠨ ᠴᠡᠴᠡᠭ ᠤᠨ ᠣᠪᠤᠭ

【英文名】Magnolia Family

【生活型】木本。

【叶】叶互生、簇生或近轮生,单叶不分裂,罕分裂。

【花】花顶生、腋生,罕为 2～3 朵的聚伞花序。花被片通常花瓣状;雄蕊多数,子房上位,心皮多数,离生,罕合生,虫媒传粉,胚珠着生于腹缝线。

【果实与种子】胚小,胚乳丰富。

【种类】全科有 18 属,约 335 种;中国有 14 属,约 165 种;内蒙古有 1 属,1 种。

木兰科 Magnoliaceae Juss. 是法国植物学家 Antoine Laurent de Jussieu(1748—1836)于 1789 年在"Genera plantarum 280"(Gen. Pl.)中建立的植物科,模式属为木兰属(Magnolia)。

在恩格勒系统(1964)中,木兰科隶属原始花被亚纲(Archichlamydeae)、木兰目(Magnoliales),本目含木兰科、番荔枝科(Annonaceae)、五味子科(Schisandraceae)、八角科(Illiciaceae)、樟科(Lauraceae)等 22 个科。五味子科 Schisandraceae Blume 是德国植物学家 Charles Ludwig de Blume(1796－1862)于 1830 年在"Flora Javae 32－33"(Fl. Javae)上发表的植物科,模式属为五味子属(Schisandra)。在未经修订的恩格勒系统中,五味子科归入木兰科内。在哈钦森系统(1959)中,木兰科隶属双子叶植物木本支(Lignosae)、木兰目(Magnoliales),含木兰科、八角科、五味子科等 9 个科。在塔赫他间系统(1980)中,木兰科隶属木兰亚纲(Magnoliidae)、木兰目,含木兰科、番荔枝科等 8 个科,而八角科和五味子科 2 个科被单独立为八角目(Illiciales)。克朗奎斯特系统(1981)把木兰科放在木兰亚纲(Magnoliidae)、木兰目,含木兰科、番荔枝科等 10 个科;八角科和五味子科 2 个科也被单独立为八角目。克朗奎斯特系统(1981)认为木兰目是被子植物中最原始的一个目。

木蓝属——【学　名】*Indigofera*

【蒙古名】ᠢᠣᠳᠣ ᠶᠢᠨ ᠣᠪᠣᠭ

【英文名】Lndigo

【生活型】灌木或草本,稀小乔木。

【叶】奇数羽状复叶,偶为掌状复叶、三小叶或单叶;托叶脱落或留存,小托叶有或无;小叶通常对生,稀互生,全缘。

【花】总状花序腋生,少数成头状、穗状或圆锥状;苞片常早落;花萼钟状或斜杯状,萼齿5枚,近等长或下萼齿常稍长;花冠紫红色至淡红色,偶为白色或黄色,早落或旗瓣留存稍久,旗瓣卵形或长圆形,先端钝圆,微凹或具尖头,基部具短瓣柄,外面被短绢毛或柔毛,有时无毛,翼瓣较狭长,具耳,龙骨瓣常呈匙形,常具距突与翼瓣勾连;雄蕊二体,花药同型,背着或近基着,药隔顶端具硬尖或腺点,有时具髯毛,基部偶有鳞片;子房无柄,花柱线形,通常无毛,柱头头状,胚珠1至多数。

【果实和种子】荚果线形或圆柱形,稀长圆形或卵形或具4条棱,被毛或无毛,偶具刺,内果皮通常具红色斑点;种子肾形、长圆形或近方形。

【分类地位】被子植物门、双子叶植物纲、原始花被亚纲、蔷薇目、蔷薇亚目、豆科、蝶形花亚科、木蓝族。

【种类】全属有700余种;中国有81种,9变种;内蒙古有1种。

花木蓝 *Indigofera kirilowii*

灌木、半灌木或草本。叶为单数羽状复叶,少为3片小叶或单小叶,小叶全缘;托叶小,基部与叶柄连合。花通常淡红色至紫色,为腋生总状花序;苞片早落;花萼小,萼齿5枚,略相等,或最下1枚齿较长;旗瓣圆形至矩圆形,翼瓣矩圆形,龙骨瓣两侧具有伸长的距状突起;子房无柄或近无柄。荚果近球形至条状矩圆形、圆筒状或有棱角,少扁平,开裂,中具隔膜。

木蓼属——【学　名】*Atraphaxis*

【蒙古名】ᠨᠢᠯ ᠊᠊᠊ᠲᠣᠷ ᠊᠊᠊

【英文名】Knotwood, Goatwheat

【生活型】灌木。

【茎】多分枝。木质枝通常具刺或无刺；当年生枝具条纹或肋棱。

【叶】叶互生，稀簇生，革质，通常灰绿色，稀绿色，近无柄，具叶褥；托叶鞘基部褐色，通常具 2 条脉纹，顶端膜质，2 裂。

【花】花序由腋生花簇组成紧密或疏松的总状花序，总状花序顶生及侧生；花梗纤细，具关节，果时下垂；单被花，两性，花被片 4～5 枚，排为两轮，花冠状，开展，内轮花被片 2～3 枚，直立，通常具网脉，果时增大，包被果实，外轮花被片 2 枚，较小，果时反折；雄蕊 6 或 8 枚，着生花被片基部，花丝钻形，基部结合呈环状，花药背着，卵形或宽椭圆形；子房卵形，双凸镜状或具 3 条棱，基部具直生的胚珠，花柱 2 或 3 枚，短，近分离，顶端各具 1 枚头状柱头。

【果实和种子】瘦果卵形，双凸镜状或具 3 条棱。种皮薄膜质；胚位于种子侧方，弯曲或近直立，胚乳粉状，子叶线形，胚根向上，直立。

【分类地位】被子植物门、双子叶植物纲、原始花被亚纲、蓼目、蓼科、廖亚科、木蓼族。

【种类】全属有 25 种；中国有 11 种，1 变种；内蒙古有 5 种，2 变种。

沙木蓼 *Atraphaxis bracteata*

直立灌木。主干粗壮，淡褐色，直立，无毛，具肋棱，多分枝；枝延伸，褐色，斜升或成钝角叉开，平滑无毛，顶端具叶或花。托叶鞘圆筒状，膜质，上部斜形，顶端具 2 个尖锐牙齿；叶革质，长圆形或椭圆形，当年生枝上者披针形，顶端钝，具小尖，基部圆形或宽楔形，边缘微波状，下卷，两面均无毛，侧脉明显；无毛。总状花序，顶生；苞片披针形，上部者钻形，膜质，具 1 条褐色中脉，每苞内具 2～3 朵花；花梗关节位于上部；花被片 5 枚，绿白色或粉红色，内轮花被片卵圆形，不等大，网脉明显，边缘波状，外轮花被片肾状圆形，果时平展，不反折，具明显的网脉。瘦果卵形，具三棱形，黑褐色，光亮。花果期 6～8 月。

产于内蒙古（巴彦淖尔市乌审旗及伊克昭盟展旦召）、宁夏（灵武及中卫）、甘肃（肃南）、青海（海西）及陕西（神木）。生于流动沙丘低地及半固定沙丘，海拔 1000～1500 米。蒙古也有。

木犀科——【学　名】*Oleaceae*

【蒙古名】ᠤ‍ᠯᠠᠭᠠᠨ ᠤᠨ ᠣᠪᠤᠭ᠎ᠠ

【英文名】Olive Family

【生活型】乔木,直立或藤状灌木。

【叶】叶对生,稀互生或轮生,单叶、三出复叶或羽状复叶,稀羽状分裂,全缘或具齿;具叶柄,无托叶。

【花】花辐射对称,两性,稀单性或杂性,雌雄同株、异株或杂性异株,通常聚伞花序排列成圆锥花序,或为总状、伞状、头状花序,顶生或腋生,或聚伞花序簇生于叶腋,稀花单生;花萼 4 裂,有时多达 12 裂,稀无花萼;花冠 4 裂,有时多达 12 裂,浅裂、深裂至近离生,或有时在基部成对合生,稀无花冠,花蕾时呈覆瓦状或镊合状排列;雄蕊 2 枚,稀 4 枚,着生于花冠管上或花冠裂片基部,花药纵裂,花粉通常具 3 沟;子房上位,由 2 枚心皮组成 2 室,每室具胚珠 2 颗,有时 1 或多颗,胚珠下垂,稀向上,花柱单一或无花柱,柱头 2 裂或头状。

【果实和种子】果为翅果、蒴果、核果、浆果或浆果状核果;种子具 1 枚伸直的胚;具胚乳或无胚乳;子叶扁平;胚根向下或向上。

【种类】全科约有 27 属,400 余种;中国有 12 属,178 种,6 亚种,25 变种,15 变型,其中 14 种、1 亚种、7 变型系栽培;内蒙古有 5 属,12 种。

木犀科 Oleaceae Hoffmanns. & Link 是德国植物学家、昆虫学家和鸟类学家 Johann Centurius Hoffmann Graf von Hoffmannsegg(1766－1849)和博物学家和植物学家 Johann Heinrich Friedrich Link(1767－1851)于 1809 年在"Flore portugaise ou description de toutes les…1"(Fl. Portug.)上发表的植物科,模式属为木犀榄属(Olea)。

在恩格勒系统(1964)中,木犀科隶属合瓣花亚纲(Sympetalae)、木犀目(Oleales),只含 1 个科。在哈钦森系统(1959)中,木犀科隶属双子叶植物木本支(Lignosae)、马钱目(Loganiales),含龙爪七叶科(Potaliaceae)、马钱科(Loganiaceae)、醉鱼草科(Buddleiaceae)、鞘柄科(Antoniaceae)、度量草科(Spigeriaceae)、马钱子科(Strychnaceae)和木犀科等 7 个科,认为本目与卫矛目(Celastrales)有联系,但比卫矛目进化。在塔赫他间系统(1980)中,木犀科隶属菊亚纲(Asteridae)、木犀目,只含 1 个科,认为木犀科特殊,其起源有争议,最可能是与龙胆目(Gentianales)有联系。在克朗奎斯特系统(1981)中,木犀科隶属菊亚纲(Asteridae)、玄参目(Scrophulariales),含醉鱼草科(Buddlejaceae)、木犀科、玄参科(Scrophulariaceae)、球花科(Globuiariaceae)、苦橄榄科(Myoporaceae)、列当科(Orobanchaceae)、苦苣苔科(Gesneriaceae)、爵床科(Acanthaceae)、胡麻科(Pedaliaceae)、紫葳科(Bignoniaceae)、对叶藤科(Mendonciaceae)、狸藻科(Lentibulariaceae)等 12 个科。

苜蓿属——【学　名】*Medicago*

【蒙古名】ᠪᠤᠳᠠᠭᠠᠨ᠎ᠠ ᠶᠢᠨ ᠡᠪᠡᠰᠤ

【英文名】Medic，Alfalfa，Clover

【生活型】一年生或多年生草本，稀灌木。

【叶】羽状复叶，互生；托叶部分与叶柄合生，全缘或齿裂；小叶 3 片，边缘通常具锯齿，侧脉直伸至齿尖。

【花】总状花序腋生，有时呈头状或单生，花小，一般具花梗；苞片小或无；萼钟形或筒形，萼齿 5 枚，等长；花冠黄色，紫苜蓿及其他杂交种常为紫色、堇青色、褐色等，旗瓣倒卵形至长圆形，基部窄，常反折，翼瓣长圆形，一侧有齿尖突起与龙骨瓣的耳状体互相钩住，授粉后脱开，龙骨瓣钝头；雄蕊二体，花丝顶端不膨大，花药同型；花柱短，锥形或线形，两侧略扁，无毛，柱头顶生，子房线形，无柄或具短柄，胚珠 1 至多数。

【果实和种子】荚果螺旋形转曲、肾形、镰形或近于挺直，比萼长，背缝常具棱或刺；有种子 1 至多数。种子小，通常平滑，多少呈肾形，无种阜；幼苗出土子叶基部不膨大，也无关节。

【分类地位】被子植物门、双子叶植物纲、原始花被亚纲、蔷薇目、蔷薇亚目、豆科、蝶形花亚科、车轴草族。

【种类】全属有 70 余种；中国有 13 种，1 变种；内蒙古有 4 种。

【注释一】中国栽培紫花苜蓿历史悠久，通过育种的途径，培育了许多抗寒、抗病虫害的品种，内蒙古农业大学博士特木尔布和培育的抗蓟马苜蓿就是其中一例。

【注释二】属名 Medicago〈阴〉希腊语，一种豆科植物＋ago 相似之意。还有来自地名 Media（小亚细亚）一说。

紫苜蓿 *Medicago sativa*

多年生草本。根粗壮，深入土层，根颈发达。茎直立、丛生以至平卧，四棱形。羽状三出复叶；托叶大，卵状披针形；叶柄比小叶短；小叶长卵形、倒长卵形至线状卵形，等大；顶生小叶柄比侧生小叶柄略长。花序总状或头状；总花梗挺直，比叶长；苞片线状锥形，比花梗长或等长；花梗短；萼钟形，萼齿线状锥形，比萼筒长，被贴伏柔毛；花冠各色：淡黄、深蓝至暗紫色，花瓣均具长瓣柄，旗瓣长圆形，先端微凹，明显较翼瓣和龙骨瓣长，翼瓣较龙骨瓣稍长；子房线形，具柔毛，花柱短阔，上端细尖，柱头点状，胚珠多数。中央无孔或近无孔，被柔毛或渐脱落，脉纹细，不清晰，熟时棕色；有种子 10～20 粒。种子卵形，平滑，黄色或棕色。

南瓜属──【学　名】*Cucurbita*

【蒙古名】ᠬᠠᠰᠢ ᠶᠢᠨ ᠲᠥᠷᠥᠯ

【英文名】Pumpkin，Squash

【生活型】一年生蔓生草本。

【茎】茎、枝稍粗壮。

【叶】叶具浅裂，基部心形。卷须 2～多歧。雌雄同株。

【花】花单生，黄色。雄花：花萼筒钟状，稀伸长，裂片 5 枚，披针形或顶端扩大成叶状；花冠合瓣，钟状，5 裂仅达中部；雄蕊 3 枚，花丝离生，花药靠合成头状，1 枚 1 室，其他 2 室，药室线形，折曲，药隔不伸长；无退化雌蕊。雌花：花梗短；花萼和花冠同雄花，退化雄蕊 3 枚，短三角形；子房长圆状或球状，具 3 个胎座；花柱短，柱头 3 枚，具 2 浅裂或 2 分歧，胚珠多数，水平着生。

【果实和种子】果实通常大型，肉质，不开裂。种子多数，扁平，光滑。

【分类地位】被子植物门、双子叶植物纲、原始花被亚纲、葫芦目、葫芦科、南瓜族、南瓜亚族。

【种类】全属约有 30 种；中国有 3 栽培种；内蒙古有 2 栽培种。

南瓜 *Cucurbita moschata*

一年生蔓生草本。茎常节部生根，密被白色短刚毛。叶柄粗壮，被短刚毛；叶片宽卵形或卵圆形，质稍柔软，有 5 角或 5 浅裂，稀钝，侧裂片较小，中间裂片较大，三角形，上面密被黄白色刚毛和茸毛，常有白斑，叶脉隆起，各裂片之中脉常延伸至顶端，成一小尖头，背面色较淡，毛更明显，边缘有小而密的细齿，顶端稍钝。卷须稍粗壮，与叶柄一样被短刚毛和茸毛，3～5 歧。雌雄同株。雄花单生；花萼筒钟形，裂片条形，被柔毛，上部扩大成叶状；花冠黄色，钟状，5 中裂，裂片边缘反卷，具皱褶，先端急尖；雄蕊 3 枚，花丝腺体状，花药靠合，药室折曲。雌花单生；子房 1 室，花柱短，柱头 3 枚，膨大，顶端 2 裂。果梗粗壮，有棱和槽，瓜蒂扩大成喇叭状；瓠果形状多样，因品种而异，外面常有数条纵沟或无。种子多数，长卵形或长圆形，灰白色，边缘薄。

原产于墨西哥到中美洲一带，世界各地普遍栽培。明代传入中国，现南北各地广泛种植。

南芥属——【学　名】*Arabis*

　　　　　　【蒙古名】ᠬᠠᠳᠠᠨ ᠤ ᠨᠣᠭᠤᠭᠠ

　　　　　　【英文名】Rockcress

【生活型】一年生、二年生或多年生草本,很少呈半灌木状。

【茎】茎直立或匍匐,有单毛、2～3叉毛、星状毛或分枝毛。

【叶】基生叶簇生,有或无叶柄;叶多为长椭圆形,全缘,有齿牙或疏齿;茎生叶有短柄或无柄,基部楔形,有时呈钝形或箭形的叶耳抱茎、半抱茎或不抱茎。

【花】总状花序顶生或腋生;萼片直立,卵形至长椭圆形,内轮基部呈囊状,边缘白色膜质,背面有毛或无毛;花瓣白色,很少紫色、蓝紫色或淡红色,倒卵形至楔形,顶端钝,有时略凹入,基部呈爪状;雄蕊6枚,花药顶端常反曲;子房具多数胚珠(20～60),柱头头状或2浅裂。

【果实和种子】长角果线形,顶端钝或渐尖,直立或下垂,果瓣扁平,开裂,具中脉或无。种子每室1～2行,边缘有翅或无翅,有时表面具小颗粒状突起;子叶缘倚胚根。

【分类地位】被子植物门、双子叶植物纲、原始花被亚纲、罂粟目、白花菜亚目、十字花科、南芥族。

【种类】全属有100余种;中国有21种,8变种;内蒙古有2种,1变种。

460

粉绿垂果南芥 *Arabis pendula*

　　一年生或二年生草本。茎直立,不分枝或上部稍分枝,被单毛,有时混生短星状毛。叶披针形或矩圆状披针形,先端长渐尖,基部耳状抱茎,边缘具疏齿或近全缘,上面疏生三叉丁字毛,下面密生三叉丁字毛和星状毛,混生硬单毛。总状花序顶生或腋生;萼片矩圆形,具白色膜质边缘,背面被短星状毛;花瓣白色,倒披针形。长角果向下弯曲,长条形,扁平,种子2行。种子近椭圆形,扁平,棕色,具狭翅,表面细网状。果实入药。花期6～9月,果期7～10月。

　　生于山地林缘、灌丛下、沟谷、河边。分布于内蒙古、甘肃、陕西;蒙古、俄罗斯、朝鲜、日本也有。

南蛇藤属——【学　名】*Celastrus*

【蒙古名】ᠢᠮᠠᠭᠠᠨ ᠬᠠᠷᠠᠭᠠᠨᠠ ᠶᠢᠨ ᠲᠥᠷᠥᠯ

【英文名】Bittersweet

【生活型】落叶或常绿藤状灌木。

【茎】小枝圆柱状,稀具纵棱,除幼期及个别种外,通常光滑无毛,具多数明显长椭圆形或圆形灰白色皮孔。

【叶】单叶互生,边缘具各种锯齿,叶脉为羽状网脉;托叶小,线形,常早落。

【花】花通常功能性单性,异株或杂性,稀两性,聚伞花序成圆锥状或总状,有时单出或分枝,腋生或顶生,或顶生与腋生并存;花黄绿色或黄白色,小花梗具关节;花5数;花萼钟状,5个,三角形、半圆形或长方形;花瓣椭圆形或长方形,全缘或具腺状缘毛或为啮蚀状;花盘膜质,浅杯状,稀肉质扁平,全缘或5浅裂;雄蕊着生花盘边缘,稀出自扁平花盘下面,花丝一般丝状,在雌花中花丝短,花药不育;子房上位,与花盘离生,稀微连合,通常3室稀1室,每室2颗胚珠或1颗胚珠,着生子房室基部,胚珠基部具杯状假种皮,柱头3裂,每裂常再2裂,在雄花中雌蕊小而不育。

【果实和种子】蒴果类球状,通常黄色,顶端常具宿存花柱,基部有宿存花萼,熟时室背开裂;果轴宿存;种子1~6粒,椭圆状或新月形到半圆形,假种皮肉质红色,全包种子,胚直立,具丰富胚乳。

【分类地位】被子植物门、双子叶植物纲、原始花被亚纲、无患子目、卫矛亚目、卫矛科、卫矛亚科、南蛇藤族。

【种类】全属有30余种;中国约有24种,2变种;内蒙古有1种。

南蛇藤 *Celastrus orbiculatus*

　　小枝光滑无毛,灰棕色或棕褐色,具稀而不明显的皮孔;腋芽小,卵状到卵圆状。叶通常阔倒卵形、近圆形或长方椭圆形,先端圆阔,具有小尖头或短渐尖,基部阔楔形到近钝圆形,边缘具锯齿,两面光滑无毛或叶背脉上具稀疏短柔毛,侧脉3~5对。聚伞花序腋生,间有顶生,小花1~3朵,偶仅1~2朵,小花梗关节在中部以下或近基部;雄花萼片钝三角形;花瓣倒卵椭圆形或长方形;花盘浅杯状,裂片浅,顶端圆钝;退化雌蕊不发达;雌花花冠较雄花窄小,花盘稍深厚,肉质,退化雄蕊极短小;子房近球状,柱头3深裂,裂端再2浅裂。蒴果近球状;种子椭圆状稍扁,赤褐色。花期5~6月,果期7~10月。

461

拟耧斗菜属——【学　名】*Paraquilegia*

【蒙古名】ᠲᠥᠰᠥᠭᠡᠳᠥ ᠥᠪᠥᠨ ᠡᠪᠡᠰᠥ

【英文名】Paraquilegia

【生活型】多年生草本。

【茎】根状茎较粗壮,外皮黑褐色。

【叶】叶多数,全部基生,为1至2回三出复叶,有长柄,叶柄基部扩大成叶鞘,其外围有数层的老叶柄残基;叶柄残基密集呈枯草丛状,质较坚硬。

【花】花葶1～3条,直立;苞片对生或偶互生,倒披针形至线状倒披针形。花单生,辐射对称,美丽。萼片5个,淡蓝紫色或白色,花瓣状,椭圆形。花瓣5片,小,黄色,倒卵形至长椭圆状倒卵形,顶端微凹,基部浅囊状。雄蕊多数,花药椭圆形,黄色,花丝丝形。心皮5(～8)枚,花柱长约为子房之半或近等长;胚珠多数,排成2列。

【果实和种子】蓇葖直立或稍展开,顶端具细喙,表面有网脉;种子椭圆状卵球形,褐色或灰褐色,一侧生狭翼,光滑或有乳突状的小疣状突起。

【分类地位】被子植物门、双子叶植物纲、原始花被亚纲、毛茛目、毛茛科、唐松草亚科、耧斗菜族。

【种类】全属约有3种。

462

乳突拟耧斗菜 *Paraquilegia anemonoides*

根状茎粗壮,有时在上部分枝,生出数丛枝叶。叶多数,为1回三出复叶,无毛;叶片轮廓三角形,小叶近肾形,具小叶柄,3全裂或3深裂,1回中裂片楔状宽倒卵形,顶端3浅裂或具3枚粗圆齿,1回侧裂片斜卵形,不等2裂,2回裂片具1～2枚粗圆齿,表面绿色,背面浅绿色。花葶1至数条,比叶高;苞片2个,生于花下,不分裂,倒披针形,或3全裂,基部有膜质鞘;花直径2厘米或更大;萼片浅蓝色或浅堇色,宽椭圆形至倒卵形,顶端钝;花瓣倒卵形,顶端微凹;心皮通常5枚,无毛。蓇葖直立,基部有宿存萼片;种子少数,长椭圆形至椭圆形,灰褐色,表面密被乳突状的小疣状突起。6～7月开花,8～10月结果。

拟芸香属──【学　名】*Haplophyllum*

【蒙古名】ᠬᠣᠶᠠᠷ ᠢᠷᠠᠯᠵᠢᠨ ᠤ ᠬᠣᠰᠢᠭᠤ

【英文名】Shamrue

【生活型】多年生宿根草本或矮小灌木。

【茎】茎基部木质，各部密生透明油点，分枝多。

【叶】单叶，叶全缘，几无柄，支脉不明显。

【花】花黄色，两性，顶生聚伞花序，很少单花顶生；萼片 5 个；花瓣 5 片；萼片基部合生，细小；花瓣全缘，覆瓦状排列；雄蕊 10 或 8 枚，等长，花丝中部以下增宽，被疏长毛，药隔顶端有 1 油点；子房由 5～2 枚心皮组成，通常 2～4 室，每室有上下叠生的胚珠 2 颗，花柱细长，柱头小圆球状，花盘小。

【果实和种子】成熟果（蓇葖）开裂为 5～2 枚分果瓣，外果皮薄壳质，内果皮暗黄色，常贴附于外果皮内，每瓣有种子 2 粒（国产种）；种子肾形或马蹄铁形，有网状纹，胚乳肉质，含油丰富，胚稍弯曲。

【分类地位】被子植物门、双子叶植物纲、原始花被亚纲、芸香目、芸香亚目、芸香科、芸香亚科。

【种类】全属有 50 余种；中国约有 3 种；内蒙古有 2 种。

北芸香 *Haplophyllum dauricum*

多年生宿根草本。茎的地下部分颇粗壮，木质，地上部分的茎枝甚多，密集成束状或松散，小枝细长，初时被短细毛且散生油点。叶狭披针形至线形，位于枝下部的叶片较小，通常倒披针形或倒卵形，灰绿色，厚纸质，油点甚多，中脉不明显，几无叶柄。伞房状聚伞花序，顶生，通常多花，很少为 3 朵花的聚伞花序；苞片细小，线形；萼片 5 个，基部合生，边缘被短柔毛；花瓣 5 片，黄色，边缘薄膜质，淡黄色或白色，长圆形，散生半透明颇大的油点；雄蕊 10 枚，与花瓣等长或略短，花丝中部以下增宽，宽阔部分的边缘被短毛，内面被短柔毛，花药长椭圆形，药隔顶端有大而稍凸起的油点；子房球形而略伸长，3 室，稀 2 或 4 室，花柱细长，柱头略增大。成熟果自顶部开裂，在果柄处分离而脱落，每枚果瓣有 2 粒种子；种子肾形，褐黑色。花期 6～7 月，果期 8～9 月。

鸟巢兰属——【学　名】*Neottia*

　　　　　　【蒙古名】ᠬᠠᠷᠠᠭᠠᠨ ᠵᠢᠮᠢᠰᠲᠦ ᠦᠨ ᠣᠪᠣᠭ᠎ᠠ

　　　　　　【英文名】Nestorohid

【生活型】腐生小草本。

【根】成簇的肉质纤维根。

【茎】具短缩的根状茎和茎直立,无绿叶,通常中下部具数枚筒状鞘。

【花】总状花序顶生,具多数花;花苞片膜质;花梗通常较为细长;子房近椭圆形或棒状,明显较花梗为宽;花小,扭转,萼片离生,展开;花瓣一般较萼片狭而短;唇瓣通常明显大于萼片或花瓣,先端有不同程度的 2 裂,极罕不裂,基部无距,但有时凹陷成浅杯状;蕊柱长或短,近直立或稍向前弯曲;花药生于蕊柱顶端后侧边缘,直立或俯倾;花丝极短或不明显;花粉团2 个,每个又多少纵裂为 2 个,粒粉质,无花粉团柄;柱头凹陷或呈唇形伸出,位于蕊柱前面近顶端处;蕊喙大,通常近舌形,平展或近直立。

【分类地位】被子植物门、单子叶植物纲、微子目、兰科、兰亚科、鸟巢兰族、对叶兰亚族。

【种类】全属共 8 种;中国有 7 种;内蒙古有 2 种。

尖唇鸟巢兰 *Neottia acuminata*

　　茎直立,无毛,中部以下具 3～5 枚鞘,无绿叶;鞘膜质,抱茎。总状花序顶生,通常具 20 余朵花;花序轴无毛;花苞片长圆状卵形,先端钝,无毛;花梗无毛;子房椭圆形,无毛;花小,黄褐色,常 3～4 朵聚生而呈轮生状;中萼片狭披针形,先端长渐尖,具 1 条脉,无毛;侧萼片与中萼片相似,但宽达 1 毫米;花瓣狭披针形;唇瓣形状变化较大,通常卵形、卵状披针形或披针形,先端渐尖或钝,边缘稍内弯,具 1 或 3 条脉;蕊柱极短,明显短于着生于其上的花药或蕊喙;花药直立,近椭圆形;柱头横长圆形,直立,左右两侧内弯,围抱蕊喙,2 个柱头面位于内弯边缘的内侧;蕊喙舌状,直立。蒴果椭圆形。花果期 6～8 月。

牛蒡属——【学　名】*Arctium*

【蒙古名】 ᠬᠣᠨᠳᠣ ᠬᠡᠮᠪᠦᠯ (ᠵᠢᠷᠦᠬᠡᠢᠠᠢ) ᠤᠨ ᠣᠪᠣᠭ

【英文名】Burdock

【生活型】二年生草本。

【叶】头状花序中等大小,互生,通常大型,不分裂,基部心形,有叶柄。

【花】较大,少数或多数,在茎枝顶端排成伞房状或圆锥状花序,同型,含有多数两性管状花。总苞卵形或卵球形,无毛或有蛛丝毛。总苞片多层,多数,线钻形、披针形,顶端有钩刺。花托平,被稠密的托毛,托毛初时平展,后变扭曲。全部小花结实,花冠5浅裂。花药基部附属物箭形。花丝分离,无毛。花柱分枝线形,外弯,基部有毛环。

【果实和种子】瘦果压扁,倒卵形或长椭圆形,顶端截形,有多数细脉纹或肋棱,基底着生面平。冠毛多层,短;冠毛刚毛不等长,糙毛状,基部不连合成环,极易分散脱落。

【分类地位】被子植物门、双子叶植物纲、合瓣花亚纲、桔梗目、菊科、管状花亚科、菜蓟族、飞廉亚族。

【种类】全属约有10种;中国有2种;内蒙古有1种。

牛蒡 *Arctium lappa*

二年生草本。具粗大的肉质直根,有分枝支根。茎直立,粗壮,通常带紫红或淡紫红色,有多数高起的条棱,分枝斜升,多数,全部茎枝被稀疏的乳突状短毛及长蛛丝毛并混杂以棕黄色的小腺点。基生叶宽卵形,边缘稀疏的浅波状凹齿或齿尖,基部心形,有柄,两面异色,上面绿色,有稀疏的短糙毛及黄色小腺点,下面灰白色或淡绿色,被薄绒毛或绒毛,稀疏,有黄色小腺点,叶柄灰白色,被稠密的蛛丝状绒毛及黄色小腺点,但中下部常脱毛。茎生叶与基生叶同形或近同形,具等样的及等量的毛被,接花序下部的叶小,基部平截或浅心形。头状花序多数或少数在茎枝顶端排成疏松的伞房花序或圆锥状伞房花序,花序梗粗壮。总苞卵形或卵球形。总苞片多层,多数,外层三角状或披针状钻形,中内层披针状或线状钻形;全部苞近等长,顶端有软骨质钩刺。小花紫红色,外面无腺点。瘦果倒长卵形或偏斜倒长卵形,两侧压扁,浅褐色,有多数细脉纹,有深褐色的色斑或无色斑。冠毛多层,浅褐色;冠毛刚毛糙毛状,不等长,基部不连合成环,分散脱落。花果期6~9月。

牛鞭草属 ——【学　名】*Hemarthria*

【蒙古名】ᠭᠠᠷᠤᠬᠠᠢ ᠬᠢᠯᠭᠠᠨᠠ ᠶᠢᠨ ᠲᠥᠷᠦᠯ

【英文名】Oxwhipgrass

【生活型】多年生草本。

【茎】秆直立丛生或铺散斜升,柔软或稍硬。

【叶】叶片扁平,线形。

【花】总状花序圆柱形而稍扁,常单独顶生或数枚成束腋生;小穗孪生,同形或有柄小穗较窄小。无柄小穗嵌生于总状花序轴凹穴中;第一颖背部扁平,先端钝或渐尖,第二颖多少与总状花序轴贴生,先端渐尖至具尾尖;仅含 1 朵两性小花,内、外稃均为膜质,无芒;雄蕊 3 枚,花药常红色。

【果实和种子】颖果卵圆形或长圆形,稍压扁,胚长约达颖果的 2/3。

【分类地位】被子植物门、单子叶植物纲、禾本目、禾本科、黍亚科、高粱族、筒轴茅亚族。

【种类】全属有 12 种;中国有 4 种;内蒙古有 1 变种。

扁穗牛鞭草 *Hemarthria compressa*

多年生草本。具横走的根茎;根茎具分枝,节上生不定根及鳞片。质稍硬,鞘口及叶舌具纤毛;叶片线形,两面无毛。总状花序略扁,光滑无毛。无柄小穗陷入总状花序轴凹穴中,长卵形;第一颖近革质,等长于小穗,背面扁平,具 5～9 条脉,两侧具脊,先端急尖或稍钝;第二颖纸质,略短于第一颖,完全与总状花序轴的凹穴愈合;第一小花仅存外稃;第二小花两性,外稃透明膜质;内稃长约为外稃的 2/3,顶端圆钝,无脉。有柄小穗披针形,等长或稍长于无柄小穗;第一颖草质,卵状披针形,先端尖或钝,两侧具脊;第二颖舟形,先端渐尖,完全与总状花序轴的凹穴愈合;第一小花中性,仅存膜质外稃;第二小花两性,内外稃均为透明膜质;雄蕊 3 枚。颖果长卵形。花果期夏秋季。

牛漆姑草属(拟漆姑属)——【学　名】*Spergularia*

【蒙古名】ᠬᠣᠨᠢᠨ ᠤ ᠦᠭᠡᠷ

【英文名】andspurry

【生活型】多年生或一年生、二年生草本。

【茎】茎常铺散。

【叶】叶对生,叶片线形;托叶小,膜质。

【花】花两性,具细梗,成聚伞花序;萼片5个,草质,顶端钝,边缘膜质;花瓣5片,白色或粉红色,全缘,稀无花瓣;雄蕊10枚或较少;子房1室,具多数胚珠;花柱3枚。

【果实和种子】蒴果卵形,3瓣裂;种子多数,细小,扁平,边缘具翅或无翅。

【分类地位】被子植物门、双子叶植物纲、原始花被亚纲、中央种子目、石竹科、指甲草亚科、大爪草族。

【种类】全属约有20种;中国有4种;内蒙古有1种。

牛漆姑草 *Spergularia salina*

一年生草本。茎丛生,铺散,多分枝,上部密被柔毛。叶片线形,顶端钝,具凸尖,近平滑或疏生柔毛;托叶宽三角形,膜质。花集生于茎顶或叶腋,成总状聚伞花序,果时下垂;花梗稍短于萼,果时稍伸长,密被腺柔毛;萼片卵状长圆形,外面被腺柔毛,具白色宽膜质边缘;花瓣淡粉紫色或白色,卵状长圆形或椭圆状卵形,顶端钝;雄蕊5枚;子房卵形。蒴果卵形,3瓣裂;种子近三角形,略扁,表面有乳头状凸起,多数种子无翅,部分种子具翅。花期5～7月,果期6～9月。

产于黑龙江、吉林、辽宁、内蒙古、河北、陕西、宁夏、甘肃、青海、新疆、山东、江苏、河南、四川、云南(洱源)。生于海拔400～2800米的沙质轻度盐地、盐化草甸以及河边、湖畔、水边等湿润处。欧洲、亚洲和非洲北部也有。

牛膝菊属——【学　名】*Galinsoga*

【蒙古名】ᠮᠣᠩᠭᠣᠯ ᠶᠢᠨ ᠴᠡᠴᠡᠭ

【英文名】Oxkneedaisy, Quik－weed

【生活型】一年生草本。

【叶】叶对生,全缘或有锯齿。

【花】头状花序小,异型,放射状,顶生或腋生,多数头状花序在茎枝顶端排成疏松的伞房花序,有长花梗;雌花1层,约4～5朵,舌状,白色,盘花两性,黄色,全部结实。总苞宽钟状或半球形,苞片1～2层,约5个,卵形或卵圆形,膜质,或外层较短而薄草质。花托圆锥状或伸长,托片质薄,顶端分裂或不裂。舌片开展,全缘或2～3齿裂;两性花管状,檐部稍扩大或狭钟状,顶端短或极短的5枚齿。花药基部箭形,有小耳。两性花花柱分枝微尖或顶端短急尖。

【果实和种子】瘦果有棱,倒卵圆状三角形,通常背腹压扁,被微毛。冠毛膜片状,少数或多数,膜质,长圆形,流苏状,顶端芒尖或钝;雌花无冠毛或冠毛短毛状。

【分类地位】被子植物门、双子叶植物纲、合瓣花亚纲、桔梗目、菊科、管状花亚科、向日葵族。

【种类】全属约有5种;中国有2种;内蒙古有1种。

牛膝菊 *Galinsoga parviflora*

　　一年生草本。茎纤细,基部径不足1毫米,或粗壮,不分枝或自基部分枝,分枝斜升,全部茎枝被疏散或上部稠密的贴伏短柔毛和少量腺毛,茎基部和中部花期脱毛或稀毛。叶对生,卵形或长椭圆状卵形,基部圆形、宽或狭楔形,顶端渐尖或钝,基出3脉或不明显5出脉,在叶下面稍突起,在上面平,有叶柄;向上及花序下部的叶渐小,通常披针形;全部茎叶两面粗涩,被白色稀疏贴伏的短柔毛,沿脉和叶柄上的毛较密,边缘浅或钝锯齿或波状浅锯齿,在花序下部的叶有时全缘或近全缘。头状花序半球形,有长花梗,多数在茎枝顶端排成疏松的伞房花序。总苞半球形或宽钟状;总苞片1～2层,约5个,外层短,内层卵形或卵圆形,顶端圆钝,白色,膜质。舌状花4～5朵,舌片白色,顶端3齿裂,筒部细管状,外面被稠密白色短柔毛;管状花花冠长约1毫米,黄色,下部被稠密的白色短柔毛。托片倒披针形或长倒披针形,纸质,顶端3裂或不裂或侧裂。3条棱或中央的瘦果4～5条棱,黑色或黑褐色,常压扁,被白色微毛。舌状花冠毛毛状,脱落;管状花冠毛膜片状,白色,披针形,边缘流苏状,固结于冠毛环上,正体脱落。花果期7～10月。

扭藿香属——【学　名】*Lophanthus*

【蒙古名】ᠲᠣᠭᠣᠷᠢᠭᠣ ᠵᠢᠭᠠᠰᠣ ᠤ ᠡᠪᠡᠰᠣ

【英文名】Gianthyssop

【生活型】多年生草本。

【叶】叶边缘具齿或齿裂；苞叶大多数较小。

【花】聚伞花序腋生；苞片小,线状披针形或线形,稀有披针形。花萼管状或管状钟形,直立或近弯曲,筒的顶部整齐或斜形,具5枚齿,齿近相等或呈2唇形,具15条脉,稀12～13条脉,内面在中部或中部以上具毛环。花冠直立或弯曲,冠筒外伸,向上增大,扭转,冠檐2唇形,倒扭90度至180度,上唇(即下唇)3裂,中裂片较大,下唇(即上唇)2裂。雄蕊4枚,均外伸或仅2枚外伸,或内藏,药室近平行或几不叉开。花盘前面隆起。花柱外伸,稀不外伸,先端2裂,裂片相等或近相等。

【果实和种子】小坚果长圆状卵圆形,稍压扁,光滑,褐色。

【分类地位】被子植物门、双子叶植物纲、合瓣花亚纲、管状花目、唇形科、野芝麻亚科、荆芥族。

【种类】全属约有18种；中国有4种；内蒙古有1种。

469

扭藿香 *Lophanthus chinensis*

草本。茎四棱形,分枝,被短柔毛及腺点。叶卵圆形,先端钝至圆形,基部圆形至心形,边缘具圆齿,两面多少被有短柔毛及腺点,网脉在上面微下陷,在下面隆起;叶柄短而扁平。聚伞花序腋生,有花3～6朵或更多,总梗长1厘米或无梗,被短柔毛及腺点;苞片线状披针形,被短柔毛及腺点。花萼管状钟形,在喉部扩大,具15条脉,外被短柔毛及腺点,内面在中部具毛环,齿5枚,近等长,卵圆形,先端急尖。花冠被短柔毛,冠筒伸出萼外,在喉部扩大,冠檐2唇形,上唇3裂,中裂片较大,圆形,先端微凹,边缘具浅齿,侧裂片较小,下唇2深裂,裂片椭圆状长圆形。雄蕊4枚,仅前对外伸。花柱外伸。花期10月。

脓疮草属——【学　名】*Panzeria*

【蒙古名】ᠭᠠᠯᠤᠤ ᠬᠢᠮᠤᠰᠤᠨ ᠤ ᠲᠥᠷᠥᠯ

【英文名】Panzeria

【生活型】多年生草本。

【茎】茎单一或多数,多少被有白色绒毛。

【叶】叶掌状分裂,具长柄。

【花】轮伞花序腋生,多花,多数组成或长或短的穗状花序;苞片针刺状,平出或直伸,比萼筒短,多少被毛;花梗无。花萼管状钟形,5条脉,明显,居间脉及网脉不明显,齿5枚,基部为宽三角形,先端为刺状尖头,其中前2枚多少较长。花冠白至黄白色,上唇直伸,盔状,外密被柔毛,下唇直伸,3裂,中裂片扁心形,两侧边缘膜质,冠筒约与萼筒等长,内面无毛环。雄蕊4枚,平行,近等长或前对稍长,花药卵圆形,2室,横裂。花柱丝状,稍超出于雄蕊或与之等长,先端相等2浅裂。花盘平顶。

【果实和种子】小坚果卵圆状三棱形,顶端圆形。

【分类地位】被子植物门、双子叶植物纲、合瓣花亚纲、管状花目、唇形科、野芝麻亚科、野芝麻族、野芝麻亚族。

【种类】全属约有(5～)7种;中国有3种,1变种;内蒙古有1变种。

470

脓疮草 *Panzeria alaschanica*

多年生草本。具粗大的木质主根。茎从基部发出,基部近于木质,多分枝,茎、枝四棱形,密被白色短绒毛。叶轮廓为宽卵圆形,茎生叶掌状5裂,裂片常达基部,狭楔形,小裂片线状披针形,苞叶较小,3深裂,叶片上面由于密被贴生短毛而呈灰白色,下面被有白色紧密的绒毛,叶脉在上面下陷,下面不明显突出,叶柄细长,扁平,被绒毛。轮伞花序多花,多数密集排列成顶生长穗状花序;小苞片钻形,先端刺尖,被绒毛。花萼管状钟形,外面密被绒毛,内面无毛,由于毛被密集而脉不明显,齿5枚,稍不等大,前2枚稍长,宽三角形,先端骤然短刺尖。花冠淡黄或白色,下唇有红条纹,外被丝状长柔毛,内面无毛,冠檐2唇形,上唇直伸,盔状,长圆形,基部收缩,下唇直伸,浅3裂,中裂片较大,心形,侧裂片卵圆形。雄蕊4枚,前对稍长,花丝丝状,略被微柔毛,花药黄色,卵圆形,2室,室平行,横裂。花柱丝状,略短于雄蕊,先端相等2浅裂。花盘平顶。小坚果卵圆状三棱形,具疣点,顶端圆。花期7～9月。

女蒿属──【学　名】*Hippolytia*

【蒙古名】ᠪᠠᠵᠠ ᠡᠪᠡᠰᠦ ᠊ᠥ ᠲᠥᠷᠥᠯ

【英文名】Hippolytia

【生活型】多年生草本，小半灌木、垫状植物或无茎草本。

【叶】叶互生，羽状分裂或 3 裂。

【花】头状花序同型，通常 2～15 个或更多在茎顶或茎枝顶端排成紧密或疏松伞房花序、束状伞房花序或团伞花序。总苞钟状，或楔状；总苞片 3～5 层，覆瓦状或镊合状，草质、硬草质。花托稍突起或平，无托毛。全部小花管状，两性，顶端 5 齿裂。花药基部钝，顶端有卵状披针形的附片。花柱分枝线形，顶端截形。

【果实和种子】瘦果几圆柱形，基部狭窄，有 4～7 条椭圆形脉棱。无冠状冠毛，但沿果缘常有环边。

【分类地位】被子植物门、双子叶植物纲、合瓣花亚纲、桔梗目、菊科、管状花亚科、春黄菊族、菊亚族。

【种类】全属约有 18 种；内蒙古有 2 种。

女蒿 *Hippolytia trifida*

　　小半灌木。老枝弯曲，枝皮干裂，在上部发出短缩的营养枝及能育的花茎。花茎细长，不分枝，灰白色，有贴伏的细柔毛。叶灰绿色，匙形或楔形，包括楔形渐狭的叶柄 3 深裂或 3 浅裂，裂片长椭圆形，顶端钝或圆形。少有掌状 5 裂的。接花序下部的叶匙形或线状长椭圆形，不裂。全部叶两面被白色贴伏的细柔毛，但下面的毛稠密。头状花序 3～14 个，在茎顶排列成规则紧缩的束状伞房花序，花梗细，被贴伏细柔毛。总苞狭钟状。总苞片 5 层，外层卵形或椭圆形，内层倒披针形。全部苞片有光泽，淡黄色，硬草质，边缘白色狭膜质。两性花冠外面有腺点。花期 6～8 月。

　　产于内蒙古中部。生于荒漠草原，海拔 900～1400 米。蒙古也有分布。

女菀属——【学　名】*Turczaninowia*

　　　　　　【蒙古名】ᠲᠣᠲᠣᠷ ᠶᠢᠨ ᠴᠡᠴᠡᠭ

　　　　　　【英文名】Ladydaisy

【生活型】多年生草本。

【叶】叶互生。

【花】头状花序小,多数密集成复伞房花序,有异形花,辐射状,外围有1层雌花,中央有数朵两性花,部分不结果实。总苞筒状至钟状;总苞片3～4层,覆瓦状排列,草质,边缘膜质,顶端钝。花托稍凸起,蜂窝状,窝孔撕裂。雌花舌状,舌片椭圆形,顶端有2～3枚微齿或近全缘;两性花管状黄色,檐部钟状,有5枚裂片;花药基部钝,全缘;花柱分枝附片三角形或花柱不发育。冠毛1层,污白色或稍红色,有多数微糙毛。

【果实和种子】瘦果稍扁,边缘有细肋,两面无肋,被密短毛。

【分类地位】被子植物门、双子叶植物纲、合瓣花亚纲、桔梗目、菊科、管状花亚科、紫菀族。

【种类】单种属;中国有1种;内蒙古有1种。

女菀 *Turczaninowia fastigiata*

　　根颈粗壮。茎直立,被短柔毛,下部常脱毛,上部有伞房状细枝。下部叶在花期枯萎,条状披针形,基部渐狭成短柄,顶端渐尖,全缘,中部以上叶渐小,披针形或条形,下面灰绿色,被密短毛及腺点,上面无毛,边缘有糙毛,稍反卷;中脉及三出脉在下面凸起。头状花序多数在枝端密集;花序梗纤细,有苞叶。总苞片被密短毛,顶端钝,外层矩圆形;内层倒披针状矩圆形,上端及中脉绿色。花10余朵;舌状花白色。冠毛约与管状花花冠等长。瘦果矩圆形,基部尖,被密柔毛或稍脱毛。花果期8～10月。

女娄菜属——【学　名】*Melandrium*

【蒙古名】ᠲᠣᠪᠴᠢᠨ ᠴᠡᠴᠡᠭ ᠤᠨ ᠲᠥᠷᠥᠯ

【英文名】Melandrium

【生活型】一年生或多年生草本。

【叶】基生叶具长柄,矩圆状披针形或匙形,先端钝尖,基部渐狭。

【花】花序聚伞状,有时单生;花两性或单性;同株或稀异株;花萼具齿,筒状钟形,花后常膨大;花瓣具多裂瓣片;雄蕊 10 枚;子房 1 室,花柱 3～5 枚,雌雄蕊柄极短。

【果实和种子】蒴果 1 室,具多数种子。种子肾形或圆肾形,表面有个瘤状突起或具翅。

【分类地位】被子植物门、双子叶植物纲、原始花被亚纲、中央种子目、石竹亚目、石竹科。

【种类】全属约有 100 种;中国有 70 余种;内蒙古有 8 种,2 变种。

【注释】属名〈中〉Melandrium 为人名,指意大利植物学家。

女娄菜 *Melandrium apricum*

　　一年生或二年生草本,全株密被倒生短柔毛。茎直立,基部多分枝。叶对生,条状披针形或披针形,上部叶无柄,下部叶具短柄;叶片线状披针形至披针形,先端急尖,基部渐窄。全缘。聚伞花序 2～4 分歧,小聚伞 2～3 朵花;萼管长卵形,具 10 条脉,先端 5 齿裂;花瓣 5 片,白色,倒披针形,先端 2 裂,基部有爪,喉部有 2 个鳞片;雄蕊 10 枚,略短于花瓣;子房上位,花柱 3 枚。蒴果椭圆形,先端 6 裂,外围宿萼与果近等长。种子多数,细小,黑褐色,有瘤状突起。花期 5～6 月,果期 7～8 月。

　　生于砾质坡地、固定沙地、疏林及草原。分布于中国东北、华北、西北、西南、华东,蒙古、俄罗斯、朝鲜、日本也有。

473

女贞属——【学　名】*Ligustrum*

【蒙古名】ᠲᠣᠯᠣᠭ ᠤᠨ ᠣᠢᠢᠮᠠᠰ ᠤᠨ ᠲᠥᠷᠥᠯ

【英文名】Privet

【生活型】落叶或常绿、半常绿的灌木、小乔木或乔木。

【叶】叶对生，单叶，叶片纸质或革质，全缘；具叶柄。

【花】聚伞花序常排列成圆锥花序，多顶生于小枝顶端，稀腋生；花两性；花萼钟状，先端截形或具 4 枚齿，或为不规则齿裂；花冠白色，近辐状、漏斗状或高脚碟状，花冠管长于裂片或近等长，裂片 4 枚，花蕾时呈镊合状排列；雄蕊 2 枚，着生于近花冠管喉部，内藏或伸出，花药椭圆形、长圆形至披针形，药室近外向开裂；子房近球形，2 室，每室具下垂胚珠 2 颗，花柱丝状，长或短，柱头肥厚，常 2 浅裂。

【果实和种子】果为浆果状核果，内果皮膜质或纸质，稀为核果状而室背开裂；种子 1～4 粒，种皮薄，胚乳肉质；子叶扁平，狭卵形；胚根短，向上。

【分类地位】被子植物门、双子叶植物纲、合瓣花亚纲、木犀目、木犀科、木犀亚科、木犀榄族。

【种类】全属约有 45 种；中国产 29 种，1 亚种，9 变种，1 变型，其中 2 栽培种；内蒙古有 1 栽培种。

小叶女贞 *Ligustrum quihoui*

落叶灌木。小枝淡棕色，圆柱形，密被微柔毛，后脱落。叶片薄革质，形状和大小变异较大，披针形、长圆状椭圆形、椭圆形、倒卵状长圆形至倒披针形或倒卵形，先端锐尖、钝或微凹，基部狭楔形至楔形，叶缘反卷，上面深绿色，下面淡绿色，常具腺点，两面无毛，稀沿中脉被微柔毛，中脉在上面凹入，下面凸起，侧脉 2～6 对，不明显，在上面微凹入，下面略凸起，近叶缘处网结不明显；叶柄无毛或被微柔毛。圆锥花序顶生，近圆柱形，分枝处常有 1 对叶状苞片；小苞片卵形，具睫毛；花萼无毛，萼齿宽卵形或钝三角形；花冠裂片卵形或椭圆形，先端钝；雄蕊伸出裂片外，花丝与花冠裂片近等长或稍长。果倒卵形、宽椭圆形或近球形，呈紫黑色。花期 5～7 月，果期 8～11 月。

欧当归属——【学　名】*Levisticum*

【蒙古名】ᠵᠢᠭᠣᠷ ᠤᠨ ᠵᠢᠮᠢᠰ ᠤ ᠤᠷᠤᠮᠠᠯ

【英文名】Lovage

【生活型】多年生高大草本。

【茎】茎直立。

【叶】叶片大，2 至 3 回羽状分裂。

【花】复伞形花序生于茎顶和分枝顶部；花小，萼齿不明显，花瓣黄绿色至黄色，椭圆形，顶端短而反折。

【果实和种子】果实卵形至椭圆形，略侧扁，分生果的侧棱厚翅状，背棱钝翅状，棱槽内有油管 1 个，合生面油管 2 个（稀为 4 个）。

【分类地位】被子植物门、双子叶植物纲、原始花被亚纲、伞形目、伞形科、芹亚科、前胡族、当归亚族。

【种类】全属有 3 种；中国引种 1 种；内蒙古有 1 栽培种。

欧当归 *Levisticum officinale*

多年生草本。全株有香气。根茎肥大，有多数支根，顶部有多数叶鞘残基。茎直立，光滑无毛，带紫红色，有光泽，中空，有纵沟纹。基生叶和茎下部叶 2 至 3 回羽状分裂，有长柄，叶柄基部膨大成长圆形，带紫红色的叶鞘；茎上部叶通常仅 1 回羽状分裂；叶片轮廓为宽倒卵形至宽三角形，茎生叶叶柄较短，最上部的叶多简化成顶端 3 裂的小叶片；末回裂片倒卵形至卵状菱形，近革质，叶缘上部 2~3 裂，有少数不整齐的粗大锯齿，叶缘下部全缘，顶端锐尖或有长尖，基部楔形。复伞形花伞辐 12~20 枚，总苞片 7~11 枚，小总苞片 8~12 个，均为宽披针形至线状披针形，顶端长渐尖，反曲，边缘白色，膜质，有稀疏的短糙毛；小伞形花序近圆球形，花黄绿色，萼齿不明显，花瓣椭圆形，基部有短爪，顶端略凹入，花柱基短圆锥状。分生果椭圆形，黄褐色，背部稍扁压，侧棱和背棱呈阔翅状，背棱的翅较侧棱的翅为宽，每棱槽内有油管 1 个，合生面油管 2 个，胚乳腹面平或略凹入。花期 6~8 月，果期 8~9 月。

盘果菊属（福王草属）——【学　名】*Prenanthes*

【蒙古名】ᠣᠷᠤᠰᠭᠠᠯ ᠤᠨ ᠢᠰᠡᠭᠡᠢ

【英文名】Rattlesnakeroot

【生活型】多年生草本。

【茎】茎直立，单生，通常有分枝，极少不分枝。

【花】头状花序同型，舌状，小，具 5 朵，极少具 10～11 朵舌状小花，多数沿茎枝排成圆锥状花序。总苞圆柱状或狭圆柱状；总苞片 3～4 层，外层及最外层短小，内层及最内层长，全部总苞片外面绿色。花托平，无托毛。舌状小花紫色或红色，舌片顶端截形，5 齿裂。花药基部有急尖的小耳状或短渐尖的膜质附属物。花柱分枝细长。

【果实和种子】瘦果褐色或黑色，圆柱状或楔形，向上渐宽，顶端截形，向下收窄，或上下等粗，4～5 条肋，肋间有不明显的小肋或无小肋。冠毛白色、褐色、污黄色，2～3 层，细锯齿状或单毛状。

【分类地位】被子植物门、双子叶植物纲、合瓣花亚纲、桔梗目、菊科、舌状花亚科、菊苣族、莴苣亚族。

【种类】全属约有 40 种；中国有 7 种；内蒙古有 2 种。

福王草（盘果菊）*Prenanthes tatarinowii*

多年生草本。茎直立，单生，上部圆锥状花序分枝，极少不分枝，全部茎枝无毛或几无毛。中下部茎叶或不裂，心形或卵状心形，边缘全缘或有锯齿或不等大的三角状锯齿，齿顶及齿缘有小尖头，或大头羽状全裂，有长柄，顶裂片卵状心形、心形、戟状心形或三角状戟形，顶端长或短渐尖，基部心形或几心形或戟形，边缘有不等大的三角状锯齿，齿顶及齿缘有小尖头，侧裂片通常 1 对，椭圆形、卵状披针形、偏斜卵形或耳状，边缘有小尖头；向上的茎叶渐小，同形并等样分裂，上部茎叶与花序分枝下部或花序分枝上的与中下部茎叶同形或宽三角状卵形、线状披针形、几菱形、宽卵形、卵形，但不裂，顶端长或短渐尖，基部平截或楔形，有短柄；全部叶两面被稀疏的膜片短刚毛，叶柄有长或短糙毛或多细胞节毛。头状花序含 5 朵舌状小花，多数，沿茎枝排成疏松的圆锥状花序或少数沿茎排列成总状花序。总苞狭圆柱状，顶端急尖或钝，内层最长，5 枚，线状长披针形或线形，顶端钝或圆形，外面被稀疏的短卷毛。舌状小花紫色、粉红色，极少白色或黄色。瘦果线形或长椭圆状，紫褐色，向顶端渐宽，顶端截形，无喙，向下渐收窄，有 5 条高起纵肋。冠毛 2～3 层，细锯齿状。

泡囊草属──【学　名】*Physochlaina*

【蒙古名】ᠰᠢᠷ᠎ᠠ ᠡᠪᠡᠰᠦᠨ ᠦ ᠲᠥᠷᠥᠯ

【英文名】Bubbleweed

【生活型】多年生草本。

【根】根粗壮,圆柱状或块状,肉质。

【茎】根状茎短,圆柱状,粗壮。茎直立,常多分枝。

【叶】叶互生,叶片全缘而波状或具少数三角形牙齿。花紫色、黄色或稀白色,通常有长而显明的叶柄或稀近无柄,排列成疏散的顶生伞房式、伞形式或极稀头状式聚伞花序,有叶状或鳞片状苞片,稀无苞片。

【花】花萼筒状钟形、漏斗状或筒状坛形,有 5 枚近等长或稍不等长的萼齿,花后宿存而增大,包围果实,形状各式,膜质或近革质,具 10 条纵肋和明显的网脉;花冠钟状或漏斗状,檐部稍偏歪,5 浅裂,裂片大小近于相等,在花蕾中覆瓦状排列;雄蕊 5 枚,插生在花冠筒中部或下部,等长或稍不等长,内藏或伸出花冠,花丝丝状,花药卵形,药室平行,纵缝裂开;花盘肉质,环状,围绕于子房基部,果时垫座状;子房 2 室,圆锥状,花柱伸长而向上弯,伸出或几乎不伸出花冠,柱头头状,不明显 2 裂。

【果实和种子】蒴果,自中部稍上处盖状开裂,果盖圆盘状或半球状帽形。种子极多,肾状而稍侧扁,表面有网纹状凹穴;胚环状弯曲,子叶半圆棒状。

【分类地位】被子植物门、双子叶植物纲、合瓣花亚纲、管状花目、茄科、茄族、天仙子亚族。

【种类】全属约有 12 种;中国有 7 种;内蒙古有 1 种。

泡囊草 *Physochlaina physaloides*

　　根状茎可发出 1 至数茎;茎幼时有腺质短柔毛,以后渐脱落到近无毛。叶卵形,顶端急尖,基部宽楔形,并下延到叶柄,全缘而微波状,两面幼时有毛。花序为伞形式聚伞花序,有鳞片状苞片;花梗像花萼一样密生腺质短柔毛,果时毛脱落而变稀疏;花萼筒状狭钟形,5 浅裂,裂片密生缘毛,果时增大成卵状或近球状,萼齿向内倾但顶口不闭合;花冠漏斗状,长超过花萼的 1 倍,紫色,筒部色淡,5 浅裂,裂片顶端圆钝;雄蕊稍伸出于花冠;花柱显著伸出花冠。种子扁肾状,黄色。花期 4～5 月,果期 5～7 月。

　　分布于中国新疆(准噶尔盆地和阿尔泰山)、内蒙古、黑龙江和河北省;蒙古、俄罗斯亦有。生于山坡草地或林边。

披碱草属——【学　名】*Elymus*

【蒙古名】ᠷᠠᠰᠢᠶᠠᠨ ᠤ ᠡᠪᠡᠰᠦ

【英文名】Lymegrass

【生活型】多年生丛生草本。

【叶】叶扁平或内卷。

【花】穗状花序顶生，直立或下垂；小穗常 2～4(6)个同生于穗轴的每节，或在上、下两端每节可有单生者，含 3～7 朵小花；颖锥形，线形以至披针形，先端尖以至形成长芒，具 3～5(7)条脉，脉上粗糙；外稃先端延伸成长芒或短芒以至无芒，芒多少反曲。

【分类地位】被子植物门、单子叶植物纲、禾本目、禾本科、早熟禾亚科、小麦族。

【种类】全属有 40 种以上；中国有 12 种，1 变种；内蒙古有 8 种，1 变种。

披碱草 *Elymus dahuricus*

秆疏丛，直立，基部膝曲。叶鞘光滑无毛；叶片扁平，稀可内卷，上面粗糙，下面光滑，有时呈粉绿色。穗状花序直立，较紧密；穗轴边缘具小纤毛，中部各节具 2 个小穗而接近顶端和基部各节只具 1 个小穗；小穗绿色，成熟后变为草黄色，含 3～5 朵小花；颖披针形或线状披针形，先端有短芒，有 3～5 条明显而粗糙的脉；外稃披针形，上部具 5 条明显的脉，全部密生短小糙毛，第一外稃先端延伸成芒，芒粗糙，成熟后向外展开；内稃与外稃等长，先端截平，脊上具纤毛，至基部渐不明显，脊间被稀少短毛。

本种性耐旱、耐寒、耐碱、耐风沙，为优质高产的饲草。多生于山坡草地或路边。产于东北、内蒙古、河北、河南、山西、陕西、青海、四川、新疆、西藏等省区。俄罗斯、朝鲜、日本与印度西北部、土耳其东部也有分布。

飘拂草属——【学　名】*Fimbristylis*

【蒙古名】ᠣᠷᠢᠶᠠᠩᠬᠠᠶ ᠶᠢᠨ ᠲᠥᠷᠥᠯ

【英文名】Fluttergrass

【生活型】一年生或多年生草本。

【茎】具或不具根状茎，很少有匍匐根状茎。秆丛生或不丛生，较细。

【叶】叶通常基生，有时仅有叶鞘而无叶片。

【花】花序顶生，为简单、复出或多次复出的长侧枝聚伞花序，少有集合成头状或仅具 1 个小穗。小穗单生或簇生，具几朵至多数两性花；鳞片常为螺旋状排列或下部鳞片为 2 列或近于 2 列，最下面 1～2（～3）个鳞片内无花；无下位刚毛；雄蕊 1～3 枚；花柱基部膨大，有时上部被缘毛，柱头 2～3 枚，全部脱落。

【果实和种子】小坚果倒卵形、三棱形或双凸状，表面有网纹或疣状突起，或两者兼有，具柄（子房柄）或柄不显著。

【分类地位】被子植物门、单子叶植物纲、莎草目、莎草科、藨草亚科、藨草族。

【种类】全属有 130 余种；中国有 47 种；内蒙古有 1 种。

479

两歧飘拂草 *Fimbristylis dichotoma*

秆丛生，无毛或被疏柔毛。叶线形，略短于秆或与秆等长，被柔毛或无，顶端急尖或钝；鞘革质，上端近于截形，膜质部分较宽而呈浅棕色。苞片 3～4 个，叶状，通常有 1～2 个长于花序，无毛或被毛；长侧枝聚伞花序复出，少有简单，疏散或紧密；小穗单生于辐射枝顶端，卵形、椭圆形或长圆形，具多数花；鳞片卵形、长圆状卵形或长圆形，褐色，有光泽，脉 3～5 条，中脉顶端延伸成短尖；雄蕊 1～2 枚，花丝较短；花柱扁平，长于雄蕊，上部有缘毛，柱头 2 枚。小坚果宽倒卵形，双凸状，具 7～9 条显著纵肋，网纹近似横长圆形，无疣状突起，具褐色的柄。花果期 7～10 月。

苹果属——【学　名】*Malus*

　　　　　　【蒙古名】ᠠᠯᠢᠮᠠ ᠤᠨ ᠲᠦᠷᠦᠯ

　　　　　　【英文名】Crabapple，Apple

【生活型】落叶稀半常绿乔木或灌木。

【茎】通常不具刺；冬芽卵形，外被数个覆瓦状鳞片。

【叶】单叶互生，叶片有齿或分裂，在芽中呈席卷状或对折状，有叶柄和托叶。

【花】伞形总状花序；花瓣近圆形或倒卵形，白色、浅红至艳红色；雄蕊 15～50 枚，具有黄色花药和白色花丝；花柱 3～5 枚，基部合生，无毛或有毛，子房下位，3～5 室，每室有 2 颗胚珠。

【果实和种子】梨果，通常不具石细胞或少数种类有石细胞，萼片宿存或脱落，子房壁软骨质，3～5 室，每室有 1～2 粒种子；种皮褐色或近黑色，子叶平凸。

【分类地位】被子植物门、双子叶植物纲、原始花被亚纲、蔷薇目、蔷薇亚目、蔷薇科、苹果亚科。

【种类】全属约有 35 种；中国有 20 余种；内蒙古有 6 种。

山荆子 *Malus baccata*

　　乔木。树冠广圆形，幼枝细弱，微屈曲，圆柱形，无毛，红褐色，老枝暗褐色；冬芽卵形，先端渐尖，鳞片边缘微具绒毛，红褐色。叶片椭圆形或卵形，先端渐尖，稀尾状渐尖，基部楔形或圆形，边缘有细锐锯齿，嫩时稍有短柔毛或完全无毛；叶柄幼时有短柔毛及少数腺体，不久即全部脱落，无毛；托叶膜质，披针形，全缘或有腺齿，早落。伞形花序，具花 4～6 朵，无总梗，集生在小枝顶端；花梗细长，无毛；苞片膜质，线状披针形，边缘具有腺齿，无毛，早落；萼筒外面无毛；萼片披针形，先端渐尖，全缘，外面无毛，内面被绒毛，长于萼筒；花瓣倒卵形，先端圆钝，基部有短爪，白色；雄蕊 15～20 枚，长短不齐，约等于花瓣之半；花柱 5 或 4 枚，基部有长柔毛，较雄蕊长。果实近球形，红色或黄色，柄洼及萼洼稍微陷入，萼片脱落。花期 4～6 月，果期 9～10 月。

萍蓬草属——【学　名】*Nuphar*

【蒙古名】ᠰᠢᠷ᠎ᠠ ᠯᠢᠩᠬᠣᠸ᠎ᠠ ᠶᠢᠨ ᠲᠥᠷᠥᠯ

【英文名】Cowlily

【生活型】多年水生草本。

【茎】根状茎肥厚,横生。

【叶】叶漂浮或高出水面,圆心形或窄卵形,基部箭形,具深弯缺,全缘;叶柄在叶片基部着生;沉水叶膜质。

【花】花漂浮;萼片4～7个,常为5个,革质,黄色或橘黄色,花瓣状,直立,背面凸出,宿存;花瓣多数,雄蕊状;雄蕊多数,比萼片短,花丝短,扁平,花药内向;心皮多数,着生在花托上,且与其愈合,子房上位,多室,胚珠多数,柱头辐射状,形成柱头盘。

【果实和种子】浆果卵形至圆柱形,由于种子外面胶质物的膨胀,成不规则开裂。种子多数,大形,有胚乳。

【分类地位】被子植物门、双子叶植物纲、原始花被亚纲、毛茛目、睡莲科、睡莲亚科。

【种类】全属约有25种;中国有5种;内蒙古有1种。

萍蓬草 *Nuphar pumilum*

多年水生草本。叶纸质,宽卵形或卵形,少数椭圆形,先端圆钝,基部具弯缺,心形,裂片远离,圆钝,上面光亮,无毛,下面密生柔毛,侧脉羽状,几次二歧分枝;叶柄有柔毛。花梗有柔毛;萼片黄色,外面中央绿色,矩圆形或椭圆形;花瓣窄楔形,先端微凹;柱头盘常10浅裂,淡黄色或带红色。浆果卵形;种子矩圆形,褐色。花期5～7月,果期7～9月。

婆罗门参属——【学　名】*Tragopogon*

【蒙古名】ᠲᠠᠷᠠᠭᠤᠨ ᠲᠠᠷ᠎ᠠ ᠶᠢᠨ ᠲᠥᠷᠥᠯ

【英文名】Salsify

【生活型】多年生或二年生草本。

【茎】有时具根状茎。根颈裸露或被有鞘状或纤维状撕裂的残留物。茎直立，不分枝或少分枝，无毛或被蛛丝状毛。

【花】头状花序同型，舌状，含多数舌状小花，单生于茎顶或枝端，大或相当大，植株含少数头状花序；花序梗在头状花序下部稍膨大或相当膨大或不膨大。总苞圆柱状；总苞片 1 层，5～14 个。花托蜂窝状，无毛。舌状小花两性，黄色或紫色，舌片顶端 5 齿裂。花柱分枝细长，花药基部箭头状。

【果实和种子】瘦果圆柱状，有 5～10 条高起纵肋，无瘤状突起或具瘤状突起，先端渐狭或急狭成短或长喙，极少无喙或喙极短。冠毛 1 层，羽毛状，污白色或黄色，基部连合成环，整体脱落，羽枝纤细，彼此纠缠，在与喙或瘦果连接处有蛛丝状毛环或无毛环，通常有 5～10 根超长的冠毛，超长冠毛顶端糙毛状。

【分类地位】被子植物门、双子叶植物纲、合瓣花亚纲、桔梗目、菊科、舌状花亚科、菊苣族、鸦葱亚族。

【种类】全属约有 150 种；中国有 14 种；内蒙古有 1 种。

准噶尔婆罗门参 *Tragopogon songoricus*

二年生草本。根垂直直伸，粗壮，根颈被残存的叶柄。茎直立，自中部以上多少分枝或不分枝，无毛。基生叶与下部茎叶线形，基部宽，几抱茎，果期有时枯萎脱落；中部茎叶线状披针形，基部宽，抱茎，先端渐尖；上部茎叶椭圆状披针形或椭圆形，先端渐尖，基部扩大，几抱茎。头状花序单生茎顶或植株含少数头状花序，但生枝端。花序梗在果期不膨大。总苞圆柱状。总苞片 7～8(9) 个，线状披针形，先端渐尖，基部棕褐色，有时基部被短柔毛，稍长于舌状小花。舌状小花黄色，干时浅蓝色。边缘瘦果有细纵肋，沿肋有疣状突起，顶端急狭成细喙，喙顶不增粗，与冠毛连接处亦无蛛丝状毛环。冠毛污白色或污黄色。花果期 6～8 月。

生于林缘草地及荒漠草原，海拔 1500～4200 米。分布于新疆（富蕴、和布克赛尔、博乐、沙湾、奇台、巴里坤、霍城、尼勒克、巩留、昭苏、乌恰）。俄罗斯西伯利亚、哈萨克斯坦及蒙古也有分布。

婆婆纳属——【学　名】*Veronica*

【蒙古名】 ᠮᠣᠩᠭᠣᠯ ᠬᠡᠯᠡ ᠦᠨ ᠨᠡᠷᠡᠰᠦ

【英文名】Speedwell

【生活型】多年生草本而有根状茎或一年生、二年生草本。

【叶】叶多数为对生,少轮生和互生。

【花】总状花序顶生或侧生叶腋,在有些种中,花密集成穗状,有的很短而呈头状。花萼深裂,裂片 4 或 5 枚,如 5 枚则后方(近轴面)那一枚小得多,有的种萼 4 裂,深度不等;花冠具很短的筒部,近于辐状,或花冠筒部明显,长占总长的 1/2~2/3,裂片 4 枚,常开展,不等宽,后方一枚最宽,前方一枚最窄,有时稍稍 2 唇形;雄蕊 2 枚,花丝下部贴生于花冠筒后方,药室叉开或并行,顶端汇合;花柱宿存,柱头头状。

【果实和种子】蒴果形状各式,稍稍侧扁至明显侧扁几乎如片状,两面各有一条沟槽,顶端微凹或明显凹缺,室背 2 裂。种子每室 1 至多粒,圆形、瓜子形或卵形,扁平而两面稍膨,或为舟状。

【分类地位】被子植物门、双子叶植物纲、合瓣花亚纲、管状花目、玄参科

【种类】全属约有 250 种;中国有 61 种;内蒙古有 13 种,1 变种。

细叶婆婆纳 *Veronica linariifolia*

　　根状茎短。茎直立,单生,少 2 支丛生,常不分枝,通常有白色而多卷曲的柔毛。叶全部互生或下部的对生,条形至条状长椭圆形,下端全缘而中上端边缘有三角状锯齿,极少整片叶全缘的,两面无毛或被白色柔毛。总状花序单支或数支复出,长穗状;花梗被柔毛;花冠蓝色、紫色,少白色,后方裂片卵圆形,其余 3 枚卵形;花丝无毛,伸出花冠。花期 6~9 月。

　　生于草甸、草地、灌丛及疏林下。分布于东北和内蒙古。朝鲜、日本、蒙古及俄罗斯东西伯利亚地区也有。

葡萄科——【学　名】*Vitaceae*

　　　　　　【蒙古名】ᠥᠽᠥᠮ ᠤᠨ ᠢᠵᠠᠭᠤᠷ

　　　　　　【英文名】Grape Family

【生活型】攀援木质藤本,稀草质藤本。

【茎】具有卷须,或直立灌木,无卷须。

【叶】单叶、羽状或掌状复叶,互生;托叶通常小而脱落,稀大而宿存。

【花】花小,两性或杂性,同株或异株,排列成伞房状多歧聚伞花序、复二歧聚伞花序或圆锥状多歧聚伞花序,4~5基数;萼呈碟形或浅杯状,萼片细小;花瓣与萼片同数,分离或凋谢时呈帽状粘合脱落;雄蕊与花瓣对生,在两性花中雄蕊发育良好,在单性花雌花中雄蕊常较小或极不发达,败育;花盘呈环状或分裂,稀极不明显;子房上位,通常2室,每室有2颗胚珠,或多室而每室有1颗胚珠。

【果实和种子】果实为浆果,有种子1至数粒。胚小,胚乳形状各异,W形、T形或呈嚼烂状。

【种类】全科有16属,700余种;中国有9属,150余种;内蒙古有2属,5种,1变种。

　　葡萄科 Vitaceae Juss. 是法国植物学家 Antoine Laurent de Jussieu(1748—1836)于1789年在"Genera plantarum 267"(Gen. Pl.)中建立的植物科,模式属为葡萄属(Vitis)。

　　在恩格勒系统(1964)中,葡萄科隶属原始花被亚纲(Archichlamydeae)、鼠李目(Rhamnales),含鼠李科(Rhamnaceae)、葡萄科和火筒树科(Leeaceae)3个科。在哈钦森系统(1959)中,葡萄科隶属双子叶植物木本支(Lignosae)、鼠李目,含大柱头树科(Heteropyxidaceae)、胡颓子科(Elaegnaceae)、鼠李科和葡萄科4个科,认为本目多少像卫矛目(Celastrales),可能是由卫矛目起源的。在塔赫他间系统(1980)中,葡萄科隶属蔷薇亚纲(Rosidae)、鼠李目,含鼠李科、葡萄科和火筒树科3个科,认为由卫矛目演化到鼠李目,两个目很接近。在克朗奎斯特系统(1981)中,葡萄科也隶属蔷薇亚纲(Rosidae)、鼠李目,也含鼠李科、葡萄科和火筒树科3个科,认为鼠李目与卫矛目相近,二者共同起源于蔷薇目(Rosales)。

葡萄属——【学　名】*Vitis*

【蒙古名】ᠤᠵᠤᠮ ᠤᠨ ᠲᠥᠷᠥᠯ

【英文名】Grape

【生活型】木质藤本,有卷须。

【叶】叶为单叶、掌状或羽状复叶;有托叶,通常早落。

【花】花 5 数,通常杂性异株,稀两性,排成聚伞圆锥花序;萼呈碟状,萼片细小;花瓣凋谢时呈帽状粘合脱落;花盘明显,5 裂;雄蕊与花瓣对生,在雌花中不发达,败育;子房 2 室,每室有 2 颗胚珠;花柱纤细,柱头微扩大。

【果实和种子】果实为一肉质浆果,有种子 2～4 粒。种子倒卵圆形或倒卵椭圆形,基部有短喙,种脐在种子背部呈圆形或近圆形,腹面两侧洼穴狭窄呈沟状或较阔呈倒卵长圆形,从种子基部向上通常达种子 1/3 处;胚乳呈 M 形。x＝19。

【分类地位】被子植物门、双子叶植物纲、原始花被亚纲、鼠李目、葡萄科。

【种类】全属有 60 余种;中国约有 38 种;内蒙古有 3 种,2 栽培种。

山葡萄 *Vitis amurensis*

　　木质藤本。叶阔卵圆形,叶片或中裂片顶端急尖或渐尖,叶基部心形;基生脉 5 出,中脉有侧脉 5～6 对;初时被蛛丝状绒毛,以后脱落无毛;托叶膜质,褐色,顶端钝,边缘全缘。圆锥花序疏散,与叶对生,基部分枝发达,初时常被蛛丝状绒毛,以后脱落几无毛;花蕾倒卵圆形,顶端圆形;萼碟形,几全缘,无毛;花瓣 5 片,呈帽状粘合脱落;雄蕊 5 枚,花丝丝状,花药黄色,卵椭圆形,在雌花内雄蕊显著,短而败育;花盘发达,5 裂;雌蕊 1 枚,子房锥形,花柱明显,基部略粗,柱头微扩大。种子倒卵圆形,顶端微凹,基部有短喙,种脐在种子背面中部呈椭圆形,腹面中棱脊微突起,两侧洼穴狭窄呈条形,向上达种子中部或近顶端。花期 5～6 月,果期 7～9 月。

蒲公英属——【学　名】*Taraxacum*

【蒙古名】ᠮᠣᠩᠭᠣᠯ ᠶᠢᠨ ᠴᠡᠴᠡᠭ

【英文名】Dandelion

【生活型】多年生葶状草本。

【茎】茎花葶状。花葶1至数个,直立、中空,无叶状苞片叶,上部被蛛丝状柔毛或无毛。

【叶】叶基生,密集成莲座状,具柄或无柄,叶片匙形、倒披针形或披针形,羽状深裂、浅裂,裂片多为倒向或平展,或具波状齿,稀全缘。

【花】头状花序单生花葶顶端;总苞钟状或狭钟状,总苞片数层,有时先端背部增厚或有小角,外层总苞片短于内层总苞片,通常稍宽,常有浅色边缘,线状披针形至卵圆形,伏贴或反卷,内层总苞片较长,多少呈线形,直立;花序托多少平坦,有小窝孔,无托片,稀少有托片;全为舌状花,两性、结实,头状花序通常有花数十朵,有时100余朵,舌片通常黄色,稀白色、红色或紫红色,先端截平,具5枚齿,边缘花舌片,背面常具暗色条纹;雄蕊5枚,花药聚合,呈筒状,包于花柱周围,基部具尾,戟形,先端有三角形的附属物,花丝离生,着生于花冠筒上;花柱细长,伸出聚药雄蕊外,柱头2裂,裂瓣线形。

【果实和种子】瘦果纺锤形或倒锥形,有纵沟,果体上部或几全部有刺状或瘤状突起,稀光滑,上端突然缢缩或逐渐收缩为圆柱形或圆锥形的喙基,喙细长,少粗短,稀无喙;冠毛多层,白色或有淡的颜色,毛状,易脱落。

【分类地位】被子植物门、双子叶植物纲、合瓣花亚纲、桔梗目、菊科、舌状花亚科、菊苣族、莴苣亚族。

【种类】全属有2000余种;中国有70种,1变种;内蒙古有17种。

486

蒲公英 *Taraxacum mongolicum*

多年生草本。根圆柱状。叶倒卵状披针形、倒披针形或长圆状披针形,先端钝或急尖,边缘有时具波状齿或羽状深裂,裂片间常夹生小齿,基部渐狭成叶柄。花葶1至数个,密被蛛丝状白色长柔毛;总苞钟状;总苞片2～3层,外层总苞片卵状披针形或披针形,边缘宽膜质,基部淡绿色,上部紫红色,先端增厚或具小到中等的角状突起;内层总苞片线状披针形,先端紫红色,具小角状突起;舌状花黄色,边缘花舌片,背面具紫红色条纹,花药和柱头暗绿色。瘦果倒卵状披针形,暗褐色,上部具小刺,下部具成行排列的小瘤,顶端逐渐收缩为圆锥至圆柱形喙基,纤细;冠毛白色。花期4～9月,果期5～10月。

朴属——【学　名】*Celtis*

【蒙古名】ᠲᠠᠯᠠ ᠵᠢᠮᠢᠰᠦᠨ ᠤ ᠲᠦᠷᠦᠯ

【英文名】Nettletree, Hackberry

【生活型】乔木。

【叶】叶互生,常绿或落叶,有锯齿或全缘,具 3 出脉或 3～5 对羽状脉,在后者情况下,由于基生 1 对侧脉比较强壮也似为 3 出脉,有柄;托叶膜质或厚纸质,早落或顶生者晚落而包着冬芽。

【花】花小,两性或单性,有柄,集成小聚伞花序或圆锥花序,或因总梗短缩而化成簇状,或因退化而花序仅具一两性花或雌花;花序生于当年生小枝上,雄花序多生于小枝下部无叶处或下部的叶腋,在杂性花序中,两性花或雌花多生于花序顶端;花被片 4～5 枚,仅基部稍合生,脱落;雄蕊与花被片同数,着生于通常具柔毛的花托上;雌蕊具短花柱,柱头 2 枚,线形,先端全缘或 2 裂,子房 1 室,具 1 颗倒生胚珠。

【果实和种子】果为核果,内果皮骨质,表面有网孔状凹陷或近平滑;种子充满核内,胚乳少量或无,胚弯,子叶宽。

【分类地位】被子植物门、双子叶植物纲、原始花被亚纲、荨麻目、榆科。

【种类】全属约有 60 种;中国有 11 种,2 变种;内蒙古有 1 种。

小叶朴 *Celtis bungeana*

落叶乔木。树皮灰色或暗灰色;当年生小枝淡棕色,老后色较深,无毛,散生椭圆形皮孔,去年生小枝灰褐色;冬芽棕色或暗棕色,鳞片无毛。叶厚纸质,狭卵形、长圆形、卵状椭圆形至卵形,基部宽楔形至近圆形,稍偏斜至几乎不偏斜,先端尖至渐尖,中部以上疏具不规则浅齿,有时一侧近全缘,无毛;叶柄淡黄色,上面有沟槽,幼时槽中有短毛,老后脱净;萌发枝上的叶形变异较大,先端可具尾尖且有糙毛。果单生叶腋(在极少情况下,一总梗上可具 2 枚果),果柄较细软,无毛,果成熟时蓝黑色,近球形;核近球形,肋不明显,表面极大部分近平滑或略具网孔状凹陷。花期 4～5 月,果期10～11 月。

溚草属 ——【学　名】*Koeleria*

【蒙古名】ᠬᠢᠷᠠ ᠬᠠᠲᠠᠭᠤ ᠶᠢᠨ ᠡᠪᠡᠰᠦ

【英文名】Junegrass

【生活型】多年生密丛草本。

【茎】具短根茎。

【叶】叶鞘在基部分蘗者常闭合，秆上者常纵向裂开；叶片扁平或纵卷。

【花】花顶生穗状圆锥花序紧密不开展，分枝常较短，被柔毛；小穗含 2～4 朵两性小花，小穗轴被毛或无毛，脱节于颖以上，延伸于顶生内稃之后呈刺状；颖披针形或卵状披针形，稍不等，宿存，边缘膜质而有光泽，具 1～3(5) 条脉；外稃纸质，有光泽，边缘及先端宽膜质，具 3～5 条脉，基盘钝圆，顶端尖或在近顶端处伸出 1 个短芒；内稃与外稃几等长，膜质，具 2 枚脊；鳞被 2 枚；雄蕊 3 枚；子房无毛。

【分类地位】被子植物门、单子叶植物纲、禾本目、禾本科、早熟禾亚科。

【种类】全属有 50 余种；中国有 3 种，3 变种；内蒙古有 3 种。

溚草 *Koeleria cristata*

多年生，密丛。秆直立，具 2～3 节，在花序下密生绒毛。叶鞘灰白色或淡黄色，无毛或被短柔毛，枯萎叶鞘多撕裂残存于秆基；叶舌膜质，截平或边缘呈细齿状；叶片灰绿色，线形，常内卷或扁平，被短柔毛或上面无毛，上部叶近于无毛，边缘粗糙。圆锥花序穗状，下部间断，有光泽，草绿色或黄褐色，主轴及分枝均被柔毛；含 2～3 朵小花，小穗轴被微毛或近于无毛；颖倒卵状长圆形至长圆状披针形，先端尖，边缘宽膜质，脊上粗糙，第一颖具 1 条脉，第二颖具 3 条脉；外稃披针形，先端尖，具 3 条脉，边缘膜质，背部无芒，稀顶端具小尖头，基盘钝圆，具微毛；内稃膜质，稍短于外稃，先端 2 裂，脊上光滑或微粗糙。花果期 5～9 月。

七瓣莲属——【学　名】*Trientalis*

【蒙古名】ᠣᠯᠠᠭᠠᠨ ᠬᠣᠨᠣᠭ ᠤᠨ ᠲᠦᠷᠦᠯ

【英文名】Starflower

【生活型】多年生草本。

【茎】具纤细横走的根状茎。茎单一，直立。

【叶】叶聚生茎端呈轮生状，下部叶极稀疏，互生，比茎端叶小或退化呈鳞片状。

【花】花单生于茎端叶腋；花梗纤细，丝状；花萼通常 7 裂，稀 6 或 9 裂，宿存；花冠辐状，白色，筒部极短，通常 7 裂，裂片在花蕾中旋转状排列；雄蕊与花冠裂片同数，着生于花冠裂片的基部；花丝丝状；花药基着，线形，先端钝，花后反卷；子房球形，花柱丝状，柱头钝；胚珠多数，半倒生。

【果实和种子】蒴果球形，5 瓣裂；种子背面稍扁平，腹面隆起，外种皮革质，具灰白色疏松的网状表皮层。

【分类地位】被子植物门、双子叶植物纲、合瓣花亚纲、报春花目、报春花科、珍珠菜族。

【种类】全属有 2 种；中国产 1 种；内蒙古有 1 种。

七瓣莲 *Trientalis europaea*

根茎纤细，横走，末端常膨大成块状，具多数纤维状须根。茎直立。叶 5～10 枚聚生茎端呈轮生状，叶片披针形至倒卵状椭圆形，先端锐尖或稍钝，基部楔形至阔楔形，具短柄或近于无柄，边缘全缘或具不明显的微细圆齿；茎下部叶极稀疏，通常仅 1～3 片，甚小，或呈鳞片状。花 1～3 朵，单生于茎端叶腋；花梗纤细；花萼分裂近达基部，裂片线状披针形；花冠白色，比花萼约长 1 倍，裂片椭圆状披针形，先端锐尖或具骤尖头；雄蕊比花冠稍短；子房球形，花柱约与雄蕊等长。蒴果比宿存花萼短。花期 5～6 月；果期 7 月。

七筋姑属——【学　名】*Clintonia*

【蒙古名】ᠲᠣᠷᠭᠠᠨ ᠤ ᠴᠡᠴᠡᠭ

【英文名】Broadlily

【生活型】多年生草本。

【茎】根状茎短。

【叶】叶基生,全缘。

【花】花葶直立;花通常几朵,排成顶生的总状花序或伞形花序,较少只具单花;花序轴和花梗在后期显著伸长;花被片 6 枚,离生;雄蕊 6 枚,着生于花被片基部;花丝丝状,花药背着,半外向开裂;子房 3 室,每室有多颗胚珠;花柱明显,柱头浅 3 裂。

【果实和种子】果实为浆果或多少作蒴果状开裂。种子棕褐色,胚细小。

【分类地位】被子植物门、单子叶植物纲、百合目、百合亚目、百合科、黄精族。

【种类】全属有 6 种;中国有 1 种;内蒙古有 1 种。

七筋姑 *Clintonia udensis*

根状茎较硬,有撕裂成纤维状的残存鞘叶。叶 3～4 片,纸质或厚纸质,椭圆形、倒卵状矩圆形或倒披针形,无毛或幼时边缘有柔毛,先端骤尖,基部成鞘状抱茎或后期伸长成柄状。花葶密生白色短柔毛;总状花序有花 3～12 朵,花梗密生柔毛;苞片披针形,密生柔毛,早落;花白色,少有淡蓝色;花被片矩圆形,先端钝圆,外面有微毛,具 5～7 条脉。果实球形至矩圆形,自顶端至中部沿背缝线作蒴果状开裂,每室有种子 6～12 粒。种子卵形或梭形。花期 5～6 月,果期 7～10 月。

生于高山疏林下或阴坡疏林下,海拔 1600～4000 米。产于黑龙江、吉林、辽宁、河北、山西、河南、湖北、陕西、甘肃、四川、云南和西藏(南部)。俄罗斯(西伯利亚)、日本、朝鲜、锡金、不丹和印度也有分布。

桤木属——【学　名】*Alnus*

【蒙古名】ᠬᠠᠶᠢᠯᠠᠰᠤ ᠶᠢᠨ ᠣᠪᠤᠭ

【英文名】Alder

【生活型】落叶乔木或灌木。

【茎】树皮光滑;芽有柄,具芽鳞2～3枚或无柄而具多数覆瓦状排列的芽鳞。

【叶】单叶,互生,具叶柄,边缘具锯齿或浅裂,很少全缘,叶脉羽状,第三级脉常与侧脉成直角相交,彼此近于平行或网结;托叶早落。

【花】花单性,雄柔荑花序细长,下垂;雄蕊4枚,稀1～3枚;药瓣不分离,先端无毛,雄柔荑花序短,矩圆形或圆柱形,每苞腋内着生雌花2朵,子房2室。

【果实和种子】果序球果状;果苞木质,鳞片状,宿存,由3个苞片、2个小苞片愈合而成,顶端具5枚浅裂片,每个果苞内具2枚小坚果。小坚果小,扁平,具或宽或窄的膜质或厚纸质之翅;种子单生,具膜质种皮。

【分类地位】被子植物门、双子叶植物纲、原始花被亚纲、山毛榉目、桦木科、桦木族。

【种类】全属有40余种;中国有7种,1变种;内蒙古有2种。

辽东桤木 *Alnus sibirica*

乔木。树皮灰褐色,光滑;枝条暗灰色,具棱,无毛;小枝褐色,密被灰色短柔毛,很少近无毛;芽具柄,具2枚疏被长柔毛的芽鳞。叶近圆形,很少近卵形,顶端圆,很少锐尖,基部圆形或宽楔形,很少截形或近心形,边缘具波状缺刻,缺刻间具不规则的粗锯齿,上面暗褐色,疏被长柔毛,下面淡绿色或粉绿色,密被褐色短粗毛或疏被毛至无毛,有时脉腋间具簇生的髯毛,侧脉5～10对;叶柄密被短柔毛。果序2～8个呈总状或圆锥状排列,近球形或矩圆形;序梗极短,或几无梗;果苞木质,顶端微圆,具5枚浅裂片。小坚果宽卵形;果翅厚纸质,极狭,宽及果的1/4。

漆姑草属——【学　名】*Sagina*

【蒙古名】ᠬᠥᠬᠡ ᠰᠣᠷᠣᠯ ᠤᠨ ᠡᠪᠡᠰᠦ

【英文名】Arrowhead

【生活型】一年生或多年生小草本。

【茎】茎多丛生。

【叶】叶线形或线状锥形,基部合生成鞘状;托叶无。

【花】花小,单生叶腋或顶生成聚伞花序,通常具长梗;萼片 4～5 枚,顶端圆钝;花瓣白色,4～5 片,有时无花瓣,通常较萼片短,稀等长,全缘或顶端微凹缺;雄蕊 4～5 枚,有时为 8 或 10 枚;子房 1 室,含多数胚珠;花柱 4～5 枚,与萼片互生。

【果实和种子】蒴果卵圆形,4～5 瓣裂,裂瓣与萼片对生;种子细小,肾形,表面有小凸起或平滑。

【分类地位】被子植物门、双子叶植物纲、原始花被亚纲、中央种子目、石竹科、繁缕亚族、繁缕族、沙生亚族。

【种类】全属约有 30 种;中国有 4 种;内蒙古有 7 种。

漆姑草 *Sagina japonica*

一年生小草本。上部被稀疏腺柔毛。茎丛生,稍铺散。叶片线形,顶端急尖,无毛。花小形,单生枝端;花梗细,被稀疏短柔毛;萼片 5 个,卵状椭圆形,顶端尖或钝,外面疏生短腺柔毛,边缘膜质;花瓣 5 片,狭卵形,稍短于萼片,白色,顶端圆钝,全缘;雄蕊 5 枚,短于花瓣;子房卵圆形,花柱 5 枚,线形。蒴果卵圆形,微长于宿存萼,5 瓣裂;种子细,圆肾形,微扁,褐色,表面具尖瘤状凸起。花期 3～5 月,果期 5～6 月。

槭树科——【学　名】*Aceraceae*

【蒙古名】ᠬᠣᠵᠢᠷ ᠤᠨ ᠣᠪᠣᠭ

【英文名】Maple Family

【生活型】乔木或灌木,落叶稀常绿。

【茎】冬芽具多数覆瓦状排列的鳞片,稀仅具 2 或 4 个对生的鳞片或裸露。

【叶】叶对生,具叶柄,无托叶,单叶稀羽状或掌状复叶,不裂或掌状分裂。

【花】花序伞房状、穗状或聚伞状,由着叶的枝的几顶芽或侧芽生出;花序的下部常有叶,稀无叶,叶的生长在开花以前或同时,稀在开花以后;花小,绿色或黄绿色,稀紫色或红色,整齐,两性、杂性或单性,雄花与两性花同株或异株;萼片 5 或 4 个,覆瓦状排列;花瓣 5 或 4 片,稀不发育;花盘环状或褥状或现裂纹,稀不发育;生于雄蕊的内侧或外侧;雄蕊 4～12 枚,通常 8 枚;子房上位,2 室,花柱 2 裂仅基部联合,稀大部分联合,柱头常反卷;子房每室具 2 颗胚珠,每室仅 1 颗发育,直立或倒生。

【果实和种子】果实系小坚果常有翅又称翅果;种子无胚乳,外种皮很薄,膜质,胚倒生,子叶扁平,折叠或卷折。

【种类】全科有 2 属;中国有 140 余种;内蒙古有 1 属,4 种,1 亚种,1 变种。

槭树科 Aceraceae Juss. 是法国植物学家 Antoine Laurent de Jussieu(1748－1836)于 1789 年在"Genera plantarum 250"(Gen. Pl.)中建立的植物科,模式属为槭属(Acer)。

在恩格勒系统(1964)中,槭树科隶属原始花被亚纲(Archichlamydeae)、无患子目(Sapindales)、无患子亚目(Sapindineae),本目含马桑科(Coriariaceae)、漆树科(Anacardiaceae)、槭树科、无患子科(Sapindaceae)、凤仙花科(Balsaminaceae)等 10 个科。在哈钦森系统(1959)中,槭树科隶属双子叶植物木本支(Lignosae)、无患子目,含无患子科、漆树科、槭树科等 11 个科;而凤仙花科则被放在草本支(Herbaceae)、牻牛儿苗目(Geraniales)中,认为无患子目来源于芸香目(Rutales),但芸香目比无患子目原始。在塔赫他间系统(1980)中,槭树科隶属蔷薇亚纲(Rosidae)、无患子目,含无患子科、槭树科等 13 个科,不包括漆树科和凤仙花科,认为无患子目与芸香目有共同起源,源于虎耳草目(Saxifragales);在克朗奎斯特系统(1981)中,槭树科也隶属蔷薇亚纲(Rosidae)、无患子目,含无患子科、槭树科、漆树科、苦木科(Simaroubaceae)、芸香科(Rutaceae)和蒺藜科(Zygophyllaceae)等 15 个科,不包括凤仙花科,认为无患子目来源于蔷薇目(Rosales)。

槭属——【学　名】*Acer*

　　　　　【蒙古名】ᠣᠷᠭᠤᠳᠠᠭ ᠠ ᠶᠢᠨ

　　　　　【英文名】Maple

【生活型】乔木或灌木,落叶或常绿。

【茎】冬芽具多数覆瓦状排列的鳞片,或仅具 2 或 4 个对生的鳞片。

【叶】叶对生,单叶或复叶(小叶最多达 11 片),不裂或分裂。

【花】花序由着叶小枝的顶芽生出,下部具叶,或由小枝旁边的侧芽生出,下部无叶;花小,整齐,雄花与两性花同株或异株,稀单性,雌雄异株;萼片与花瓣均 5 或 4 片,稀缺花瓣;花盘环状或微裂,稀不发育;雄蕊 4~12 枚,通常 8 枚,生于花盘内侧、外侧,稀生于花盘上;子房 2 室,花柱 2 裂稀不裂,柱头通常反卷。

【果实和种子】果实系 2 枚相连的小坚果,凸起或扁平,侧面有长翅,张开成各种大小不同的角度。

【分类地位】被子植物门、双子叶植物纲、原始花被亚纲、无患子目、槭树科。

【种类】全属有 200 余种;中国有 140 余种;内蒙古有 4 种,1 亚种,1 变种。

元宝槭 *Acer truncatum*

　　落叶乔木。树皮灰褐色或深褐色,深纵裂。小枝无毛,当年生枝绿色,多年生枝灰褐色,具圆形皮孔。冬芽小,卵圆形;鳞片锐尖,外侧微被短柔毛。叶纸质,常 5 裂,稀 7 裂,基部截形,稀近于心脏形;裂片三角卵形或披针形,先端锐尖或尾状锐尖,边缘全缘,有时中央裂片的上段再 3 裂;裂片间的凹缺锐尖或钝尖,上面深绿色,无毛,下面淡绿色,嫩时脉腋被丛毛,其余部分无毛,渐老全部无毛;主脉 5 条,在上面显著,在下面微凸起;侧脉在上面微显著,在下面显著;稀无毛,稀嫩时顶端被短柔毛。花黄绿色,杂性,雄花与两性花同株,常成无毛的伞房花序;萼片 5 个,黄绿色,长圆形,先端钝形;花瓣 5 片,淡黄色或淡白色,长圆倒卵形;雄蕊 8 枚,生于雄花者长 2~3 毫米,生于两性花者较短,着生于花盘的内缘,花药黄色,花丝无毛;花盘微裂;子房嫩时有粘性,无毛,花柱短,无毛,2 裂,柱头反卷,微弯曲;花梗细瘦,无毛。翅果嫩时淡绿色,成熟时淡黄色或淡褐色,常成下垂的伞房果序;小坚果压扁状;翅长圆形,两侧平行,常与小坚果等长,稀稍长,张开成锐角或钝角。花期 4 月,果期 8 月。

脐草属──【学　名】*Omphalothrix*

【蒙古名】ᠣᠮᠹᠠᠯᠣ ᠲᠣᠬᠣᠢ ᠶᠢᠨ ᠡᠪᠡᠰᠥ

【英文名】Omphalothrix

【生活型】一年生草本。

【叶】叶对生。

【花】总状花序集成圆锥状。花萼管状钟形,前后两方裂达 2/5,两侧方裂达 1/3~1/4,具 5 条脉;花冠上唇盔状,直,顶端微凹,边缘通常不翻卷,下唇 3 深裂,裂片开展;雄蕊 4 枚,伸至盔下,花药箭形,药室基部延伸成距,药室开裂后沿裂口露出须毛;柱头头状。

【果实和种子】蒴果矩圆状,侧扁,室背开裂。种子椭圆形,有白色纵翅,翅上有横条纹。

【分类地位】被子植物门、双子叶植物纲、合瓣花亚纲、管状花目、玄参科。

【种类】单种属;中国有 1 种;内蒙古有 1 种。

脐草 *Omphalothrix longipes*

　　茎直立而纤细,被白色倒毛,上部分枝。叶无柄,条状椭圆形,无毛,边缘胼胝质加厚,每边有几枚尖齿,到果期几乎全部叶脱落。苞片与叶同形;花梗细长,直或稍弓曲,果期稍伸长,与茎同样被毛;花萼裂片卵状三角形,边缘有糙毛;花冠白色,外被柔毛。蒴果与花萼近等长,被细刚毛。花期 6~9 月。

棋盘花属——【学　名】*Zigadenus*

　　　　　　【蒙古名】ᠬᠤᠪᠢᠯᠠᠷ ᠤᠨ ᠲᠦᠷᠦᠯ

　　　　　　【英文名】Chessboard flower

【生活型】多年生草本。

【茎】通常具鳞茎,较少具横走的根状茎。

【叶】叶基生或近基生,条形或狭带状。

【花】花葶直立,下部常生 1～2 片较小的叶,顶端通常为总状花序,较少由于分枝而成圆锥花序;花两性或杂性;花被片 6 枚,离生或基部稍连合成管状,宿存,内面基部上方具 2 枚或 1 枚在顶端深裂的肉质腺体;雄蕊 6 枚,着生于花被片基部,比花被片短;花丝丝状或下部扩大;花药较小,球形或肾形,药室汇合为一,基着,横向开裂;子房 3 室,顶端 3 裂,每室胚珠多数;花柱 3 枚,延伸为柱头。

【果实和种子】蒴果直立,卵形或矩圆形,3 裂,室间开裂。种子矩圆形或近披针形,具狭翅。

【分类地位】被子植物门、单子叶植物纲、百合目、百合亚目、百合科、藜芦族。

【种类】全属约有 10 种;中国有 1 种;内蒙古有 1 种。

棋盘花 *Zigadenus sibiricus*

　　鳞茎小葱头状,外层鳞茎皮黑褐色,有时上部稍撕裂为纤维。叶基生,条形,在花葶下部常有 1～2 片短叶。总状花序或圆锥花序具疏松的花;花梗基部有苞片;花被片绿白色,倒卵状矩圆形至矩圆形,内面基部上方有一个顶端 2 裂的肉质腺体;雄蕊稍短于花被片,花丝向下部逐渐扩大,花药近肾形;子房圆锥形;花柱 3 枚,近果期稍伸出花被外,外卷。蒴果圆锥形。种子近矩圆形,有狭翅。

荠属——【学　名】*Capsella*

【蒙古名】ᠲᠠᠭᠠᠨ ᠤ ᠬᠠᠪᠲᠠᠭᠠ

【英文名】Shepherds purse

【生活型】一年生或二年生草本。

【茎】茎直立或近直立，单一或从基部分枝，无毛，具单毛或分叉毛。

【叶】基生叶莲座状，羽状分裂至全缘，有叶柄；茎上部叶无柄，叶边缘具弯缺牙齿至全缘，基部耳状，抱茎。

【花】总状花序伞房状，花疏生，果期延长；花梗丝状，果期上升；萼片近直立，长圆形，基部不成囊状；花瓣白色或带粉红色，匙形；花丝线形，花药卵形，蜜腺成对，半月形，常有 1 枚外生附属物，子房 2 室，有 12～24 颗胚珠，花柱极短。

【果实和种子】短角果倒三角形或倒心状三角形，扁平，开裂，无翅，无毛，果瓣近顶端最宽，具网状脉，隔膜窄椭圆形，膜质，无脉。种子每室 6～12 粒，椭圆形，棕色；子叶背倚胚根。

【分类地位】被子植物门、双子叶植物纲、原始花被亚纲、罂粟目、白花菜亚目、十字花科。

【种类】全属约有 5 种；中国有 1 种；内蒙古有 1 种。

荠 *Capsella bursa－pastoris*

一年生或二年生草本，无毛，有单毛或分叉毛；茎直立，单一或从下部分枝。基生叶丛生呈莲座状，大头羽状分裂，顶裂片卵形至长圆形，侧裂片 3～8 对，长圆形至卵形，顶端渐尖，浅裂，或有不规则粗锯齿或近全缘；茎生叶窄披针形或披针形，基部箭形，抱茎，边缘有缺刻或锯齿。总状花序顶生及腋生；萼片长圆形；花瓣白色，卵形，有短爪。短角果倒三角形或倒心状三角形，扁平，无毛，顶端微凹，裂瓣具网脉。种子 2 行，长椭圆形，浅褐色。花果期 4～6 月。

497

千里光属──【学　名】*Senecio*

【蒙古名】ᠬᠥᠬᠡᠷᠥᠢ ᠶᠢᠨ ᠡᠪᠡᠰᠦ

【英文名】Groundsel

【生活型】多年生草本,或直立一年生草本。

【茎】直立,稀具匍匐枝,平卧,或稀攀援具根状茎,茎通常具叶,稀近攀援状。

【叶】叶不分裂,基生叶通常具柄,无耳,三角形、提琴形,或羽状分裂;茎生叶通常无柄,大头羽状或羽状分裂,稀不分裂,边缘多少具齿,基部常具耳,羽状脉。

【花】头状花序通常少数至多数,排列成顶生简单或复伞房花序或圆锥聚伞花序,稀单生于叶腋,具异形小花,具舌状花,或同形,无舌状花,直立或下垂,通常具花序梗。总苞具外层苞片,半球形、钟状或圆柱形;花托平;总苞片5～22个,通常离生,稀中部或上部联合,草质或革质,边缘干膜质或膜质。无舌状花或舌状花1～17(～24)朵;舌片黄色,通常明显,有时极小,具3(～4)～9条脉,顶端通常具3枚细齿。管状花3至多数;花冠黄色,檐部漏斗状或圆柱状;裂片5枚。花药长圆形至线形,基部通常钝,具短耳,稀或多或少具长达花药颈部1/4的尾;花药颈部柱状,向基部稍至明显膨大,两侧具增大基生细胞;花药内壁组织细胞壁增厚多数,辐射状排列,细胞常伸长。花柱分枝截形或多少凸起,边缘具较钝的乳头状毛,中央有或无较长的乳头状毛。

【果实和种子】瘦果圆柱形,具肋,无毛或被柔毛;表皮细胞光滑或具乳头状毛。冠毛毛状,同形或有时异形,顶端具叉状毛,白色,禾秆色或变红色,有时舌状花或稀全部小花无冠毛。

【分类地位】被子植物门、双子叶植物纲、合瓣花亚纲、桔梗目、菊科、管状花亚科、千里光族、千里光亚族。

【种类】全属约有1000种;中国有63种;内蒙古有8种,1变种。

北千里光 *Senecio dubitabilis*

一年生草本。茎单生,直立,自基部或中部分枝;分枝直立或开展,无毛或有疏白色柔毛。叶无柄,匙形,长圆状披针形,长圆形至线形,顶端钝至尖,羽状短细裂至具疏齿或全缘;下部叶基部狭成柄状;中部叶基通常稍扩大而成具不规则齿半抱茎的耳;上部叶较小,披针形至线形,有细齿或全缘,全部叶两面无毛。头状花序无舌状花,少数至多数,排列成顶生疏散伞房花序;花序梗细,无毛,或有疏柔毛,有1～2个线状披针形小苞片。总苞几狭钟状,具外层苞片;苞片4～5个,线状钻形,短而尖,有时具黑色短尖头;总苞片约15个,线形,尖,上端具细髯毛,有时变黑色,草质,边缘狭膜质,背面无毛。管状花多数,花冠黄色;檐部圆筒状,短于筒部。花药线形,基部有极短的钝耳;附片卵状披针形;花药颈部柱状,向基部膨大;顶端截形,有乳头状毛。瘦果圆柱形,密被柔毛。冠毛白色。花期5～9月。

千屈菜科──【学　名】Lythraceae

【蒙古名】 ᠣᠷᠭᠤᠮᠠᠯ ᠦᠨ ᠲᠦᠷᠦᠯ

【英文名】Loosestrife Family

【生活型】草本、灌木或乔木。

【茎】枝通常四棱形，有时具棘状短枝。

【叶】叶对生，稀轮生或互生，全缘，叶片下面有时具黑色腺点；托叶细小或无托叶。

【花】花两性，通常辐射对称，稀左右对称，单生或簇生，或组成顶生或腋生的穗状花序、总状花序或圆锥花序；花萼筒状或钟状，平滑或有棱，有时有距，与子房分离而包围子房，3～6 裂，很少至 16 裂，镊合状排列，裂片间有或无附属体；花瓣与萼裂片同数或无花瓣，花瓣如存在，则着生萼筒边缘，在花芽时成皱褶状，雄蕊通常为花瓣的倍数，有时较多或较少，着生于萼筒上，但位于花瓣的下方，花丝长短不在芽时常内折，花药 2 室，纵裂；子房上位，通常无柄，2～16 室，每室具倒生胚珠数颗，极少减少到 3 颗，着生于中轴胎座上，其轴有时不到子房顶部，花柱单生，长短不一，柱头头状，稀 2 裂。

【果实和种子】蒴果革质或膜质，2～6 室，稀 1 室，横裂、瓣裂或不规则开裂，稀不裂；种子多数，形状不一，有翅或无翅，无胚乳；子叶平坦，稀折叠。

【种类】全科约有 25 属，550 种；中国有 11 属，约 47 种。

千屈菜科 Lythraceae J. St.－Hil. 是法国博物学家和艺术家 Jean Henri Jaume Saint－Hilaire（1772－1845）于 1805 年在 "Exposition des Familles Naturelles 2"（Expos. Fam. Nat.）上发表的植物科，模式属为千屈菜属（Lythrum）。

在恩格勒系统（1964）中，千屈菜科隶属原始花被亚纲（Archichlamydeae）、桃金娘目（Myrtiflorae）、桃金娘亚目（Myrtineae），本目含 3 个亚目 17 个科。在哈钦森系统（1959）中，千屈菜科隶属双子叶植物草本支（Herbaceae）、千屈菜目（Lythrales），含千屈菜科、柳叶菜科（Onagraceae）、菱科（Trapaceae）、小二仙草科（Haloragidaceae）和水马齿科（Callitrichaceae）5 个科。在塔赫他间系统（1980）中，千屈菜科隶属蔷薇亚纲（Rosidae）、桃金娘目，本目含 14 个科。在克朗奎斯特系统（1981）中，千屈菜科也隶属蔷薇亚纲、桃金娘目，含 12 个科。

千屈菜属——【学　名】*Lythrum*

【蒙古名】ᠰᠤᠯᠤᠭᠠᠢ ᠶᠢᠨ ᠣᠪᠣᠭ

【英文名】Loosestrife，Winged loosestrife，Lythrum

【生活型】一年生或多年生草本，稀灌木。

【茎】小枝常具 4 条棱。

【叶】叶交互对生或轮生，稀互生，全缘。

【花】花单生叶腋或组成穗状花序、总状花序或歧伞花序；花辐射对称或稍左右对称，4～6基数；萼筒长圆筒形，稀阔钟形，有 8～12 条棱，裂片 4～6 枚，附属体明显，稀不明显；花瓣 4～6 片，稀 8 片或缺；雄蕊 4～12 枚，成 1～2 轮，长短各半，或有长、中、短 3 型；子房 2 室，无柄或几无柄，花柱线形，亦有长、中、短 3 型，以适应同型雄蕊的花粉。

【果实和种子】蒴果完全包藏于宿存萼内，通常 2 瓣裂，每瓣或再 2 裂；种子 8 至多数，细小。

【分类地位】被子植物门、双子叶植物纲、原始花被亚纲、千屈菜科。

【种类】全属约有 35 种；中国有 4 种；内蒙古有 1 种。

千屈菜 *Lythrum salicaria*

　　多年生草本。根茎横卧于地下，粗壮；茎直立，多分枝，全株青绿色，略被粗毛或密被绒毛，枝通常具 4 条棱。叶对生或三叶轮生，披针形或阔披针形，顶端钝形或短尖，基部圆形或心形，有时略抱茎，全缘，无柄。花组成小聚伞花序，簇生，因花梗及总梗极短，因此花枝全，形似一大型穗状花序；苞片阔披针形至三角状卵形；萼筒有纵棱 12 条，稍被粗毛，裂片 6 枚，三角形；附属体针状，直立；花瓣 6 片，红紫色或淡紫色，倒披针状长椭圆形基部楔形，着生于萼筒上部，有短爪，稍皱缩；雄蕊 12 枚，6 枚长 6 枚短，伸出萼筒之外；子房 2 室，花柱长短不一。蒴果扁圆形。

牵牛属——【学　名】*Pharbitis*

【蒙古名】ᠬᠠᠷ᠎ᠠ ᠨᠣᠭᠤᠭᠠᠨ᠎ᠤ ᠲᠥᠷᠥᠯ ᠤ᠋ᠨ ᠤᠷᠤᠭ

【英文名】Morning glory

【生活型】一年生或多年生缠绕草本。

【茎】茎通常具糙硬毛或绵状毛,很少无毛。

【叶】叶心形,全缘或3(～5)裂。

【花】花大,鲜艳显著,腋生,单一或疏松的二歧聚伞花序;萼片5个,相等或偶有不等长,草质,顶端通常为或长或短渐尖,外面常被硬毛;花冠钟状或钟状漏斗状;雄蕊和花柱内藏;花柱1枚,柱头头状;子房3室,每室2颗胚珠。

【果实和种子】蒴果3室,具6或4粒种子。

【分类地位】被子植物门、双子叶植物纲、合瓣花亚纲、管状花目、旋花科、旋花亚科、番薯族。

【种类】全属约有24种;中国有3种;内蒙古有1栽培种。

圆叶牵牛 *Pharbitis purpurea*

一年生缠绕草本。茎上部被倒向的短柔毛,杂有倒向或开展的长硬毛。叶圆心形或宽卵状心形,基部圆,心形,顶端锐尖、骤尖或渐尖,通常全缘,偶有3裂,两面疏或密被刚伏毛;叶柄毛被与茎同。花腋生,单一或2～5朵着生于花序梗顶端成伞形聚伞花序,花序梗比叶柄短或近等长,毛被与茎相同;苞片线形,被开展的长硬毛;花梗被倒向短柔毛及长硬毛;萼片近等长,外面3个长椭圆形,渐尖,内面2个线状披针形,外面均被开展的硬毛,基部更密;花冠漏斗状,紫红色、红色或白色,花冠管通常白色,瓣中带于内面色深,外面色淡;雄蕊与花柱内藏;雄蕊不等长,花丝基部被柔毛;子房无毛,3室,每室2颗胚珠,柱头头状;花盘环状。蒴果近球形,3瓣裂。种子卵状三棱形,黑褐色或米黄色,被极短的糠粃状毛。

荨麻科——【学　名】*Urticaceae*

　　　　　　　【蒙古名】ᠬᠠᠯᠠᠭᠠᠢ ᠶᠢᠨ ᠢᠵᠠᠭᠤᠷ

　　　　　　　【英文名】Nettle Family

【生活型】草本、亚灌木或灌木,稀乔木或攀援藤本。

【茎】茎常富含纤维,有时肉质。

【叶】叶互生或对生,单叶;托叶存在,稀缺。

【花】花极小,单性,稀两性,风媒传粉,花被单层,稀 2 层;花序雌雄同株或异株,若同株时常为单性,有时两性(即雌雄花混生于同一花序),稀具两性花而成杂性,由若干小的团伞花序(glomerule)排成聚伞状、圆锥状、总状、伞房状、穗状、串珠式穗状、头状,有时花序轴上端发育成球状、杯状或盘状多少肉质的花序托,稀退化成单花。雄花:花被片 4～5 枚,有时 3 或 2 枚,稀 1 枚,覆瓦状排列或镊合状排列;雄蕊与花被片同数,花药 2 室,成熟时药壁纤维层细胞不等,收缩,引起药壁破裂,并与花丝内表皮垫状细胞膨胀运动协调作用,将花粉向上弹射出;退化雌蕊常存在。雌花:花被片 5～9 枚,稀 2 或缺,分生或多少合生,花后常增大,宿存;退化雄蕊鳞片状,或缺;雌蕊由 1 枚心皮构成,子房 1 室,与花被离生或贴生,具雌蕊柄或无柄;花柱单一或无花柱,柱头头状、画笔头状、钻形、丝形、舌状或盾形;胚珠 1 颗,直立。

【果实和种子】果实为瘦果,有时为肉质核果状,常包被于宿存的花被内。种子具直生的胚;胚乳常为油质或缺;子叶肉质,卵形、椭圆形或圆形。

502

【种类】全科有 47 属,约 1300 种;中国有 25 属,352 种,26 亚种,63 变种,3 变型;内蒙古有 4 属,7 科,1 变种。

　　　　荨麻科 Urticaceae Juss. 是法国植物学家 Antoine Laurent de Jussieu(1748－1836)于 1789 年在“Genera plantarum 400”(Gen. Pl.)中建立的植物科,模式属为荨麻属(Urtica)。

　　　　在恩格勒系统(1964)中,荨麻科隶属原始花被亚纲(Archichlamydeae)、荨麻目(Urticales),含马尾树科(Rhoipteleaceae)、榆科(Ulmaceae)、杜仲科(Eucommiaceae)、桑科(Moraceae)和荨麻科 5 个科。在哈钦森系统(1959)中,荨麻科隶属木本支(Lignosae)、荨麻目,含榆科、大麻科(Cannabaceae)(Cannabiaceae,Cannabinaceae)、桑科、荨麻科、钩毛树科(Barbeyaceae)和杜仲科 6 个科,认为荨麻目与壳斗目关系密切,比壳斗目进化。在塔赫他间系统(1980)中,荨麻科隶属金缕梅亚纲(Hamamelididae)、荨麻目,含榆科、桑科、大麻科、伞树科(蚁栖树科、号角树科)Cecropiaceae 和荨麻科 5 个科,认为荨麻目起源于金缕梅目(Hamamelidales)。在克朗奎斯特系统(1981)中,荨麻科也隶属金缕梅亚纲、荨麻目,含钩毛树科、榆科、大麻科、桑科、伞树科和荨麻科 6 个科,认为荨麻目起源于金缕梅目。

荨麻属——【学　名】*Urtica*

【蒙古名】ᠬᠠᠯᠠᠭᠠᠢ ᠶᠢᠨ ᠲᠥᠷᠥᠯ

【英文名】Nettle

【生活型】一年生或多年生草本,稀灌木。

【茎】茎常具 4 条棱。

【叶】叶对生,边缘有齿或分裂,基出脉 3～5(～7)条,钟乳体点状或条形;托叶侧生于叶柄间,分生或合生。

【花】花单性,雌雄同株或异株;花序单性或雌雄同序,成对腋生,数朵花聚集成小的团伞花簇,在序轴上排列成穗状、总状或圆锥状,稀头状;雄花花被片 4 枚,裂片覆瓦状排列,内凹,雄蕊 4 枚,退化雌蕊常杯状或碗状,透明;雌花花被片 4 枚,离生或多少合生,不等大,内面 2 枚较大,紧包子房,花后显著增大,紧包被着果实,外面 2 枚较小,常开展,子房直立,花柱无或很短,柱头画笔头状。

【果实和种子】瘦果直立,两侧压扁,光滑或有疣状突起。种子直立,胚乳少量,子叶近圆形,肉质,富含油质。

【分类地位】被子植物门、双子叶植物纲、原始花被亚纲、荨麻目、荨麻科、荨麻族。

【种类】全属约有 35 种;中国产 16 种,6 亚种,1 变种;内蒙古有 4 种。

狭叶荨麻 *Urtica angustifolia*

多年生草本。有木质化根状茎。四棱形,疏生刺毛和稀疏的细糙毛,分枝或不分枝。叶披针形至披针状条形,稀狭卵形,先端长渐尖或锐尖,基部圆形,稀浅心形,边缘有粗牙齿或锯齿,9～19 枚,齿尖常前倾或稍内弯,上面粗糙,生细糙伏毛和具粗而密的缘毛,下面沿脉疏生细糙毛,基出脉 3 条,其侧生的一对近直伸达上部齿尖或与侧脉网结,侧脉 2～3 对;叶柄短,疏生刺毛和糙毛;托叶每节 4 片,离生,条形。雌雄异株,花序圆锥状,有时分枝短而少近穗状,序轴纤细;雄花近无梗;花被片 4 枚,在近中部合生,裂片卵形,外面上部疏生小刺毛和细糙毛;退化雌蕊碗状;雌花小,近无梗。瘦果卵形或宽卵形,双凸透镜状,近光滑或有不明显的细疣点;宿存花被片 4 枚,在下部合生,外面被稀疏的微糙毛或近无毛,内面 2 枚椭圆状卵形,长稍盖过果,外面 2 枚狭倒卵形,较内面的短约 3 倍,伸达内面花被片的中部稀中上部。

前胡属——【学　名】*Peucedanum*

【蒙古名】ᠲᠠᠷ ᠠᠷᠬᠠᠨ᠎ᠠ ᠶᠢᠨ ᠲᠦᠷᠦᠯ

【英文名】Hogfennel

【生活型】多年生直立草本。

【根】根细长或稍粗,呈圆柱形或圆锥形,根颈部短粗,常存留有枯萎叶鞘纤维和环状叶痕。

【茎】茎圆柱形,有细纵条纹,上部有叉状分枝。

【叶】叶有柄,基部有叶鞘,茎生叶鞘稍膨大。

【花】复伞形花序顶生或侧生,伞辐多数或少数,圆柱形或有时呈四棱形;总苞片多数或缺,小总苞片多数,稀少数或缺;花瓣圆形至倒卵形,顶端微凹,有内折的小舌片,通常白色,少为粉红色和深紫色;萼齿短或不明显;花柱基短圆锥形,花柱短或长。

【果实和种子】果实椭圆形、长圆形或近圆形,背部扁压,光滑或有毛,中棱和背棱丝线形稍突起,侧棱扩展成较厚的窄翅,合生面紧紧契合,不易分离;棱槽内油管1至数个,合生面油管2至多数;胚乳腹面平直或稍凹入。

【分类地位】被子植物门、双子叶植物纲、原始花被亚纲、伞形目、伞形科、芹亚科、前胡族、阿魏亚族。

【种类】全属约有120种;中国有30余种;内蒙古有1种。

504

前胡 *Peucedanum praeruptorum*

多年生草本。根颈粗壮,灰褐色,存留多数越年枯鞘纤维;根圆锥形,末端细瘦,常分叉。茎圆柱形,下部无毛,上部分枝多有短毛,髓部充实。基生叶具长柄,基部有卵状披针形叶鞘;叶片轮廓宽卵形或三角状卵形,三出式2至3回分裂,第一回羽片具柄,末回裂片菱状倒卵形,先端渐尖,基部楔形至截形,无柄或具短柄,边缘具不整齐的3~4枚粗或圆锯齿,有时下部锯齿呈浅裂或深裂状,下表面叶脉明显突起,两面无毛,或有时在下表面叶脉上以及边缘有稀疏短毛;茎下部叶具短柄,叶片形状与茎生叶相似;茎上部叶无柄,叶鞘稍宽,边缘膜质,叶片三出分裂,裂片狭窄,基部楔形,中间1枚基部下延。复伞形花序多数,顶生或侧生;花序梗上端多短毛;总苞片无或1至数个,线形;伞辐6~15枚,不等长,内侧有短毛;小总苞片8~12个,卵状披针形,在同一小伞形花序上,宽度和大小常有差异,比花柄长,与果柄近等长,有短糙毛;小伞形花序有花15~20朵;花瓣卵形,小舌片内曲,白色;萼齿不显著;花柱短,弯曲,花柱基圆锥形。果实卵圆形,背部扁压,棕色,有稀疏短毛,背棱线形稍突起,侧棱呈翅状,比果体窄,稍厚;棱槽内油管3~5个,合生面油管6~10个;胚乳腹面平直。花期8~9月,果期10~11月。

茜草科——【学　名】*Rubiaceae*

【蒙古名】ᠬᠤᠨᠢᠢᠨ ᠤ ᠢᠳᠡᠰᠢ

【英文名】Madder Family

【生活型】乔木、灌木或草本,有时为藤本,少数为具肥大块茎的适蚁植物。

【叶】叶对生或有时轮生,有时具不等叶性,通常全缘,极少有齿缺;托叶通常生叶柄间,较少生叶柄内,分离或程度不等地合生,宿存或脱落,极少退化至仅存一条连接对生叶叶柄间的横线纹,里面常有粘液毛(colleter)。

【花】花序各式,均由聚伞花序复合而成,很少单花或少花的聚伞花序;花两性、单性或杂性,辐射对称,单生至圆锥、聚伞生或状花序;萼筒与子房合生,肢截平,齿裂或分裂,有时有些裂片扩大而成花瓣状;花冠上位,多少成筒状,裂片4~5枚,常镊合状排列,稀覆瓦状;雄蕊与花冠裂片同数而互生,着生于花冠筒部的里面或筒口;花药常分离,2室,纵裂;子房下位,2室稀1或多数,每室具1至多数胚珠,身中轴、顶生或基生胎座,少1室而具侧膜胎座、花柱丝状,柱头头状或分叉。

【果实和种子】浆果、蒴果或核果,或干燥而不开裂,或为分果,有时为双果爿(Galium);种子裸露或嵌于果肉或肉质胎座中,种皮膜质或革质,较少脆壳质,极少骨质,表面平滑、蜂巢状或有小瘤状凸起,有时有翅或有附属物,胚乳核型,肉质或角质,有时退化为一薄层或无胚乳(Guettarda 等),坚实或嚼烂状;胚直或弯,轴位于背面或顶部,有时棒状而内弯,子叶扁平或半柱状,靠近种脐或远离,位于上方或下方。

505

【种类】全科有 660 属,11150 种;中国有 98 属,约 676 种;内蒙古有 3 属,12 种,9 变种。

茜草科 Rubiaceae Juss. 是法国植物学家 Antoine Laurent de Jussieu(1748—1836)于 1789 年在"Genera plantarum 196"(Gen. Pl.)中建立的植物科,模式属为茜草属(Rubia)。

在恩格勒系统(1964)中,茜草科隶属合瓣花亚纲(Sympetalae)、龙胆目(Gentianales),含马钱科(Loganiaceae)、离水花科(Desfontainiaceae)、龙胆科(Gentianaceae)、睡菜科(Menyanthaceae)、夹竹桃科(Apocynaceae)、萝藦科(Asclepiadaceae)和茜草科 7 个科。在哈钦森系统(1959)中,茜草科隶属双子叶植物木本支(Lignosae)、茜草目(Rubiales),含毛枝树科(Dialypetalanthaceae)、茜草科和忍冬科(Caprifoliaceae)3 个科,认为茜草目起源于马钱目(Loganiales)。在塔赫他间系统(1980)中,茜草科隶属菊亚纲(Asteridae)、龙胆目(Gentianales),含马钱科、茜草科、假繁缕科(Theligonaceae)、夹竹桃科、萝藦科、龙胆科、睡菜科和毛枝树科 8 个科,认为茜草科与马钱科的关系密切,二者有共同起源,是从虎耳草目(Saxifragales)来的。克朗奎斯特系统(1981)则建立了茜草目(Rubiales),含茜草科和假繁缕科 2 个科,认为由龙胆目演化到茜草目,二者关系密切。

茜草属——【学　名】*Rubia*

【蒙古名】ᠮᠠᠷᠠᠯ ᠦ᠋ᠨ ᠡᠪᠡᠰᠦ

【英文名】Madder

【生活型】直立或攀援草本,基部有时带木质。

【茎】通常有糙毛或小皮刺,茎延长,有直棱或翅。

【叶】叶无柄或有柄,通常 4~6 片,有时多片轮生,极罕对生而有托叶,具掌状脉或羽状脉。

【花】花小,通常两性,有花梗,聚伞花序腋生或顶生;萼管卵圆形或球形,萼檐不明显;花冠辐状或近钟状,冠檐部 5 或很少 4 裂,裂片镊合状排列;雄蕊 5 或有时 4,生冠管上,花丝短,花药 2 室,内藏或稍伸出;花盘小,肿胀;子房 2 室或有时退化为 1 室,花柱 2 裂,短,柱头头状;胚珠每室 1 颗,直立,生在中隔壁上,横生胚珠。

【果实和种子】果 2 裂,肉质浆果状,2 或 1 室;种子近直立,腹面平坦或无网纹,和果皮贴连,种皮膜质,胚乳角质;胚近内弯,子叶叶状,胚根延长,向下。

【分类地位】被子植物门、双子叶植物纲、合瓣花亚纲、茜草目、茜草科、茜草亚科、茜草族。

【种类】全属有 70 余种;中国有 36 种,2 变种;内蒙古有 3 种,2 变种。

中国茜草 *Rubia chinensis*

多年生直立草本。具有发达的紫红色须根;茎通常数条丛生,较少单生,不分枝或少分枝,具 4 条直棱,棱上被向上钩状毛,有时老茎上的毛脱落。叶 4 片轮生,薄纸质或近膜质,卵形至阔卵形,椭圆形至阔椭圆形,顶端短渐尖或渐尖,基部圆或阔楔尖,很少不明显心形,边缘有密缘毛,上面近无毛或基出脉上被短硬毛,下面被白色柔毛;基出脉 5 或 7 条,纤细,两面微凸起;上部叶有时近无柄。聚伞花序排成圆锥花序式,顶生和在茎的上部腋生,通常结成大型、带叶的圆锥花序,长花序轴和分枝均较纤细,无毛或被柔毛;苞片披针形;花梗稍纤细;萼管近球形,干时黑色,无毛;花冠白色,干后变黄色,质地薄,裂片 5~6 枚,卵形或近披针形,有明显的 3 条脉,顶端尾尖;雄蕊 5~6 枚,生冠管近基部。浆果近球形,黑色。花期 5~7 月,果期 9~10 月。

羌活属——【学　名】*Notopterygium*

【蒙古名】ᠮᠣᠩᠭᠣᠯ ᠤᠨ ᠡᠪᠡᠰᠦ

【英文名】Notopterygium

【生活型】多年生草本。

【根】主根粗壮,有许多褐色的细根。

【茎】根茎发达。茎直立,圆柱形,有细纵纹。

【叶】三出式羽状复叶,基生叶有柄,叶柄基部有膜质的叶鞘,抱茎,末回裂片长圆状卵形至披针形,边缘有锯齿至羽状深裂。

【花】复伞形花序顶生或侧生;总苞片少数,线形,早落;小总苞片少数至多数,线形。萼齿小,卵状三角形;花瓣淡黄色至白色,卵形或卵圆形;花柱基隆起或平压,花柱短,向外反折。

【果实和种子】分生果近圆形,背腹稍压扁,背棱、中棱及侧棱均扩展成翅,但发展不均匀;合生面窄缩,心皮柄2裂;油管明显,每棱槽3~4个,合生面4~6个;胚乳内凹。

【分类地位】被子植物门、双子叶植物纲、原始花被亚纲、伞形目、伞形科、芹亚科、美味芹族。

【种类】中国特有,有2种,1变种;内蒙古有1种。

宽叶羌活 *Notopterygium forbesii*

多年生草本。有发达的根茎,基部多残留叶鞘。茎直立,少分枝,圆柱形,中空,有纵直细条纹,带紫色。基生叶及茎下部叶有柄,柄下部有抱茎的叶鞘;叶大,三出式2~3回羽状复叶,1回羽片2~3对,有短柄或近无柄,末回裂片无柄或有短柄,长圆状卵形至卵状披针形,顶端钝或渐尖,基部略带楔形,边缘有粗锯齿,脉上及叶缘有微毛;茎上部叶少数,叶片简化,仅有3片小叶,叶鞘发达,膜质。复伞形花序顶生和腋生;总苞片1~3个,线状披针形,早落;伞辐10~17(23)枚;小伞形花序有多数花;小总苞片4~5个,线形;萼齿卵状三角形;花瓣淡黄色,倒卵形,顶端渐尖或钝,内折;雄蕊的花丝内弯,花药椭圆形,黄色;花柱2枚,短,花柱基隆起,略呈平压状。分生果近圆形,背腹稍压扁,背棱、中棱及侧棱均扩展成翅,但发展不均匀;油管明显,每棱槽3~4个,合生面4个;胚乳内凹。花期7月,果期8~9月。

墙草属——【学　名】*Parietaria*

【蒙古名】ᠬᠡᠷᠡᠮ ᠦᠨ ᠡᠪᠡᠰᠦ

【英文名】Wallgrass，Pellitory

【生活型】草本，稀亚灌木。

【叶】叶互生，全缘，具基出 3 条脉或离基 3 出脉，钟乳体点状；托叶缺。

【花】聚伞花序腋生，常由少数几朵花组成，具短梗或无梗；苞片萼状，条形。花杂性，两性花；花被片 4 深裂，镊合状排列；雄蕊 4 枚。雄花：花被片 4 枚；雄蕊 4 枚。雌花：花被片 4 枚，合生成管状，4 浅裂；子房直立；花柱短或无；柱头画笔头状或匙形；退化雄蕊不存在。

【果实和种子】瘦果卵形，稍压扁，果皮壳质，有光泽，包藏于宿存的花被内。种子具胚乳，子叶长圆状卵形。

【分类地位】被子植物门、双子叶植物纲、原始花被亚纲、荨麻目、荨麻科、墙草族。

【种类】全属约有 20 种；中国有 1 种；内蒙古有 1 种。

墙草 *Parietaria micrantha*

一年生铺散草本。茎上升平卧或直立，肉质，纤细，多分枝，被短柔毛。叶膜质，卵形或卵状心形，先端锐尖或钝尖，基部圆形或浅心形，稀宽楔形或骤狭，上面疏生短糙伏毛，下面疏生柔毛，钟乳体点状，在上面明显，基出脉 3 条，侧出的一对稍弧曲，伸达中部边缘，侧脉常 1 对，常从叶的近基部伸出达上部，在近边缘消失；叶柄纤细，被短柔毛。花杂性，聚伞花序数朵，具短梗或近簇生状；苞片条形，单生于花梗的基部或 3 个在基部合生呈轮生状，着生于花被的基部，绿色，外面被腺毛。两性花具梗，花被片 4 深裂，褐绿色，外面有毛，膜质，裂片长圆状卵形；雄蕊 4 枚，花丝纤细，花药近球形，淡黄色；柱头画笔头状。雌花具短梗或近无梗；花被片合生成钟状，4 浅裂，浅褐色，薄膜质，裂片三角形。果实坚果状，卵形，黑色，极光滑，有光泽，具宿存的花被和苞片。花期 6～7 月，果期 8～10 月。

蔷薇科 ——【学　名】*Rosaceae*

【蒙古名】ᠰᠥᠨ ᠤ ᠨᠠᠢᠮᠠᠨ

【英文名】Rose Family

【生活型】草本、灌木或乔木,落叶或常绿。

【茎】有刺或无刺。冬芽常具数个鳞片,有时仅具 2 个。

【叶】叶互生,稀对生,单叶或复叶,有明显托叶,稀无托叶。

【花】花两性,稀单性。通常整齐,周位花或上位花;花轴上端发育成碟状、钟状、杯状、罈状或圆筒状的花托(一称萼筒),在花托边缘着生萼片、花瓣和雄蕊;萼片和花瓣同数,通常 4～5 个,覆瓦状排列,稀无花瓣,萼片有时具副萼;雄蕊 5 至多数,稀 1 或 2 枚,花丝离生,稀合生;心皮 1 至多数,离生或合生,有时与花托连合,每枚心皮有 1 至数颗直立的或悬垂的倒生胚珠;花柱与心皮同数,有时连合,顶生、侧生或基生。

【果实和种子】果实为蓇葖果、瘦果、梨果或核果,稀蒴果;种子通常不含胚乳,极稀具少量胚乳;子叶为肉质,背部隆起,稀对褶或呈席卷状。

【种类】全科约有 124 属,3300 余种;中国约有 51 属,1000 余种;内蒙古有 23 属,113 种,19 变种,1 变型。

蔷薇科 Rosaceae Juss. 是法国植物学家 Antoine Laurent de Jussieu(1748－1836)于 1789 年在“Genera plantarum 334”(Gen. Pl.)中建立的植物科,模式属为蔷薇属(Rosa)。

在恩格勒系统(1964)中,蔷薇科隶属原始花被亚纲(Archichlamydeae)、蔷薇目(Rosales),本目含 4 个亚目、19 个科,有悬铃木科(Platanaceae)、金缕梅科(Hamamelidaceae)、景天科(Crassulaceae)、虎耳草科(Saxifragaceae)、蔷薇科、豆科(Leguminosae)等。在哈钦森系统(1959)中,蔷薇科隶属木本支(Lignosae)、蔷薇目,含蔷薇科、毒鼠子科(Dichapetalaceae)(Chailletiaceae)和蜡梅科(Calycanthaceae)3 个科,认为由木兰目(Magnoliales)通过五桠果目(Dilleniales)演化出蔷薇目。在塔赫他间系统(1980)中,蔷薇科隶属蔷薇亚纲(Rosidae)、蔷薇目,含蔷薇科、金壳果科(Chrysobalanaceae)、沙莓草科(Neuradaceae)3 个科,认为蔷薇目与五桠果目有联系,又通过蔷薇科绣线菊亚科与虎耳草目中的原始科有联系,与虎耳草目有共同起源,但比虎耳草目进化。在克朗奎斯特系统(1981)中,蔷薇科也隶属蔷薇亚纲、蔷薇目,但这里的蔷薇目范围比较大,包含绣球科(Hydrangeaceae)(八仙花科)、茶藨子科(Grossulariaceae)、景天科、虎耳草科等 24 个科,认为蔷薇目为蔷薇亚纲中最原始的一个目,本亚纲中的其他目都直接或间接来自蔷薇目;蔷薇目与木兰亚纲最接近,甚至可作为木兰亚纲中的一个独立的目。

薔薇属——【学　名】*Rosa*

　　　　　　　【蒙古名】ᠵᠡᠷᠯᠢᠭ ᠦᠨ ᠰᠠᠷᠠᠨᠠ

　　　　　　　【英文名】Rose

【生活型】直立、蔓延或攀援灌木。

【叶】叶互生，奇数羽状复叶，稀单叶；小叶边缘有锯齿；托叶贴生或着生于叶柄上，稀无托叶。

【花】花单生或成伞房状，稀复伞房状或圆锥状花序；萼筒（花托）球形、坛形至杯形、颈部缢缩；萼片 5 个，稀 4 个，开展，覆瓦状排列，有时呈羽状分裂；花瓣 5 片，稀 4 片，开展，覆瓦状排列，白色、黄色、粉红色至红色；花盘环绕萼筒口部；雄蕊多数分为数轮，着生在花盘周围；心皮多数，稀少数，着生在萼筒内，无柄极稀有柄，离生；花柱顶生至侧生，外伸，离生或上部合生；胚珠单生，下垂。

【果实和种子】瘦果木质，多数稀少数，着生在肉质萼筒内形成蔷薇果；种子下垂。

【分类地位】被子植物门、双子叶植物纲、原始花被亚纲、蔷薇目、蔷薇亚目、蔷薇科、蔷薇亚科。

【种类】全属约有 200 种；中国产 82 种；内蒙古有 6 种，1 变种。

月季花 *Rosa chinensis*

　　直立灌木。小枝粗壮，圆柱形，近无毛，有短粗的钩状皮刺或无刺。小叶 3～5 片，稀 7 片，小叶片宽卵形至卵状长圆形，先端长渐尖或渐尖，基部近圆形或宽楔形，边缘有锐锯齿，两面近无毛，上面暗绿色，常带光泽，下面颜色较浅，顶生小叶片有柄，侧生小叶片近无柄，总叶柄较长，有散生皮刺和腺毛；托叶大部贴生于叶柄，仅顶端分离部分成耳状，边缘常有腺毛。花几朵集生，稀单生；花梗近无毛或有腺毛，萼片卵形，先端尾状渐尖，有时呈叶状，边缘常有羽状裂片，稀全缘，外面无毛，内面密被长柔毛；花瓣重瓣至半重瓣，红色、粉红色至白色，倒卵形，先端有凹缺，基部楔形；花柱离生，伸出萼筒口外，约与雄蕊等长。果卵球形或梨形，红色，萼片脱落。花期 4～9 月，果期 6～11 月。

荞麦属——【学　名】*Fagopyrum*

【蒙古名】ᠲᠤᠲᠤᠷᠭ᠎ᠠ ᠶᠢᠨ ᠣᠪᠤᠭ

【英文名】Buckwheat

【生活型】一年生或多年生草本,稀半灌木。

【茎】茎直立,无毛或具短柔毛。

【叶】叶三角形、心形、宽卵形、箭形或线形;托叶鞘膜质,偏斜,顶端急尖或截形。

【花】花两性,花序总状或伞房状;花被5深裂,果时不增大;雄蕊8枚,排成2轮,外轮5枚,内轮3枚;花柱3枚,柱头头状,花盘腺体状。

【果实和种子】瘦果具3条棱,比宿存花被长。

【分类地位】被子植物门、双子叶植物纲、原始花被亚纲、蓼目、蓼科、蓼亚科、蓼族。

【种类】全属约有15种;中国有10种,1变种,2栽培种;内蒙古有2种,其中1栽培种。

苦荞麦 *Fagopyrum tataricum*

一年生草本。茎直立,分枝,绿色或微呈紫色,有细纵棱,一侧具乳头状突起,叶宽三角形,两面沿叶脉具乳头状突起,下部叶具长叶柄,上部叶较小具短柄;托叶鞘偏斜,膜质,黄褐色。花序总状,顶生或腋生,花排列稀疏;苞片卵形,每苞内具2~4朵花,花梗中部具关节;花被5深裂,白色或淡红色,花被片椭圆形;雄蕊8枚,比花被短;花柱3枚,短,柱头头状。瘦果长卵形,具3条棱及3条纵沟,上部棱角锐利,下部圆钝有时具波状齿,黑褐色,无光泽,比宿存花被长。花期6~9月,果期8~10月。

生于田边、路旁、山坡、河谷,海拔500~3900米。中国东北、华北、西北、西南山区有栽培,有时为野生。分布于亚洲、欧洲及美洲。种子供食用或作饲料。根供药用,理气止痛,健脾利湿。

壳斗科——【学　名】*Fagaceae*

【蒙古名】ᠪᠦᠭᠢᠷ ᠤᠨ ᠢᠵᠠᠭᠤᠷ

【英文名】Beech Family

【生活型】常绿或落叶乔木,稀灌木。

【叶】单叶,互生,极少轮生(Trigo nobalanus 属的一个种),全缘或齿裂,或不规则的羽状裂(落叶栎类多数种);托叶早落。

【花】花单性同株,单被花,雄花为穗状花序或柔荑花序,稀头状花序,花被 4～7 裂,雄蕊数常与花被裂片同数;雌花 1～3 朵生于总苞中,集成穗状或簇生,子房下位,总苞在果实成熟时木质化,形成"壳斗"。

【果实和种子】由总苞发育而成的壳斗脆壳质、木质、角质,或木栓质,形状多样,包着坚果底部至全包坚果,开裂或不开裂,外壁平滑或有各式姿态的小苞片,每壳斗有坚果 1～3(～5)个;坚果有棱角或浑圆,顶部有稍凸起的柱座,底部的果脐又称疤痕,有时占坚果面积的大部分,凸起,近平坦,或凹陷,胚直立,不育胚珠位于种子的顶部(胚珠悬垂),或位于基部(胚珠上举),稀位于中部,无胚乳,子叶 2 片,平凸,稀脑叶状或镶嵌状,富含淀粉或及鞣质。

【种类】全科有 7 属,900 余种;中国有 7 属,约 320 种;内蒙古有 1 属。

　　壳斗科 Fagaceae Dumort. 是比利时植物学家 Barthélemy Charles Joseph Dumortier(1797－1878)于 1829 年在"Analyse des Familles des Plantes 11，12."(Anal. Fam. Pl.)上发表的植物科,模式属为水青冈属(Fagus)。

　　在恩格勒系统(1964)中,壳斗科隶属原始花被亚纲(Archichlamydeae)、壳斗目(Fagales),含桦木科和壳斗科(山毛榉科,Fagaceae)2 个科。恩格勒系统持假花学说,因此壳斗目应属于原始类型。在哈钦森系统(1959)中,壳斗科隶属双子叶植物木本支(Lignosae)、壳斗目,含桦木科、壳斗科和榛科(Corylaceae)3 个科。在塔赫他间系统(1980)中,壳斗科隶属金缕梅亚纲(Hamamelididae)、壳斗目,含桦木科和壳斗科。在克朗奎斯特系统(1981)中,壳斗科隶属金缕梅亚纲、壳斗目,含假橡树科(Balanopaceae，Balanopsidaceae)、桦木科和壳斗科。哈钦森系统、塔赫他间系统和克朗奎斯特系统认为壳斗目为进化类型。

茄科——【学　名】*Solanaceae*

【蒙古名】 ᠢᠮᠠ᠎ ᠤᠨ ᠬᠠᠯᠢᠰᠤ

【英文名】Nightshade Family

【生活型】一年生至多年生草本、半灌木、灌木或小乔木。

【茎】直立、匍匐、扶升或攀援;有时具皮刺,稀具棘刺。

【叶】单叶全缘、不分裂或分裂,有时为羽状复叶,互生或在开花枝段上大小不等的二叶双生;无托叶。

【花】花单生,簇生或为蝎尾式、伞房式、伞状式、总状式、圆锥式聚伞花序,稀为总状花序;顶生、枝腋或叶腋生,或者腋外生;两性或稀杂性,辐射对称或稍微两侧对称,通常5基数、稀4基数。花萼通常具5枚齿、5中裂或5深裂,稀具2、3、4至10枚齿或裂片,极稀截形而无裂片,裂片在花蕾中镊合状、外向镊合状、内向镊合状或覆瓦状排列,或者不闭合,花后几乎不增大或极度增大,花冠具短筒或长筒,辐状、漏斗状、高脚碟状、钟状或坛状,檐部5(稀4～7或10)浅裂、中裂或深裂,裂片大小相等或不相等,在花蕾中覆瓦状、镊合状、内向镊合状排列或折合而旋转;雄蕊与花冠裂片同数而互生,伸出或不伸出花冠,同形或异形,有时其中1枚较短而不育或退化,插生于花冠筒上,花丝丝状或在基部扩展,花药基底着生或背面着生、直立或向内弓曲,有时靠合或合生成管状而围绕花柱,花药2室,纵缝开裂或顶孔开裂;子房通常由2枚心皮合生而成,2室,有时1室或有不完全的假隔膜而在下部分隔成4室,稀3～5(～6)室,2枚心皮不位于正中线上而偏斜,花柱细瘦,具头状或2浅裂的柱头;中轴胎座;胚珠多数,稀少数至1枚,倒生、弯生或横生。

【果实和种子】果实为多汁浆果或干浆果,或蒴果。种子圆盘形或肾脏形;胚乳丰富、肉质;胚弯曲成钩状、环状或螺旋状卷曲,位于周边而埋藏于胚乳中,或直而位于中轴位上。

【种类】全科约有30属,3000种;中国有24属,105种,35变种;内蒙古有9属,18种,2变种。

茄科 Solanaceae Juss. 是法国植物学家 Antoine Laurent de Jussieu(1748－1836)于 1789 年在"Genera plantarum 124"(Gen. Pl.)中建立的植物科,模式属为茄属(Solanum)。

在恩格勒系统(1964)中,茄科隶属合瓣花亚纲(Sympetalae)、管花目(Tubiflorae)、茄亚目(Solanineae),本目含 6 亚目、26 个科。在哈钦森系统(1959)中,茄科隶属双子叶植物草本支(Herbaceae)、茄目(Solanales),含 3 个科,起源于虎耳草目(Saxifragales),与桔梗目(Campanales)有共同祖先。在塔赫他间系统(1980)中,茄科隶属菊亚纲(Asteridae)、玄参目(Scrophulariales),含 16 个科,认为本目很接近花葱目(Polemoniales),特别接近花葱目中的旋花科(Convolvulaceae),认为茄科与旋花科有关系,二者可能有共同起源。在克朗奎斯特系统(1981)中,茄科隶属茄目,含 8 个科,与玄参目、唇形目(Lamiales)有共同起源。

茄属——【学　名】*Solanum*

【蒙古名】ᠢᠮᠠᠭᠠ ᠶᠢᠨ ᠬᠤᠰᠢ

【英文名】Eggplant,DragonMallow,Nightshade

【生活型】草本、亚灌木、灌木至小乔木,有时为藤本。

【茎】无刺或有刺,无毛或被单毛、腺毛、树枝状毛、星状毛及具柄星状毛。

【叶】叶互生,稀双生,全缘,波状或作各种分裂,稀为复叶。

【花】花组成顶生、侧生、腋生、假腋生、腋外生或对叶生的聚伞花序;蝎尾状、伞状聚伞花序;或聚伞式圆锥花序;少数为单生。花两性,全部能孕或仅在花序下部的能孕花,上部的雌蕊退化而趋于雄性;萼通常 4～5 裂,稀在果时增大,但不包被果实;花冠星状辐形,星形或漏斗状辐形,多半白色,有时为青紫色,稀红紫色或黄色,开放前常折叠,(4)～5 浅裂,半裂、深裂或几不裂;花冠筒短;雄蕊(4)(S. procumbens Lour. 为 4 枚)～5 枚,着生于花冠筒喉部,花丝短,间或其中 1 枚较长,常较花药短至数倍,稀有较花药为长,无毛或在内侧具尖的多细胞的长毛,花药内向,长椭圆形、椭圆形或卵状椭圆形,顶端延长或不延长成尖头,通常贴合成一圆筒,顶孔开裂,孔向外或向上,稀向内;子房 2 室,胚珠多数,花柱单一,直或微弯,被毛或无毛,柱头钝圆,极少数为 2 浅裂。

【果实和种子】浆果或大或小,多半为近球状、椭圆状,稀扁圆状至倒梨状,黑色、黄色、橙色至殊红色,果内石细胞粒存在或不存在;种子近卵形至肾形,通常两侧压扁,外面具网纹状凹穴。

【分类地位】被子植物门、双子叶植物纲、合瓣花亚纲、管状花目、茄科、茄族、茄亚族。

【种类】全属有 2000 余种;中国有 39 种,14 变种;内蒙古有 18 种,2 变种。

龙葵 *Solanum nigrum*

　　一年生直立草本。茎无棱或棱不明显,绿色或紫色,近无毛或被微柔毛。叶卵形,先端短尖,基部楔形至阔楔形而下延至叶柄,全缘或每边具不规则的波状粗齿,光滑或两面均被稀疏短柔毛,叶脉每边 5～6 条。蝎尾状花序,腋外生,由 3～6～(10)朵花组成,花梗近无毛或具短柔毛;萼小,浅杯状,齿卵圆形,先端圆,基部两齿间连接处成角度;花冠白色,筒部隐于萼内,冠檐 5 深裂,裂片卵圆形;花丝短,花药黄色,长约为花丝长度的 4 倍,顶孔向内;子房卵形,花柱中部以下被白色绒毛,柱头小,头状。浆果球形,熟时黑色。种子多数,近卵形,两侧压扁。

窃衣属——【学　名】*Torilis*

【蒙古名】 ᠲᠠᠷᠠᠨ ᠤ ᠦᠨᠳᠦᠰᠦ

【英文名】Hedgeparsley

【生活型】一年生或多年生草本。

【根】根细长，圆锥形。

【茎】茎直立，单生，有分枝。

【叶】叶有柄，柄有鞘；叶片近膜质，1～2回羽状分裂或多裂，1回羽片卵状披针形，边缘羽状深裂或全缘，有短柄，末回裂片狭窄。

【花】复伞形花序顶生、腋生或与叶对生，疏松，总苞片数个或无；小总苞片2～8线形或钻形；伞辐2～12枚，直立，开展；花白色或紫红色，萼齿三角形，尖锐；花瓣倒圆卵形，有狭窄内凹的顶端，背部中间至基部有粗伏毛；花柱基圆锥形，花柱短、直立或向外反曲，心皮柄顶端2浅裂。

【果实和种子】果实圆卵形或长圆形，主棱线状，棱间有直立或呈钩状的皮刺，皮刺基部阔展、粗糙；胚乳腹面凹陷，在每条棱下方有油管1个，合生面油管2个。

【分类地位】被子植物门、双子叶植物纲、原始花被亚纲、伞形目、伞形科、芹亚科、针果芹族。

【种类】全属约有20种；中国有2种；内蒙古有1种。

515

小窃衣 *Torilis japonica*

　　一年生或多年生草本。主根细长，圆锥形，棕黄色，支根多数。茎有纵条纹及刺毛。叶柄下部有窄膜质的叶鞘；叶片长卵形，1～2回羽状分裂，两面疏生紧贴的粗毛，第一回羽片卵状披针形，先端渐窄，边缘羽状深裂至全缘，有短柄，末回裂片披针形以至长圆形，边缘有条裂状的粗齿至缺刻或分裂。复伞形花序顶生或腋生，花序有倒生的刺毛；总苞片3～6个，通常线形，极少叶状；伞辐4～12枚，开展，有向上的刺毛；小总苞片5～8个，线形或钻形；小伞形花序有花4～12朵，花柄长短于小总苞片；萼齿细小，三角形或三角状披针形；花瓣白色、紫红色或蓝紫色，倒圆卵形，顶端内折，外面中间至基部有紧贴的粗毛；花药圆卵形；花柱基部平压状或圆锥形，花柱幼时直立，果熟时向外反曲。果实圆卵形，通常有内弯或呈钩状的皮刺；皮刺基部阔展，粗糙；胚乳腹面凹陷，每棱槽有油管1个。花果期4～10月。

内蒙古种子植物科属词典

芹属——【学　名】*Apium*

【蒙古名】ᠣᠷᠤᠯᠬᠢ ᠢᠨ ᠢᠷᠠᠯᠵᠢ ᠶᠢᠨ ᠲᠥᠷᠥᠯ

【英文名】Celery

【生活型】一年生至多年生草本。

【根】根圆锥形。

【茎】茎直立或匍匐,有分枝,无毛。

【叶】叶膜质,1 回羽状分裂至三出式羽状多裂,裂片近圆形、卵形至线形;叶柄基部有膜质叶鞘。

【花】花序为疏松或紧密的单伞形花序或复伞形花序,花序梗顶生或侧生,有些伞形花序无梗;总苞片和小总苞片缺乏或显著;伞辐上升开展;花柄不等长;花白色或稍带黄绿色;萼齿细小或退化;花瓣近圆形至卵形,顶端有内折的小舌片;花柱基幼时通常扁压,花柱短或向外反曲。

【果实和种子】果实近圆形、卵形、圆心形或椭圆形,侧面扁压,合生面有时收缩;果棱尖锐或圆钝,每棱槽内有油管 1 个,合生面油管 2 个;分生果横剖面近圆形,胚乳腹面平直,心皮柄不分裂或顶端 2 浅裂至 2 深裂。

【分类地位】被子植物门、双子叶植物纲、原始花被亚纲、伞形目、伞形科、芹亚科、阿米芹族、葛缕子亚族、阿米芹族九棱类与真型。

【种类】全属约有 20 种;中国有 2 种;内蒙古有 1 栽培种。

旱芹 *Apium graveolens*

　　二年生或多年生草本。有强烈香气。根圆锥形,支根多数,褐色。茎直立,光滑,有少数分枝,并有棱角和直槽。根生叶有柄,基部略扩大成膜质叶鞘;叶片轮廓为长圆形至倒卵形,通常 3 裂达中部或 3 全裂,裂片近菱形,边缘有圆锯齿或锯齿,叶脉两面隆起;较上部的茎生叶有短柄,叶片轮廓为阔三角形,通常分裂为 3 片小叶,小叶倒卵形,中部以上边缘疏生钝锯齿以至缺刻。复伞形花序顶生或与叶对生,花序梗长短不一,有时缺少,通常无总苞片和小总苞片;伞辐细弱,3～16 枚;小伞形花序有花 7～29 朵,萼齿小或不明显;花瓣白色或黄绿色,圆卵形,顶端有内折的小舌片;花丝与花瓣等长或稍长于花瓣,花药卵圆形;花柱基扁压,花柱幼时极短,成熟时向外反曲。分生果圆形或长椭圆形,果棱尖锐,合生面略收缩;每棱槽内有油管 1 个,合生面油管 2 个,胚乳腹面平直。花期 4～7 月。

青兰属──【学　名】*Dracocephalum*

【蒙古名】ᠣᠪᠣᠭᠠᠨ ᠤ ᠴᠡᠴᠡᠭ

【英文名】Greenorchid

【生活型】多年生草本,稀一年生。

【茎】具木质根茎,茎常多数自根茎生出,直立,稀铺地,常不分枝或具少数分枝,稀生多数分枝,四棱形。

【叶】叶对生,基出叶具长柄,茎生叶具短柄或无柄,常心状卵形或长圆形,或为披针形,边缘具圆齿或锯齿,或全缘,通常不分裂或羽状稀近于掌状深裂。

【花】轮伞花序密集成头状或穗状或稀疏排列;花通常蓝紫色,稀白色;苞片常倒卵形,常具锐齿或刺,稀全缘。花萼管形或钟状管形,直或稍弯,具 15 条脉,5 枚齿,每两枚齿之间由于边脉连接处的突出、褶皱和加厚而形成瘤状的胼胝体,齿的排列有时为不明显 2 唇形,上唇 3 裂至本身中部以下或近基部,此时萼的 5 枚齿常近于同形等大,但上唇中齿有时则趋于较大,往往较侧齿宽 2 倍以上,有时为显明的 2 唇形,上唇 3 浅裂至不超过本身 1/3 处,齿小,近等大,三角形,下唇 2 深裂,齿披针形。冠筒下部细,在喉部变宽,冠檐呈 2 唇形,上唇直或稍弯,先端 2 裂或微凹,下唇 3 裂,中裂片最大,常有斑点。雄蕊 4 枚,后对较前对为长,通常与花冠等长或稍伸出,花药无毛,稀被毛,2 室,近于 180°叉状分开。子房 4 裂。花柱细长,先端相等的 2 裂。

【果实和种子】小坚果长圆形,光滑。

【分类地位】被子植物门、双子叶植物纲、合瓣花亚纲、管状花目、唇形科、野芝麻亚科、荆芥族。

【种类】全属约有 60 种;中国约有 32 种,7 变种;内蒙古有 7 种。

光萼青兰 *Dracocephalum argunense*

茎多数自根茎生出,直立,不分枝,在叶腋有具小型叶不发育短枝,上部四棱形,疏被倒向的小毛,中部以下钝四棱形或近圆柱形,几无毛。茎下部叶具短柄,柄长为叶片的 1/4～1/3,叶片长圆状披针形,先端钝,基部楔形,在下面中脉上疏被短毛或几无毛;茎中部以上之叶无柄,披针状线形;在花序上之叶变短,披针形或卵状披针形。轮伞花序生于茎顶 2～4 个节上,多少密集,苞片长为萼之 1/2 或 2/3,绿色,椭圆形或匙状倒卵形,先端锐尖,边缘被睫毛。花萼下部密被倒向的小毛,中部变稀疏,上部几无毛,2 裂近中部,齿锐尖,常带紫色,上唇 3 裂约至本身 2/3 处,中齿披针状卵形,较侧齿稍宽,侧齿披针形,下唇 2 裂几至本身基部,齿披针形。花冠蓝紫色,外面被短柔毛。花药密被柔毛,花丝疏被毛。花期 6～8 月。

517

青葙属——【学 名】*Celosia*

【蒙古名】ᠲᠣᠯᠣᠭᠠᠢ ᠶᠢᠨ ᠴᠡᠴᠡᠭ ᠤᠨ ᠲᠥᠷᠥᠯ

【英文名】Cockscomb

【生活型】一年生或多年生草本、亚灌木或灌木。

【叶】叶互生,卵形至条形,全缘或近此,有叶柄。

【花】花两性,成顶生或腋生、密集或间断的穗状花序,简单或排列成圆锥花序,总花梗有时扁化;每朵花有 1 个苞片和 2 个小苞片,着色,干膜质,宿存;花被片 5 枚,着色,干膜质,光亮,无毛,直立开展,宿存;雄蕊 5 枚,花丝钻状或丝状,上部离生,基部连合成杯状;无退化雄蕊;子房 1 室,具 2 至多数胚珠,花柱 1 枚,宿存,柱头头状,微 2～3 裂,反折。

【果实和种子】胞果卵形或球形,具薄壁,盖裂。种子凸镜状肾形,黑色,光亮。

【分类地位】被子植物门、双子叶植物纲、原始花被亚纲、中央种子目、苋科。

【种类】全属约有 60 种;中国有 3 种;内蒙古有 1 栽培种。

鸡冠花 *Celosia cristata*

　　本种和青葙极相近,但叶片卵形、卵状披针形或披针形;花多数,极密生,成扁平肉质鸡冠状、卷冠状或羽毛状的穗状花序,一个大花序下面有数个较小的分枝,圆锥状矩圆形,表面羽毛状;花被片红色、紫色、黄色、橙色或红黄相间。花果期 7～9 月。

　　中国南北各地均有栽培,广布于温暖地区。

　　栽培供观赏;花和种子供药用,为收敛剂,有止血、凉血、止泻功效。

蜻蜓兰属──【学　名】*Tulotis*

【蒙古名】ᠣᠢᠲᠤ᠋ ᠢᠷᠠᠭᠠᠯ ᠤᠨ ᠢᠵᠠᠭᠤᠷ

【英文名】Dragonflyorchis

【生活型】地生草本。

【茎】根状茎指状,肉质,伸长,颈部具几枚细长根。茎直立,具2～3片大叶。

【叶】叶互生。

【花】总状花序顶生,具多数花;花小,常黄绿色,似蜻蜓状,倒置(唇瓣位于下方);萼片离生,中萼片常短而宽,侧萼片稍狭而长;花瓣多较萼片狭,多少肉质;唇瓣较萼片和花瓣长,基部两侧各具1枚小的侧裂片和基部具距,中裂片舌状披针形;蕊柱短,直立;花药2室,花药略叉开,顶部多少凹陷;花粉团2个,为具小团块的粒粉质,具明显的花粉团柄和粘盘,粘盘2个,分别藏于蕊喙基部两末端的蚌壳状粘囊中;蕊喙大,基部叉开,其末端具蚌壳状粘囊;柱头1枚,隆起而肥厚,位于蕊喙之下;退化雄蕊2枚,位于蕊柱的基部两侧。

【果实和种子】蒴果直立。

【分类地位】被子植物门、单子叶植物纲、微子目、兰科、兰亚科、兰族、兰亚族。

【种类】全属约有5种;中国有3种;内蒙古有1种。

小花蜻蜓兰 *Tulotis ussuriensis*

519

根状茎指状,肉质,细长,弓曲。茎较纤细,直立,基部具1～2枚筒状鞘,鞘之上具叶,下部的2～3片叶较大,中部至上部具1至几片苞片状小叶。大叶片匙形或狭长圆形,直立伸展,先端钝或急尖,基部收狭成抱茎的鞘。总状花序具10～20余朵较疏生的花;花苞片直立伸展,狭披针形,最下部的稍长于子房;子房细圆柱形,扭转,稍弧曲;花较小,淡黄绿色;中萼片直立,凹陷呈舟状,宽卵形,先端钝,具3条脉;侧萼片张开或反折,偏斜,狭椭圆形,较中萼片略长和狭多,先端钝,具3条脉;花瓣直立,狭长圆状披针形,与中萼片相靠合且近等长和狭很多,稍肉质,先端钝或近截平,具1条脉;唇瓣向前伸展,多少向下弯曲,舌状披针形,肉质,基部两侧各具1枚近半圆形、前面截平、先端钝的小侧裂片,中裂片舌状披针形或舌状,前后等宽或向先端稍渐狭,先端钝;距纤细,细圆筒状,下垂,与子房近等长,向末端几乎不增粗。花期7～8月,果期9～10月。

苘麻属——【学　名】*Abutilon*

【蒙古名】ᠬᠢᠯᠭᠠᠨ᠎ᠠ ᠶᠢᠨ ᠲᠥᠷᠥᠯ

【英文名】Abutilon,Flowering-mape

【生活型】草本、亚灌木状或灌木。

【叶】叶互生,基部心形,掌状叶脉。

【花】花顶生或腋生,单生或排列成圆锥花序状;小苞片缺如;花萼钟状,裂片 5 枚;花冠钟形、轮形,很少管形,花瓣 5 片,基部联合,与雄蕊柱合生;雄蕊柱顶端具多数花丝;子房具心皮8～20枚,花柱分枝与心皮同数,子房每室具胚珠 2～9 颗。

【果实和种子】蒴果近球形,陀螺状、磨盘状或灯笼状,分果爿8～20 枚;种子肾形。

【分类地位】被子植物门、双子叶植物纲、原始花被亚纲、锦葵目、锦葵科、锦葵族。

【种类】全属约有 150 种;中国产 9 种(包括栽培种);内蒙古有 1 栽培种。

苘麻 *Abutilon theophrasti*

　　一年生亚灌木状草本,茎枝被柔毛。叶互生,圆心形,先端长渐尖,基部心形,边缘具细圆锯齿,两面均密被星状柔毛;叶柄被星状细柔毛;托叶早落。花单生于叶腋,花梗被柔毛,近顶端具节;花萼杯状,密被短绒毛,裂片 5 枚,卵形;花黄色,花瓣倒卵形;雄蕊柱平滑无毛,心皮 15～20 枚,顶端平截,具扩展、被毛的长芒 2 个,排列成轮状,密被软毛。蒴果半球形,分果爿 15～20 枚,被粗毛,顶端具长芒 2 个;种子肾形,褐色,被星状柔毛。花期 7～8 月。

　　本种的茎皮纤维色白,具光泽,可编织麻袋、搓绳索、编麻鞋等。种子含油量约15％～16％,供制皂、油漆和工业用润滑油;种子作药用称"冬葵子",润滑性利尿剂,并有通乳汁、消乳腺炎、顺产等功效。全草也作药用。

　　中国除青藏高原不产外,其他各省区均产,东北各地有栽培。常见于路旁、荒地和田野间。分布于越南、印度、日本以及欧洲、北美洲等地区。

秋英属——【学　名】*Cosmos*

【蒙古名】ᠪᠢᠷᠠᠭᠤᠨ ᠴᠡᠴᠡᠭ ᠤᠨ ᠲᠥᠷᠥᠯ

【英文名】Cosmos

【生活型】一年生或多年生草本。

【茎】茎直立。

【叶】叶对生,全缘,二次羽状分裂。

【花】头状花序较大,单生或排列成疏伞房状,各有多数异形的小花,外围有 1 层无性的舌状花,中央有多数结果实的两性花。总苞近半球形;总苞片 2 层,基部联合,顶端尖,膜质或近草质。花托平或稍凸;托片膜质,上端伸长成线形。舌状花舌片大,全缘或近顶端齿裂;两性花花冠管状,顶端有 5 枚裂片。花药全缘或基部有 2 枚细齿。花柱分枝细,顶端膨大,具短毛或伸出短尖的附器。

【果实和种子】瘦果狭长,有 4～5 条棱,背面稍平,有长喙。顶端有 2～4 枚具倒刺毛的芒刺。

【分类地位】被子植物门、双子叶植物纲、合瓣花亚纲、桔梗目、菊科、管状花亚科、向日葵族。

【种类】全属约有 25 种;中国有 2 栽培种,内蒙古有 1 栽培种。

秋英 *Cosmos bipinnata*

　　一年生或多年生草本。根纺锤状,多须根,或近茎基部有不定根。茎无毛或稍被柔毛。叶二次羽状深裂,裂片线形或丝状线形。头状花序单生。总苞片外层披针形或线状披针形,近革质,淡绿色,具深紫色条纹,上端长狭尖,较内层与内层等长,内层椭圆状卵形,膜质。托片平展,上端成丝状,与瘦果近等长。舌状花紫红色、粉红色或白色;舌片椭圆状倒卵形,有 3～5 枚钝齿;管状花黄色,管部短,上部圆柱形,有披针状裂片;花柱具短突尖的附器。瘦果黑紫色,无毛,上端具长喙,有 2～3 枚尖刺。花期6～8 月,果期 9～10 月。

球果荠属——【学　名】*Neslia*

　　　　　　　【蒙古名】ᠪᠥᠮᠪᠥᠭᠡᠷ ᠦᠨ ᠰᠢᠷᠡᠭᠡᠯᠵᠢ

　　　　　　　【英文名】Nesila

【生活型】一年生草本。

【叶】基生叶有柄,茎生叶无柄,叶基部箭头形。

【花】萼片直立,基部不呈囊状;花瓣黄色,具爪;雄蕊分离,花丝无齿;侧蜜腺不汇合,新月形,位于短雄蕊两侧,中蜜腺三角形,位于长雄蕊外侧;子房无柄,花柱长,子房以隔膜完整与否而成1室或2室。

【果实和种子】短角果呈小坚果状,不开裂,表面因具网状脉纹而成蜂窝状。种子1粒,偶为2粒;子叶扁平,背倚胚根。

【分类地位】被子植物门、双子叶植物纲、原始花被亚纲、罂粟目、白花菜亚目、十字花科、乌头荠族。

【种类】全属有2种;中国有1种;内蒙古有1种。

球果荠 *Neslia paniculata*

　　一年生草本。有稍硬的毛而粗糙,毛2～3分叉。基生叶早枯,叶片长圆形,顶端急尖,基部渐窄成柄,全缘或具疏齿;茎生叶无柄,叶片长圆状披针形,由下向上渐小,顶端渐尖,基部箭形,具耳,抱茎,全缘或具疏齿。花序伞房状;萼片长圆卵形;花瓣倒卵形,顶端钝圆,具爪。短角果球形,宽大于长,不开裂,具网状脉纹而呈蜂窝状,顶端钝,喙基部略为收缩。种子1粒,卵形,红褐色。花期5～6月。

球柱草属──【学　名】*Bulbostylis*

【蒙古名】ᠬᠢᠲᠣᠭᠠ ᠲᠠᠢ ᠡᠪᠡᠰᠦ

【英文名】Sallstyle

【生活型】一年生或多年生草本。

【茎】秆丛生，细。

【叶】叶基生，很细；叶鞘顶端有长柔毛或长丝状毛。

【花】长侧枝聚伞花序简单或复出或呈头状，有时仅具 1 个小穗；苞片极细，叶状；小穗具多数花；花两性；鳞片覆瓦状排列，最下部的 1～2 个鳞片内无花；无下位刚毛；雄蕊 1～3 枚；花柱细长，基部呈球茎状或盘状，常为小型，不脱落，柱头 3 枚，细尖，有附属物。

【果实和种子】小坚果倒卵形、三棱形。

【分类地位】被子植物门、单子叶植物纲、莎草目、莎草科、藨草亚科、藨草族。

【种类】全属有 60 余种；中国有 3 种；内蒙古有 1 种。

球柱草 *Bulbostylis barbata*

　　一年生草本。无根状茎。秆丛生，细，无毛。叶纸质，极细，线形，全缘，边缘微外卷，顶端渐尖，背面叶脉间疏被微柔毛；叶鞘薄膜质，边缘具白色长柔毛状缘毛，顶端部分毛较长。苞片 2～3 个，极细，线形，边缘外卷，背面疏被微柔毛；长侧枝聚伞花序头状，具密聚的无柄小穗 3 至数个；小穗披针形或卵状披针形，基部钝或几圆形，顶端急尖，具 7～13 朵花；鳞片膜质，卵形或近宽卵形，棕色或黄绿色，顶端有向外弯的短尖，仅被疏缘毛或有时背面被疏微柔毛，背面具龙骨状突起，具黄绿色脉 1 条，罕 3 条；雄蕊 1 枚，罕为 2 枚，花药长圆形，顶端急尖。小坚果倒卵形，三棱形，白色或淡黄色，表面细胞呈方形网纹，顶端截形或微凹，具盘状的花柱基。花果期 4～10 月。

雀儿豆属——【学　名】*Chesneya*

　　　　　　　【蒙古名】ᠪᠣᠷᠣᠭᠤᠯ ᠤᠨ ᠪᠣᠷᠴᠠᠭ

　　　　　　　【英文名】Birdlingbean

【生活型】多年生草本。

【根】根粗壮,木质。

【茎】茎基部通常木质,短缩呈无茎状。

【叶】叶为奇数羽状复叶,极少仅具 3 片小叶;小叶全缘;托叶草质,下部与叶柄基部贴生;无小托叶。

【花】花单生于叶腋,极少组成具 1～4 朵花的总状花序;花梗上部具关节,在关节处着生 1 个苞片;花萼基部具 2 个小苞片;花萼管状,基部的一侧膨大,萼齿 5 枚,上部的 2 枚不同程度地连合,下部的 3 枚分离,先端通常具褐色腺体;花冠紫色或黄色,旗瓣近圆形或长圆形,下面密被短柔毛,较翼瓣与龙骨瓣略长;雄蕊二体,花药同型;子房无柄;柱头头状,顶生。

【果实和种子】荚果长圆形至线形,扁平,1 室;种子肾形。染色体基数:x＝8。

【分类地位】被子植物门、双子叶植物纲、原始花被亚纲、蔷薇目、蔷薇亚目、豆科、蝶形花亚科、山羊豆族、黄耆亚族。

【种类】全属约有 21 种;中国有 8 种;内蒙古有 2 种。

大花雀儿豆 *Chesneya macrantha*

　　垫状草本。茎极短缩。羽状复叶有 7～9 片小叶;托叶近膜质,卵形,密被白色伏贴的长柔毛,1/2 以下与叶柄基部贴生,宿存;叶柄和叶轴疏被白色开展的长柔毛,宿存并硬化呈针刺状;小叶椭圆形或倒卵形,先端锐尖,具刺尖,基部楔形,两面密被白色伏贴绢质短柔毛。花单生;苞片线形;小苞片与苞片同型;花萼管状,密被长柔毛及暗褐色腺体,基部一侧膨大呈囊状,萼齿线形,与萼筒近等长,先端亦具腺体;花冠紫红色,旗瓣瓣片长圆形,背面密被短柔毛,龙骨瓣短于翼瓣;子房密被长柔毛,无柄。荚果未见。花期 6 月,果期 7 月。

　　生于干旱山坡。产于内蒙古。模式标本采自巴斡毛。

雀麦属——【学　名】*Bromus*

【蒙古名】ᠲᠣᠭᠣᠷᠠᠢ ᠶᠢᠨ ᠡᠪᠡᠰᠦ

【英文名】Bromegrass

【生活型】多年生或一年生草本。

【茎】秆直立,丛生或具根状茎。

【叶】叶鞘闭合;叶舌膜质;叶片线形,通常扁平。

【花】圆锥花序开展或紧缩,分枝粗糙或有短柔毛,伸长或弯曲;小穗较大,含 3 至多数小花,上部小花常不孕;小穗轴脱节于颖之上与诸花间,微粗糙或有短毛;颖不等长或近相等,较短于小穗,披针形或近卵形,具(3)5~7 条脉,顶端尖或长渐尖或芒状;外稃背部圆形或压扁成脊,具 5~9(11)条脉,草质或近革质,边缘常膜质,基盘无毛或两侧被细毛,顶端全缘或具 2 枚齿,芒顶生或自外稃顶端稍下方裂齿间伸出,稀无芒和三芒;内稃狭窄,通常短于其外稃的 1/3,两脊生纤毛或粗糙;雄蕊 3 枚,花药大小差别很大;鳞被 2 枚;子房顶端具唇状附属物,2 枚花柱自其前面下方伸出。

【果实和种子】颖果长圆形,先端簇生毛茸,腹面具沟槽,成熟后紧贴其内、外稃。淀粉粒单粒。

【分类地位】被子植物门、单子叶植物纲、禾本目、禾本科、早熟禾亚科、雀麦族。

【种类】全属约有 250 种;中国有 71 种;内蒙古有 9 种,2 变种。

雀麦 *Bromus japonicus*

一年生草本。秆直立。叶鞘闭合,被柔毛;叶舌先端近圆形;叶片两面生柔毛。圆锥花序疏展,具 2~8 个分枝,向下弯垂;分枝细,上部着生 1~4 个小穗;小穗黄绿色,密生 7~11 朵小花;颖近等长,脊粗糙,边缘膜质,第一颖具 3~5 条脉,第二颖具 7~9 条脉;外稃椭圆形,草质,边缘膜质,具 9 条脉,微粗糙,顶端钝三角形,芒自先端下部伸出,基部稍扁平,成熟后外弯;内稃两脊疏生细纤毛;小穗轴短棒状。花果期 5~7 月。

群心菜属──【学　名】*Cardaria*

【蒙古名】ᠣᠯᠠᠨ ᠵᠢᠷᠦᠬᠡᠲᠦ ᠶᠢᠨ ᠣᠪᠤᠭ

【英文名】Cardaria

【生活型】多年生草本。

【茎】常具匍匐茎;茎直立或近直立,多从基部分枝,有贴生单毛或分叉毛,少数无毛。

【叶】基生叶有柄,长圆状椭圆形;茎生叶无柄,披针形至卵状长圆形,基部耳状,抱茎,稍有牙齿,有时近全缘。

【花】总状花序及花和独行菜属相似,中蜜腺常和侧蜜腺连合;子房2室,每室有1~2颗胚珠,柱头头状。

【果实和种子】短角果宽卵形至心形,不开裂,膨胀,果瓣稍膜质,凸出至扁平,无毛或有柔毛,具网脉,近平滑,隔膜膜质,无脉,湿时发黏。种子椭圆形,1(~2)粒成熟,垂生,红棕色;子叶背倚胚根。

【分类地位】被子植物门、双子叶植物纲、原始花被亚纲、罂粟目、白花菜亚目、十字花科、独行菜族。

【种类】全属约有4种;中国有3种;内蒙古有1种。

毛果群心菜 *Cardaria pubescens*

　　和群心菜相似,但花序有柔毛;短角果球形或近圆形,果瓣半球形或凸出,无龙骨状脊或脊不明显,有柔毛。

　　生于水边、田边、村庄、路旁。产于内蒙古、陕西、甘肃、宁夏、新疆;俄罗斯、蒙古、中亚、喜马拉雅地区均有分布。

忍冬科——【学　名】*Caprifoliaceae*

【蒙古名】ᠠᠭᠠᠨ ᠬᠠᠶᠢᠯᠠᠰᠤ ᠶᠢᠨ ᠲᠥᠷᠥᠯ

【英文名】Honeysuckle Family

【生活型】灌木或木质藤本，有时为小乔木或小灌木，落叶或常绿，很少为多年生草本。

【茎】茎干有皮孔或否，有时纵裂，木质松软，常有发达的髓部。

【叶】叶对生，很少轮生，多为单叶，全缘，具齿或有时羽状或掌状分裂，具羽状脉，极少具基部或离基三出脉或掌状脉，有时为单数羽状复叶；叶柄短，有时两叶柄基部连合，通常无托叶，有时托叶形小而不显著或退化成腺体。

【花】聚伞或轮伞花序，或由聚伞花序集合成伞房式或圆锥式复花序，有时因聚伞花序中央的花退化而仅具 2 朵花，排成总状或穗状花序，极少花单生。花两性，极少杂性，整齐或不整齐；苞片和小苞片存在或否，极少小苞片增大成膜质的翅；萼筒贴生于子房，萼裂片或萼齿 5～4（～2）枚，宿存或脱落，较少于花开后增大；花冠合瓣，辐状、钟状、筒状、高脚碟状或漏斗状，裂片 5～4（～3）枚，覆瓦状或稀镊合状排列，有时 2 唇形，上唇 2 裂，下唇 3 裂，或上唇 4 裂，下唇单一，有或无蜜腺；花盘不存在，或呈环状或为一侧生的腺体；雄蕊 5 枚，或 4 枚而 2 枚强，着生于花冠筒，花药背着，2 室，纵裂，通常内向，很少外向，内藏或伸出于花冠筒外；子房下位，2～5（7～10）室，中轴胎座，每室含 1 至多数胚珠，部分子房室常不发育。

【果实和种子】果实为浆果、核果或蒴果，具 1 至多数种子；种子具骨质外种皮，平滑或有槽纹，内含 1 枚直立的胚和丰富、肉质的胚乳。

【种类】全科有 13 属，约 500 种；中国有 12 属，200 余种；内蒙古有 6 属，16 种，1 变种，1 变型。

527

忍冬科 Caprifoliaceae Juss. 是法国植物学家 Antoine Laurent de Jussieu（1748－1836）于 1789 年在"Genera plantarum 210－211"（Gen. Pl.）中建立的植物科，模式属为忍冬属（Lonicera）（Caprifolium）。

在恩格勒系统（1964）中，忍冬科隶属合瓣花亚纲（Sympetalae）、川续断目（Dipsacales），含忍冬、五福花科（Adoxaceae）、败酱科（Valerianaceae）和川续断科（Dipsacaceae）4 个科。在哈钦森系统（1959）中，忍冬科隶属双子叶植物木本支（Lignosae）、茜草目（Rubiales），含毛枝树科（Dialypetalanthaceae）、茜草科（Rubiaceae）和忍冬科 3 个科，认为茜草目起源于马钱目（Loganiales）。在塔赫他间系统（1980）中，忍冬科隶属菊亚纲（Asteridae）、川续断目，含忍冬科、五福花科、败酱科、辣木科（Morinaceae）和川续断科 5 个科。在克朗奎斯特系统（1981）中，忍冬科隶属菊亚纲（Asteridae）、川续断目，含忍冬科、五福花科、败酱科和川续断科 4 个科。

忍冬属——【学　名】*Lonicera*

【蒙古名】ᠴᠠᠭᠠᠨ ᠬᠠᠢᠯᠠᠰᠤ ᠶᠢᠨ ᠲᠦᠷᠦᠯ

【英文名】Honeysuckle

【生活型】直立灌木或矮灌木,很少呈小乔木状,有时为缠绕藤本,落叶或常绿。

【茎】小枝髓部白色或黑褐色,枝有时中空,老枝树皮常作条状剥落。冬芽有 1 至多对鳞片,内鳞片有时增大而反折,有时顶芽退化而代以 2 侧芽,很少具副芽。

【叶】叶对生,很少 3(～4)片轮生,纸质、厚纸质至革质,全缘,极少具齿或分裂,无托叶或很少具叶柄间托叶或线状凸起,有时花序下的 1～2 对叶相连成盘状。

【花】花通常成对生于腋生的总花梗顶端,简称"双花",或花无柄而呈轮状排列于小枝顶,每轮 3～6 朵;每对花有苞片和小苞片各 1 对,苞片小或形大叶状,小苞片有时连合成杯状或坛状壳斗而包被萼筒,稀缺失;相邻 2 枚萼筒分离或部分至全部连合,萼檐 5 裂或有时口缘浅波状或环状,很少向下延伸成帽边状突起;花冠白色(或由白色转为黄色)、黄色、淡红色或紫红色,钟状、筒状或漏斗状,整齐或近整齐 5(～4)裂,或 2 唇形而上唇 4 裂,花冠筒长或短,基部常一侧肿大或具浅或深的囊,很少有长距;雄蕊 5 枚,花药丁字着生;子房 3～2(～5)室,花柱纤细,有毛或无毛,柱头头状。

【果实和种子】果实为浆果,红色、蓝黑色或黑色,具少数至多数种子;种子具浑圆的胚。

【分类地位】被子植物门、双子叶植物纲、合瓣花亚纲、茜草目、忍冬科、忍冬族。

【种类】全属约有 200 种;中国有 98 种;内蒙古有 6 种,1 变种。

小叶忍冬 *Lonicera microphylla*

　　落叶灌木。幼枝无毛或疏被短柔毛,老枝灰黑色。叶纸质,倒卵形、倒卵状椭圆形至椭圆形或矩圆形,有时倒披针形,顶端钝或稍尖,有时圆形至截形而具小凸尖,基部楔形,具短柔毛状缘毛,两面被密或疏的微柔伏毛或有时近无毛,下面常带灰白色,下半部脉腋常有趾蹼状鳞腺;叶柄很短。总花梗成对生于幼枝下部叶腋,稍弯曲或下垂;苞片钻形,长略超过萼檐或达萼筒的 2 倍;相邻两萼筒几乎全部合生,无毛,萼檐浅短,环状或浅波状,齿不明显;花冠黄色或白色,外面疏生短糙毛或无毛,唇形,唇瓣长约等于基部一侧具囊的花冠筒,上唇裂片直立,矩圆形,下唇反曲;雄蕊着生于唇瓣基部,与花柱均稍伸出,花丝有极疏短糙毛,花柱有密或疏的糙毛。果实红色或橙黄色,圆形;种子淡黄褐色,光滑,矩圆形或卵状椭圆形。花期 5～6(～7)月,果熟期 7～8(～9)月。

绒果芹属（滇羌活属）——【学　名】*Eriocycla*

【蒙古名】ᠪᠥᠬᠥᠨ ᠵᠢᠮᠢᠰᠲᠦ ᠶᠢᠨ ᠲᠥᠷᠥᠯ

【英文名】Eriocycla

【生活型】多年生草本。

【茎】茎基部多木质化，常有分枝。

【叶】叶基生和茎生，1～2 回羽状分裂，裂片线形至卵形。

【花】复伞形花序顶生和侧生，总苞片有或无，伞辐 2～10 枚，不等长；小伞形花序有线形的小苞片；萼齿小或不明显；花瓣白色或黄色，稀紫色，卵形或阔倒卵形；顶端内折；子房密被柔毛，花柱基扁压或为短圆锥状，花盘边缘波状，花柱长，近直立或反卷。

【果实和种子】分生果卵状长圆形至椭圆形，密被柔毛，果棱细或不明显，每棱槽内有油管 1 个，合生面油管 2 个，胚乳腹面平直或稍凹入。

【分类地位】被子植物门、双子叶植物纲、原始花被亚纲、伞形目、伞形科、芹亚科、阿米芹族、葛缕子亚族、阿米芹族九棱类与真型。

【种类】全属约有 8 种；中国有 3 种，2 变种；内蒙古有 1 种。

绒果芹 *Eriocycla albescens*

多年生草本。全株带淡灰绿色，多少被短柔毛。根圆锥形，褐色，常有分枝。茎直立，有细沟纹，基部稀疏分枝，分枝斜上开展。基生叶和茎下部叶的叶片 1 回羽状全裂，有 4～7 对羽叶，末回裂片长圆形，基部有柄，向上近无柄，基部多不对称，全缘或顶端 2～3 深裂，裂片边缘有粗的深锯齿，叶片质硬，两面沿叶脉有短糙毛；茎生叶的末回裂片 3 深裂，最上部的叶简化成披针形，全缘，基部为膜质叶鞘。复伞形花总苞片 1 或无，线形；伞辐 4～6 枚，不等长；小伞形花序有花 10～20 朵，小总苞片 5～9 个，披针状线形，顶端尖，比花柄短 1/2～1/3；花柄密生白毛；萼齿小，卵状披针形；花瓣倒卵形，白色，背部有短毛；子房密被长绒毛；花柱基短圆锥状，花期淡黄色，果期呈紫色，花柱长，叉开。分生果卵状长圆形，密生白色长毛，每槽中有油管 1 个，合生面油管 2 个。花期 8～9 月，果期 9～10 月。

肉苁蓉属——【学　名】*Cistanche*

　　　　　　　【蒙古名】ᠴᠠᠭᠠᠨ ᠭᠣᠶᠣᠣ ᠶᠢᠨ ᠲᠥᠷᠥᠯ

　　　　　　　【英文名】Cistanche

【生活型】多年生寄生草本。

【茎】茎肉质,圆柱状,常不分枝,少有自基部分 2～3 枝。

【叶】叶鳞片状,在茎上螺旋状排列。

【花】穗状花序顶生茎端,具多数花;苞片 1 个;小苞片 2 个,稀无。花萼筒状或钟状,顶端 5 浅裂,少有 4 深裂或 5 深裂,裂片常等大,稀不等大。花冠筒状钟形或漏斗状,顶端 5 裂,裂片几等大。雄蕊 4 枚,2 枚强,着生于花冠筒上,花药 2 室,均发育,等大,常被柔毛。子房上位,1 室,侧膜胎座 4(稀 6 或 2)个,花柱细长,柱头近球形,稀稍 2 浅裂。

【果实和种子】蒴果卵球形或近球形,2 瓣裂,少有 3 瓣裂,常具宿存柱头。种子多数,极细小,近球形,表面网状。

【分类地位】被子植物门、双子叶植物纲、合瓣花亚纲、管状花目、列当科。

【种类】全属约有 20 种;中国有 5 种;内蒙古有 3 种。

肉苁蓉 *Cistanche deserticola*

　　高大草本。大部分地下生。茎不分枝或自基部分 2～4 枝,下部直径向上渐变细。叶宽卵形或三角状卵形,生于茎下部的较密,上部的较稀疏并变狭,披针形或狭披针形,两面无毛。花序穗状;花序下半部或全部苞片较长,与花冠等长或稍长,卵状披针形、披针形或线状披针形,连同小苞片和花冠裂片外面及边缘疏被柔毛或近无毛;小苞片 2 个,卵状披针形或披针形,与花萼等长或稍长。花萼钟状,顶端 5 浅裂,裂片近圆形。花冠筒状钟形,顶端 5 裂,裂片近半圆形,边缘常稍外卷,颜色有变异,淡黄白色或淡紫色,干后常变棕褐色。雄蕊 4 枚,花丝着生于距筒基部 5～6 毫米处,基部被皱曲长柔毛,花药长卵形,密被长柔毛,基部有骤尖头。子房椭圆形,基部有蜜腺,花柱比雄蕊稍长,无毛,柱头近球形。蒴果卵球形,顶端常具宿存的花柱,2 瓣开裂。种子椭圆形或近卵形,外面网状,有光泽。花期 5～6 月,果期 6～8 月。

乳苣属——【学　名】*Mulgedium*

【蒙古名】ᠰᠢᠷᠠᠵᠢᠨ ᠬᠣᠨᠵᠢ ᠶᠢᠨ ᠲᠦᠷᠦᠯ

【英文名】Milkilettuce

【生活型】一年生、二年生或多年生草本。

【叶】叶分裂或不分裂。

【花】头状花序同型，舌状，多数或通常多数，在茎枝顶端排成伞房或伞房圆锥花序或沿茎枝排成总状花序。总苞宽钟状或圆柱状，果期不为卵球状；总苞片3～5层，通常带紫红色，覆瓦状排列或不成明显覆瓦状排列，向内层渐长。花托平，无托毛。舌状小花蓝色或蓝紫色，多数，舌片顶端截形，5齿裂，管部被白色长柔毛，花药基部箭头形，花柱分枝细。

【果实和种子】瘦果稍粗厚，纺锤形，每面有5～7条高起的钝纵肋，顶端渐尖成喙，喙绝不为丝状。冠毛2层，纤细，微糙毛状。

【分类地位】被子植物门、双子叶植物纲、合瓣花亚纲、桔梗目、菊科、舌状花亚科、菊苣族、莴苣亚族。

【种类】全属约有15种；中国有5种；内蒙古有1种。

乳苣 *Mulgedium tataricum*

多年生草本。根垂直直伸。茎直立，有细条棱或条纹，上部有圆锥状花序分枝，全部茎枝光滑无毛。中下部茎叶长椭圆形或线状长椭圆形或线形，基部渐狭成短柄，羽状浅裂或半裂或边缘有多数或少数大锯齿，顶端钝或急尖，侧裂片2～5对，中部侧裂片较大，向两端的侧裂片渐小，全部侧裂片半椭圆形或偏斜的宽或狭三角形，边缘全缘或有稀疏的小尖头或边缘多锯齿，顶裂片披针形或长三角形，边缘全缘或边缘细锯齿或稀锯齿；向上的叶与中部茎叶同形或宽线形，但渐小。全部叶质地稍厚，两面光滑无毛。头状花序约含20朵小花，多数，在茎枝顶端狭或宽圆锥花序。总苞圆柱状或楔形，果期不为卵球形；总苞片4层，不成明显的覆瓦状排列，中外层较小，卵形至披针状椭圆形，内层披针形或披针状椭圆形，全部苞片外面光滑无毛，带紫红色，顶端渐尖或钝。舌状小花紫色或紫蓝色，管部有白色短柔毛。瘦果长圆状披针形，稍压扁，灰黑色，每面有5～7条高起的纵肋，中肋稍粗厚，顶端渐尖成长喙。冠毛2层，纤细，白色，微锯齿状，分散脱落。花果期6～9月。

乳菀属──【学　名】*Galatella*

【蒙古名】ᠰᠦᠨ ᠲᠦᠷᠦᠭᠦᠨ ᠤ ᠢᠵᠠᠭᠤᠷ

【英文名】Milkaster

【生活型】多年生草本。

【茎】根状茎粗壮。茎直立或基部斜升,上部常有伞房状分枝,少有不分枝,植株被乳头状短毛或细刚毛,或几无毛。

【叶】叶互生,无柄,全缘,长圆形,披针形或线状披针形,稀狭线形,下部和中部叶,或仅下部叶有 3 条脉,少有全部叶具 1 条脉,两面,特别在上面常有明显的腺点,稀无腺点,顶端尖或长渐尖,稀钝,基部渐狭。

【花】头状花序中等或小,辐射状,在茎、枝端排列成简单的或复合的伞房状花序,少有单生;总苞倒锥形或近半球形,总苞片多层,覆瓦状,草质,绿色,具白膜质的边缘,背面被灰白色短绒毛或几无毛,具 1～3 条脉,外层较小,卵状披针形或披针形,顶端尖,最内层较大,近膜质,长圆形或长圆状披针形,顶端钝或稍钝,无毛;花托稍凸,具不规则的软骨质状齿边缘的小窝孔;头状花序具异形花,外围的一层雌花舌状,不结实,舌片开展,淡紫红色或蓝紫色,长于花盘的 1.5～2 倍,约 1～20 朵,少有无舌状花;中央的两性花 5～60(100) 朵,花冠管状,黄色,有时淡紫色,常超出总苞的 1.5～2 倍,檐部钟状,有 5 枚披针形的裂片;花药基部钝,花丝无毛,顶端有宽披针形的附片;花柱 2 裂,顶端有卵状三角形或披针状三角形的附片,钝或稍钝,外面被短微毛。

【果实和种子】瘦果长圆形,向基部缩小,背面略扁压,无肋,被密长硬毛或糙伏毛,基部或近基部具脐,冠毛 2(～3) 层,糙毛状,不等长,基部常连合成环,白色,或有时淡紫红,长于瘦果。

【分类地位】被子植物门、双子叶植物纲、合瓣花亚纲、桔梗目、菊科、管状花亚科、紫菀族。

【种类】全属有 40 余种;中国有 12 种;内蒙古有 1 种。

兴安乳菀 *Galatella dahurica*

多年生草本。茎直立,单生,坚硬,黄绿色。叶密集,斜上或稍开展,线形。头状花序较少数,在茎和枝端排列成疏伞房花序,花序梗细弱,稍弯曲,具 1～2 个线形的苞片;头状花序较大,具 30～60 朵花,总苞近半球形,总苞片 3～4 层,黄绿色,背面被短毛,或少有近无毛,外层小,狭披针形或披针形,叶质,顶端急尖,具 1 条脉,内层大,长圆状披针形,近膜质,顶端钝或稍尖,有时紫红色,具 3 条脉,具白色狭膜质边缘。外围有 10～20 朵舌状花,舌片淡紫红或紫蓝色;中央的两性花多数,花冠管状,黄色,或有时带淡紫红色,檐部有 5 枚长圆状披针形的裂片;花柱分枝顶端有卵状三角形的附器。瘦果长圆形,被白色长柔毛;冠毛白色或污黄色,糙毛状。花期 7～9 月。

软紫草属——【学　名】*Arnebia*

【蒙古名】ᠲᠣᠨᠣ ᠶᠢᠨ ᠡᠮᠲᠦ ᠶᠢᠨ ᠲᠥᠷᠥᠯ

【英文名】Arnebia

【生活型】一年生或多年生草本。

【根】根常含紫色物质。

【茎】茎直立或铺散。

【叶】叶互生。

【花】花序为镰状聚伞花序,有苞片。花有长柱花和短柱花异花现象,几无花梗;花萼 5 裂至基部,果期稍增大,有时基部硬化;花冠漏斗状,外面通常有毛,筒部直或稍弯曲,檐部通常比筒部短,裂片开展,喉部无附属物;在长柱花中,雄蕊着生花冠筒中部,内藏,花柱长,稍伸出喉部,在短柱花中,雄蕊着生花冠喉部,花柱较短,仅达花冠筒中部;子房 4 裂,花柱先端 2～4 裂,每个分枝各具 1 枚柱头;雌蕊基平。

【果实和种子】小坚果斜卵形,有疣状突起,着生面居腹面基部,平或微凹。

【分类地位】被子植物门、双子叶植物纲、合瓣花亚纲、管状花目、紫草科、紫草亚科、紫草族。

【种类】全属约有 25 种;中国产 6 种;内蒙古有 3 种。

黄花软紫草 *Arnebia guttata*

多年生草本。根含紫色物质。茎通常 2～4 个,有时 1 个,直立,多分枝,密生开展的长硬毛和短伏毛。叶无柄,匙状线形至线形,两面密生具基盘的白色长硬毛,先端钝。镰状聚伞花含多数花;苞片线状披针形。花萼裂片线形,有开展或半贴伏的长伏毛;花冠黄色,筒状钟形,外面有短柔毛,裂片宽卵形或半圆形,开展,常有紫色斑点;雄蕊着生花冠筒中部(长柱花)或喉部(短柱花),花药长圆形;子房 4 裂,花柱丝状,稍伸出喉部(长柱花)或仅达花冠筒中部(短柱花),先端浅 2 裂,柱头肾形。小坚果三角状卵形,淡黄褐色,有疣状突起。花果期 6～10 月。

瑞香科——【学　名】*Thymelaeaceae*

【蒙古名】ᠱᠠᠭᠤᠷ ᠦᠨ ᠢᠵᠠᠭᠤᠷᠲᠠᠨ

【英文名】Megereum Family

【生活型】落叶或常绿灌木或小乔木，稀草本。

【茎】茎通常具韧皮纤维

【叶】单叶互生或对生，革质或纸质，稀草质，边缘全缘，基部具关节，羽状叶脉，具短叶柄，无托叶。

【花】花辐射对称，两性或单性，雌雄同株或异株，头状、穗状、总状、圆锥或伞形花序，有时单生或簇生，顶生或腋生；花萼通常为花冠状，白色、黄色或淡绿色，稀红色或紫色，常连合成钟状、漏斗状、筒状的萼筒，外面被毛或无毛，裂片 4～5 枚，在芽中覆瓦状排列；花瓣缺，或鳞片状，与萼裂片同数；雄蕊通常为萼裂片的 2 倍或同数，稀退化为 2，多与裂片对生，或另一轮与裂片互生，花药卵形、长圆形或线形，2 室，向内直裂，稀侧裂；花盘环状、杯状或鳞片状，稀不存；子房上位，心皮 2～5 枚合生，稀 1 枚，1 室，稀 2 室，每室有悬垂胚珠 1 颗，稀 2～3 颗，近室顶端倒生，花柱长或短，顶生或近顶生，有时侧生，柱头通常头状。

【果实和种子】浆果、核果或坚果，稀为 2 瓣开裂的蒴果，果皮膜质、革质、木质或肉质；种子下垂或倒生；胚乳丰富或无胚乳，胚直立，子叶厚而扁平，稍隆起。

【种类】全科约有 48 属，650 种以上；中国有 10 属，100 种左右；内蒙古有 2 属，2 种。

瑞香科 Thymelaeaceae Juss. 是法国植物学家 Antoine Laurent de Jussieu (1748—1836)于 1789 年在"Genera plantarum 76"(Gen. Pl.)中建立的植物科，模式属为欧瑞香属(Thymelaea)。

在恩格勒系统(1964)中，瑞香科隶属原始花被亚纲(Archichlamydeae)、瑞香目(Thymelaeales)，含四棱果科(Geissolomataceae)、管萼科(Penaeaceae)、毒鼠子科(Dichapetalaceae)、瑞香科和胡颓子科(Elaeagnaceae)。在哈钦森系统(1959)中，瑞香科隶属双子叶植物木本支(Lignosae)、瑞香目，含弯柱科(Gonystelaceae)、沉香科(Aquilariaceae)、四棱果科、管萼科、瑞香科、紫茉莉科(Nyctaginaceae)6 个科。在塔赫他间系统(1980)中，瑞香科隶属五桠果亚纲(Dilleniidae)、瑞香目，只含 1 个科。在克朗奎斯特系统(1981)中，瑞香科隶属蔷薇亚纲(Rosidae)、桃金娘目(Myrtales)，含千屈菜科(Lythraceae)、瑞香科、菱科(Trapaceae)、桃金娘科(Myrtaceae)、石榴科(Punicaceae)、柳叶菜科(Onagraceae)等 12 个科。

三肋果属——【学　名】*Tripleurospermum*

【蒙古名】ᠲᠦᠷᠰᠦᠨ ᠪᠠ ᠥᠷᠭᠡᠰᠲᠦ ᠶᠢᠨ ᠲᠥᠷᠥᠯ

【英文名】Threeribfruit

【生活型】一年生、二年生或多年生草本。

【叶】叶 2 至 3 回羽状全裂，裂片条形，披针形或卵形。

【花】头状花序异型，或舌状花缺乏而为同型，少数或多数生茎枝顶端，形成总不是规则的伞房花序或单生茎顶，多花；舌状花 1 列，雌性，白色；管状花两性，黄色，5 裂，裂片顶端常有红褐色树脂状腺点，花柱分枝顶端截形，画笔状，花药基部钝，顶端有卵状三角形或矩圆形的附片；花托圆锥形或半球形。

【果实和种子】瘦果圆筒状三角形，顶端截形，基部收狭，背面扁，顶端有 2 个红褐色或棕色的树脂状大腺体，两侧和腹面有 3 条大的淡白色龙骨状突起的肋，表面褐色或淡褐色，通常多皱纹，稀光滑，冠状冠毛膜质，短，近全缘或较长而浅裂。

【分类地位】被子植物门、双子叶植物纲、合瓣花亚纲、桔梗目、菊科、管状花亚科、春黄菊族、菊亚族。

【种类】全属约有 30 种；中国有 5 种；内蒙古有 1 种。

東北三肋果 *Tripleurospermum tetragonospermum*

一年生草本。主根直或弯，有须根。茎直立，具条纹，上部疏生短柔毛，下部无毛，通常由基部分枝。下部和中部叶倒披针状矩圆形或矩圆形，羽状全裂，无叶柄，基部宽，抱茎。末回裂片全为条状丝形，两面无毛。上部叶向上渐变小。头状花序数个，单生于茎枝顶端；总苞半球形；总苞片约 4 层，覆瓦状排列，无毛，外层卵状矩圆形，钝，中层狭矩圆形，顶端圆形，内层披针状矩圆形，钝，全为膜质，背部具 1 条脉，有狭的淡褐色边缘；花托球状圆锥形，蜂窝状。舌状花舌片白色，顶端具 3 枚钝齿。管状花多数，花冠黄色，上半部突然膨大。花丝顶部膨大。瘦果矩圆状三棱形，顶端截形，基部收狭，淡褐色，多皱纹状瘤状突起，腹面有 3 条肋，背面近顶部有 2 个对生的圆形腺体，有时具 1 条纵条纹；冠状冠毛白色膜质，顶端截形，近全缘。花果期 6～8 月。

三芒草属——【学　名】*Aristida*

【蒙古名】ᠭᠤᠷᠪᠠᠨ ᠰᠤᠷᠮᠠᠢ ᠶᠢᠨ ᠡᠪᠡᠰᠦ

【英文名】Triawn

【生活型】一年生或多年生丛生草本。

【叶】叶鞘平滑或被长柔毛。叶片通常纵卷,稀扁平。

【花】圆锥花序顶生,狭窄或开展;小穗含 1 朵小花,两性,线形,小穗轴倾斜,脱节于颖之上;颖片狭窄,膜质,长披针形,具 1～5 条脉,近等长或不等长;外稃圆筒形,成熟后质较硬,具 3 条脉,包着内稃,顶端有 3 芒,芒粗糙或被柔毛,芒柱直立或扭转,基盘尖锐或较钝圆,具短毛;内稃质薄而短小,或甚退化;鳞被 2 枚,较大;雄蕊 30 枚。

【果实和种子】颖果圆柱形或长圆形。

【分类地位】被子植物门、单子叶植物纲、禾本目、禾本科、画眉草亚科、三芒草族。

【种类】全属约有 150 种;中国有 11 种;内蒙古有 1 种。

三芒草 *Aristida adscensionis*

　　一年生草本。须根坚韧,有时具砂套。秆具分枝,丛生,光滑,直立或基部膝曲。叶鞘短于节间,光滑无毛,疏松包茎,叶舌短而平截,膜质,具纤毛;叶片纵卷。圆锥花序狭窄或疏松;分枝细弱,单生,多贴生或斜向上升;小穗灰绿色或紫色;颖膜质,具 1 条脉,披针形,脉上粗糙,两颖稍不等长;外稃明显长于第二颖,具 3 条脉,中脉粗糙,背部平滑或稀粗糙,基盘尖,被柔毛,芒粗糙,两侧芒稍短;内稃披针形;鳞被 2 枚,薄膜质。花果期 6～10 月。

三毛草属——【学　名】*Trisetum*

【蒙古名】ᠭᠤᠷᠪᠠᠨ ᠢᠰᠢᠭᠡᠢᠲᠦ ᠡᠪᠡᠰᠦ

【英文名】Falseoat，Trisetum

【生活型】多年生草本。

【茎】丛生或单生。

【叶】叶片窄狭而扁平。

【花】圆锥花序多开展或紧缩成穗状；小穗常含 2～3 朵小花，稀 4～5 朵小花，小穗轴节间具柔毛，并延伸于顶生内稃之后，呈刺状或具不育小花；颖草质或膜质，先端尖或渐尖，宿存，不等长，第一颖较第二颖短，具 1～3 条脉；外稃披针形，两侧压扁，纸质而具膜质边缘，顶端常具 2 裂齿，基盘被微毛，自背部 1/2 以上处生芒；内稃透明膜质，等长或较短于外稃，具 2 脊，脊粗糙；鳞被 2 枚，透明膜质，长圆形或披针形，顶端常 2 裂或齿裂。

【分类地位】被子植物门、单子叶植物纲、禾本纲、禾本科、早熟禾亚科、燕麦族。

【种类】全属有 70 余种。

西伯利亚三毛草 *Trisetum sibiricum*

多年生。具短根茎。秆直立或基部稍膝曲，光滑，少数丛生，具 3～4 节。叶鞘基部多少闭合，上部松弛，光滑无毛或粗糙，基部者长于节间，上部者短于节间；叶舌膜质，先端不规则齿裂；叶片扁平，绿色，粗糙或上面具短柔毛。圆锥花序狭窄且稍疏松，狭长圆形或长卵圆形，分枝纤细，光滑或微粗糙，向上直立或稍伸展，每节多枚丛生；小穗黄绿色或褐色，有光泽，含 2～4 朵小花；两颖不等，先端渐尖，有时为褐色或紫褐色，光滑无毛，第一颖具 1 条脉，第二颖具 3 条脉；外稃硬纸质，褐色，顶端 2 微齿裂，背部粗糙，第一外稃基盘钝，具短毛或毫毛，自稃体顶端以下约 2 毫米处伸出 1 芒，有时为紫色，向外反曲，下部直立或微扭转；内稃略短于外稃，顶端微 2 裂，具 2 脊，脊上粗糙；鳞被 2 枚，透明膜质，卵形或矩圆形，顶端不规则齿裂；雄蕊 3 枚，花药黄色或顶端为紫色。花果期 6～8 月。

伞形科 ——【学　名】*Umbelliferae*

【蒙古名】ᠰᠢᠬᠦᠷᠯᠢᠭ ᠴᠡᠴᠡᠭᠲᠦ ᠶᠢᠨ ᠣᠪᠣᠭ

【英文名】Carrot Family

【生活型】一年生至多年生草本,很少为矮小的灌木。

【根】根通常真生,肉质而粗,有时为圆锥形或有分枝自根颈斜出,很少根成束、圆柱形或棒形。

【茎】茎直立或匍匐上升,通常圆形,稍有棱和槽,或有钝棱,空心或有髓。

【叶】互生,叶片通常分裂或多裂,1回掌状分裂或1~4回羽状分裂的复叶,或1~2回三出式羽状分裂的复叶,很少为单叶;叶柄的基部有叶鞘,通常无托叶,稀为膜质。

【花】花小,两性或杂性,成顶生或腋生的复伞形花序或单伞形花序,很少为头状花序;伞形花序的基部有总苞片,全缘,齿裂,很少羽状分裂;小伞形花序的基部有小总苞片,全缘或很少羽状分裂;花萼与子房贴生,萼齿5枚或无;花瓣5片,在花蕾时呈覆瓦状或镊合状排列,基部窄狭,有时成爪或内卷成小囊,顶端钝圆或有内折的小舌片或顶端延长如细线;雄蕊5枚,与花瓣互生。子房下位,2室,每室有一颗倒悬的胚珠,顶部有盘状或短圆锥状的花柱基;花柱2枚,直立或外曲,柱头头状。

【果实和种子】果实在大多数情况下是干果,通常裂成两个分生果,很少不裂,呈卵形、圆心形、长圆形至椭圆形,果实由2枚背面或侧面扁压的心皮合成,成熟时2枚心皮从合生面分离,每枚心皮有1枚纤细的心皮柄和果柄相连而倒悬其上,因此2枚分生果又称双悬果,心皮柄顶端分裂或裂至基部,心皮的外面有5条主棱(1条背棱,2条中棱,2条侧棱),外果皮表面平滑或有毛、皮刺、瘤状突起,棱和棱之间有沟槽,有时槽处发展为次棱,而主棱不发育,很少全部主棱和次棱(共9条)都同样发育;中果皮层内的棱槽内和合生面通常有纵走的油管1至多数。胚乳软骨质,胚乳的腹面有平直、凸出或凹入的,胚小。

【种类】全科有200余属,2500种;中国有90余属;内蒙古有32属,52种,1亚种,5变种,1变型。

　　伞形科 Umbelliferae Juss. 是法国植物学家 Antoine Laurent de Jussieu(1748—1836)于1789年在"Genera plantarum 218"中建立的植物科,其科名词尾不是-aceae,现在应视为保留名称。Apiaceae Lindl. 是英国植物学家、园艺家和兰花专家 John Lindley(1799—1865)于1836年在"An Introduction to the Natural System of Botany 21"(Intr. Nat. Syst. Bot., ed. 2)上描述的植物科,模式属为芹属(Apium)。

　　在恩格勒系统(1964)中,伞形科 Umbelliferae 隶属原始花被亚纲(Archichlamydeae)、伞形目(Umbelliflorae),含7个科。在哈钦森系统(1959)中,伞形科 Umbelliferae 隶属草本支(Herbaceae)、伞形目(Umbellales),只含1个科,认为伞形目来自虎耳草目(Saxifragales)。在塔赫他间系统(1980)中,伞形科 Apiaceae 隶属蔷薇亚纲(Rosidae)、五加目(Araliales),含伞形科和五加科(Araliaceae),认为五加目与山茱萸目(Cornales)有密切联系,五加目出自山茱萸目,山茱萸目与虎耳草目有联系。在克朗奎斯特系统(1981)中,伞形科 Apiaceae 隶属蔷薇亚纲(Rosidae)、伞形目(Apiales),含伞形科和五加科,认为伞形目出自无患子目(Sapindales)。

桑寄生科——【学　名】*Loranthaceae*

【蒙古名】ᠪᠠᠷᠠᠭᠣᠨ ᠤ ᠲᠥᠷᠥᠯ ᠤᠨ ᠣᠪᠣᠭ

【英文名】Scurrula Family

【生活型】半寄生性灌木,亚灌木,稀草本,寄生于木本植物的茎或枝上,稀寄生于根部为陆生小乔木或灌木。

【叶】叶对生,稀互生或轮生,叶片全缘或叶退化呈鳞片状;无托叶。

【花】花两性或单性,雌雄同株或雌雄异株,辐射对称或两侧对称,排成总状、穗状、聚伞状或伞形花序等,有时单朵,腋生或顶生,具苞片,有的具小苞片;花托卵球形至坛状或辐状;副萼短,全缘或具齿缺,或无副萼;花被片 3～6(～8)枚,花瓣状或萼片状,镊合状排列,离生或不同程度合生成冠管;雄蕊与花被片等数,对生,且着生其上,花丝短或缺,花药 2～4 室或1 室,多室;心皮 3～6 枚,子房下位,贴生于花托,1 室,稀 3～4 室,特立中央胎座或基生胎座,稀不形成胎座,无胚珠,由胎座或在子房室基部的造孢细胞发育成 1 至数颗胚囊(其功能等于胚珠),花柱 1 枚,线状,柱状或短至几无,柱头钝或头状。

【果实和种子】果实为浆果,稀核果(中国不产),外果皮革质或肉质,中果皮具粘胶质。种子1粒,稀 2～3 粒(中国不产),贴生于内果皮,无种皮,胚乳通常丰富,胚 1 颗,圆柱状,有时具胚 2～3 颗,子叶 2 片,稀 3～4 片。

【种类】全科约有 65 属,1300 余种;中国产 11 属,64 种,10 变种;内蒙古有 2 属,2 种。

539

桑寄生科 Loranthaceae Juss. 是法国植物学家 Antoine Laurent de Jussieu (1748－1836)于 1808 年在"Annales du Muséum National d'Histoire Naturelle 12" (Ann. Mus. Natl. Hist. Nat.)中建立的植物科,模式属为桑寄生属(Loranthus)。

在恩格勒系统(1964)中,桑寄生科隶属原始花被亚纲(Archichlamydeae)、檀香目(Santalales)、桑寄生亚目(Loranthineae),本目含 2 个亚目、7 个科。在哈钦森系统(1959)中,桑寄生科隶属木本支(Lignosae)、檀香目,含桑寄生科、假石南科(Grubbiaceae)、檀香科(Santalaceae)、羽毛果科(Myzodendraceae)(Misodendraceae)和蛇菰科(Balanophoraceae)等 5 个科。在塔赫他间系统(1980)中,桑寄生科隶属蔷薇亚纲(Rosidae)、檀香目,含铁青树科(Olacaceae)、山柚子科(Opiliaceae)、檀香科、羽毛果科、桑寄生科和槲寄生科(Viscaceae)等 6 个科。在克朗奎斯特系统(1981)中,桑寄生科也隶属蔷薇亚纲、檀香目,含毛丝花科(Medusandraceae)、十齿花科(Dipentodontaceae)、铁青树科、山柚子科、檀香科、羽毛果科、桑寄生科、槲寄生科、房底珠科(绿乳科)(Eremolepidaceae)、蛇菰科等 10 个科。

槲寄生科 Viscaceae Batsch 是德国博物学家 August Johann Georg Karl Batsch (1761 1802)于 1802 年在"Tabula Affinitatum Regni Vegetabilis 240"(Tab. Affin. Regni Veg.)上发表的植物科,模式属为槲寄生属(Viscum)。塔赫他间系统(1980)和克朗奎斯特系统(1981)承认由桑寄生科分出的槲寄生科。

桑寄生属——【学　名】*Loranthus*

【蒙古名】ᠲᠠᠢᠯ᠎ᠠ ᠶᠢᠨ ᠰᠣᠮᠣ ᠶᠢᠨ ᠢᠵᠠᠭᠤᠷ

【英文名】Scurrula

【生活型】寄生性灌木。

【茎】嫩枝、叶均无毛。

【叶】叶对生或近对生,侧脉羽状。

【花】穗状花序,腋生或顶生,花序轴在花着生处通常稍下陷;花两性或单性(雌雄异株),5～6数,辐射对称,每朵花具苞片1个;花托通常卵球形;副萼环状;花冠长不及1厘米,花蕾时棒状或倒卵球形,直立,花瓣离生;雄蕊着生于花瓣上,花丝短,花药近球形或近双球形,4室,稀2室,纵裂;子房1室,基生胎座,花柱柱状,柱头头状或钝。

【果实和种子】浆果卵球形或近球形,顶端具宿存副萼,外果皮平滑,中果皮具粘胶质;种子1粒,胚乳丰富。

【分类地位】被子植物门、双子叶植物纲、原始花被亚纲、檀香目、桑寄生亚目、桑寄生科、桑寄生族。

【种类】全属约有10种;中国产6种;内蒙古1种。

540

北桑寄生 *Loranthus tanakae*

落叶灌木,全株无毛;茎常呈二歧分枝,一年生枝条暗紫色,二年生枝条黑色,被白色蜡被,具稀疏皮孔。叶对生,纸质,倒卵形或椭圆形,顶端圆钝或微凹,基部楔形,稍下延;侧脉3～4对,稍明显。穗状花序,顶生,具花10～20朵;花两性,近对生,淡青色;花托椭圆状;副萼环状;花冠花蕾时卵球形,花瓣6(～5)片,披针形,开展;雄蕊着生于花瓣中部,花丝短,4室;花盘环状;花柱柱状,通常6条棱,顶端钝或偏斜,柱头稍增粗。果球形,橙黄色,果皮平滑。花期5～6月,果期9～10月。

桑科——【学　名】*Moraceae*

【蒙古名】ᠲᠡᠷᠡᠮ ᠦᠨ ᠣᠪᠣᠭ

【英文名】Mulberry Family

【生活型】乔木或灌木,藤本,稀为草本,通常具乳液,有刺或无刺。

【叶】叶互生,稀对生,全缘或具锯齿,分裂或不分裂,叶脉掌状或羽状,有或无钟乳体;托叶 2 片,通常早落。

【花】花小,单性,雌雄同株或异株,无花瓣;花序腋生,典型成对,总状,圆锥状,头状,穗状或壶状,稀为聚伞状,花序托有时为肉质,增厚或封闭而为隐头花序或开张而为头状或圆柱状。雄花:花被片 2~4 枚,有时仅为 1 或更多至 8 枚,分离或合生,覆瓦状或镊合状排列,宿存;雄蕊通常与花被片同数而对生,花丝在芽时内折或直立,花药具尖头,或小而 2 浅裂无尖头,从新月形至陀螺形(具横的赤道裂口),退化雌蕊有或无。雌花:花被片 4 枚,稀更多或更少,宿存;子房 1 室,稀为 2 室,上位、下位或半下位,或埋藏于花序轴上的陷穴中,每室有倒生或弯生胚珠 1 颗,着生于子房室的顶部或近顶部;花柱 2 裂或单一,具 2 或 1 个柱头臂,柱头非头状或盾形。

【果实和种子】果为瘦果或核果状,围以肉质变厚的花被,或藏于其内形成聚花果,或隐藏于壶形花序托内壁,形成隐花果,或陷入发达的花序轴内,形成大型的聚花果。种子大或小,包于内果皮中;种皮膜质或不存;胚悬垂,弯或直;幼根长或短,背倚子叶紧贴;子叶褶皱,对折或扁平,叶状或增厚。

【种类】全科约有 53 属,1400 种;中国有 12 属,153 种和亚种,并有 59 变种及变型;内蒙古有 3 属,5 种,1 变种,1 变型。

桑科 Moraceae Link 是德国博物学家和植物学家 Johann Heinrich Friedrich Link (1767—1850) 于 1831 年在"Handbuch 2"上发表的植物科,模式属为桑属(Morus)。Moraceae Gaudich. 是法国植物学家 Charles Gaudichaud—Beaupré(1789—1854) 于 1835 年在"Genera Plantarum ad Familias Suas Redacta 13"(Gen. Pl.)中发表的植物科,发表时间比 Moraceae Link 晚。

在恩格勒系统(1964),桑科隶属原始花被亚纲(Archichlamydeae)、荨麻目(Urticales),含马尾树科(Rhoipteleaceae)、榆科(Ulmaceae)、杜仲科(Eucommiaceae)、桑科和荨麻科(Urticaceae)5 个科。在哈钦森系统(1959)中,桑科隶属木本支(Lignosae)、荨麻目,含榆科、大麻科(Cannabaceae)(Cannabiaceae, Cannabinaceae)、桑科、荨麻科、钩毛树科(Barbeyaceae)和杜仲科 6 个科,认为荨麻目与壳斗目关系密切,比壳斗目进化。在塔赫他间系统(1980)中,桑科隶属金缕梅亚纲(Hamamelididae)、荨麻目,含榆科、桑科、大麻科、伞树科(蚁牺树科、号角树科)(Cecropiaceae)和荨麻科 5 个科,认为荨麻目起源于金缕梅目(Hamamelidales)。在克朗奎斯特系统(1981)中,桑科也隶属金缕梅亚纲、荨麻目,含钩毛树科、榆科、大麻科、桑科、伞树科和荨麻科 6 个科,认为荨麻目起源于金缕梅目。

大麻科 Cannabaceae Martinov 是俄国植物学家和语言学家 Ivan Ivanovich Martinov(1771—1833) 于 1820 年在"Tekhno—Botanicheskiĭ Slovar'：na latinskom i rossiĭ skom iazykakh. Sanktpeterburgie 99"(Tekhno—Bot. Slovar.)上发表的植物科,模式属为大麻属(Cannabis)。恩格勒系统(1964)的桑科包括大麻科,是广义的。而哈钦森系统(1959)、塔赫他间系统(1980)和克朗奎斯特系统(1981)则承认从桑科分出大麻科。

桑属——【学　名】*Morus*

　　　　【蒙古名】ᠬᠢᠯᠢᠨ ᠦ ᠣᠪᠣᠭ

　　　　【英文名】Mulberry Family

【生活型】落叶乔木或灌木。

【茎】无刺;冬芽具 3~6 枚芽鳞,呈覆瓦状排列。

【叶】叶互生,边缘具锯齿,全缘至深裂,基生叶脉 3 至 5 出,侧脉羽状;托叶侧生,早落。

【花】花雌雄异株或同株,或同株异序,雌雄花序均为穗状;雄花,花被片 4 枚,覆瓦状排列,雄蕊 4 枚,与花被片对生,在花芽时内折,退化雌蕊陀螺形;雌花,花被片 4 枚,覆瓦状排列,结果时增厚为肉质,子房 1 室,花柱有或无,柱头 2 裂,内面被毛或为乳头状突起;

【果实和种子】聚花果(俗称桑)为多数包藏于内质花被片内的核果组成,外果皮肉质,内果皮壳质。种子近球形,胚乳丰富,胚内弯,子叶椭圆形,胚根向上内弯。

【分类地位】被子植物门、双子叶植物纲、原始花被亚纲、荨麻目、桑科、桑亚科、桑族。

【种类】全属约有 16 种;中国有 11 种;内蒙古有 2 种,1 变种。

蒙桑 *Morus mongolica*

　　小乔木或灌木。树皮灰褐色,纵裂;小枝暗红色,老枝灰黑色;冬芽卵圆形,灰褐色。叶长椭圆状卵形,先端尾尖,基部心形,边缘具三角形单锯齿,稀为重锯齿,齿尖有长刺芒,两面无毛。雄花花被暗黄色,外面及边缘被长柔毛,花药 2 室,纵裂;雌花序短圆柱状,总花梗纤细。雌花花被片外面上部疏被柔毛,或近无毛;花柱长,柱头 2 裂,内面密生乳头状突起。聚花果,成熟时红色至紫黑色。花期 3~4 月,果期 4~5 月。

沙鞭属——【学　名】*Psammochloa*

【蒙古名】ᠳᠣᠯᠣᠭᠠᠨ ᠤ ᠰᠠᠷᠠᠯ

【英文名】Common Sandwhip

【生活型】多年生草本。

【茎】具长而横走的根茎。

【花】圆锥花序紧缩。小穗具短柄,含 1 朵小花,两性,脱节于颖之上;颖草质,几等长,具 3～5 条脉;外稃几等长于颖,纸质,背部密生长柔毛,具 5～7 条脉,顶端微 2 裂,基盘无毛,芒自裂齿间伸出,直立,早落;内稃几等长于外稃,背部生柔毛,不为外稃紧密包裹;鳞被 3 枚;花药大形,顶生毫毛。

【分类地位】被子植物门、单子叶植物纲、禾本目、禾本科、早熟禾亚科、针茅族。

【种类】单种属;中国有 1 种;内蒙古有 1 种。

沙鞭 *Psammochloa villosa*

　　多年生。具根状茎;秆直立,光滑,基部具有黄褐色枯萎的叶鞘。叶鞘光滑,几包裹全部植株;叶舌膜质,披针形;叶片坚硬,扁平,常先端纵卷,平滑无毛。圆锥花序紧密直立,分枝数枚生于主轴 1 侧,斜向上升,微粗糙,小穗柄短;小穗淡黄白色;两颖近等长或第一颖稍短,披针形,被微毛,具 3～5 条脉,其 2 条边脉短而不很明显;外稃背部密生长柔毛,具 5～7 条脉,顶端具 2 枚微齿,基盘钝,无毛,芒直立,易脱落;内稃近等长于外稃,背部被长柔毛,圆形无脊,具 5 条脉,中脉不明显,边缘内卷,不为外稃紧密包裹;鳞被 3 枚,卵状椭圆形;雄蕊 3 枚,顶生毫毛。花果期 5～9 月。

沙参属——【学　名】*Adenophora*

【蒙古名】ᠭᠠᠳᠤᠨᠠ ᠵᠢᠮᠢᠰ ᠤᠨ ᠡᠪᠡᠰᠦ

【英文名】Sandarhip

【生活型】多年生草本。

【根】根胡萝卜状，分叉或否。植株具茎基(caulorhiza 或 caudex)，这种茎基一般极短，分不出节间，直立而不分枝，但有时具短的分枝，有时具长而横走的分枝，其上有膜质鳞片，很像横走的根状茎。

【茎】茎直立或上升。

【叶】叶大多互生，少数种的叶轮生。

【花】花序的基本单位为聚伞花序，常称为花序分枝，这种聚伞花序有时退化为单花，轴上留下1至数个苞片，好像小苞片，因而整个花序呈假总状花序(顶生花先开)，但常常仅上部的聚伞花序退化，因而集成圆锥花序，有时聚伞花序又有分枝，整个花序为大型的复圆锥花序。子房下位。花萼筒部的形状(亦即子房的形状)各式：圆球状、倒卵状、倒卵状圆锥形，倒圆锥状，花萼裂片5枚，全缘或具齿；花冠钟状、漏斗状、漏斗状钟形或几乎为筒状，常紫色或蓝色，5浅裂，最深裂达中部；雄蕊5枚，花丝下部扩大成片状，片状体的长度大致与花盘的长度相等，一般略长于花盘，边缘密生长绒毛，镊合状排列，围成筒状，包着花盘，花药细长；花盘通常筒状，有时为环状，环绕花柱下部；花柱比花冠短或长；柱头3裂，裂片狭长而卷曲，子房下位，3室，胚珠多数。

【果实和种子】蒴果在基部3孔裂。种子椭圆状，有1条狭棱或带翅的棱。

【分类地位】被子植物门、双子叶植物纲、合瓣花亚纲、桔梗目、桔梗科、桔梗亚科、风铃草族。

【种类】全属约有50种；中国约有40种；内蒙古有19种，14变种。

小花沙参 *Adenophora micrantha*

　　根胡萝卜状。茎数个至十多个发自一条根上，茎直立，常不分枝，密被倒生短硬毛。茎生叶互生，无柄，宽条形至长椭圆形，边缘多少皱波状至强烈皱波状，并有尖锐锯齿，两面疏生糙毛或近无毛。聚伞花序仅有顶生一朵花至具数朵花，集成狭圆锥花序。花梗很短；花萼无毛，筒部很小，倒三角状圆锥形，裂片狭小，狭三角状钻形，全缘；花冠狭钟状，蓝色，裂片卵状三角形；雄蕊远短于花冠；花盘粗筒状，顶端疏生毛；明显伸出花冠。蒴果卵球状。种子未熟，有1条翅状棱。花期7～8月。

沙冬青属——【学　名】*Ammopiptanthus*

【蒙古名】ᠡᠯᠡᠰᠦᠨ ᠤ᠋ ... ᠮᠣᠳᠣ

【英文名】Sandholly

【生活型】常绿灌木。

【茎】小枝叉分。

【叶】单叶或掌状三出复叶,革质;托叶小,钻形或线形,与叶柄合生,先端分离;小叶全缘,被银白色绒毛。

【花】总状花序短,顶生于短枝上;苞片小,脱落,具小苞片;花萼钟形,近无毛,萼齿5枚,短三角形,上方2枚齿合生;花冠黄色,旗瓣和翼瓣近等长,龙骨瓣背部分离;雄蕊10枚,花丝分离,花药圆形,同型,近基部背着;子房具柄,胚珠少数,花柱细长,柱头小,点状顶生。

【果实和种子】荚果扁平,瓣裂,长圆形,具果颈。种子圆肾形,无光泽,有种阜。

【分类地位】被子植物门、双子叶植物纲、原始花被亚纲、蔷薇目、蔷薇亚目、豆科、蝶形花亚科、野决明族。

【种类】全属有2种;中国有2种;内蒙古有1种。

沙冬青 *Ammopiptanthus mongolicus*

　　常绿灌木,粗壮;树皮黄绿色,木材褐色。茎多叉状分枝,圆柱形,具沟棱,幼被灰白色短柔毛,后渐稀疏。3片小叶,偶为单叶;叶柄密被灰白色短柔毛;托叶小,三角形或三角状披针形,贴生叶柄,被银白色绒毛;小叶菱状椭圆形或阔披针形,两面密被银白色绒毛,全缘,侧脉几不明显,总状花序顶生枝端,花互生,8~12朵密集;苞片卵形,密被短柔毛,脱落;花梗近无毛,中部有2个小苞片;萼钟形,薄革质,萼齿5枚,阔三角形,上方2枚合生为1枚较大的齿;花冠黄色,花瓣均具长瓣柄,旗瓣倒卵形,翼瓣比龙骨瓣短,长圆形,龙骨瓣分离,基部有耳;子房具柄,线形,无毛。荚果扁平,线形,无毛,先端锐尖,基部具果颈;有种子2~5粒。种子圆肾形。花期4~5月,果期5~6月。

沙拐枣属——【学　名】*Calligonum*

【蒙古名】ᠲᠣᠷᠣᠢᠭ ᠤᠨ ᠢᠵᠠᠭᠤᠷ

【英文名】Kneejujude,Calligonum

【生活型】灌木或半灌木,高度差异极大。

【茎】多分枝,有木质化老枝和当年生幼枝两种;木质老枝灰白色、淡黄灰色、灰褐色或暗红色,或多或少扭曲;当年生幼枝较细,灰绿色,有关节,秋末时部分枯死脱落。

【叶】叶对生,退化成线形或鳞片状,基部合生或分离,与托叶鞘连合,少数分离;托叶鞘膜质,淡黄褐色,极小。

【花】单被花,两性,单生或 2～4 朵生叶腋;花梗细,红色、淡红色或白色,具关节;花被片5 深裂,裂片椭圆形,不相等,红色、淡红色或白色,背部中央通常色较深,呈暗红色、红色或绿色,果时不扩大,通常反折,少数平展;雄蕊 12～18 枚,花丝基部连合;子房上位,具 4 条肋,花柱较短;柱头 4 枚,头状。

【果实和种子】瘦果,通常椭圆形或长卵形,直立或向左、右扭转;果皮木质,坚硬,具 4 条果肋和肋间沟槽;肋上生翅或刺,或窄翅上再生刺,极少在刺末端罩一层薄膜而呈泡状果。果实(包括翅或刺)近球形、椭圆形、卵形或长圆形。胚直立,胚乳白色。

【分类地位】被子植物门、双子叶植物纲、原始花被亚纲、蓼目、蓼科、蓼亚科、木蓼族。

【种类】全属有 100 余种;中国有 23 种;内蒙古有 3 种。

546

沙拐枣 *Calligonum mongolicum*

灌木。老枝灰白色或淡黄灰色,开展,拐曲;当年生幼枝草质,灰绿色,有关节。叶线形。花白色或淡红色,通常 2～3 朵,簇生叶腋;花梗细弱,下部有关节;花被片卵圆形,果时水平伸展。果实(包括刺)宽椭圆形;瘦果不扭转、微扭转或极扭转,条形、窄椭圆形至宽椭圆形;果肋突起或突起不明显,沟槽稍宽成狭窄,每条肋有刺 2～3 行;刺等长或长于瘦果之宽,细弱,毛发状,质脆,易折断,较密或较稀疏,基部不扩大或稍扩大,中部 2～3 次 2～3 分叉。花期 5～7 月,果期 6～8 月,在新疆东部,8 月出现第二次花果。

生于流动沙丘、半固定沙丘、固定沙丘、沙地、沙砾质荒漠和砾质荒漠的粗沙积聚处,海拔 500～1800 米。产于内蒙古中部和西部、甘肃西部及新疆东部。蒙古也有分布。

沙棘属——【学　名】*Hippophae*

【蒙古名】ᠴᠠᠭᠠᠨ ᠬᠠᠷᠠᠭᠠᠨ᠎ᠠ

【英文名】Sandthorn Seabuckthorn

【生活型】落叶直立灌木或小乔木。

【茎】具刺;幼枝密被鳞片或星状绒毛,老枝灰黑色;冬芽小,褐色或锈色。

【叶】单叶互生、对生或三叶轮生,线形或线状披针形,两端钝形,两面具鳞片或星状柔毛,成熟后上面通常无毛,无侧脉或不明显;叶柄极短。

【花】单性花,雌雄异株;雌株花序轴发育成小枝或棘刺,雄株花序轴花后脱落;雄花先开放,生于早落苞片腋内,无花梗,花萼2裂,雄蕊4枚,2枚与花萼裂片互生,2枚与花萼裂片对生,花丝短,花药矩圆形,雌花单生叶腋,具短梗,花萼囊状,顶端2齿裂,子房上位,1枚心皮,1室,1颗胚珠,花柱短,微伸出花外,急尖。

【果实和种子】果实为坚果,为肉质化的萼管包围,核果状,近圆形或长矩圆形;种子1粒,倒卵形或椭圆形,骨质。

【分类地位】被子植物门、双子叶植物纲、原始花被亚纲、桃金娘目、胡颓子科。

【种类】全属有4种;中国有4种,5亚种,内蒙古有1种。

沙棘 *Hippophae rhamnoides*

落叶灌木或乔木。棘刺较多,粗壮,顶生或侧生;嫩枝褐绿色,密被银白色而带褐色鳞片或有时具白色星状柔毛,老枝灰黑色,粗糙;芽大,金黄色或锈色。单叶通常近对生,与枝条着生相似,纸质,狭披针形或矩圆状披针形,两端钝形或基部近圆形,基部最宽,上面绿色,初被白色盾形毛或星状柔毛,下面银白色或淡白色,被鳞片,无星状毛;叶柄极短。果实圆球形,橙黄色或橘红色;种子小,阔椭圆形至卵形,有时稍扁,黑色或紫黑色,具光泽。花期4~5月,果期9~10月。

常生于海拔800~3600米温带地区向阳的山脊、谷地、干涸河床地或山坡,多砾石或沙质土壤或黄土上。中国黄土高原极为普遍。产于中国河北、内蒙古、山西、陕西、甘肃、青海、四川西部。

沙芥属——【学　名】*Pugionium*

【蒙古名】ᠬᠢᠯᠠᠯ ᠪᠣᠷᠴᠠᠭ ᠤᠨ ᠲᠥᠷᠥᠯ

【英文名】Sandcress

【生活型】一年生或二年生草本。

【茎】茎多分枝,缠结成球形。

【叶】叶肉质,茎下部叶羽状分裂,开花前枯萎,上部叶线形,全缘。

【花】总状花序具少数疏生花;萼片膜质,直立,长圆形,稍合生,基部成囊状;花瓣玫瑰红色或白色,窄匙形,长约为萼片的 2 倍,具细脉纹;一个长雄蕊和邻近短雄蕊等长,并合生达顶端,其他雄蕊离生,侧蜜腺显明,碗状;子房 2 室,每室有 1 颗胚珠,在果期 1 室及其中 1 颗胚珠败育,无花柱,柱头具长乳头状突起。

【果实和种子】短角果 2 子房室,压扁,横向连接,不开裂,有显明网脉,每侧有 1 个翅状附属物,每侧还有 2 个向下生长的刺及几个短的侧生刺。种子 1 粒,水平生长,大,卵形,压扁;子叶背倚胚根。

【分类地位】被子植物门、双子叶植物纲、原始花被亚纲、罂粟目、白花菜亚目、十字花科、独行菜族。

【种类】全属有 5 种;中国有 4 种,1 变种;内蒙古有 3 种。

沙芥 *Pugionium cornutum*

一年生或二年生草本;根肉质,手指粗;茎直立,多分枝。叶肉质,下部叶有柄,羽状分裂,裂片 3～4 对,顶裂片卵形或长圆形,全缘或有 1～2 枚齿,或顶端 2～3 裂,侧裂片长圆形,基部稍抱茎,边缘有 2～3 枚齿;茎上部叶披针状线形,全缘。总状花序顶生,成圆锥花序;萼片长圆形;花瓣黄色,宽匙形,顶端细尖。短角果革质,横卵形,侧扁,两侧各有 1 个披针形翅,上举成钝角,具突起网纹,有 4 个或更多角状刺;果梗粗。种子长圆形,黄棕色。花期 6 月,果期 8～9 月。

生于沙漠地带沙丘上。产于中国内蒙古(赤峰市翁牛特旗)、陕西(榆林)、宁夏(灵武、陶乐)。

嫩叶作蔬菜或饲料;全草供药用,有止痛、消食、解毒作用。

沙蓬属——【学　名】*Agriophyllum*

【蒙古名】ᠰᠢᠷᠠᠯᠵᠢ ᠶᠢᠨ ᠡᠪᠡᠰᠦ

【英文名】Agriophyllum

【生活型】一年生草本。

【茎】茎直立,从基部分枝,光滑或被分枝状茸毛。

【叶】叶互生,无柄或具柄,条状、披针状条形,披针形或卵圆形,全缘,先端渐尖具小尖头,基部渐狭或圆楔形,具3至多条叶脉。

【花】花序穗状,具苞片,无小苞片,苞片覆瓦状排列,基部宽,先端急缩呈锐尖头,后折,背部密被分枝状毛;花两性,无柄,单生于苞片1～5,分离,膜质,白色,矩圆形或披针形,顶端啮蚀状撕裂;雄蕊1～5枚,下位,花丝扁平,分离或仅基部联合,花药矩圆形;子房上位,无柄,卵状,腹背压扁,无毛或被毛,花柱短,柱头2枚,丝状。

【果实和种子】果实矩圆形至近圆形,无毛或被毛,上部边缘具翅或无;果实顶端具果喙,果喙分裂成两个喙,果喙基部外侧翅或无;果皮与种皮分离。种子直生,扁平,圆形或椭圆形;胚环形,胚乳较丰富,胚根向下。

【分类地位】被子植物门、双子叶植物纲、原始花被亚纲、中央种子目、藜科、环胚亚科、虫实族。

【种类】全属有6种;中国有3种;内蒙古有1种。

沙蓬 *Agriophyllum squarrosum*

茎直立,坚硬,浅绿色,具不明显的条棱,幼时密被分枝毛,后脱落;由基部分枝,最下部的一层分枝通常对生或轮生,平卧,上部枝条互生,斜展。叶无柄,披针形、披针状条形或条形,先端(渐尖具小尖头)向基部渐狭,叶脉浮凸,纵行,3～9条。穗状花序紧密,卵圆状或椭圆状,无梗,1～(3)腋生;苞片宽卵形,先端急缩,具小尖头,后期反折,背部密被分枝毛。花被片1～3枚,膜质;雄蕊2～3枚,花丝锥形,膜质,花药卵圆形。果实卵圆形或椭圆形,两面扁平或背部稍凸,幼时在背部被毛,后期秃净,上部边缘略具翅缘;果喙深裂成两个扁平的条状小喙,微向外弯,小喙先端外侧各具1枚小齿突。种子近圆形,光滑,有时具浅褐色的斑点。花果期8～10月。

喜生于沙丘或流动沙丘之背风坡上,为中国北部沙漠地区常见的沙生植物。产于中国东北、河北、河南、山西、内蒙古、陕西、甘肃、宁夏、青海、新疆和西藏。分布于蒙古和俄罗斯。

砂引草属——【学　名】*Messerschmidia*

【蒙古名】ᠬᠤᠮᠠᠬᠢ ᠲᠠᠲᠠᠭᠴᠢ ᠶᠢᠨ ᠲᠥᠷᠥᠯ

【英文名】Messerschmidia

【生活型】乔木、灌木或草本。

【叶】叶互生，全缘，通常倒披针形或披针形，大小不一。

【花】聚伞花序二歧分枝，无苞片；花多或少，小形，无梗或具梗，生花序分枝的一侧；花萼 5 或 4 深裂；花冠白色或淡绿色，筒状或钟状，裂片 5 或 4 枚，平展，在芽中对褶；雄蕊 5 或 4 枚，内藏或伸出，花丝极短，花药先端具短尖；花柱顶生，短；柱头圆锥状，基部环状膨大，肉质，先端不裂或 2 裂，子房 4 室，每室具 1 颗胚珠。

【果实和种子】核果成熟时干燥，中果皮木栓质，紧包围核，核分为两半，每边有具种子的 2 室，其间为不育的室及沟槽所隔离。

【分类地位】被子植物门、双子叶植物纲、合瓣花亚纲、管状花目、紫草科、天芥菜亚科。

【种类】全属有 3 种；中国有 2 种，1 变种；内蒙古有 1 变种。

砂引草 *Messerschmidia sibirica var. angustior*

多年生草本。有细长的根状茎。茎单一或数个丛生，直立或斜升，通常分枝，密生糙伏毛或白色长柔毛。叶披针形、倒披针形或长圆形，先端渐尖或钝，基部楔形或圆，密生糙伏毛或长柔毛，中脉明显，上面凹陷，下面突起，侧脉不明显，无柄或近无柄。花序顶生；萼片披针形，密生向上的糙伏毛；花冠黄白色，钟状，裂片卵形或长圆形，外弯，花冠筒较裂片长，外面密生向上的糙伏毛；花药长圆形，先端具短尖，花丝极短，着生花筒中部；子房无毛，略现 4 裂，花柱细，柱头浅 2 裂，下部环状膨大。核果椭圆形或卵球形，粗糙，密生伏毛，先端凹陷，核具纵肋，成熟时分裂为 2 枚各含 2 粒种子的分核。花期 5 月，果实 7 月成熟。

山芥属——【学　名】*Barbarea*

【蒙古名】ᠭᠣᠣᠯ ᠤᠨ ᠭᠢᠴᠢ ᠶᠢᠨ ᠲᠥᠷᠥᠯ

【英文名】Wintercress

【生活型】二年生或多年生直立草本。

【茎】植株光滑无毛或具疏毛,茎具纵棱,分枝。

【叶】基生叶及茎下部叶大头羽状分裂,具叶柄,基部耳状抱茎;茎上部叶具齿或羽状分裂,无柄,基部耳状抱茎。

【花】总状花序顶生,萼片近直立,内轮 2 枚常在顶端隆起成兜状;花瓣黄色,多数呈倒卵形,具爪;雄蕊 6 枚,分离,花丝线形,蜜腺发达,侧蜜腺半环形,中蜜腺圆锥形;子房圆柱形,花柱短,柱头 2 裂或头状。

【果实和种子】长角果近圆柱状四棱形,果瓣具明显中脉及网状侧脉。种子每室 1 行,长椭圆形或椭圆形,无膜质边缘;子叶缘倚胚根。

【分类地位】被子植物门、双子叶植物纲、原始花被亚纲、罂粟目、白花菜亚目、十字花科、南芥族。

【种类】全科约有 15 种;中国有 4 种;内蒙古有 1 种。

山芥 *Barbarea orthoceras*

二年生草本。全株无毛。茎直立,下部常带紫色,单一或具少数分枝。基生叶及茎下部叶大头羽状分裂,顶端裂片大,宽椭圆形或近圆形,顶端钝圆,基部圆形、楔形或心形,边缘呈微波状或具圆齿,侧裂片小,1～5 对,具叶柄,基部耳状抱茎;茎上部叶较小,宽披针形或长卵形,边缘具疏齿,无柄,基部耳状抱茎。总状花序顶生,初密集,花后延长;萼片椭圆状披针形,内轮 2 枚顶端隆起成兜状;花瓣黄色,长倒卵形,基部具爪。长角果线状四棱形,紧贴果轴而密集着生,果熟时稍开展,果瓣隆起,中脉显著。种子椭圆形,深褐色,表面具细网纹;子叶缘倚胚根。花果期 5～8 月。

山柳菊属——【学　名】*Hieracium*

【蒙古名】ᠲᠠᠷᠪᠠᠭᠠᠨ ᠤ ᠴᠡᠴᠡᠭ

【英文名】Hawkweed

【生活型】多年生草本。

【茎】茎单生或少数茎簇生,分枝或不分枝。

【叶】叶不分裂,边缘有各式锯齿或全缘,有柄或无柄。

【花】头状花序同型,舌状,少数或多数在茎枝顶端排成圆锥花序、伞房花序或假伞形花序,有时单生茎端。总苞钟状或圆柱状。总苞片 3～4 层,覆瓦状排列,向内层渐长。花托平,蜂窝状,有窝孔,孔缘有明显的小齿或无小齿,或边缘毛状。舌状小花多数,黄色,极少淡红色或淡白色,花柱分枝细,圆柱形,花药基部箭头形,舌片顶端截形,5 齿裂。

【果实和种子】瘦果圆柱形或椭圆形,有 8～14 条椭圆状高起的等粗的纵肋,顶端截形,无喙,近顶端亦无收缢。冠毛 1～2 层,污黄白色、污白色、淡黄色、白色、褐色,易折断。

【分类地位】被子植物门、双子叶植物纲、合瓣花亚纲、桔梗目、菊科。

【种类】全属约有 1000 种;中国有 9 种;内蒙古有 3 种。

山柳菊 *Hieracium umbellatum*

多年生草本。茎直立,单生或少数成簇生,粗壮或纤细,下部,特别是基部常淡红紫色,上部伞房花序状或伞房圆锥花序状分枝,通常无毛或粗糙,被极稀疏的小刺毛,极少被长单毛,但被白色的小星状毛,特别是茎上部及花梗处的星状毛较多。基生叶及下部茎叶花期脱落不存在;中上部茎叶多数或极多数,互生,无柄,披针形至狭线形,基部狭楔形,顶端急尖或短渐尖,边缘全缘、几全缘或边缘有稀疏的尖犬齿,上面无毛或被稀疏的蛛丝状柔毛,下面沿脉及边缘被短硬毛;向上的叶渐小,与中上部茎叶同形并具有相似的毛被。头状花序少数或多数,在茎枝顶端排成伞房花序或伞房圆锥花序,极少茎不分枝而头状花序单生茎端,花序梗无头状具柄的腺毛及长单毛,但被稠密或稀疏的星状毛及较硬的短单毛。总苞黑绿色,钟状,总苞之下有或无小苞片;总苞片 3～4 层,向内层渐长,外层及最外层披针形,最内层线状长椭圆形,全部总苞片顶端急尖,外面无毛,有时基部被星状毛,极少沿中脉有单毛及头状具柄的腺毛。舌状小花黄色。瘦果黑紫色,圆柱形,向基部收窄,顶端截形,有 10 条高起的等粗的细肋,无毛。冠毛淡黄色,糙毛状。花果期 7～9 月。

山罗花属──【学　名】*Melampyrum*

【蒙古名】ᠲᠣᠣᠷᠠᠢ ᠶᠢᠨ ᠣᠯᠣᠭᠠᠨ ᠦᠨ ᠦᠷᠦᠭᠡᠰᠦᠨ

【英文名】Cowwheat

【生活型】一年生半寄生草本。

【叶】叶对生,全缘。苞叶与叶同形,常有尖齿或刺毛状齿,较少全缘的。

【花】花具短梗,单生于苞叶腋中,集成总状花序或穗状花序,无小苞片。花萼钟状,萼齿 4 枚,后面 2 枚较大;花冠筒管状,向上渐变粗,檐部扩大,2 唇形,上唇盔状,侧扁,顶端钝,边缘窄而翻卷,下唇稍长,开展,基部有两条皱褶,顶端 3 裂;雄蕊 4 枚,2 枚强,花药靠拢,伸至盔下,药室等大,基部有锥状突尖,药室开裂后沿裂缝有须毛;子房每室有胚珠 2 颗;柱头头状,全缘。

【果实和种子】蒴果卵状,略扁,顶端钝或渐尖,直或偏斜,室背开裂,有种子 1～4 粒。种子矩圆状,平滑。

【分类地位】被子植物门、双子叶植物纲、合瓣花亚纲、管状花目、玄参科。

【种类】全属约有 20 种;中国有 3 种;内蒙古有 1 种。

山罗花 *Melampyrum roseum*

直立草本。植株全体疏被鳞片状短毛,有时茎上还有 2 列多细胞柔毛。茎通常多分枝,少不分枝,近于四棱形。叶片披针形至卵状披针形,顶端渐尖,基部圆钝或楔形。苞叶绿色,仅基部具尖齿至整个边缘具多条刺毛状长齿,较少几乎全缘的,顶端急尖至长渐尖。花萼常被糙毛,脉上常生多细胞柔毛,萼齿长三角形至钻状三角形,生有短睫毛;花冠紫色、紫红色或红色,筒部长为檐部长的 2 倍左右,上唇内面密被须毛。蒴果卵状渐尖,直或顶端稍向前偏,被鳞片状毛,少无毛的。种子黑色。花期夏秋。

分布于东北、河北、山西、陕西、甘肃、河南、湖北、湖南及华东各省。朝鲜、日本及俄罗斯远东地区也有。生于山坡灌丛及高草丛中。

山莓草属——【学　名】*Sibbaldia*

【蒙古名】ᠬᠥᠯᠢᠭᠡᠨ ᠤ ᠢᠽᠠᠭᠤᠷ

【英文名】Wildberry

【生活型】多年生草本。

【茎】常具木质化根茎。

【叶】叶为羽状或掌状复叶,小叶边缘或顶端有齿,稀全缘。

【花】花通常两性,成聚伞花序或单生;萼筒碟形或半球形,萼片5个,稀4个;副萼片5个,稀4个,与萼片互生;花瓣黄色、紫色或白色;花盘通常明显宽阔,稀不明显,雄蕊(4)～5～(10)枚,花药2室,花丝或长或短;雌蕊4～20枚,彼此分离;花柱侧生近基生或顶生;每枚心皮有1颗胚珠,通常上升。

【果实和种子】瘦果少数,着生于干燥凸起的花托上,萼片宿存,种子粒,染色体基数x＝7。

【分类地位】被子植物门、双子叶植物纲、原始花被亚纲、蔷薇目、蔷薇亚目、蔷薇科、蔷薇亚科。

【种类】全属有20余种;中国约有15种;内蒙古有2种。

554

伏毛山莓草 *Sibbaldia adpressa*

多年生草本。根木质细长,多分枝。花茎矮小,丛生,被绢状糙伏毛。基生叶为羽状复叶,有小叶2对,上面1对小叶基部下延与叶轴汇合,有时混生有3片小叶,叶柄被绢状糙伏毛;顶生小叶片,倒披针形或倒卵长圆形,顶端截形,有(2～)3枚齿,极稀全缘,基部楔形,稀阔楔形,侧生小叶全缘,披针形或长圆披针形,顶端急尖,基部楔形,上面暗绿色,伏生稀疏柔毛或脱落几无毛,下面绿色,被绢状糙伏毛;茎生叶1～2片,与基生叶相似;基生叶托叶膜质,暗褐色,外面几无毛,茎生叶托叶草质,绿色,披针形。聚伞花序数个,或单花顶生;花5数出;萼片三角卵形,顶端急尖,副萼片长椭圆形,顶端圆钝或急尖,比萼片略长或稍短,外面被绢状糙伏毛;花瓣黄色或白色,倒卵长圆形;雄蕊10枚,与萼片等长或稍短;花柱近基生。瘦果表面有显著皱纹。花果期5～8月。

山梅花属——【学　名】*Philadelphus*

【蒙古名】ᠲᠣᠬᠤᠢ ᠵᠢᠮᠢᠰᠤ ᠶᠢᠨ ᠲᠥᠷᠥᠯ

【英文名】Mockorange

【生活型】直立灌木,稀攀援。

【茎】小枝对生,树皮常脱落。

【叶】叶对生,全缘或具齿,离基 3 或 5 出脉;托叶缺;芽常具鳞片或无鳞片包裹。

【花】总状花序,常下部分枝呈聚伞状或圆锥状排列,稀单花;花白色,芳香,筒陀螺状或钟状,贴生于子房上;萼裂片 4(～5)枚;花瓣 4(～5)片,旋转覆瓦状排列;雄蕊 13～90 枚,花丝扁平,分离,稀基部联合,花药卵形或长圆形,稀球形;子房下位或半下位,4(～5)室,胚珠多颗,悬垂,中轴胎座;花柱(3)4(～5)枚,合生,稀部分或全部离生,柱头槌形、棒形、匙形或桨形。

【果实和种子】蒴果 4(～5)室,瓣裂,外果皮纸质,内果皮木栓质;种子极多,种皮前端冠以白色流苏,末端延伸成尾或渐尖,胚小,陷入胚乳中。

【分类地位】被子植物门、双子叶植物纲、原始花被亚纲、蔷薇目、虎耳草亚目、虎耳草科、绣球花亚科、山梅花族。

【种类】全属有 70 余种;中国有 22 种,17 变种;内蒙古有 1 种。

薄叶山梅花 *Philadelphus tenuifolius*

灌木。二年生小枝灰棕色,当年生小枝浅褐色,被毛。叶卵形,先端急尖,基部近圆形或阔楔形,边缘具疏离锯齿,花枝上叶卵形或卵状椭圆形,先端急尖或渐尖,基部圆形或钝,边近全缘或具疏离锯齿,上面疏被长柔毛,下面沿叶脉疏被长柔毛,常紫堇色;叶脉离基出 3～5 条;叶柄被毛。总状花序有花 3～7(～9)朵;花序轴黄绿色;花梗果期较长,疏被短毛;花萼黄绿色,外面疏被微柔毛;裂片卵形,先端急尖,干后脉纹明显,无白粉;花冠盘状;花瓣白色,卵状长圆形,顶端圆,稍 2 裂,无毛;雄蕊 25～30 枚;花盘无毛;花柱纤细,先端稍分裂,无毛,柱头槌形,较花药小。蒴果倒圆锥形;种子具短尾。花期 6～7 月,果期 8～9 月。

山牛蒡属──【学　名】*Synurus*

【蒙古名】ᠲᠣᠭᠤᠷᠠᠢ ᠪᠢᠯᠢᠭ ᠤᠨ ᠣᠪᠣᠭ

【英文名】Synurus

【生活型】多年生草本。

【叶】叶大型，卵形或心形等，两面异色，上面绿色，粗糙，被多细胞节毛，下面灰白色，被密厚绒毛。

【花】头状花序大，下垂，同型。总苞球形，被稠密的蛛丝毛。总苞片多层，多数，通常 13～15 层，披针形或线状披针形，质地坚硬。花托有长托毛。全部小花两性，管状，花冠紫色。花药基部附属物结合成管，包围花丝。花丝分离，无毛。花柱短 2 裂，贴合。

【果实和种子】瘦果长椭圆形，稍压扁，光滑，顶端有果缘，侧生着生面。冠毛多层不等长，向内层渐长，基部连合成环，整体脱落；冠毛刚毛糙毛状。

【分类地位】被子植物门、双子叶植物纲、合瓣花亚纲、桔梗目、菊科、管状花亚科、菜蓟族、矢车菊亚族。

【种类】单种属；中国有 1 种；内蒙古有 1 种。

山牛蒡 *Synurus deltoides*

多年生草本。根状茎粗。茎直立，单生，粗壮，上部分枝或不分枝，全部茎枝粗壮，有条棱，灰白色，被密厚绒毛或下部脱毛乃至无毛。基部叶与下部茎叶有长柄，有狭翼，叶片心形、卵形、宽卵形、卵状三角形或戟形，不分裂，基部心形或戟形，或平截，边缘有三角形或斜三角。形粗大锯齿，但通常半裂或深裂，向上的叶渐小，卵形、椭圆形、披针形或长椭圆状披针形，边缘有锯齿或针刺，有短叶柄至无叶柄。全部叶两面异色，上面绿色，粗糙，有多细胞节毛，下面灰白色，被密厚的绒毛。头状花序大，下垂，生枝头顶端或植株仅含 1 个头状花序而单生茎顶。总苞球形，被稠密而膨松的蛛丝毛或脱毛而至稀毛。总苞片多层多数，通常 13～15 层，向内层渐长，有时变紫红色，外层与中层披针形；内层绒状披针形。全部苞片上部长渐尖，中外层平展或下弯；内层上部外面有稠密短糙毛。小花全部为两性，管状，花冠紫红色，花冠裂片不等大，三角形。瘦果长椭圆形，浅褐色，顶端截形，有果缘，果缘边缘细锯齿，侧生着生面。冠毛褐色，多层，不等长，向内层渐长，基部连合成环，整体脱落；冠毛刚毛糙毛状。花果期 6～10 月。

山芹属——【学　名】*Ostericum*

【蒙古名】ᠣᠢᠢᠢᠢᠠ ᠵᠣᠷᠣᠠ ᠤᠨ ᠣᠪᠣᠷ

【英文名】Hillcelery

【生活型】二年生或多年生草本。

【茎】茎直立,中空,具细棱槽或棱角。

【叶】叶 2～3 回羽状分裂,末回裂片宽或狭,叶下面淡绿色,细脉不明显。

【花】复伞形花序;总苞片少数,披针形或线状披针形;小总苞片数个,线形至线状披针形;花白色、绿色或黄白色;萼齿明显,三角状或卵形,宿存。

【果实和种子】果实卵状长圆形,扁平;分生果背棱稍隆起,侧棱薄,宽翅状,果皮薄膜质,透明,有光泽,外果皮细胞向外凸出,于扩大镜下明显可见呈颗粒状或点泡状突起,棱槽内有油管 1～3 个,合生面有油管 2～8 个;果实成熟后,中果皮处出现空隙,内果皮和中果皮紧密结合而与中果皮分离。种子扁平、胚乳腹面平直,心皮柄 2 裂。

【分类地位】被子植物门、双子叶植物纲、原始花被亚纲、伞形目、伞形科、芹亚科、前胡族、当归亚族。

【种类】全属约有 10 种;中国有 6 种,5 变种;内蒙古有 4 种。

全叶山芹 *Ostericum maximowiczii*

多年生草本。有细长的地下匍枝,节上生根。茎直立,多单一或上部略有分枝,圆形,中空,有浅细沟纹,光滑无毛或上部有稀疏的短糙毛。基生叶及茎下部叶 2 回羽状分裂;茎上部叶 1 回羽状分裂,基部膨大成长圆形的鞘,抱茎,边缘膜质,透明;叶片轮廓为三角状卵形,第一回裂片有短叶柄,第二回裂片无柄或少有柄,阔卵形,分裂几达主脉,末回裂片线形或线状披针形,渐尖,通常全缘或有 1～2 枚大的齿,叶两面均无毛,或沿叶脉及叶缘有短糙毛,最上部叶简化为羽状分裂或 3 裂,着生于椭圆形、膨大的红紫色叶鞘上。复伞形花序;伞辐 10～17 枚,有短糙毛;总苞片 1～3 个,宽披针形,边缘膜质,早落;小伞形花序有花 10～30 朵,花柄无毛;小总苞片 5～7 个,线状披针形,顶端长尖,常反卷;萼齿圆三角形,有短糙毛;花瓣白色,近圆形,顶端内折,基部渐狭或具明显的爪。果实宽卵形,扁平,金黄色,基部凹入,背棱狭,稍突起,侧棱宽翅状,薄膜质,透明,宽超过果体,棱槽内油管 1 个,合生面油管 2～3 个。花期 8～9 月,果期 9～10 月。

山莴苣属——【学　名】*Lagedium*

　　　　　　　【蒙古名】ᠬᠠᠳᠠᠨ ᠤᠷᠭᠠᠨ ᠬᠠᠳᠠ ᠶᠢᠨ ᠢᠵᠠᠭᠤᠷ

　　　　　　　【英文名】India Lettuce

【生活型】多年生草本。

【茎】有根状茎。

【叶】叶互生,不分裂。

【花】头状花序中等大小,同型,舌状,约含 20 朵舌状小花。总苞钟状或倒圆锥状,果期不为卵球形;总苞片 3～4 层,外层短,内层长,不呈明显的覆瓦状排列,通常淡紫红色。舌状小花蓝色或蓝紫色,舌片顶端 5 齿裂。花托平,无托毛。花药基部附属物箭头状,有急尖的小耳,花柱分枝细。

【果实和种子】瘦果长椭圆形或椭圆形,褐色或橄榄色,压扁,有 4～7 条线形或线状椭圆形的粗细不等的小细肋,顶端短收窄,无喙,边缘加宽加厚成厚翅。冠毛白色,微锯齿状,不脱落。

【分类地位】被子植物门、双子叶植物纲、合瓣花亚纲、桔梗目、菊科、舌状花亚科、菊苣族、莴苣亚族。

【种类】单种属;中国有 1 种;内蒙古有 1 种。

山莴苣 *Lagedium sibiricum*

　　多年生草本。根垂直直伸。茎直立,通常单生,常淡红紫色,上部伞房状或伞房圆锥状花序分枝,全部茎枝光滑无毛。中下部茎叶披针形、长披针形或长椭圆状披针形,顶端渐尖、长渐尖或急尖,基部收窄,无柄,心形、心状耳形或箭头状半抱茎,边缘全缘、几全缘、小尖头状微锯齿或小尖头,极少边缘缺刻状或羽状浅裂,向上的叶渐小,与中下部茎叶同形。全部叶两面光滑无毛。头状花序含舌状小花约 20 朵,多数在茎枝顶端排成伞房花序或伞房圆锥花序,不为卵形;总苞片 3～4 层,不成明显的覆瓦状排列,通常淡紫红色,中外层三角形、三角状卵形,顶端急尖,内层长披针形,顶端长渐尖,全部苞片外面无毛。舌状小花蓝色或蓝紫色。瘦果长椭圆形或椭圆形,褐色或橄榄色,压扁,中部有 4～7 条线形或线状椭圆形的不等粗的小肋,顶端短收窄,果颈边缘加宽加厚成厚翅。冠毛白色,2 层,冠毛刚毛纤细,锯齿状,不脱落。花果期 7～9 月。

山楂属——【学　名】*Crataegus*

【蒙古名】ᠣᠯᠣᠭᠠᠨ ᠠ᠊ ᠮᠣᠳᠣ

【英文名】Hawthorn

【生活型】落叶稀半常绿灌木或小乔木。

【茎】通常具刺，很少无刺；冬芽卵形或近圆形。

【叶】单叶互生，有锯齿，深裂或浅裂，稀不裂，有叶柄与托叶。

【花】伞房花序或伞形花序，极少单生；萼筒钟状，萼片5个；花瓣5片，白色，极少数粉红色；雄蕊5～25枚；心皮1～5枚，大部分与花托合生，仅先端和腹面分离，子房下位至半下位，每室具2颗胚珠，其中1颗常不发育。

【果实和种子】梨果，先端有宿存萼片；心皮熟时为骨质，成小核状，各具1粒种子；种子直立，扁，子叶平凸。

【分类地位】被子植物门、双子叶植物纲、原始花被亚纲、蔷薇目、蔷薇亚目、蔷薇科、苹果亚科。

【种类】全属至少有1000种；中国有18种；内蒙古有4种，1变种。

山楂 *Crataegus pinnatifida*

559

落叶乔木。树皮粗糙，暗灰色或灰褐色；有时无刺；小枝圆柱形，当年生枝紫褐色，无毛或近于无毛，疏生皮孔，老枝灰褐色；冬芽三角卵形，先端圆钝，无毛，紫色。叶片宽卵形或三角状卵形，稀菱状卵形，先端短渐尖，基部截形至宽楔形，通常两侧各有3～5枚羽状深裂片，裂片卵状披针形或带形，先端短渐尖，边缘有尖锐稀疏不规则重锯齿，上面暗绿色有光泽，下面沿叶脉有疏生短柔毛或在脉腋上有髯毛，侧脉6～10对，有的达到裂片先端，有的达到裂片分裂处；叶柄，无毛；托叶草质，镰形，边缘有锯齿。伞房花序具多朵花，总花梗和花梗均被柔毛，花后脱落，减少；苞片膜质，线状披针形，先端渐尖，边缘具腺齿，早落；萼筒钟状，外面密被灰白色柔毛；萼片三角卵形至披针形，先端渐尖，全缘，约与萼筒等长，内外两面均无毛，或在内面顶端有髯毛；花瓣倒卵形或近圆形，白色；雄蕊20枚，短于花瓣，花药粉红色；花柱3～5枚，基部被柔毛，柱头头状。果实近球形或梨形，深红色，有浅色斑点；小核3～5枚，外面稍具棱，内面两侧平滑；萼片脱落很迟，先端留1圆形深洼。花期5～6月，果期9～10月。

山茱萸科——【学　名】*Cornaceae*

【蒙古名】ᠴᠢᠨ ᠵᠦ ᠢᠦᠢ

【英文名】Dogwood Family

【生活型】落叶乔木或灌木，稀常绿或草木。

【叶】单叶对生，稀互生或近于轮生，通常叶脉羽状，稀为掌状叶脉，边缘全缘或有锯齿；无托叶或托叶纤毛状。

【花】花两性或单性异株，为圆锥、聚伞、伞形或头状等花序，有苞片或总苞片；花 3～5 数；花萼管状与子房合生，先端有齿状裂片 3～5 枚；花瓣 3～5 枚，通常白色，稀黄色、绿色及紫红色，镊合状或覆瓦状排列；雄蕊与花瓣同数而与之互生，生于花盘的基部；子房下位，1～4(～5)室，每室有 1 颗下垂的倒生胚珠，花柱短或稍长，柱头头状或截形，有时有 2～3(～5)枚裂片。

【果实和种子】果为核果或浆果状核果；核骨质，稀木质；种子 1～4(～5)粒，种皮膜质或薄革质，胚小，胚乳丰富。

【种类】全科 15 属，约 119 种；中国有 9 属，约 60 种；内蒙古有 1 属，1 种，1 变种。

山茱萸科 Cornaceae Bercht. ex J. Presl 是植物学家 Friedrich Carl Eugen Vsemir von Berchtold(1781－1876)和自然科学家 Jan Svatopluk Presl(1791－1849)于 1825 年在"O Přirozenosti rostlin, aneb rostlinar 2(23)"(Přir. Rostlin)上发表的植物科，模式属为山茱萸属(Cornus)。Cornaceae(Dumort.) Dumort. 是比利时政治家和植物学家 Barthélemy Charles Joseph, Baron Dumortier(1797－1878)于 1829 年在"Anal. Fam. Pl. 33, 34"上组合的植物科，时间比 Cornaceae Bercht. ex J. Presl 晚。

在恩格勒系统(1964)中，山茱萸科隶属原始花被亚纲(Archichlamydeae)、伞形目(Umbelliflorae)，本目含八角枫科(Alangiaceae)、紫树科(蓝果树科)(Nyssaceae)、珙桐科(Davidiaceae)、山茱萸科、常绿四照花科(Garryaceae)、五加科(Araliaceae)和伞形科(Umbelliferae)等 7 个科。在哈钦森系统(1959)中，山茱萸科隶属木本支(Lignosae)、五加目(Araliales)，含山茱萸科、八角枫科、常绿四照花科、紫树科(蓝果树科)、五加科和忍冬科(Caprifoliaceae)等 6 个科。在塔赫他间系统(1980)中，山茱萸科隶属蔷薇亚纲(Rosidae)、山茱萸目(Cornales)，含珙桐科、紫树科(蓝果树科)、八角枫科、山茱萸科、常绿四照花科等 10 个科。在克朗奎斯特系统(1981)中，山茱萸科隶属蔷薇亚纲(Rosidae)、山茱萸目，含八角枫科、紫树科(蓝果树科)、山茱萸科和常绿四照花科等 4 个科。

山黧豆属 ——【学　名】*Lathyrus*

【蒙古名】ᠬᠠᠪᠲᠠᠭᠠᠢ ᠪᠤᠷᠴᠠᠭ ᠤᠨ ᠲᠥᠷᠥᠯ

【英文名】Vetchling，Peaoine

【生活型】一年生或多年生草本。

【茎】具根状茎或块根。茎直立、上升或攀缘，有翅或无翅。

【叶】偶数羽状复叶，具 1 至数片小叶，稀无小叶而叶轴增宽叶化或托叶叶状，叶轴末端具卷须或针刺；小叶椭圆形、卵形、卵状长圆形、披针形或线形，具羽状脉或平行脉；托叶通常半箭形，稀箭形，偶为叶状。

【花】总状花序腋生，具 1 至多朵花。花紫色、粉红色、黄色或白色，有时具香味；萼钟状，萼齿不等长或稀近相等；雄蕊(9＋1)二体。雄蕊管顶通常截形，稀偏斜；花柱先端通常扁平，线形或增宽成匙形，近轴一面被刷毛。

【果实和种子】荚果通常压扁，开裂。种子 2 至多数。

【分类地位】被子植物门、双子叶植物纲、原始花被亚纲、蔷薇目、蔷薇亚目、豆科、蝶形花亚科、野豌豆族。

【种类】全属约有 130 种；中国有 18 种；内蒙古有 5 种，1 变种，其中 1 栽培种。

【注释】本属与 Vicia 之间比较难区别，但大部分种以其茎有翅、小叶具平行脉及花柱先端具刷毛等特征与之区分。

561

家山黧豆 *Lathyrus sativus*

一年生草本。无毛。茎上升或近直立，多分枝，有翅。叶具 1 对小叶；托叶半箭形；叶轴具翅，末端具卷须，小叶披针形到线形，全缘，具平行脉，脉明显。总状花序通常只 1 朵花，稀 2 朵，具棱；花萼钟状，萼齿近相等，长于萼筒 2～3 倍；花白色、蓝色或粉红色；子房线形，花柱扭转。荚果近椭圆形，扁平，沿腹缝线有 2 条翅。种子平滑，种脐为周圆的 1/16～1/15。花期 6～7 月，果期 8 月。

杉叶藻科 —— 【学　名】*Hippuridaceae*

【蒙古名】ᠵᠢᠭᠠᠰᠤᠨ ᠤ ᠰᠦ᠋ᠯᠳᠡᠭᠡ ᠲᠦᠷᠦᠯ ᠤᠨ ᠤᠷᠭᠤᠮᠠᠯ

【英文名】Marestail Family

【生活型】多年生水生草本。

【茎】茎直立、多节，上部挺水不分枝，下部为合轴分枝，分出匍匐肉质根状茎。

【叶】叶二型，轮生，(4~)6~12(~16)片排成一轮，无柄；沉水叶线状披针形，弯曲细长柔弱；露在水面上的叶条形或狭长圆形，短粗而挺直；托叶不存在。

【花】花细小，两性或单性，无柄，单生于叶腋；花萼与子房大部分合生，卵状椭圆形，具2~4齿裂或全缘；花瓣不存在；雄蕊1枚，生于子房上，花药个字形着生，椭圆形，两裂；子房下位，椭圆形，由1枚心皮组成1室，1颗倒生胚珠，单层珠被，珠孔完全闭合，有珠柄，花柱宿存，细长，针形，雌蕊先熟，为风媒传粉。

【果实和种子】果为小坚果状，卵状椭圆形，表面平滑，外果皮薄，内果皮厚而硬、不开裂，内有1粒种子，具胚乳。

【种类】全科有1属，3种；中国有1属，2种，1变种；内蒙古有1属，1种。

杉叶藻科 Hippuridaceae Vest 是奥地利诗人、医生、化学家和植物学家 Lorenz Chrysanth von Vest(1776—1840)于 1818 年在"Anleittung zum Gründlichen Studien der Botanik 265，278"(Anleit. Stud. Bot.)上发表的植物科，模式属为杉叶藻属(Hippuris)。Hippuridaceae Link 是德国博物学家和植物学家 Johann Heinrich Friedrich Link(1767—1850)于 1821 年在"Enum. Hort. Berol. Alt. 1"上发表的植物科，时间比 Hippuridaceae Vest 晚。

在恩格勒系统(1964)中，杉叶藻科隶属原始花被亚纲(Archichlamydeae)、桃金娘目(Myrtiflorae)、杉叶藻亚目(Hippuridineae)，本目含 3 个亚目、17 个科。在哈钦森系统(1959)中没有承认杉叶藻科，而是把它放在小二仙草科(Haloragaceae)中。小二仙草科 Haloragaceae R. Br. 是苏格兰植物学家和古植物学家 Robert Brown(1773—1858)于 1814 年在"A Voyage to Terra Australis 2"(Voy. Terra Austral.)上发表的植物科，模式属为小二仙草属(Haloragis)。在克朗奎斯特系统(1981)中，杉叶藻科隶属菊亚纲(Asteridae)、水马齿目(Callitrichales)，含杉叶藻科、水马齿科(Callitrichaceae)和水穗科(Hydrostachyaceae)3 个科。

杉叶藻属——【学　名】*Hippuris*

【蒙古名】ᠮᠦᠨᠳᠦᠷ ᠣᠪᠣᠭ ᠦᠨ ᠡᠪᠡᠰᠦ

【英文名】Marestail Family

【生活型】多年生水生草本。

【茎】茎直立、多节,上部挺水不分枝,下部为合轴分枝,分出匍匐肉质根状茎。

【叶】叶二型,轮生,(4～)6～12(～16)片排成一轮,无柄;沉水叶线状披针形,弯曲细长柔弱;露在水面上的叶条形或狭长圆形,短粗而挺直;托叶不存在。

【花】花细小,两性或单性,无柄,单生于叶腋;花萼与子房大部分合生,卵状椭圆形,具2～4齿裂或全缘;花瓣不存在;雄蕊1枚,生于子房上,花药个字形着生,椭圆形,2裂;子房下位,椭圆形,由1枚心皮组成1室,1颗倒生胚珠,单层珠被,珠孔完全闭合,有珠柄,花柱宿存,细长,针形,雌蕊先熟,为风媒传粉。

【果实和种子】果为小坚果状,卵状椭圆形,表面平滑,外果皮薄,内果皮厚而硬、不开裂,内有1粒种子,具胚乳。

【分类地位】被子植物门、双子叶植物纲、原始花被亚纲、桃金娘目、杉叶藻科。

【种类】全属有3种;中国产2种,1变种;内蒙古有1种。

杉叶藻 *Hippuris vulgaris* var. *vulgaris*

多年生水生草本。全株光滑无毛。茎直立,多节,常带紫红色,上部不分枝,下部合轴分枝,有匍匐白色或棕色肉质根茎,节上生多数纤细棕色须根,生于泥中。叶条形,轮生,2型,无柄。沉水中的根茎粗大,圆柱形,茎中具多孔隙贮气组织,白色或棕色,节上生多数须根;叶线状披针形,全缘,较弯曲细长,柔软脆弱,茎中部叶最长,向上或向下渐短;露出水面的根茎较沉水叶根茎细小,节间亦短,表面平滑,茎中空隙少而小;叶条形或狭长圆形,无柄、全缘,与深水叶相比稍短而挺直,羽状脉不明显,先端有一半透明,易断离成二叉状扩大的短锐尖。花细小,两性,稀单性,无梗,单生叶腋;萼与子房大部分合生成卵状椭圆形,萼全缘,常带紫色;无花盘;雄蕊1枚,生于子房上略偏一侧;花丝细,常短于花柱,被疏毛或无毛,花药红色,椭圆形,个字着生,顶端常靠在花药背部2药室之间,2裂;子房下位,椭圆形,1室,内有1颗倒生胚珠,胚珠有一单层珠被,珠孔完全闭合,有珠柄,花柱宿存,针状,稍长于花丝,被疏毛,雌蕊先熟,主要为风媒传粉。果为小坚果状,卵状椭圆形,表面平滑无毛,外果皮薄,内果皮厚而硬,不开裂,内有1粒种子,外种皮具胚乳。

珊瑚兰属 ——【学　名】*Corallorhiza*

【蒙古名】ᠬᠣᠷᠣᠯᠯᠣ ᠶᠢᠨ ᠴᠡᠴᠡᠭ

【英文名】Chicken's Toes

【生活型】腐生草本。

【茎】肉质根状茎通常呈珊瑚状分枝。茎直立,圆柱形,常黄褐色或淡紫色,无绿叶,被3～5枚筒状鞘。

【花】总状花序顶生,通常疏生或稍密生数朵至十余朵花;花苞片膜质,很小;花小;萼片相似,离生或有时靠合;侧萼片稍斜歪,基部合生而形成短的萼囊并多少贴生于子房上;花瓣常略短于萼片,有时较宽;唇瓣贴生于蕊柱基部,不裂或3裂,唇盘中部至基部常具2条肉质纵褶片,无距;蕊柱略腹背压扁,中等长,无蕊柱足;花药顶生;花粉团4个,分离,蜡质,近球形,无明显的花粉团柄,附着于1个粘质物或粘盘上。

【分类地位】被子植物门、单子叶植物纲、微子目、兰科、兰亚科、树兰族、珊瑚兰亚族。

【种类】全属约有14种;中国有1种;内蒙古有1种。

珊瑚兰 *Corallorhiza trifida*

腐生小草本。根状茎肉质,多分枝,珊瑚状。茎直立,圆柱形,红褐色,无绿叶,被3～4枚鞘;鞘圆筒状,抱茎,膜质,红褐色。总状花序具3～7朵花;花苞片很小,通常近长圆形;花淡黄色或白色;中萼片狭长圆形或狭椭圆形,先端钝或急尖,具1条脉;侧萼片与中萼片相似,略斜歪,基部合生而成的萼囊很浅或不甚显著;花瓣近长圆形,常较萼片略短而宽,多少与中萼片靠合成盔状;唇瓣近长圆形或宽长圆形;侧裂片较小,直立;中裂片近椭圆形或长圆形,先端浑圆并在中央常微凹;唇盘上有2条肥厚的纵褶片从下部延伸到中裂片基部;蕊柱较短,两侧具翅。蒴果下垂,椭圆形。花果期6～8月。

芍药属——【学　名】*Paeonia*

【蒙古名】ᠲᠦᠷ᠂ ᠵᠢᠷᠭᠤᠭ᠎᠎ᠠ ᠦ ᠥᠪᠥᠷ

【英文名】Peony

【生活型】灌木、亚灌木或多年生草本。

【根】根圆柱形或具纺锤形的块根。

【茎】当年生分枝基部或茎基部具数个鳞片。

【叶】叶通常为 2 回三出复叶,小叶片不裂而全缘或分裂、裂片常全缘。

【花】单花顶生,或数朵生枝顶,或数朵生茎顶和茎上部叶腋,有时仅顶端一朵开放,大型;苞片 2～6 个,披针形,叶状,大小不等,宿存;萼片 3～5 个,宽卵形,大小不等;花瓣 5～13片(栽培者多为重瓣),倒卵形;雄蕊多数,离心发育,花丝狭线形,花药黄色,纵裂;花盘杯状或盘状,革质或肉质,完全包裹或半包裹心皮或仅包心皮基部;心皮多为 2～3 枚,稀 4～6 枚或更多,离生,有毛或无毛,向上逐渐收缩成极短的花柱,柱头扁平,向外反卷,胚珠多数,沿心皮腹缝线排成 2 列。

【果实和种子】蓇葖成熟时沿心皮的腹缝线开裂;种子数粒,黑色、深褐色,光滑无毛。

【分类地位】被子植物门、双子叶植物纲、原始花被亚纲、毛茛目、毛茛科、芍药亚科。

【种类】全属约有 35 种;中国有 11 种;内蒙古有 2 种,1 变种。

芍药 *Paeonia lactiflora*

　　多年生草本。根粗壮,分枝黑褐色。茎无毛。下部茎生叶为 2 回三出复叶,上部茎生叶为三出复叶;小叶狭卵形、椭圆形或披针形,顶端渐尖,基部楔形或偏斜,边缘具白色骨质细齿,两面无毛,背面沿叶脉疏生短柔毛。花数朵,生茎顶和叶腋,有时仅顶端一朵开放,而近顶端叶腋处有发育不好的花芽;苞片 4～5 个,披针形,大小不等;萼片 4 个,宽卵形或近圆形;花瓣 9～13 片,倒卵形,白色,有时基部具深紫色斑块;花丝黄色;花盘浅杯状,包裹心皮基部,顶端裂片钝圆;心皮 4～5(～2)枚,无毛。蓇葖顶端具喙。花期 5～6 月;果期 8 月。

　　根药用,称"白芍",能镇痛、镇痉、祛瘀、通经;种子含油量约 25%,供制皂和涂料用。

舌唇兰属(长距兰属)——【学　名】*Platanthera*

【蒙古名】ᠲᠣᠨᠤ ᠶᠢᠨ ᠴᠡᠴᠡᠭ
【英文名】Platanthera

【生活型】地生草本。

【茎】具肉质肥厚的根状茎或块茎。茎直立,具1至数片叶。

【叶】叶互生,稀近对生,叶片椭圆形、卵状椭圆形或线状披针形。

【花】总状花序顶生,具少数至多数花;花苞片草质,直立伸展,通常为披针形;花大小不一,常为白色或黄绿色,倒置(唇瓣位于下方);中萼片短而宽,凹陷,常与花瓣靠合呈兜状;侧萼片伸展或反折,较中萼片长;花瓣常较萼片狭;唇瓣常为线形或舌状,肉质,不裂,向前伸展,基部两侧无耳,罕具耳,下方具较长的距,少数距较短;蕊柱粗短;花药直立,2室,药室平行或多少叉开,药隔明显;花粉团2个,为具小团块的粒粉质,棒状,具明显的花粉团柄和裸露的粘盘;蕊喙常大或小,基部具扩大而叉开的臂;柱头1枚,凹陷,与蕊喙下部汇合,两者分不开,或1枚隆起位于距口的后缘或前方,或2枚,隆起,离生,位于距口的前方两侧;退化雄蕊2枚,位于花药基部两侧。

【果实和种子】蒴果直立。

【分类地位】被子植物门、单子叶植物纲、微子目、兰科、兰亚科、兰族、兰亚族。

【种类】全属约有150种;中国有41种,3亚种;内蒙古有2种。

566

密花舌唇兰 *Platanthera hologlottis*

根状茎匍匐,圆柱形,肉质。茎细长,直立。叶片线状披针形或宽线形,先端渐尖,基部成短鞘抱茎。总状花序具多数密生的花;花苞片披针形或线状披针形,先端渐尖;子房圆柱形,先端变狭,稍弓曲;花白色,芳香;萼片先端钝,边缘全缘,中萼片直立,舟状,卵形或椭圆形;侧萼片反折,偏斜,椭圆状卵形,花瓣直立,斜的卵形;唇瓣舌形或舌状披针形,稍肉质,先端圆钝;距下垂,纤细,圆筒状;蕊柱短;药室平行,药隔宽,顶部近截平;花粉团倒卵形,具长的柄和披针形大的粘盘;退化雄蕊显著,近半圆形;蕊喙矮,直立;柱头1枚,大,凹陷,位于蕊喙之下穴内。花期6~7月。

产于黑龙江、吉林、辽宁、内蒙古、河北、山东、江苏。

蛇床属——【学　名】*Cnidium*

【蒙古名】ᠮᠣᠭᠠᠢ ᠶᠢᠨ ᠣᠷᠣ

【英文名】Snakebed

【生活型】一年生至多年生草本。

【叶】叶通常为2～3回羽状复叶，稀为1回羽状复叶，末回裂片线形、披针形至倒卵形。

【花】复伞形花序顶生或侧生；总苞片线形至披针形；小总苞片线形、长卵形至倒卵形，常具膜质边缘；花白色，稀带粉红色；萼齿不明显；花柱2枚，向下反曲。

【果实和种子】果实卵形至长圆形，果棱翅状，常木栓化；分生果横剖面近五角形；每棱槽内油管1个，合生面油管2个；胚乳腹面近于平直。

【分类地位】被子植物门、双子叶植物纲、原始花被亚纲、伞形目、伞形科、芹亚科、阿米芹族、西风芹亚族。

【种类】全属约有20种；中国有4种，1变种；内蒙古有3种，1变种。

兴安蛇床 *Cnidium dahuricum*

多年生草本。根较粗。茎直立，具纵直细条纹，平滑无毛，髓部充实，上部多分枝，分枝常呈弧形。基生叶及茎下部叶具长柄，基部扩大成短鞘，其边缘白色膜质；叶片轮廓卵状三角形，2～3回三出式羽状全裂，基部羽片具柄，羽片轮廓卵形，边缘羽状深裂，末回裂片披针形至卵状披针形，先端具短尖；茎上部叶柄全部鞘状，叶片简化。复伞形花序顶生或腋生；总苞片6～8个，披针形，边缘白色宽膜质；伞辐10～16枚，不等长，棱上粗糙；小总苞片4～7个，长卵形至倒卵形，先端具尖头，边缘白色宽膜质；小伞形花序有花10～20朵；萼齿无；花瓣白色，倒卵形，先端具内折小舌片；花柱基略隆起，花柱2枚，向下反曲。分生果长圆状卵形，主棱5朵，扩大为近于等宽的翅；每棱槽内油管1个，合生面油管2个；胚乳腹面平直。花期7～8月，果期8～9月。

蛇葡萄属——【学　名】*Ampelopsis*

【蒙古名】ᠮᠣᠭᠠᠢ ᠦᠵᠦᠮ ‍ᠦᠨ ᠲᠥᠷᠥᠯ

【英文名】Snakegrape

【生活型】木质藤本。

【茎】卷须 2～3 分枝。

【叶】叶为单叶、羽状复叶或掌状复叶，互生。

【花】花 5 数，两性或杂性同株，组成伞房状多歧聚伞花序或复二歧聚伞花序；花瓣 5 片，展开，各自分离脱落，雄蕊 5 枚，花盘发达，边缘波状浅裂；花柱明显，柱头不明显扩大；子房 2 室，每室有 2 颗胚珠。

【果实和种子】浆果球形，有种子 1～4 粒。种子倒卵圆形，种脐在种子背面中部呈椭圆形或带形，两侧洼穴呈倒卵形或狭窄，从基部向上达种子近中部；胚乳横切面呈 W 形。

【分类地位】被子植物门、双子叶植物纲、原始花被亚纲、鼠李目、葡萄科。

【种类】全属约有 30 种；中国有 17 种；内蒙古有 2 种，1 变种。

乌头叶蛇葡萄 *Ampelopsis aconitifolia*

木质藤本。小枝圆柱形，有纵棱纹，被疏柔毛。卷须 2～3 叉分枝，相隔 2 节间断与叶对生。叶为掌状 5 片小叶，小叶 3～5 羽裂，披针形或菱状披针形，顶端渐尖，基部楔形，中央小叶深裂，或有时外侧小叶浅裂或不裂，上面绿色无毛或疏生短柔毛，下面浅绿色，无毛或脉上被疏柔毛；小叶有侧脉 3～6 对，网脉不明显；叶柄无毛或被疏柔毛，小叶几无柄；托叶膜质，褐色，卵披针形，顶端钝，无毛或被疏柔毛。花序为疏散的伞房状复二歧聚伞花序，通常与叶对生或假顶生；花序梗无毛或被疏柔毛，几无毛；花蕾卵圆形，顶端圆形；萼碟形，波状浅裂或几全缘，无毛；花瓣 5 片，卵圆形，无毛；雄蕊 5 枚，花药卵圆形，长宽近相等；花盘发达，边缘呈波状；子房下部与花盘合生，花柱钻形，柱头扩大不明显。果实近球形，有种子 2～3 粒，种子倒卵圆形，顶端圆形，基部有短喙，种脐在种子背面中部近圆形，种脊向上渐狭呈带状，腹部中棱脊微突出，两侧洼穴呈沟状，从基部向上斜展达种子上部 1/3。花期 5～6 月，果期 8～9 月。

升麻属——【学　名】*Cimicifuga*

【蒙古名】ᠳᠡᠪᠡᠷᠡᠬᠡᠢ᠎ᠶᠢᠨ ᠡᠪᠡᠰᠤ

【英文名】Bugbane

【生活型】多年生草本。

【茎】根状茎粗壮,坚实而稍带木质,外皮黑色,生多数细根。茎单一,常高大,直立,圆柱形,通常在上部少数分枝。

【叶】叶为1～3回三出或近羽状复叶,有长柄;小叶卵形、菱形至狭椭圆形,边缘具粗锯齿。

【花】花序为总状花序,通常2～30个集成圆锥状花序;花序轴密被腺毛和柔毛;苞片钻形至狭三角形,甚小。花小,密生,辐射对称,两性或罕单性并为雌雄异株。萼片4～5个,白色,花瓣状,倒卵状圆形,早落。花瓣不存在。退化雄蕊位于萼片的内面,椭圆形至近圆形,顶端常有膜质的附属物,全缘、微缺或为叉状2深裂而带2枚空花药,稀具蜜腺。雄蕊多数,花药宽椭圆形至近圆形,黄色,花丝狭线形至丝形。心皮1～8枚,有柄或无柄。

【果实和种子】蓇葖长椭圆形至倒卵状椭圆形,顶端具1枚外弯的喙,表面有横向隆起的脉;种子少数,椭圆形至狭椭圆形,黄褐色,通常四周生膜质的鳞翅,背、腹面的横向鳞翅明显或不明显。

【分类地位】被子植物门、双子叶植物纲、原始花被亚纲、毛茛目、毛茛科、金莲花亚科、升麻族。

【种类】全属约有18种;中国有8种;内蒙古有2种。

569

兴安升麻 *Cimicifuga dahurica*

雌雄异株。根状茎粗壮,多弯曲,表面黑色,有许多下陷圆洞状的老茎残基。茎微有纵槽,无毛或微被毛。下部茎生叶为2～3回三出复叶;叶片三角形;顶生小叶宽菱形,3深裂,基部通常微心形或圆形,边缘有锯齿,侧生小叶长椭圆状卵形,稍斜,表面无毛,背面沿脉疏被柔毛。茎上部叶似下部叶,但较小,具短柄。花序复总状,雄株花序大,具分枝7～20余个,雌株花序稍小,分枝也少;轴和花梗被灰色腺毛和短毛;苞片钻形,渐尖;萼片宽椭圆形至宽倒卵形;退化雄蕊叉状2深裂,先端有2个乳白色的空花药;花丝丝形;心皮4～7枚,疏被灰色柔毛或近无毛,无柄或有短柄。蓇葖生于心皮柄上,顶端近截形被贴伏的白色柔毛;种子3～4粒,椭圆形,褐色,四周生膜质鳞翅,中央生横鳞翅。7～8月开花,8～9月结果。

蓍属——【学　名】*Achillea*

【蒙古名】ᠲᠦᠩᠭᠠᠯᠠᠭ ᠦᠨ ᠡ᠊ᠪᠡᠰᠦ

【英文名】Yarrow

【生活型】多年生草本。

【叶】叶互生,羽状浅裂至全裂或不分裂而仅有锯齿,有腺点或无腺点,被柔毛或无毛。

【花】头状花序小,异型多花,排成伞房状花序,很少单生;总苞矩圆形、卵形或半球形;总苞片2～3层,覆瓦状排列,边缘膜质,棕色或黄白色;花托凸起或圆锥状,有膜质托片;边花雌性,通常1层,舌状;舌片白色、粉红色、红色或淡黄白色,比总苞短或等长,或超过总苞,偶有变形或缺如;盘花两性,多数,花冠管状5裂,管部收狭,常翅状压扁,基部多少扩大而包围子房顶部。花柱分枝顶端截形,画笔状;花药基部钝,顶端附片披针形。

【果实和种子】瘦果小,腹背压扁,矩圆形、矩圆状楔形、矩圆状倒卵形或倒披针形,顶端截形,光滑,无冠状冠毛。

【分类地位】被子植物门、双子叶植物纲、合瓣花亚纲、桔梗目、菊科、管状花亚科、春黄菊族、春黄菊亚族。

【种类】全属约有200种;中国有10种;内蒙古有5种。

蓍 *Achillea millefolium*

多年生草本。具细的匍匐根茎。茎直立,有细条纹,通常被白色长柔毛,上部分枝或不分枝,中部以上叶腋常有缩短的不育枝。叶无柄,披针形、矩圆状披针形或近条形,2～3回羽状全裂,叶轴1回裂片多数,有时基部裂片之间的上部有1枚中间齿,末回裂片披针形至条形,顶端具软骨质短尖,上面密生凹入的腺体,多少被毛,下面被较密的贴伏的长柔毛。头状花序多数,密集成复伞房状;总苞矩圆形或近卵形,疏生柔毛;总苞片3层,覆瓦状排列,椭圆形至矩圆形,背中间绿色,中脉凸起,边缘膜质,棕色或淡黄色;托片矩圆状椭圆形,膜质,背面散生黄色闪亮的腺点,上部被短柔毛。边花5朵;舌片近圆形,白色、粉红色或淡紫红色,顶端2～3枚齿;盘花两性,管状,黄色,5齿裂,外面具腺点。瘦果矩圆形,淡绿色,有狭的淡白色边肋,无冠状冠毛。花果期7～9月。

生于湿草地、荒地及铁路沿线。中国各地庭园常有栽培,新疆、内蒙古及东北少见野生。广泛分布于欧洲、非洲北部、伊朗、蒙古、俄罗斯西伯利亚。在北美洲广泛归化。叶、花含芳香油,全草又可入药,有发汗、驱风之效。

十字花科——【学　名】*Cruciferae*

【蒙古名】ᠺᠷᠸᠰᠲ᠋ᠢᠶᠠᠨ ᠤ ᠪᠤᠳᠠ

【英文名】Mustard Family

【生活型】　一年生、二年生或多年生植物。

【根】茎直立或铺散,有时茎短缩,它的形态在本科中变化较大。

【叶】叶二型:基生叶呈旋叠状或莲座状;茎生叶通常互生,有柄或无柄,单叶全缘、有齿或分裂,基部有时抱茎或半抱茎,有时呈各式深浅不等的羽状分裂(如大头羽状分裂)或羽状复叶;通常无托叶。

【花】花整齐,两性,少有退化成单性的;花多数聚集成 1 个总状花序,萼片 4 个,2 轮,直立或开展,有时基部成囊状,花瓣 4 片,展开如十字形,极少瓣;雄蕊 6 枚,外轮 2 枚短,内轮 4 枚长,很少 1～2 枚或多数,花丝分离,很少长雄蕊、花丝成对合生,基部常有各式蜜腺;雌蕊 1 枚,由此及彼心皮合生,子房上位,侧膜胎座,中央常有假隔膜分成 2 室,每室有胚珠 1～2 颗或多数,排成 1 或 2 行,花柱短或无,柱头单一或者裂。

【果实和种子】果实为长角果或短角果,有翅或无翅,有刺或无刺,或有其他附属物;角果成熟后自下而上成 2 果瓣开裂,也有成 4 果瓣开裂的;种子小,无胚乳;子叶与胚根排列位置常有 3 类:①子叶缘倚,(胚根位于 2 片子叶的边缘,简图为 0＝);②子叶背倚(胚根位于 2 片子叶中的 1 片的背面,简图为 0‖);③子叶对褶(胚根位于 2 对褶子叶的中间,简图为 0》)。

【种类】全科有 300 属以上,约 3200 种;中国有 95 属,425 种,124 变种,9 变型;内蒙古有 37 属,80 种,12 变种,2 变型。

571

十字花科 Cruciferae Juss. 是法国植物学家 Antoine Laurent de Jussieu(1748－1836)于 1789 年在"Genera plantarum? 237"(Gen. Pl.)中建立的植物科,其科名词尾不是 -aceae,现在应视为保留名称。Brassicaceae 是英国植物学家 Gilbert Thomas Burnett(1800－1835)于 1835 年在"Outlines of Botany 854,1093,1123"(Outlines Bot.)上发表的植物科,模式属为芸苔属(Brassica)。

在恩格勒系统(1964)中,十字花科 Cruciferae 隶属原始花被亚纲(Archichlamydeae)、罂粟目(Papaverales)、白花菜亚目(Capparineae),含 6 个科。在哈钦森系统(1959)中,十字花科 Cruciferae 隶属草本支(Herbaceae)、十字花目(Cruciales),只含 1 个科,认为来源于罂粟目,比罂粟目进化。在塔赫他间系统(1980)中,十字花科 Brassicaceae 隶属五桠果亚纲(Dilleniidae)、白花菜目(Capparales),含 5 个科,认为来源于白花菜科(Capparaceae)的白花菜亚科,可能来自同一祖先。在克朗奎斯特系统(1981)中,十字花科 Brassicaceae 隶属五桠果亚纲、白花菜目,也含 5 个科,认为白花菜目来源于堇菜目。

石龙尾属——【学　名】*Limnophila*

【蒙古名】ᠬᠥᠬᠡ᠂ ᠶᠢᠨ ᠡᠪᠡᠰᠤ

【英文名】Marshweed

【生活型】一年生或多年生草本。

【茎】茎直立，平卧或匍匐而节上生根，简单或多分枝。

【叶】叶在水生或两栖的种类中，有沉水叶和气生叶之分，前者轮生，撕裂、羽状开裂至毛发状多裂；后者对生或轮生，有柄或无柄，全缘，撕裂或羽状开裂，如不开裂时，通常具羽状脉或并行脉，被腺点。

【花】花无梗或具梗，单生叶腋或排列成顶生或腋生的穗状或总状花序；小苞片 2 个或不存在。萼筒状，萼齿 5 枚，近于相等或后方 1 枚较大；萼筒上的脉不明显或为 5 条凸起的纵脉，或在果实成熟时具多数凸起的条纹。花冠筒状或漏斗状，5 裂，裂片成 2 唇形；上唇全缘或 2 裂，下唇 3 裂。雄蕊 4 枚，内藏，2 枚强，后方 1 对较短；药室具柄。子房无毛。

【果实和种子】蒴果为宿萼所包，室间开裂。种子小，多数。

【分类地位】被子植物门、双子叶植物纲、合瓣花亚纲、管状花目、玄参科。

【种类】全属约有 35 种；中国现有 9 种；内蒙古有 1 种。

有梗石龙尾 *Limnophila indica*

多年生两栖草本。沉水茎多分枝，无毛；气生茎简单或分枝，无毛，被无柄或有短柄的腺，或近于光滑。沉水叶轮生，羽状全裂；裂片细而扁平或毛发状；气生叶通常轮生而开裂，有时有少数对生而具圆齿的存在。花单生于气生茎的叶腋；花梗纤细，通常超过苞叶，被无柄或有柄的腺；小苞片 2 枚，急尖，全缘或具疏齿；萼被无柄的腺，在果实成熟时不具凸起的条纹；萼齿卵形至披针形，短渐尖；花冠白色、淡紫色或红色。蒴果椭圆球形至近球形，两侧扁，暗褐色。花果期 3～11 月。

石竹科——【学　名】*Caryophyllaceae*

【蒙古名】ᠴᠡᠴᠡᠭ ᠤᠨ ᠢᠵᠠᠭᠤᠷ

【英文名】Pink Family

【生活型】一年生或多年生草本,稀亚灌木。

【茎】茎节通常膨大,具关节。

【叶】单叶对生,稀互生或轮生,全缘,基部多少连合;托叶有膜质,或缺。

【花】花辐射对称,两性,稀单性,排列成聚伞花序或聚伞圆锥花序,稀单生,少数呈总状花序、头状花序、假轮伞花序或伞形花序,有时具闭花授精花;萼片5个,稀4个,草质或膜质,宿存,覆瓦状排列或合生成筒状;花瓣5片,稀4片,无爪或具爪,瓣片全缘或分裂,通常爪和瓣片之间具2枚片状或鳞片状副花冠片,稀缺花瓣;雄蕊10枚,2轮列,稀5或2枚;雌蕊1枚,由2~5枚合生心皮构成,子房上位,3室或基部1室,上部3~5室,特立中央胎座或基底胎座,具1至多数胚珠;花柱(1)2~5枚,有时基部合生,稀合生成单花柱。

【果实和种子】果实为蒴果,长椭圆形、圆柱形、卵形或圆球形,果皮壳质、膜质或纸质,顶端齿裂或瓣裂,开裂数与花柱同数或为其2倍,稀为浆果状、不规则开裂或为瘦果;种子弯生,多数或少数,稀1粒,肾形、卵形、圆盾形或圆形,微扁;种脐通常位于种子凹陷处,稀盾状着生;种皮纸质,表面具有以种脐为圆心的、整齐排列为数层半环形的颗粒状、短线纹或瘤状凸起,稀表面近平滑或种皮为海绵质;种脊具槽、圆钝或锐,稀具流苏状篦齿或翅;胚环形或半圆形,围绕胚乳或劲直,胚乳偏于一侧;胚乳粉质。

【种类】全科约有75(80)属,2000种;中国有30属,约388种,58变种,8变型;内蒙古有18属,71种,19变种,4变型。

石竹科 Caryophyllaceae Juss. 是法国植物学家 Antoine Laurent de Jussieu (1748－1836)于1789年在"Genera plantarum 299"(Gen. Pl.)中建立的植物科,模式属为石竹属(Dianthus)(Caryophyllus)。

在恩格勒系统(1964)中,石竹科隶属原始花被亚纲(Archichlamydeae)、中子目(Centrospermae)、石竹亚目(Caryophyllineae),本目有5个亚目、13个科。在哈钦森系统(1959)中,石竹科隶属草本支(Herbaceae)、石竹目(Caryophyllales),含沟繁缕科(Elatinaceae)、粟米草科(Molluginaceae)、石竹科、番杏科(Ficoidaceae, Aizoaceae)和马齿苋科(Portulacaceae)5个科,认为石竹目与毛茛目有联系,比毛茛目进化。石竹目是一个演化中心,由它演化出其他多个目。在塔赫他间系统(1980)中,石竹科隶属石竹亚纲(Caryophyllidae)、石竹目,含14个科,认为本目与毛茛目有共同起源,石竹目中的商陆科(Phytolaccaceae)与毛茛目和八角目(Illiciales)都有联系。在克朗奎斯特系统(1981)中,石竹科也隶属石竹亚纲(Caryophyllidae)、石竹目,含12个科。

石竹属——【学　名】*Dianthus*

【蒙古名】ᠪᠠᠬᠠᠨ ᠴᠧᠴᠡᠭ

【英文名】Pink

【生活型】多年生草本,稀一年生。

【根】根有时木质化。

【茎】茎多丛生,圆柱形或具棱,有关节,节处膨大。

【叶】叶禾草状,对生,叶片线形或披针形,常苍白色,脉平行,边缘粗糙,基部微合生。

【花】花红色、粉红色、紫色或白色,单生或成聚伞花序,有时簇生成头状,围以总苞片;花萼圆筒状,5 齿裂,无干膜质接着面,有脉 7、9 或 11 条,基部贴生苞片 1～4 对;花瓣 5 片,具长爪,瓣片边缘具齿或隧状细裂,稀全缘;雄蕊 10 枚;花柱 2 枚,子房 1 室,具多数胚珠,有长子房柄。

【果实和种子】蒴果圆筒形或长圆形,稀卵球形,顶端 4 齿裂或瓣裂;种子多数,圆形或盾状;胚直生,胚乳常偏于一侧。

【分类地位】被子植物门、双子叶植物纲、原始花被亚纲、中央种子目、石竹科、石竹亚科、石竹族。

【种类】全属约有 600 种;中国有 16 种,10 变种;内蒙古有 4 种,3 变种。

574

石竹 *Dianthus chinensis*

多年生草本。全株无毛,带粉绿色。茎由根颈生出,疏丛生,直立,上部分枝。叶片线状披针形,顶端渐尖,基部稍狭,全缘或有细小齿,中脉较显。花单生枝端或数花集成聚伞花序;苞片 4 个,卵形,顶端长渐尖,长达花萼的 1/2 以上,边缘膜质,有缘毛;花萼圆筒形,有纵条纹,萼齿披针形,直伸,顶端尖,有缘毛;瓣片倒卵状三角形,紫红色、粉红色、鲜红色或白色,顶缘不整齐齿裂,喉部有斑纹,疏生髯毛;雄蕊露出喉部外,花药蓝色;子房长圆形,花柱线形。蒴果圆筒形,包于宿存萼内,顶端 4 裂;种子黑色,扁圆形。花期 5～6 月,果期 7～9 月。

生于草原和山坡草地。原产于中国北方,现在南北方普遍生长。俄罗斯西伯利亚和朝鲜也有。

莳萝属──【学　名】*Anethum*

【蒙古名】ᠣᠯᠠᠨ ᠤ ᠴᠠᠭᠠᠨ ᠤ ᠢᠳᠡᠰᠢ

【英文名】Dill

【生活型】一年生、二年生草本。

【茎】茎直立，圆柱形，分枝，光滑，无毛。

【叶】基生叶轮廓卵形或宽卵形，有叶柄，基部有叶鞘，边缘白色，膜质；叶片 2～3 回羽状全裂，末回裂片丝线形。

【花】复伞形花序多分枝；无总苞和小总苞；伞形花序直径 5～15 厘米；伞辐 10～25 枚，稍不等长；小伞形花序有花 15～25 朵；花瓣黄色，内曲，早落；无萼齿；花柱短，初时直立，果期向下弯曲，花柱基圆锥状或垫状。

【果实和种子】分生果椭圆形或卵状椭圆形，顶端略尖，背部扁压状，灰褐色，背棱线形，稍突起，侧棱呈狭翅状，浅灰色；每棱槽内油管 1 个，合生面油管 2 个；胚乳腹面平直；分生果易分离和脱落。

【分类地位】被子植物门、双子叶植物纲、原始花被亚纲、伞形目、伞形科、芹亚科、阿米芹族、西风芹亚族。

【种类】全属仅有 1 种；中国有 1 栽培种；内蒙古有 1 栽培种。

575

莳萝 *Anethum graveolens*

　　一年生草本，稀二年生。全株无毛，有强烈香味。茎单一，直立，圆柱形，光滑，有纵长细条纹。基生叶有柄，基部有宽阔叶鞘，边缘膜质；叶片轮廓宽卵形，3～4 回羽状全裂，末回裂片丝状；茎上部叶较小，分裂次数少，无叶柄，仅有叶鞘。复伞形花序常呈二歧分枝；伞辐 10～25 枚，稍不等长；无总苞片；小伞形花序有花 15～25 朵；无小总苞片；花瓣黄色，中脉常呈褐色，长圆形或近方形，小舌片钝，近长方形，内曲；花柱短，先直后弯；萼齿不显；花柱基圆锥形至垫状。分生果卵状椭圆形，成熟时褐色，背部扁压状，背棱细但明显突起，侧棱狭翅状，灰白色；每棱槽内油管 1 个，合生面油管 2 个；胚乳腹面平直。花期 5～8 月，果期 7～9 月。

手参属——【学　名】*Gymnadenia*

【蒙古名】ᠬᠤᠷᠤᠭᠤᠨ ᠰᠤᠶᠤᠯᠵᠢ ᠶᠢᠨ ᠲᠦᠷᠦᠯ

【英文名】Reinorchi

【生活型】地生草本。

【茎】块茎1或2个，肉质，下部成掌状分裂，裂片细长，颈部生几条细长、稍肉质的根。茎直立，具3～6片互生的叶。

【叶】叶片从线状舌形、长圆形至椭圆形，基部收狭成抱茎的鞘。

【花】花序顶生，具多数花，总状，常呈圆柱形；花较小，常密生，红色、紫红色或白色，罕为淡黄绿色，倒置（唇瓣位于下方）；萼片离生，中萼片凹陷呈舟状；侧萼片反折；花瓣直立，较萼片稍短，与中萼片多少靠合；唇瓣宽菱形或宽倒卵形，明显3裂或几乎不裂，基部凹陷，具距，距长于或短于子房，多少弯曲，末端钝尖或具2枚角状小突起；蕊柱短；花药长圆形或卵形，先端钝或微凹，2室，花粉团2个，为具小团块的粒粉质，具花粉团柄和粘盘，粘盘裸露，分离，条形或椭圆形；蕊喙小，无臂，位于2药室中间的下面；柱头2枚，较大，贴生于唇瓣基部；退化雄蕊2枚，小，位于花药基部两侧，近球形。

【果实和种子】蒴果直立。

【分类地位】被子植物门、单子叶植物纲、微子目、兰科、兰亚科、兰族、兰亚族。

【种类】全属约有10种；中国有5种。

手参 *Gymnadenia conopsea*

块茎椭圆形，肉质，下部掌状分裂，裂片细长。茎直立，圆柱形，基部具2～3枚筒状鞘，其上具4～5片叶，上部具1至数片苞片状小叶。叶片线状披针形、狭长圆形或带形，先端渐尖或稍钝，基部收狭成抱茎的鞘。总状花序具多数密生的花，圆柱形；花苞片披针形，直立伸展，先端长渐尖成尾状，长于或等长于花；子房纺锤形，顶部稍弧曲；花粉红色，罕为粉白色；中萼片宽椭圆形或宽卵状椭圆形，先端急尖，略呈兜状，具3条脉；侧萼片斜卵形，反折，边缘向外卷，较中萼片稍长或几等长，先端急尖，具3条脉，前面1条脉常具支脉；花瓣直立，斜卵状三角形，与中萼片等长，与侧萼片近等宽，边缘具细锯齿，先端急尖，具3条脉，前面的1条脉常具支脉，与中萼片相靠；唇瓣向前伸展，宽倒卵形，前部3裂，中裂片较侧裂片大，三角形，先端钝或急尖；距细而长，狭圆筒形，下垂，稍向前弯，向末端略增粗或略渐狭，长于子房；花粉团卵球形，具细长的柄和粘盘，粘盘线状披针形。花期6～8月。

绥草属——【学　名】*Spiranthes*

　　　　　　【蒙古名】ᠲᠣᠯᠤᠭᠠᠢ ᠶᠢᠨ ᠡᠪᠡᠰᠦ

　　　　　　【英文名】Ladytress

【生活型】地生草本。

【根】根数条,指状,肉质,簇生。

【叶】叶基生,多少肉质,叶片线形、椭圆形或宽卵形,罕为半圆柱形,基部下延成柄状鞘。

【花】总状花序顶生,具多数密生的小花,似穗状,常多少呈螺旋状扭转;花小,不完全展开,倒置(唇瓣位于下方);萼片离生,近相似;中萼片直立,常与花瓣靠合呈兜状;侧萼片基部常下延而胀大,有时呈囊状;唇瓣基部凹陷,常有 2 枚胼胝体,有时具短爪,多少围抱蕊柱,不裂或 3 裂,边缘常呈皱波状;蕊柱短或长,圆柱形或棒状,无蕊柱足或具长的蕊柱足;花药直立,2 室,位于蕊柱的背侧;花粉团 2 个,粒粉质,具短的花粉团柄和狭的粘盘;蕊喙直立,2 裂;柱头 2 枚,位于蕊喙的下方两侧。

【分类地位】被子植物门、单子叶植物纲、微子目、兰科、兰亚科、鸟巢兰族、绥草亚族。

【种类】全属约有 50 种;中国有 1 种;内蒙古有 1 种。

绥草 *Spiranthes sinensis*

　　根数条,指状,肉质,簇生于茎基部。茎较短,近基部生 2～5 片叶。叶片宽线形或宽线状披针形,极罕为狭长圆形,直立伸展,先端急尖或渐尖,基部收狭具柄状抱茎的鞘。花茎直立,上部被腺状柔毛至无毛;总状花序具多数密生的花,呈螺旋状扭转;花苞片卵状披针形,先端长渐尖,下部的长于子房;子房纺锤形,扭转,被腺状柔毛;花小,紫红色、粉红色或白色,在花序轴上呈螺旋状排生;萼片的下部靠合,中萼片狭长圆形,舟状,先端稍尖,与花瓣靠合呈兜状;侧萼片偏斜,披针形,先端稍尖;花瓣斜菱状长圆形,先端钝,与中萼片等长但较薄;唇瓣宽长圆形,凹陷,先端极钝,前半部上面具长硬毛且边缘具强烈皱波状啮齿,唇瓣基部凹陷呈浅囊状,囊内具 2 枚胼胝体。花期 7～8 月。

黍属——【学　名】*Panicum*

【蒙古名】ᠮᠠᠨ ᠲᠠᠷᠢ ᠶᠢᠨ ᠲᠥᠷᠥᠯ

【英文名】Panicgrass

【生活型】一年生或多年生草本。

【茎】具根茎。秆直立或基部膝曲或匍匐。

【叶】2 枚叶片线形至卵状披针形，通常扁平；叶舌膜质或顶端具毛，甚至全由 1 列毛组成。

【花】圆锥花序顶生，分枝常开展，小穗具柄，成熟时脱节于颖下或第一颖先落，背腹压扁，含 2 朵小花；第一小花雄性或中性；第二小花两性；颖草质或纸质；第一颖通常较小穗短而小，有的种基部包着小穗；第二颖等长，且常常同形；第一内稃存在或退化甚至缺；第二外稃硬纸质或革质，有光泽，边缘包着同质内稃；鳞被 2 枚，其肉质程度、折叠、脉数等因种而异；雄蕊 3 枚；花柱 2 枚，分离，柱头帚状；叶片解剖具花圈型构造；为 4 碳植物；幼秆顶原套细胞为一层；内稃顶部表皮乳头状突起为复合的或数个聚生，呈不规则的排列。

【分类地位】被子植物门、单子叶植物纲、禾本目、禾本科、黍亚科、黍族、黍亚族。

【种类】全属约有 500 种；中国 18 种，2 变种；内蒙古有 1 栽培种。

稷 *Panicum miliaceum*

　　一年生栽培草本。秆粗壮，直立，单生或少数丛生，有时有分枝，节密被髭毛，节下被疣基毛。叶鞘松弛，被疣基毛；叶舌膜质，顶端具睫毛；叶片线形或线状披针形，两面具疣基的长柔毛或无毛，顶端渐尖，基部近圆形，边缘常粗糙。圆锥花序开展或较紧密，成熟时下垂，分枝粗或纤细，具棱槽，边缘具糙刺毛，下部裸露，上部密生小枝与小穗；小穗卵状椭圆形；颖纸质，无毛，第一颖正三角形，长约为小穗的 1/2～2/3，顶端尖或锥尖，通常具 5～7 条脉；第二颖与小穗等长，通常具 11 条脉，其脉顶端渐汇合呈喙状；第一外稃形似第二颖，具 11～13 条脉；内稃透明膜质，短小，顶端微凹或深 2 裂；第二小花成熟后因品种不同，而有黄、乳白、褐、红和黑等色；第二外稃背部圆形，平滑，具 7 条脉，内稃具 2 条脉；鳞被较发育，多脉，并由 1 级脉分出次级脉。胚乳长为谷粒的 1/2，种脐点状，黑色。花果期 7～10 月。

蜀葵属——【学　名】*Althaea*

　　　　　【蒙古名】ᠵᠢᠮᠢᠰᠲᠦ ᠶᠢᠨ ᠴᠡᠴᠡᠭ

　　　　　【英文名】Althaea

【生活型】一年生至多年生草本。

【茎】直立,被长硬毛。

【叶】叶近圆形,多少浅裂或深裂;托叶宽卵形,先端 3 裂。

【花】花单生或排列成总状花序式生于枝端,腋生;小苞片 6～9 个,杯状,裂片三角形,基部合生,密被绵毛和刺,萼钟形,5 齿裂,基部合生,被绵毛和密刺;花冠漏斗形,各色,花瓣倒卵状楔形,爪被髯毛;雄蕊柱顶端着生有花药;子房室多数,每室具胚珠 1 颗,花柱丝形,柱头近轴的。

【果实和种子】果盘状,分果爿有 30 枚至更多,成熟时与中轴分离。

【分类地位】被子植物门、双子叶植物纲、原始花被亚纲、锦葵目、锦葵科、锦葵族。

【种类】全属有 40 余种;中国有 3 种(包括栽培种);内蒙古有 1 栽培种。

蜀葵 *Althaea rosea*

　　二年生直立草本。茎枝密被刺毛。叶近圆心形,掌状 5～7 浅裂或波状棱角,裂片三角形或圆形,上面疏被星状柔毛,粗糙,下面被星状长硬毛或绒毛;叶被星状长硬毛;托叶卵形,先端具 3 尖。花腋生,单生或近簇生,排列成总状花序式,具叶状苞片,花被星状长硬毛;小苞片杯状,常 6～7 裂,裂片卵状披针形,密被星状粗硬毛,基部合生;萼钟状,5 齿裂,裂片卵状三角形,密被星状粗硬毛;花大,有红、紫、白、粉红、黄和黑紫等色,单瓣或重瓣,花瓣倒卵状三角形,先端凹缺,基部狭,爪被长髯毛;雄蕊柱无毛,花丝纤细,花药黄色;花柱分枝多数,微被细毛。果盘状,被短柔毛,分果爿近圆形,多数,具纵槽。花期 2～8 月。

蜀黍属（高粱属）——【学　名】*Sorghum*

　　　　　　　　　　【蒙古名】ᠮᠠᠰᠢ ᠶᠢᠨ ᠣᠪᠣᠭ

　　　　　　　　　　【英文名】Gaoliang

【生活型】高大的一年生或多年生草本。

【茎】具或不具根状茎。秆多粗壮而直立。

【叶】叶片宽线形、线形至线状披针形。

【花】圆锥花序直立，稀弯曲，开展或紧缩，由多数含 1～5 节的总状花序组成；小穗孪生，1 无柄，1 有柄，总状花序轴节间与小穗柄线形，其边缘常具纤毛；无柄小穗两性，有柄小穗雄性或中性，无柄小穗之第一颖革质，背部凸起或扁平，成熟时变硬而有光泽，具狭窄而内卷的边缘，向顶端则渐内折；第二颖舟形，具脊；第一外稃膜质，第二外稃长圆形或椭圆状披针形，全缘，无芒，或具 2 齿裂，裂齿间具 1 个长或短的芒。

【分类地位】被子植物门、单子叶植物纲、禾本目、禾本科、黍亚科、高粱族、高粱亚族。

【种类】全属有 20 余种；中国有 11 种；内蒙古有 2 种。

苏丹草 *Sorghum sudanense*

　　一年生草本。须根粗壮。秆较细，单生或自基部发出数至多秆而丛生。叶鞘基部者长于节间，上部者短于节间，无毛，或基部及鞘口具柔毛；叶舌硬膜质，棕褐色，顶端具毛；叶片线形或线状披针形，向先端渐狭而尖锐，中部以下逐渐收狭，上面暗绿色或嵌有紫褐色的斑块，背面淡绿色，中脉粗，在背面隆起，两面无毛。圆锥花序狭长卵形至塔形，较疏松，主轴具棱，棱间具浅沟槽，分枝斜升，开展，细弱而弯曲，具小刺毛而微粗糙，下部的分枝长上部者较短，每一分枝具 2～5 节，具微毛。无柄小穗长椭圆形，或长椭圆状披针形；第一颖纸质，边缘内折，具 11～13 条脉，脉可达基部，脉间通常具横脉，第二颖背部圆凸，具 5～7 条脉，可达中部或中部以下，脉间亦具横脉；第一外稃椭圆状披针形，透明膜质，无毛或边缘具纤毛；第二外稃卵形或卵状椭圆形，顶端裂缝，自裂缝间伸出芒，雄蕊 3 枚，花药长圆形；花柱 2 枚，柱头帚状。颖果椭圆形至倒卵状椭圆形。有柄小穗宿存，雄性或有时为中性，绿黄色至紫褐色；稃体透明膜质，无芒。花果期 7～9 月。原产于非洲，现世界各国有引种栽培。

鼠李科──【学　名】*Rhamnaceae*

【蒙古名】ᠢᠨᠤ ᠤᠨ ᠬᠠᠮᠤᠭ

【英文名】BuckthornFamily

【生活型】灌木、藤状灌木或乔木,稀草本。

【茎】通常具刺,或无刺。

【叶】单叶互生或近对生,全缘或具齿,具羽状脉,或三至五基出脉;托叶小,早落或宿存,或有时变为刺。

【花】花小,整齐,两性或单性,稀杂性,雌雄异株,常排成聚伞花序、穗状圆锥花序、聚伞总状花序、聚伞圆锥花序,或有时单生或数个簇生,通常 4 基数,稀 5 基数;萼钟状或筒状,淡黄绿色,萼片镊合状排列,常坚硬,内面中肋中部有时具喙状突起,与花瓣互生;花瓣通常较萼片小,极凹,匙形或兜状,基部常具爪,或有时无花瓣,着生于花盘边缘下的萼筒上;雄蕊与花瓣对生,为花瓣抱持;花丝着生于花药外面或基部,与花瓣爪部离生,花药 2 室,纵裂,花盘明显发育,薄或厚,贴生于萼筒上,或填塞于萼筒内面,杯状、壳斗状或盘状,全缘,具圆齿或浅裂;子房上位、半下位至下位,通常 3 或 2 室,稀 4 室,每室有 1 颗基生的倒生胚珠,花柱不分裂或上部 3 裂。

【果实和种子】核果、浆果状核果、蒴果状核果或蒴果,沿腹缝线开裂或不开裂,或有时果实顶端具纵向的翅或具平展的翅状边缘,基部常为宿存的萼筒所包围,1～4 室,具 2～4 枚开裂或不开裂的分核,每分核具 1 粒种子,种子背部无沟或具沟,或基部具孔状开口,通常有少而明显分离的胚乳或有时无胚乳,胚大而直,黄色或绿色。

【种类】全科约有 58 属,900 种以上;中国产 14 属,133 种,32 变种,1 变型;内蒙古有 2 属,6 种,3 变种。

　　鼠李科 Rhamnaceae Juss. 是法国植物学家 Antoine Laurent de Jussieu(1748－1836)于 1789 年在"Genera plantarum 376－377"(Gen. Pl.)中建立的植物科,模式属为鼠李属(Rhamnus)。

　　在恩格勒系统(1964)中,鼠李科隶属原始花被亚纲(Archichlamydeae)、鼠李目(Rhamnales),含鼠李科、葡萄科(Vitaceae)和火筒树科(Leeaceae)3 个科。在哈钦森系统(1959)中,鼠李科隶属双子叶植物木本支(Lignosae)、鼠李目,含大柱头树科(Heteropyxidaceae)、胡颓子科(Elaegnaceae)、鼠李科和葡萄科 4 个科,认为本目多少像卫矛目(Celastrales),可能是由卫矛目起源的。在塔赫他间系统(1980)中,鼠李科隶属蔷薇亚纲(Rosidae)、鼠李目,含鼠李科、葡萄科和火筒树科 3 个科,认为由卫矛目演化到鼠李目,两个目很接近,只是鼠李目雄蕊对花瓣,两目有共同起源,起源于雄蕊对萼片的虎耳草目(Saxifragales)。在克朗奎斯特系统(1981)中,鼠李科也隶属蔷薇亚纲(Rosidae)、鼠李目,也含鼠李科、葡萄科和火筒树科 3 个科,认为鼠李目与卫矛目相近,二者共同起源于蔷薇目(Rosales)。

鼠李属——【学　名】*Rhamnus*

【蒙古名】ᠲᠠᠨᠠ ᠶᠢᠨ ᠮᠣᠳᠣ

【英文名】Buckthorn

【生活型】灌木或乔木。

【茎】无刺或小枝顶端常变成针刺；芽裸露或有鳞片。

【叶】叶互生或近对生，稀对生，具羽状脉，边缘有锯齿或稀全缘；托叶小，早落，稀宿存。

【花】花小，两性，或单性、雌雄异株，稀杂性，单生或数朵簇生，或排成腋生聚伞花序、聚伞总状或聚伞圆锥花序，黄绿色；花萼钟状或漏斗状钟状，4～5裂，萼片卵状三角形，内面有凸起的中肋；花瓣4～5片，短于萼片，兜状，基部具短爪，顶端常2浅裂，稀无花瓣；雄蕊4～5枚，背着药，为花瓣抱持，与花瓣等长或短于花瓣；花盘薄，杯状；子房上位，球形，着生于花盘上，不为花盘包围，2～4室，每室有1颗胚珠，花柱2～4裂。

【果实和种子】浆果状核果倒卵状球形或圆球形，基部为宿存萼筒所包围，具2～4枚分核，分核骨质或软骨质，开裂或不开裂，各有1粒种子；种子倒卵形或长圆状倒卵形，背面或背侧具纵沟，或稀无沟。

【分类地位】被子植物门、双子叶植物纲、原始花被亚纲、鼠李目、鼠李科、鼠李族。

【种类】全属约有200种；中国有57种，14变种；内蒙古有10种，1变种。

【分布】分布于温带至热带，主要集中于亚洲东部和北美洲的西南部，少数分布于欧洲和非洲。

582

鼠李 *Rhamnus davurica*

灌木或小乔木。幼枝无毛，小枝对生或近对生，褐色或红褐色，稍平滑，枝顶端常有大的芽而不形成刺，或有时仅分叉处具短针刺；顶芽及腋芽较大，卵圆形，鳞片淡褐色，有明显的白色缘毛。叶纸质，对生或近对生，或在短枝上簇生，宽椭圆形或卵圆形，稀倒披针状椭圆形，顶端突尖或短渐尖至渐尖，稀钝或圆形，基部楔形或近圆形，有时稀偏斜，边缘具圆齿状细锯齿，齿端常有红色腺体，上面无毛或沿脉有疏柔毛，下面沿脉被白色疏柔毛，侧脉每边4～5(6)条，两面凸起，网脉明显；叶柄无毛或上面有疏柔毛。花单性，雌雄异株，4基数，有花瓣，雌花1～3枚生于叶腋或数枚至20余枚簇生于短枝端，有退化雄蕊，花柱2～3浅裂或半裂。核果球形，黑色，具2枚分核，基部有宿存的萼筒；种子卵圆形，黄褐色，背侧有与种子等长的狭纵沟。花期5～6月，果期7～10月。

鼠麴草属——【学　名】*Gnaphalium*

【蒙古名】ᠣᠰᠣᠷᠬᠠᠨ ᠤ᠋ ᠡᠪᠡᠰᠤ

【英文名】Cudweed

【生活型】一年生稀多年生草本。

【茎】茎直立或斜升,草质或基部稍带木质,被白色棉毛或绒毛。

【叶】叶互生,全缘,无或具短柄。

【花】头状花序小,排列成聚伞花序或开展的圆锥状伞房花序,稀穗状、总状或紧缩而成球状,顶生或腋生,异型,盘状,外围雌花多数,中央两性花少数,全部结实。总苞卵形或钟形,总苞片 2～4 层,覆瓦状排列,金黄色、淡黄色或黄褐色,稀红褐色,顶端膜质或几全部膜质,背面被棉毛。花托扁平、突起或凹入,无毛或蜂巢状。花冠黄色或淡黄色。雌花花冠丝状,顶端 3～4 齿裂;两性花花冠管状,檐部稍扩大,5 浅裂。花药 5 室顶端尖或略钝,基部箭头形,有尾部。两性花花柱分枝近圆柱形,顶端截平或头状,有乳头状突起。

【果实和种子】瘦果无毛或罕有疏短毛或有腺体。冠毛 1 层,分离或基部联合成环,易脱落,白色或污白色。

【分类地位】被子植物门、双子叶植物纲、合瓣花亚纲、桔梗目、菊科、管状花亚科、旋覆花族、鼠麴草亚族。

【种类】全属近 200 种;中国有 19 种;内蒙古有 2 种。

583

贝加尔鼠麴草 *Gnaphalium baicalense*

一年生草本。茎直立,有时稍矮或极少有稍高的,不分枝或有开展、离主茎成弧曲弯拱的短分枝,下部尤以基部几无毛或被疏柔毛,常变红色,上部被开展的丛卷绒毛。基生叶花期凋萎;茎叶线状披针形,中部向基部渐狭,无明显叶柄,顶端短尖,全缘,绿色或浅绿而带淡红色,两面被白色丛卷绒毛,在下面的毛较薄,具 1 条明显的脉,枝叶小,线形;花序下面的叶不等大,略超出花序。头状花序钟状或杯状,具短柄,在茎及短侧枝顶端密集成团伞花序状或近球状的复式花序,上部或顶部的复式花序通常由多数头状花序所组成,且较下面其他侧枝上的复式花序大;总苞钟形或杯状;总苞片 2 层,近草质,多少透明,外层卵形,顶端钝,麦秆黄色,背部被蛛丝状毛,内层长圆形,顶端稍尖,淡黄色,背面几无毛。雌花在正常发育的头状花序内约 150 个以上,有时可达 242 个,花冠丝状,顶端较粗,3 浅裂,黄褐色,有不明显的腺点。两性花 5～11 朵,花冠近圆筒形,黄褐色,管部向上渐扩大,檐部 5 浅裂,稀有 6 裂,裂片三角形,有腺点。瘦果卵状椭圆形或纺锤形,有明显的棱角,稀具乳头状突起。冠毛白色,糙毛状。花期 7～9 月。

薯蓣科——【学　名】*Dioscoreaceae*

【蒙古名】ᠮᠣᠩᠭᠤᠯ ᠳᠡᠭᠡᠷᠡ ᠊ᠶᠢᠨ ᠦ ᠲᠥᠷᠦᠯ

【英文名】Yam Family

【生活型】缠绕草质或木质藤本，少数为矮小草本。

【茎】地下部分为根状茎或块茎，形状多样。茎左旋或右旋，有毛或无毛，有刺或无刺。

【叶】叶互生，有时中部以上对生，单叶或掌状复叶，单叶常为心形或卵形、椭圆形，掌状复叶的小叶常为披针形或卵圆形，基出脉 3～9 条，侧脉网状；叶柄扭转，有时基部有关节。

【花】花单性或两性，雌雄异株，很少同株。花单生、簇生或排列成穗状、总状或圆锥花序；雄花花被片（或花被裂片）6 枚，2 轮排列，基部合生或离生；雄蕊 6 枚，有时其中 3 枚退化，花丝着生于花被的基部或花托上；退化子房有或无。雌花花被片和雄花相似；退化雄蕊 3～6 枚或无；子房下位，3 室，每室通常有胚珠 2 颗，少数属多数，胚珠着生于中轴胎座上，花柱 3 枚，分离。

【果实和种子】果实为蒴果、浆果或翅果，蒴果三棱形，每棱翅状，成熟后顶端开裂；种子有翅或无翅，有胚乳，胚细小。

【种类】全科约有 9 属，650 种；中国有 1 属，约 49 种；内蒙古有 1 属，1 种。

薯蓣科 Dioscoreaceae R. Br. 是苏格兰植物学家和古植物学家 Robert Brown（1773—1858）于 1810 年在"Prodromus Florae Novae Hollandiae 294"（Prodr.）中发表的植物科，模式属为薯蓣属（Dioscorea）。

在恩格勒系统（1964）中，薯蓣科隶属单子叶植物纲（Monocotyledoneae）、百合目（Liliiflorae），本目含 5 个亚目，17 个科，包括百合科（Liliaceae）、木根旱生草科（Xanthorrhoeaceae）、百部科（Stamonaceae）、龙舌兰科（Agavaceae）、石蒜科（Amyaryllidaceae）、薯蓣科（Dioscoreaceae）、雨久花科（Pontederiaceae）、鸢尾科（Iridaceae）等。在哈钦森系统（1959）中，薯蓣科隶属单子叶植物纲冠花区（Corolliferae）、薯蓣目（Dioscoreales），含块茎藤科（Stenomeridaceae）、毛脚科（Trichopodaceae）、百部科和薯蓣科 4 个科。在塔赫他间系统（1980）中，薯蓣科隶属单子叶植物纲（Liliopsida，Monocotyledoneae）、百合亚纲（Liliidae）、菝葜目（Smilacales），含垂花科（Philesiaceae）、百部科、延龄草科（Trilliaceae）、菝葜科（Smilacaceae）、薯蓣科和箭根薯科（Taccaceae）6 个科。在克朗奎斯特系统（1981）中，薯蓣科隶属百合纲（Liliopsida）、百合亚纲、百合目（Liliales），含雨久花科（Pontederiaceae）、百合科、鸢尾科、芦荟科（Aloeaceae）、木根旱生草科、百部科、菝葜科和薯蓣科等。

薯蓣属——【学　名】*Dioscorea*

【蒙古名】ᠮᠣᠳᠣᠨ ᠤ ᠢᠵᠠᠭᠤᠷ

【英文名】Yam

【生活型】缠绕藤本。

【茎】地下有根状茎或块茎，其形状、颜色、入土的深度、化学成分因种类而不同。

【叶】单叶或掌状复叶，互生，有时中部以上对生，基出脉 3～9 条，侧脉网状。叶腋内有珠芽（或叫零余子）或无。

【花】花单性，雌雄异株，很少同株。雄花有雄蕊 6 枚，有时其中 3 枚退化；雌花有退化雄蕊 3～6 枚或无。

【果实和种子】蒴果三棱形，每棱翅状，成熟后顶端开裂；种子有膜质翅。

【分类地位】被子植物门、单子叶植物纲、百合目、百合亚目、薯蓣科。

【种类】全属约有 600 种；中国约有 49 种；内蒙古有 2 种。

穿龙薯蓣 *Dioscorea nipponica*

　　缠绕草质藤本。根状茎横生，圆柱形，多分枝，栓皮层显著剥离。茎左旋，近无毛。单叶互生；叶片掌状心形，变化较大，边缘作不等大的三角状浅裂、中裂或深裂，顶端叶片小，近于全缘，叶表面黄绿色，有光泽，无毛或有稀疏的白色细柔毛，尤以脉上较密。花雌雄异株。雄花序为腋生的穗状花序，花序基部常由 2～4 朵集成小伞状，至花序顶端常为单花；苞片披针形，顶端渐尖，短于花被；花被碟形，6 裂，裂片顶端钝圆；雄蕊 6 枚，着生于花被裂片的中央，药内向。雌花序穗状，单生；雌花具有退化雄蕊，有时雄蕊退化仅留有花丝；雌蕊柱头 3 裂，裂片再 2 裂。蒴果成熟后枯黄色，三棱形，顶端凹入，基部近圆形，每棱翅状，大小不一；种子每室 2 粒，有时仅 1 粒发育，着生于中轴基部，四周有不等的薄膜状翅，上方呈长方形，长约比宽大 2 倍。花期 6～8 月，果期 8～10 月。

曙南芥属——【学　名】*Stevenia*

【蒙古名】ᠲᠣᠳᠣᠷᠤᠨ ᠤ ᠲᠣᠪᠤᠷᠠᠭ

【英文名】Stevenia

【生活型】二年生或多年生草本。

【茎】茎直立,分枝。

【叶】基生叶莲座状;茎生叶线形或长椭圆形,全缘;无柄。

【花】总状花序顶生;花萼渐尖,直立至伸展,基部呈囊状;花瓣白色、淡红色或淡紫色,倒卵形至长圆形,顶端钝,基部呈爪状;花丝分离,花药长圆形;侧生蜜腺半环形,中部向内凸出,中央蜜腺无,雌蕊狭线形,具2~24颗胚珠;柱头明显浅2裂。

【果实和种子】长角果长椭圆形,果瓣扁平,近念珠状,弯曲或内卷,无中脉。种子每室1行,种子长椭圆形,无翅;子叶缘倚胚根。

【分类地位】被子植物门、双子叶植物纲、原始花被亚纲、罂粟目、白花菜亚目、十字花科、南芥族。

【种类】全属有3种;中国有1种;内蒙古有1种。

曙南芥 *Stevenia cheiranthoides*

多年生草本。全株密被紧贴2叉毛、星状毛及少数分枝毛。主根圆锥状。茎上部多分枝。基生叶密生,呈莲座状,线形,全缘,向基部渐狭,背面灰色;茎生叶线形或倒披针状线形,顶端钝或渐尖,基部渐狭,无叶柄。总状花序顶生,有花20余朵,花梗粗壮;萼片直立,线形至长椭圆形,基部稍囊状,被星状毛;花瓣紫色或淡红色,椭圆形,顶端钝圆,基部呈爪状;雌蕊狭线形,柱头稍2裂。长角果线形或狭长椭圆形,斜向开展;果瓣扁平,无中脉,密被分枝毛,宿存花柱短。种子椭圆形,褐色。花期5~7月,果期6~8月。

水柏枝属——【学　名】*Myricaria*

【蒙古名】ᠥᠵᠢᠶᠠᠯ ᠤᠨ ᠮᠣᠳᠤ

【英文名】Falsetamarisk

【生活型】落叶灌木,稀为半灌木。

【茎】直立或匍匐。

【叶】单叶、互生,无柄,通常密集排列于当年生绿色幼枝上,全缘,无托叶。

【花】花两性,集成顶生或侧生的总状花序或圆锥花序;苞片具宽或狭的膜质边缘;花有短梗;花萼深 5 裂,裂片常具膜质边缘;花瓣 5 片,倒卵形、长椭圆形或倒卵状长圆形,常内曲,先端圆钝或具微缺刻,粉红色、粉白色或淡紫红色,通常在果时宿存;雄蕊 10 枚,5 枚长 5 枚短相间排列,花丝下部联合达其长度的 1/2 或 2/3 左右,稀下部几分离;花药 2 室,纵裂,黄色;雌蕊由 3 枚心皮组成,子房具 3 条棱,基底胎座,胚珠多数,柱头头状,3 浅裂。

【果实和种子】蒴果 1 室,3 瓣裂。种子多数,顶端具芒柱,芒柱全部或一半以上被白色长柔毛,无胚乳。

【分类地位】被子植物门、双子叶植物纲、原始花被亚纲、侧膜胎座目、山茶亚目、柽柳科。

【种类】全属约有 13 种;中国约有 10 种,1 变种;内蒙古有 2 种。

宽叶水柏枝 *Myricaria platyphylla*

直立灌木。多分枝;老枝红褐色或灰褐色,当年生枝灰白色或黄灰色,光滑。叶大,疏生,开展,宽卵形或椭圆形,先端渐尖,基部扩展呈圆形或宽楔形,不抱茎;叶腋多生绿色小枝,小枝上的叶较小,卵形或长椭圆形。总状花序侧生,稀顶生,基部被多数覆瓦状排列的鳞片,鳞片卵形,边缘宽膜质;苞片宽卵形或椭圆形,稍短于花萼(加花梗),先端钝,基部狭缩,楔形,具宽膜质边;萼片长椭圆形或卵状披针形,略短于花瓣,先端钝,具狭膜质边;花瓣倒卵形,先端钝圆,基部狭缩,淡红色或粉红色;花丝 2/3 部分合生;子房卵圆形,柱头头状;果实圆锥形。种子多数,长圆形,顶端具芒柱,芒柱全部被白色长柔毛。花期 4~6 月,果期 7~8 月。

水棘针属——【学　名】*Amethystea*

【蒙古名】ᠣᠮᠳᠤᠷ ᠤᠨ ᠡᠪᠡᠰᠤ

【英文名】Amethystea

【生活型】一年生直立草本。

【茎】茎四棱形。

【叶】叶具柄,叶片轮廓为三角形或近卵形,3深裂,稀不裂或5裂,边缘具齿。

【花】花序为由松散具长梗的聚伞花序组成的圆锥花序;苞叶与茎叶同形,变小;小苞片微小,线形。花小,两性,蓝色至紫蓝色。花萼钟形,具10条脉,其中5条肋明显,萼齿5枚,近整齐。花冠筒内藏或略长于萼,内面无毛环,冠檐2唇形,上唇2裂,裂片与下唇侧裂片同形,下唇稍大,中裂片近圆形。雄蕊4枚,前对能育,花芽时内卷,花时向后伸长,自上唇裂片间伸出,花丝细弱,伸出,花药2室,室叉开,纵裂,成熟后贯通为1室,后对为退化雄蕊,微小或几无。花柱细弱,先端不相等2浅裂,后裂片短或不明显。花盘环状,具相等的浅裂片。子房4裂。

【果实和种子】小坚果倒卵状三棱形,背面具网状皱纹,腹面具棱,两侧平滑,合生面大,高达果长1/2以上。

【分类地位】被子植物门、双子叶植物纲、合瓣花亚纲、管状花目、唇形科、筋骨草亚科。

【种类】单种属;中国有1种;内蒙古有1种。

588

水棘针 *Amethystea caerulea*

一年生草本。基部有时木质化,呈金字塔形分枝。茎四棱形,紫色、灰紫黑色或紫绿色,被疏柔毛或微柔毛,以节上较多。紫色或紫绿色,有沟,具狭翅,被疏长硬毛;叶片纸质或近膜质,三角形或近卵形,3深裂,稀不裂或5裂,裂片披针形,边缘具粗锯齿或重锯齿,无柄或几无柄,基部不对称,下延,叶片上面绿色或紫绿色,被疏微柔毛或几无毛,下面略淡,无毛,中肋隆起,明显。花序为由松散具长梗的聚伞花序所组成的圆锥花序;苞叶与茎叶同形,变小;小苞片微小,线形,具缘毛;花梗短,与总梗被疏腺毛。花萼钟形,外面被乳头状突起及腺毛,内面无毛,具10条脉,其中5条肋明显隆起,中间脉不明显,萼齿5枚,近整齐,三角形,渐尖,边缘具缘毛;果时花萼增大。花冠蓝色或紫蓝色,冠筒内藏或略长于花萼,外面无毛,冠檐2唇形,外面被腺毛,上唇2裂,长圆状卵形或卵形,下唇略大,3裂,中裂片近圆形,侧裂片与上唇裂片近同形。雄蕊4枚,前对能育,着生于下唇基部,花芽时内卷,花时向后伸长,自上唇裂片间伸出,花丝细弱,无毛,花药2室,室叉开,纵裂,成熟后贯通为1室,后对为退化雄蕊,着生于上唇基部,线形或几无。花柱细弱,略超出雄蕊,先端不相等2浅裂,前裂片细尖,后裂片短或不明显。花盘环状,具相等浅裂片。小坚果倒卵状三棱形,背面具网状皱纹,腹面具棱,两侧平滑,合生面大。

水晶兰属——【学　名】*Monotropa*

【蒙古名】ᠰᠢᠷᠮᠦᠰᠦ ᠶ᠋ᠢᠨ ᠣᠪᠤᠭ᠎ᠠ

【英文名】Lndianpipe

【生活型】多年生草本。

【茎】茎肉质不分枝。

【叶】叶退化成鳞片状,互生。

【花】花单生或多数聚成总状花序;花初下垂,后直立;苞片鳞片状;萼片 4～5 个,鳞片状,早落;花瓣 4～6 片,长圆形;雄蕊 8～12 枚,花药短,平生;花盘有 8～12 枚小齿;子房为中轴胎座,4～5 室;花柱直立,短而粗,柱头漏斗状,4～5 圆裂。

【果实和种子】蒴果直立,4～5 室;种子有附属物。

【分类地位】被子植物门、双子叶植物纲、合瓣花亚纲、杜鹃花目、鹿蹄草科、水晶兰亚科。

【种类】全属约有 10 种;中国有 2 种,1 变种;内蒙古有 1 种。

水晶兰 *Monotropa uniflora*

多年生草本。腐生;茎直立,单一,不分枝,全株无叶绿素,白色,肉质,干后变黑褐色。根细而分枝密,交结成鸟巢状。叶鳞片状,直立,互生,长圆形或狭长圆形或宽披针形,先端钝头,无毛或上部叶稍有毛,边缘近全缘。花单一,顶生,先下垂,后直立,花冠筒状钟形;苞片鳞片状,与叶同形;萼片鳞片状,早落;花瓣 5～6 片,离生,楔形或倒卵状长圆形,上部有不整齐的齿,内侧常有密长粗毛,早落;雄蕊 10～12 枚,花丝有粗毛,花药黄色;花盘 10 齿裂;子房中轴胎座,5 室;柱头膨大成漏斗状。蒴果椭圆状球形,直立,向上。花期 8～9 月;果期(9～)10～11 月。

水马齿科 ——【学　名】*Callitrichaceae*

　　　　　　 【蒙古名】ᠤᠰᠤᠨ ᠤ ᠰᠢᠳᠦ

　　　　　　 【英文名】Waterstarwort

【生活型】一年生草本,水生、沼生或湿生。

【茎】茎细弱。

【叶】叶对生(水生种类在水面上的叶呈莲座状),倒卵形、匙形或线形,全缘;无托叶。

【花】花细小,单性同株,腋生、单生或极少雌雄花同生于一个叶腋内;苞片 2 个,膜质,白色;无花被片;雄花仅 1 枚雄蕊,花丝纤细,花药小,2 室,侧向纵裂,雌花具 1 枚雌蕊,子房上位,4 室,4 浅裂,花柱 2 枚,伸长,具细小乳突体,胚珠单生,室顶下垂。

【果实和种子】果 4 浅裂,边缘具膜质翅,成熟后 4 室分离;种子具膜质种皮,胚圆柱状直立,胚乳肉质。

【种类】全科有 1 属,约 25 种;中国有 1 属,4 种;内蒙古有 1 属,2 种。

　　　　水马齿科 Callitrichaceae 是德国博物学家和植物学家 Johann Heinrich Friedrich Link(1767－1850) 于 1821 年在"Enumeratio Plantarum Horti Regii Berolinensis Altera 1"(Enum. Hort. Berol. Alt.)上发表的植物科,模式属为水马齿属(Callitriche)。

　　　　在恩格勒系统(1964)中,水马齿科隶属合瓣花亚纲(Sympetalae)、管花目(Tubiflorae)、马鞭草亚目(Verbenineae),本目含 6 亚目、26 个科。在哈钦森系统(1959)中,水马齿科隶属双子叶植物草本支(Herbaceae)的千屈菜目(Lythrales),含千屈菜科(Lythraceae)、柳叶菜科(Onagraceae)、菱科(Trapaceae)、小二仙草科(Haloragidaceae)和水马齿科 5 个科。在塔赫他间系统(1980)中,水马齿科隶属菊亚纲(Asteridae)、唇形目(Lamiales),含马鞭草科(Verbenaceae)、唇形科(Lamiaceae)和水马齿科 3 个科。克朗奎斯特系统(1981)则建立了水马齿目(Callitrichales),含杉叶藻科(Hippuridaceae)、水马齿科和水穗科(Hydrostachyaceae)3 个科。

水马齿属——【学　名】*Callitriche*

　　　　　　【蒙古名】ᠰᠢᠪᠠᠭᠤᠨ ᠤᠷ ᠤ᠋ᠪᠤᠰᠤ

　　　　　　【英文名】Waterstarwort

【生活型】一年生草本，水生、沼生或湿生。

【茎】茎细弱。

【叶】叶对生（水生种类在水面上的叶呈莲座状），倒卵形、匙形或线形，全缘；无托叶。

【花】花细小，单性同株，腋生，单生或极少雌雄花同生于一个叶腋内；苞片 2 个，膜质，白色；无花被片；雄花仅 1 枚雄蕊，花丝纤细，花药小，2 室，侧向纵裂，雌花具 1 枚雌蕊，子房上位，4 室，4 浅裂，花柱 2 枚，伸长，具细小乳突体，胚珠单生，室顶下垂。

【果实和种子】果 4 浅裂，边缘具膜质翅，成熟后 4 室分离；种子具膜质种皮，胚圆柱状直立，胚乳肉质。

【分类地位】被子植物门、双子叶植物纲、合瓣花亚纲、大戟目、水马齿科。

【种类】全属约有 25 种；中国有 4 种；内蒙古有 2 种。

线叶水马齿 *Callitriche hermaphroditica*

　　一年生草本。鲜绿色。叶对生，在茎上部稍接近，但无莲座状叶，线形，半透明，基部稍宽，顶端具 2 枚齿，具 1 条隆起中脉。花无花被。果圆形，具宽翅，柱头早落，近无果梗。

　　生于湖泊或溪流缓水中。产于中国东北；分布于日本以及欧洲、北美洲和拉丁美洲。

591

水麦冬科 —— 【学　名】*Juncaginaceae*

　　　　　　　【蒙古名】ᠠᠲᠠ ᠷᠠᠰᠤᠨ ᠤ ᠲᠥᠷᠥᠯ

　　　　　　　【英文名】Arrowgrass Family

【生活型】一年生或多年生草本。

【叶】叶常基生,条形,基部具宽叶鞘。

【花】花序顶生,穗顶生,穗状、总状或圆锥状;花小,整齐,两性或单生,具苞片;花瓣 6 片,两轮排列;雄蕊 6 枚,分离,花药 2 室,心皮 6 枚,分离,连合或基部连合,子房 1 室,胚珠 1 至多数,倒生,花柱短粗或无,柱头毛刷状或乳头状。

【果实和种子】蒴果或蓇葖果,3 或 6 裂。种子 1~2 粒,无胚乳。

【种类】全科有 4 属,18 种;中国有 1 属,2 种;内蒙古有 1 属,2 种。

　　　　水麦冬科 Juncaginaceae Rich. 是法国植物学家和植物画家 Louis Claude Marie Richard(1754—1821)于 1808 年在"Démonstrations Botaniques 9"(Démonstr. Bot.)上发表的植物科,模式属为 Juncago。

　　　　在恩格勒系统(1964)中,水麦冬科隶属单子叶植物纲(Monocotyledoneae)、沼生目(Helobiae)、眼子菜亚目(Potamogetonineae),本目含 4 个亚目,9 个科,包括泽泻科(Alismataceae)、花蔺科(Butomaceae)、水鳖科(Hydrocharitineae)、芝菜科(Scheucharitaceae)、水蕹科(Aponogetonaceae)、水麦冬科、眼子菜科(Potomogetonaceae)、角果藻科(Zannichelliaceae)、茨藻科(Nadaceae)等。在哈钦森系统(1959)中,水麦冬科隶属单子叶植物纲萼花区(Calyciferae)、水麦冬目(Juncaginales),含水麦冬科、异柱草科(Linaeaceae)(Heterostylaceae)和海草科(Posidoniaceae)等 3 个科,认为水麦冬目与眼子菜目(Potamogetonales)有共同祖先,来自泽泻目(Alismatales)。在塔赫他间系统(1980)中,水麦冬科隶属单子叶植物纲(Liliopsida, Monocotyledoneae)、泽泻亚纲(Alismatidae)、茨藻目(Najadales),含水蕹科(Aponogetonaceae)、芝菜科(休氏藻科)(Scheuzeriaceae)、水麦冬科、海草科、眼子菜科(Potamogetonaceae)、川蔓藻科(Ruppiaceae)、角果藻科(Zannichelliaceae)、丝粉藻科(Cymodoceaceae)、大叶藻科(Zosteraceae)、茨藻科(Najadaceae)等 10 个科,认为眼子菜科与水麦冬科关系近,可能来自水麦冬科。在克朗奎斯特系统(1981)中,水麦冬科也隶属泽泻亚纲、茨藻目,所含 10 个科与塔赫他间系统相同。

水麦冬属——【学　名】*Triglochin*

【蒙古名】ᠬᠢᠷ ᠬᠣᠯᠣᠭᠤ ᠶᠢᠨ ᠡᠪᠡᠰᠤ

【英文名】Podgrass

【生活型】多年生湿生草本。

【根】密生须根。

【茎】具根茎。

【叶】叶全部基生，条形或锥状条形，具叶鞘，鞘缘膜质。

【花】总状花序较长，棱无苞片；花两性，花被片6枚，2轮，卵形，绿色；雄蕊6枚，与花被片对生，花药2室，无花丝；心皮6枚，有时3枚不发育，合生，柱头毛笔状，子房上位，每室胚珠1颗。

【果实和种子】蒴果椭圆形、卵形或长圆柱形，成熟后呈3或6瓣开裂，内含种子13粒。

【分类地位】被子植物门、单子叶植物纲、沼生目、眼子菜亚目、眼子菜科。

【种类】全属约有13种；中国有2种；内蒙古有2种。

海韭菜 *Triglochin maritimum*

多年生草本。植株稍粗壮。根茎短，着生多数须根，常有棕色叶鞘残留物。叶全部基生，条形，基部具鞘，鞘缘膜质，顶端与叶舌相连。花葶直立，较粗壮，圆柱形，光滑，中上部着生多数排列较紧密的花，呈顶生总状花序，无苞片。花两性；花被片6枚，绿色，2轮排列，外轮呈宽卵形，内轮较狭；雄蕊6枚，分离，无花丝；雌蕊淡绿色，由6枚合生心皮组成，柱头毛笔状。蒴果6棱状椭圆形或卵形，成熟后呈6瓣开裂。花果期6～10月。

593

水茫草属——【学　名】*Limosella*

【蒙古名】ᠣᠨᠳᠤᠷ ᠶᠢᠨ ᠡᠪᠡᠰᠦ

【英文名】Mudwort

【生活型】矮小，湿生或水生草本，丛生，匍匐或浮水。

【茎】具节，节生根的匍匐茎或无茎。

【叶】叶对生，束生或在伸长的枝上互生，具长叶柄；叶片条形、矩圆形或匙形，全缘。

【花】花小，单生于叶腋，无小苞片，具短花梗；花萼钟状，萼齿 5 枚；花冠辐射状钟形，整齐；花冠筒短，花冠裂片 5 枚，近于相等；雄蕊 4 枚，等长，着生于花冠筒中部，花丝丝状，药室完全汇成 1 室；子房在基部 2 室，上部的隔障消失，花柱短，柱头头状。

【果实和种子】蒴果不明显开裂；种子多数而小，卵圆形具皱纹。

【分类地位】被子植物门、双子叶植物纲、管状花目、玄参科。

【种类】全属约有 7 种；中国有 1 种；内蒙古有 1 种。

水茫草 *Limosella aquatica*

一年生水生或湿生草本。个体小，丛生，全体无毛。具纤细而短的匍匐茎，几乎没有直立茎。根簇生，须状而短。叶基出、簇生成莲座状，具长柄；叶片宽条形或狭匙形，比叶柄短得多，钝头，全缘，多少带肉质。花 3～10 朵自叶丛中生出，花梗细长；花萼钟状，膜质，萼齿卵状三角形，顶端渐尖；花冠白色或带红色，辐射状钟形，花冠裂片 5 枚，矩圆形或矩圆状卵形，顶端钝；雄蕊 4 枚，等长，花丝大部贴生；花柱短，柱头头状，有时稍有凹缺。蒴果卵圆形，超过宿萼；种子多数而极小，纺锤形，稍弯曲，表面有格状纹。花果期 4～9 月。

水毛茛属──【学　名】*Batrachium*

【蒙古名】ᠲᠣᠭᠢᠶᠠ ᠶᠢᠨ ᠡᠪᠡᠰᠦ

【英文名】Batrachium

【生活型】多年生水生草本植物。

【茎】茎细长，柔弱，沉于水中，常分枝。

【叶】叶为单叶，沉水叶 2～6 回 2～3 细裂成丝形小裂片，浮水叶掌状浅裂。

【花】花对叶单生；花梗较粗长，伸出水面开花；萼片 5 个，草质，通常无毛，脱落；花瓣 5 片，白色，或下部黄色，少有全部黄色，基部渐窄成爪，蜜槽呈点状凹穴；雄蕊 10 余枚至较多，花药卵形、椭圆形或长圆形，花丝丝形；心皮多数至少数，螺旋状着生于通常有柔毛的花托上。

【果实和种子】聚合果圆球形；瘦果卵球形，稍两侧扁，果皮较厚，有数条横皱纹，有毛或无毛，喙细，直或弯。

【分类地位】被子植物门、双子叶植物纲、原始花被亚纲、毛茛目、毛茛科、毛茛亚科、毛茛族、毛茛亚族。

【种类】全属约有 30 种；中国有 7 种；内蒙古有 6 种。

北京水毛茛 *Batrachium pekinense*

多年生沉水草本。茎无毛或在节上有疏毛，分枝。叶有柄；叶片轮廓楔形或宽楔形，二型，沉水叶裂片丝形，上部浮水叶 2～3 回 3～5 中裂至深裂，裂片较宽，末回裂片短线形，无毛；叶基部有鞘，无毛或在鞘上有疏短柔毛。花梗无毛；萼片近椭圆形，有白色膜质边缘，脱落；花瓣白色，宽倒卵形，基部有短爪，蜜槽呈点状；花托有毛。花期 5～8 月。

水茅属──【学　名】*Scolochloa*

【蒙古名】ᠣᠰᠤᠨ ᠪᠢᠢᠯᠢᠭ ᠤᠨ ᠲᠥᠷᠥᠯ

【英文名】Scolosgrass

【生活型】多年生草本。

【茎】具匍匐根状茎。

【叶】叶片扁平，无毛。

【花】圆锥花序开展，具稍粗糙的分枝；小穗含 3～4 朵小花；小穗轴微粗糙，脱节于颖之上及诸小花之间；颖膜质，近相等，顶端撕裂状；第一颖具 1～3 条脉，第二颖具 3～5 条脉，几等长于小穗；外稃革质状厚膜质，宽披针形，背部圆，无脊，具 5～7 条脉，顶端常有 3 枚具短芒的齿，基盘稍尖且较长，具髯毛；内稃具 2 脊，顶端具 2 枚尖齿；鳞被 2 枚；雄蕊 3 枚。

【分类地位】被子植物门、单子叶植物纲、禾本目、禾本科、早熟禾亚科、臭草族。

【种类】全属仅有 1 种；中国有 1 种；内蒙古有 1 种。

水茅 *Scolochloa festucacea*

多年生草本。具长的横走根状茎。秆直立，基部节处生根。叶鞘光滑无毛；叶舌膜质，无毛；叶片通常扁平，两面平滑，边缘粗糙。圆锥花序多少开展；小穗含 3～4 朵小花；颖宽披针形，具长尖，多少具脊；外稃披针形，具 5～7 条脉，无脊，上半部粗糙，顶端常具 3 枚齿，且具短芒，基盘尖，基部两侧各具 1 簇髯毛；内稃披针形，脊上部具短毛，顶端具 1 枚尖齿；子房长圆形，上半部被毛。花期 6～8 月。

水芹属——【学　名】*Oenanthe*

【蒙古名】ᠣᠣᠯᠤᠨ ᠵᠢᠭᠦᠷ ᠤᠨ ᠲᠥᠷᠥᠯ

【英文名】Waterdropwort

【生活型】光滑草本,二年生至多年生,很少为一年生。

【根】有成簇的须根。

【茎】茎细弱或粗大,通常呈匍匐状上升或直立,下部节上常生根。

【叶】叶有柄,基部有叶鞘;叶片羽状分裂至多回羽状分裂,羽片或末回裂片卵形至线形,边缘有锯齿呈羽状半裂,或叶片有时简化成线形管状的叶柄。

【花】花序为疏松的复伞形花序,花序顶生与侧生;总苞缺或有少数窄狭的苞片;小总苞片多数,狭窄,比花柄短;伞辐多数,开展;花白色;萼齿披针形,宿存;小伞形花序外缘花的花瓣通常增大为辐射瓣;花柱基平压或圆锥形,花柱伸长,花后挺直,很少脱落。

【果实和种子】果实圆卵形至长圆形,光滑,侧面略扁平,果棱钝圆,木栓质,2 枚心皮的侧棱通常略相连,较背棱和中棱宽而大。分生果背部扁压;每棱槽中有油管 1 个,合生面油管 2 个;胚乳腹面平直;无心皮柄。

【分类地位】被子植物门、双子叶植物纲、原始花被亚纲、伞形目、伞形科、芹亚科、阿米芹族、西风芹亚族。

【种类】全属约有 30 种;中国有 9 种,1 变种;内蒙古有 1 种。

597

水芹 *Oenanthe javanica*

多年生草本。茎直立或基部匍匐。基生叶有柄,基部有叶鞘;叶片轮廓三角形,1～2 回羽状分裂,末回裂片卵形至菱状披针形,边缘有牙齿或圆齿状锯齿;茎上部叶无柄,裂片和基生叶的裂片相似,较小。复伞形花序顶生;无总苞;伞辐 6～16 枚,不等长,直立和展开;小总苞片 2～8 个,线形;小伞形花序有花 20 余朵;萼齿线状披针形,长与花柱基相等;花瓣白色,倒卵形,有 1 枚长而内折的小舌片;花柱基圆锥形,花柱直立或两侧分开。果实近于四角状椭圆形或筒状长圆形,侧棱较背棱和中棱隆起,木栓质,分生果横剖面近于五边状的半圆形;每棱槽内油管 1 个,合生面油管 2 个。花期 6～7 月,果期 8～9 月。

水杨梅属（路边青属）——【学　名】*Geum*

【蒙古名】ᠪᠣᠷᠣᠭᠠᠨ ᠤ ᠤᠷᠤᠮᠠ

【英文名】Avens

【生活型】多年生草本

【叶】基生叶为奇数羽状复叶，顶生小叶特大，或为假羽状复叶，茎生叶数较少，常三出或单出如苞片状；托叶常与叶柄合生。

【花】花两性，单生或成伞房花序；萼筒陀螺形或半球形，萼片 5 个，镊合状排列，副萼片 5 个，较小，与萼片互生；花瓣 5 片，黄色、白色或红色；雄蕊多数，花盘在萼筒上部，平滑或有突起；雌蕊多数，着生在凸出花托上，彼此分离；花柱丝状，花盘围绕萼筒口部；心皮多数，花柱丝状，柱头细小，上部扭曲，成熟后自弯曲处脱落；每枚心皮含有 1 颗胚珠，上升。

【果实和种子】瘦果形小，有柄或无柄，果喙顶端具钩；种子直立，种皮膜质，子叶长圆形。

【分类地位】被子植物门、双子叶植物纲、原始花被亚纲、蔷薇目、蔷薇亚目、蔷薇科、蔷薇亚科。

【种类】全属有 70 余种；中国有 3 种；内蒙古有 1 种。

路边青 *Geum aleppicum*

多年生草本。须根簇生。茎直立，被开展粗硬毛稀几无毛。基生叶为大头羽状复叶，通常有小叶 2～6 对，叶柄被粗硬毛，小叶大小极不相等，顶生小叶最大，菱状广卵形或宽扁圆形，顶端急尖或圆钝，基部宽心形至宽楔形，边缘常浅裂，有不规则粗大锯齿，锯齿急尖或圆钝，两面绿色，疏生粗硬毛；茎生叶羽状复叶，有时重复分裂，向上小叶逐渐减少，顶生小叶披针形或倒卵披针形，顶端常渐尖或短渐尖，基部楔形；茎生叶托叶大，绿色，叶状，卵形，边缘有不规则粗大锯齿。花序顶生，疏散排列，花梗被短柔毛或微硬毛；花瓣黄色，几圆形，比萼片长；萼片卵状三角形，顶端渐尖，副萼片狭小，披针形，顶端渐尖稀 2 裂，比萼片短 1 倍多，外面被短柔毛及长柔毛；花柱顶生，在上部 1/4 处扭曲，成熟后自扭曲处脱落，脱落部分下部被疏柔毛。聚合果倒卵球形，瘦果被长硬毛，花柱宿存部分无毛，顶端有小钩；果托被短硬毛。花果期 7～10 月。

水莎草属——【学　名】*Juncellus*

【蒙古名】ᠨᠣᠭᠣᠭᠠᠨ ᠦᠨ ᠲᠦᠷᠦᠯ

【英文名】Juncellus

【生活型】一年生或多年生草本。

【茎】具根状茎或无。

【叶】秆丛生或散生,基部具叶;苞片叶状。

【花】长侧枝聚伞花序简单或复出,疏展或密聚成头状;辐射枝延长或短缩或有时近于无;小穗排列成穗状或头状;小穗轴延续,基部亦无关节,宿存;鳞片2列,后期渐向顶端脱落,最下面1~2个鳞片内无花,其余均具1朵两性花;无下位刚毛或鳞片状花被,雄蕊3枚,少数2~1枚,药隔突出或不突出;花柱短或长,基部不膨大,脱落,柱头2枚,罕3枚。

【果实和种子】小坚果背腹压扁面向小穗轴,双凸状、平凸状或凹凸状。

【分类地位】被子植物门、单子叶植物纲、莎草目、莎草科、藨草亚科、莎草族。

【种类】全属约有10种;中国有3种及一些变种和变型;内蒙古有2种。

水莎草 *Juncellus serotinus*

多年生草本,散生。根状茎长。秆粗壮,扁三棱形,平滑。叶片少,短于秆或有时长于秆,平滑,基部折合,上面平张,背面中肋呈龙骨状突起。苞片常3个,少4个,叶状,较花序长一倍多;复出长侧枝聚伞花序具4~7个第一次辐射枝;辐射枝向外展开,长短不等。每一辐射枝上具1~3个穗状花序,每一穗状花序具5~17个小穗;花序轴被疏的短硬毛;小穗排列稍松,近于平展,披针形或线状披针形,具10~34朵花;小穗轴具白色透明的翅;鳞片初期排列紧密,后期较松,纸质,宽卵形,顶端钝或圆,有时微缺,背面中肋绿色,两侧红褐色或暗红褐色,边缘黄白色透明,具5~7条脉;雄蕊3枚,花药线形,药隔暗红色;花柱很短,柱头2枚,细长,具暗红色斑纹。小坚果椭圆形或倒卵形,平凸状,长约为鳞片的4/5,棕色,稍有光泽,具突起的细点。花果期7~10月。

水苏属——【学　名】*Stachys*

【蒙古名】ᠮᠣᠩᠣᠯ ᠤᠨ ᠡᠪᠡᠰᠦ

【英文名】Betony,Woundword,Hedgenettle

【生活型】直立多年生或披散一年生草本。

【茎】偶有横走根茎而在节上具鳞叶及须根,顶端有念珠状肥大块茎,稀为亚灌木或灌木,毛被多种多样。

【叶】茎叶全缘或具齿,苞叶与茎叶同形或退化成苞片。

【花】轮伞花序 2 至多花,常多数组成着生于茎及分枝顶端的穗状花序;小苞片明显或不显著;花柄近于无或具短柄。花红、紫、淡红、灰白、黄或白色,通常较小。花萼管状钟形、倒圆锥形,或管形,5 或 10 条脉,口等大或偏斜,齿 5 枚,等大或后 3 枚齿较大,先端锐尖,刚毛状、微刺尖,或无芒而钝且具胼胝体,直立或反折。花冠筒圆柱形,近等大,内藏或伸出,内面近基部有水平向或斜向的柔毛环,稀无毛环,在毛环上部分的前方呈浅囊状膨大或否,筒上部尚内弯,喉部不增大,冠檐 2 唇形,上唇直立或近开张,常微盔状,全缘或微缺,稀伸长而近扁平及浅 2 裂,下唇开张,常比上唇长,3 裂,中裂片大,全缘或微缺,侧裂片较短。雄蕊 4 枚,均上升至上唇片之下,多少伸出于冠筒,前对较长,常在喉部向两侧方弯曲,花药 2 室,室明显或平行,或常常略叉开。花盘平顶,或稀在前方呈指状膨大。花柱先端 2 裂,裂片钻形,近等大。

【果实和种子】小坚果卵珠形或长圆形,先端钝或圆,光滑或具瘤。

【分类地位】被子植物门、双子叶植物纲、合瓣花亚纲、管状花目、唇形科、野芝麻族、野芝麻亚族。

【种类】全属约有 300 种;中国有 18 种,11 变种;内蒙古有 2 种。

600

甘露子 *Stachys sieboldii*

多年生草本。根茎白色,在节上有鳞状叶及须根,顶端有念珠状或螺狮形的肥大块茎。茎直立或基部倾斜,单一,或多分枝,四棱形。苞叶向上渐变小,呈苞片状。小苞片线形,被微柔毛;花梗短,被微柔毛。花萼狭钟形,外被具腺柔毛,内面无毛,10 条脉,多少明显,齿 5 枚,正三角形至长三角形。花冠粉红至紫红色。雄蕊 4 枚,前对较长,均上升至上唇片之下,花丝丝状,扁平,先端略膨大,被微柔毛,花药卵圆形,2 室,室纵裂,极叉开。花柱丝状,略超出雄蕊,先端近相等 2 浅裂。小坚果卵珠形。

水芋属——【学　名】*Calla*

【蒙古名】ᠣᠰᠤᠨ ᠤ ᠳᠠᠭᠤᠨ ᠤ ᠲᠥᠷᠥᠯ

【英文名】Calla

【生活型】水生草本。

【茎】根茎平卧,一年生多数的 2 列叶,他年生叶丛和花序柄。

【叶】叶柄具长鞘,鞘于先端分离。叶片心形、宽卵形、圆形,骤狭锐尖。佛焰苞自基部展开,椭圆形或卵状心形,先端渐尖,基部短下延,宿存。

【花】肉穗花序具梗,与佛焰苞分离,圆柱形,钝,花密,顶端常具不育雄花。花两性,无花被,雄蕊 6 枚,花丝扁,稍宽,先端骤狭为细的药隔,花药短,药室椭圆形,对生,盾状着生,侧向纵裂;子房短卵圆形,1 室,柱头无柄;胚珠 6～9 颗,倒生,长圆形,珠柄短,直立,着生于中央稍凸起的基底胎座上,珠孔朝向基底。

【果实和种子】浆果头状圆锥形,1 室,种子多数,倒生,圆柱状长圆形,种脐强度隆起,种皮厚,合点附近蜂窝状。珠孔附近有槽纹。胚具轴,藏于胚乳中。

【分类地位】被子植物门、单子叶植物纲、天南星目、天南星科、水芋族。

【种类】单种属;中国有 1 种;内蒙古有 1 种。

水芋 *Calla palustris*

多年生水生草本。根茎匍匐,圆柱形,粗壮,节上具多数细长的纤维状根;鳞叶披针形,渐尖。成熟茎上叶柄圆柱形,稀更长,下部具鞘;上部 1/2 以上与叶柄分离而成鳞叶状;叶片宽几与长相等;I、II 级侧脉纤细,下部的平伸,上部的上升,全部至近边缘向上弧曲,其间细脉微弱。佛焰苞外面绿色,内面白色,稀更长,具尖头,果期宿存而不增大。果序近球形,宽椭圆状。花期 6～7 月,果期 8 月。

水竹叶属 —— 【学　名】*Murdannia*

　　　　　　　【蒙古名】ᠰᠤᠳᠤᠨ ᠤᠨ ᠤᠷᠭᠤᠮᠠᠯ

　　　　　　　【英文名】Waterbamboo

【生活型】多年生草本,少一年生。

【叶】通常具狭长、带状的叶子,许多种的主茎不育而叶密集呈莲座状,许多种的根纺锤状加粗。

【花】茎花葶状或否。蝎尾状聚伞花序单生或复出而组成圆锥花序,有时缩短为头状,有时退化为单花;萼片 3 个,浅舟状;花瓣 3 片,分离,近于相等;能育雄蕊 3 枚,对萼,有时其中 1 枚(更稀 2 枚)败育;退化雄蕊 3 枚(稀仅 2 枚、1 枚或无),对瓣,顶端钝而不裂,载状 2 浅裂或 3 全裂,花丝有毛或无毛;子房 3 室,每室有胚珠 1 至数颗。

【果实和种子】蒴果 3 室,室背 3 爿裂,每室有种子 2 至数粒,极少 1 粒,排成 1 或 2 列。种脐点状,胚盖位于背侧面,具各式纹饰。

【分类地位】被子植物门、单子叶植物纲、粉状胚乳目、鸭跖草亚目、鸭跖草科。

【种类】全属约有 40 种;中国有 20 种;内蒙古有 1 种。

疣草 *Murdannia keisak*

　　花较大,萼片长;蒴果狭长,两端几乎渐尖至急尖,每室有种子 4 颗,但有时较少,种子灰色,稍扁。花期 8~9 月。

　　生于湿地。产于吉林(春化)、辽宁(无确切地点)、浙江(镇海)、江西北部(新建、九江)、福建(厦门)。朝鲜、日本(南半部)和北美洲东部也有分布。

睡菜属——【学　名】*Menyanthes*

【蒙古名】ᠰᠦ᠊ᠯᠢ᠊ᠶᠢᠨ ᠤᠨ ᠤᠷᠭ᠊

【英文名】Bogbean，Buckbean

【生活型】多年生沼生草本。

【茎】具长的匍匐状根状茎。

【叶】叶全部基生，三出复叶，挺出水面。

【花】花葶由匍匐状根状茎上抽出。总状花序；花 5 数；花萼分裂至近基部；花冠筒形，上部内面具长流苏状毛，其余光滑，深裂，冠筒稍短于裂片；雄蕊着生于冠筒中部；子房 1 室，无柄，花柱线形，长于子房。

【果实和种子】蒴果球形，成熟时 2 瓣裂；种子膨胀，表面平滑。

【分类地位】被子植物门、双子叶植物纲、合瓣花亚纲、捩花目、龙胆科、睡菜亚科。

【种类】单种属；中国有 1 种；内蒙古有 1 种。

睡菜 *Menyanthes trifoliata*

　　多年生沼生草本。匍匐状根状茎粗大，黄褐色，节上有膜质鳞片形叶。叶全部基生，挺出水面，三出复叶，小叶椭圆形，先端钝圆，基部楔形，全缘或边缘微波状，中脉明显，无小叶柄，下部变宽，鞘状。花葶由根状茎顶端鳞片形叶腋中抽出；总状花序多花；苞片卵形，先端钝，全缘；花梗斜伸；花 5 数；花萼分裂至近基部，萼筒甚短，裂片卵形，先端钝，脉不明显；花冠白色，筒形，上部内面具白色长流苏状毛，其余光滑，裂片椭圆状披针形，先端钝；雄蕊着生于冠筒中部，整齐，花丝扁平，线形，花药箭形；子房无柄，椭圆形，先端钝，花柱线形，柱头不膨大，2 裂，裂片矩圆形。蒴果球形；种子膨胀，圆形，表面平滑。花果期 5～7 月。

睡莲科──【学　名】*Nymphaeaceae*

　　　　　　【蒙古名】ᠤᠰᠤᠨ ᠽᠠᠮᠪᠠᠭ᠎ᠠ ᠶᠢᠨ ᠢᠵᠠᠭᠤᠷ

　　　　　　【英文名】WaterlilyFamily

【生活型】多年生，少数一年生，水生或沼泽生草本。

【茎】根状茎沉水生。

【叶】叶常二型：漂浮叶或出水叶互生，心形至盾形，芽时内卷，具长叶柄及托叶；沉水叶细弱，有时细裂。

【花】花两性，辐射对称，单生在花梗顶端；萼片 3～12 个，常 4～6 个，绿色至花瓣状，离生或附生于花托；花瓣 3 至多数，或渐变成雄蕊；雄蕊 6 至多数，花药内向、侧向或外向，纵裂；心皮 3 至多数，离生，或连合成一个多室子房，或嵌生在扩大的花托内，柱头离生，成辐射状或环状柱头盘，子房上位、半下位或下位，胚珠 1 至多数，直生或倒生，从子房顶端垂生或生在子房内壁上。

【果实和种子】坚果或浆果，不裂或由于种子外面胶质的膨胀成不规则开裂；种子有或无假种皮，有或无胚乳，胚有肉质子叶。

【种类】全科有 8 属，约 100 种；中国有 5 属，约 15 种；内蒙古有 2 属，2 种。

　　睡莲科 Nymphaeaceae Salisb. 是英国植物学家 Richard Anthony Salisbury（1761－1829）于 1805 年在"Annals of Botany 2"［Ann. Bot.（König & Sims）］上发表的植物科，模式属为睡莲属（Nymphaea）。

　　在恩格勒系统（1964）中，睡莲科隶属原始花被亚纲（Archichlamydeae）、毛茛目（Ranunculales）、睡莲亚目（Nymphaeineae），本目含毛茛科（Ranunculaceae）、小檗科（Berberidaceae）、大血藤科（Sargentodoxaceae）、木通科（Lardizabalaceae）、防己科（Menispermaceae）、睡莲科和金鱼藻科（Ceratophyllaceae）等 7 个科。在哈钦森系统（1959）中，睡莲科隶属双子叶植物草本支（Herbaceae）、毛茛目，本目含芍药科（Paeoniaceae）、毛茛科、睡莲科、金鱼藻科、莼菜科（Cabombaceae）等 7 个科。在塔赫他间系统（1980）中，睡莲科隶属木兰亚纲（Magnoliidae）、睡莲目（Nymphaeales），含莼菜科、睡莲科和金鱼藻科 3 个科。在克朗奎斯特系统（1981）中，睡莲科隶属木兰亚纲、睡莲目，含莲科（Nelumbonaceae）、睡莲科、合瓣莲科（Barclayaceae）、莼菜科和金鱼藻科 5 个科。

　　Nelumbonaceae A. Rich. 是法国植物学家和医生 Achille Richard（1794－1852）于 1827 年在"Dictionnaire classique d'histoire naturelle 11"（Dict. Class. Hist. Nat.）上发表的植物科，模式属为莲属（Nelumbo）。恩格勒系统（1964）和哈钦森系统（1959）把莲属归入睡莲科，没有承认莲科（Nelumbonaceae A. Rich.）。而塔赫他间系统（1980）和克朗奎斯特系统（1981）采纳了把莲属从睡莲科分出成立莲科的观点。

睡莲属——【学　名】*Nymphaea*

【蒙古名】 ᠤᠮᠳᠠᠨ ᠴᠡᠴᠡᠭ ᠤᠨ ᠲᠦᠷᠦᠯ

【英文名】Water lily

【生活型】多年生水生草本。

【茎】根状茎肥厚。

【叶】叶二型：浮水叶圆形或卵形，基部具弯缺，心形或箭形，常无出水叶；沉水叶薄膜质，脆弱。

【花】花大形、美丽，浮在或高出水面；萼片 4 个，近离生；花瓣白色、蓝色、黄色或粉红色，12～32 片，成多轮，有时内轮渐变成雄蕊；药隔有或无附属物；心皮环状，贴生且半沉没在肉质杯状花托，且在下部与其部分地愈合，上部延伸成花柱，柱头成凹入柱头盘，胚珠倒生，垂生在子房内壁。

【果实和种子】浆果海绵质，不规则开裂，在水面下成熟；种子坚硬，为胶质物包裹，有肉质杯状假种皮，胚小，有少量内胚乳及丰富外胚乳。

【分类地位】被子植物门、双子叶植物纲、原始花被亚纲、毛茛目、睡莲科、睡莲亚科。

【种类】全属约有 35 种；中国有 5 种；内蒙古有 1 种。

睡莲 *Nymphaea tetragona*

多年生水生草本。根状茎短粗。叶纸质，心状卵形或卵状椭圆形，基部具深弯缺，约占叶片全长的 1/3，裂片急尖，稍开展或几重合，全缘，上面光亮，下面带红色或紫色，两面皆无毛，具小点。花梗细长；花萼基部四棱形，萼片革质，宽披针形或窄卵形，宿存；花瓣白色，宽披针形、长圆形或倒卵形，内轮不变成雄蕊；雄蕊比花瓣短，花药条形；柱头具 5～8 条辐射线。浆果球形，为宿存萼片包裹；种子椭圆形，黑色。花期 6～8 月，果期 8～10 月。

丝瓜属——【学　名】*Luffa*

【蒙古名】ᠲᠣᠷᠮᠤ᠋ᠵᠢᠨ ᠦ ᠣᠪᠤᠭ

【英文名】Towelgourd，Dishclothgourd

【生活型】一年生攀援草本。

【茎】无毛或被短柔毛，卷须稍粗糙，二歧或多歧。

【叶】叶柄顶端无腺体，叶片通常5～7裂。

【花】花黄色或白色，雌雄异株。雄花生于伸长的总状花序上；花萼筒倒锥形，裂片5枚，三角形或披针形；花冠裂片5枚，离生，开展，全缘或啮蚀状；雄蕊3或5枚，离生，若为3枚时，1枚1室，2枚2室，5枚时，全部为1室，药室线形，多回折曲，药隔通常膨大；退化雌蕊缺或稀为腺体状。雌花单生，具长或短的花梗；花被与雄花同；退化雄蕊3枚，稀4～5枚；子房圆柱形，柱头3枚，胎座3个，胚珠多数，水平着生。

【果实和种子】果实长圆形或圆柱状，未成熟时肉质，熟后变干燥，里面呈网状纤维，熟时由顶端盖裂。种子多数，长圆形，扁压。

【分类地位】被子植物门、双子叶植物纲、原始花被亚纲、葫芦目、葫芦科、南瓜族、葫芦亚族。

【种类】全属约有8种；中国有2栽培种；内蒙古有1栽培种。

606

丝瓜 *Luffa cylindrical*

一年生攀援藤本。茎、枝粗糙，有棱沟，被微柔毛。卷须稍粗壮，被短柔毛，通常2～4歧。叶柄粗糙，具不明显的沟，近无毛；叶片三角形或近圆形，通常掌状5～7裂，裂片三角形，中间的较长，顶端急尖或渐尖，边缘有锯齿，基部深心形，上面深绿色，粗糙，有疣点，下面浅绿色，有短柔毛，脉掌状，具白色的短柔毛。雌雄同株。雄花：通常15～20朵花，生于总状花序上部，花序梗稍粗壮，被柔毛；花萼筒宽钟形，被短柔毛，裂片卵状披针形或近三角形，上端向外反折，里面密被短柔毛，边缘尤为明显，外面毛被较少，先端渐尖，具3条脉；花冠黄色，辐状，裂片长圆形，里面基部密被黄白色长柔毛，外面具3～5条凸起的脉，脉上密被短柔毛，顶端钝圆，基部狭窄；雄蕊通常5枚，稀3枚，基部有白色短柔毛，花初开放时稍靠合，最后完全分离，药室多回折曲。雌花：单生；子房长圆柱状，有柔毛，柱头3枚，膨大。果实圆柱状，直或稍弯，表面平滑，通常有深色纵条纹，未熟时肉质，成熟后干燥，里面呈网状纤维，由顶端盖裂。种子多数，黑色，卵形，扁，平滑，边缘狭翼状。花果期夏、秋季。

丝石竹属──【学　名】*Gypsophila*

【蒙古名】ᠰᠢᠷ᠎ᠠ ᠶᠢᠨ ᠡᠪᠡᠰᠦ

【英文名】Chalkplat

【生活型】多年生或一年生草本。

【茎】茎直立或铺散,通常丛生,有时被白粉,无毛或被腺毛,有时基部木质化。

【叶】叶对生,叶片披针形、长圆形、卵形、匙形或线形,有时钻状或肉质。

【花】花两性,小形,成二歧聚伞花序,有时伞房状或圆锥状,有时密集成近头状;苞片干膜质,少数叶状;花萼钟形或漏斗状,稀筒状,具5条绿色或紫色宽纵脉,脉间白色,少数无白色间隔,无毛或被微毛,顶端5齿裂;花瓣5片,白色或粉红色,有时具紫色脉纹,长圆形或倒卵形,长于花萼,顶端圆、平截或微凹,基部常楔形;雄蕊10枚,花丝基部稍宽;花柱2枚,子房球形或卵球形,1室,具多数胚珠,无子房柄。

【果实和种子】蒴果球形、卵球形或长圆形,4瓣裂;种子数粒,扁圆肾形,具疣状凸起;种脐侧生;胚环形,围绕胚乳,胚根显。

【分类地位】被子植物门、双子叶植物纲、原始花被亚纲、中央种子目、石竹科、石竹亚科、石竹族。

【种类】全属约有150种;中国有18种,1变种,其中1栽培种;内蒙古有4种,1变种。

607

荒漠石头花 *Gypsophila desertorum*

多年生草本。全株被棕色腺毛。根棕褐色,木质化。茎密丛生,斜升,不分枝或上部稍分枝。叶片钻状线形,质硬,锐尖,基部合生,下面中脉凸出,边缘内卷,横切面呈镰刀状弯曲,叶腋常生不育短枝,叶呈假轮生状。二歧聚伞花序;花梗劲直,被腺毛;苞片卵状披针形或披针形,顶端锐尖,密被腺毛;花萼钟形,萼齿裂达中部,卵形,顶端急尖或钝,边缘白色,膜质,被腺柔毛;花瓣白色,具淡紫色脉纹,倒卵状楔形,顶端微凹,基部狭;雄蕊稍短于花瓣;子房卵球形,花柱2枚。蒴果卵球形;种子肾形,深褐色,具短条状凸起。花期5~7月,果期8月。

生于海拔1420~1500米荒漠草原、砾质和沙质干草原、干河谷。产于内蒙古。蒙古(北部)和俄罗斯(阿尔泰)也有。

四合木属——【学　名】*Tetraena*

【蒙古名】ᠲᠣᠷᠪᠠᠯᠵᠢᠨ ᠮᠣᠳᠣ

【英文名】Tetraena

【生活型】灌木。

【茎】幼枝和叶被叉状毛。

【叶】托叶干膜质；叶对生或簇生。

【花】花单生于叶腋；萼片 4 个；花瓣 4 片，雄蕊 8 枚，2 轮，花丝基部具白色膜质附属物；子房 4 室。

【果实和种子】蒴果 4 瓣裂，花柱宿存。种子无胚乳。x＝14。

【分类地位】被子植物门、双子叶植物纲、原始花被亚纲、牻牛儿苗目、蒺藜科。

【种类】全属仅有 1 种；中国有 1 种；内蒙古有 1 种。

四合木 *Tetraena mongolica*

灌木。茎由基部分枝，老枝弯曲，黑紫色或棕红色、光滑，一年生枝黄白色，被叉状毛。托叶卵形，膜质，白色；叶近无柄，老枝叶近簇生，当年枝叶对生；叶片倒披针形，先端锐尖，有短刺尖，两面密被伏生叉状毛，呈灰绿色，全缘。花单生于叶腋；萼片 4 个，卵形，表面被叉状毛，呈灰绿色；花瓣 4 片，白色；雄蕊 8 枚，2 轮，外轮较短，花丝近基部有白色膜质附属物，具花盘；子房上位，4 裂，被毛，4 室。果 4 瓣裂，果瓣长卵形或新月形，两侧扁，灰绿色，花柱宿存。种子矩圆状卵形，表面被小疣状突起，无胚乳。花期 5～6 月，果期 7～8 月。

四棱荠属——【学　名】*Goldbachia*

【蒙古名】ᠢᠷᠠᠯ ᠤᠨ ᠡᠪᠡᠰᠦ

【英文名】Goldbachia

【生活型】一年生或二年生草本。

【茎】茎分枝,常无毛。

【叶】叶倒披针形或长圆状椭圆形,边缘有弯缺状牙齿至近全缘;基生叶下部渐狭,上部叶无柄,基部楔形至耳状抱茎。

【花】总状花序在果期疏松;花梗丝状,果期不增粗;萼片近直立,基部稍成或不成囊状;花瓣白色或浅粉红色,匙形,长约为萼片的 2 倍;侧蜜腺环状,外侧开口,中蜜腺连接侧蜜腺;子房有 2～4(～6) 颗胚珠,柱头头状,花柱短,增粗。

【果实和种子】短角果四棱状椭圆形或长圆状椭圆形,在中部常变细且稍弯曲,常横裂成 2 瓣,或在种子间横裂,裂瓣革质,增厚。种子 2～3 粒,每室常仅 1 粒成熟,子叶背倚胚根。

【分类地位】被子植物门、双子叶植物纲、原始花被亚纲、罂粟目、白花菜亚目、十字花科、香花芥族。

【种类】全属约有 6 种;中国有 1 种;内蒙古有 1 种。

四棱荠 *Goldbachia laevigata*

一年生草本。无毛,少数下部及叶边缘具极疏生硬毛。基生叶莲座状,叶片长圆状倒卵形、长椭圆形或倒披针形,顶端圆钝,基部渐狭,边缘具波状齿或近全缘;茎生叶无柄,叶片线状长圆形或披针形,基部耳状抱茎,边缘具牙齿至全缘。总状花序具少数疏生花,花后伸长;萼片长圆形;花瓣白色或粉红色,匙形。短角果长圆形,具 4 条棱,稍弯,裂瓣厚,平滑或具疣状突起,有 1 条显明脉,常 2 室,室间有横壁,种子间稍缢缩;果梗下弯或平展。种子长圆形,褐色。花果期 6～7 月。

松蒿属——【学　名】*Phtheirospermum*

【蒙古名】ᠲᠠᠶ᠎ᠠ ᠶ᠋ᠢᠨ ᠮᠠᠨ ᠴᠡᠴᠡᠭ

【英文名】Phtheirospermum

【生活型】一年生或多年生草本。

【茎】茎单出或成丛。

【叶】叶对生,有柄或无柄,如有柄则叶片基部常下延成狭翅;叶片 1～3 回羽状开裂;小叶片卵形、矩圆形或条形。

【花】花具短梗,生于上部叶腋,成疏总状花序,无小苞片;萼钟状,5 裂;萼齿全缘至羽状深裂;花冠黄色至红色,花冠筒状,具 2 褶襞,上部扩大,5 裂,裂片成 2 唇形;上唇较短,直立,2 裂,裂片外卷;下唇较长而平展,3 裂;雄蕊 4 枚,2 枚强,前方 1 对较长,内藏或多少露于筒口;花药无毛或疏被棉毛;药室 2 枚,相等,分离,并行,而有 1 短尖头;子房长卵形,花柱顶部匙状扩大,浅 2 裂。

【果实和种子】蒴果压扁,具喙,室背开裂;裂片全缘。种子具网纹。

【分类地位】被子植物门、双子叶植物纲、合瓣花亚纲、管状花目、玄参科。

【种类】全属有 3 种;中国有 2 种;内蒙古有 1 种。

610

松蒿 *Phtheirospermum japonicum*

一年生草本。有时高仅 5 厘米即开花,植体被多细胞腺毛。茎直立或弯曲而后上升,通常多分枝。叶具边缘有狭翅之柄,叶片长三角状卵形,近基部的羽状全裂,向上则为羽状深裂;小裂片长卵形或卵圆形,多少歪斜,边缘具重锯齿或深裂。萼齿 5 枚,叶状,披针形,羽状浅裂至深裂,裂齿先端锐尖;花冠紫红色至淡紫红色,外面被柔毛;上唇裂片三角状卵形,下唇裂片先端圆钝;花丝基部疏被长柔毛。蒴果卵珠形。种子卵圆形,扁平。花果期 6～10 月。

松科——【学　名】Pinaceae

【蒙古名】ᠨᠠᠷᠠᠰᠤ ᠶᠢᠨ ᠣᠪᠤᠭ

【英文名】Pine Family

【生活型】常绿或落叶乔木，稀为灌木状。

【茎】枝仅有长枝，或兼有长枝与生长缓慢的短枝，短枝通常明显，稀极度退化而不明显。

【叶】叶条形或针形，基部不下延生长；条形叶扁平，稀呈四棱形，在长枝上螺旋状散生，在短枝上呈簇生状；针形叶 2～5 针(稀 1 针或多至 81 针)成一束，着生于极度退化的短枝顶端，基部包有叶鞘。

【花】花单性，雌雄同株；雄球花腋生或单生枝顶，或多数集生于短枝顶端，具多数螺旋状着生的雄蕊，每雄蕊具 2 花药，花粉有气囊或无气囊，或具退化气囊；雌球花由多数螺旋状着生的珠鳞与苞鳞所组成，花期时珠鳞小于苞鳞，稀珠鳞较苞鳞为大，每珠鳞的腹(上)面具 2 颗倒生胚珠，背(下)面的苞鳞与珠鳞分离(仅基部合生)，花后珠鳞增大发育成种鳞。

【果实和种子】球果直立或下垂，当年或次年稀第三年成熟，熟时张开，稀不张开；种鳞背腹面扁平，木质或革质，宿存或熟后脱落；苞鳞与种鳞离生(仅基部合生)，较长而露出或不露出，或短小而位于种鳞的基部；种鳞的腹面基部有 2 粒种子，种子通常上端具 1 个膜质之翅，稀无翅或几无翅；胚具 2～16 片子叶，发芽时出土或不出土。

【种类】全科有 3 亚科，10 属，230 余种；中国有 10 属，113 种，29 变种(其中引种 24 栽培种，2 变种)；内蒙古有 3 属，12 种，2 变种。

松科 Pinaceae Spreng. ex Rudolphi 是德国植物学家和医生 Kurt Polycarp Joachim Sprengel(1766－1833) 于 1830 年在"Systema orbis vegetabilium 35"(Syst. Orb. Veg.)上发表的植物科，模式属为松属(Pinus)。Pinaceae Lindl. 是英国植物学家、园艺学家和兰花专家 John Lindley(1799－1865)于 1836 年在"An Introduction to the Natural System of Botany 2"(Intr. Nat. Syst. Bot.)上发表的植物科，时间比 Pinaceae Spreng. ex Rudolphi 晚。

在植物界，松科隶属裸子植物门(Gymnospermae)、松杉纲(松柏纲、球果纲)(Coniferopsida，Pinopsida)、松杉目(Pinales)。Gymnospermae 是德国植物学家 Karl Anton Eugen Prantl(1849－1893) 于 1874 年在"Lehrbuch der Botanik 131"(Lehrb. Bot.)上命名的植物门。Pinopsida Burnett 是英国植物学家 Gilbert Thomas Burnett (1800－1835) 于 1835 年在"Outlines of Botany 483"(Outlines Bot.)上发表的植物纲，模式为松属(Pinus)。Pinales Gorozh. 是俄国植物学家 Ivan Nikolaevich Gorozhankin(1848－1904) 于 1904 年在"Lekts. Morf. Sist. Archegon. 88"(Lekts. Morf. Sist. Archegon.)上发表的植物目，模式为松属(Pinus)。

松属——【学　名】*Pinus*

　　　　　【蒙古名】ᠢᠮᠠᠭᠤ᠌ ᠶᠢᠨ ᠮᠣᠳᠤᠨ

　　　　　【英文名】Pine

【生活型】常绿乔木,稀为灌木。

【茎】枝轮生,每年生一节或二节或多节;冬芽显著,芽鳞多数,覆瓦状排列。

【叶】叶有二型:鳞叶(原生叶)单生,螺旋状着生,在幼苗时期为扁平条形,绿色,后则逐渐退化成膜质苞片状,基部下延生长或不下延生长;针叶(次生叶)螺旋状着生,辐射伸展,常2针、3针或5针一束,生于苞片状鳞叶的腋部,着生于不发育的短枝顶端,每束针叶基部由8～12枚芽鳞组成的叶鞘所包,叶鞘脱落或宿存,针叶边缘全缘或有细锯齿,背部无气孔线或有气孔线,腹面两侧具气孔线,横切面三角形、扇状三角形或半圆形,具1～2个维管束及2至10余个中生或边生稀内生的树脂道。

【花】球花单性,雌雄同株;雄球花生于新枝下部的苞片腋部,多数聚集成穗状花序状,无梗,斜展或下垂,雄蕊多数,螺旋状着生,花药2室,药室纵裂,药隔鳞片状,边缘微具细缺齿,花粉有气囊;雌球花单生或2～4个生于新枝近顶端,直立或下垂,由多数螺旋状着生的珠鳞与苞鳞所组成,珠鳞的腹(上)面基部有2颗倒生胚珠,背(下)面基部有1枚短小的苞鳞。

【果实和种子】小球果于第二年春受精后迅速长大,球果直立或下垂,有梗或几无梗;种鳞木质,宿存,排列紧密,上部露出部分为"鳞盾",有横脊或无横脊,鳞盾的先端或中央有呈瘤状凸起的"鳞脐",鳞脐有刺或无刺;球果第二年(稀第三年)秋季成熟,熟时种鳞张开,种子散出,稀不张开,种子不脱落,发育的种鳞具2粒种子;种子上部具长翅,种翅与种子结合而生,或有关节与种子脱离,或具短翅或无翅;子叶3～18片,发芽时出土。

【分类地位】裸子植物门、松杉纲、松杉目、松亚科。

【种类】全属有80余种;中国有22种,10变种;内蒙古有5种,1变种。

樟子松 *Pinus sylvestris* var. *mongolica*

　　乔木。大树树皮厚,上部树皮及枝皮黄色至褐黄色,内侧金黄色,裂成薄片脱落;枝斜展或平展,幼树树冠尖塔形;冬芽褐色或淡黄褐色。针叶2针一束,两面均有气孔线;横切面半圆形,微扁,皮下层细胞单层,维管束鞘呈横茧状,二维管束距离较远;叶鞘基部宿存,黑褐色。雄球花圆柱状卵圆形;雌球花有短梗,淡紫褐色,当年生小球果,下垂。球果卵圆形或熟后开始脱落;种子黑褐色,长卵圆形或倒卵圆形,微扁;子叶6～7片。花期5～6月,球果第二年9～10月成熟。

松下兰属——【学　名】*Hypopitys*

【蒙古名】ᠮᠣᠩᠭᠣᠯ ᠶᠢᠷᠲᠢᠨᠴᠦ ᠶᠢᠨ ᠣᠶᠠᠲᠤ

【英文名】Hypopitys

【根】根多分枝,密集,外面包被一层菌根。

【茎】茎直立,无毛或稍被毛。多年生腐生草本,肉质,白色或淡黄色,干后变黑。

【叶】叶互生,鳞片状,上部的排列稀疏,下部的较紧密,卵状矩圆形,基部略抱茎,两面无毛,无柄。

【花】总状花序常偏一侧,初俯垂,后渐直立。萼片鳞片状,狭倒卵形,顶端钝圆,边缘具不规则锯齿,花瓣淡黄色,先端圆形,基部囊状;雄蕊短于花冠,花丝丝状,花药三角形;子房4～5室,花柱粗壮,柱头明显膨大,漏斗状。

【果实和种子】蒴果椭圆状球形,种子多数。

【分类地位】被子植物门、双子叶植物纲、合瓣花亚纲、杜鹃花目、鹿蹄草科。

【种类】全属约有3种;中国有2种;内蒙古有1种。

松下兰 *Monotropa hypopitys*(*Hypopitys monotropa*)

多年生草本。腐生,全株无叶绿素,白色或淡黄色,肉质,干后变黑褐色。根细而分枝密。叶鳞片状,直立,互生,上部较稀疏,下部较紧密,卵状长圆形或卵状披针形,先端钝头,边缘近全缘,上部的常有不整齐的锯齿。总状花序有3～8朵花;花初下垂,后渐直立,花冠筒状钟形;苞片卵状长圆形或卵状披针形;萼片长圆状卵形,先端急尖,早落;花瓣4～5片。长圆形或倒卵状长圆形,先端钝,上部有不整齐的锯齿,早落;雄蕊8～10枚,短于花冠,花药橙黄色,花丝无毛;子房无毛,中轴胎座,4～5室;花柱直立,柱头膨大成漏斗状,4～5圆裂。蒴果椭圆状球形。花期6～7(～8)月,果期7～8(～9)月。

菘蓝属——【学　名】*Isatis*

【蒙古名】ᠵᠢᠷᠭᠠᠯ ᠶᠢᠨ ᠤᠷᠭᠤᠮᠠᠯ

【英文名】Woad

【生活型】一年生、二年生或多年生草本。

【茎】茎常多分枝。

【叶】基生叶有柄,茎生叶无柄,叶基部箭形或耳形,抱茎或半抱茎,全缘。

【花】总状花序成圆锥花序状,果期延长;萼片近直立,略相同,基部不成囊状;花瓣黄色、白色或紫白色,长圆状倒卵形或倒披针形;侧蜜腺几成环状,向内侧常略弯曲,中蜜腺窄,连接侧蜜腺;子房1室,具1~2颗垂生胚珠,柱头几无柄,近2裂。

【果实和种子】短角果长圆形、长圆状楔形或近圆形,压扁,不开裂,至少在上部有翅,无毛或有毛,顶端平截或尖凹,果瓣常有1条显明中脉。种子常1粒,长圆形,带棕色;子叶背倚胚根。

【分类地位】被子植物门、双子叶植物纲、原始花被亚纲、罂粟目、白花菜亚目、十字花科、独行菜族。

【种类】全属约有30种;中国有6种,1变种,内蒙古有4种,1变种。

菘蓝 *Isatis indigotica*

二年生草本。茎直立,绿色,顶部多分枝,植株光滑无毛,带白粉霜。基生叶莲座状,长圆形至宽倒披针形,顶端钝或尖,基部渐狭,全缘或稍具波状齿,具柄;基生叶蓝绿色,长椭圆形或长圆状披针形,基部叶耳不明显或为圆形。萼片宽卵形或宽披针形;花瓣黄白,宽楔形,顶端近平截,具短爪。短角果近长圆形,扁平,无毛,边缘有翅;果梗细长,微下垂。种子长圆形,淡褐色。花期4~5月,果期5~6月。

原产于中国,全国各地均有栽培。根(板蓝根)、叶(大青叶)均供药用,有清热解毒、凉血消斑、利咽止痛的功效。叶还可提取蓝色染料;种子榨油,供工业用。

嵩草属——【学　名】*Kobresia*

【蒙古名】ᠣᠷᠭᠣᠢ ᠶᠢᠨ ᠢᠵᠠᠭᠤᠷ

【英文名】Kobresia

【生活型】多年生草本。

【茎】根状茎短或部分匍匐。秆密丛生,直立,三棱形或圆柱形,基部具或疏或密的宿存叶鞘。

【叶】叶基生,较少秆生,平张或边缘外卷呈线形。

【花】小穗多数或单一顶生,如为多数则组成穗状花序或穗状圆锥花序,两性或单性,后者为雌雄同株异序或异株,含多数支小穗;支小穗单性或两性,单性者仅含 1 朵雄花或 1 朵雌花,两性者通常为雄雌顺序,即在基部 1 朵雌花之上具 1 至若干朵雄花;雄花具 1 个鳞片,雄蕊 2~3 枚生于鳞片腋内;雌花亦具 1 个鳞片,1 个由两个小苞片愈合而成的先出叶生于鳞片腋内并与之对生,雌蕊 1 枚被先出叶所包;子房上位,柱头 2~3 枚。

【果实和种子】果为小坚果,三棱形、双凸状或平凸状,完全或不完全为先出叶所包。退化小穗轴通常存在于雌性支小穗之中。

【分类地位】被子植物门、单子叶植物纲、莎草目、莎草科、薹草亚科、薹草族。

【种类】全属有 70 余种;中国有 59 种,4 变种;内蒙古有 8 种。

大青山嵩草 *Kobresia daqingshanica*

根状茎斜生,木质。秆丛生,直立,钝三棱柱形,上部稍粗糙,基部具褐或栗褐色的宿存叶鞘。叶短于秆,平张或上部对折,边缘粗糙。圆锥花序紧缩呈穗状,圆柱形或长圆形;苞片鳞片状,顶端具芒;小穗 11~22 个,下部的 3~8 个有分枝,长圆形或椭圆形;侧生支小穗雄雌顺序,在基部的 1 朵雌花之上具 1~8 朵雄花,极少在雌花之上无雄花。鳞片长圆形或卵状长圆形,顶端急尖,有短尖,两侧褐色,具宽的白色膜质边缘,中间黄绿色,有 1 条中脉。先出叶长于鳞片,卵状长圆形或卵形,膜质,棕褐色,背部具 1~2 条脊或不明显,腹面边缘分离几至基部。小坚果长圆形或倒卵状长圆形,三棱形和双凸状或平凸状,褐色,有光泽,顶端急缩成圆锥状的喙;花柱基部不增粗,柱头 3 枚或 2 枚;退化小穗轴如存在为刚毛状。

溲疏属——【学　名】*Deutzia*

【蒙古名】ᠨᠣᠭᠤᠭᠠᠨ ᠵᠢᠮᠢᠰ ᠤᠨ ᠲᠥᠷᠥᠯ

【英文名】Deutzia

【生活型】落叶灌木,稀半常绿。

【茎】小枝中空或具疏松髓心,表皮通常片状脱落;芽具数个鳞片,覆瓦状排列。

【叶】叶对生,具叶柄,边缘具锯齿,无托叶。

【花】花两性,组成圆锥花序、伞房花序、聚伞花序或总状花序,稀单花,顶生或腋生;萼筒钟状,与子房壁合生,木质化,裂片5枚,直立,内弯或外反,果时宿存;花瓣5片,花蕾时内向镊合状或覆瓦状排列,白色、粉红色或紫色;雄蕊10枚,稀12~15枚,常成形状和大小不等的两轮,花丝常具翅,先端2枚齿,浅裂或钻形;花药常具柄,着生于花丝裂齿间或内侧近中部;花盘环状,扁平;子房下位,稀半下位,3~5室,每室具胚珠多颗,中轴胎座;花柱3~5枚,离生,柱头常下延。

【果实和种子】蒴果3~5室,室背开裂;种子多粒,胚小,微扁,具短喙和网纹。

【分类地位】被子植物门、双子叶植物纲、原始花被亚纲、蔷薇目、虎耳草亚目、虎耳草科、绣球花亚科、山梅花族。

【种类】全属有60余种;中国有53种(其中2种为引种或已归化种),1亚种,19变种;内蒙古有2种。

大花溲疏 *Deutzia grandiflora*

灌木。老枝紫褐色或灰褐色,无毛,表皮片状脱落;花枝开始极短,以后延长,具2~4片叶,黄褐色,被具中央长辐线星状毛。叶纸质,卵状菱形或椭圆状卵形,先端急尖,基部楔形或阔楔形,边缘具大小相间或不整齐锯齿,上面被4~6辐线星状毛,下面灰白色,被7~11辐线星状毛,毛稍紧贴,沿叶脉具中央长辐线,侧脉每边5~6条;叶柄被星状毛。聚伞花具花(1~)2~3朵;花蕾长圆形;花被星状毛;萼筒浅杯状,直密被灰黄色星状毛,有时具中央长辐线,裂片线状披针形,较萼筒长,被毛较稀疏;花瓣白色,长圆形或倒卵状长圆形,先端圆形,中部以下收狭,外面被星状毛,花蕾时内向镊合状排列;花丝先端2枚齿,齿平展或下弯成钩状,花药卵状长圆形,具短柄,内轮雄蕊较短,形状与外轮相同;花柱3(~4)枚,约与外轮雄蕊等长。蒴果半球形,被星状毛,具宿存萼裂片外弯。花期4~6月,果期9~11月。

酸浆属——【学　名】*Physalis*

【蒙古名】ᠬᠠᠯᠠᠭᠤᠨ ᠴᠡᠴᠡᠭ ᠦᠨ ᠲᠥᠷᠥᠯ

【英文名】Groundcherry, Husk tomato,

　　　　　Cape gooseberry

【生活型】一年生或多年生草本。

【茎】基部略木质,无毛或被柔毛,稀有星芒状柔毛。

【叶】叶不分裂或有不规则的深波状牙齿,稀为羽状深裂,互生或在枝上端大小不等二叶双生。

【花】花单独生于叶腋或枝腋。花萼钟状,5浅裂或中裂,裂片在花蕾中镊合状排列,果时增大成膀胱状,远较浆果为大,完全包围浆果,有10条纵肋,5条棱或10条棱形,膜质或革质,顶端闭合基部常凹陷;花冠白色或黄色,辐状或辐状钟形,有褶襞,5浅裂或仅五角形,裂片在花蕾中内向镊合状,后面折合而旋转;雄蕊5枚,较花冠短,插生于花冠近基部,花丝丝状,基部扩大,花药椭圆形,纵缝裂开;花盘不显著或不存在;子房2室,花柱丝状,柱头不显著2浅裂;胚珠多数。

【果实和种子】浆果球状,多汁。种子多数,扁平,盘形或肾脏形,有网纹状凹穴;胚极弯曲,位于近周边处;子叶半圆棒形。

【分类地位】被子植物门、双子叶植物纲、合瓣花亚纲、管状花目、茄科、茄族、茄亚族。

【种类】全属约有120种;中国有5种,2变种;内蒙古有1种,1变种。

酸浆 *Physalis alkekengi*

　　多年生草本。基部常匍匐生根。基部略带木质,分枝稀疏或不分枝,茎节不甚膨大,常被有柔毛,尤其以幼嫩部分较密。叶长卵形至阔卵形,有时菱状卵形,顶端渐尖,基部不对称狭楔形,下延至叶柄,全缘而波状或者有粗牙齿,有时每边具少数不等大的三角形大牙齿,两面被有柔毛,沿叶脉较密,上面的毛常不脱落,沿叶脉亦有短硬毛。花梗开花时直立,后来向下弯曲,密生柔毛而果时也不脱落;花萼阔钟状,密生柔毛,萼齿三角形,边缘有硬毛;花冠辐状,白色,裂片开展,阔而短,顶端骤然狭窄成三角形尖头,外面有短柔毛,边缘有缘毛;雄蕊及花柱均较花冠为短。果梗多少被宿存柔毛;果萼卵状,薄革质,网脉显著,有10条纵肋,橙色或火红色,被宿存的柔毛,顶端闭合,基部凹陷;浆果球状,橙红色,柔软多汁。种子肾脏形,淡黄色。花期5～9月,果期6～10月。

酸模属——【学　名】*Rumex*

【蒙古名】ᠬᠤᠵᠢᠷᠲᠤ ᠨᠤᠭᠤᠭᠠ

【英文名】Dock，Docken，Sorrel

【生活型】一年生或多年生草本，稀为灌木。

【根】根通常粗壮。

【茎】有时具根状茎。茎直立，通常具沟槽，分枝或上部分枝。

【叶】叶基生和茎生，茎生叶互生，边缘全缘或波状，托叶鞘膜质，易破裂而早落。

【花】花序圆锥状，多花簇生成轮。花两性，有时杂性，稀单性，雌雄异株。花梗具关节；花被片 6 枚，成 2 轮，宿存，外轮 3 枚果时不增大，内轮 3 枚果时增大，边缘全缘，具齿或针刺，背部具小瘤或无小瘤；雄蕊 6 枚，花药基着；子房卵形，具 3 棱，1 室，含 1 颗胚珠，花柱 3 枚，柱头画笔状。

【果实和种子】瘦果卵形或椭圆形，具 3 锐棱，包于增大的内花被片内。

【分类地位】被子植物门、双子叶植物纲、原始花被亚纲、蓼目、蓼科、酸模亚科、酸模族。

【种类】全属约有 150 种；中国有 26 种，2 变种；内蒙古有 10 种，1 变种。

酸模 *Rumex acetosa*

多年生草本。根为须根。茎直立，具深沟槽，通常不分枝。基生叶和茎下部叶箭形，顶端急尖或圆钝，基部裂片急尖，全缘或微波状；茎上部叶较小，具短叶柄或无柄；托叶鞘膜质，易破裂。花序狭圆锥状，顶生，分枝稀疏；花单性，雌雄异株；花梗中部具关节；花被片 6 枚，成 2 轮，雄花内花被片椭圆形，外花被片较小，雄蕊 6 枚；雌花内花被片果时增大，近圆形，全缘，基部心形，网脉明显，基部具极小的小瘤，外花被片椭圆形，反折，瘦果椭圆形，具 3 条锐棱，两端尖，黑褐色，有光泽。花期 5～7 月，果期 6～8 月。

碎米荠属 —— 【学　名】*Cardamine*

【蒙古名】ᠵᠢᠭᠠᠰᠤᠨ ᠤ᠋ ᠢᠳᠡᠰᠢ

【英文名】Bittercress

【生活型】一年生、二年生或多年生草本。

【茎】地下根状茎不明显,密被纤维状须根,或根状茎显著,直生或匍匐延伸,带肉质,有时多少具鳞片,偶有小球状的块茎;有或无匍匐茎。茎单一,不分枝或自基部、上部分枝。

【叶】叶为单叶或为各种羽裂,或为羽状复叶,具叶柄,很少无柄。

【花】总状花序通常无苞片,花初开时排列成伞房状;萼片直立或稍开展,卵形或长圆形,边缘膜质,基部等大,内轮萼片的基部多呈囊状;花瓣白色、淡紫红色或紫色,倒卵形或倒心形,有时具爪;雄蕊花丝直立,细弱或扁平,稍扩大;侧蜜腺环状或半环状,有时成 2 枚鳞片状,中蜜腺单一,乳突状或鳞片状;雌蕊柱状。

【果实和种子】长角果线形,扁平,果瓣平坦,无脉或基部有 1 条不明显的脉,成熟时常自下而上开裂或弹裂卷起。种子每室 1 行,压扁状,椭圆形或长圆形,无翅或有窄的膜质翅;子叶扁平,通常缘倚胚根。

【分类地位】被子植物门、双子叶植物纲、原始花被亚纲、罂粟目、白花菜亚目、十字花科、南芥族。

【种类】全属约有 160 种;中国约有 39 种,29 变种;内蒙古有 8 种。

619

小花碎米荠 *Cardamine parviflora*

一年生矮小草本。根短,纤维状。茎单一,直立,纤细,稍曲折,有时带紫色,无毛。基生叶有叶柄,小叶 1～5 对,多为线形,顶端小叶倒卵形,顶端圆,基部楔形,侧生小叶较小;茎生叶有短叶柄,小叶 3～8 对,顶生与侧生小叶均相似,线形或长条形,顶端尖,基部渐狭,无柄,全缘,全部小叶均无毛。总状花序顶生,有多数花,花极小;花梗纤细;萼片狭卵形;花瓣白色,长椭圆状楔形,顶端圆;花药卵形;雌蕊柱状,花柱极短,柱头比花柱稍宽。角果线形,微扁,直立,与向左右曲折的果序轴近于平行;果瓣淡褐色,微隆起,光滑无毛,种子间缢缩;果梗斜向开展,纤细。种子椭圆形,褐色,边缘有极狭的翅。花期 5～6 月,果期 6～7 月。

莎草科——【学　名】*Cyperaceae*

【蒙古名】ᠬᠠᠮᠠᠭ ᠎ᠢᠶᠠᠨ ᠎ᠦ ᠬᠠᠰᠢᠭᠤ

【英文名】Sedge Family

【生活型】多年生草本，较少为一年生。

【茎】多数具根状茎少有兼具块茎。大多数有三棱形的秆。

【叶】叶基生和秆生，一般具闭合的叶鞘和狭长的叶片，或有时仅有鞘而无叶片。

【花】花序多种多样，有穗状花序、总状花序、圆锥花序、头状花序或长侧枝聚伞花序；小穗单生、簇生或排列成穗状或头状，具 2 至多数花，或退化至仅具 1 朵花；花两性或单性，雌雄同株，少有雌雄异株，着生于鳞片（颖片）腋间，鳞片覆瓦状螺旋排列或 2 列，无花被或花被退化成下位鳞片或下位刚毛，有时雌花为先出叶所形成的果囊所包裹；雄蕊 3 枚，少有 2～1 枚，花丝线形，花药底着；子房 1 室，具 1 颗胚珠，花柱单一，柱头 2～3 枚。

【果实和种子】果实为小坚果，三棱形，双凸状、平凸状，或球形。

【种类】全科有 80 余属，4000 余种；中国有 28 属，500 余种；内蒙古有 11 属，135 种，1 亚种，8 变种，1 变型。

　　莎草科 Cyperaceae Juss. 是法国植物学家 Antoine Laurent de Jussieu (1748—1836)于 1789 年在"Genera plantarum 26"(Gen. Pl.)中建立的植物科，模式属为莎草属(Cyperus)。

　　在恩格勒系统(1964)中，莎草科隶属单子叶植物纲(Monocotyledoneae)、莎草目(Cyperales)，只含 1 个科。在哈钦森系统(1959)中，莎草科隶属单子叶植物纲颖花区(Glumiflorae)、莎草目(Cyperales)，只含 1 个科，认为莎草目是由百合目(Liliales)经灯心草目(Juncales)演化来的。在塔赫他间系统(1980)中，莎草科隶属单子叶植物纲(Liliopsida, Monocotyledoneae)、百合亚纲(Liliidae)、莎草目，只含 1 个科，认为莎草目经灯心草目(Juncales)演化来。在克朗奎斯特系统(1981)中，莎草科隶属百合纲(Liliopsida)、鸭跖草亚纲(Commelinidae)、莎草目，含莎草科和禾本科(Poaceae)2 个科，认为莎草目和灯心草目有共同祖先，起源于鸭跖草目(Commelinales)。

莎草属——【学　名】*Cyperus*

【蒙古名】ᠴᠢᠷᠮᠠᠯ ᠡᠪᠡᠰᠦ ᠶᠢᠨ ᠲᠦᠷᠦᠯ

【英文名】Cypressgrass，Faltsedge

【生活型】一年生或多年生草本。

【茎】秆直立，丛生或散生，粗壮或细弱，仅于基部生叶。

【叶】叶具鞘。

【花】长侧枝聚伞花序简单或复出，或有时短缩成头状，基部具叶状苞片数个；小穗几个至多数，成穗状、指状、头状排列于辐射枝上端，小穗轴宿存，通常具翅；鳞片2列，极少为螺旋状排列，最下面1～2个鳞片为空的，其余均具1朵两性花，有时最上面1～3朵花不结实；无下位刚毛；雄蕊3枚，少数1～2枚；花柱基部不增大，柱头3枚，极少2枚，成熟时脱落。

【果实和种子】小坚果三棱形。

【分类地位】被子植物门、单子叶植物纲、莎草目、莎草科、藨草亚科、莎草族。

【种类】全属约有600种；中国有30余种及一些变种；内蒙古有5种。

异型莎草 *Cyperus difformis*

一年生草本。根为须根。秆丛生，稍粗或细弱，扁三棱形，平滑。叶短于秆，平张或折合；叶鞘稍长，褐色。苞片2个，少3个，叶状，长于花序；长侧枝聚伞花序简单，少数为复出，具3～9个辐射枝，辐射枝长短不等或有时近于无花梗；头状花序球形，具极多数小穗，小穗密聚，披针形或线形，具8～28朵花；小穗轴无翅；鳞片排列稍松，膜质，近于扁圆形，顶端圆，中间淡黄色，两侧深红紫色或栗色边缘具白色透明的边，具3条不很明显的脉；雄蕊2枚，有时1枚，花药椭圆形，药隔不突出于花药顶端；花柱极短，柱头3枚，短。小坚果倒卵状椭圆形，三棱形，几与鳞片等长，淡黄色。花果期7～10月。

莎菀属——【学　名】*Arctogeron*

【蒙古名】ᠮᠣᠩᠭᠣᠯ ᠤ ᠴᠡᠴᠡᠭ (蒙古文)

【英文名】Arctogeron

【生活型】多年生草本。

【茎】丛生，具数个花茎。

【叶】叶密集于基部，线状钻形，边缘具糙缘毛。

【花】头状花序异形，辐射状，单生于茎端；总苞半球状，总苞片3层，覆瓦状，披针形，顶端渐尖，背面具龙骨状突起，绿色，具白色干膜质边缘；花托狭而平，多少具窝孔；花全部结实，外围的雌花1层，花冠舌状，白色或粉白色，舌片卵状长圆形，顶端具细齿；中央的两性花黄色，花冠管状，花药基部钝；花柱分枝顶端具短三角形附器。

【果实和种子】瘦果长圆形，稍扁压，密被银白色长柔毛；冠毛多层，糙毛状，近等长。

【分类地位】被子植物门、双子叶植物纲、合瓣花亚纲、桔梗目、菊科、管状花亚科、紫菀族。

【种类】单种属；中国有1种；内蒙古有1种。

莎菀 *Arctogeron gramineum*

多年生丛生草本。根粗壮，垂直或多少扭曲，伸长或缩短，根状茎近木质，短，常有密集分枝，被密而厚的残叶鞘；叶密集于基部，线形，近钻状，硬质，基部稍扩大成鞘，具1条脉，两面无毛或多少被蛛丝状柔毛，边缘具硬糙缘毛；花被疏蛛丝状柔毛；头状花序单生于花茎端，总苞半球形，总苞片狭披针形，顶端渐尖，背面沿中脉具龙骨状突起，绿色，被密短柔毛，具宽白色干膜质边缘；外围的雌花1层，舌状，舌片淡粉红色；中央的两性花黄色，花冠管状，顶端具5齿裂；瘦果长圆形，稍具肋，被银白色长柔毛；冠毛白色，糙毛状，约与花冠等长或稍长。花期5~6月。

梭梭属——【学　名】*Haloxylon*

【蒙古名】ᠮᠣᠳᠣᠨ ᠤ ᠮᠣᠳᠣ

【英文名】Saxoul

【生活型】灌木或小乔木。

【茎】茎直立,多分枝,老枝圆柱状;当年枝绿色或蓝绿色,具关节。

【叶】叶对生,退化成鳞片状,或几无叶,基部合生,先端钝或具短芒尖。

【花】花单生于叶腋,两性,具 2 个小苞片;花被片 5 枚,离生,纸质或干膜质,内面凹,内面基部常具蛛丝状毛,果时背部上方横翅状附属物;翅状附属物膜质,平展,具纵脉;雄蕊 5 枚,着生于杯状花盘上,花药椭圆形,不具附属物;子房基部陷于花盘内,花柱极短,柱头 2～5 枚。

【果实和种子】胞果半球形,顶面微凹,果皮肉质,与种子贴伏。种子横生,无胚乳;胚绿色,螺旋状。

【分类地位】被子植物门、双子叶植物纲、原始花被亚纲、中央种子目、藜科、螺胚亚科、猪毛菜族。

【种类】全属约有 11 种;中国有 2 种;内蒙古有 1 种。

梭梭 *Haloxylon ammodendron*

623

小乔木。树皮灰白色,木材坚而脆;老枝灰褐色或淡黄褐色,通常具环状裂隙;当年枝细长,斜升或弯垂。叶鳞片状,宽三角形,稍开展,先端钝,腋间具棉毛。花着生于二年生枝条的侧生短枝上;小苞片舟状,宽卵形,与花被近等长,边缘膜质;花被片矩圆形,先端钝,背面先端之下 1/3 处生翅状附属物;翅状附属物肾形至近圆形,斜伸或平展,边缘波状或啮蚀状,基部心形至楔形;花被片在翅以上部分稍内曲并围抱果实;花盘不明显。胞果黄褐色,果皮不与种子贴生。种子黑色;胚盘旋成上面平下面凸的陀螺状,暗绿色。花期 5～7 月,果期 9～10 月。

生于沙丘上、盐碱土荒漠、河边沙地等处。产于宁夏西北部、甘肃西部、青海北部、新疆、内蒙古。分布于中亚和俄罗斯西伯利亚。在沙漠地区常形成大面积纯林,有固定沙丘作用;木材可作燃料。

唢呐草属——【学　名】*Mitella*

【蒙古名】ᠣᠨᠳᠣ ᠠᠯᠠᠭ ᠤᠨ ᠡᠪᠡᠰᠦ

【英文名】Miterwort

【生活型】多年生草本。

【茎】具根状茎。

【叶】单叶通常基生，具长柄，心形、卵状心形至肾状心形，具缺刻或浅裂；茎生叶少或无；托叶干膜质。

【花】总状花序顶生，具苞片；花小；萼片 5 个；花瓣 5 片，通常羽状分裂，稀全缘，有时不存在；雄蕊 5 或 10 枚；2 枚心皮大部合生，子房上位或近下位，1 室，具 2 侧膜胎座；花柱 2 枚。

【果实和种子】蒴果之 2 果瓣最上部离生；种子多数，卵球形，通常具小瘤。

【分类地位】被子植物门、双子叶植物纲、原始花被亚纲、蔷薇目、虎耳草亚目、虎耳草科、虎耳草亚科、虎耳草族。

【种类】全属约有 15 种；中国有 2 种；内蒙古有 1 种。

唢呐草 *Mitella nuda*

多年生草本。根状茎细长。茎无叶，或仅具 1 片叶，被腺毛。基生叶 1～4 片，叶片心形至肾状心形，基部心形，不明显 5～7 浅裂，边缘具齿牙，两面被硬腺毛，被硬腺毛；茎生叶与基生叶同型，被硬腺毛，具短柄。总状花疏生数花；花被短腺毛；萼片近卵形，先端稍渐尖，单脉；花瓣羽状 9 深裂，裂片通常线形；雄蕊 10 枚，较萼片短；2 枚心皮大部合生，子房半下位，阔卵球形，花柱 2 枚，柱头 2 裂。蒴果之 2 枚果瓣最上部离生，被腺毛；种子黑色而具光泽，狭椭球形。花果期 6～9 月。

锁阳科——【学　名】*Cynomoriaceae*

【蒙古名】ᠣᠵᠢᠭᠤᠷ ᠰᠦ᠋ᠬᠡᠲᠦ ᠡᠪᠡᠰᠦ

【英文名】Cynomorium Family

【生活型】根寄生多年生肉质草本,全株红棕色,无叶绿素。

【茎】茎圆柱形,肉质,分枝或不分枝。

【叶】具螺旋状排列的脱落性鳞片叶。

【花】花杂性,极小,由多数雄花、雌花与两性花密集形成顶生的肉穗花序,花序中散生鳞片状叶;花被片通常4~6枚,少数1~3枚或7~8枚;雄花具1枚雄蕊和1枚密腺;雌花具1枚雌蕊,子房下位,1室,内具1颗顶生悬垂的胚珠;两性花具1枚雄蕊和1枚雌蕊。

【果实和种子】果为小坚果状。种子具胚乳。

【种类】全科仅有1属,2种;中国仅有1属,1种;内蒙古有1属,1种。

锁阳科 Cynomoriaceae Endl. ex Lindl. 是奥地利植物学家、钱币收藏家和汉学家 Stephan Ladislaus Endlicher(1804-1849)命名但未经发表的植物科,后由英国植物学家、园艺学家和兰花专家 John Lindley(1799-1865)描述,于1833年代为发表在"Nixus Plantarum 23"(Nix. Pl.)上,模式属为锁阳属(Cynomorium)。

在恩格勒系统(1964)中,锁阳科隶属原始花被亚纲(Archichlamydeae)、桃金娘目(Myrtiflorae)、锁阳亚目(Cynomoriineae),本目含3个亚目、17个科。哈钦森系统(1959)双子叶植物木本支(Lignosae)、檀香目(Santalales)的蛇菰科(Balanophoraceae),包含锁阳属(Cynomorium),没有设立锁阳科。在塔赫他间系统(1980)中,锁阳科隶属蔷薇亚纲(Rosidae)、蛇菰目(Balanophorales),含锁阳科和蛇菰科(Balanophoraceae)2个科。克朗奎斯特系统(1981)不承认独立的锁阳科,将锁阳属置于蛇菰中,隶属蔷薇亚纲、檀香目。

锁阳属——【学　名】*Cynomorium*

【蒙古名】ᠲᠠᠭᠤᠷᠢᠶ᠎ᠠ ᠶᠢᠨ ᠦ ᠢᠵᠠᠭᠤᠷ

【英文名】Cynomorium

【生活型】根寄生多年生肉质草本,全株红棕色,无叶绿素。

【茎】茎圆柱形,肉质,分枝或不分枝。

【叶】具螺旋状排列的脱落性鳞片叶。

【花】花杂性,极小,由多数雄花、雌花与两性花密集形成顶生的肉穗花序,花序中散生鳞片状叶;花被片通常 4～6 枚,少数 1～3 或 7～8 枚;雄花具 1 枚雄蕊和 1 枚密腺;雌花具 1 枚雌蕊,子房下位,1 室,内具 1 颗顶生悬垂的胚珠;两性花具 1 枚雄蕊和 1 枚雌蕊。

【果实和种子】果为小坚果状。种子具胚乳。

【分类地位】被子植物门、双子叶植物纲、原始花被亚纲、桃金娘目、锁阳科。

【种类】全属有 2 种;中国有 1 种;内蒙古有 1 种。

锁阳 *Cynomorium songaricum*

多年生肉质寄生草本。无叶绿素,全株红棕色,大部分埋于沙中。寄生根根上着生大小不等的锁阳芽体,初近球形,后变椭圆形或长柱形,具多数须根与脱落的鳞片叶。茎圆柱状,直立,棕褐色,埋于沙中的茎具有细小须根,尤其在基部较多,茎基部略增粗或膨大。茎上着生螺旋状排列脱落性鳞片叶,中部或基部较密集,向上渐疏;鳞片叶卵状三角形,先端尖。肉穗花序生于茎顶,伸出地面,棒状;其上着生非常密集的小花,雄花、雌花和两性相伴杂生,有香气,花序中散生鳞片状叶。雄花:花被片通常 4 枚,离生或稍合生,倒披针形或匙形,下部白色,上部紫红色;蜜腺近倒圆形,亮鲜黄色,顶端有 4～5 枚钝齿,半抱花丝;雄蕊 1 枚,花丝粗,深红色,当花盛开时超出花冠;花药丁字形着生,深紫红色,矩圆状倒卵形;雌蕊退化。雌花:花被片 5～6 枚,条状披针形;花柱棒状,上部紫红色;柱头平截;子房半下位,内含 1 颗顶生下垂胚珠;雄花退化。两性花少见;花被片披针形;雄蕊 1 枚,着生于雌蕊和花被之间下位子房的上方;花丝极短,花药同雄花;雌蕊也同雌花。果为小坚果状,多数非常小,1 株约产 2～3 万粒,近球形或椭圆形,果皮白色,顶端有宿存浅黄色花柱。种子近球形,深红色,种皮坚硬而厚。花期 5～7 月,果期 6～7 月。

苔草属——【学　名】*Carex*

【蒙古名】ᠲᠠᠱᠢᠭᠠᠨ ᠤ ᠡᠪᠡᠰᠦ

【英文名】Sedge

【生活型】多年生草本。

【茎】具地下根状茎。秆丛生或散生，中生或侧生，直立，三棱形，基部常具无叶片的鞘。

【叶】叶基生或兼具秆生叶，平张，少数边缘卷曲，条形或线形，少数为披针形，基部通常具鞘。苞片叶状，少数鳞片状或刚毛状，具苞鞘或无苞鞘。

【花】花单性，由1朵雌花或1朵雄花组成1个支小穗，雌性支小穗外面包以边缘完全合生的先出叶，即果囊，果囊内有的具退化小穗轴，基部具1枚鳞片；小穗由多数支小穗组成，单性或两性，两性小穗雄雌顺序或雌雄顺序，通常雌雄同株，少数雌雄异株，具柄或无柄，小穗柄基部具枝先出叶或无，鞘状或囊状，小穗1至多数，单一顶生或多数时排列成穗状、总状或圆锥花序；雄花具3枚雄蕊，少数2枚，花丝分离；雌花具1枚雌蕊，花柱稍细长，有时基部增粗，柱头2～3个；果囊三棱形、平凸状或双凸状，具或长或短的喙。

【果实和种子】小坚果较紧或较松地包于果囊内，三棱形或平凸状。

【分类地位】被子植物门、单子叶植物纲、莎草目、莎草科、薹草亚科、薹草族。

【种类】全属有2000余种；中国有近500种；内蒙古有91种，7变种。

627

寸草 *Carex duriuscula*

　　根状茎细长，匍匐。秆纤细，平滑，基部叶鞘灰褐色，细裂成纤维状。叶短于秆，内卷，边缘稍粗糙。苞片鳞片状。穗状花序卵形或球形；小穗3～6个，卵形，密生，雄雌顺序，具少数花。雌花鳞片宽卵形或椭圆形，锈褐色，边缘及顶端为白色膜质，顶端锐尖，具短尖。果囊稍长于鳞片，宽椭圆形或宽卵形，平凸状，革质，锈色或黄褐色，成熟时稍有光泽，两面具多条脉，基部近圆形，有海绵状组织，具粗的短柄，顶端急缩成短喙，喙缘稍粗糙，喙口白色膜质，斜截形。小坚果稍疏松地包于果囊中，近圆形或宽椭圆形；花柱基部膨大，柱头2枚。花果期4～6月

檀香科——【学　名】*Santalaceae*

【蒙古名】ᠵᠠᠨᠳᠠᠨ ᠤ ᠢᠵᠠᠭᠤᠷ

【英文名】Sandalwood Family

【生活型】草本或灌木，稀小乔木，常为寄生或半寄生，稀重寄生植物。

【叶】单叶，互生或对生，有时退化呈鳞片状，无托叶。苞片多少与花梗贴生，小苞片单生或成对，通常离生或与苞片连生呈总苞状。

【花】花小，辐射对称，两性、单性或败育的雌雄异株，稀雌雄同株，集成聚伞花序、伞形花序、圆锥花序、总状花序、穗状花序或簇生，有时单花，腋生；花被1轮，常稍肉质；雄花：花被裂片3～4枚，稀5～6(～8)枚，花蕾时呈镊合状排列或稍呈覆瓦状排列，开花时顶端内弯或平展，内面位于雄蕊着生处有疏毛或舌状物；雄蕊与花被裂片同数且对生，常着生于花被裂片基部，花丝丝状，花药基着或近基部背着，2室，平行或开叉，纵裂或斜裂；花盘上位或周位，边缘弯缺或分裂，有时离生呈腺体状或鳞片状，有时花盘缺；雌花或两性花具下位或半下位子房，子房1室或5～12室(由横生隔膜形成)；花被管通常比雄花的长，花柱常不分枝，柱头小，头状、截平或稍分裂；胚珠1～3(～5)颗，无珠被，着生于特立中央胎座顶端或自顶端悬垂。

【果实和种子】核果或小坚果，具肉质外果皮和脆骨质或硬骨质内果皮；种子1粒，无种皮，胚小，圆柱状，直立，外面平滑或粗糙或有多数深沟槽，胚乳丰富，肉质，通常白色，常分裂。

【种类】全科约有30属，400种；中国有8属，35种，6变种；内蒙古有1属，4种，1变种。

　　檀香科 Santalaceae R. Br. 是苏格兰植物学家和古植物学家 Robert Brown (1773－1858)于1810年在"Prodromus Florae Novae Hollandiae 305"(Prodr.)中发表的植物科，模式属为檀香属(Santalum)。

　　在恩格勒系统(1964)中，檀香科隶属原始花被亚纲(Archichlamydeae)、檀香目(Santalales)、檀香亚目(Santalineae)，本目含2个亚目7个科。在哈钦森系统(1959)中，檀香科隶属木本支(Lignosae)、檀香目，含桑寄生科(Loranthaceae)、假石南科(Grubbiaceae)、檀香科、羽毛果科(Myzodendraceae)(Misodendraceae)、蛇菰科(Balanophoraceae)等5个科。在塔赫他间系统(1980)中，檀香科隶属蔷薇亚纲(Rosidae)、檀香目，含铁青树科(Olacaceae)、山柚子科(Opiliaceae)、檀香科、羽毛果科、桑寄生科和槲寄生科(Viscaceae)等6个科。在克朗奎斯特系统(1981)中，檀香科也隶属蔷薇亚纲、檀香目，含毛丝花科(Medusandraceae)、十齿花科(Dipentodontaceae)铁青树科、山柚子科、檀香科、羽毛果科、桑寄生科、槲寄生科、房底珠科(绿乳科)(Eremolepidaceae)、蛇菰科等10个科。

唐松草属——【学　名】*Thalictrum*

【蒙古名】ᠲᠦᠩᠰᠤᠨ ᠡᠪᠡᠰᠦ ᠶᠢᠨ ᠲᠦᠷᠦᠯ

【英文名】Meadowrue

【生活型】多年生草本植物。

【根】有须根。

【茎】茎圆柱形或有棱,通常分枝。

【叶】叶基生并茎生,少有全部基生或茎生,为1～5回三出复叶;小叶通常掌状浅裂,有少数牙齿,少有不分裂;叶柄基部稍变宽成鞘;托叶存在或不存在。

【花】花序通常为由少数或较多花组成的单歧聚伞花序,花数目很多时呈圆锥状,少有总状花序。花通常两性,有时单性,雌雄异株。萼片4～5个,椭圆形或狭卵形,通常较小,早落,黄绿色或白色,有时较大,粉红色或紫色,呈花瓣状。花瓣不存在。雄蕊通常多数,偶尔少数;药隔顶端钝或突起成小尖头;花丝狭线形,丝形或上部变粗。心皮2～20(～68)枚,无柄或有柄;花柱短或长;在花柱腹面有不明显的柱头组织或形成明显的柱头,或柱头向两侧延长成翅而呈三角形或箭头形。

【果实和种子】瘦果椭圆球形或狭卵形,常稍两侧扁,有时扁平,有纵肋。

【分类地位】被子植物门、双子叶植物纲、原始花被亚纲、毛茛目、毛茛亚目、毛茛科。

【种类】全属约有200种;中国约有67种;内蒙古有9种,6变种。

629

石砾唐松草 Thalictrum squamiferum

植株全部无毛,有白粉,有时有少数小腺毛。根状茎短。茎渐升或直立,下部常埋在石砾中,在节处有鳞片,自露出地面处分枝。茎中部有短柄,为3～4回羽状复叶,上部叶渐变小;小叶近无柄,互相多少覆压,薄革质,顶生小叶卵形、三角状宽卵形或心形,侧生小叶较小,卵形、椭圆形或狭卵形,边缘全缘,干时反卷,脉不明显;有狭鞘。花单生于叶腋;萼片4个,淡黄绿色,常带紫色,椭圆状卵形,脱落;雄蕊10～20枚,花药狭长圆形,有短尖头,花丝丝形;心皮4～6枚,柱头箭头状,与子房近等长。瘦果宽椭圆形,稍扁,有8条粗纵肋。7月开花。

糖芥属——【学　名】*Erysimum*

【蒙古名】ᠰᠢᠬᠢᠷᠯᠢᠭ ᠤᠨ ᠣᠪᠣᠭ

【英文名】Sugarmustard

【生活型】一年生、二年生或多年生草本,有时基部木质化,且呈灌木状。

【茎】茎稍 4 棱或圆筒状,多从基部分枝,具贴生 2～4 叉丁字毛,少数具星状毛。

【叶】单叶全缘至羽状浅裂,条形至椭圆形,有柄至无柄。

【花】总状花序具多数花,呈伞房状,果期伸长;花中等大,黄色或橘黄色,少数白色或紫色;花梗短,果期增粗,上升或开展;萼片直立,内轮基部稍成囊状;花瓣长为萼片的 2 倍,具长爪,雄蕊 6 枚,花丝无附属物,花药线状长圆形;侧蜜腺环状或半环状,中蜜腺短,常 2～3 裂,不和侧蜜腺连结;子房有多数胚珠,柱头头状,稍 2 裂。

【果实和种子】长角果稍 4 棱或圆筒状,有柔毛,果瓣具 1 条显明中脉,隔膜膜质,常坚硬,无脉。种子多数,排成 1 行,长圆形,常有棱角,子叶背倚胚根,有时缘倚胚根。

【分类地位】被子植物门、双子叶植物纲、原始花被亚纲、罂粟目、白花菜亚目、十字花科、香花芥族。

【种类】全属约有 100 种;中国有 17 种;内蒙古有 3 种,1 变种。

蒙古糖芥 *Erysimum flavum*

多年生草本。全株密生伏贴 2 叉丁字毛;茎数个,直立,从基部分枝,稍有棱角。基生叶莲座状,叶片线状长圆形、倒披针形或宽线形,顶端急尖,基部渐狭,全缘;茎生叶线形,叶片较短,无柄。萼片长圆形,顶端圆形,边缘白色膜质;花瓣黄色,宽倒卵形或近圆形。长角果线状长圆形,侧扁,直立至稍开展;花柱头 2 裂;果梗较粗。种子长圆形,褐色,顶端有或无不明显翅。花期 5～6 月,果期 7～8 月。

梯牧草属——【学　名】*Phleum*

【蒙古名】ᠷᠣᠣᠮᠠᠭ ᠤᠨ ᠡᠪᠡᠰᠦ

【英文名】Timothy

【生活型】一年生或多年生草本。

【茎】常具根茎。秆直立,丛生或单生。

【花】圆锥花序穗状,紧密;小穗含 1 朵小花,两侧压扁,几无柄,脱节于颖之上;颖相等,宿存或晚落,具 3 条脉,中脉成脊,顶端具短芒或尖头;外稃质薄,短于颖,具 3～7 条脉,钝头,具细齿,无芒;内稃短于外稃,脊上具微纤毛。雄蕊 3 枚;子房光滑,花柱细,柱头细而长,延伸于颖之外。

【分类地位】被子植物门、单子叶植物纲、禾本目、禾本科、早熟禾亚科、剪股颖族。

【种类】全属约有 15 种;中国有 4 种;内蒙古有 1 种。

假梯牧草 *Phleum phleoides*

多年生。具短的根茎。秆多数丛生,直立,具 3～4 节。叶鞘松弛,大都短于节间,光滑;叶舌膜质;叶片扁平,上面及边缘粗糙。圆锥花序窄圆柱形,通常紧密;小穗长圆形,两侧压扁;颖背部近革质,边缘膜质,被短纤毛,粗糙,先端延伸成短尖头;内稃略短于外稃。花果期 6～9 月。

天栌属（北极果属）——【学　名】*Arctous*

【蒙古名】ᠲᠠᠨ ᠤ ᠬᠢᠷ ᠤ ᠵᠢᠮᠢᠰ

【英文名】North pole frait

【生活型】落叶小灌木。

【茎】多分枝；冬芽外具几片深褐色芽鳞。

【叶】叶互生，具柄，聚集于枝顶，枯萎后仍不脱落，边缘具细锯齿，无托叶。

【花】花 2～5 朵排成顶生的短总状花序或簇生；花萼小形，4～5 裂，宿存；花冠壶形或坛形，淡黄绿色或淡绿色，有 4～5 个小裂片；雄蕊 8～10 枚，比花冠短，花药长卵形或卵形，先端纵裂，裂缝长为花药全长的 1/3～1/2，背部具 2 枚附属体；子房上位，4～5 室，每室有胚珠 1 颗。

【果实和种子】浆果，球形，成熟时黑色或红色；种子 4～5 粒。

【分类地位】被子植物门、双子叶植物纲、合瓣花亚纲、杜鹃花目、杜鹃花科、草莓树亚科。

【种类】全属约有 5 种；中国有 3 种，1 变种；内蒙古有 1 种，1 变种。

北极果 *Arctous alpinus*

落叶、垫状、稍铺散小灌木，无毛；地下茎扭曲，黄褐色，皮层剥落，地上枝条密被宿存叶基；芽黄褐色；枝淡黄棕色。叶互生，倒卵形或倒披针形，厚纸质，先端钝尖或近锐尖头，基部下延成短柄，通常有疏长睫毛，边缘有毛，具细锯齿，表面绿色，背面灰绿色，网脉明晰；叶柄腹面具槽。花少数，组成短总状花序，生于去年生枝的顶端；基部有 2～4 片苞片，苞片叶状，先端具尖头，边缘干膜质，被绒毛，背面有光泽；花梗顶端稍粗大，无毛；花萼小，5 裂，裂片宽而短，无毛；花冠坛形，绿白色，口部齿状 5 浅裂，外面无毛，里面有短硬毛；雄蕊 8 枚，花药深红色，具芒状附属物，花丝被毛，花柱比雄蕊长，但短于花冠。浆果球形，有光泽，初时红色，后变为黑紫色，多汁。花期 5～6 月，果期 7～8 月。

浆果有毒。误服后呕吐或胃痛。

生于高山冻原及高山灌丛中。产于东北大兴安岭。也分布于日本、俄罗斯远东地区。

天麻属 —— 【学　名】*Gastrodia*

【蒙古名】ᠲᠣᠮᠣ᠋ ᠨᠣᠭᠤᠷᠠᠨ （ᠲᠣᠮᠣᠭᠠᠨ ᠲᠣᠰᠣ） ᠶᠢᠨ ᠲᠥᠷᠥᠯ

【英文名】Gastrodia

【生活型】腐生草本。

【茎】地下具根状茎；根状茎块茎状、圆柱状或有时多少呈珊瑚状，通常平卧，稍肉质，具节，节常较密。茎直立，常为黄褐色，无绿叶，一般在花后延长，中部以下具数节，节上被筒状或鳞片状鞘。

【花】总状花序顶生，具数花至多花，较少减退为单花；花近壶形、钟状或宽圆筒状，不扭转或扭转；萼片与花瓣合生成筒，仅上端分离；花被筒基部有时膨大成囊状，偶见 2 枚侧萼片之间开裂；唇瓣贴生于蕊柱足末端，通常较小，藏于花被筒内，不裂或 3 裂；蕊柱长，具狭翅，基部有短的蕊柱足；花药较大，近顶生；花粉团 2 个，粒粉质，通常由可分的小团块组成，无花粉团柄和粘盘。

【分类地位】被子植物门、单子叶植物纲、微子目、兰科、兰亚科、树兰族、天麻亚族。

【种类】全属约有 20 种；中国有 13 种；内蒙古有 1 种。

天麻 *Gastrodia elata*

根状茎肥厚，块茎状，椭圆形至近哑铃形，肉质，有时更大，具较密的节，节上被许多三角状宽卵形的鞘。茎直立，橙黄色、黄色、灰棕色或蓝绿色，无绿叶，下部被数枚膜质鞘。总状花序通常具 30～50 朵花；花苞片长圆状披针形，膜质；花梗和子房略短于花苞片；花扭转，橙黄、淡黄、蓝绿或黄白色，近直立；萼片和花瓣合生成的花被筒近斜卵状圆筒形，顶端具 5 枚裂片，但前方亦即 2 枚侧萼片合生处的裂口深达 5 毫米，筒的基部向前方凸出；外轮裂片（萼片离生部分）卵状三角形，先端钝；内轮裂片（花瓣离生部分）近长圆形，较小；唇瓣长圆状卵圆形，3 裂，基部贴生于蕊柱足末端与花被筒内壁上，并有一对肉质胼胝体，上部离生，上面具乳突，边缘有不规则短流苏；蕊柱有短的蕊柱足。蒴果倒卵状椭圆形。花果期 5～7 月。

天门冬属——【学　名】*Asparagus*

　　　　　　　　【蒙古名】ᠬᠦᠷᠢᠶᠡᠲᠦ᠂ ᠭᠠᠵᠠᠷ ᠤᠨ ᠳᠠᠪᠤ

　　　　　　　　【英文名】Asparagus

【生活型】多年生草本或半灌木,直立或攀援。

【茎】常具粗厚的根状茎。

【根】具稍肉质的根,有时有纺锤状的块根。

【叶】小枝近叶状,称叶状枝,扁平、锐三棱形或近圆柱形而有几条棱或槽,常多个成簇;在茎、分枝和叶状枝上有时有透明的乳突状细齿,叫软骨质齿。叶退化成鳞片状,基部多少延伸成距或刺。

【花】花小,每1～4朵腋生或多朵排成总状花序或伞形花序,两性或单性,有时杂性,在单性花中雄花具退化雌蕊,雌花具6枚退化雄蕊;花梗一般有关节;花被钟形、宽圆筒形或近球形;花被片离生,少有基部稍合生;雄蕊着生于花被片基部,通常内藏,花丝全部离生或部分贴生于花被片上;花药矩圆形、卵形或圆形,基部2裂,背着或近背着,内向纵裂;花柱明显,柱头3裂;子房3室,每室2至多颗胚珠。

【果实和种子】浆果较小,球形,基部有宿存的花被片,有1至几粒种子。

【分类地位】被子植物门、单子叶植物纲、百合目、百合亚目、百合科、天门冬族。

【种类】全属约有300种,中国有24种和一些外来栽培种;内蒙古有8种。

634

兴安天门冬 *Asparagus dauricus*

　　直立草本。根细长。茎和分枝有条纹,有时幼枝具软骨质齿。叶状枝每1～6个成簇,通常全部斜立,和分枝交成锐角,很少兼有平展和下倾的,稍扁的圆柱形,略有几条不明显的钝棱,伸直或稍弧曲,有时有软骨质齿;鳞片状叶基部无刺。花每2朵腋生,黄绿色;雄花:花梗和花被近等长,关节位于近中部;花丝大部分贴生于花被片上,离生部分很短,只有花药一半长;雌花极小,花被短于花梗,花梗关节位于上部。浆果有2～4(～6)粒种子。花期5～6月,果期7～9月。

天南星科——【学　名】*Araceae*

【蒙古名】ᠣᠷᠭᠤᠢ ᠰᠣᠭᠣᠳ ᠤᠨ ᠣᠪᠤᠭ

【英文名】Arum Family，Calla Family

【生活型】草本植物，稀为攀援灌木或附生藤本。

【茎】具块茎或伸长的根茎。

【叶】叶单一或少数，有时花后出现，通常基生，如茎生则为互生，2列或螺旋状排列，叶柄基部或一部分鞘状；叶片全缘时多为箭形、戟形，或掌状、鸟足状、羽状或放射状分裂；大都具网状脉，稀具平行脉（如菖蒲属 Acorus）。

【花】花小或微小，常极臭，排列为肉穗花序；花序外面有佛焰苞包围。花两性或单性。花单性时雌雄同株（同花序）或异株。雌雄同序者雌花居于花序的下部，雄花居于雌花群之上。两性花有花被或否。花被如存在则为2轮，花被片2枚或3枚，整齐或不整齐的覆瓦状排列，常倒卵形，先端拱形内弯；稀合生成坛状。雄蕊通常与花被片同数且与之对生、分离；在无花被的花中；雄蕊2～4～8枚或多数，分离或合生为雄蕊柱；花药2室，药室对生或近对生，室孔纵长；花粉分离或集成条状；花粉粒头状椭圆形或长圆形，光滑。假雄蕊常存在；在雌花序中围绕雌蕊，有时单一，位于雌蕊下部；在雌雄同序的情况下，有时多数位于雌花群之上，或常合生成假雄蕊柱，但经常完全退废。子房上位或稀陷入肉穗花序轴内，1至多室，胚珠直生、横生或倒生，1至多数。

【果实和种子】果为浆果，极稀紧密结合而为聚合果，种子1至多数，圆形、椭圆形、肾形或伸长，外种皮肉质，有的上部流苏状。

【种类】全科有115属，2000余种；中国有35属，205种；内蒙古有5属，6种。

635

天南星科 Araceae Juss. 是法国植物学家 Antoine Laurent de Jussieu（1748－1836）于1789年在"Genera plantarum 23"（Gen. Pl.）中建立的植物科，模式属为疆南星属（Arum）。

在恩格勒系统（1964）中，天南星科隶属单子叶植物纲（Monocotyledoneae）、佛焰花目（Spathiflorae），含天南星科和浮萍科（Lemnaceae）2个科。在哈钦森系统（1959）中，天南星科隶属单子叶植物纲、冠花区（Corolliferae）、天南星目（Arales），含浮萍科和天南星科2个科，认为天南星目中的少数水生类型与茨藻目（Najadales）有平行发展关系；天南星科由百合科（Liliaceae）演化而来；天南星科与棕榈科（Palmae）处于平行发展关系，但演化路线不同。在塔赫他间系统（1980）中，天南星科隶属单子叶植物纲（Liliopsida）、棕榈亚纲（Arecidae）、天南星目，也含浮萍科和天南星科2个科，认为天南星目与棕榈目（Principes）、巴拿马草目（Cyclanthales）有共同祖先，从原始百合类的祖先而来，更远源于木兰目（Magnoliales）。在克朗奎斯特系统（1981）中，天南星科隶属百合纲（Liliopsida）、槟榔亚纲（Arecidae）、天南星目，也只含浮萍科和天南星科2个科，认为天南星目与露兜树目（Pandanales）、棕榈目有近的亲缘关系。

天南星属——【学　名】*Arisaema*

【蒙古名】ᠣᠢᠨ ᠤ ᠡᠪᠡᠰᠥᠨ ᠤ ᠲᠥᠷᠥᠯ

【英文名】Southstar

【生活型】多年生草本。

【茎】具块茎,稀具圆柱形根茎。

【叶】叶柄多少具长鞘,常与花序柄具同样的斑纹;叶片 3 浅裂、3 全裂或 3 深裂,有时鸟足状或放射状全裂,裂片 5~11 枚或更多,卵形、卵状披针形、披针形,全缘或有时啮齿状,无柄或具柄,中肋稍粗宽,I、II 级侧脉隆起,集合脉 3 圈,沿边缘伸延。佛焰苞管部席卷,圆筒形或喉部开阔,喉部边缘有时具宽耳;檐部拱形、盔状,常长渐尖。

【花】肉穗花序单性或两性,雌花序花密;雄花序大都花疏,在两性花序中接于雌花序之上,上部常有少数钻形或多数线形的中性花残遗物,有时分布至花序轴顶部;附属器仅达佛焰苞喉部,或多少伸出喉外,有时为长线形,裸秃或稀具不育中性花残余。花单性。雄花有雄蕊 2~5 枚,无柄或有柄;药隔纤细常不明显,药室短卵圆形,室孔或室缝外向开裂,有时两个药室汇合,裂缝连成马蹄形,极稀环状开裂;花粉球形,常具细刺。残遗中性花系不育雄花,钻形或线形。雌花密集,子房 1 室,内面有从室顶下垂的突起(毛),卵圆形或长圆状卵形,渐狭为花柱;胚珠 1~9 颗,直生,珠孔朝向室顶,珠柄短,着生于基底胎座上。

【果实和种子】浆果倒卵圆形,倒圆锥形,1 室。种子球状卵圆形,具锥尖。胚乳丰富。胚具轴。

636

【分类地位】被子植物门、单子叶植物纲、天南星目、天南星科、天南星族。

【种类】全属有 150 余种;中国有 82 种;内蒙古有 1 种。

东北南星 *Arisaema amurense*

块茎小,近球形。鳞叶 2 枚,线状披针形,锐尖,膜质。叶下部 1/3 具鞘,紫色;叶片鸟足状分裂,裂片 5 枚,倒卵形,倒卵状披针形或椭圆形,先端短渐尖或锐尖,基部楔形;全缘。花序柄短于叶柄。佛焰苞管部漏斗状,白绿色,喉部边缘斜截形,狭外卷;檐部直立,卵状披针形,渐尖,绿色或紫色具白色条纹。肉穗花序单性,上部渐狭,花疏;雌花序短圆锥形;各附属器具短柄,棒状,基部截形,向上略细,先端钝圆。雄花具柄,花药 2~3 室,药室近圆球形,顶孔圆形;雌花:子房倒卵形,柱头大,盘状,具短柄。浆果红色;种子 4 粒,红色,卵形。肉穗花序轴常于果期增大,果落后紫红色。花期 5 月,果 9 月成熟。

天人菊属——【学　名】*Gaillardia*

【蒙古名】ᠬᠦᠮᠦᠨ ᠴᠡᠴᠡᠭ ᠤᠨ ᠲᠥᠷᠥᠯ

【英文名】Gaillardia

【生活型】一年生或多年生草本。

【茎】茎直立。

【叶】叶互生，或叶全部基生。

【花】头状花序大，边花辐射状，中性或雌性，结实，中央有多数结实的两性花，或头状花序仅有同型的两性花。总苞宽大；总苞片 2～3 层，覆瓦状，基部革质。花托突起或半球形，托片长刚毛状。边花舌状，顶端，3 浅裂或 3 枚齿，少有全缘的；中央管状花两性，顶端浅 5 裂，裂片顶端被节状毛。花药基部短耳形，两性花花柱分枝顶端画笔状，附片有丝状毛。

【果实和种子】瘦果长椭圆形或倒塔形，有 5 条棱。冠毛 6～10 个，鳞片状，有长芒。

【分类地位】被子植物门、双子叶植物纲、合瓣花亚纲、桔梗目、菊科、管状花亚科、堆心菊族。

【种类】全属约有 20 种；中国有 2 种；内蒙古有 1 栽培种。

天人菊 *Gaillardia pulchella*

　　一年生草本。茎中部以上多分枝，分枝斜升，被短柔毛或锈色毛。下部叶匙形或倒披针形，边缘波状钝齿、浅裂至琴状分裂，先端急尖，近无柄，上部叶长椭圆形，倒披针形或匙形，全缘或上部有疏锯齿或中部以上 3 浅裂，基部无柄或心形半抱茎，叶两面被伏毛。总苞片披针形，边缘有长缘毛，背面有腺点，基部密被长柔毛。舌状花黄色，基部带紫色，舌片宽楔形，顶端 2～3 裂；管状花裂片三角形，顶端渐尖成芒状，被节毛。瘦果基部被长柔毛。花果期 6～8 月。

天仙子属——【学　名】*Hyoscyamus*

【蒙古名】ᠲᠡᠩ ᠲᠡᠩᠰᠡ ᠶᠢᠨ ᠡᠪᠡᠰᠦ

【英文名】Henbane

【生活型】一年生、二年生或多年生直立草本。

【叶】叶互生,叶柄极短或无柄,叶片有波状弯缺或粗大牙齿或为羽状分裂、稀全缘。

【花】花无梗或有短梗,在茎下部单独腋生,在茎枝上端则单独腋生于苞状叶的腋内而聚集成偏向一侧的蝎尾式总状或穗状花序。花萼筒状钟形、坛状或倒圆锥状,5 浅裂,裂片在花蕾中不完全镊合状排列,花后增大,果时包围蒴果并超过蒴果,有明显的纵肋,裂片开张,顶端成硬针刺;花冠钟状或漏斗状,黄色或黄绿色,网脉带紫色,略不整齐,5 浅裂,裂片大小不等,顶端钝,在花蕾中覆瓦状排列;雄蕊 5 枚,插生于花冠筒近中部,常伸出于花冠,花丝基部略扩大,上端稍弯曲,花药纵缝裂开;花盘不存在或不明显;子房 2 室,花柱丝状,柱头头状,2 浅裂,胚珠多数。

【果实和种子】蒴果自中部稍上盖裂。种子肾形或圆盘形,稍扁,有多数网状凹穴;胚极弯曲。

【分类地位】被子植物门、双子叶植物纲、合瓣花亚纲、管状花目、茄科、茄族、天仙子亚族。

【种类】全属约有 6 种;中国有 3 种;内蒙古有 1 种。

天仙子 *Hyoscyamus niger*

　　二年生草本。全体被粘性腺毛。根较粗壮,肉质而后变纤维质。一年生的茎极短,自根茎发出莲座状叶丛,卵状披针形或长矩圆形,顶端锐尖,边缘有粗牙齿或羽状浅裂,主脉扁宽,侧脉 5~6 条直达裂片顶端,有宽而扁平的翼状叶柄,基部半抱根茎;第二年春茎伸长而分枝,下部渐木质化,茎生叶卵形或三角状卵形,顶端钝或渐尖,无叶柄而基部半抱茎或宽楔形,边缘羽状浅裂或深裂,向茎顶端的叶成浅波状,裂片多为三角形,顶端钝或锐尖,两面除生粘性腺毛外,沿叶脉并生有柔毛。花在茎中部以下单生于叶腋,在茎上端则单生于苞状叶腋内而聚集成蝎尾式总状花序,通常偏向一侧,近无梗或仅有极短的花梗。花萼筒状钟形,生细腺毛和长柔毛,5 浅裂,裂片大小稍不等,花后增大成坛状,基部圆形,有 10 条纵肋,裂片开张,顶端针刺状;花冠钟状,长约为花萼的一倍,黄色而脉纹紫堇色;雄蕊稍伸出花冠。蒴果包藏于宿存萼内,长卵圆状。种子近圆盘形,淡黄棕色。夏季开花、结果。

甜菜属 ——【学　名】 *Beta*

【蒙古名】 ᠲᠣᠣᠷᠠᠢ ᠶᠢᠨ ᠲᠥᠷᠥᠯ ᠡ ᠵᠢᠮᠢᠰ

【英文名】 Beet

【生活型】一年生、二年生或多年生草本。

【茎】茎直立或略平卧，具条棱。

【叶】叶互生，近全缘。

【花】花两性，无小苞片，单生或2～3朵花团集，于枝上部排列成顶生穗状花序；花被坛状，5裂，基部与子房合生，果时变硬，裂片直立或向内弯曲，背面具纵隆脊；雄蕊5枚，花丝钻状，花药矩圆形；柱头2～3枚，很少较多，内侧面有乳头状突起；胚珠几无柄。

【果实和种子】胞果的下部与花被的基部合生，上部肥厚多汁或硬化。种子顶基扁，圆形，横生；种皮壳质，有光泽，与果皮分离；胚环形或近环形，具多量胚乳。

【分类地位】被子植物门、双子叶植物纲、原始花被亚纲、中央种子目、藜科、环胚亚科、甜菜族。

【种类】全属约有10种；中国有1种，4变种；内蒙古有1栽培种，2变种。

甜菜 *Beta vulgaris*

二年生草本。根圆锥状至纺锤状，多汁。茎直立，多少有分枝，具条棱及色条。基生叶矩圆形，具长叶柄，上面皱缩不平，略有光泽，下面有粗壮凸出的叶脉，全缘或略呈波状，先端钝，基部楔形、截形或略呈心形；叶柄粗壮，下面凸，上面平或具槽；茎生叶互生，较小，卵形或披针状矩圆形，先端渐尖，基部渐狭入短柄。花2～3朵团集，果时花被基底部彼此合生；花被裂片条形或狭矩圆形，果时变为草质并向内拱曲。胞果下部陷在硬化的花被内，上部稍肉质。种子双凸镜形，红褐色，有光泽；胚环形，苍白色；胚乳粉状，白色。花期5～6月，果期7月。

甜茅属——【学　名】*Glyceria*

【蒙古名】ᠲᠣᠬᠣ ᠶᠢᠨ ᠡᠪᠡᠰᠦ

【英文名】Mannagrass，Sweetgrass

【生活型】多年生，水生或沼泽地带草本。

【茎】通常具匍匐根茎。

【叶】秆直立，上升或平卧，具扁平的叶片和全部或部分闭合的叶鞘。

【花】圆锥花序开展或紧缩；小穗含数朵至多数小花，两侧压扁或多少呈圆柱形，小穗轴无毛或粗糙，脱节于颖之上及各小花之间；颖膜质或纸质兼膜质，顶端尖或钝，常具 1 条脉，稀第二颖具 3 条脉，不等或几等长，均短于第一小花；外稃卵圆形至披针形，草质或兼革质，顶端及边缘常膜质，顶端钝圆或渐尖，背圆形，具平行且常隆起的脉 5～9 条，沿脉粗糙；基盘钝，无毛或粗糙；内稃稍短，等长或稍长于外稃，具 2 脊，脊粗糙，具狭翼或无翼；鳞被 2 枚，小；雄蕊 2～3 枚，花药大或小；子房光滑，花柱 2 枚，柱头羽毛状。

【果实和种子】颖果倒卵圆形或长圆形，具腹沟，与内外稃分离或粘合。

【分类地位】被子植物门、单子叶植物纲、禾本目、禾本科、早熟禾亚科、臭草族。

【种类】全属约有 50 种；中国有 10 种，1 变种；内蒙古有 3 种。

东北甜茅 *Glyceria triflora*

多年生，具根茎。秆单生，直立，粗壮。叶鞘闭合几达口部，无毛，具横脉纹，下部者长于上部者且常短于节间；叶舌膜质透明，稍硬。顶端截平，钝圆或有小凸尖；叶片扁平或边缘纵卷，上面以及边缘粗糙，下面光滑或微粗糙，基部具 2 个褐色斑点。圆锥花序大型，开展，每节具 3～4 个分枝；分枝上升，主枝粗糙至光滑；小穗淡绿色或成熟后带紫色，卵形或长圆形，含 5～8 朵小花；颖膜质，卵形至卵圆形，钝或稍尖，具 1 条脉；外稃草质，顶端稍膜质，钝圆，不整齐或凹缺，具 7 条脉，脉上粗糙；内稃较短或等长于外稃，顶端截平，有时凹陷，脊上无狭翼，粗糙；雄蕊 3 枚。颖果红棕色，倒卵形。花期 6～7 月，果期 7～9 月。

铁线莲属——【学　名】*Clematis*

【蒙古名】ᠲᠣᠮᠣᠷ ᠤᠨ ᠤᠳᠤᠰᠤ ᠶᠢᠨ ᠴᠡᠴᠡᠭ

【英文名】Clematis

【生活型】多年生木质或草质藤本,或为直立灌木或草本。

【叶】叶对生,或与花簇生,偶尔茎下部叶互生,三出复叶至 2 回羽复叶或 2 回三出复叶,少数为单叶;叶片或小叶片全缘,有锯齿、牙齿或分裂;叶柄存在,有时基部扩大而连合。

【花】花两性,稀单性;聚伞花序或总状、圆锥状聚伞花序;有时花单生或 1 至数朵与叶簇生;萼片 4 个,或 6~8 个,直立成钟状、管状,或开展,花蕾时常镊合状排列,花瓣不存在,雄蕊多数,有毛或无毛,药隔不突出或延长,退化雄蕊有时存在;心皮多数,有毛或无毛,每枚心皮内有 1 颗下垂胚珠。

【果实和种子】瘦果,宿存花柱伸长呈羽毛状,或不伸长而呈喙状。

【分类地位】被子植物门、双子叶植物纲、原始花被亚纲、毛茛目、毛茛科、毛茛亚科、银莲花族、铁线莲亚族。

【种类】全属约有 300 种;中国约有 108 种;内蒙古有 16 种,6 变种。

棉团铁线莲 *Clematis hexapetala*

直立草本。老枝圆柱形,有纵沟;茎疏生柔毛,后变无毛。叶片近革质绿色,干后常变黑色,单叶至复叶,1 至 2 回羽状深裂,裂片线状披针形、长椭圆状披针形至椭圆形,或线形,顶端锐尖或凸尖,有时钝,全缘,两面或沿叶脉疏生长柔毛或近无毛,网脉突出。花序顶生,聚伞花序或总状、圆锥状聚伞花序,有时花单生;萼片 4~8 个,通常 6 个,白色,长椭圆形或狭倒卵形,外面密生棉毛,花蕾时像棉花球,内面无毛;雄蕊无毛。瘦果倒卵形,扁平,密生柔毛,有灰白色长柔毛。花期 6~8 月,果期 7~10 月。

庭荠属——【学　名】*Alyssum*

　　　　　　　【蒙古名】ᠲᠡᠷᠢᠶᠡᠨ ᠤ ᠡᠪᠡᠰᠤ

　　　　　　　【英文名】Madwort

　　【生活型】一年生、二年生或多年生草本或半灌木状。

　　【花】萼片直立或展开,基部不呈囊状。花瓣黄色或淡黄色,顶端全缘或微缺,向下渐窄成爪;花丝分离,有齿或翅,或有附片;侧蜜腺不愈合,位于短雄蕊两侧,三角形、圆锥形或柱形,中蜜腺无;子房无柄,花柱宿存,头状或微缺。

　　【果实和种子】短角果为双凸透镜形、宽卵形、圆形或椭圆形;果瓣上有不清楚的网状脉。每室种子1～4粒;子叶扁平,背倚胚根。

　　【分类地位】被子植物门、双子叶植物纲、原始花被亚纲、罂粟目、白花菜亚目、十字花科、庭荠族。

　　【种类】全属约有170种;中国有10种,1变型;内蒙古有2种,1变种。

西伯利亚庭荠 *Alyssum sibiricum*

　　　　多年生草本。被贴伏状星状毛。茎铺散或直立,自根颈分枝,分枝上再分枝而成丛生状,茎常带紫色。茎生叶倒卵形或匙形,顶端钝圆,基部渐窄,无明显叶柄。花序伞房状,果期伸长;花梗细;萼片相等,淡黄色,窄长圆形;花瓣黄色,圆形或长圆状倒卵形,顶端钝圆,基部渐窄成爪;长雄蕊花丝具齿,齿全部或仅基部与花丝相连,几成侧生附片状,短雄蕊花丝具附片;子房被星状毛。短角果宽椭圆形或近圆状倒卵形;果梗近水平展开。种子每室2粒,卵形,扁平,有边或无边。花期5～6月。

　　　　生于草原、山坡、沙丘或砾石地。产于黑龙江、内蒙古。蒙古、俄罗斯(西伯利亚、远东)均有分布。

葶苈属——【学　名】*Draba*

【蒙古名】ᠬᠠᠶᠢᠷᠠᠭ ᠤᠨ ᠡᠪᠡᠰᠦ

【英文名】Whitlowgrass

【生活型】一年生、二年生或多年生草本。

【茎】茎和叶通常有毛；分单毛、叉状毛；星状毛和分枝毛。

【叶】叶为单叶，基生叶常呈莲座状，有柄或无柄；茎生叶通常无柄。总状花序短或伸长，无或有苞片。

【花】花小，外轮萼片长圆形或椭圆形，内轮较宽，顶端都为圆形或稍钝，基部不呈或略呈囊状，边缘白色，透明；花瓣黄色或白色，少有玫瑰色或紫色，倒卵楔形，顶端常微凹，基部大多成狭爪；雄蕊通常 6 枚（偶有 4 枚），花药卵形或长圆形，花丝细或基部扩大，通常在短雄蕊基部有侧蜜腺 1 对；雌蕊瓶状，罕有圆柱形，无柄；花柱圆锥形或丝状，有的近于不发育，有的伸长；柱头头状或呈浅 2 裂。

【果实和种子】果实为短角果，大多呈卵形或披针形，一部分为长圆形或条形，直或弯，或扭转；2 室，具隔膜；果瓣 2 枚，扁平或稍隆起，熟时开裂。种子小、2 行，每室数粒至多数，卵形或椭圆形；子叶缘倚胚根。

【分类地位】被子植物门、双子叶植物纲、原始花被亚纲、罂粟目、白花菜亚目、十字花科、葶苈族。

【种类】全属约有 300 种；中国约有 54 种，25 变种，3 变型；内蒙古有 4 种，1 变种。

643

蒙古葶苈 *Draba mongolica*

多年生丛生草本。根茎分枝多，分枝茎下部宿存纤维状枯叶，上部簇生莲座状叶。茎直立，单一或分枝，着生叶片变化较大，有的疏生，有的紧密，被灰白色小星状毛、分枝毛或单毛。莲座状茎生叶披针形，顶端渐尖，基部缩窄成柄，全缘或每缘有 1～2 枚锯齿；茎生叶长卵形，基部宽，无柄或近于抱茎；每缘常有 1～4 枚齿，密生单毛、分枝毛和星状毛。总状花序有花 10～20 朵，密集成伞房状，下面数花有时具叶状苞片；萼片椭圆形，背面生单毛和叉状毛；花瓣白色，长倒卵形；雄蕊短卵形，子房长椭圆形，无毛。短角果卵形或狭披针形，扁平或扭转；果梗呈近于直角开展或贴近花序轴。种子黄棕色。花期 6～7 月。

通泉草属——【学　名】*Mazus*

【蒙古名】ᠲᠣᠣᠰᠤᠨ ᠤ ᠢᠵᠠᠭᠤᠷ

【英文名】Mazus

【生活型】矮小草本。

【根】着地部分节上常生不定根。

【茎】茎圆柱形，少为四方形，直立或倾卧。

【叶】叶以基生为主，多为莲座状或对生，茎上部的多互生，叶匙形、倒卵状匙形或圆形，少为披针形，基部逐渐狭窄成有翅的叶柄，边缘有锯齿，少全缘或羽裂。

【花】花小，排成顶生稍偏向一边的总状花序；苞片小，小苞片有或无；花萼漏斗状或钟形，萼齿5枚；花冠2唇形，紫白色，筒部短，上部稍扩大，上唇直立，2裂，下唇较大，扩展，3裂，有褶襞2条，从喉部通至上下唇裂口；雄蕊4枚，2枚强，着生在花冠筒上，药室极叉开；子房有毛或无毛，花柱无毛，柱头2片状。

【果实和种子】蒴果被包于宿存的花萼内，球形或多少压扁，室背开裂；种子小，极多数。

【分类地位】被子植物门、双子叶植物纲、合瓣花亚纲、管状花目、玄参科。

【种类】全属约有35种；中国约有22种；内蒙古有1种。

644

弹刀子菜 *Mazus stachydifolius*

　　多年生草本。粗壮，全体被多细胞白色长柔毛。根状茎短。茎直立，稀上升，圆柱形，不分枝或在基部分2～5枝，老时基部木质化。基生叶匙形，有短柄，常早枯萎；茎生叶对生，上部的常互生，无柄，长椭圆形至倒卵状披针形，纸质，以茎中部的较大，边缘具不规则锯齿。总状花序顶生，有时稍短于茎，花稀疏；苞片三角状卵形；花萼漏斗状，比花梗长或近等长，萼齿略长于筒部，披针状三角形，顶端长锐尖，10条脉纹明显；花冠蓝紫色，花冠筒与唇部近等长，上部稍扩大，上唇短，顶端2裂，裂片狭长三角形状，端锐尖，下唇宽大，开展，3裂，中裂较侧裂约小一倍，近圆形，稍突出，褶襞两条从喉部直通至上下唇裂口，被黄色斑点同稠密的乳头状腺毛；雄蕊4枚，2枚强，着生在花冠筒的近基部；子房上部被长硬毛。蒴果扁卵球形。花期4～6月，果期7～9月。

茼蒿属——【学　名】*Chrysanthemum*

【蒙古名】ᠬᠠᠪᠳᠠᠰᠤ ᠲᠠᠢ ᠢᠳᠡᠰᠢᠯᠡᠭᠡ ᠶᠢᠨ ᠴᠡᠴᠡᠭ

【英文名】Oxeyeddaisy

【生活型】一年生草本。

【根】直根系。

【叶】叶互生,叶羽状分裂或边缘锯齿。

【花】头状花序异型,单生茎顶,或少数生茎枝顶端,但不形成明显伞房花序。边缘雌花舌状,1层;中央盘花两性管状。总苞宽杯状。总苞片4层,硬草质。花托突起,半球形,无托毛。舌状花黄色,舌片长椭圆形或线形。两性花黄色,下半部狭筒状,上半部扩大成宽钟状,顶端5枚齿。花药基部钝,顶端附片卵状椭圆形。花柱分枝线形,顶端截形。边缘舌状花。

【果实和种子】瘦果有3条或2条突起的硬翅肋及明显或不明显的2～6条间肋。两性花瘦果有6～12条等距排列的肋,其中1条强烈突起成硬翅状,或腹面及背面各有1条强烈突起的肋,而其余诸肋不明显。无冠状冠毛。

【分类地位】被子植物门、双子叶植物纲、合瓣花亚纲、桔梗目、菊科、管状花亚科、春黄菊族、菊亚族。

【种类】全属约有5种;中国有2栽培种;内蒙古有1栽培种。

蒿子杆 *Chrysanthemum carinatum*

　　光滑无毛或几光滑无毛。茎直立,通常自中上部分枝。基生叶花期枯萎。中下部茎叶倒卵形至长椭圆形。2回羽状分裂,1回深裂或几全裂,侧裂片3～8对。2回为深裂或浅裂,裂片披针形、斜三角形或线形。头状花序通常2～8个生茎枝顶端,有长花梗,并不形成明显伞房花序,或头状花序单生茎顶。总苞片4层。舌状花瘦果有3条宽翅肋,特别是腹面的1条翅肋伸延于瘦果顶端并超出花冠基部,伸长成喙状或芒尖状,间肋不明显,或背面的间肋稍明显。管状花瘦果两侧压扁,有2条突起的肋,余肋稍明显。

　　农田栽培蔬菜用。吉林有野生。

透骨草科——【学　名】*Phrymaceae*

【蒙古名】ᠲᠣᠭᠣᠷᠠᠢ ᠡᠪᠡᠰᠦ ᠶᠢᠨ ᠣᠪᠣᠭ

【英文名】Lopseed Family

【生活型】多年生直立草本。

【茎】茎四棱形。

【叶】叶为单叶,对生,具齿,无托叶。

【花】穗状花序生茎顶及上部叶腋,纤细,具苞片及小苞片,有长梗。花两性,左右对称,虫媒。花萼合生成筒状,具5棱,檐部2唇形,上唇3枚萼齿钻形,先端呈钩状反曲,下唇2枚萼齿较短,三角形。花冠蓝紫色、淡紫色至白色,合瓣,漏斗状筒形,檐部2唇形,上唇直立,近全缘、微凹至2浅裂,下唇较大,开展,3浅裂,裂片在蕾中呈覆瓦状排列。雄蕊4枚,着生于冠筒内面,内藏,下方2枚较长;花丝狭线形;花药分生,肾状圆形,背着,2室,药室平行,纵裂,顶端不汇合。花粉粒具3沟。雌蕊由2枚背腹向心皮合生而成;子房上位,斜长圆状披针形,1室,基底胎座,有1颗直生胚珠,单珠被,薄珠心;花柱1枚,顶生,细长,内藏;柱头2唇形。

【果实和种子】果为瘦果,狭椭圆形,包藏于宿存萼筒内,含1粒基生种子。蓼型胚囊;胚长圆形,子叶宽而旋卷;胚乳薄,有2层细胞。

【种类】全科仅有1属,1种,2亚种,中国有1属,1亚种;内蒙古有1属,1变科。

透骨草科 Phrymaceae Schauer 是德国植物学家 Johannes Conrad Schauer (1813—1848)于1847年在"Prodromus Systematis Naturalis Regni Vegetabilis 11"(Prodr.)上发表的植物科,模式属为 Phryma(透骨草属)。英国植物学家 George Bentham(1800—1884)和 Joseph Dalton Hooker(1817—1911)于1876年,法国植物学家和医生 Henri Ernest Baillon(1827—1895)于1892年,英国植物学家 John Hutchinson (1884—1972)于1926年,美国生物学家、植物学家和菊科专家 Arthur John Cronquist (1919—1992)于1981年都主张将透骨草属归入马鞭草科 Verbenaceae。

在恩格勒系统(1964)中,透骨草科隶属合瓣花亚纲(Sympetalae)、管花目(Tubiflorae)、透骨草亚目(Phrymineae),本目含6亚目、26个科。在哈钦森系统(1959)中,透骨草科隶属双子叶植物木本支(Lignosae)、马鞭草目(Verbenales),含厚壳树科(Ehretiaceae)、马鞭草科(Verbenaceae)、密穗科(Stilbeaceae)、连药科(Chloanthaceae)和透骨草科(Phrymaceae)等5个科,认为马鞭草目起源于马钱目(Loganiales)的另一进化到顶点的类群,犹如草本支中的唇形科。塔赫他间系统(1980)和克朗奎斯特系统(1981)没有认可透骨草科 Phrymaceae Schauer,把透骨草属(Phryma)归入马鞭草科中。

透骨草属——【学　名】*Phryma*

【蒙古名】ᠲᠣᠭᠣᠷᠢ ᠬᠢᠲᠠᠢ ᠶᠢᠨ ᠥᠪᠥᠰᠥ

【英文名】Lopseed

【生活型】多年生直立草本。

【茎】茎四棱形。

【叶】叶为单叶，对生，具齿，无托叶。

【花】穗状花序生茎顶及上部叶腋，纤细，具苞片及小苞片，有长梗。花两性，左右对称，虫媒。花曹合生成筒状，具5棱，檐部2唇形，上唇3枚萼齿钻形，先端呈钩状反曲，下唇2枚萼齿较短，三角形。花冠蓝紫色、淡紫色至白色，合瓣，漏斗状筒形，檐部2唇形，上唇直立，近全缘、微凹至2浅裂，下唇较大，开展，3浅裂，裂片在蕾中呈覆瓦状排列。雄蕊4枚，着生于冠筒内面，内藏，下方2枚较长；花丝狭线形；花药分生，肾状圆形，背着，2室，药室平行，纵裂，顶端不汇合。花粉粒具3沟。雌蕊由2枚背腹向心皮合生而成；子房上位，斜长圆状披针形，1室，基底胎座，有1颗直生胚珠，单珠被，薄珠心；花柱1枚，顶生，细长，内藏；柱头2唇形。

【果实和种子】果为瘦果，狭椭圆形，包藏于宿存萼筒内，含1粒基生种子。蓼型胚囊；胚长圆形，子叶宽而旋卷；胚乳薄，有2层细胞。

【分类地位】被子植物门、双子叶植物纲、合瓣花亚纲、管状花目、透骨草科。

【种类】全属有1种，2亚种；中国有1亚种；内蒙古有1变种。

647

北美透骨草 *Phryma leptostachya*

多年生草本。不分枝或于上部有带花序的分枝，分枝叉开，绿色或淡紫色，遍布倒生短柔毛或于茎上部有开展的短柔毛，少数近无毛。叶对生；叶片卵状长圆形、卵状披针形、卵状椭圆形至卵状三角形或宽卵形。花通常多数，疏离，出自苞腋，在序轴上对生或于下部互生，具短梗，于蕾期直立，开放时斜展至平展，花后反折。花冠漏斗状筒形，蓝紫色、淡红色至白色，外面无毛，内面于筒部远轴面被短柔毛；上唇直立，下唇平伸，中央裂片较大。无毛；花丝狭线形，花药肾状圆形。雌蕊无毛；子房斜长圆状披针形，花柱细长，下唇较长，长圆形。瘦果狭椭圆形，包藏于棒状宿存花萼内，反折并贴近花节轴。种子1粒，基生，种皮薄膜质，与果皮合生。

兔唇花属——【学　名】*Lagochilus*

　　　　　　　　【蒙古名】ᠲᠠᠤᠯᠠᠢ ᠶᠢᠨ ᠤᠷᠤᠭᠤ

　　　　　　　　【英文名】Harelip

【生活型】多年生草本或矮小半灌木。

【茎】根茎粗厚,木质。茎四棱形,绿白色,坚实,被疏硬毛。

【叶】叶通常菱形,深裂至羽状深裂,裂片先端通常具刺状尖头稀无刺,叶柄通常在下部的较小,向上渐变短。

【花】轮伞花序2～10朵花,其下承有刺状苞片,在无花的叶腋内有时也生有刺状苞片。花萼钟形至管状钟形,具5条脉,喉部倾斜或直,萼齿5枚,近等长或后3枚较长,三角形、长圆形、卵状披针形至宽卵圆形,通常较萼筒为长,稀较短,先端针刺状。花冠内面近基部有疏柔毛毛环,冠檐2唇形,上唇长圆形,直伸,微内凹,先端2裂或具4枚齿缺,外面被柔毛,下唇3裂,斜向上平展,中裂片较大,倒心形,先端2圆裂,小裂片直伸、近直伸或近平展,侧裂片较小或细小,直伸,先端锐尖或微缺。雄蕊4枚,比花冠长或与之等长,前对较长,花丝扁平,基部有毛或无毛,花药2室,室平行或略叉开,边缘具睫毛。花柱丝状,先端近相等2浅裂。花盘杯状。

【果实和种子】小坚果扁倒圆锥形,长圆状倒卵圆形或长圆状卵圆形,顶端截平或圆形,外被腺点、尘状毛被、鳞片而粗糙,或无毛被或腺点而光滑。

【分类地位】被子植物门、双子叶植物纲、合瓣花亚纲、管状花目、唇形科、野芝麻亚科、野芝麻族、野芝麻亚族。

【种类】全属约有35种;中国有14种;内蒙古有1种。

冬青叶兔唇花 *Lagochilus ilicifolius*

　　多年生植物。根木质。茎分枝,铺散,基部木质化,干后白绿色,被白色细短硬毛。叶楔状菱形,向上,先端具3～5齿裂,齿端短芒状刺尖,基部楔形,硬革质,两面无毛,干后白绿色,无柄。轮伞花序具2～4朵花,生于中部以上的叶腋内;苞片细针状,向上,无毛,不具花的叶腋内无苞片或稀具针状小苞片。花萼管状钟形,白绿色,硬革质,无毛,齿大小不相等,后一齿较长,与其相对的齿凹缺长度与之近相等,其余4枚齿每2枚间的齿凹缺较短,齿均长圆状披针形,先端有极短刺尖。花冠淡黄色,网脉紫褐色,明显,上唇直立,先端2裂,外面被白色绵毛,内面被白色糙伏毛,外面被微毛,内面无毛,3深裂,中裂片大,倒心形,先端深凹,侧裂片小,卵圆形,先端具2枚齿。雄蕊着生于冠筒基部,后对短,前对较长,花丝扁平,边缘膜质,基部被微柔毛。花柱近方柱形,先端为相等的2短裂。花盘浅。子房无毛。花期7～9月,果期在9月以后。

648

兔儿伞属——【学　名】*Syneilesis*

【蒙古名】ᠲᠠᠢᠯᠠᠭ ᠤᠨ ᠬᠣᠩᠬᠤ

【英文名】Syneilesis

【生活型】粗壮多年生草本。

【叶】基生叶盾状、掌状分裂,具长叶柄,幼时被密卷毛,叶片在开展前子叶内卷,茎生叶互生,少数,叶柄基部抱茎。

【花】头状花序盘状,小花全部管状,多数在茎端排列成伞房状或圆锥状花序,总苞狭筒状或圆柱状,基部有2~3个线形小苞片;总苞片5个,不等长,内层较宽,外层较狭;花托平,无毛,具窝孔;小花花冠淡白色至淡红色,两性,结实,具不规则的5裂,花药基部戟形,具短尖的附属物;花柱分枝伸长,顶端钝或具扁三角形的附器,外面被毛。

【果实和种子】瘦果圆柱形,无毛,具多数肋。冠毛多数,细刚毛状,不等长或近等长。子叶1片,微裂。

【分类地位】被子植物门、双子叶植物纲、合瓣花亚纲、桔梗目、菊科、管状花亚科、千里光族、款冬亚族。

【种类】全属有5种;中国有4种;内蒙古有1种。

兔儿伞 *Syneilesis aconitifolia*

多年生草本。几根状茎短,横走,具多数须根,茎直立,紫褐色,无毛,具纵肋,不分枝。叶通常2片,疏生;下部叶具长柄;叶片盾状圆形,掌状深裂;裂片7~9枚,每枚裂片再次2~3浅裂;小裂片线状披针形,边缘具不等长的锐齿,顶端渐尖,初时反折呈闭伞状,被密蛛丝状绒毛,后开展成伞状,变无毛,上面淡绿色,下面灰色;叶柄无翅,无毛,基部抱茎;中部叶较小;裂片通常4~5枚。其余的叶呈苞片状,披针形,向上渐小,无柄或具短柄。头状花序多数,在茎端密集成复伞房状;花序梗具数个线形小苞片;总苞筒状,基部有3~4个小苞片;总苞片1层,5个,长圆形,顶端钝,边缘膜质,外面无毛。小花8~10朵,花冠淡粉白色,管部窄,檐部窄钟状,5裂;花药变紫色,基部短箭形;花柱分枝伸长,扁,顶端钝,被笔状微毛。瘦果圆柱形,无毛,具肋;冠毛污白色或变红色,糙毛状。花期6~7月,果期8~10月。

菟丝子属——【学　名】*Cuscuta*

【蒙古名】ᠠᠯᠲᠠ ᠣᠷᠢᠶᠠᠮᠠᠭ ᠤᠨ ᠲᠥᠷᠥᠯ

【英文名】Dodder

【生活型】寄生草本。

【茎】茎缠绕，细长，线形，黄色或红色，不为绿色，借助吸器固着寄主。

【叶】无叶，或退化成小的鳞片。

【花】花小，白色或淡红色，无梗或有短梗，成穗状、总状或簇生成头状的花序；苞片小或无；花5～4出数；萼片近于等大，基部或多或少连合；花冠管状、壶状、球形或钟状，在花冠管内面基部雄蕊之下具有边缘分裂或流苏状的鳞片；雄蕊着生于花冠喉部或花冠裂片相邻处，通常稍微伸出，具短的花丝及内向的花药；花粉粒椭圆形，无刺；子房2室，每室2颗胚珠，花柱2枚，完全分离或多少连合，柱头球形或伸长。

【果实和种子】蒴果球形或卵形，有时稍肉质，周裂或不规则破裂。种子1～4粒，无毛；胚在肉质的胚乳之中，线状，成圆盘形弯曲或螺旋状，无子叶或稀具细小的鳞片状的遗痕。

【分类地位】被子植物门、双子叶植物纲、合瓣花亚纲、管状花目、旋花科、菟丝子亚科。

【种类】全属约有170种；中国有8种；内蒙古有5种。

菟丝子 *Cuscuta chinensis*

一年生寄生草本。茎缠绕，黄色，纤细，无叶。花序侧生，少花或多花簇生成小伞形或小团伞花序，近于无总花序梗；苞片及小苞片小，鳞片状；花梗稍粗壮；花萼杯状，中部以下连合，裂片三角状，顶端钝；花冠白色，壶形，裂片三角状卵形，顶端锐尖或钝，向外反折，宿存；雄蕊着生花冠裂片弯缺微下处；鳞片长圆形，边缘长流苏状；子房近球形，花柱2枚，等长或不等长，柱头球形。蒴果球形，几乎全为宿存的花冠所包围，成熟时整齐的周裂。种子2～49粒，淡褐色，卵形，表面粗糙。

驼绒藜属——【学　名】*Ceratoides*

【蒙古名】ᠲᠡᠮᠡᠭᠡᠨ ᠤ ᠰᠢᠷᠠᠯᠵᠢ

【英文名】Ceratoides

【生活型】多年生植物,灌木。

【茎】直立或呈垫状,全体密被星状毛,后期毛部分脱落。

【叶】叶互生、单生或成束,具柄,柄平直或呈舟状;叶片扁平,条形、条状披针形至卵圆形,先端钝或圆形,基部楔形、圆形或心脏形,全缘;叶脉明显或不显,1条脉或羽状。

【花】花单性,同株。雄花无柄,数朵成簇在枝和小枝顶部构成念珠状或头状花序,无苞片和小苞片;花被片4枚,膜质,基部稍联合,裂片卵形或椭圆形,背部被星状毛;雄蕊4枚,与花被对生,花药矩圆形,2室,纵裂,花丝条形,伸出被外;无花盘和子房。雌花无柄,1~2朵腋生,具苞片,无花被;小苞片2个,合生成雌花管,侧扁,椭圆形或倒卵形,上部分裂成2个角状或兔耳状裂片,果时管外具4束长毛或短毛(实为星状毛,仅其中1支射毛较长);子房无柄,椭圆形,密被具1支长射毛的星状毛,花柱短,柱头2枚,密被毛状突起,伸出管外。

【果实和种子】果实直生,内藏,扁平,椭圆形或狭倒卵形,上部被毛,果皮膜质,不与种皮相联。种子直生,与果同形,种皮膜质;胚马蹄形,胚根向下。

【分类地位】被子植物门、双子叶植物纲、原始花被亚纲、中央种子目、藜科、环胚亚科、滨藜族。

【种类】全属有6~7种;中国有4种,1变种;内蒙古有3种。

651

驼绒藜 *Ceratoides latens*

半灌木。分枝多集中于下部,斜展或平展。叶较小,条形、条状披针形、披针形或矩圆形,先端急尖或钝,基部渐狭、楔形或圆形,1条脉,有时近基处有2条侧脉,极稀为羽状。雄花序较短,紧密。雌花管椭圆形;花管裂片角状,较长,其长为管长的1/3至等长。果直立,椭圆形,被毛。花果期6~9月。

生于戈壁、荒漠、半荒漠、干旱山坡或草原中。主要分布于中国新疆、西藏、青海、甘肃和内蒙古等省区;国外分布较广,整个欧亚大陆(西起西班牙,东至西伯利亚,南至伊朗和巴基斯坦)的干旱地区均有分布。

驼舌草属——【学　名】*Goniolimon*

【蒙古名】ᠲᠡᠮᠡᠭᠡᠨ ᠬᠡᠯᠡᠨ ᠤᠷᠤᠭᠤ

【英文名】Goniolimon

【生活型】多年生草本。

【茎】根端有肥大的茎基,茎基上端常因侧芽发育成极短的木质分枝而在贴近地面呈多头状。

【叶】叶基生,呈莲座状(每一茎基分枝上生一丛),全缘,先端常有短尖。

【花】花序轴 1～2 枚,少有较多,由叶腋生出,或多或少有叉状、交互或偏向一侧的分枝,并且往往再 2 回或 3 回分枝;穗状花序位于各级分枝的上部和顶端,由 2 至多个小穗组成;小穗含 2～5 朵花,外苞和第一内苞均有较草质部为宽的膜质边缘,外苞先端有一宽厚而渐尖的草质硬尖,第一内苞短于(偶可微长于)外苞,有 1 或 2～3 个草质硬尖;萼漏斗状或狭漏斗状,基部直或显然偏斜,干膜质,有 5 条脉,沿脉(除外露部分)被毛,萼檐白色,先端有 5 枚裂片,有时具间生的小裂片;花冠淡紫红色,由 5 枚基部联合而下部以内曲边缘接合的花瓣组成,上端分离而外展;雄蕊着生于花冠基部;子房长圆形或卵状长圆形,上端骤细;花柱 5 枚,分离,下半部具乳头状突起,柱头扁头状。

【果实和种子】蒴果长圆形或卵状长圆形。

【分类地位】被子植物门、双子叶植物纲、合瓣花亚纲、白花丹目、白花丹科、补血草族。

【种类】全属有 10 余种;中国有 4 种;内蒙古有 1 种。

驼舌草 *Goniolimon speciosum*

　　多年生草本。叶基生,倒卵形、长圆状倒卵形至卵状倒披针形或披针形,先端常为短渐尖或急尖,基部渐狭而下延成两侧具绿色边带的宽扁叶柄,两面显被钙质颗粒(尤以下表面为多),网脉通常不显。花序呈伞房状或圆锥状;花序轴下部圆柱状,通常在上半部(有时也可由下部)2～3 回分枝,主轴在分枝以上处以及各分枝上有明显的棱或窄翅而呈二棱形或三棱形;穗状花序列于各级分枝的上部和顶端,由 5～9(11)个小穗排成紧密的覆瓦状 2 列而成;小穗含 2～4 朵花;外苞宽卵形至椭圆状倒卵形,先端具 1 枚宽厚渐尖的草质硬尖,第一内苞与外苞相似,但先端常具 2～3 枚硬尖;萼几全部(有时上半部只在脉上)或下半部被毛,萼檐裂片无齿牙,先端钝或略近急尖,有时具不明显的间生小裂片,脉常紫褐色(有时变褐色或黄褐色),不达于萼檐中部;花冠紫红色。花期 6～7 月,果期 7～8 月。

橐吾属──【学　名】*Ligularia*

【蒙古名】ᠰᠢᠷ᠎ᠠ ᠶᠢᠨ ᠡᠪᠡᠰᠦ

【英文名】Goldenray

【生活型】多年生草本。

【茎】根茎极短,从不伸长。根肉质或草质,粗壮或纤细,光滑或有时被密短毛。茎直立,常单生,自丛生叶丛的外围叶腋中抽出,当年开花后死亡。

【叶】幼叶外卷。不育茎的叶丛生(丛生叶),发达,具长柄,基部膨大成鞘,叶片肾形、卵形、箭形、戟形或线形,叶脉掌状或羽状,稀为掌式羽状;茎生叶互生,少数,叶柄较短,常具膨大的鞘,叶片多与丛生叶同形,较小。

【花】头状花序辐射状或盘状,大或极小,排列成总状或伞房状花序或单生。总苞狭筒形、钟形、陀螺形或半球形,基部有少数或多数小苞片(小外苞片),总苞片2层,分离,覆瓦状排列,外层窄,内层宽,常具膜质边缘,或1层,合生,仅顶端具2～5枚齿。花托平,浅蜂窝状。边花雌性,舌状或管状,花冠有时缺如;中央花两性,管状,檐部5裂。花药顶端三角形或卵形,急尖,基部钝,无尾,花丝光滑,近花药处膨大。花柱分枝细,先端钝或近圆形。

【果实和种子】瘦果光滑,有肋。冠毛2～3层,糙毛状,长或极短,稀无冠毛。

【分类地位】被子植物门、双子叶植物纲、合瓣花亚纲、桔梗目、菊科、管状花亚科、千里光族、千里光亚族。

【种类】全属约有130种;中国有111种;内蒙古有8种。

653

全缘橐吾 *Ligularia mongolica*

多年生灰绿色或蓝绿色草本。全株光滑。根肉质,细长。茎直立,圆形,基部被枯叶柄纤维包围。丛生叶与茎下部叶具柄,截面半圆形,光滑,基部具狭鞘,叶片卵形、长圆形或椭圆形,先端钝,全缘,基部楔形,下延,叶脉羽状;茎中上部叶无柄,长圆形或卵状披针形,稀为哑铃形,近直立,贴生,基部半抱茎。总状花序密集,近头状,或下部疏离;苞片和小苞片线状钻形;花序梗细;头状花序多数,辐射状;总苞狭钟形或筒形,总苞片5～6个,2层,长圆形,先端钝或急尖,内层边缘膜质。舌状花1～4朵,黄色,舌片长圆形,先端钝圆;管状花5～10朵,檐部楔形,基部渐狭,冠毛红褐色与花冠管部等长。瘦果圆柱形,褐色,光滑。花果期5～9月。

瓦松属——【学　名】*Orostachys*

【蒙古名】ᠬᠠᠨᠠ (ᠬᠠᠨᠠ) ᠤᠨ ᠢᠳᠡᠭᠡᠨ

【英文名】Orostachys

【生活型】二年生或多年生草本。

【叶】叶第一年呈莲座状，常有软骨质的先端，少有为柔软的渐尖头或钝头，线形至卵形，多具暗紫色腺点。

【花】第二年自莲座中央长出不分枝的花茎；花几无梗或有梗，有多花，成密集的聚伞圆锥花序或聚伞花序伞房状，外表呈狭金字塔形至圆柱形；花五基数；萼片基部合生，常较花瓣为短；花瓣黄色、绿色、白色、浅红色或红色，基部稍合生，披针形，直立；雄蕊 1 轮或 2 轮，如为 1 轮，则与花瓣互生，如为 2 轮，则外轮对瓣的；鳞片小，长圆形，先端截形；子房上位，心皮有柄，基部渐狭，直立，花柱细；胚珠多数，成侧膜胎座。蓇葖分离，先端有喙，种子多数。

【分类地位】被子植物门、双子叶植物纲、原始花被亚纲、蔷薇目、虎耳草亚目、景天科、景天亚科。

【种类】全属有 13 种；中国有 10 种；内蒙古有 4 种。

瓦松 *Orostachys fimbriatus*

二年生草本。一年生莲座丛的叶短；莲座叶线形，先端增大，为白色软骨质，半圆形，有齿；叶互生，疏生，有刺，线形至披针形。花序总状，紧密，或下部分枝，可呈金字塔形；苞片线状渐尖；花萼片 5 个，长圆形；花瓣 5 片，红色，披针状椭圆形，先端渐尖，基部合生；雄蕊 10 枚，与花瓣同长或稍短，花药紫色；鳞片 5 个，近四方形，先端稍凹。蓇葖 5 枚，长圆形，喙细；种子多数，卵形，细小。花期 8～9 月，果期 9～10 月。

生于海拔 1600 米以下，在甘肃、青海可到海拔 3500 米以下的山坡石上或屋瓦上。产于湖北、安徽、江苏、浙江、青海、宁夏、甘肃、陕西、河南、山东、山西、河北、内蒙古、辽宁、黑龙江。朝鲜、日本、蒙古、俄罗斯也有。

全草药用，有止血、活血、敛疮之效。但有小毒，宜慎用。

洼瓣花属——【学　名】*Lloydia*

【蒙古名】〔蒙古文〕

【英文名】Alplily

【生活型】多年生草本。

【茎】鳞茎通常狭卵形，上端延长成圆筒状。茎不分枝。

【叶】叶 1 至多片基生，韭叶状或更狭，长的可超过花序；在茎上有较短的互生叶，向上逐渐过渡成苞片。

【花】花小或中等大，单朵顶生或 2～4 朵排成近二歧的伞房状花序；花被片 6 枚，离生，有 3～7 条脉，近基部常有凹穴、毛或褶片；通常内外花被片相似，但内花被片稍宽；雄蕊 6 枚，生于花被片基部，短于花被片；花丝有时具毛；花药基着，向两侧开裂；子房 3 室，具多数胚珠；花柱与子房近等长或较长，柱头近头状或短 3 裂。

【果实和种子】蒴果狭倒卵状矩圆形至宽倒卵形，室背上部开裂。种子多数，三角形至狭卵状条形，后者在一端有短翅。

【分类地位】被子植物门、单子叶植物纲、百合目、百合亚目、百合科、百合族。

【种类】全属约有 10 种；中国有 7 种；内蒙古有 1 种。

西藏洼瓣花 *Lloydia tibetica*

鳞茎顶端延长、开裂。基生叶 3～10 片，边缘通常无毛；茎生叶 2～3 片，向上逐渐过渡为苞片，通常无毛，极少在茎生叶和苞片的基部边缘有少量疏毛；花 1～5 朵；花被片黄色，有淡紫绿色脉；内花被片内面下部或近基部两侧各有 1～4 个鸡冠状褶片，外花被片宽度约为内花被片的 2/3；内外花被片内面下部通常有长柔毛，较少无毛；雄蕊长约为花被片的一半，花丝除上部外均密生长柔毛；柱头近头状，稍 3 裂。花期 5～7 月。

豌豆属——【学　名】*Pisum*

【蒙古名】ᠪᠦᠷᠴᠠᠭ ᠤᠨ ᠲᠦᠷᠦᠯ

【英文名】Pea

【生活型】一年生或多年生柔软草本。

【茎】茎方形、空心、无毛。

【叶】叶具小叶 2～6 片,卵形至椭圆形,全缘或多少有锯齿,下面被粉霜,托叶大,叶状;叶轴顶端具羽状分枝的卷须。

【花】花白色或颜色多样,单生或数朵排成总状花序腋生,具柄;萼钟状,偏斜或在基部为浅束状,萼片多少呈叶片状;花冠蝶形,旗瓣扁倒卵形,翼瓣稍与龙骨瓣连生,雄蕊(9＋1)二体;子房近无柄,有胚珠多颗,花柱内弯,压扁,内侧面有纵列的髯毛。

【果实和种子】荚果肿胀,长椭圆形,顶端斜急尖;种子数粒,球形。

【分类地位】被子植物门、双子叶植物纲、原始花被亚纲、蔷薇目、蔷薇亚目、豆科、蝶形花亚科、野豌豆族。

【种类】全属约有 6 种;中国有 1 栽培种;内蒙古有 1 栽培种。

豌豆 *Pisum sativum*

一年生攀援草本。全株绿色,光滑无毛,被粉霜。叶具小叶 4～6 片,托叶比小叶大,叶状,心形,下缘具细牙齿。小叶卵圆形;花于叶腋单生或数朵排列为总状花序;花萼钟状,深 5 裂,裂片披针形;花冠颜色多样,随品种而异,但多为白色和紫色,雄蕊(9＋1)二体。子房无毛,花柱扁,内面有髯毛。荚果肿胀,长椭圆形,顶端斜急尖,背部近于伸直,内侧有坚硬纸质的内皮;种子 2～10 粒,圆形,青绿色,有皱纹或无,干后变为黄色。花期 6～7 月,果期 7～9 月。

种子及嫩荚、嫩苗均可食用;种子含淀粉、油脂,可作药用,有强壮、利尿、止泻之效;茎叶能清凉解暑,并作绿肥、饲料或燃料。

万寿菊属——【学　名】*Tagetes*

　　　　　　　【蒙古名】ᠲᠠᠪᠤᠨ ᠬᠤᠷᠤᠭᠤᠳᠤ ᠴᠡᠴᠡᠭ

　　　　　　　【英文名】Marigold

【生活型】一年生草本。

【茎】茎直立,有分枝,无毛。

【叶】叶通常对生,少有互生,羽状分裂,具油腺点。

【花】头状花序通常单生,少有排列成花序,圆柱形或杯形,总苞片 1 层,几全部连合成管状或杯状,有半透明的油点;花托平,无毛;舌状花 1 层,雌性,金黄色、橙黄色或褐色;管状花两性,金黄色、橙黄色或褐色;全部结实。

【果实和种子】瘦果线形或线状长圆形,基部缩小,具棱;冠毛有具 3～10 个不等长的鳞片或刚毛,其中一部分连合,另一部分多少离生。

【分类地位】被子植物门、双子叶植物纲、合瓣花亚纲、桔梗目、菊科、管状花亚科、堆心菊科。

【种类】全属约有 30 种;中国有 2 种;内蒙古有 2 栽培种。

万寿菊 *Tagetes erecta*

　　一年生草本。茎直立,粗壮,具纵细条棱,分枝向上平展。叶羽状分裂,裂片长椭圆形或披针形,边缘具锐锯齿,上部叶裂片的齿端有长细芒;沿叶缘有少数腺体。头状花序单生,花序梗顶端棍棒状膨大;总苞杯状,顶端具齿尖;舌状花黄色或暗橙色;舌片倒卵形,基部收缩成长爪,顶端微弯缺;管状花花冠黄色,顶端具 5 齿裂。瘦果线形,基部缩小,黑色或褐色,被短微毛;冠毛有 1～2 个长芒和 2～3 个短而钝的鳞片。花期 7～9 月。原产于墨西哥。中国各地均有栽培,在广东和云南南部、东南部已归化。

万寿竹属——【学　名】*Disporum*

【蒙古名】 ᠬᠣᠲᠣᠴᠢ ᠶᠢᠨ ᠲᠥᠷᠥᠯ

【英文名】Fairybelle

【生活型】多年生直立草本。

【根】纤维根常多少肉质。

【茎】通常具短的根状茎,有时有匍匐茎;茎下部各节有鞘,上部通常有分枝。

【叶】叶互生,有 3～7 条主脉,叶柄短或无。

【花】伞形花序有花 1 至几朵,着生于茎和分枝顶端,或着生于与中上部叶相对生的短枝顶端,无苞片;花被狭钟形或近筒状,通常多少俯垂;花被片 6 枚,离生,基部囊状或距状;雄蕊 6 枚,着生于花被片基部;花丝扁平,花药矩圆形,基着,半外向开裂;子房 3 室,每室有倒生胚珠2～6 枚。

【果实和种子】浆果通常近球形,熟时黑色,有 2～3(～6)粒种子。种子近球形,种皮具点状皱纹。

【分类地位】被子植物门、单子叶植物纲、百合目、百合亚目、百合科、黄精族。

【种类】全属约有 20 种;中国有 8 种;内蒙古有 1 种。

宝珠草 *Disporum viridescens*

根状茎短,通常有长匍匐茎;根多而较细。有时分枝。叶纸质,椭圆形至卵状矩圆形,先端短渐尖或有短尖头,横脉明显,下面脉上和边缘稍粗糙,基部收狭成短柄或近无柄。花淡绿色,1～2 朵生于茎或枝的顶端;花被片张开,矩圆状披针形,脉纹明显,先端尖,基部囊状;与花丝近等长;花柱头 3 裂,向外弯卷,子房与花柱等长或稍短。浆果球形,黑色,有 2～3 粒种子。种子红褐色。花期 5～6 月,果期 7～10 月。

王不留行属（麦蓝菜属）——【学　名】*Vaccaria*

【蒙古名】ᠲᠣᠣᠷᠠᠢ ᠶᠢᠨ ᠴᠡᠴᠡᠭᠲᠦ ᠡᠪᠡᠰᠦ

【英文名】Cowherb

【生活型】一年生草本。

【茎】茎直立，二歧分枝。

【叶】叶对生，叶片卵状披针形至披针形，基部微抱茎；托叶缺。

【花】花两性，成伞房花序或圆锥花序；花萼狭卵形，具5条翅状棱，花后下部膨大，萼齿5枚；雌雄蕊柄极短；花瓣5片，淡红色，微凹缺或全缘，具长爪；副花冠缺；雄蕊10枚，通常不外露；子房1室，具多数胚珠；花柱2枚。

【果实和种子】蒴果卵形，基部4室，顶端4齿裂；种子多数，近圆球形，具小瘤。

【分类地位】被子植物门、双子叶植物纲、原始花被亚纲、中央种子目、石竹科、石竹亚科、石竹族。

【种类】全属约有4种；中国有有1种；内蒙古有1种。

麦蓝菜 *Vaccaria segetalis*

一年生或二年生草本，全株无毛，微被白粉，呈灰绿色。根为主根系。茎单生，直立，上部分枝。叶片卵状披针形或披针形，基部圆形或近心形，微抱茎，顶端急尖，具3基出脉。伞房花序稀疏；花梗细；苞片披针形，着生花梗中上部；花萼卵状圆锥形，后期微膨大呈球形，棱绿色，棱间绿白色，近膜质，萼齿小，三角形，顶端急尖，边缘膜质；雌雄蕊柄极短；花瓣淡红色，爪狭楔形，淡绿色，瓣片狭倒卵形，斜展或平展，微凹缺，有时具不明显的缺刻；雄蕊内藏；花柱线形，微外露。蒴果宽卵形或近圆球形；种子近圆球形，红褐色至黑色。2n＝30。花期5～7月，果期6～8月。

生于草坡、撂荒地或麦田中，为麦田常见杂草。广布于欧洲和亚洲。中国除华南外，全国都产。

659

内蒙古种子植物科属词典

菵草属——【学　名】*Beckmannia*

【蒙古名】 ᠬᠢᠷᠭᠠ ᠵᠢ ᠬᠢᠷᠭᠡ ᠵᠢ ᠡᠪᠡᠰᠦ

【英文名】Sloughgrass

【生活型】一年生直立草本。

【花】圆锥花序狭序，由多数简短贴生或斜生的穗状花序组成。小穗含 1 朵，稀为 2 朵小花，几为圆形，两侧压扁，近无柄，成 2 行覆瓦状排列于穗轴之一侧，小穗脱节于颖之下，小穗轴亦不延伸于内秀之后；颖半圆形，等长，草质，具较薄而色白的边缘，有 3 条脉，先端钝或锐尖；外秀披针形，具 5 条脉，稍露于颖外，先端尖或具短尖头；内秀稍短于外秀，具脊；雄蕊3 枚。

【果实和种子】颖果。

【分类地位】被子植物门、单子叶植物纲、禾本目、禾本科、早熟禾亚科、剪股颖族。

【种类】全属有 2 种，1 变种；中国有 1 种，1 变种；内蒙古有 1 种。

菵草 *Beckmannia syzigachne*

一年生。秆直立，具 2～4 节。叶鞘无毛，多长于节间；叶舌透明膜质；叶片扁平，粗糙或下面平滑。圆锥花分枝稀疏，直立或斜升；小穗扁平，圆形，灰绿色，常含 1 朵小花；颖草质；边缘质薄，白色，背部灰绿色，具淡色的横纹；外稃披针形，具 5 条脉，常具伸出颖外之短尖头；花药黄色。颖果黄褐色，长圆形，先端具丛生短毛。花果期4～10 月。

卫矛科——【学　名】*Celastraceae*

【蒙古名】ᠣᠭᠶᠤᠷ ᠵᠢᠰᠦᠮ ᠤᠨ ᠢᠵᠠᠭᠤᠷ

【英文名】Stafftree Family

【生活型】常绿或落叶乔木、灌木或藤本灌木及匍匐小灌木。

【叶】单叶对生或互生,少为三叶轮生并类似互生;托叶细小,早落或无,稀明显而与叶俱存。

【花】花两性或退化为功能性不育的单性花,杂性同株,较少异株;聚伞花序 1 至多次分枝,具有较小的苞片和小苞片;花 4~5 数,花部同数或心皮减数,花萼花冠分化明显,极少萼冠相似或花冠退化,花萼基部通常与花盘合生,花萼分为 4~5 个萼片,花冠具 4~5 片分离花瓣,少为基部贴合,常具明显肥厚花盘,极少花盘不明显或近无,雄蕊与花瓣同数,着生花盘之上或花盘之下,花药 2 室或 1 室,心皮 2~5 枚,合生,子房下部常陷入花盘而与之合生或与之融合而无明显界线,或仅基部与花盘相连,大部游离,子房室与心皮同数或退化成不完全室或 1 室,倒生胚珠,通常每室 2~6 颗,少为 1 颗,轴生、室顶垂生,较少基生。

【果实和种子】多为蒴果,亦有核果、翅果或浆果;种子多少被肉质具色假种皮包围,稀无假种皮,胚乳肉质丰富。

【种类】全科约有 60 属,850 种;中国有 12 属,201 种;内蒙古有 2 属,4 种,1 变种。

卫矛科 Celastraceae R. Br. 是苏格兰植物学家和古植物学家 Robert Brown (1773－1858)于 1814 年在"A Voyage to Terra Australis 2"(Voy. Terra Austral.)中发表的植物科,模式属为南蛇藤属(Celastrus)。

在恩格勒系统(1964)中,卫矛科隶属原始花被亚纲(Archichlamydeae)、卫矛目(Celastrales)、卫矛亚目(Celastrineae),本目含 3 个亚目 13 个科,包括冬青科(Aquifoliaceae)、卫矛科、黄杨科(Buxaceae)等。在哈钦森系统(1959)中,卫矛科隶属木本支(Lignosae)、卫矛目,含冬青科、岩高兰科(Empetraceae)、卫矛科等 19 个科,认为卫矛目来自椴树目(Tiliales)。在塔赫他间系统(1980)中,卫矛科隶属蔷薇亚纲(Rosidae)、卫矛目,含冬青科、卫矛科等 15 个科,认为该目的祖先远溯到虎耳草目(Saxifragales)。在克朗奎斯特系统(1981)中,卫矛科也隶属蔷薇亚纲、卫矛目,含冬青科、卫矛科等 11 个科,认为卫矛目起源于蔷薇目(Rosales)。

卫矛属——【学　名】*Euonymus*

【蒙古名】ᠬᠠᠪᠲᠠᠭ᠎ᠠ ᠶᠢᠨ ᠤ ᠣᠪᠣᠭ

【英文名】Euonymus，Spindletree

【生活型】常绿、半常绿或落叶灌木或小乔木，或倾斜、披散以至藤本。

【叶】叶对生，极少为互生或 3 叶轮生。

【花】花为 3 出至多次分枝的聚伞圆锥花序；花两性，较小；花部 4～5 数，花萼绿色，多为宽短半圆形；花瓣较花萼长而大，多为白绿色或黄绿色，偶为紫红色；花盘发达，一般肥厚扁平，圆或方，有时 4～5 浅裂；雄蕊着生花盘上面，多在靠近边缘处，少在靠近子房处，花药"个"字着生或基着，2 室或 1 室，药隔发达，托于半药之下，常使花粉囊呈皿状，花丝细长或短或仅呈突起状；子房半沉于花盘内，4～5 室，胚珠每室 2～12 颗，轴生或室顶角垂生，花柱单一，明显或极短，柱头细小或小圆头状。

【果实和种子】蒴果近球状、倒锥状，不分裂或上部 4～5 浅凹，或 4～5 深裂至近基部，果皮平滑或被刺突或瘤突，心皮背部有时延长外伸呈扁翅状，成熟时胞间开裂，果皮完全裂开或内层果皮不裂而与外层分离在果内突起呈假轴状；种子每室多为 1～2 粒成熟，稀多至 6 粒以上，种子外被红色或黄色肉质假种皮；假种皮包围种子的全部，或仅包围一部而成杯状、舟状或盔状。

【分类地位】被子植物门、双子叶植物纲、原始花被亚纲、无患子目、卫矛亚目、卫矛科、卫矛亚科、卫矛族。

【种类】全属约有 220 种；中国有 111 种，10 变种，4 变型；内蒙古有 3 种，1 变种。

662

卫矛 *Euonymus alatus*

灌木。小枝常具 2～4 列宽阔木栓翅；冬芽圆形，芽鳞边缘具不整齐细坚齿。叶卵状椭圆形、窄长椭圆形，偶为倒卵形，边缘具细锯齿，两面光滑无毛。聚伞花序 1～3 朵花；花白绿色，4 数；萼片半圆形；花瓣近圆形；雄蕊着生花盘边缘处，花丝极短，开花后稍增长，花药宽阔长方形，2 室顶裂。蒴果 1～4 深裂，裂瓣椭圆状；种子椭圆状或阔椭圆状，种皮褐色或浅棕色，假种皮橙红色，全包种子。花期 5～6 月，果期 7～10 月。

生于山坡、沟地边沿。分布于日本、朝鲜。除东北、新疆、青海、西藏、广东及海南以外，全国名省区均产。

带栓翅的枝条入中药，叫鬼箭羽。

尾药菊属——【学　名】*Synotis*

【蒙古名】ᠰᠡᠭᠦᠯᠳᠦ ᠢᠮᠠᠭᠠ ᠶᠢᠨ ᠴᠡᠴᠡᠭ

【英文名】Tailanther

【生活型】直立或有时攀援，或多少藤状多年生草本，灌木状草本或亚灌木。

【茎】根状茎木质。茎在花期下部通常无叶，上部具叶或花序基部具莲座状叶。

【叶】叶不分裂，具柄或无柄，有时基部有耳，宽卵状心形至狭长圆状披针形，通常不分裂，稀羽状分裂，边缘通常具尖锯齿或齿，羽状脉，稀离基三出脉。

【花】头状花序少数至多数，排成顶生，或腋生兼顶生，疏至密简单或复伞房花序，或排成狭至宽多数聚伞状圆锥花序，具异形小花，辐射状或盘状，或具同形小花，盘状，直立或斜升，具花序梗或有时近无梗。总苞钟状或圆柱状，具外层苞片；花托平；总苞片（2～）4～5个，或7～8个，或10～15个，离生，草质至革质，具干膜质边缘，边缘小花舌状或丝状，雌性，1～10（～20）朵或无，舌片黄色，明显或不明显，有时极小，（1～3～）4（～6）条脉，顶端具2～3（～5）枚细齿，稀无齿；管状花1至多数，两性，花冠黄色，有时淡黄色或乳白色；檐部漏斗状；裂片5枚。花药线状长圆形或线形，基部通常具明显的长为花药颈部1/3至2倍的尾，稀具长仅达颈部1/4的尾部；花药颈部杆状至近圆柱状，粗，向基部几不至明显增大，两侧具增大的基生细胞；花药内壁细胞壁增厚少数至多数，辐射状排列，细胞通常短。花柱分枝顶端截形或凸，两侧被短至长乳头状毛，中央有较长的束状乳头状毛。

【果实和种子】瘦果圆柱形，具肋，无毛，或稀被柔毛；几表皮细胞平滑，具条纹或乳头状突起。冠毛毛状，同形，白色，禾秆黄色或变红色。

【分类地位】被子植物门、双子叶植物纲、合瓣花亚纲、桔梗目、菊科、管状花亚科、千里光族、千里光亚族。

【种类】全属约有54种；中国有43种；内蒙古有1种。

663

术叶合耳菊 *Synotis atractylidifolia*

　　亚灌木。根状茎粗，木质，分枝，平卧或斜升。茎数个，直立，无毛，花序下部不分枝；基部叶在花期无叶。叶具短柄或近无柄，披针形，或有时略呈镰形，顶端短渐尖，具小尖头，基部楔形或楔状狭，边缘具规则密细锯齿，干时多少反卷，近革质，两面无毛或近无毛，或近边缘具疏短毛，羽状脉，侧脉5～7对，明显上升；叶脉不明显，在近缘联结；上部渐变小。头状花序具舌状花，数个至较多数在茎端及枝端排成顶生复伞房花序，花序梗纤细，上部略膨大，被白色蛛丝状毛，基部和近基部具1～3个狭倒披针形至线形苞片，总苞近钟形，具疏生外苞片；苞片4～5个，狭倒披针形或线形；总苞片8个，长圆状线形，顶端三角形，钝或稍尖，上端具缘毛；革质，具狭干膜质边缘，背面无毛。舌状花3～5朵，无毛；舌片黄色，长圆状椭圆形，顶端具3枚细齿，具4条脉；花冠黄色，檐部漏斗形；裂片卵状披针形，尖。花药长圆状线形，附片卵状长圆形；颈部粗而宽，基部略膨大。顶端截形，具短而钝的乳头状毛，中央毛不明显。瘦果圆柱形，被疏微毛；冠毛白色。

　　产于内蒙古九峰山、贺兰山；中国的宁夏、甘肃也产。

委陵菜属——【学　名】*Potentilla*

【蒙古名】ᠲᠣᠮᠣᠷ ᠡᠸᠡᠢ ᠬᠠᠨ ᠤᠷᠭᠤᠮᠠᠯ ᠤ᠋ᠨ ᠣᠪᠣᠭ

【英文名】Cinquefoil

【生活型】多年生草本,稀一年生草本或灌木。

【茎】茎直立、上升或匍匐。

【叶】叶为奇数羽状复叶或掌状复叶;托叶与叶柄不同程度合生。

【花】花通常两性,单生、聚伞花序或聚伞圆锥花序;萼筒下凹,多呈半球形,萼片 5 个,镊合状排列,副萼片 5 个,与萼片互生;花瓣 5 片,通常黄色,稀白色或紫红色;雄蕊通常 20 枚,稀减少或更多(11~30),花药 2 室;雌蕊多数,着生在微凸起的花托上,彼此分离;花柱顶生、侧生或基生;每枚心皮有 1 颗胚珠,上升或下垂、倒生胚珠、横生胚珠或近直生胚珠。

【果实和种子】瘦果多数,着生在干燥的花托上,萼片宿存;种子 1 粒,种皮膜质。

【分类地位】被子植物门、双子叶植物纲、原始花被亚纲、蔷薇目、蔷薇亚目、蔷薇科、蔷薇亚科。

【种类】全属有 200 余种;中国有 80 余种;内蒙古有 27 种,6 变种。

委陵菜 *Potentilla chinensis*

多年生草本。根粗壮,圆柱形,稍木质化。花茎直立或上升,被稀疏短柔毛及白色绢状长柔毛。基生叶为羽状复叶,有小叶 5~15 对,叶柄被短柔毛及绢状长柔毛;小叶片对生或互生,上部小叶较长,向下逐渐减小,无柄,长圆形、倒卵形或长圆披针形,边缘羽状中裂,裂片三角卵形、三角状披针形或长圆披针形,顶端急尖或圆钝,边缘向下反卷,上面绿色,被短柔毛或脱落几无毛,中脉下陷,下面被白色绒毛,沿脉被白色绢状长柔毛,茎生叶与基生叶相似,唯叶片对数较少;基生叶托叶近膜质,褐色,外面被白色绢状长柔毛,茎生叶托叶草质,绿色,边缘锐裂。伞房状聚伞花序,花基部有披针形苞片,外面密被短柔毛;萼片三角卵形,顶端急尖,副萼片带形或披针形,顶端尖,比萼片短约 1 倍且狭窄,外面被短柔毛及少数绢状柔毛;花瓣黄色,宽倒卵形,顶端微凹,比萼片稍长;花柱近顶生,基部微扩大,稍有乳头或不明显,柱头扩大。瘦果卵球形,深褐色,有明显皱纹。花果期 4~10 月。

蝟菊属 ——【学　名】*Olgaea*

　　　　　　　　【蒙古名】ᠲᠡᠮᠡᠭᠡᠨ ᠴᠢᠬᠢᠷᠠᠭ᠎ᠠ ᠶᠢᠨ ᠲᠥᠷᠥᠯ

　　　　　　　　【英文名】Olgaea

　　【生活型】多年生草本。

　　【叶】叶革质或草质,茎叶下延成茎翼或无茎翼。

　　【花】头状花序同型;含多数小花。总苞钟状、半球形或卵球形。总苞片多层,多数,覆瓦状排列,坚硬,革质,直立或上部反折或开展,顶端针刺状,最内层苞片外面通常被稠密的顺向贴伏的微糙毛,全部苞片边缘通常有针刺状缘毛。花托有稠密的长毛或托毛。小花紫色或蓝色,两性,结实,顶端5裂。雄蕊花丝分离,无毛,花药基部附属物尾状,撕裂。花柱分枝细长,顶端圆或钝,大部贴合,仅顶端稍张开。

　　【果实和种子】瘦果长椭圆形或倒卵形,有多数高起的纵肋或果肋不明显,顶端有果缘,果缘边缘浅波状、圆齿裂或圆缘尖锯齿,基底着生面,偏斜。冠毛多层,基部连合成环,整体脱落;冠毛刚毛糙毛状或锯齿状,向顶端渐细或内层向顶端稍粗扁,不等长,向内层渐长。

　　【分类地位】被子植物门、双子叶植物纲、合瓣花亚纲、桔梗目、菊科、管状花亚科、菜蓟族、飞廉亚族。

　　【种类】全属约有12种;中国约有7种;内蒙古有3种。

火媒草 *Olgaea leucophylla*

　　多年生草本。根粗壮,直伸。茎直立,粗壮。基部茎叶长椭圆形,或稍明显羽状浅裂,宽三角形、偏斜三角形或半圆形。茎生叶与基生叶同形或椭圆形或椭圆状披针形。上部及接头状花序下部的叶更小,椭圆形、披针形或长三角形。全部茎叶两面几同色,灰白色,两面被蛛丝状绒毛。头状花序多数或少数单生茎枝顶端,不形成明显的伞房花序式排列。总苞钟状,无毛或几无毛。总苞片多层,多数,不等长,向内层渐长,外层长三角形,中层披针形或长椭圆状披针形,内层线状长椭圆形或宽线形;最内层苞片外面被稠密的顺向贴伏的微糙毛,其余各层边缘有针刺状短缘毛。全部苞片顶端渐尖成针刺,外层全部或上部向下反折。小花紫色或白色,外面有腺点,不等大5裂,裂片线形。瘦果长椭圆形,稍压扁,浅黄色,有棕黑色色斑,约有10条高起的肋棱及多数肋间细条纹,果缘边缘尖齿状。冠毛浅褐色,多层,不等长,向内层渐长;冠毛刚毛细糙毛状,外层向顶端渐细,内层向顶端稍粗厚。花果期5～10月。

文冠果属——【学　名】*Xanthoceras*

【蒙古名】ᠲᠤᠷᠭᠠᠨ ᠤ ᠮᠣᠳᠤᠨ

【英文名】Yellowhorn

【生活型】灌木或乔木。

【叶】奇数羽状复叶，小叶有锯齿。

【花】总状花序自上一年形成的顶芽和侧芽内抽出；苞片较大，卵形；花杂性，雄花和两性花同株，但不在同一花序上，辐射对称；萼片5个，长圆形，覆瓦状排列；花瓣5片，阔倒卵形，具短爪，无鳞片；花盘裂片与花瓣互生，背面顶端具一角状体；雄蕊8枚，内藏，花药椭圆形，药隔的顶端和药室的基部均有1个球状腺体；子房椭圆形，3室，花柱顶生，直立，柱头乳头状；胚珠每室7~8颗，排成2纵行。

【果实和种子】蒴果近球形或阔椭圆形，有3棱角，室背开裂为3果瓣，3室，果皮厚而硬，含很多纤维束；种子每室数粒，扁球状，种皮厚革质，无假种皮，种脐大，半月形；胚弯拱，子叶一大一小。

【分类地位】被子植物门、双子叶植物纲、原始花被亚纲、无患子目、无患子科、车桑子亚科。

【种类】单种属；中国有1种；内蒙古有1种。

666

文冠果 *Xanthoceras sorbifolium*

　　落叶灌木或小乔木。小枝粗壮，褐红色，无毛，顶芽和侧芽有覆瓦状排列的芽鳞。小叶4~8对，膜质或纸质，披针形或近卵形，两侧稍不对称，顶端渐尖，基部楔形，边缘有锐利锯齿，顶生小叶通常3深裂，腹面深绿色，无毛或中脉上有疏毛，背面鲜绿色，嫩时被绒毛和成束的星状毛；侧脉纤细，两面略凸起。花序先叶抽出或与叶同时抽出，两性花的花序顶生，雄花序腋生，直立，总花梗短，基部常有残存芽鳞；萼片两面被灰色绒毛；花瓣白色，基部紫红色或黄色，有清晰的脉纹，爪之两侧有须毛；花盘的角状附属体橙黄色；雄蕊花丝无毛；子房被灰色绒毛。种子黑色而有光泽。花期春季，果期秋初。

蚊子草属——【学　名】*Filipendula*

【蒙古名】ᠮᠢᠨᠵᠢᠭ ᠦᠨ ᠡᠪᠡᠰᠦ

【英文名】Meadowsteet，Dropwort

【生活型】多年生草本。

【茎】根茎短而斜走。

【叶】叶常为羽状复叶或掌状分裂，通常顶生小叶扩大，分裂；托叶大，常近心形。

【花】花多而小，两性，极稀单性而雌雄异株，聚伞花序呈圆锥状或伞房状，中央花序梗常缩短；萼片 5 个，花后宿存反折；花瓣白色或红花，基部有爪，覆瓦状排列；雄蕊 20～40 枚，花丝细长；雌蕊 5～15 枚，着生在扁平或微凸起的花托上，彼此分裂；花柱顶生，柱头头状；每枚心皮有胚珠 1～2 颗。

【果实和种子】果实不裂，瘦果直立以基部着生在花托上，或螺旋状以腹部横着在花托上；种子 1 粒，下垂，胚乳极少。

【分类地位】被子植物门、双子叶植物纲、原始花被亚纲、蔷薇目、蔷薇亚目、蔷薇科、蔷薇亚科。

【种类】全属有 10 余种；中国约有 8 种；内蒙古有 4 种。

667

翻白蚊子草 *Filipendula intermedia*

多年生草本。茎几无毛，有棱。叶为羽状复叶，有小叶 2～5 对，叶柄几无毛，顶生小叶稍比侧生小叶大或几相等，常 7～9 裂，裂片狭窄，带形或披针形，边缘有整齐或不规则锯齿，顶端渐尖，上面无毛，下面被白色绒毛，沿脉有疏柔毛，侧生小叶与顶生小叶相似，唯向下较小及裂片较少；托叶草质，扩大，半心形，边缘有锯齿。圆锥花序顶生，花梗常被短柔毛；萼片卵形，顶端急尖或钝，外面密被短柔毛；花瓣白色，倒卵形。瘦果基部有短柄，直立，周围有一圈糙毛。花果期 6～8 月。

生于山岗灌丛、草甸及河岸边。产于内蒙古呼伦贝尔市；中国东北也产；俄罗斯远东也有分布。

萦蒿属——【学　名】*Elachanthemum*

【蒙古名】ᠣᠯᠠᠨ ᠲᠠᠷᠢ ᠣᠯᠠᠩᠭᠤᠷ ᠤᠨ ᠢᠵᠠᠭᠤᠷ

【英文名】Elachanthemum

【生活型】一年生草本。

【叶】叶互生,羽状分裂。

【花】头状花序同型,有长梗,多数在茎枝顶端排成伞房花序。总苞杯状半球形;总苞片3～4层,覆瓦状排列,边缘宽膜质。花托圆锥状凸起,无托毛。花多数(60～100朵或更多),全部为两性;花冠长筒形,顶端5裂。雄蕊伸出花冠之外;花药顶端附片三角状卵形,端钝尖。花柱分枝线形,顶端截形。

【果实和种子】瘦果斜倒卵形,有15～20条细沟纹,无冠毛。

【分类地位】被子植物门、双子叶植物纲、合瓣花亚纲、桔梗目、菊科、管状花亚科、春黄菊族、菊亚族。

【种类】单种属;中国有1种;内蒙古有1种。

萦蒿 *Elachanthemum intricatum*

一年生草本。自基部多分枝,并形成球形枝丛。茎淡红色,被稀疏的绵毛。叶无柄,有绵毛,羽状分裂;裂片7枚,其中4枚裂片位于叶基部,3枚裂片位于叶先端,裂片线形;茎上部叶5裂、3裂或线形不裂。头状花序多数,在茎枝顶端排成疏松伞房花序。总苞杯状半球形,内含60～100余朵花。总苞片3～4层,内外层近等长或外层稍短,最外面有绵毛。全部小花花冠淡黄色,顶端裂片短,三角形,外卷。瘦果斜倒卵形,有15～20条细沟纹。花果期9～10月。

莴苣属——【学　名】*Lactuca*

【蒙古名】ᠬᠣᠲᠣᠷᠣ ᠶᠢᠨ ᠲᠥᠷᠥᠯ

【英文名】Lettuce

【生活型】一年生、二年生或多年生草本。

【叶】叶分裂或不分裂。

【花】头状花序同型，舌状，小，在茎枝顶端排成伞房花序、圆锥花序分枝。总苞果期长卵球形；总苞片 3～5 层，质地薄，覆瓦状排列。花托平，无托毛。舌状小花黄色，7～25 朵，舌片顶端截形，5 齿裂。花药基部附属物箭头形，有急尖的小耳。花柱分枝细。

【果实和种子】瘦果褐色，倒卵形、倒披针形或长椭圆形，压扁，每面有 3～10 条细脉纹或细肋，极少每面有 1 条细脉纹，顶色急尖成细喙，喙细丝状，与瘦果等长或短于瘦果，但通常 2～4 倍长于瘦果。冠毛白色，纤细 2 层，微锯齿状或几成单毛状。

【分类地位】被子植物门、双子叶植物纲、合瓣花亚纲、桔梗目、菊科、舌状花亚科、菊苣族、莴苣亚族。

【种类】全属约有 75 种；中国有 7 种；内蒙古有 1 栽培种，1 变种。

莴苣 *Lactuca sativa*

一年生或二年生草本。根垂直直伸。茎直立，单生，上部圆锥状花序分枝，全部茎枝白色。基生叶及下部茎叶大，不分裂，倒披针形、椭圆形或椭圆状倒披针形，顶端急尖、短渐尖或圆形，无柄，基部心形或箭头状半抱茎，边缘波状或有细锯齿，向上的渐小，与基生叶及下部茎叶同形或披针形，圆锥花序分枝下部的叶及圆锥花序分枝上部的叶极小，卵状心形，无柄，基部心形或箭头状抱茎，边缘全缘，全部叶两面无毛。头状花序多数或极多数，在茎枝顶端排成圆锥花序。总苞果期卵球形；总苞片 5 层，最外层宽三角形，外层三角形或披针形，中层披针形至卵状披针形，内层线状长椭圆形，全部总苞片顶端急尖，外面无毛。舌状小花约 15 朵。瘦果倒披针形，压扁，浅褐色，每面有 6～7 条细脉纹，顶端急尖成细喙，喙细丝状，与瘦果几等长。冠毛 2 层，纤细，微糙毛状。花果期 2～9 月。

乌头属——【学　名】*Aconitum*

【蒙古名】ᠬᠣᠷᠣᠬᠠᠢ ᠶᠢᠨ ᠡᠪᠡᠰᠦ

【英文名】Monkshood，Wolfsbane

【生活型】多年生至一年生草本。

【根】根为多年生直根，或由 2 至数个块根形成，或为一年生直根。

【茎】茎直立或缠绕。

【叶】叶为单叶，互生，有时均基生，掌状分裂，少有不分裂。

【花】花序通常总状；花梗有 2 个小苞片。花两性，两侧对称。萼片 5 个，花瓣状，紫色、蓝色或黄色，上萼片 1 个，船形、盔形或圆筒形，侧萼片 2 个，近圆形，下萼片 2 个，较小，近长圆形。花瓣 2 片，有爪，瓣片通常有唇和距，通常在距的顶部，偶尔沿瓣片外缘生分泌组织。退化雄蕊通常不存在。雄蕊多数，花药椭圆球形，花丝有 1 条纵脉，下部有翅。心皮 3～5（～6～13）枚，花柱短，胚珠多数成 2 列生于子房室的腹缝线上。

【果实和种子】蓇葖有脉网，宿存花柱短，种子四面体形，只沿棱生翅或同时在表面生横膜翅。

【分类地位】被子植物门、双子叶植物纲、原始花被亚纲、毛茛目、毛茛亚目、毛茛科、金莲花亚科、翠雀族。

【种类】全属约有 350 种；中国约有 167 种；内蒙古有 19 种，6 变种。

北乌头 *Aconitum kusnezoffii*

　　北乌头（《中药志》）草乌（东北、华北），蓝靰鞡花、鸡头草、蓝附子、五毒根（东北），块根圆锥形或胡萝卜形。茎无毛，等距离生叶，通常分枝。茎下部叶有长柄，在开花时枯萎。茎中部叶有稍长柄或短柄；叶片纸质或近革质，五角形，基部心形，三全裂，中央全裂片菱形，渐尖，近羽状分裂，小裂片披针形，侧全裂片斜扇形，不等 2 深裂，表面疏被短曲毛，背面无毛；叶柄长约为叶片的 1/3～2/3，无毛。顶生总状花序具 9～22 朵花，通常与其下的腋生花序形成圆锥花序；轴和花梗无毛；下部苞片 3 裂，其他苞片长圆形或线形；小苞片生花梗中部或下部，线形或钻状线形；萼片紫蓝色，外面有疏曲柔毛或几无毛，上萼片盔形或高盔形，有短或长喙，下萼片长圆形；花瓣无毛，向后弯曲或近拳卷；雄蕊无毛，花丝全缘或有 2 枚小齿；心皮（4～）5 枚，无毛。蓇葖直；种子扁椭圆球形，沿棱具狭翅，只在一面生横膜翅。7～9 月开花。

无患子科——【学　名】*Sapindaceae*

【蒙古名】ᠮᠢᠯᠢᠶ᠎ᠠ ᠶᠢᠨ ᠣᠪᠣᠭ

【英文名】Soapderry

【生活型】乔木或灌木,有时为草质或木质藤本。

【叶】羽状复叶或掌状复叶,很少单叶,互生,通常无托叶。

【花】聚伞圆锥花序顶生或腋生;苞片和小苞片小;花通常小,单性,很少杂性或两性,辐射对称或两侧对称;雄花:萼片 4 或 5 个,有时 6 个,等大或不等大,离生或基部合生,覆瓦状排列或镊合状排列;花瓣 4 或 5 片,很少 6 片,有时无花瓣或只有 1～4 个发育不全的花瓣,离生,覆瓦状排列,内面基部通常有鳞片或被毛;花盘肉质,环状、碟状、杯状或偏于一边,全缘或分裂,很少无花盘;雄蕊 5～10 枚,通常 8 枚,偶有多数,着生在花盘内或花盘上,常伸出,花丝分离,极少基部至中部连生,花药背着,纵裂,退化雌蕊很小,常密被毛;雌花:花被和花盘与雄花相同,不育雄蕊的外貌与雄花中能育雄蕊常相似,但花丝较短,花药有厚壁,不开裂;雌蕊由 2～4 枚心皮组成,子房上位,通常 3 室,很少 1 或 4 室,全缘或 2～4 裂,花柱顶生或着生在子房裂片间,柱头单一或 2～4 裂;胚珠每室 1 或 2 颗,偶有多颗,通常上升着生在中轴胎座上,很少为侧膜胎座。

【果实和种子】果为室背开裂的蒴果,或不开裂而浆果状或核果状,全缘或深裂为分果片,1～4 室;种子每室 1 粒,很少 2 或多粒,种皮膜质至革质,很少骨质;胚通常弯拱,无胚乳或有很薄的胚乳,子叶肥厚。

【种类】全科约有 150 属,约 2000 种;中国有 25 属,53 种,2 亚种,3 变种;内蒙古有 1 属,1 种。

671

无患子科 Sapindaceae Juss. 是法国植物学家 Antoine Laurent de Jussieu(1748—1836)于 1789 年在"Genera plantarum 246"(Gen. Pl.)中建立的植物科,模式属为无患子属(Sapindus)。

在恩格勒系统(1964)中,无患子科隶属原始花被亚纲(Archichlamydeae)、无患子目(Sapindales)、无患子亚目(Sapindineae),本目含马桑科(Coriariaceae)、漆树科(Anacardiaceae)、槭树科(Aceraceae)、无患子科、凤仙花科(Balsaminaceae)等 10 个科。在哈钦森系统(1959)中,无患子科隶属双子叶植物木本支(Lignosae)、无患子目,含无患子科、漆树科、槭树科等 11 个科,认为无患子目来源于芸香目(Rutales),但芸香目比无患子目原始。在塔赫他间系统(1980)中,无患子科隶属蔷薇亚纲(Rosidae)、无患子目,含无患子科、槭树科等 13 个科,认为无患子目与芸香目有共同起源,源于虎耳草目(Saxifragales)。在克朗奎斯特系统(1981)中,无患子科也隶属蔷薇亚纲(Rosidae)、无患子目,含无患子科、槭树科、漆树科、苦木科(Simaroubaceae)、芸香科(Rutaceae)和蒺藜科(Zygophyllaceae)等 15 个科,认为无患子目来源于蔷薇目(Rosales)。

五福花科——【学　名】*Adoxaceae*

　　　　　　　【蒙古名】ᠬᠠᠷ᠎ᠠ ᠢᠮᠠᠭᠠᠨ᠎ᠠ ᠶᠢᠨ ᠣᠪᠤᠭ

　　　　　　　【英文名】Muskroor

【生活型】多年生多汁、无毛、小草本。

【茎】根茎匍匐或直立;茎单生或 2～4 条丛生。

【叶】基生叶 1～3 片或多达 10 片左右;茎生叶 2 片,对生,3 深裂或 1～2 回羽状三出复叶。

【花】花茎直立,花序为总状、聚伞性头状或团伞花序排列成间断的穗状花序,顶生或稀为腋生。花小,合萼、合瓣,通常 4～5 基数;雄蕊 2 轮,内轮退化,外轮着生在花冠上,分裂为 2 半蕊,花药单室,盾形,外向,纵裂;心皮与花部同数或异数,子房半下位至下位,花柱连合或分离,柱头点状。

【果实和种子】果为核果。

【种类】全科有 3 属,3 种;中国有 3 属,3 种;内蒙古有 1 属,1 种。

　　　　五福花科 Adoxaceae E. Mey. 是德国植物学家 Ernst Heinrich Friedrich Meyer (1791－1858)于 1839 年在"Preussens Pflanzengattungen 198"(Preuss. Pfl. —Gatt.)上发表的植物科,模式属为五福花属(Adoxa)。Adoxaceae Trautv. 是波罗的海德国植物学家 Ernst Rudolf von Trautvetter(1809－1889)于 1853 年在"Estestv. Istorija Gub. Kievsk. Ucebn. Okr."上发表的植物科,时间比 Adoxaceae E. Mey. 晚。

　　　　在恩格勒系统(1964)中,五福花科隶属合瓣花亚纲(Sympetalae)、川续断目(Dipsacales),含忍冬科(Caprifoliaceae)、五福花科、败酱科(Valerianaceae)和川续断科(Dipsacaceae)4 个科。在哈钦森系统(1959)中,五福花科隶属双子叶植物草本支(Herbaceae)、虎耳草目(Saxifragales),含景天科(Crassulaceae)、虎耳草科(Saxifragaceae)、梅花草科(Parnassiaceae)五福花等 9 个科,认为虎耳草目与蔷薇目(Rosales)有联系,比蔷薇目进化。在塔赫他间系统(1980)中,五福花科隶属菊亚纲(Asteridae)、川续断目,含忍冬科、五福花科、败酱科、辣木科(Morinaceae)和川续断科 5 个科,认为川续断目与五桠果目(Dilleniales)有联系,二者有共同起源。在克朗奎斯特系统(1981)中,五福花科隶属菊亚纲(Asteridae)、川续断目,含忍冬科、五福花科、败酱科和川续断科 4 个科。

五福花属——【学　名】*Adoxa*

【蒙古名】ᠬᠦᠵᠢᠷ ᠴᠡᠴᠡᠭᠳᠦ ᠤᠷᠭᠤᠮᠠᠯ ᠤᠨ ᠲᠥᠷᠥᠯ

【英文名】Muskroor

【生活型】多年生矮小草本。

【茎】具匍匐根茎;茎通常 1 条。

【叶】基生叶 1～3 片,茎生叶 2 片,对生,具柄,叶片 3 深裂。

【花】花茎单一、直立;聚伞性头状花序顶生。花黄绿色,无柄;花 4～5 数,花萼浅杯状;花冠幅状,管极短,裂片上乳突约略可见;内轮雄蕊退化成腺状乳突,外轮雄蕊着生于花冠管檐部,花丝 2 裂,几达基部,花药单室,盾形,外向,纵裂;子房半下位至下位,花柱 4～5 枚,基部连合,柱头 4～5 枚,点状。

【果实和种子】核果。

【分类地位】被子植物门、双子叶植物纲、合瓣花亚纲、茜草目、五福花科。

【种类】全属仅有 1 种;中国有 1 种;内蒙古有 1 种。

五福花 *Adoxa moschatellina*

多年生矮小草本。根状茎横生,末端加粗;茎单一,纤细,无毛,有长匍匐枝。基生叶 1～3 片,为 1～2 回三出复叶;小叶片宽卵形或圆形,3 裂;茎生叶 2 片,对生,3 深裂,裂片再 3 裂。花序有限生长,5～7 朵花成顶生聚伞性头状花序,无花柄。花黄绿色;花萼浅杯状,顶生花的花萼裂片 2 枚,侧生花的花萼裂片 3 枚;花冠幅状,管极短,顶生花的花冠裂片 4 枚,侧生花的花冠裂片 5 枚,裂片上乳突约略可见;内轮雄蕊退化为腺状乳突,外轮雄蕊在顶生花为 4 朵,在侧生花为 5 朵,花丝 2 裂几至基部,花药单室,盾形,外向,纵裂;子房半下位至下位,花柱在顶生花为 4 枚,侧生花为 5 枚,基部连合,柱头 4～5 枚,点状。核果。花期 4～7 月,果期 7～8 月。

五加科——【学　名】*Araliaceae*

【蒙古名】ᠲᠣᠣᠷᠠᠢ ᠶᠢᠨ ᠢᠵᠠᠭᠤᠷ

【英文名】Ginseng Family

【生活型】乔木、灌木或木质藤本，稀多年生草本，有刺或无刺。

【叶】叶互生，稀轮生，单叶、掌状复叶或羽状复叶；托叶通常与叶柄基部合生成鞘状，稀无托叶。

【花】花整齐，两性或杂性，稀单性异株，聚生为伞形花序、头状花序、总状花序或穗状花序，通常再组成圆锥状复花序；苞片宿存或早落；小苞片不显著；花梗无关节或有关节；萼筒与子房合生，边缘波状或有萼齿；花瓣5～10片，在花芽中镊合状排列或覆瓦状排列，通常离生，稀合生成帽状体；雄蕊与花瓣同数而互生，有时为花瓣的2倍，或无定数，着生于花盘边缘；花丝线形或舌状；花药长圆形或卵形，丁字状着生；子房下位，2～15室，稀1室或多室至无定数；花柱与子房室同数，离生，或下部合生上部离生，或全部合生成柱状，稀无花柱而柱头直接生于子房上；花盘上位，肉质，扁圆锥形或环形；胚珠倒生，单个悬垂于子房室的顶端。

【果实和种子】果实为浆果或核果，外果皮通常肉质，内果皮骨质、膜质，或肉质而与外果皮不易区别。种子通常侧扁，胚乳匀一或嚼烂状。

【种类】全科约有80属，900余种；中国有22属，160余种；内蒙古有1属，2种。

五加科 Araliaceae Juss. 是法国植物学家 Antoine Laurent de Jussieu（1748—1836）于1789年在"Genera plantarum 217"（Gen. Pl.）中建立的植物科，模式属为楤木属（Aralia）。

在恩格勒系统（1964）中，五加科隶属原始花被亚纲（Archichlamydeae）、伞形目（Umbelliflorae），含八角枫科（Alangiaceae）、紫树科（蓝果树科）（Nyssaceae）、珙桐科（Davidiaceae）、山茱萸科（Cornaceae）、常绿四照花科（Garryaceae）、五加科和伞形科（Umbelliferae）等7个科。在哈钦森系统（1959）中，五加科隶属木本支（Lignosae）、五加目（Araliales），含山茱萸科、八角枫科、常绿四照花科、紫树科（蓝果树科）、五加科和忍冬科（Caprifoliaceae）等6个科。在塔赫他间系统（1980）中，五加科隶属蔷薇亚纲（Rosidae）、五加目（Araliales），含五加科和伞形科（Apiaceae）2个科，认为五加目与山茱萸目（Cornales）有密切联系，五加目出自山茱萸目，山茱萸目与虎耳草目有联系。在克朗奎斯特系统（1981）中，伞形科 Apiaceae 隶属蔷薇亚纲（Rosidae）、伞形目（Apiales），含伞形科（Apiaceae）和五加科，认为伞形目出自无患子目（Sapindales）。

五加属——【学　名】*Acanthopanax*

【蒙古名】ᠣᠢᠨ ‍ᡳᠶᠠᠨ ᠮᠣᠳᠣ

【英文名】Acanthopanax

【生活型】灌木，直立或蔓生，稀为乔木。

【茎】枝有刺，稀无刺。

【叶】叶为掌状复叶，有小叶 3～5 片，托叶不存在或不明显。

【花】花两性，稀单性异株；伞形花序或头状花序通常组成复伞形花序或圆锥花序；花梗无关节或有不明显关节；萼筒边缘有 5～4 枚小齿，稀全缘；花瓣 5 片，稀 4 片，在花芽中镊合状排列；雄蕊 5 枚，花丝细长；子房 5～2 室；花柱 5～2 枚，离生、基部至中部合生，或全部合生成柱状，宿存。

【果实和种子】果实球形或扁球形，有 5～2 条棱；种子的胚乳匀一。

【分类地位】被子植物门、双子叶植物纲、原始花被亚纲、伞形目、五加科、多蕊木族。

【种类】全属约有 35 种；中国有 26 种；内蒙古有 2 种。

刺五加 *Acanthopanax senticosus*

灌木。分枝多，一年生、二年生的通常密生刺，稀仅节上生刺或无刺；刺直而细长，针状，下向，基部不膨大，脱落后遗留圆形刺痕，叶有小叶 5 片，稀 3 片；叶柄常疏生细刺；小叶片纸质，椭圆状倒卵形或长圆形，先端渐尖，基部阔楔形，上面粗糙，深绿色，脉上有粗毛，下面淡绿色，脉上有短柔毛，边缘有锐利重锯齿，侧脉 6～7 对，两面明显，网脉不明显；小叶柄有棕色短柔毛，有时有细刺。伞形花序单个顶生，或 2～6 个组成稀疏的圆锥花序，有花多数；总花梗无毛；花梗无毛或基部略有毛；花紫黄色；萼无毛，边缘近全缘或有不明显的 5 枚小齿；花瓣 5 片，卵形；雄蕊 5 枚；子房 5 室，花柱全部合生成柱状。果实球形或卵球形，有 5 条棱，黑色。花期 6～7 月，果期 8～10 月。

五味子属——【学　名】*Schisandra*

【蒙古名】ᠲᠠᠪᠤᠨ ᠠᠮᠲᠠᠲᠤ

【英文名】Magnoliavine

【生活型】木质藤本。

【茎】小枝具叶柄的基部两侧下延而成纵条纹状或有时呈狭翅状；有长枝和由长枝上的腋芽长出的距状短枝。芽单独腋生或 2 枚并生或多枚集生于叶腋或短枝顶端；芽鳞6～8枚，覆瓦状排列，外芽鳞三角状半圆形，常宿存，内芽鳞长圆形或圆形，通常早落，有时宿存。

【叶】叶纸质，边缘膜质下延至叶柄成狭翅，叶肉具透明点；叶痕圆形，稍隆起，维管束痕3点。

【花】花单性，雌雄异株，少有同株，单生于叶腋或苞片腋，常在短枝上，由于节间密，呈数朵簇生状，少有同一花梗有 2～8 朵花呈聚伞状花序；花被片 5～12(20)枚，通常中轮的最大，外轮和内轮的较小；雄花：雄蕊 5～60 枚，花丝细长或短，或贴生于花托上而无花丝；药隔狭窄或稍宽，2 药室平行或稍分开；雄蕊群长圆柱形、短圆柱形、卵圆形、球形或肉质球形、扁球形；很少花丝与药隔均宽阔，放射状排列成扁平五角星形的雄蕊群。雌花：雌蕊 12～120枚，离生，螺旋状紧密排列于花托上，受粉后花托逐渐伸长而变稀疏，柱头侧生于心皮近轴面，末端钻状或形成扁平的柱头冠，柱头基部下延成附属体；胚珠每室 2(3) 颗，叠生于腹缝线上。

【果实和种子】成熟心皮为小浆果，排列于下垂肉质果托上，形成疏散或紧密的长穗状的聚合果。种子 2(3)粒或有时仅 1 粒发育，肾形，扁椭圆形或扁球形，种脐明显，通常 U 形，种皮淡褐色，脆壳质，光滑或具皱纹或瘤状凸起；胚小，弯曲，胚乳丰富，油质。

【分类地位】被子植物门、双子叶植物纲、原始花被亚纲、毛茛目、木兰科、五味子族。

【种类】全属约有30种；中国约有 19 种；内蒙古有 1 种。

五味子 *Schisandra chinensis*

落叶木质藤本，除幼叶背面被柔毛及芽鳞具缘毛外余无毛；幼枝红褐色，老枝灰褐色，常起皱纹，片状剥落。叶膜质，宽椭圆形、卵形、倒卵形、宽倒卵形，或近圆形，先端急尖，基部楔形、上部边缘具胼胝质的疏浅锯齿，近基部全缘；侧脉每边 3～7 条，网脉纤细不明显；两侧由于叶基下延成极狭的翅。雄花：中部以下具狭卵形，花被片粉白色或粉红色，6～9 枚，长圆形或椭圆状长圆形，外面的较狭小；无花丝或外 3 枚雄蕊具极短花丝，药隔凹入或稍凸出钝尖头；雄蕊仅 5(6) 枚，互相靠贴，形成近倒卵圆形的雄蕊群；雌花：花被片和雄花相似；雌蕊群近卵圆形，心皮17～40枚，子房卵圆形或卵状椭圆形，柱头鸡冠状，下端下延成 1～3毫米的附属体。小浆果红色，近球形或倒卵圆形，果皮具不明显腺点；种子1～2粒，肾形，淡褐色，种皮光滑，种脐明显凹入成U 形。

舞鹤草属——【学　名】*Maianthemum*

【蒙古名】ᠲᠣᠮᠤᠷᠬᠠᠢ ᠶᠢᠨ ᠥᠪᠥᠰᠥ

【英文名】Beadruby

【生活型】多年生草本。

【茎】有匍匐根状茎。茎直立，不分枝。

【叶】基生叶 1 片，早凋萎；茎生叶互生，心状卵形，有柄至无柄。

【花】总状花序顶生，小苞片宿存；花小，两性；花被片 4 枚，排成 2 轮，分离，平展至下弯；雄蕊 4 枚，着生于花被片基部，花药小，卵形至矩圆形，背着，内向纵裂；子房 2 室，每室有 2 颗胚珠；花柱粗短，与子房近等长，柱头小。

【果实和种子】浆果球形，熟时红黑色，有种子 1～3 粒。种子球形至卵形。

【分类地位】被子植物门、单子叶植物纲、百合目、百合亚目、百合科、黄精族。

【种类】全属约有 4 种；中国有 1 种；内蒙古有 1 种。

舞鹤草 *Maianthemum bifolium*

　　根状茎细长，有时分叉，节上有少数根。茎无毛或散生柔毛。基生叶有长叶柄，到花期已凋萎；茎生叶通常 2 片，极少 3 片，互生于茎的上部，三角状卵形，先端急尖至渐尖，基部心形，弯缺张开，下面脉上有柔毛或散生微柔毛，边缘有细小的锯齿状乳突或具柔毛；叶柄常有柔毛。总状花序直立，约有 10～25 朵花；花序轴有柔毛或乳头状突起；花白色，单生或成对。花梗细，顶端有关节；花被片矩圆形，有 1 条脉；花丝短于花被片；花药卵形，黄白色；子房球形。种子卵圆形，种皮黄色，有颗粒状皱纹。花期 5～7 月，果期 8～9 月。

677

勿忘草属——【学　名】*Myosotis*

　　　　　　　　【蒙古名】ᠮᠠᠷᠲᠠᠬᠤ ᠦᠭᠡᠢ ᠡᠪᠡᠰᠦ

　　　　　　　　【英文名】Forget me not

【生活型】一年生或多年生草本。

【叶】叶互生。

【花】镰状聚伞花序,花后呈总状,无苞片,稀具少数苞片。花通常蓝色或白色,稀淡紫色;花萼5浅裂或5深裂,果期不增大或稍增大;花冠通常高脚碟状,稀钟状或漏斗状,裂片5枚,芽时旋转状,圆钝而平展,喉部有5个鳞片状附属物;雄蕊5枚,内藏,花药卵形,顶端钝;子房4深裂,花柱细、线状。柱头小,呈盘状,具短尖;雌蕊基平坦或稍凸出。

【果实和种子】小坚果4枚,通常卵形,背腹扁,直立,平滑,有光泽,着生面小,位于腹面基部。

【分类地位】被子植物门、双子叶植物纲、合瓣花亚纲、管状花目、紫草科、紫草亚科、附地菜族。

【种类】全属约有50种;中国有4种;内蒙古有3种。

勿忘草 *Myosotis silvatica*

　　多年生草本。茎直立,单一或数条簇生,通常具分枝,疏生开展的糙毛,有时被卷毛。基生叶和茎下部叶有柄,狭倒披针形、长圆状披针形或线状披针形,先端圆或稍尖,基部渐狭,下延成翅,两面被糙伏毛,毛基部具小形的基盘;茎中部以上叶无柄,较短而狭。花序在花期短,花后伸长,无苞片;花梗较粗,在果期直立,与萼等长或稍长,密生短伏毛;花果期增大,深裂为花萼长度的2/3~3/4,裂片披针形,顶端渐尖,密被伸展或具钩的毛;花冠蓝色,裂片5枚,近圆形,喉部附属物5个;花药椭圆形,先端具圆形的附属物。小坚果卵形,暗褐色,平滑,有光泽,周围具狭边但顶端较明显,基部无附属物。

雾冰藜属——【学　名】*Bassia*

【蒙古名】ᠲᠡᠮᠡᠭᠡᠨ ᠤ ᠰᠠᠬᠠᠯ

【英文名】Bassia

【生活型】一年生草本。

【叶】叶互生，无柄，条形、侧披针状条形或倒披针形，扁平、半圆柱状或圆柱状，膜质或肉质，密被毛。

【花】花两性，无柄，单生或构成穗状花序；无苞片和小苞片；花被筒状，膜质，被毛，上部5裂，裂齿等长，果时在花被背部具5个非翅状的附属物；雄蕊5枚；子房宽卵圆状，无柄，花柱短，柱头2～(3)枚。

【果实和种子】胞果卵圆形，顶基压扁；果皮膜质，不与种皮相联。种子横生，圆形；胚环形。

【分类地位】被子植物门、双子叶植物纲、原始花被亚纲、中央种子目、藜科、环胚亚科、樟味藜族。

雾冰藜 *Bassia dasyphylla*

茎直立，密被水平伸展的长柔毛；分枝多，开展，与茎夹角通常大于45度，有的几成直角。叶互生，肉质，圆柱状或半圆柱状条形，密被长柔毛，先端钝，基部渐狭。花两性，单生或2朵簇生，通常仅1朵花发育。花被筒密被长柔毛，裂齿不内弯，果时花被背部具5个钻状附属物，三棱状，平直，坚硬，形成平展的五角星状；雄蕊5枚，花丝条形，伸出花被外；子房卵状，具短的花柱和2～(3)枚长的柱头。果实卵圆状。种子近圆形，光滑。花果期7～9月。

西风芹属——【学　名】*Seseli*

【蒙古名】ᠲᠤᠰᠤᠨ ᠤ ᠲᠥᠷᠥᠯ

【英文名】Seseli

【生活型】多年生草本。

【根】根颈单一或呈指状分叉,多木质化;根圆锥形。

【茎】茎单一或数茎,多数为圆柱形,有纵长细条纹和浅纵沟,极少数为圆筒形空管状,无毛或有毛。

【叶】叶通常具叶柄;叶片为1至数回羽状分裂或全裂,稀为三出式1回全裂或单一不分裂。

【花】复伞形花序多分枝;总苞片少数或无;伞辐通常3～12枚,很少12枚以上;小总苞片少数至多数,披针形或线形,基部常联合,多为薄膜质或仅边缘为膜质,光滑无毛或有毛;花少数至多数,有花柄,花柄长或短,少数近无柄,以至小伞形花序呈头状;花瓣近圆形或长圆形,顶端微凹陷,小舌片稍宽阔内曲,背部多有柔毛或硬毛,少数光滑无毛,白色或黄色,中脉棕黄色而显著;萼齿无或短小而稍厚,宿存;花柱比花柱基长或短,通常向下弯曲,花柱基圆锥形或垫状,很少呈金字塔状圆锥形。

【果实和种子】分生果卵形、长圆形或长圆状圆筒形,稍两侧扁压,横剖面近五边形,无毛,粗糙或被密毛,果棱线形突起,钝,通常背棱与侧棱近等宽,很少侧棱较宽的;每棱槽中有油管1个,也有2～4个的,合生面油管2个,也有多至4～8个的;胚乳腹面平直;心皮柄2裂达基部。

【分类地位】被子植物门、双子叶植物纲、原始花被亚纲、伞形目、伞形科、芹亚科、阿米芹族、西风芹亚族。

【种类】全属约有80种;中国约有10种,1变种;内蒙古有1种。

紫鞘西风芹 *Seseli purpureovaginatum*

　　一年生、二年生草本。全株光滑无毛。茎单一或数茎丛生,近直立,圆柱形,有纵长浅细条纹,下部不分枝,上部有少数弧形弯曲的短分枝。基生叶多数,有长柄,基部有狭窄或稍宽的叶鞘,暗紫色,边缘膜质;叶片轮廓卵形或三角状卵形,2回羽状分裂,第一回羽片4对,下部羽片有短柄,上部的无柄,第二回羽片2～4对,无柄,末回裂片线形或线状椭圆形,不分裂或2～3深裂,全缘,顶端有小尖头,边缘反卷,背面粉绿色;中部以上的叶片逐渐缩小,分裂次数减少,叶柄渐短,至顶端近无柄,仅有宽阔边缘膜质的叶鞘,亦呈紫色,末回裂片形状与基部的相似。复伞形花序少数,呈二歧式分枝;无总苞片;小伞形花序有花4～8朵;无小总苞片;粗壮;花柱叉开,花柱基垫状或圆锥形。果实长圆形,两侧扁压,淡黄色,果棱明显突起,分生果横剖面略呈五边形;每棱槽内油管2～3个,合生面油管4个。花期7～8月,果期9月。

西瓜属——【学　名】*Citrullus*

【蒙古名】ᠲᠠᠷᠪᠤᠰ ᠤᠨ ᠲᠥᠷᠥᠯ

【英文名】Citrullus

【生活型】一年生或多年生蔓生草本。

【茎】茎、枝稍粗壮,粗糙。卷须 2～3 歧,稀不分歧,极稀变为刺状。

【叶】叶片圆形或卵形,3～5 深裂,裂片又羽状或 2 回羽状浅裂或深裂。

【花】雌雄同株。雌、雄花单生或稀簇生,黄色。雄花:花萼筒宽钟形,裂片 5 枚;花冠辐状或宽钟状,深 5 裂,裂片长圆状卵形,钝;雄蕊 3 枚,生在花被筒基部,花丝短,离生,花药稍靠合,1 枚 1 室,其余的 2 室,药室线形,折曲,药隔膨大,不伸出;退化雌蕊腺体状。雌花:花萼和花冠与雄花同,退化雄蕊 3 枚,刺毛状或舌状;子房卵球形,3 胎座,胚珠多数,水平着生,花柱短,柱状,柱头 3 枚,肾形,2 浅裂。

【果实和种子】果实大,球形至椭圆形,果皮平滑,肉质,不开裂。种子多数,长圆形或卵形,压扁,平滑。

【分类地位】被子植物门、双子叶植物纲、原始花被亚纲、葫芦目、葫芦科、南瓜族、葫芦亚族。

【种类】全属有 9 种;中国有 1 栽培种;内蒙古有 1 栽培种。

681

西瓜 *Citrullus lanatus*

一年生蔓生藤本。茎、枝粗壮,具明显的棱沟,被长而密的白色或淡黄褐色长柔毛。卷须较粗壮,具短柔毛,2 歧,叶柄粗,具不明显的沟纹,密被柔毛;叶片纸质,轮廓三角状卵形,带白绿色,两面具短硬毛,脉上和背面较多,3 深裂,中裂片较长,倒卵形、长圆状披针形或披针形,顶端急尖或渐尖,裂片又羽状或二重羽状浅裂或深裂,边缘波状或有疏齿,末次裂片通常有少数浅锯齿,先端钝圆,叶片基部心形,有时形成半圆形的弯缺。雌雄同株。雌、雄花均单生于叶腋。雄花:花梗密被黄褐色长柔毛;花萼筒宽钟形,密被长柔毛,花萼裂片狭披针形,与花萼筒近等长;花冠淡黄色,外面带绿色,被长柔毛,裂片卵状长圆形,顶端钝或稍尖,脉黄褐色,被毛;雄蕊 3 枚,近离生,1 枚 1 室,2 枚 2 室,花丝短,药室折曲。雌花:花萼和花冠与雄花同;子房卵形,密被长柔毛,花柱 3 枚,肾形。果实大型,近于球形或椭圆形,肉质,多汁,果皮光滑,色泽及纹饰各式。种子多数,卵形,黑色、红色,有时为白色、黄色、淡绿色或有斑纹,两面平滑,基部钝圆,通常边缘稍拱起,花果期夏季。

豨莶属——【学　名】*Siegesbeckia*

【蒙古名】ᠲᠠᠷᠮᠤᠷ ᠣᠪᠤᠭᠠᠲᠤ ᠶᠢᠨ ᠣᠪᠤᠭ

【英文名】St. Paulswort

【生活型】一年生草本。

【茎】茎直立,有双叉状分枝,多少有腺毛。

【叶】对生,边缘有锯齿。

【花】头状花序小,排列成疏散的圆锥花序,有多数异型小花,外围有 1～2 层雌性舌状花,中央有多数两性管状花,全结实或有时中心的两性花不育。总苞钟状或半球形。总苞片 2 层,背面被头状具柄的腺毛;外层总苞片草质,通常 5 个,匙形或线状匙形,开展,外层苞片与花托外层托片相对,半包瘦果。花托小,有膜质半包瘦果的托片。雌花花冠舌状,舌片顶端 3 浅裂;两性花花冠管状,顶端 5 裂。花柱分枝短,稍扁,顶端尖或稍钝;花药基部全缘。

【果实和种子】瘦果倒卵状四棱形或长圆状四棱形,顶端截形,黑褐色,无冠毛,外层瘦果通常内弯。

【分类地位】被子植物门、双子叶植物纲、合瓣花亚纲、桔梗目、菊科、管状花亚科、向日葵族。

【种类】全属约有 4 种;中国有 3 种;内蒙古有 1 种。

腺梗豨莶 *Siegesbeckia pubescens*

一年生草本。茎直立,粗壮,上部多分枝,被开展的灰白色长柔毛和糙毛。基部叶卵状披针形,花期枯萎;中部叶卵圆形或卵形,开展,基部宽楔形,下延成具翼的柄,先端渐尖,边缘有尖头状规则或不规则的粗齿;上部叶渐小,披针形或卵状披针形;全部叶上面深绿色,下面淡绿色,基出 3 脉,侧脉和网脉明显,两面被平伏短柔毛,沿脉有长柔毛。头状花多数生于枝端,排列成松散的圆锥花序;花梗较长,密生紫褐色头状具柄腺毛和长柔毛;总苞宽钟状;总苞片 2 层,叶质,背面密生紫褐色头状具柄腺毛,外层线状匙形或宽线形,内层卵状长圆形。舌状花舌片先端 2～3 齿裂,有时 5 齿裂;两性管状花冠檐钟状,先端 4～5 裂。瘦果倒卵圆形,4 棱,顶端有灰褐色环状突起。花期 5～8 月,果期 6～10 月。

细柄茅属——【学　名】*Ptilagrostis*

【蒙古名】ᠨᠠᠷᠢᠨ ᠬᠢᠯᠭᠠᠨ᠎ᠠ ᠶᠢᠨ ᠲᠥᠷᠥᠯ

【英文名】Ptilagrostis

【生活型】多年生草本。

【叶】叶片细丝状，圆锥花序开展或狭窄。

【花】小穗具细长的柄，含 1 朵小花，两性，颖膜质，近等长，基部常呈紫色；外稃纸质，被毛，顶端具 2 枚微齿，芒从齿间伸出，全部被柔毛，膝曲，芒柱扭转，基盘短钝，具柔毛；内稃膜质，具 1～2 条脉，脉间具柔毛，背部圆形，常裸露于外稃之外；鳞被 3 枚；雄蕊 3 枚。

【分类地位】被子植物门、单子叶植物纲、禾本目、禾本科、早熟禾亚科、针茅族。

【种类】全属约有 5 种；中国有 5 种；内蒙古有 3 种。

细柄茅 *Ptilagrostis mongholica*

多年生。秆直立，密丛，通常具 2 节，平滑无毛，基部宿存枯萎的叶鞘。叶鞘紧密抱茎，微糙涩；叶舌膜质，顶端钝圆；叶片纵卷如针状，质地较软。圆锥花序开展，分枝细弱，呈细毛状，常孪生或稀单生，下部裸露，上部 1～2 回分叉，枝腋间或小穗柄基部膨大；小穗柄细长；小穗暗紫色或带灰色；颖膜质，几等长，先端尖或稍钝且粗糙，具 3～5 条脉，边脉甚短；外稃具 5 条脉，顶端 2 裂，背上部粗糙，无毛，下部被柔毛，基盘稍钝，具短毛，1 回或不明显的 2 回膝曲，芒柱扭转；内稃与外稃等长，背部圆形，下部具柔毛；花药顶端常无毛或具毛。花果期 7～8 月。

夏至草属——【学　名】*Lagopsis*

　　　　　　【蒙古名】ᠲᠠᠦᠯᠠᠢ ᠶᠢᠨ ᠬᠥᠯᠲᠦ ᠡᠪᠡᠰᠦ ᠶᠢᠨ ᠲᠥᠷᠥᠯ

　　　　　　【英文名】Lagopsis

【生活型】多年生草本。

【茎】披散或上升。

【叶】叶阔卵形、圆形、肾状圆形至心形,掌状浅裂或深裂。

【花】轮伞花序腋生;小苞片针刺状。花小,白色、黄色至褐紫色。花萼管形或管状钟形,具 10 条脉,齿 5 枚,不等大,其中 2 枚齿稍大,在果时尤为明显且展开。花冠筒内面无毛环,冠檐 2 唇形,上唇直伸,全缘或间有微缺,下唇 3 裂,展开,中裂片宽大,心形。雄蕊 4 枚,细小,前对较长,均内藏于花冠筒内,花丝短小,花药 2 室,叉开。花盘平顶。花柱内藏,先端 2 浅裂。

【果实和种子】小坚果卵圆状三棱形,光滑,或具鳞秕,或具细网纹。

【分类地位】被子植物门、双子叶植物纲、合瓣花亚纲、管状花目、唇形科、野芝麻亚科、夏至草族。

【种类】全属有 4 种;中国有 3 种;内蒙古有 1 种。

夏至草 *Lagopsis supina*

　　多年生草本。披散于地面或上升,具圆锥形的主根。四棱形,具沟槽,带紫红色,密被微柔毛,常在基部分枝。叶轮廓为圆形,先端圆形,基部心形,3 深裂,裂片有圆齿或长圆形犬齿,有时叶片为卵圆形,3 浅裂或深裂,裂片无齿或有稀疏圆齿,叶片两面均绿色,上面疏生微柔毛,下面沿脉上被长柔毛,余部具腺点,边缘具纤毛,脉掌状,3～5 出;叶柄长,上部叶的较短,扁平,上面微具沟槽。轮伞花序疏花,在枝条上部者较密集,在下部者较疏松;小苞片长稍短于萼筒,弯曲,刺状,密被微柔毛。花萼管状钟形,外密被微柔毛,内面无毛,脉 5 条,凸出,齿 5 枚,不等大,三角形,先端刺尖,边缘有细纤毛,在果时明显展开,且 2 枚齿稍大。花冠白色,稀粉红色,稍伸出于萼筒,外面被绵状长柔毛,内面被微柔毛,在花丝基部有短柔毛;冠檐 2 唇形,上唇直伸,比下唇长,长圆形,全缘,下唇斜展,3 浅裂,中裂片扁圆形,2 侧裂片椭圆形。雄蕊 4 枚,着生于冠筒中部稍下,不伸出,后对较短;花药卵圆形,2 室。花柱先端 2 浅裂。花盘平顶。小坚果长卵形,褐色,有鳞秕。花期 3～4 月,果期 5～6 月。

鲜卑花属——【学　名】*Sibiraea*

【蒙古名】ᠮᠣᠩᠭᠣᠯ ᠤ ᠴᠡᠴᠡᠭ

【英文名】Xainbeiflower

【生活型】落叶灌木。

【茎】冬芽有 2～4 枚互生外露的鳞片。

【叶】单叶,互生,全缘,叶柄短或近于无柄,不具托叶。

【花】杂性花,雌雄异株,成顶生穗状圆锥花序,花梗短;萼筒钟状,萼片 5 个,直立;花瓣 5 片,白色,长于萼片;雄花具雄蕊 20～25 枚,雄蕊较花瓣长;雌花有退化的雄蕊,雄蕊较花瓣短;心皮 5 枚,基部合生。

【果实和种子】蓇葖果,长椭圆形,直立,沿腹缝线及背缝线顶端开裂;种子 2 粒,有少量胚乳。

【分类地位】被子植物门、双子叶植物纲、原始花被亚纲、蔷薇目、蔷薇亚目、蔷薇科、绣线菊亚科。

【种类】全属有 4 种;中国有 3 种;内蒙古有 1 种。

鲜卑花 *Sibiraea laevigata*

　　灌木。小枝粗壮,圆柱形,光滑无毛,幼时紫红色,老时黑褐色;冬芽卵形,先端急尖,外被紫褐色鳞片。叶在当年生枝条多互生,在老枝上丛生,叶片线状披针形、宽披针形或长圆倒披针形,先端急尖或突尖,稀圆钝,基部渐狭,全缘,上下两面无毛,有明显中脉及 4～5 对侧脉;叶柄不显,无托叶。顶生穗状圆锥花序,总花梗与花梗不具毛;苞片披针形;萼筒浅钟状;萼片三角卵形,先端急尖,全缘,内外两面均不具毛;花瓣倒卵形,先端圆钝,基部下延呈宽楔形,两面无毛,白色;雄花具雄蕊 20～25 枚,着生在萼筒边缘,花丝细长,药囊黄色,约与花瓣等长或稍长;雌花具退化雄蕊,花丝极短;花盘环状,肥厚,具 10 枚裂片;雄花具 3～5 枚退化雌蕊;雌花具 5 枚雌蕊,花柱稍偏斜,柱头肥厚,子房光滑无毛。蓇葖果 5 枚,并立,具直立稀开展的宿萼。花期 7 月,果期 8～9 月。

苋科 ——【学 名】*Amaranthaceae*

【蒙古名】ᠬᠦᠢᠯᠦᠰᠦ ᠶᠢᠨ ᠢᠵᠠᠭᠤᠷ

【英文名】Amaranth Family

【生活型】一年生或多年生草本，少数攀援藤本或灌木。

【叶】叶互生或对生，全缘，少数有微齿，无托叶。

【花】花小，两性或单性同株或异株，或杂性，有时退化成不育花，花簇生在叶腋内，成疏散或密集的穗状花序、头状花序、总状花序或圆锥花序；苞片 1 个及小苞片 2 个，干膜质，绿色或着色；花被片 3～5 枚，干膜质，覆瓦状排列，常和果实同脱落，少有宿存；雄蕊常和花被片等数且对生，偶较少，花丝分离，或基部合生成杯状或管状，花药 2 室或 1 室；有或无退化雄蕊；子房上位，1 室，具基生胎座，胚珠 1 颗或多数，珠柄短或伸长，花柱 1～3 枚，宿存，柱头头状或 2～3 裂。

【果实和种子】果实为胞果或小坚果，少数为浆果，果皮薄膜质，不裂、不规则开裂或顶端盖裂。种子 1 粒或多数，凸镜状或近肾形，光滑或有小疣点，胚环状，胚乳粉质。

【种类】全科约有 60 属，850 种；中国有 13 属，约 39 种；内蒙古有 2 属，1 种。

苋科 Amaranthaceae Juss. 是法国植物学家 Antoine Laurent de Jussieu（1748—1836）于 1789 年在"Genera plantarum 87－88"（Gen. Pl.）中建立的植物科，模式属为苋属（Amaranthus）。

在恩格勒系统（1964）中，苋科隶属原始花被亚纲（Archichlamydeae）、中子目（Centrospermae）、藜亚目（Chenopodiineae），本目含 5 个亚目、13 个科。在哈钦森系统（1959）中，苋科隶属草本支（Herbaceae）、藜目（Chenopodiales），含 10 个科，包括商陆科（Phytolaccaceae）、藜科（Chenopodiaceae）、苋科等，认为藜目由石竹目（Caryophyllales）演化而来，与蓼目平行发展。在塔赫他间系统（1980）中，苋科隶属石竹亚纲（Caryophyllidae）、石竹目，含 14 个科。在克朗奎斯特系统（1981）中，苋科也隶属石竹亚纲（Caryophyllidae）、石竹目，含 12 个科。

苋属——【学　名】*Amaranthus*

【蒙古名】ᠬᠣᠮᠢᠯ ᠤᠨ ᠣᠪᠣᠭ

【英文名】Amaranth

【生活型】一年生草本。

【茎】茎直立或伏卧。

【叶】叶互生,全缘,有叶柄。

【花】花单性,雌雄同株或异株,或杂性,成无梗花簇,腋生,或腋生及顶生,再集合成单一或圆锥状穗状花序;每朵花有1个苞片及2个小苞片,干膜质;花被片5枚,少数1~4枚,大小相等或近似,绿色或着色,薄膜质,直立或倾斜开展,在果期直立,间或在花期后变硬或基部加厚;雄蕊5枚,少数1~4枚,花丝钻状或丝状,基部离生,花药2室;无退化雄蕊;子房具1颗直生胚珠,花柱极短或缺,柱头2~3枚,钻状或条形,宿存,内面有细齿或微硬毛。

【果实和种子】胞果球形或卵形,侧扁,膜质,盖裂或不规则开裂,常为花被片包裹,或不裂,则和花被片同落。种子球形,凸镜状,侧扁,黑色或褐色,光亮,平滑,边缘锐或钝。

【分类地位】被子植物门、双子叶植物纲、原始花被亚纲、中央种子目、苋科。

【种类】全属约有40种;中国有13种;内蒙古有6种。

白苋 *Amaranthus albus*

一年生草本。茎上升或直立,从基部分枝,分枝铺散,绿白色,有不明显棱角,无毛或具糙毛。叶片倒卵形或匙形,顶端圆钝或微凹,具凸头,基部渐狭,边缘微波状,无毛;叶柄无毛。花簇腋生,或成短顶生穗状花序,有1或数花;苞片及小苞片钻形,稍坚硬,顶端长锥状锐尖,向外反曲,背面具龙骨;花被片比苞片短,稍呈薄膜状雄花者矩圆形,顶端长渐尖,雌花者矩圆形或钻形,顶端短渐尖;雄蕊伸出花外;柱头3枚。胞果扁平,倒卵形,黑褐色,皱缩,环状横裂。种子近球形,黑色至黑棕色,边缘锐。花期7~8月,果期9月。

线叶菊属——【学　名】*Filifolium*

【蒙古名】ᠲᠣᠩᠭᠠᠯ ᠤᠨ ᠴᠡᠴᠡᠭ

【英文名】Linedaisy

【生活型】多年生草本。

【叶】基生叶莲座状，茎生叶互生，羽状全裂，末次裂片丝形。

【花】头状花序盘状，在茎枝顶端排成伞房花序，边花雌性，1层，能育；盘花两性，通常不育；总苞半球形；总苞片3层，覆瓦状排列，无毛，卵形至宽卵形，边缘膜质，背部厚硬。花托稍凸起，蜂窝状。雌花花冠扁筒状，顶端稍收狭，2～4裂；两性花花冠筒状，顶端5裂，无狭管部。花柱2裂，顶端截形，花药基部钝，顶端有三角形附片。

【果实和种子】瘦果球状倒卵形，稍压扁，腹面有2条纹，无冠状冠毛。

【分类地位】被子植物门、双子叶植物纲、合瓣花亚纲、桔梗目、菊科、管状花亚科、春黄菊族、菊亚族。

【种类】全属有1种；中国有1种；内蒙古有1种。

线叶菊 *Filifolium sibiricum*

多年生草本。根粗壮，直伸，木质化。茎丛生，密集，基部具密厚的纤维鞘，不分枝或上部稍分枝，分枝斜升，无毛，有条纹。基生叶有长柄，倒卵形或矩圆形，茎生叶较小，互生，全部叶2～3回羽状全裂；末次裂片丝形，无毛，有白色乳头状小凸起。头状花序在茎枝顶端排成伞房花序；总苞球形或半球形，无毛；总苞片3层，卵形至宽卵形，边缘膜质，顶端圆形，背部厚硬，黄褐色。边花约6朵，花冠筒状，压扁，顶端稍狭，具2～4枚齿，有腺点。盘花多数，花冠管状，黄色，顶端5裂齿，下部无狭管。瘦果倒卵形或椭圆形稍压扁，黑色，无毛，腹面有2条纹。花果期6～9月。

香茶菜属——【学　名】*Rabdosia*

【蒙古名】ᠪᠠᠭ᠎ᠠ ᠲᠣᠮᠣᠷᠠ ᠶᠢᠨ ᠲᠥᠷᠥᠯ

【英文名】Rabdosia

【生活型】灌木、半灌木或多年生草本。

【茎】根茎常肥大木质，疙瘩状。

【叶】叶小或中等大，大都具柄，具齿。

【花】聚伞花序 3 至多数花，排列成多少疏离的总状、狭圆锥状或开展圆锥状花序，稀密集成穗状花序；下部苞叶与茎叶同形，上部渐变小呈苞片状，也有苞叶全部与茎叶同形，因而聚伞花序腋生的，苞片及小苞片均细小。花小或中等大，具梗。花萼开花时钟形，果时多少增大，有时呈管状或管状钟形，直立或下倾，直伸或略弯曲，萼齿 5 枚，近等大或呈 3/2 式 2 唇形。花冠筒伸出，下倾或下曲，斜向，基部上方浅囊状或呈短距，至喉部等宽或略收缩，冠檐 2 唇形，上唇外反，先端具 4 圆裂，下唇全缘，通常较上唇长，内凹，常呈舟状。雄蕊 4 枚，2 枚强，下倾，花丝无齿，分离，无毛或被毛，花药贯通，1 室，花后平展，稀药室多少明显叉开。花盘环状，近全缘或具齿，前方有时呈指状膨大。花柱丝状，先端相等 2 浅裂。

【果实和种子】小坚果近圆球形、卵球形或长圆状三棱形，无毛或顶端略具毛，光滑或具小点。

【分类地位】被子植物门、双子叶植物纲、合瓣花亚纲、管状花目、唇形科、罗勒亚科、香茶菜族。

【种类】全属约有150种；中国有90种，21变种；内蒙古有 1 变种。

689

毛叶香茶菜 *Rabdosia japonica*

多年生草本。根茎木质，粗大。茎叶对生，卵形或阔卵形，在叶缘之内网结，与中脉在上面微隆起下面十分突起，平行细脉在上面明显可见而在下面隆起；上部有狭而斜向上宽展的翅，腹凹背凸，被微柔毛。圆锥花序在茎及枝上顶生，疏松而开展，由具 (3)5～7 朵花的聚伞花序组成，聚伞花序具梗，向上渐短，与总梗及序轴均被微柔毛及腺点；下部 1 对苞叶卵形，叶状，向上变小，呈苞片状，阔卵圆形，无柄，短于花序梗很多，小苞片微小，线形。花萼开花时钟形，外密被灰白毛茸，内面无毛，萼齿 5 枚，三角形，锐尖，近等大，前 2 枚齿稍宽而长，果时花萼管状钟形，脉纹明显，略弯曲，下唇 2 枚齿稍长而宽，上唇 3 枚齿，中齿略小。花冠淡紫、紫蓝至蓝色，上唇具深色斑点，外被短柔毛，内面无毛，基部上方浅囊状，冠檐 2 唇形，上唇反折，先端具 4 圆裂，下唇阔卵圆形，内凹。雄蕊 4 枚，伸出，花丝扁平，中部以下具髯毛。花柱伸出，先端相等 2 浅裂。花盘环状。成熟小坚果卵状三棱形，黄褐色，无毛，顶端具疣状凸起。

香瓜属──【学　名】*Cucumis*

　　　　　　【蒙古名】ᠬᠣᠲᠠᠭᠤᠷ ᠤᠨ ᠲᠥᠷᠥᠯ（ᠬᠣᠲᠠᠭᠤᠷ ᠤᠨ ᠲᠥᠷᠥᠯ）

　　　　　　【英文名】Muskmelon

【生活型】一年生攀援或蔓生草本。

【茎】茎、枝有棱沟，密被白色或稍黄色的糙硬毛。卷须纤细，不分歧。

【叶】叶片近圆形、肾形或心状卵形，不分裂或3～7浅裂，具锯齿，两面粗糙，被短刚毛。

【花】雌雄同株，稀异株。雄花：簇生或稀单生；花萼筒钟状或近陀螺状，5裂，裂片近钻形；花冠辐状或近钟状，黄色，5裂，裂片长圆形或卵形；雄蕊3枚，离生，着生在花被筒上，花丝短，花药长圆形，1枚1室，2枚2室，药室线形，折曲或稀弓曲，药隔伸出，成乳头状；退化雌蕊腺体状。雌花单生或稀簇生；花萼和花冠与雄花相同；退化雄蕊缺如；子房纺锤形或近圆筒形，具3～5个胎座，花柱短，柱头3～5枚，靠合；胚珠多数，水平着生。

【果实和种子】果实多形，肉质或质硬，通常不开裂，平滑或具瘤状凸起。种子多数，扁压，光滑，无毛，种子边缘不拱起。

【分类地位】被子植物门、双子叶植物纲、原始花被亚纲、葫芦目、葫芦科、南瓜族、葫芦亚族。

【种类】全属约有70种；中国有4种，3变种；内蒙古有2种，1变种。

甜瓜 *Cucumis melo*

　　一年生匍匐或攀援草本。茎、枝有棱，有黄褐色或白色的糙硬毛和疣状突起。卷须纤细，单一，被微柔毛。叶柄具槽沟及短刚毛；叶片厚纸质，近圆形或肾形，上面粗糙，被白色糙硬毛，背面沿脉密被糙硬毛，边缘不分裂或3～7浅裂，裂片先端圆钝，有锯齿，基部截形或具半圆形的弯缺，具掌状脉。花单性，雌雄同株。雄花：数朵簇生于叶腋；花梗纤细，被柔毛；花萼筒狭钟形，密被白色长柔毛，裂片近钻形，直立或开展，比筒部短；花冠黄色，裂片卵状长圆形，急尖；雄蕊3枚，花丝极短，药室折曲，药隔顶端引长。雌花：单生，花梗粗糙，被柔毛；子房长椭圆形，密被长柔毛和长糙硬毛，花柱头靠合。果实的形状、颜色因品种而异，通常为球形或长椭圆形，果皮平滑，有纵沟纹或斑纹，无刺状突起，果肉白色、黄色或绿色，有香甜味；种子污白色或黄白色，卵形或长圆形，先端尖，基部钝，表面光滑，无边缘。花果期夏季。

香花芥属(香花草属)——【学　名】*Hesperis*

【蒙古名】ᠬᠡᠭᠡᠷᠢᠨ ᠨᠣᠭᠤᠭᠠ ᠶᠢᠨ ᠲᠥᠷᠥᠯ

【英文名】Rocket

【生活型】二年生或多年生草本。

【茎】茎直立,有分枝。

【叶】叶全缘,有深锯齿至羽状分裂,下部叶具柄,上部叶近无柄或无柄。

【花】总状花序具多数花;花大,美丽,白色、粉红色、紫色或带黄色;萼片直立,具白色膜质边缘,内轮基部囊状;花瓣长约为萼片的 2 倍,多有深脉纹,具长爪;花丝离生,其内轮雄蕊的比外轮雄蕊的为宽,具不等宽的翅;侧蜜腺环状,外侧 3 裂,无中蜜腺;子房有多数胚珠,柱头 2 裂,常直立,近无花柱。

【果实和种子】长角果线状长圆形,圆柱状,常稍扭曲,2 室,不易开裂,果瓣稍坚硬,具 1 条显明中脉。种子大,长圆形;子叶背倚胚根。

【分类地位】被子植物门、双子叶植物纲、原始花被亚纲、罂粟目、白花菜亚目、十字花科、香花芥族。

【种类】全属约有 30 种;中国有 4 种;内蒙古有 1 种。

雾灵香花芥 *Hesperis oreophila*

多年生草本。根粗,本质化,具分枝。茎直立,单一,坚硬,稍有棱角,不分枝或上部分枝,逆生硬毛及水平伸展的短毛。基生叶倒披针形或宽条形,顶端急尖或短渐尖,基部渐狭,边缘有浅齿,两面及叶柄有长硬毛及短毛;茎生叶无柄,叶片卵状披针形或卵形,基部宽楔形,近抱茎,有尖齿、波状齿或尖锐锯齿。总状花序顶生,直立;紫色,外面有短柔毛;花瓣倒卵形,无毛;长雄蕊基部扩展。长角果四棱状圆柱形;果瓣具短腺毛,有 1 条显明中脉;果梗增粗。种子椭圆形,栗褐色。花果期 6～9 月。

生于林区山沟。产于内蒙古赤峰市宁城县和喀喇沁旗;中国的河北雾灵山也产。

香芥属——【学　名】*Clausia*

　　　　　　【蒙古名】ᠲᠣᠲᠣᠷ ᠤᠨ ᠵᠡᠭᠡᠷᠳᠡ

　　　　　　【英文名】Aroncress

【生活型】一年生至多年生草本。

【花】萼片直立,内轮基部成囊状。花瓣紫色、堇色或白色,有长爪;侧密腺近环状,无中密腺。

【果实和种子】长角果圆柱状或侧扁,迟裂,果瓣具明显中脉及侧脉,花柱短,柱头 2 裂,裂片直立,离生;种子每室 1 行;子叶缘倚胚根。

【分类地位】被子植物门、双子叶植物纲、原始花被亚纲、罂粟目、白花菜亚目、十字花科、香花芥族。

【种类】全属约有 6 种;中国有 1 变种;内蒙古有 1 变种。

腺果香芥 *Clausia turkestanica var. glandulosissima*

多年生草本。具有柄球形腺毛及单毛;茎单一或有分枝;基生叶及下部茎生叶长圆形,有叶柄;中部茎生叶窄卵状长圆形,顶端急尖,基部楔形,边缘有波状齿或近全缘,近无柄或无柄。总状花序顶生;萼片长圆形,外面有柔毛;花瓣长圆形,有细脉纹,具爪。长角果近圆柱形,直立,具柔毛及腺毛,被假隔膜分成多室,每室有 1 粒种子;果梗增粗,有柔毛及具柄腺毛。种子长圆形,黑棕色。花、果期 7~8 月。

香科科属──【学　名】*Teucrium*

【蒙古名】ᠮᠣᠷᠢᠨ ᠤ ᠰᠦᠷ

【英文名】Germander

【生活型】草本或半灌木。

【茎】常具地下茎及逐节生根的匍匐枝。茎基部分枝或不分枝,直立或上升。

【叶】单叶具柄或几无柄,心形、卵圆形、长圆形以至披针形,具羽状脉。

【花】轮伞花序具 2～3 朵花,罕具更多的花,于茎及短分枝上部排列成假穗状花序;苞片菱状卵圆形至线状披针形,全缘或具齿,与茎叶异形,或偶有在下部轮伞花序的呈苞叶状而与茎叶同形,花梗短或几无。花萼内面无毛,渐趋在喉下生出一环向上的睫状毛,萼筒筒形或钟形,前方基部常一面臌胀,10 条脉,原始者具 5 枚近于相等的萼齿,逐渐演化成为 3/2 式 2 唇形,在后一情况时,上唇中齿变宽大,下唇 2 齿渐狭。花冠仅具单唇,冠筒不超出或超出萼外,内无毛环,唇片具 5 枚裂片,在唇片极长的种类,裂片均集中于唇片的前端,且唇片与冠筒成直角,两侧的 2 对裂片短小,前方中裂片极发达,圆形至匙形,偶深裂为二。雄蕊 4 枚,前对稍长,均自花冠后方的缺弯处伸出,花药极叉开。花柱着生于子房顶,与雄蕊等长或稍超过之,先端具相等或近相等 2 浅裂,裂片钻形。花盘小,盘状或浅盘状,不发达,全缘或微 4 裂。子房圆球形,顶端十字形浅 4 裂。

【果实和种子】小坚果倒卵形,无毛,无胶质的外壁,光滑至具网纹,合生面较大,约为果长 1/2。种子球形,子叶内外并生,胚根向下。

【分类地位】被子植物门、双子叶植物纲、合瓣花亚纲、管状花目、唇形科、筋骨草亚科。

【种类】全属约有 100(～300)种;中国有 18 种,10 变种;内蒙古有 1 种。

693

黑龙江香科科 *Teucrium ussuriense*

　　多年生草本。具匍匐茎。茎直立。被白色绵毛;叶片坚纸质,卵圆状长圆形。轮伞花序具 2 朵或 3～4 朵花,在分枝叶腋内腋生,远隔;苞叶在花序下部者与茎叶同形。花萼钟形,外面被疏柔毛。花冠紫红色,外面疏被白色微柔毛,内面在喉部被白色微柔毛,冠筒长为花冠长之 1/3 或以上,与花萼平齐或内藏,唇片中裂片菱状倒卵形,为唇片长 2/5,侧裂片卵状长圆形,后方一对先端具腺毛。前对雄蕊与唇片等长。花柱稍超出雄蕊。花盘小,盘状,具波状边缘。子房圆球形,4 裂。小坚果常 2～3 枚发育,且不等大,浅棕色,近球形,平滑,无网纹。花期 8 月,果期 9 月。

香蒲科——【学　名】*Typhaceae*

【蒙古名】ᠴᠠᠭᠠᠨ ᠤᠯᠠ ᠬᠤᠸᠠᠷ

【英文名】Cattail Family

【生活型】多年生沼生、水生或湿生草本。

【茎】根状茎横走，须根多。地上茎直立，粗壮或细弱。

【叶】叶 2 列，互生；鞘状叶很短，基生，先端尖；条形叶直立，或斜上，全缘，边缘微向上隆起，先端钝圆至渐尖，中部以下腹面渐凹，背面平突至龙骨状凸起，横切面呈新月形、半圆形或三角形；叶脉平行，中脉背面隆起或否；叶鞘长，边缘膜质，抱茎，或松散。

【花】花单性，雌雄同株，花序穗状；雄花序生于上部至顶端，花期时比雌花序粗壮，花序轴具柔毛，或无毛；雌性花序位于下部，与雄花序紧密相接，或相互远离；苞片叶状，着生于雌雄花序基部，亦见于雄花序中；雄花无被，通常由 1～3 枚雄蕊组成，花药矩圆形或条形，2 室，纵裂，花粉粒单体，或四合体，纹饰多样；雌花无被，具小苞片，或无，子房柄基部至下部具白色丝状毛；孕性雌花柱头单侧，条形、披针形、匙形，子房上位，1 室，胚珠 1 颗，倒生；不孕雌花柱头不发育，无花柱，子房柄不等长。

【果实和种子】果实纺锤形、椭圆形，果皮膜质，透明，或灰褐色，具条形或圆形斑点。种子椭圆形，褐色或黄褐色，光滑或具突起，含 1 枚肉质或粉状的内胚乳，胚轴直，胚根肥厚。

【种类】全科有 1 属，16 种；中国有 11 种；内蒙古有 1 属，5 种。

694

香蒲科 Typhaceae Juss. 是法国植物学家 Antoine Laurent de Jussieu（1748－1836）于 1789 年在"Genera plantarum 25"（Gen. Pl.）中建立的植物科，模式属为香蒲属（Typha）。

在恩格勒系统（1964）中，香蒲科隶属单子叶植物纲（Monocotyledoneae）、露兜树目（Pandanales），含露兜树科（Pandanaceae）、黑三棱科（Sparganiaceae）和香蒲科 3 个科。在哈钦森系统（1959）中，香蒲科隶属单子叶植物纲冠花区（Corolliferae）、香蒲目（Typhales），含黑三棱科和香蒲科 2 个科。在塔赫他间系统（1980）中，香蒲科隶属单子叶植物纲（Liliopsida）、棕榈亚纲（Arecidae）、香蒲目，只含 1 个科。在克朗奎斯特系统（1981）中，香蒲科隶属百合纲（Liliopsida）、鸭趾草亚纲（Commelinidae）、香蒲目，含黑三棱科和香蒲科 2 个科。

香蒲属──【学　名】*Typha*

【蒙古名】ᠮᠣᠬᠢᠷ ᠤᠨ ᠡᠪᠡᠰᠦ

【英文名】Cattail

【生活型】多年生沼生、水生或湿生草本。

【茎】根状茎横走,须根多。地上茎直立,粗壮或细弱。

【叶】叶 2 列,互生;鞘状叶很短,基生,先端尖;条形叶直立,或斜上,全缘,边缘微向上隆起,先端钝圆至渐尖,中部以下腹面渐凹,背面平突至龙骨状凸起,横切面呈新月形、半圆形或三角形;叶脉平行,中脉背面隆起或否;叶鞘长,边缘膜质,抱茎,或松散。

【花】花单性,雌雄同株,花序穗状;雄花序生于上部至顶端,花期时比雌花序粗壮,花序轴具柔毛,或无毛;雌性花序位于下部,与雄花序紧密相接,或相互远离;苞片叶状,着生于雌雄花序基部,亦见于雄花序中;雄花无被,通常由 1~3 枚雄蕊组成,花药矩圆形或条形,2 室,纵裂,花粉粒单体,或四合体,纹饰多样;雌花无被,具小苞片,或无,子房柄基部至下部具白色丝状毛;孕性雌花柱头单侧,条形、披针形、匙形,子房上位,1 室,胚珠 1 颗,倒生;不孕雌花柱头不发育,无花柱,子房柄不等长。

【果实和种子】果实纺锤形、椭圆形,果皮膜质,透明,或灰褐色,具条形或圆形斑点。种子椭圆形,褐色或黄褐色,光滑或具突起,含 1 枚肉质或粉状的内胚乳,胚轴直,胚根肥厚。

【分类地位】被子植物门、单子叶植物纲、露兜树目、香蒲科。

【种类】全科有 1 属,16 种;中国有 11 种;内蒙古有 1 属,5 种。

695

香蒲 *Typha orientalis*

多年生水生或沼生草本。根状茎乳白色。地上茎粗壮,向上渐细。叶片条形,光滑无毛,上部扁平,下部腹面微凹,背面逐渐隆起呈凸形,横切面呈半圆形,细胞间隙大,海绵状;叶鞘抱茎。雌雄花序紧密连接;花序轴具白色弯曲柔毛,自基部向上具 1~3 个叶状苞片,花后脱落;基部具 1 个叶状苞片,花后脱落;雄花通常由 3 枚雄蕊组成,有时 2 枚,或 4 枚雄蕊合生,2 室,条形,花粉粒单体,花丝很短,基部合生成短柄;雌花无小苞片;孕性雌花柱头匙形,外弯,子房纺锤形至披针形,子房柄细弱;近于圆锥形,先端呈圆形,不发育柱头宿存;白色丝状毛通常单生,有时几枚基部合生,稍长于花柱,短于柱头。小坚果椭圆形至长椭圆形;果皮具长形褐色斑点。种子褐色,微弯。花果期 5~8 月。

香青属——【学　名】*Anaphalis*

【蒙古名】ᠴᠠᠭᠠᠨ ᠤᠨ ᠡᠪᠡᠰᠦ

【英文名】Everlasting

【生活型】多年生,稀一年生或二年生草本,或亚灌木。

【叶】叶互生,全缘,线形、长圆形或披针形。

【花】头状花序常多数排列成伞房或复伞房花序,稀有少数或单生,近雌雄异株或同株,各有多数同型或异型的花,即外围有多层雌花而中央有少数或 1 朵雄花即两性不育花,或中央有多层雄花而外围有少数雌花或无雌花,仅雌花结果实。总苞钟状、半球状或球状;总苞片多层,覆瓦状排列,直立或开展,下部常褐色,有 1 条脉,上部常干膜质,白色、黄白色,稀红色。花托蜂窝状,无托片。雄花花冠管状,上部钟状,有 5 枚裂片;花药基部箭头形,有细长尾部;花柱 2 浅裂,顶端截形。雌花花冠细丝状,基部稍膨大,上端有 2～4 枚细齿;花柱分枝长,顶端近圆形。冠毛 1 层,白色,约与花冠等长,有多数分离而易散落的毛,在雄花向上部渐粗厚或宽扁,有锯齿,在雌花细丝状,有微齿。

【果实和种子】瘦果长圆形或近圆柱形,有腺或乳头状突起,或近无毛。

【分类地位】被子植物门、双子叶植物纲、合瓣花亚纲、桔梗目、菊科、管状花亚科、旋覆花族、鼠麴草亚族。

【种类】全属有 80 余种;中国有 50 余种;内蒙古有 2 种。

乳白香青 *Anaphalis lactea*

根状茎粗壮,灌木状,多分枝,直立或斜升,上端被枯叶残片,有顶生的莲座状叶丛或花茎。茎直立,稍粗壮,不分枝,草质,被白色或灰白色棉毛,下部有较密的叶。莲座状叶披针状或匙状长圆形,下部渐狭成具翅而基部鞘状的长柄;茎下部叶较莲座状常稍小,边缘平,顶端尖或急尖,有或无小尖头;中部及上部叶直立或依附于茎上,长椭圆形,线状披针形或线形,基部稍狭,沿茎下延成狭翅,顶端渐尖,有枯焦状长尖头;全部叶被白色或灰白色密棉毛,有离基 3 出脉或 1 条脉。头状花序多数,在茎和枝端密集成复伞房状。总苞钟状;总苞片 4～5 层,外层卵圆形,浅或深褐色,被蛛丝状毛;内层卵状长圆形,乳白色,顶端圆形;最内层狭长圆形,有长约全长 2/3 的爪部。花托有繸状短毛。雌株头状花序有多层雌花,中央有 2～3 朵雄花;雄株头状花序全部有雄花。冠毛较花冠稍长;雄花冠毛上部宽扁,有锯齿。瘦果圆柱形,近无毛。花果期 7～9 月。

生于山坡草地、砾石地、山沟或路旁。产于内蒙古阿拉善盟龙卷山;中国甘肃、青海、四川也产。

香薷属——【学　名】*Elsholtzia*

【蒙古名】ᠬᠠᠲᠠᠭᠤ ᠡᠪᠡᠰᠦ ᠶᠢᠨ ᠲᠦᠷᠦᠯ

【英文名】Elsholtgia

【生活型】草本,半灌木或灌木。

【叶】叶对生,卵形、长圆状披针形或线状披针形,边缘具锯齿圆齿或钝齿,无柄或具柄。

【花】轮伞花序组成穗状或球状花序,密接或有时在下部间断,穗状花序有时疏散纤细,圆柱形或偏向一侧,有时成紧密的覆瓦状,有时组成圆锥花序;最下部苞叶常与茎叶同形,上部苞叶呈苞片状,披针形、卵形或扇形,有时连合,覆瓦状排列,有时极细小,较狭于花萼;花梗通常较短。花萼钟形、管形或圆柱形,萼齿5枚,近等长或前2枚较长,喉部无毛,果时花萼通常直立,或延长,或稍膨大。花冠小,白、淡黄、黄、淡紫、玫瑰红至玫瑰红紫色,外面常被毛及腺点,内面具毛环或无毛,冠筒等长或稍长于花萼,直立或微弯,均自基部向上渐扩展,冠檐2唇形,上唇直立,先端微缺或全缘,下唇开展,3裂,中裂片常较大,全缘或啮蚀状或微缺,侧裂片通常较小,全缘。雄蕊4枚,前对较长,极少前对不发育,通常伸出,上升,分离,花丝无毛,花药2室,室略叉开或极叉开,其后汇合。花盘前方呈指状膨大,其长度通常超过子房。花柱纤细,通常超出雄蕊,先端或短或深2裂,裂片钻形或近线形,通常近等长,极少其中1枚裂片甚长。子房无毛。

【果实和种子】小坚果卵珠形或长圆形,褐色,无毛或略被不明显细毛,具瘤状突起或光滑。

【分类地位】被子植物门、双子叶植物纲、合瓣花亚纲、管状花目、唇形科、野芝麻亚科、刺蕊草族。

【种类】全属约有40种;中国有33种,15变种,5变型;内蒙古有3种,1变种。

密花香薷 *Elsholtzia densa*

草本。密生须根。茎直立,自基部多分枝,分枝细长,茎及枝均四棱形,具槽,被短柔毛。叶长圆状披针形至椭圆形,先端急尖或微钝,基部宽楔形或近圆形,边缘在基部以上具锯齿,草质,上面绿色,下面较淡,两面被短柔毛,侧脉6~9对,与中脉在上面下陷下面明显;背腹扁平,被短柔毛。穗状花序长圆形或近圆形,密被紫色串珠状长柔毛,由密集的轮伞花序组成;最下的1对苞叶与叶同形,向上呈苞片状,卵圆状圆形,先端圆,外面及边缘被具节长柔毛。花萼钟状,外面及边缘密被紫色串珠状长柔毛,萼齿5枚,后3枚稍长,近三角形,果时花萼膨大,近球形,外面极密被串珠状紫色长柔毛。花冠小,淡紫色,外面及边缘密被紫色串珠状长柔毛,内面在花丝基部具不明显的小疏柔毛环,冠筒向上渐宽大,冠檐2唇形,上唇直立,先端微缺,下唇稍开展,3裂,中裂片较侧裂片短。雄蕊4枚,前对较长,微露出,花药近圆形。花柱微伸出,先端近相等2裂。小坚果卵珠形,暗褐色,被极细微柔毛,腹面略具棱,顶端具小疣突起。

向日葵属——【学　名】*Helianthus*

【蒙古名】ᠨᠠᠷᠠᠨ ᠴᠡᠴᠡᠭ ᠤᠨ ᠲᠦᠷᠦᠯ

【英文名】Sanflower

【生活型】一年生或多年生草本。

【叶】叶对生，或上部或全部互生，有柄，常有离基 3 出脉。

【花】头状花序大或较大，单生或排列成伞房状，各有多数异形的小花，外围有一层无性的舌状花，中央有极多数结果实的两性花。总苞盘形或半球形；总苞片 2 至多层，膜质或叶质。花托平或稍凸起；托片折叠，包围两性花。舌状花的舌片开展，黄色；管状花的管部短，上部钟状，上端黄色、紫色或褐色，有 5 枚裂片。

【果实和种子】瘦果长圆形或倒卵圆形，稍扁或具 4 条厚棱。冠毛膜片状，具 2 芒、有时附有 2～4 个较短的芒刺，脱落。

【分类地位】被子植物门、双子叶植物纲、合瓣花亚纲、桔梗目、菊科、管状花亚科、向日葵族。

【种类】全属约有 100 种；中国有 10 余栽培种；内蒙古有 2 栽培种。

向日葵 *Helianthus annuus*

一年生高大草本。茎直立，粗壮，被白色粗硬毛，不分枝或有时上部分枝。叶互生，心状卵圆形或卵圆形，顶端急尖或渐尖，有 3 基出脉，边缘有粗锯齿，两面被短糙毛，有长柄。头状花序极大，单生于茎端或枝端，常下倾。总苞片多层，叶质，覆瓦状排列，卵形至卵状披针形，顶端尾状渐尖，被长硬毛或纤毛。花托平或稍凸，有半膜质托片。舌状花多数，黄色，舌片开展，长圆状卵形或长圆形，不结实。管状花极多数，棕色或紫色，有披针形裂片，结果实。瘦果倒卵形或卵状长圆形，稍扁压，有细肋，常被白色短柔毛，上端有 2 个膜片状早落的冠毛。花期 7～9 月，果期 8～9 月。

小滨菊属──【学　名】*Leucanthemella*

【蒙古名】ᠬᠠᠷᠠ ᠵᠢᠭᠠᠰᠤᠨ ᠤ ᠴᠡᠴᠡᠭ

【英文名】Miniwhitedaisy

【生活型】多年生沼生植物。

【茎】有地下长匍匐茎。

【叶】叶互生，不分裂或 3～7 羽状深裂。

【花】头状花序异型，单生或茎生 2～8 个头状花序。舌状花 1 层，雌性，通常不育。盘状花多数，两性，管状。总苞碟状，总苞片 2～3 层，边缘膜质。花托极突起，无托毛。舌状花白色，舌片线形或椭圆状线形。两性管状花黄色，顶端 5 齿裂。花药基部钝，顶端附片卵形或椭圆状卵形。花柱分枝线形，顶端截形。

【果实和种子】瘦果圆柱状，基部收窄，有 8～12 条椭圆形突起的纵肋，纵肋伸延于瘦果顶端，成增厚的冠齿。

【分类地位】被子植物门、双子叶植物纲、合瓣花亚纲、桔梗目、菊科、管状花亚科、春黄菊族、菊亚族。

【种类】全属有 2 种；中国有 1 种；内蒙古有 1 种。

小滨菊 *Leucanthemella linearis*

多年生沼生植物。有长地下匍匐茎。茎直立，常簇生，不分枝或自中部分枝，有短柔毛至无毛。基生叶和下部茎叶花期枯落。全形椭圆形或披针形，自中部以下羽状深裂，侧裂片 3 对、2 对或 1 对。全部侧裂和顶裂片线形或狭线形，边缘全缘。上部茎叶通常不分裂。全部叶无柄，两面绿色，但下面色淡，上面及边缘粗涩，有皮刺状乳突，无腺点，下面有明显腺点。头状花序单生茎顶，或 2～8 个头状花序在茎枝顶端排成不规则的伞房花序。总苞碟状。外层总苞片线状披针形，内层总苞片长椭圆形。全部苞片边缘褐色或暗褐色膜质，无毛或几无毛。舌状花白色，顶端有 2～3 枚齿。瘦果顶端有 8～10 枚钝冠齿。花果期 8～9 月。

小檗科——【学　名】*Berberidaceae*

【蒙古名】ᠽᠡᠷᠯᠢᠭ ᠦᠵᠦᠮ ᠦᠨ ᠢᠵᠠᠭᠤᠷ

【英文名】Barberry

【生活型】灌木或多年生草本,稀小乔木,常绿或落叶。

【茎】有时具根状茎或块茎。茎具刺或无。

【叶】叶互生,稀对生或基生,单叶或 1~3 回羽状复叶;托叶存在或缺;叶脉羽状或掌状。

【花】花序顶生或腋生,花单生、簇生或组成总状花序、穗状花序、伞形花序、聚伞花序或圆锥花序;花具花梗或无;花两性,辐射对称,小苞片存在或缺如,花被通常 3 基数,偶 2 基数,稀缺如;萼片 6~9 个,常花瓣状,离生,2~3 轮;花瓣 6 片,扁平,盔状或呈距状,或变为蜜腺状,基部有蜜腺或缺;雄蕊与花瓣同数而对生,花药 2 室,瓣裂或纵裂;子房上位,1 室,胚珠多数或少数,稀 1 颗,基生或侧膜胎座,花柱存在或缺,有时结果时缩存。

【果实和种子】浆果,蒴果,蓇葖果或瘦果。种子 1 至多数,有时具假种皮;富含胚乳;胚大或小。

【种类】全科有 17 属,约 650 种;中国有 11 属,约 320 种;内蒙古有 1 属,6 种。

小檗科 Berberidaceae Juss. 是法国植物学家 Antoine Laurent de Jussieu(1748—1836)于 1789 年在"Genera plantarum 286"(Gen. Pl.)中建立的植物科,模式属为小檗属(Berberis)。

在恩格勒系统(1964)中,小檗科隶属原始花被亚纲(Archichlamydeae)、毛茛目(Ranales)、毛茛亚目(Ranumculineae),本目含毛茛科(Ranunculaceae)、小檗科、大血藤科(Sargentodoxaceae)、木通科(Lardizabalaceae)、防己科(Menispermaceae)、睡莲科(Nymphaeaceae)、金鱼藻科(Ceratophyllaceae)等 7 个科。在哈钦森系统(1959)中,小檗科隶属双子叶植物草本支(Herbaceae)、小檗目(Berberidales),含大血藤科、木通科、防己科、南天竹科(Nandinaceae)、星叶科(Circaeasteraceae)和小檗科 6 个科,认为小檗目来自毛茛目。在塔赫他间系统(1980)中,小檗科隶属毛茛亚纲(Ranunculidae)、毛茛目,含木通科、大血藤科、防己科、小檗科、毛茛科、白根葵科(Glaucidiaceae)、星叶科等 7 个科,认为毛茛目与八角目有密切关系,二者有共同起源。在克朗奎斯特系统(1981)中,小檗科隶属木兰亚纲(Magnoliidae)、毛茛目,含毛茛科、星叶科、小檗科、大血藤科、木通科、防己科、马桑科(Coriariaceae)和清风藤科(Sabiaceae)。

小檗属——【学　名】*Berberis*

【蒙古名】ᠰᠢᠷ᠎ᠠ ᠬᠠᠷᠭᠠᠨ᠎ᠠ ᠶᠢᠨ ᠲᠥᠷᠥᠯ

【英文名】Barberry

【生活型】落叶或常绿灌木。

【茎】枝无毛或被绒毛；通常具刺，单生或3～5分叉；老枝常呈暗灰色或紫黑色，幼枝有时为红色，常有散生黑色疣点，内皮层和木质部均为黄色。

【叶】单叶互生，着生于侧生的短枝上，通常具叶柄，叶片与叶柄连接处常有关节。

【花】花序为单生、簇生、总状、圆锥状或伞形花序；花3数，小苞片通常3个，早落；萼片通常6个，2轮排列，稀3或9个，1轮或3轮排列，黄色；花瓣6片，黄色，内侧近基部具2个腺体；雄蕊6枚，与花瓣对生，花药瓣裂，花粉近球形，具螺旋状萌发孔或为合沟，外壁具网状纹饰；子房含胚珠1～12颗，稀达15颗，基生，花柱短或缺，柱头头状。

【果实和种子】浆果球形、椭圆形、长圆形、卵形或倒卵形，通常红色或蓝黑色。种子1～10粒，黄褐色至红棕色或黑色，无假种皮。

【分类地位】被子植物门、双子叶植物纲、原始花被亚纲、毛茛目、小檗科。

【种类】全属约有500种；中国有250余种；内蒙古有6种。

黄芦木 *Berberis amurensis*

落叶灌木。老枝淡黄色或灰色，稍具棱槽，无疣点；茎刺3分叉，稀单一。叶纸质，倒卵状椭圆形、椭圆形或卵形，先端急尖或圆形，基部楔形，上面暗绿色，中脉和侧脉凹陷，网脉不显，背面淡绿色，无光泽，中脉和侧脉微隆起，网脉微显，叶缘平展，每边具40～60枚细刺齿。总状花序具10～25朵花，无毛；花黄色；萼片2轮，外萼片倒卵形，内萼片与外萼片同形；花瓣椭圆形，先端浅缺裂，基部稍呈爪，具2个分离腺体；雄蕊药隔先端不延伸，平截；胚珠2颗。浆果长圆形，红色，顶端不具宿存花柱，不被白粉或仅基部微被霜粉。花期4～5月，果期8～9月。

生于夏绿阔叶林区及森林草原的山地灌丛中，有时也稀疏生于林缘或山地沟谷中。产于内蒙古通辽市、赤峰市、锡林郭勒盟、乌兰察布市、呼和浩特市、乌海市；中国东北、华北、山东、陕西、甘肃也产；朝鲜、日本、俄罗斯也有分布。

小二仙草科——【学　名】*Haloragidaceae*

【蒙古名】ᠬᠣᠨᠢᠨ ᠬᠣᠷᠣᠬᠠᠢ ᠶᠢᠨ ᠣᠪᠣᠭ

【英文名】Seaberry Family

【生活型】水生或陆生草本,有时灌木状。

【叶】叶互生、对生或轮生,生于水中的常为篦齿状分裂;托叶缺。

【花】花小,两性或单性,腋生、单生或簇生,或成顶生的穗状花序、圆锥花序、伞房花序;萼筒与子房合生,萼片 2～4 个或缺;花瓣 2～4 片,早落,或缺;雄蕊 2～8 枚,排成 2 轮,外轮对萼分离,花药基着生;子房下位,2～4 室;柱头 2～4 裂,无柄或具短柄;胚珠与花柱同数,倒垂于其顶端。

【果实和种子】果为坚果或核果状,小形,有时有翅,不开裂,或很少瓣裂。

【种类】全科有 8 属,约 100 种;中国有 2 属,7 种,1 变种;内蒙古有 1 属,2 种。

小二仙草科 Haloragaceae R. Br. 是苏格兰植物学家和古植物学家 Robert Brown(1773 －1858)于 1814 年在"A Voyage to Terra Australis 2"(Voy. Terra Austral.)中发表的植物科,模式属为小二仙草属(Haloragis)。

在恩格勒系统(1964)中,小二仙草科隶属原始花被亚纲(Archichlamydeae)、桃金娘目(Myrtiflorae)、桃金娘亚目(Myrtineae),本目含 3 个亚目、17 个科。在哈钦森系统(1959)中,小二仙草科隶属双子叶植物草本支(Herbaceae)、千屈菜目(Lythrales),含千屈菜科(Lythraceae)、柳叶菜科(Onagraceae)、菱科(Trapaceae)、小二仙草科和水马齿科(Callitrichaceae)5 个科。在塔赫他间系统(1980)中,小二仙草科隶属蔷薇亚纲(Rosidae)、桃金娘目,本目含 14 个科。克朗奎斯特系统(1981)则在蔷薇亚纲中成立了小二仙草目(Haloragales),含小二仙草科和大叶草科(洋二仙草科)(Gunneraceae)2 个科。

小甘菊属——【学　名】*Cancrinia*

【蒙古名】ᠬᠠᠢᠷᠠᠬᠠᠨ ᠴᠡᠴᠡᠭ

【英文名】Sweetdaisy

【生活型】二年生至多年生草本或小半灌木。

【叶】通常具羽状分裂的叶。

【花】头状花序单生但植株有少数头状花序或排成疏松的伞房状花序,同型,具多数管状两性的小花。总苞半球形或碟状;总苞片草质,3～4层,覆瓦状,边缘膜质,有时带褐色;花托半球状凸起或近于平,无托毛或稀具疏托毛,稍有点状小瘤,有时蜂窝状。花冠黄色,檐部5齿裂。花药基部钝,顶端附片卵状披针形;花柱分枝线形。

【果实和种子】瘦果三棱状圆筒形,基部收狭,有5～6条凸起的纵肋;冠状冠毛膜质,5～12浅裂或裂达基部,顶端稍钝或多少有芒尖,边缘常多少撕裂状。

【分类地位】被子植物门、双子叶植物纲、合瓣花亚纲、桔梗目、菊科、管状花亚科、春黄菊族、菊亚族。

【种类】全属约有30种;中国有5种;内蒙古有2种。

小甘菊 *Cancrinia discoidea*

二年生或多年生草本。叶灰绿色,被白色棉毛至几无毛,叶片长圆形或卵形,2回羽状深裂,裂片2～5对,每枚裂片又2～5深裂或浅裂,少有全部或部分全缘,末次裂片卵形至宽线形,顶端钝或短渐尖;叶柄长,基部扩大。头状花序单生,但植株有少数头状花序,直立;总苞被疏棉毛至几无毛;总苞片3～4层,草质,外层少数,线状披针形,顶端尖,几无膜质边缘,内层较长,线状长圆形,边缘宽膜质;花托明显凸起,锥状球形;花黄色,檐部5齿裂。瘦果无毛,具5条纵肋;冠状冠毛膜质,5裂,分裂至中部。花果期4～9月。

产于内蒙古巴彦淖尔市、阿拉善盟;中国甘肃、新疆、西藏也产;蒙古、俄罗斯西伯利亚、哈萨克斯坦也有分布。

小麦属——【学　名】*Triticum*

　　　　　　【蒙古名】ᠪᠤᠭᠤᠳᠠᠢ ᠶᠢᠨ ᠲᠥᠷᠥᠯ

　　　　　　【英文名】Wheat

【生活型】一年生或越年生草本。

【茎】秆直立或因栽培品种不同而于苗期匍匐或半直立。

【花】穗状花序直立,顶生小穗发育或退化;小穗通常单生于穗轴各节,含(2)3～9(11)朵小花;颖革质或草质,卵形至长圆形或披针形,具3～7(9)条脉,多少具膜质边缘,背部具1～2条脊,或只有1条脊且其下部渐变平坦,先端具1～2枚锐齿,或其1枚钝圆而2枚均变钝圆,亦有延伸为芒状者;外稃背部扁圆或多少具脊,顶端有2裂齿或无裂齿,具芒或无芒,无基盘;内稃边缘内折。

【果实和种子】颖果卵圆形或长圆形,顶端具毛,腹面具纵沟,栽培种与稃体分离易于脱落,野生者紧密包裹于稃体不易脱落。

【分类地位】被子植物门、单子叶植物纲、禾本目、禾本科、早熟禾亚科。

【种类】全属有20余种;中国有4种,4变种;内蒙古有1栽培种。

普通小麦 *Triticum aestivum*

　　一年生草本。秆直立,丛生,具6～7节。叶鞘松弛包茎,下部者长于上部者短于节间;叶舌膜质;叶片长披针形。穗状花序直立;小穗含3～9朵小花,上部者不发育;颖卵圆形,主脉于背面上部具脊,于顶端延伸为长约1毫米的齿,侧脉的背脊及顶齿均不明显;外稃长圆状披针形,顶端具芒或无芒;其芒长短不一,芒上密生斜上的细雨短刺;内稃与外稃几等长。

　　中国北方的重要粮食作物。

小米草属——【学　名】*Euphrasia*

【蒙古名】ᠣᠷᠬᠢᠨ᠎ᠠ ᠶᠢᠨ ᠡᠪᠡᠰᠦ

【英文名】Eyebright

【生活型】一年生或多年生草本。

【叶】叶通常在茎下部的较小,向上逐渐增大,过渡为苞叶,苞叶比营养叶大而宽,叶和苞叶均对生,掌状叶脉,边缘为胼胝质增厚,具齿。

【花】穗状花序顶生,花无小苞片;花萼管状或钟状,4裂,前后两方裂较深;花冠筒管状,上部稍扩大,檐部2唇形,上唇直而盔状,顶端2裂,裂片多少翻卷,下唇开展,3裂,裂片顶端常凹缺;雄蕊4枚,2枚强,花药藏于盔下,全部靠拢,药室并行而分离,部分药室或全部药室基部具尖锐的距,其余药室基部具小凸尖;柱头稍扩大,全缘或2裂。

【果实和种子】蒴果矩圆状,多少侧扁,有2条沟槽,室背2裂。种子多数,椭圆形,具多数纵翅,翅上有细横纹。本属为多少半寄生的植物,常寄生于禾本科植物的根上。

【分类地位】被子植物门、双子叶植物纲、合瓣花亚纲、管状花目、玄参科。

【种类】全属近200种;中国有15种;内蒙古有4种,1亚种。

小米草 *Euphrasia pectinata*

植株直立,不分枝或下部分枝,被白色柔毛。叶与苞叶无柄,卵形至卵圆形,基部楔形,每边有数枚稍钝、急尖的锯齿,两面脉上及叶缘多少被刚毛,无腺毛。初花期短而花密集,逐渐伸长至果期果疏离;花萼管状,被刚毛,裂片狭三角形,渐尖;花冠白色或淡紫色,外面被柔毛,背部较密,其余部分较疏,下唇比上唇长,下唇裂片顶端明显凹缺;花药棕色。蒴果长矩圆状。种子白色。花果期6~9月。

生于山地草甸、草甸草原以及林缘、灌丛。产于内蒙古呼伦贝尔市、兴安盟、通辽市、赤峰市、乌兰察布市、呼和浩特市、包头市、阿拉善盟;中国东北、华北、西北也产;欧洲至蒙古、日本也有分布。

小蒜芥属——【学　名】*Microsisymbrium*

【蒙古名】ᠬᠢᠮᠤᠰᠤᠨ ᠤ ᠲᠦᠷᠦᠯ

【英文名】Smallgarliccess

【生活型】一年生草本。

【茎】茎直立,自基部分枝,分枝稀疏。

【叶】基生叶大头羽状深裂或羽状全裂,裂片大,条形;茎生叶少数或无。

【花】花序在果期伸长成总状;花小,少,白色或淡红色;萼片相等,基部不成囊状;花瓣稍长于萼片或为萼片的 2 倍;蜜腺小,侧蜜腺略成环状,中蜜腺念珠状,与侧蜜腺汇合。

【果实和种子】长角果线形,果瓣略隆起,具 1 条脉,花柱短,柱头稍扁压,果梗与花梗同粗而变长。种子每室 1 行,长圆形或卵圆形,遇水有胶粘物质;子叶背倚胚根。

【分类地位】被子植物门、双子叶植物纲、原始花被亚纲、罂粟目、白花菜亚目、十字花科、大蒜芥族、大蒜芥亚族。

【种类】全属有 7 种;中国有 2 种;内蒙古有 1 种。

清水河念珠芥 *Microsisymbrium qingshuiheense*

一年生草本。茎斜生或直立,密被 2 或 3 叉状分枝毛,单一或稍分枝。基生叶多数,莲座状,密集;叶片羽状深裂,裂片 3～4 对,顶裂片卵状三角形,侧裂片较小,近三角形,具叶柄;基生叶羽状深裂、羽状全裂或大头羽裂;茎生 1～3 片,与基生叶相似,但叶柄较短。总状花序具多数花;萼片矩圆形,边缘膜质;花瓣白色,倒卵状楔形,先端微凹,基部渐狭。长角果条形,稍扁,果梗斜举或平展。种子矩圆状椭圆形,表面有小颗粒状凸起。花期 6 月,果期 7 月。

生于石质丘陵。产于内蒙古呼和浩特市清水河县韭菜庄。

小柱芥属——【学　名】*Microstigma*

【蒙古名】ᠣᠢᠷᠠᠲᠤ ᠶᠢᠨ ᠡᠪᠡᠰᠦ

【英文名】Styletcress

【生活型】多年生或一年生草本。

【茎】茎直立。

【叶】叶全缘,生有分枝毛及腺毛。

【花】总状花序顶生,花多数;萼片长圆形,直立,内轮萼片基部囊状;花瓣白色,线形;花柱短,柱头背部不增厚。

【果实和种子】长角果短,下垂弯曲,果瓣扁平,果实的上部有分隔,下面开裂。种子大,圆形,扁平,有窄翅;子叶缘倚胚根。

【分类地位】被子植物门、双子叶植物纲、原始花被亚纲、罂粟目、白花菜亚目、十字花科、紫罗兰族。

【种类】全属约有 4 种;中国有 1 种;内蒙古有 1 种。

短果小柱芥 *Microstigma brachycarpum*

一年生草本。全体密被具柄的分枝毛及散生有柄的腺毛(在角果上的分枝毛具长柄)。茎直立,单一或上部分枝。叶稍厚,有短柄;叶片披针形或倒披针形,顶端渐尖,下部叶片的边缘具疏齿,上部的全缘。总状花序顶生,花多数,花梗短,果期增粗而下弯(花序轴及果梗上腺毛明显);萼片直立紧闭,长圆形,边缘白色膜质,内轮的基部囊状;花瓣白色或淡黄色,线形或倒披针形,边缘波状;花药长圆形,花丝基着,微扁,子房短,近圆柱形。角果悬垂,卵形而弯曲,上部和下部之间缢缩;果瓣膨胀,具 2 条棱,不开裂,顶端有细柱状花柱,柱头小,不明显。种子扁平,近圆形,褐色,边缘有白色膜质狭翅。花期 5～6 月,果期 6～7 月。

生于草原化荒漠带的山地干山坡。产于内蒙古阿拉善盟阿拉善右旗合黎山;中国甘肃也产。

蝎子草属——【学　名】*Girardinia*

【蒙古名】ᠬᠢᠯᠭᠠᠰᠤᠨ ᠡᠪᠡᠰᠦᠨ ᠦ ᠲᠥᠷᠥᠯ

【英文名】Scopiongrass

【生活型】一年生或多年生高大草本。

【茎】茎合轴分枝,呈"之"字形,常五棱形。

【叶】叶互生,边缘有齿或分裂,通常具异形叶(分裂叶与不分裂叶),基出脉 3 条,钟乳体点状;托叶在叶柄内合生,先端 2 裂,不久脱落。

【花】花单性,雌雄同株或异株;花序成对生于叶腋,雄花序穗状,2 叉状分枝或圆锥状;雌团伞花序密集或稀疏呈蝎尾状着生于序轴上,排列成穗状、圆锥状或蝎尾状,受精后急剧增长,小团伞花序轴上密生刺毛。雄花:花被片 4～5 枚,裂片镊合状排列;雄蕊 4～5 枚;退化雌蕊球状、杯状或短柱状。雌花:花被片 3～4 枚,其中 2～3 枚在背面合生成近管状或盔状,顶端(2～)3 齿,花后增大,腹生的 1 枚很小,条形或卵形,有时败育;子房直立,花后渐变偏斜,粗具短柄;柱头线形,花后下弯,宿存。

【果实和种子】果为瘦果,压扁,稍偏斜,宿存花被包被着增粗的雌蕊柄。种子直立,具少量胚乳或无,子叶宽,富含油质。

【分类地位】被子植物门、双子叶植物纲、原始花被亚纲、荨麻目、荨麻科、荨麻族。

【种类】全属有 5 种;中国有 4 种,2 亚种;内蒙古有 1 种。

蝎子草 *Girardinia suborbiculata*

一年生草本。茎直立,具条棱,伏生糙硬毛及螫毛,螫毛直而开展。叶互生,托叶合生。三角状锥形,早落;叶柄细弱,伏生糙硬毛及螫毛;叶片卵圆形,基部圆形或近截形,先端渐尖或尾状尖,边缘具缺刻状大齿牙,表面深绿色,密布小球状钟乳体背面色淡,两面伏生糙硬毛,背面主脉上疏生螫毛。花单性,雌雄同株,花序腋生,单一或分枝,具总梗,比叶短,分枝稀疏,伏生糙硬毛及稀疏直立的螫毛;雄花序生于茎下部,雄花花被 4 深裂,生有糙硬毛,雄蕊 4 枚;雌花为穗状二歧聚伞花序,生于茎上部,花序轴伏生糙硬毛及螫毛,雌花花被 2 裂,上端花被片椭圆形,顶端具不甚明显的 3 枚齿,背部呈龙骨状,伏生糙硬毛,下端花被片线形面小,果熟时上端花被片包着瘦果基部。瘦果广卵形,双凸镜状,密着于果序的一侧。花期 7～9 月,果期 9～11 月。

生于林下、林缘阴湿地、山坡岩石间、山沟边。产于内蒙古呼伦贝尔市、兴安盟;中国东北、河北、河南、陕西、甘肃也产;朝鲜、俄罗斯也有分布。

缬草属——【学　名】*Valeriana*

【蒙古名】ᠣᠷᠭᠤ ᠵᠢᠭᠠᠷ ᠤᠨ ᠡᠪᠡᠰᠦ

【英文名】Valerian

【生活型】多年生草本。

【根】根有浓烈气味。

【叶】叶对生,羽状分裂或少为不裂。

【花】聚伞花序,形式种种,花后多少扩展;花两性,有时杂性;花萼裂片在花时向内卷曲,不显著;花小,白色或粉红色,花冠筒基部一侧偏突成囊距状,花冠裂片5枚;雄蕊3枚,着生花冠筒上;子房下位,3室,但仅1室发育而有胚珠1颗。

【果实和种子】果为扁平瘦果,前面3条脉,后面1条脉,顶端有冠毛状宿存花萼。

【分类地位】被子植物门、双子叶植物纲、合瓣花亚纲、茜草目、败酱科。

【种类】本属有200余种;中国产17种,2变种;内蒙古有2种。产于中国东北、西南及内蒙古中东部。

毛节缬草 *Valeriana alternifolia*

多年生草本。根茎肥厚,肉质。茎基部伏地,上升,钝四棱形,具细条纹。叶坚纸质,披针形至线状披针形。花序在茎及枝上顶生,总状,常在茎顶聚成圆锥花序;花梗与序轴均被微柔毛;苞片下部者似叶,上部者远较小。花萼外面密被微柔毛。花冠紫、紫红至蓝色。雄蕊4枚,稍露出;花丝扁平,中部以下前对在内侧,后对在两侧,被小疏柔毛。花柱细长,先端锐尖,微裂。花盘环状。子房褐色,无毛。小坚果卵球形,黑褐色,具瘤,腹面近基部具果脐。花期7～8月,果期8～9月。

产于内蒙古呼伦贝尔市、兴安盟、通辽市、赤峰市、锡林郭勒盟、乌兰察布市;中国东北至西南地区也产;日本、欧洲也有分布。

蟹甲草属──【学　名】*Parasenecio*

【蒙古名】ᠬᠠᠪᠲᠠᠭᠠᠢ ᠶᠢᠨ ᠡᠪᠡᠰᠦ

【英文名】Cacalia

【生活型】多年生草本。

【茎】根状茎粗壮，直立或横走，有多数纤维状被毛的根。茎单生，直立，通常具条纹或沟棱，无毛或被蛛丝状毛或腺状短柔毛。

【叶】叶互生，具叶柄，不分裂或掌状或羽状分裂，具锯齿。

【花】头状花序小或中等大小，盘状，有同形的两性花；小花全部结实，少数至多数，在茎端或上部叶腋排列成总状或圆锥状花序，具花序梗或近无梗，下部常有小苞片。总苞圆柱形或狭钟形，稀钟状；总苞片1层，离生。花托平，无托片或有托毛。小花少数至多数，花冠管状，黄色、白色或橘红色，管部细，檐部窄钟状或宽管状，具5枚裂片；裂片披针形或卵状披针形；花药基部箭形或具尾。颈部圆柱形；花丝细；花柱分枝顶端截形或稍扩大，被长短不等的乳头状微毛。

【果实和种子】瘦果圆柱形，无毛而具纵肋；冠毛刚毛状，1层，白色、污白色、淡黄褐色，稀变色。

【分类地位】被子植物门、双子叶植物纲、合瓣花亚纲、桔梗目、菊科、管状花亚科、千里光族、款冬亚族。

【种类】全属有60余种；中国有51种；内蒙古有2种，1变种。

710

山尖子 *Parasenecio hastata*

多年生草本。茎直立，较粗壮，具细棱，上部常分枝，并密生被腺状短柔毛。叶下部叶花期枯萎，中部叶三角状戟形，先端渐尖，基部截形或近心形，在叶柄处下延成翼，边缘具不整齐的尖齿，上面绿色，疏被短毛，下面淡绿色，密被柔毛；上部叶渐小，三角形或矩圆状菱形。头状花序多数，下垂，于茎顶排列成狭金字塔形，总苞筒状，总苞片8个，披针形，花两性皆为管状，6～19朵。瘦果黄褐色，冠毛，白色。瘦果黄褐色；冠毛与瘦果等长。花果期7～8月，果期9月。

产于内蒙古呼伦贝尔市、赤峰市、乌兰察布市、呼和浩特市；中国东北、华北也产；朝鲜、蒙古、俄罗斯也有分布。

芯芭属——【学　名】*Cymbaria*

【蒙古名】ᠱᠣᠩᠭᠣᠷ ᠭᠠᠷᠠ ᠶᠢᠨ ᠲᠥᠷᠥᠯ

【英文名】Cymbaria

【生活型】多年生草本。

【茎】低矮或稍稍升高,多少被有柔毛或白色绢毛,基部常有宿存之隔年枯茎。根茎直入地下或横行,伸长多节,上有极多交互对生的鳞片,外面常有片状剥落,常多头。茎多数,丛生,大多自根茎顶部发出,偶有自横行根茎的节上发出。基部多少密被鳞片,常弯曲上升或直立。

【叶】叶无柄,对生,长圆状披针形至线形,先端有一小尖头。

【花】花序总状,顶生;花大,每茎约 1～4 朵;具梗;小苞片 2 个,线状披针形,草质,全缘或有时具 1～2 枚小齿,紧贴于萼管基部或着生在花梗上,而与萼管之间稍有间距;萼管筒状,被毛,齿 5 枚,锥形至线状披针形,近于等长,长约为管部的 2～3 倍,各齿之间常有 1～3 枚小齿,有时很小或缺失;花冠大,黄色,喉部扩大,外面多少被毛,2 唇形,上唇直立而端前俯,2裂,下唇 3 裂,裂片倒卵形;雄蕊 4 枚,2 枚强。花丝着生于花管的近基处,位于前方的一对较长;花药背着,常在喉部露出,药室长卵形,下端渐细,具小尖头;花柱线状,先端弯向前方而伸出于上唇之下。

【果实和种子】蒴果革质,长卵圆形,有喙或否。种子扁平或略带三棱形,周围有 1 圈狭翅。

【分类地位】被子植物门、双子叶植物纲、合瓣花亚纲、管状花目、玄参科。

【种类】全属有 4～5 种;中国有 2 种;内蒙古有 2 种。

711

蒙古芯芭 *Cymbaria mongolica*

多年生草本,丛生。茎数个,大都自根茎顶部发出。基部为鳞片所覆盖,常弯曲而后上升。老时木质化,密被细短毛,或有时毛稍长,但不为棉毛。叶无柄,对生,或在茎上部近于互生,被短柔毛。小苞片 2 个,草质;被柔毛,管内的毛较短,基部狭三角形。向上渐细成线形,约略等长,其长等于管的 2～3 倍,各齿之间具 1～2 枚偶有 3 枚长短不等的线状小齿,有时甚小或缺失;花冠黄色,外面被短细毛,2 唇形,上唇略作盔状,裂片向前而外侧反卷,内面口盖上有长柔毛,下唇 3 裂,开展,裂片近于相等,倒卵形;雄蕊 4 枚,2 枚强,花丝着生于管的近基处,着生处有 1 枚粗短突起,其上及花丝基部均被柔毛,花丝上部通常无毛,或被微毛,花药外露,背着,通常顶部无毛或偶有少量长柔毛,倒卵形,药室上部联合,下部分离,端有刺尖,纵裂;子房长圆形;花柱细长,与上唇近于等长。先端弯向前方。蒴果革质,长卵圆形,室背开裂;种子长卵形,扁平,有时略带三棱形,密布小网眼,周围有 1 圈狭翅。花期 4～8 月。

生于沙质或沙砾质荒漠草原和干草原上。产于内蒙古包头市、鄂尔多斯市、阿拉善盟;中国河北、山西、陕西、甘肃、宁夏、青海也产。

荇菜属——【学　名】*Nymphoides*

【蒙古名】ᠨᠢᠮᠤᠭᠠᠨ ᠤᠰᠤᠨ ᠤ ᠡᠪᠡᠰᠦ

【英文名】Floatingheart

【生活型】多年生水生草本。

【茎】具根茎。茎伸长,分枝或否,节上有时生根

【叶】叶基生或茎生,互生,稀对生,叶片浮于水面。

【花】花簇生节上,5 数;花萼深裂近基部,萼筒短;花冠常深裂近基部呈辐状,稀浅裂呈钟形,冠筒通常甚短,喉部具 5 束长柔毛,裂片在蕾中呈镊合状排列,边缘全缘或具睫毛或在一些种中,边缘宽膜质、透明(或称翅),具细条裂齿;雄蕊着生于冠筒上,与裂片互生,花药卵形或箭形;子房 1 室,胚珠少至多数,花柱短于或长于子房,柱头 2 裂,裂片半圆形或三角形,边缘齿裂或全缘;腺体 5 个,着生于子房基部。

【果实和种子】蒴果成熟时不开裂;种子少至多数,表面平滑、粗糙或具短毛。

【分类地位】被子植物门、双子叶植物纲、合瓣花亚纲、捩花目、龙胆科、睡菜亚科。

【种类】全属有 20 种;中国有 6 种;内蒙古有 1 种。

荇菜 *Nymphoides peltatum*

多年生水生草本。茎圆柱形,多分枝,密生褐色斑点,节下生根。上部叶对生,下部叶互生,叶片飘浮,近革质,圆形或卵圆形,基部心形,全缘,有不明显的掌状叶脉,下面紫褐色,密生腺体,粗糙,上面光滑,叶柄圆柱形,基部变宽,呈鞘状,半抱茎。花常多数,簇生节上,5 数;花梗圆柱形,不等长,稍短于叶柄;花萼分裂近基部,裂片椭圆形或椭圆状披针形,先端钝,全缘;花冠金黄色,分裂至近基部,冠筒短,喉部具 5 束长柔毛,裂片宽倒卵形,先端圆形或凹陷,中部质厚的部分卵状长圆形,边缘宽膜质,近透明,具不整齐的细条裂齿;雄蕊着生于冠筒上,整齐,花丝基部疏被长毛;在短花柱的花中,柱头小,花药常弯曲,箭形;在长花柱的花中,柱头大,2 裂,裂片近圆形;腺体 5 个,黄色,环绕子房基部。蒴果无柄,椭圆形,成熟时不开裂;种子大,褐色,椭圆形,边缘密生睫毛。花果期 4~10 月。

生于池塘或湖泊中。产于内蒙古各地区;中国各地也产;在北半球广泛分布。

新麦草属 —— 【学　名】*Psathyrostachys*

【蒙古名】ᠲᠣᠷᠣᠭ ᠣᠨ ᠡᠪᠡᠰᠦ

【英文名】Newstraw

【生活型】多年生。

【茎】具根茎或形成密丛。

【叶】叶片扁平或内卷。

【花】顶生穗状花序紧密,穗轴脆弱,成熟后逐节断落;小穗2～3个生于1节,无柄,含2～3朵小花,均可育或其中1朵顶生小花退化为棒状;颖锥状,具1条不明显的脉,被柔毛或粗糙,外稃被柔毛或短刺毛,顶端具短尖头或芒。

【分类地位】被子植物门、单子叶植物纲、禾本目、禾本科、早熟禾亚科、小麦族。

【种类】全属约有10种;中国有4种;内蒙古有1种。

单花新麦草 *Psathyrostachys kronenburgii*

多年生,具直伸的短根茎,密集丛生。秆基部残留枯黄纤维状叶鞘。叶鞘无毛,短于节间;叶舌先端撕裂;叶片灰绿色或绿色,扁平或内卷,两面都粗糙。穗状花序下部被短柔毛,穗轴很脆,易断,侧棱具柔毛;小穗3个生于1节,含1朵小花和1朵棒状不孕小花,有时基部含2朵小花;颖锥形,密被柔毛;外稃披针形,具5条脉,被柔毛,第一外稃先端延伸成短芒;内稃与外稃等长,具2条脊,脊上被纤毛。花果期6～8月。

生于干燥山坡。内蒙古阿拉善盟阿拉善右旗有产;中国甘肃、新疆、西藏也产;中亚地区也有分布。

绣线菊属 ——【学　名】*Spiraea*

【蒙古名】ᠰᠢᠷᠯᠢᠭ ᠤᠨ ᠢᠵᠠᠭᠤᠷ

【英文名】Spiraea

【生活型】落叶灌木。

【叶】单叶互生,边缘有锯齿或缺刻,有时分裂。稀全缘,羽状叶脉,或基部有3～5出脉,通常具短叶柄,无托叶。

【花】花两性,稀杂性,成伞形、伞形总状、伞房或圆锥花序;萼筒钟状;萼片5个,通常稍短于萼筒;花瓣5片,常圆形,较萼片长;雄蕊15～60枚,着生在花盘和萼片之间;心皮5(3～8)枚,离生。

【果实和种子】蓇葖果5枚,常沿腹缝线开裂,内具数粒细小种子;种子线形至长圆形,种皮膜质,胚乳少或无。

【分类地位】被子植物门、双子叶植物纲、原始花被亚纲、蔷薇目、蔷薇亚目、蔷薇科、绣线菊亚科。

【种类】全属有100余种;中国有50余种;内蒙古有15种,4变种。

土庄绣线菊 *Spiraea pubescens*

灌木。小枝开展,稍弯曲,嫩时被短柔毛,褐黄色,老时无毛,灰褐色。叶片菱状卵形至椭圆形,先端急尖,基部宽楔形,边缘自中部以上有深刻锯齿,有时3裂。伞形花序具总梗,有花15～20朵;苞片线形,被短柔毛;萼筒钟状,外面无毛,内面有灰白色短柔毛;花瓣卵形、宽倒卵形或近圆形,先端圆钝或微凹,白色;雄蕊25～30枚,约与花瓣等长;花盘圆环形,具10枚裂片,裂片先端稍凹陷;子房无毛或仅在腹部及基部有短柔毛,花柱短于雄蕊。蓇葖果开张,仅在腹缝微被短柔毛,花柱顶生,稍倾斜开展或几直立,多数具直立萼片。花期5～6月,果期7～8月。

生于山地林缘及灌丛,也见于草原带的沙地,有时可成为优势种,一般零星生长。

产于内蒙古呼伦贝尔市、兴安盟、通辽市、赤峰市、锡林郭勒盟、乌兰察布市、鄂尔多斯市、巴彦淖尔市、呼和浩特市、包头市;中国东北、河北、山西、甘肃、陕西、山东、安徽、湖北也产;朝鲜、蒙古、俄罗斯也有分布。

萱草属──【学　名】*Hemerocallis*

　　　　　　　【蒙古名】ᠬᠢᠯᠭᠠᠨ᠎ᠠ ᠶᠢᠨ ᠲᠥᠷᠥᠯ

　　　　　　　【英文名】Daylily

【生活型】多年生草本。

【茎】具很短的根状茎；根常多少肉质，中下部有时有纺锤状膨大。

【叶】叶基生，2 列，带状。

【花】花葶从叶丛中央抽出，顶端具总状或假二歧状的圆锥花序，较少花序缩短或只具单花；苞片存在，花梗一般较短；花直立或平展，近漏斗状，下部具花被管；花被裂片 6 枚，明显长于花被管，内 3 枚常比外 3 枚宽大；雄蕊 6 枚，着生于花被管上端；花药背着或近基着；子房3 室，每室具多数胚珠；花柱细长，柱头小。

【果实和种子】蒴果钝三棱状椭圆形或倒卵形，表面常略具横皱纹，室背开裂。种子黑色，约十几粒，有棱角。

【分类地位】被子植物门、单子叶植物纲、百合目、百合亚目、百合科、萱草族。

【种类】全属约有 14 种；中国有 11 种。

小黄花菜 *Hemerocallis minor*

　　多年生草本。须根粗壮，根一般较细，不膨大。叶基生。花葶多个，长于叶或近等长，花序不分枝或稀为二歧状分枝，常具 1～2 朵花，少 3～4 朵花；花被黄或淡黄色花葶稍短于叶或近等长，顶端具 1～2 朵花，少有具 3 朵花；花梗很短，苞片近披针形；花被淡黄色。蒴果椭圆形或矩圆形。花果期 5～9 月。

　　生于山地草原、林缘、灌丛中。产于内蒙古呼伦贝尔市、兴安盟、通辽市、赤峰市、锡林郭勒盟、乌兰察布市、呼和浩特市；中国东北、山东、河北、山西、陕西、甘肃也产；朝鲜、蒙古、俄罗斯也有分布。

　　花可食用；根入中药。

715

玄参科——【学　名】*Scrophulariaceae*

【蒙古名】ᠱᠣᠯᠣ ᠪᠣᠷᠣᠭᠠᠨ ᠤ ᠢᠵᠠᠭᠤᠷ

【英文名】Figwort Family

【生活型】草本、灌木或少有乔木。

【叶】叶互生,下部对生而上部互生,或全对生,或轮生,无托叶。

【花】花序总状、穗状或聚伞状,常合成圆锥花序,向心或更多离心。花常不整齐;萼下位,常宿存,5 数,少有 4 基数;花冠 4~5 裂,裂片多少不等或作 2 唇形;雄蕊常 4 枚,而有 1 枚退化,少有 2~5 枚或更多,花药 1~2 室,药室分离或多少汇合;花盘常存在,环状、杯状或小而似腺;子房 2 室,极少仅有 1 室;花柱简单,柱头头状或 2 裂或 2 片状;胚珠多数,少有各室 2 颗,倒生或横生。

【果实和种子】果为蒴果,少有浆果状,俱生于 1 游离的中轴上或着生于果爿边缘的胎座上;种子细小,有时具翅或有网状种皮,脐点侧生或在腹面,胚乳肉质或缺少;胚伸直或弯曲。

【种类】全科约有 200 属,3000 种;中国有 56 属;内蒙古有 21 属,57 种,6 亚种,3 变科。

玄参科 Scrophulariaceae Juss. 是法国植物学家 Antoine Laurent de Jussieu (1748—1836)于 1789 年在"Genera plantarum 117—118"(Gen. Pl.)中建立的植物科,模式属为玄参属(Scrophularia)。

在恩格勒系统(1964)中,玄参科隶属合瓣花亚纲(Sympetalae)、管花目(Tubiflorae)、茄亚目(Solanineae),本目含 6 亚目、26 科。在哈钦森系统(1959)中,玄参科隶属双子叶植物草本支(Herbaceae)、玄参目(Personales),含 6 个科,认为本目处于一个演化分支的顶级地位。在塔赫他间系统(1980)中,玄参科隶属菊亚纲(Asteridae)、玄参目(Scrophulariales),含 16 个科,本目很接近花葱目(Polemoniales),特别接近花葱目中的旋花科(Convolvulaceae),两目有共同祖先。在克朗奎斯特系统(1981)中,玄参科也隶属玄参目,含 12 个科,本目与茄目(Solanales)和唇形目(Lamiales)有共同祖先。

玄参属——【学　名】*Scrophularia*

【蒙古名】ᠬᠠᠷᠠ ᠲᠥᠮᠥᠰᠥ ᠶᠢᠨ ᠣᠪᠤᠭ

【英文名】Figwort

【生活型】多年生草本或半灌木状草本，少一年生草本。

【叶】叶对生或很少上部的叶互生。

【花】花先组成聚伞花序，后者可单生叶腋或可再组成顶生聚伞圆锥花序、穗状花序或近头状花序。花萼 5 裂，花冠通常 2 唇形，在中国种类中上唇常较长而具 2 枚裂片，下唇具 3 枚裂片，除中裂片向外反展外，其余 4 枚裂片均近直立；发育雄蕊 4 枚，多少呈 2 枚强，内藏或伸出于花冠之外，花丝基部贴生于花冠筒，花药汇合成 1 室，横生于花丝顶端，退化雄蕊微小，位于上唇一方；子房周围有花盘，花柱与子房等长或过之，柱头通常很小，子房具 2 室，中轴胎座，胚珠多数。

【果实和种子】蒴果室间开裂，种子多数。

【分类地位】被子植物门、双子叶植物纲、合瓣花亚纲、管状花目、玄参科。

【种类】全属有 200 种以上；中国有 36 种；内蒙古有 4 种。

贺兰玄参 *Scrophularia alaschanica*

多年生草本。根久后呈条状撕裂。茎分枝或不分枝，生短腺毛，中空或基部稍木质化，基部各节具鳞片状叶。叶柄略有微翅；叶片薄，卵状椭圆形至卵状披针形，基部骤狭成柄，两边几相等或不相等，有不整齐大重锯齿。花序短穗状或几呈头状，具 2～4 节，每节具对生聚伞花序，花密；总梗和花梗均很短；花萼密被短腺毛，裂片宽矩圆形或宽椭圆形，顶端钝或圆；花冠黄色，外面有短腺毛，花冠筒几不膨大，向前弯，喉部微微收缩，裂片扁圆形，边缘相互重叠，下唇侧裂片短于上唇 2～3 倍，中裂片更小；雄蕊稍短于下唇，退化雄蕊条状楔形；花柱长于子房 2 倍有余；蒴果宽卵形。花期5～6月，果期 7～8 月。

生于荒漠带及荒漠草原带的山地、沟谷、水边。产于内蒙古阿拉善盟、包头市。

悬钩子属——【学　名】*Rubus*

　　　　　　【蒙古名】ᠪᠥᠷᠢᠯᠵᠢᠭᠡᠨ᠎ᠡ ᠶᠢᠨ ᠣᠪᠣᠭ

　　　　　　【英文名】Blackberry

【生活型】落叶稀常绿灌木、半灌木或多年生匍匐草本。

【茎】茎直立、攀援、平铺、拱曲或匍匐，具皮刺、针刺或刺毛及腺毛，稀无刺。

【叶】叶互生，单叶、掌状复叶或羽状复叶，边缘常具锯齿或裂片，有叶柄；托叶与叶柄合生，常较狭窄，线形、钻形或披针形，不分裂，宿存，或着生于叶柄基部及茎上，离生，较宽大，常分裂，宿存或脱落。

【花】花两性，稀单性而雌雄异株，组成聚伞状圆锥花序、总状花序、伞房花序或数朵簇生及单生；花萼 5 裂，稀 3～7 裂；萼片直立或反折，果时宿存；花瓣 5 片，稀缺，直立或开展，白色或红色；雄蕊多数，直立或开展，着生在花萼上部；心皮多数，有时仅数枚，分离，着生于球形或圆锥形的花托上，花柱近顶生，子房 1 室，每室 2 颗胚珠。

【果实和种子】果实为由小核果集生于花托上而成聚合果，或与花托连合成一体而实心，或与花托分离而空心，多浆或干燥，红色、黄色或黑色，无毛或被毛；种子下垂，种皮膜质，子叶平凸。

【分类地位】被子植物门、双子叶植物纲、原始花被亚纲、蔷薇目、蔷薇亚目、蔷薇科、蔷薇亚科。

【种类】全属有 700 余种；中国有 194 种；内蒙古有 5 种，1 变种。

库页悬钩子 *Rubus sachalinensis*

　　灌木或矮小灌木。枝紫褐色，小枝色较浅，具柔毛，老时脱落，被较密黄色、棕色或紫红色直立针刺，并混生腺毛。小叶常 3 片，不孕枝上有时具 5 片小叶，卵形、卵状披针形或长圆状卵形，顶端急尖，顶生小叶顶端常渐尖，基部圆形，顶生小叶基部有时浅心形，上面无毛或稍有毛，下面密被灰白色绒毛，边缘有不规则粗锯齿或缺刻状锯齿；叶柄侧生小叶几无柄，均具柔毛、针刺或腺毛；托叶线形，有柔毛或疏腺毛。花 5～9 朵成伞房状花序，顶生或腋生，稀单花腋生；总花梗和花梗具柔毛，密被针刺和腺毛；花梗苞片小，线形，有柔毛和腺毛；花萼外面密被短柔毛，具针刺和腺毛；萼片三角披针形，顶端长尾尖，外面边缘常具灰白色绒毛，在花果时常直立开展；花瓣舌状或匙形，白色，短于萼片，基部具爪；花丝几与花柱等长；花柱基部和子房具绒毛。果实卵球形，较干燥，红色，具绒毛；核有皱纹。花期 6～7 月，果期 8～9 月。

　　生于山地林下、林缘灌丛、林间草甸和山沟。产于内蒙古呼伦贝尔市、兴安盟、通辽市、赤峰市、锡林郭勒盟、乌兰察布市、巴彦淖尔市、呼和浩特市、包头市、阿拉善盟；中国黑龙江、吉林、河北、甘肃、青海、新疆也产；日本、朝鲜以及欧洲也有分布。

旋覆花属——【学　名】*Inula*

【蒙古名】ᠮᠣᠩᠭᠣᠯ ᠤᠳ ᠤᠨ ᠤ ᠭᠡᠷ

【英文名】Inula

【生活型】多年生稀一年生或二年生草本，或亚灌木。

【茎】有直立的茎或无茎。

【叶】叶互生或仅生于茎基部，全缘或有齿。

【花】头状花序大或稍小，多数，伞房状或圆锥伞房状排列，或单生，或密集于根颈上，各有多数异形稀同形的小花，雌雄同株，外缘有 1 至数层雌花，稀无雌花；中央有多数两性花。总苞半球状、倒卵圆状或宽钟状；总苞片多层，覆瓦状排列，内层常狭窄，干膜质；外层叶质、革质或干膜质，狭窄或宽阔，渐短或与内层同长；最外层有时较长大，叶质。花托平或稍凸起，有蜂窝状孔或浅窝孔，无托片。雌花花冠舌状，黄色稀白色；舌片长，开展，顶端有 3 枚齿，或短小直立而有 2～3 枚齿；两性花花冠管状，黄色，上部狭漏斗状，有 5 枚裂片。花药上端圆形或稍尖，基部戟形，有细长渐尖的尾部。花柱分枝稍扁，雌花花柱顶端近圆形，两性花花柱顶端较宽，钝或截形。冠毛 1～2 层稀较多层，有多数或较少的稍不等长而微糙的细毛。

【果实和种子】瘦果近圆柱形，有 4～5 个多少显明的棱或更多的纵肋或细沟，无毛或有短毛或绢毛。

【分类地位】被子植物门、双子叶植物纲、合瓣花亚纲、桔梗目、菊科、管状花亚科、旋覆花族、旋覆花亚族。

【种类】全属约有 100 种；中国有 20 余种和多数变种；内蒙古有 5 种，3 变种。

欧亚旋覆花 *Inula britanica*

多年生草本。根状茎短，横走或斜升。茎直立，单生或 2～3 个簇生，基部常有不定根，上部有伞房状分枝，稀不分枝，被长柔毛，全部有叶。基部叶在花期常枯萎，长椭圆形或披针形，下部渐狭成长柄；中部叶长椭圆形，基部宽大，无柄，心形或有耳，半抱茎；上部叶渐小。头状花序 1～5 个，生于茎端或枝端。总苞半球形；总苞片 4～5 层，外层线状披针形，基部稍宽，上部草质，被长柔毛，有腺点和缘毛，但最外层全部草质，且常较长，常反折；内层披针状线形，除中脉外干膜质。舌状花舌片线形，黄色。管状花花冠上部稍宽大，有三角披针形裂片；冠毛 1 层，白色，与管状花花冠约等长。瘦果圆柱形，有浅沟，被短毛。花期 7～9 月，果期 8～10 月。

生于草甸及湿润的农田、地埂和路旁。产于内蒙古呼伦贝尔市、通辽市、赤峰市、锡林郭勒盟、呼和浩特市、鄂尔多斯市；中国东北、华北、新疆也产；朝鲜、日本、蒙古以及欧洲、中亚也有分布。

旋花科——【学　名】*Convolvulaceae*

　　　　　【蒙古名】ᠬᠠᠷᠠᠮᠠᠭ ᠤᠨ ᠣᠪᠤᠭ

　　　　　【英文名】Glorybind Family

【生活型】草本、亚灌木或灌木,偶为乔木,在干旱地区有些种类变成多刺的矮灌丛,或为寄生植物。

【茎】被各式单毛或分叉的毛;植物体常有乳汁;具双韧维管束。茎缠绕或攀援,有时平卧或匍匐,偶有直立。

【根】有些种类地下具肉质的块根。

【叶】叶互生,螺旋排列,寄生种类无叶或退化成小鳞片,通常为单叶,全缘,或不同深度的掌状或羽状分裂,甚至全裂,叶基常心形或戟形;无托叶,有时有假托叶;通常有叶柄。

【花】花单生于叶腋,或少花至多花组成腋生聚伞花序,有时总状、圆锥状、伞形或头状,极少为二歧蝎尾状聚伞花序。花整齐,两性,5数;花萼分离或仅基部连合,外萼片常比内萼片大,宿存,有些种类在果期增大。花冠合瓣,漏斗状、钟状、高脚碟状或坛状;冠檐近全缘或5裂,极少每裂片又具2枚小裂片,蕾期旋转折扇状或镊合状至内向镊合状;花冠外常有5条明显的被毛或无毛的瓣中带。雄蕊与花冠裂片等数互生,着生花冠管基部或中部稍下,花丝丝状,有时基部稍扩大,花药2室,内向开裂或侧向纵长开裂;花粉粒无刺或有刺;在菟丝子属中,花冠管内雄蕊之下有流苏状的鳞片。花盘环状或杯状。子房上位,由2(稀3~5)枚心皮组成,1~2室,或因有发育的假隔膜而为4室,稀3室,心皮合生,极少深2裂;中轴胎座,每室有2颗倒生无柄胚珠,子房4室时每室1颗胚珠;花柱1~2枚,丝状,顶生或少有着生心皮基底间,不裂或上部2尖裂。

【果实和种子】通常为蒴果,室背开裂、周裂、盖裂或不规则破裂。

【种类】全科约有56属,1800种以上;中国有22属,约125种;内蒙古有6属,14种,1变科。

　　　　旋花科 Convolvulaceae Juss. 是法国植物学家 Antoine Laurent de Jussieu(1748—1836)于1789年在"Genera plantarum 132"(Gen. Pl.)中建立的植物科,模式属为旋花属(Convolvulus)。

　　　　在恩格勒系统(1964)中,旋花科隶属合瓣花亚纲(Sympetalae)、管花目(Tubiflorae)、旋花亚目(Convolvulineae),本目含6亚目、26个科。恩格勒系统(1964)的旋花科包含菟丝子属(Cuscuta)。在哈钦森系统(1959)中,旋花科隶属双子叶植物草本支(Herbaceae)、茄目(Solanales),含茄科(Solanaceae)、旋花科和铃科(Nolanaceae)等3个科,起源于虎耳草目(Saxifragales),与桔梗目(Campanales)有共同祖先。哈钦森系统(1959)承认菟丝子科(Cuscutaceae),与花葱科(Polemoniaceae)和田基麻科(Hydrophyllaceae)一起放在花葱目(Polemoniales)中。菟丝子科 Cuscutaceae Dumort. 是比利时植物学家 Barthélemy Charles Joseph Dumortier(1797—1878)于1829年在"Analyse des Familles des Plantes 20,25"(Anal. Fam. Pl.)中建立的植物科,模式属为菟丝子属(Cuscuta)。在塔赫他间系统(1980)中,旋花科隶属菊亚纲(Asteridae)、花葱目(Polemoniales),含7个科,认为与龙胆目(Gentianales)接近,有共同祖先。塔赫他间系统(1980)也承认菟丝子科 Cuscutaceae Dumort. 。在克朗奎斯特系统(1981)中,旋花科隶属茄目,含8个科,也承认菟丝子科 Cuscutaceae Dumort. ,认为本目与龙胆目接近,二者有共同祖先。

旋花属──【学　名】*Convolvulus*

【蒙古名】ᠲᠣᠷᠣᠨᠲᠦᠭ ᠶᠢᠨ ᠤᠪᠰᠤᠨ

【英文名】Glorybind，Bindweed

【生活型】一年生或多年生，平卧，直立或缠绕草本，直立亚灌木或有刺灌木。

【叶】叶心形、箭形或戟形，或长圆形、狭披针形至线形，全缘，稀具浅波状至皱波状圆齿，或浅裂。

【花】花腋生，具总梗，由 1 至少数花组成聚伞花序或成密集具总苞的头状花序，或为聚伞圆锥花序；萼片 5 个，等长或近等长，钝或锐尖；花冠整齐，中等大小或小，钟状或漏斗状，白色、粉红色、蓝色或黄色，具 5 条通常不太明显的瓣中带；冠檐浅裂或近全缘；雄蕊及花柱内藏；雄蕊 5 枚，着生于花冠基部，花丝丝状，等长或不等长，通常基部稍扩大；花药长圆形；花粉粒无刺，椭圆形；花盘环状或杯状；子房 2 室，4 颗胚珠；花柱 1 枚，丝状，柱头 2 枚，线形或近棒状。

【果实和种子】蒴果球形，2 室，4 瓣裂或不规则开裂；种子 1～4 粒，通常具小瘤突，无毛，黑色或褐色。

【分类地位】被子植物门、双子叶植物纲、合瓣花亚纲、管状花目、旋花科、旋花亚科、旋花族。

【种类】全属约有 250 种；中国 8 种；内蒙古有 4 种。

刺旋花 *Convolvulus tragacanthoides*

匍匐有刺亚灌木，全体被银灰色绢毛，茎密集分枝，形成披散垫状；小枝坚硬，具刺；叶狭线形，或稀倒披针形，先端圆形，基部渐狭，无柄，均密被银灰色绢毛。花 2～5（～6）朵密集于枝端，稀单花，花枝有时伸长，无刺，密被半贴生绢毛；萼片椭圆形或长圆状倒卵形，先端短渐尖，或骤细成尖端，外面被棕黄色毛；花冠漏斗形，粉红色，具 5 条密生毛的瓣中带，5 浅裂；雄蕊 5 枚，不等长，花丝丝状，无毛，基部扩大，较花冠短一半；雌蕊较雄蕊长；子房有毛，2 室，每室 2 颗胚珠；花柱丝状，柱头 2 枚，线形。蒴果球形，有毛。种子卵圆形，无毛。花期 7～9 月，果期 8～10 月。

生于干沟、干河床及砾石质坡地上。产于内蒙古巴彦淖尔市、鄂尔多斯市、乌拉山、狼山、桌子山、贺兰山；中国陕西、宁夏、甘肃、四川、新疆也产；蒙古及中亚地区也有分布。

雪柳属 ——【学　名】*Fontanesia*

【蒙古名】ᠴᠠᠰᠤᠨ ᠤᠳᠠᠯᠢᠭ ᠤᠨ ᠲᠥᠷᠥᠯ

【英文名】Snowwillow

【生活型】落叶灌木,有时呈小乔木状。

【茎】小枝四棱形。

【叶】叶对生,单叶,常为披针形,全缘或具齿;无柄或具短柄。

【花】花小,多朵组成圆锥花序或总状花序,顶生或腋生;花萼 4 裂,宿存;花冠白色、黄色或淡红白色,深 4 裂,基部合生;雄蕊 2 枚,着生于花冠基部,花丝细长,花药长圆形;子房 2 室,每室具下垂胚珠 2 颗,花柱短,柱头 2 裂,宿存。

【果实和种子】果为翅果,扁平,环生窄翅,每室通常仅有种子 1 粒;种子线状椭圆形,种皮薄;胚乳丰富,肉质;子叶长卵形,扁平;胚根向上。

【分类地位】被子植物门、双子叶植物纲、合瓣花亚纲、捩花目、木犀亚目、木犀科、木犀亚科、梣族。

【种类】全属有 2 种;中国有 1 种;内蒙古有 1 栽培种。

雪柳 *Fontanesia fortunei*

落叶灌木或小乔木。树皮灰褐色。枝灰白色,圆柱形,小枝淡黄色或淡绿色,四棱形或具棱角,无毛。叶片纸质,披针形、卵状披针形或狭卵形,先端锐尖至渐尖,基部楔形,全缘,两面无毛,中脉在上面稍凹入或平,下面凸起,侧脉 2～8 对,斜向上延伸,两面稍凸起,有时在上面凹入;叶柄上面具沟,光滑无毛。圆锥花序顶生或腋生,腋生花序较短;花两性或杂性同株;苞片锥形或披针形;花梗无毛;花萼微小,杯状,深裂,裂片卵形,膜质;花冠深裂至近基部,裂片卵状披针形,先端钝,基部合生;雄蕊花伸出或不伸出花冠外,花药长圆形,花柱头 2 叉。果黄棕色,倒卵形至倒卵状椭圆形,扁平,先端微凹,花柱宿存,边缘具窄翅;种子具 3 棱。花期4～6月,果期 6～10 月。

栽培植物。

栒子属——【学　名】*Cotoneaster*

【蒙古名】ᠣᠢᠢᠮᠠᠭ ᠤᠨ ᠪᠤᠲᠠ

【英文名】Cotoneaster

【生活型】落叶、常绿或半常绿灌木,有时为小乔木状。

【叶】叶互生,有时成两列状,柄短,全缘;托叶细小,脱落很早。

【花】花单生,2～3朵或多朵成聚伞花序,腋生或着生在短枝顶端;萼筒钟状、筒状或陀螺状,有短萼片5个;花瓣5片,白色、粉红色或红色,直立或开张,在花芽中覆瓦状排列;雄蕊常20枚,稀5～25枚;花柱2～5枚,离生,心皮背面与萼筒连合,腹面分离,每枚心皮具2颗胚珠;子房下位或半下位。

【果实和种子】果实小形梨果状,红色、褐红色至紫黑色,先端有宿存萼片,内含1～5枚小核;小核骨质,常具1粒种子;种子扁平,子叶平凸。

【分类地位】被子植物门、原始花被亚纲、蔷薇目、蔷薇亚目、蔷薇科、苹果亚科。

【种类】全属有90余种;中国有50余种;内蒙古有7种。

蒙古栒子 *Cotoneaster mongolicus*

　　落叶灌木。小枝开展,粗壮,圆柱形,暗红棕色,幼时具带白色柔毛,老时脱落。叶片长椭圆形,先端多数圆钝,基部楔形,全缘,上面光亮,无毛或微具柔毛,下面被稀疏灰色绒毛,叶脉在下面突起;叶柄具灰色柔毛;托叶宿存,钻形,红棕色,边缘具毛。聚伞花序有花3～6(7)朵,总花梗和花梗具灰白色柔毛;萼筒外面无毛;萼片三角形,暗红色,先端近急尖,无毛,或仅先端微具柔毛;花瓣平展,近圆形,边缘呈不规则凹缺,白色,基部无爪或具短爪,无毛;雄蕊20枚;心皮2枚;子房先端密被柔毛。果实倒卵形,紫红色,稍具蜡粉,无毛,内具2枚小核。果期8～9月。

　　生于草原带山地与丘陵、石质坡地,也可长于沙地。产于内蒙古锡林郭勒盟、乌兰察布市、阿拉善盟、呼和浩特市;蒙古、俄罗斯也有分布。

鸦葱属——【学　名】*Scorzonera*

【蒙古名】ᠱᠣᠷᠣᠯᠵᠢ ᠶᠢᠨ ᠡᠪᠡᠰᠦ

【英文名】Serpentroot

【生活型】多年生草本,少半灌木或一年生。

【叶】叶不分裂,全缘,叶脉平行,或羽状半裂或全裂。

【花】头状花序大或较大,同型,舌状,单生茎顶或少数头状花序在茎枝顶端排成伞房花序,或聚伞花序,或沿茎排成总状花序,含多数舌状小花。总苞圆柱状或长椭圆状或楔状。花托蜂窝状,无托毛,但在某些种中有托毛。总苞片多层,覆瓦状排列,顶端无角状附属物或有些种中有角状附属物。舌状小花黄色,极少红色亦极少两面异色,顶端截形,5 齿裂。花药基部箭头形。花柱分枝细,顶端急尖或微钝。

【果实和种子】瘦果圆柱状或长椭圆状,无毛或被微柔毛或长柔毛,有多数钝纵肋,沿肋有多数脊瘤状突起或无脊瘤状突起,顶端微收窄,截形,无喙或几无喙状。冠毛中下部或大部羽毛状,上部锯齿状,通常有超长冠毛 3~10 个,基部连合成环,整体脱落或不脱落。

【分类地位】被子植物门、双子叶植物纲、合瓣花亚纲、桔梗目、菊科、舌状花亚科、菊苣族、鸦葱亚族。

【种类】全属约有 175 种;中国有 23 种;内蒙古有 11 种。

724

蒙古鸦葱 *Scorzonera mongolica*

多年生草本。根垂直直伸,圆柱状。茎多数,直立或铺散,上部有分枝,分枝少数,全部茎枝灰绿色,光滑,无毛;茎基部被褐色或淡黄色的鞘状残遗。基生叶长椭圆形或长椭圆状披针形或线状披针形,顶端渐尖,基部渐狭成长或短柄,柄基鞘状扩大;茎生叶披针形、长披针形、椭圆形、长椭圆形或线状长椭圆形,与基生叶等宽或稍窄,顶端急尖或渐尖,基部楔形收窄,无柄,不扩大抱茎,互生,但茎常有对生的叶;全部叶质地厚,肉质,两面光滑无毛,灰绿色,离基 3 出脉,在两面不明显。头状花序单生于茎端,或茎生 2 个头状花序,成聚伞花序状排列,含 19 朵舌状小花。总苞狭圆柱状;总苞片 4~5 层,外层小,卵形、宽卵形,顶端急尖,中层长椭圆形或披针形,顶端钝或稍渐尖,内层线状披针形;全部总苞片外面无毛或被蛛丝状柔毛。舌状小花黄色,偶见白色。瘦果圆柱状,淡黄色,有多数高起纵肋,无脊瘤,顶端被稀疏柔毛,成熟瘦果常无毛。冠毛白色,羽毛状,羽枝蛛丝毛状,纤细,仅顶端微锯齿状。花果期 4~8 月。

生于荒漠草原至荒漠地带的盐化低地、湖盆边缘与河滩地上。产于内蒙古锡林郭勒盟、鄂尔多斯市、巴彦淖尔市、阿拉善盟;中国辽宁、河北、山东、山西、河南、陕西、宁夏、甘肃、青海、新疆也产;蒙古、中亚地区也有分布。全草入中药。

鸭跖草科——【学　名】*Commelinaceae*

【蒙古名】ᠣᠨᠣᠯᠢᠶ᠎ᠠ ᠡᠪᠡᠰᠦᠨ ᠤ ᠲᠥᠷᠥᠯ

【英文名】Dagflower

【生活型】一年生或多年生草本。

【茎】有的茎下部木质化。茎有明显的节和节间。

【叶】叶互生,有明显的叶鞘;叶鞘开口或闭合。

【花】花通常在蝎尾状聚伞花序上,聚伞花序单生或集成圆锥花序,有的伸长而很典型,有的缩短成头状,有的无花序梗而花簇生,甚至有的退化为单花。顶生或腋生,腋生的聚伞花序有的穿透包裹它的那个叶鞘而钻出鞘外。花两性,极少单性。萼片3个,分离或仅在基部连合,常为舟状或龙骨状,有的顶端盔状。花瓣3片,分离,但在 Cyanotis 和 Amischophacelus 中,花瓣在中段合生成筒,而两端仍然分离。雄蕊6枚,全育或仅2~3枚能育而有1~3枚退化雄蕊;花丝有念珠状长毛或无毛;花药并行或稍稍叉开,纵缝开裂,罕见顶孔开裂;退化雄蕊顶端各式(4裂成蝴蝶状,或3全裂,或2裂叉开成哑铃状,或不裂);子房3室,或退化为2室,每室有1至数颗直生胚珠。

【果实和种子】果实大多为室背开裂的蒴果,稀为浆果状而不裂。种子大而少数,富含胚乳,种脐条状或点状,胚盖(脐眼一样的东西,胚就在它的下面)位于种脐的背面或背侧面。

【种类】全科约有40属,600种;中国有13属,53种;内蒙古有3属,3种。

725

鸭跖草科分13属:鞘苞花属 Amischophacelus、穿鞘花属 Amischotolype、假紫万年青属 Belosynapsis、鸭跖草属 Commelina、蓝耳草属 Cyanotis、网籽草属 Dictyospermum、聚花草属 Floscopa、水竹叶属 Murdannia、杜若属 Pollia、孔药花属 Porandra、竹叶吉祥草属 Spatholirion、竹叶子属 Streptolirion、三瓣果属 Tricarpelema。

鸭跖草属——【学　名】*Commelina*

【蒙古名】ᠬᠥᠬᠡ ᠮᠡᠯᠡᠬᠡᠢ ᠶᠢᠨ ᠡᠪᠡᠰᠦ

【英文名】Dayflower,Spiderwort

【生活型】一年生或多年生草本。

【茎】茎上升或匍匐生根,通常多分枝。

【叶】蝎尾状聚伞花序藏于佛焰苞状总苞片内;总苞片基部开口或合缝而成漏斗状、僧帽状;苞片不呈镰刀状弯曲,通常极小或缺失。

【花】生于聚伞花序下部分枝的花较小,早落;生于上部分枝的花正常发育;萼片3个,膜质,内方2个基部常合生;花瓣3片,蓝色,其中内方(前方)2个较大,明显具爪;能育雄蕊3枚,位于一侧,2枚对萼,1枚对瓣,退化雄蕊2～3枚,顶端4裂,裂片排成蝴蝶状,花丝均长而无毛。子房无柄,无毛,3或2室,背面1室含1颗胚珠,有时这个胚珠败育或完全缺失;腹面2室每室含1～2颗胚珠。

【果实和种子】蒴果藏于总苞片内,3～2室(有时仅1室),通常2～3片裂至基部,最常2片裂,背面1室常不裂,腹面2室,每室有种子2～1粒,但有时也不含种子。种子椭圆状或金字塔状,黑色或褐色,具网纹或近于平滑,种脐条形,位于腹面,胚盖位于背侧面。

【分类地位】被子植物门、单子叶植物纲、粉状胚乳目、鸭跖草亚目、鸭跖草科。

【种类】全属约有100种;中国有7种;内蒙古有1种。

726

鸭跖草 *Commelina communis*

一年生披散草本。茎匍匐生根,多分枝,下部无毛,上部被短毛。叶披针形至卵状披针形。总苞片佛焰苞状,柄与叶对生,折叠状,展开后为心形,顶端短急尖,基部心形,边缘常有硬毛;聚伞花序,下面一枝仅有花1朵,具梗,不孕;上面一枝具花3～4朵,具短梗,几乎不伸出佛焰苞。花梗果期弯曲;萼片膜质,内面2枚常靠近或合生;花瓣深蓝色;内面2枚具爪。蒴果椭圆形,2室,2片裂,有种子4粒。种子棕黄色,一端平截,腹面平,有不规则窝孔。花果期7～9月。

生于山沟、溪边、林下、山坡阴湿处、田间。产于内蒙古呼伦贝尔市、兴安盟、通辽市、赤峰市;中国东北、华北、华中、华南、西南也产;越南、朝鲜、日本、高加索地区、俄罗斯、北美洲也有分布。

全草入中药。

亚菊属——【学　名】*Ajania*

【蒙古名】ᠠᠵᠠᠨᠢᠶᠠ ᠶᠢᠨ ᠲᠥᠷᠥᠯ

【英文名】Ajania

【生活型】多年生草本、小半灌木。

【叶】叶互生,羽状或掌式羽状分裂,极少不裂的。

【花】头状花序小,异形,多数或少数在枝端或茎顶排列成复伞房花序、伞房花序,少有头状花序单生。边缘雌花少数,2～15 朵,细管状或管状,顶端 2～3 齿裂,少有 4～5 齿裂的。中央两性花多数,管状,自中部向上加宽,顶端 5 齿裂。全部小花结实,黄色,花冠外面有腺点,少有红紫色的。总苞钟状或狭圆柱状;总苞片 4～5 层,草质,少有硬草质,顶端及边缘白色或褐色膜质。花托突起或圆锥状突起,无托毛。花柱分枝线形,顶端截形,花药基部钝,无尾,上部有披针形的尖或钝附片。

【果实和种子】瘦果无冠毛,有 4～6 条脉肋。

【分类地位】被子植物门、双子叶植物纲、合瓣花亚纲、桔梗目、菊科、管状花亚科、春黄菊族、菊亚族。

【种类】全属约有 30 种;中国有 28 种;内蒙古有 7 种。

蓍状亚菊 *Ajania achilloides*

小半灌木。根木质,垂直直伸。老枝短缩,自不定芽发出多数的花枝。花枝分枝或仅上部有伞房状花序分枝,被贴伏的顺向短柔毛,向下的毛稀疏。中部茎叶卵形或楔形。二回羽状分裂。一二回全部全裂。一回侧裂片 2 对。末回裂片线形或线状长椭圆形。自中部向上或向下叶渐小。全部叶有柄,两面同色,白色或灰白色,被稠密顺向贴伏的短柔毛。头状花序小,少数在茎枝顶端排成复伞房花序或多数复伞房花序组成大型复伞房花序。总苞钟状。总苞片 4 层,有光泽,麦秆黄色,外层长椭圆状披针形,中内层卵形至披针形,中外层外面被微毛。全部苞片边缘白色膜质,顶端钝或圆。边缘雌花约 6 朵,花冠细管状,顶端 4 深裂尖齿。全部花冠外面有腺点。花期 8 月。

生于荒漠草原带的砂质壤土、碎石和石质坡地,也进入戈壁荒漠的石质残丘川及沟谷。产于内蒙古锡林郭勒盟、乌兰察布市、巴彦淖尔市、包头市、阿拉善盟;蒙古也有分布。

亚麻科——【学　名】*Linaceae*

【蒙古名】ᠯᠢᠨᠧᠢᠢᠨ ᠤ ᠣᠪᠤᠭ

【英文名】Flax Family

【生活型】通常为草本或稀为灌木。

【叶】单叶,全缘,互生或对生,无托叶或具不明显托叶。

【花】花序为聚伞花序、二歧聚伞花序或蝎尾状聚伞花序(此时花序外形似总状花序);花整齐,两性,4～5 数;萼片覆瓦状排列,宿存,分离;花瓣辐射对称或螺旋状,常早落,分离或基部合生;雄蕊与花被同数或为其 2～4 倍,排成一轮或有时具一轮退化雄蕊,花丝基部扩展,合生成筒或环;子房上位,2～3(5)室。心皮常由中脉处延伸成假隔膜,但隔膜不与中柱胎座联合,每室具 1～2 颗胚珠;花柱与心皮同数,分离或合生,柱头各式。

【果实和种子】果实为室背开裂的蒴果或为含 1 粒种子的核果。种子具微弱发育的胚乳,胚直立。

【种类】全科约有 12 属,300 余种;中国有 4 属,14 种;内蒙古有 1 属,3 种。

亚麻科 Linaceae DC. ex Perleb 由瑞士植物学家 Augustin Pyramus de Candolle (1778—1841)命名但未经发表的植物科,后由德国植物学家和自然科学家 Karl Julius Perleb(1794—1845) 描述,于 1818 年代为发表在"Versuch über die Arzneikr fte der Pflanzen 107"(Vers. Arzneikr. Pfl.)上,模式属为亚麻属(Linum)。

在恩格勒系统(1964)中,亚麻科隶属原始花被亚纲(Archichlamydeae)、牻牛儿苗目(Geraniales)、牻牛儿苗亚目(Geraniineae),本目含沼泽草科(Limnanthaceae)、酢浆草科(Oxalidaceae)、牻牛儿苗科(Geraniaceae)、旱金莲科(Tropaeolaceae)、蒺藜科(Zygophyllaceae)、亚麻科、古柯科(Erythroxylaceae)、大戟科(Euphorbiaceae)、交让木科(Daphniphyllaceae)等 9 个科。在哈钦森系统(1959)中,亚麻科隶属双子叶植物木本支(Lignosae)、金虎尾目(Malpighiales),含 12 个科。在塔赫他间系统(1980)中,亚麻科隶属蔷薇亚纲(Rosidae)、牻牛儿苗目,含亚麻科、核果树科(Humiriaceae)、古柯科、酢浆草科、牻牛儿苗科、凤仙花科(Balsaminaceae)、旱金莲科和沼泽草科 8 个科,认为本目与芸香目(Rutales)有联系,其进化地位放在由芸香目演化出来的线上。在克朗奎斯特系统(1981)中,亚麻科隶属蔷薇亚纲、亚麻目(Linales),含古柯科、核果树科、粘木科(Ixonanthaceae)、亚麻藤科(Hugoniaceae)和亚麻科 5 个科,认为牻牛儿苗目由无患子目(Sapindales)演化而来,二者关系近。

亚麻荠属——【学　名】*Camelina*

【蒙古名】ᠮᠠᠯᠠᠭ᠎ᠠ ᠶᠢᠨ ᠡᠪᠡᠰᠦ

【英文名】Falseflax，Gold of pleasure，Camelina

【生活型】一年生或二年生草本。

【叶】茎生叶基部心形，无柄。

【花】花小，萼片直立，内轮的基部不成囊状，近相等；花瓣黄色，爪不明显；雄蕊分离，花丝扁，无齿；侧蜜腺长肾形，位于短雄蕊两侧，有时二者前端联合，中蜜腺无；雌蕊花柱长，柱头钝圆。

【果实和种子】短角果倒卵形，2室，果瓣极膨胀，中脉多明显，隔膜膜质，透明。种子每室2行，种子多数，卵形，遇水有胶粘物质；子叶背倚胚根。

【分类地位】被子植物门、双子叶植物纲、原始花被亚纲、罂粟目、白花菜亚目、十字花科、大蒜芥族、亚麻芥亚族。

【种类】全属约有10种；中国有5种；内蒙古有2种。

小果亚麻荠 *Camelina microcarpa*

　　一年生草本。具长单毛与短分枝毛。茎直立，多在中部以上分枝，下部密被长硬毛。基生叶与下部茎生叶长圆状卵形，顶端急尖，基部渐窄成宽柄，边缘有稀疏微齿或无齿；中、上部茎生叶披针形，顶端渐尖，基部具披针状叶耳，边缘外卷，中、下部叶被毛，以叶缘和叶脉上显著较多，向上毛渐少至无毛。花序伞房状；萼片长圆卵形，白色膜质边缘不达基部，内轮的基部略成囊状；花瓣条状长圆形，爪部不明显。短角果倒卵形至倒梨形，略扁压，有窄边；果瓣中脉基部明显，顶部不显，两侧有网状脉纹。种子长圆状卵形，棕褐色。花期4～5月。

　　生于撂荒地、农田边。产于内蒙古呼伦贝尔市；中国黑龙江、山东、河南、新疆也产；蒙古、俄罗斯也有分布。

亚麻属——【学　名】*Linum*

　　　　　　　【蒙古名】ᠬᠥᠬᠡᠮᠡᠭ ᠤᠨ ᠲᠥᠷᠥᠯ

　　　　　　　【英文名】Flax

【生活型】草本或茎基部木质化。

【茎】茎不规则叉状分枝。

【叶】单叶,全缘,无柄,对生、互生或散生,1 条脉或 3～5 条脉,上部叶缘有时具腺睫毛。

【花】聚伞花序或蝎尾状聚伞花序;花 5 数;萼片全缘或边缘具腺睫毛;花瓣长于萼,红色、白色、蓝色或黄色,基部具爪,早落;雄蕊 5 枚,与花瓣互生,花丝下部具睫毛,基部合生;退化雄蕊 5 枚,呈齿状;子房 5 室(或为假隔膜分为 10 室),每室具 2 颗胚珠;花柱 5 枚。

【果实和种子】蒴果卵球形或球形,开裂,果瓣 10 枚,通常具喙。种子扁平,具光泽。

【分类地位】被子植物门、双子叶植物纲、原始花被亚纲、牻牛儿苗亚目、亚麻科。

【种类】全属约有 200 种;中国约有 9 种;内蒙古有 3 种。

野亚麻 *Linum stelleroides*

　　一年生或二年生草本。茎直立,圆柱形,基部木质化,有凋落的叶痕点,不分枝或自中部以上多分枝,无毛。叶互生,线形、线状披针形或狭倒披针形,顶部钝、锐尖或渐尖,基部渐狭,无柄,全缘,两面无毛,6 条脉 3 基出。单花或多花组成聚伞花序;萼片 5 个,绿色,长椭圆形或阔卵形,顶部锐尖,基部有不明显的 3 条脉,边缘稍为膜质并有易脱落的黑色头状带柄的腺点,宿存;花瓣 5 片,倒卵形,顶端啮蚀状,基部渐狭,淡红色、淡紫色或蓝紫色;雄蕊 5 枚,与花柱等长,基部合生,通常有退化雄蕊 5 枚;子房 5 室,有 5 棱;花柱 5 枚,中下部结合或分离,柱头头状,干后黑褐色。蒴果球形或扁球形,有纵沟 5 条,室间开裂。种子长圆形。花期 6～9 月,果期 8～10 月。

　　生于干燥山坡、路旁。产于内蒙古呼伦贝尔市、兴安盟、通辽市、赤峰市、乌兰察布市、呼和浩特市;中国东北、华北、西北、华东也产;朝鲜、日本、俄罗斯也有分布。

烟草属——【学　名】*Nicotiana*

【蒙古名】 ᠲᠠᠮᠠᠬᠢ ᠶᠢᠨ ᠲᠥᠷᠥᠯ

【英文名】Tobacco

【生活型】一年生草本、亚灌木或灌木。

【叶】叶互生,有叶柄或无柄,叶片不分裂,全缘或稀波状。

【花】花序顶生,圆锥式或总状式聚伞花序,或者单生;花有苞片或无苞片。花萼整齐或不整齐,卵状或筒状钟形,5裂,果时常宿存并稍增大,不完全或完全包围果实;花冠整齐或稍不整齐,筒状、漏斗状或高脚碟状,筒部伸长或稍宽,檐5裂至几乎全缘,在花蕾中卷折状或稀覆瓦状,开花时直立、开展或外弯;雄蕊5枚,插生在花冠筒中部以下,不伸出或伸出花冠,不等长或近等长,花丝丝状,花药纵缝裂开;花盘环状;子房2室,花柱具2裂柱头。

【果实和种子】蒴果2裂至中部或近基部。种子多数,扁压状,胚几乎通直或多少弓曲,子叶半棒状。

【分类地位】被子植物门、双子叶植物纲、合瓣花亚纲、管状花目、茄科、夜香树族、烟草亚族。

【种类】全属约有60种;中国有4栽培种;内蒙古有3栽培种。

黄花烟草 *Nicotiana rustica*

一年生草本。茎直立,粗壮,生腺毛,分枝较细弱。叶生腺毛,叶片卵形、矩圆形、心脏形,有时近圆形或矩圆状披针形,顶端钝或急尖,基部圆或心形偏斜,叶柄常短于叶片之半。花序圆锥式,顶生,疏散或紧缩。花萼杯状,裂片宽三角形,1枚显著长;花冠黄绿色,裂片短,宽而钝;雄蕊4枚较长,1枚显著短。蒴果矩圆状卵形或近球状。种子矩圆形,通常褐色。花期7~8月。

栽培植物,原产于南美洲。

芫荽属——【学　名】*Coriandrum*

【蒙古名】ᠪᠣᠷᠣᠴᠠᠭ ᠢᠵᠠᠭᠤᠷ ᠤᠨ ᠢᠵᠠᠭᠤᠷ

【英文名】Coriander

【生活型】一年生草本。

【根】根细长，纺锤形。

【茎】直立，光滑，有强烈气味的草本。

【叶】叶柄有鞘；叶片膜质，一回或多回羽状分裂。

【花】复伞形花序顶生或与叶对生；总苞片通常无，有时有一线形而全缘或有分裂的苞片；小总苞片数个，线形；伞辐少数，开展；花白色、玫瑰色或淡紫红色；萼齿小，短尖，大小不相等；花瓣倒卵形，顶端内凹，在伞形花序外缘的花瓣通常有辐射瓣；花柱基圆锥形；花柱细长而开展。

【果实和种子】果实圆球形，外果皮坚硬，光滑，背面主棱及相邻的次棱明显；胚乳腹面凹陷；油管不明显或有 1 个位于次棱的下方。

【分类地位】被子植物门、双子叶植物纲、原始花被亚纲、伞形目、伞形科、芹亚科、芫荽族。

【种类】全属有 2 种；中国有 1 种；内蒙古有 1 栽培种。

芫荽 *Coriandrum sativum*

一年生或二年生，有强烈气味的草本。根纺锤形，细长，有多数纤细的支根。茎圆柱形，直立，多分枝，有条纹，通常光滑。根生叶有柄；叶片 1 或 2 回羽状全裂，羽片广卵形或扇形半裂，边缘有钝锯齿、缺刻或深裂，上部的茎生叶 3 回以至多回羽状分裂，末回裂片狭线形，顶端钝，全缘。伞形花序顶生或与叶对生；小总苞片 2～5 个，线形，全缘；小伞形花序有孕花 3～9 朵，花白色或带淡紫色；萼齿通常大小不等，小的卵状三角形，大的长卵形；花瓣倒卵形，顶端有内凹的小舌片，通常全缘，有 3～5 条脉；花药卵形；花柱幼时直立，果熟时向外弯曲。果实圆球形，背面主棱及相邻的次棱明显。胚乳腹面内凹。油管不明显，或有 1 个位于次棱的下方。花果期 4～11 月。

岩参属 ——【学　名】*Cicerbita*

【蒙古名】ᠮᠣᠩᠭᠣᠯ ᠬᠣᠷᠢᠶ᠎ᠠ ᠶᠢᠨ ᠡᠪᠡᠰᠦ

【英文名】Blue sow-thistle

【生活型】多年生草本。

【叶】叶不分裂、羽状分裂或大头羽状分裂。

【花】头状花序同型,舌状,含舌状小花 10～25(30)朵,极少含 4～6 朵舌状小花,多数或少数,沿茎枝顶端排成总状花序、圆锥花序或伞房花序。总苞圆柱状或钟状;总苞片 2(5)层,覆瓦状排列或不呈覆瓦状排列。花托平,无托毛。舌状小花蓝色或紫色,极少黄色。花柱分枝细,花药基部附属物箭头状。

【果实和种子】瘦果长椭圆形,压扁或不明显压扁,每面有 6～9 条高起纵肋,顶端截形或近顶端有收缢,无喙,被短糙毛或无毛。冠毛 2 层,外层极短,糙毛状,内层长、细,微糙,白色或红褐色,易脱落。

【分类地位】被子植物门、双子叶植物纲、合瓣花亚纲、桔梗目、菊科、舌状花亚科、菊苣族、莴苣亚族。

【种类】全属约有 35 种;中国有 4 种;内蒙古有 1 种。

川甘毛鳞菊 *Cicerbita roborowskii*

多年生草本。茎单生,直立。基生叶大头羽状或羽状深裂或几全裂,顶裂片或宽大,顶端急尖,边缘全缘、微波状或有小尖头,侧裂片 2～7 对;中下部茎叶与基生叶同形并等样分裂,有翼柄,基部耳状扩大,顶裂片长椭圆状披针形、披针形至线状披针形,侧裂片 1～6 对,线形、宽线形或披针形,边缘全缘或几全裂;最上部茎叶小,披针形或线状披针形,不裂,无柄,基部箭头状或小耳状。头状花序多数,在茎枝顶端排成圆锥状花序。总苞圆柱状,3～(4)层,外层三角形或长卵形,中内层长椭圆形或线状长椭圆形,全部总苞片顶端急尖或钝,紫红色。舌状小花 10～12 朵,紫红色。瘦果长椭圆形,红黑色,压扁,边缘宽厚,每面有 3～5 条高起的细肋,顶端渐尖成喙。外层冠毛极短,糙毛状,内层冠毛毛状,白色。花果期 7～9 月。

生于沟谷草甸。产于内蒙古贺兰山;中国青海、甘肃、四川也产。

岩风属（香芹属）——【学　名】*Libanotis*

【蒙古名】ᠲᠣᠷᠣᠭ ᠤᠨ ᠵᠢᠭᠠᠰᠤᠨ ᠤ ᠲᠥᠷᠥᠯ

【英文名】Libanotis

【生活型】多年生植物,通常为大型草本,少呈小灌木状,稀为细小草本。

【茎】茎直立,圆柱形,有纵条纹轻微突起,或有时为方形至多角形,条棱呈棱角状尖锐突起,具分枝,极少数种类无茎,植株贴近地面生长。

【叶】基生叶有柄,叶柄基部有叶鞘;叶片1至多回羽状分裂或全裂,末回裂片线形、卵形或披针形等各式,全缘至羽状浅裂。

【花】复伞形花序顶生和侧生,也有个别种类同时存在单伞形花序,一般有花序梗;总苞片少数或多数,有时近无;伞辐多数或少数,开展上升,近等长或不等长;小总苞片通常多数,线形或披针形,全缘,常离生;花瓣卵形、倒心形或长圆形,小舌片内折,通常为白色,稀带红色,有时中脉为黄棕色或边缘带紫红色,无毛或背部有毛;萼齿显著,披针状锥形、线形、三角形以至椭圆形,脱落性;花瓣有毛或无毛;子房有毛或粗糙;花柱长,直立或外曲,花柱基短圆锥形,底部边缘常呈波状。

【果实和种子】分生果卵形至长圆形,横剖面近五角形,有时背腹略扁压,有毛或无毛;果棱线形突起或尖锐突起,有时侧棱稍宽;每棱槽中油管1个,少数2~3个,合生面油管2~4个,稀为6~8个;胚乳腹面平直。

【分类地位】被子植物门、双子叶植物纲、原始花被亚纲、伞形目、伞形科、芹亚科、阿米芹族、西风芹亚族。

【种类】全属约有30种;中国约有16种;内蒙古有2种。

密花岩风 *Libanotis condensata*

多年生草本。根颈粗,密覆棕色枯鞘纤维;根细长,圆柱形,灰褐色。茎通常单一,圆柱形,空管状,有明显突起的条棱和浅纵沟纹,光滑无毛,不分枝,或有时上部有少数分枝。基生叶有柄,基部有膜质边缘的叶鞘;叶片轮廓长圆形,2~3回羽状全裂,第一回羽片无柄,卵形,第二回羽片无柄,长圆形或卵形,末回裂片线形,顶端渐尖或锐尖,叶轴及两面叶脉上有短硬毛,边缘有长硬毛。复伞形花序顶生,通常不分枝,偶有1~2个分枝,花序梗粗壮,顶部密生糙毛;总苞片6~10个,线形,边缘稍膜质,白色,有毛;伞辐15~25枚,粗壮,稍不等长;小伞形花序有花15~20余朵;花柄不等长;小总苞片多数,披针状线形或线形,比花柄长,边缘狭窄白色膜质,有长柔毛;花瓣白色,长圆形或倒卵状长圆形,顶端小舌片内曲;花柱稍叉开,果时增长,与果近等长,花柱基圆锥形,黑紫色;萼齿钻形。分生果椭圆形,密生长柔毛,背棱线形,稍突起,侧棱呈狭翅状;每棱槽内油管2~4个,合生面油管4个。花期7~8月,果期9月

生于山地灌丛、林缘及河边草甸。产于内蒙古兴安盟、赤峰市、锡林郭勒盟;中国河北、山西、新疆也产;蒙古、俄罗斯也有分布。

岩高兰科——【学　名】Empetraceae

【蒙古名】ᠢᠮᠠᠭᠠ ᠬᠠᠷᠠ ᠶᠢᠨ ᠢᠵᠠᠭᠤᠷ

【英文名】Crowberry Family

【生活型】常绿匍匐状矮小灌木。

【叶】单叶,密集排列,无柄,基部有叶座,无托叶。

【花】花小,两性或单性,单生叶腋或簇生小枝顶端;具苞片或无;萼片 2～6 个,常具色,花瓣状;无花瓣;雄蕊 2～6 枚,下位,花药 2 室,纵裂;无花盘;子房上位,球形,2～9 室,胚珠每室 1 颗,横生,花柱 1 枚,短,柱头星状或辐射状分裂,与子房室同数。

【果实和种子】果近球形,为肉质多浆核果,每 1 枚分果核有 1 粒种子,种子有丰富的肉质胚乳,胚直立,子叶小。

【种类】全科有 3 属,约 10 种;中国有 1 属,1 变种;内蒙古有 1 属,1 种。

岩高兰科 Empetraceae Hook. & Lindl. 是英国植物学家和植物插图画家 William Jackson Hooker(1785－1865)和英国植物学家、园艺学家和兰花专家 John Lindley(1799－1865)于 1821 年 5 月 10 日在"Flora Scotica 2"(Fl. Scot.)上发表的植物科,模式属为岩高兰属(Empetrum)。Empetraceae Gray 是英国植物学家、真菌学家和药物学家 Samuel Frederick Gray(1766－1828)于 1821 年 11 月 1 日在"Nat. Arr. Brit. Pl. 2"上发表的植物科,时间比 Empetraceae Hook. & Lindl. 晚。

在恩格勒系统(1964)中,岩高兰科隶属合瓣花亚纲(Sympetalae)、杜鹃花目(Ericales),含山柳科(Clethraceae)、鹿蹄草科(Pyrolaceae)、杜鹃花科(Ericaceae)、岩高兰科、尖苞树科(Epacridaceae)。在哈钦森系统(1959)中,岩高兰科隶属双子叶植物木本支(Lignosae)、卫矛目(Celastrales),含冬青科、岩高兰科、卫矛科(Celastraceae)等 19 个科,认为卫矛目来自椴树目(Tiliales)。在塔赫他间系统(1980)中,岩高兰科隶属五桠果亚纲(Dilleniidae)、杜鹃花目,含猕猴桃科(Actinidaceae)、山柳科、杜鹃花科、岩高兰科、尖苞树科、岩梅科(Diapensiaceae)、翅萼树科(Cyrillaceae)、假石南科(Grubbiaceae)8 个科。在克朗奎斯特系统(1981)中,岩高兰科也隶属五桠果亚纲、杜鹃花目,含翅萼树科、山柳科、假石南科、岩高兰科、尖苞树科、杜鹃花科、鹿蹄草科和水晶兰科(Monotropaceae)8 个科。

岩高兰属——【学　名】*Empetrum*

【蒙古名】ᠬᠠᠳᠠᠨ ᠢᠮᠠᠭ᠎ᠠ ᠶᠢᠨ ᠡᠪᠡᠰᠦ

【英文名】Crowberry

【生活型】常绿匍匐状小灌木。

【叶】叶密集,轮生或近轮生或交互对生,椭圆形至线形,边缘常反卷;无柄;无托叶。

【花】花单性同株或异株,1～3 朵生于上部叶腋,苞片 2～6(多为 4～5)个,鳞片状,边缘具细睫毛;萼片 3～6 个,覆瓦状排列,具色,花瓣状;无花瓣;雄蕊 3(稀 4～6)枚,伸出;子房近球形或先端微凹,6～9 室,每室 1 颗胚珠,花柱短,有时极不明显,柱头辐射状 6～9(～12)裂。

【果实和种子】果球形,肉质,成熟时黑色或红色,每室具 1 粒种子。

【分类地位】被子植物门、双子叶植物纲、原始花被亚纲、无患子目、岩高兰亚目、岩高兰科。

【种类】全属约有 2 种;中国有 1 变种;内蒙古有 1 种。

东北岩高兰 *Empetrum nigrum var. japonicum*

常绿匍匐状小灌木。多分枝,小枝红褐色,幼枝多少被微柔毛。叶轮生或交互对生,下倾或水平伸展,线形,先端钝,边缘略反卷,无毛,叶面具皱纹,有光泽,幼叶边缘具稀疏腺状缘毛,叶面中脉凹陷;无柄。花单性异株,1～3 朵生于上部叶腋,无花梗;苞片 3～4 个,鳞片状,卵形,边缘具细睫毛,萼片 6 个,外层卵圆形,里层披针形,与外层等长,暗红色,花瓣状,先端内卷,无花瓣;雄蕊 3 枚,花丝线形,花药较小;子房近陀螺形,无毛,花柱极短,柱头辐射状 6～9 裂。果成熟时紫红色至黑色。花期 6～7 月,果期 8 月。

生于高山岩石露头及山地针叶林下或冻土上。产于内蒙古呼伦贝尔市;中国东北也产;蒙古、俄罗斯、朝鲜、日本也有分布。

果实可供药用及食用。

岩黄耆属——【学　名】*Hedysarum*

【蒙古名】ᠬᠠᠳᠠᠨ ᠤ ᠬᠣᠩᠭᠣᠷ

【英文名】Sweetvetch

【生活型】一年生或多年生草本,稀为半灌木或灌木。

【叶】叶为奇数羽状复叶,托叶2片,干膜质,与叶对生,基部合生或分离;小叶全缘,上面通常具亮点,无小托叶。

【花】花序总状,稀为头状,腋生;苞片卵形、披针形或钻状,干膜质,小苞片2个,干膜质,刚毛状,着生于花萼基部;花萼钟状或斜钟状,萼齿5个,近等长或下萼齿明显长于上萼齿;花冠紫红色、玫瑰红色、黄色或淡黄白色;旗瓣倒卵形或卵圆形,通常基部收缩为瓣柄,翼瓣线形或长圆形,稀为狭三角形,通常短于旗瓣或有时近等长,稀长于旗瓣,龙骨瓣通常长于旗瓣,稀等于或短于旗瓣,顶端偏斜、截平或少数为弓形弯曲;雄蕊为9+1的二体,雄蕊管上部膝曲,近旗瓣的1枚雄蕊分离,稍短,稀中部与雄蕊管粘着,花药同型;子房线形,近无柄,有时具长柄,胚珠少数,花柱丝状,包于雄蕊管内,上部与雄蕊管共同膝曲,柱头小,顶生。

【果实和种子】果实为节荚果,节荚圆形、椭圆形、卵形或菱形等,两侧扁平或双凸透镜形,具明显隆起的脉纹,有时具刺、刚毛或瘤状突起,不开裂,边缘具或有时不具齿或翅。

【分类地位】被子植物门、双子叶植物纲、原始花被亚纲、蔷薇目、蔷薇亚目、豆科、蝶形花亚科、岩黄耆族。

【种类】全属约有150种;中国有41种;内蒙古有9种,4变种,1变型。

737

山岩黄耆 *Hedysarum alpinum*

多年生草本。根为直根系,主根深长,粗壮。茎多数,直立,具细条纹,无毛或上部枝条被疏柔毛,基部被多数无叶片的托叶所包围。托叶三角状披针形,棕褐色干膜质,合生至上部;叶轴无毛;小叶9～17片;小叶片卵状长圆形或狭椭圆形,先端钝圆,具不明短尖头,基部圆形或圆楔形,上面无毛,下面被灰白色贴伏短柔毛,主脉和侧脉明显隆起。总状花序腋生,总花梗和花序轴被短柔毛;花多数,较密集着生,稍下垂,时而偏向一侧,花梗;苞片钻状披针形,暗褐色干膜质,等于或稍长于花梗,外被短柔毛;花萼钟状,被短柔毛,萼齿三角状钻形,下萼齿较长;花冠紫红色,旗瓣倒长卵形,先端钝圆、微凹,翼瓣线形,等于或稍长于旗瓣;子房线形,无毛。荚果3～4节,节荚椭圆形或倒卵形,无毛,两侧扁平,具细网状脉纹,边缘无明显的狭边,果柄明显地从萼筒中伸出。种子圆肾形,黄褐色。花期7～8月,果期8～9月。

生于森林区的河谷草甸、林间草甸、林缘、灌丛及草甸草原。产于内蒙古呼伦贝尔市、兴安盟、通辽市、赤峰市、锡林郭勒盟、乌兰察布市、呼和浩特市;中国东北也产;蒙古、俄罗斯、朝鲜、日本以及北美洲有分布。

沿沟草属——【学　名】*Catabrosa*

　　　　　　【蒙古名】ᠲᠣᠯᠭᠢᠨ ᠤ ᠡᠪᠡᠰᠤ ᠶᠢᠨ ᠲᠦᠷᠦᠯ

　　　　　　【英文名】Brookgrass

【生活型】多年生草本。

【茎】常具匍匐地面或沉水的茎。

【叶】叶鞘闭合达 1/2~3/4；叶片线形，扁平且柔软，无毛。

【花】圆锥花序密集或疏展，分枝光滑；小穗含(1~) 2(~3)朵小花，小穗轴光滑无毛，每朵小花下具关节；颖膜质，不等长，近圆形至宽卵形，均短于小花，脉不清晰，顶端截平或呈蚀齿状；外稃草质，宽卵形至长圆形，顶端钝，干膜质，无芒，具 3 条明显的脉；基盘短，光滑无毛；内稃约等长于外稃，具 2 条脊，平滑无毛；鳞被 2 枚；雄蕊 3 枚。

【果实和种子】颖果的种脐宽椭圆形，短。

【分类地位】被子植物门、单子叶植物纲、禾本目、禾本科、早熟禾亚科、早熟禾族。

【种类】全属约有 3 种；中国有 2 种，1 变种；内蒙古有 1 种，1 亚种。

沿沟草 *Catabrosa aquatica*

　　多年生，须根细弱。秆直立，质地柔软，基部有横卧或斜升的长匍匐茎，于节处生根。叶鞘闭合达中部，松弛，光滑，上部者短于节间；叶舌透明膜质，顶端钝圆；叶片柔软，扁平，两面光滑无毛，顶端呈舟形。圆锥花序开展；分枝细长，斜升或稀与主轴垂直，在基部各节多成半轮生，基部裸露，或具排列稀疏的小穗；小穗绿色、褐绿色或褐紫色，含(1~) 2(~3)朵小花；颖半透明膜质，近圆形至卵形，顶端钝圆或近截平，有时锐尖，脉不清晰；外稃边缘及脉间质薄，顶端截平，具隆起的 3 条脉，光滑无毛；内稃与外稃近等长，具 2 条脊，无毛；花药黄色。颖果纺锤形。花果期 4~8 月。

　　生于森林区和草原区的河边、湖旁和积水湿地和草甸上。产于内蒙古呼伦贝尔市、赤峰市、锡林郭勒盟；中国甘肃、青海、四川以及南方也产；欧洲、亚洲、美洲的温带区域也有分布。

盐豆木属(铃铛刺属)——【学　名】*Halimodendron*

【蒙古名】ᠬᠣᠩᠬᠣᠰᠣᠨ ᠬᠠᠷᠠᠭᠠᠨ᠎ᠠ ᠶᠢᠨ ᠲᠥᠷᠥᠯ

【英文名】Saltbeantree

【生活型】落叶灌木。

【叶】偶数羽状复叶有2~4片小叶,叶轴在小叶脱落后延伸并硬化成针刺状;托叶宿存并为针刺状。

【花】总状花序生于短枝上,具少数花;总花梗细长;花萼钟状,基部偏斜,萼齿极短;花冠淡紫色至紫红色;雄蕊二体;旗瓣圆形,边缘微卷,翼瓣的瓣柄与耳几等长,龙骨瓣近半圆形,先端钝,稍弯;子房膨大,1室,有长柄,具多颗胚珠;花柱向内弯,柱头小。

【果实和种子】荚果膨胀,果瓣较厚;种子多粒。

【分类地位】被子植物门、双子叶植物纲、原始花被亚纲、蔷薇目、蔷薇亚目、豆科、蝶形花亚科、山羊豆族、黄耆亚族。

【种类】全属有1种;内蒙古有1种;产于中国甘肃、新疆及内蒙古阿拉善。

铃铛刺 *Halimodendron halodendron*

灌木。树皮暗灰褐色;分枝密,具短枝;长枝褐色至灰黄色,有棱,无毛;当年生小枝密被白色短柔毛。叶轴宿存,呈针刺状;小叶倒披针形,顶端圆或微凹,有凸尖,基部楔形,初时两面密被银白色绢毛,后渐无毛;小叶柄极短。总状花序生2~5朵花;总花密被绢质长柔毛;花梗细;小苞片钻状;花萼密被长柔毛,基部偏斜,萼齿三角形;旗瓣边缘稍反折,翼瓣与旗瓣近等长,龙骨瓣较翼瓣稍短;子房无毛,有长柄。荚果背腹稍扁,两侧缝线稍下凹,无纵隔膜,先端有喙,基部偏斜,裂瓣通常扭曲;种子小,微呈肾形。花期7月,果期8月。

生于荒漠盐化沙地或河流沿岸。产于内蒙古阿拉善盟腾格里沙漠和巴丹吉林沙漠。中国甘肃、新疆也产;蒙古、俄罗斯以及中亚地区也有分布。

盐角草属——【学　名】*Salicornia*

【蒙古名】ᠬᠣᠵᠢᠷ ᠡᠪᠡᠰᠦ ᠶᠢᠨ ᠲᠥᠷᠥᠯ

【英文名】Glasswort

【生活型】草本或小灌木。

【茎】茎直立或外倾，光滑；枝对生，肉质，多汁，有关节。

【叶】叶不发育，对生，鳞片状。

【花】花序为圆柱形的穗状花序，有柄，生于枝条的上部；花两性，无柄，陷入肉质的花序轴内；无小苞片；花被合生，顶端有 4～5 枚小齿，上部近扁平，成菱形，果时为海绵质；雄蕊 1～2 枚；花柱极短，有 2 枚钻状的柱头。

【果实和种子】果实为胞果，包藏于花被内；种子直立，两侧扁，胚半环形，无胚乳。

【分类地位】被子植物门、双子叶植物纲、原始花被亚纲、中央种子目、藜科、环胚亚科、盐角草族。

【种类】全属约有 30 种；中国有 1 种；内蒙古有 1 种。

盐角草 *Salicornia europaea*

　　一年生草本。茎直立，多分枝；枝肉质，苍绿色。叶不发育，鳞片状，顶端锐尖，基部连合成鞘状，边缘膜质。花序穗状，有短柄；花腋生，每 1 个苞片内有 3 朵花，集成 1 簇，陷入花序轴内，中间的花较大，位于上部，两侧的花较小，位于下部；花被肉质，倒圆锥状，上部扁平成菱形；雄蕊伸出于花被之外；花药矩圆形；子房卵形；柱头 2 枚，钻状，有乳头状小突起。果皮膜质；种子矩圆状卵形，种皮近革质，有钩状刺毛。花果期 6～8 月。

　　生于盐湖或盐渍低地。产于内蒙古呼伦贝尔市、锡林郭勒盟、乌兰察布市、呼和浩特市、鄂尔多斯市、巴彦淖尔市、乌海市、阿拉善盟；中国东北、华北、西北以及山东、江苏也产；朝鲜、日本、印度以及欧洲、非洲、北美洲也有分布。

盐芥属——【学　名】*Thellungiella*

【蒙古名】ᠭᠠᠱᠤᠨ (ᠭᠠᠱᠤᠨ) ᠤᠨ ᠨᠣᠭᠤᠭᠠ

【英文名】Saltcress

【生活型】一年生或二年生草本。

【叶】叶为单叶。萼片斜向上,近相等,顶端圆,基部不成囊状。

【花】花瓣白色,卵形,爪短;雄蕊 6 枚,分离,花丝无齿;侧蜜腺不汇合,位于短雄蕊两外侧,中蜜腺无;雌蕊无柄,花柱短。

【果实和种子】长角果线形,略扁,2 室,2 瓣裂,果瓣两端钝,有 1 条中脉;隔膜白色,透明。种子每室 1 行,种子小,卵圆形,黄棕色;子叶条形,背倚胚根。

【分类地位】被子植物门、双子叶植物纲、原始花被亚纲、罂粟目、白花菜亚目、十字花科、大蒜芥族、肉叶荠亚族。

【种类】全属有 3 种;中国有 3 种;内蒙古有 1 种。

盐芥 *Thellungiella salsuginea*

一年生草本,无毛。茎于中部或基部分枝,光滑,有时在下部有盐粒,基部常带淡紫色。基生叶近莲座状,早枯,具柄,叶片卵形或长圆形,全缘或具不明显、不整齐小齿;茎生叶无柄,叶片长圆状卵形,下部的叶向上渐小,顶端急尖,基部箭形,抱茎,全缘或具不明显小齿。花序伞房状,果期伸长;萼片卵圆形,有白色膜质边缘;花瓣白色,长圆状倒卵形,顶端钝圆。长角果略弯曲;果梗丝状,斜向上展开,果端翘起,使角果向上直立。种子黄色,椭圆形。花果期 4～5 月。

生于盐化草甸、盐化低地及碱土上。产于内蒙古锡林郭勒盟;中国山东、河北、河南、江苏、新疆也产;蒙古、俄罗斯以及北美洲也有分布。

741

盐生草属——【学　名】*Halogeton*

【蒙古名】ᠲᠣᠪᠲᠣᠭᠣᠢ ᠨᠣᠭᠣᠭᠣᠨ ᠤ ᠲᠥᠷᠦᠯ

【英文名】Saltlivedgrass

【生活型】一年生草本。

【茎】茎直立,多分枝,无毛或有蛛丝状毛。

【叶】叶互生,叶片肉质,圆柱状,顶端钝或有刺毛,基部扩展,叶腋簇生柔毛。

【花】团伞花序;花杂性,簇生;小苞片 2 个;花被 5 深裂,圆锥状;花被片披针形,果时自背面的近顶部横生膜质的翅;雄蕊 5 或 2 枚;花药矩圆形,无附属物;子房卵形,两侧扁;花柱短;柱头 2 枚,丝状。

【果实和种子】果实为胞果,果皮膜质,与种子附贴,包藏于花被内;种子直立,圆形,种皮膜质或近革质;胚螺旋状,无胚乳。

【分类地位】被子植物门、双子叶植物纲、原始花被亚纲、中央种子目、藜科、螺胚亚科、猪毛菜族。

【种类】全属有 3 种;中国有 2 种,1 变种;内蒙古有 1 种。

盐生草 *Halogeton glomeratus*

　　一年生草本。茎直立,多分枝;枝互生,基部的枝近于对生,无毛,无乳头状小突起,灰绿色。叶互生,叶片圆柱形,顶端有长刺毛,有时长刺毛脱落;花腋生,通常 4～6 朵聚集成团伞花序,遍布于植株;花被片披针形,膜质,背面有 1 条粗脉,果时自背面近顶部生翅;翅半圆形,膜质,大小近相等,有多数明显的脉,有时翅不发育而花被增厚成革质;雄蕊通常为 2 枚;种子直立,圆形。花果期 7～9 月。

　　生于荒漠区轻度渍化的粘壤土质或沙砾质、砾质戈壁滩上。产于内蒙古阿拉善盟额济纳旗;中国甘肃、青海、新疆也产;蒙古、俄罗斯和中亚地区也有分布。

盐穗木属——【学　名】*Halostachys*

【蒙古名】ᠬᠠᠭᠤᠯᠠᠢ ᠶᠢᠨ ᠬᠠᠭ

【英文名】Saltspike

【生活型】灌木。

【茎】茎直立,分枝;枝对生,开展,小枝肉质,有关节,密生小突起。

【叶】叶不发育,鳞片状,对生。

【花】花序穗状,有柄,对生;花两性,腋生,每 3 朵花生于 1 个苞片内;苞片鳞片状,对生,无小苞片;花被合生,顶端 3 浅裂,花被裂片内折;雄蕊 1 枚;子房卵形,两侧扁;柱头 2 枚,钻状,有乳头状小突起。

【果实和种子】果实为胞果;种子直立,卵形,两侧扁;胚半环形,有胚乳。

【分类地位】被子植物门、双子叶植物纲、原始花被亚纲、中央种子目、藜科、环胚亚科、盐角草族。

【种类】单种属;中国有 1 种;内蒙古有 1 种。

盐穗木 *Halostachys caspica*

灌木。茎直立,多分枝;老枝通常无叶,小枝肉质,蓝绿色,有关节,密生小突起。叶鳞片状,对生,顶端尖,基部联合。花序穗状,交互对生,圆柱形,花序柄有关节;花被倒卵形,顶部 3 浅裂,裂片内折;子房卵形;柱头 2 枚,钻状,有小突起。胞果卵形,果皮膜质;种子卵形或矩圆状卵形,红褐色,近平滑。花果期 7～9 月。

生于荒漠区河岸、湖滨潮湿盐碱土上。产于内蒙古阿拉善盟额济纳旗;中国甘肃、新疆也产;阿富汗、蒙古、巴基斯坦以及西南亚、东南欧也有分布。

盐爪爪属——【学　名】*Kalidium*

【蒙古名】ᠬᠣᠵᠢᠷ (ᠬᠣᠵᠢᠷ) ᠶᠢᠨ ᠢᠰᠭᠡᠭ

【英文名】Saltclaw

【生活型】小灌木。

【茎】多分枝,无关节。

【叶】叶互生,叶片圆柱状或不发育,肉质,基部下延。

【花】花序穗状,有柄;花两性,基部嵌入肉质的花序轴内,每3朵花极少为1朵花生于1个苞片内;苞片肉质,螺旋状排列,无小苞片;花被合生几至顶部,在顶部形成1个小孔,在小孔的周围有4～5枚小齿,果时成海绵状;雄蕊2枚;子房卵形;柱头2枚,有乳头状突起。

【果实和种子】果实为胞果,包藏于花被内;种子直立,两侧扁,种皮近革质;胚半环形,有胚乳。

【分类地位】被子植物门、双子叶植物纲、原始花被亚纲、中央种子目、藜科、环胚亚科、盐角草族。

【种类】全属有5种;中国有5种,1变种;内蒙古有4种。

细枝盐爪爪 *Kalidium gracile*

小灌木。茎直立,多分枝;老枝灰褐色,树皮开裂,小枝纤细,黄褐色,易折断。叶不发育,瘤状,黄绿色,顶端钝,基部狭窄,下延。花序为长圆柱形的穗状花序,细弱,每1个苞片内生1朵花;花被合生,上部扁平成盾状,顶端有4枚膜质小齿。种子卵圆形,淡红褐色,密生乳头状小突起。花果期7～9月。

生于草原区和荒漠区盐湖外围和盐碱土上。产于内蒙古呼伦贝尔市、锡林郭勒盟、乌兰察布市、鄂尔多斯市、巴彦淖尔市、阿拉善盟;中国宁夏、陕西、甘肃、青海、新疆也产;蒙古也有分布。

眼子菜科──【学　名】*Potamogetonaceae*

【蒙古名】ᠣᠰᠤᠨ ᠤ ᠨᠠᠪᠴᠢᠲᠤ ᠡᠪᠡᠰᠦ

【英文名】Pondweed

【生活型】沼生、淡水生至咸水生或海水生一年生或多年生草本。

【茎】具根茎或匍匐茎,节上生须根和直立茎,稀无根茎。

【叶】叶沉水、浮水或挺水,或两型,兼具沉水叶与浮水叶,互生或基生,稀对生或轮生;叶片形态各异,具柄或鞘,或柄鞘皆无;托叶有或无,膜质或草质,鞘状抱茎,开放型,极少呈封闭的套管状。

【花】花序顶生或腋生,多呈简单的穗状或聚伞花序,稀为复聚伞花序或复穗状花序,极少为单顶花序,开花时花序挺出水面、漂浮水面,或没于水中,花后皆沉没水中;传粉途径包括风媒、水表传粉、水媒或闭花受精;花小或极简化,辐射对称或两侧对称,3、2 或 4 基数;两性或单性;花被有或无;雄蕊 6 到 1 枚,通常无花丝,花药长圆形、肾形或近球形,外向,2 至 1 室,纵裂,有时雄蕊背部连生,药隔很宽或伸长,或极为退化;花粉粒圆形或椭圆形,稀线形或弓曲形;雌蕊具心皮 1～4 枚或多枚,离生或近离生,稀合生;花柱短粗,或无,柱头盘状、头状、毛刷状或丝状,每子房室含胚珠 1 颗,稀多颗,弯生或直生。

【果实和种子】果实多为小核果状或小坚果状,常卵圆形,略偏斜而侧扁,顶端具喙,稀为纵裂的蓇葖。种子无胚乳;胚通常弯曲,稀直立,具 1 片弯曲或扭卷的子叶和发达的下胚轴。

【种类】全科有 10 属,约 170 种;中国有 8 属,45 种;内蒙古有 2 属,12 种。

眼子菜科 Potamogetonaceae Bercht. & J. Presl 是植物学家 Friedrich Carl Eugen Vsemir von Berchtold(1781－1876)和自然科学家 Jan Svatopluk Presl(1791－1849)于 1823 年在"O P irozenosti rostlin, aneb rostlinar 1(7)"(Pir. Rostlin)上发表的植物科,模式属为眼子菜属(Potamogeton)。Potamogetonaceae Dumort. 是比利时植物学家 Barthélemy Charles Joseph Dumortier(1797－1878)于 1829 年在"Analyse des Familles des Plantes 59, 61"(Anal. Fam. Pl.)上发表的植物科,时间比 Potamogetonaceae Bercht. & J. Presl 晚。

在恩格勒系统(1964)中,眼子菜科隶属单子叶植物纲(Monocotyledoneae)、沼生目(Helobiae)、眼子菜亚目(Potamogetonineae),本目含 4 个亚目、9 个科,包括泽泻科(Alismataceae)、花蔺科(Butomaceae)、水鳖科(Hydrocharitineae)、芝菜科(Scheucharitaceae)、水蕹科(Aponogetonaceae)、水麦冬科(Juncaginaceae)、眼子菜科、角果藻科(Zannichelliaceae)、茨藻科(Nadaceae)等。在哈钦森系统(1959)中,眼子菜科隶属单子叶植物萼花区(Calyciferae)、眼子菜目(Potamogetonales),含眼子菜科和川蔓藻科(Ruppiaceae)2 个科。在塔赫他间系统(1980)中,眼子菜科隶属单子叶植物纲(Liliopsida)、泽泻亚纲(Alismatidae)、茨藻目(Najadales),含水蕹科(Aponogetonaceae)、芝菜科(Scheuzeriaceae)、水麦冬科(Juncaginaceae)、海草科(Posidoniaceae)、眼子菜科、川蔓藻科(Ruppiaceae)、角果藻科、丝粉藻科(Cymodoceaceae)、大叶藻科(Zosteraceae)和茨藻科(Najadaceae)等 10 个科。在克朗奎斯特系统(1981)中,眼子菜科隶属单子叶植物纲(Liliopsida)、泽泻亚纲、茨藻目,也含 10 个科,与塔赫他间系统相同。

眼子菜属——【学　名】*Potamogeton*

【蒙古名】ᠨᠠᠭᠤᠷ ᠤᠨ ᠮᠠᠯᠢᠷ

【英文名】Pondweed

【生活型】多年生或一年生水生草本。

【茎】常具横走根茎,稀根茎极短或无根茎。茎圆柱形、椭圆柱形或极扁。

【叶】叶互生,有时在花序下面近对生,单型或两型,漂浮水面或沉没水中,具柄或无柄;叶片卵形、披针形、椭圆形、矩圆形、条形或线形;叶脉因叶型和叶形的不同而为 3 至多数,相互平行,并于叶片顶端相汇合;托叶鞘多为膜质,稀草质,无色或淡绿色,与叶片离生或贴生于叶片基部而形成叶鞘,边缘叠压而抱茎,稀合生成套管状。

【花】穗状花序顶生或腋生,花期伸出水面或否,具花 2 至多轮,每轮 3 朵花,或 2 朵花交互对生;花序梗圆柱形或稍扁,与茎等粗或向上逐渐膨大而呈棒状;花两性,无梗或近无梗,风媒或水表传粉;花被片 4 枚,排列成 1 轮,淡绿色至绿色,或有时外面稍带红褐色,通常基部具爪,先端钝圆或微凹;雄蕊 4 枚,与花被片对生,几无花丝;花药长圆形,药室背面纵裂;花粉粒球形或长圆球形,无萌发孔,表面饰有网状雕纹;雌蕊 1～4 枚,离生,稀于基部合生;子房 1 室,花柱缩短,柱头膨大,头状或盾形;胚珠 1 颗,腹面侧生。

【果实和种子】果实核果状,具直生或斜伸的短喙;外果皮近革质,或松软而略呈海绵质;内果皮骨质,背部具萌发时开裂的盖状物,盖状物中肋常凸起而形成钝或锐的龙骨脊,有时因龙骨脊上具附器而呈钝齿牙或鸡冠状,盖状物与内果皮侧壁相接处常形成显著或不显著的侧棱;胚弯生,钩状或螺旋状,无胚乳。

【分类地位】被子植物门、单子叶植物纲、沼生目、眼子菜亚目、眼子菜科。

【种类】全属约有 100 种;中国约有 28 种,4 变种;内蒙古有 10 种。

篦齿眼子菜 *Potamogeton pectinatus*

多年生沉水水生草本。根状茎纤细,伸长,淡黄白色,在节部生出多数不定根,秋季常于顶端生出白色卵形的块茎。茎丝状,淡黄色,多分枝。叶互生,淡绿色,狭条形,先端渐尖,全缘,具 3 条脉;托叶鞘状,绿色,与叶基合生,顶部分离,呈叶舌状,白色膜质。花序梗淡黄色,与茎等粗,基部具 2 个膜质总苞,早落;穗状花序疏松或间断。果实棕褐色,斜倒卵形,背部具脊,顶端具短喙。花果期 5～10 月。

生于浅河、池沼水中。产于内蒙古各地;中国南北各地也产;亚洲、欧洲、北美洲、非洲、大洋洲温暖地区也有分布。

偃麦草属 ── 【学　名】*Elytrigia*

【蒙古名】ᠲᠦᠷᠦᠭᠡ ᠶᠢᠨ ᠡᠪᠡᠰᠦ

【英文名】Elytrigia

【生活型】多年生草本。

【茎】具根状茎。

【花】穗状花序直立,小穗含3～10余朵小花,两侧扁压,无柄,单生于穗轴之两侧,以其侧面对向穗轴的扁平面,顶生小穗则以其背腹面对向穗轴的扁平面;无芒或具短芒,成熟时通常自穗轴上整个脱落;颖披针形或长圆形,无脊,具(3)5～7(11)条彼此接近的脉,光滑无毛或被柔毛,基部具横沟;外稃披针形,具5条脉,无毛或被柔毛,基盘通常无毛。

【果实和种子】颖果长圆形,顶端有毛,腹面具纵沟。

【分类地位】被子植物门、单子叶植物纲、禾本目、禾本科、早熟禾亚科、小麦族。

【种类】全属约有40种;中国有6种;内蒙古有5种。

偃麦草 *Elytrigia repens*

多年生草本。具横走的根茎。秆直立,光滑无毛,绿色或被白霜,具3～5节。叶鞘光滑无毛,而基部分蘖叶鞘具向下柔毛;叶舌短小;叶耳膜质,细小;叶片扁平,上面粗糙或疏生柔毛,下面光滑。穗状花序直立;穗轴光滑而仅于棱边具短刺毛;小穗含5～7(10)朵小花;小穗轴节间无毛;颖披针形,具5～7条脉,光滑无毛,有时脉间粗糙,边缘膜质;外稃长圆状披针形,具5～7条脉,顶端渐尖,具短尖头,基盘钝圆;内稃稍短于外稃,具2条脊,脊上生短刺毛;花药黄色。

生于寒温带针叶林带的沟谷草甸,也常生于河岸、滩地及湿润草地。产于内蒙古呼伦贝尔市、锡林郭勒盟;中国东北、新疆阿尔泰、西藏索马拉雅也产;蒙古、朝鲜、日本、俄罗斯、印度也有分布。

747

燕麦属——【学　名】*Avena*

【蒙古名】ᠰᠤᠯᠢᠶᠠᠨ ᠪᠤᠳᠠᠭ᠎ᠠ ᠶᠢᠨ ᠲᠦᠷᠦᠯ

【英文名】Oat

【生活型】一年生草本。

【根】须根多粗。

【茎】秆直立或基部稍倾斜,常光滑无毛。

【花】圆锥花序顶生,常开展,分枝多纤细,粗糙;小穗含 2 至数朵小花,其柄常弯曲;小穗轴节间被毛或光滑,脱节于颖之上与各小花之间,稀在各小花之间不具关节,所以不易断落;颖草质,具 7~11 条脉,长于下部小花;外稃质地多坚硬,顶端软纸质,齿裂,裂片有时呈芒状,具 5~9 条脉,常具芒,少数无芒,芒常自稃体中部伸出,膝曲而具扭转的芒柱;雄蕊 3 枚;子房具毛。

【分类地位】被子植物门、单子叶植物纲、禾本目、禾本科、早熟禾亚科、燕麦族。

【种类】全属有 25 种;中国有 7 种,2 变种;内蒙古有 3 种。

莜麦 *Avena chinensis*

　　一年生草本。须根外面常具砂套。秆直立,丛生,通常具 2~4 节。叶鞘松弛,基生者长于节间,常被微毛,鞘缘透明膜质;叶舌透明膜质,顶端钝圆或微齿裂;叶片扁平,质软,微粗糙。圆锥花序疏松开展,分枝纤细,具棱角,刺状粗糙;小穗含 3~6 朵小花;小穗轴细且坚韧,无毛,常弯曲;颖草质,边缘透明膜质,两颖近相等,具 7~11 条脉;外稃无毛,草质而较柔软,边缘透明膜质,具 9~11 条脉,顶端常 2 裂,基盘无毛,背部无芒或上部 1/4 以上伸出 1 芒,其芒细弱,直立或反曲;内稃甚短于外稃,具 2 条脊,顶端延伸呈芒尖,脊上具密纤毛;雄蕊 3 枚。颖果与稃体分离。

　　粮食作物。在内蒙古中西部地区栽培;中国西北、华北的部分省区也栽培。

羊耳蒜属——【学　名】*Liparis*

【蒙古名】ᠣᠷᠬᠤ᠋ᠳ᠋ᠠ ᠬᠠᠳᠠᠬ᠋ ᠤᠨ ᠲᠥᠷᠥᠯ

【英文名】Liparis，Twayblade

【生活型】地生或附生草本。

【茎】地生或附生草本，通常具假鳞茎或有时具多节的肉质茎。假鳞茎密集或疏离，外面常被有膜质鞘。

【叶】叶 1 至数片，基生或茎生（地生种类），或生于假鳞茎顶端或近顶端的节上（附生种类），草质、纸质至厚纸质，多脉，基部多少具柄，具或不具关节。

【花】花葶顶生，直立、外弯或下垂，常稍呈扁圆柱形并在两侧具狭翅；总状花序疏生或密生多花；花苞片小，宿存；花小或中等大，扭转；萼片相似，离生或极少 2 个侧萼片合生，平展，反折或外卷；花瓣通常比萼片狭，线形至丝状；唇瓣不裂或偶见 3 裂，有时在中部或下部缢缩，上部或上端常反折，基部或中部常有胼胝体，无距；蕊柱一般较长，多少向前弓曲，罕有短而近直立的，上部两侧常多少具翅，极少具 4 翅或无翅，无蕊柱足；花药俯倾，极少直立；花粉团 4 个，成 2 对，蜡质，无明显的花粉团柄和粘盘。

【果实和种子】蒴果球形至其他形状，常多少具 3 条钝棱。

【分类地位】被子植物门、单子叶植物纲、微子目、兰科、兰亚科、树兰族、羊耳蒜亚族。

【种类】全属约有 250 种；中国有 52 种；内蒙古有 1 种。

羊耳蒜 *Liparis japonica*

地生草本。假鳞茎卵形，外被白色的薄膜质鞘。叶 2 片，卵形、卵状长圆形或近椭圆形，膜质或草质，先端急尖或钝，边缘皱波状或近全缘，基部收狭成鞘状柄，无关节；初时抱花葶，果期则多少分离。花序柄圆柱形，两侧在花期可见狭翅，果期则翅不明显；总状花序具数朵至 10 余朵花；花苞片狭卵形；花通常淡绿色，有时可变为粉红色或带紫红色；萼片线状披针形，先端略钝，具 3 条脉；侧萼片稍斜歪；花瓣丝状，具 1 条脉；唇瓣近倒卵形，先端具短尖，边缘稍有不明显的细齿或近全缘，基部逐渐变狭；蕊柱上端略有翅，基部扩大。蒴果倒卵状长圆形。花期 6～8 月，果期 9～10 月。

生于林下。产于内蒙古通辽市大青沟；中国东北、河北、安徽、山西、陕西、甘肃、湖北、四川、贵州、云南也产；俄罗斯、日本、朝鲜也有分布。

羊胡子草属——【学　名】*Eriophorum*

【蒙古名】ᠳᠤᠯᠤᠭᠤᠨ ᠡᠪᠡᠰᠦᠨ ᠤ ᠲᠥᠷᠥᠯ

【英文名】Cottonsedge

【生活型】多年生草本,丛生或近于散生。

【茎】具根状茎,有时兼具匍匐根状茎。

【叶】秆钝三棱柱状,具基生叶和秆生叶,秆生叶有时只有鞘而无叶片。

【花】苞片叶状、佛焰苞状或鳞片状;长侧枝聚伞花序简单或复出,顶生,具几个至多数小穗,或只一个小穗;花两性;鳞片螺旋状排列,通常下面几个鳞片内无花;下位刚毛多数,丝状,极少只有 6 条,开花后延长为鳞片的许多倍;雄蕊 2～3 枚;花柱单一,基部不膨大,柱头 3 枚。

【果实和种子】小坚果三棱形。

【分类地位】被子植物门、单子叶植物纲、莎草目、莎草科、藨草亚科、藨草族。

【种类】全属有 25 种;中国有 6 种;内蒙古有 4 种。

白毛羊胡子草 *Eriophorum vaginatum*

多年生草本,匍匐根状茎不存在。秆密丛生,并常成大丛,圆柱状,无毛,且不粗糙,靠近花序部分钝三角形,有时稍粗糙,基部叶鞘褐色,稍分裂成纤维状。基生叶线形,三棱状,粗糙,渐向顶端渐狭,顶端钝或急尖,秆生叶 1～2 枚,只有鞘而无叶片,鞘具小横脉,上部膨大,常黑色,膜质。苞片呈鳞片状,薄膜质,灰黑色,边缘干膜质,卵形,顶端急尖,有 3～7 条脉;小穗单个顶生,具多数花,花开后连刚毛呈倒卵球形;鳞片卵状披针形,上部渐狭,顶端急尖,薄膜质,灰黑色,边缘干膜质,灰白色,有 1 条脉,下部约 10 多个鳞片内无花;下位刚毛极多数,白色。小坚果三棱状倒卵形,棱上平滑,褐色。花果期 6～9 月。

生于森林区和森林草原区的河边沼泽草甸和沼泽中。产于内蒙古呼伦贝尔市、兴安盟;中国的黑龙江、吉林也产;朝鲜、日本、蒙古以及欧洲也有分布。

羊角芹属——【学　名】*Aegopodium*

【蒙古名】ᠢᠮᠠᠭᠠᠨ ᠵᠢᠭᠠᠰᠤ ᠶᠢᠨ ᠢᠵᠠᠭᠤᠷ

【英文名】Goatweed

【生活型】多年生草本。

【茎】有匍匐状根茎。茎直立,上部有分枝或不分枝。

【叶】叶有柄,叶鞘小而膜质;基生叶及较下部茎生叶轮廓呈阔三角形或三角形,三出或三出式 2～3 回羽状分裂,末回裂片卵形或卵状披针形,边缘有锯齿、缺刻状分裂或浅裂;最上部的茎生叶通常为三出式羽状复叶,小叶片先端渐尖或呈尾状。

【花】复伞形花序顶生或侧生,花序梗长于叶片;伞辐略开展;无总苞片和小总苞片;萼齿细小或无;花瓣白色或淡红色,倒卵形,先端微凹,有内折的小舌片;花柱基圆锥形,花柱细长,顶端叉开呈羊角状。

【果实和种子】果实长圆形、长圆状卵形或卵形,侧扁,光滑,主棱丝状;油管无;分生果横剖面近圆形,胚乳腹面平直;心皮柄顶端 2 浅裂。

【分类地位】被子植物门、双子叶植物纲、原始花被亚纲、伞形目、伞形科、芹亚科、阿米芹族、葛缕子亚族、阿米芹族九棱类与真型。

【种类】全属约有 7 种;中国有 5 种,1 变种;内蒙古有 1 种。

东北羊角芹 *Aegopodium alpestre*

多年生草本。有细长的根状茎。茎直立,圆柱形,具细条纹,中空,下部不分枝,上部稍有分枝。基生叶有柄,叶鞘膜质;叶片轮廓呈阔三角形,通常三出式 2 回羽状分裂;羽片卵形或长卵状披针形,先端渐尖,基部楔形,边缘有不规则的锯齿或缺刻状分裂,齿端尖,无柄或具极短的柄;最上部的茎生叶小,三出式羽状分裂,羽片卵状披针形,先端渐尖至尾状,边缘有缺刻状的锯齿或不规则的浅裂。复伞形花序顶生或侧生;无总苞片和小总苞片;伞辐 9～17 枚;小伞形花序有多数小花,花柄不等长;萼齿退化;花瓣白色,倒卵形,顶端微凹,有内折的小舌片;花柱基圆锥形,向外反折。果实长圆形或长圆状卵形,主棱明显,棱槽较阔,无油管;分生果横剖面近圆形,胚乳腹面平直;心皮柄顶端 2 浅裂。花果期 6～8 月。

生于山地林下、林缘草甸及沟谷。

产于内蒙古呼伦贝尔市、兴安盟、锡林郭勒盟、赤峰市、乌兰察布市;中国的黑龙江、吉林、辽宁、新疆也产;日本、朝鲜、蒙古、俄罗斯也有分布。

羊茅属——【学　名】*Festuca*

【蒙古名】ᠪᠣᠶᠢᠯᠤᠰᠤᠨ ᠤ ᠢᠵᠠᠭᠤᠷ

【英文名】Fescue

【生活型】多年生草本，密丛或疏丛。

【叶】叶片扁平、对折或纵卷，基部两侧具披针形叶耳或无；叶舌膜质或革质；叶鞘开裂或新生枝叶鞘闭合但不达顶部。

【花】圆锥花序开展或紧缩；小穗含 2 至多数小花，顶花常发育不全；小穗轴微粗糙或平滑，脱节于颖之上或诸小花之间；颖短于第一外稃，顶端钝或渐尖，第一颖较小，具 1 条脉，第二颖具 3 条脉；外稃背部圆形或略成圆形，光滑或微粗糙或被毛，草质兼硬纸质，具狭膜质的边缘，顶端或其裂齿间具芒或无芒，具 5 条脉，脉常不明显；内稃等长或略短于外稃，脊粗糙或近于平滑；雄蕊 3 枚；子房顶端平滑或被毛。

【果实和种子】颖果长圆形或线形，腹面具沟槽或凹陷，分离或多少附着于内稃。

【分类地位】被子植物门、单子叶植物纲、禾本目、禾本科、早熟禾亚科、早熟禾族。

【种类】全属约有 300 种；中国有 56 种；内蒙古有 7 种，2 亚种。

羊茅 *Festuca ovina*

多年生，密丛，鞘内分枝。秆具条棱，细弱，直立，平滑无毛或在花序下具微毛或粗糙，基部残存枯鞘。叶鞘开口几达基部，平滑，秆生者远长于其叶片；叶舌截平，具纤毛；叶片内卷成针状，质较软，稍粗糙；叶横切面具维管束 5～7 枚，厚壁组织在下表皮内连续呈环状马蹄形，上表皮具稀疏的毛。圆锥花序紧缩呈穗状；分枝粗糙，侧生小穗柄短于小穗，稍粗糙；小穗淡绿色或紫红色，含 3～5(6)朵小花；小穗被微毛；颖片披针形，顶端尖或渐尖，平滑或顶端以下稍糙涩，第一颖具 1 条脉，第二颖具 3 条脉；外稃背部粗糙或中部以下平滑，具 5 条脉，顶端具芒，芒粗糙；内稃近等长于外稃，顶端微 2 裂，脊粗糙；花药黄色；子房顶端无毛。花果期 6～9 月。

生于山地林缘草甸。产于内蒙古呼伦贝尔市、兴安盟、锡林郭勒盟、乌兰察布市、阿拉善盟；中国东北、西北和西南也产；欧亚大陆温带和寒温带地区也有分布。

杨柳科——【学　名】*Salicaceae*

【蒙古名】ᠪᠤᠷᠭᠠᠰᠤᠨ ᠤ ᠢᠵᠠᠭᠤᠷ

【英文名】Willow Family

【生活型】落叶乔木或直立、垫状和匍匐灌木。

【茎】树皮光滑或开裂粗糙,通常味苦,有顶芽或无顶芽;芽由1至多数鳞片所包被。

【叶】单叶互生,稀对生,不分裂或浅裂,全缘,锯齿缘或齿牙缘;托叶鳞片状或叶状,早落或宿存。

【花】花单性,雌雄异株,罕有杂性;荑荑花序,直立或下垂,先叶开放,或与叶同时开放,稀叶后开放,花着生于苞片与花序轴间,苞片脱落或宿存;基部有杯状花盘或腺体,稀缺如;雄蕊2至多数,花药2室,纵裂,花丝分离至合生;雌花子房无柄或有柄,雌蕊由2~4(5)枚心皮合成,子房1室,侧膜胎座,胚珠多数,花柱不明显至很长,柱头2~4裂。

【果实和种子】蒴果2~4(5)瓣裂。种子微小,种皮薄,胚直立,无胚乳,或有少量胚乳,基部围有多数白色丝状长毛。

【种类】全科有3属,620余种;中国有3属,320余种;内蒙古有3属,49种,17变种,3变型。

杨柳科 Salicaceae Mirb. 是法国植物学家和政治家 Charles－Fran ois Brisseau de Mirbel(1776－1854)于 1815 年在"Elem. Physiol. Veg. Bot. 2"(Elém. Physiol. Vég. Bot.)上发表的植物科,模式属为柳属(Salix)。

在恩格勒系统(1964)中,杨柳科隶属原始花被亚纲(Archichlamydeae)、杨柳目(Salicales),只含1个科,认为杨柳目是原始类型。在哈钦森系统(1959)中,杨柳科隶属双子叶植物木本支(Lignosae)、杨柳目,只含1个科,把杨柳目放在蔷薇目(Rosales)之后,认为比蔷薇目进化。塔赫他间系统(1980)和克朗奎斯特系统(1981)的杨柳科隶属五桠果亚纲(Dilleniidae)、杨柳目,只含1个科,认为杨柳目出自堇菜目(Violales),可能堇菜目中的木本植物向风媒发展,演化出杨柳目。

杨属——【学　名】*Populus*

　　　　　　【蒙古名】ᠲᠥᠭᠥᠷᠥᠭᠡ ᠶᠢᠨ ᠣᠪᠣᠭᠡᠲᠠᠨ

　　　　　　【英文名】Poplar，Cottonweed，Aspen

【生活型】乔木。

【茎】树干通常端直；树皮光滑或纵裂，常为灰白色。有顶芽（胡杨无），芽鳞多数，常有粘脂。枝有长（包括萌枝）短枝之分，圆柱状或具棱线。

【叶】叶互生，多为卵圆形、卵圆状披针形或三角状卵形，在不同的枝（如长枝、短枝、萌枝）上常为不同的形状，齿状缘；叶柄长，侧扁或圆柱形，先端有或无腺点。

【花】荑荑花序下垂，常先叶开放；雄花序较雌花序稍早开放；苞片先端尖裂或条裂，膜质，早落，花盘斜杯状；雄花有雄蕊 4 至多数，着生于花盘内，花药暗红色，花丝较短，离生；子房花柱短，柱头 2～4 裂。

【果实和种子】蒴果 2～4(5)裂。种子小，多数，子叶椭圆形。

【分类地位】被子植物门、双子叶植物纲、原始花被亚纲、杨柳目、杨柳科。

【种类】全属有 100 余种；中国约有 57 种（包括 4 引入栽培种）；内蒙古有 18 种，12 变种，2 变型。

山杨 *Populus davidiana*

　　落叶乔木。树皮光滑灰绿色或灰白色，老树基部黑色粗糙；树冠圆形。小枝圆筒形，光滑，赤褐色，萌枝被柔毛。芽卵形或卵圆形，无毛，微有粘质。叶三角状卵圆形或近圆形，长宽近等，先端钝尖、急尖或短渐尖，基部圆形、截形或浅心形，边缘有密波状浅齿，发叶时显红色，萌枝叶大，三角状卵圆形，下面被柔毛；叶柄侧扁。早春先叶开花，雌雄异株，柔荑花序下垂；花序轴有疏毛或密毛；苞片棕褐色，掌状深裂，边缘有密长毛；雄蕊 5～12 枚，花药紫红色；子房圆锥形，柱头 2 深裂，带红色。蒴果卵状圆锥形，有短柄，2 瓣裂。花期 3～4 月，果期 4～5 月。

　　生于山地阴坡或半阴坡，在森林气候区生于阳坡。产于内蒙古各盟市山地；中国东北、华北、西北、华中也产；俄罗斯、朝鲜、日本也有分布。

野丁香属──【学　名】*Leptodermis*

【蒙古名】ᠵᠡᠷᠯᠢᠭ ᠤ᠋ᠨ ᠱᠢᠮ᠎ᠡ ᠶ᠋ᠢᠨ ᠴᠡᠴᠡᠭ

【英文名】Wildclove

【生活型】灌木。

【茎】通常多分枝；茎圆柱状，小枝纤细。

【叶】叶对生；托叶小，锐尖或刺状尖，宿存。

【花】花3至多朵，于枝顶或叶腋簇生或密集成头状，通常近无梗，基部有2个小苞片合生成具2枚凸尖的管，很少离生；萼管倒圆锥状，裂片5枚，很少4或6枚，革质，宿存；花冠白色或紫色，通常漏斗形，里面有毛，喉部无毛，裂片5枚，很少4或6枚，镊合状排列；雄蕊5枚，很少4或6枚，着生于花冠喉部，花丝短，花药线状长圆形，伸出或内藏；子房5室，花柱线形，柱头5或3枚，线形，伸出或内藏；胚珠每子房室1颗，基生，倒生，直立。

【果实和种子】蒴果圆柱形或卵形，5片裂至基部，每果瓣有1粒种子；种子直立，种皮薄，假种皮网状，与种皮分离或粘贴；子叶圆，胚根短小，下位。

【分类地位】被子植物门、双子叶植物纲、合瓣花亚纲、茜草目、茜草科、茜草亚科、鸡矢藤族。

【种类】全属约有40种；中国有35种，9变种，1变型；内蒙古有1种。

内蒙野丁香 *Leptodermis ordosica*

多枝小灌木。枝稍粗壮，常弯拐，暗灰色，具细裂纹，小枝较纤细，劲直，有时刺状，灰色，被微柔毛；叶厚纸质，长圆形至椭圆形，有时阔椭圆形，顶端短尖或稍钝，基部楔形或渐狭，边缘常稍反卷，两面近无毛，上面略有光泽；中脉在下面凸起，侧脉极不明显；叶柄短或近无柄；托叶三角状卵形或卵状披针形，比叶柄稍长，顶端具短尖头，边缘有或无小齿，被缘毛。花近无梗，1～3朵簇生于枝顶和近枝顶的叶腋；小苞片2个，1/2～2/3合生，分离部分呈2唇形，透明，裂片顶端尾状渐尖，边上有疏缘毛；裂片5枚，长圆状披针形，约与萼管近等长或稍短，短渐尖，被缘毛；花冠紫红色，有香气，漏斗形，外面被微柔毛，里面被长柔毛，裂片4～5枚，卵状披针形；雄蕊4～5枚，生冠管喉部上方，花药线形，稍伸出；花柱长约为冠管之半，柱头3枚，丝状。种子覆有与种皮分离的网状假种皮。花果期7～8月。

生于山坡岩石裂缝间。产于内蒙古鄂尔多斯市、阿拉善盟；中国宁夏（贺兰山）也产。

野古草属——【学　名】*Arundinella*

　　　　　　【蒙古名】 ᠬᠢᠯᠭᠠᠨ᠎ᠠ ᠶᠢᠨ ᠲᠥᠷᠥᠯ

　　　　　　【英文名】Arundinella

【生活型】多年生或一年生草本。

【茎】秆单生至丛生，直立或基部倾斜。

【叶】叶舌短小至近缺如，膜质，具纤毛；叶片线形至披针形。

【花】圆锥花序开展或紧缩成穗状，小穗孪生稀单生，具柄，含 2 朵小花；颖草质，近等长或第一颖稍短，3～5(～7)条脉，宿存或迟缓脱落；第一小花常为雄性或中性(罕为雌性或两性)，外稃膜质至坚纸质，3～7 条脉，等长或稍长于第一颖；第二小花两性，短于第一小花，外稃花时纸质，果时坚纸质且带棕色至褐色，边缘内卷，背面常被极短疏柔毛或仅微粗糙，顶端有芒或无芒，有时芒的基部两侧各具 1 枚刺毛或齿；基盘半月形，上缘两侧及腹面具毛或无毛；内稃膜质，为外稃紧包，与外稃近等长；鳞被 2 枚，楔形；雌蕊通常 3 枚，花药紫色、褐色或黄色；子房无毛，柱头 2 枚，基部分离或连合，帚刷状，常紫红色。

【果实和种子】颖果长卵形至长椭圆形，背腹压扁，无明显腹沟，为内外稃紧包且一并脱落；胚长为颖果的 1/4～2/3，种脐点状，褐色。

【分类地位】被子植物门、单子叶植物纲、禾本目、禾本科、黍亚科、野古草族。

【种类】全属约有 50 种；中国有 21 种，3 变种；内蒙古有 1 种。

毛秆野古草 *Arundinella hirta*

　　多年生草本。根茎较粗壮，被淡黄色鳞片。秆直立，质稍硬，被白色疣毛及疏长柔毛，后变无毛，节黄褐色，密被短柔毛。叶鞘被疣毛，边缘具纤毛；叶舌上缘截平，具长纤毛；叶片先端长渐尖，两面被疣毛。圆锥花序柄、主轴及分枝均被疣毛；孪生小穗柄较粗糙，具疏长柔毛；小穗无毛；第一颖先端渐尖，具 3～7 条脉，常为 5 条脉；第二颖具 5 条脉；第一小花雄性，外稃具 3～5 条脉，内稃略短；第二小花长卵形，外稃无芒，常具小尖头，基盘毛约为稃体的 1/2。花果期 8～10 月。

　　生于河滩及山地草甸、草甸草原。产于内蒙古呼伦贝尔市、兴安盟、通辽市、赤峰市、锡林郭勒盟、呼和浩特市；除新疆、西藏、青海外，中国其他省区市也产；俄罗斯、蒙古、日本、朝鲜也有分布。

野胡麻属（多德草属）——【学　名】*Dodartia*

【蒙古名】ᠬᠣᠨᠢᠨ ᠠᠷᠠᠭᠠᠢ ᠶᠢᠨ ᠣᠪᠣᠭ

【英文名】Dodartia

【生活型】多年生草本。

【茎】直立，茎单一或束生，极多分枝。

【叶】叶少而小，对生或互生，无柄，条形或鳞片状，全缘或有疏齿。

【花】总状花序生于枝端，花稀疏，单生于苞腋；花萼钟状，宿存，萼齿 5 枚；花冠 2 唇形，花冠筒较唇长，圆筒形，向上稍扩大，上唇短而伸直，端凹入，下唇较上唇长而宽，有 2 条隆起的褶襞，被毛，3 裂，中裂较小，稍突出；雄蕊 4 枚，2 枚强，着生于花冠筒中上部，无毛，内藏，药室分离而叉分；子房 2 室，花柱线状，稍伸出，柱头头状，端浅 2 裂。

【果实和种子】蒴果近圆球形，不明显的开裂；种子多数，稍陷于带肉质的中轴胎座上。

【分类地位】被子植物门、双子叶植物纲、合瓣花亚纲、管状花目、玄参科。

【种类】全属仅有 1 种；中国有 1 种；内蒙古有 1 种。

野胡麻 *Dodartia orientalis*

多年生直立草本。无毛或幼嫩时疏被柔毛。根粗壮，伸长，带肉质，须根少。茎单一或束生，近基部被棕黄色鳞片，茎从基部起至顶端，多回分枝，枝伸直，细瘦，具棱角，扫帚状。叶疏生，茎下部的对生或近对生，上部的常互生，宽条形，全缘或有疏齿。总状花序顶生，伸长，花常 3～7 朵，稀疏；花梗短；花萼近革质，萼齿宽三角形，近相等；花冠紫色或深紫红色，花冠筒长筒状，上唇短而伸直，卵形，端 2 浅裂，下唇褶襞密被多细胞腺毛，侧裂片近圆形，中裂片突出，舌状；雄蕊花药紫色，肾形；子房卵圆形，花柱伸直，无毛。蒴果圆球形，褐色或暗棕褐色，具短尖头；种子卵形，黑色。花果期 5～9 月。

生于荒漠化草原及草原化荒漠地带的石质山坡、沙地、盐渍地及田野。产于内蒙古巴彦淖尔市、鄂尔多斯市、乌海市；中国新疆、甘肃、四川也产；蒙古、俄罗斯、伊朗也有分布。

野青茅属——【学　名】*Deyeuxia*

　　　　　　　　【蒙古名】ᠲᠠᠷᠠᠨ ᠤ ᠡᠪᠡᠰᠦ

　　　　　　　　【英文名】Smallreed

【生活型】高大或细弱的多年生草本。

【花】具紧缩或开展的圆锥花序。小穗通常含 1 朵小花,稀含 2 朵小花,脱节于颖之上,小穗轴延伸于内稃之后而常被丝状柔毛;颖近等长或第一颖较长,先端尖或渐尖,具 1～3 条脉,外稃稍短于颖,草质或膜质,具 3～5 条脉,中脉自稃体之基部或中部以上延伸成 1 个芒,稀无芒,基盘两侧的毛通常短于稀长于外稃;内稃质薄,具 2 条脉,近等长或较短于外稃。

【分类地位】被子植物门、单子叶植物纲、禾本目、禾本科、早熟禾亚科、剪股颖族。

【种类】全属有 100 种以上;中国约有 43 种,15 变种;内蒙古有 7 种。

大叶章 *Deyeuxia langsdorffii*

　　多年生,具横走根状茎。秆直立,平滑无毛,通常具分枝。叶鞘多短于节间,平滑无毛;叶舌长圆形,先端钝或易破碎;叶片线形,扁平,两面稍糙涩。圆锥花序疏松开展,近于金字塔形,分枝细弱,粗糙,开展或上升,中部以下常裸露;小穗黄绿色带紫色或成熟之后呈黄褐色;颖片披针形,先端尖或渐尖,质薄,边缘呈膜质,两颖近等长或第二颖稍短,具 1 条脉,第二颖具 3 条脉,中脉具短纤毛;外稃膜质,顶端 2 裂,基盘两侧的柔毛近等长或稍长于稃体,芒自稃体背中部附近伸出,细直;内稃长为外稃的 1/2 或 2/3;花药淡褐色。花果期 7～9 月。

　　生于山地、林缘、沼泽草甸、河谷及潮湿草地。产于内蒙古呼伦贝尔市、兴安盟、赤峰市、锡林郭勒盟、呼和浩特市。中国东北、河北、山西、陕西、新疆也产;欧亚大陆温、寒地带也有分布。

野黍属——【学　名】*Eriochloa*

【蒙古名】ᠥᠢᠨ ᠦ᠋ ᠬᠤᠨ᠋ᠭ ᠤᠨ ᠢᠳᠡᠰᠢ

【英文名】Cupgrass

【生活型】一年生或多年生草本。

【茎】秆分枝。

【叶】叶片平展或卷合。

【花】圆锥花序顶生而狭窄,由数个总状花序组成;小穗背腹压扁,具短柄或近无柄,单生或孪生,成2行覆瓦状排列于穗轴之一侧,有2朵小花;第一颖极退化而与第二颖下之穗轴愈合膨大而成环状或珠状的小穗基盘;第二颖与第一外稃等长于小穗,均近膜质;第一小花中性或雄性,外稃包藏一膜质内稃或有时内稃缺;第二小花两性,背着穗轴而生,第二外稃革质,边缘稍内卷,包着同质而钝头的内稃,鳞被2枚,折叠,具5~7条脉;花柱基分离。

【分类地位】被子植物门、单子叶植物纲、禾本目、禾本科、黍亚科、黍族、雀稗亚族。

【种类】全属约有25种;中国有2种;内蒙古有1种。

野黍 *Eriochloa villosa*

一年生草本。秆直立,基部分枝,稍倾斜。叶鞘无毛或被毛或鞘缘一侧被毛,松弛包茎,节具髭毛;叶片扁平,表面具微毛,背面光滑,边缘粗糙。圆锥花序狭长,由4~8个总状花序组成;总状花密生柔毛,常排列于主轴之一侧,小穗卵状椭圆形;小穗柄极短,密生长柔毛;第一颖微小,短于或长于基盘;第二颖与第一外稃皆为膜质,等长于小穗,均被细毛,前者具5~7条脉,后者具5条脉;第二外稃革质,稍短于小穗,先端钝,具细点状皱纹;鳞被2枚,折叠,具7条脉;雄蕊3枚;花柱分离。颖果卵圆形。花果期7~10月。

生于路边、田边、旷野、山坡、耕地和潮湿处。产于内蒙古呼伦贝尔市、兴安盟、通辽市;中国东北、华北、西南、华中、福建也产;日本、俄罗斯、印度、伊朗也有分布。

野豌豆属——【学　名】*Vicia*

【蒙古名】ᠮᠢᠶᠠᠨ ᠤ ᠡᠪᠡᠰᠥ

【英文名】Vetch

【生活型】一年生、二年生或多年生草本。

【茎】茎细长,具棱,但不呈翅状,多分枝,攀援、蔓生或匍匐,稀直立。多年生种类根部常膨大呈木质化块状,表皮黑褐色,具根瘤。

【叶】偶数羽状复叶,叶轴先端具卷须或短尖头;托叶通常半箭头形,少数种类具腺点,无小托叶;小叶(1) 2～12 对,长圆形、卵形、披针形至线形,先端圆、平截或渐尖,微凹,有细尖,全缘。

【花】花序腋生,总状或复总状,长于或短于叶;花多数、密集着生于长花序轴上部,稀单生或 2～4 簇生于叶腋,苞片甚小而且多数早落,大多数无小苞片;花萼近钟状,基部偏斜,上萼齿通常短于下萼齿,多少被柔毛;花冠淡蓝色、蓝紫色或紫红色,稀黄色或白色;旗瓣倒卵形、长圆形或提琴形,先端微凹,下方具较大的瓣柄,翼瓣与龙骨瓣耳部相互嵌合,二体雄蕊(9＋1)枚,雄蕊管上部偏斜,花药同型;子房近无柄,胚珠 2～7 颗,花柱圆柱形,顶端四周被毛;或侧向压扁于远轴端具一束髯毛。

【果实和种子】荚果扁(除蚕豆外),两端渐尖,无(稀有) 种隔膜,腹缝开裂;种子 2～7 粒,球形、扁球形、肾形或扁圆柱形,种皮褐色、灰褐色或棕黑色,稀具紫黑色斑点或花纹;种脐相当于种子周长 1/3～1/6,胚乳微量,子叶扁平、不出土。

【分类地位】被子植物门、双子叶植物纲、原始花被亚纲、蔷薇目、蔷薇亚目、豆科、蝶形花亚科、野豌豆族。

【种类】全属约有200种;中国有43种,5 变种;内蒙古有 16 种,3 变种,2 变种,其中 3 栽培种。

山野豌豆 *Vicia amoena*

多年生草本。植株被疏柔毛,稀近无毛。主根粗壮,须根发达。茎具棱,多分枝,细软,斜升或攀援。偶数羽状复叶,几无柄,顶端卷须有 2～3 个分支;托叶半箭头形,边缘有 3～4 裂齿;小叶 4～7 对,互生或近对生,椭圆形至卵披针形;先端圆,微凹,基部近圆形,上面被贴伏长柔毛,下面粉白色;沿中脉毛被较密,侧脉扇状展开直达叶缘。总状花序通常长于叶;花 10～20(～30) 朵密集着生于花序轴上部;花冠红紫色、蓝紫色或蓝色,花期颜色多变;花萼斜钟状,萼齿近三角形,上萼明显短于下萼齿;旗瓣倒卵圆形,先端微凹,瓣柄较宽,翼瓣与旗瓣近等长,瓣片斜倒卵形,龙骨瓣短于翼瓣;子房无毛,胚珠 6 颗,花柱上部四周被毛。荚果长圆形。两端渐尖,无毛。种子 1～6 粒,圆形;种皮革质,深褐色,具花斑;种脐内凹,黄褐色。花期 4～6 月,果期 7～10 月。

生于山地林缘、灌丛和广阔的草甸草原群落中。

产于内蒙古呼伦贝尔市、兴安盟、赤峰市、锡林郭勒盟、乌兰察布市、呼和浩特市;中国东北、华北、西北、华东、西南也产;朝鲜、日本、蒙古、俄罗斯也有分布。

野芝麻属——【学　名】*Lamium*

【蒙古名】ᠳᠠᠭᠠ ᠵᠢᠮᠢᠰᠤᠨ ᠦ ᠲᠥᠷᠥᠯ

【英文名】Deadnettle

【生活型】一年生或多年生草本。

【叶】叶圆形或肾形至卵圆形或卵圆状披针形，边缘具极深的圆齿或为牙齿状锯齿；苞叶与茎叶同形，比花序长许多。

【花】轮伞花序 4～14 朵花；苞片小，披针状钻形或线形，早落。花萼管状钟形至钟形，具 5 条肋及其间不明显的副脉或 10 条脉，外面多少被毛，喉部微倾斜或等齐，萼齿 5 个，近相等，锥尖，与萼筒等长或比萼筒长。花冠紫红、粉红、浅黄至污白色，通常较花萼长 1 倍，稀至 2 倍，外面被毛，内面在冠筒近基部有或无毛环，如有毛环，则为近水平向或斜向，冠筒直伸或弯曲，等大或在毛环上渐扩展，几膨胀，冠檐 2 唇形，上唇直伸，长圆形，先端圆形或微凹，多少盔状内弯，下唇向下伸展，3 裂，中裂片较大，倒心形，先端微缺或深 2 裂，侧裂片不明显的浅半圆形或浅圆裂片状，边缘常有 1 至多枚锐尖小齿。雄蕊 4 枚，前对较长，均上升至上唇片之下，花丝丝状，被毛，插生在花冠喉部，花药被毛，2 室，室水平叉开。花柱丝状，先端近相等 2 浅裂。花盘平顶，具圆齿。子房裂片先端截形，无毛或具疣，少数有膜质边缘。

【分类地位】被子植物门、双子叶植物纲、合瓣花亚纲、管状花目、唇形科、野芝麻亚科、野芝麻族、野芝麻亚族。

【种类】全属约有 40 种；中国有 3 种，4 变种；内蒙古有 1 种。

短柄野芝麻 *Lamium album*

多年生植物。四棱形，被刚毛状毛被或几无毛，中空。茎下部叶较小，茎上部叶卵圆形或卵圆状长圆形至卵圆状披针形，先端急尖至长尾状渐尖，基部心形，边缘具牙齿状锯齿，草质，上面橄榄绿色，被稀疏的贴生短硬毛，在叶缘上较密集，下面较淡，被稀疏的短硬毛，基部边缘具睫毛，苞叶叶状，近于无柄。轮伞花序 8～9 朵花；苞片线形，约为花萼长的 1/6。花萼钟形，基部有时紫红色，具疏刚毛及短硬毛，萼齿披针形，约为花萼长之半，先端具芒状尖，边缘具睫毛。花冠浅黄或污白色，外面被短柔毛，上部尤为密集，内面近基部有斜向的毛环，冠筒与花萼等长或超过之，喉部扩展，冠檐 2 唇形，上唇倒卵圆形，先端钝，3 裂，倒肾形，先端深凹，基部收缩，边缘具长睫毛，侧裂片圆形。雄蕊花丝扁平，上部被长柔毛，花药黑紫色，被有长柔毛。小坚果长卵圆形，几三棱状，深灰色，无毛，有小突起。花期 7～9 月，果期 8～10 月。

生于山地林缘草甸。产于内蒙古呼伦贝尔市、兴安盟、赤峰市、锡林郭勒盟；中国新疆、甘肃、山西也产；日本、蒙古、印度、伊朗以及欧洲、加拿大也有分布。

一叶萩属（叶底珠属）——【学　名】*Flueggea*

【蒙古名】ᠵᠢᠨᠳᠣ ᠶᠢᠨ ᠲᠥᠷᠥᠯ ᠤᠨ ᠲᠥᠷᠥᠯ

【英文名】Securinega

【生活型】灌木。

【茎】多分枝；小枝浅绿色，近圆柱形，有棱槽，有不明显的皮孔；全株无毛。

【叶】叶片纸质，椭圆形或长椭圆形，稀倒卵形，顶端急尖至钝，基部钝至楔形，全缘或间中有不整齐的波状齿或细锯齿，下面浅绿色；侧脉每边 5～8 条，两面凸起，网脉略明显；托叶卵状披针形，宿存。

【花】花小，雌雄异株，簇生于叶腋；雄花：3～18 朵簇生；萼片通常 5 个，椭圆形全缘或具不明显的细齿；雄蕊 5 枚，花药卵圆形；花盘腺体 4～7 个，退化雌蕊圆柱形，顶端 2～3 裂；雌花：萼片 5 个，椭圆形至卵形，近全缘，背部呈龙骨状凸起；花盘盘状，全缘或近全缘；子房卵圆形，3（～2）室，花柱 3 枚，分离或基部合生，直立或外弯。

【果实和种子】蒴果三棱状扁球形，成熟时淡红褐色，有网纹，3 片裂；果梗基部常有宿存的萼片；种子卵形而一侧扁压状，褐色而有小疣状凸起。花期 3～8 月，果期 6～11 月。

【分类地位】被子植物门、双子叶植物纲、原始花被亚纲、大戟目、大戟亚目、大戟科、叶下珠亚科、叶下珠族。

【种类】全属约有 12 种；中国有 4 种；内蒙古有 1 种。

一叶萩（叶底珠） *Flueggea suffruticosa*

灌木。多分枝；小枝浅绿色，近圆柱形，有棱槽，有不明显的皮孔；全株无毛。叶片纸质，椭圆形或长椭圆形，稀倒卵形，顶端急尖至钝，基部钝至楔形，全缘或间中有不整齐的波状齿或细锯齿，下面浅绿色；侧脉每边 5～8 条，两面凸起，网脉略明显；托叶卵状披针形，宿存。花小，雌雄异株，簇生于叶腋；雄花：3～18 朵簇生；萼片通常 5 个，椭圆形、全缘或具不明显的细齿；雄蕊 5 枚，花药卵圆形；花盘腺体 4～7 个，退化雌蕊圆柱形，顶端 2～3 裂；雌花：萼片 5 个，椭圆形至卵形，近全缘，背部呈龙骨状凸起；花盘盘状，全缘或近全缘；子房卵圆形，3（～2）室，花柱 3 枚，分离或基部合生，直立或外弯。蒴果三棱状扁球形，成熟时淡红褐色，有网纹，3 片裂；基部常有宿存的萼片；种子卵形而一侧扁压状，褐色而有小疣状凸起。花期 3～8 月，果期 6～11 月。

生于落叶阔叶林区及草原区的山地，多生于石质山坡及山地灌丛。产于内蒙古呼伦贝尔市、兴安盟、通辽市、赤峰市、锡林郭勒盟、乌兰察布市、鄂尔多斯市、巴彦淖尔市、呼和浩特市、包头市；中国的东北、华北、河南、陕西、四川也产；蒙古、俄罗斯、朝鲜、日本也有分布。

一枝黄花属——【学　名】*Solidago*

【蒙古名】ᠭᠠᠦᠣᠬᠠᠨ ᠴᠡᠴᠡᠭᠳᠦ ᠢᠢᠨ ᠲᠥᠷᠥᠯ

【英文名】Goldenrod

【生活型】多年生草本，少有半灌木。

【叶】叶互生。

【花】头状花序小或中等大小，异型，辐射状，多数在茎上部排列成总状花序、圆锥花序或伞房状花序或复头状花序。总苞狭钟状或椭圆状；总苞片多层，覆瓦状。花托小，通常蜂窝状。边花雌性，舌状1层，或边缘雌花退化而头状花序同型；盘花两性，管状，檐部稍扩大或狭钟状，顶端5齿裂。全部小花结实。花药基部钝；两性花花柱分枝扁平，顶端有披针形的附片。

【果实和种子】瘦果近圆柱形，有8～12条纵肋。冠毛多数，细毛状，1～2层，稍不等长或外层稍短。

【分类地位】被子植物门、双子叶植物纲、合瓣花亚纲、桔梗目、菊科、管状花亚科、紫菀族。

【种类】全属有120余种；中国有4种；内蒙古有1变种。

【注释】属名 Solidago 拉丁语植物原名。

兴安一枝黄花 *Solidago virgaurea var. dahurica*

多年生草本。根状茎平卧或斜生，须根多数。茎直立，不分枝。茎下部叶有长柄，基部楔形，下延至柄成翼，近无柄；茎上部叶向上渐尖，近无柄，卵形，先端长渐尖，基部狭楔形。头状花序多数，排列成密圆锥花序；花序较密，被短柔毛；花序梗短；具2～3个苞片，狭披针形或卵形；总苞片3层，覆瓦状排列，外层总苞片卵形，中、内层总苞片长圆形或长圆状披针形；边花1层，雌性，花冠舌状，黄色；中央花两性，花冠管状，先端5齿裂，花柱分枝披针形，先端渐尖，密被短毛。瘦果长圆形，中部以上或仅顶端被微毛，有时无毛；冠毛1层，白色，羽毛状。花果期7～9月。全草或根入药。

生于山地林缘、草甸、灌丛或路旁。产于内蒙古呼伦贝尔市、兴安盟、赤峰市、锡林郭勒盟、乌兰察布市；中国的东北、华北及新疆也产；蒙古、中亚、俄罗斯西伯利亚也有分布。

异蕊芥属——【学　名】*Dimorphostemon*

　　　　　　【蒙古名】ᠪᠣᠷᠠᠭ ᠣᠷᠭᠣᠮᠠᠯ ᠤᠨ ᠣᠪᠣᠭ

　　　　　　【英文名】Dimorphostemon

【生活型】一年生或二年生草本。

【茎】茎直立，单一或由基部呈铺散状分枝。

【叶】有时基部叶丛生，茎生叶通常无柄，边缘篦齿状分裂或羽状深裂。

【花】总状花序生枝顶，结果时延伸；萼片 4 个，内轮 2 个，基部略呈囊状，外轮 2 个扁平；花瓣白色或淡紫色，倒卵状楔形或宽楔形，具短爪；雄蕊分离，长雄蕊花丝由上至下渐扁平，花柱短，柱头短粗。

【果实和种子】长角果圆柱形，果瓣凸出。种子每室 1 行，褐色，椭圆形，顶端具膜质边缘或无边；子叶背倚或斜背倚胚根。

【分类地位】被子植物门、双子叶植物纲、原始花被亚纲、罂粟目、白花菜亚目、十字花科、南芥族。

【种类】全属有 3 种，1 变种；中国有 3 种；内蒙古有 2 种。

腺异蕊芥 *Dimorphostemon glandulosus*

　　一年生草本。茎多数呈铺散状分枝或直立，植株具腺毛和单毛。单叶互生，长椭圆形，边缘具 2～3 对篦齿状缺刻或羽状深裂，两面皆被黄色腺毛和白色单毛。总状花序生枝顶，花序短缩，结果时渐延长；萼片长椭圆形，具白色膜质边缘，背面常具白色单毛及腺毛，内轮 2 个，基部略呈囊状；花瓣宽楔形，顶端全缘，基部具短爪；长雄蕊花丝自顶端向下逐渐扩大，扁平，无齿。长角果圆柱形，具腺毛；果在总轴上斜上着生。种子每室 1 行，种子褐色而小，椭圆形，无膜质边缘；子叶斜背倚胚根。花果期 6～9 月。

　　生于海拔 1900～5100 米的高山草甸岩石边。产于内蒙古贺兰山；中国甘肃、宁夏、青海、新疆、四川、云南、西藏也产；俄罗斯、锡金也有分布。

异燕麦属——【学　名】*Helictotrichon*

【蒙古名】ᠬᠠᠷᠠᠭ ᠤᠨ ᠬᠣᠰᠢᠭᠤ

【英文名】Helictotrichon

【生活型】多年生草本。

【花】具开展或紧缩而有光泽的顶生圆锥花序;小穗含 2 至数朵小花,小穗轴节间具毛,脱节于颖之上及各小花之间;颖几相等,等长于或短于小花,具 1~5 条脉,边缘宽膜质;外稃成熟时下部质较硬,上部薄膜质,常浅裂为 2 尖齿,背部为圆形,具数脉,常于中部附近着生扭转膝曲的芒,基盘钝而具毛;内稃 2 条脊具纤毛;雄蕊 3 枚;子房有毛。

【分类地位】被子植物门、单子叶植物纲、禾本目、禾本科、早熟禾亚科、燕麦族。

【种类】全属约有 80 余种;中国有 14 种,2 变种;内蒙古有 4 种。

异燕麦 *Helictotrichon schellianum*

多年生草本。须根细弱。根茎明显或不甚明显。秆直立,少数,丛生,光滑无毛,通常具 2 节。叶鞘松弛,背部具脊,较粗糙;叶舌透明膜质,披针形;叶片扁平,两面均粗糙。圆锥花序紧缩,淡褐色,有光泽,分枝常孪生,粗糙,直立或稍斜升,具 1~4 个小穗;小穗含 3~6 朵小花(顶花退化),背面具柔毛;颖披针形,上端膜质,下部均具 3 条脉;外稃上部透明膜质,成熟后下部变硬且为褐色,具 9 条脉,第一外稃基盘具柔毛,芒自稃体中部稍上处伸出,粗糙,下部约 1/3 处膝曲,芒柱稍扁,扭转;内稃甚短于外稃,第一内稃脊上部具细纤毛;子房上部被短毛。花果期 7~9 月。

生于山地草原、林间及林缘草地。产于内蒙古呼伦贝尔市、兴安盟、赤峰市、锡林郭勒盟、呼和浩特市;中国东北、华北、甘肃、新疆、青海、四川、云南也产;蒙古、朝鲜、日本以及欧洲也有分布。

益母草属——【学　名】*Leonurus*

【蒙古名】ᠳᠣᠷᠣᠨᠢ ᠬᠥ ᠠ ᠶ᠋ᠢᠨ ᠡᠪᠡᠰᠦ

【英文名】Motherwort

【生活型】一年生、二年生或多年生直立草本。

【叶】叶3～5裂，下部叶宽大，近掌状分裂，上部茎叶及花序上的苞叶渐狭，全缘，具缺刻或3裂。

【花】轮伞花序多花密集，腋生，多数排列成长穗状花序；小苞片钻形或刺状，坚硬或柔软。花萼倒圆锥形或管状钟形，5条脉，齿5枚，近等大，不明显2唇形，下唇2齿较长，靠合，开展或不甚开展，上唇3齿直立。花冠白、粉红至淡紫色，冠筒比萼筒长，内面无毛环或具斜向或近水平向的毛环，在毛环上膨大或不膨大，冠檐2唇形，上唇长圆形、倒卵形或卵状圆形，全缘，直伸，外面被柔毛或无毛，下唇直伸或开张，有斑纹，3裂，中裂片与侧裂片等大，长圆状卵圆形，或中裂片大于侧裂片，微心形，边缘膜质，而侧裂片短小，卵形。雄蕊4枚，前对较长，开花时卷曲或向下弯，后对平行排列于上唇片之下，花药2室，室平行。花柱先端相等2裂，裂片钻形。花盘平顶。

【果实和种子】小坚果锐三棱形，顶端截平，基部楔形。

【分类地位】被子植物门、双子叶植物纲、合瓣花亚纲、管状花目、唇形科、野芝麻亚科、野芝麻族、野芝麻亚族。

【种类】全属约有(14～)20种；中国有12种，2变型；内蒙古有4种。

细叶益母草 *Leonurus sibiricus*

一年生或二年生草本。有圆锥形的主根。茎直立，钝四棱形，微具槽，有短而贴生的糙伏毛，单一，或多数从植株基部发出，或于茎上部稀在下部分枝。茎最下部的叶早落，中部的叶轮廓为卵形，基部宽楔形，掌状3全裂，裂片呈狭长圆状菱形，其上再羽状分裂成3裂的线状小裂片。轮伞花序腋生，多花，花时轮廓圆球形，向顶渐次密集组成长穗状；花萼管状钟形，外面在中部密被疏柔毛，内面无毛，脉5条，齿5枚，前2齿靠合，稍开张，后3齿较短；花冠粉红至紫红色，冠檐2唇形，上唇长圆形，直伸，内凹，全缘，外面密被长柔毛，下唇比上唇短1/4左右，外面疏被长柔毛，3裂；雄蕊4枚，前对较长，花丝丝状，扁平。花柱丝状，略超出雄蕊。子房褐色，无毛。小坚果长圆状三棱形，顶端截平，基部楔形，褐色。花期7～9月，果期9月。

生于石质丘陵、沙质草原、杂木林、灌丛、山地草甸。产于内蒙古呼伦贝尔市、兴安盟、通辽市、赤峰市、锡林郭勒盟、乌兰察布市、巴彦淖尔市、鄂尔多斯市、阿拉善盟；中国河北、山西、陕西也产；蒙古、俄罗斯也有分布。

薏苡属——【学　名】*Coix*

【蒙古名】ᠢᠣᠣᠳᠣ ᠢᠣᠣᠵᠣ (ᠢᠣᠣᠰᠢ) ᠲᠣ ᠢᠣᠣᠷᠣ

【英文名】Jobstears

【生活型】一年生或多年生草本。

【茎】秆直立,常实心。

【叶】叶片扁平宽大。

【花】总状花序腋生成束,通常具较长的总梗。小穗单性,雌雄小穗位于同一花序之不同部位;雄小穗含 2 朵小花,2～3 个生于一节,1 个无柄,1 或 2 个有柄,排列于一细弱而连续的总状花序之上部而伸出念珠状之总苞外;雌小穗常生于总状花序的基部而被包于一骨质或近骨质念珠状之总苞(系变形的叶鞘)内,雌小穗 2～3 个生于一节,常仅 1 个发育,孕性小穗之第一颖宽,下部膜质,上部质厚渐尖;第二颖与第一外稃较窄;第二外稃及内稃膜质;柱头细长,自总苞之顶端伸出。

【果实和种子】颖果大,近圆球形。

【分类地位】被子植物门、单子叶植物纲、禾本目、禾本科、黍亚科、玉蜀黍族。

【种类】全属约有 10 种;中国有 5 种,2 变种;内蒙古有 1 种。

薏苡 *Coix lacryma-jobi*

　　一年生粗壮草本,须根黄白色,海绵质。秆直立丛生,具 10 多节,节多分枝。叶鞘短于其节间,无毛;叶舌干膜质;叶片扁平宽大,开展,基部圆形或近心形,中脉粗厚,在下面隆起,边缘粗糙,通常无毛。总状花序腋生成束,直立或下垂,具长梗。雌小穗位于花序之下部,外面包以骨质念珠状之总苞,总苞卵圆形,珐琅质,坚硬,有光泽;第一颖卵圆形,顶端渐尖呈喙状,具 10 余条脉,包围着第二颖及第一外稃;第二外稃短于颖,具 3 条脉,第二内稃较小;雄蕊常退化;雌蕊具细长之柱头,从总苞之顶端伸出,颖果小,含淀粉少,常不饱满,雄小穗 2～3 对,着生于总状花序上部;无柄雄小穗第一颖草质,边缘内折成脊,具有不等宽之翼,顶端钝,具多数脉,第二颖舟形;外稃与内稃膜质;第一及第二小花常具雄蕊 3 枚,花药橘黄色;有柄雄小穗与无柄者相似,或较小而呈不同程度的退化。内蒙古有栽培。

翼萼蔓属——【学　名】*Pterygocalyx*

【蒙古名】ᠪᠦᠷᠢᠯᠡᠭᠦᠷᠲᠦ ᠡᠪᠡᠰᠦ ᠶᠢᠨ ᠲᠦᠷᠦᠯ

【英文名】Pterygocalyx

【生活型】草本植物。

【茎】茎缠绕。

【叶】单叶对生,叶全缘,叶脉 1～3 条,具短叶柄。

【花】花单生或成聚伞花序;花萼钟形,4 裂,萼筒具 4 个宽翅;花冠筒状,4 裂,裂片间无褶;雄蕊 4 枚,着生于花冠筒上与裂片互生;雌蕊具柄,子房 1 室、胚珠多数。

【果实和种子】蒴果 2 瓣开裂;种子多数,盘状,具翅。

【分类地位】被子植物门、双子叶植物纲、合瓣花亚纲、捩花目、龙胆科、龙胆亚科、龙胆族、龙胆亚族。

【种类】全属仅有 1 种;中国有 1 种;内蒙古有 1 种。

翼萼蔓 *Pterygocalyx volubilis*

一年生草本植物。茎缠绕、蔓生、线状,有细条棱,通常无分枝。叶质薄,披针形、卵状披针形或狭披针形,先端渐尖,基部宽楔形,边缘全缘,微粗糙,叶脉 1～3 条,下面中脉明显,叶柄宽扁,基部抱茎。花腋生或顶生,1～3 朵,单生或呈聚伞花序,具披针形苞片或否;花梗纤细,通常比叶短;花萼膜质,钟形,萼筒长 1 厘米,沿脉具 4 个宽翅,裂片披针形;花冠蓝色,裂片矩圆形,先端圆形;雄蕊着生于花冠筒中部,花丝丝状,花药卵形;子房椭圆形,稍扁,具短柄,花柱短,柱头 2 裂,呈半圆状扇形,先端鸡冠状。蒴果椭圆形,具短柄;种子褐色,椭圆形,具宽翅,表面具蜂窝状网纹。花果期 8～9 月。

生于白桦、山杨林下。产于内蒙古乌兰察布市、阿拉善盟、呼和浩特市、包头市;中国吉林、河北、河南、山西、陕西、青海、湖北、四川、云南也产;朝鲜、日本、俄罗斯也有分布。

虉草属 —— 【学　名】*Phalaris*

【蒙古名】ᠣᠵᠢᠨ ᠲᠥᠪᠥᠭᠡ ᠶᠢᠨ ᠡᠪᠡᠰᠦ

【英文名】Canarygrass

【生活型】一年生或多年生草本。

【花】圆锥花序紧缩成穗状；小穗两侧压扁，含 1 朵两性小花及附于其下的 2（有时为 1）朵退化为线形或鳞片状外稃；小穗轴脱节于颖之上，通常不延伸或很少延伸于内稃之后；颖草质，等长，披针形，有 3 条脉，主脉成脊，脊常有翼；可育花的外稃短于颖，软骨质，无芒，有 5 条不明显的脉，内稃与外稃同质；鳞被 2 枚；子房光滑；花柱 2 枚；雄蕊 3 枚。

【果实和种子】颖果紧包于稃内。

【分类地位】被子植物门、单子叶植物纲、禾本目、禾本科、早熟禾亚科、虉草族。

【种类】全属约有 20 种；中国有 1 种，1 变种；内蒙古有 1 种。

虉草 *Phalaris arundinacea*

多年生，有根茎。秆通常单生或少数丛生，有 6~8 节。叶鞘无毛，下部者长于而上部者短于节间；叶舌薄膜质；叶片扁平，幼嫩时微粗糙。圆锥花序紧密狭窄，分枝直向上举，密生小穗；小穗无毛或有微毛；颖沿脊上粗糙，上部有极狭的翼；孕花外稃宽披针形，上部有柔毛；内稃舟形，背具 1 条脊，脊的两侧疏生柔毛；不孕外稃 2 枚，退化为线形，具柔毛。

生于河滩草甸、沼泽草甸、水湿处。产于内蒙古呼伦贝尔市、兴安盟、乌兰察布市、大青山；中国东北、华北、华中、江苏、浙江也产；世界温带地区也有分布。

阴山荠属——【学　名】*Yinshania*

【蒙古名】ᠶᠢᠨ ᠱᠠᠨ ᠤ ᠴᠠᠭᠠᠨ ᠡᠪᠡᠰᠦ

【英文名】*Yinshania*

【生活型】一年生草本。

【茎】茎直立,上部分枝多。

【叶】叶羽状全裂或深裂,具柄。

【花】萼片展开,基部不成囊状;花瓣白色,倒卵状楔形;雄蕊离生;侧蜜腺三角状卵形,外侧汇合成半环形,向内开口,另一端延伸成小凸起,中蜜腺无。

【果实和种子】短角果披针状椭圆形,开裂,果瓣舟状。种子每室1行,卵形,表面具细网纹,遇水有胶粘物质;子叶背倚胚根或斜背倚胚根。

【分类地位】被子植物门、双子叶植物纲、原始花被亚纲、罂粟目、白花菜亚目、十字花科、大蒜芥族、播娘蒿亚族。

【种类】全属有1种;中国有1种;内蒙古有1种。

阴山荠 *Yinshania albiflora*

一年生草本。全株被单毛或近无毛。茎直立,上部分枝,具纵棱。叶片卵形、长圆形或宽卵形,羽状深裂或全裂,侧裂片1~4对,裂片倒卵状披针形,椭圆形或长圆形,全缘,具粗牙齿或具缺刻状浅裂。花序伞房状,果期极伸长,丝状;萼片长圆状椭圆形,顶端圆形,具微齿;花瓣白色,倒卵形,顶端圆形,基部楔形成短爪;子房被单毛,通常胚珠16颗。短角果披针状椭圆形,被单毛或近无毛;果梗丝状,近水平展开或稍向上。种子每室1行,种子卵形,棕褐色。花期7~9月。

生于山地草甸、沟谷溪边、山麓村舍附近。产于内蒙古包头市、乌海市、巴彦淖尔市、阿拉善盟;中国河北、陕西、甘肃也产;

阴行草属——【学　名】*Siphonostegia*

【蒙古名】ᠢᠨ᠎ᠠ ᠰᠢᠩ ᠼᠣᠣ ᠶᠢᠨ ᠲᠦᠷᠦᠯ

【英文名】siphonostegia

【生活型】一年生高大草本。

【茎】直立；主根多短缩，或不发达，具多数散生侧根。茎中空，基部多少木质化，上部常多分枝，分枝对生，细长。

【叶】叶对生，或土部的为假对生，全部为茎出，茂密，下部者常早枯，无柄或有短柄；叶片轮廓为长卵形而亚掌状羽状 3 深裂，侧裂仅外缘有小裂或缺刻状齿，或为广卵形而 2 回羽状全裂，裂片细长，全缘。

【花】总状花序生于茎枝顶端，有时极长；花对生，疏稀。苞片不裂或叶状而具深裂；花梗短，顶端具 1 对线状披针形小苞片；萼管筒状钟形而长，具 10 条脉，齿 5 枚，近于相等；花冠 2 唇形，花管细而直，上部稍膨大，与萼管等长或稍超出，盔（上唇）略作镰状弓曲，额部圆，顶端向前下方成针截形，在截头的上角或下角有短齿 1 对，下唇约与上唇等长，3 裂，雄蕊 2 枚强，前方的一对花丝较短。房 2 室，具中轴胎座，胚珠多数，柱头头状，顶端不凹或微凹，花柱同雄蕊稍外伸。

【果实和种子】蒴果黑色，卵状长椭圆形，被包于宿存的萼管内；种子多数，长卵圆形，种皮沿一侧具一条多少龙骨状而肉质透明的厚翅，其翅的顶端常向后卷曲，此外尚有纵行的凸脉 5 条，及若干横行凸脉形成网眼状表面。

【分类地位】被子植物门、双子叶植物纲、合瓣花亚纲、管状花目、玄参科。

【种类】全属有 4 种；中国有 2 种；内蒙古有 1 种。

771

阴行草 *Siphonostegia chinensis*

一年生草本，直立。茎基部常有少数宿存膜质鳞片。叶对生，全部为茎出，叶片基部下延，密被短毛。花构成疏稀的总状花序；苞片叶状，较萼短；花梗短，线形；雄蕊 2 枚强，着生于花管的中上部，前方一对花丝较短，着生的部位较高，2 对花栋下部被短纤毛，花药 2 室，长椭圆形，背着，纵裂，开裂后常成新月形弯曲；子房长卵形，柱头头状，常伸出于盔外。蒴果被包于宿存的萼内，约与萼管等长，披针状长圆形，顶端稍偏斜，有短尖头，黑褐色，稍具光泽，并有 10 条不十分明显的纵沟；种子多数，黑色，长卵圆形。花期 6～8 月，果期 8～9 月。

生于山坡与草地上。产于内蒙古呼伦贝尔市、兴安盟、通辽市、赤峰市、锡林郭勒盟、呼和浩特市；中国各地也产；朝鲜、日本、俄罗斯也有分布。

银莲花属──【学　名】*Anemone*

【蒙古名】ᠬᠢᠮᠣᠷ ᠴᠠᠭᠠᠨ ᠴᠡᠴᠡᠭ ᠤᠨ ᠲᠥᠷᠥᠯ

【英文名】Windflower

【生活型】多年生草本。

【茎】有根状茎。

【叶】叶基生,少数至多数,有时不存在,或为单叶,有长柄,掌状分裂,或为三出复叶,叶脉掌状。

【花】花葶直立或渐升;花序聚伞状或伞形,或只有1朵花;苞片或数个,对生或轮生,形成总苞,与基生叶相似,或小,掌状分裂或不分裂,有柄或无柄。花规则,通常中等大。萼片5至多数,花瓣状,白色、蓝紫色。花瓣不存在。雄蕊通常多数,花丝丝形或线形。心皮多数或少数,子房有毛或无毛,有1颗下垂的胚珠,花柱存在或不存在,柱头组织生花柱腹面或形成明显的球状柱头。

【果实和种子】瘦果卵球形或近球形,少有两侧扁。

【分类地位】被子植物门、双子叶植物纲、原始花被亚纲、毛茛目、毛茛科、毛茛亚科、银莲花族、银莲花亚族。

【种类】全属约有150种;中国约有52种;内蒙古有5种,1亚种,1变种,1变型。

大花银莲花 *Anemone silvestris*

多年生草本。根状茎横走或直生,生多数须根,暗褐色。基生叶2~5片,被长柔毛;叶片心状五角形,3全裂,中全裂片近无柄或有极短柄,菱形或倒卵状菱形,三裂近中部,2回裂片不分裂或浅裂,有稀疏牙齿,侧全裂片斜扇形,2深裂,表面近无毛,背面沿脉疏被短柔毛。总苞片3个,具柄,柄与叶同形;花单生于花葶顶端,被柔毛;花大型;萼片5个,里面白色,无毛,外面白色微带紫色,被曲柔毛或仅中部被毛,椭圆形或倒卵形;无花瓣;雄蕊多数,花药椭圆形,顶端有小短尖头,花丝丝形;花托近球形,与雄蕊等长;心皮多数,约180~240枚,子房密被短柔毛,柱头球形,无柄。聚合果密集呈棉团状;瘦果有短柄,密被白色长绵毛。5~6月开花。

生于山地林下、林缘、灌丛及沟谷草甸。产于内蒙古呼伦贝尔市、兴安盟、赤峰市、锡林郭勒盟、呼和浩特市、包头市;中国辽宁、吉林、黑龙江、河北、新疆也产;蒙古、欧洲也有分布。

银穗草属 ——【学　名】*Leucopoa*

【蒙古名】ᠴᠠᠭᠠᠨ ᠲᠣᠯᠣᠭᠠᠢᠲᠤ ᠡᠪᠡᠰᠦ ᠶᠢᠨ ᠲᠦᠷᠦᠯ

【英文名】Silverspikegrass

【生活型】多年生草本。

【茎】秆直立,丛生。

【叶】叶鞘密集,枯后宿存包围着茎基;叶舌短,不具叶耳;叶片质硬,常内卷直伸。

【花】顶生圆锥花序较紧缩或开展,具较少小穗,小穗含 3～6(～9)朵小花,(雌花中含不育雄蕊,雄花中含不育雌蕊);小穗轴粗糙,脱节于颖之上与小花间;颖质地薄,常透明膜质,两颖不相等,均短于第一小花,具中脉与不明显侧脉,无毛;外稃膜质,具 5 条脉,中脉成脊,间脉不明显,粗糙或被微毛,无芒;内稃膜质,顶端钝或有不规则齿裂,两脊粗厚,具细刺状纤毛。

【果实和种子】颖果顶端有柔毛。染色体大型,x＝7。

【分类地位】被子植物门、单子叶植物纲、禾本目、禾本科、早熟禾亚科、早熟禾族。

【种类】全属约有 15 种;中国有 7 种;内蒙古有 1 种。

银穗草 *Leucopoa albida*

　　多年生草本。密丛型,雌雄异株。秆直立,具 2～3 节,基部宿存撕裂成纤维状褐色叶鞘。叶鞘贴生伏毛;叶舌平滑极短,具纤毛;叶片质硬,向上直伸,上面粗糙或下面较平滑。圆锥花含 10～20 个小穗,疏松,分枝粗糙,孪生,紧缩;小穗含 3～5 朵花,淡绿色带褐色;小穗轴节粗糙;颖具脊,半透明薄膜质,有光泽,第一颖卵状披针形,具 1 条脉,第二颖具 3 条脉;外稃具 5 条脉,间脉不明显,中脉多少成脊,边缘宽膜质,先端稍钝,或有不规则细齿裂,背部微粗糙;内稃稍长于外稃,两脊具小纤毛粗糙,先端微齿状;子房上部具短毛。颖果具腹沟与内稃粘合。花果期 6～9 月。

　　生于森林草原带和草原带的山地和阳坡。产于内蒙古呼伦贝尔市、兴安盟、赤峰市、锡林郭勒盟、呼和浩特市;中国东北、河北也产;俄罗斯、日本、蒙古也有分布。

隐花草属——【学　名】*Crypsis*

　　　　　　　【蒙古名】ᠬᠠᠭᠤᠷᠠᠢ ᠴᠡᠴᠡᠭᠲᠦ ᠡᠪᠡᠰᠦᠨ ᠦ ᠲᠥᠷᠥᠯ

　　　　　　　【英文名】Pricklegrass

【生活型】一年生草本。

【花】圆锥花序短,紧缩呈穗状,下托以膨大的叶鞘及退化的叶片;小穗含 1 朵小花,脱节于颖之下;颖约相等,狭窄,锐尖;外稃较宽,质薄,具 1 条脉,稍长于颖或较短;内稃与外稃近等长,具 2 条脉,易自脉间分裂。

【果实和种子】颖果成熟时仍包藏在内、外稃间不脱出;种子与果皮贴生,成熟时也不分离。

【分类地位】被子植物门、单子叶植物纲、禾本目、禾本科、画眉草亚科、鼠尾粟族、鼠尾粟亚族。

【种类】本属约有 12 种;中国有 2 种;内蒙古有 1 种。

羽毛荸荠 *Heleocharis wichurai*

　　一般无匍匐根状茎,但有时具短的匍匐根状茎。秆少数,丛生,锐四棱柱状,细弱,光滑,无毛,灰绿色,在秆的基部有 1～2 个叶鞘;鞘带红色或紫红色,顶端向一面深裂因而鞘口很斜。小穗卵形、长圆形或披针形,顶端急尖,稍斜生,初近褐色。后期苍白色,有多数花。在小穗基部的 2 个鳞片中空无花,对生,最下的一片抱小穗基部几一周,其余鳞片紧密地螺旋状排列,全有花,长圆形或椭圆形,顶端钝圆,膜质,舟状,背部淡绿色,中脉一条细而不明显,两侧有带锈色条纹,边缘为宽干膜质;下位刚毛 6 条,或多或少与小坚果(连花柱基在内)等长,锈褐色,密生疏柔毛,毛白色,倒向或平展,软弱,羽毛状或近似鸡毛掸;柱头 3 枚。小坚果倒卵形或宽倒卵形,微扁,钝三棱形,腹面微凸,背面十分隆起,淡橄榄色,后期淡褐色;花柱基异常膨大,圆锥形至长圆形,顶端急尖或钝,有时截形,扁,白色,密布乳头状突起。花果期 7 月。

　　生于水边草丛中,海拔 1680 米。产于甘肃、河北、山东、浙江等省;分布于朝鲜、苏联远东地区和日本。

隐子草属——【学　名】*Cleistogenes*

【蒙古名】ᠬᠣᠣᠷᠮᠠᠭ ᠦᠪᠡᠰᠦ ᠶᠢᠨ ᠲᠦᠷᠦᠯ

【英文名】Hideseedgrass

【生活型】多年生草本。

【茎】秆常具多节。

【叶】叶片线形或线状披针形,扁平或内卷,质较硬,与鞘口相接处有一横痕,易自此处脱落;叶鞘内常有隐生小穗。

【花】圆锥花序狭窄或开展,常具少数分枝;小穗含 1 至数朵小花,两侧压扁,具短柄;2 颖不等长,质薄,近膜质,第一颖常具 1 条脉或稀无脉,第二颖具 3～5 条脉,先端尖或钝;外稃常具 3～5 条脉,灰绿色被深绿色的花纹,亦常带紫色,先端具细短芒或小尖头,两侧具 2 枚微齿,稀不裂而渐尖,无毛或边缘疏生柔毛;基盘短钝,具短毛;内稃稍长于或短于外稃,具 2 条脊,雄蕊 3 枚,花药线形;柱头羽毛状,紫色。

【分类地位】被子植物门、单子叶植物纲、禾本目、禾本科。

【种类】全属有 20 余种;中国有 12 种,2 变种;内蒙古有 8 种,2 变种。

糙隐子草 *Cleistogenes squarrosa*

多年生草本。植株通常秋后由绿色常呈红褐色。秆直立或铺散,密丛,纤细,具多节,干后常成蜿蜒状或回旋状弯曲,植株绿色,秋季经霜后常变成紫红色。叶鞘多长于节间,无毛,层层包裹直达花序基部;叶舌具短纤毛;叶片线形,扁平或内卷,粗糙。圆锥花序狭窄;小穗含 2～3 朵小花,绿色或带紫色;颖具 1 条脉,边缘膜质;外稃披针形,具 5 条脉;先端常具较稃体为短或近等长的芒。花果期 7～9 月。

生于干旱草原、丘陵坡地、沙地以及固定或半固定沙丘、山坡等处。产于内蒙古各地;中国甘肃、河北、黑龙江、吉林、辽宁、宁夏、青海、陕西、山东、陕西、新疆也产;哈萨克斯坦、蒙古、俄罗斯以及亚洲西南部的高加索地区也产。

罂粟科——【学　名】*Papaveraceae*

【蒙古名】ᠢᠯᠡᠲᠦ ᠵᠢᠷᠭᠢ ᠶᠢᠨ ᠣᠪᠣᠭ

【英文名】Poppy

【生活型】草本或稀为亚灌木、小灌木或灌木,极稀乔木状(但木材软),一年生、二年生或多年生。

【根】主根明显,稀纤维状或形成块根,稀有块茎。

【茎】无毛或被长柔毛,有时具刺毛,常有乳汁或有色液汁。

【叶】基生叶通常莲座状,茎生叶互生,稀上部对生或近轮生状,全缘或分裂,有时具卷须,无托叶。

【花】花单生或排列成总状花序、聚伞花序或圆锥花序。花两性,规则的辐射对称至极不规则的两侧对称;萼片2个或不常为3~4个,通常分离,覆瓦状排列,早脱;花瓣通常2倍于花萼,4~8片(有时近12~16片)排列成2轮,稀无,覆瓦状排列,芽时皱褶,有时花瓣外面的2枚或1枚呈囊状或成距,分离或顶端粘合,大多具鲜艳的颜色,稀无色;雄蕊多数,分离,排列成数轮,源于向心系列,或4枚分离,或6枚合成2束,花丝通常丝状,或稀翅状或披针形或3深裂,花药直立,2室,药隔薄,纵裂,花粉粒2或3核,3至多孔,少为2孔,极稀具内孔;子房上位,2至多数合生心皮组成,标准的为1室,侧膜胎座,心皮于果时分离,或胎座的隔膜延伸到轴而成数室,或假隔膜的连合而成2室,胚珠多数。

【果实和种子】果为蒴果,瓣裂或顶孔开裂,稀成熟心皮分离开裂或不裂或横裂为单种子的小节,稀有蓇葖果或坚果。种子细小,球形、卵圆形或近肾形。

【种类】全科有38属,700多种;中国有18属,362种;内蒙古有4属,11种,10变种。

罂粟科 Papaveraceae Juss. 是法国植物学家 Antoine Laurent de Jussieu(1748—1836)于 1789 年在"Genera plantarum 235—236"(Gen. Pl.)中建立的植物科,模式属为罂粟属(Papaver)。

在恩格勒系统(1964)中,罂粟科隶属原始花被亚纲(Archichlamydeae)、罂粟目(Papaverales)、罂粟亚目(Papaverineae),本目含罂粟科、白花菜科(Capparaceae)、十字花科(Cruciferae)等 6 个科。在哈钦森系统(1959)中,罂粟科隶属双子叶植物草本支(Herbaceae)、罂粟目,含罂粟科和紫堇科(Fumariaceae)2 个科,认为本目与毛茛目(Ranales)有密切联系。在塔赫他间系统(1980)中,罂粟科隶属毛茛亚纲(Ranunculidae)、罂粟目,只含 1 个科,认为罂粟目很接近毛茛目。在克朗奎斯特系统(1981)中,罂粟科隶属木兰亚纲(Magnoliidae)、罂粟目,含罂粟科和紫堇科 2 个科,认为罂粟目起源于毛茛目。

紫堇科 Fumariaceae Marquis,又名荷包牡丹科,是法国植物学家 Alexandre Louis Marquis(1777—1828)于 1820 年在"Esquisse du Règne Végétal 50"(Esq. Règne Vég.)上发表的植物科,模式属为 Fumaria(烟堇属,球果紫堇属)。Fumariaceae DC. 是瑞士植物学家 Augustin Pyramus de Candolle(1778—1841)于 1821 年在"Syst. Nat. 2"上发表的植物科,时间比 Fumariaceae Marquis 晚。哈钦森系统(1959)和克朗奎斯特系统(1981)承认由罂粟科分出的紫堇科。

罂粟属——【学　名】*Papaver*

【蒙古名】ᠲᠣᠣᠷᠠᠢ ᠶᠢᠨ ᠲᠥᠷᠥᠯ

【英文名】Poppy

【生活型】一年生、二年生或多年生草本,稀亚灌木。

【根】根纺锤形或渐狭,单式。

【茎】茎1或多,圆柱形,不分枝或分枝,极缩短或延长,直立或上升,通常被刚毛,稀无毛,具乳白色、恶臭的液汁,具叶或不具叶。

【叶】基生叶形状多样,羽状浅裂、深裂、全裂或2回羽状分裂,有时为各种缺刻、锯齿或圆齿,极稀全缘,表面通常具白粉,两面被刚毛,具叶柄;茎生叶若有,则与基生叶同形,但无柄,有时抱茎。

【花】花单生,稀为聚伞状总状花序;具总花梗或有时为花葶,延长,直立,通常被刚毛。花蕾下垂,卵形或球形;萼片2个,极稀3个,开花前即脱落,大多被刚毛;花瓣4片,极稀5或6片,着生于短花托上,通常倒卵形,2轮排列,外轮较大,大多红色,稀白色、黄色、橙黄色或淡紫色,鲜艳而美丽,常早落;雄蕊多数,花丝大多丝状,白色、黄色、绿色或深紫色,花药近球形或长圆形;子房1室,上位,通常卵珠形,稀圆柱状长圆形,心皮4～8枚,连合,被刚毛或无毛,胚珠多数,花柱无,柱头4～18枚,辐射状,连合成扁平或尖塔形的盘状体盖于子房之上;盘状体边缘圆齿状或分裂。

【果实和种子】蒴果狭圆柱形、倒卵形或球形,被刚毛或无毛,稀具刺,明显具肋或无肋,于辐射状柱头下孔裂。种子多数,小,肾形,黑色、褐色、深灰色或白色,具纵向条纹或蜂窝状;胚乳白色、肉质且富含油分;胚藏于胚乳中。

【分类地位】被子植物门、双子叶植物纲、原始花被亚纲、罂粟目、罂粟亚目、罂粟科、罂粟亚科、罂粟族。

【种类】全属约有100种;中国有7种,3变种,3变型;内蒙古有1种,5变种。

野罂粟 *Papaver nudicaule*

多年生草本。主根圆柱形。根茎短。叶全部基生,叶片轮廓卵形至披针形,羽状浅裂、深裂或全裂。花葶1至数枚,圆柱形,直立,密被或疏被斜展的刚毛。花单生于花葶先端;花瓣4片,淡黄色、黄色或橙黄色,稀红色;雄蕊多数,花丝钻形;子房倒卵形至狭倒卵形,密被紧贴的刚毛,柱头4～8枚,辐射状。蒴果狭倒卵形、倒卵形或倒卵状长圆形,密被紧贴的刚毛,具4～8条淡色的宽肋;柱头盘平扁,具疏离、缺刻状的圆齿。种子多数,近肾形,小,褐色,表面具条纹和蜂窝小孔穴。花果期5～9月。

生于山地林缘、草甸、草原、固定沙丘。产于内蒙古包头市;中国东北、河北、山西也产;蒙古、俄罗斯也有分布。

鹰嘴豆属——【学　名】*Cicer*

【蒙古名】ᠢᠰᠠᠬᠣᠣᠷᠬ ᠪᠣᠷᠴᠠᠭ ᠦᠨ ᠲᠥᠷᠥᠯ

【英文名】Chickpea

【生活型】多年生或一年生草本。

【叶】叶无叶枕,无托叶,互生,2 列,奇数羽状复叶有时叶轴末端成卷须或刺;小叶 3 至多数,具锯齿,直行脉。

【花】花单生或成具 2～5 朵花的腋生总状花序;翼瓣与龙骨瓣分离;雄蕊二体,旗瓣花丝圆柱状;全部或大部花丝先端膨大;花药等大,全部丁字着生或交互丁字着生底着生。花柱圆柱形,无毛,弯曲;柱头顶生。

【果实和种子】荚果膨胀大,含种子 1～10 粒,被腺毛;种子具喙,2 裂至近球形;种皮平滑到具疣状突起或具刺;维管束延伸过合点,有分枝;无胚乳;胚根短,苗留土;胚根和下胚轴 4 原型;根和茎之间的转变区是在下胚轴。第一片鳞叶生自胚芽一侧。

【分类地位】被子植物门、双子叶植物纲、原始花被亚纲、蔷薇目、蔷薇亚目、豆科、蝶形花亚科、鹰嘴豆族。

【种类】全属约有 40 种;中国有 2 种;内蒙古有 1 栽种培。

鹰嘴豆 *Cicer arietinum*

　　一年生草本或多年生攀缘草本。茎直立,多分枝,被白色腺毛。托叶呈叶状,或具 3～5 个不整齐的锯齿或下缘有疏锯齿;叶具小叶 7～17 片,对生或互生,狭椭圆形,边缘具密锯齿,两面被白色腺毛。花于叶腋单生或双生,花冠白色或淡蓝色、紫红色,有腺毛;萼浅钟状,5 裂,裂片披针形,被白色腺毛。荚果卵圆形,膨胀,下垂,幼时绿色,成熟后淡黄色,被白色短柔毛和腺毛,有种子 1～4 粒。种子被白色短柔毛,黑色或褐色,具皱纹,一端具细尖。花期 6～7 月,果期 8～9 月。

　　内蒙古西部地区有栽培;中国甘肃、青海、陕西、山西、河北等地也有栽培。

莸属——【学　名】*Caryopteris*

【蒙古名】ᠬᠥᠬᠡ ᠰᠠᠬᠠᠯᠲᠤ ᠢᠢᠨ ᠲᠥᠷᠥᠯ

【英文名】Bluebeard

【生活型】直立或披散灌木,很少草本。

【叶】单叶对生,全缘或具齿,通常具黄色腺点。

【花】聚伞花序腋生或顶生,常再排列成伞房状或圆锥状。很少单花腋生;萼宿存,钟状,通常5裂,偶有4裂或6裂,裂片三角形或披针形,结果时略增大;花冠通常5裂,3唇形,下唇中间1枚裂片较大,全缘至流苏状;雄蕊4枚,2枚长2枚短,或几等长,伸出于花冠管外,花丝通常着生于花冠管喉部;子房不完全4室,每室具1颗胚珠,胚珠下垂或倒生;花柱线形,柱头2裂。

【果实和种子】蒴果小,通常球形,成熟后分裂成4个多少具翼或无翼的果瓣。瓣缘锐尖或内弯,腹面内凹成穴而抱着种子。

【分类地位】被子植物门、双子叶植物纲、合瓣花亚纲、管状花目、马鞭草科、莸亚科。

【种类】全属约有15种;中国有13种,2变种,1变型;内蒙古有1种。

蒙古莸 *Caryopteris mongholica*

落叶小灌木。常自基部即分枝;嫩枝紫褐色,圆柱形,有毛,老枝毛渐脱落。叶片厚纸质,线状披针形或线状长圆形,全缘,很少有稀齿,表面深绿色,稍被细毛,背面密生灰白色绒毛。聚伞花序腋生,无苞片和小苞片;花萼钟状,外面密生灰白色绒毛,深5裂,裂片阔线形至线状披针形;花冠蓝紫色,外面被短毛,5裂,下唇中裂片较长且大,边缘流苏状,花冠管内喉部有细长柔毛;雄蕊4枚,几等长,与花柱均伸出花冠管外;子房长圆形,无毛,柱头2裂。蒴果椭圆状球形,无毛,果瓣具翅。花果期8~10月。

生于草原带的石质山坡、沙地、干河床及沟谷。产于内蒙古呼伦贝尔市、锡林郭勒盟、乌兰察布市、呼和浩特市、鄂尔多斯市、巴彦淖尔市、阿拉善盟;中国甘肃、河北、山西、陕西也产;蒙古也有分布。

779

内蒙古种子植物科属词典

莠竹属——【学　名】*Microstegium*

【蒙古名】ᠮᠣᠩᠭᠣᠯ ᠦᠨ ᠡᠪᠡᠰᠦ

【英文名】Microstegium

【生活型】多年生或一年生蔓性草本。

【茎】秆多节,下部节着土后易生根,具分枝。

【叶】叶片披针形,质地柔软,基部圆形,有时具柄。

【花】总状花序数个至多数呈指状排列,稀为单生。小穗两性,孪生,一有柄,一无柄,偶有两者均具柄,无柄小穗连同穗轴节间及小穗柄一并脱落,有柄小穗自柄上掉落,基盘具毛;两颖等长于小穗,纸质,第一颖具4~6条脉,边缘内折成2脊,脊上具纤毛或粗糙,背部扁平或有纵长凹沟;第二颖舟形,具1~3条脉,中脉成脊,顶端尖或具短芒;第一小花雄性,第一外稃常不存在;第一内稃稍短于颖或不存在;第二外稃微小,顶端2裂或全缘,芒扭转膝曲或细直;鳞被2枚,楔形;柱头帚刷状,自小穗上部之两侧伸出。

【果实和种子】颖果长圆形,胚长约为果体之1/3,种脐点状。

【分类地位】被子植物门、单子叶植物纲、禾本目、禾本科、黍亚科、高粱族、甘蔗亚族。

【种类】全属有40种;中国有16种;内蒙古有1变种。

柔枝莠竹 *Microstegium vimineum*

　　一年生草本。秆下部匍匐地面,节上生根,多分枝,无毛。叶鞘短于其节间,鞘口具柔毛;叶舌截形,背面生毛;叶片边缘粗糙,顶端渐尖,基部狭窄,中脉白色。总状花序2~6枚,近指状排列于主轴上,总状花序轴节间稍短于其小穗,较粗而压扁,生微毛,边缘疏生纤毛;无柄小穗基盘具短毛或无毛;第一颖披针形,纸质,背部有凹沟,贴生微毛,先端具网状横脉,沿脊有锯齿状粗糙,内折边缘具丝状毛,顶端尖或有时具2枚齿;第二颖沿中脉粗糙,顶端渐尖,无芒;雄蕊3枚。颖果长圆形。

　　生于阴湿的沟谷。产于内蒙古大青沟国家级自然保护区;中国吉林、山西、陕西、西南、华南、华东、台湾也产;朝鲜、日本、印度以及东南亚也有分布。

鼬瓣花属——【学　名】*Galeopsis*

【蒙古名】ᠬᠡᠮᠡᠬᠡᠢ ᠶᠢᠨ ᠲᠥᠷᠥᠯ

【英文名】Hempnettle

【生活型】一年生直立草本。

【茎】叉开分枝,或植株下部匍匐,无毛或大都被毛。

【叶】叶卵状披针形或披针形,边缘具齿,具柄。

【花】轮伞花序 6 至多花,腋生,远离,或于茎、枝顶端聚生一起;小苞片细小,线形或披针形。花白、淡黄至紫色,常具斑纹,无梗。花萼管状钟形,5～10 条脉,口部等大,齿 5 枚,等大,或后齿稍长,先端呈坚硬的锥状刺尖。花冠筒直伸出于萼筒,内无毛环,喉部增大,冠檐 2 唇形,上唇直伸,内凹,卵圆形,全缘或具齿,外面被毛,下唇开张,3 裂,中裂较大,倒心形,先端微凹或近圆形,在与侧裂片弯缺处有向上的齿状突起(盾片),侧裂片卵圆形。雄蕊 4 枚,平行,均上升至上唇片之下,前对较长,花药 2 室,背着,横向 2 瓣开裂,内瓣较小,有纤毛,外瓣较长而大,无毛。花柱先端 2 裂,裂片钻形,近等大。花盘平顶,或于前方略呈指状增大。

【果实和种子】小坚果宽倒卵珠形,近扁平,先端钝,光滑。

【分类地位】被子植物门、双子叶植物纲、合瓣花亚纲、管状花目、唇形科、野芝麻亚科、野芝麻族、野芝麻亚族。

【种类】全属约有 10 种;中国有 1 种;内蒙古有 1 种。

鼬瓣花 *Galeopsis bifida*

　　草本。茎直立,多少分枝,粗壮,钝四棱形,具槽,在节上加粗但在干时则明显收缢,此处密被多节长刚毛,节间其余部分混生下向具节长刚毛及贴生的短柔毛,在茎上部间或尚混杂腺毛。茎叶卵圆状披针形或披针形,先端锐尖或渐尖,基部渐狭至宽楔形,边缘有规则的圆齿状锯齿,上面贴生具节刚毛,下面疏生微柔毛,间夹有腺点,侧脉 6～8 对,上面不明显,下面突出;腹平背凸,被短柔毛。轮伞花序腋生,多花密集;小苞片线形至披针形,基部稍膜质,先端刺尖,边缘有刚毛。花萼管状钟形,外面有平伸的刚毛,内面被微柔毛,齿 5 枚,近等大,与萼筒近等长,长三角形,先端为长刺状。花冠白、黄或粉紫红色,冠筒漏斗状,喉部增大,冠檐 2 唇形,上唇卵圆形,先端钝,具不等的数齿,外被刚毛,下唇 3 裂,中裂片长圆形,宽度与侧裂片近相等,先端明显微凹,紫纹直达边缘,基部略收缩,侧裂片长圆形,全缘。雄蕊 4 枚,均延伸至上唇片之下,花丝丝状,下部被小疏毛,花药卵圆形,2 室,2 瓣横裂,内瓣较小,具纤毛。花柱先端近相等 2 裂。花盘前方呈指状增大。子房无毛,褐色。小坚果倒卵状三棱形,褐色,有秕鳞。花期 7～9 月,果期 9 月。

　　生于山地针叶林区和森林草原带的林缘、草甸、田边及路旁。产于内蒙古呼伦贝尔市、赤峰市;中国黑龙江、吉林、山西、陕西、甘肃、青海、新疆、湖南、四川也产;蒙古、朝鲜、日本及中亚、欧洲、北美洲也有分布。

鱼黄草属 ——【学　名】*Merremia*

【蒙古名】ᠠᠷᠢᠶᠠᠯ ᠤᠨ ᠡᠪᠡᠰᠦ

【英文名】Merremia

【生活型】草本或灌木，通常缠绕，但也有为匍匐或直立草本，或为下部直立的灌木。

【叶】叶通常具柄，大小形状多变，全缘或具齿，分裂或掌状三小叶或鸟足状分裂或复出（稀很小且钻状）。

【花】花腋生，单生或成腋生少花至多花的具各式分枝的聚伞花序；苞片通常小；萼片 5 个，通常近等大或外面 2 个稍短，椭圆形至披针形，锐尖或渐尖，或卵形至圆形，钝头或微缺，通常具小短尖头，有些种类结果时增大；花冠整齐，漏斗状或钟状，白色、黄色或橘红色，通常有 5 条明显有脉的瓣中带；冠檐浅 5 裂；雄蕊 5 枚，内藏，花药通常旋扭，花丝丝状，通常不等，基部扩大；花粉粒无刺；子房 2 或 4 室，罕为不完全的 2 室，胚珠 4 颗；花柱 1 枚，丝状，柱头头状；花盘环状。

【果实和种子】蒴果 4 瓣裂或多少成不规则开裂，4～1 室。种子 4 粒或因败育而更少，无毛或被微柔毛以至长柔毛，尤其在边缘处。

【分类地位】被子植物门、双子叶植物纲、合瓣花亚纲、管状花目、旋花科、旋花亚科、旋花族。

【种类】全属约有 80 种；中国约有 16 种；内蒙古有 1 变种。

囊毛鱼黄草 *Merremia sibirica var. vesiculosa*

一年生缠绕草本。植株无毛。茎多分枝，圆柱状，具细棱。叶狭卵状心形，顶端长渐尖或尾状渐尖，基部心形，全缘或稍波状，侧脉 7～9 对，纤细，近于平行射出，近边缘弧曲向上；叶柄基部具小耳状假托叶。聚伞花序腋生，有(1～)3～7 朵花，花序梗通常比叶柄短，有时超出叶柄，明显具棱或狭翅；苞片小，线形；花梗向上增粗；萼片椭圆形，近于相等，顶端明显具钻状短尖头，无毛；花冠淡红色，钟状，无毛，冠檐具三角形裂片；花药不扭曲；子房无毛，2 室。蒴果圆锥状卵形，顶端钝尖，无毛，4 瓣裂。种子 4 粒或较少，黑色，长椭圆状三棱形，顶端钝圆，密被囊状毛。花果期夏、秋季。

生于路边、田边、山地草丛或山坡灌丛。产于内蒙古呼伦贝尔市、兴安盟、通辽市、赤峰市、巴彦淖尔市、鄂尔多斯市；中国四川、云南也产。

榆科——【学　名】*Ulmaceae*

【蒙古名】ᠬᠠᠢᠯᠠᠰᠣ ᠶᠢᠨ ᠣᠪᠤᠭ

【英文名】Eom Family

【生活型】乔木或灌木。

【茎】顶芽通常早死，枝端萎缩成一小距状或瘤状凸起，残存或脱落，其下的腋芽代替顶芽。

【叶】单叶，常绿或落叶，互生，稀对生，常 2 列，有锯齿或全缘，基部偏斜或对称，羽状脉或基部 3 出脉（即羽状脉的基生 1 对侧脉比较强壮），稀基部 5 出脉或掌状 3 出脉，有柄；托叶常呈膜质，侧生或生柄内，分离或连合，或基部合生，早落。

【花】单被花两性，稀单性或杂性，雌雄异株或同株，少数或多数排成疏或密的聚伞花序，或因花序轴短缩而似簇生状，或单生，生于当年生枝或去年生枝的叶腋，或生于当年生枝下部或近基部的无叶部分的苞腋；花被浅裂或深裂，花被裂片常 4～8 枚，覆瓦状（稀镊合状）排列，宿存或脱落；雄蕊着生于花被的基底，在蕾中直立，稀内曲，常与花被裂片同数而对生，稀较多，花丝明显，花药 2 室，纵裂，外向或内向；雌蕊由 2 枚心皮连合而成，花柱极短，柱头 2 枚，条形，其内侧为柱头面，子房上位，通常 1 室，稀 2 室，无柄或有柄，胚珠 1 颗，倒生，珠被 2 层。

【果实和种子】果为翅果、核果、小坚果或有时具翅或具附属物，顶端常有宿存的柱头；胚直立、弯曲或内卷，胚乳缺或少量，子叶扁平、折叠或弯曲，发芽时出土。

【种类】全科有 16 属，约 230 种；中国有 8 属，46 种，10 变种；内蒙古有 3 属，9 种，2 变种。

783

榆科 Ulmaceae Mirb. 是法国植物学家和政治家 Charles－Fran ois Brisseau de Mirbel(1776－1854) 于 1815 年在"Elémens do Physiologie Végétale et de Botanique 2"(Elém. Physiol. Vég. Bot.)上发表的植物科，模式属为榆属(Ulmus)。

在恩格勒系统(1964)中，榆科属原始花被亚纲（Archichlamydeae）、荨麻目（Urticales），含马尾树科（Rhoipteleaceae）、榆科、杜仲科（Eucommiaceae）、桑科（Moraceae）和荨麻科（Urticaceae)5 个科。在哈钦森系统(1959)中，桑隶属木本支（Lignosae）、荨麻目，含榆科、大麻科（Cannabaceae）（Cannabiaceae，Cannabinaceae）、桑科、荨麻科、钩毛树科（Barbeyaceae）和杜仲科 6 个科，认为荨麻目与壳斗目关系密切，比壳斗目进化。在塔赫他间系统(1980)中，桑科隶属金缕梅亚纲（Hamamelididae）、荨麻目，含榆科、桑科、大麻科、伞树科（蚁栖树科、号角树科）（Cecropiaceae）和荨麻科 5 个科，认为荨麻目起源于金缕梅目（Hamamelidales）。在克朗奎斯特系统(1981)中，桑科也隶属金缕梅亚纲、荨麻目，含钩毛树科、榆科、大麻科、桑科、伞树科和荨麻科 6 个科，认为荨麻目起源于金缕梅目。

榆属 ——【学　名】*Ulmus*

　　　　　　【蒙古名】 ᠮᠣᠳᠤᠨ ᠤ ᠣᠪᠤᠭ

　　　　　　【英文名】Elm

　　【生活型】乔木,稀灌木。

　　【茎】树皮不规则纵裂,粗糙,稀裂成块片或薄片脱落;小枝无刺,有时(常在幼树及萌发枝上)具对生扁平的木栓翅,或具周围膨大而不规则纵裂的木栓层;顶芽早死,枝端萎缩成小距状残存,其下的腋芽代替顶芽,芽鳞覆瓦状,无毛或有毛。

　　【叶】叶互生,2列,边缘具重锯齿或单锯齿,羽状脉直或上部分叉,脉端伸入锯齿,上面中脉常凹陷,侧脉微凹或平,下面叶脉隆起,基部多少偏斜,稀近对称,有柄;托叶膜质,早落。

　　【花】簇生或成短伞花序,少散生于当年枝基部;花萼种形,先端4～9裂;雄蕊与花萼裂片同数而对生;雌蕊由2枚心皮合成。

　　【果实和种子】果为扁平的翅果,圆形、倒卵形、矩圆形或椭圆形,稀梭形,两面及边缘无毛或有毛,或仅果核部分有毛,或两面有疏毛而边缘密生睫毛,或仅边缘有睫毛,果核部分位于翅果的中部至上部,果翅膜质,稀稍厚,常较果核部分为宽或近等宽,稀较窄,顶端具宿存的柱头及缺口,缺裂(柱头)先端喙状,内缘(柱头面)被毛,稀花柱明显,2裂,柱头细长,基部无子房柄,或具或短或长的子房柄;种子扁或微凸,种皮薄,无胚乳,胚直立,子叶扁平或微凸。

　　【分类地位】被子植物门、双子叶植物纲、原始花被亚纲、荨麻目、榆科。

　　【种类】全属有30余种;中国有25种,6变种;内蒙古有7种,2变种。

榆树 *Ulmus pumila*

　　落叶乔木。树冠卵圆形。树皮暗灰色,不规则纵列,粗糙;小枝柔软,黄褐色、灰褐色或紫色,光滑或具有短柔毛。叶互生,椭圆形、椭圆状卵形或椭圆状披针形,先端渐尖或尖,基部近对称或稍偏斜,圆形、微心形或宽楔形,上面光滑,下面幼时有柔毛,后脱落或仅在脉腋簇生柔毛,边缘具不规则的重锯齿或为单锯齿。花先叶开放,两性,簇生于去年枝上;花萼4裂,紫红色,宿存;雄蕊4枚,花药紫色。翅果,黄白色,近圆形或卵圆形,顶端缺口处被毛,果核位于翅果的中部或微偏上,与果翅颜色相同;花果期3～6月(东北较晚)。

　　生于森林草原及草原地带的山地、沟谷及固定沙地。产于内蒙古各地;中国东北、华北、西北、华东、华中及西南地区也产;蒙古、俄罗斯、朝鲜也有分布。

雨久花科——【学　名】*Pontederiaceae*

【蒙古名】ᠣᠴᠢᠷ ᠤᠨ ᠢᠵᠠᠭᠤᠷ ᠤᠨ ᠲᠥᠷᠥᠯ

【英文名】Pickerelweed Family

【生活型】多年生或一年生的水生或沼泽生草本，直立或飘浮。

【茎】具根状茎或匍匐茎，通常有分枝，富有海绵质和通气组织。

【叶】叶通常 2 列，大多数具有叶鞘和明显的叶柄；叶片宽线形至披针形、卵形或宽心形，具平行脉，浮水、沉水或露出水面。某些属的叶鞘顶部具耳（舌）状膜片。有的种类叶柄充满通气组织，膨大呈葫芦状，如凤眼蓝。气孔为平列型。

【花】花序为顶生总状、穗状或聚伞圆锥花序，生于佛焰苞状叶鞘的腋部；花大至小型，虫媒花或自花受精，两性，辐射对称或两侧对称；花被片 6 枚，排成 2 轮，花瓣状、蓝色、淡紫色、白色，很少黄色，分离或下部连合成筒，花后脱落或宿存；雄蕊多数为 6 枚，2 轮，稀为 3 枚或 1 枚，1 枚雄蕊则位于内轮的近轴面，且伴有 2 枚退化雄蕊；2 型雄蕊存在于 Monochoria、Heteranthera 和 Scholleropsis 属中；花丝细长，分离，贴生于花被筒上，有时具腺毛；花药内向，底着或盾状，2 室，纵裂或稀为顶孔开裂；花粉粒具 2(3) 核，1 或 2(3) 沟；雌蕊由 3 枚心皮组成；子房上位，3 室，中轴胎座，或 1 室具 3 个侧膜胎座；花柱 1 枚，细长，柱头头状或 3 裂；胚珠少数或多数，倒生，具厚珠心，或稀仅有 1 颗下垂胚珠。

【果实和种子】蒴果，室背开裂，或小坚果。种子卵球形，具纵肋，胚乳含丰富的淀粉粒，胚为线形直胚。

【种类】全科有 9 属，约 39 种；中国有 2 属，4 种；内蒙古有 1 属，2 种。

785

雨久花科 Pontederiaceae Kunth 是德国植物学家 Carl Sigismund Kunth(1788—1850)于 1815(1816)年在"Nova Genera et Species Plantarum(quarto ed.) 1"[Nov. Gen. Sp. (quarto ed.)]上发表的植物科，模式属为梭鱼草属(Pontederia)。

在恩格勒系统(1964)中，雨久花科隶属单子叶植物纲(Monocotyledoneae)、百合目(Liliiflorae)、雨久花亚目(Pontederiineae)。本目含 5 个亚目、17 个科，包括百合科(Liliaceae)、木根旱生草科(Xanthorrhoeaceae)、百部科(Stamonaceae)、龙舌兰科(Agavaceae)、石蒜科(Amyaryllidaceae)、薯蓣科(Dioscoreaceae)、雨久花科、鸢尾科(Iridaceae)等。在哈钦森系统(1959)中，雨久花科隶属单子叶植物纲冠花区(Corolliferae)、百合目(Liliales)，含百合科、百鸢科(Tecophilaeaceae)、延龄草科(Trilliaceae)、雨久花科、菝葜科(Smilacaceae)和假叶树科(Ruscaceae)6 个科。在塔赫他间系统(1980)中，雨久花科隶属单子叶植物纲(Liliopsida, Monocotyledoneae)、百合亚纲(Liliidae)、百合目(Liliales)，含百合科、葱科(Alliaceae)、萱草科(Hemerocallidaceae)、石蒜科、木根旱生草科、天门冬科(Asparagaceae)、龙血树科(Dracaenaceae)、鸢尾科、雨久花科等 23 个科。在克朗奎斯特系统(1981)中，雨久花科隶属百合纲(Liliopsida)、百合亚纲、百合目(Liliales)，含雨久花科、百合科、鸢尾科、芦荟科(Aloeaceae)、木根旱生草科、百部科、菝葜科和薯蓣科等 15 个科。

雨久花属——【学　名】*Monochoria*

【蒙古名】ᠪᠠᠲᠤ ᠶᠢᠨ ᠴᠡᠴᠡᠭ ᠦᠨ ᠲᠥᠷᠥᠯ

【英文名】Monochoria

【生活型】多年生沼泽或水生草本，在不利的环境下为假一年生。

【茎】茎直立或斜上，从根状茎发出。

【叶】叶基生或单生于茎枝上，具长柄；叶片形状多变化，具弧状脉。

【花】花序排列成总状或近伞状花序，从最上部的叶鞘内抽出，基部托以鞘状总苞片；花近无梗或具短梗；花被片 6 枚，深裂几达基部，白色、淡紫色或蓝色，中脉绿色，开花时展开，后螺旋状扭曲，内轮 3 枚较宽；雄蕊 6 枚，着生于花被片的基部，较花被片短，其中 1 枚较大，其花丝的一侧具斜伸的裂齿，花药较大，蓝色，其余 5 枚相等，具较小的黄色花药；花药基部着生，顶孔开裂，最后裂缝延长；子房 3 室，每室有胚珠多颗；花柱线形；柱头近全缘或微 3 裂。

【果实和种子】蒴果室背开裂成 3 瓣。种子小，多数。

【分类地位】被子植物门、单子叶植物纲、粉状胚乳目、雨久花亚目、雨久花科。

【种类】全属约有 5 种；中国有 3 种；内蒙古有 2 种。

雨久花 *Monochoria korsakowii*

一年生水生草本。根状茎粗壮，具柔软须根。茎直立，全株光滑无毛，基部有时带紫红色。叶基生和茎生。基生叶宽卵状心形，顶端急尖或渐尖，基部心形，全缘，具多数弧状脉；叶柄有时膨大成囊状；茎生叶叶柄渐短，基部增大成鞘，抱茎。总状花序顶生，有时再聚成圆锥花序；花 10 余朵，具花梗；花被片椭圆形，顶端圆钝，蓝色；雄蕊 6 枚，其中 1 枚较大，花药长圆形，浅蓝色，其余各枚较小，花药黄色，花丝丝状。蒴果长卵圆形。种子长圆形，有纵棱。花期 7～8 月，果期 9～10 月。

玉凤花属——【学　名】*Habenaria*

【蒙古名】ᠲᠣᠪᠢᠨ ᠴᠡᠴᠡᠭ ᠤᠨ ᠲᠦᠷᠦᠯ

【英文名】Habenaria

【生活型】地生草本。

【茎】块茎肉质,椭圆形或长圆形,不裂,颈部生几条细长的根。茎直立,基部常具 2～4 枚筒状鞘,鞘以上具 1 至多片叶,向上有时还有数片苞片状小叶。

【叶】叶散生或集生于茎的中部、下部或基部,稍肥厚,基部收狭成抱茎的鞘。

【花】花序总状,顶生,具少数或多数花;花苞片直立,伸展;子房扭转,无毛或被毛;花小、中等大或大,倒置(唇瓣位于下方);萼片离生;中萼片常与花瓣靠合呈兜状,侧萼片伸展或反折;花瓣不裂或分裂;唇瓣一般 3 裂,基部通常有长或短的距,有时为囊状或无距;蕊柱短,两侧通常有耳(退化雄蕊);花药直立,2 室,药隔宽或窄,药室叉开,基部延长成短或长的沟;花粉团 2 枚,为具小团块的粒粉质,通常具长的花粉团柄,柄的末端具粘盘;粘盘裸露,较小;柱头 2 枚,分离,凸出或延长,成为"柱头枝",位于蕊柱前方基部;蕊喙有臂,通常厚而大,臂伸长的沟与药室伸长的沟相互靠合呈管围抱着花粉团柄。

【分类地位】被子植物门、单子叶植物纲、微子目、兰科、兰亚科、兰族、兰亚族。

【种类】全属约有 600 种;中国有 55 种;内蒙古有 1 种。

十字兰 *Habenaria schindleri*

陆生兰。块茎矩圆形、球形或卵圆形,肉质,颈部生出数条细根。茎纤细,具数叶。叶散生,禾叶状,狭披针形条形或条形;叶鞘闭锁。花序总状,疏松,具花 10～20 余朵;花白色或绿白色;苞片卵形,先端尾尖;中萼片直立,宽卵形或卵形,先端钝或急尖,具 5 条脉;侧萼片稍大,反折,斜卵形;花瓣直立,三角状斜卵形,与中萼片近等长,但较窄,基部向前延长成钩状齿;唇瓣下垂,基部之上 3～5 毫米处 3 裂,近十字形;距长长于子房或近等长,外弯,顶端膨大增厚,花药 2 室;粘盘裸露,近圆形;退化雄蕊小;蕊喙三角状;柱头 2 枚,分离;子房扭转。

生于沼泽化草甸及草甸。产于内蒙古呼伦贝尔市、兴安盟、通辽市;中国黑龙江、吉林、辽宁、山东也产;日本、朝鲜、俄罗斯远东也有分布。

玉蜀黍属——【学　名】*Zea*

　　　　　　　【蒙古名】ᠳᠤᠷᠭᠠᠨ ᠲᠠᠷᠢᠶᠠᠨ ᠤ ᠲᠦᠷᠦᠯ

　　　　　　　【英文名】Maize,Corn

【生活型】一年生草本。

【茎】秆高大,粗壮,直立,具多数节,实心,下部数节生有一圈支柱根。

【叶】叶片阔线形,扁平。

【花】小穗单性,雌、雄异序;雄花序由多数总状花序组成大型的顶生圆锥花序;雄小穗含 2 朵小花,孪生于一连续的序轴上,1 无柄,1 具短柄或一长一短;颖膜质,先端尖,具多数脉;外稃及内稃皆透明膜质;雄蕊 3 枚;雌花序生于叶腋内,为多数鞘状苞片所包藏;雌小穗含 1 朵小花,极多数排成 10～30 纵行,紧密着生于圆柱状海绵质之序轴上;颖宽大,先端圆形或微凹;外稃透明膜质;雌蕊具细长之花柱,常呈丝状伸出于苞鞘之外。染色体小型,x＝5。

【分类地位】被子植物门、单子叶植物纲、禾本目、禾本科、黍亚科、玉蜀黍族。

【种类】全属有 1 种;中国有 1 种;内蒙古有 1 种。

玉蜀黍 *Zea mays*

　　一年生高大草本。秆直立,通常不分枝,基部各节具气生支柱根。叶鞘具横脉;叶舌膜质;叶片扁平宽大,线状披针形,基部圆形呈耳状,无毛或具疣柔毛,中脉粗壮,边缘微粗糙。顶生雄性圆锥花序大型,主轴与总状花序轴及其腋间均被细柔毛;雄性小穗孪生,小穗柄一长一短,被细柔毛;两颖近等长,膜质,约具 10 条脉,被纤毛;外稃及内稃透明膜质,稍短于颖;花药橙黄色。雌花序被多数宽大的鞘状苞片所包藏;雌小穗孪生,成 16～30 纵行排列于粗壮之序轴上,两颖等长,宽大,无脉,具纤毛;外稃及内稃透明膜质,雌蕊具极长而细弱的线形花柱。颖果球形或扁球形,成熟后露出颖片和稃片之外,其大小随生长条件不同产生差异,宽略过于其长,胚长为颖果的 1/2～2/3。

　　粮食作物,原产于美洲。

郁金香属──【学　名】*Tulipa*

　　　　　　　【英文名】Tulip

【生活型】多年生草本。

【茎】鳞茎外有多层干的薄革质或纸质的鳞茎皮，外层色深，褐色或暗褐色，内层色浅，淡褐色或褐色，上端有时上延抱茎，内面有伏贴毛或柔毛，较少无毛。茎扭少分枝，直立，无毛或有毛，往往下部埋于地下。

【叶】叶通常 2～4 片，少有 5～6 片，有的种最下面一片基部有抱茎的鞘状长柄，其余的在茎上互生，彼此疏离或紧靠，极少 2 叶对生，条形、长披针形或长卵形，伸展或反曲，边缘平展或波状。

【花】花较大，通常单朵顶生而多少呈花葶状，直立，少数花蕾俯垂，无苞片或少数种有苞片；花被钟状或漏斗形钟状；花被片 6 枚，离生，易脱落；雄蕊 6 枚，等长或 3 枚长 3 枚短，生于花被片基部；花药基着，内向开裂；花丝常在中部或基部扩大，无毛或有毛；子房长椭圆形，3 室；胚珠多数，成 2 纵列生于胎座上；花柱明显或不明显，柱头 3 裂。

【果实和种子】蒴果椭圆形或近球形，室背开裂。种子扁平，近三角形。

【分类地位】被子植物门、单子叶植物纲、百合目、百合亚目、百合科、百合族。

【种类】全属有 150 余种；中国有 14 种；内蒙古有 1 种。

789

单花郁金香 *Tulipa uniflora*

　　多年生草本植物。鳞茎卵形，鳞茎皮纸质，暗褐色，易破碎。茎光滑。叶 2 片，彼此靠近，狭条状披针形，通常向外弯曲，两面无毛。单花，顶生；花被片 6 枚，离生，鲜黄色，线段锐尖或钝，外轮者背面绿紫色，内轮者向基部渐狭成饼状；雄蕊 3 枚长 3 枚短，长约为花被片之 2/3，花丝黄色，无毛，中下部稍扩大，向两端逐渐变窄；雌蕊略短于雄蕊。花期 5 月，果期 6 月。

　　生于石质坡地、火山锥碎石隙中。产于内蒙古锡林郭勒盟白音锡勒牧场；中国新疆也产；蒙古、哈萨克斯坦、俄罗斯也有分布。

鸢尾科——【学　名】*Iridaceae*

【蒙古名】ᠰᠤᠨᠳᠤᠷ ᠤᠨ ᠢᠵᠠᠭᠤᠷ

【英文名】Swordflag Family，Iris Family

【生活型】多年生，稀一年生草本。

【茎】地下部分通常具根状茎、球茎或鳞茎。

【叶】叶多基生，少为互生，条形、剑形或丝状，基部成鞘状，互相套迭，具平行脉。

【花】大多数种类只有花茎，少数种类有分枝或不分枝的地上茎。花两性，色泽鲜艳美丽，辐射对称，少为左右对称，单生、数朵簇生或多花排列成总状、穗状、聚伞及圆锥花序；花或几花序下有 1 至多个草质或膜质的苞片，簇生、对生、互生或单一；花被裂片 6 枚，两轮排列，内轮裂片与外轮裂片同形等大或不等大，花被管通常为丝状或喇叭形；雄蕊 3 枚，花药多外向开裂；花柱 1 枚，上部多有 3 个分枝，分枝圆柱形或扁平呈花瓣状，柱头 3～6 枚，子房下位，3 室，中轴胎座，胚珠多数。

【果实和种子】蒴果，成熟时室背开裂；种子多数，半圆形或为不规则的多面体，少为圆形，扁平，表面光滑或皱缩，常有附属物或小翅。

【种类】全科约有 60 属，800 种；中国有 11 属（其中野生 3 属，引种栽培 8 属），71 种，13 变种，5 变型；内蒙古有 1 属，15 种，1 变种。

鸢尾科 Iridaceae Juss. 是法国植物学家 Antoine Laurent de Jussieu（1748－1836）于 1789 年在"Genera plantarum 57"（Gen. Pl.）中建立的植物科，模式属为鸢尾属（Iris）。

在恩格勒系统（1964）中，鸢尾科隶属单子叶植物纲（Monocotyledoneae）、百合目（Liliiflorae）、鸢尾亚目（Iridineae），本目含 5 个亚目、17 个科，包括百合科（Liliaceae）、木根旱生草科（Xanthorrhoeaceae）、百部科（Stamonaceae）、龙舌兰科（Agavaceae）、石蒜科（Amyaryllidaceae）、薯蓣科（Dioscoreaceae）、雨久花科（Pontederiaceae）、鸢尾科等。在哈钦森系统（1959）中，鸢尾科隶属单子叶植物纲冠花区（Corolliferae）、鸢尾目（Iridales），只含 1 个科，认为鸢尾目和石蒜目相似，但两目各自不同地从百合科出现，各循不同路线演化。在塔赫他间系统（1980）中，鸢尾科隶属单子叶植物纲（Liliopsida, Monocotyledoneae）、百合亚纲（Liliidae）、百合目（Liliales），含百合科、葱科（Alliaceae）、萱草科（Hemerocallidaceae）、石蒜科、木根旱生草科、天门冬科（Asparagaceae）、龙血树科（Dracaenaceae）、鸢尾科、雨久花科等 23 个科，认为鸢尾科来源于百合科（广义）。在克朗奎斯特系统（1981）中，鸢尾科隶属百合纲（Liliopsida）、百合亚纲、百合目，含雨久花科、百合科、鸢尾科、芦荟科（Aloeaceae）、木根旱生草科、百部科、菝葜科和薯蓣科等 15 个科，认为鸢尾科明显地与百合科有亲缘关系，但比百合科进化。

鸢尾属——【学　名】*Iris*

【蒙古名】ᠰᠣᠬᠠᠢ ᠶᠢᠨ ᠲᠥᠷᠥᠯ

【英文名】Swordflag

【生活型】多年生草本。

【茎】根状茎长条形或块状，横走或斜伸，纤细或肥厚。

【叶】叶多基生，相互套迭，排成 2 列，叶剑形、条形或丝状，叶脉平行，中脉明显或无，基部鞘状，顶端渐尖。

【花】大多数的种类只有花茎而无明显的地上茎，花茎自叶丛中抽出，多数种类伸出地面，少数短缩而不伸出，顶端分枝或不分枝；花序生于分枝的顶端或仅在花茎顶端生 1 朵花；花及花序基部着生数个苞片，膜质或草质；花较大，蓝紫色、紫色、红紫色、黄色、白色；花被管喇叭形、丝状或短而不明显，花被裂片 6 枚，2 轮排列，外轮花被裂片 3 枚，常较内轮的大，上部常反折下垂，基部爪状，多数呈沟状，平滑，无附属物或具有鸡冠状及须毛状的附属物，内轮花被裂片 3 枚，直立或向外倾斜；雄蕊 3 枚，着生于外轮花被裂片的基部，花药外向开裂，花丝与花柱基部离生；雌蕊的花柱单一，上部 3 个分枝，分枝扁平，拱形弯曲，有鲜艳的色彩，呈花瓣状，顶端再 2 裂，裂片半圆形、三角形或狭披针形，柱头生于花柱顶端裂片的基部，多为半圆形，舌状，子房下位，3 室，中轴胎座，胚珠多数。

【果实和种子】蒴果椭圆形、卵圆形或圆球形，顶端有喙或无，成熟时室背开裂；种子梨形、扁平半圆形或为不规则的多面体，有附属物或无。

【分类地位】被子植物门、单子叶植物纲、百合目、百合亚目、鸢尾科。

【种类】全属约有 300 种；中国约有 60 种，13 变种，5 变型；内蒙古有 15 种，1 变种。

791

马蔺 *Iris lactea*

多年生密丛草本。根状茎粗壮，木质，斜伸；须根粗而长，黄白色，少分枝。叶基生，坚韧，灰绿色，条形或狭剑形，顶端渐尖，基部鞘状，带红紫色，无明显的中脉。花葶直立，丛生，下面被 2～3 枚叶片所包裹；叶状总苞狭矩圆形或披针形，顶端尖锐；外花被片倒披针形，稍宽于内花被片，内花被片披针形，顶端锐尖；雄蕊 3 枚，贴生于外轮花被片基部，花药黄色，花丝白色；子房纺锤形。蒴果长椭圆形，有 6 条纵肋，顶端有短喙；种子为不规则的多面体，棕褐色，略有光泽。花期 5 月，果期 6～7 月。

生于河滩、盐碱滩地。产于内蒙古各盟市；中国东北、华北、西北、安徽、江苏、浙江、湖北、湖南、四川、西藏也产；中亚地区、俄罗斯的西伯利亚、蒙古也有分布。

圆柏属——【学　名】*Sabina*

【蒙古名】ᠠᠷᠴᠠ ᠮᠣᠳᠣ ᠶᠢᠨ ᠲᠥᠷᠥᠯ

【英文名】Savin

【生活型】常绿乔木或灌木、直立或匍匐。

【茎】冬芽不显著;有叶小枝不排成一平面。

【叶】叶刺形或鳞形,幼树之叶均为刺形,老树之叶全为刺形或全为鳞形,或同一树兼有鳞叶及刺叶;刺叶通常三叶轮生,稀交叉对生,基部下延生长,无关节,上(腹)面有气孔带;鳞叶交叉对生,稀三叶轮生,菱形,下(背)面常具腺体。

【花】雌雄异株或同株,球花单生短枝顶端;雄球花卵圆形或矩圆形,黄色,雄蕊4～8对,交互对生;雌球花具4～8枚交叉对生的珠鳞,或珠鳞3枚轮生;胚珠1～6颗,着生于珠鳞的腹面基部。

【果实和种子】球果通常第二年成熟,稀当年或第三年成熟,种鳞合生,肉质,苞鳞与种鳞结合而生,仅苞鳞顶端尖头分离,熟时不开裂;种子1～6粒,无翅,常有树脂槽,有时具棱脊;子叶2～6枚。

【分类地位】裸子植物门、松杉纲、松杉目、柏科、圆柏亚科。

【种类】全属约有50种;中国产15种,5变种;内蒙古有4种。

圆柏 *Sabina chinensis*

乔木。树皮深灰色,纵裂,成条片开裂;幼树的枝条通常斜上伸展,形成尖塔形树冠,老则下部大枝平展,形成广圆形的树冠;树皮灰褐色,纵裂,裂成不规则的薄片脱落;小枝通常直或稍成弧状弯曲,生鳞叶的小枝近圆柱形或近四棱形。叶二型,即刺叶及鳞叶;刺叶生于幼树之上,老龄树则全为鳞叶,壮龄树兼有刺叶与鳞叶;生于一年生小枝的一回分枝的鳞叶三叶轮生,直伸而紧密,近披针形,先端微渐尖,背面近中部有椭圆形微凹的腺体;刺叶三叶交互轮生,斜展,疏松,披针形,先端渐尖,上面微凹,有两条白粉带。雌雄异株,稀同株,雄球花黄色,椭圆形,雄蕊5～7对,常有花药3～4室。球果近圆球形,两年成熟,熟时暗褐色,被白粉或白粉脱落,有1～4粒种子;种子卵圆形,扁,顶端钝,有棱脊及少数树脂槽;子叶2片,出土,条形,先端锐尖,下面有2条白色气孔带,上面则不明显。花期5月,球果或熟于翌年10月。

生于海拔1300米以下的山坡丛林中。产于内蒙古大青山、乌拉山及鄂尔多斯市准格尔旗;中国华北、西北、华东、华中、华南、西南也产;朝鲜、日本也有分布。

远志科——【学　名】*Polygalaceae*

【蒙古名】ᠮᠣᠨᠭᠭᠣᠯ ᠤᠨ ᠤ ᠳᠡᠰᠦᠮᠡᠯ

【英文名】Milkwort Family

【生活型】一年生或多年生草本，或灌木或乔木，罕为寄生小草本。

【叶】单叶互生、对生或轮生，具柄或无柄，叶片纸质或革质，全缘，具羽状脉，稀退化为鳞片状；通常无托叶，若有，则为棘刺状或鳞片状。

【花】花两性，两侧对称，白色、黄色或紫红色，排成总状花序、圆锥花序或穗状花序，腋生或顶生，具柄或无，基部具苞片或小苞片；花萼下位，宿存或脱落，萼片5个，分离或稀基部合生，外面3个小，里面2个大，常呈花瓣状，或5个几相等；花瓣5片，稀全部发育，通常仅3片，基部通常合生，中间1片常内凹，呈龙骨瓣状，顶端背面常具1个流苏状或蝶结状附属物，稀无；雄蕊8枚，或7、5、4枚，花丝通常合生成向后开放的鞘（管），或分离，花药基底着生，顶孔开裂；花盘通常无，若有，则为环状或腺体状；子房上位，通常2室，每室具1颗倒生下垂的胚珠，稀1室具多数胚珠，花柱1枚，直立或弯曲，柱头2枚，稀1枚，头状。

【果实和种子】果实或为蒴果，2室，或为翅果、坚果，开裂或不开裂，具种子2粒，或因1室败育，仅具1粒。种子卵形、球形或椭圆形，黄褐色、暗棕色或黑色，无毛或被毛，有种阜或无，胚乳有或无。

【种类】全科有13属，近1000种；中国有4属，51种，9变种；内蒙古有1属，2种。

远志科 Polygalaceae Hoffmanns. & Link 是德国植物学家、昆虫学家和鸟类学家 Johann Centurius Hoffmann Graf von Hoffmannsegg(1766—1849) 和博物学家、植物学家 Johann Heinrich Friedrich Link(1767—1851) 于 1809 年在"Flore portugaise ou description de toutes les … 1"(Fl. Portug.)上发表的植物科，模式属为远志属(Polygala)。Polygalaceae R. Br. 是苏格兰植物学家和古植物学家 Robert Brown (1773—1858)于 1814 年在"Voy. Terra Austr. 2"上发表的植物科，但时间比 Polygalaceae Hoffmanns. & Link 晚。

在恩格勒系统(1964)中，远志科隶属原始花被亚纲(Archichlamydeae)、芸香目(Rutales)、远志亚目(Polygalineae)，本目含芸香科(Rutaceae)、苦木科(Simaroubaceae)、橄榄科(Burseraceae)、楝科(Meliaceae)、远志科等 12 个科。在哈钦森系统(1959)中，远志科隶属双子叶植物木本支(Lignosae)、远志目(Polygalales)，含远志科、刚毛果科(Krameriaceae)、三棱果科(Trigoniaceae)和独蕊科(Vochysiaceae)4 个科。在塔赫他间系统(1980)中，远志科隶属蔷薇亚纲(Rosidae)、远志目，含金虎尾科(Malpighiaceae)、三棱果科、独蕊科、远志科、刚毛果科和假石南科(Tremandraceae)等 6 个科。在克朗奎斯特系统(1981)中，远志科隶属蔷薇亚纲、远志目，含金虎尾科、独蕊科、三棱果科、假石南科、远志科、黄叶树科(Xanthophyllaceae)和刚毛果科等 6 个科。

远志属——【学　名】*Polygala*

【蒙古名】ᠲᠤᠯᠭᠠᠨ ᠤ ᠡᠪᠡᠰᠦ

【英文名】Milkwort

【生活型】一年生或多年生草本、灌木或小乔木。

【叶】单叶互生，稀对生或轮生（中国不产），叶片纸质或近革质，全缘，无毛或被柔毛。

【花】总状花序顶生、腋生或腋外生；花两性，左右对称，具苞片 1～3 个，宿存或脱落；萼片 5 个，不等大，宿存或脱落，2 轮列，外面 3 个小，里面 2 个大，常花瓣状；花瓣 3 片，白色、黄色或紫红色，侧瓣与龙骨瓣常于中部以下合生，龙骨瓣舟状、兜状或盔状，顶端背部具鸡冠状附属物；雄蕊 8 枚，花丝连合成 1 枚开放的鞘，并与花瓣贴生，花药基部着生，有柄或无柄，1 室或 2 室，顶孔开裂；花盘有或无；子房 2 室，两侧扁，每室具 1 颗下垂倒生胚珠；花柱直立或弯曲，弯曲状况依龙骨瓣形状而定，柱头 1 或 2 枚。

【果实和种子】果为蒴果，两侧压扁，具翅或无，有种子 2 粒；种子卵形、圆形、圆柱形或短楔形，通常黑色，被短柔毛或无毛，种脐端具 1 帽状、盔状全缘或具各式分裂的种阜，另端具附属体或无。

【分类地位】被子植物门、双子叶植物纲、原始花被亚纲、芸香目、远志亚目、远志科、远志族。

【种类】全属约有 500 种；中国有 42 种，8 变种；内蒙古有 2 种。

远志 *Polygala tenuifolia*

数丛生，直立或倾斜，具纵棱槽，被短柔毛。单叶互生，叶片纸质，线形至线状披针形，先端渐尖，基部楔形，全缘，反卷，无毛或极疏被微柔毛，主脉上面凹陷，背面隆起，侧脉不明显，近无柄。总状花序呈扁侧状生于小枝顶端，细弱，通常略俯垂，少花，稀疏；苞片 3 个，披针形，先端渐尖，早落；萼片 5 个，宿存，无毛，外面 3 个线状披针形，急尖，里面 2 个花瓣状，倒卵形或长圆形，多处生草本；主根粗壮，韧皮部肉质，浅黄色。茎先端圆形，具短尖头，沿中脉绿色，周围膜质，带紫堇色，基部具爪；花瓣 3 片，紫色，侧瓣斜长圆形，基部与龙骨瓣合生，基部内侧具柔毛，龙骨瓣较侧瓣长，具流苏状附属物；雄蕊 8 枚，花丝 3/4 以下合生成鞘，具缘毛，3/4 以上两侧各 3 枚合生，花药无柄，中间 2 枚分离，花丝丝状，具狭翅，花药长卵形；子房扁圆形，顶端微缺，花柱弯曲，顶端呈喇叭形，柱头内藏。蒴果圆形，顶端微凹，具狭翅，无缘毛；种子卵形，黑色，密被白色柔毛，具发达、2 裂下延的种阜。花果期 5～9 月。

生于石质草原及山坡、草地、灌丛下。产于内蒙古全区各地；中国东北、华北、西北也产；蒙古、俄罗斯、朝鲜也有分布。

月见草属——【学　名】*Oenothera*

【蒙古名】ᠮᠥᠩᠭᠥᠨ ᠴᠡᠴᠡᠭ ᠤᠨ ᠲᠥᠷᠥᠯ

【英文名】Eveningprimrose,Sundrops

【生活型】一年生、二年生或多年生草本。

【茎】有明显的茎或无茎;茎直立、上升或匍匐生,具垂直主根,稀只具须根,有时自伸展的侧根上生分枝,稀具地下茎。

【叶】叶在未成年植株常具基生叶,以后具茎生叶,螺旋状互生,有柄或无柄,边缘全缘、有齿或羽状深裂;托叶不存在。

【花】花大,美丽,4数,辐射对称,生于茎枝顶端叶腋或退化叶腋,排成穗状花序、总状花序或伞房花序,通常花期短,常傍晚开放,次日日出时萎凋;花管发达(指子房顶端至花喉部紧缩成管状部分,由花萼、花冠及花丝一部分合生而成,圆筒状,至近喉部多少呈喇叭状,花后迅速凋落;萼片4个,反折,绿色、淡红色或紫红色;花瓣4片,黄色、紫红色或白色,有时基部有深色斑,常倒心形或倒卵形;雄蕊8枚,近等长或对瓣的较短;花药丁字着生,花粉粒以单体授粉,但彼此间有孢粘丝连接;子房4室,胚珠多数;柱头深裂成4枚线形裂片,裂片授粉面全缘。

【果实和种子】蒴果圆柱状,常具4条棱或翅,直立或弯曲,室背开裂,稀不裂。种子多数,每室排成2行(1或3行的种子在中国不产)。

【分类地位】被子植物门、双子叶植物纲、原始花被亚纲、桃金娘目、柳叶菜科。

【种类】全属约有119种;中国有31种,10栽培种;内蒙古有1栽培种。

795

月见草 *Oenothera biennis*

　　一年生或二年生粗状草本,基生莲座叶丛紧贴地面。基生叶倒披针形,先端锐尖,基部楔形。茎生叶椭圆形至倒披针形。花序穗状,不分枝;苞片叶状,近无柄,果时宿存;花瓣黄色,稀淡黄色,宽倒卵形;花丝近等长;子房绿色,圆柱状。开花时花粉直接授在柱头裂片上。蒴果锥状圆柱形,向上变狭,直立。绿色,毛被同子房,但渐变稀疏,具明显的棱。种子在果中呈水平状排列,暗褐色,棱形,具棱角,各面具不整齐洼点。花果期7~9月。

　　栽培植物,原产于北美。

越橘属——【学　名】*Vaccinium*

　　　　　　　　【蒙古名】ᠮᠢᠬᠠᠯᠢᠭ ᠤᠨ ᠣᠪᠣᠭ

　　　　　　　　【英文名】Blieberry

　　【生活型】灌木或小乔木,通常地生,少数附生。

　　【叶】叶常绿,少数落叶,具叶柄,互生,稀假轮生,全缘或有锯齿,叶片两侧边缘基部有或无侧生腺体。

　　【花】总状花序,顶生、腋生或假顶生,稀腋外生,或花少数簇生叶腋,稀单花腋生;通常有苞片和小苞片;花小形;花梗顶端不增粗或增粗,与萼筒间有或无关节;花萼(4~)5 裂,稀檐状不裂;花冠坛状、钟状或筒状,5 裂,裂片短小,稀 4 裂或 4 深裂至近基部,裂片反折或直立;雄蕊 10 或 8 枚,稀 4 枚,内藏稀外露,花丝分离,被毛或无毛,花药顶部形成 2 个直立的管,管口圆形孔裂,或伸长缝裂,背部有 2 距,稀无距;花盘垫状,无毛或被毛;子房与萼筒通常完全合生,稀与萼筒的大部分合生,(4~)5 室,或因假隔膜而成 8~10 室,每室有多数胚珠;花柱不超出或略超出花冠,柱头截平形,稀头状。

　　【果实和种子】浆果球形,顶部冠以宿存萼片;种子多数,细小,卵圆形或肾状侧扁,种皮革质,胚乳肉质,胚直,子叶卵形。

　　【分类地位】被子植物门、双子叶植物纲、合瓣花亚纲、杜鹃花目、杜鹃花科。

　　【种类】全属约有 450 种;中国有 91 种,2 亚种;内蒙古有 2 种。

笃斯越橘 *Vaccinium uliginosum*

　　落叶灌木。多分枝。茎短而细瘦,幼枝有微柔毛,老枝无毛。叶多数,散生,叶片纸质,倒卵形、椭圆形至长圆形,顶端圆形,有时微凹,基部宽楔形或楔形,全缘,表面近于无毛,背面微被柔毛,中脉、侧脉和网脉均纤细,在表面平坦,在背面突起;叶柄短,被微毛。花下垂,1~3 朵着生于去年生枝顶叶腋;顶端与萼筒之间无关节,下部有 2 个小苞片,小苞片着生处有关节;萼筒无毛,萼齿 4~5 枚,三角状卵形;花冠绿白色,宽坛状,4~5 浅裂;雄蕊 10 枚,比花冠略短,花丝无毛,药室背部有 2 距。浆果近球形或椭圆形,成熟时蓝紫色,被白粉。花期 6 月,果期 2 月。

　　生于山地针叶林下、林缘、沼泽湿地上。产于内蒙古呼伦贝尔市;中国黑龙江、吉林也产;日本、朝鲜、蒙古以及欧洲和北美洲也有分布。

云杉属——【学　名】*Picea*

【蒙古名】ᠱᠢᠷᠭᠤᠯ ᠢᠢᠨ ᠮᠣᠳᠣ

【英文名】Spruce

【生活型】常绿乔木。

【茎】枝条轮生;小枝上有显著的叶枕,叶枕下延彼此间有凹槽,顶端凸起成木钉状,叶生于叶枕之上,脱落后枝条粗糙;冬芽卵圆形、圆锥形或近球形,芽鳞覆瓦状排列,有树脂或无,顶端芽鳞向外反曲或不反曲,小枝基部有宿存的芽鳞。

【叶】叶螺旋状着生,辐射伸展或枝条上面之叶向上或向前伸展,下面及两侧之叶向上弯伸或向两侧伸展,四棱状条形或条形,无柄;横切面方形或菱形,四面的气孔线条数相等或近于相等,或下(背)面的气孔线较上(腹)面少,稀下面无气孔线,或横切面扁平,下上两面中脉隆起,仅上面中脉两侧有气孔线,下(背)面无气孔线,树脂道通常 2 个,边生,常不连续,稀无树脂道。

【花】球花单性,雌雄同株;雄球花椭圆形或圆柱形,单生叶腋,稀单生枝顶,黄色或深红色,雄蕊多数,螺旋状着生,花药 2 室,药室纵裂,药隔圆卵形,边缘有细缺齿,花粉粒有气囊;雌球花单生枝顶,红紫色或绿色,珠鳞多数,螺旋状着生,腹(上)面基部生 2 颗胚珠,背(下)面托有极小的苞鳞。

【果实和种子】球果下垂,卵状圆柱形或圆柱形,稀卵圆形,当年秋季成熟,成熟前全部绿色或紫色,或种鳞背部绿色,而上部边缘红紫色;种鳞宿存,木质较薄,或近革质,倒卵形、斜方形、卵形、矩圆形或倒卵状宽五角形,上部边缘全缘或有细缺齿,或成波状,腹(上)面有 2 粒种子;苞鳞短小,不露出;种子倒卵圆形或卵圆形,上部有膜质长翅,种翅常成倒卵形,有光泽;子叶 4~9(~15)片,发芽时出土。

【分类地位】裸子植物门、松杉纲、松杉目、松科、冷杉亚科。

【种类】全属约有 40 种;中国有 16 种,9 变种,另引种 2 栽培种;内蒙古有 4 种,1 变种。

青扦 *Picea wilsonii*

乔木。树皮灰色或暗灰色,裂成不规则鳞状块片脱落;枝条近平展,树冠塔形;一年生枝淡黄绿色或淡黄灰色,无毛,稀有疏生短毛,二年生或三年生枝淡灰色、灰色或淡褐灰色;冬芽卵圆形,无树脂,芽鳞排列紧密,淡黄褐色或褐色,先端钝,背部无纵脊,光滑无毛,小枝基部宿存芽鳞的先端紧贴小枝。叶排列较密,在小枝上部向前伸展,小枝下面之叶向两侧伸展,四棱状条形,直或微弯,较短,条状钻形,棱上有极细的齿毛。

球果卵状圆柱形或圆柱状长卵圆形;中部种鳞倒卵形,先端圆或有急尖头,或呈钝三角形;种子倒卵圆形,种翅倒宽披针形,淡褐色,先端圆。花期 4 月,球果 10 月成熟。

生于海拔 1400~2800 米的山地阴坡或半阴坡。产于内蒙古赤峰市宁城县、锡林郭勒盟多伦县、大青山、贺兰山;中国河北、山西、陕西、甘肃、湖北、四川、青海也产。

芸苔属——【学　名】*Brassica*

【蒙古名】ᠲᠣᠰᠣᠨ ᠥᠪᠰᠥ ᠶᠢᠨ ᠲᠥᠷᠥᠯ

【英文名】Brassica

【生活型】一年生、二年生或多年生草木。

【根】根细或成块状。

【叶】基生叶常成莲座状,茎生有柄或抱茎。

【花】总状花序伞房状,结果时延长;花中等大,黄色,少数白色;萼片近相等,内轮基部囊状;侧蜜腺柱状,中蜜腺近球形、长圆形或丝状。子房有5～45颗胚珠。

【果实和种子】长角果线形或长圆形,圆筒状,少有近压扁,常稍扭曲,喙多为锥状,喙部有1～3粒种子或无种子;果瓣无毛,有1条显明中脉,柱头头状,近2裂;隔膜完全,透明。种子每室1行,球形或少数卵形,棕色,网孔状,子叶对折。

【分类地位】被子植物门、双子叶植物纲、原始花被亚纲、罂粟目、白花菜亚目、十字花科、芸苔族。

【种类】全属约有40种;中国有14栽培种,11变种,1变型;内蒙古有5种,8变种。

白菜 *Brassica pekinensis*

一年生或二年生草本。无毛,有时叶下面中脉有少数刺毛。基生叶多数,密集,大形,外叶矩圆形至倒卵形,先端圆钝,叶面皱缩或平展,边缘波状,常下延于叶柄上成翅状;心叶逐渐紧卷成圆筒或头状,白色或淡黄色,中脉宽展肥厚,白色而扁平;茎生叶先端圆钝,基部耳状抱茎,全缘或具疏微牙齿。花黄色;萼片直立,淡黄绿色,卵状披针形;花瓣椭圆形,基部具爪。长角果长圆柱形,稍扁,喙短剑状。种子近球形,棕色。花期5月,果期6月。

原产于中国山东,内蒙古各地广泛栽培。

芸香科——【学　名】*Rutaceae*

【蒙古名】ᠵᠢᠮᠢᠰᠲᠦ ᠢᠤ᠊ ᠶᠢᠨ ᠢᠵᠠᠭᠤᠷ

【英文名】Rue Family

【生活型】常绿或落叶乔木,灌木或草本,稀攀援性灌木。

【叶】叶互生或对生。单叶或复叶。

【花】花两性或单性,稀杂性同株,辐射对称,很少两侧对称;聚伞花序,稀总状或穗状花序,更少单花,甚或叶上生花;萼片4或5个,离生或部分合生;花瓣4或5片,很少2~3片,离生,极少下部合生,覆瓦状排列,稀镊合状排列,极少无花瓣与萼片之分,则花被片5~8枚,且排列成一轮;雄蕊4或5枚,或为花瓣数的倍数,花丝分离或部分连生成多束或呈环状,花药纵裂,药隔顶端常有油点;雌蕊通常由4或5枚、稀较少或更多心皮组成,心皮离生或合生,蜜盆明显,环状,有时变成子房柄,子房上位,稀半下位,花柱分离或合生,柱头常增大,很少约与花柱同粗,中轴胎座,稀侧膜胎座,每枚心皮有上下叠置、稀两侧并列的胚珠2颗,稀1颗或较多,胚珠向上转,倒生或半倒生。

【果实和种子】果为蓇葖、蒴果、翅果、核果,或具革质果皮、或具翼、或果皮稍近肉质的浆果;种子有或无胚乳,子叶平凸或皱褶,常富含油点,胚直立或弯生,很少多胚。

【种类】全科约有150属,1600种;中国有28属,约151种,28变种;内蒙古有3属,1亚种。

芸香科 Rutaceae Juss. 是法国植物学家 Antoine Laurent de Jussieu(1748—1836)于 1789 年在"*Genera plantarum* 296"(Gen. Pl.)中建立的植物科,模式属为芸香属(Ruta)。

在恩格勒系统(1964)中,芸香科隶属原始花被亚纲(Archichlamydeae)、芸香目(Rutales)、芸香亚目(Rutineae),本目含芸香科、苦木科(Simaroubaceae)、橄榄科(Burseraceae)、楝科(Meliaceae)、远志科(Polygalaceae)等 12 个科。在哈钦森系统(1959)中,芸香科隶属双子叶植物木本支(Lignosae)、芸香目,含芸香科、苦木科、橄榄科、阳桃科(Averrhoaceae)等 4 个科,认为芸香目出自卫矛目(Celastrales)并演化出无患子目(Sapindales)。在塔赫他间系统(1980)中,芸香科隶属蔷薇亚纲(Rosidae)、芸香目,含芸香科、苦木科、蒺藜科(Zygophyllaceae)、白刺科(Nitrariaceae)、楝科、橄榄科、漆树科(Anacardiaceae)等 15 个科,认为芸香目和无患子目共同起源于虎耳草目(Saxifragales)中的火把树亚目(Subcunoniineae)。在克朗奎斯特系统(1981)中,芸香科隶属蔷薇亚纲、无患子目(Sapindales),含无患子科(Sapindaceae)、槭树科(Aceraceae)、橄榄科、漆树科、苦木科、楝科、芸香科、蒺藜科等 15 个科,认为无患子目起源于蔷薇目(Rosales)。

枣属——【学　名】*Ziziphus*

　　　　　　【蒙古名】 ᠵᠠᠮᠪᠠ ᠶᠢᠨ ᠲᠥᠷᠦᠯ

　　　　　　【英文名】Jujube

【生活型】落叶或常绿乔木,或藤状灌木。

【茎】枝常具皮刺。

【叶】叶互生,具柄,边缘具齿,或稀全缘,具基生 3 出、稀 5 出脉;托叶通常变成针刺。

【花】花小,黄绿色,两性,5 基数,常排成腋生具总花梗的聚伞花序,或腋生或顶生聚伞总状或聚伞圆锥花序;萼片卵状三角形或三角形,内面有凸起的中肋;花瓣具爪,倒卵圆形或匙形,有时无花瓣,与雄蕊等长;花盘厚,肉质,5 或 10 裂;子房球形,下半部或大部藏于花盘内,且部分合生,2 室,稀 3～4 室,每室有 1 颗胚珠,花柱 2 枚,稀 3～4 浅裂或半裂,稀深裂。

【果实和种子】核果圆球形或矩圆形,不开裂,顶端有小尖头,基部有宿存的萼筒,中果皮肉质或软木栓质,内果皮硬骨质或木质,1～2 室,稀 3～4 室,每室具 1 粒种子;种子无或有稀少的胚乳;子叶肥厚。

【分类地位】被子植物门、双子叶植物纲、原始花被亚纲、鼠李目、鼠李科、枣族。

【种类】全属约有 100 种;中国有 12 种,3 变种;内蒙古有 2 变种。

枣 *Ziziphus jujuba*

　　落叶小乔木,稀灌木。树皮褐色或灰褐色;长枝无皮刺,呈“之”字形曲折,具 2 个托叶刺,粗直,短刺下弯;短枝短粗,矩状,自老枝发出;幼枝无托叶刺。叶纸质,卵形,卵状椭圆形,或卵状矩圆形;顶端钝或圆形,稀锐尖,具小尖头,基部稍不对称,近圆形,边缘具圆齿状锯齿,上面深绿色,无毛,下面浅绿色,无毛或仅沿脉多少被疏微毛,基生 3 出脉;叶柄无毛或有疏微毛;托叶刺纤细,后期常脱落。花黄绿色,两性,5 基数,无毛,具短总花梗,单生或 2～8 个密集成腋生聚伞花序;萼片卵状三角形;花瓣倒卵圆形,基部有爪,与雄蕊等长;花盘厚,肉质,圆形,5 裂;子房下部藏于花盘内,与花盘合生,2 室,每室有 1 颗胚珠,花柱 2 半裂。核果矩圆形或长卵圆形,成熟时红色,后变红紫色,中果皮肉质,厚,味甜,核顶端锐尖,基部锐尖或钝,2 室,具 1 或 2 粒种子;种子扁椭圆形。花期 5～7 月,果期 8～9 月。

　　栽培植物,原产于中国。

早熟禾属──【学　名】*Poa*

【蒙古名】ᠴᠠᠭᠠᠨ ᠦᠪᠦᠷ ᠡᠪᠡᠰᠦ

【英文名】Bluegrass

【生活型】多年生,疏丛型或密丛型草本。少数为一年生草本。

【茎】有些具匍匐根状茎。

【叶】叶鞘开放,或下部闭合;叶舌膜质;叶片扁平,对折或内卷。

【花】圆锥花序开展或紧缩;小穗含 2～8 朵小花,上部小花不育或退化;小穗轴脱节于颖之上及诸花之间;两颖不等或近相等,第一颖较短窄,具 1 条脉或 3 条脉,第二颖具 3 条脉,均短于其外稃;外稃纸质或较厚,先端尖或稍钝,无芒,边缘多少膜质,具 5 条脉,中脉成脊,背部大多无毛,脊与边脉下部具柔毛,基盘短而钝,具有绵毛,稀无毛;内稃等长或稍短于其外稃,两脊微粗糙,稀具丝状纤毛;鳞被 2 枚;雄蕊 3 枚;花柱 2 枚,柱头羽毛状;子房无毛。

【果实和种子】颖果长圆状纺锤形,与内外稃分离;种脐点状。

【分类地位】被子植物门、单子叶植物纲、禾本目、禾本科、早熟禾亚科、早熟禾族。

【种类】全属约有 500 种;中国有 231 种;内蒙古有 22 种。

蒙古早熟禾 *Poa mongolica*

多年生草本。秆直立,具 3～4 节,质较柔软,节膝曲。叶鞘无毛,短于节间,顶生者长于其叶片;叶片质较硬,上面微粗糙。圆锥花序疏松开展;分枝孪生,粗糙,中部以下裸露,上部再分小枝;小穗含 3～4 朵小花,稍带紫色;颖锐尖,具 3 条脉,脊微粗糙,第二颖较宽;外稃先端锐尖,狭膜质,5 条脉不明显,边脉下部 1/2 与脊下部 2/3 具长柔毛,基盘具中量绵毛;内稃等长或稍长于外稃,先端微凹,两脊粗糙。颖果纺锤形。花果期 6～8 月。

生于林缘、山地草甸。产于内蒙古呼伦贝尔市、兴安盟、锡林郭勒盟;中国黑龙江、吉林、辽宁、河北也产。

蚤缀属（无心菜属）——【学　名】*Arenaria*

【蒙古名】ᠬᠣᠨᠢᠨ ᠤ ᠢᠳᠡᠰᠢ

【英文名】Sandwort

【生活型】一年生或多年生草本。

【茎】茎直立，稀铺散，常丛生。

【叶】单叶对生，叶片全缘，扁平，卵形、椭圆形至线形。

【花】花单生或多数，常为聚伞花序；花 5 数，稀 4 数；萼片全缘，稀顶端微凹；花瓣全缘或顶端齿裂至缝裂；雄蕊 10 枚，稀 8 或 5 枚；子房 1 室，含多数胚珠，花柱 3 枚，稀 2 枚。

【果实和种子】蒴果卵形，通常短于宿存萼，稀较长或近等长，裂瓣为花柱的同数或 2 倍；种子稍扁，肾形或近圆卵形，具疣状凸起，平滑或具狭翅。

【分类地位】被子植物门、双子叶植物纲、原始花被亚纲、中央种子目、石竹科、繁缕亚科、繁缕族、繁缕亚族。

【种类】全属有 300 余种；中国有 104 种，12 变种，4 变型；内蒙古有 4 种，2 变种。

灯的草蚤缀 *Arenaria juncea*

多年生草本。根圆锥状，肉质，灰褐色或灰白色，上部具环纹，下部分枝。基部宿存较硬的淡褐色枯萎叶茎，硬而直立，下部无毛，接近花序部分被腺柔毛。叶片细线形，基部较宽，呈鞘状抱茎，边缘具疏齿状短缘毛，常内卷或扁平，顶端渐尖，具 1 条脉。聚伞花序，具数花至多花；苞片卵形，顶端尖，边缘宽膜质，外面被腺柔毛；花梗密被腺柔毛；萼片 5 个，卵形，顶端渐尖或急尖，边缘宽膜质，具 1～3 条脉，外面无毛或被腺柔毛；花瓣 5 片，白色，稀椭圆状矩圆形或倒卵形，顶端钝圆，基部具短爪；雄蕊 10 枚，花丝线形，与萼片对生者基部具腺体，花药黄色，椭圆形；子房卵圆形，花柱 3 枚，柱头头状。蒴果卵圆形，黄色，稍长于宿存花萼或与宿存花萼等长，顶端 3 瓣裂，裂片 2 裂；种子三角状肾形，褐色或黑色，背部具疣状凸起。花果期 7～9 月。

生于石质山坡、平坦草原。产于内蒙古呼伦贝尔市、兴安盟、通辽市、赤峰市、锡林郭勒盟、乌兰察布市、包头市；中国东北、华北、西北也产；蒙古、俄罗斯、朝鲜、日本也有分布。

燥原荠属——【学　名】*Ptilotricum*

【蒙古名】ᠬᠠᠲᠠᠭᠤ ᠲᠠᠯ᠎ᠠ ᠶᠢᠨ ᠡᠪᠡᠰᠦ

【英文名】Ptilotricum

【生活型】小半灌木。

【叶】叶不裂。

【花】萼片直立,基部不呈囊状;花瓣白色或玫瑰红色,基部渐窄成爪,雄蕊花丝无翅与齿,侧蜜腺大,三角形,不愈合,向外伸出,长渐尖,中蜜腺无;花柱短,柱头钝,2浅裂。

【果实和种子】短角果圆形或宽卵形,果瓣扁平或膨胀;隔膜柔软。种子每室2粒,有边;子叶扁平,缘倚胚根。

【分类地位】被子植物门、双子叶植物纲、原始花被亚纲、罂粟目、白花菜亚目、十字花科、庭荠族。

【种类】全属有12种;据文献载中国有2种,但仅见到1种;内蒙古有2种。

燥原荠 *Ptilotricum canescens*

　　小半灌木,基部木质化,密被小星状毛,分枝毛或分叉毛,植株灰绿色。茎直立,或基部稍为铺散而上部直立,近地面处分枝。叶密生,条形或条状披针形,顶端急尖,全缘,花序伞房状,果期极伸长;外轮萼片宽于内轮萼片,灰绿色或淡紫色,有白色边缘并有星状缘毛;花瓣白色,宽倒卵形,顶端钝圆,基部渐窄成爪;子房密被小星状毛,花柱长,柱头头状。短角果卵形;花柱宿存。种子每室1粒,悬垂于室顶,长圆卵形,深棕色。花果期6~8月。

　　生于荒漠带的砾质山坡、干河床。产于内蒙古阿拉善盟、巴彦淖尔市;中国甘肃、青海、新疆、西藏也产;蒙古、俄罗斯也有分布。

803

泽兰属——【学　名】*Eupatorium*

　　　　　　【蒙古名】ᠰᠣᠯᠣᠩᠭᠠ ᠬᠦᠷᠢᠨ ᠴᠡᠴᠡᠭ ᠤᠨ ᠲᠦᠷᠦᠯ

　　　　　　【英文名】Bog Orchid, Thoroughwort

【生活型】多年生草本、半灌木或灌木。

【叶】叶对生,少有互生的,全缘、锯齿或3裂。

【花】头状花序小或中等大小,在茎枝顶端排成复伞房花序或单生于长花序梗上,花两性,管状,结实,花多数,少有1～4朵的。总苞长圆形、卵形、钟形或半球形;总苞片多层或1～2层,覆瓦状排列,外层渐小或全部苞片近等长。花托平、突起或圆锥状,无托片。花紫色、红色或白色。花冠等长,辐射对称,檐部扩大,钟状,顶端5裂或5枚齿。花药基部钝,顶端有附片。花柱分枝伸长,线状半圆柱形,顶端钝或微钝。

【果实和种子】瘦果5条棱,顶端截形。冠毛多数,刚毛状,1层。

【分类地位】被子植物门、双子叶植物纲、合瓣花亚纲、桔梗目、菊科、管状花亚科、泽兰族。

【种类】全属有600余种;中国有14种,3变种;内蒙古有1种。

林泽兰 *Eupatorium lindleyanum*

　　多年生草本。根茎短,有多数细根。茎直立,下部及中部红色或淡紫红色,常自基部分枝或不分枝而上部仅有伞房状花序分枝;全部茎枝被稠密的白色长或短柔毛。下部茎叶花期脱落;中部茎叶长椭圆状披针形或线状披针形,不分裂或3全裂,质厚,基部楔形,顶端急尖,三出基脉,两面粗糙,被白色长或短粗毛及黄色腺点,上面及沿脉的毛密;自中部向上与向下的叶渐小,与中部茎叶同形同质;全部茎叶基出3脉,边缘有深或浅犬齿,无柄或几乎无柄。头状花序多数在茎顶或枝端排成紧密的伞房花序,或排成大型的复伞房花序;花序枝及花梗紫红色或绿色,被白色密集的短柔毛。总苞钟状,含5朵小花;总苞片覆瓦状排列,约3层;外层苞片短,披针形或宽披针形,中层及内层苞片渐长,长椭圆形或长椭圆状披针形;全部苞片绿色或紫红色,顶端急尖。花白色、粉红色或淡紫红色,外面散生黄色腺点。瘦果黑褐色,椭圆状,5条棱,散生黄色腺点;冠毛白色,与花冠等长或稍长。花果期5～12月。

　　生于河滩草甸或沟谷中。产于内蒙古呼伦贝尔市、兴安盟、通辽市、赤峰市;中国东北、华北、华东也产;朝鲜、日本、俄罗斯也有分布。

泽芹属——【学　名】*Sium*

【蒙古名】ᠣᠰᠤᠨ ᠤ ᠵᠢᠷᠭᠠᠢ ᠶᠢᠨ ᠲᠥᠷᠥᠯ

【英文名】Waterparsnip

【生活型】水生或陆生的多年生草本。

【根】根为成束的须根或为块根。

【茎】茎直立,高大,分枝,稀有矮小不分枝的。

【叶】叶有柄,叶柄具叶鞘;叶片 1 回羽状分裂至羽状全裂,裂片边缘有锯齿、圆齿或缺刻。

【花】复伞形花序顶生或侧生;总苞片绿色,全缘或有缺刻;小总苞片窄狭;伞辐少数;花白色、黄色或绿色,花柄开展;萼齿显著或细小,通常不等大;花瓣倒卵形或倒心形,顶端窄狭内折,外缘花瓣有时为辐射瓣;花柱反折,花柱基平陷或很少呈短圆锥形。

【果实和种子】果实球状卵形或卵状长圆形,两侧略扁平,合生面稍收缩,光滑,果棱显著;每棱槽中有油管 1～3 个,合生面油管 2～6 个;分生果横剖面略呈五边形或近圆形,胚乳腹面平直;心皮柄 2 裂达于基部,心皮柄的分枝与分生果分离或贴着于分生果的合生面。

【分类地位】被子植物门、双子叶植物纲、原始花被亚纲、伞形目、伞形科、芹亚科、阿米芹族、葛缕子亚族、阿米芹族九棱类与真型。

【种类】全属约有 16 种;中国有 3 种;内蒙古有 1 种。

泽芹 *Sium suave*

多年生草本。有成束的纺锤状根和须根。茎直立,粗大,有条纹,有少数分枝,通常在近基部的节上生根。叶片轮廓呈长圆形至卵形,1 回羽状分裂,有羽片 3～9 对,羽片无柄,疏离,披针形至线形,基部圆楔形,先端尖,边缘有细锯齿或粗锯齿;上部的茎生叶较小,有 3～5 对羽片,形状与基部叶相似。复伞形花序顶生和侧生,花序梗粗,总苞片 6～10 个,披针形或线形,尖锐,全缘或有锯齿,反折;小总苞片线状披针形,尖锐,全缘;伞辐 10～20 枚,细长;花白色;萼齿细小;花柱基短圆锥形。果实卵形分生果的果棱肥厚,近翅状;每棱槽内油管 1～3 个,合生面油管 2～6 个;心皮柄的分枝贴近合生面。花期 8～9 月,果期 9～10 月。

生于沼泽、池沼边、沼泽草甸。产于内蒙古呼伦贝尔市、兴安盟、通辽市、赤峰市、锡林郭勒盟、鄂尔多斯市;中国东北、华北、华东也产;日本、朝鲜、蒙古、俄罗斯以及北美洲也有分布。

泽泻科——【学　名】*Alismatacea*

【蒙古名】ᠨᠠᠮᠤᠭ ᠤᠰᠤᠨ ᠤ ᠪᠦᠯᠢ

【英文名】Waterplantain

【生活型】多年生,稀一年生,沼生或水生草本。

【茎】具乳汁或无;具根状茎、匍匐茎、球茎、珠芽。

【叶】叶基生,直立,挺水、浮水或沉水;叶片条形、披针形、卵形、椭圆形、箭形等,全缘;叶脉平行;叶柄长短随水位深浅有明显变化,基部具鞘,边缘膜质或否。

【花】花序总状、圆锥状或呈圆锥状聚伞花序,稀1～3朵花单生或散生。花两性、单性或杂性,辐射对称;花被片6枚,排成2轮,覆瓦状,外轮花被片宿存,内轮花被片易枯萎、凋落;雄蕊6枚或多数,花药2室,外向,纵裂,花丝分离,向下逐渐增宽,或上下等宽;心皮多数,轮生,或螺旋状排列,分离,花柱宿存,胚珠通常1颗,着生于子房基部。

【果实和种子】瘦果两侧压扁,或为小坚果,多少胀圆。种子通常褐色、深紫色或紫色;胚马蹄形,无胚乳。

【种类】全科有11属,约100种;中国有4属,20种,1亚种,1变种,1变型;内蒙古有2属,4种。

806

泽泻科 Alismataceae Vent. 是法国植物学家 tienne Pierre Ventenat(1757—1808)于1799年在"Tableau du Regne Vegetal 2"(Tabl. Regn. Veg.)上发表的植物科,模式属为泽泻属(Alisma)。

在恩格勒系统(1964)中,泽泻科隶属单子叶植物纲(Monocotyledoneae)、沼生目(Helobiae)、泽泻亚目(Alismatineae),本目含4个亚目、9个科,包括泽泻科(Alismataceae)、花蔺科(Butomaceae)、水鳖科(Hydrocharitineae)、芝菜科(Scheucharitaceae)、水蕹科(Aponogetonaceae)、水麦冬科(Juncaginaceae)、眼子菜科(Potomogetonaceae)、角果藻科(Zannichelliaceae)、茨藻科(Nadaceae)等。在哈钦森系统(1959)中,泽泻科隶属单子叶植物、萼花区(Calyciferae)、泽泻目(Alismatales),含泽泻科、芝菜科和无叶莲科(Petrosaviaceae)3个科,认为泽泻目有瘦果,似毛茛科的毛茛亚科(Ranunculoideae),二者关系近,为原始的单子叶植物。在塔赫他间系统(1980)中,泽泻科隶属单子叶植物纲(Liliopsida)、泽泻亚纲(Alismatidae)、泽泻目,含花蔺科(Butomaceae)、黄花蔺科(Limnocharitaceae)、泽泻科和水鳖科4个科,认为泽泻目处于原始单子叶植物地位,接近双子叶植物睡莲目(Nymphaeales)。在克朗奎斯特系统(1981)中,泽泻科隶属单子叶植物纲(Liliopsida)、泽泻亚纲、泽泻目,含花蔺科、黄花蔺科和泽泻科3个科。

泽泻属——【学　名】*Alisma*

【蒙古名】ᠰᠥᠬᠡᠢ ᠡᠪᠡᠰᠥ ᠶᠢᠨ ᠲᠥᠷᠥᠯ

【英文名】Waterplantain

【生活型】多年生水生或沼生草本。

【茎】具块茎或无,稀具根状茎。

【叶】叶基生,沉水或挺水,全缘;挺水叶具白色小鳞片,叶脉 3～7 条,近平行,具横脉。

【花】花葶直立。花序分枝轮生,通常(1～)2 至多轮,每个分枝再作 1～3 次分枝,组成大型圆锥状复伞形花序,稀呈伞形花序;分枝基部具苞片及小苞片。花两性或单性,辐射对称;花被片 6 枚,排成 2 轮,外轮花被片萼片状,边缘膜质,具 5～7 条脉,绿色,宿存,内轮花被片花瓣状,比外轮大 1～2 倍,花后脱落;雄蕊 6 枚,着生于内轮花被片基部两侧,花药 2 室,纵裂,花丝基部宽,向上渐窄,或骤然狭窄;心皮多数,分离,两侧压扁,轮生于花托,排列整齐或否,花柱直立、弯曲或卷曲,顶生或侧生;花托外凸呈球形、平凸或凹凸。

【果实和种子】瘦果两侧压扁,腹侧具窄翅或否,背部具 1～2 条浅沟,或具深沟,两侧果皮草质、纸质或薄膜质。种子直立,深褐色、黑紫色或紫红色,有光泽,马蹄形。

【分类地位】被子植物门、单子叶植物纲、沼生目、泽泻亚目、泽泻科。

【种类】全属有 11 种;中国有 6 种;内蒙古有 2 种。

泽泻 *Alisma plantago-aquatica*

多年生水生或沼生草本。叶多数;挺水叶宽披针形、椭圆形,先端渐尖,基部近圆形或浅心形,叶脉 5～7 条,叶柄较粗壮,基部渐宽,边缘窄膜质。花序具 3～9 轮分枝,每轮分枝 3～9 枚;花两性;花梗不等长;外轮花被片卵形,边缘窄膜质,具 5～7 条脉,内轮花被片近圆形,比外轮大,白色、淡红色,稀黄绿色,边缘波状;心皮排列不整齐,花柱直立,柱头长约为花柱的 1/5;花丝向上渐窄,花药黄绿色或黄色;花托在果期呈凹凸。瘦果椭圆形,背部具 1～2 条浅沟,腹部自果喙处凸起,呈膜质翅,两侧果皮纸质,半透明,或否,果喙自腹侧中上部伸出。种子紫红色。花果期 5～10 月。

生于沼泽。产于内蒙古各地;中国东北、华北、西北也产;俄罗斯、蒙古、朝鲜也有分布。

扎股草属(隐花草属)——【学 名】*Crypsis*

【蒙古名】ᠵᠤᠤᠷᠠᠭ ᠤᠨ ᠲᠥᠷᠥᠯ

【英文名】Pricklegrass

【生活型】一年生草本。

【花】圆锥花序紧缩呈头状,生于2枚苞片状叶鞘的腋内。小穗含1朵小花,脱节于颖之下;颖约相等,狭窄,披针形,背部具脊,先端锐尖;外稃披针形,宽于颖,膜质,具1条脉,顶端无芒;内稃与外稃同质,约等长,于脉间分裂;鳞被缺;雄蕊2~3枚。

【果实和种子】颖果成熟时自内、外稃间分离脱落;种子在成熟时与果皮分离。

【分类地位】被子植物门、单子叶植物纲、禾本目、禾本科、画眉草亚科、鼠尾粟族、鼠尾粟亚族。

【种类】把 Heleochloa 并入后,Crypsis 属约有12种;中国有2种;内蒙古的 Crypsis 有1种。

隐花草 *Crypsis aculeata*

一年生草本。须根细弱。秆平卧或斜向上升,具分枝,光滑无毛。叶鞘短于节间,松弛或膨大;叶舌短小,顶生纤毛;叶片线状披针形,扁平或对折,边缘内卷,先端呈针刺状,上面微糙涩,下面平滑。圆锥花序短缩成头状或卵圆形,下面紧托2枚膨大的苞片状叶鞘,小穗淡黄白色;颖膜质,不等长,顶端钝,具1条脉,脉上粗糙或生纤毛,第一颖窄线形,第二颖披针形;外稃长于颖,薄膜质,具1条脉;内稃与外稃同质,等长或稍长于外稃,具极接近而不明显的2条脉,雄蕊2枚,花药黄色。囊果长圆形或楔形。染色体2n=16,18,54(Avdulov)。花果期5~9月。

獐毛属——【学　名】*Aeluropus*

【蒙古名】ᠨᠤᠨ ᠲᠤ᠋ᠯ ᠤᠨ ᠡᠪᠡᠰᠤ

【英文名】Aeluropus

【生活型】多年生低矮草本。

【茎】多分枝。

【叶】叶片坚硬,常卷折呈针状。

【花】圆锥花序常紧密呈穗状或头状;小穗卵状披针形,含 4 至多数朵小花,无柄或几乎无柄,成 2 行排列于穗轴的一侧,小花紧密排列成覆瓦状,小穗轴脱节于颖之上及各小花之间;颖略不相等,革质,边缘干膜质,短于第一朵小花,第一颖具 1～3 条脉,第二颖具 5～7 条脉;外稃卵形,先端尖或具小尖头,具 7～11 条脉;内稃几等长于外稃,顶端截平,脊上微粗糙或具纤毛;雄蕊 3 枚,花药线形。

【果实和种子】颖果卵形至长圆形。

【分类地位】被子植物门、单子叶植物纲、禾本目、禾本科、画眉草亚科、獐毛族。

【种类】全属有 20 余种;中国有 4 种,1 变种;内蒙古有 1 种。

獐毛 *Aeluropus sinensis*

多年生草本。通常有长匍匐枝,具多节,节上多少有柔毛。叶鞘通常长于节间或上部者可短于节间,鞘口常有柔毛,其余部分常无毛或近基部有柔毛;叶舌截平;叶片无毛,通常扁平。圆锥花序穗形,其上分枝密接而重叠;小穗有 4～6 朵小花,颖及外稃均无毛,或仅背脊粗糙。花果期 7～9 月。

生于盐化草甸或干旱区盐湖外围、盐渍低地等盐土生境中。产于呼伦贝尔市、锡林郭勒盟、乌兰察布市、巴彦淖尔市、鄂尔多斯市、阿拉善盟、呼和浩特市;中国东北、华北、江苏、河南、陕西、宁夏、甘肃、新疆以及西南地区也产;蒙古也有分布。

獐牙菜属——【学　名】*Swertia*

　　　　　　　【蒙古名】ᠣᠪᠤᠷ ᠤᠨ ᠡᠪᠡᠰᠦ

　　　　　　　【英文名】Swertia, felworth

【生活型】一年生或多年生草本。

【根】根草质、木质或肉质，常有明显的主根。

【茎】无茎或有茎，茎粗壮或纤细，稀为花葶。

【叶】叶对生，稀互生或轮生，在多年生的种类中，营养枝的叶常呈莲座状。

【花】复聚伞花序、聚伞花序或为单花；花 4 或 5 朵，或在少数种类中两者兼有，辐状；花萼深裂近基部，萼筒甚短；花冠深裂近基部，冠筒甚短，裂片基部或中部具腺窝或腺斑；雄蕊着生于冠筒基部与裂片互生，花丝多为线形，少有下部极度扩大，连合成短筒或否；子房 1 室，花柱短，柱头 2 裂。

【果实和种子】蒴果常包被于宿存的花被中，由顶端向基部 2 瓣裂，果瓣近革质。种子多而小，稀少而大，表面平滑、有折皱状突起或有翅。

【分类地位】被子植物门、双子叶植物纲、合瓣花亚纲、捩花目、龙胆科、龙胆亚科、龙胆族、龙胆亚族。

【种类】全属约有 170 种；中国有 79 种；内蒙古有 5 种。

瘤毛獐芽菜 *Swertia pseudochinensis*

　　一年生草本。主根明显。茎直立，四棱形，棱上有窄翅，从下部起多分枝。叶无柄，线状披针形至线形，两端渐狭，下面中脉明显突起。圆锥状复聚伞花序多花，开展；花梗直立，四棱形；花 5 数；花萼绿色，与花冠近等长，裂片线形，先端渐尖，下面中脉明显突起；花冠蓝紫色，具深色脉纹，裂片披针形，先端锐尖，基部具 2 个腺窝，腺窝矩圆形，沟状，基部浅囊状，边缘具长柔毛状流苏，流苏表面有瘤状突起；花丝线形，花药窄椭圆形；子房无柄，狭椭圆形，花柱短，不明显，柱头 2 裂，裂片半圆形。花期 8～9 月。

　　生于山坡林缘、草甸。产于内蒙古呼伦贝尔市、兴安盟、锡林郭勒盟、鄂尔多斯市；中国河北、宁夏、山西、山东、陕西也产；日本、朝鲜也有分布。

　　全草用于中药和蒙药。

胀果芹属(燥芹属)——【学　名】*Phlojodicarpus*

【蒙古名】ᠪᠣᠷᠠᠭᠤ ᠵᠢᠨ ᠡ ᠡᠪᠡᠰᠤ

【英文名】Swellenfruit celery

【生活型】多年生草本。

【茎】茎单一或数茎,圆柱形,髓部充实,有纵长条纹或浅沟纹。

【叶】茎生叶多数,有柄,叶鞘边缘膜质;叶片2至3回羽状全裂,末回裂片狭窄。

【花】复伞形花序具总苞和小总苞数个至10余个,有时脱落;花瓣广倒卵形,顶端具小舌片,微凹内折,基部具短爪,白色或苍白色微带淡紫色;萼齿长,披针形或线形;花柱初时直立,后向下弯曲,花柱基短圆锥形。

【果实和种子】分生果椭圆形或近圆形,背部扁压,无毛或有毛,背棱或中棱粗钝而隆起很甚,侧棱呈宽翅状甚厚,外果皮肥厚,木栓质;每棱槽内有油管1～3个,合生面油管2～4个,油管有时消失;胚乳腹面平直,果实成熟时,合生面处果皮易于分离;心皮柄2裂至基部。

【分类地位】被子植物门、双子叶植物纲、原始花被亚纲、伞形目、伞形科、芹亚科、前胡族、阿魏亚族。

【种类】全属有2种;中国有2种;内蒙古有1种,1变种。

胀果芹 *Phlojodicarpus sibiricus*

多年生草本。根颈粗壮,常呈指状分枝,并存留多数宽阔的枯萎叶鞘;根圆锥形,粗大,木质化,表皮褐色。茎单一或数茎,圆柱形,细条纹轻微突起,较平滑或有时显著突起呈浅槽,光滑无毛。基生叶多数,叶有柄,叶柄基部具卵状宽阔叶鞘;叶片轮廓为长卵形,2至3回羽状分裂,1回羽片5～7对,2回羽片2～3对,末回裂片线形,先端钝尖,边缘反卷,两面无毛;茎生叶少数,简化。伞形花序有长梗,花序梗粗壮,总苞片5～10个,线状披针形,不等大,有时其中一片特大,呈鞘状或具叶裂片,有时有短毛,边缘白色膜质;伞辐6～20枚,不等长,有鳞片状毛;小伞形花序有花10余朵;小总苞片约10个,卵状披针形;萼齿显著,披针形;花瓣白色。分生果长圆形,成熟时浅黄色,有稀疏短毛,果皮肥厚,稍木质化,背棱粗钝,隆起很甚,侧棱翅状宽而厚;棱槽内油管1个,合生面油管2个,油管有时易消失。花期6～7月,果期7～8月。

生于草原区石质山顶、向阳山坡。产于内蒙古呼伦贝尔市、锡林郭勒盟、巴彦淖尔市;中国河北、黑龙江也产;蒙古、俄罗斯也有分布。

沼兰属（小柱兰属）——【学　名】*Malaxis*

【蒙古名】ᠪᠣᠭᠣᠷᠴᠢᠰ ᠤᠨ ᠲᠥᠷᠥᠯ

【英文名】Bogorchis

【生活型】地生，较少为半附生或附生草本。

【茎】通常具多节的肉质茎或假鳞茎，外面常被有膜质鞘。

【叶】叶通常2～8片，较少1片，草质或膜质，有时稍肉质，近基生或茎生，多脉，基部收狭成明显的柄；叶柄常多少抱茎，无关节。

【花】花葶顶生，通常直立，无翅或罕具狭翅；总状花序具数朵或数十朵花；花苞片宿存；花一般较小；萼片离生，相似或侧萼片较短而宽，通常展开；花瓣一般丝状或线形，明显比萼片狭窄，较少近似于萼片；唇瓣通常位于上方（子房扭转360度），极罕位于下方（子房扭转180度），不裂或2～3裂，有时先端具齿或流苏状齿，基部常有1对向蕊柱两侧延伸的耳，较少无耳或耳向两侧横展；蕊柱一般很短，直立，顶端常有2枚齿；花药生于蕊柱顶端后侧，直立或俯倾，一般在花枯萎后仍宿存；花粉团4个，成2对，蜡质，无明显的花粉团柄和粘盘，仅在基部粘合。

【果实和种子】蒴果较小，椭圆形至球形。

【分类地位】被子植物门、单子叶植物纲、微子目、兰科、兰亚科、树兰族、羊耳蒜亚族。

【种类】全属约有300种；中国有21种；内蒙古有1种。

沼兰 *Malaxis monophyllos*

陆生兰。假鳞茎卵形，较小，外被白色的薄膜质鞘。叶通常1片，较少2片，斜立，卵形、长圆形或近椭圆形，先端钝或近急尖，基部收狭成柄；叶柄多少鞘状，抱茎或上部离生。花葶直立，除花序轴外近无翅；具数十朵或更多的花；花苞片披针形；花小，较密集，淡黄绿色至淡绿色；中萼片披针形或狭卵状披针形，先端长渐尖，具1条脉；侧萼片线状披针形，略狭于中萼片，亦具1条脉；花瓣近丝状或极狭的披针形，先端骤然收狭而成线状披针形的尾（中裂片）；唇盘近圆形、宽卵形或扁圆形，中央略凹陷，两侧边缘变为肥厚并具疣状突起，基部两侧有1对钝圆的短耳；蕊柱粗短。蒴果倒卵形或倒卵状椭圆形。花果期7～8月。

生于山地海拔800～2400米的山坡林下或阴坡草甸。产于内蒙古呼伦贝尔市、兴安盟、赤峰市、锡林郭勒盟、乌兰察布市、呼和浩特市、包头市；中国东北、华北、西北、河南、四川、云南、西藏也产；日本、朝鲜、蒙古以及欧洲和北美洲也有分布。

沼委陵菜属——【学 名】*Comarum*

【蒙古名】ᠨᠠᠮᠤᠭ ᠤᠨ ᠥᠲᠥᠭ

【英文名】Marsh cinguefoil

【生活型】多年生草本或亚灌木;根茎匍匐;茎直立。

【叶】叶为互生羽复叶。

【花】花两性,中等大,成聚伞花序;副萼和萼片各 5 个,宿存;花托平坦或微呈碟状,在果时半球形,稍隆起,如海绵拷贝;花瓣 5 片,红色、紫色或白色;雄蕊 15～25 枚,宿存,花药扁球形,侧面裂开;心皮多数,花柱侧生,丝状。

【果实和种子】瘦果无毛或有毛,染色体基数 x＝7。

【分类地位】被子植物门、双子叶植物门、原始花被亚纲、蔷薇目、蔷薇亚目、蔷薇科、蔷薇亚科。

【种类】全属约有 5 种;中国有 2 种;内蒙古有 2 种。

沼委陵菜 *Comarum palustre*

多年生草本。根茎长,匍匐,木质,暗褐色;茎中空,下部弯曲,上部上升,在地面稍上处分枝,淡红褐色,下部无毛,上部密生柔毛及腺毛。奇数羽状复叶,小叶片 5～7 个,彼此接近生长,有时似掌状,椭圆形或长圆形,先端圆钝或急尖,基部楔形,边缘有锐锯齿,下部全缘,上面深绿色,无毛或有少量伏生柔毛,下面灰绿色,有柔毛;小叶柄短或无;托叶叶状,卵形,基生叶托叶大部分和叶柄合生,膜质,茎生叶托叶先端常有数齿,基部耳状抱茎;上部叶具 3 片小叶。聚伞花序顶生或腋生,有 1 至数花;总梗及花梗具柔毛和腺毛;苞片锥形;萼筒盘形,外面有柔毛,萼片深紫色,三角状卵形,开展,先端渐尖,外面及内面皆有柔毛;副萼片披针形至线形,先端渐尖或急尖,外面有柔毛;花瓣卵状披针形,深紫色,先端渐尖;雄蕊 15～25 枚,花丝及花药均深紫色,比花瓣短;子房卵形,深紫色,无毛,花柱线形。瘦果多数,卵形,黄褐色,扁平,无毛,着生在膨大半球形的花托上。花期 5～8 月,果期 7～10 月。

产于中国黑龙江、吉林、辽宁、河北、甘肃、青海、新疆、西藏及内蒙古呼伦贝尔、兴安、阿拉善。

针茅属——【学　名】*Stipa*

【蒙古名】ᠳᠡᠷᠡᠰᠦ ᠶᠢᠨ ᠲᠦᠷᠦᠯ

【英文名】Needlegrass,Feathergrass

【生活型】多年生密丛草本。

【叶】叶有基生叶与秆生叶之分,其叶舌同形或异形;叶片常纵卷如线,少数纵折、扁平。

【花】圆锥花序开展或窄狭,伸出鞘外或基部为叶鞘所包被;小穗含 1 朵小花,两性,脱节于颖之上;颖近等长或第一颖稍长,膜质或纸质,具 3～5 条脉,通常窄披针形且具线状尾尖,或为较宽的披针形而具短尖头;外稃细长圆柱形,紧密包卷内稃,背部散生细毛或毛沿脉呈条状,常具 5 条脉,并在外稃顶部结合向上延伸成芒,芒基与外稃顶端连接处具关节,芒 1 回或 2 回膝曲,芒柱扭转,两侧棱上全部无毛或全部具羽状毛,也有仅于芒柱或芒针上具羽状毛,基盘尖锐,具髭毛;内稃等长或稍短于外稃,背部有毛或无毛,常被外稃包裹几不外露;鳞被披针形,2～3 个。

【果实和种子】颖果细长柱状,具纵长腹沟。

【分类地位】被子植物门、单子叶植物纲、禾本目、禾本科、早熟禾亚科、针茅族。

【种类】全属约有 200 种;中国有 23 种,6 变种;内蒙古有 12 种。

大针茅 *Stipa grandis*

多年生密丛型旱生草本植物。秆具 3～4 节,基部宿存枯萎叶鞘。叶鞘粗糙或老时变平滑,下部者通常长于节间;基生叶舌钝圆,缘具睫毛,秆生者披针形;叶片纵卷似针状,上面具微毛,下面光滑。圆锥花序基部包藏于叶鞘内,分枝细弱,直立上举;小穗淡绿色或紫色;颖尖披针形,先端丝状,第一颖具 3～4 条脉,第二颖具 5 条脉;外稃具 5 条脉,顶端关节处生 1 圈短毛,背部具贴生成纵行的短毛,基盘尖锐,具柔毛,芒2 回膝曲扭转,微糙涩,芒针卷曲;内稃与外稃等长,具 2 条脉。花果期 5～8 月。

大针茅是亚洲中部草原区特有的典型草原建群种。在温带的典型草原地带,大针茅草原是主要的气候顶级群落。

产于内蒙古呼伦贝尔市、兴安盟、通辽市、赤峰市、锡林郭勒盟、乌兰察布市、包头市、阿拉善盟;中国东北松辽平原区和黄土高原区也产;蒙古、日本、俄罗斯也有分布。

珍珠菜属——【学　名】*Lysimachia*

【蒙古名】ᠲᠦᠨᠠᠷᠠᠭ᠎ᠠ ᠶᠢᠨ ᠲᠦᠷᠦᠯ

【英文名】Pearlweed，Loosestrife，Spicegrass

【生活型】直立或匍匐草本，极少亚灌木。

【叶】叶互生、对生或轮生，全缘。

【花】花单出腋生或排成顶生或腋生的总状花序或伞形花序；总状花序常缩短成近头状或有时复出而成圆锥花序；花萼5深裂，极少6～9裂，宿存；花冠白色或黄色，稀为淡红色或淡紫红色，辐状或钟状，5深裂，稀6～9裂，裂片在花蕾中旋转状排列；雄蕊与花冠裂片同数而对生，花丝分离或基部合生成筒，多少贴生于花冠上；花药基着或中着，顶孔开裂或纵裂；花粉粒具3孔沟，圆球形至长球形，表面近于平滑或具网状纹饰；子房球形，花柱丝状或棒状，柱头钝。

【果实和种子】蒴果卵圆形或球形，通常5瓣开裂；种子具棱角或有翅。

【分类地位】被子植物门、双子叶植物纲、合瓣花亚纲、报春花目、报春花科、珍珠菜族。

【种类】全属有180余种；中国有132种，1亚种，17变种；内蒙古有3种。

黄连花 *Lysimachia davurica*

多年生草本，具横走的根茎。茎直立，粗壮，下部无毛，上部被褐色短腺毛，不分枝或有少数分枝。叶对生或3～4片轮生，椭圆状披针形至线状披针形，先端锐尖至渐尖，基部钝至近圆形，上面绿色，近于无毛，下面常带粉绿色，无毛，仅沿中肋被小腺毛，两面均散生黑色腺点，侧脉通常超过10对，网脉明显，无柄或具极短的柄。总状花序顶生，通常复出而成圆锥花序；苞片线形，密被小腺毛；花萼分裂近达基部，裂片狭卵状三角形，沿边缘有1圈黑色线条，有腺状缘毛；花冠深黄色，分裂近达基部，裂片长圆形，先端圆钝，有明显脉纹，内面密布淡黄色小腺体；雄蕊比花冠短，花丝基部合生成高约1.5毫米的筒，分离部分长2～3毫米，密被小腺体；花药卵状长圆形，子房无毛。蒴果褐色。花期6～8月，果期8～9月。

生于草甸、灌丛、林缘及路旁。产于内蒙古呼伦贝尔市、兴安盟、赤峰市、通辽市、锡林郭勒盟、鄂尔多斯市；中国东北、华北、华东、华中、西南也产；日本、朝鲜、蒙古、俄罗斯也有分布。

珍珠梅属——【学　名】*Sorbaria*

【蒙古名】ᠲᠣᠪᠴᠢᠨ ᠵᠢᠮᠢᠰᠲᠦ (ᠵᠢᠮᠢᠰᠲᠦ ᠵᠢᠮᠢᠰᠲᠦ) ᠦᠨ ᠲᠥᠷᠥᠯ

【英文名】Falsespiraea

【生活型】落叶灌木。

【叶】羽状复叶,互生,小叶有锯齿,具托叶。

【花】花小型成顶生圆锥花序;萼筒钟状,萼片 5 个,反折;花瓣 5 片,白色,覆瓦状排列;雄蕊 20~50 枚;心皮 5 个,基部合生,与萼片对生。

【果实和种子】蓇葖果沿腹缝线开裂,含种子数粒。

【分类地位】被子植物门、双子叶植物纲、原始花被亚纲、蔷薇目、蔷薇亚目、蔷薇科、绣线菊亚科。

【种类】全属约有 9 种;中国约有 4 种;内蒙古有 2 种。

珍珠梅 *Sorbaria sorbifolia*

灌木。枝条开展;小枝圆柱形,稍屈曲,无毛或微被短柔毛,初时绿色,老时暗红褐色或暗黄褐色;冬芽卵形,先端圆钝,无毛或顶端微被柔毛,紫褐色,具有数个互生外露的鳞片。羽状复叶,小叶片 11~17 枚,叶轴微被短柔毛;小叶片对生,披针形至卵状披针形,先端渐尖,稀尾尖,基部近圆形或宽楔形,稀偏斜,边缘有尖锐重锯齿,上下两面无毛或近于无毛,羽状网脉,具侧脉 12~16 对,下面明显;小叶无柄或近于无柄;托叶叶质,卵状披针形至三角披针形,先端渐尖至急尖,边缘有不规则锯齿或全缘,外面微被短柔毛。顶生大型密集圆锥花序,分枝近于直立,总花梗和花梗被星状毛或短柔毛,果期逐渐脱落,近于无毛;苞片卵状披针形至线状披针形,先端长渐尖,全缘或有浅齿,上下两面微被柔毛,果期逐渐脱落;萼筒钟状,外面基部微被短柔毛;萼片三角卵形,先端钝或急尖,萼片约与萼筒等长;花瓣长圆形或倒卵形,白色;雄蕊 40~50 枚,约长于花瓣的 1.5~2 倍,生在花盘边缘;心皮 5 个,无毛或稍具柔毛。蓇葖果长圆形,有顶生弯曲花柱,果梗直立;萼片宿存,反折,稀开展。花期 7~8 月,果期 9 月。

生于山地林缘,也见于林下、路旁、沟边及林缘草甸。产于内蒙古呼伦贝尔市、兴安盟、锡林郭勒盟;中国东北也产;日本、朝鲜、蒙古、俄罗斯也有分布。

榛属——【学　名】*Corylus*

【蒙古名】ᠬᠠᠰᠢ ᠶᠢᠨ ᠣᠪᠣᠭ

【英文名】Filbert

【生活型】落叶灌木或小乔木,很少为乔木。

【茎】树皮暗灰色、褐色或灰褐色,很少灰白色;芽卵圆形,具多数覆瓦状排列的芽鳞。

【叶】单叶,互生,边缘具重锯齿或浅裂;叶脉羽状,伸向叶缘,第三次脉与侧脉垂直,彼此平行;托叶膜质,分离,早落。

【花】花单性,雌雄同株;雄花序每2～3朵生于上一年的侧枝的顶端,下垂;苞鳞覆瓦状排列,每个苞鳞内具2个与苞鳞贴生的小苞片及1朵雄花;雄花无花被,具雄蕊4～8枚,插生于苞鳞的中部;花丝短,分离;花药2室,药室分离,顶端被毛;花粉粒赤道面观宽椭圆形,极面观近三角形,通常具3孔,外壁在孔处不加厚,表面具颗粒;雌花序为头状;每个苞鳞内具2朵对生的雌花,每朵雌花具1个苞片和2个小苞片(在发育过程中苞片与小苞片不同程度地愈合),具花被;花被顶端有4～8枚不规则的小齿;子房下位,2室,每室具1颗倒生胚珠;花柱2枚,柱头钻状。果苞钟状或管状,一部分种类果苞的裂片硬化呈针刺状。

【果实和种子】坚果球形,大部或全部为果苞所包,外果皮木质或骨质;种子1粒,子叶肉质。

【分类地位】被子植物门、双子叶植物纲、原始花被亚纲、山毛榉目、桦木科、榛族。

【种类】全属约有20种;中国有7种,3变种;内蒙古有2种。

817

榛 *Corylus heterophylla*

灌木或小乔木。树皮灰色;枝条暗灰色,无毛,小枝黄褐色,密被短柔毛兼被疏生的长柔毛,无或多少具刺状腺体。叶的轮廓为矩圆形或宽倒卵形,顶端凹缺或截形,中央具三角状突尖,基部心形,有时两侧不相等,边缘具不规则的重锯齿,中部以上具浅裂,上面无毛,下面于幼时疏被短柔毛,以后仅沿脉疏被短柔毛,其余无毛,侧脉3～5对;叶柄纤细,疏被短毛或近无毛。雄花序单生。果单生或2～6枚簇生成头状;果苞钟状,外面具细条棱,密被短柔毛兼有疏生的长柔毛,密生刺状腺体,很少无腺体,较果长但不超过1倍,很少较果短,上部浅裂,裂片三角形,边缘全缘,很少具疏锯齿;序梗密被短柔毛。坚果近球形,无毛或仅顶端疏被长柔毛。花期4～5月,果期9月。

生于向阳山地和多石的沟谷两岸及林缘、采伐迹地。产于内蒙古呼伦贝尔市、兴安盟、通辽市、赤峰市、乌兰察布市;中国黑龙江、吉林、辽宁、河北、山西、陕西也产;日本、朝鲜、蒙古、俄罗斯也有分布。

芝麻菜属——【学　名】*Eruca*

　　　　　　【蒙古名】ᠬᠢᠮᠤᠰᠤᠨ ᠤ ᠪᠠᠭᠠᠨᠠ ᠶᠢᠨ ᠲᠥᠷᠥᠯ

　　　　　　【英文名】Roquette，Rocketsalad

【生活型】一年生或多年生草本。

【叶】叶羽状浅裂。

【花】花黄色，有棕色或紫色纹；成总状花序；萼片稍直立，内轮基部稍成囊状；花瓣短倒卵形，有长爪；外轮雄蕊比内轮的短；侧蜜腺凹陷，棱柱状，中蜜腺半球形或近长圆形。

【果实和种子】长角果长圆形或近椭圆形，有 4 条棱，具扁平喙，果瓣有 1 条脉；种子近 2 行，子叶对折。

【分类地位】被子植物门、双子叶植物纲、原始花被亚纲、罂粟目、白花等亚目、十字花科、芸苔族。

【种类】全属有 5 种；中国有 1 种，1 变种；内蒙古有 1 种。

芝麻菜 *Eruca sativa*

　　一年生草本。茎直立，上部常分枝，疏生硬长毛或近无毛。基生叶及下部叶大头羽状分裂或不裂，顶裂片近圆形或短卵形，有细齿，侧裂片卵形或三角状卵形，全缘，仅下面脉上疏生柔毛；上部叶无柄，具 1～3 对裂片，顶裂片卵形，侧裂片长圆形。总状花序有多数疏生花；花梗具长柔毛；萼片长圆形，带棕紫色，外面有蛛丝状长柔毛；花瓣黄色，后变白色，有紫纹，短倒卵形，基部有窄线形长爪。长角果圆柱形，果瓣无毛，有 1 条隆起中脉，喙剑形，扁平，顶端尖，有 5 条纵脉；种子近球形或卵形，棕色，有棱角。花果期 6～8 月。

　　内蒙古有少量栽培，也有少量逸生。

知母属——【学　名】*Anemarrhena*

【蒙古名】ᠲᠣᠯᠣᠭᠠᠢ ᠶ᠋ᠢᠨ ᠡᠪᠡᠰᠦ ᠶ᠋ᠢᠨ ᠲᠥᠷᠥᠯ

【英文名】Anemarrhena

【生活型】多年生草本。

【根】具较粗的根。

【茎】根状茎横走。

【叶】叶基生，禾叶状。

【花】花葶从叶丛中或一侧抽出，直立。花 2～3 朵簇生，排成总状花序；花被片 6 枚，在基部稍合生；雄蕊 3 枚，生于内花被片近中部；花丝短，扁平；花药近基着，内向纵裂；子房小，3室，每室具 2 颗胚珠；花柱与子房近等长，柱头小。

【果实和种子】蒴果室背开裂，每室具 1～2 粒种子。种子黑色，具 3～4 条纵狭翅。

【分类地位】被子植物门、单子叶植物纲、百合目、百合亚目、百合科、吊兰族。

【种类】全属只 1 种；中国有 1 种；内蒙古有 1 种。

知母 *Anemarrhena asphodeloides*

多年生草本。根状茎被残存的叶鞘所覆盖。叶向先端渐尖而成近丝状，基部渐宽而成鞘状，具多条平行脉，没有明显的中脉。花葶比叶长得多；总状花序通常较长；苞片小，卵形或卵圆形，先端长渐尖；花粉红色、淡紫色至白色；花被片条形，中央具 3条脉，宿存。蒴果狭椭圆形，顶端有短喙。花果期 7～9 月。

生于草原、草甸草原、山地砾质草原。产于内蒙古兴安盟、通辽市、赤峰市、锡林郭勒盟、乌兰察布市、呼和浩特市、鄂尔多斯市；中国黑龙江、吉林、辽宁、山东、河北、山西、陕西、甘肃也产；蒙古、朝鲜也有分布。

栉叶蒿属——【学　名】*Neopallasia*

　　　　　　【蒙古名】ᠬᠠᠷᠠᠭᠠᠨ᠎ᠠ ᠰᠢᠷᠠᠯᠵᠢ ᠶᠢᠨ ᠲᠦᠷᠦᠯ

　　　　　　【英文名】Neopallasia

【生活型】一年生草本。

【叶】叶栉齿状羽状全裂。

【花】头状花序卵球形，排成穗状或狭圆锥状花序；总苞片卵形，边缘宽膜质；花托狭圆锥形，无托毛。花异型，边花通常 3～4 朵，雌性，能育，花冠狭管状，全缘；盘花通常 9～16 朵，两性，下部 4～8 朵能育，上部不发育，花冠管状，具 5 枚齿；花药狭披针形，顶端具圆菱形渐尖头的附片；花柱分枝线形，顶端具短缘毛。

【果实和种子】瘦果在花托下部排列成一圈，椭圆形，稍扁平，黑褐色，具细条纹，无冠状冠毛。

【分类地位】被子植物门、双子叶植物纲、合瓣花亚纲、桔梗目、菊科、管状花亚科、春黄菊族、菊亚族。

【种类】单种属；中国有 1 种；内蒙古有 1 种。

栉叶蒿 *Neopallasia pectinata*

　　一年生草本。茎自基部分枝或不分枝，直立，常带淡紫色，多少被稠密的白色绢毛。叶长圆状椭圆形，栉齿状羽状全裂，裂片线状钻形，单一或有 1～2 枚同形的小齿，无毛，有时具腺点，无柄，羽轴向基部逐渐膨大，下部和中部茎生叶上部和花序下的叶变短小。头状花序无梗或几无梗，卵形或狭卵形，单生或数个集生于叶腋，多数头状花序在小枝或茎中上部排成多少紧密的穗状或狭圆锥状花序；总苞片宽卵形，无毛，草质，有宽的膜质边缘，外层稍短，有时上半部叶质化；内层较狭。边缘的雌性花 3～4 朵，能育，花冠狭管状，全缘；中心花两性，9～16 朵，有 4～8 朵着生于花托下部，能育，其余着生于花托顶部的不育，全部两性花花冠 5 裂，有时带粉红色。瘦果椭圆形，深褐色，具细沟纹，在花托下部排成一圈。花果期 7～9 月。

　　生于壤质或粘壤质的土壤。产于内蒙古各地区；中国东北、华北、西北及四川、云南、西藏也产；蒙古、俄罗斯、哈萨克斯坦也有分布。

种阜草属（莫石竹属）——【学　名】*Moehringia*

【蒙古名】ᠲᠣᠭᠲᠠ ᠶᠢᠨ ᠡᠪᠡᠰᠦ ᠶᠢᠨ ᠲᠦᠷᠦᠯ

【英文名】Carunclegrass

【生活型】一年生或多年生草本。

【茎】茎纤细，丛生。

【叶】叶线形、长圆形至倒卵形或卵状披针形，无柄或具短柄。

【花】花两性，单生或数花集成聚伞花序；萼片 5 个；花瓣 5 片，白色，全缘；雄蕊通常 10 枚；子房 1 室，具多数胚珠；花柱 3 枚。

【果实和种子】蒴果椭圆形或卵形，6 齿裂；种子平滑，光泽，种脐旁有白色、膜质种阜，有时种阜可达种子周围1/3。

【分类地位】被子植物门、双子叶植物纲、原始花被亚纲、中央种子目、石竹科、繁缕亚科、繁缕族、繁缕亚族。

【种类】全属约有 20 种；中国有 3 种；内蒙古有 1 种。

种阜草（莫石竹） *Moehringia lateriflora*

多年生草本。具匍匐根状茎。茎直立，纤细，不分枝或分枝，被短毛。叶近无柄，叶片椭圆形或长圆形，顶端急尖或钝，边缘具缘毛，两面均粗糙，具小突起，下面沿中脉被短毛。聚伞花序顶生或腋生，具 1～3 朵花；花序梗细长，花梗细，密被短毛；苞片针状；萼片卵形或椭圆形，无毛，顶端钝，边缘白膜质，中脉凸起；花瓣白色，椭圆状倒卵形，顶端钝圆，比萼片长 1～1.5 倍；雄蕊短于花瓣，花丝基部被柔毛；花柱 3 枚。蒴果长卵圆形，顶端 6 裂；种子近肾形，平滑，种脐旁具白色种阜。花果期 6～8 月。

生于山地林下、灌丛下、山谷溪边。产于内蒙古呼伦贝尔市、兴安盟、通辽市、赤峰市、锡林郭勒盟、乌兰察布市、呼和浩特市；中国甘肃、河北、黑龙江、吉林、辽宁、宁夏、陕西也产；日本、哈萨克斯坦、朝鲜、蒙古以及亚洲西南部和欧洲也有分布。

重楼属——【学　名】*Paris*

　　　　　　　【蒙古名】ᠲᠣᠮᠣᠷ ᠤᠨ ᠡᠪᠡᠰᠦ

　　　　　　　【英文名】Paris

【生活型】多年生草本。

【茎】根状茎肉质,圆柱状,细长或粗厚,生有环节。茎直立,不分枝,基部具 1～3 枚膜质鞘。

【叶】叶通常 4 至多片,极少 3 片,轮生于茎顶部,排成 1 轮,具 3 条主脉和网状细脉。

【花】花单生于叶轮中央;花梗似为茎的延续;花被片离生,宿存,排成 2 轮,每轮(3～)4～6(～10)枚;外轮花被片通常叶状,绿色,极少花瓣状,呈白色或沿脉具白色斑纹,披针形至宽卵形,有时基部变狭成短柄,开展,很少反折;内轮花被片条形,很少不存在;雄蕊与花被片同数,1～2 轮,极少 3 轮;花丝细、扁平;花药条形或短条形,基着,向两侧纵裂,药隔突出于花药顶端或不明显;子房近球形或圆锥形,4～10 室,顶端具盘状花柱基或不具,花柱短或较细长,分枝 4～10 个。

【果实和种子】蒴果或浆果状蒴果,光滑或具棱,具 10 余颗至几十颗种子。

【分类地位】被子植物门、单子叶植物纲、百合目、百合亚目、百合科、重楼族。

【种类】全属约有 10 种;中国有 7 种,8 变种;内蒙古有 1 种。

北重楼 *Paris verticillata*

　　根状茎细长,茎绿白色,有时带紫色。叶(5～)6～8 片轮生,披针形、狭矩圆形、倒披针形或倒卵状披针形,先端渐尖,基部楔形,具短柄或近无柄。外轮花被片绿色,极少带紫色,叶状,通常 4(～5)枚,纸质,平展,倒卵状披针形、矩圆状披针形或倒披针形,先端渐尖,基部圆形或宽楔形;内轮花被片黄绿色,条形;花丝基部稍扁平;子房近球形,紫褐色,顶端无盘状花柱基,花柱具 4～5 个分枝,分枝细长,并向外反卷,比不分枝部分长 2～3 倍。蒴果浆果状,不开裂,具几粒种子。花期 5～6 月,果期 7～9 月。

　　生于山地阴坡。产于内蒙古呼伦贝尔市、赤峰市、锡林郭勒盟、乌兰察布市、呼和浩特市;中国安徽、甘肃、河北、黑龙江、吉林、辽宁、山西、陕西、四川、浙江也产;日本、朝鲜、蒙古国、俄罗斯也有分布。

轴藜属——【学　名】*Axyris*

【蒙古名】ᠲᠡᠩᠭᠡᠯᠢᠭ ᠤᠨ ᠲᠦᠷᠦᠯ

【英文名】Axyris

【生活型】一年生草本。

【茎】茎直立或平卧；被星状毛。

【叶】叶互生，具柄；叶片扁平，由披针形至卵圆形，全缘，被星状毛。

【花】花单性，雌雄同株。雄花无柄，数朵簇生叶腋在茎、枝上部集成穗状花序，无苞片和小苞片；花被裂片 3～5 枚，膜质，倒卵形或椭圆形，背部密被星状毛，无附属物；雄蕊 2～5 枚，花丝条状，花药宽矩圆形，2 室，纵裂；无花盘和子房。雌花数朵构成紧密的二歧聚伞花序，腋生，具苞片，无小苞片；苞片尖椭圆形，绿色，背部中脉明显，密被星状毛，后秃净；雌花着生于苞片柄上，花被片 3～4 枚，膜质，背部被毛后秃净，不具附属物，果时增大，包被果实；子房卵状，腹背压扁，花柱短，柱头 2 枚；无花盘和雄蕊。

【果实和种子】果实直生，椭圆形或倒卵形或球形，光滑或具皱纹，顶端通常具附属物；附属物冠状、三角状或乳头状。种子直生，与果同型；胚马蹄形，胚乳较多，胚根向下。

【分类地位】被子植物门、双子叶植物纲、原始花被亚纲、中央种子目、藜科、环胚亚科、滨藜族。

【种类】全属有 5～6 种；中国有 3 种；内蒙古有 3 种。

轴藜 *Axyris amaranthoides*

一年生草本。茎直立，粗壮，微具纵纹，毛后期大部脱落；分枝多集中于茎中部以上，纤细，劲直。叶具短柄，顶部渐尖，具小尖头，基部渐狭，全缘，背部密被星状毛，后期秃净；基生叶大，披针形，叶脉明显；枝生叶和苞叶较小，狭披针形或狭倒卵形，边缘通常内卷。雄花序穗状；花被裂片 3 枚，狭矩圆形，先端急尖，向内卷曲，背部密被毛，后期脱落；雄蕊 3 枚，与裂片对生，伸出花被外。雌花花被片 3 枚，白膜质，背部密被毛，后脱落，侧生的 2 枚花被片大，宽卵形或近圆形，先端全缘或微具缺刻，近苞片处的花被片较小，矩圆形。果实长椭圆状倒卵形，侧扁，灰黑色，有时具浅色斑纹，光滑，顶端具一附属物；附属物冠状，其中央微凹，有时亦有发育极好的果实其附属物不显。花果期 8～9 月。

生于沙质撂荒地和居民点周围。产于呼伦贝尔市、兴安盟、通辽市、赤峰市、锡林郭勒盟、乌兰察布市、呼和浩特市、鄂尔多斯市；中国甘肃、河北、黑龙江、吉林、辽宁、青海、山西、新疆也产；日本、哈萨克斯坦、朝鲜、蒙古、俄罗斯也有分布。

朱兰属──【学　名】*Pogonia*

【蒙古名】ᠪᠣᠯᠵᠣᠮᠣᠷ ᠤᠨ ᠴᠡᠴᠡᠭ ᠤᠨ ᠲᠥᠷᠥᠯ

【英文名】Pogonia

【生活型】地生草本。

【茎】常有直生的短根状茎以及细长而稍肉质的根,有时有纤细的走茎。茎较细,直立,在中上部具1片叶。

【叶】叶扁平,椭圆形至长圆状披针形,草质至稍肉质,基部具抱茎的鞘,无关节。

【花】花中等大,通常单朵顶生,少有2~3朵;花苞片叶状,但明显小于叶,宿存;萼片离生,相似;花瓣通常较萼片略宽而短;唇瓣3裂或近于不裂,基部无距,前部或中裂片上常有流苏状或髯毛状附属物;蕊柱细长,上端稍扩大,无蕊柱足;药床边缘啮蚀状;花药顶生,有短柄,向前俯倾;花粉团2个,粒粉质,无花粉团柄与粘盘;柱头单一;蕊喙宽而短,位于柱头上方。

【分类地位】被子植物门、单子叶植物纲、微子目、兰科、兰亚科、树兰族、朱兰亚族。

【种类】全属有4种;中国有3种;内蒙古有1种。

朱兰 *Pogonia japonica*

陆生兰。根状茎直生,具细长的、稍肉质的根。茎直立,纤细,在中部或中部以上具1片叶。叶稍肉质,通常近长圆形或长圆状披针形,先端急尖或钝,基部收狭,抱茎。花苞片叶状,狭长圆形、线状披针形或披针形;花梗和子房明显短于花苞片;花单朵顶生,向上斜展,常紫红色或淡紫红色;萼片狭长圆状倒披针形,先端钝或渐尖,中脉两侧不对称;花瓣与萼片相似,近等长,但明显较宽;唇瓣近狭长圆形,向基部略收狭,中部以上3裂;侧裂片顶端有不规则缺刻或流苏;中裂片舌状或倒卵形,约占唇瓣全长的2/5~1/3,边缘具流苏状齿缺;自唇瓣基部有2~3条纵褶片延伸至中裂片上,褶片常互相靠合而形成肥厚的脊,在中裂片上变为鸡冠状流苏或流苏状毛;蕊柱细长,上部具狭翅。蒴果长圆形。花期5~7月,果期9~10月。

生于山地林下、山坡草丛或草甸塔头间。产于内蒙古呼伦贝尔市;中国安徽、福建、广西、贵州、黑龙江、湖北、湖南、江西、吉林、山东、四川、云南也产;日本、朝鲜也有分布。

猪毛菜属 ——【学　名】*Salsola*

【蒙古名】ᠰᠢᠮᠣᠣᠯ ᠤᠨ ᠢᠵᠠᠭᠤᠷ

【英文名】Russianthistle

【生活型】一年生草本，半灌木或灌木。

【叶】叶互生，极少为对生，无柄，叶片圆柱形、半圆柱形，稀为条形，顶端钝圆或有刺状尖，基部通常扩展，有时下延。

【花】花序通常为穗状，有时为圆锥状；花两性，辐射对称，单生或簇生于苞腋；苞片卵形或宽披针形；小苞片 2 个；花被圆锥形，5 深裂，花被片卵状披针形或矩圆形，内凹，膜质，以后变硬，无毛或生柔毛，果时自背面中部横生伸展的、膜质的翅状附属物，有时翅不发育或为鸡冠状、瘤状的突起；花被片在翅以上部分，内折，包覆果实，通常顶部聚集成圆锥体；雄蕊通常 5 枚；花丝扁平，钻状或狭条形；花药矩圆形，顶端有附属物，附属物顶端急尖或钝圆，形状各式各样或极小；子房宽卵形或球形，顶基扁；花柱长或极短；柱头 2 枚，钻形或丝形，直立或外弯，内面有小乳头状突起。

【果实和种子】果实为胞果，球形，果皮膜质或多汁呈肉质；种子横生、斜生或直立；胚螺旋状，无胚乳。

【分类地位】被子植物门、双子叶植物纲、原始花被亚纲、中央种子目、黎科、螺胚亚科、猪毛菜族。

【种类】全属约有 130 种；中国有 36 种，1 变种；内蒙古有 13 种。

825

珍珠猪毛菜 *Salsola passerina*

半灌木。植株密生"丁"字毛，自基部分枝；老枝木质，灰褐色，伸展；小枝草质，黄绿色，短枝缩短成球形。叶片锥形或三角形，顶端急尖，基部扩展，背面隆起，通常早落。花序穗状，生于枝条的上部；苞片卵形；小苞片宽卵形，顶端尖，两侧边缘为膜质；花被片长卵形，背部近肉质，边缘为膜质，果时自背面中部生翅；翅 3 个，肾形，膜质，黄褐色或淡紫红色，密生细脉，2 个较小为倒卵形；花被片在翅以上部分，生"丁"字毛，向中央聚集成圆锥体，在翅以下部分，无毛；花药矩圆形，自基部分离至近顶部；花药附属物披针形，顶端急尖；柱头丝状。种子横生或直立。果期 6～10 月。

生于荒漠区的砾石质、沙砾质戈壁或粘土壤，荒漠草原带盐碱湖盆地。产于内蒙古锡林郭勒盟、乌兰察布市、巴彦淖尔市、鄂尔多斯市、阿拉善盟；中国甘肃、宁夏、青海也产；蒙古也有分布。

蛛丝蓬属（盐生草属）——【学　名】*Halogeton*

【蒙古名】ᠲᠣᠭᠲᠤ ᠰᠢᠮᠡᠯ ᠤᠨ ᠲᠥᠷᠥᠯ

【英文名】Halogeton

【生活型】一年生草本。

【茎】茎直立，自基部分枝；枝互生，灰白色，幼时被蛛丝状毛，毛以后脱落。

【叶】叶互生，肉质，圆柱形，先端钝，有时生小短尖。

【花】花小，杂性，通常 2～3 朵簇生于叶腋；小苞片 2 个，卵形，背部隆起，边缘膜质；花被片 5 枚，宽披针形，膜质，先端钝或尖，全缘或有齿，果时自背侧的近顶部生翅；翅半圆形，膜质，透明；雄花的花被常缺；雄蕊 5 枚，花药矩圆形；柱头 2 枚，丝形。

【果实和种子】胞果宽卵形，背腹压扁，果皮膜质，灰褐色；种子圆形，横生；胚螺旋状。

【分类地位】被子植物门、双子叶植物纲、原始花被亚纲、中央种子目、藜科、螺胚亚科、猪毛菜族。

【种类】全属有 3 种；中国有 2 种，1 变种；内蒙古有 1 种。

蛛丝蓬 *Micropeplis arachnoidea*

一年生草本。茎直立，叶互生，肉质，圆柱形，先端钝。花小，杂性，簇生于叶腋；小苞片卵形，背部隆起；花被片宽披针形，膜质；雄花的花被常缺，花药矩圆形。胞果宽卵形，螺旋状。耐盐碱的旱生草本。多生于荒漠地带的碱化土壤、覆沙坡地，为荒漠群落常见伴生种，沿盐渍低地进入荒漠草原地带，但一般很少进入典型草原地带。

竹叶子属——【学　名】*Streptolirion*

【蒙古名】ᠣᠯᠠᠠᠵᠠᠭᠠᠢᠨ ᠶᠢᠨ ᠲᠦᠷᠦᠯ

【英文名】Streptolirion

【生活型】攀援草本。

【茎】侧枝穿鞘而出，每节都生花序，基部具叶鞘。

【叶】叶具长柄，叶片心状卵圆形。

【花】聚伞花序多个，集成大圆锥花序，圆锥花序与叶对生，自叶鞘口中伸出，每一个聚伞花序基部都托有总苞片；总苞片在圆锥花序下部的叶状，与叶同型，向花序上部逐渐变少。花在最下一个聚伞花序上的为两性，其余的为雄性或两性；萼片3个，分离，舟状，顶端盔状；花瓣3片，分离，条状匙形，长于萼片，白色；雄蕊6枚，全育，相等而离生；花丝线状，密生念珠状长毛，药室椭圆状，并行；子房无柄，椭圆状三棱形，3室，每室有2颗胚珠。

【果实和种子】蒴果椭圆状三棱形，顶端狭尖，3片裂，每室有2粒种子。种子在蒴果的室中垒置，多皱，种脐在腹面，条状，胚盖位于背侧。

【分类地位】被子植物门、单子叶植物纲、粉状胚乳目、鸭跖草亚目、鸭跖草科。

【种类】单种属；中国有1种；内蒙古有1种。

竹叶子 *Streptolirion volubile*

多年生攀援草本。极少茎近于直立。茎常无毛。叶片心状圆形，有时心状卵形，顶端常尾尖，基部深心形，上面多少被柔毛。蝎尾状聚伞花序有花1至数朵，集成圆锥状，圆锥花序下面的总苞片叶状，上部的小而卵状披针形。花无梗；顶端急尖；花瓣白色、淡紫色而后变白色，线形，略比萼长。蒴果顶端有芒状突尖。种子褐灰色。花期7～8月，果期9～10月。

生于溪边林下。产于内蒙古兴安盟、通辽市；中国甘肃、广西、贵州、河北、河南、湖北、湖南、辽宁、山西、陕西、四川、西藏、云南、浙江也产；不丹、印度、日本、朝鲜、老挝、缅甸、锡金、泰国、越南也有分布。

梓属——【学　名】*Catalpa*

　　　　　【蒙古名】ᠮᠣᠳᠤᠯᠤᠭᠠᠨ ᠳᠠᠷᠠᠰᠤᠨ ᠤ ᠤᠪᠤᠭ

　　　　　【英文名】Catalpa

【生活型】落叶乔木。

【叶】单叶对生,稀3叶轮生,揉之有臭气味,叶下面脉腋间通常具紫色腺点。

【花】花两性,组成顶生圆锥花序、伞房花序或总状花序。花萼2唇形或不规则开裂,花蕾期花萼封闭成球状体。花冠钟状,2唇形,上唇2裂,下唇3裂。能育雄蕊2枚,内藏,着生于花冠基部,退化雄蕊存在。花盘明显。子房2室,有胚珠多颗。

【果实和种子】果为长柱形蒴果,2瓣开裂,果瓣薄而脆;隔膜纤细,圆柱形。种子多列,圆形,薄膜状,两端具束毛。

【分类地位】被子植物门、双子叶植物纲、合瓣花亚纲、管状花目、紫葳科、硬骨凌霄族。

【种类】全属约有13种;中国连引入种共5种及1变型;内蒙古有4种,1变型。

梓 *Catalpa ovata*

　　乔木。树冠伞形,主干通直,嫩枝具稀疏柔毛。叶对生或近于对生,有时轮生,阔卵形,长宽近相等,顶端渐尖,基部心形,全缘或浅波状,常3浅裂,叶片上面及下面均粗糙,微被柔毛或近于无毛,侧脉4~6对,基部掌状脉5~7条。顶生圆锥花序;花序梗微被疏毛。花萼蕾时圆球形,2唇开裂。花冠钟状,淡黄色,内面具2个黄色条纹及紫色斑点。能育雄蕊2枚,花丝插生于花冠筒上,花药叉开;退化雄蕊3枚。子房上位,棒状。花柱丝形,柱头2裂。蒴果线形,下垂。种子长椭圆形,两端具平展的长毛。花期6~7月,果熟期9月。

　　栽培植物。

紫草科——【学　名】*Boraginaceae*

【蒙古名】ᠬᠠᠷᠠᠮᠤᠭ ᠤᠨ ᠢᠵᠠᠭᠤᠷ

【英文名】Borage Family

【生活型】多数为草本，较少为灌木或乔木。

【叶】叶为单叶，互生，极少对生，全缘或有锯齿，不具托叶。

【花】花序为聚伞花序或镰状聚伞花序，极少花单生，有苞片或无苞片。花两性，辐射对称，很少左右对称；花萼具 5 个基部至中部合生的萼片，大多宿存；花冠筒状、钟状、漏斗状或高脚碟状，一般可分筒部、喉部、檐部 3 部分，檐部具 5 枚裂片，裂片在蕾中覆瓦状排列，很少旋转状，喉部或筒部具或不具 5 个附属物，附属物大多为梯形，较少为其他形状；雄蕊 5 枚，着生花冠筒部，稀上升到喉部，轮状排列，极少螺旋状排列，内藏，稀伸出花冠外，花药内向，2 室，基部背着，纵裂；蜜腺在花冠筒内面基部环状排列，或在子房下的花盘上；雌蕊由 2 枚心皮组成，子房 2 室，每室含 2 颗胚珠，或由内果皮形成隔膜而成 4 室，每室含 1 颗胚珠，或子房 4（～2）裂，每裂瓣含 1 颗胚珠，花柱顶生或生在子房裂瓣之间的雌蕊基上，不分枝或分枝；胚珠近直生、倒生或半倒生；雌蕊基果期平或不同程度升高呈金字塔形至锥形。

【果实和种子】果实为含 1～4 粒种子的核果，或为子房 4（～2）裂瓣形成的 4（～2）枚小坚果，果皮多汁或大多干燥，常具各种附属物。种子直立或斜生，种皮膜质，无胚乳，稀含少量内胚乳；胚伸直，很少弯曲，子叶平，肉质，胚根在上方。

【种类】全科约有 100 属，2000 种；中国有 48 属，269 种；内蒙古有 15 属，34 种，1 变种。

紫草科 Boraginaceae Juss. 是法国植物学家 Antoine Laurent de Jussieu（1748—1836）于 1789 年在"Genera plantarum 128"（Gen. Pl.）中建立的植物科，模式属为玻璃苣属（Borago）。

在恩格勒系统（1964）中，紫草科隶属合瓣花亚纲（Sympetalae）、管花目（Tubiflorae）、紫草亚目（Boraginineae），本目含 6 个亚目、26 个科。在哈钦森系统（1959）中，紫草科隶属双子叶植物草本支（Herbaceae）、紫草目（Boraginales），只含 1 个科，认为本目起源于花葱目（Polemoniales），其祖先是从牻牛儿苗目（Geraniales）演化而来的。在塔赫他间系统（1980）中，紫草科隶属菊亚纲（Asteridae）、花葱目，含旋花科（Convolvulaceae）、菟丝子科（Cuscutaceae）、花葱科（Polemoniaceae）、紫草科等 7 个科，认为花葱目与龙胆目（Gentianales）接近，可能起源于龙胆目中的马钱科（Loganiaceae）及类似的其他科。在克朗奎斯特系统（1981）中，紫草科隶属菊亚纲、唇形目（Lamiales），含盖裂寄生科（Lennoaceae）、紫草科、马鞭草科（Verbenaceae）、唇形科（Lamiaceae）4 个科，认为唇形目、茄目（Solanales）、玄参目（Scrophulariales）有共同祖先，与龙胆目有联系。

紫草属——【学　名】*Lithospermum*

　　　　　　【蒙古名】ᠥᠨᠭᠭᠡᠷ ᠤᠨ ᠢᠰᠢᠭᠡᠢ

　　　　　　【英文名】Gromwell

【生活型】一年生或多年生草本。

【叶】叶互生。

【花】花单生叶腋或构成有苞片的顶生镰状聚伞花序;花萼 5 裂至基部,裂片果期稍增大;花冠漏斗状或高脚碟状,喉部具附属物,若无附属物则在附属物的位置上有 5 条向筒部延伸的毛带或纵褶,檐部 5 浅裂,裂片开展或稍开展;雄蕊 5 枚,内藏,花丝很短,花药长圆状线形,先端钝,有小尖头;子房 4 裂,花柱丝形,不伸出花冠筒,柱头头状;雌蕊基平。

【果实和种子】小坚果卵形,平滑或有疣状突起,着生面在腹面基部。

【分类地位】被子植物门、双子叶植物纲、合瓣花亚纲、管状花目、紫草科、紫草亚科、紫草族。

【种类】全属约有 50 种;中国有 5 种;内蒙古有 2 种。

紫草 *Lithospermum erythrorhizon*

　　多年生草本。根含紫色物质。茎通常 1～3 个,直立。叶无柄,卵状披针形至宽披针形,先端渐尖,基部渐狭,两面均有短糙伏毛。单歧聚伞花序总状排列;花萼 5 深裂,裂片条形,背面有短糙伏毛;花冠白色,基部有环状附属物,5 裂,裂片宽卵形,开展,全缘或微波状,先端有时微凹,喉部附属物半球形,无毛;雄蕊着生花冠筒中部稍上;花柱头头状。小坚果卵形,乳白色或带淡黄褐色,平滑,有光泽,腹面中线凹陷呈纵沟。花果期 6～9 月。

　　生于山地林缘、灌丛中。产于内蒙古呼伦贝尔市、赤峰市、锡林郭勒盟、乌兰察布市、呼和浩特市;中国东北、华北至西南以及江西、广西也产;朝鲜、日本也有分布。

　　根入中药和蒙药。

紫堇属——【学　名】*Corydalis*

【蒙古名】ᠬᠥᠬᠡ ᠶᠢᠨ ᠡᠪᠡᠰᠦ

【英文名】Corydalis, Yanhusuo

【生活型】一年生、二年生或多年生草本，或草本状半灌木。

【根】主根圆柱状或芜菁状增粗，有时空心或分解成马尾状，如为簇生的须根，则须根纺锤状增粗、棒状增粗或纤维状。

【茎】根茎缩短或横走，有时呈块茎状，块茎空心或逐年更新。茎分枝或不分枝，直立、上升或斜生，单轴或合轴分枝。

【叶】基生叶少数或多数（稀1片），早凋或残留宿存的叶鞘或叶柄基。茎生叶1至多数，稀无叶，互生或稀对生，叶片1至多回羽状分裂或掌状分裂或三出，极稀全缘，全裂时裂片大多具柄，有时无柄。

【花】花排列成顶生、腋生或对叶生的总状花序，稀为伞房状或穗状至圆锥状，极稀形似单花腋生；苞片分裂或全缘，长短不等，无小苞片；花梗纤细。萼片2个，通常小，膜质，早落或稀宿存；花冠两侧对称，花瓣4片，紫色、蓝色、黄色、玫瑰色或稀白色，上花瓣前端扩展成伸展的花瓣片，后部成圆筒形、圆锥形或短囊状的距，极稀无距，下花瓣大多具爪，基部有时呈囊状或具小囊，两侧内花瓣同形，先端粘合，明显具爪，有时具囊，极稀成距状；雄蕊6枚，合生成2束，中间花药2室，两侧花药1室，花丝长圆形或披针形，基部延伸成线形的或长或短、先端尖或钝的蜜腺体伸入距内，极稀蜜腺退化至无；子房1室，心皮2枚，胚珠少数至多数，排成1列或2列，花柱伸长，柱头各式，上端常具数目不等的乳突，乳突有时并生或具柄。

【果实和种子】果多蒴果（稀扭曲或具节），形状多样，通常线形或圆柱形，极稀圆而囊状，不裂，个别种向上卷裂，裂后留下框架。种子肾形或近圆形，黑色或棕褐色，通常平滑且有光泽；种阜（油质 Elaiosome）各式，通常紧贴种子。

【分类地位】被子植物门、双子叶植物纲、原始花被亚纲、罂粟目、罂粟亚目、罂粟科、荷包牡丹亚科、紫堇族。

【种类】全属约有428种；中国有298种；内蒙古有7种，5变种。

831

北紫堇 *Corydalis sibirica*

一年生或二年生草本。全株无毛。茎纤细，直立或斜生，有分枝，具纵棱。基生具细长的叶柄，叶片轮廓卵形，2至3回三出分裂；茎生叶多数，于整个茎上疏离互生，均具叶柄，下部柄较长。总状花序缩短，有少数花；苞片披针形或条形；萼片鳞片状，近圆形；花瓣黄色，背面有龙骨状突起；距圆筒形；内轮2片花瓣顶端靠合，瓣片近矩圆形，具长爪。蒴果倒卵形，有3～8粒种子，排成2列，成熟时自果梗基部反拆。种子近圆形，黑色，具光泽。花果期9月。

生于林下、沟谷、溪边。产于内蒙古呼伦贝尔市、兴安盟、锡林郭勒盟；中国东北也产；蒙古和俄罗斯也有分布。

全草入蒙药。

紫萍属——【学　名】*Spirodela*

【蒙古名】ᠬᠠᠷ᠎ᠠ ᠲᠣᠭᠳᠣᠷᠤᠭ᠎ᠠ ᠶᠢᠨ ᠣᠪᠣᠭ

【英文名】Ducksmeat

【生活型】水生飘浮草本。

【叶】叶状体盘状,具 3～12 条脉,背面的根多数,束生,具薄的根冠和 1 维管束。

【花】花序藏于叶状体的侧囊内。佛焰苞袋状,含 2 朵雄花和 1 朵雌花。花药 2 室。子房 1 室,胚珠 2 颗,倒生。

【果实和种子】果实球形,边缘具翅。

【分类地位】被子植物门、单子叶植物纲、南天星、浮萍科。

【种类】全属有 6 种;中国有 2 种;内蒙古有 1 种。

紫萍 *Spirodela polyrrhiza*

　　植物体浮于水面,常几个簇生。叶状体扁平,阔倒卵形,先端钝圆,表面绿色,背面紫色,具掌状脉 5～11 条,背面中央生 5～11 条根,白绿色,根冠尖,脱落;根基附近的一侧囊内形成圆形新芽,萌发后,幼小叶状体渐从囊内浮出,由 1 枚细弱的柄与母体相连。花未见,据记载,肉穗花序有 2 朵雄花和 1 朵雌花。

　　生于静水中以及水池与河湖的边缘。产于内蒙古东部地区;中国南北各省区也产;南北两半球热带及温带地区也有分布。

　　全草入中药。

紫苏属——【学　名】*Perilla*

【蒙古名】ᠪᠠᠳᠠᠭ ᠬᠠᠷᠠᠭᠠᠢ ᠶᠢᠨ ᠲᠦᠷᠦᠯ

【英文名】Silkvine

【生活型】一年生草本。

【茎】茎四棱形,具槽。

【叶】叶绿色或常带紫色或紫黑色,具齿。

【花】轮伞花序 2 朵花,组成顶生和腋生、偏向于一侧的总状花序,每花有苞片 1 个;苞片大,卵圆形或近圆形。花小,具梗。花萼钟状,10 条脉,具 5 枚齿,直立,结果时增大,平伸或下垂,基部一边肿胀,2 唇形,上唇宽大,3 枚齿,中齿较小,下唇 2 枚齿,齿披针形,内面喉部有疏柔毛环。花冠白色至紫红色,冠筒短,喉部斜钟形,冠檐近 2 唇形,上唇微缺,下唇 3 裂,侧裂片与上唇相近似,中裂片较大,常具圆齿。雄蕊 4 枚,近相等或前对稍长,直伸而分离,花药 2 室,由小药隔所隔开,平行,其后略叉开或极叉开。花盘环状,前面呈指状膨大。花柱不伸出,先端 2 浅裂,裂片钻形,近相等。

【果实和种子】小坚果近球形,有网纹。

【分类地位】被子植物门、双子叶植物纲、合瓣花亚纲、管状花目、唇形科、野芝麻亚科、塔花族、紫苏亚族。

【种类】全属有 1 种,3 变种;中国有 1 种,3 变种;内蒙古有 1 种。

紫苏 *Perilla frutescens*

一年生直立草本。茎绿色或紫色,钝四棱形,具 4 槽,密被长柔毛。叶阔卵形或圆形,先端短尖或突尖,基部圆形或阔楔形,边缘在基部以上有粗锯齿,膜质或草质,两面绿色或紫色,或仅下面紫色,上面被疏柔毛,下面被贴生柔毛,侧脉 7～8 对,位于下部者稍靠近,斜上升,与中脉在上面微突起、下面明显突起,色稍淡:叶柄背腹扁平,密被长柔毛。轮伞花序 2 朵花,密被长柔毛,偏向一侧的顶生及腋生总状花序:苞片宽卵圆形或近圆形,先端具短尖,外被红褐色腺点,无毛,边缘膜质;花梗密被柔毛。花萼钟形,10 条脉直伸,下部被长柔毛,夹有黄色腺点,内面喉部有疏柔毛环,结果时增长,平伸或下垂,基部一边肿胀,萼檐 2 唇形,上唇宽,3 枚齿,中齿较小,下唇比上唇稍长,2 枚齿,齿披针形。花冠白色至紫红色,外面略被微柔毛,内面在下唇片基部略被微柔毛,冠筒短,喉部斜钟形,冠檐近 2 唇形,上唇微缺,下唇 3 裂,中裂片较大,侧裂片与上唇相似。雄蕊 4 枚,前对稍长,离生,插生喉部,花丝扁平,花药 2 室,室平行,其后略叉开或极叉开。花柱先端相等 2 浅裂。花盘前方呈指状膨大。小坚果近球形,灰褐色,具网纹。

栽培植物。

紫穗槐属——【学　名】*Amorpha*

　　　　　　【蒙古名】ᠬᠠᠷ᠎ᠠ ᠲᠣᠯᠣᠭᠠᠢᠲᠤ ᠮᠣᠳᠤᠨ ᠤ᠋ ᠲᠦᠷᠥᠯ

　　　　　　【英文名】Amorpha,Falseindigo

【生活型】落叶灌木或亚灌木。

【叶】叶互生,奇数羽状复叶,小叶多数,小,全缘,对生或近对生;托叶针形,早落;小托叶线形至刚毛状,脱落或宿存。

【花】花小,组成顶生、密集的穗状花序;苞片钻形,早落;花萼钟状,5齿裂,近等长或下方的萼齿较长,常有腺点;蝶形花冠退化,仅存旗瓣1枚,蓝紫色,向内弯曲并包裹雄蕊和雌蕊,翼瓣和龙骨瓣不存在;雄蕊10枚,下部合生成鞘,上部分裂,成熟时花丝伸出旗瓣,花药1室;子房无柄,有胚珠2颗,花柱外弯,无毛或有毛,柱头顶生。

【果实和种子】荚果短,长圆形,镰状或新月形,不开裂,表面密布疣状腺点;种子1～2粒,长圆形或近肾形。

【分类地位】被子植物门、双子叶植物纲、原始花被亚纲、蔷薇目、蔷薇亚目、豆科、蝶形花亚科、紫穗槐族。

【种类】全属约有25种;中国引种1种;内蒙古有1栽培种。

紫穗槐 *Amorpha fruticosa*

　　落叶灌木,丛生。小枝灰褐色,被疏毛,后变无毛,嫩枝密被短柔毛。叶互生,奇数羽状复叶,有小叶11～25片,基部有线形托叶;小叶卵形或椭圆形,先端圆形,锐尖或微凹,有一短而弯曲的尖刺,基部宽楔形或圆形,上面无毛或被疏毛,下面有白色短柔毛,具黑色腺点。穗状花序常1至数个顶生,和枝端腋生,密被短柔毛;花有短梗;花萼被疏毛或几无毛,萼齿三角形,较萼筒短;旗瓣心形,紫色,无翼瓣和龙骨瓣;雄蕊10枚,下部合生成鞘,上部分裂,包于旗瓣之中,伸出花冠外。荚果下垂,微弯曲,顶端具小尖,棕褐色,表面有凸起的疣状腺点。花果期5～10月。

紫筒草属——【学　名】*Stenosolenium*

【蒙古名】ᠪᠥᠳᠥᠭᠡ ᠬᠠᠷᠠᠭᠠᠨ ᠦ ᠲᠥᠷᠥᠯ

【英文名】Stenosolenium

【生活型】多年生草本。

【根】根有紫红色物质。

【叶】叶互生。

【花】花序为镰状聚伞花序。花有短花梗；花萼 5 裂至基部，裂片线形，急尖，果期稍增大，无硬化的基部；花冠淡紫色，花冠筒细长，檐部钟状，5 裂，裂片宽卵形，先端圆，喉部无附属物，花冠筒的基部具褐色毛环；雄蕊 5 枚，具极短的花丝，在花冠筒中部之上，螺旋状着生（不在一个水平面上），花药宽椭圆形，钝；子房 4 裂，花柱丝形，不伸出花冠筒，先端短 2 裂，每分枝具 1 枚球形柱头；雌蕊基近平坦。

【果实和种子】小坚果斜卵形，灰褐色，密生疣状突起，先端急尖，腹面基部有短柄。

【分类地位】被子植物门、双子叶植物纲、合瓣花亚纲、管状花目、紫草科、紫草亚科、紫草族。

【种类】全属有 1 种；中国有 1 种；内蒙古有 1 种。

紫筒草 *Stenosolenium saxatile*

835

多年生草本。根细锥形，根皮紫褐色，稍含紫红色物质。茎通常数个，直立或斜升，不分枝或上部有少数分枝，密生开展的长硬毛和短伏毛。基生叶和下部叶匙状线形或倒披针状线形，近花序的叶披针状线形，两面密生硬毛，先端钝或微钝，无柄。花序顶生，逐渐延长，密生硬毛；苞片叶状。花具短花梗；花萼密生长硬毛，裂片钻形，果期直立，基部包围果实；花冠蓝紫色、紫色或白色，外面有稀疏短伏毛，花冠筒细，明显较檐部长，通常稍弧曲，裂片开展；雄蕊螺旋状着生花冠筒中部之上，内藏；花柱长约为花冠筒的 1/2，先端 2 裂，柱头球形。小坚果的短柄着生面居短柄的底面。花果期 5～9 月。

生于干草原、砂地、低山丘陵的石质坡地和路旁。产于内蒙古兴安盟、通辽市、锡林郭勒盟、乌兰察布市、巴彦淖尔市、鄂尔多斯市；中国辽宁、河北、山东、山西、陕西、甘肃也产。蒙古和俄罗斯也有分布。

全草入中药，根入蒙药。

紫菀木属——【学　名】*Asterothamnus*

【蒙古名】ᠬᠥᠬᠡ ᠶᠢᠨ ᠮᠥᠭᠡᠷᠡ

【英文名】Asterbush

【生活型】多分枝半灌木。

【茎】根状茎木质,多分枝;茎多数,直立或斜升,多分枝。

【叶】叶小或较小,密集,近革质,边缘常反卷,具1条脉。

【花】头状花序在茎和枝端单生,或3～5个排列成疏或密集的伞房花序、异形,或盘状仅有管状花;总苞宽倒卵形或近半球形,总苞片3层,革质,覆瓦状,具淡绿色或紫红色的中脉,有白色的宽膜质边缘;花托平,边缘具不规则齿的窝孔;花全部结实,外围的雌花舌状,舌片开展,淡紫色或淡蓝色,花柱丝状,2裂;中央的两性花花冠管状,黄色,或有时紫色,檐部钟状,有5枚披针形的裂片;花药基部钝,顶端有披针形的附片;花丝无毛;两性花的花柱2裂,分枝顶端具短三角状卵形的附器,外面微凸,被微毛。

【果实和种子】瘦果长圆形,被多少贴生的长伏毛,基部缩小,扁三棱形,一面凸出,另一面扁平或凹入,具3条棱;冠毛白色,糙毛状,稀淡黄褐色,2层,外层较短,内层顶端略增粗,与花冠等长。

【分类地位】被子植物门、双子叶植物纲、合瓣花亚纲、杏梗目、菊科、管状花亚科、紫菀族。

【种类】全属约有7种;中国有5种,2变种;内蒙古有3种。

中亚紫菀木 *Asterothamnus centraliasiaticus*

多分枝半灌木。根状茎粗壮,茎多数,簇生,下部多分枝,上部有花序枝,直立或斜升,基部木质,坚硬,具细条纹,有被绒毛的腋芽,外皮淡红褐色,被灰白色短绒毛,或后多少脱毛,当年生被灰白色蜷曲的短绒,后多少脱毛,变绿色。叶较密集,斜上或直立,长圆状线形或近线形,先端尖,基部渐狭,边缘反卷,具1条明显的中脉,上面被灰绿色、下面被灰白色蜷曲密绒毛。头状花序较大,在茎枝顶端排成疏散的伞房花序,花序梗较粗壮,长或较短,少有具短花序梗而排成密集的伞房花序;总苞宽倒卵形,总苞片3～4层,覆瓦状,外层较短,卵圆形或披针形,内层长圆形,顶端全部渐尖或稍钝,通常紫红色,背面被灰白色蛛丝状短毛,具1条紫红色或褐色的中脉,具白色宽膜质边缘。外围有7～10朵舌状花,舌片开展,淡紫色;中央的两性花11～12朵,花冠管状,黄色,檐部钟状,有5枚披针形的裂片;花药基部钝,顶端具披针形的附片;花柱分枝顶端有短三角状卵形的附器。瘦果长圆形,稍扁,基部缩小,具小环,被白色长伏毛;冠毛白色,糙毛状,与花冠等长。花果期7～9月。

生于荒漠地带及荒漠草原的砂质地及砾石质地。产于内蒙古乌兰察布市、鄂尔多斯市、巴彦淖尔市、阿拉善盟;中国甘肃、宁夏、青海、新疆也产;蒙古也有分布。

紫菀属——【学　名】*Aster*

【蒙古名】ᠪᠣᠳᠣᠨ ᠴᠡᠴᠡᠭ ᠤᠨ ᠲᠥᠷᠥᠯ

【英文名】Aster，Michaelmas，Daisy

【生活型】多年生草本，亚灌木或灌木。

【茎】茎直立。

【叶】叶互生，有齿或全缘。

【花】头状花序作伞房状或圆锥伞房状排列，或单生，各有多数异形花，放射状，外围有1～2层雌花，中央有多数两性花，都结果实，少有无雌花而呈盘状。总苞半球状、钟状或倒锥状；总苞片2至多层，外层渐短，覆瓦状排列或近等长，草质或革质，边缘常膜质。花托蜂窝状，平或稍凸起。雌花花冠舌状，舌片狭长，白色、浅红色、紫色或蓝色，顶端有2～3个不明显的齿；两性花花冠管状，黄色或顶端紫褐色，通常有5枚等形的裂片。花药基部钝，通常全缘。花柱分枝附片披针形或三角形。冠毛宿存，白色或红褐色，有多数近等长的细糙毛，或另有一外层极短的毛或膜片。

【果实和种子】瘦果长圆形或倒卵圆形，扁或两面稍凸，有2条边肋，通常被毛或有腺。

【分类地位】被子植物门、双子叶植物纲、合瓣花亚纲、桔梗目、菊科、管状花亚科、紫菀族。

【种类】全属约有600种或1000种；中国有近百种；内蒙古有5种。

紫菀 *Aster tataricus*

多年生草本。根状茎斜升。茎直立，粗壮。基部叶在花期枯落，长圆状或椭圆状匙形，下半部渐狭成长柄，顶端尖或渐尖，边缘有具小尖头的圆齿或浅齿。下部叶匙状长圆形，常较小，下部渐狭或急狭成具宽翅的柄；中部叶长圆形或长圆披针形，无柄，全缘或有浅齿，上部叶狭小。头状花序多数，在茎和枝端排列成复伞房状；花序梗长，有线形苞叶。总苞半球形；总苞片3层，线形或线状披针形，顶端尖或圆形，边缘宽膜质且带紫红色，有草质中脉。舌状花约20多朵；舌片蓝紫色，有4至多条脉；管状花稍有毛；花柱附片披针形。瘦果倒卵状长圆形，紫褐色，两面各有1或少有3条脉，上部被疏粗毛。冠毛污白色或带红色，有多数不等长的糙毛。花期7～9月，果期8～10月。

生于森林、草原地带的山地林下、灌丛中、山地河沟边。产于内蒙古呼伦贝尔市、兴安盟、通辽市、赤峰市、锡林郭勒盟、乌兰察布市、呼和浩特市、包头市、鄂尔多斯市；中国安徽、甘肃、贵州、河北、黑龙江、河南、湖北、吉林、辽宁、宁夏、山西、山东、陕西、四川也产；日本、朝鲜、蒙古、俄罗斯也有分布。

紫葳科——【学　名】*Bignoniaceae*

【蒙古名】ᠲᠣᠷᠭᠠᠨ ᠪᠣᠷᠭᠠᠰᠣᠨ ᠤ ᠢᠵᠠᠭᠣᠷ

【英文名】Trumpet Creeper Family，Bignonia Family

【生产型】乔木、灌木或木质藤本，稀为草本。

【根】常具气生根。

【茎】常具各式卷须。

【叶】叶对生、互生或轮生，单叶或羽叶复叶，稀掌状复叶；顶生小叶或叶轴有时呈卷须状，卷须顶端有时变为钩状或为吸盘而攀援它物；无托叶或具叶状假托叶；叶柄基部或脉腋处常有腺体。

【花】花两性，左右对称，通常大而美丽，组成顶生、腋生的聚伞花序、圆锥花序或总状花序或总状式簇生，稀老茎生花；苞片及小苞片存在或早落。花萼钟状、筒状、平截，或具 2～5 齿，或具钻状腺齿。花冠合瓣，钟状或漏斗状，常 2 唇形，5 裂，裂片覆瓦状或镊合状排列。能育雄蕊通常 4 枚，具 1 枚后方退化雄蕊，有时能育雄蕊 2 枚，具或不具 3 枚退化雄蕊，稀 5 枚雄蕊均能育，着生于花冠筒上。花盘存在，环状，肉质。子房上位，2 室，稀 1 室，或因隔膜发达而成 4 室；中轴胎座或侧膜胎座；胚珠多数，叠生；花柱丝状，柱头 2 唇形。

【果实和种子】蒴果，室间或室背开裂，形状各异，光滑或具刺，通常下垂，稀为肉质不开裂；隔膜各式，圆柱状、板状增厚，稀为十字形（横切面），与果瓣平行或垂直。种子通常具翅或两端有束毛，薄膜质，极多数，无胚乳。

【种类】全科约有 120 属，650 种；中国有 12 属，约 35 种；内蒙古有 2 属，4 种，1 变型。

838

紫葳科 Bignoniaceae Juss. 是法国植物学家 Antoine Laurent de Jussieu（1748—1836）于 1789 年在"Genera plantarum 137"（Gen. Pl.）中建立的植物科，模式属为秋海棠属（Bignonia）。

在恩格勒系统（1964）中，紫葳科隶属合瓣花亚纲（Sympetalae）、管花目（Tubiflorae）、茄亚目（Solanineae），本目含 6 个亚目、26 个科。在哈钦森系统（1959）中，紫葳科隶属双子叶植物木本支（Lignosae）、紫葳目（Bignoniales），含电灯花科（Cobaeaceae）、紫葳科、胡麻科（Pedaliaceae）、角胡麻科（Martyniaceae）4 个科，认为紫葳目为演化顶级的类群，可能起源于马钱目和夹竹桃目。在塔赫他间系统（1980）中，紫葳科隶属菊亚纲（Asteridae）、玄参目（Scrophulariales），含茄科（Solanaceae）、玄参科（Scrophulariaceae）、紫葳科、胡麻科、列当科（Orobanchaceae）、车前科（Plantaginaceae）等 16 个科，认为玄参目的远祖与龙胆目有共同亲缘。在克朗奎斯特系统（1981）中，紫葳科隶属菊亚纲、玄参目，含醉鱼草科（Buddlejaceae）、木犀科（Oleaceae）、列当科、胡麻科、紫葳科等 12 个科，认为玄参目起源于茄目，演化达到顶点。

钻天柳属——【学　名】*Chosenia*

【蒙古名】ᠣᠭᠣᠷᠤᠮ ᠲᠠᠯ ᠤᠨ ᠢᠰᠭᠡᠯ

【英文名】Chosenia

【生活型】乔木。

【茎】小枝无毛,紫红色或带黄色,有白粉。芽扁卵形。

【叶】叶互生,短渐尖,边缘有锯齿或近全缘;有短柄;无托叶。

【花】雌雄异株,荑黄花序先叶开放,雄花序下垂;雌花序直立或斜展;雌、雄花皆无腺体,雄花之苞片宿存,外面无毛,边缘有长缘毛;雄蕊 5 枚,无毛,短于苞片,着生于苞片的基部;花药球形,黄色;雌花之苞片脱落性,外面无毛,边缘有长缘毛;子房近卵状长圆形,有短柄,无毛,花柱明显,2 裂,每一顶端又有 2 裂的柱头,脱落性。

【果实和种子】蒴果 2 瓣裂。种子长椭圆形,无胚乳。

【分类地位】被子植物门、双子叶植物纲、原始花被亚纲、杨柳目、杨柳科。

【种类】全属仅有 1 种;中国有 1 种;内蒙古有 1 种。

钻天柳 *Chosenia arbutifolia*

　　乔木。树冠圆柱形;树皮褐灰色。小枝无毛,黄色带红色或紫红色,有白粉。芽扁卵形,有光泽,有 1 个鳞片。叶长圆状披针形至披针形,先端渐尖,基部楔形,两面无毛,上面灰绿色,下面苍白色,常有白粉,边缘稍有锯齿或近全缘;无托叶。花序先叶开放;雄花序开放时下垂,轴无毛,雄蕊 5 枚,短于苞片,着生于苞片基部,花药球形,黄色;苞片倒卵形,不脱落,外面无毛,边缘有长缘毛,无腺体;雌花序直立或斜展,轴无毛;子房近卵状长圆形,有短柄,无毛,花柱 2 枚,明显,每枚花柱具有 2 裂的柱头,脱落性;苞片倒卵状椭圆形,外面无毛,边缘有长毛,脱落。花期 5 月,果期 6 月。

　　生于河流两岸及低湿地。产于内蒙古呼伦贝尔市、兴安盟;中国小兴安岭、长白山也产;日本、朝鲜、俄罗斯也有分布。

醉鱼草属——【学　名】*Buddleja*

【蒙古名】ᠲᠣᠮᠣᠷ ᠤᠨ ᠴᠡᠴᠡᠭ ᠤᠨ ᠲᠥᠷᠦᠯ

【英文名】Summerlilic

【生活型】多为灌木，少有乔木和亚灌木或亚灌木状草本。

【茎】枝条通常对生，圆柱形或四棱形，棱上通常具窄翅。

【叶】单叶对生，稀互生或簇生，全缘或有锯齿，羽状脉；叶柄通常短；托叶着生在两叶柄基部之间，呈叶状、耳状或半圆形，或退化成线状的托叶痕。

【花】花多朵组成圆锥状、穗状、总状或头状的聚伞花序；花序1至几枝腋生或顶生，稀腋上生或腋下生；苞片线形；花4数；花萼钟状，外面通常密被星状毛，内面光滑或有毛；花冠高脚碟状或钟状，外面被毛或光滑，有时有小腺体，内面通常被星状毛，花冠管圆筒形，直立或弯曲，花冠裂片辐射对称，在花蕾时为覆瓦状排列，稀镊合状排列；雄蕊着生于花冠管内壁上，与花冠裂片互生，花丝极短，花药内向，2室，基部常2裂，通常内藏；子房2室，稀4室，每室有胚珠多颗，胚珠着生于中轴胎座上，胎座增厚，花柱丝状或缩短，柱头头状、圆锥状或棍棒状，顶端通常2浅裂。

【果实和种子】蒴果，室间开裂或浆果，不开裂；种子多粒，细小，两端或一端有翅，稀光滑无翅；胚乳肉质；胚直立。

【分类地位】被子植物门、合瓣花亚纲、捩花目、马钱科、醉鱼草亚科、醉鱼草族。

【种类】全属约有100种；中国产29种、4变种；内蒙古有1种。

840

互叶醉鱼草 *Buddleja alternifolia*

灌木。长枝对生或互生，细弱；小枝四棱形或近圆柱形。叶在长枝上互生，在短枝上簇生；在花枝上或短枝上的叶很小，椭圆形或倒卵形，顶端圆至钝，基部楔形或下延至叶柄，全缘兼有波状齿，毛被与长枝上的叶片相同。花多朵组成簇生状或圆锥状聚伞花序；花序较短，密集，常生于二年生的枝条上；花序梗极短，基部通常具有少数小叶；花芳香；花萼钟状，具4条棱，外面密被灰白色星状绒毛和一些腺毛，花萼裂片三角状披针形，内面被疏腺毛；花冠紫蓝色，外面被星状毛，后变无毛或近无毛，喉部被腺毛，后变无毛，花冠裂片近圆形或宽卵形；雄蕊着生于花冠管内壁中部，花丝极短，花药长圆形，顶端急尖，基部心形；子房长卵形，无毛，柱头卵状。蒴果椭圆状，无毛；种子多粒，狭长圆形，灰褐色，周围边缘有短翅。花期5～7月，果期7～10月。

生于旱山坡。产于内蒙古鄂尔多斯市鄂托克旗；中国甘肃、河北、河南、宁夏、青海、山西、陕西、四川、西藏也产。

附录

植物科属中文名称索引（音序）

内蒙古种子植物科属词典

843

内蒙古种子植物科属词典

845

内蒙古种子植物科属词典

847

植物科属中文名称索引(笔画)

内蒙古种子植物科属词典

内蒙古种子植物科属词典

854

植物科属拉丁文名称索引

内蒙古种子植物科属词典

859

内蒙古种子植物科属词典

内蒙古种子植物科属词典

863

内蒙古种子植物科属词典

植物科属蒙古文名称索引

875

植物科属英文名称索引

879

内蒙古种子植物科属词典

880

881

内蒙古种子植物科属词典

883

内蒙古种子植物科属词典

内蒙古种子植物科属词典

内蒙古种子植物科属词典

887

内蒙古种子植物科属词典

内蒙古种子植物科属词典